工业用水处理工程

（第3版）

丁桓如 吴春华 龚云峰 张萍 编著

清華大學出版社
北 京

内容简介

本书全面介绍了工业用水处理的理论和技术，侧重于纯水制备方向。内容包括水的物理-化学处理方法中各处理单元：混凝、澄清及沉淀处理、过滤处理、吸附处理、预氧化、离子交换处理、膜技术、工业冷却水处理等，还介绍工业用水处理中几个特殊的处理技术：蒸汽凝结水处理、海水淡化和压水堆核电站一回路水处理。重点阐述各处理方法的原理、设备及工艺，并吸纳了工业用水处理方面的最新技术和观点，还介绍了工业用水的水务管理方面的知识。

本书可作为高等学校工业水处理相关专业的本科和研究生教材，也可作为给水排水工程专业、环境工程专业的教学参考书，也可供相关科技人员阅读参考。

图书在版编目(CIP)数据

工业用水处理工程/丁桓如等编著. —3 版. —北京：清华大学出版社，2024. 8
ISBN 978-7-302-66305-8

Ⅰ. ①工…　Ⅱ. ①丁…　Ⅲ. ①工业用水—水处理　Ⅳ. ①TQ085

中国国家版本馆 CIP 数据核字(2024)第 098054 号

责任编辑：王向珍　王　华
封面设计：常雪影
责任校对：王淑云
责任印制：沈　露

出版发行：清华大学出版社
　　网　　址：https://www.tup.com.cn，https://www.wqxuetang.com
　　地　　址：北京清华大学学研大厦 A 座　　**邮　　编**：100084
　　社 总 机：010-83470000　　**邮　　购**：010-62786544
　　投稿与读者服务：010-62776969，c-service@tup.tsinghua.edu.cn
　　质量反馈：010-62772015，zhiliang@tup.tsinghua.edu.cn
印 装 者：三河市龙大印装有限公司
经　　销：全国新华书店
开　　本：185mm×260mm　**印　张**：36.25　**字　　数**：882 千字
版　　次：2005 年 12 月第 1 版　2024 年 9 月第 3 版　**印　　次**：2024 年 9 月第1次印刷
定　　价：118.00 元

产品编号：099915-01

前言

本书第1版是上海市教育委员会高校重点教材建设项目组编的教材，2005年12月出版第1版，2014年9月出版第2版，从第2版出版至今又已9年有余，在这期间，几次重印。承蒙读者喜爱，这也说明本书内容还适应当前我国国民经济和工业生产飞速发展，适应工业水处理界技术的进步。现在在清华大学出版社大力支持下，对第2版进行修订。

本次修订除了对第2版中的错误、遗漏和过时的资料进行修改、补充和更新，还根据本书专业范围增添了一些内容，主要增加水的预氧化（第4章）及压水堆核电站一回路水处理（第10章），稍需说明的是，核电站一回路水处理与一般的工业用水处理相比有其特殊性，增添这一章使本书内容更全面，在当前国内大力发展核电事业时，将使本书适应性增宽。

本书是作为相应专业主要专业课的教科书。编者认为，专业课的教科书不应只限于介绍某种技术的基本原理，而应进一步全面介绍技术的细节和最新发展观点，有利于读者（学生）能通过本书掌握技术的全貌，包括它的最新动态，更有利于学生毕业后从事本专业工作时视野宽广、专业知识储备充足。本着这一思路，本书每次再版时都进行更新和补充。

参加本书编写工作的有：丁桓如（绪论，第1章，第4章，第7章，第8章的8.1、8.2和8.5节，第10章），吴春华（第6章，第8章第8.3节，第9章），龚云峰（第2章，第3章3.1～3.4节，第5章，第8章8.4节），张萍（第3章3.5节）。全书由丁桓如统稿。

本书在编写过程中，参考了近年出版的大量书籍和论文资料，主要的均在书末参考文献中列出，在此对其作者表示感谢，如有疏漏，敬请谅解。

本书与第2版相比，虽然内容更贴近当前技术需要，但由于编者水平所限，肯定还存在许多不妥之处，敬请广大读者不吝赐教，以便再版时更正。

另外，本书中关于mol计量单位的使用，仍与第1版相同，请读者关注本书第1版的前言，此处不再复述。

编　者
2024年6月于上海电力大学

前言

PREFACE

第1版前言

本书是上海市教育委员会高校重点教材建设项目。书中较全面地介绍了工业用水处理方面的知识,适用于普通高校有关工业用水处理方面的专业课教学。

随着工业技术的发展,各行各业对用水水质的要求越来越高,导致水处理技术在近些年有较快的发展,出现了新的理论、新的工艺和设备。为此,编者参考了近年出版的有关书籍和大量文献资料,编写成本书。

本书编写分工如下:绪论、第1章、第4章、第7章由丁桓如编写;第6章、第9章由吴春华编写;第2章、第3章、第5章由龚云峰编写;第8章由闻人勤编写;全书由丁桓如统稿。

本书由陆柱教授、赵由才教授、陈松梅教授级高级工程师审阅,提出了不少宝贵意见,编者向他们表示谢意。

编者还向本书编写过程中被参考和引用的有关书籍和文献资料的作者(在本书参考文献中列出)表示谢意,如有疏漏敬请谅解。

另外,还需对本书中使用的物质的量的单位作一说明。我国国家标准规定使用摩尔(mol)作为物质的量的单位,并废除了"当量"等量的单位,这给水处理中某些指标的表达和计算带来了困难。针对这一问题,1992年实施的中华人民共和国电力行业标准《电厂化学水专业实施法定计量单位的有关规定》(DL 434—1991)规定了相应的解决方法,随后,该方法在水处理专业的书籍、论文和工业生产中得到广泛应用,本书也采用这一方法。

该方法认为:按照第14届国际计量大会的决议,摩尔(mol)的定义包括两条:①摩尔(mol)是一系统的物质的量的单位,1mol所含的基本单元数与0.012kg碳-12原子数目相等;②在使用摩尔(mol)时,基本单元应予指明,可以是原子、分子、离子、电子及其他粒子或这些粒子的特定组合。

据此定义,在使用摩尔(mol)时,应标明其基本单元,比如$C(H_2SO_4)=$

1mol/L 或 $C\left(\frac{1}{2}H_2SO_4\right)=1mol/L$,前者指明 H_2SO_4 的摩尔质量为98.07g/mol,后者指明 $\frac{1}{2}H_2SO_4$ 的摩尔质量为49.04g/mol,C 后面的(H_2SO_4)或$\left(\frac{1}{2}H_2SO_4\right)$便是计量硫酸物质的量浓度的基本单元。

本书中使用的摩尔(mol),除特殊注明外,均是将具有一个电荷(或反应中发生一个电荷变化)的粒子$\left(\text{如 } Na^+、\frac{1}{2}Ca^{2+}、\frac{1}{3}Fe^{3+}、\frac{1}{2}SO_4^{2-}\text{ 等}\right)$作为计量的基本单元,如硬度、含盐量等的单位 mmol/L 意义如下:

硬度××mmol/L$\left[C\left(\frac{1}{2}Ca^{2+}、\frac{1}{2}Mg^{2+}\right)\right]$

含盐量××mmol/L$\left[C\left(Na^+、\frac{1}{2}Ca^{2+}、\frac{1}{2}Mg^{2+}、\frac{1}{2}SO_4^{2-}\text{ 等}\right)\right]$

交换容量××mol/m^3$\left[C\left(Na^+、\frac{1}{2}Ca^{2+}、\frac{1}{3}Fe^{3+}\text{等}\right)\right]$

为了简便,本书中对于摩尔(mol)不逐条注明其基本单元,仅在个别容易混淆的地方,在摩尔(mol)单位后面再加注其基本单元。所以,书中凡未注明其基本单元的,均是指具有一个电荷的粒子为其基本单元。

由于编者水平有限,书中难免有不妥之处,敬请读者不吝赐教,以便再版时订正。

编　者

2005年5月

CONTENTS

目录

0 CHAPTER 绪 论

0.1 水资源和节约用水

由于地球上存在水，各种植物、动物以至人类才能得以生存，人类的各种社会活动（包括工农业生产活动）才能得以延续和发展。水是不可替代的资源。“水，生命的重要源泉”，这是1976年世界环境日的主题。1993年1月18日联合国又决定将每年3月22日定为世界水日。

地球上水很多，大约有$1.386\times10^{18}m^3$，但其中绝大部分是海水，约占94%，由于海水含盐量高（含NaCl约3.5%）、流域分布局限（仅限于沿海地区），大规模使用受到限制。适合人类活动的各种淡水在地球上约有$2.767\times10^{16}m^3$，仅占全部水量的2%，而且这2%的淡水中，大部分分布在冰山、冰川及大气中，人类不能直接利用，人类可以利用的河流、湖泊及浅层地下水仅有$4.7\times10^{15}m^3$。地球上人类可以利用的水资源是非常有限的。

此外，可以被人类利用的淡水资源在地球上分布又极不均衡，有的国家（地区）水量充沛，有的国家（地区）却处于干旱和半干旱状态，甚至有的仅能依靠海水淡化来维持正常的社会活动（如中东地区）。早在1977年联合国水会议就发出警告：“水不久将成为一个深刻的危机，继石油危机之后的下一个危机便是水。”可见缺水问题已是非常严重的问题。以我国为例，虽然我国水资源总量（28471亿m^3）占世界6%，但我国人均可利用的水资源仅2111m^3/（人·a）（2018年），不及世界人均水资源的1/5，居世界149个国家的121位（2014年），远低于加拿大、巴西、印度尼西亚、俄罗斯和美国，我国年耕地亩均水量约为1769m^3，约为世界平均量的3/4。我国水资源相当短缺，但我们利用这地球上6%的水资源，繁养了世界约20%的人口（15亿），并贡献了世界18%以上的经济总量。

我国水资源分布又呈现南方多北方少的状况，南方长江流域、华南、西南、东南地区水资源占全国的82.9%（人口占全国的54.7%），而北方的东北、华北、黄河、淮河流域及内陆河片水资源仅占全国的17.1%（人口占全国的45.3%，2014年），我国北方及西北地区是严重的缺水地区，干旱缺水地区涉及20多个省市，总面积达500万km^2，占我国陆地面积的52%。在我国600多个建制市中有近400座城市缺水，严重缺水城市达110多个，甚至有的省市年人均水资源低于1000m^3，达到国际上公认的水资源紧缺限度。另外，我国北方和西北地区不同季节的降水量又极不均衡，6～9月集中了全年降水量的70%～80%，更加剧了这一地区的缺水状况。水资源短缺除影响人的正常生活外，还限制了工农业发展。

水资源短缺的另一个特点是淡水水质的恶化，全球河水的溶解固体中位数是

127.6mg/L,溶解有机碳平均数是5.3mg/L,而我国大部分河水均超过此值,例如黄河水的溶解固体就达该值的4倍,长江水为该值的1.6倍。

水资源污染又从另一个方面减少可被利用的淡水资源量。由于人类活动和工农业生产中废水的排放,天然水体水质急剧下降,限制了水资源利用,并增加了处理费用,这与水资源短缺构成了恶性循环。

为了维持人类的正常生活和工农业生产的稳定持续发展,必须合理利用我们仅有的水资源,并保护水资源,前者就是节约用水,后者就是环境保护,二者都是重要的工作,缺一不可。

节约用水是必须的。工业企业节约用水可以从以下方面进行操作。

(1) 加强水资源管理,引入市场机制,对从自然界取水实行分时、分质、分类收取水费,利用水费的杠杆作用减少需水量,保证节水工作的实施;

(2) 在工业企业内部加强水务管理,合理进行水量分配,促进企业内部水的重复使用、循环使用和分级利用,提高水的重复利用率,减少排放,减少水的损失和浪费;

(3) 鼓励使用海水、苦咸水及其他低质水,搞好中水回用,开发与此相关的技术和设备;

(4) 加大科技投入,开发节水的新技术、新工艺、新材料,开发及使用节水型设备与器具,减少用水。

0.2 工业用水

社会总用水量可以分为工业用水、农业用水和城镇生活用水三部分。所谓工业用水,是指工矿企业的各部门在工业生产过程(或期间)中,制造、加工、冷却、空调、洗涤、锅炉等处使用的水及厂内职工生活用水的总称。工业用水的水量、水质、水压和水温要符合工矿企业各自的要求。

1. 工业用水分类

在工业企业内部,不同工厂、不同设备需要的水量、水质是不同的,工业用水的种类繁多。关于工业用水的分类,由于涉及企业、工艺面广,涉及的问题复杂,尚没有统一的看法,从不同需求、不同角度可以提出不同的分类方法,下面对目前几种常用的(或习惯使用的)分类方法加以介绍。

1) 工业用水按行业分类

对工业用水进行分类时,按不同工业部门即行业进行分类,行业分类可以按照《国民经济行业分类》(GB/T 4754—2017)中的规定并结合工业行业实际情况进行分类,如钢铁行业、医药行业、造纸行业、火力发电行业等。

2) 按生产过程主次分类

工业企业用水分为主要生产用水,辅助生产用水(包括机修、锅炉、运输、空压站、厂内基建等),附属生产用水(包括厂部、科室、绿化、厂内和车间浴室、保健站、厕所等生活用水)三类。

3）按水的用途分类

工业企业用水按用途可作如下分类：

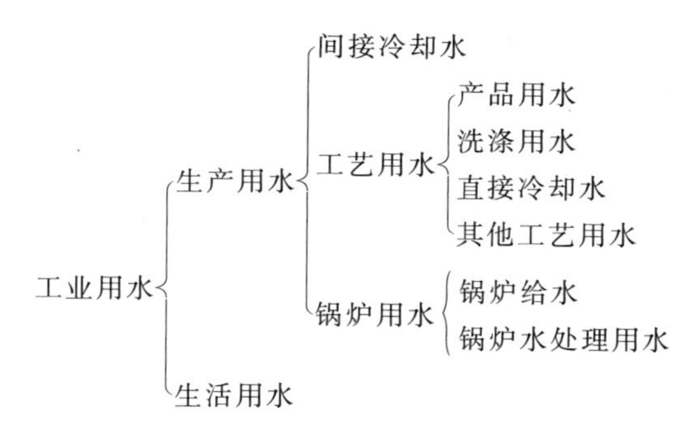

在工业生产过程中，为保证生产设备能在正常温度下工作，吸收或转移生产设备多余热量需使用冷却水，当此冷却水与被冷却介质之间由热交换器壁或设备隔开时，称为间接冷却水。

产品用水是指在生产过程中，作为产品原料的那部分水（此水或为产品的组成部分，或参加化学反应）。

洗涤用水指生产过程中对原材料、物料、半成品进行洗涤处理的水。

直接冷却水是指生产过程中，为满足工艺过程需要，使产品或半成品冷却所用与之直接接触的冷却水（包括调温、调湿使用的直流喷雾水）。

其他工艺用水指产品用水、洗涤用水、直接冷却水之外的工艺用水。

锅炉给水是指为直接产生工业蒸汽而进入锅炉的水，它由两部分组成：一部分是回收由蒸汽冷却得到的冷凝水，另一部分是经化学水处理处理好的补给水（软化水或除盐水）。

锅炉水处理用水指处理锅炉补给水的化学水处理工艺所用的再生、冲洗等自用水。

4）在企业内部还习惯按水的具体用途及水质分类

在啤酒行业分为糖化用水（投料水），洗涤用水（洗槽用水、刷洗用水、洗涤用水等），洗瓶装瓶用水，锅炉用水，冷却用水，生活用水等。

在味精行业分为淀粉调浆、酸解制糖用水，糖液连消用水，谷氨酸冷却用水，交换柱清洗用水，中和脱色用水，结晶离心烘干用水，成品包装用水，锅炉用水等。

在火力发电行业分为锅炉给水、锅炉补给水、冷却水、冲灰水、消防水、生活用水等。

按照水质来分可分为纯水（除盐水、蒸馏水等），软化水（去除硬度的水），清水（天然水经混凝、澄清、过滤处理后的水），原水（天然水），冷却水，生活用水等。

2. 工业用水水量

在社会总用水量中，农业用水量最多，所占比例最大，比如 2016 年我国农业用水量 3768 亿 m^3 占社会总用水量的 62.4%。随着国民经济发展，工业化程度加速，工业用水水量上升，所占比例也提高；而农业用水虽然用水量也会上升，但在社会总用水量中比例却会下降。发达国家农业用水量占社会总用水量的 30%～50%，工业用水占 30%～50%。2016 年我国工业用水共 1308 亿 m^3，占全国总用水量的 21.6%。

工业中不同行业的用水量是不同的，工业中高用水量行业是火力发电、纺织、造纸、钢铁和石油化工。表 0-1 列举了我国各工业行业允许的取用水定额。

表 0-1 各工业行业允许的取用水定额

序号	行业类别			单位	取水定额	
					建成企业	在建企业
1	火力发电 GB/T 18916.1—2021	燃煤发电	循环冷却＜300MW、300MW、600MW、1000MW	$m^3/(MW \cdot h)$	3.20、2.70、2.35、2.00	1.85、1.70、1.65、1.60
			直流冷却＜300MW、300MW、600MW、1000MW		0.72、0.49、0.42、0.35	0.30、0.28、0.24、0.22
			空气冷却＜300MW、300MW、600MW、1000MW		0.80、0.57、0.49、0.42	0.32、0.30、0.27、0.24
		燃气-蒸汽联合循环	循环冷却＜300MW、≥300MW		2.00、1.50	1.00、0.90
			直流与空气冷却		0.40	0.20
2	钢铁联合企业 GB/T 18916.2—2022	含焦化生产	含冷轧、不含冷轧	m^3/t 粗钢	≤4.8、≤4.5	≤3.9、≤3.2
		不含焦化生产	含冷轧、不含冷轧		≤4.2、≤3.6	≤2.8、≤2.3
		炼铁(钢)工序	转炉炼钢、电炉炼钢	m^3/t 生铁	≤1.09	≤0.42
				m^3/t 粗钢	≤0.99、≤1.24	≤0.52、≤1.05
		轧钢工序	棒材、线材、型钢	m^3/t 钢材	≤0.70、≤1.26、≤0.79	≤0.38、≤0.41、≤0.31
			中厚板、无缝钢管		≤0.74、≤1.56	≤0.38、≤0.86
			热轧板带、冷轧板带		≤0.91、≤1.40	≤0.45、≤0.61
3	石油炼制 GB/T 18916.3—2022			m^3/t	0.75	0.6
4	纺织染整产品 GB/T 18916.4—2022	机织物	棉印染、化纤印染、棉化纤混纺印染	m^3/100m	1.6、1.1、2.4	1.3、0.9、2.0
		纱线、针织物	棉印染、化纤印染、棉化纤混纺印染	m^3/t	90、75、120	80、70、110
5	造纸产品 GB/T 18916.5—2022	纸浆(漂白化学木浆、溶解级木浆、本色化学木浆、漂白化学竹浆、溶解级竹浆、本色化学竹浆、漂白化学非木(麦草、芦苇、甘蔗渣等)浆、脱墨废纸浆、漂白脱墨废纸浆、未脱墨废纸浆、化学机械木浆)		m^3/t	90、60、130、30、20、35	75、83、60、85、93、60、110、25、35、20、30
		纸(新闻纸、未涂布印刷书写纸、生活用纸、包装用纸)			20、35、30、25	16、32、30、25
		纸板(白纸板、箱纸板、瓦楞原纸)			30、25、25	30、24、22
6	核电 GB/T 18916.46—2019	600MW 级		$m^3/(kW \cdot h)$	≤0.21	
		1000MW 级			≤0.11	
7	合成氨 GB/T 18916.8—2017	原料：天然气		m^3/t	≤12	≤7.5
		原料：无烟块煤			≤14	≤10
		原料：烟煤、褐煤			≤18、≤22	≤14
8	化学制药产品 GB/T 18916.10—2021	维生素C(原料药)		m^3/t	≤140	≤110
		青霉素工业盐(制药中间体)			≤340	≤200
9	聚氯乙烯 GB/T 18916.38—2018	电石法		m^3/t	≤12	≤6
		乙烯氧氯化法			≤9.5	≤8.5

3. 工业用水水质

不同行业、不同工艺对用水水质的要求是不同的。在工业行业中，有的对水质要求很高，如电子行业、火力发电行业（锅炉给水）及某些制药工艺要求使用纯水，对它们来讲，工业用水处理就是将原水（对用水量较少的电子和制药行业往往用城市自来水作原水，而用水量较大的发电行业则多取天然水作原水）经一系列处理去除水中杂质后制得纯水，供生产使用，若水质达不到要求，则会产生一系列危害。而工业上的各种冷却水，它的作用是传输热量，对水质要求则不高，一般的天然水或稍经处理后的水即可达到要求，但为防止设备污垢和腐蚀损坏，必须对冷却水进行各种防垢、防腐和防止生物生长处理。所以，工业上每一个生产工艺、每一种设备对其用水的水质都有它各自的要求，工业用水处理就是要满足这种水质需求。在表 0-2～表 0-5 中列举了一些工业行业对用水水质的要求，表 0-6 为生活饮用水水质标准。

表 0-2 电子行业元器件生产和清洗用水水质标准（GB/T 11446.1—2013）

指标		单位	一级（EW-Ⅰ）	二级（EW-Ⅱ）	三级（EW-Ⅲ）	四级（EW-Ⅳ）
电阻率		MΩ·cm（25℃）	>18（5%时间不小于 17）	≥15（5%时间不小于 13）	12.0	0.5
全硅		μg/L	2	10	50	1000
微粒数	0.05～0.1μm	个/mL	≤500			
	0.1～0.2μm		≤300			
	0.2～0.3μm		≤50			
	0.3～0.5μm		≤20			
	>0.5μm		≤1			
细菌个数		个/mL	≤0.01	≤0.1	≤10	≤100
铜		μg/L	≤0.2	≤1	≤2	≤500
锌		μg/L	≤0.2	≤1	≤5	≤500
镍		μg/L	≤0.1	≤1	≤2	≤500
钠		μg/L	≤0.5	≤2	≤5	≤1000
钾		μg/L	≤0.5	≤2	≤5	≤500
氯		μg/L	≤1	≤1	≤10	≤1000
NO_3^-、PO_4^{3-}、SO_4^{2-}		μg/L	≤1	≤1	≤5	≤500
TOC		μg/L	≤20	≤100	≤200	≤1000
氟、溴、NO_2^-		μg/L	≤1			
铁、铅		μg/L	≤0.1			

表 0-3 锅炉给水水质标准（GB/T 1576—2018 和 GB/T 12145—2016）

指标	压力/MPa											
	低压锅炉						高参数汽包炉				直流炉	
	热水锅炉（锅内处理）	≤1（锅内处理）	≤1（锅外水处理）	1.0～1.6	1.6～2.5	2.5～3.8	3.8～5.8	5.9～12.6	12.7～15.6	15.7～18.3	5.9～18.3	18.4～25
浊度/（FTU）	≤5～20	≤20	≤5	≤5	≤5	≤5						
硬度/（mmol/L）	≤6	≤4	≤0.03	≤0.03	≤0.03	≤0.005	≤0.002	≈0	≈0	≈0	≈0	≈0
油/（mg/L）	≤2	≤2	≤2	≤2	≤2	≤2						
电导率/（μS/cm）				110～550	100～500	80～350		≤0.3（K+H）*	≤0.3（K+H）*	≤0.15（K+H）*	≤0.15（K+H）*	≤0.10（K+H）*

续表

指标	压力/MPa											
	低压锅炉						高参数汽包炉				直流炉	
	热水锅炉(锅内处理)	≤1(锅内处理)	≤1(锅外水处理)	1.0～1.6	1.6～2.5	2.5～3.8	3.8～5.8	5.9～12.6	12.7～15.6	15.7～18.3	5.9～18.3	18.4～25
铁/(μg/L)	≤300	≤300	≤300	≤300	≤100～300	≤100	≤50	≤30	≤20	≤15	≤10	≤5
铜/(μg/L)							≤10	≤5	≤5	≤3	≤3	≤2
溶解 O_2/(μg/L)	≤100		≤100	≤50～100	≤50	≤50	≤15	≤7	≤7	≤7	≤7	≤7
SiO_2/(μg/L)							保证蒸汽 SiO_2≤20			≤20	≤15	≤10
钠/μg/L											≤3	≤2
TOC/(μg/L)								≤500	≤500	≤200	≤200	≤200
Cl^-(μg/L)										≤2	≤1	≤1
pH 值	7～11	7～10.5	7～10.5	7～10.5	7～10.5	7.5～10.5	8.8～9.3	8.8～9.3 或 9.2～9.6(无铜系统)				

* (K+H)指水通过氢型阳离子交换柱后电导率,称为氢电导率或阳离子电导率。

表 0-4 制药用水水质标准(中国药典 2020)

项目	单位	纯化水(可用作一般制剂)	注射用水
制取方法		蒸馏、离子交换、反渗透等	纯化水经蒸馏所得
性状		透明、澄清、无色、无臭	透明、澄清、无色、无臭
pH 值		5.0～7.0	5.0～7.0
不挥发物	mg/L	≤10	≤10
氨	mg/L	≤0.3	≤0.2
硝酸盐	mg/L	≤0.6	≤0.6
亚硝酸盐	mg/L	≤0.02	≤0.02
重金属	mg/L	≤0.1	≤0.1
TOC	mg/L	≤0.5	≤0.5
电导率	μS/cm(25℃)	≤5	≤1.3
微生物	CFU	≤100/mL	≤10/100mL
细菌内毒素	EU/mL		≤0.25

表 0-5 轻工和化工企业部分生产工艺用水水质

项目	制糖	造纸			纺织	染色	洗毛	鞣革	人造纤维	黏液丝	胶片	合成橡胶	聚氯乙烯	合成染料	洗涤剂
		高级	一般	粗纸											
浊度/度	5	5	25	50	5	5		20	0	5	2	2	3	0.5	6
色度/度	10	5	15	30	20	5～20	70	10～100	15	5	2			0	20
硬度/度	5	3	5	10	2	1	2	3～7.5	2	0.5	3	1	2	3	5
碱度/(mg $CaCO_3$/L)	100	50	100	200	200	100		200		50					
pH 值	6～7	7	7	6.5～7.5		6.5～7.5	6.5～7.5	6～8	7～7.5	6.5～7	6～8	6.5～7.5	7	7～7.5	6.5～8.5
总含盐量/(mg/L)		100	200	500	400	150	150			100	100	10	150	150	150
铁/(mg/L)	0.1	0.05～0.1	0.2	0.3	0.25	0.1	1.0	0.1～0.2	0.2	0.05	0.07	0.05	0.3	0.05	0.3
锰/(mg/L)		0.05	0.1	0.1	0.25	0.1	1.0	0.1～0.2		0.03					
SiO_2/(mg/L)		20	50	100		15～20				25	25				
氯化物(Cl)/(mg/L)	20	75	75	200	100	4～8		10		5	10	20	10	25	50
COD_{Mn}/(mg/L)	10	10	20			10	1		6	5					

注:引自《给水排水设计手册》第一分册,中国建筑工业出版社,1986。

表 0-6 生活饮用水卫生标准——常规指标(摘)

序号	指标		单位	限值	序号	指标		单位	限值
1	感官和一般化学指标	色度	钴铂色度	15	17	放射性指标	总 α 放射性	Bq/L	0.5
2		浊度	NTU	1	18		总 β 放射性	Bq/L	1
3		臭和味		无	19	微生物指标	大肠菌群	MNP/mL	末检出
4		肉眼可见物		无	20		大肠埃希菌	MNP/mL	末检出
5		pH 值		6.5～8.5	21		菌落总数	MNP/mL	100
6		铝	mg/L	0.2	22	毒理指标	砷、铅、溴酸盐	mg/L	0.01
7		铁	mg/L	0.3	23		镉	mg/L	0.005
8		锰	mg/L	0.1	24 25		六价铬、氰化物、二氯乙酸	mg/L	0.05
9		铜	mg/L	1.0	26		汞	mg/L	0.001
10		锌	mg/L	1.0	27		氟化物	mg/L	1.0
11		氯化物	mg/L	250	28		硝酸盐(以 N 计)	Mg/L	10
12		硫酸盐	mg/L	250	29 30		三氯甲烷、二氯乙溴甲烷	mg/L	0.06
13		溶解固体	mg/L	1000	31		氯酸盐、亚氯酸盐	mg/L	0.7
14		总硬度(以 $CaCO_3$ 计)	mg/L	450			三氯乙酸、三溴甲烷、一氯二溴甲烷	mg/L	0.1
15		COD_{Mn}(以 O_2 计)	mg/L	3		消毒剂	末梢水余氯/二氧化氯	mg/L	0.05/0.02
16		氨(以 N 计)	mg/L	0.5					

资料来源:《生活饮用水卫生标准》(GB 5749—2022)。

0.3 工业用水处理的重要性

工业水处理可以分为工业用水处理(也称为工业给水处理)和工业废水处理。工业用水处理就是将水质处理到能满足企业内部不同工艺、不同设备对水质的要求,保证企业生产正常进行。比如锅炉要求提供纯水或软化水;电子工业要求使用纯水并去除水中微粒;食品工业则要求水能符合相应的饮用水标准;密闭式冷却水系统,则要求水为清水、软化水或纯水。如果达不到这种要求,则会对产品、设备产生一系列的危害,这些危害总结起来有如下几点。

(1) 影响产品质量:比如电子工业的冲洗用水,如果水的纯度或水中颗粒状物达不到要求,生产的集成电路质量则无法得到保证;印染行业水质达不到要求,印染产品会色泽不匀并出现疵点。

(2) 影响设备安全:如锅炉用水水质不合格,会出现炉管内结垢、腐蚀,发生爆管,危及锅炉安全。

(3) 降低效率,浪费能源:比如各种冷却水,如果处理不好,热交换器会产生结垢,影响传热,降低热效率,浪费能源。

(4) 对食品及饮料工业用水,水质不合格还会影响人们的健康。

所以,现代的工业企业,都非常重视用水的水质及相应的水处理工作,因为它是保证产品质量、提高效率、保护设备的重要条件。

本书以水处理工艺为顺序,详细讲解工业用水处理技术中的各技术单元,可以满足各种工业行业对用水处理技术的需要。

1 CHAPTER 水源及水质

1.1 工业用水水源及水务管理

1.1.1 工业用水的水源

工业用水(industrial water)水源通常为地表水(河水、湖水、水库水)和地下水(井水)。对用水量不大的中小型企业,还可以直接使用城市自来水作水源。在某些特殊场合,如沿海地区和缺水地区,现在越来越多地使用海水和经二级处理后的城市污水(中水)作水源。

1. 地表水

地表水(surface water)通常包括河水、湖水、水库水。这些水主要由雨水、冰川融水和泉水等地面径流汇合而成,一般来说水质较好,含盐量较低,含氧充足,CO_2 含量少;但水质受气候、季节影响大,水质波动大,水中悬浮物多,水中生物及微生物多。在沿海地区,地表水还易受到海水倒灌的影响,含盐量大幅增高。相对于河水,湖水、水库水受气候、季节影响小,水质波动小;但由于水体流动性差,水中生物活动频繁,水中腐殖质类有机物含量偏高,有时还会出现一些复杂的有机胶体,给某些要求高的水处理工艺带来困难。

地表水易受工业废水和生活污水排放的污染物影响,各种污染物排向地表水时,地表水的水质会急剧恶化。当排向水体的污染物量在水体自身可以承受的范围内时,水体自身会通过一系列物理、化学、生物作用(如稀释、沉淀、生物氧化、细菌死亡等)恢复水体的本来面貌,将被污染的不洁水体变为清洁水体,这称为水体自净(self-purification of water body)。当排向水体的污染物量多,超过水体自净能力时,水质就会急剧恶化,发黑、发臭。

因此,对以地表水为水源的工业企业,应定期地对水源水质进行分析,通常每月一次,建立水源水质资料档案。要注意洪水期及枯水期的水质资料。还要了解本企业取水点附近及上游的工业废水和生活污水排放情况及变化趋势,掌握它们对本企业取水水质的影响,必要时要采取相应措施。

2. 地下水

地下水(ground water)即通常所说的井水或泉水。它是雨水或地表水经过地层的渗流而形成的。地下水按深度可以分为表层水(包括潜水和浅层承压水)、层间水和深层水。表层水包括土壤水和潜水,它是地壳不透水层以上的水;层间水是指不透水层以下的中层地下水,这是工业使用较多的地下水源;深层水为几乎与外界隔绝的地下水层。由于地壳构造的复杂性,不同地区(甚至是相邻地区)同一深度的井,有的可能引出的是表层水,有的可能引出的是中层地下水(图 1-1),水质会有很大不同。

图 1-1 表层水井和间层水井位置示意图

由于地下水长期与土壤、岩石接触，土壤、岩石中矿物质会逐渐溶解于水中。一般来说，水层越深，含盐量越高，有的甚至可以达到苦咸水水质。地下水水质还与地下水流经的岩石矿区有关，如流经铁矿区，水中含铁、锰较高；流经石灰岩地区，水的硬度较高等。

地下水由于与外界隔绝，水质受气候、季节影响小，水质稳定、浊度低、溶氧少、有机物少、微生物少，但由于地壳活动，地下水含 CO_2 多。

某些地表的工业废水和生活污水污染源，会通过土壤渗流，对附近浅井地下水水质产生影响，使水中污染物增多。近海地区的某些井水也可能会渗入海水，使井水含盐量急剧升高。

以井水为水源的企业也应建立水质档案，由于井水水质较稳定，水质分析次数可适当减少(如每季一次)，但是应建立取水用井的详细档案资料，包括本地区的水文地质资料、凿井的地层标本和地质柱状图，以及井位、井深、井管结构、动水位、静水位、泵、流量、水温等有关资料。

浅井附近应禁止污水的排放和污物的堆放。

3. 城市自来水

由于经济成本问题，使用城市自来水(city water)作水源的都是用水量较少的中小型企业，有时仅是企业的某个车间、工段。

城市自来水有的取自地表水，经混凝、澄清、过滤、消毒处理后供出，有的取自地下水(井水、泉水)，仅经过滤、消毒后供出。城市自来水的水质应符合《生活饮用水卫生标准》(GB 5749—2022)。

城市自来水水质稳定，受气候影响小，特别是水的浊度，可以很好地稳定在很小的范围内。但是，由于工业企业使用的自来水都是从管网上引出的，有的甚至在管网末端，企业引入的水质还会受管道影响，流经某些使用年代很久的管道，尤其是在长期停运后刚投运时，水质很差，有色，浊度高，有时甚至发黑、发臭，这时应加强管道冲洗、排放。

对城市自来水作水源的企业，也应对其水质进行定期分析，建立档案。

4. 海水

沿海地区的工业企业，经常取用海水(sea water)作冷却水。在某些淡水资源紧缺的地区，也可以取用海水，进行淡化处理后，作工业的其他用途，但其费用昂贵。

海水水质差，含可溶盐多，但水质稳定。海水的盐度(salinity)可达 3.3%～3.7%，海水总含盐量中氯化物可达 88.7%，硫酸盐为 10.8%，碳酸盐仅 0.3%(碳酸盐波动较大)，海水表层 pH 值为 8.1～8.3,深层 pH 值约为 7.8。

由于海水水质差,作为冷却水使用时,设备与管道的腐蚀严重,防腐工作很突出。另外,海生生物(如各种贝壳)在冷却水系统的繁殖和黏附会堵塞管道,影响冷却效果,必须采用有效的措施。

近年来,近海地区的海水也常常受到工业和生活排放的污染,水质中有机物质,特别是N、P 含量上升,富营养化,海生生物繁殖严重,由于工业企业使用的是近海海水,所以这些工业企业应注意近海海水水质的变化。

5. 中水(再生水)

某些严重缺水的城市地区,工业已广泛使用中水(reclaimed water)作水源。所谓中水是指城市污水或生活污水经二级处理(生化处理及过滤消毒处理)达到一定的水质标准要求后,在非饮用范围内重复使用的水,其应用范围如厕所冲洗、绿地浇灌、道路清洁、建筑施工、工业冷却水、非食品饮料的工业产品用水等,工业上还可直接将中水作水源水再经一系列净化处理后作为工艺用水,如锅炉用水、洗涤用水等。

由于城市生活污水水质差异不大,处理技术也比较成熟,所以中水水质也相对比较稳定。中水水质的特点是:悬浮物含量不高(<30mg/L),pH 变化不大,碱度、硬度、总溶解固体较高,但均在可接受的范围,但氯离子和硫酸盐有时变化大,有机物含量高,有腐蚀、结垢、生物繁殖和起泡沫倾向(表 1-1)。

中水可以直接(或稍经处理)作为工业冷却水使用。

如果要将中水用作工厂企业工艺用水水源,则必须对中水进行深度处理,以达到相应工艺用水的水质要求,这在技术上有较高要求,在经济上,处理费用也较高。当然,有的时候还要考虑人们的心理承受能力,特别是与食品、饮料、医药等有关的工业企业,应尽量避免使用中水水源。

表 1-1 中水(再生水)用作工业用水的质量要求

序号	指标	单位	冷却用水		洗涤用水	锅炉补给水	工艺与产品用水
			直流冷却	敞开循环式补充水			
1	pH 值	—	6.5～9	6.5～8.5	6.5～9	6.5～8.5	6.5～8.5
2	浊度	NTU		≤5		≤5	≤5
3	BOD_5	mg/L	≤30	≤10	≤30	≤10	≤10
4	COD_{Cr}	mg/L		≤60		≤60	≤60
5	氯离子	mg/L	≤250	≤250	≤250	≤250	≤250
6	硬度(以 $CaCO_3$ 计)	mg/L	≤450	≤450	≤450	≤450	≤450
7	碱度(以 $CaCO_3$ 计)	mg/L	≤350	≤350	≤350	≤350	≤350
8	溶解固体	mg/L	≤1000	≤1000	≤1000	≤1000	≤1000
9	氨氮(以 N 计)	mg/L		≤10		≤10	≤10
10	硫酸盐	mg/L	≤600	≤250	≤250	≤250	≤250

资料来源:《城市污水再生利用 工业用水水质》(GB/T 19923—2005)。

1.1.2 工业企业水平衡

水平衡(water balance)又称水量平衡,它是指一个工业企业(或者企业内部一个车间、一个工段)总的输入水量等于它的输出水量(耗水量、排水量和漏溢量之和),并用图来表示,即水平衡图。通过对水平衡图的编制和分析,搞清企业用水水量之间的关系,进行合理用水分析,明确企业用水的合理化利用程度,找出节约用水潜力,为减少用水量、提高水的利用率制定切实可行的措施。

水平衡图原理可用图 1-2 表示,从图上可知,在一个确定的用水区域内(一个企业或其一部分),不管其内部水如何循环、如何调度,但总的输入水量等于总的输出水量,即

$$V_w + V_{cy} = V_{cy} + V_l + V_d + V_{co} \tag{1-1}$$

其中

$$V_w = V_f + V_{s2} = V_l + V_d + V_{co}$$

式中,V 的单位为 m^3/d(下同)。

该区域内总用水量 V_t 则为

$$V_t = V_w + V_{cy} + V_{s1} = V_f + (V_{s1} + V_{s2}) + V_{cy} = V_f + V_s + V_{cy} \tag{1-2}$$

或

$$V_t = V_l + V_d + V_{co} + V_{cy} + V_{s1}$$

当企业实现零排放时,$V_d = 0$,则

$$V_w = V_f + V_{s2} = V_l + V_{co} \tag{1-3}$$

式中,V_w——补充水量;

V_t——总用水量,它是企业生产过程取用的新水量及重复利用水量之和;

V_f——新水量,为取自任何水源被第一次利用的水量;

V_{cy}——循环用水量,指在确定的系统内,生产过程中已用过的水,不处理或经过处理再用于原系统代替新水的水量;

V_{co}——耗水量,为生产过程中进入产品、蒸发、飞溅、携带及生活饮用所消耗的水量;

V_l——漏溢水量,指管道、阀门、水箱、设备、水池等用水与储水设施漏失或溢出的水量;

V_d——排水量,指排出系统外的水量;

V_s——回用水量,指生产过程中的排水,经过或不经过处理被另一个系统利用的水量,它又分为外部回用水量 V_{s2} 和内部回用水量 V_{s1},外部回用水量可以代替新水量。

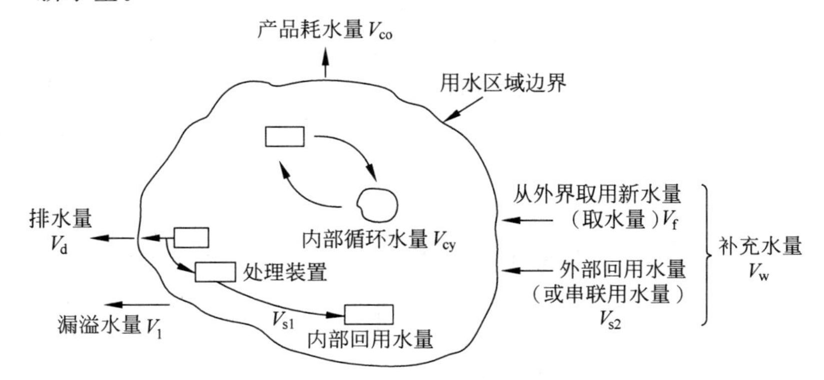

图 1-2 水平衡图的原理

对于新建企业,水平衡图是根据已有的技术和资料,对企业内部不同用水点的用水进行合理规划和分配,减少水的浪费,提高水的重复利用率。对于已建成运转的企业,水平衡图的制定首先要进行水量平衡测试,包括调查企业的水源情况(种类、水量、水质、用途等),绘制全厂和各用水点的给水系统图、排水管道图,配备必要的流量测量装置,根据生产实际情况确定测试单元和时段,然后组织测试,测得各种进水量、排水量、回用水量、循环水量,并计算各种耗水量和漏溢水量,编制水平衡图。水平衡应定期进行测试,作为分析和考核企业合理用水的依据。水平衡测试的工作程序如图1-3所示。

企业水平衡测试过程中,还有下面几个问题予以说明。

(1) 水平衡测试中的水量应以 m^3/d 为单位。对企业内部一些间歇性用水设备,也可以将其用水量统计在内。如果企业内有季节性用水设备,如空调、取暖锅炉等,则在计算全年月最高取水量时包括这部分水量。

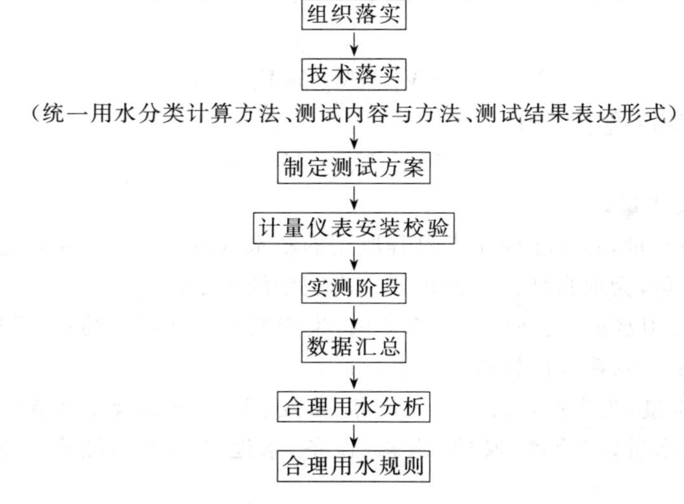

图1-3 水平衡测试工作程序

(2) 企业产品耗水量是各设备耗水量之和,设备耗水量 V_{co},可通过设备取水量与排水量之差计算求得;间接循环冷却系统的耗水量包括风吹损失和蒸发损失,无法测量,可利用经验值通过计算求得。

(3) 测量漏溢水量可以选择全厂停产日,关闭所有用水阀门,根据进水水表读数走动情况来确定,或者根据一级水表与二级水表差值(大于一级水表计量值2%部分)来近似确定。

(4) 由于水平衡测试工作极为烦琐、复杂、多变,所以允许测得的各类取水量之和与全厂实际取水量(日平均值)之间误差为10%。

(5) 在测试完毕后,要对下列用水指标进行计算。

① 工业用水重复利用率:重复用水量(内部回用水量 V_{s1} 及循环水量 V_{cy} 之和)与总用水量 V_t 的比值。

② 间接冷却水循环率:冷却水循环量(指从冷却设备流出又进入冷却设备中使用的那部分循环利用的水量)与冷却水用水量的比值。

③ 废水回收率:企业将对外排水回收处理后重新利用,其量与总的对外排水量之比。

④ 锅炉蒸汽冷凝水回收率：全厂用于生产和生活各个部门的年蒸汽冷凝水回用水量与锅炉年蒸发量的比值。

⑤ 职工人均日生活取水量：企业年生活取水量除以职工人数及生产天数，单位为L/(人·d)。

⑥ 单位产品取水量：V_f 除以产品产量(t或其他单位)，为一年内每生产单位产品需要的生产和辅助性生产的取水量(不包括厂区生活用水)，单位为 m^3/t 或其他。

典型的水平衡图举例见图 1-4 和图 1-5。

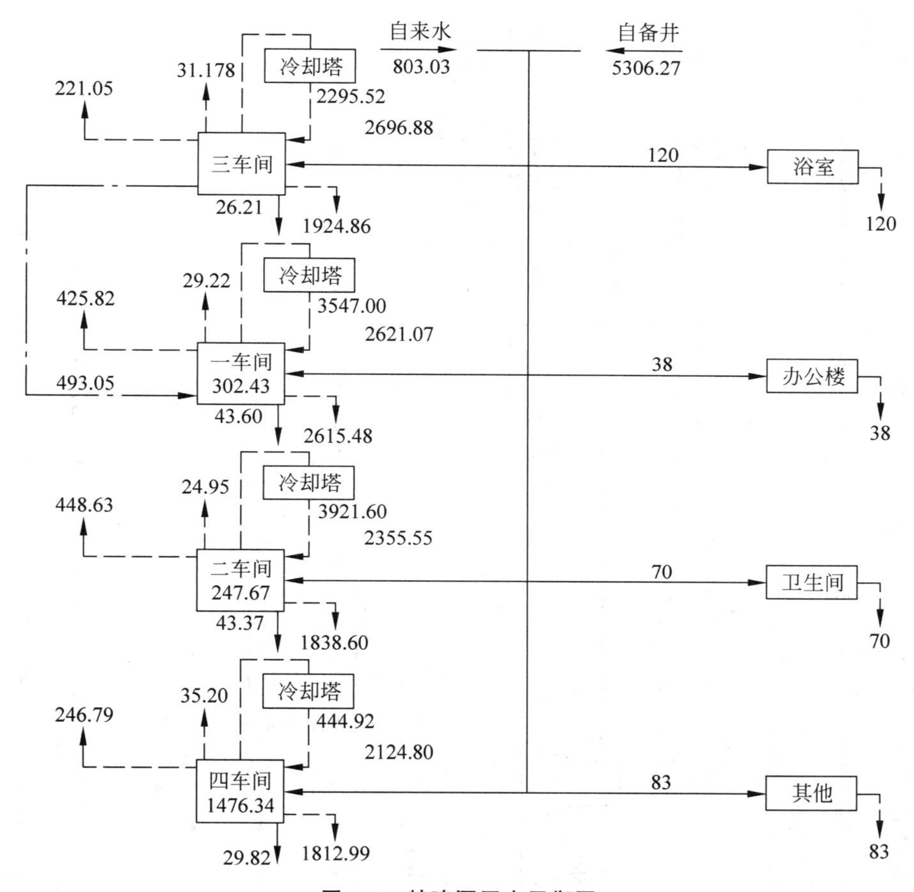

图 1-4 某啤酒厂水平衡图

1.1.3 工业企业节水

工业企业用水主要包括冷却用水、热力和工艺用水、洗涤用水等。其中冷却用水水量最大，占总工业用水总量的80%左右，取水量占工业总取水量的30%～40%。我国火力发电、钢铁、石油、化工、造纸、纺织、有色金属、食品与发酵等8个行业取水量占工业总取水量的60%(含火力发电直流冷却用水)，这些企业节水尤为重要。

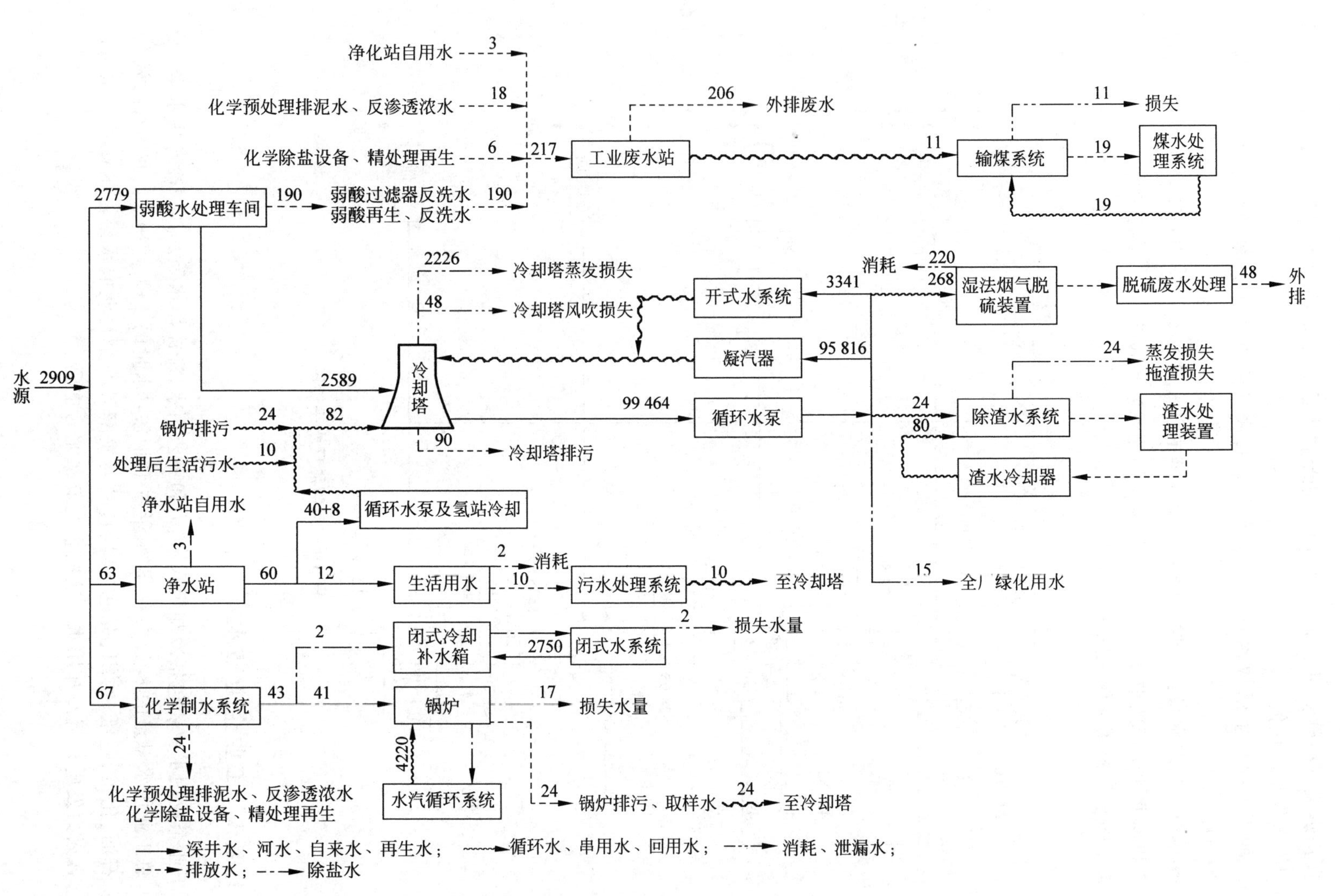

图 1-5 某装机 2×660WM 冷却塔循环供水的火力发电厂满负荷状态下水平衡图

1. 工业企业节水途径

一般来说，工业企业可通过下列途径来开展节水(water saving)工作。

(1) 加强企业内部的水务管理，定期进行水平衡测试，编制水平衡图，安装必要的、准确的水量计量装置，制订切实可行的用水计划(或节水计划)，定额管理。做到用水计划到位、节水目标到位、管理制度到位和节水措施到位，并有相应的宣传执行与监督检查措施。若采用经济杠杆作用，往往会取得立竿见影的效果。

(2) 对生产用水和生活用水分开进行计量，生活用水采用计费制。

(3) 对供水管道及用水器具加强检查维修，及时更换耗水量大的用水设备，甚至使用限量用水设备，减少跑、冒、滴、漏，减少水泄漏损失，这方面工作可将漏溢水量减少到总用水量的2%以下。

(4) 改进传统生产工艺，鼓励对节水型生产工艺的研究、开发、改进与采用，鼓励节水型器具的使用，这是一项复杂的技术与管理工作，它涉及工业生产的产品结构、原料路线、工艺方法、生产设备、生产组织等诸多方面，它是工业企业节水的根本途径。工业生产的节水技术主要包括如下几个方面。

① 冷却水节水技术：包括高效换热技术、高效节水型冷却塔、能提高浓缩倍率的高效循环冷却水处理技术、代替水冷却的空气冷却技术、汽化冷却技术等。

② 热力和工艺系统节水技术：包括生产工艺(装置内、装置间、工序内、工序间)的热联合技术，减少排污的锅炉水处理技术，锅炉气力排灰排渣技术，干式蒸馏，干式汽提，无(或少)蒸汽除氧技术，能减少自用水率的水处理技术等。

③ 洗涤节水技术：包括逆流漂洗、喷淋漂洗、汽水冲洗、气雾喷洗、高压水洗、振荡水洗、转盘清洗等清洗技术，使用高效清洗设备及能减少清洗用水的化学助剂等。

④ 废水处理技术：能达到处理后可以回用的各种废水处理技术，包括过滤、吸附、氧化、膜法等技术。

⑤ 输水管网及用水设备的检漏与快速堵漏技术、水压与水面的自动控制技术等。

例如在酒精行业，高温蒸煮、间断糖化、常规发酵、常压蒸馏工艺的单位产品取水量为150～210m^3/t，而低温蒸煮、双酶化糖化、连续发酵、差压蒸馏工艺的单位产品取水量仅为50～65m^3/t，节水达70%。在建材行业的水泥生产中，如采用干法生产，同湿法、半干法工艺相比，可节水10%～25%。在冷却水系统的冷却塔中，如安装节水装置，可大大减少风吹损失。再如在火力发电行业，冲灰是耗水较多的工段之一，不同工艺方案用水量很悬殊(见表1-2)，相差达几十倍，采用耗水较多的湿式除尘工艺及低浓度水力除灰系统不但耗水量大，而且经灰场沉降后的冲灰排水量也大，造成的污染也重。

表1-2 火力发电厂不同灰输送系统用水情况对比

不同灰输送系统	湿式除尘器低浓度水力除灰系统	干式除尘器低浓度水力除灰系统	干式除尘器高浓度水力除灰系统	干式除尘器干式除灰系统
每输送1t灰需要的水量/m^3	>20	约10	约3	约0.2

工业生产中很多水是用于洗涤的，如果改变洗涤方式，用喷淋法代替溢流洗法，用串联

循环洗涤代替直流洗涤,将直流用水改为循环用水,并控制一定的浓缩倍率,都可以取得很好的节水效果。

合理安排不同生产工艺对水量、水质、水压和水温的不同要求,将某些工艺(或企业)排水回收(或经适当处理)之后作另一工艺(或企业)的用水,即采用串联供用水系统,提高企业水的循环利用率和重复利用率。这些都是当前比较容易实现的重要节水途径。例如棉纺织行业冷却水循环利用可节水90%以上,机织业工艺用水回用率也可达90%以上。回收火力发电厂冲灰排水经适当处理后作冷却水补充水;各种锅炉供热蒸汽冷凝水回收用作锅炉补给水,不但节约水量,而且节约补给水处理成本,并回收了热量。

(5) 利用低质水源,如海水、中水、矿井排水以及深层地下水,减少对淡水的需求。技术许可时,也可将水冷却改为空气冷却,节约冷却水量等。

2. 工业企业节水指标

工业企业节水的评价体系是很复杂的,目前一般用下列指标进行工业企业节水的评价,参照《节水型企业评价导则》(GB/T 7119—2018)。

1) 单位产品取水量 V_{ui}

用水定额是一种人为规定的考核指标,在城市生活用水上应用较广泛。工业企业用水定额往往是按工业行业制定,制定依据是同类行业的用水水平或先进水平(国内或国外),用它作为一种指标性评判标准或限制标准。

单位产品取水量是指企业每生产单位产品需要的取水量(包括生产和辅助性生产的取水量,但不包括厂区生活用水),它为年生产取水量(m^3)除以年产品总量(t或其他单位):

$$V_{ui}=\frac{\text{年生产取水量(不包括厂区生活用水)}}{\text{年产量}} \quad (m^3/t\text{或其他单位}) \tag{1-4}$$

2) 重复利用率 R

重复利用率是考核工业用水中能够重复利用水量的重复利用程度,是工业用水水平的一个重要考核指标。该值为在一定计量时间(年)内重复利用水量与总用水量的比值,对于具有图1-2体系的用水系统,工业企业水重复利用率可按下式计算(式中各项符号意义同图1-2,只是单位改为m^3/a,下同):

$$R=\frac{V_{cy}+V_{s1}}{V_{cy}+V_{s1}+V_w}\times 100\%=\frac{V_{cy}+V_{s1}}{V_{cy}+V_{s1}+V_{s2}+V_f}\times 100\% \tag{1-5}$$

若没有外部回用水量($V_{s2}=0$),则

$$R=\frac{V_{cy}+V_{s1}}{V_{cy}+V_{s1}+V_f}\times 100\% \tag{1-6}$$

3) 冷却水循环率 R_c

冷却水循环率是考核循环冷却水系统的专项指标,是重复利用率在循环冷却系统中的细化指标,按照冷却水与产品是否直接接触,又分为直接冷却水和间接冷却水两类。冷却水循环率是指一定的计量时间(年)内,冷却水循环量与冷却水总水量之比:

$$R_c=\frac{V_{cy}}{V_{cy}+V_{ct}}\times 100\% \tag{1-7}$$

式中,V_{cy}——从冷却设备流出又进入冷却设备中使用的那部分循环利用的水量,称为冷却水循环量;

V_{ct}——冷却系统新水量(补充水量)。

4）锅炉蒸汽冷凝水回用(收)率 R_{con}

蒸汽冷凝水回用(收)率是考核蒸汽冷凝水回用程度的专项指标，是重复利用率在蒸汽锅炉上的细化指标。该指标是指在一定计量时间(年)内，全厂用于生产和生活各个部门的蒸汽冷凝水回用量与锅炉蒸发量之比，则

$$R_{con}=\frac{\text{年蒸汽冷凝水回用量}}{Dh}\times 100\% \tag{1-8}$$

式中，D——锅炉蒸发量，t/h；

h——锅炉年工作小时，h。

5）废水回收率 K_f

废水回收率指在一计量时间段内，企业将对外排水自行处理后回用量与对外排水量之比。

$$K_f=(V_{s2}/V_d)\times 100\% \tag{1-9}$$

6）非常规水源替代率 R_u

非常规水源包括矿井水、雨水、海水、再生水和矿化度大于 2g/L 的咸水。

$$R_u=(V_u/V_w)\times 100\% \tag{1-10}$$

式中，V_u——使用非常规水源的水量。

7）用水综合漏损率 R_1

$$R_1=(V_1/V_w)\times 100\% \tag{1-11}$$

8）达标排放率 K_p

达标排放率指在一计量时间段内，企业达到标准的排放水量与总的排放水量之比。

$$K_p=(V_{ds}/V_d)\times 100\% \tag{1-12}$$

式中，V_{ds}——达到排放标准的排水量。

9）水表计量率 R_m

水表计量率指在一计量时间段内，企业(或各车间)用(取)水水表计量值与总用(取)水量之比。

$$R_m=(V_{w1}/V_w)\times 100\% \tag{1-13}$$

式中，V_{w1}——企业用水水表计量值。

10）化学水处理制取系数 K_t

化学水处理制取系数为化学水处理车间总进水量与供出水量之比。

$$K_t=\text{水处理车间进水量}/\text{水处理车间供水量} \tag{1-14}$$

11）循环水浓缩倍率 ϕ

循环水浓缩倍率是间接冷却水中某种不沉淀离子(如 Cl^-)浓度与冷却水补充水该离子浓度之比。

$$\phi=[Cl^-]_X/[Cl^-]_B \tag{1-15}$$

式中，$[Cl^-]_X$、$[Cl^-]_B$——分别为循环水和补充水中 Cl^- 浓度。

12）单位产品排水量 V_p

$$V_p=\frac{V_d}{\text{年产量}}(m^3/t\text{ 或其他}) \tag{1-16}$$

3. 工业企业的零排放和近零排放

零排放(zero liquid discharge,ZLD,或 zero blowdown)是工业企业为达到节水、减少排污的一项综合性治理目标。20 世纪 70 年代首先由发达国家研究和提出,目前仍在不断完善,它是期望通过多种综合性技术来实现的一种理想的节水模式。

所谓“零排放”是指工业企业(或企业内某个工段)的用水除蒸发、风吹等自然损失外,全部在企业内循环使用或进入产品,不向外排放任何废水,水循环过程中积累的盐通过蒸发、结晶以固体形式排出。

零排放系统的投资费用和运行费用是昂贵的,为此又提出近零排放(MLD)概念。为节省费用,应尽量使高浓度废水量最小化,尽可能限制使用化学品,发挥各种自然蒸发的作用。一般来说,零排放系统包括下列部分:

(1) 企业补充水处理系统;

(2) 排水的脱盐处理系统;

(3) 高浓度盐水蒸发、浓缩、结晶系统;

(4) 污泥脱水系统。

火力发电厂典型的零排放系统如图 1-6 所示。

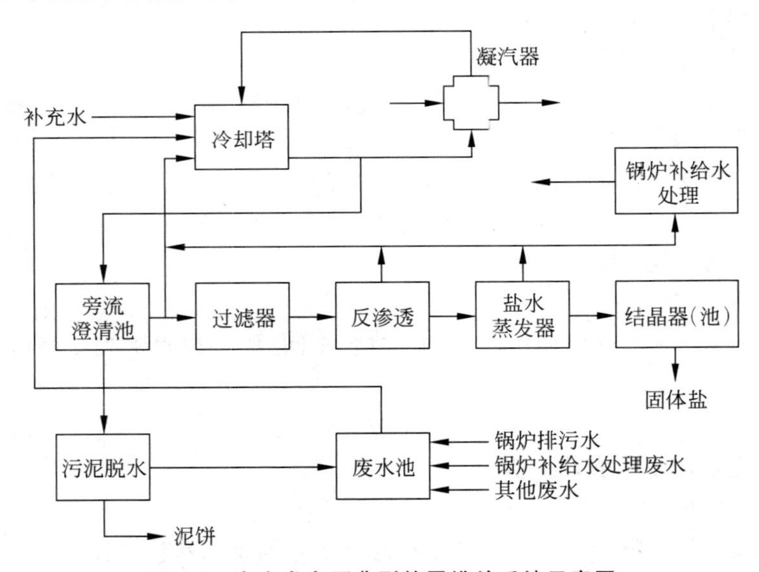

图 1-6 火力发电厂典型的零排放系统示意图

1.2 天然水中杂质

自然界中的水一直处于不停的运动中,并保持循环状态。水的循环可以分为自然循环和社会循环两种。自然循环是指地面的水(河水、湖水、海水)由于太阳照射的能量,蒸发变为水蒸气,上升至高空后冷凝为雨、雪降到地面,形成各种地面径流,出现河流和湖泊,最后流入海洋;还有一部分渗入地下,形成地下水,在适当条件下,以泉或井的方式再流入地面径流。社会循环是指人类在各种社会活动中从自然界取水,经处理后使用(生活应用或工业应用），使用后的废水经适当处理后再排入自然界，从而进行循环。

水在这些循环运动过程中，接触大气、尘埃、土壤、岩石、矿物以及各种污染物，还会滋生细菌及各种水生生物，这样给水中带入很多杂质。对于天然水中杂质，可以粗略地按其颗粒大小分为三类：悬浮物（suspended solids，SS）、胶体（colloid）和溶解物质（dissolved matter）。溶解物质又可以分为溶解气体、溶解的无机离子、溶解的有机物质三种。

1.2.1 悬浮物

通常将水中大于100nm（0.1μm）以上的颗粒称为悬浮物，它属于肉眼可见或者光学显微镜下的可见物。这一类物质包括泥沙、黏土、藻类、细菌及动植物残骸，例如水中细菌大小在0.1μm至几十微米之间，泥沙颗粒一般大于100μm，而藻类、动植物残骸则有更大的尺寸。

由于水中悬浮颗粒比较大，在水体流动时，它是悬浮在水中，当水体处于静止时，根据其密度大小，它会下沉或上浮。密度小于水的密度时，会上浮至水面，又称为上浮物；密度大于水的密度时，会下沉至水底，又称为下沉物。正是由于水中悬浮物这种不稳定性，使得湖水、水库水中悬浮物含量少，而河流水中悬浮物含量多，且受气候影响波动较大。

水中悬浮颗粒下沉和上浮速度与悬浮颗粒的密度成正比，与颗粒直径的二次方成正比，与水的黏度成反比。所以水中大颗粒的悬浮物最快下沉（或上浮），而小颗粒悬浮物在水中留存时间较长，易随水体移动。水的温度低，水黏度大，也不利于悬浮颗粒下沉（或上浮）。

1.2.2 胶体

胶体是指水中尺寸为1～100nm的颗粒。由于颗粒较小，沉降速度很慢，依靠重力很难达到沉降的目的，再加上胶体颗粒带有电荷以及布朗运动的影响，使水中胶体颗粒非常稳定，不能用自然沉降方法去除。

水中胶体按成分分为无机胶体、有机胶体和混合胶体三种。无机胶体多为硅、铝、铁的化合物、复合物及其聚合体，比如各种黏土胶体就是典型的无机胶体；有机胶体多为大分子的有机物，天然水中经常见到腐殖质类、蛋白质类的有机胶体；混合胶体多为无机胶体上吸附了大分子有机物构成。

在工业水处理中，近年来很关注有机胶体的去除，因为有机胶体是较难去除的颗粒，虽然它对经处理后水的残余浊度影响不大，但它进入工业用水系统中会造成很多危害。胶体由于颗粒小，具有较大的比表面积，它还会吸附水中其他物质，比如金属离子、有毒物质等，随水流移动，在自然界形成矿物的转移、富集等现象。

1.2.3 水中溶解气体

地表水由于和空气接触，空气会溶入水中。空气中含有氮气和氧气，所以水中也存在溶解的氮和氧，由于氮气是不活泼气体，不参与化学过程，所以一般都不予重视，仅注意水中的溶解氧。空气中还含有CO_2，CO_2也会溶解在水中。另外，由于地壳运动、水生生物作用等，放出的CO_2也会增加水中CO_2含量。排入地表水的各种生活污水、工业废水及农田排水，还会给地表水带入氨、硫化氢等气体。

地下水由于和空气隔绝,水中溶解氧量很少。但由于地下水长期在地层中,地壳活动产生的CO_2会大量溶解在地下水中,地下水的CO_2含量通常很高。另外,地下水若流经硫铁矿源,水中还会带有硫化氢等。

水中溶解的气体量,可以根据亨利定律来判断。按照亨利定律,水中溶解气体量与水面该气体分压力成正比。当水温升高时,水面水蒸气分压力上升,其他气体分压力下降,水中各种气体溶解量也下降;当水面处于真空状态时,水面各种气体分压力下降,水中溶解气体量也降低;当水达到所处压力下的沸点时,水沸腾,水面充满水蒸气,其他气体分压力为零,水中溶解气体也为零。

表1-3列出在空气压力为0.098MPa时水中的溶解空气(氮气及氧气)量。表1-4列出不同空气压力和温度时水中溶解氧量。表1-5给出真空环境下水的沸点和压力的关系。

表1-3 不同温度时水中溶解空气量(空气压力0.098MPa)

温度/℃		0	10	20	30	40	50	60
水中溶解的空气量	mL/L	28.8	22.6	18.7	16.1	14.2	13	12.2
	mg/L	37.2	29.2	24.2	20.8	18.4	16.8	15.77

表1-4 不同温度及压力下水中含氧量 单位:mg/L

水温/℃		0	10	20	30	40	50	60	70	80	90	100
空气压力/MPa	0.1013	14.5	11.3	9.1	7.5	6.5	5.6	4.8	3.9	2.9	1.6	0
	0.0811	11	8.5	7.0	5.7	5.0	4.2	3.4	2.6	1.6	0.5	0
	0.0608	8.3	6.4	5.3	4.3	3.7	3.0	2.3	1.7	0.8	0	0
	0.0405	5.7	4.2	3.5	2.7	2.2	1.7	1.1	0.4	0	0	0
	0.0203	2.8	2.0	1.6	1.4	1.2	1.0	0.4	0	0	0	0
	0.01013	1.2	0.9	0.8	0.5	0.2	0	0	0	0	0	0

表1-5 真空环境下水的沸点与压力关系

沸点/℃	压力/kPa	沸点/℃	压力/kPa	沸点/℃	压力/kPa
0	0.613	16	1.813	32	4.760
2	0.707	18	2.066	34	5.320
4	0.813	20	2.333	36	5.946
6	0.933	22	2.640	38	6.626
8	1.067	24	2.986	40	7.373
10	1.227	26	3.360	44	9.106
12	1.400	28	3.773	48	11.159
14	1.600	30	4.240	50	12.332

从表中可看出，水与空气接触，在大气压力下，水中最大的溶解氧量为 14.5mg/L(0℃时)，也即为此条件下的饱和溶解量。实际天然水中的溶解氧量达不到上述饱和量，一般仅为 5～10mg/L。水中溶解氧来自大气，但水中生物的生物活动会消耗溶解氧，当水中溶氧量为零时，水中细菌及水生生物会大量死亡，使水体变黑发臭。所以当天然水中进入大量有机污染物时，为防止细菌大量繁殖而造成的缺氧、水体变黑变臭情况的发生，应向水中充氧，此时由于水体中细菌繁殖，消耗了进入的有机污染物，使水恢复到原来清洁状态，这就是溶解氧在水体自净中的作用。水中溶解氧的另一个来源是水生生物的光合作用，它能将 CO_2 转变为有机质而放出氧。

当水面 CO_2 分压力为 0.098MPa 时，水中会溶入大量 CO_2(表 1-6)。但实际上，大气中 CO_2 含量很少，仅为 0.03%～0.04%(体积比)，与大气中 CO_2 相平衡时，水中 CO_2 含量(20℃时)仅为

$$1690 \times 0.03\%\text{mg/L} = 0.51\text{mg/L}$$

表 1-6 水面 CO_2 分压力为 0.098MPa 时水中 CO_2 饱和溶解量

温度/℃	0	10	20	30	40	50	60
CO_2 溶解量/(mg/L)	3350	2310	1690	1260	970	760	580

一般地表水中 CO_2 含量约几毫克每升至几十毫克每升，地下水中 CO_2 含量达几十毫克每升至几百毫克每升，远远大于与空气相平衡时由空气溶入的 CO_2，这主要是水生生物活动及地壳变化带入造成的。比如水生生物吸收氧气，氧化体内有机质后，产生 CO_2 排出体外，进入水中。

天然水中氨主要来自工业和生活污水中的污染物。当废水中含氮有机物(如蛋白质、尿素等)进入天然水体后，会在微生物作用下进行生物氧化，将有机质氧化为 CO_2、水和氨(NH_3 及 NH_4^+)，这里的氨就是通常所称的氨氮，氨氮再进一步氧化可以氧化为 NO_2^- 或 NO_3^-，称为亚硝酸氮和硝酸氮。

从水中总氮、有机氮、氨氮、硝酸氮的多少和相对含量比，可以判断水的污染程度及水污染时间的长短。

天然水中总氮(不包括溶解的氮气)的含量一般在零到几毫克每升。

地下水中有时含有硫化氢，当达 0.5～1mg/L 时，就可感觉到明显的臭鸡蛋味，它多在特殊地质环境中生成，比如油田地质是油中含硫化合物进入地下水后变为硫化氢。地下水中 H_2S 含量一般在零到几毫克每升。地表水中很少有硫化氢存在，偶尔出现硫化氢多是因为工业污水和生活污水排放的含硫化合物在缺氧条件下进行厌氧分解被还原而产生硫化氢。

天然水中有时还会含有少量甲烷，它也是各种有机污染物的厌氧分解产物。

1.2.4 水中溶解的无机离子

天然水中溶解的主要的无机离子如下。

阳离子：K^+、Na^+、Ca^{2+}、Mg^{2+} 等；

阴离子：HCO_3^-(CO_3^{2-})、SO_4^{2-}、Cl^-、$HSiO_3^-$ 等。

它们的含量占水中总的无机离子95%以上。除这些主要的离子外，其他的还有Fe^{2+}、Cu^{2+}、Mn^{2+}、Ba^{2+}、Sr^{2+}、I^-、PO_4^{3-}(HPO_4^{2-}、$H_2PO_4^-$)、NO_3^-、NO_2^-、F^-、Br^-，但含量均很低，约在mg/L级及以下。

1. Ca^{2+}、Mg^{2+}、HCO_3^-(CO_3^{2-})、SO_4^{2-}

地层中有许多含有钙、镁的岩石，比如石灰石、白云石、石膏、辉石、方解石、菱镁石、蛇纹石等，当水流经这些岩石时，水中含有的CO_2(由于微生物或植物作用，土壤和地层水中CO_2含量很高)会使这些岩石缓慢溶解，而使水中出现Ca^{2+}、Mg^{2+}、HCO_3^-、SO_4^{2-}等离子：

$$CaCO_3(\text{石灰石}) + CO_2 + H_2O \longrightarrow Ca^{2+} + 2HCO_3^-$$

$$MgCO_3 \cdot CaCO_3(\text{白云石}) + 2CO_2 + 2H_2O \longrightarrow Ca^{2+} + Mg^{2+} + 4HCO_3^-$$

石膏则直接溶解：

$$CaSO_4 \cdot 2H_2O \longrightarrow Ca^{2+} + SO_4^{2-} + 2H_2O$$

一般天然水中Ca^{2+}、Mg^{2+}含量约为几毫摩尔每升，而且Ca^{2+}比Mg^{2+}多，在水中溶解固形物<500mg/L，Ca^{2+}与Mg^{2+}摩尔比为(2～4)：1；当水溶解固形物>1000mg/L时，Ca^{2+}与Mg^{2+}摩尔比为(1～2)：1；水溶解固形物含量再高时，Mg^{2+}含量会高于Ca^{2+}含量，比如海水中Mg^{2+}为Ca^{2+}的2～3倍，含Mg^{2+}高的水，口感有苦味。

一般天然水中HCO_3^-浓度约几毫摩尔每升，若水pH较高，有一部分HCO_3^-会变为CO_3^{2-}，但CO_3^{2-}浓度太高时，会与Ca^{2+}形成$CaCO_3$沉淀析出。

天然水中SO_4^{2-}浓度较低，一般在几十毫克每升或以下。随着天然水中溶解固形物增高，水中SO_4^{2-}浓度增多，苦咸水中SO_4^{2-}及Mg^{2+}浓度均高。

2. Na^+、K^+、Cl^-

很多矿物或岩石中都含钠，其中钠长石中钠含量最高。另外，很多岩盐是钠和钾的氯化物，钠和钾的化合物又多是水溶性物质，当它们和水接触时，就会溶解于水中，使水中含有一定的Na^+、K^+、Cl^-。

一般来讲，天然水中K^+浓度低于Na^+浓度，一则因为含钾的岩石不及含钠岩石普遍，二则进入水中的K^+还会再次结合进入黏土矿物(如伊利石)中，使天然水中K^+浓度降低。

一般天然水中Cl^-和Na^+的浓度在几十毫克每升至几百毫克每升，K^+浓度比Na^+浓度低。我国天然水Na^+和K^+的摩尔浓度比约为7：1，按毫克每升计，K^+为Na^+含量的4%～10%。

海水中Na^+和Cl^-浓度很高，NaCl含量约35000mg/L，近海地区的地表水及某些井水，也会由于海水倒灌等渗入海水，而使NaCl浓度上升至几千毫克每升。

3. 其他无机离子

地下水中有时含有较多的Fe^{2+}和Mn^{2+}，这是因为含有CO_2的地下水流经各种铁矿石，如菱铁矿($FeSO_4$)、磁铁矿(Fe_3O_4)、褐铁矿($2FeO \cdot 3H_2O$)、硫铁矿(FeS)，以及流经软锰矿(MnO_2)、水锰矿(MnOOH)等时发生溶解造成的，如：

$$FeO + 2CO_2 + H_2O \longrightarrow Fe^{2+} + 2HCO_3^-$$

$$FeSO_4 \longrightarrow Fe^{2+} + SO_4^{2-}$$

$$FeS + 2CO_2 + 2H_2O \longrightarrow Fe^{2+} + 2HCO_3^- + H_2S$$

含铁高的水有铁腥味，甚至呈黄色或棕色，工业或生活应用时会产生黄色或棕色锈斑。我国地下水含铁量一般<5～10mg/L。

地下水抽出地面接触空气后，由于氧气的氧化，Fe^{2+} 变成 Fe^{3+}，$Fe(OH)_3$ 溶度积很小，产生 $Fe(OH)_3$ 沉淀，而使地表水中铁含量大大下降：

$$4Fe^{2+} + 3O_2 + 6H_2O \longrightarrow 4Fe(OH)_3 \downarrow$$

地下水中锰多以 $Mn(HCO_3)_2$ 形式存在，但也有以 Mn^{3+}、Mn^{4+}、Mn^{6+}、Mn^{7+} 的氧化态存在。由于 Mn^{2+} 溶解度较高，地下又是还原性的缺氧环境，所以地下水中 Mn^{2+} 较多，在地下水抽出地面接触空气后，发生氧化反应，使 Mn^{2+} 变为 Mn^{4+} 沉淀：

$$2Mn(HCO_3)_2 + O_2 + 2H_2O \longrightarrow 2MnO_2 \downarrow + 4CO_2 + 4H_2O$$

锰氧化还原电位比铁高，反应进行缓慢，水中锰浓度下降速度比铁浓度下降慢得多。含锰量高的水也有异味，工业或生活应用时，会产生灰色、黑色、棕色斑痕。我国地下水含锰量一般0.5～2mg/L。

我国天然水含氟高的区域分布很广，饮用水标准中对氟的要求是小于1mg/L。饮用含氟高的水会引起严重的骨质和牙齿损害。

天然水中 Ba^{2+} 和 Sr^{2+} 也是近年来关注较多的无机离子，主要因为它们在浓缩后会生成碳酸盐和硫酸盐沉淀，在反渗透等膜技术中对水中 Ba^{2+} 和 Sr^{2+} 提出了要求。目前已知天然水中 Ba^{2+} 含量一般在零点几毫克每升以下，Sr^{2+} 含量可达几毫克每升。

由于自然界岩石和泥土中含有大量硅，这些硅酸盐或硅铝酸盐水解会使天然水中带有硅的化合物，比如：

$$4KAlSi_3O_8 + 22H_2O \longrightarrow Al_4Si_4O_{10}(OH)_8 + 4K^+ + 4OH^- + 8H_4SiO_4$$

当水中有 CO_2 时，有

$$4KAlSi_3O_8 + 4H_2CO_3 + 18H_2O \longrightarrow Al_4Si_4O_{10}(OH)_8 + 4K^+ + 4OH^- + 8H_4SiO_4 + 4CO_2$$

对某些特殊的工业用水，比如高参数锅炉用水，硅是一种极为严重的有害物质，必须彻底去除。天然水中硅化合物种类繁多、形态各异，在水质分析中通常用 SiO_2 来表示。天然水中 SiO_2 含量一般在1～20mg/L，含量高的天然水可达60～100mg/L，甚至超过100mg/L。

1.2.5　天然水中溶解的有机物质

天然水中有机物(organic matter)和无机物一样，也可以分为溶解态、胶态和悬浮态三种，它们来自工业和生活排放物，动植物肢体，微生物、动植物和微生物的代谢产物等。

目前，在天然水有机物研究中，通常采用水通过0.45μm(或0.15μm)孔径滤膜后的水中有机物当作溶解态有机物(DOM)，这是基于水浊度测定，即将通过0.15μm孔径滤膜的水当作浊度为零的水。但实际上，通过0.45μm(或0.15μm)孔径滤膜后，水中仍含有处于胶体颗粒大小范围的有机物，多是一些大分子有机物质。

天然水中有机物含量，若用总有机碳(TOC)表示，一般在几毫克每升至几十毫克每升，用 COD_{Mn} 表示，多在1～10mg/L，个别污染严重的水，COD_{Mn} 在10mg/L以上，地下水有机物含量少,COD_{Mn} 为 1mg/L 左右。

1.3 水质指标

在工业用水中,常使用一些指标来表示水的质量,这就是水质指标。在其他用水场合,比如生活用水、工业废水等,也有相应的水质指标,不同场合所用的水质指标大部分是相同的,但也有一些有各自的特殊点,这主要是为适应各自不同要求而定的。

工业用水常用的水质指标可以分为两种类型。一种是表示水中某些具体成分(如离子、分子等)含量,如表示水中 Na^+、K^+、SO_4^{2-}、Cl^- 等的指标:钠、钾、硫酸根、氯离子等,这些明确表示水中相应物质含量的指标通常叫作成分性指标,成分性指标可以根据实际水质情况及用水的需要进行增减。另一种类型称为技术性指标,它是用一种指标来表示水中某一类物质总的含量或者是某一类物质的某种性质。比如硬度表示水在受热时产生结垢的物质总量(通常指 Ca^{2+}、Mg^{2+} 总量),溶解固体表示水中溶解的物质的总量,化学耗氧量是借水中有机物被氧化时消耗的氧化剂量来反映水中有机物的多少,等等。技术性指标是在长期实践中已得到大家认同的指标,不可随意修改。

表 1-7 列出了工业用水常用的水质指标。

表 1-7 工业用水常用的水质指标

序号	水质指标	常用代号		常用单位	其他常用的同类指标
		国外	国内		
1	色度(colority)				臭和味
2	悬浮物(suspended solids)	SS	XG	mg/L	
3	浊度(turbidity)	TU		NTU FTU	
4	透明度(transparency)		TD	cm	
5	全固体(total solid matter)	TS	QG	mg/L	
6	总溶解固体(溶解固体)(total dissolved solids)	TDS (DS)	RG	mg/L	
7	含盐量(salinity)	C S		mmol/L mg/L	
8	灼烧减少固体(ignition losses)		SG	mg/L	
9	电导率(electrical conductivity)	K	DD	μS/cm	电阻率,阳离子(氢)电导率
10	碱度(alkalinity)	A	JD	mmol/L	
11	硬度(hardness)	H	YD	mmol/L	
12	碳酸盐硬度(carbonate hardness)	H_T	YD_T	mmol/L	暂时硬度

续表

序号	水质指标	常用代号		常用单位	其他常用的同类指标
		国外	国内		
13	非碳酸盐硬度(non-carbonate hardness)	H_F	YD_F	mmol/L	永久硬度
14	酸度(acidity)		SD	mmol/L	
15	总有机碳(total organic carbon)	TOC		mg/L	溶解态有机物(DOM)、溶解态有机碳(DOC)、天然有机物(NOM)、可同化有机碳(AOC)、持久性有机物(POP)、挥发酚、洗涤剂、氯仿、甲醛等
16	化学耗氧量(chemical oxygen demand)	COD_{Mn} COD_{Cr}		mgO_2/L	高锰酸盐指数、生化需氧量 BOD_5
17	油(oil)		Y	mg/L	石油、动植物油等
18	安定度(稳定度)		AX		
19	腐殖酸盐		FY	mmol/L	
20	铁铝氧化物	R_2O_3		mg/L	
21	pH	pH			
22	溶解氧(dissolved oxygen)	O_2		mg/L	
23	二氧化碳	CO_2		mg/L	
24	总硅(total silica)		SiO_2(全)	mg/L	
25	胶体硅(colloidal silical)		SiO_2(胶)	mg/L	
26	溶解硅(dissolved silica)		SiO_2(溶)	mg/L	
27	钙	Ca		mg/L mmol/L	
28	镁	Mg		mg/L mmol/L	
29	钠	Na		mg/L	
30	钾	K		mg/L	
31	铁	Fe		mg/L	汞、镉、铬、铅、银、锰、铜、锌、铍、钡、锶、镍、硼、钴等
32	铝	Al		mg/L	
33	氨氮	NH_3-N		mg/L	总氮(TN)、有机氮、无机氮、凯氏氮、非离子氨、硝酸氮、亚硝酸氮
34	氨	NH_3		mg/L	
35	重碳酸根	HCO_3^-		mg/L mmol/L	
36	碳酸根	CO_3^{2-}		mg/L mmol/L	
37	硫酸根	SO_4^{2-}		mg/L	亚硫酸盐、硫化物
38	氯离子	Cl^-		mg/L	碘、溴
39	硝酸根	NO_3^-		mg/L	

续表

序号	水质指标	常用代号		常用单位	其他常用的同类指标
		国外	国内		
40	亚硝酸根	NO_2^-		mg/L	
41	总磷	TP		mg/L	有机磷、无机磷、对硫磷、磷酸根
42	氟化物	F			氰化物、砷、硒
43	游离余氯 (free chlorine residuals)			mg/L	需氯量、化合氯
					还有细菌学指标、放射性指标等

下面对一些技术性指标进行介绍。

1.3.1 色度、臭和味

纯水是无色无味透明的液体,如果水带颜色或有异味,多是由水中杂质引起的,有时还是水中存在有毒物质的标志,比如带有黄色或黄褐色的水,多是由腐殖质有机物所引起,各种藻类可以使水呈绿色、棕褐色、暗褐色,黏土使水呈黄色,氯化铁使水呈黄褐色,硫使水呈浅蓝色等。

水的颜色深浅,通常用色度来表示,色度的单位采用铂钴标准,它是将一定量的氯化铂酸钾和氯化钴溶液混合,其颜色(黄褐色)定义为1度,作为色度的基本单位。清洁天然水色度一般在15~25度,含较多腐殖质的湖水、水库水色度可以达到50度以上。

臭指鼻子闻到的气味,味指口感味道,常见的臭和味多是由水中有机质的腐败、微生物的作用、硫化氢的产生、某些异味污染物的进入而引起的。水的臭和味通常按强度分为6级(0~5级),代表从无臭无味到极强臭和味的6个档次。另外,还需对臭和味的类型进行描述,比如泥土气、鱼腥气、霉烂气、苦味、咸味、涩味等。

1.3.2 悬浮物、透明度、浊度

按照定义,水中悬浮物是指水中粒径大于0.1μm的固体。但实际的水中悬浮物测定是采用孔径3~4μm玻璃过滤器对水进行过滤,滤出物在105~110℃烘干后称重而得,所以水中悬浮物指标是指水中3~4μm及更大粒径的固相颗粒的含量,单位是mg/L。

天然水中粗分散颗粒除悬浮物外,还有胶体,它们的共同特性是使水呈浑浊感,不能达到清晰透明,而水质清晰透明是生活饮用水及高质量工业用水的基本条件。所以在水质指标体系中建立了浊度指标,用来反映水中悬浮物和胶体对水清晰透明程度影响的大小,也反映水中悬浮物和胶体的多少。

浊度实际上是一种光学指标,是用水的某种光学性质来表示水中悬浮物和胶体等粗分散颗粒对水清晰透明的影响程度。水浊度大,水透明程度差,水中颗粒状物也多;相反,水浊度小,水透明程度高,水中颗粒状物也少。浊度的测定是用一束光(波长860nm)通过含

有粗分散颗粒的水，光除了受到阻碍，光强度减弱，光线遇到水中颗粒物还要发生散射(图1-7)。

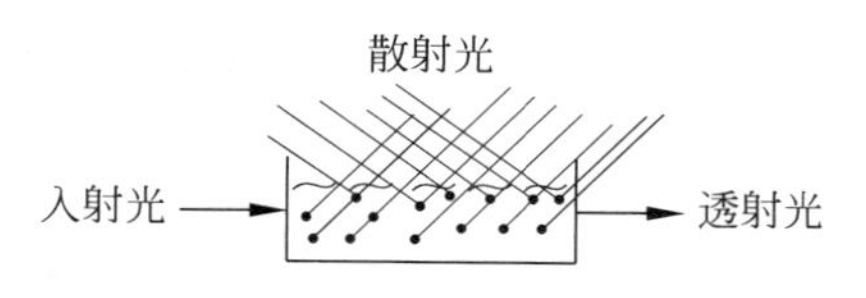

图1-7　浊度大的水样对光的阻挡和散射

如果入射光强用λ_0表示，透射光强用λ_T表示，散射光强用λ_s表示，在水中颗粒大小、密度、形状、颜色等特性固定情况下，存在如下关系：

对透射光
$$\lg\frac{\lambda_0}{\lambda_T}=KnL \tag{1-17}$$

对散射光
$$\frac{\lambda_s}{\lambda_0}=knL \tag{1-18}$$

式中，L——光通过水的光程长，在分析测试中，即比色皿长度；

n——水中悬浮颗粒的浓度；

K、k——常数。

由上述可知，在一固定的水体系中，可以用透射光强来了解水中颗粒状物质的多少，也可以用散射光强来了解水中颗粒状物质的多少。浊度仪就是利用这一原理制得的。利用测量透射光强的浊度仪称为透射光浊度仪，测得的浊度称为透射光浊度；利用测量散射光的浊度仪称为散射光浊度仪，测得的浊度称为散射光浊度。除此之外，可以对透射光和散射光均进行测量，称为积分球式浊度仪，测得的浊度称为积分球浊度。

浊度测量中一个重要问题是浊度的单位，目前通用的是福马肼(Fomazine)单位，它是利用一定量硫酸肼和六次甲基四胺反应生成的微粒作为浊度单位。

福马肼标准溶液配制方法为：1g硫酸肼溶于100mL无浊水中，成为溶液A；10g六次甲基四胺溶于100mL无浊水中，成为溶液B；将5mL溶液A和5mL溶液B混合，在25℃±3℃下放置24h后再用无浊水稀释至100mL，此即福马肼浊度为400的标准液。可在30℃以下保存一周，低于400福马肼浊度的标准液可用无浊水稀释获得。

所谓的无浊水通常是指纯水经过0.1μm微孔滤膜过滤后的水，该水不宜贮存，现制现用。

采用福马肼标准液，利用散射光原理测得的浊度称为散射光福马肼浊度(NTU)；采用福马肼标准液利用透射光原理测得的浊度称为透射光福马肼浊度(FTU)。

福马肼浊度标准是目前通用的浊度标准，但以前还使用过一些其他的浊度标准，举例如下。

(1) 度：是用硅藻土来配制浊度标准液，含1mg/L硅藻土的浊度水其浊度称为1度。

(2) mg/L：是用苏州白土来配制浊度标准液，相当于含1mg/L苏州白土的浊度水其浊度称为1mg/L。

(3) JTU：又称为杰克逊(Jackson)浊度，它是以二氧化硅来配制浊度标准液，并用烛光浊度计进行测量。常在高浊度水的测量中应用。

此由可见，浊度测定是采用光学仪器进行测量，因而测量准确，速度快，而悬浮物的测量是采用重量法，测量速度慢、费时，不适合工业现场的运行监测。

为了适应工业快速监测的需要，早期还使用过透明度指标，表示水的透明程度，透明度与浊度代表的是同一事物，但意义相反。透明度的测定方法是用一直径2.5～3cm、长0.5～1m的玻璃筒，表面刻以cm为单位的刻度(可用玻璃量筒代替)，筒底放一白瓷片，将被测水放入后，用绳吊一个铅字、十字或其他物体(图1-8)，用眼睛从上向下看，调节吊绳长度，直至符号刚刚看不见为止(图1-9)，记录此时的水柱高度(cm)，即为该水的透明度。

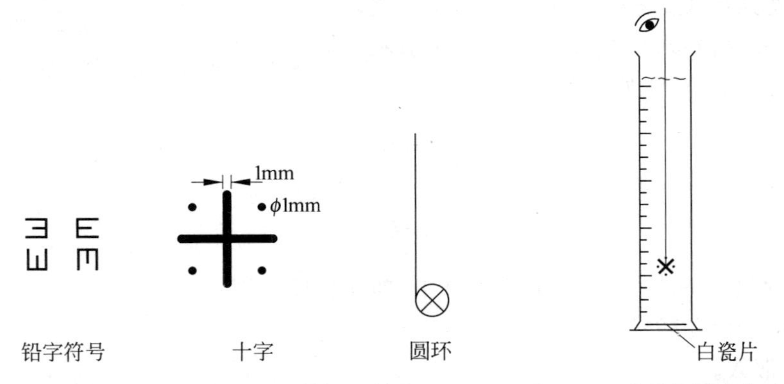

图1-8　透明度测定用的标记符号　　图1-9　透明度测定方法示意图

采用标准十字测得的透明度和水浊度(度)间有表1-8所示的关系。

表1-8　标准十字法透明度与水的浊度(度)间对应关系

透明度/cm	浊度/度	透明度/cm	浊度/度	透明度/cm	浊度/度	透明度/cm	浊度/度
5	200	30	30.5	55	15.5	80	10.00
10	80.8	35	26.5	60	13.9	85	9.3
15	53.3	40	23.0	65	12.7	90	8.7
20	42.5	45	20.0	70	11.7	95	8.1
25	35.5	50	17.5	75	10.8	100	7.5

从测定方法可知，透明度测定速度快，能适合工业监测需要，但测定误差大，测定结果易受人为因素、光线等的影响。

1.3.3　全固体、溶解固体、灼烧减少固体、含盐量

将滤去悬浮物后的水在水浴上蒸发至干，然后在105～110℃下恒重，得到的固体物质量即为水的溶解固体，以前也叫蒸发残渣。从测定方法可知，溶解固体代表水中除溶解气体外的全部溶解物质量，但实际上还存在一些偏差，这主要是由于水蒸干后所得到的固体物质中某些物质(如NaOH、Na_2SO_4等)还含有结晶水，在110℃下不会全部失去，另外，重碳酸盐在105～110℃下也会分解，损失了重碳酸根51%的质量：

$$2HCO_3^- \longrightarrow CO_3^{2-} + H_2O + CO_2\uparrow$$

水中的有机物在110℃下也会有部分分解。

全固体为水中溶解固体和悬浮物含量之和，它的测定是将被测水直接在水浴蒸发至干，然后在105～110℃下恒重而得。

将测定溶解固体所得到的固体物质在800℃±25℃下灼烧，灼烧后剩余物质量称为矿物残渣(或灼烧残渣)，减少的质量称为灼烧减少固体。在此温度下溶解在固体中有机物会被烧掉，所以有时可用灼烧减少固体近似代表水中有机物含量，用矿物残渣近似代表水的无

机盐含量(含盐量)。但同样也存在一定偏差,主要是在此温度下还会发生氯化物挥发、碳酸盐分解等现象而损失质量。

水的含盐量严格讲是指水中溶解的无机盐的总量,它是通过水质全分析,根据所测得的水中全部阳离子量和全部阴离子量通过计算而得到的。含盐量有两个单位,mg/L 和 mmol/L。采用 mg/L 时,含盐量为水中全部阳离子含量(用 mg/L 表示)和全部阴离子含量(用 mg/L 表示)之和。采用 mmol/L 时,含盐量为水中全部阳离子含量(用 mmol/L 表示)之和或全部阴离子含量(用 mmol/L 表示)之和。

溶解固体可以近似代表水的含盐量 S(mg/L),但不能完全代表水的含盐量,它们之间的关系约为

$$S=\sum 阳+\sum 阴=总溶解固体-(SiO_2)_{全}-\sum 有机物+\frac{1}{2}HCO_3^-$$

1.3.4 电导率

水中溶解的带电荷离子在电场作用下会移动,即有电流通过,因而水是导电的,水的导电能力即电导率(又称为比电导率,specific conductivity),电导率大小与水中带电离子量成正比,故可以用电导率来反映水中溶解的离子含量。

与测定水的溶解固体和含盐量相比,电导率方法简便、快速、灵敏度高,又不破坏水样,所以得到广泛应用,特别适应于工业水处理的过程监测。

根据欧姆定律,一个导体的电阻(R,Ω)与导体的长度(L,cm)成正比,与导体截面面积(A,cm^2)成反比:

$$R=\rho\frac{L}{A}$$

式中,ρ——电阻率,Ω·cm。

在被测导体为水时,在水中放入由平行的两个金属(铂)片构成的电导电极,金属片之间立方体内的水即为导体(图 1-10),金属片面积即 A,金属片之间距离为 L,则该水的电导为

$$S=\frac{1}{R}=\frac{1}{\rho}\frac{A}{L}$$

令

$$DD=\frac{1}{\rho}$$

$$K=\frac{L}{A}$$

则

$$S=DD\frac{1}{K}$$

或

$$DD=SK \tag{1-19}$$

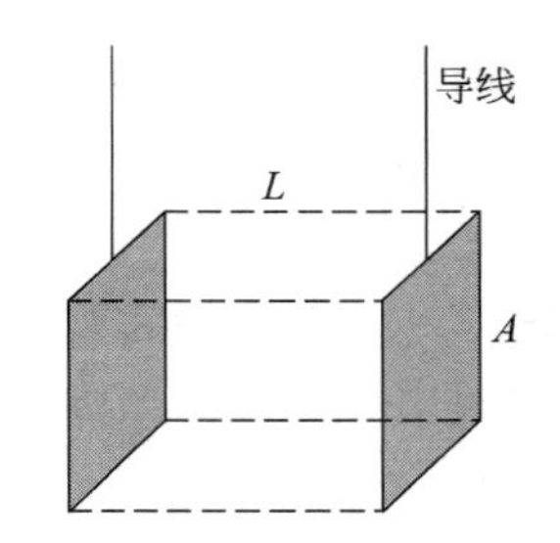

图 1-10 由电导电极构成的导体图解

式中,DD——电导率,S/cm;

K——电极常数,cm^{-1}。

电导的单位为S,是Ω的倒数。

电导率的单位是S/cm,但该单位太大,常用的是μS/cm,比如一般天然水的电导率可达几百微西每厘米,纯水的电导率<10μS/cm,超纯水的电导率<0.1μS/cm,理论纯水的电导率(25℃)为0.055μS/cm。

也有不用电导率,而用电阻率 ρ 来表示水中杂质多少的,电阻率和电导率相互呈倒数关系,$\rho=\frac{1}{DD}$,见表1-9。

表1-9 水的电阻率和电导率的关系

电导率/(μS/cm)	1000	100	10	1	0.1	0.055
电阻率	1kΩ·cm	10kΩ·cm	0.1MΩ·cm	1MΩ·cm	10MΩ·cm	18.2MΩ·cm

从原理上讲,水的电导率是水中各种导电离子对电导率贡献的代数和,可以通过测得水中各种导电离子浓度来计算水的电导率,公式如下:

$$DD=\sum DD_i=\sum n_i z_i \Lambda_i$$

式中,n_i——水中 i 组分离子的浓度,mol/L;

z_i——i 离子带有的电荷数;

Λ_i——i 组分的摩尔电导率,μS/(cm·mol·L)。

例1-1 已知25℃时 H^+ 的摩尔电导率 $\Lambda_{H^+}=349.8S\cdot cm^2/mol$,$OH^-$ 的摩尔电导率 $\Lambda_{OH^-}=197.6S\cdot cm^2/mol$,求25℃理论纯水的电导率和电阻率。

解 由于理论纯水中仅有 H^+ 和 OH^-,且 $[H^+]=[OH^-]=10^{-7}mol/L$,所以

$$DD=\Lambda_{H^+}\times 10^{-7}+\Lambda_{OH^-}\times 10^{-7}$$

$$(349.8\times 10^{-7}+197.6\times 10^{-7})\times 10^{-3}S/cm=0.055\times 10^{-6}S/cm=0.055\mu S/cm$$

$$\rho=\frac{1}{DD}=\frac{1}{0.055\times 10^{-6}S/cm}=\frac{1}{0.055}\times 10^{6}\Omega\cdot cm=18.2M\Omega\cdot cm$$

电导率使用中另有一个问题是电极常数的测量,电极常数 K 定义为 L/A,但实际应用中不能用测量长度的方法来求 L 和 A 值,因为误差较大,通常采用已知摩尔电导的一定浓度KCl溶液进行测量。

例1-2 一未知电极常数的待测电极,将其放入0.01mol/L KCl溶液中,保持25℃,测其电导,通过电导来计算电极的电极常数。

解 25℃时0.01mol/L KCl溶液的电导率可通过理论计算求得:

$$\begin{aligned}DD&=\sum n_i z_i \Lambda_i=(\Lambda_{K^+}+\Lambda_{Cl^-})\times 1\times 0.01\\&=(73.5+76.32)\times 1\times 0.01\times 10^{-3}S/cm\\&=1498\mu S/cm\end{aligned}$$

若该电极在0.01mol/L KCl溶液中测得电导为2000μS,则该电极的电极常数为

$$K=\frac{DD}{S}=\frac{1498}{2000}cm^{-1}=0.749cm^{-1}$$

电导率可以反映水中溶解的盐类多少,但与含盐量数值之间却无明显的固定关系,因而

不能用电导率来计算含盐量的具体数值，仅能在同一类的水中，用电导率对含盐量进行一些简单的估算。尤其要指出的是，某些化合物比如 SiO_2 类物质，对电导率的贡献是很小的，也就是说，用电导率无法判断 SiO_2 类物质的多少。

1.3.5 碱度

水的碱度是指水中能接受强酸中 H^+ 或与之发生反应的物质的量，包括碱及强碱弱酸盐，比如 NaOH、$NaHCO_3$、Na_2CO_3、$Ca(HCO_3)_2$、$Mg(HCO_3)_2$、Na_3PO_4、Na_2HPO_4、NaH_2PO_4 和腐殖酸盐（NaY）等，其反应如下：

$$H^+ + OH^- \longrightarrow H_2O$$

$$H^+ + HCO_3^- \longrightarrow CO_2 + H_2O$$

$$H^+ + CO_3^{2-} \longrightarrow HCO_3^-$$

$$H^+ + H_2PO_4^- \longrightarrow H_3PO_4$$

$$H^+ + HPO_4^{2-} \longrightarrow H_2PO_4^-$$

$$H^+ + PO_4^{3-} \longrightarrow HPO_4^{2-}$$

$$H^+ + FY^- \longrightarrow HFY$$

磷酸盐只存在于锅炉水、冷却水等特殊场合，天然水中一般没有磷酸盐，腐殖酸盐含量也不高，而且 pH 多为中性，所以天然水碱度大多仅由 HCO_3^- 构成，在少数 pH 较高的天然水中，除 HCO_3^- 外，还有少量 CO_3^{2-}，甚至 OH^-。

要区别碱度和碱、碱性及 pH 之间的不同。碱度包括碱但不全是碱，而且大多数情况下碱度仅由强碱弱酸盐组成。含有强碱（如 NaOH、Na_2CO_3）的水碱性强，pH 也高，但碱度不一定高；而碱度高的水，碱性不一定强，pH 也不一定高。

按测定方法不同，碱度有甲基橙碱度（methyl orange alkalinity）和酚酞碱度（phenolphthalein alkalinity）之分。甲基橙碱度是在用酸滴定水碱度时，用甲基橙作指示剂，甲基橙由黄变橙色时为滴定终点，此时 pH 值为 4.2～4.4。酚酞碱度是用酚酞作指示剂，酚酞由红变无色时为滴定终点，此时 pH 值为 8.2～8.4。甲基橙碱度又称 *M* 碱度或全碱度，酚酞碱度又称为 *P* 碱度。天然水中 *P* 碱度和 *M* 碱度间的关系可由图 1-11 来说明。

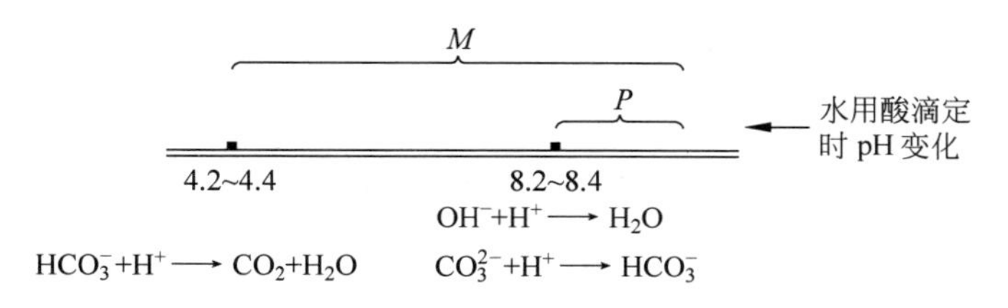

图 1-11 天然水 *P* 碱度和 *M* 碱度之间关系示意图

对锅炉水，构成碱度的物质除图 1-11 中几种外，还有磷酸盐，在 *P* 碱度滴定中，$H^+ + PO_4^{3-} \longrightarrow HPO_4^{2-}$，但在酚酞终点时，少滴 7.1%，所以用 *P* 碱度来计算磷酸盐含量时，会有 7.1%的负误差。

由于碱度反映水中某些离子的含量，所以在简单的体系中，可以由碱度测定值来计算水中相关各离子的含量，比如在天然水体系中，碱度构成主要有 OH^-、HCO_3^-、CO_3^{2-} 三种，可以根据测得的 P 碱度和 M 碱度值求出水中 OH^-、HCO_3^-、CO_3^{2-} 浓度，具体的求解公式列于表 1-10。

表 1-10　由 P、M 碱度来求水中 OH^-、HCO_3^-、CO_3^{2-} 浓度

(假设条件：水中 OH^- 与 HCO_3^- 不同时存在)

P 和 M 的关系	$[OH^-]$	$[CO_3^{2-}]$	$[HCO_3^-]$
$P=0$	0	0	M
$M>2P$	0	$2P$	$M-2P$
$M=2P$	0	$2P$	0
$M<2P$	$2P-M$	$2(M-P)$	0
$M=P$	P	0	0

注：表中 M、P、$[OH^-]$、$[CO_3^{2-}]$、$[HCO_3^-]$的单位均为 mmol/L。

表 1-10 的来源现通过例题来说明。

例 1-3　某天然水，测得 P 碱度为 0.5mmol/L，M 碱度为 2.0mmol/L，求该水中 OH^-、CO_3^{2-}、HCO_3^- 的浓度。

解　先推导求解公式。

按定义：

$$P=[OH^-]+\frac{1}{2}[CO_3^{2-}]$$

$$M=P+\frac{1}{2}[CO_3^{2-}]+[HCO_3^-]=[OH^-]+[CO_3^{2-}]+[HCO_3^-]$$

该水 $M>2P$，因而有

$$P+\frac{1}{2}[CO_3^{2-}]+[HCO_3^-]>P+[OH^-]+\frac{1}{2}[CO_3^{2-}]$$

化简得

$$[HCO_3^-]>[OH^-]$$

由于 HCO_3^- 与 OH^- 不能共存，所以$[OH^-]$为 0。

$$P=\frac{1}{2}[CO_3^{2-}]$$

即

$$[CO_3^{2-}]=2P=2\times 0.5\text{mmol/L}=1.0\text{mmol/L}$$

$$M=[CO_3^{2-}]+[HCO_3^-]$$

即

$$[HCO_3^-]=M-[CO_3^{2-}]=M-2P=(2.0-2\times 0.5)\text{mmol/L}=1.0\text{mmol/L}$$

例 1-4　某天然水，测得 P 碱度为 1.2mmol/L，M 碱度为 2.0mmol/L，求该水中 OH^-、CO_3^{2-}、HCO_3^- 的浓度。

解　先推导求解公式。

按定义：

$$P=[OH^-]+\frac{1}{2}[CO_3^{2-}]$$

$$M=P+\frac{1}{2}[CO_3^{2-}]+[HCO_3^-]=[OH^-]+[CO_3^{2-}]+[HCO_3^-]$$

该水 $M<2P$，或者 $M-P<P$，即

$$\frac{1}{2}[CO_3^{2-}]+[HCO_3^-]<[OH^-]+\left[\frac{1}{2}CO_3^{2-}\right]$$

$$[HCO_3^-]<[OH^-]$$

由于 OH^- 不能与 HCO_3^- 共存，所以

$$[HCO_3^-]=0$$

$$M-P=\frac{1}{2}[CO_3^{2-}],\quad 2P-M=[OH^-]$$

$$[CO_3^{2-}]=2(M-P)=2\times(2.0-1.2)\text{mmol/L}=1.6\text{mmol/L}$$

$$[OH^-]=2P-M=(2\times1.2-2.0)\text{mmol/L}=0.4\text{mmol/L}$$

其他的求解公式也可用类似方法推导出来。

在其他水体系，比如锅炉水体系，也可根据测得的 M、P 碱度用类似方法求得水中 $[OH^-]$、$[PO_4^{3-}]$、$[HPO_4^{2-}]$。

1.3.6 硬度、碳酸盐硬度、非碳酸盐硬度

硬度通常是指水中钙、镁离子总量，因为它们能形成坚硬的水垢，所以叫硬度。相反，去除水中钙、镁离子的过程则称为软化，去除钙、镁离子的水则称为软化水。

硬度常用的单位是 mmol/L，但目前还在使用一些其他单位，举例如下。

(1) mg $CaCO_3$/L：是指将水中硬度离子全部换算成 $CaCO_3$，计算以 mg/L 为单位的浓度，1mmol/L＝50mg $CaCO_3$/L。

(2) 德国度(°G)：是指水中硬度离子全部换算成 CaO，计算以 mg/L 为单位的浓度，10mg(CaO)/L 即 1°G，1mmol/L＝2.8°G。

水的重碳酸盐硬度是指水中与 HCO_3^- 相结合的钙、镁离子量，水的非碳酸盐硬度是指水中与 Cl^-、SO_4^{2-}、NO_3^- 相结合的钙、镁离子量。所谓"结合"是一个假设的概念，由于水在受热的时候，会析出 $CaCO_3$ 垢：

$$Ca(HCO_3)_2 \xrightarrow{\triangle} CaCO_3\downarrow + CO_2\uparrow + H_2O$$

所以假设水中 Ca^{2+}、Mg^{2+} 是首先与 HCO_3^- 相结合，多余的才与 Cl^-、SO_4^{2-}、NO_3^- 相结合。不同类型水的碳酸盐硬度和非碳酸盐硬度表示方法如图 1-12 所示。

在一般天然水中，由于 HCO_3^- 就是水的碱度，故可以用碱度和硬度两项指标按上述方法求水的碳酸盐硬度、非碳酸盐硬度和过剩碱度。过剩碱度(A_G)又称负硬度，是指水中碱度比硬度大时，碱度与硬度结合成碳酸盐硬度后剩下的部分，即与钠、钾结合的部分，所以过剩碱度代表钠或钾的重碳酸盐。

碳酸盐硬度由于在水受热时会以垢形式析出，故又叫暂时硬度(简称暂硬，temporary

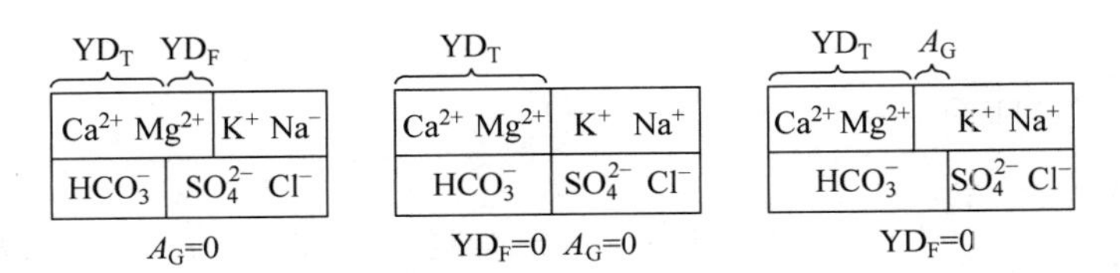

图 1-12 不同类型水碳酸盐和非碳酸盐硬度示意图

YD_T—碳酸盐硬度；YD_F—非碳酸盐硬度；A_G—过剩碱度

hardness)，非碳酸盐硬度在水受热时不会析出垢，故又称为永久硬度(简称永硬，permanent hardness)。

1.3.7 酸度

水的酸度是指水中能接受强碱中 OH^- 或与之发生反应的物质的量。

水的酸度的测定是用 NaOH 来滴定，指示剂可以用酚酞也可以用甲基橙。用酚酞时，测定结果包括水中强酸(如 HCl、H_2SO_4 等)、弱酸(如 CO_2、有机酸等)及强酸弱碱盐(如 $FeCl_3$ 等)，测得的酸度称为总酸度。用甲基橙作指示剂时，测定结果仅为水中的强酸(或某些强酸弱碱盐)，此时称为强酸酸度，有时强酸酸度也简称为酸度，比如阳离子交换出水酸度实际是指强酸酸度。

1.3.8 表示水中有机物(及有机污染物)含量的指标

水中有机物质种类多，有机物单种检测极其困难，所以水中有机物含量无法像无机离子那样逐个进行测定。目前常用的方法是利用有机物整体的某种性质(如可以被氧化，含有碳，对紫外光吸收等)来进行测定，间接反映水中有机物含量的多少。目前常用的表示水中有机物含量的指标如下。

1. 化学耗氧量

有机物是碳氢化合物，遇到氧化剂会被氧化，最终氧化产物可以是 CO_2 和 H_2O，但通常在氧化剂作用下，没有达到最终氧化成 CO_2 和水的状态，而仅是有机物中链发生断裂，大分子有机物被氧化成小分子有机物。化学耗氧量是在一定的条件下，水中有机物被氧化时消耗的氧化剂量(换算成氧量)，化学耗氧量单位为 mgO_2/L。

测定化学耗氧量所用的氧化剂有两种。一种是用高锰酸钾($KMnO_4$)，测定结果标示为 COD_{Mn}；另一种是用重铬酸钾($K_2Cr_2O_7$)，测定结果标示为 COD_{Cr}。$K_2Cr_2O_7$ 对水中有机物的氧化率比 $KMnO_4$ 高。对同一种水，测得的 COD_{Cr} 为 COD_{Mn} 的 2～3 倍，但 COD_{Mn} 和 COD_{Cr} 之间不存在明确的换算关系。

COD_{Cr} 多用于废水中有机物测定，COD_{Mn} 多用于较清洁水中有机物测定。

化学耗氧量只能用来对不同水中有机物多少进行相对比较，因为影响测定结果除与测定条件有关外，还与水中有机物种类、分子大小、分子结构等有关，利用化学耗氧量来定量水中有机物的含量是困难的。

2. 生化需氧量

水中有机物可以作为微生物的营养源，微生物在吸收水中有机物后，又吸收水中溶解氧，在体内对有机物进行生物氧化，所以水中微生物需要的氧量也间接反映水中有机物含量，所需的氧量即生化需氧量(biochemical oxygen demand，BOD)，它反映了水中有机物的多少。

严格讲，生化需氧量是指水中可以被生物降解的有机物(如碳水化合物、蛋白质、脂肪等)的多少，不包括水中不能被生物降解的有机物，如大分子腐殖质类物质等。

水中有机物被生物氧化降解一般分为两个阶段，在第一阶段有机物被氧化成 CO_2、H_2O、NH_3，称为碳化阶段，需要的氧量称为碳化需氧量；在第二阶段 NH_3 被氧化为 NO_2^- 和 NO_3^-，称为硝化阶段，需要的氧量称为硝化需氧量(图 1-13)。

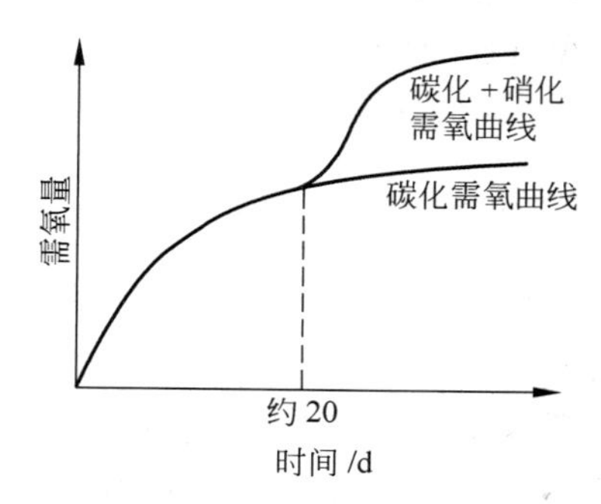

图 1-13 水中有机物的生物氧化过程

完成碳化阶段氧化需要 20d 左右(20℃时)，目前采用的 BOD_5 是指水在 20℃时，生物氧化 5d 时需要的氧量，其值是碳化需氧量稳定值的 70%左右。

BOD_5 单位为 mgO_2/L，多用于废水中有机物的测定，BOD_5 和 COD_{Cr} 的比值反映水的可生化程度，当比值大于 30%时水才可能进行生物氧化处理。

3. 总有机碳

总有机碳(total organic carbon，TOC)是水中所有有机物中的碳含量，单位为 mg/L。由于有机物都是含碳的，所以与其他测定水中有机物含量的指标相比，它更能直接地反映水中有机物含量的多少。

总有机碳测定方法有燃烧氧化法和紫外-过硫酸盐氧化法两大类。燃烧氧化法是将样品放在 680～1000℃下在氧气或空气中燃烧，用非色散红外线检测技术测定燃烧气体中 CO_2 含量，扣除无机碳含量之后即为有机碳含量。紫外-过硫酸盐氧化法是用紫外线(185nm)、在二氧化钛催化下的紫外线或用过硫酸盐作氧化剂，将水中有机物氧化，用红外线或电导率进行测量，电导率测量是利用有机物被氧化成有机酸而促使电导率上升的原理来测有机物含碳量。

两种方法相比，燃烧氧化法误差较大，只适用于对有机物含量大的水进行检测，而紫外-过硫酸盐氧化法可用于纯水中低含量的总有机碳测量。

被测水中颗粒状物(如细菌等)影响总有机碳测量的精度和重现性，所以有人对水样进行过滤，去除颗粒状物后再测水的有机碳，此时称为总溶解有机碳(DOC)，而颗粒物中有机碳称为颗粒有机碳(POC)。

4. 紫外吸收

根据光谱分析，饱和烃有机物在近紫外光区无吸收，含共轭双键和苯环的有机物在 250～260nm 紫外光区有明显吸收峰。天然水中天然有机物大多为含有不饱和键(双键、三键)的化合物,如腐殖质、木质素、丹宁均为带有苯环的化合物,这些化合物不饱和键会吸收紫外光,可以用水对紫外光的吸收程度来判定水中有机物的多少。

在254nm紫外光处水对紫外光吸收程度与水中有机物量成正比,用254nm紫外光测定水中有机物就称为UV_{254},还有人用260nm紫外光测定水中有机物,称为E_{260}。

UV_{254}或E_{260}的测定值是消光值,可以用消光值大小来比较水中有机物多少。消光值与天然水有机物含量之间无明确的定量关系,但对某种单一化合物也可通过试验求得相互之间的定量关系。

浊度干扰紫外吸收的测定,应在被测水样消除浊度干扰后再进行。

紫外吸收法测定水中有机物含量的方法具有操作简单、仪器价格低廉、精度高、重现性好等优点。尤其精度高是其他方法无法比拟的。

5. 氨氮和总氮、总磷

天然水中氨氮(NH_3-N)和总磷(TP)是水体污染程度的重要指标,氮和磷是生物生长的重要元素,它们在水体中含量上升,将引起水体富营养化,导致水生生物大量繁殖。氨氮主要来源于生活污水中人和动物的排泄物,是人畜粪便中含氮有机物在微生物作用下的分解产物,氨氮还来自工业的有机及无机废水,所以氨氮也是水体中有机污染物含量的指标。

氨氮是指水中以游离氨(NH_3)和铵离子(NH_4^+)形式存在的氮,两者的组成比例与水的pH和水温有关,当pH高、水温低时,游离氨的比例较高;反之,则铵盐的比例高。水中氨氮常用纳氏试剂比色法测定。

水中总氮(TN)为氨氮、硝酸氮(NO_3^--N)、亚硝酸氮(NO_2^--N)及有机氮的总和,凯氏氮(Kjeldahl nitrogen)包括氨氮和可以分解出铵的有机氮之和。近似看,凯氏氮和氨氮差值约等于有机氮,总氮和凯氏氮差值约等于硝酸氮及亚硝酸氮之和。

水中总磷包括无机磷及有机磷,主要来源于人畜粪便、洗衣等生活污水、农田排水及工业废水,它也是水体中有机污染物含量的指标。当天然水中总磷含量超过0.02mg/L、总氮含量超过0.2mg/L(氨氮含量超过0.15mg/L)时,水体就有富营养化倾向。水中总磷测定目前常用钼酸铵比色法。

1.4 天然水中几种无机化合物

1.4.1 碳酸化合物

碳酸化合物是水质成分中一组重要的化合物,是构成天然水缓冲体系的主要物质,它可以阻止天然水pH的急剧波动,在水质变化、水质处理、水中生物活动、地质活动等过程中有重要的影响。

1. 水中碳酸化合物的存在形态

水中碳酸化合物主要有三种形态:溶解的CO_2或H_2CO_3,H_2CO_3的一级解离产物HCO_3^-,二级解离产物CO_3^{2-},即

$$CO_2 + H_2O \rightleftharpoons H_2CO_3 \rightleftharpoons H^+ + HCO_3^- \rightleftharpoons 2H^+ + CO_3^{2-}$$

在此平衡中，CO_2 指水中溶解的 CO_2，它受与水接触的气体中 CO_2 的影响，它们之间存在平衡。CO_3^{2-} 还受碳酸盐沉淀物的影响，也与它存在平衡。

在上述平衡中，CO_2 与 H_2CO_3 平衡的平衡常数为

$$K = \frac{[H_2CO_3]}{[CO_2]} = 10^{-2.8}$$

可见，H_2CO_3 在溶解的 CO_2 中所占比例约为千分之几，有人计算在 25℃时，H_2CO_3 与 CO_2 之比大约为 0.0037，所以，在上述平衡中，H_2CO_3 的存在比例很小，可将 H_2CO_3 忽略，仅用 CO_2 来表示水中溶解的 CO_2 与 H_2CO_3 之和。

$$CO_2 + H_2O \rightleftharpoons H^+ + HCO_3^- \rightleftharpoons 2H^+ + CO_3^{2-}$$

它的一级与二级解离常数为

$$K_1 = \frac{f_1[H^+]f_1[HCO_3^-]}{[CO_2]} = 4.45 \times 10^{-7} \tag{1-20}$$

$$K_2 = \frac{f_1[H^+]f_2[CO_3^{2-}]}{f_1[HCO_3^-]} = 4.69 \times 10^{-11} \tag{1-21}$$

式中，f_1、f_2——分别为一价离子和二价离子的活度系数，在天然水这样的稀溶液中均近似当作 1。

2. 天然水 pH 对水中碳酸化合物形态的影响

假设水中碳酸化合物的总浓度为 C，且用 α_0、α_1、α_2 分别表示 CO_2、HCO_3^-、CO_3^{2-} 三个组分在总浓度中所占的比例，即

$$C = [CO_2] + [HCO_3^-] + [CO_3^{2-}] \tag{1-22}$$

$$\alpha_0 = \frac{[CO_2]}{C}$$

$$\alpha_1 = \frac{[HCO_3^-]}{C}$$

$$\alpha_2 = \frac{[CO_3^{2-}]}{C}$$

将式(1-20)～式(1-22)联立，解联立方程得

$$\alpha_0 = \left(1 + \frac{K_1}{[H^+]} + \frac{K_1K_2}{[H^+]^2}\right)^{-1} \tag{1-23}$$

$$\alpha_1 = \left(1 + \frac{[H^+]}{K_1} + \frac{K_2}{[H^+]}\right)^{-1} \tag{1-24}$$

$$\alpha_2 = \left(1 + \frac{[H^+]^2}{K_1K_2} + \frac{[H^+]}{K_2}\right)^{-1} \tag{1-25}$$

将上式两边各取对数，可得不同 pH 时水中各种碳酸化合物比例的变化关系，该关系如图 1-14 所示。

从图中可以看出，在 pH<4.3 时，水中只有 CO_2 一种，不存在 HCO_3^- 与 CO_3^{2-}；在

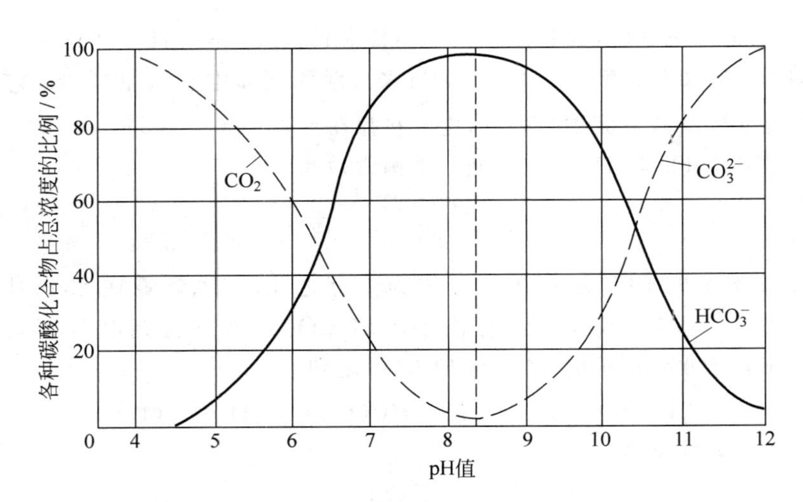

图 1-14 水中碳酸化合物形态与 pH 关系

pH>8.3时,水中不存在 CO_2,只有 CO_3^{2-} 和 HCO_3^-;在 pH=8.3时,水中 HCO_3^- 含量最多,几近100%。pH值从8.3再升高,水中 HCO_3^- 含量减少,CO_3^{2-} 含量增多,在 pH 11~12时,HCO_3^- 消失,CO_3^{2-} 含量最多,并出现明显的 OH^-。

所以,pH=8.3是一个界限,在 pH<8.3时,水中碳酸盐只存在 CO_2 和 HCO_3^-,CO_3^{2-} 可忽略不计;在 pH>8.3时,水中碳酸盐仅存在 HCO_3^- 和 CO_3^{2-},CO_2 可忽略不计。利用这一点,可以对天然水 pH 按下式进行校核或计算。

pH<8.3时,根据式(1-20):

$$[H^+]=K_1[CO_2]/(f_1^2[HCO_3^-])$$

$$pH=pK_1-\lg[CO_2]+\lg[HCO_3^-]=6.35-\lg[CO_2]+\lg[HCO_3^-] \tag{1-26}$$

pH>8.3时,根据式(1-21):

$$[H^+]=f_1K_2[HCO_3^-]/(f_1f_2[CO_3^{2-}])$$

$$pH=pK_2-\lg[HCO_3^-]+\lg[CO_3^{2-}]=10.33-\lg[HCO_3^-]+\lg[CO_3^{2-}] \tag{1-27}$$

3. $CaCO_3$ 从水中析出或溶解的判断

在自然界中,有时水会溶解石灰石($CaCO_3$),形成地下溶洞,有时又会从水中析出 $CaCO_3$,形成千奇百怪的钟乳石,其原因也是水中碳酸盐平衡问题。

从水中析出 $CaCO_3$,是因为水中$[Ca^{2+}]$与$[CO_3^{2-}]$的乘积大于 $CaCO_3$ 的溶度积 K_{sp}。在水中硬度一定时,只有 CO_3^{2-} 浓度升高才会引起 $CaCO_3$ 析出,CO_3^{2-} 浓度升高的原因如下:

(1) 有碱性物质进入水中,水的 pH 上升,水中 CO_2 含量减少,CO_3^{2-} 含量增多;

(2) 水受热,水中 CO_2 逸出,碳酸盐平衡被破坏;

(3) 其他原因(如脱气等)使水中 CO_2 减少,碳酸盐平衡破坏。

综上所述,CO_3^{2-} 浓度上升,均是由水中 CO_2 减少所致,比如当水受热时,水面水蒸气分压上升,CO_2 分压减少,水中溶解的 CO_2 逸出。由于水中存在下列平衡:

$$CO_2 + H_2O \rightleftharpoons H^+ + HCO_3^- \rightleftharpoons 2H^+ + CO_3^{2-}$$

CO_2 逸出，造成平衡被破坏，使 HCO_3^- 向生成 CO_2 方向转变，但在此转变过程中，又消耗了 H^+，为补充 H^+ 不足，另一个 HCO_3^- 又解离为 H^+ 和 CO_3^{2-}。换句话说，在水受热时，存在下列两个反应：

$$H^+ + HCO_3^- \longrightarrow CO_2 + H_2O$$

$$HCO_3^- \longrightarrow CO_3^{2-} + H^+$$

两个反应综合起来即为

$$2HCO_3^- \longrightarrow CO_2 + CO_3^{2-} + H_2O \tag{1-28}$$

所以，水受热时，水中 HCO_3^- 分解，使水中 CO_3^{2-} 增加。反应式(1-28)的平衡常数为

$$K = \frac{[CO_2][CO_3^{2-}]f_2}{f_1^2[HCO_3^-]^2} \tag{1-29}$$

对比式(1-29)、式(1-20)和式(1-21)，可得

$$K = \frac{K_2}{K_1} \tag{1-30}$$

由于 $CaCO_3$ 溶度积 $K_{sp} = [Ca^{2+}][CO_3^{2-}]f_2^2$，也即 $CaCO_3$ 发生沉淀的条件为

$$[CO_3^{2-}]f_2 \geqslant \frac{K_{sp}}{[Ca^{2+}]f_2} \tag{1-31}$$

将式(1-29)代入式(1-31)，得到水中 $CaCO_3$ 析出的条件为

$$[CO_2] \leqslant \frac{K_2}{K_1} \cdot \frac{f_1^2[HCO_3^-]^2[Ca^{2+}]f_2}{K_{sp}}$$

或

$$\lg[CO_2] \leqslant pK_1 - pK_2 + pK_{sp} + \lg[Ca^{2+}] + 2\lg[HCO_3^-] + 2\lg f_1 + \lg f_2 \tag{1-32}$$

当水中 CO_2 符合式(1-32)的关系时，水中 $CaCO_3$ 会析出，当水中 CO_2 不符合式(1-32)的关系，即

$$\lg[CO_2] > pK_1 - pK_2 + pK_{sp} + \lg[Ca^{2+}] + 2\lg[HCO_3^-] + 2\lg f_1 + \lg f_2$$

此时水具有侵蚀性(aggressivity)，会溶解石灰石中的 $CaCO_3$。

地下水在地层中运动时，由于地壳活动等，水中 CO_2 含量高，遇到石灰石，会溶解岩石中的 $CaCO_3$，形成溶洞。当水从洞穴中流出，与空气接触后，由于空气中 CO_2 含量少，水中 CO_2 逸出进入空气，CO_2 含量减少，又使水中 $CaCO_3$ 析出，形成钟乳石。

在工业冷却水中可以利用该原理，增加水中 CO_2 含量，防止水中 $CaCO_3$ 析出结垢。

1.4.2 硅酸化合物

天然水中硅酸化合物比较复杂，它们都来自地壳中硅酸盐和硅铝酸盐的岩石溶解。溶解过程受温度、pH 和接触面积(时间)以及硅酸盐形态所影响(图 1-15 和图 1-16)。溶解过程可以看作硅酸盐的水合过程，最终水合产物可用 $xSiO_2 \cdot yH_2O$ 表示，例如：

$x=1$　$y=1$　　H_2SiO_3　　偏硅酸

$x=1$　$y=2$　　H_4SiO_4　　正硅酸

$x=2$　$y=1$　　$H_2Si_2O_5$　　二偏硅酸

$x=2 \quad y=3$ 　　$H_6Si_2O_7$ 　焦硅酸

…

当 x、y 值较大时,实际上是 SiO_2 的多聚体。随着聚合度的增大,在水中溶解度下降,形成胶态,即通常所说的胶体硅。胶体硅和溶解硅之间可以相互转换,转换条件与水的pH、温度等因素有关(图1-17),pH高、温度高时胶体硅易转换为溶解硅,最典型的例子是在锅炉水高温和碱性条件下,带入锅炉的胶体硅会很快转变为溶解硅。

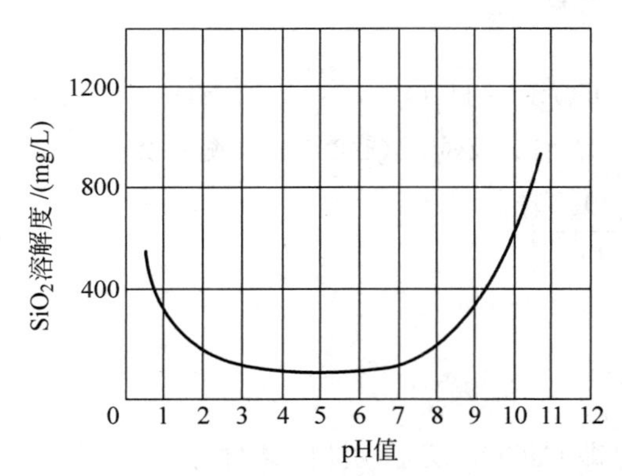

图1-15　pH对 SiO_2 溶解度的影响(25℃)

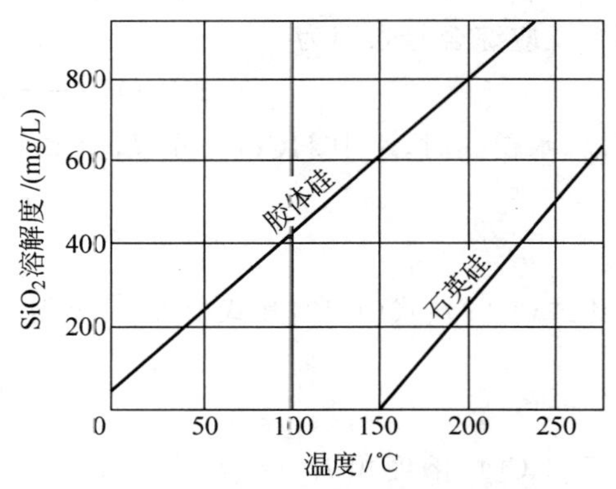

图1-16　温度对 SiO_2 溶解度的影响

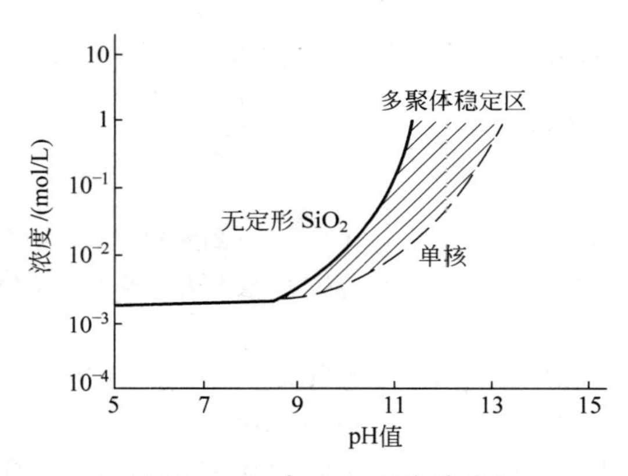

图1-17　pH与 SiO_2 形态的关系

天然水中硅酸化合物有溶解硅和胶体硅之分,溶解硅和胶体硅之和称为全硅。一般比色分析测得的是溶解硅,所以溶解硅又称为反应硅,胶体硅要采用氢氟酸将其转变为溶解硅后才能用比色分析测出。水中硅酸化合物由于形态复杂,通常统一写为 SiO_2。

溶解硅中最简单的是偏硅酸 H_2SiO_3,所以经常用它代表水中硅酸化合物,有时简称为硅酸。它是二元弱酸,可以进行二级解离:

$$H_2SiO_3 \rightleftharpoons H^+ + HSiO_3^- \rightleftharpoons 2H^+ + SiO_3^{2-}$$

一级解离常数

$$K_1 = \frac{f_1^2[H^+][HSiO_3^-]}{[H_2SiO_3]} = 1 \times 10^{-9} \tag{1-33}$$

二级解离常数

$$K_2 = \frac{f_1 f_2[H^+][SiO_3^{2-}]}{f_1[HSiO_3^-]} = 1 \times 10^{-13} \tag{1-34}$$

与碳酸化合物解离一样，硅酸化合物的解离程度也与水的 pH 有关，不同 pH 时 H_2SiO_3 解离程度列于表 1-11。由表 1-11 可见，在天然水的中性 pH 下，水中溶解硅大都以 H_2SiO_3 形式存在，$HSiO_3^-$ 仅占 0.3%(pH 7)，在水 pH>9 时 SiO_3^{2-} 才有存在。

表 1-11 水中硅酸解离程度与 pH 关系 单位：%

pH 值	5	6	7	8	8.5	9	9.5	10	11	12	12.9
H_2SiO_3	100	100	99.7	96.9	90.8	75.8	49.6	23.5	2.6	0.1	0
$HSiO_3^-$			0.3	3.1	9.2	24.2	50.2	75.3	84	38.4	7.3
SiO_3^{2-}							0.2	1.2	13.4	61.5	92.7

无论溶解硅还是胶体硅，它们对水电导率的影响都很小，不能用电导率来判断水中的 SiO_2 含量，比如纯水中 SiO_2 若未彻底去除，在纯水电导率上基本反映不出来。

1.4.3 铁铜化合物

天然水中铁化合物也有溶解态、胶体和颗粒状之分。颗粒状主要是铁及其氧化物，如 Fe_2O_3、Fe_3O_4 等，溶解态铁有 Fe^{2+} 及 Fe^{3+} 两种，在水中溶解氧浓度较低和中性 pH 时，水中铁多以 Fe^{2+} 形式存在，因为它溶解度大，不易析出，但当水中溶解氧浓度高或 pH 较高(如 pH>9)时，Fe^{2+} 会发生下列氧化反应：

$$4Fe^{2+} + 3O_2 + 6H_2O \longrightarrow 4Fe(OH)_3 \downarrow$$

生成的 $Fe(OH)_3$ 溶解度小，易形成胶体或沉淀。所以地表水中含有的铁很少，地下水中由于缺氧，处于还原气氛，含有 Fe^{2+} 较多，一旦地表水上升到地面，接触空气，Fe^{2+} 会迅速变为 Fe^{3+}，形成沉淀。

Fe^{3+} 也和其他金属离子(如 Al^{3+})一样，在水中以羟基化合物形式存在，如 $Fe(OH)^{2+}$、$Fe_2(OH)_2^{4+}$ 等，在一定 pH 下，通过水解达到最终产物 $Fe(OH)_3$。在仅有 Fe^{3+} 存在的环境中，Fe^{3+} 在水中存在形态与 pH 关系示于图 1-18。

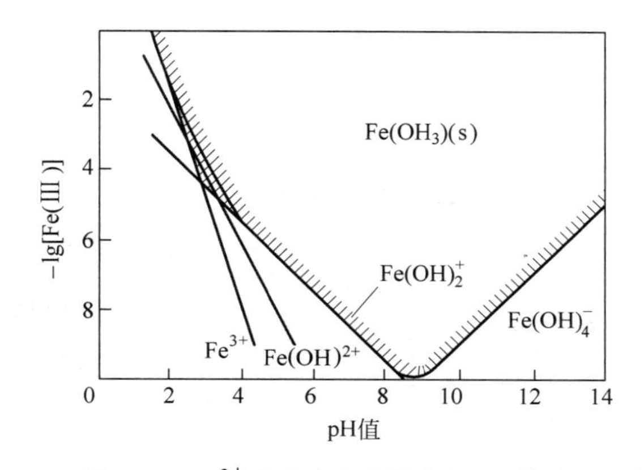

图 1-18 Fe^{3+} 在水中存在形态与 pH 关系

在自然条件下，水中除 Fe^{3+} 外还可能存在 Fe^{2+}，它们及其相应的羟基化合物存在形态除与pH有关外,还与水的氧化还原状态(电位)有关,其关系见图1-19。从图1-19可知,在天然水体的pH值为6～8,铁是以$Fe(OH)_3(s)$和Fe^{2+}形态存在;在有溶氧的氧化环境中,主要是$Fe(OH)_3$;在缺氧的还原性环境中,则全转化为Fe^{2+}。

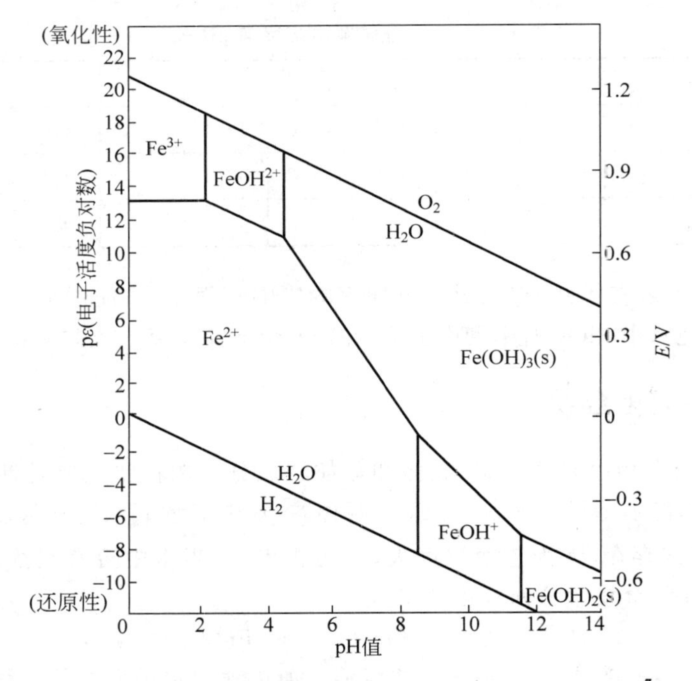

图1-19 水中二价铁和三价铁各物种的pε-pH图(25℃,总铁10^{-7} mol/L)

天然水中铜化合物常与水中其他的有机物或无机物形成络合物。表1-12是向几种水中人为加入Cu^{2+},再检测它存在形态的结果,从中可看到,绝大部分铜形成$CuCO_3$及各种络合物,Cu^{2+}形态存在的很少。

另外,水中铜的存在形态还与水的pH有关。在常见的水-CO_2-Cu体系中,pH<6.5时,水中铜多以Cu^{2+}形态存在;pH 6.5～9.5时,溶解铜多以$CuCO_3$形态及各种络合物形态存在;pH>9.5时,铜多以$Cu(OH)_3^-$、$Cu(OH)_4^{2-}$等形态存在。不同pH值下铜的各种存在形态见图1-20。

表1-12 铜在几种水中存在形态

水样	每升水中铜加入量/μg	pH值	硬度/(mmol/L)	每升水中以不同形态存在的铜量/μg					
				Cu^{2+}	$CuCO_3$	乙醇萃取物	氨基酸络合物	腐殖质络合物	氰络合物等
自来水	200	7.51	6.4	5.8	202				
河水1	800	7.62	8	11	435		123	48	200
河水2	800	8.19	6.8	0.9	148	170	480		

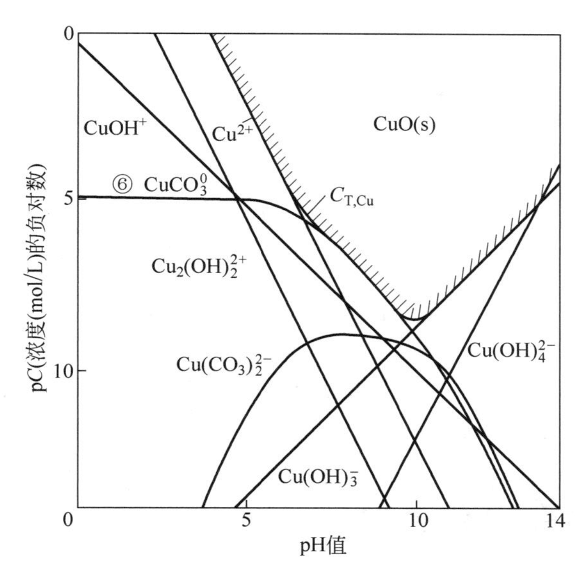

图 1-20 水中铜物种分布的 pC-pH(总 CO_3^{2-} 10^{-3} mol/L)

1.4.4 含氮化合物

水中含氮化合物主要有 N_2、NO_3^-(或 NO_2^-)、NH_4^+ 及有机含氮化合物,如蛋白质、氨基酸、肽、核酸、尿素等。N_2 主要来自空气中氮气的溶解,由于氮气不活泼,所以很少引起重视,实际上在大气的氮气分压力下(约 0.078MPa),25℃时水中饱和氮气的溶解量可达 14.1mg/L。

在天然水中,氮气是稳定的,只有在固氮生物(如固氮蓝绿藻、豆科植物等)内部,氮在还原气氛中才能变为 NH_4^+:

$$N_2 + 8H^+ + 6e \longrightarrow 2NH_4^+$$

但在天然水中,生物固氮的量是很少的,水中氮化合物直接来自大气中氮是很少的。

自然界中生物固氮多发生在陆地豆科植物中,生成的含氮有机物大多作为人和动物的食物,吸收后人和动物的排泄物(粪便)中有含氮有机物,它很不稳定,容易分解出氨,每人每年通过生活污水排放的氨可达数千克,生活污水是天然水中氨的主要来源,农用化肥的流失及工业废水、废气排放是水中氨的另一来源。水中的氨在氧的作用下被硝化菌硝化,可以生成亚硝酸盐,并进一步形成硝酸盐,同时水中的亚硝酸盐也可以在厌氧条件下受微生物反硝化作用转化为氮,逸入大气。硝化和反硝化反应如下:

亚硝化反应 $2NH_4^+ + 3O_2 \longrightarrow 2NO_2^- + 4H^+ + 2H_2O$

硝化反应 $NH_4^+ + 2O_2 \longrightarrow NO_3^- + 2H^+ + H_2O$

反消化反应 $4NO_3^- + 5[CH_2O] + 4H^+ \longrightarrow 2N_2 + 5CO_2 + 7H_2O$

所以水中的氮有 5 种形态:溶解的氮气、氨、有机氮化合物、亚硝酸盐和硝酸盐,它们构成水体中氮的循环,循环方式可用图 1-21 表示。从图中可以看出,天然水体刚接受生活污水排放时,亚硝酸盐和硝酸盐含量很低,氨和有机氮化合物含量高,随着时间延长,含有的氨会逐渐转变为亚硝酸盐和硝酸盐,氨含量下降,亚硝酸盐和硝酸盐含量上升。

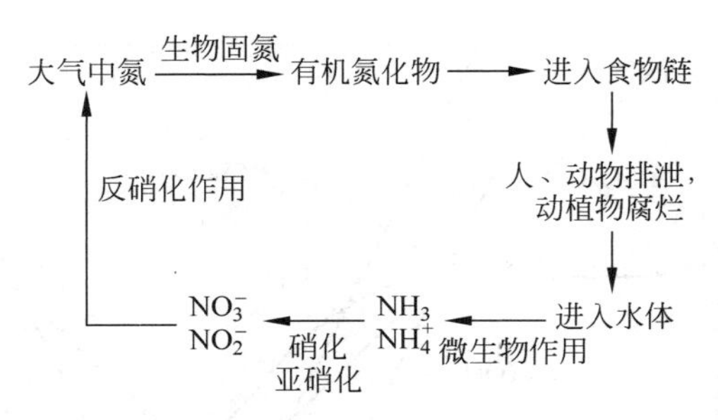

图 1-21 水体中氮循环示意图

氨中氮是水体中的营养素,可导致水富营养化现象产生,是水体中的主要耗氧污染物,可使水体缺氧而导致水中生物死亡。亚硝酸盐和硝酸盐是有毒物质。

1.5 天然水中有机化合物

由于自然界有机物种类繁多,结构复杂,因此天然水中有机物也极其复杂,种类多,浓度低(从 mg/L 级到 μg/L 级),远不像无机离子那样简单,而且由于有机物的检测困难,因此人们对水中有机物的认识还很肤浅。

1.5.1 来源

天然水中有机物的来源主要有下列几个方面。

1) 工业废水的排放

处理或未经处理的工业废水往往含有大量有机物,其中既有简单的合成有机物,又有复杂的有机物(各种高聚物和天然有机物)。目前全世界合成的有机物约 200 万种,从某种角度来讲,最终都会通过各种途径进入自然界,包括天然水中。

不同工业排放的有机物种类不同,而且数量也相差很大,比如造纸业排出大量的含有木质素的废水;化工厂、农药厂排出大量合成有机物;食品加工厂则排放含有淀粉、蛋白、脂肪等有机物,等等。这些工业排放的有机物,首先污染地表水,进而可能污染地下水。

2) 生活污水

这些水含有大量营养物质,如脂肪、淀粉、蛋白质等,它们排入天然水体后,会促进微生物的滋生和繁殖。

3) 生物降解产物

排入天然水体中的工业废水和生活污水,以及水体中的动植物残骸会被水中生物降解,降解产物为不能再被生物作用的腐殖质类化合物以及 CO_2、H_2O、CH_4,等等。

4) 土壤中腐殖质的溶解

农田、土壤、河流湖泊底部沉积物、沼泽地等受雨水或其他水的冲刷,会使其中有机物质溶解出来,进入天然水体,这些有机物大部分是腐殖质。

5) 工业过程带入的有机物

除上述天然水中原有的有机物带入外,还有工业过程本身带入水中的有机物,如各种油脂、添加的有机药剂、有机材料设备管道的溶解物、工业设备内滋生的微生物及代谢产物等。

1.5.2 天然水中有机物种类和分类

天然水中有机物含量虽然低，但其种类却很多，从有机化学角度来看，几乎包括各种结构类型的有机化合物。曾有报道，在世界各水体中已检测出有机化合物2221种，饮用水中检测出765种，而且检出种类数量还呈上升趋势。在我国，也曾利用色谱、质谱法在松花江、长江、珠江、黄浦江、运河、地下水等水体中检测出几百种有机化合物。比如1982—1985年在上海黄浦江水中检测出303种有机物(表1-13)，其中包括烷烃、烯烃、芳香化合物、多环芳烃等。还应当指出的是，在已检出的有机物中，由于检测技术的限制，多是相对分子质量在300～500的小分子化合物，不包括天然水中相对分子质量高的各种天然有机物。

表1-13 上海黄浦江水中检测出的有机物种类(1982—1985年)

类　别	数　量	举　例
烷烃	25	己烷、5-甲基二十烷等
烯烃	8	戊烯、十九碳烯等
卤代烃	30	氯仿、溴范等
环烷烃、环烯烃	8	十二烷基环己烷、甲基异丙基环己烯等
酯、内酯、醚、酮	75	庚酮、苯甲酸、苯酯等
醇、酚、醛	34	乙醇、对甲酚、壬醛等
烷基苯、烯基苯、多环芳烃	58	苯、茚、芘等
其他	65	异喹啉、α-雪松烯、苄腈等
总　计	303	—

所以，天然水中有机物种类繁多，结构、性能各异，不可能像检测水中无机离子那样将它们逐个检测出来加以研究，必须对它们进行综合分类，不同的技术目的就有不同的分类方法，下面介绍几种常见的分类。

1. 按水中有机物的颗粒大小分类

像水中无机物一样，水中有机物也可以按颗粒大小分为悬浮态有机物、胶态有机物(又统称为颗粒状有机物)及溶解态有机物三类。

按照悬浮物和胶体定义，水中溶解态有机物(DOM)应指水中粒径小于1nm的颗粒，它包括一些低相对分子质量和中等相对分子质量的有机化合物。但实际上，水中溶解态有机物的测定是用0.45μm的微孔滤膜对水进行过滤，滤出液中有机物定义为溶解态有机物，颗粒尺寸小于0.45μm，相对分子质量可能达到百万级，其成分也很复杂，比较重要的有碳水化合物、蛋白质及其衍生物、类脂化合物、维生素和腐殖质等：

(1) 碳水化合物：包括各种多糖和复杂的多糖类。

(2) 含氮有机物：主要为蛋白质腐解产物以及细胞分泌物，如胞外蛋白、球蛋白以及氨基酸等。

(3) 类脂化合物：包括脂肪酸或含有结合磷酸的脂类及其衍生物，如脂肪醇、甘油、胆固醇等。

(4) 维生素：水体中维生素与生物生长有密切关系，但其含量甚微。

(5) 简单有机化合物：包括羧酸，如乙酸、乳酸、羟基乙酸、苹果酸、柠檬酸等，它们源自各种排放的废水或水中微生物生命活动分泌产物及复杂有机物的降解产物。

(6) 腐殖质：腐殖质是有机物在微生物作用下，经过分解转化和再合成形成的性质不同于原有机物的新的一类物质，在土壤和水体中广泛分布。水体底泥中的腐殖质含量一般为1%～3%，某些地区可达8%～10%。河水中腐殖质含量平均为10～15mg/L，在某些情况下可达到200mg/L，沼泽水中常含有丰富的腐殖质。湖水中腐殖质含量变化较大(1～150mg/L)；干旱地区由含碳酸盐岩石为底所组成的湖泊里，腐殖质含量不高；分布在北方针叶林沼泽地带内的湖泊，腐殖质含量极高。

2. 按有机物的来源分类

水中有机物按其来源分类，可分为天然有机物(NOM)、人工合成有机物两大类，城市自来水的供水中，还有消毒副产物(DBPs)，它们是源水中有机物在氯化消毒时被氧化产生的新的有机物。

1) 天然有机物

这些有机物似乎是生物过程的产物，即生物以动植物残骸、其他有机质为营养进行生物活动时产生(合成)的各种代谢产物，所以，大部分天然有机物(如腐殖质)可以看作水中各种有机质生物转变的终端产物。比如向天然水体中排入的各种工业污水和生活污水，到达水体后经过一段时间(几十至几百小时或更长时间)，在各种生物的作用下，会转变为腐殖质类天然有机物。这些天然有机物是相对稳定的，尤其是对各种生物降解而言。

有人研究认为，水中天然有机物主要是腐殖酸、富里酸、木质素、丹宁四大类，其中腐殖质(腐殖酸、富里酸)所占比例最高，为85%～90%，木质素所占比例在10%～15%。

天然有机物是天然水中溶解态高相对分子质量有机物的主要部分。曾有人研究发现，天然水中天然有机物大约是水中有机碳的一半以上。

(1) 腐殖酸、富里酸

腐殖酸(humic acid)、富里酸(fulvic acid)是腐殖质的主要组成部分，腐殖质广泛存在于土壤和水底污泥中，天然水中腐殖酸和富里酸可以看作土壤腐殖质在水中的溶解物。

腐殖质是有机物在微生物作用下经过分解、转化和合成等复杂反应所形成的性质不同于原有机物的新的一类物质。在土壤和水体中的有机物均可在微生物作用下发生生物合成反应，产生腐殖质类物质，它是富含含氧功能基团的黄色至黑色的高分子物质。腐殖质结构复杂并含有多种功能基团，对于水体中有毒有机污染物、重金属的存在形式、浓度、平衡、沉降、迁移和生物毒性等有着十分重要的影响。

(2) 木质素

木质素(lignin)是广泛存在于植物纤维中的一种芳香族高分子化合物，在植物组织中具有增强细胞壁和黏合纤维的作用，它和纤维素、半纤维素一起构成植物的骨架，其含量约占植物的1/3。木质素的组成比较复杂，它不是一种单一的化合物，而是一种具有三度空间网状结构的复杂醇类聚合物。木质素有三种类型：愈创木基木质素(G木质素)、对羟基苯基木质素(H木质素)和紫丁香基木质素(S木质素)。

木质素结构单元为苯丙烷，并含有一定甲氧基，成为含有氧代苯丙醇及其衍生物结构单元的芳香性高聚物，其结构稳定，不能被动物消化。

天然水中木质素主要来自各种植物，植物纤维中木质素在水中由于各种因素（生物、化学、光降解等）使聚合物降解或生成其衍生物而溶于水。当然，工业废水（如造纸废水）中也含有大量木质素，排入水体后也使水中木质素成分增加。

曾有人利用造纸废液提取木质素用作水中有机物质研究样品，提取方法是将造纸废液用硫酸酸化，在 pH6～10 的沉淀经洗涤、溶解、再沉淀后获得木质素样品，其紫外吸光度为 UV_{254} 0.0182/(1mg/L，10mm 石英比色皿)。

（3）丹宁类化合物

丹宁(tannic)又名丹宁酸或鞣酸、鞣质，是一种在植物中广泛存在的多元酚类化合物，一般来说，不同来源和不同提取条件所得到的丹宁，其化学结构虽然不同，但由于它们都是没食子酸的衍生物，具有相似的结构单元，因此具有一些共同性质。试剂丹宁酸分子式是 $C_{76}H_{52}O_{46}$，相对分子质量 1701.2，但从植物中提取的丹宁，其相对分子质量在 500～3000。

丹宁在酸、碱、细菌作用下会水解，按水解产物可将丹宁分为两类：可水解鞣质及不能被水解的缩合鞣质。

由于丹宁水溶性好，所以天然水中丹宁多是植物中丹宁溶解以及随后发生的水解等反应生成的丹宁类衍生物。

2）人工合成有机物

目前已知的人工合成有机物多达 10 万种以上，并且还以每年 2000 种的速度在递增。从理论上讲，这些有机物都会在生产、运输、使用、废弃过程中从各种途径进入环境，当然也包括天然水体。这类物质中包括许多有毒有害物质，如农药、多氯联苯、卤代烃、亚硝基胺类化合物等，它们还具有难生物降解、易生物积累的特点，有三致（致癌、致畸、致突变）作用，所以这类有机物也是环保和卫生工作者重点关注的对象。

废水排放是这类物质进入天然水体的主要途径。

天然水中的人工合成有机物，在不同的天然水域是不同的，种类不同，浓度也不同，但它们还是有一些共同点：它们都是天然水体中相对分子质量较小的物质（大多在几百以下），并且多数耗氧量高，可生化性能好，它们进入天然水体后，在细菌作用下经过一段时间（有的可能需要较长时间）会发生转变，转变为天然有机物质。

人工合成有机物是天然水中低相对分子质量溶解态有机物的主要部分。

3）消毒副产物

对城市自来水中的有机物来讲，还会出现消毒副产物，它是城市自来水处理消毒工艺中，氯与水中的有机物（如腐殖质）发生反应，生成的多种有毒有害物质。

消毒副产物是消毒过程中氯与水中多种有机质发生反应而形成。比如腐殖酸和富里酸，它们含有芳香结构及酚类结构单元（如两个羟基—OH 之间含有一个或三个活性空位的碳原子结构），而这些结构单元是氯极易与之发生反应的部位，因而腐殖酸和富里酸被认为是生成三氯甲烷（THM）的前驱物质；木质素在酸性条件下也会与氯生成有致突变性的有害副产物，有人用下面反应式表示这个过程：

$$Cl_2 + H_2O \longrightarrow HOCl + HCl$$

$$HOCl + Br_2 + \text{天然有机物} \longrightarrow THM + \text{其他消毒副产物}$$

关于消毒副产物的种类有报道称可达500多种,除三氯甲烷外,还可以形成卤乙酸、卤乙腈、氯酚、甲醛、氯酸盐、亚氯酸盐、溴酸盐等。溴化物的产生是因为天然水中一般都含有少量溴离子,它可以被氯氧化为溴,进一步产生次溴酸和次溴酸根,并与水中有机物发生作用。

消毒副产物的发现源自1974年,Rook和Beller等从氯化后高色度水中检测出三氯甲烷,随后调查证实,三氯甲烷是城市自来水中最广泛存在的有机物,它是氯化消毒时形成的,与癌症发病率有明显的相关性。随后又在自来水中发现多种有毒有害的消毒副产物。1993年,美国饮用水中对这些有机物控制标准已达83种,我国近年的《生活饮用水卫生标准》(GB 5749—2022)也包含对这些水中有害有机物的控制指标,达到几十项,主要有甲醛、三卤甲烷、三氯甲烷、四氯化碳、1,2-二氯乙烷、氯乙烯、丁二烯、苯、甲苯、二甲苯等。

3. 按可生化性能分类

水中有机物可作为微生物的营养源,微生物在吸收水中有机物后,又要吸收水中溶解氧,在体内对有机物进行生物氧化(即BOD),消化吸收有机物并形成新的代谢产物,但也有一些有机物不能被微生物吸收代谢,可以用是否被生物降解来对水中有机物进行分类。这种分类特别适用于各种水的生化处理。

1) 可被生物降解的有机物

可被生物降解的有机物又称为耗氧有机物,这一类有机物主要包括碳水化合物、脂肪类物质、蛋白质物质等可被生物降解的有机物质。按来源分又可分为内源和外源两种。内源是指水体中水生植物和藻类光合作用所产生的有机物。外源为来源于水体之外,以各种途径和方式进入水体的易降解有机物质,主要是各种废水排放的有机物。

可降解有机物的主要特征是消耗水中的溶解氧,天然水体中溶解氧正常情况下为5~10mg/L,当可降解有机物排入水体后,先被好氧微生物分解,使水中的溶解氧迅速降低,在有机物浓度较低时,如果溶解氧能得到及时补给,有机物将被彻底降解为简单无机物(如CO_2、H_2O等),水体变为洁净,这就是水体自净。当水体有机物浓度较高,耗氧速度超过水体复氧速度时,水体会缺氧,发生厌氧微生物的厌氧分解过程,即腐败现象,产生不完全氧化形成的低级有机酸(乳酸和醋酸等)、醇、醛、二氧化碳以及甲烷、硫化氢、氨等恶臭物质,使水变质发臭。

微生物在吸收水中易被降解的有机物进行生命活动的过程中还会产生代谢产物,其中重要的就是腐殖类物质,它难以再被生物降解。

2) 难被生物降解的有机物

难被生物降解的有机物又称为水中持久性有机物,它包括两类:一类是腐殖质,它是生物生命中的代谢产物,难以再被生物生化,可生化程度低($BOD_5/COD_{Cr}<0.3$);第二类是某些人工合成有机物。难降解的人工合成有机物主要有以下几种:农药、多氯联苯(PCBs)、多环芳烃(PAHs)、卤代烃类、酚类、苯胺类和硝基苯类。

4. 天然水中溶解态有机物按相对分子质量分段分类

水中溶解态有机物相对分子质量分布范围很广,从几十到几十万,甚至几百万都有,不同相对分子质量的有机物性质肯定差异很大。按相对分子质量对水中有机物进行分类是基于认为相同相对分子质量的有机物有相似的性质，而忽略其结构上的差异对性质的影响，这在一定程度上也是可行的，当然也存在偏差。

水中有机物相对分子质量分布的测定方法有两种：凝胶色谱法(GPC)和超滤法。所划分的相对分子质量区段往往根据需要而定，比如超滤法常用区段为<500、500～1000、1000～2000、2000～5000、5000～10000、10000～20000、20000～50000、50000～100000 等。

凝胶色谱法是使用一种多孔凝胶色谱柱，多孔凝胶在制备时已对其孔径加以控制制成一系列不同孔径的产品，整个色谱柱用某种水溶液淋洗，当含有不同相对分子质量有机物的被测水样注入柱内后，由淋洗液带动流经多孔性凝胶，这时样品中不同相对分子质量的物质按分子体积大小(相似于相对分子质量的大小)分开，分子体积大(相对分子质量大)的分子由于比凝胶填料中所有的孔径都大，故不能进入凝胶孔内，只能在凝胶填料颗粒的空隙间流动，占有体积最小，所以最先流出柱外；而试样中分子较小的组分能扩散进入凝胶填料中比较大的孔内，并能再次扩散出来，故占有的体积较大，在稍后的时间内流出来；试验中分子体积最小的组分，由于可以进入凝胶填料内所有的孔，故占有的体积最大，在最后的时间流出来。这样，试样中各组分的流出时间(体积)就取决于该组分相对分子质量的大小，如果再考虑不同时间流出液的浓度(UV_{254} 或 TOC)变化，得到凝胶色谱图，将该色谱图与已知相对分子质量物质的标准色谱图进行比较，就可得到被测水样中有机物相对分子质量的分布曲线。

超滤法是用一系列不同孔径的超滤膜对水样进行过滤，小于该孔径的有机物分子将透过膜，大于该孔径的有机物分子则被膜阻拦，从而对水中有机物按分子体积大小(近似为相对分子质量大小)进行分离。超滤膜的孔径常用截留相对分子质量来表示，所谓截留相对分子质量是用一系列不同相对分子质量蛋白质(或水溶性大分子物质)来进行试验，能通过90%某一相对分子质量蛋白质的膜，该蛋白质的相对分子质量就定义为该膜的截留相对分子质量。超滤法对水中有机物进行相对分子质量分布测定时常用的超滤膜其截留相对分子质量有 500、1000、2000、4000、6000、10000、20000、50000、70000、100000 等，其中截留相对分子质量 500 和 1000 的超滤膜由于孔小、阻力大、水通量小，所需进水压力大。超滤法测定水中有机物相对分子质量分布流程见图 1-22。

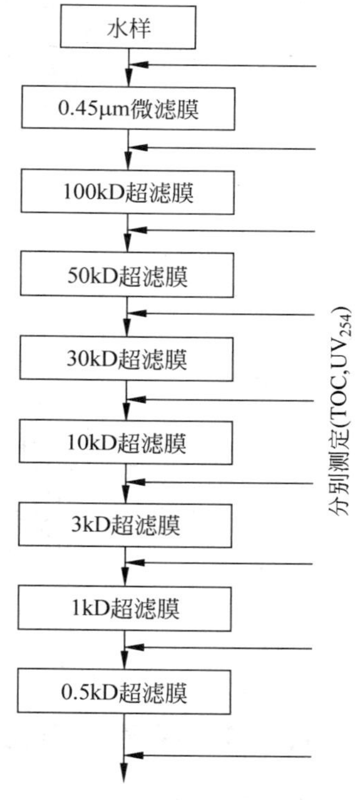

图 1-22 超滤法测定水中有机物相对分子质量分布流程

5. 天然水中溶解态有机物按亲疏水性分类

水中溶解的有机物，由于各自的化学结构及活性基团不同，有憎水性和亲水性的区别，也有酸碱性的区别，按亲疏水性对水中有机物进行分类是基于认为亲疏水性相似的有机物有相似的性质，并忽略其他差异对性质的影响，这在一定程度上也是可行的。

按亲疏水性对水中有机物进行分类是利用吸附树脂进行分离，首先要选择合适的吸附树脂装柱，被处理的水要预先通过 0.45μm 的滤膜，得到只含有溶解态有机物的水,让该水通过吸附柱,水中某些组分的有机物被吸附,其余组分的有机物则流出,然后用特定试剂对吸附树脂进行洗脱,将吸附的有机物洗脱下来,收集即可。例如选用非极性吸附树脂 Amberlite XAD-8,它能吸附水中憎水性有机物,按图 1-23 所示进行憎水性有机物分离。亲水性有机物按图 1-24 所示方法再进行分离。

通过这样的处理,把水中溶解态有机物分成 6 个组分:憎水性有机物(酸性、碱性、中性),亲水性有机物(酸性、碱性、中性)。根据对国内几个水体的研究发现,天然水中亲水性有机物含量最高,约占 50%(湖泊水中比例略低,约 30%);其次是憎水酸性有机物、弱憎水酸性有机物和憎水中性有机物;而憎水碱性有机物含量一般都很少。

还可以把不同亲疏水性有机物再按不同相对分子质量进行分段分类。

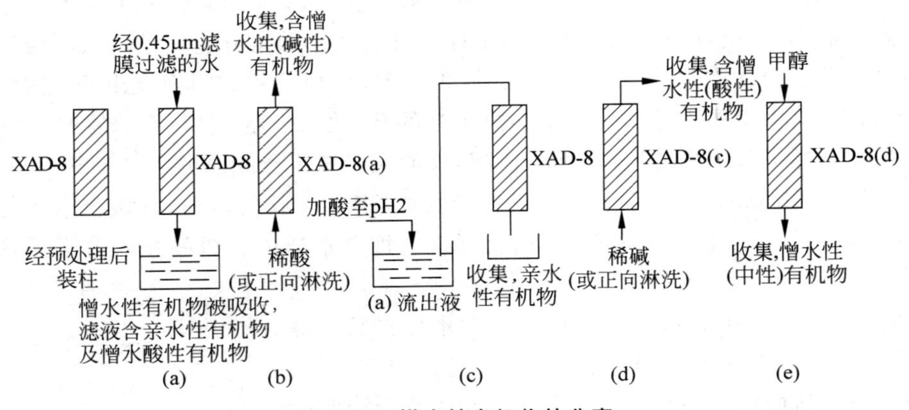

图 1-23 憎水性有机物的分离

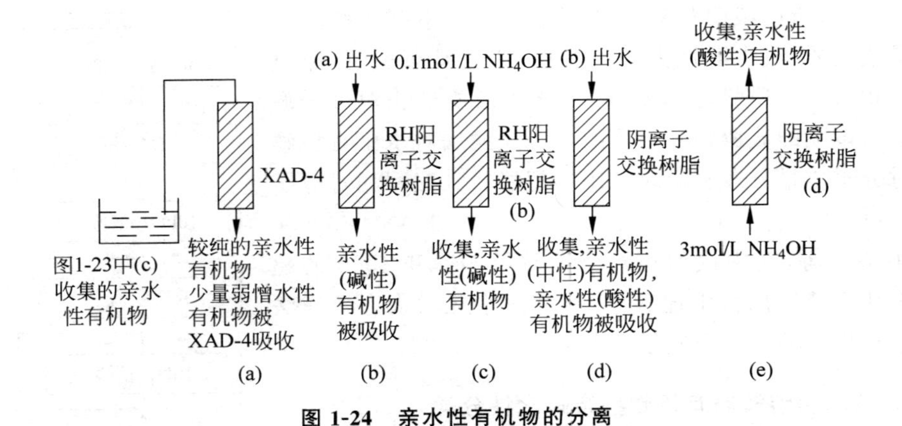

图 1-24 亲水性有机物的分离

1.5.3 腐殖质类化合物

腐殖质类化合物是天然水中天然有机物的主要部分,它不是单一的化合物,而是许多性质相近的、复杂的化合物的混合物。

1. 分类

腐殖质的分类如下:

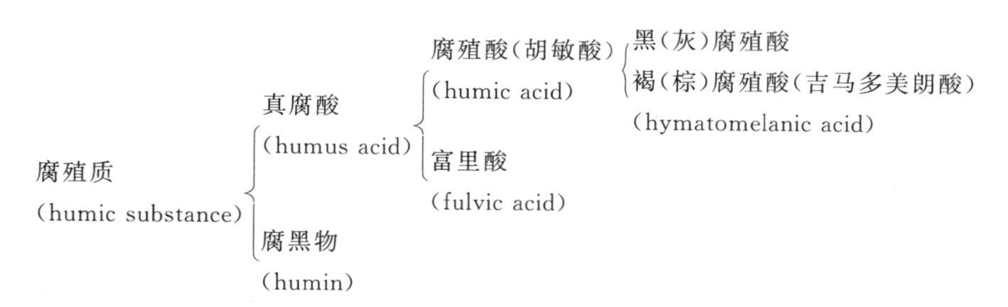

各个组分的定义如下。

(1) 腐殖酸：腐殖质中能溶于稀碱(0.1mmol/L NaOH)，但不溶于稀酸(pH 1～1.5)的部分；

(2) 富里酸：腐殖质中在稀酸和稀碱中均能溶解的部分；

(3) 腐黑物：腐殖质中在稀碱和稀酸中均不溶解的部分；

(4) 黑(灰)腐殖酸：腐殖酸中在丙酮、酒精、苯酚等含氧有机溶剂中不溶解的部分；

(5) 褐(棕)腐殖酸：腐殖酸中在丙酮、酒精、苯酚等含氧有机溶剂中溶解的部分。

腐殖酸按其来源有土壤腐殖酸、煤炭腐殖酸、合成腐殖酸等之分，来源不同其性质也有差别，天然水中腐殖质与土壤腐殖质相似，所以在此分类是参照土壤腐殖质的分类方法。

2. 组成结构

腐殖质类化合物形成过程十分复杂，它不是一种单一化合物，是具有相似结构的复杂高分子化合物的混合物。元素分析表明，它除含有碳、氢外，还含有氮、氧、磷、硫等元素，这表明其结构中含有官能团，经测定，这些官能团是羟基、羧基、醇、酚羟基和甲氧基等，对外呈弱酸性，有人用碱对它进行滴定，其总酸度为 5～10mmol/g。

对其相对分子质量测定也无统一结论，而且不同测定方法结果也不同。有人认为它的相对分子质量从几百到几十万，但也有人认为上限没有那么高，可能在几万左右，超过此值所占比例不大。

富里酸和腐殖酸的区别在于富里酸相对分子质量小、官能团多，富里酸含碳量少、含氧多(表 1-14)。

表 1-14　腐殖酸和富里酸的区别

项　　目	元素组成/%			相对分子质量	官能团
	碳	氧	氮		
腐殖酸	50～60	30～35	2～4	高 (几千至几万)	少
富里酸	40～50	44～50	<3	低 (几百至几千)	多

腐殖质类化合物的结构很复杂，虽有很多人提出各种结构模型，但至今仍无定论。不过，有一点是确定的：它们都是含有苯环的化合物，由于苯环上有双键，因而对紫外光强烈

吸收,可以用 UV_{254} 来检测它的浓度。比如,曾测出腐殖酸的吸光度为 0.0318,富里酸的吸光度为 0.0174(均为 1mg/L,10mm 石英比色皿)。

有人提出腐殖质类化合物结构如图 1-25 所示,从图中可见,它的结构中除复杂的芳香环外,还有带各种官能团的侧链,以及金属离子。

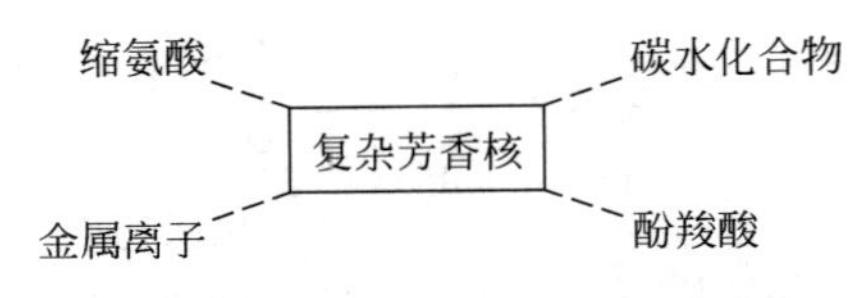

图 1-25 腐殖质类化合物结构示意图

3. 性质

1) 溶解性

腐殖酸和富里酸水溶性都很好,尤其是富里酸,溶解度很大;在碱性溶液中,它们生成相应的盐,水溶性更好,往往可以形成透明的真溶液;在无机酸(pH 1～1.5)中富里酸溶解度好,腐殖酸溶解度差;在有机一元羧酸中,腐殖酸具有一定溶解度,在二元羧酸及不饱和脂肪酸中溶解度差。

在醇中溶解度随醇链长增加而减少。

2) 酸性

具有弱酸性,酸碱滴定曲线与弱酸相似,这主要是因为它们均含有大量羧基、酚羟基等官能团。它们在水中解离出 H^+ 后,大分子成为带负电的阴离子。

3) 吸附性

这类化合物比表面积较大,吸附性较强,可以吸附水中的有机质、金属离子等,在环境中往往起到金属的输送、浓缩和沉积作用。

4) 与金属离子形成沉积

腐殖质在高浓度 Ca^{2+}、Mg^{2+} 存在下可以形成沉淀,所以在高硬度地区的水中,它们会沉积下来,含量较低。它们还会和高浓度 Fe^{3+}、Al^{3+}、Ba^{2+} 形成沉淀或络合物。

5) 离子交换性

由于它们是具有弱酸性的高分子化合物,因而和弱酸性阳离子交换树脂相似,具有一定的离子交换能力。

6) 凝聚特性

这一类化合物在水中解离后,大分子部分类似于带负电荷的胶体,通常认为是有机胶体的组成部分。曾测得其 ζ(Zeta)电位为－(10～30)mV,所以可以被正电荷胶体及电解质凝聚。

7) 氧化还原及氧化降解

曾测得腐殖酸的氧化还原电位为＋0.70V,因而它可以将 U^{+4} 氧化为 U^{+5},也可以将 Fe^{3+} 还原为 Fe^{2+},或将金盐还原为金。

这一类物质如遇到强氧化剂,如 $KMnO_4$、O_3、H_2O_2、紫外光、Cl_2 等,都可以发生氧化降解,氧化产物视氧化强度而定,可以是 CO_2 和 H_2O,但更多时候是低分子有机物,如烷烃、苯衍生物、羧酸等。

8) 热稳定性

固体状态下,在空气中 60～80℃以上会发生结构变化。

1.6 天然水水质分类和我国天然水水质概况

习题

1-1 了解工业企业水平衡概念及工业企业节水指标。

1-2 某河水 pH 7.6，测得硬度 4.5mmol/L，P 碱度 0，M 碱度 3.7mmol/L，SO_4^{2-} 96mg/L，Cl^- 71mg/L，求该水碳酸盐硬度、非碳酸盐硬度、过剩碱度、$[K^+]+[Na^+]$各为多少。如果按我国地表水一般规律，水中 K^+ 大约为多少？

1-3 新购一电导电极，在 20.5℃，0.01mol/L KCl 中测得电导为 1.4×10^{-3}S，求该电极的电极常数(该温度下 KCl 的理论电导率为 1291.5μS/cm，配制用水电导率为 2μS/cm)。

1-4 表示水中有机物含量的指标有哪些，它们之间有何区别？

1-5 天然水中有机物分类方法有哪几种，它们之间有何关系？

1-6 了解水中腐殖质类有机物的组成及定义。

1-7 某地下水，硬度 3mmol/L，碱度 4mmol/L，CO_2 79mg/L，求该水的 pH 值。该水被抽至地面后，与空气达到平衡时会逸出多少 CO_2？逸出 CO_2 后水 pH 值是多少？

1-8 简述我国地表水水质分布的基本特征。

2 水的混凝澄清及沉淀处理

CHAPTER

天然水中常含有泥沙、黏土、腐殖质、纤维、悬浮物、胶体等杂质。它们在水中都有一定稳定性,是构成水的浊度、颜色和异味的主要因素。根据它们颗粒的大小和密度,可采取不同的处理方法去除。其中颗粒直径大于0.1mm的细砂,可借助重力在2min内以自然沉淀除去;而颗粒直径小于0.001mm的细粒黏土,沉降速度非常缓慢;更细小的微粒实际上已不可能自行沉降除去,对水中沉降速度缓慢难除去的微粒,通常要通过混凝处理才能很好地将它们除去。球形颗粒的沉降速度见表2-1。

表2-1 球形颗粒的沉降速度

颗粒直径/mm	颗粒名称	沉降速度/(mm/s)	沉降1m所需时间	颗粒直径/mm	颗粒名称	沉降速度/(mm/s)	沉降1m所需时间
10	—	1000	1s	0.001	黏土	0.00154	7d
1	粗砂	100	10s	0.0001	细粒黏土	0.0000154	2a
0.1	细砂	8	2min	0.00001	胶体	0.00000154	200a
0.01	泥土	0.154	2h				

天然水通过混凝澄清及沉淀处理后,水中绝大部分微粒被去除,出水浊度通常小于10NTU,水中有机物也可去除一部分。水得以澄清,有利于进一步深度处理。

2.1 胶体颗粒的基本性质

2.1.1 胶体的结构

胶体(colloid)颗粒由胶核、吸附层和扩散层三部分组成,现以$Fe(OH)_3$胶体为例说明胶体的结构。胶核是许多$Fe(OH)_3$分子的聚集体,它不溶于水而成为胶体颗粒的核心,故称胶核。胶核具有较大的比表面积,有从水中吸附某些离子的能力,如吸附FeO^+使胶核表面上拥有一层带电离子,称为电位决定(形成)离子。如果电位决定离子为阳离子,胶核就带正电荷;如果电位决定离子为阴离子,胶核就带负电荷。

胶核表面的电位形成离子在静电引力的作用下,吸引水溶液中电荷符号相反、电荷量相等的离子(如Cl^-、SO_4^{2-})到胶核周围,被吸引的离子称为反离子。这样就在胶核与周围水溶液之间的界面区域内形成一个双电层结构,内层为胶核的电位形成离子层,外层为水溶液中的反离子层。其中有一部分反离子因受到较大的静电引力作用,与胶核表面的电位形成离子结合紧密、牢固,形成吸附层,其厚度较小。由于在吸附层外的反离子受到的静电引力较弱,在反离子浓差扩散和热运动作用的推动下,分散到溶液深处,形成扩散层,其厚度通常比吸附层大得多。胶核、电位形成离子与反离子的吸附层一起称为胶粒，胶粒是带电的。胶核、电位形成离子、反离子的吸附层和扩散层组成的一个整体，称为胶团，胶团是不带电的，下式是 $Fe(OH)_3$ 胶体的组成结构：

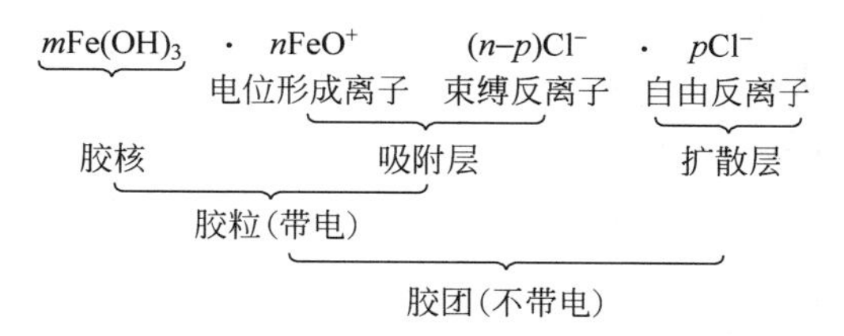

其中，m、n、p 表示任何正整数，m 表示胶核中 $Fe(OH)_3$ 分子数，n 表示吸附在胶核表面上的电位形成离子数，p 表示扩散层中反离子数。图 2-1(a)所示为胶体颗粒的结构。

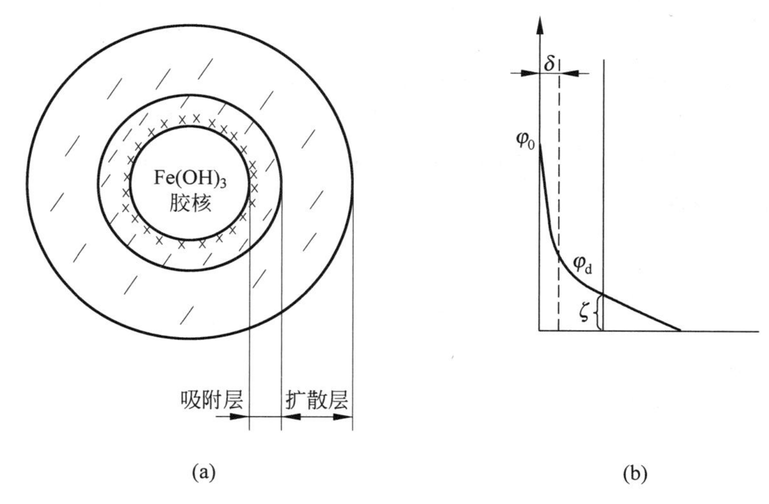

图 2-1 胶体颗粒结构和双电层中电位分布

(a) 胶体结构；(b) 双电层中的电位分布

当胶体颗粒在某种力的作用下与溶液之间发生相位移时，吸附层中的反离子和扩散层中部分反离子随胶核一起移动，而扩散层中的其他反离子滞留在水溶液中，这样就形成了一个滑动界面，滑动界面的电位称为 ζ(Zeta)电位；吸附层与扩散层分界面处的电位用 φ_d 表示；胶核表面上的电位称为总电位(φ_0)，即胶核表面上的离子与反离子之间形成的电位(整个双电层电位)，也称为热力学电位，它是测不出来的，如图 2-1(b)所示。对于足够稀的溶液，可把 ζ 电位与 φ_d 电位等同地看待。因此，通常用 ζ 电位表示胶粒的带电量大小。ζ 电位越高，微粒间的静电斥力越大，胶粒的稳定性越高；反之 ζ 电位越低，微粒间的静电斥力越小，也就越不稳定。ζ 电位可采用传统电泳法及近代发明的激光多普勒电泳法来测定。水处理中常用测出微粒 ζ 电位来判别胶体微粒的稳定性。近年来国内外又发展了一种流动电流(位)方法来判别胶体微粒的稳定性，流动电流是指在外力作用下含有带电胶体微粒的液体流动而产生电场的现象(即反离子相应的定向运动而形成的电流)。

胶体颗粒的 ζ 电位可以用显微电泳试验来求得，电泳试验是在一外加电场中，测量胶体颗粒运动速度，通过下式进行计算：

$$\zeta=\frac{K\pi\eta v}{DE} \tag{2-1}$$

式中,η——液体的黏滞系数,Pa·s;

v——胶体颗粒的运动速度,cm/s;

D——液体的介电常数;

E——两极间单位距离的外加电位差,V/cm;

K——与颗粒形状有关的常数。

2.1.2 表面电荷的来源

胶体表面电荷是产生双电层的根本原因,水中胶体微粒的表面电荷来源有以下几方面。

1. 同晶置换

水中的黏土颗粒一般由高岭土、蒙脱石和伊利石等矿物组成,其主要成分是硅和铝的氧化物,当其晶格中的 Si^{4+} 被大小几乎相同、价数较低的 Al^{3+} 或 Ca^{2+} 置换后,或晶格中的 Al^{3+} 被 Ca^{2+} 置换后,都不会影响黏土颗粒的晶格结构,而黏土颗粒却带上了负电荷,这种置换现象称作同晶置换。

2. 电离作用

有机物物质表面的一些基团在水中离解后,使其表面带上正电荷或负电荷,如蛋白质在碱性溶液中常带负电荷:

$$R\begin{matrix}\diagup COOH\\ \diagdown NH_2\end{matrix} + NaOH \longrightarrow R\begin{matrix}\diagup COO^-\\ \diagdown NH_2\end{matrix} + Na^+ + H_2O \tag{2-2}$$

在酸性溶液中常带正电荷:

$$R\begin{matrix}\diagup COOH\\ \diagdown NH_2\end{matrix} + HCl \longrightarrow R\begin{matrix}\diagup COOH\\ \diagdown NH_3^+\end{matrix} + Cl^- \tag{2-3}$$

细菌蛋白质的等电点在 pH 2~5,因此一般天然水 pH 条件下细菌带负电。

水中天然有机物(如腐殖质)多含有酸性基团,在天然水 pH 下,解离为带负电的大离子,所以天然水中有机胶体也带负电荷。

3. 离子的吸附(吸附作用)

由于胶体颗粒有巨大的比表面积,有很强的吸附能力,因此能选择性地吸附一些离子,使微粒带上正电荷或负电荷。由于阳离子容易发生水合作用,水合离子半径大,所以阴离子比阳离子更容易被吸附。故水中微粒表面常带负电荷。

4. 离子的溶解(溶解作用)

一些两性金属氢氧化物胶体,在不同 pH 条件会带上不同电荷,这时溶液中 H^+ 和

OH^- 浓度决定了颗粒表面的电荷。如在酸性或中性条件下：

$$Al(OH)_3 \longrightarrow Al^{3+} + 3OH^- \tag{2-4}$$

$Al(OH)_3$胶核因吸附 Al^{3+} 而带正电荷。而在碱性(pH>8)条件下有

$$Al(OH)_3 \longrightarrow AlO_2^- + H^+ + H_2O \tag{2-5}$$

$Al(OH)_3$胶核因吸附 AlO_2^- 而带负电荷。

2.1.3 胶体颗粒的稳定性

所谓胶体颗粒的稳定性，是指胶体微粒在水中长期保持分散悬浮状态的特性。从胶体化学角度而言，高分子溶液可称为稳定体系，黏土类胶体及其他憎水性胶体并非真正的稳定体系，但从水处理角度而言，凡沉降速度十分缓慢的胶体微粒以及微小的悬浮物，都被认为是"稳定"的。在停留期间有限的水处理构筑物内不可能自行沉降下来，它们的沉降性可忽略不计。这样的悬浮体系在水处理领域中也被认为是稳定体系。

胶体的稳定性有动力学稳定性和聚集稳定性两种。

动力学稳定性是指微粒布朗运动抵抗重力影响的能力。大颗粒悬浮物如泥沙等，在水中的布朗运动很微弱，在重力作用下会很快下沉，称为动力学不稳定；而胶体微粒尺寸很小，布朗运动剧烈，本身质量小而所受重力作用也小，布朗运动足以抵抗重力影响，所以能长期悬浮于水中而不沉，称为动力学稳定。微粒尺寸越小，动力学稳定性越高。

聚集稳定性是指胶体微粒之间不能相互聚集的特性。胶体粒子尺寸很小，比表面积大，从而表面能很大，在布朗运动作用下，有自发地相互聚集的倾向，但由于胶体微粒表面同性电荷间的排斥作用或水化膜的阻碍使这种自发聚集不能发生。显而易见，如果胶体微粒表面电荷或水化膜消失，便失去聚集稳定性，细小颗粒便可相互聚集成大的颗粒，从而动力学稳定性也随之遭破坏，沉降就会发生。所以，胶体稳定性关键在于聚集稳定性。

对憎水胶体而言，聚集稳定性主要决定于胶体微粒表面的 ζ 电位。ζ 电位越高，同性电荷间的斥力越大，稳定性越好。天然水中的胶体杂质通常是带负电胶体，如黏土、细菌、病毒、藻类及腐殖质等。黏土胶体的 ζ 电位一般在 $-15\sim-40$mV；细菌的 ζ 电位一般在 $-30\sim-70$mV；藻类的 ζ 电位一般在 $-10\sim-15$mV。

憎水胶体上的 ζ 电位是形成其聚集稳定性的直接原因，为了更好地理解憎水胶体的聚集稳定性和相互凝聚的机理，下面介绍一下胶体微粒间的相互作用关系。DLVO 理论认为，当两个胶粒相互接近以至双电层发生重叠时，如图 2-2(a)所示，便产生静电斥力，静电斥力与两胶粒表面间距 x 有关，用排斥势能 E_R 表示，则 E_R 随 x 增大而按指数关系减小，如图 2-2(b)所示。但是，相互接近的两胶粒之间除静电斥力外还存在范德华引力，此力同样与胶体间距有关，用吸引势能 E_A 表示，球形颗粒的 E_A 与 x 成反比，将排斥势能 E_R 和吸引势能 E_A 相加(代数和)即为总势能 E。相互接近的两胶粒能否凝聚，决定于总势能 E。由图 2-2 可知，当 $OA<x<OC$ 时，排斥势能占优势，$x=OB$ 时，总势能 E 用 E_{max} 表示，称排斥能峰。当 $x<OA$ 或 $x>OC$ 时，吸引势能均占优势，不过，$x>OC$ 时，虽然两胶粒表现出相互吸引趋势，但由于存在着排斥能峰这一屏障，两胶粒仍无法靠近。只有当 $x<OA$ 时，吸引势能随间距减少而急剧增大，凝聚才会发生。要使两胶粒表面间距小于 OA，布朗运动的动能首先要克服排斥能峰 E_{max} 才行，然而，胶粒布朗运动的动能远小于 E_{max}，两胶粒之

间距离无法接近到 OA 以内，故胶体微粒处于分散稳定状态，除非外加较大的能量克服 $E_{\max}$。

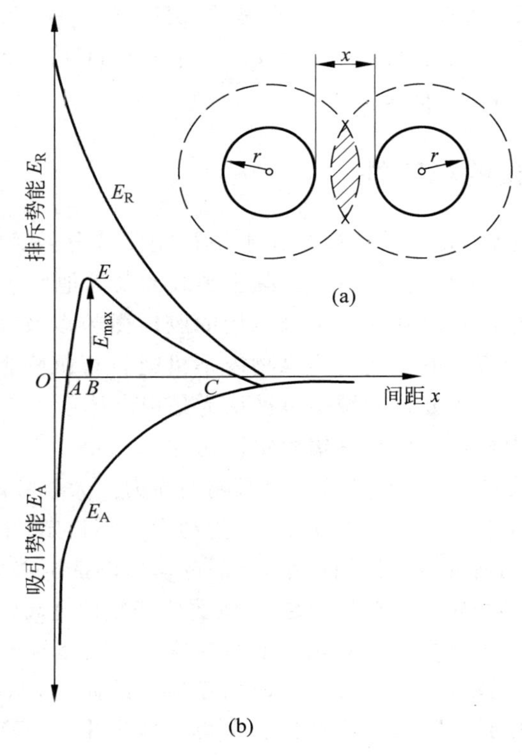

图 2-2 相互作用势能与粒间距关系

（a）双电层重叠；（b）势能变化曲线

胶体微粒的聚集稳定性并不都是由静电斥力引起的，胶体表面的水化作用往往也是重要因素。某些胶体（如黏土胶体）的水化作用一般是由胶粒表面电荷引起的，且水化作用较弱，因而，黏土胶体的水化作用对聚集稳定性影响不大。因为，一旦胶体 ζ 电位降至一定程度或完全消失，水化膜随之消失，但对于典型亲水胶体（如有机胶体或高分子物质）而言，水化作用却是胶体聚集稳定性的主要原因。它们的水化作用常来源于微粒表面极性基团对水分子的强烈吸附，使微粒周围包裹一层较厚的水化膜从而阻碍胶粒相互靠近，因而范德华力不能很好发挥作用。实践证明，虽然亲水胶体也存在双电层结构，但 ζ 电位对胶体稳定性的影响远小于水化膜的影响。这也是亲水胶体（如有机胶体）难以去除的原因。

2.1.4 胶体颗粒的脱稳方法

胶体颗粒脱稳是指通过降低胶体颗粒的 ζ 电位或其他原因使胶体失去稳定性的过程，在水处理领域内，常用到以下几种脱稳方法。

1. 投加电解质

天然水中的黏土胶体颗粒一般均带负电荷，当向水中投加带高价反离子的电解质后，水中反离子浓度增大,水中胶体微粒的扩散层在反离子的压缩作用下减薄,电位下降,使胶粒间的相互作用势能发生变化。当 ζ 电位降到零时,胶粒间的排斥势能完全消失,此时的胶粒处于完全脱稳状态,胶粒间的吸引势能达到最大值,胶粒很容易凝聚。ζ 电位等于零时的状态称为等电点状态。实验研究表明,凝聚不一定在 ζ 电位降至等电点时才开始发生,而在 ζ 电位值为 0.01～0.03V 时,排斥势能已降低到足以使胶粒相互接近的程度,此时在吸引力的作用下,胶粒开始凝聚,这一 ζ 电位值是胶体颗粒保持稳定的限度,称为临界电位值。

试验表明,投加的电解质,其反离子价数越高,其脱稳效果越好。在投加量相同的情况下,二价离子的脱稳效果为一价的 50～60 倍,而三价离子的脱稳效果为一价的 700～1000 倍,即要使水中胶体颗粒脱稳,所需的投加量之比大致为 $1:10^{-2}:10^{-3}$,这条规则称为舒尔策-哈代(Schulze-Hardy)法则。不同电解质的凝聚能力见表 2-2。

表 2-2 不同电解质的凝聚能力

电解质	在浓度相同条件下对胶体的相对凝聚能力	
	带正电胶体	带负电胶体
NaCl	1	1
Na_2SO_4	30	1
Na_3PO_4	1000	1
$BaCl_2$	1	30
$MgSO_4$	30	30
$AlCl_3$	1	1000
$Al_2(SO_4)_3$	30	>1000
$FeCl_3$	1	1000
$Fe_2(SO_4)_3$	30	>1000

2. 投加带相反电荷的胶体

当向水中投加带相反电荷的胶体后,水中胶体颗粒与加入的相反电荷的胶粒之间发生电性吸附和电性中和作用,使两种胶体颗粒的 ζ 电位都降低或消失,从而发生脱稳凝聚作用。为了使两种胶体脱稳凝聚,必须控制适当的投加量。投加量不足时,胶粒仍保持一定的 ζ 电位值,凝聚效果就不佳。投加量过高时,又会因原来的胶体脱稳后形成的微小絮凝体具有较大的吸附能力,能吸附过量的相反电荷的胶体而重新带电(带上相反电荷),从而使原胶粒发生再稳定,影响凝聚效果。

3. 投加高分子絮凝剂

高分子絮凝剂是一类水溶液性的线型高分子聚合物,分子呈链状,每一链节是一个化学单位。若聚合物单体上含有可离解的基团,则称为聚合电解质。当高分子絮凝剂投加到水中后,开始时某一个链节的官能团吸附在某一胶粒上,而另一个链节伸展到水中吸附在另一个胶粒上,从而形成一个“胶粒-高分子絮凝剂-胶粒”的絮凝体,即高分子絮凝剂在两个颗粒之间起到一个吸附架桥作用,如图 2-3 反应 2 所示。如果高分子絮凝剂伸展到水中的链节没有被另一个胶粒所吸附,就可能折回吸附到所在胶粒表面的另一个吸附位上,而使胶粒表面的吸附位全部被占据，从而失去再吸附能力，形成再稳定状态，如图2-3反应3所示。若投加过量的高分子絮凝剂，致使胶体颗粒被过多的高分子絮凝剂包围，失去同其他胶粒吸附架桥的可能性，胶粒的稳定性不但没有被破坏，反而得到加强，胶粒仍处于稳定状态，如图2-3反应4所示。

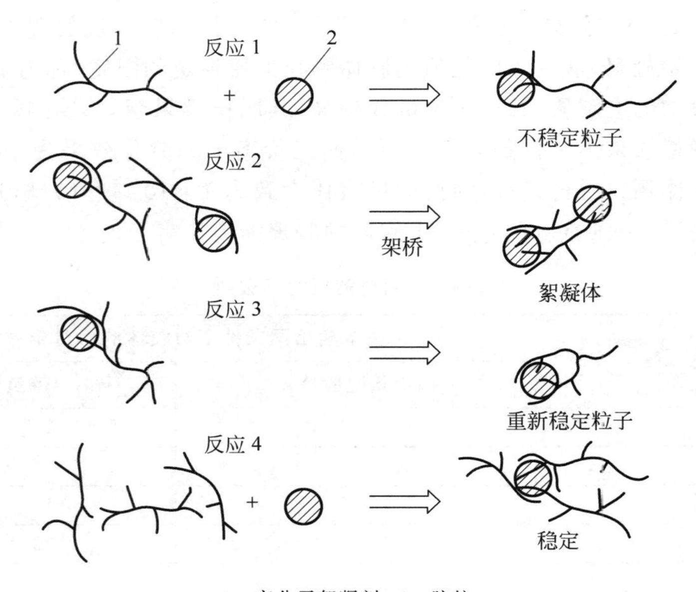

1—高分子絮凝剂；2—胶粒。

图2-3 高分子絮凝剂的吸附架桥作用示意图

除链状高分子化合物以外，一些无机高分子化合物如铁盐、铝盐水解产物，也能产生吸附架桥凝聚作用。

2.2 水的混凝处理

在水处理领域中，“混凝”(coagulation-flocculation)一词目前虽没有统一规范的定义，但较多的水处理工作者将水中胶体颗粒脱稳(胶粒失去稳定性)的过程称为“凝聚”；脱稳后的胶粒相互聚集过程称为“絮凝”；“混凝”是凝聚和絮凝的总称，也即从原水投加混凝剂开始到生成大颗粒的絮凝体为止。不过，也有人将“混凝”与“凝聚”(coagulation)和“絮凝”(flocculation)相互通用。

2.2.1 混凝处理原理

1. 混凝机理

水处理中的混凝现象较复杂，不同的水质条件及采用不同种类的混凝剂时，混凝作用的机理都有所不同。长期以来，水处理专家们从铝盐和铁盐混凝现象开始，对混凝作用机理进行了不断研究，理论也获得了不断发展。DLVO理论提出后，使胶体稳定性及在一定条件下的胶体凝聚的研究取得了巨大进展，但DLVO理论并不能全面解释水处理中的一切混凝现象。目前混凝剂对水中胶粒的混凝作用机理有以下四种。

1）压缩双电层作用(double-layer compression)

如前所述，水中胶粒能维持稳定的分散悬浮状态，主要是由于胶粒的 ζ 电位，消除或降低胶粒的 ζ 电位，就有可能使微粒碰撞凝聚，失去稳定性。在水中投加电解质，反离子进入胶粒的扩散层，甚至进入吸附层压缩胶粒的双电层，使胶粒 ζ 电位降低甚至为零，就可达到胶粒脱稳凝聚的目的。压缩双电层作用是胶粒脱稳凝聚的一个重要理论，它特别适用于无机盐混凝剂所提供的简单离子的状况。但是，压缩双电层作用不能解释混凝剂投量过多时胶粒再稳定的现象，因为按这种理论，至多达到 $\zeta=0$ 状态，而不可能使胶粒电荷符号改变。另外，压缩双电层作用也不能解释在等电状态下，混凝效果通常并非最好的现象。

2）吸附电中和作用(adsorption and charge neutralization)

吸附电中和作用机理是，加入的化学药剂(混凝剂)及其水解产物被吸附到胶体颗粒上，而使胶体颗粒表面电荷中和，胶粒表面电荷不但可以被降低到零，而且当加药量较大时，胶粒还可以带上相反的电荷。这说明了吸附是主要过程，它导致胶粒表面物理化学性质改变。

3）吸附架桥作用(adsorption and interparticle bridging)

铁盐或铝盐以及其他高分子混凝剂溶于水后，经水解和缩聚反应形成高分子聚合物，具有线性结构。这类高分子物质可被胶体微粒强烈吸附。因其线性长度较大，当它的一端吸附某一胶粒后，另一端又吸附另一胶粒，在胶粒间进行吸附架桥，其结果是许多胶粒连同投加的药剂一起聚集长大，形成肉眼可见的粗大絮凝体。

不言而喻，在水处理中，若高分子物质为阳离子型聚合电解质，它具有吸附电中和与吸附架桥双重作用；若为非离子型或阴离子型聚合电解质，只能起胶粒间架桥作用。

4）网捕或卷扫作用(enmeshment in a precipitate)

当铁盐或铝盐混凝剂投加量很大而形成大量氢氧化物时，这些沉淀物自身沉降过程中，可以网捕、卷扫水中胶体等微粒，以致产生沉淀分离，称网捕或卷扫作用。这种作用基本上是一种机械作用，所需混凝剂量与原水杂质含量成反比，即原水胶粒杂质含量少时，所需混凝剂多。

以上所述四种作用机理有时同时发生，有时仅其中一种或两种机理起作用。究竟以何者为主，取决于混凝剂种类、投加量、水中胶粒性质和含量以及水的 pH 等。

2. 混凝剂的化学原理

混凝过程中投加的化学药剂叫混凝剂(coagulant)，目前常用的混凝剂是铝盐和铁盐两大类，现以硫酸铝[$Al_2(SO_4)_3 \cdot 18H_2O$]为例，说明混凝剂加入水中后产生的一系列反应及其混凝作用。

硫酸铝[$Al_2(SO_4)_3 \cdot 18H_2O$]溶于水后，离解为 Al^{3+}，并结合 6 个配位水分子，成为水合铝离子[$Al(H_2O)_6$]$^{3+}$，水合铝离子进一步发生水解反应：

$$[Al(H_2O)_6]^{3+} + H_2O \rightleftharpoons [Al(OH)(H_2O)_5]^{2+} + H_3O^+ \tag{2-6}$$

$$[Al(OH)(H_2O)_5]^{2+} + H_2O \rightleftharpoons [Al(OH)_2(H_2O)_4]^{+} + H_3O^+ \tag{2-7}$$

$$[Al(OH)_2(H_2O)_4]^{+} + H_2O \rightleftharpoons [Al(OH)_3(H_2O)_3]\downarrow + H_3O^+ \tag{2-8}$$

上述水解反应过程中不断放出质子 H^+，使水中出现酸性物质，如果此时水解产生的

H^+ 能及时被水中碱度中和,会使水解反应趋向右方,水合羟基络合物的电荷逐渐降低,最终生成中性氢氧化铝难溶沉淀物。水中最终羟基化合物的形态与反应后水的 pH 有关,当 pH<4 时,水解反应受抑制,水中存在的主要是$[Al(H_2O)_6]^{3+}$;当 pH=4~5 时,水中有$[Al(OH)(H_2O)_5]^{2+}$、$[Al(OH)_2(H_2O)_4]^+$ 及少量$[Al(OH)_3(H_2O)_3]$;当 pH=7~8 时,水中主要是$[Al(OH)_3(H_2O)_3]$沉淀物。上述反应清楚地说明了 pH 对铝离子水解的影响,但远没有反映铝离子在水中化学反应的全部过程。在某一特定 pH 时,水解产物还有许多复杂的高聚物和络合物同时共存。因为初步水解产物中的羟基 OH^- 具有桥键性质,在由$[Al(H_2O)_6]^{3+}$转向$[Al(OH)_3(H_2O)_3]$的中间过程中,羟基可将单核络合物通过桥键缩聚成多核络合物,如:

$$[Al(H_2O)_6]^{3+}+[Al(OH)(H_2O)_5]^{2+} \rightleftharpoons [Al(H_2O)_5-OH-Al(H_2O)_5]^{5+}+H_2O \tag{2-9}$$

两个单羟基络合物也可通过羟基桥联缩合成双羟基双核络合物 $Al_2(OH)_2(H_2O)_8^{4+}$,其形态结构如图 2-4 所示。

$$2[Al(OH)(H_2O)_5]^{2+} \rightleftharpoons [(H_2O)_4Al\left\langle\begin{matrix}H\\O\\ \\O\\H\end{matrix}\right\rangle Al(H_2O)_4]^{4+}+2H_2O \tag{2-10}$$

上述反应也称为高分子缩聚反应,缩聚反应的连续进行,可使络合物变成高分子聚合物。在缩聚反应的同时,聚合物水解反应仍继续进行,使在水中形成多种形态的高分子聚合物,如 $Al_7(OH)_{17}^{4+}$、$Al_7(OH)_{18}^{3+}$、$Al_8(OH)_{20}^{4+}$、$Al_{13}(OH)_{34}^{3+}$ 等。在低 pH 值时,高电荷低聚合度的络合物占多数;在 pH 值高时,低电荷高聚合度的高分子聚合物占多数。

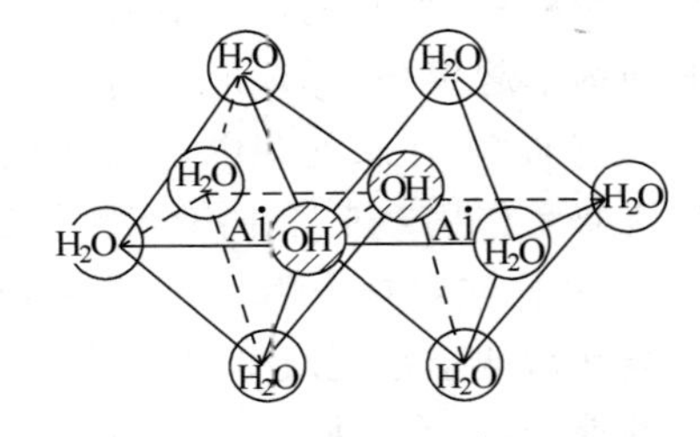

图 2-4 $Al_2(OH)_2(H_2O)_8^{4+}$ 形态结构图

从上面的化学反应过程可以看出,在混凝处理中起混凝作用的是这些水解、桥联的中间产物。具有高电荷低聚合度的多核羟基络离子,可通过压缩双电层、吸附电性中和,降低 ζ 电位,减少胶粒间的斥力,使微粒之间发生碰撞而凝聚;具有低电荷高聚合度的多核羟基络合离子,由于分子结构呈链状,可通过吸附架桥作用使微粒发生凝聚,聚合度很大的氢氧化铝沉淀物,由于它的比表面积大,吸附能力强,与水中脱稳的胶粒发生吸附,形成网状沉淀物,进一步网捕、卷扫水中黏土胶粒、胶体硅及有机物等,形成共沉淀从水中分离出来。

2.2.2 影响混凝效果的因素

混凝处理的目的是除去水中悬浮物与胶体,同时可除去水中一部分硅化合物及有机物,所以常以出水的浊度评判混凝处理效果,某些难处理水也会辅以其他指标来评判,如根据生成絮凝体大小、速度、密实程度等。

混凝处理全过程经历混凝剂的水解和聚合反应,以及微粒的脱稳、絮凝体的形成和长大等过程,所以影响混凝效果的因素比较复杂。

1. pH

铁盐、铝盐混凝剂加入水中后，由于水解反应而使水中出现酸性物质，对混凝效果有影响的主要是加药后水的 pH，因此，这里所说的 pH 是指混凝后水的 pH，不是原水的 pH。

水的 pH 对混凝过程的影响非常大，而且是多方面的。

1）pH 对混凝剂水解产物形态的影响

如前所述，水合络离子的水解过程是一个不断放出质子 H^+ 的过程，因此，在不同 pH 下，将有不同形态的水解中间产物。图 2-5 和图 2-6 分别示出不同 pH 所对应的铝盐、铁盐的水解产物。由于水的 pH 不同，混凝剂的水解产物不同，因此对混凝效果的影响也不同。

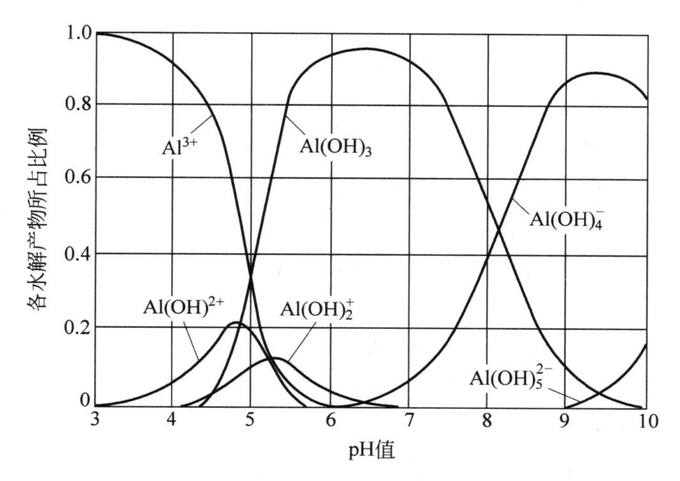

图 2-5 铝盐水解产物存在形态与 pH 关系

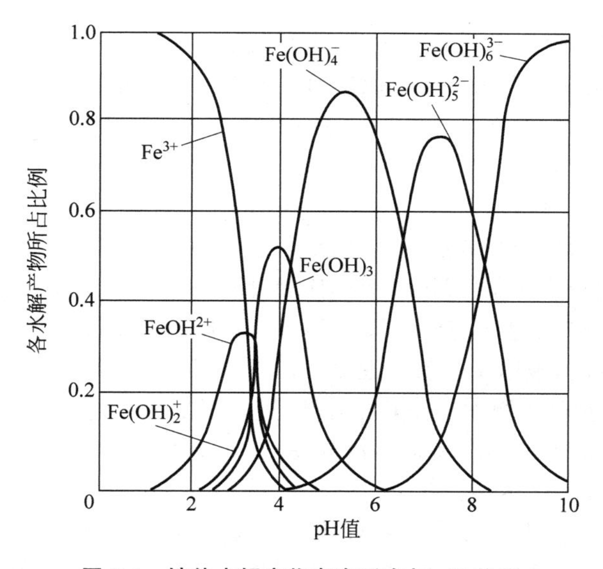

图 2-6 铁盐水解产物存在形态与 pH 关系

当原水中有足够的碱度,例如 HCO_3^- 时,就能中和混凝剂水解反应产生的 H_3O^+:

$$HCO_3^- + H_3O^+ \longrightarrow 2H_2O + CO_2 \uparrow$$

因而使水解反应得以进行下去。

如果原水中碱度不足以中和混凝剂水解反应产生的 H_3O^+ 时,则混凝剂水解会使水的pH值急剧下降,此时为了满足水解反应必需的pH,应人为地添加碱以提高水的碱度,这称为碱化,加碱量可按下式计算:

$$C_J = D_N + 0.4 - A \tag{2-11}$$

式中,C_J——需添加的碱量,mmol/L;

D_N——混凝剂投加量,mmol/L;

A——原水的碱度,mmol/L;

0.4——残留碱度,一般取0.3~0.5mmol/L。

如果计算结果 C_J 为负值,则不需碱化。

混凝处理以去除浊度为目标时,最佳pH值一般在6.5~7.5,此时混凝剂水解产物主要是低正电荷高聚合度的多核羟基络离子和氢氧化物。试验证实,在此pH条件下,原水中胶粒仍具有一定的负电位,其值为−10~−15mV。因此混凝处理的关键是通过低正电荷高聚合度的多核羟基络离子的吸附架桥作用来实现的。

2) pH对原水中有机物的影响

由于天然水体普遍存在不同程度的有机物污染,因此,近年来研究如何提高混凝处理过程中去除有机物的效率显得十分重要。水的pH对水中有机物存在形态有很大影响,这显然会对混凝处理去除有机物的效果产生直接影响。当水的pH值较低时,天然水中腐殖酸类有机物质子化程度较高,此时易于吸附到絮凝体上共沉淀除去;当水的pH值较高时,天然水中腐殖酸类有机物转化为腐殖酸盐类化合物,因而难于吸附到絮凝体上去除。试验表明,水中腐殖酸类有机物在弱酸性的条件下去除率较高,最佳去除pH值一般为6.0±0.5。当然对含有以有机胺类碱性有机物为主的水,混凝pH偏碱条件下,去除率会高一些。对某一具体水源而言,其混凝处理最佳pH最好通过模拟混凝试验来求得。在混凝处理过程中,水中有机物去除率一般为20%~60%,这与混凝时pH及有机物种类、形态有很大关系。

2. 混凝剂剂量

混凝剂的剂量是影响混凝效果的主要因素之一,图2-7示出混凝剂剂量与出水剩余浊度之间的关系。曲线分为4个区域,在第一区域,因剂量不足,尚未起到脱稳作用,剩余浊度较高;在第二区域,因剂量适当,产生了较好的凝聚,出水剩余浊度急剧下降;在第三区域,剂量继续增加,由于胶粒吸附了过量的混凝剂水解中间产物,而引起胶粒电性改变,产生再稳定现象,水剩余浊度重新增加;在第四区域,进一步加大剂量,生成大量难溶氢氧化物沉淀,通过吸附、网捕、卷扫等作用,引起再次凝聚,出水剩余浊度再次下降。工业上一般水的混凝,混凝剂用量均在第二区域。

因为混凝过程是一个相当复杂的物理化学过程,很难根据计算来求得所需的加药剂量,对某一具体水源而言,应通过混凝剂量试验求得最佳剂量。根据运行试验,天然水的混凝剂量一般为0.3~0.7mmol/L,各种混凝剂的加药量可参考下列数据。

(1) 硫酸铝35~80mg/L(以 $Al_2(SO_4)_3 \cdot 18H_2O$ 计);

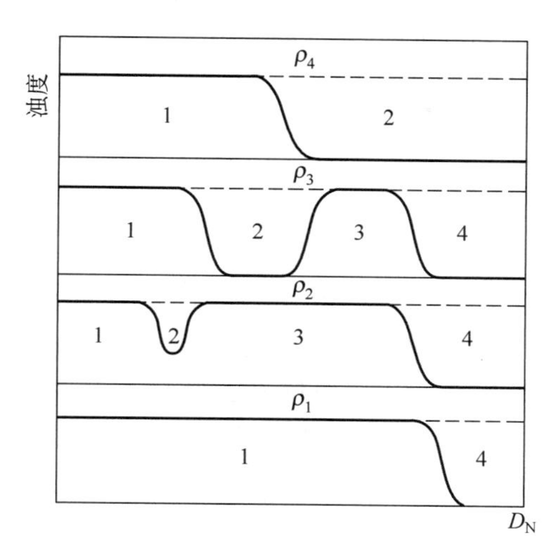

图 2-7　混凝剂量对混凝效果的影响

ρ_1、ρ_2、ρ_3、ρ_4 分别为胶体浓度，$\rho_4>\rho_3>\rho_2>\rho_1$。

(2) 三氯化铁 25～60mg/L(以 $FeCl_3 \cdot 6H_2O$ 计)；

(3) 聚合铝 5～10mg/L(以 Al_2O_3 计)；

(4) 聚合铁 5～8mg/L(以 Fe^{3+} 计)。

3. 水温

水温对混凝效果有明显影响，混凝剂种类不同，水温影响程度也不同，如图 2-8 所示。在低水温条件下，即使加大混凝剂量也难获得良好的混凝效果，低温下絮凝体形成速度缓慢，絮凝颗粒细小、松散、沉降性能差。其原因主要有以下几方面：①无机盐混凝剂水解是吸热反应，低温水混凝剂水解困难，特别是硫酸铝，当水温在 5℃左右时，其水解速度极其缓慢；②低温水的黏度大，使水中杂质颗粒的布朗运动强度减弱，颗粒间碰撞概率减少，不利

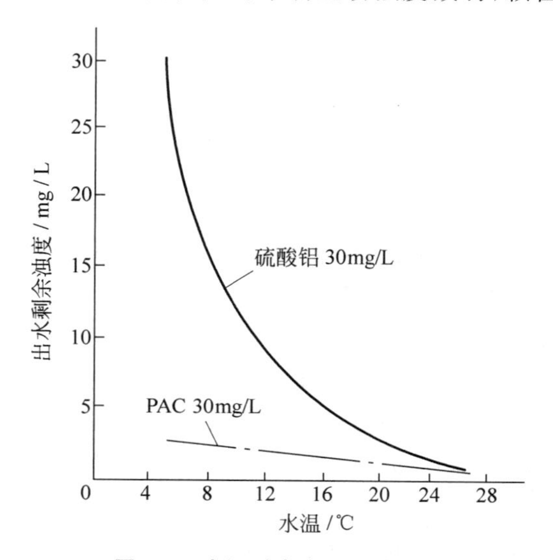

图 2-8　水温对出水浊度的影响

于胶粒的脱稳凝聚,另外水的黏度大时,水流阻力增大,影响絮凝体的成长;③水温低时,胶粒的水化作用增强,妨碍胶体凝聚。为了提高低温水的混凝效果,通常可采用的方法有:增加混凝剂剂量及投加絮凝剂;采用受水温影响小的铁盐混凝剂;在有条件的地方,也可采用加热原水来改善混凝效果。

4. 原水水质

原水水质也是影响混凝效果的重要因素,主要通过以下两方面影响混凝效果。

(1) 水中微粒的浓度。水中细小颗粒脱稳后必须有较高的有效碰撞概率才能聚集成长为较大絮凝体从水中分离出来,但当水中微粒浓度较小时,这种碰撞概率就较小,致使凝聚作用较差,甚至不能进行。因此,当水中颗粒浓度较低时,除选择合适的混凝剂外,可通过较大幅度地提高混凝剂剂量来产生大量的氢氧化物沉淀,也可通过添加一些黏土类颗粒杂质来改善混凝效果,以及通过添加高分子絮凝剂提高混凝效果。

(2) 水中有机物。水中有机物的形态可分为两大类,一类是颗粒态有机物(包括悬浮态和胶态有机物);另一类是溶解态有机物。颗粒态有机物包括包裹在无机颗粒表面的有机物,这部分有机物的存在通常会阻碍水中微粒的脱稳凝聚,当水中有机物含量较高时,这种作用就更为明显。为改善混凝效果,要按有机胶体要求改善混凝条件,比如常用的调节 pH 和投加 Cl_2 等氧化剂以氧化对胶体起保护作用的有机物等方法。

5. 水力条件

混凝过程中的水力条件对絮凝体的形成影响极大。整个混凝过程可分为两个阶段:混合和反应。水力条件的配合对这两个阶段非常重要。

混合阶段的要求是使药剂迅速均匀地扩散到全部水中以创造良好的水解和聚合条件,使胶粒脱稳并借颗粒的布朗运动和紊动水流进行凝聚。混合要求快速和剧烈搅拌,在几秒钟或一分钟内完成。对高分子絮凝剂而言,混合作用主要是使药剂在水中均匀分散,混合反应可以在很短时间内完成,且不宜进行过分剧烈的搅拌。

反应阶段的要求是使脱稳微粒通过碰撞,絮凝形成大的具有良好沉降性能的絮凝体。反应阶段的搅拌强度或水流速度应随着絮凝体的长大而逐渐降低,以免打碎已长大的絮凝体。

6. 接触介质

当进行混凝或其他沉淀处理时,如在水中保持一定数量的泥渣,则可以使混凝过程进行得更完全、更快。这里的泥渣起接触介质作用,即利用其巨大表面的活性,起吸附核心作用。目前许多混凝处理设备内都有泥渣层。

综上所述,影响混凝效果的因素较多,到目前为止,还无法用理论计算出所需混凝剂剂量,因此某一具体水源的最佳混凝处理条件只能通过模拟试验来确定。试验的基本设备包括提供混凝过程所需搅拌作用的搅拌器和盛水样的烧杯,因此称为混凝烧杯试验,或简称烧杯试验(jar test)。

目前混凝试验的主要内容是获得最佳 pH 和最佳剂量。国内常用六联混凝搅拌器进行混凝试验,其试验方法简介如下。

(1) 最佳混凝剂剂量。基本操作步骤如下：向 6 个容量为 1000mL 的烧杯中分别注入水样 1000mL，放下搅拌叶片，向 6 个小加药管中加入不同剂量的混凝剂，启动搅拌器，将转速控制在 120r/min，同时向每个烧杯内加药，快搅 1min，使混凝剂与水充分混合，然后将转速调到 30r/min，持续搅拌 10min 后停止搅拌，静止沉降 20min，然后自液面下 2cm 取样分析，根据取样分析结果及混凝过程中观察到的絮凝体生成情况确定最佳剂量。

(2) 最佳 pH。在求得最佳剂量条件下，向 6 个烧杯中加入不同量的 pH 调节剂，调节成不同的 pH 值，按上述步骤进行混凝试验，混凝后重新测其 pH 值，选出混凝效果最好的最佳 pH 值。

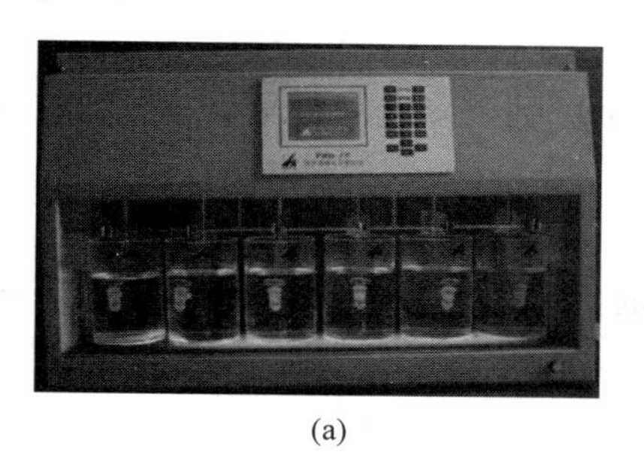

(a)

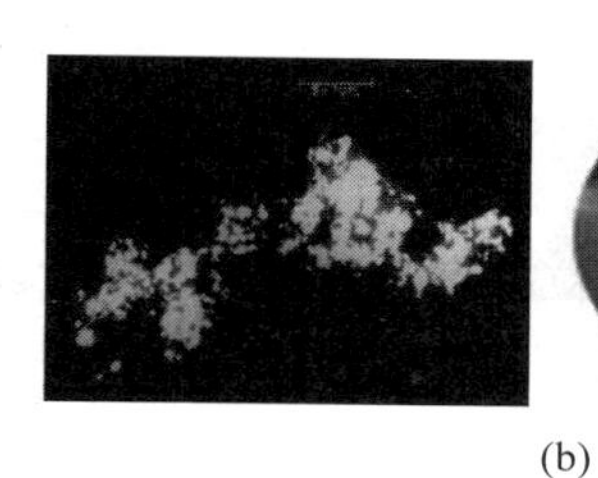

(b)

图 2-9　烧杯试验所用六联搅拌器(a)和混凝产生的矾花及絮凝体(b)

2.2.3　絮凝动力学

混凝剂加入水中后，会立即发生水解、桥联、吸附架桥等一系列反应。很快使水中胶粒脱稳，并在脱稳颗粒间或脱稳颗粒与混凝剂之间发生凝聚，形成许多微小的絮凝物，但仍达不到依靠自身重力沉降分离的大小。絮凝反应的目的就是要让这些很微小的絮凝物间相互吸附凝聚，逐渐成长为大颗粒(1mm 左右)的絮凝体，发生絮凝作用并加速沉降分离。因此这一过程要求颗粒之间有充分的接触碰撞的概率。研究碰撞概率属于动力学问题。

在水的混凝处理中，一般通过两种方式实现胶粒间碰撞。一种方式是由布朗运动引起的胶粒碰撞聚集，这种碰撞聚集称为异向絮凝(perikinetic flocculation)。另一种方式是由水力或机械搅拌引起胶粒碰撞聚集，这种碰撞聚集称为同向絮凝(orthokinetic flocculation)。异向絮凝只对小颗粒(小于或等于 1μm)起作用，而同向絮凝主要对大颗粒(大于 1μm)起作用。

由于混凝过程包括了从胶粒脱稳而形成细小絮凝物到逐渐形成大颗粒絮凝体的过程，因此可以认为在整个混凝过程中，异向絮凝和同向絮凝同时存在，只是各自所起的作用程度有所不同。下面讨论一下水中胶体颗粒之间的接触碰撞概率问题。水中胶粒主要通过以下三个途径来实现接触碰撞。

1) 布朗运动

刚脱稳的胶粒，由于尺寸较小，可在水分子的撞击下进行布朗运动，使颗粒之间发生碰撞絮凝。在单位体积和单位时间内，由布朗运动所引起的颗粒碰撞次数 N_p 可表示为

$$N_p = \frac{4kTn^2}{3\mu} \tag{2-12}$$

式中，N_p——颗粒碰撞次数；

k——玻耳兹曼常数；

μ——动力黏滞系数；

n——单位体积内颗粒浓度；

T——热力学温度。

通常，当颗粒的直径大于 1μm 时，由布朗运动引起的颗粒碰撞次数已经小到可以忽略不计。

2）颗粒沉降速度差异

颗粒间的沉降速度差异，也可能引起颗粒间的碰撞，在混凝的反应阶段，水流仍有较剧烈流动，所以颗粒间的沉降速度差异是很小的，因此，由颗粒沉降速度差异引起的颗粒碰撞次数几乎可以忽略不计。

3）水体流动

由水体流动引起的颗粒碰撞在混凝的反应阶段起重要作用，而影响水体流动状态的水力学参数是速度梯度。在水力学中速度梯度是指两个相邻水层的水流速度差 $\mathrm{d}u$ 与它们之间距离 $\mathrm{d}y$ 之比，用 G 表示：

$$G=\frac{\mathrm{d}u}{\mathrm{d}y} \tag{2-13}$$

根据水力学中牛顿内摩擦定律，相邻两层水流之间的摩擦力 F 与水层之间的接触面积 A 和速度梯度 G 之间有如下关系：

$$F=\mu GA=\mu\frac{\mathrm{d}u}{\mathrm{d}y}A \tag{2-14}$$

单位体积液体搅拌所需要的功率 P 为

$$P=F\mathrm{d}u\frac{1}{A\mathrm{d}y}=\mu G^2$$

所以

$$G=\sqrt{\frac{P}{\mu}} \tag{2-15}$$

式中，G——速度梯度，s^{-1}；

P——单位体积液体搅拌所需要的功率，$\mathrm{W/m^3}$；

μ——水动力黏滞系数，$\mathrm{kg\cdot s/m^2}$。

速度梯度反映了单位时间单位体积内所消耗功率的大小。只有当相邻水层之间存在速度梯度时，后面的颗粒（直径 d_2）才能追上前面的颗粒（直径 d_1），引起颗粒间碰撞，但必须具备 $\mathrm{d}y\leqslant\frac{1}{2}(d_1+d_2)$ 这个条件，如图 2-10 所示。速度梯度 G 一方面反映了单位时间、单位体积内所消耗的功率大小，另一方面也反映了水流的搅拌强度和颗粒间的碰撞概率。速度梯度越大，颗粒间的碰撞概率就越大，絮凝速度也就越快。

速度梯度 G 与外界提供的能量有关，与水的黏度及原水水质有关，其选择还与搅拌时间有关。在水处理工艺中，混合（凝聚）过程的 G 控制在 $700\sim1000\mathrm{s}^{-1}$，剧烈搅拌是为尽快分散药剂，时间通常在 10～30s，一般小于 2min。絮凝过程不仅与 G 有关，还与时间有关，

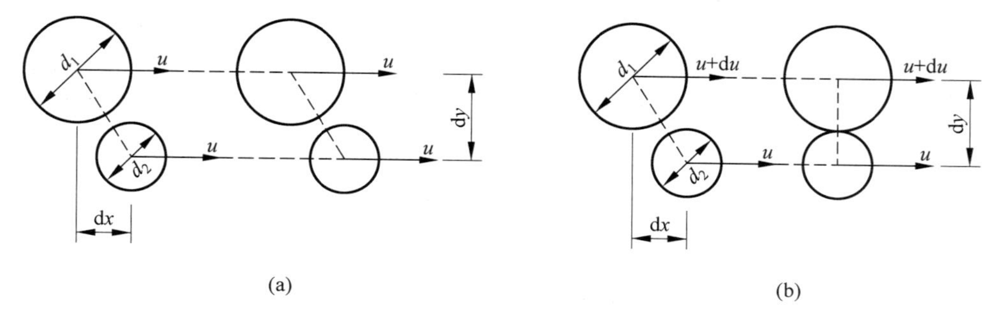

图 2-10 速度梯度

一般 G 控制在 $20\sim70s^{-1}$,GT 值控制在 $1\sim(10^4\sim10^5)$。最近也有采用 GTC(建议值 100)作为控制指标的,C 为颗粒浓度。

2.3 常用混凝剂和絮凝剂

常用混凝剂和絮凝剂列于表 2-3。

表 2-3 常见的混凝剂和絮凝剂

无机	铝系	硫酸铝、明矾、聚合氯化铝(PAC)、聚合硫酸铝(PAS)	适宜 pH 值:5.5~8
	铁系	三氯化铁、硫酸亚铁、硫酸铁(国内应用少)、聚合硫酸铁(PFS)、聚合氯化铁(PFC)	适宜 pH 值:5~11
有机	人工合成	阳离子型:含氨基、亚氨基的聚合物	
		阴离子型:水解聚丙烯酰胺(HPAM)	
		非离子型:聚丙烯酰胺(PAM)、聚氧化乙烯(PEO)	
		两性型	使用极少
	天然	淀粉、动物胶、树胶、甲壳素等	
		微生物絮凝剂	

2.3.1 混凝剂

混凝剂(coagulant)种类很多,按化学成分可分为无机和有机两大类(表 2-3)。无机混凝剂品种较少,目前主要是铝盐和铁盐及其聚合物,在水处理中应用最多。有机混凝剂品种较多,主要是高分子物质,但在水处理中的应用比无机混凝剂少。下面主要介绍一下常用的两类无机混凝剂。

1. 铝盐混凝剂

铝盐混凝剂包括硫酸铝类混凝剂(俗称明矾,如钾明矾 $Al_2(SO_4)_3\cdot K_2SO_4\cdot 24H_2O$,铵明矾 $Al_2(SO_4)_3\cdot(NH_4)_2SO_4\cdot 24H_2O$,铝明矾 $Al_2(SO_4)_3\cdot 18H_2O$)、氯化铝、铝酸钠($NaAlO_3$)和聚合铝等,但常用的只有硫酸铝和聚合铝。

硫酸铝的工业产品为白色晶体,密度约为1.62g/mL,其中Al_2O_3的含量在16%左右,工业产品中会夹杂少量不溶性物质。硫酸铝使用方便,混凝效果较好,且不会给处理后的水质带来不良后果,因此应用较多;但水温低时,硫酸铝水解困难,形成的絮凝体比较松散,混凝效果较差,可采用与铁盐联合使用改善混凝效果。

钾明矾或铵明矾是硫酸铝和硫酸钾或硫酸铵的复盐,比重约为1.76,其中Al_2O_3含量较低约为11%,它是水处理领域中应用较早的混凝剂,目前也有应用,但它使用时会增加水中离子杂质的含量。

铝酸钠中Al_2O_3的含量较高,可高达53%,但因其价格较贵,在水处理中很少采用。

聚合铝是一类化合物的总称,主要包括聚合氯化铝(PAC)和聚合硫酸铝(PAS)等。目前使用较多的是聚合氯化铝,我国也是研制PAC较早的国家之一。在20世纪70年代,PAC就得到应用。

聚合铝可看作在铝盐中加碱经水解逐步转为$Al(OH)_3$的过程中,各种水解产物通过羟基桥联等反应聚合而成的无机高分子化合物。聚合氯化铝一般可表示为$[Al_2(OH)_nCl_{6-n}]_m$,其中n可取1~5的任何整数,m则为≤10的整数。聚合氯化铝也称碱式氯化铝,称碱式氯化铝时用通式$[Al_n(OH)_mCl_{3n-m}]$表示。聚合氯化铝是多种成分的混合物,其成分随商品的制造过程而变化。

商品聚合氯化铝有液体和固体两种,液体含$Al_2O_3 \geqslant 10\%$,pH 3.5~5,固体含$Al_2O_3 \geqslant 29\%$。聚合氯化铝作为混凝剂的一项重要指标是盐基度B。它的含义是聚合氯化铝中[OH]与[Al]的摩尔比,其值可按下式计算:

$$B=\frac{[OH]}{\left[\frac{1}{3}Al\right]}\times 100\% \tag{2-16}$$

盐基度的大小直接影响混凝效果。其值越大,该化合物中的羟基所占的比例越大,吸附架桥作用越强,但此时药剂变成难溶沉淀物的可能性也增大,盐基度与剩余浊度关系如图2-11所示。一般将盐基度B控制在45%~90%。

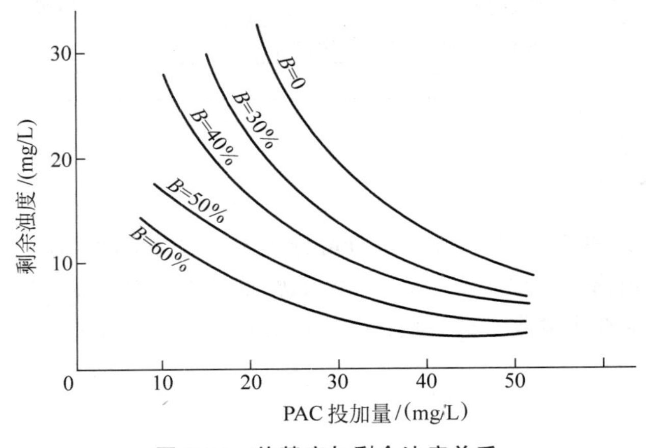

图2-11 盐基度与剩余浊度关系

聚合铝是人工控制下制备的铝盐水解聚合-沉淀反应动力学过程的中间产物。聚合铝中最佳絮凝形态主要是由磁共振法(NMR)所检测出的$Al_{13}O_4(OH)_{24}^{7+}$形态(简称Al_{13}),

其含量的多少大致反映出产品的絮凝效能。近年的研究表明，Al_{13} 是以四面体的 $Al(OH)_4^-$ 为核，其外面由 12 个八面体铝原子通过羟桥键合而形成“核环”状结构，其结构特征如图 2-12 所示。在低 pH(pH<4)的水溶液中，Al_{13} 主要以离散形式存在，在高 pH(pH>5)条件下，Al_{13} 易于相互聚集而形成两维或三维结构的簇链束聚集微粒，其粒径可达 300～500μm。聚合铝与铝盐的显著差别在于预聚合生成的高电价 Al_{13} 形态，而这种 Al_{13} 形态的铝在投加无机铝盐的水解混凝过程中是不能产生的。Al_{13} 投加水中后具有较高的稳定性且发生缓慢水解，并在水解之前先发生吸附现象。有观点认为，羟基聚合物(如 Al_{13} 是—OH 基不饱和化合态)先吸附颗粒物并在其表面上发生水解，产生吸附脱稳作用；此外，高电价及较大的相对分子质量和较高的体表面比，又有利于发挥显著的电中和、黏附架桥凝聚作用。因此，聚合铝的凝聚絮凝作用机理似乎介于传统无机混凝剂和阳离子型有机絮凝剂之间，属于多核羟基络合物的表面络合、表面水解及表面沉淀过程。

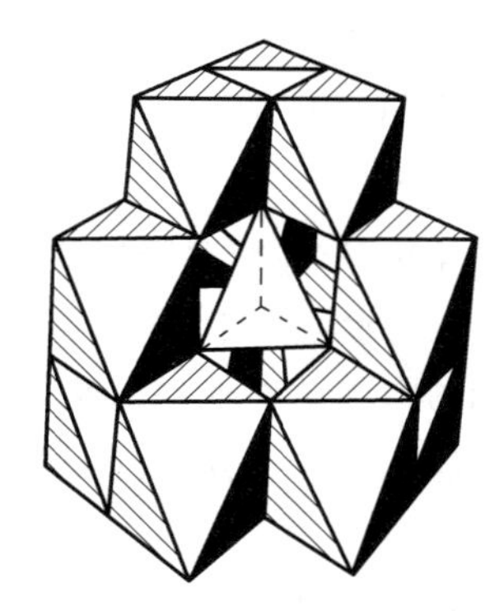

图 2-12 Al_{13} 的 Keggin 结构

Al_{13} 絮凝剂有较好的稳定性，pH 的改变对其形态影响较小，由于投加后能够有效地抵御水解过程，立即发生显著电中和、吸附凝聚脱稳作用，而且相同投药量情况下均有较强的电中和能力，大大提高了颗粒物的碰撞效率，这种强烈的电中和、吸附作用及黏附架桥作用，是导致 Al_{13} 高效絮凝作用的重要因素。

聚合铝与硫酸铝相比有以下优点：加药量少，只相当于硫酸铝的 1/3～1/2；混凝效果好，形成絮凝体速度快；适用范围广，对低浊度水、高浊度水及高色度水均有较好的效果；腐蚀性小，即便过量投加也不会恶化出水。

2. 铁盐混凝剂

铁盐作混凝剂时，其水解、混凝等过程和铝盐相似。相对于铝盐混凝剂其主要特点有：适用的 pH 值范围较宽；受水温影响较小；生成絮凝体的密度比铝盐的大，沉降性能好；腐蚀性相对大些，加药量较大时可能使出水带色(黄色)。目前常用的铁盐有硫酸亚铁、硫酸铁、三氯化铁和聚合铁等。

三氯化铁($FeCl_3 \cdot 6H_2O$)是铁盐混凝剂中最常见的一种。三氯化铁溶于水后，水合铁离子 $Fe(H_2O)_6^{3+}$ 进行水解聚合反应。在一定条件下，Fe^{3+} 通过水解聚合可形成多种成分的络离子，如单核组分 $Fe(OH)_2^+$、$Fe(OH)^{2+}$ 及多核组分 $Fe_2(OH)_2^{4+}$、$Fe_3(OH)_4^{5+}$ 等，以致生成 $Fe(OH)_3$ 沉淀物。三氯化铁混凝效果好，但腐蚀性极强，药剂溶解及加药设备必须有很好的防腐措施。

硫酸亚铁($FeSO_4 \cdot 7H_2O$)固体产品是半透明绿色晶体，俗称绿矾。硫酸亚铁在水中离解出的 Fe^{2+} 只能生成较简单的单核络离子和溶解度较大的 $Fe(OH)_2$，故不具备 Fe^{3+} 的优良混凝效果。同时，处理后残留的 Fe^{2+} 会使处理后出水带色，特别是当 Fe^{2+} 与水中有色胶体作用后，将生成颜色更深的溶解物。所以采用硫酸亚铁作混凝剂时，应先将 Fe^{2+} 氧化成 Fe^{3+}，然后起混凝作用。氧化方法有氯化、曝气、提高水的 pH 值等方法。

工业水处理中,在对水进行氯化消毒时(投加氯气、漂白粉等),水中氧化性的氯也将投加的 $FeSO_4$ 中的 Fe^{2+} 氧化成 Fe^{3+}:

$$6FeSO_4 + 3Cl_2 \longrightarrow 2Fe_2(SO_4)_3 + 2FeCl_3$$

然后由 Fe^{3+} 进行混凝反应,最终形成 $Fe(OH)_3$ 沉淀。

工业水处理中,硫酸亚铁混凝剂还经常与石灰处理同时使用,水中加入石灰后,水的pH上升,为硫酸亚铁氧化创造成了很好的混凝条件。一般来说,当水的pH>8.5时,水中的氧会将 Fe^{2+} 氧化成 Fe^{3+}:

$$4Fe^{2+} + 3O_2 + 6H_2O \longrightarrow 4Fe(OH)_3 \downarrow$$

聚合铁包括聚合氯化铁(PFC)和聚合硫酸铁(PFS)两种,聚合氯化铁的生产与聚合氯化铝类似,系在适当的温度和压力下,用碱中和三氯化铁溶液制得,其分子式相应地表示为 $[Fe_2(OH)_nCl_{6-n}]_m$。聚合硫酸铁的制备方法有好几种,但目前基本上都是以硫酸亚铁作原料,采用不同氧化方法(如 H_2O_2、$KMnO_4$、$NaNO_2$ 等),将硫酸亚铁氧化成硫酸铁,同时控制总硫酸根 SO_4^{2-} 和总铁的摩尔数之比,使氧化过程中部分羟基OH取代部分硫酸根 SO_4^{2-} 而形成碱式硫酸铁 $Fe_2(OH)_n(SO_4)_{3-\frac{n}{2}}$。碱式硫酸铁易于聚合而产生聚合硫酸铁 $(Fe_2(OH)_n(SO_4)_{3-\frac{n}{2}})_m$,聚合硫酸铁有固体和液体两种,液体为红色黏稠液体,$Fe^{3+} \geqslant 11\%$(固体PFS≥19.5%),pH 1.5~3,盐基度在8%~16%,聚合铁的盐基度是指OH与Fe的摩尔比($C=1/3\ Fe^{3+}$)。运行实践表明,聚合铁具有以下优点:出水残留铁含量低,没有发现混凝剂本身铁离子的后移现象;由于所形成的聚合铁络离子的电荷量高于铁盐(如 $FeCl_3$)水解产物的电荷量,所以混凝效果较好;除色和去除有机物效果高于一般铁盐,对低温、低浊度水处理效果也较好。但当聚合铁中含有较多 Fe^{2+} 时(合格产品为0.1%~0.15%),混凝后水会因 Fe^{2+} 而呈黄色。

3. 混凝剂新进展

目前研制的新型混凝剂多采用复合的方法,比如将铁盐和铝盐甚至硅酸盐混合,再经羟基化聚合,形成复合型的无机高分子混凝剂,也有简单地将各种混凝剂和絮凝剂混合,以改善其混凝特性。这些新型混凝剂中各组分的配比和制备工艺是提高混凝性能的关键,应当使各组分之间形成增效作用,并尽量降低各种不良影响。目前常见的几种新型混凝剂列于表2-4。

表2-4 目前常见的几种新型混凝剂

名 称	简称	成 分	特 性
聚合氯化铝铁	PAFC	氯化铁与氯化铝经羟基化聚合	黏稠状棕红色液体,混凝性能优于PAC
聚硅硫酸铝	PSAA	硫酸铝与聚硅酸复合	低温混凝效果好
聚合硅酸铝	PASS	硫酸铝、硅酸钠、铝酸钠一起聚合	用量少,处理后水中残留铝低,矾花沉降性能,低温低浊水处理效果好
聚合硫酸铝	PAS	硫酸铝与石灰反应聚合	除色、除氟效果好,低温混凝效果好

续表

名 称	简称	成 分	特 性
聚合硫酸铁铝	PFAS	铁、铝盐一起用空气氧化并聚合	适用于废水处理,高浊度水处理
聚硫氯化铝	PACS		适用于废水处理
聚磷氯化铝	PPAC	氯化铝与磷酸二氢钠一起羟基化聚合	适用于废水处理
聚合铝聚丙烯酰胺	PACM	PAC 与 PAM 复配	
聚合铝甲壳素	PAPCH	PAC 与甲壳素复配	

2.3.2 助凝剂和絮凝剂

当单独使用混凝剂不能取得预期效果时,需投加某种辅助药剂以提高混凝效果,这种药剂按其在混凝剂中的作用,可分为三类。

第一类为调节混凝过程 pH 的酸或碱等物质,例如当原水碱度不足而使混凝剂水解困难时,可投加碱性物质(通常用石灰)以促进混凝剂的水解反应。

第二类为破坏有机物和起氧化作用的物质,例如当水中有机物含量较高时,投加一些氧化剂(通常用氯气)破坏有机物干扰,起到改善混凝效果的作用。

第三类为增大絮凝体及其密度的物质。例如通过投加活化硅酸、黏土、粉末活性炭及某些有机高分子絮凝剂使生成的絮凝体粗大而紧密,易于沉降分离。

第一类和第二类物质,对混凝过程起保证作用,只有它们存在,才使混凝过程顺利进行,这一类物质称为助凝剂(coagulant aid)。第三类物质可以改善絮凝过程,增加絮凝体的粒度和牢度,有利于混凝过程进行,这一类物质称为絮凝剂(flocculant)。在水处理中,有时会把助凝剂和絮凝剂混淆。

当多种混凝剂同时使用时,其最佳投加顺序可通过试验来确定。一般而言,当无机混凝剂与有机絮凝剂并用时,先投加无机混凝剂,再投加有机絮凝剂。

但当处理的胶体颗粒较大在 50μm 以上时,为减少混凝剂消耗量,常先投加有机絮凝剂吸附架桥,再加无机混凝剂压缩扩散层使微粒脱稳。

常见的絮凝剂是有机高分子絮凝剂(表 2-3)。

有机高分子絮凝剂分天然和人工合成两类,天然的如藻朊酸钠、骨胶等,但其性能不如人工合成的好,所以在给水处理中人工合成的絮凝剂日益增多并占据主要地位。这类絮凝剂是水溶性的线型聚合物,每一大分子由许多链节组成且常含带电基团,故又被称为聚电解质。按基团带电情况,可分为以下四种:凡基团离解后带正电荷者称阳离子型,带负电荷者称阴离子型,分子中不含可离解基团者称非离子型,分子中既含正电荷基团又含负电荷基团者称两性型。水处理中常用的是阳离子型、阴离子型和非离子型三种高分子絮凝剂。这些高分子絮凝剂的混凝作用机理主要在于线型分子的吸附架桥。在给水处理中,常将它们用作絮凝剂,以增大絮凝体及其密度。

目前,我国水处理领域用得最多的是一种非离子型絮凝剂——聚丙烯酰胺(PAM),其分子式为

$$-\!\!\![CH_2-\underset{\displaystyle CONH_2}{\underset{|}{CH}}]_n\!\!\!-$$

聚丙烯酰胺是由丙烯酰胺聚合而成的，每一个丙烯酰胺上都带有一个酰胺基，所以聚丙烯酰胺主链上带有大量酰胺基，酰胺基具有很强的化学活性，它具有絮凝、增稠、表面活性等性质，还可以衍生出一系列化合物，所以聚丙烯酰胺是一种用途很广的物质。

按照聚合度的大小，或者按聚合物的相对分子质量大小，聚丙烯酰胺可以分为低分子量、中分子量和高分子量等种类，相对分子质量不同，其性质也不同，使用场合也不同，常用的不同相对分子质量聚丙烯酰胺用途见表2-5。

表2-5 不同相对分子质量聚丙烯酰胺性能及用途

名 称	相对分子质量	水溶液黏度	水溶性	用 途
低分子量聚丙烯酰胺	<100万	随相对分子质量增大黏度增大	相对分子质量不同对水溶性影响不大，溶解性均较差	用作分散剂
中分子量聚丙烯酰胺	100万～1000万			造纸的干强剂
高分子量聚丙烯酰胺	1000万～1500万			水处理絮凝剂
超高分子量聚丙烯酰胺	>1700万			采油工业

聚丙烯酰胺的絮凝作用在于对胶粒表面具有强烈的吸附作用，在胶粒间形成桥联，一个分子的聚丙烯酰胺可以吸附多个粒子，把它们拉在一起，使矾花变大，迅速下沉。聚丙烯酰胺每一个链节中均含有一个酰胺基（$-CONH_2$），由于酰胺基之间的氢键作用，线型分子往往不能充分伸展开来，致使架桥作用削弱。为此，还可将PAM在碱性条件（pH>10）进行部分水解（图2-13），生成阴离子型水解聚合物（HPAM）：

$$[-CH_2-\underset{\displaystyle CONH_2}{\underset{|}{CH}}-]_n + mH_2O \xrightarrow{NaOH}$$

$$[-CH_2-\underset{\displaystyle CONH_2}{\underset{|}{CH}}]_{n-m}[CH_2-\underset{\displaystyle COO^-}{\underset{|}{CH}}]_m + mNH_3$$

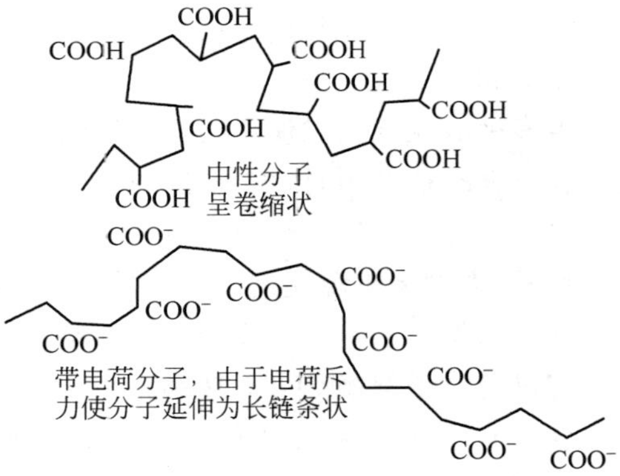

图2-13 高分子物质在碱性条件下的延伸现象

PAM经部分水解后，一部分酰胺基带上负电荷，在静电斥力的作用下，高分子可以充分伸展开来，即延伸现象（图2-13）吸附架桥作用得以充分发挥。由酰胺基转化为羧基的百分数称为水解度。水解度过高，负电性过强，对絮凝也会产生阻碍作用。一般控制其水解度在30%～40%，其吸附架桥能力最强。

聚丙烯酰胺除了非离子型、阴离子型，还可以制成阳离子型。阳离子型絮凝剂由于电荷呈正电性，对水中负电荷胶体的絮凝过程非常有利，有报道认为阳离子型絮凝剂对提高水中有机物胶体去除率很有效。常见的非离子型、阴离子型、阳离子型聚丙烯酰胺的结构示于表 2-6。

表 2-6 不同离子形态的聚丙烯酰胺结构

离子形态	结　构
非离子型	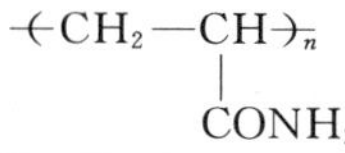 $-\!\!\left(CH_2-CH\right)\!\!-_n$，CH 上连 $CONH_2$
阴离子型	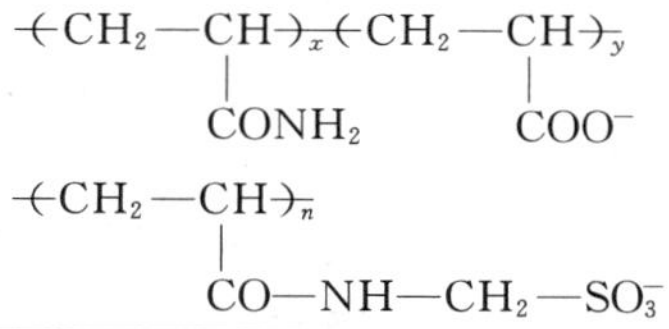 $-\!\!\left(CH_2-CH\right)\!\!-_x-\!\!\left(CH_2-CH\right)\!\!-_y$，两个 CH 上分别连 $CONH_2$ 和 COO^- $-\!\!\left(CH_2-CH\right)\!\!-_n$，CH 上连 $CO-NH-CH_2-SO_3^-$
阳离子型	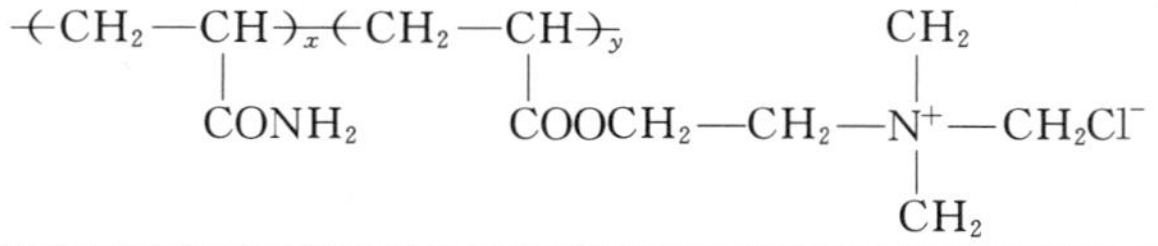 $-\!\!\left(CH_2-CH\right)\!\!-_x-\!\!\left(CH_2-CH\right)\!\!-_y$，两个 CH 上分别连 $CONH_2$ 和 $COOCH_2-CH_2-N^+(CH_2)(CH_2)-CH_2Cl^-$

目前聚丙烯酰胺产品有粉状和胶状两种，使用前要将其溶解，聚丙烯酰胺在水中溶解性稍差，要加强搅拌，提高温度只能稍促进溶解。溶解后的聚丙烯酰胺水溶液呈黏稠状，高浓度时甚至呈凝胶状，它也是一种很好的减阻剂。

聚丙烯酰胺的最早商品化生产是在 1954 年（美国）。我国对聚丙烯酰胺的研究和生产始于 20 世纪六七十年代，目前已有非离子型、阴离子型、阳离子型聚丙烯酰胺的多个品种。在水处理中聚丙烯酰胺的用量大约为总产量的 20%。

聚丙烯酰胺在水处理中应用的一个重要问题是产品中未聚合的聚丙烯酰胺单体含量。丙烯酰胺单体有毒，所以聚丙烯酰胺用在水处理，特别是饮用水处理时应注意聚丙烯酰胺及处理后水中丙烯酰胺单体含量，要求饮用水中丙烯酰胺单体含量低于 0.01mg/L。

水处理用聚丙烯酰胺产品主要质量标准列于表 2-7。

表 2-7 水处理用聚丙烯酰胺产品主要质量标准量（GB/T 17514—2017）

项　目	一　等　品	合　格　品
固体含量/%	≥90.0	≥88.0
丙烯胺单体含量/%	≤0.02	≤0.05
溶解时间（阴离子型）/min	≤60	≤90
溶解时间（非离子型）/min	≤90	≤120
水不溶物/%	≤0.3	≤1.0
氯化物/%	≤0.5	≤0.5
硫酸盐/%	≤1.0	≤1.0

2.4 水中悬浮颗粒的沉降

水中悬浮颗粒在重力的作用下，从水中分离出来的过程称为沉降。此处所说的悬浮颗粒,可以是天然水中的泥沙、黏土,也可以是混凝处理中形成的絮凝体,或是在沉淀处理中生成的难溶沉淀物。这些悬浮颗粒在沉降过程中常出现四种情况:当水中悬浮颗粒浓度较小时,沉降过程可以按颗粒的絮凝性强弱分为离散沉降和絮凝沉降;当颗粒浓度较大且颗粒具有絮凝性时,呈层状沉降;当颗粒浓度很大时,颗粒呈压缩沉降状态。

2.4.1 离散沉降

在水处理中,研究离散颗粒在静水中的沉降规律时,通常作如下一些理想假设:颗粒在沉降过程中,该颗粒不受其他颗粒的干扰,也不受器壁的干扰,完全处于自由沉降状态;为了便于研究,假设水中颗粒的形状为等体积的球形;水中颗粒表面都吸附有一层水膜,所以颗粒在静水中的沉降,可认为是水膜与水之间的一种相对滑动;颗粒在沉降过程中,颗粒之间不发生任何絮凝现象,即它的形状、大小、质量等均不发生变化。

在以上假设的条件下,颗粒在静水中的沉降速度取决于颗粒在水中的重力 F_{ZH} 和颗粒下沉时所受水的阻力(浮力)F_F,直径为 d 的球形颗粒在静水中所受的重力 F_{ZH} 为

$$F_{ZH}=\frac{1}{6}\pi d^3(\rho_K-\rho)g \tag{2-17}$$

式中,ρ_K、ρ——分别为颗粒及水的密度;

g——重力加速度。

颗粒下沉时所受水的阻力 F_F 与颗粒的糙度、大小、形状和沉降速度 u 有关,也与水的密度和黏度有关,其关系式为

$$F_F=C_Z\rho\frac{u^2}{2}\frac{\pi d^2}{4}=C_Z\rho\frac{u^2}{2}A \tag{2-18}$$

式中,C_Z——阻力系数,与雷诺数 Re 有关;

A——球形颗粒在垂直沉降方向的投影面积。

当颗粒在静水中 $F_{ZH}<F_F$ 时,颗粒上浮。$F_{ZH}>F_F$,颗粒加速沉降,此时阻力 F_F 也随之增大,一直到 $F_{ZH}=F_F$,颗粒的沉降速度不再发生变化,以后便以等速沉降,这时 $F_{ZH}=F_F$,即得

$$\frac{1}{6}\pi d^2(\rho_K-\rho)g=C_Z\rho\frac{\pi d^2u^2}{8}$$

整理得沉降速度公式:

$$u=\sqrt{\frac{4}{3C_Z}\frac{\rho_K-\rho}{\rho}gd} \tag{2-19}$$

式(2-19)为沉降速度基本公式。式中虽未出现雷诺数 Re,但是式中阻力系数 C_Z 却与雷诺数 Re 有关。

$$Re=\frac{ud}{\gamma}=\frac{ud\rho}{\mu} \tag{2-20}$$

式中,Re——水流的雷诺数;

μ——水的动力黏度;

γ——水的运动黏度。

通过实验，可以由观测到的 u 值，求得 C_Z 和 Re，绘制成曲线如图 2-14 所示。在不同的 Re 值范围内，曲线呈不同形状，可划分为层流、过渡和紊流三个区。

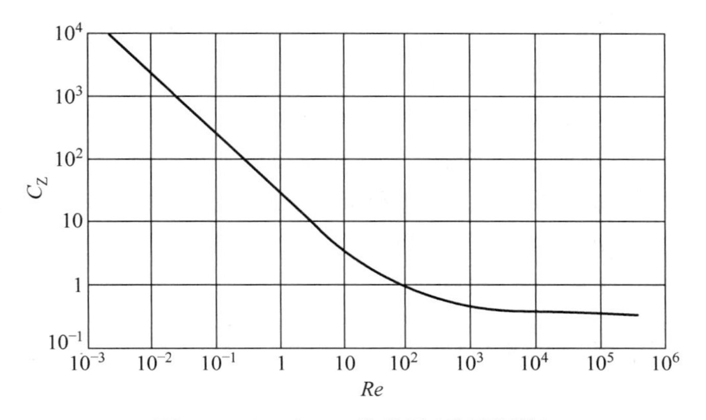

图 2-14 C_Z 与 Re 的关系(球形颗粒)

在 $Re<1$ 时，呈层流状态，其关系式为

$$C_Z=\frac{24}{Re} \tag{2-21}$$

由此求得 Stokes 公式：

$$u=\frac{1}{18}\frac{\rho_K-\rho}{\mu}gd^2 \tag{2-22}$$

在 $1<Re<1000$ 时，属于过渡区，C_Z 近似为

$$C_Z=\frac{10}{\sqrt{Re}} \tag{2-23}$$

由此求得 Allen 公式：

$$u=\left(\left(\frac{4}{225}\right)\frac{(\rho_K-\rho)^2g^2}{\mu\rho}\right)^{\frac{1}{3}}d \tag{2-24}$$

在 $1000<Re<25000$ 时，呈紊流状态，C_Z 接近于常数 0.4，由此求得 Newton 公式：

$$u=1.82\sqrt{\frac{\rho_K-\rho}{\rho}dg} \tag{2-25}$$

从上述公式中可以看出，水中颗粒沉降速度与颗粒密度、直径和水黏度有关，随密度和直径增大而增大，随水温下降(黏度增大)而减小。

在实际应用中，即使在 Re 很小的层流区范围内，由于颗粒很小，测定粒径仍很困难，但是测定颗粒沉降速度往往较容易，故常以测定的沉降速度利用 Stokes 公式反算颗粒粒径。

在实际水处理中，颗粒并不都是球形，而是不规则的，因此需对上述阻力系数 C_Z 加以校正，如在层流区：

$$C_Z=\frac{24}{Re}\alpha^2 \tag{2-26}$$

式中的 α 为球体因素，它等于与颗粒有相同表面积的球形体积与该颗粒实际体积之比，如石英砂 $\alpha=2.0$，煤 $\alpha=2.25$，石膏 $\alpha=4.0$。

2.4.2 絮凝沉降

在水的沉降分离过程中,只有当水中的悬浮颗粒全部由泥沙组成,且浓度小于5000mg/L时,才会发生上述离散沉降现象,而天然水中的悬浮颗粒及混凝处理中形成的絮凝体大都具有絮凝性能,颗粒在沉降过程中会发生碰撞和聚集长大,从而导致沉降速度不断加快,是一个加速过程,不像离散颗粒那样在沉降过程中保持沉降速度不变。

由于在沉降过程中,颗粒的质量、形状和沉降速度是变化的,实际沉降速度很难用理论公式计算。因此,对此类沉降需要研究的问题,不是它的某一沉降速度,而是要通过实验来测定水中颗粒在某一流程中的沉降特征。

2.4.3 层状沉降(拥挤沉降)

当水中悬浮颗粒浓度继续增大时,如悬浮颗粒占水溶液体积大于1%时,大量颗粒在有限水体中下沉时,被排挤的水便有一定的上升速度,使颗粒所受到的水阻力有所增加,最终可以看到水体中有一个清水和浑水的交界面,并以界面的形式不断下沉,故称这种沉降为层状沉降,也有人称为拥挤沉降。

将高浊度水注入透明的沉降筒内进行静水沉降试验,经过一个很短的时间,会在清水与浑水之间形成一个交界面,称为浑液面。随后浑液面以等速下沉,一直沉到一定高度后,浑液面的沉降速度才逐渐慢下来,从浑液面的等速沉降转入降速沉降的转折点称为临界点。临界点以前为层状沉降,临界点以后为压缩沉降。

层状沉降现象如图2-15所示。在整个沉降过程中,出现了清水区A、等浓度区B、过渡区C和压缩区D四个区。等浓度区B内,悬浮颗粒的浓度是均匀的,虽然颗粒大小不同,但由于相互干扰的结果,出现了等速沉降现象,因此沉降曲线*bc*段为一直线。等速沉降的结果是在沉降筒上部出现一个清水区,清水区和等浓度区之间的交界面就是浑液面,它的沉降速度代表了颗粒的平均沉降速度。沉降曲线*ab*段是一段向下弯的曲线,说明在开始沉降的最初一小段时间内,由于颗粒间的絮凝作用,颗粒逐渐增大,使沉降速度也逐渐增加。靠近沉降筒底部的悬浮颗粒很快被筒底截留,并逐渐增多,形成一个压缩区,到达筒底的颗粒沉降速度为零。

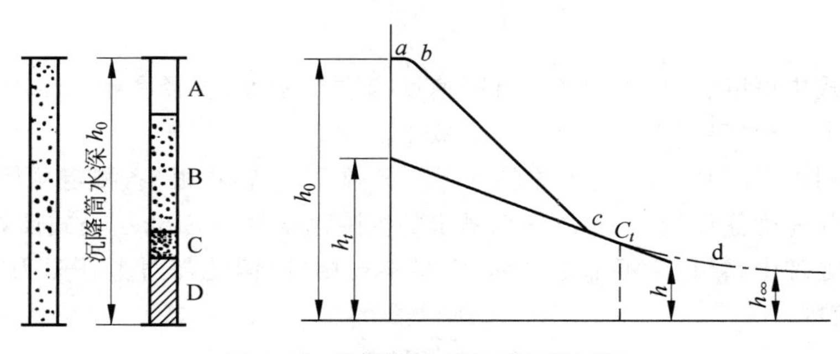

图2-15 高浊度水的层状沉降过程

压缩区内颗粒的缓慢沉降过程也是压缩区内悬浮颗粒的缓慢压缩过程,曲线*cd*段代表了这一过程。h_∞表示压实高度。从等浓度区 B 到压缩区 D 之间必然存在一个过渡区 C，即从等浓度区的浓度逐渐变为压缩区顶部浓度的区域，即称变浓度区。

在沉降过程中，清水区高度逐渐增加，压缩区高度也逐渐增加，而等浓度区的高度则逐渐减小，最后不复存在。变浓度区的高度开始是基本不变的，但当等浓度区消失后，也就逐渐消失。变浓度区消失后，压缩区内仍继续压实，直到这一区域的悬浮物达到最大密度为止。

在进行高浊度水的沉降处理或在澄清池中进行清水与泥渣的分离时，常出现上述层状沉降现象，这时悬浮颗粒的最大粒度与最小粒度之比一般在 6：1 以下。如果悬浮颗粒的粒度相差很大，而且过大和过小的颗粒数量又很多时，沉降过程中就不会出现等浓度区，而只有清水区、变浓度区和压缩区。

利用层状沉降曲线，可以求出任意一点的浓度及浑液面的沉降速度。现以图 2-15 曲线上 C_t 点为例说明。在 C_t 点作曲线的切线，并交纵坐标于 h_t 处，则 C_t 点的悬浮颗粒浓度为

$$C_t = C_0 \frac{h_0}{h_t} \qquad (\text{因 } C_0 h_0 A = C_t h_t A) \tag{2-27}$$

式中，C_0、C_t——分别为等浓度区水中悬浮颗粒浓度和 C_t 点颗粒浓度；

h_0、h_t——分别为等浓度区界面的初始高度和 C_t 点切线与纵坐标相交处的高度；

A——沉降筒的截面面积。

浑液面的沉降速度，可按切线的斜率来计算，如 C_t 点的沉降速度：

$$u_t = \frac{h_t - h}{t} \tag{2-28}$$

2.4.4 压缩沉降

在沉降的压缩区，由于悬浮颗粒浓度很高，颗粒相互之间已挤集成团块结构，互相压缩、互相支承，下层颗粒间的水在上层颗粒的重力作用下被挤出，使颗粒浓度不断增大，压缩沉降过程也是不断排除颗粒之间孔隙水的过程。

压缩沉降区任意一点的颗粒浓度及沉降速度，可模拟层状沉降的方法求得。

2.5 沉淀池

利用悬浮颗粒的重力作用来分离固体颗粒的设备称为沉淀池(sedimentation basin)。当水中悬浮物浓度很大(3000mg/L 以上)时，沉淀池可用来进行预处理，以利于后续的水处理工艺过程。沉淀池可用来进行混凝或其他加药沉淀处理，此时，应将加有药剂的水先通过混合器和反应器，再引入沉淀池。

沉淀池按水流方向可分为平流式、竖流式和辐流式三种。图 2-16 为这种形式沉淀池的示意图。平流式沉淀池是使用最早的一种沉淀设备，由于它结构简单，运行可靠，对水质适应性强，故目前仍广泛应用于城市自来水系统。因其占地面积大，所以工业用水处理中采用得较少，但通过对平流式沉淀池的讨论，可以帮助理解各种沉淀设备的原理、水力学条件及

工艺参数。

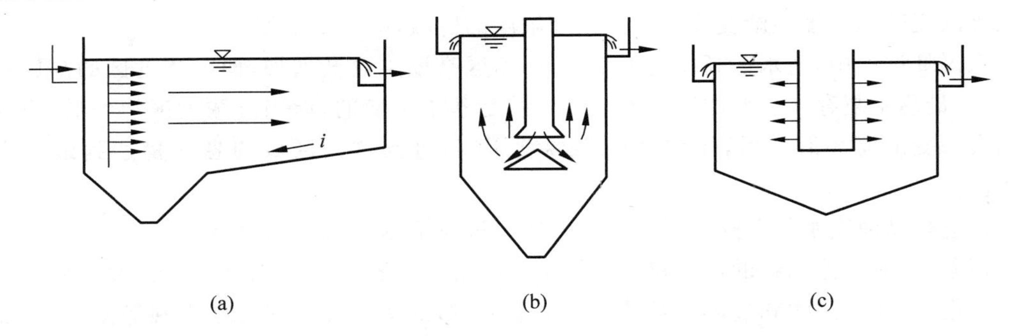

图 2-16 沉淀池示意

(a) 平流式;(b) 竖流式;(c) 辐流式

2.5.1 平流式沉淀池

1. 结构

平流式沉淀池是一个矩形结构的池子,常称为矩形沉淀池。一般长宽比为 4∶1 左右,长深比为 9∶1 左右。整个池子可分为进水区、沉淀区、出水区和污泥区,如图 2-17 所示。

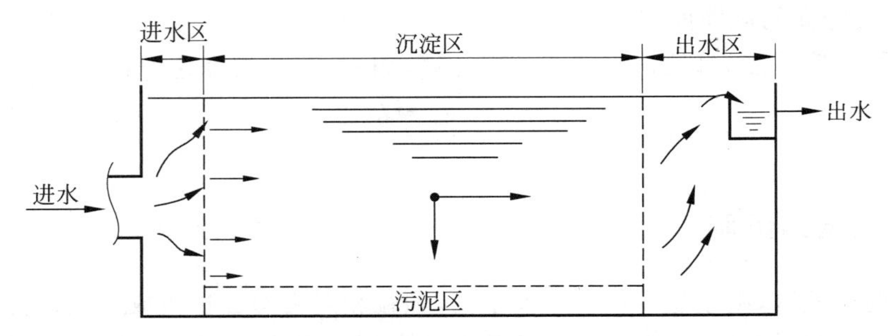

图 2-17 平流式沉淀池的结构示意

1) 进水区

通过混凝处理后的水先进入沉淀池的进水区,进水区内设有配水渠和穿孔墙,如图 2-18 所示。配水渠墙上配水孔的作用是使进水均匀分布在整个池子的宽度上,穿孔墙的作用是让水均匀分布在整个池子的断面上。为了保证穿孔墙的均匀布水作用,穿孔墙的开孔率应为断面面积的 6%~8%,孔径为 125mm 左右。配水孔沿水流方向做成喇叭状,孔口流速应在 0.2~0.3m/s,最上一排孔应淹没在水面下 12~15cm 处,最下一排孔应距污泥区以上 0.3~0.5m 处,以免将已沉降的污泥再冲起来。

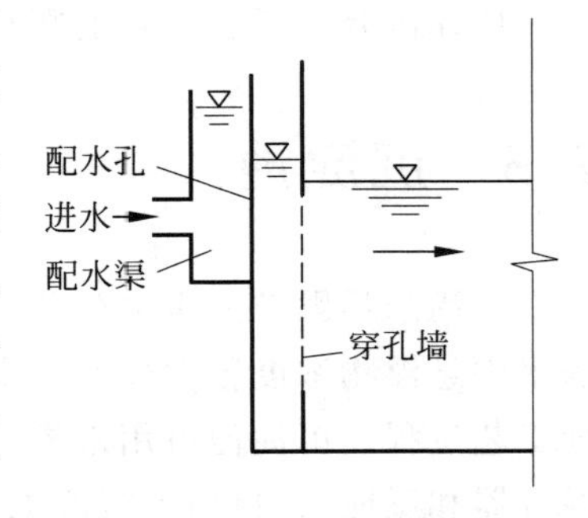

图 2-18 进水区布置

2) 沉淀区

沉淀区是沉淀池的核心,其作用是完成固体颗粒与水的分离。在此,固体颗粒以水平流

速 v_{SH} 和沉降速度 u 的合成速度，一边向前行进一边向下沉降。

3）出水区

出水区的作用是均匀收集经沉淀区沉降后的水，使其进入出水渠后流出池外，为了保证在整个沉淀池宽度上均匀集水和不让水流将已沉到池底的悬浮颗粒带出池外，必须合理设计出水渠的进水结构。图 2-19 示出了三种常见结构。图 2-19(a)为溢流堰式，这种形式结构简单，但堰顶必须水平，才能保证出水均匀。图 2-17(b)为淹没孔口式，它是在出水渠内墙上均匀布孔，尽量保证每个小孔流量相等。图 2-19(c)为三角堰式，为保证整个堰口的流量相等，堰应该用薄壁材料制作，堰尖应在同一个水平线上。

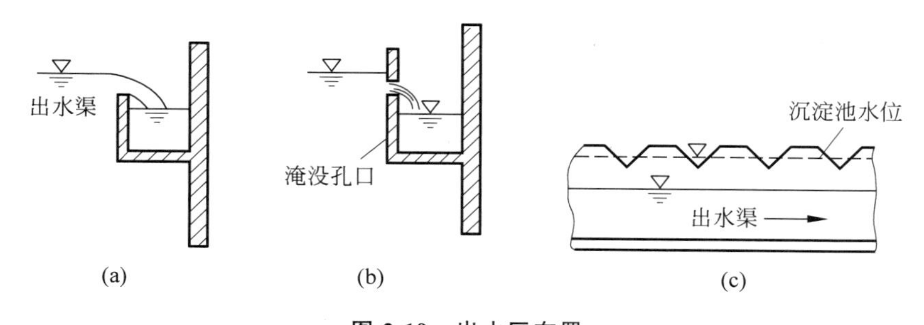

图 2-19 出水区布置

(a) 溢流堰式；(b) 淹没孔口式；(c) 三角堰式

4）污泥区

污泥区的作用是收集从沉淀区沉下来的悬浮颗粒，这一区域的深度和结构与沉淀区的排泥方法有关。

2. 离散颗粒在沉淀池中的沉降

平流式沉淀池在运行时，水流受到池身结构和外界影响（如进口处水流惯性、出口处束流、风吹池面、水质的浓差和温差等），致使颗粒沉降复杂化。为了便于理解，先讨论理想沉淀池中的颗粒沉降规律。所谓理想沉淀池，应符合以下假定：在沉降过程中，颗粒之间互不干扰，颗粒的大小、形状、密度和沉降速度都不发生变化；在过水断面上，各点水平流速相等，且在流动过程中流速始终不变；颗粒沉到池底即认为已被去除，不再返回水流中，等等。

1）截留速度与表面负荷

如图 2-20 所示，进入沉淀区的水流中有一种颗粒，从池顶 A 点开始以水平流速 v_{SH} 和沉降速度 u 的合成速度，一边向前行进一边向下沉降，到达池底最远处 D 点时刚好沉到池底，AD 线即表示这种颗粒的运动轨迹。这种颗粒的沉降速度表示在池中可以截留下来的临界速度，也称截留速度，用 u_J 表示。可见，凡是沉降速度大于或等于 u_J 的颗粒，从池顶 A 点开始下沉，必然能够在 D 点以前沉到池底，AE 线表示这类颗粒的运动轨迹，所以 u_J 表示沉淀池中能够全部去除的颗粒中最小颗粒的沉降速度。同样，凡是沉降速度小于 u_J 的颗粒，从池顶 A 点开始下沉，必然不能到达池底而被带出池外，AF 表示这类颗粒的运动轨迹。

对于 AD 线代表的一类颗粒，沿水平方向和垂直方向到达 D 点的时间是相同的，即

$$t=\frac{L}{v_{SH}}=\frac{H_0}{u_J} \tag{2-29}$$

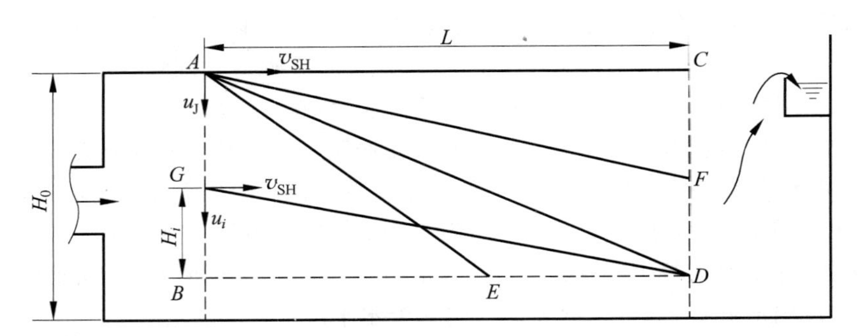

图 2-20　离散颗粒在沉淀池中的沉降

$$v_{SH}=\frac{Q}{H_0B} \tag{2-30}$$

$$u_J=\frac{H_0v_{SH}}{L}=\frac{Q}{LB}=\frac{Q}{A} \tag{2-31}$$

式中，v_{SH}——水平流速，m/s；

u_J——截留速度，m/s；

H_0——沉淀池的水深，m；

Q——处理水量，m^3/s；

B——沉淀池 A—B 断面宽度，m；

L——沉淀池的长度，m；

t——水在沉淀区中的停留时间，s；

$\frac{Q}{A}$——表面负荷或溢流率，表面负荷在数值上和量纲上等于截留速度，它在沉淀池设计中是一个重要的参数。

2）沉淀效率

沉淀池的沉淀效率表示沉淀池的沉降澄清分离效果，而去除率是表示沉淀效率的一个指标，它是指沉降于池底的悬浮颗粒占水中总悬浮颗粒的百分比。

离散颗粒的沉淀效率可以通过离散颗粒沉降试验来求得。该试验在一个有取样口的沉降筒中进行，沉降筒高与沉淀池深度相同，将待测水样充分搅拌均匀并测定起始浓度后，放入沉降筒中静止让水中颗粒自由沉降，每隔一段时间在取样口取样并测颗粒浓度。当颗粒沉降于筒底时即认为已被去除。

按前所述，沉降速度大于 u_J 的颗粒可全部沉于底部而去除。而对于沉降速度小于 u_J 的某一种颗粒，其沉降速度为 u_i，如从池顶 A 点下沉，将不能沉到底部，而被带出池外。如果在沉降筒 G 高度处有一同样具有沉降速度 u_i 的颗粒，它在时间 t 内刚好沉降到筒底，即 $u_it=GB$，仍然可以沉到底而被去除。因为进水中沉降颗粒的浓度为 C 且是均匀分布的，沿筒高度上任何位置均有沉降速度 u_i 的颗粒存在，因此沉降速度 u_i 的颗粒在时间 t 内也可部分被去除。沉降速度为 u_i 的颗粒的去除率可用 GB/AB 的比值来表示，而且可以证明：

$$\frac{GB}{AB}=\frac{u_i}{u_J} \tag{2-32}$$

进而可以证明，沉淀池中各种悬浮颗粒的总去除率 P 可用下式表示：

$$P=(1-P_0)+\int_0^{P_0}\frac{u_i}{u_J}\mathrm{d}P_i=(1-P_0)+\frac{1}{u_J}\int_0^{P_0}u_i\mathrm{d}P_i \tag{2-33}$$

式中，P_0——所有能够在沉淀池中沉降的、沉降速度小于 u_J 的颗粒质量占进水中全部颗粒质量的百分比；

$\mathrm{d}P_i$——具有沉降速度为 u_i 的颗粒质量占进水中全部颗粒质量的百分比；

P_i——所有沉降速度小于 u_i 的颗粒质量占进水中全部颗粒质量的百分比；

$1-P_0$——沉降速度大于或等于 u_J 的颗粒的去除率。

3. 絮凝性颗粒在沉淀池中的沉降

在水处理中经常遇到的沉降多属于絮凝性颗粒沉降，即在沉降过程中，颗粒的大小、形状和密度都有所变化，随着沉淀深度和时间的增加，沉降速度越来越快。所以絮凝性颗粒在沉淀池中的运动轨迹也不是直线，而是曲线。有关絮凝性颗粒的沉淀效率只能根据沉淀试验加以预测。

1）去除百分率等值线

测定去除百分率等值线的方法是取一定量的水样，放入一个多口取样的沉降筒中，充分搅拌均匀并测定初始浓度，然后在静止条件下，絮凝沉降。每隔一定时间，同时在各个取样口取样并测定颗粒浓度，根据所测结果可以计算出去除百分率。以沉降筒各取样口高度 h 为纵坐标，以沉降时间 t 为横坐标，将各取样点测得的去除百分率 P 的数值绘于图中，然后将去除百分率相同的各点连成曲线，就是所求的去除百分率等值线，如图 2-21 所示。

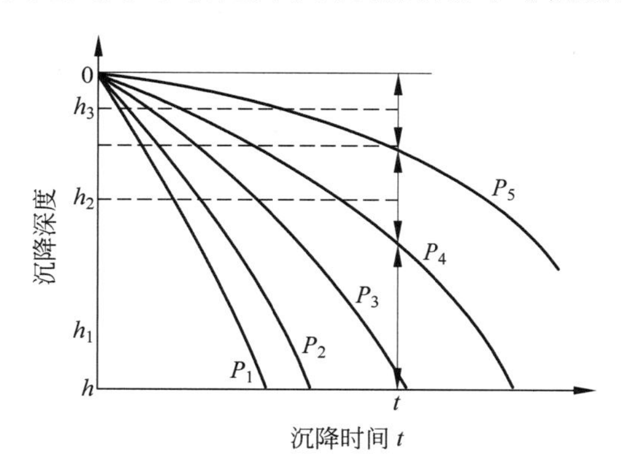

图 2-21 絮凝性颗粒去除率等值线

去除百分率等值线的含义是：沉降深度与沉降时间的比值为相应去除百分率时的颗粒的最小平均沉降速度，它表明每一种颗粒沉降时间、沉降深度与去除率之间的关系。

2）去除率

由图 2-21 可知，去除率为 P_3 的颗粒，其沉降速度为 $u_3=u_J=h/t$。如上所述，凡是沉降速度大于或等于 u_3 的颗粒都能全部去除，而处于 P_3 与 P_4 之间的颗粒，以 h_1/t 的平均沉降速度下沉，处于 P_4 与 P_5 之间的颗粒，以 h_2/t 的平均沉降速度下沉，它们都是按 u_i/u_J 的比例部分去除。因此，沉淀池中颗粒的总去除率为

$$P=P_3+\frac{h_1/t}{u_J}(P_4-P_3)+\frac{h_2/t}{u_J}(P_5-P_4)+\frac{h_3/t}{u_J}(1-P_5)$$

$$=P_3+\frac{h_1}{h}(P_4-P_3)+\frac{h_2}{h}(P_5-P_4)+\frac{h_3}{h}(1-P_5) \tag{2-34}$$

例 2-1 离散颗粒在实验条件下的沉淀试验数据列于表 2-8。试确定对于理想平流式沉淀池,当表面负荷为 43.2$m^3/(m^2 \cdot d)$时的悬浮颗粒去除百分率。实验管取样口选在水面下 120cm 处。C 表示在时间 t 时由各个取样口取出的水样所含的悬浮颗粒浓度,C_0 代表初始的悬浮颗粒浓度。

表 2-8 沉淀试验结果

取样时间/min	0	15	30	45	60	90	180
C/C_0	1	0.96	0.81	0.62	0.46	0.23	0.06

解 根据上述试验数据,可得出悬浮颗粒的沉降速度分布。分析表明,C/C_0 对 h/t 作图可以给出沉降速度小于 h/t 的颗粒组成部分的分布。相应于各取样时间的沉降速度计算如表 2-9 所示。

表 2-9 沉降速度计算

取样时间/min	0	15	30	45	60	90	180
$u=h/t$ 值/(cm/min)		8.0	4.0	2.67	2.0	1.33	0.67

沉降速度分布如图 2-22 所示。

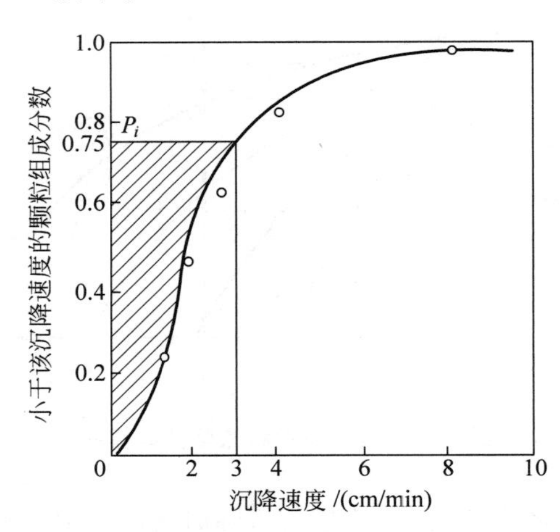

图 2-22 去除百分率计算

截留沉降速度在数值上等于表面负荷率:

$$u_J=\frac{43.2\times 100}{24\times 60}\text{cm/min}=3\text{cm/min}$$

从图 2-22 查得,当 $u_J=3$cm/min 时,小于该沉降速度的颗粒组成部分等于 $P_0=0.75$,从图上相当于积分式 $\int_0^{P_0} u\,dp$ 的阴影部分面积为 1.19,因此得到总去除百分率为

$$P=\left[(1-0.75)+\frac{1}{3}\times 1.19\right]\times 100\%=64.7\%$$

例 2-2 絮凝性悬浮颗粒浓度为 400mg/L，采用平流式沉淀池处理。静置沉淀试验所得的沉淀时间和取样深度以及相应的悬浮物去除百分率见表 2-10。根据表 2-10 的试验数据，试确定平流式沉淀池的去除百分率、表面负荷和停留时间之间的关系。若悬浮物浓度需要减少到 150mg/L，求相应的停留时间和表面负荷。

表 2-10 悬浮颗粒去除百分率 单位：%

取样深度/m	沉淀时间/min						
	5	10	20	40	60	90	120
0.61	41	50	60	67	72	73	76
1.22	19	33	45	58	62	70	74
1.83	15	31	38	54	59	63	71

解

(1) 将有关数据绘于图 2-23，纵坐标为深度，横坐标为时间，各点表示相应的去除百分率。采用插入法绘制去除百分率等值线。

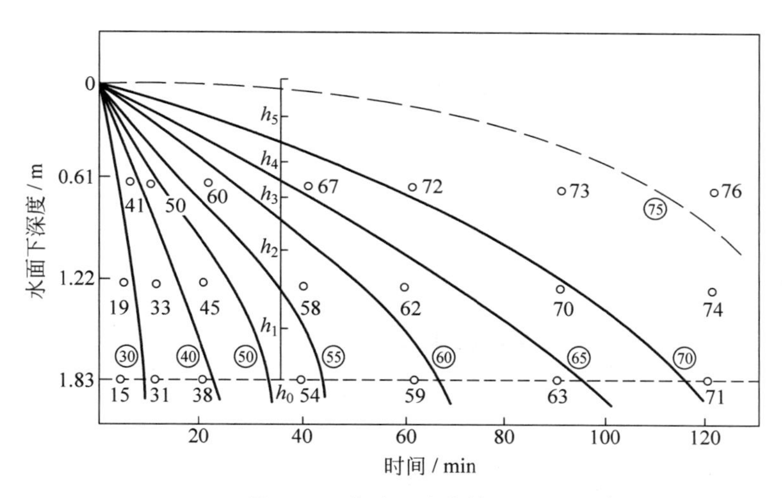

图 2-23 去除百分率等值线

(2) 平流式沉淀池的表面负荷与停留时间的关系为

$$\frac{Q}{A}=u_J=\frac{h_0}{t_0}$$

假定沉淀池有效深度为 1.83m，选停留时间为 35min，则相应表面负荷为

$$u_J=\frac{1.83}{35}\text{m/min}=0.0523\text{m/min}=75.3\text{m}^3/(\text{m}^2\cdot\text{d})$$

(3) 在图 2-23 中绘制相应于 $t_0=35\text{min}$ 的垂直线与各等值线相交，量得相邻等值线之间的中点的深度 $h_1=1.52$，$h_2=1.04$，$h_3=0.73$，$h_4=0.49$，$h_5=0.21$。总的去除百分率为

$$P=\left[50+\frac{1.52}{1.83}\times(55-50)+\frac{1.04}{1.83}\times(60-55)+\frac{0.73}{1.83}\times(65-60)+\frac{0.49}{1.83}\times(70-65)+\frac{0.21}{1.83}\times(75-70)\right]\times100\%=60.9\%$$

另外，假定不同的停留时间 t_0，重复上述第(2)步和第(3)步，得出相应的表面负荷 u_J 和总去除率 P，并将结果绘于图 2-24，即得总去除百分率与表面负荷及停留时间的关系曲线。

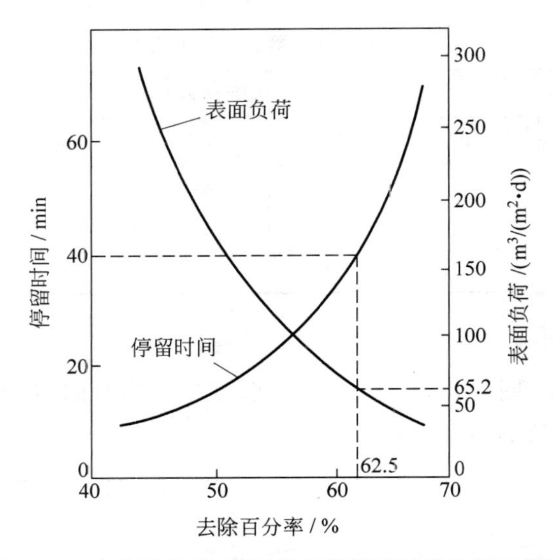

图 2-24 去除百分率、表面负荷及停留时间的关系曲线

要求悬浮颗粒的去除百分率为$\frac{400-150}{400}\times100\%=62.5\%$。

从图 2-24 可查出，所需停留时间和表面负荷分别为 40min 和 $65.2m^3/(m^2\cdot d)$。

4. 影响平流式沉淀池沉淀效果的因素

实际平流式沉淀池偏离理想沉淀池条件的主要原因有以下几个方面。

1）沉淀池实际水流状况对沉淀效果的影响

在理想沉淀池中，假定水流稳定，流速均匀分布。其理论停留时间 t_0 为

$$t_0=\frac{V}{Q} \tag{2-35}$$

式中，V——沉淀池容积，m^3；

Q——沉淀池的设计流量，m^3/h。

但是在实际沉淀池中，停留时间总是偏离理想沉淀池，表现为一部分水流通过沉淀区的时间小于 t_0，而另一部分水流则大于 t_0，这种现象称为短流，它是由水流的流速和流程不同而产生的。短流的原因有：进水的惯性作用，进水堰产生的水流抽吸，较冷或较重的进水产生异重流，风浪引起的短流，池内存在导流壁和刮泥设施等。这些因素造成池内顺着某些流程的水流速度大于平均值，而在另一些区域流速小于平均值，甚至死角，因此一部分水通过沉淀池的时间短于平均值而另一部分水却长于平均值。停留较长时间的那部分沉淀增益，

一般不能抵消另一部分水由于停留时间短而不利于沉淀的后果。

水流的紊动性用雷诺数 Re 判别，它是水流的惯性力与黏滞力的比值：

$$Re=\frac{\text{惯性力}}{\text{黏滞力}}=\frac{v_{SH}R\rho}{\mu} \tag{2-36}$$

式中，v_{SH}——水平流速，cm/s；

ρ——水的密度，g/cm^3；

μ——水的动力黏度，Pa · s；

R——断面的水力半径，cm。

对于平流式沉淀池：

$$R=\frac{\text{湿润面积}}{\text{湿周}}=\frac{HB}{2H+B} \tag{2-37}$$

式中，H——池深，cm；

B——池宽，cm。

一般认为，在明渠流中，$Re<500$ 时水流趋向于层流状态，$Re>500$ 时水流呈紊流状态。平流式沉淀池中水流 Re 一般为 4000～15000，属于紊流状态，此时水流除水平流速外，尚有上、下、左、右的脉动分速，且伴有小的涡流体，这种脉动现象不利于颗粒的沉淀。但在一定程度上可使密度不同的水流能较好混合，减弱分层流动现象。不过，在沉淀池中，通常要求降低雷诺数以利于颗粒沉降。

异重流是进入较静而具有密度差异的水体的一股水流。异重流重于池内水体时，将下沉并以较高的流速沿着底部绕道前进；异重流轻于池内水体时，将沿水面经流至出水口。密度的差别可能由于水温、所含盐分或悬浮颗粒量的不同所造成。若池内水平流速非常高，异重流将和池中水流汇合，影响流态甚微。这样的沉淀池具有稳定的流态。若异重流在整个池内保持着，则具有不稳定的流态。

水流稳定性用弗劳德数 Fr 判别，它是水流惯性力和重力的比值：

$$Fr=\frac{\text{惯性力}}{\text{重力}}=\frac{v_{SH}^2}{Rg} \tag{2-38}$$

Fr 数值增大，表明惯性力作用相对增加，重力作用相对减小，水流对温差、密度差异重流及风浪等影响的抵抗能力强，使沉淀池中的流态保持稳定。一般认为，平流式沉淀池的 Fr 数宜大于 10^{-5}。

在平流式沉淀池中，降低 Re 和提高 Fr 的有效措施是减小水力半径 R。池中纵向分格及斜板、斜管沉淀池都能达到上述目的。

在沉淀中，增大水平流速，一方面提高了 Re 而不利于沉淀，而另一方面却提高了 Fr 而加强了水的稳定性，从而提高沉淀效果。水平流速可以在较宽的范围内选用而不致对沉淀效果有明显的影响。沉淀池的水平流速宜为 10～25mm/s。

2）絮凝作用的影响

原水通过絮凝反应后，悬浮颗粒的絮凝过程在平流式沉淀池内仍继续进行。如前所述，池内水流流速实际上是不均匀的，水流中存在的速度梯度将引起颗粒相互碰撞而促进絮凝。此外，水中絮凝颗粒的大小也是不均匀的，它们将具有不同的沉降速度，沉降速度大的颗粒在沉淀过程中能追上沉降速度小的颗粒而引起絮凝。水在池中沉淀的时间越长，由速度梯度引起的絮凝便进行得越完善,所以沉淀时间对沉淀效果是有影响的,池中的水深越大,因颗粒沉降速度不同而引起的絮凝也进行得越完善,所以沉淀池的水深对混凝效果也是有一定影响的。因此,由于实际沉淀池的沉淀时间和水深所产生的絮凝过程均影响了沉淀效果,所以实际沉淀池也就偏离了理想沉淀池的假定条件。

5. 平流式沉淀池的设计

1) 设计原则及参数

(1) 当进行混凝沉淀处理时,出水浊度一般低于10NTU,特殊情况不大于20NTU。

(2) 平流式沉淀池的停留时间与原水水质、水温、泥渣特性、表面负荷大小等因素有关。当进行混凝沉淀处理时,一般为1.0~3.0h。当水温较低、有机物或色度较高时取上限。

(3) 沉淀池的分格数一般不小于2格,只有水中悬浮物含量常年低于30mg/L或为地下水时,可考虑只设1格,但应有旁路管。

(4) 沉淀池内的水平流速一般为10~25mm/s,个别情况下允许30~50mm/s,自然沉降可取1~3mm/s。

(5) 沉淀池内的有效水深一般为3.0~5.0m,超高0.3~0.5m。每一格宽度为3~9m,最宽为15m。池长度与宽度一般取(3∶1)~(5∶1),池长度与池深比一般大于10∶1。

(6) 沉淀池的排空时间一般不超过6h,池内弗劳德数 Fr 一般控制在 $10^{-4}\sim10^{-5}$,池内雷诺数 Re 一般控制在4000~15000,属于紊流状态。

2) 工艺计算

(1) 按表面负荷 Q/A 的关系计算沉淀池表面积 $A(\mathrm{m}^2)$:

$$A=\frac{Q}{u_{\mathrm{J}}} \tag{2-39}$$

u_{J} 可通过沉降试验来确定。

沉淀池长度 $L(\mathrm{m})$:

$$L=3.6v_{\mathrm{SH}}T \tag{2-40}$$

沉淀池宽度 $B(\mathrm{m})$:

$$B=\frac{A}{L} \tag{2-41}$$

式中,T——停留时间,h。

也可按水流停留时间 T,先计算沉淀池有效容积 $V(\mathrm{m}^3)$:

$$V=QT \tag{2-42}$$

再根据选定的池深 H(一般为3.0~3.5m)用下式计算池宽度 $B(\mathrm{m})$:

$$B=\frac{V}{LH} \tag{2-43}$$

(2) 根据沉淀池几何尺寸和有关数据,计算核对 Re 和 Fr。

(3) 平流式沉淀池排泥管直径,利用水力学中变水头放空容器公式计算:

$$d=\sqrt{\frac{0.7BLH^{0.5}}{T}} \tag{2-44}$$

式中,d——排泥管直径,m。

(4) 沉淀池出水渠起端水深 h,利用下式计算:

$$h=1.73\sqrt[3]{\frac{Q}{gB^2}} \tag{2-45}$$

式中,B——渠道宽度,m。

例 2-3 需要产水量为 $2500\text{m}^3/\text{h}$ 的平流式沉淀池加过滤器的水处理系统,过滤器本身用水占 5%,试设计计算平流式沉淀池的主要尺寸。

解

(1) 设计数据的选用。

表面负荷 $Q/A=2\text{m}^3/(\text{m}^2\cdot\text{h})$

停留时间 $T=1.5\text{h}$

水平流速 $v_{SH}=12\text{mm/s}$

采用两个沉淀池。

(2) 沉淀池的设计水量的计算:

$$Q=2500\times1.05\text{m}^3/\text{h}=2625\text{m}^3/\text{h}$$

如采用两个沉淀池,则每个池子的处理水量 Q_1 计算如下:

$$Q_1=\frac{Q}{2}=\frac{2625}{2}\text{m}^3/\text{h}=1312.5\text{m}^3/\text{h}$$

(3) 平流式沉淀池的主要尺寸计算。

按停留的时间计算每个池子的容积 $V_1=Q_1T=1312.5\times1.5\text{m}^3=1969\text{m}^3$

每个池子的表面积 $A_1=\frac{Q_1}{q}=\frac{1312.5}{2}\text{m}^2=656\text{m}^2$

沉淀池的长度 $L_1=3.6v_{SH}T=3.6\times12\times1.5\text{m}=65\text{m}$

沉淀池的深度 $H_1=\frac{V_1}{A_1}=\frac{1969}{656}\text{m}=3.0\text{m}$

沉淀池的宽度 $B_1=\frac{A_1}{L_1}=\frac{656}{65}\text{m}=10\text{m}$

由于池子太宽,为改善水流均匀性,纵向设置一道隔墙,分为 2 格,每格宽度 $10/2\text{m}=5.0\text{m}$。

(4) 水力条件校核。

水流断面面积 $A_1'=5.0\times3.0\text{m}^2=15\text{m}^2$

水流湿周 $x=(5.0+2\times3.0)\text{m}=11\text{m}$

水力半径 $R=\frac{A_1'}{x}=\frac{15}{11}\text{m}=136\text{cm}$

弗劳德数 $Fr=\frac{v_{SH}^2}{Rg}=\frac{1.2^2}{136\times981}=1.08\times10^{-5}$

雷诺数 $Re=\frac{v_{SH}R\rho}{\mu}=\frac{1.2\times136}{0.0101}=16158$

(5) 沉淀池放空时间设计为 3h,排泥管直径:

$$d=\sqrt{\frac{0.7B_1L_1H_1^{0.5}}{T}}=\sqrt{\frac{0.7\times10\times65\times3^{0.5}}{3\times3600}}\text{m}=0.27\text{m}$$

选用排泥管直径 d 为 300mm。

(6) 沉淀池出水渠断面宽度 B 采用 1.0m，出水渠出水端起始水深：

$$h=1.73\sqrt[3]{\frac{Q_1}{gB^2}}=1.73\sqrt[3]{\frac{0.36}{9.81\times 1^2}}\text{m}=0.58\text{m}$$

为保证堰顶自由落水，出水堰的保护高度取 0.1m，则出水渠高度为 0.68m。

2.5.2 斜板、斜管沉淀池

按照表面负荷 $u_J=Q/A$ 的关系，对某种沉降速度为 u_i 的特定颗粒，在处理水量 Q 一定时，增加沉淀池表面积 A 可以提高悬浮颗粒的去除率。当沉淀池容积一定时，池身浅则表面积大，去除率可以提高，此即 Hazen 和 Camp 的浅池理论(shallow depth principles)。增加沉淀面积的有效途径是降低沉降高度，这就形成了多层沉淀池。为了便于排泥，将沉淀池的底板做得具有一定倾斜度，便成为斜板沉淀池(plate settler)、斜管沉淀池(tube settler)。

1. 斜板、斜管沉淀池的特点

(1) 根据浅池理论，降低沉淀池的沉降高度，可在水平流速不变的情况下，减小截留速度，使更小的悬浮颗粒沉到池底，同时缩短沉降时间，提高了去除率。如将原沉淀池高度 H 分成 n 等分，组成 n 个浅层池，则理论上每个浅层池的截留速度必然只有原截留速度的 $1/n$。

(2) 斜板、斜管沉淀池由于在沉淀池倾斜放置了许多斜板、斜管，加大了池子过水断面的湿周，使水力半径和雷诺数减小，在水平流速一定的情况下，沉淀效率提高。

以水流截面积为 $m\times m$ 的正方形为例，它的水力半径 R 为

$$R=\frac{m\times m}{4m}=\frac{m}{4} \tag{2-46}$$

如果用隔板沿深度方向分成 n 等分，则水力半径 R 为

$$R=\frac{m^2/n}{2\left(\frac{m}{n}+m\right)}=\frac{m}{2(1+n)} \tag{2-47}$$

由于 $n>1$，$2(n+1)>4$，因此

$$\frac{m}{2(1+n)}<\frac{m}{4} \tag{2-48}$$

如果 n 值足够大，可使水力半径 R 很小。因为雷诺数 Re 与 R 成正比，R 值越小，Re 也越小。

通常情况下，斜板、斜管沉淀池的水流属于层流状态，Re 多在 200 以下，甚至低于 100。

由于弗劳德数 Fr 与 R 成反比，R 值减小，Fr 值增大，水流的稳定性增强，也有利于颗粒沉降，提高沉淀效果。斜板沉淀池的 Fr 数一般为 $10^{-3}\sim10^{-4}$，斜管的 Fr 数会更大。

(3) 斜板、斜管沉淀池按水流方向，一般分为上向流、下向流和平向流三种。如图 2-25 所示。上向流的水流方向是水流自下向上流动的，而沉泥是自上向下滑动的，两者流动的方向正好相反，故常称为异向流。下向流的水流方向和沉泥的滑动方向都是自上向下的，故常

称为同向流。同向流的特点是,沉泥和水为同一流向,有助于沉泥的下滑,但清水流至沉淀区底部后仍需返回到沉淀池顶引出,使沉淀区的水流过程复杂化。平向流的水流方向是水平的,而沉泥仍然是自上向下滑动的,两者的流动方向正好垂直,又称横向流。如图 2-25 所示。

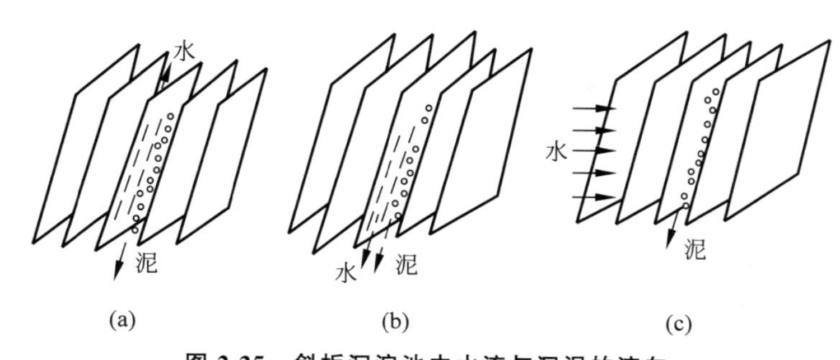

图 2-25 斜板沉淀池中水流与沉泥的流向

(a) 异向流;(b) 同向流;(c) 横向流(只适用于斜板式)

目前,工业用水处理中多采用异向流,而且在后面所述的澄清池的澄清区,可以加装斜管组件,构成所谓的斜管澄清池。

(4) 斜板、斜管上积聚的下滑泥渣以及斜板、斜管单元下方形成的一定厚度动态悬浮泥渣层可起接触凝聚及沉淀物网捕作用,提高了絮凝体沉降分离效果。

2. 异向流斜板、斜管沉淀池的结构

异向流斜板、斜管沉淀池的结构与平流式沉淀池相似,由进水区、分离区、清水区、缓冲区、污泥区、斜流沉淀区、出水区几个部分组成,如图 2-26 所示。

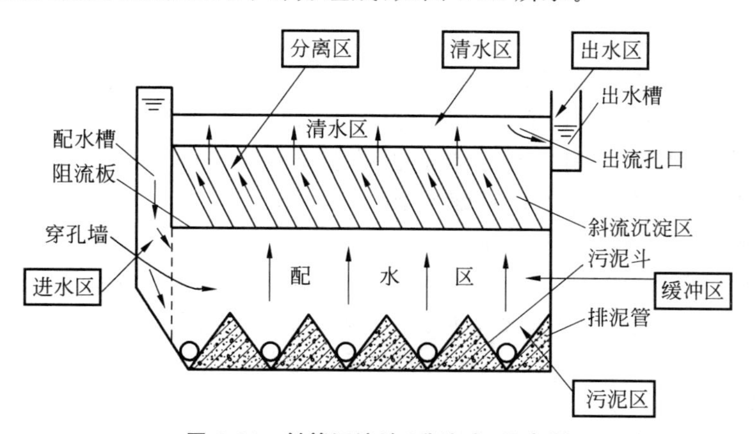

图 2-26 斜管沉淀池(升流式)示意图

1) 进水区

进入沉淀池的水流多为水平方向,而在斜板、斜管沉淀区的水流方向是自下向上的。目前设计的斜板、斜管沉淀池,进水布置主要有穿孔墙、缝隙墙和下向流斜管进水等形式,以使水流在池宽方向上布水均匀,其要求和设计布置与平流式沉淀池相同。为了使异向流斜管均匀出水,需要在斜管以下保持一定的配水区高度,并使进口断面处的水流速度在 0.02~0.05m/s。

2）斜板、斜管的倾斜角

为了便于排泥，斜板、斜管必须倾斜放置，斜板与水平方向的夹角称为倾斜角，倾斜角 α 越小，沉淀面积越大，截留速度 u_J 越小，沉降效果越好。但为了排泥通畅，α 值不能太小，α 值必须大于污泥的休止角。所谓污泥休止角是指污泥可以自由下滑的最小斜板、斜管的倾斜角。对异向流斜板、斜管沉淀池，污泥休止角为 $55°\sim60°$；对同向流斜板、斜管沉淀池，因排泥比较容易，污泥休止角为 $30°\sim40°$；对横向流斜板、斜管沉淀池，污泥休止角为 $60°$。

3）斜板、斜管的形状与材质

为了充分利用沉淀池的有限容积，斜板、斜管都设计成截面为密集型几何图形，其中有正方形、长方形、正六边形和波纹形等(图2-27)。为了便于安装，一般将几十或几百个斜管组成一个整体，作为一个安装组件，然后在沉淀区安放几个或几十个这样的组件。

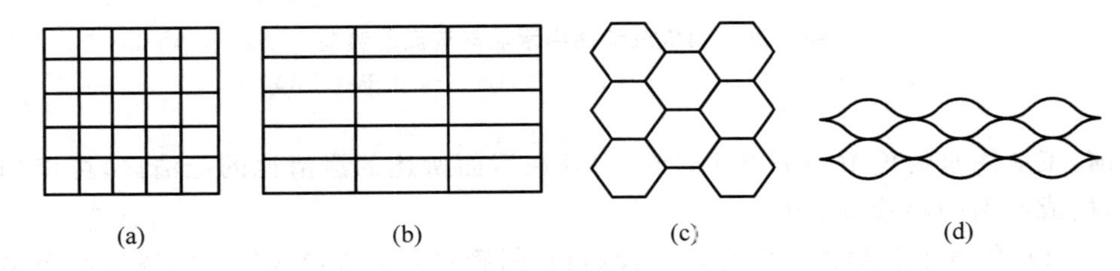

图2-27 斜板、斜管族的截面图形

(a) 正方形；(b) 长方形；(c) 六边形；(d) 波形

斜板、斜管的材料要求轻质、坚牢、无毒、廉价。目前使用较多的有纸质蜂窝、薄塑材板等。蜂窝斜管可以用浸渍纸制成，并用酚醛树脂固化定形，一般做成正六边形，内切圆直径为25mm、斜管。塑料板一般用厚0.4mm的硬聚氯乙烯板热压成形。

4）斜板、斜管的长度与间距

斜板、斜管的长度越长，沉降的效率越高。但斜板、斜管过长，制作和安装都比较困难，而且长度增加到一定程度后，再增加长度对沉降效率的提高是有限的。如果长度过短，则进口过渡段(是指水流由斜管进口端的紊流过渡到层流的区段)长度所占的比例增加，有效沉降区的长度相应减少。斜管过渡段长度为100～200mm。

通常情况下，异向流斜板长度一般为0.8～1.0m，不宜小于0.5m，同向流为2.5m左右。

在截留速度不变的情况下，斜板间距或管径越小，沉淀面积越大，沉淀效率越高。但斜板间距或管径过小，会造成加工困难，且易于堵塞。目前在给水处理中采用的异向流沉淀池的斜板间距或管径为50～150mm，同向流斜板沉淀池的斜板间距为35mm。

5）出水区

为了保证斜板、斜管出水均匀，出水区中集水装置的布置也很重要。集水装置一般由集水支槽(管)和集水总渠组成。集水支槽有带孔眼的集水槽、三角堰、薄型堰和穿孔等形式。

斜管出口到集水堰(孔)的高度(即清水区高度)与集水支槽(管)之间的间距有关，应满足

$$h \geqslant \frac{\sqrt{3}}{2}L \tag{2-49}$$

式中，h——清水区高度，m；

L——集水支槽之间的间距，m。

一般 L 值为 1.2～1.8m，故 h 一般为 1.0～1.5m。

3. 斜板(管)沉淀池的设计

这里以工业用水处理中常用的异向流斜板沉淀池为例讨论它的设计计算。该设计计算既适用于沉淀池加装斜板，又适用于澄清池加装斜板。

图 2-28 示出异向流斜板内水流的纵剖面，斜板的长度为 l，断面高度为 d，宽为 b，倾角为 α，板间水流平均流速为 v_{SH}，截留速度为

$$u_J=\frac{d\sin\alpha}{l\cos\alpha\sin\alpha+d}v_{SH} \tag{2-50}$$

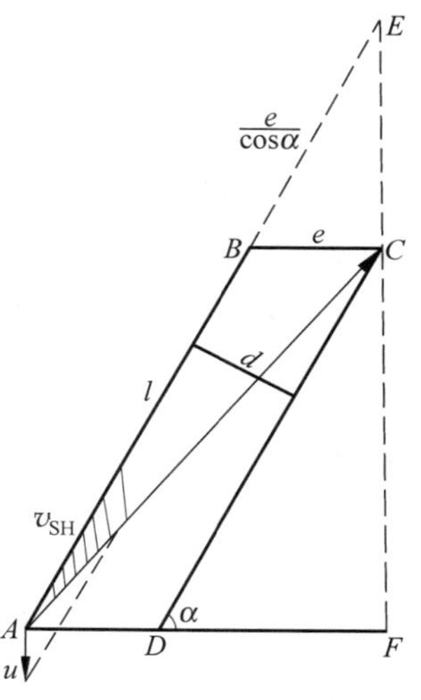

图 2-28 异向流沉降过程分析

斜板长度为

$$l=\left(\frac{v_{SH}}{u_J}-\frac{1}{\sin\alpha}\right)\frac{d}{\cos\alpha} \tag{2-51}$$

每个沉淀单元的面积为 bd，水流量 Q' 为

$$Q'=v_{SH}db \tag{2-52}$$

因此，u_J 与水流量的关系为

$$u_J=\frac{d\sin\alpha}{l\cos\alpha\sin\alpha+d}\cdot\frac{Q'}{bd}=\frac{Q'}{lb\cos\alpha+\dfrac{bd}{\sin\alpha}} \tag{2-53}$$

式中，$lb\cos\alpha$——斜板面积在水平方向的投影；

$\dfrac{bd}{\sin\alpha}$——板间水流断面面积在水平方向的投影。

因此，斜板沉淀池的截留速度，也等于表面负荷，只是其表面面积是依整个水流部分在水平方向的投影计算的。

由于在上述计算中采用平均流速代替了实际流速以及忽略了进口处受水流紊动的影响，因此实际的截留速度 u_J' 与 u_J 之间应加一个校正系数 η，即

$$u_J'=\eta u_J \tag{2-54}$$

式中的校正系数 η 一般取 0.75～0.85。

对应的斜板实际长度 l' 为

$$l'=\frac{1}{\eta}\left(\frac{v_{SH}}{u_J}-\frac{1}{\sin\alpha}\right)\frac{d}{\cos\alpha} \tag{2-55}$$

通常当选用现成斜板、斜管组件制品时，沉淀单元的长度 l'、内径 d 和倾斜角 α 实际上已给定，因此在校正系数 η 选定的情况下，水平流速 v_{SH} 与截面速度 u_J 之间，只要先确定一个，就可以求出另一个数值来。设计计算中，所选用的设计参数可参考表 2-11。

表 2-11 斜板、斜管沉淀池的设计参数

项 目	水流速度 v_{SH} /(mm/s)	截留速度 u_J /(mm/s)	倾斜角 α/(°)	斜板(管)长 l /m	断面高度 d /mm
异向流斜板	3～4	0.3～0.6	55～60	1.0～1.2	35～50
同向流斜板	20～25	0.3～0.6	30～40	2.0～2.5	35～50
异向流斜管	2～4	0.3～0.6	55～60	1.0～1.2	25～35

例 2-4 某棉纺厂需水量为 $330m^3/h$,水处理车间本身的自用水量为5%。若设计两个异向流斜管的圆形机械搅拌澄清池,试计算池子的外形尺寸。已知导流室外径为5.4m。

解 每个澄清池的设计水量为

$$Q=\frac{330\times1.05}{2}m^3/h=173m^3/h\approx0.05m^3/s$$

若采用塑料制成品的斜管,截面呈正六边形,内切圆直径40mm,壁厚为0.5mm,长 $l=1.2m$,斜管的倾斜角 $\alpha=60°$,管内水平流速 $v_{SH}=3.0mm/s$,则工艺计算如下:

(1) 分离室(清水区)的平面尺寸

$$平面面积\ A=\frac{KQ}{v_{SH}\sin\alpha}=\frac{1.3\times0.05}{0.003\times0.866}m^2=25m^2$$

式中,K——考虑斜管管壁所占面积的加大系数。

分离室内径:

$$D=\sqrt{\left(\frac{\pi}{4}\times5.4^2+25\right)\times\frac{4}{\pi}}\ m=7.85m$$

取7.9m。

导流室外侧与分离室内侧间距离:

$$(7.9-5.4)m=2.5m$$

如果将以上的斜管100根组成一个部件,按图2-25(a)的方式排列,可算得每个部件的截面尺寸大约是500mm×430mm。

分离室内按5个这样的部件排列,则5×0.5m=2.5m。

(2) 斜管以上清水区的高度

超高 $H_1=0.3m$

清水区 $H_2=1.0m$

斜管区 $H_3=l\sin\alpha=1.2\times0.866m=1.0m$

总计2.3m。

(3) 清水区中水的上升流速

$$v_1=\frac{0.05}{\frac{\pi}{4}(7.9^2-5.4^2)}m/s=0.0022m/s=2.2mm/s$$

(4) 斜管内水流的雷诺数 Re

因为斜管为正六边形,60°放置,其内切圆直径为40mm,校正后直径 D 为30mm,所以水力半径为

$$R=\frac{\frac{\pi D^2}{4}}{\pi D}=\frac{D}{4}=\frac{30}{4}mm=0.75cm$$

在20℃时,有

$$\frac{\mu}{\rho}=0.0101cm^2/s$$

$$Re=\frac{v_{SH}R\rho}{\mu}=\frac{0.3\times0.75}{0.0101}=22.5$$

因 $Re<200$，故水呈层流状态。

(5) 斜管内水流的弗劳德数 Fr

$$Fr=\frac{v_{SH}}{Rg}=\frac{0.3^2}{0.75\times 981}=1.22\times 10^{-4}$$

因 Fr 在 $10^{-3}\sim 10^{-4}$，故水呈稳定状态。

2.5.3 湍流凝聚接触(微涡流)絮凝沉淀

1. 原理

在絮凝过程中，由于水力条件对絮凝体成长起决定性作用，因此可以将絮凝当作流体力学问题来进行研究。以直流水槽为例进行说明，水槽中水流沿水流断面可分为三层：层流底层、过渡层和紊流层(惯性区)。在紊流层内只能产生尺度大而强度低的涡流，在层流底层内不可能存在涡旋运动，在这两层之间存在一速度梯度相当大、涡能量最大的层，这一层就是过渡层。实际的层流底层和过渡层都是极薄的流层，因此絮凝效果的好坏决定于紊流区。

在水处理工程中，关于絮凝过程的动力学致因主要理论有异向絮凝、同向絮凝及差降絮凝，这些理论是基于层流状态考量的，存在局限性，而着眼于实际流体状况的分析，则认为扩散过程应分为宏观扩散与亚微观扩散两个不同的物理过程，从亚微观尺度对絮凝的动力学问题进行研究，提出了惯性效应是絮凝动力学致因，特别是湍流微涡旋的离心惯性效应，并指出湍流剪切力是絮凝反应中决定性的动力学因素。

之所以说絮凝的动力学致因是惯性效应，这是因为水是连续介质，水中的速度分布是连续的，没有任何跳跃，水中两个质点相距越近其速度差越小，当两个质点相距为无穷小时，其速度差亦为无穷小，即无速度差。水中的颗粒尺度非常小，比重又与水相近，故在水流中的跟随性很好。如果这些颗粒随水流同步运动，没有速度差就不会发生碰撞。由此可见，要想使水流中颗粒相互碰撞，就必须使其与水流产生相对运动，不同尺度颗粒之间就产生了速度差，这一速度差为相邻不同尺度颗粒的碰撞提供了条件。

使水中颗粒与水流产生相对运动最好的办法是改变水流的速度。因为水的惯性(及密度)与颗粒的惯性(及密度)不同，当水流速度变化时，颗粒的速度变化(加速度)也不同，这就使得水与其中颗粒产生了相对运动，为相邻不同尺度颗粒碰撞提供了条件。这就是惯性效应的基本理论。因为湍流中充满着大大小小的涡旋，因此水流质点不断地在改变自己的运转方向。当水流作涡旋运动时，在离心惯性力作用下，颗粒沿径向与水流产生相对运动，为不同尺度颗粒沿湍流涡旋的径向碰撞提供了条件。不同尺度颗粒在湍流涡旋中单位质量所受离心惯性力是不同的，这个作用将增加不同尺度颗粒在湍流涡旋径向碰撞的概率。涡旋越小，其惯性力越强，惯性效应越强，絮凝作用就越好。由此可见，湍流中的微小涡旋的离心惯性效应是絮凝的重要的动力学致因。如果能在絮凝池中大幅度地增加湍流微涡旋的比例，就可以有效地改善絮凝效果。

紊流中存在着大大小小的涡旋，涡旋的大小和轴向是随机的，因此涡旋本身在紊流内部的相对运动也是随机变化的，涡旋不断地产生、发展、衰减与消失。大尺度涡旋破坏后形成尺度较小的涡旋，较小尺度的涡旋破坏后形成尺度更小但波数较大的涡旋，由于这些涡旋在紊流内部作随机运动，不断平移和转动，使得紊流各点速度随时间不断变化，形成了流速的脉动,也就是说紊流是由连续不断的涡旋运动造成的。紊动能量由大尺度涡旋逐级传给小尺度涡旋。大尺度涡旋由于速度梯度很小,其絮凝条件很差,由此可见,在紊流中若能有效地消除大尺度涡旋,增加微小尺寸涡旋的比例,就能提高絮凝效果。

微涡流之所以能有效地促进水中微粒的扩散与碰撞,总结其原因有两个方面:

(1) 涡流形成流层之间较大的流速差,造成了流层中携带微粒的相对运动,从而增加了微粒的碰撞概率。

(2) 涡流的旋转作用形成离心惯性力,造成微粒的沿旋涡径向运动,从而增加了微粒的碰撞概率。

这两方面的作用都随涡流的尺寸减小而增大,微涡流是有利于絮凝的水力条件。

2. 湍流凝聚接触(微涡流)絮凝沉淀技术设备

湍流凝聚接触(微涡流)絮凝沉淀给水处理技术设备包括列管式静态混合器、翼片隔板絮凝池和V形斜板沉淀池等。比如某净水厂原水预处理工艺流程如下:

加混凝剂

原水→列管式静态混合器→翼片隔板絮凝池→V形斜板沉淀池→出水

主要运行参数为混合时间:3s;絮凝时间:10min;沉淀池上升流速:2.4mm/s。原水经处理后出水浊度≤3NTU。

1) 列管式静态混合器

在混合器内沿液流方向设有列管,各列管呈并排平行排列,并排列管可以是一组或数组(图2-29)。原水经过列管式静态混合器,通过控制水流的速度、水流空间的尺度,同时控制速度零区的范围,从而造成高比例、高强度的微涡旋,充分利用微小涡旋的离心惯性效应为亚微观扩散提供原动力,克服亚微观传质阻力,增加亚微观传质速率。

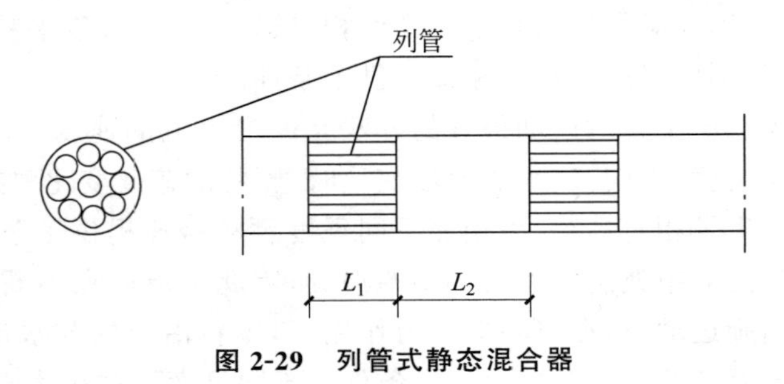

图2-29 列管式静态混合器

列管式静态混合器混合效率高、效果好,混合时间仅为2~3s,相比于传统的静态混合器或管式,混合器大幅度地提高了处理能力,并且节省投药量30%~35%。

2) 翼片隔板絮凝池

在絮凝池的流动通道内沿水流方向设有隔板,在每个隔板上均设有翼片,各翼片可以等距或不等距布置在各自隔板上(图2-30)。按照流体力学边界层理论设置翼片,以控制水流的惯性效应,增强湍流的剪切力,使水中不同尺度的颗粒之间产生相对运动,颗粒之间就产生了速度差,从而为水中相邻的不同尺度颗粒之间的碰撞提供了有利的条件。

翼片隔板絮凝的絮凝时间为5~10min,较常规絮凝池的20min缩短很多,所需的絮凝池体积较常规絮凝池缩小 50%以上，可节约絮凝池的占地和基建费用。

若在絮凝池的流动通道上再增设多层小孔眼格网，由于过网水流的惯性作用，使过网水流的大涡旋变成小涡旋，小涡旋变成更小的涡旋。

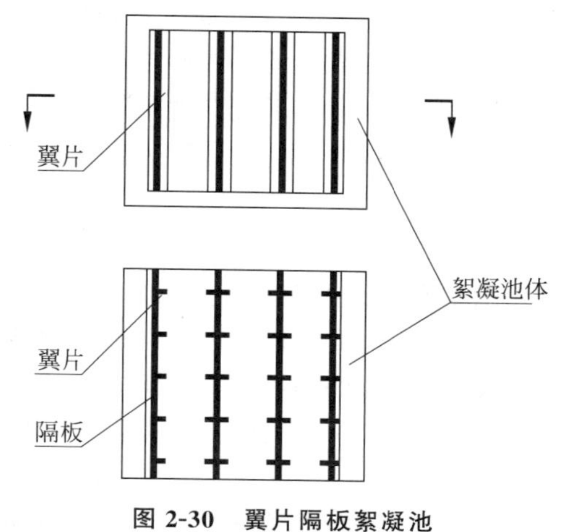

图 2-30 翼片隔板絮凝池

不设格网的絮凝池湍流的最大涡旋尺度与絮凝池通道尺度同一数量级。当增设格网之后，最大涡旋尺度与网眼尺度同一数量级。因此，增设小孔眼格网之后有如下三方面作用：

① 水流通过格网的区段是速度激烈变化的区段，也是惯性效应最强，颗粒碰撞概率最高的区段；

② 小孔眼格网之后湍流的涡旋尺度大幅减少。微涡旋比例增强，涡旋的离心惯性效应增加，有效地增加了颗粒碰撞次数。

图 2-31 涡流反应器混凝作用示意图

③ 由于过网水流的惯性作用，矾花产生强烈的变形，矾花中处于吸附能级低的部分，由于其变形揉动作用达到高吸附能级，这样就使得通过格网之后矾花变得更密实。

如果用涡流反应器替代格网，可克服其安装不便、易堵塞、寿命短等缺点。涡流反应器主要是 ABS 塑料的空心球形结构，密度略大于水 ，内外表面打毛。表面开有小孔，孔径和开孔率根据需要确定(图 2-31)。

3) V 形斜板沉淀池

在沉淀池的斜板上固定有肋条，各肋条呈 V 形分布排列固定在斜板上(图 2-32)。

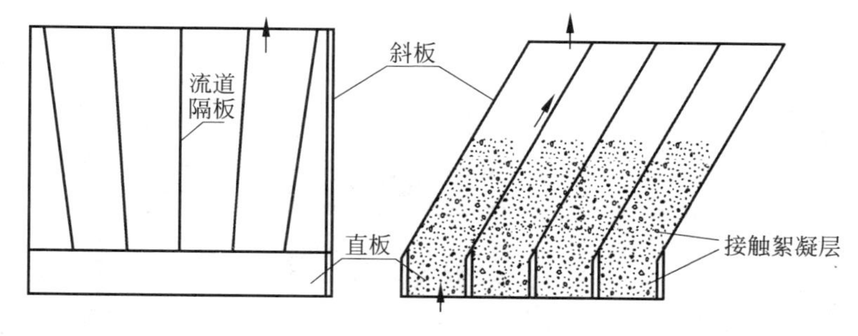

图 2-32 V 形斜板沉淀池

V 形斜板(强化接触絮凝)沉淀技术利用流体上升流道截面变化造成水流沿重力方向的速度差，使斜板沉淀单元内部形成一定厚度的具有自我更新能力的絮体动态悬浮层，同时通过增设的垂直板(整流段)来增加絮体悬浮层厚度，实现强化接触絮凝，达到提高絮体沉淀分离性能的目的。

V 形斜板沉淀池的优点包括：①设备具有沉淀和澄清机理，沉淀池表面负荷可达

$18m^3/(m^2\cdot h)$,较常规设备提高2.0～2.5倍;②处理效果明显提高;③与澄清池相比,不需要很长时间的悬浮泥渣层形成期,且由于泥渣层存在于沉淀小单元内,水流状态稳定,泥渣层形成稳定;④由于悬浮泥渣层和斜板沉淀的共同作用,对水质变化和冲击负荷的适应性较斜板和澄清池都好;⑤沉淀池沉泥的密度较常规沉淀池大,排泥水可节省50%左右。

3. 湍流凝聚接触(微涡流)絮凝沉淀技术特点

湍流凝聚接触(微涡流)絮凝沉淀技术特点如下。①处理效率高,占地面积小,经济效益显著;②出水水质稳定且优良;③抗冲击力强,适用水质广泛;④制水成本低;⑤设备安装、启动方便,操作简单;⑥工期短,见效快。

湍流凝聚接触(微涡流)絮凝沉淀池整体设备示意图见图2-33。

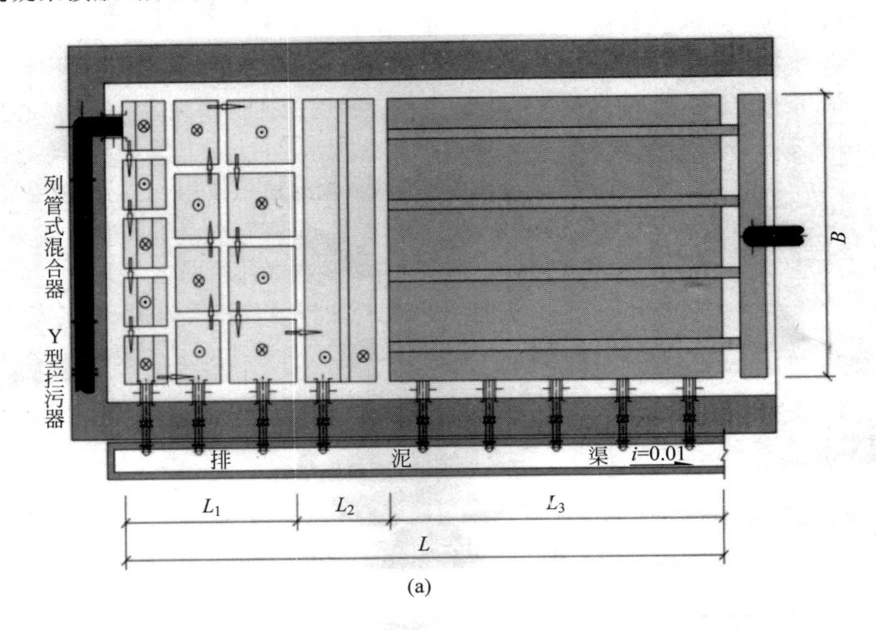

(a)

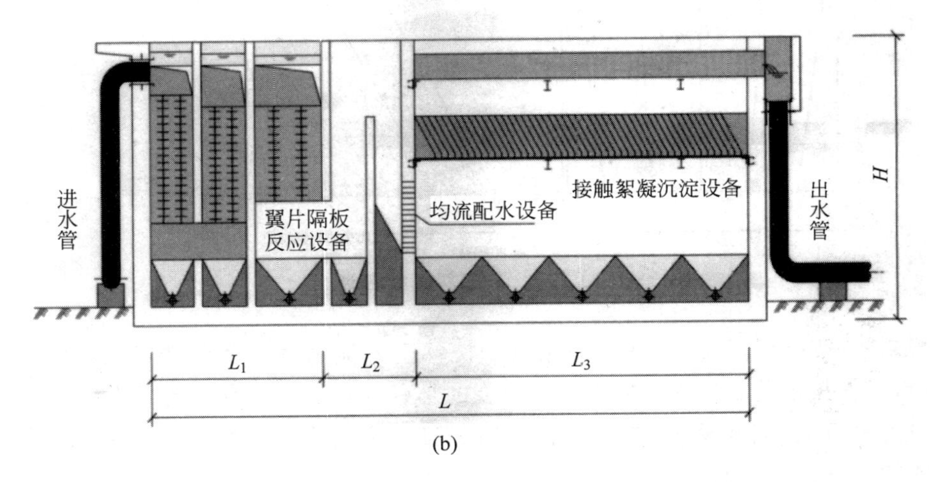

(b)

图2-33 湍流凝聚接触(微涡流)絮凝沉淀给水处理设备示意图

(a) 平面图;(b) 剖面图

2.6 澄清池

2.6.1 澄清池概述

澄清池(clarifier)是进行水的混凝、去除水中悬浮物和胶体的设备。而澄清池与沉淀池相比有两个明显特点：一是它将药剂与水的混合、絮凝反应和絮凝体的沉降分离三个步骤组合在一个构筑物内完成；二是利用了澄清处理中生成的大量泥渣(活性泥渣)进行接触絮凝和层状沉降。正是由于以上两个特点，使澄清池具有占地面积小、设备小、沉降效率高等优点。

1. 工作原理

在接触絮凝过程中，各种颗粒都会受到紊动水流的搅动作用，发生相互碰撞，并进行接触絮凝，但对接触絮凝起主要作用的是原有的絮凝颗粒(粒径 D)和新生微絮凝颗粒(粒径 d)之间的碰撞。因为原有大颗粒之间的碰撞($D+D$)，对絮凝颗粒的组成没有明显影响，而新生微絮凝颗粒之间的碰撞($d+d$)实际上可以忽略。

由于 $D\gg d$，所以碰撞半径$\frac{1}{2}(D+d)\approx\frac{D}{2}$，如用 N 和 n 分别表示大絮凝颗粒和微絮凝颗粒之间的碰撞的个数浓度，则 $ND^3\gg nd^3$，可以认为颗粒 D 与颗粒 d 之间在碰撞时并不改变原有大絮凝颗粒的粒径和个数浓度。

因此，根据直径为 d 的等球形颗粒群在单位时间和单位体积液体内的碰撞次数关系，可以写出粒径为 d 个数浓度为 n 的絮凝颗粒个数浓度随时间 t 而减小的速度方程：

$$\frac{d_n}{d_t}=-\frac{12\pi}{\sqrt{15}}\sqrt{\frac{\varepsilon_0}{\mu}}d^3n^2=-\frac{3\pi}{2\sqrt{15}}\sqrt{\frac{\varepsilon_0}{\mu}}D^3Nn \tag{2-56}$$

如果以 C 表示单位体积液体内原有大絮凝颗粒的体积浓度：

$$C=\frac{\pi D^3}{6}N \tag{2-57}$$

则式(2-56)可改写为

$$\frac{d_n}{d_t}=-\frac{9}{\sqrt{15}}\sqrt{\frac{\varepsilon_0}{\mu}}Cn \tag{2-58}$$

解式(2-58)得

$$n=n_0\mathrm{e}^{-Kt}\quad\left(令\ K=\frac{9}{\sqrt{15}}\sqrt{\frac{\varepsilon_0}{\mu}}C\lg\mathrm{e}\right) \tag{2-59}$$

式中，K——接触絮凝形成的速度常数；

n_0——当 $t=0$ 时，单位体积液体中新生微絮凝颗粒个数浓度，个/cm^3；

n——经 t(s)搅拌后，单位体积液体中新生微絮凝颗粒个数浓度，个/cm^3；

ε_0——搅拌强度；

μ——动力黏滞系数。

式(2-59)称为接触絮凝颗粒形成的理论表达式。它说明了在接触絮凝中，絮凝颗粒形成速度不仅与原有大絮凝颗粒的体积浓度 C 和新生微絮凝颗粒个数浓度有关，而且与水流的搅拌强度、搅拌时间及水温有关，随颗粒浓度增加，搅拌强度上升，絮凝过程得以加强。

2. 澄清池类型

澄清池的工作原理就是在被处理的水中加入大量已有的絮凝颗粒，提高其颗粒浓度并加强搅拌与颗粒接触，从而使絮凝过程得到加强。再利用高浓度泥渣的层状沉降作用，使水得以变清，从而提高了水的处理效率。

澄清池自20世纪30年代开发应用以来，已有80多年的历史，由于各国的不断研究和改进，因此其类型众多，结构各异，按其工作原理可分为两大类。

1）泥渣悬浮型澄清池

这类澄清池的工作特征是，已形成的大粒径絮凝颗粒处于和上升水流成平衡的静止悬浮状态，构成所谓的悬浮泥渣层。投加混凝剂的原水通过搅拌作用所生成的微小絮凝颗粒随上升水流自下而上通过悬浮泥渣层时被吸附和絮凝，迅速生成密实易沉降的粗大絮凝颗粒，从而使水得到净化。因为这个絮凝过程是发生在两种絮凝颗粒表面上的，所以称为接触絮凝或接触混凝过程。从整体上看，悬浮泥渣层和滤层所起的作用相类似，所以也有人称这种接触絮凝为泥渣过滤。

2）泥渣循环型澄清池

这类澄清池的工作特征是，除了有悬浮泥渣层，还有相当一部分泥渣从分离区回流到进水区，与加有混凝剂的原水混合进行接触絮凝过程，然后再返回分离区。正是有大量的泥渣在池内循环流动，使泥渣接触絮凝作用得以充分发挥。

3. 澄清池的组成及优缺点

澄清池的类型虽然众多，但其工作流程基本相同，图2-34所示为澄清池的工作流程示意图。

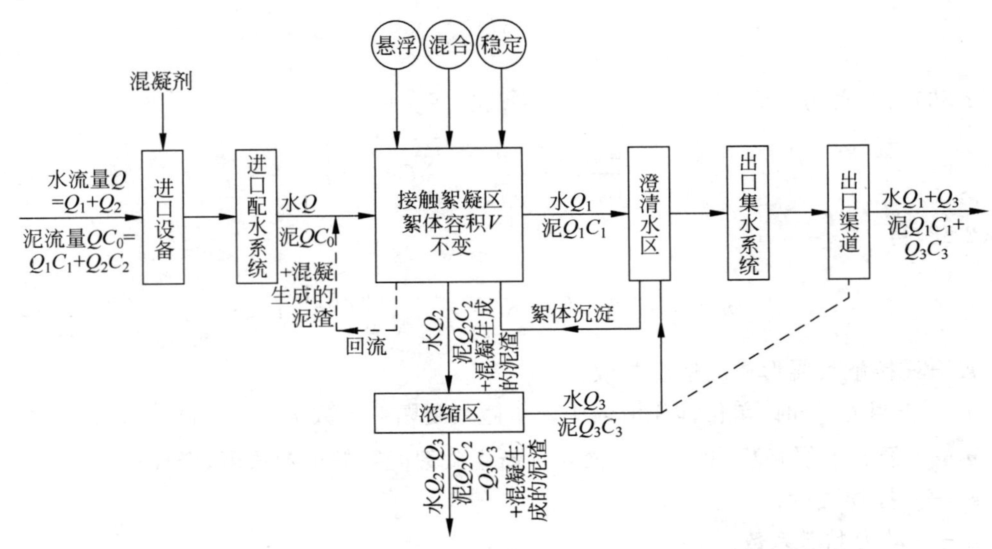

图2-34 澄清池的工作流程示意图

图中方框表示澄清池的主要组成部分，只是不同池型的各个组成部分的结构不同而已。

1）水的流程

原水由进水装置经配水系统配水后，进入接触絮凝区，在此进行混合、接触絮凝，随后依层状沉降进行沉降分离等过程，澄清水经澄清区出水系统流出池外，完成澄清净化作用。部分多余泥渣进入泥渣浓缩区，浓缩后排出池外。

高浓度泥渣区是澄清池的关键部分，其中絮凝颗粒的浓度一般为 3～10g/L，它们在该区处于悬浮稳定状态，其总容积保持不变，以保证澄清效果基本稳定。为此，必须控制絮凝体的沉降比，所谓沉降比即量取 100mL 样品，静止沉降 5min，观察絮凝体所占的毫升数，用百分数表示。一般把 5min 沉降比控制在 15%～20%为宜。

2）流量平衡

要使澄清池始终获得良好的处理效果，应保证澄清池内水量、泥量一直处于动态平衡状态。

（1）水量平衡：

$$Q = Q_1 + Q_2 = (Q_1 + Q_3) + (Q_2 - Q_3) \tag{2-60}$$

式中，$Q_1 + Q_3$——产水流量；

$Q_2 - Q_3$——排泥流量。

（2）泥量平衡：

$$\begin{aligned} QC_0 + \text{混凝生成的沉淀物量} &= Q_1C_1 + Q_2C_2 + \text{混凝生成的沉淀物量} \\ &= (Q_1C_1 + Q_3C_3) + (Q_2C_2 - Q_3C_3) + \text{混凝生成的沉淀物量} \\ &= \text{出水中的泥渣量} + \text{排出泥渣量} \end{aligned} \tag{2-61}$$

（3）出水中悬浮颗粒浓度 C_4(mg/L)：

$$C_4 = \frac{Q_1C_1 + Q_3C_3}{Q_1 + Q_3} \tag{2-62}$$

（4）排出泥渣浓度 C_5(mg/L)：

$$C_5 = \frac{Q_2C_2 - Q_3C_3 + \text{混凝生成的沉淀物量}}{Q_2 - Q_3} \tag{2-63}$$

澄清池的特点如下。

（1）因为是在澄清池中将水与药剂的混合，絮凝反应及絮凝颗粒的沉降分离等过程在一个设备内完成，所以可减少设备及占地面积。

（2）水在澄清池内的停留时间为沉淀池的 1/2～2/3，这样可在处理水量不变的情况下减小设备体积和降低造价。

（3）澄清池与沉淀池相比，投药量少，出水悬浮颗粒含量小。正常运行情况下，出水浊度小于 10NTU，运行状态良好时可低于 5NTU。

（4）澄清池的结构比沉淀池复杂，运行管理的技术要求高，有的还需机械设备及较高的建筑物相配套。

2.6.2 泥渣悬浮型澄清池

泥渣悬浮型澄清池（sludge blanket clarifier）又称泥渣过滤型澄清池，常用的有悬浮澄清池和脉冲澄清池两种。

1. 悬浮澄清池

悬浮澄清池是应用较早的一种澄清池,悬浮澄清池流程和结构示意如图 2-35 所示。

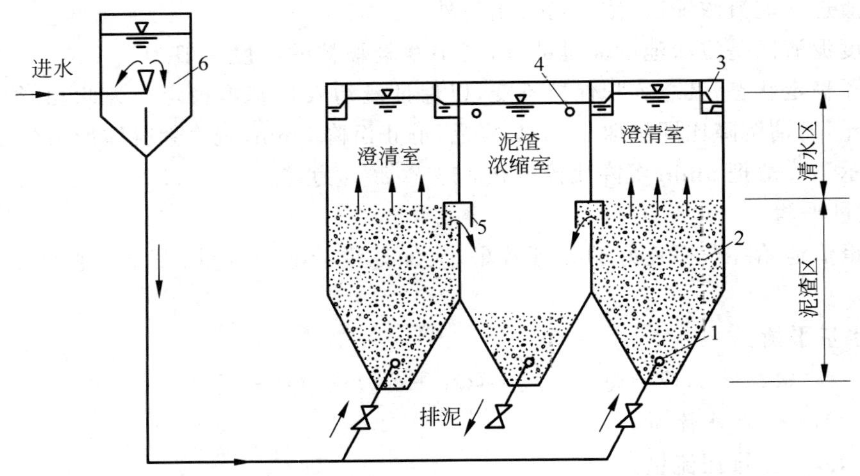

1—穿孔配水管;2—泥渣悬浮层;3—穿孔集水槽;4—强制出水管;5—排泥窗口;6—气水分离器。

图 2-35 悬浮澄清池流程

悬浮澄清池的主要工作过程为:加药后的原水经气水分离器从穿孔配水管流入澄清室,水自下而上通过泥渣悬浮层后,水中杂质被泥渣层截留,清水从穿孔集水槽流出。悬浮层中不断增加的泥渣,在自行扩散和强制出水管的作用下,由排泥窗口进入泥渣浓缩室,经浓缩后定期排除。强制出水管收集泥渣浓缩室内的上清液,并在排泥窗口两侧造成水位差,以使澄清室内的泥渣流入浓缩室。气水分离器的作用是使水中空气在其中分离出去,以免进入澄清室后扰动悬浮层。

悬浮澄清池一般用于小型水厂。目前新设计的悬浮澄清池较少,其中主要原因是处理效果受水质、水量等变化影响较大,上升流速也较小。

2. 脉冲澄清池

1) 工作原理

脉冲澄清池也是一种泥渣悬浮型澄清池,同样也是利用上升水流的能量来完成絮凝颗粒的悬浮和搅拌任务,但它的上升水流是发生周期性变化的脉冲水流。当水的上升流速小时,泥渣悬浮层在重力作用下沉降、收缩、浓度增大,使颗粒排列紧密。当水的上升流速大时,泥渣悬浮层在水流的上涌下而上浮、膨胀、浓度减小,使颗粒排列稀疏。泥渣悬浮层的这种周期性的脉冲式收缩和膨胀,不仅有利于颗粒之间的接触絮凝,还可使泥渣悬浮层内浓度分布均匀和防止泥渣沉降到池底。

脉冲澄清池主要由以下四个系统组成:脉冲发生器系统、配水稳流系统(包括中央落水渠、配水干渠、多孔配水支管和稳流板)、澄清系统(包括泥渣悬浮层、清水层、多孔集水管和集水槽)、排泥系统(包括泥渣浓缩室和排泥管)。

图 2-36 所示为真空式脉冲澄清池。加有混凝剂的原水首先由进水管进入落水井，在此，一方面由于原水不断进入，另一方面由于真空泵的抽气，井内水位不断上升，这称为充水期。当井内水位上升到最高水位时，继电器自动打开空气阀，外界空气进入破坏真空。这时水从落水井急剧下降，向澄清池底部放水，这称为放水期。当水位下降到最低水位时，继电器自动关闭空气阀，真空泵重新启动，再次使水进入落水井，水位再次上升，如此进行周期性的脉冲工作。

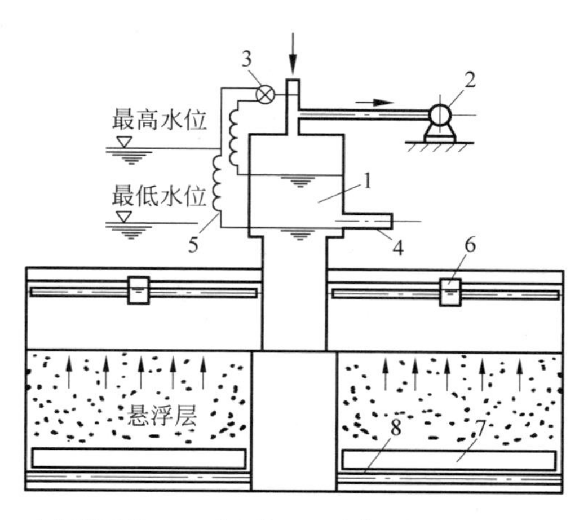

1—落水井；2—真空泵；3—空气阀开关；4—进水管；5—水位电极；6—集水槽；7—稳流挡板；8—配水管。

图 2-36 真空式脉冲澄清池

从落水井下降的水进入配水系统，由配水支管的孔隙的孔眼中喷出，喷出的水流在挡板的作用下产生涡流，促使药剂和水进行混合反应。然后水流从两块挡板的狭缝中向上冲出，使泥渣上浮、膨胀，并在此进行接触絮凝。通过泥渣层的清水上升到集水管和集水槽后流出池外，完成净化作用。多余的泥渣在膨胀时溢流入泥渣浓缩室，在此浓缩后排出池外。

2）工艺设计参数

清水区的上升流速，一般在 0.8～1.2mm/s。

水在澄清池中的总停留时间，一般为 60～70min，其中配水区的停留时间为 6～12min，泥渣悬浮层的停留时间在 20min 以上。

脉冲澄清池进水悬浮物含量，一般小于 3000mg/L。

池体总高度 4～5m；保护高度 0.3m；清水区高度 1.5～2.0m；泥渣悬浮层高度 1.5～2.0m(自稳定流板顶计)；配水区高度 1.0m。

3）工艺设计

(1) 脉冲平均放水流量

脉冲放水时，水流量随落水井内的水位不断下降而变化，其平均放水流量 $Q_{V,P}$ 可按下式计算：

$$Q_{V,P}t_2 = Q_V t_1 + Q_V t_2$$

$$Q_{V,P} = \left(\frac{t_1}{t_2} + 1\right) Q_V \tag{2-64}$$

式中，Q_V——脉冲澄清池的设计水流量，m^3/s；

t_1——落水井的充水时间,一般取 30~60s;

t_2——落水井的放水时间,一般取 10~12s;

$\frac{t_1}{t_2}$——充放比,与原水水质有关,原水浊度高时,t_1 可短些,反之则长些,一般取 (3∶1)~(4∶1),一个脉冲周期(t_1+t_2)为 40~70s。

(2) 配水系统

配水系统的作用是将原水均匀地分布于全池,使原水与混凝剂快速充分混合和反应。目前设计的脉冲澄清池大多采用穿孔配水管上设人字形稳流板的配水系统,稳流板的工作情况如图 2-37 所示。

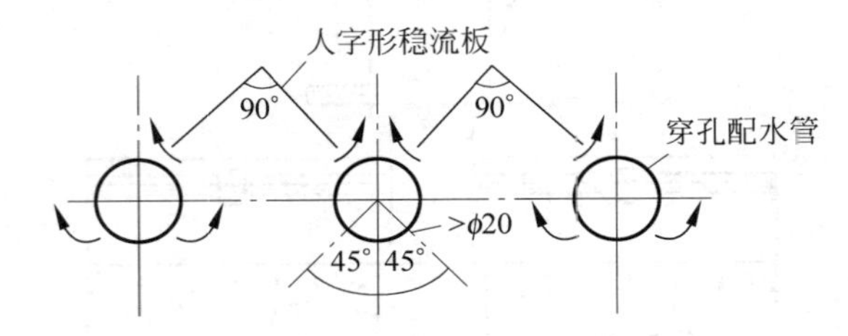

图 2-37 穿孔配水管和人字形稳流板

加有混凝剂的原水从穿孔配水管的小孔中喷出,并在稳流板下的空间产生涡流,造成良好的水力紊动条件,最后从稳流板间的缝隙中窜出,向上通过泥渣悬浮层进行接触絮凝作用。为了保证配水均匀,使水流经穿孔配水管孔口的水头损失远大于配水系统中其他部位的水头损失,所以穿孔配水管的最大孔口流速可达 2.5~3.0m/s。配水管之间的间距应满足施工要求,一般为 0.4~1.0m。穿孔配水管上孔口的直径应大于 20mm,开孔角度均为向下 45°,两侧交叉开孔,以保证不被堵塞。穿孔配水管上面的人字形稳流板夹角多采用 90°,稳流板之间缝隙中的水流速度为 50~80mm/s。配水总渠中的水流速度为 0.5~0.7m/s,太低时容易积泥,太高则配水不均。

(3) 集水系统

集水系统的作用是使池子出水均匀,目前多设计穿孔集水槽和穿孔集水管两种。前者由钢板焊制,也可由钢筋混凝土构筑,两者都要求孔口在一个水平面上。为保证出水均匀,孔口上部的淹没水深为 0.07~0.1m,孔口直径一般为 20~25mm。

(4) 排泥系统

排泥系统的作用是维持泥渣悬浮层处于动态平衡,即不断排除一部分失去表面活性的絮凝颗粒,同时补充一部分新生成的絮凝颗粒。为此在池中设置一个或几个槽型泥渣浓缩室,其面积占池子总面积的 1.5%~2.5%。

(5) 脉冲发生器

按工作原理分有真空式、虹吸式、脉冲阀切门式等多种,应用较多的是真空式和虹吸式。真空式脉冲发生器的真空容积 V,一般按充水进水 2/3 的设计水量计算,所以

$$V=\frac{2}{3}Qt_1 \tag{2-65}$$

$$Q_C=(1.2\sim1.5)\frac{2}{3}Q \tag{2-66}$$

式中，Q——处理水流量，m^3/s；

V——真空室容积，m^3；

Q_C——抽气量，m^3/s；

t_1——落水井的充水时间，s。

2.6.3 泥渣循环型澄清池

泥渣循环型澄清池(sludge recirculation clarifier)是目前应用较广的一类澄清池，常用的有机械搅拌澄清池、水力循环澄清池和高密度澄清池。

1. 机械搅拌澄清池

机械搅拌澄清池池内泥渣的循环流动是靠一个专用的机械搅拌机的提升作用来完成的(图 2-38)。这种澄清池是 20 世纪 30 年代出现的，60 年代开始在国内使用，目前已广泛用于各种水处理工艺中。单池处理能力最高已达 $3650m^3/h$，池径达 36m，在工业用水处理中一般都设计为几百立方米每小时的中小型澄清池。

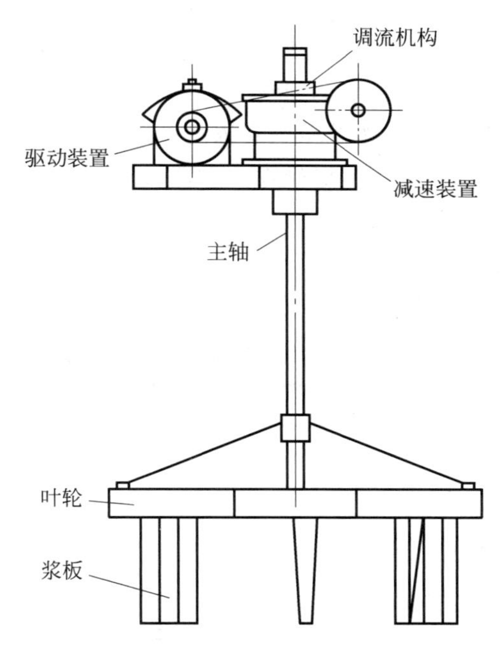

图 2-38 机械搅拌澄清池专用搅拌机

1) 工作原理

机械搅拌澄清池的池体主要由第一反应室、第二反应室和分离室三部分组成，并设置有相应的进出水系统、排泥系统、搅拌机及调流系统。另外还有加药管、排气管和取样管等，如图 2-39 所示。

原水由进水管进入环形三角配水槽后，由槽底配水孔流入第一反应室，在此与分离室回流的泥渣混合。混合后的水由于叶轮的提升作用，经叶轮与第二反应室底板间的缝隙流入第二反应室，在第一反应室和第二反应室完成接触絮凝作用。第二反应室内设置有导流板，

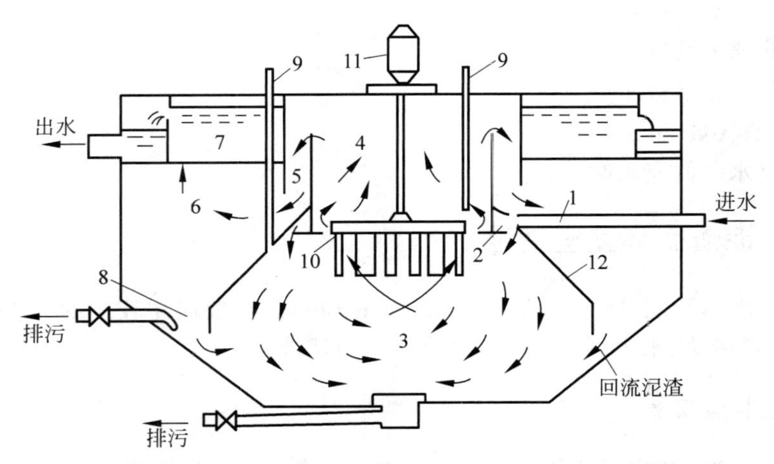

1—进水管；2—环形配水槽；3—第一反应室；4—第二反应室；5—导流室；6—分离室；7—集水槽；8—泥渣浓缩室；9—加药管；10—搅拌叶轮；11—搅拌电机；12—伞形板。

图 2-39 机械搅拌澄清池结构示意

以消除叶轮提升作用所造成的水流旋转，使水流平稳地再经导流室流入分离室，导流室有时也设有导流板。分离室的上部为清水区，清水向上流入集水槽和出水管。分离室的下部为悬浮泥渣层，下沉的泥渣大部分沿锥底的回流缝再次流入第一反应室重新与原水进行接触絮凝反应，少部分排入泥渣浓缩室，浓缩至一定浓度后排出池外，以便节省耗水量。

环形配水三角槽上设置有排气管，以排除水中带入的空气。药剂可加入第一反应室，也可加至环形配水三角槽或进水管中。

2）工艺设计参数

机械搅拌澄清池的设计参数列于表 2-12。

表 2-12 机械搅拌澄清池的工艺设计参数

停留时间/h	1～1.5
第一、第二反应室及分离室容积比	2∶1∶7
分离室上升流速 v_0/(mm/s)	0.6～1.2
回流比	2～4
第二反应室上升流速 v_1 和导流室的下降流速 v_s/(mm/s)	40～60
第二反应室高度/m	>1.8
第二反应室出口折流速度 v_2/(mm/s)	40～60
进水悬浮物含量/(mg/L)	<5000(1000～5000mg/L 时设机械排泥装置)
清水区保护高度(超高 H_0)/m	0.3
第一、第二反应室的总停留时间/min	20～30
清水区高度/m	1.5～2.0
进水管内水流速度/(mm/s)	1～2
三角配水槽内流速/(m/s)	0.5
配水圆孔流速/(m/s)	0.4～0.5
环形出水槽壁上孔孔口流速/(m/s)	0.5～0.6
集水槽中流速/(m/s)	0.4～0.6
出水管中流速/(m/s)	1.0

3）工艺设计

（1）第二反应室提升水流量 Q_T（m^3/s）

如设计水量为 Q，回流比 $n=4$，则

$$Q_T = 5Q \tag{2-67}$$

（2）池体直径（图 2-40）

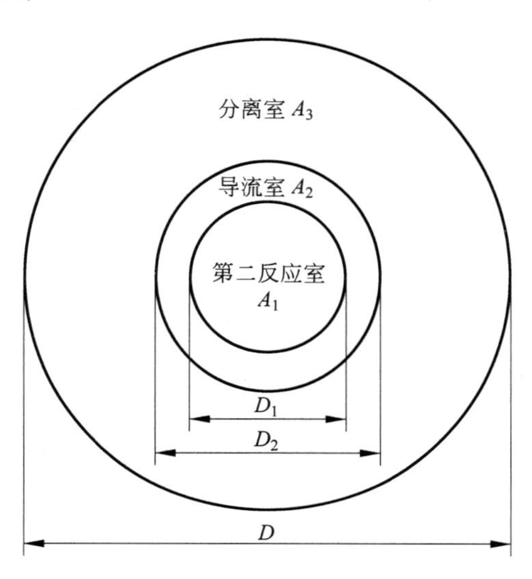

图 2-40 机械搅拌澄清池平面图

① 第二反应室面积 A_1（m^2）和直径 D_1（m）

$$A_1 = \frac{Q_T}{v_1} \tag{2-68}$$

$$D_1 = \sqrt{\frac{4A_1}{\pi}} \tag{2-69}$$

如果第二反应室壁厚取为 0.05m，则第二反应室外径 D_1'（m）为

$$D_1' = D_1 + 2 \times 0.05 \tag{2-70}$$

② 导流室面积 A_2（m^2）和直径 D_2（m）

如导流室内导流板所占面积为 A_2，则导流室和第二反应室的总平面面积 F_2 为

$$F_2 = \frac{\pi}{4} D_1' + A_2 \tag{2-71}$$

$$D_2 = \sqrt{\frac{4F_2}{\pi}} \tag{2-72}$$

如导流室壁厚取 0.05m，则导流室外径 D_2'（m）为

$$D_2' = D_2 + 2 \times 0.05 \tag{2-73}$$

③ 分离室面积 A_3（m^2）

$$A_3 = \frac{Q}{v_0} \tag{2-74}$$

④ 第二反应室、导流室和分离室的总面积 F_3（m^2）

$$F_3 = A_3 + \frac{\pi}{4}(D_2')^2 \tag{2-75}$$

⑤ 澄清池内径 D(m)

$$D = \sqrt{\frac{4F_3}{\pi}} \tag{2-76}$$

(3) 池体深度(图 2-41)

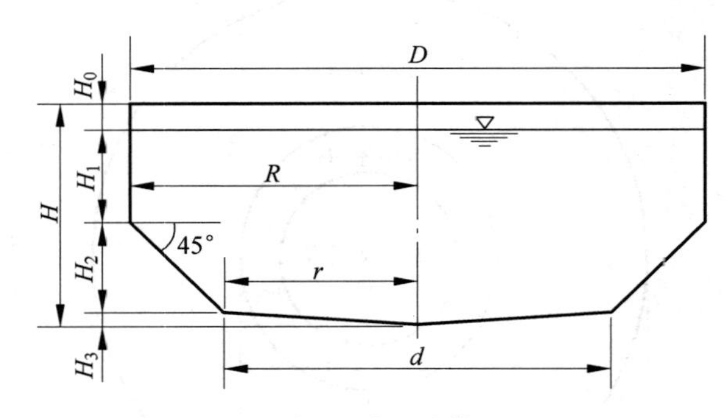

图 2-41 池深计算图

① 池的容积 V

池的有效容积 V'(m^3)为

$$V' = QT \tag{2-77}$$

式中,T——停留时间,h。

如果池内结构的体积为 V_0(m^3),则

$$V = QT + V_0 \tag{2-78}$$

② 池体直壁部分所占体积 V_1(m^3)

如直壁部分的水深为 H_1(m),则

$$V_1 = \frac{\pi}{4}D^2 H_1 \tag{2-79}$$

③ 池体斜壁部分所占体积 V_2(m^3)

$$V_2 = V - V_1 \tag{2-80}$$

④ 池体斜壁部分的高度 H_2(m)

由圆台体积公式:

$$V_2 = (R^2 + rR + r^2)\frac{\pi}{3}H_2 \tag{2-81}$$

可得

$$H_2 = \frac{3V_2}{\pi(R^2 + rR + r^2)} \tag{2-82}$$

式中,R——澄清池半径,m;

r——澄清池底部半径,m。

⑤ 池底部分的高度 H_3(m)

池底部直径 $d = D - 2H_2$,如果池底坡度为 5%,则

$$H_3 = \frac{d}{2} \times 0.05 \tag{2-83}$$

⑥ 池体总高度 H(m)

$$H=H_0+H_1+H_2+H_3 \tag{2-84}$$

(4) 反应室和分离室(图 2-42)

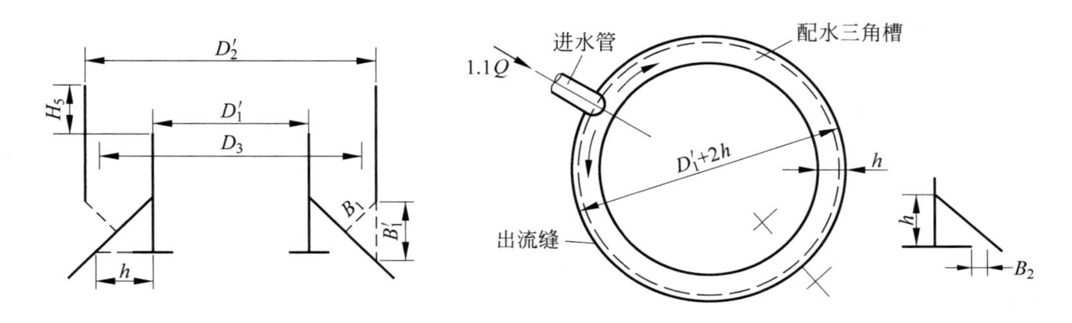

图 2-42 导流室与配水三角槽计算图

① 第二反应室高度 H_4(m)

$$H_4=\frac{Q_T t_2}{A_1} \tag{2-85}$$

式中，t_2——第二反应室停留时间，一般为 30～40s。

② 导流室水面高出第二反应室出口的高度 H_5(m)

$$H_5=\frac{Q_T}{\pi D_1 v_1} \tag{2-86}$$

③ 导流室出口宽度 B_1(m)

$$B_1=\frac{Q_T}{\pi D_3 v_3} \tag{2-87}$$

$$D_3=\frac{D_1'+D_2'}{2} \tag{2-88}$$

式中，D_3——导流室出口的平均直径，m；

v_3——导流室出口水流速度，取 60mm/s。

导流室的竖向高度 B_1'(m)为

$$B_1'=\frac{B_1}{\cos 45°} \tag{2-89}$$

④ 配水三角槽

三角槽断面面积 A_4(m^2)为

$$A_4=\frac{1.1Q}{2v_4} \tag{2-90}$$

式中，v_4——配水三角槽内水流速度，一般取 0.5m/s。

三角槽缝隙宽度 B_2(m)为

$$B_2=\frac{1.1Q}{\pi v_5(D_1'+2h)} \tag{2-91}$$

式中，v_5——三角槽缝隙流速，取 0.4～0.5m/s。

⑤ 第一反应室上口径 D_4(m)

$$D_4 = D'_1 + 2h \tag{2-92}$$

式中,h——三角槽的高,m。

第一反应室高度 H_6(m)为

$$H_6 = H_1 + H_2 - H_4 - H_5 \tag{2-93}$$

⑥ 第二反应室(包括导流室)的体积 V'_2(m^3)

$$V'_2 = \frac{\pi}{4}D_1^2(H_4 + H_5) + \frac{\pi}{4}(D_2^2 - (D'_1)^2)H_4 \tag{2-94}$$

⑦ 分离室体积 V'_3(m^3)

$$V'_3 = V' - (V'_1 + V'_2) \tag{2-95}$$

式中,V'_1——第一反应室体积,m^3

⑧ 第一反应室、第二反应室及分离室的体积比

$$V'_1 : V'_2 : V'_3 = 2 : 1 : 7 \tag{2-96}$$

(5) 进出水系统

① 进水管

管内流速取 $v_6 = 0.8 \sim 1.0$m/s。

② 出水系统

出水系统的形成有多种,一般在直径较小的澄清池中,可沿池壁的圆内(或外)侧设环形集水槽。当直径较大时,可在分离室内加设辐射形集水槽。在环形槽和辐射形槽的槽壁上开孔,孔径一般为20~30mm,孔口流速为0.5~0.6m/s。辐射形槽数与池子直径大小有关,当直径小于6.0m时,采用4~6条,直径大于6.0m时,采用6~8条,最多12条。

以下介绍穿孔集水槽设计。

孔口总面积:

根据水力学中的孔口出流公式,孔口总面积 A_5(m^2)为

$$A_5 = \frac{\beta Q}{\mu\sqrt{2gh_1}} \tag{2-97}$$

式中,β——超载系数,一般取1.2~1.5;

μ——流量系数,对薄壁孔口为0.62;

h_1——孔口上面的水头,m。

孔数 n:

$$n = \frac{A_5}{a} \tag{2-98}$$

每个小孔的面积由孔口直径计算。

集水槽的宽度和深度:

假定集水槽的起端水流截面为正方形,槽底坡度为零时,槽宽 B_3(m)可按变速流公式计算:

$$B_3 = 0.9 \times \left(\frac{Q\beta}{2}\right)^{0.4} \tag{2-99}$$

当槽底有坡度时,则槽的起点水深 $h_1 = 0.75B_3$;槽的终点水深 $h_2 = 1.25B$。为保证孔

口自由跌水，在孔口下面应有 0.05～0.07m 的跌落高度。

(6) 泥渣浓缩室

泥渣浓缩室容积为澄清池总容积的 1%～4%，泥渣浓缩室的个数通常设计为 1～4 个，沿圆周围均匀布置，且周长不超过全池周长的 1/6。

① 泥渣浓缩室的容积 V_4(m^3)

$$V_4 = \frac{Q(C_1 - C_2 + C_3)}{C_P} T_P \tag{2-100}$$

式中，T_P——排泥周期，h；

C_1——进水中悬浮物的平均含量，mg/L；

C_2——出水中悬浮物的平均含量，mg/L；

C_3——投加混凝剂增加的沉淀物含量，mg/L；

C_P——泥渣浓缩室内泥渣的平均浓度，mg/L。

② 排泥流量 Q_P(kg/h)

$$Q_P = \frac{Q(C_1 - C_2 + C_3) T_P}{C'_P t} \tag{2-101}$$

式中，T_P——排泥周期，h；

t——排泥历时，h；

C'_P——排泥浓度，mg/L，其值$\geqslant C_P$。

③ 池底排泥

当原水浊度经常小于 1000mg/L 时，可采用重力进行底部排泥，它是靠泥渣本身的重力沉到池底，然后通过设在池子中心部位的排泥管排泥，排泥管直径可按 2～4h 内将全池水量全部放空确定。为防止排泥管堵塞，在管口处设置排泥罩，直径为池底直径的 1/5，罩面坡度大于 45°，进入罩缝隙的水流速度大于 1.0m/s。

当池子直径较大，池底较平或原水浊度经常高于 1000mg/L 时，宜采用机械排泥。机械排泥是利用刮泥机的刮刀将积泥刮到池底，再由排泥管排出池外。排泥方式有自动定时排泥和连续排泥。

(7) 搅拌机

① 叶轮设计(图 2-43)。叶轮的提升水量为进水量的 3～5 倍。叶轮的直径一般取第二反应室内径 D_1 的 0.7 倍(或取池子直径 D 的 0.15～0.2 倍)。叶轮的外缘线速度为 0.5～1.5m/s。

叶轮转数 n(r/min)：

$$n = \frac{60 v_7}{\pi D_Y} \tag{2-102}$$

式中，v_7——叶轮外缘线速度，m/s；

D_Y——叶轮直径，m。

叶轮厚度 B_4(m)按经验公式计算：

$$B_4 = \frac{Q_T}{K D_Y^2 n} \tag{2-103}$$

式中，K——系数，取 3.0 左右。

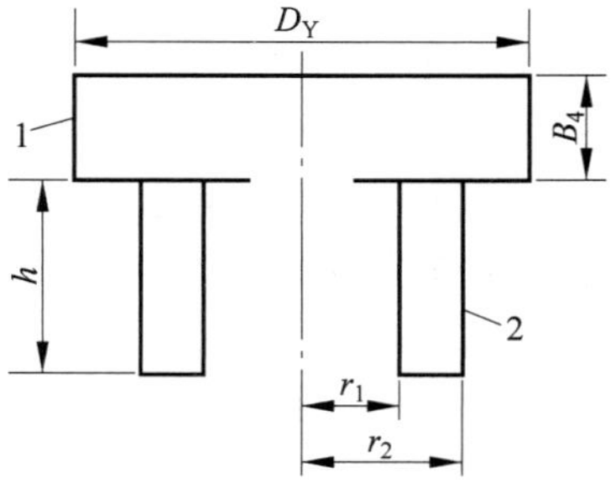

1—叶轮；2—桨板。

图 2-43 机械搅拌机叶轮与桨板

桨板外缘的线速度为0.3～1.0m/s,桨板高度h'为第一反应室总高度的35%～50%,桨板面积可取第一反应室最大纵向面积的5%左右,桨板数一般为4～8片。

② 电动机功率P

电动机功率应等于叶轮提升功率P_1和桨板搅拌功率P_2之和。

叶轮提升功率P_1(kW):

$$P_1=\frac{Q_T H_T \rho}{102\eta_1} \tag{2-104}$$

$$H_T=\left(\frac{nD_Y}{87}\right)^2 \tag{2-105}$$

式中,ρ——水的密度,因有泥渣,取1100kg/m^3;

H_T——提升水头,m;

η_1——叶轮效率,一般取0.5。

桨板搅拌功率P_2(kW):

$$P_2=K_2\frac{\rho\omega^3 h'}{400g}(r_2^4-r_1^4)n_1 \tag{2-106}$$

式中,K_2——系数,一般取0.5;

h'——桨板高度,m;

ω——叶轮角速度,rad/s,$\omega=\frac{2\pi n}{60}$;

r_2——桨板外缘直径,m;

r_1——桨板内缘直径,m;

n_1——桨板数。

因此,搅拌器转轴功率P(kW):

$$P=P_1+P_2 \tag{2-107}$$

电动机功率P'(kW):

$$P'=\frac{P}{\eta_2} \tag{2-108}$$

式中,η_2——传动功率,一般取0.5～0.75。

2. 水力循环澄清池

水力循环澄清池的基本原理和结构与机械搅拌澄清池的相似,只是泥渣循环的动力不是采用专用的搅拌机而是靠进水本身的动能,所以它的池内没有转动部件,因此它结构简单,运行维护方便,成本低,适宜处理水量为50～400m^3/h的中小型澄清池。在工业用水处理中应用也较多,但相对机械搅拌澄清池而言,其对水质、水量等变化的适应性能差些。

1) 基本原理

水力循环澄清池的结构如图2-44所示,主要由进水混合室(喷嘴、喉管)、第一反应室、第二反应室、分离室、排泥系统、出水系统等部分组成。

原水由池底进入,经喷嘴高速喷入喉管内,此时在喉管下部喇叭口处,造成一个负压区,使高速水流将数倍于进水量的泥渣吸入混合室。水、混凝剂和回流的泥渣在混合室和喉管

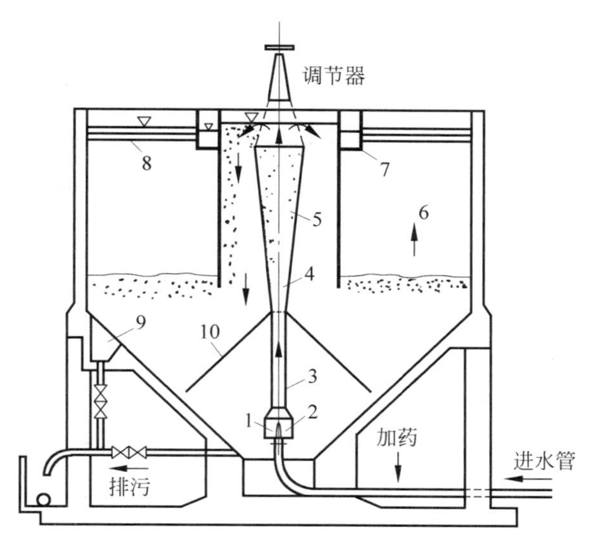

1—混合室；2—喷嘴；3—喉管；4—第一反应室；5—第二反应室；6—分离室；
7—环形集水槽；8—穿孔集水管；9—污泥斗；10—伞形罩。

图 2-44 水力循环澄清池

内快速、充分混合与反应。混合后的水进入第一反应室和第二反应室，进行接触絮凝。由于第二反应室的过水断面比第一反应室的大，因此水流速度减小，有利于絮凝颗粒进一步长大。从第二反应室流出来的泥水混合液进入分离室，在此由于过水断面急剧增大，水流上升速度大幅下降，有利于絮凝体分离。清水向上经集水系统汇集后流出池外，絮凝体在重力作用下沉降，大部分回流再循环，少部分进入泥渣浓缩室浓缩后排出池外或由池底排出池外。

喷嘴是水力循环澄清池的关键部件，它关系到泥渣回流量的大小。泥渣回流量除与原水浊度、泥渣浓度有关外，还与进水压力、喷嘴内水的流速、喉管的大小等因素有关。运行中可调节喷嘴与喉管下部喇叭口的距离来调节回流量。调节方法一是利用池顶的升降机构使喉管和第一反应室一起上升或下降，二是利用检修期间更换喷嘴。

2）工艺设计

水力循环澄清池的工艺设计方法与机械搅拌澄清池的相似，其工艺设计参数如表 2-13 所示。

表 2-13 水力循环澄清池的工艺设计参数

进水管流速 v/(m/s)	1～2	第二反应室出口流速 v_3/(mm/s)	30～40
喷嘴流速 v_0/(m/s)	6～11	第二反应室停留时间/s	80～100
喉管流速 v_1/(m/s)	2～3	第二反应室有效高度/m	3.0
喷嘴直径与喉管直径之比	1∶3～1∶4	池斜壁与水平面夹角/(°)	≥45
喷嘴水头损失/m	3～4	喷嘴口离池底距离/m	<0.6
喷嘴口与喉管口的间距	一般为喷嘴口直径的 1～2 倍	排泥耗水量/%	5
第一反应室出口流速 v_2/(mm/s)	50～80	池底直径/m	一般为 1～1.5

续表

喉管内混合时间/s	0.5～1.0	清水区上升流速 v_4/(mm/s)	0.7～1.2
第一反应室停留时间/s	15～30	水在池内总停留时间/h	1.0～1.5

3. 高密度澄清池

高密度澄清池是由法国得利满公司开发研制并获得专利的一种池型，在欧洲已经应用多年，该池表面水力负荷可达 $23m^3/(m^2 \cdot h)$，占地面积小，在水质适应性和抗冲击负荷能力上比机械搅拌澄清池更强、效率更高。

1) 高密度澄清池的工作原理

高密度澄清池使用一种载体絮凝快速沉淀技术(图2-45)，其特点是在混凝阶段投加高密度的不溶介质颗粒(如细砂，甚至铁粉)，利用介质的重力沉降及载体的吸附作用加快絮体的"生长"及沉淀。

美国EPA对载体絮凝的定义是通过使用不断循环的介质颗粒和各种化学药剂强化絮体吸附从而改善水中悬浮物沉降性能的物化处理工艺。载体絮凝工艺是首先向水中投加混凝剂，使水中的悬浮物及胶体颗粒脱稳，然后投加高分子助凝剂和密度较大的载体颗粒，脱稳后的杂质颗粒以载体为絮核，通过高分子链的架桥吸附作用以及细砂颗粒的沉淀网捕作用，快速生成密度较大的矾花，从而大大缩短沉降时间，提高澄清池的处理能力，并可有效应对高冲击负荷。

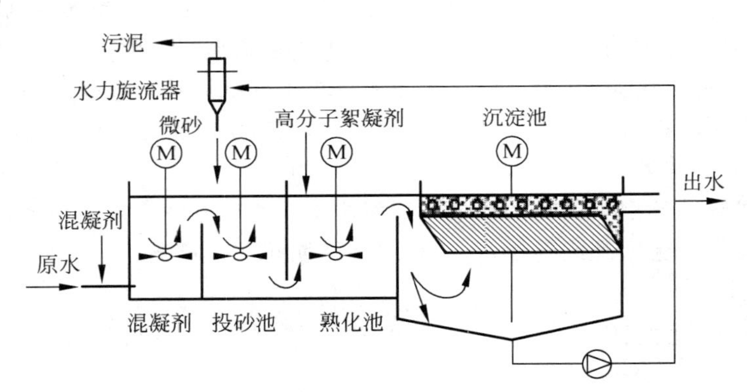

图2-45 高密度澄清池工作原理

2) 高密度澄清池的工作过程

高密度澄清池的工作过程可分为反应区、预沉-浓缩区、斜管分离区三个主要部分，见图2-46。

(1) 反应区

在该区进行物理-化学反应。反应区分为两个部分，具有不同的絮凝能量，中心区域配有一个轴流叶轮，使水流在反应区内快速絮凝和循环；在周边区域，絮凝以较慢速度进行，并分散能量以确保絮状物增大致密。

投加混凝剂的原水经澄清池前部的快速混合池混合后进入反应区，与浓缩区的部分沉淀泥渣混合，在絮凝区内投加助凝剂并完成絮凝反应。经搅拌反应后的出水以推流形式进

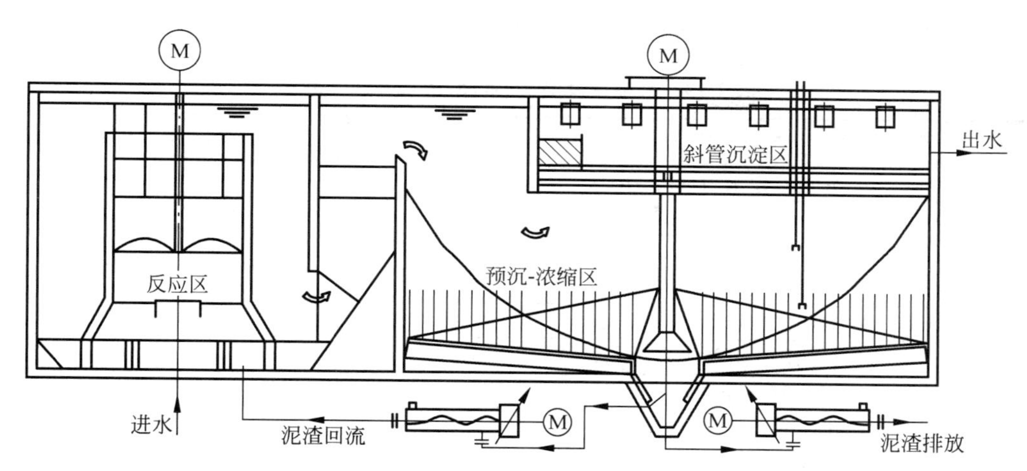

图 2-46 高密度澄清池工艺过程

入沉淀区域。反应池中悬浮固体(絮状物或沉淀物)的浓度保持在最佳状态,泥渣浓度通过来自泥渣浓缩区的浓缩泥渣的外部循环得以维持。

因此,反应区可获得大量高密度、均质的矾花,以满足接触絮凝要求。这些絮状物以较高的速度进入预沉区域。

(2) 预沉-浓缩区

矾花慢速地从一个大的预沉区进入澄清区,这样可避免损坏矾花或产生旋涡,使大量的悬浮固体颗粒在该区均匀沉积。

矾花在澄清池下部汇集成泥渣并浓缩。浓缩区分为两层,一层位于排泥斗上部,一层位于其下部。上层为再循环泥渣的浓缩,泥渣在该层的停留时间为几小时,然后排到排泥斗内。排泥斗上部的泥渣入口处较大,无须开槽。部分浓缩泥渣自浓缩区用泥渣泵排出,循环至反应池入口。下层是产生大量浓缩泥渣的地方,浓缩泥渣的浓度不小于 20g/L。泥渣浓缩区设有超声波泥位控制开关,用来控制泥渣泵的运行,保证浓缩泥渣层在所控制的范围内,并保证浓缩池的正常工作。

(3) 斜管分离区

斜管分离区为异向流式斜管沉淀区。澄清水由一个集水槽系统回收。泥渣堆积在澄清池的下部,泥渣也在这区域浓缩。通过刮泥机栅条的慢速移动,将污泥间空隙水排挤,浓缩泥渣在刮泥机轴心较小范围内聚集,部分循环至反应池入口处,剩余污泥排放。

为了进一步提高高密度澄清池的效率,有些高密度澄清池中增设了(活化微泥)絮凝强化装置,用污泥泵将沉淀池内的部分污泥通过强化装置回流到反应池进水口,在回流中投加正电荷絮凝剂让污泥颗粒表面形成正的静电斑,再投加高分子絮凝剂(PAM)增加絮体强度,回流污泥在强化装置中被强化,降低污泥颗粒之间的孔隙水,提高污泥的密度,形成优质的“絮凝核子”。

一般强化装置反应时间是 3min,“絮凝核子”密度为 1.1～1.2g/mL,“絮凝核子”电位为+3～6μV。

原水中带负电荷的胶体颗粒与带正电荷的“絮凝核子”易于凝聚、吸附,同时增加絮体的比重,有利于后续沉淀分离。

某高密度澄清(沉淀)池设备技术参数见表2-14。

表2-14 某高密度澄清(沉淀)池设备技术参数

序号	名称	技术参数
1	处理额定出力/(m^3/h)	1000
2	设备本体(混凝土,长×宽×高)/m	20.2×13×7.7
3	反应区停留时间/min	2.7
4	强化絮凝区停留时间/min	12
5	熟化区停留时间/min	3
6	沉淀区上升流速/(mm/s)	≤2
7	水头损失/m	0.1~0.15
8	出水水质	≤3NTU
9	排泥水浓度(含水率)/%	≤97

3) 高密度澄清(沉淀)池的主要优点

(1) 出水水质好;

(2) 耐冲击负荷,在较大范围内不受流量或水质负荷变化的影响;

(3) 运行成本低,与传统工艺相比,节约10%~30%的药剂;

(4) 排放的污泥浓度高,可达30~550g/L,一体化污泥浓缩避免了后续的浓缩工艺,与静态沉淀池相比,水量损失非常低;

(5) 沉淀效率高,结构紧凑,减少了土建造价,并且节约建设用地。

2.6.4 混凝剂投药系统

1. 混凝剂投药系统结构

混凝剂投药系统包括药品溶解、稀释、投加和剂量控制设备,一般系统如图2-47所示。

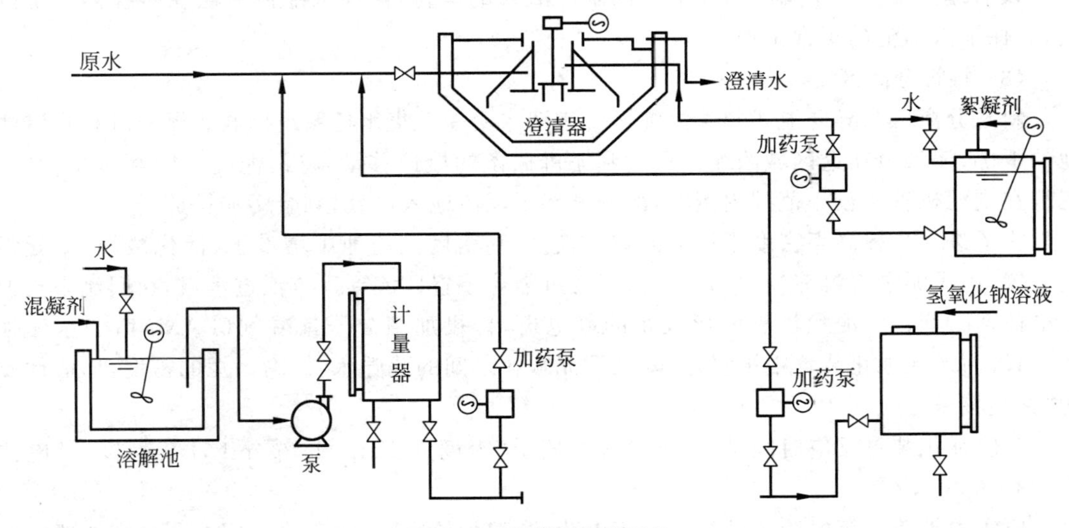

图2-47 混凝剂投药系统

2. 混凝剂剂量控制系统

混凝剂投药系统中的关键技术是剂量控制设备，目前混凝剂剂量控制方法主要有以下三种。

（1）以水量作为信号，混凝剂投加量与处理水流量变化成正比。

这种方式的控制原理简单，系统比较可靠。但该系统的加药量与处理水量有关，当水质变化需要加药量增减时就无法适应。

（2）以出水浊度（或泥渣层浊度）为信号，当出水浊度变化时，混凝剂剂量随之变化。

这种方式的控制原理正确，但控制滞后，另外由于工业在线浊度测定的可靠性较差，维护工作量大，所以工业应用较少。

（3）以澄清池中泥渣的流动电流（位）信号，控制混凝剂剂量的增减。

① 流动电流分析

典型的流动电流分析是基于图 2-48 和图 2-49 所示的毛细管模型进行的。当液体受压力 p 作用通过毛细管流动时，管内任一点液体的流速 v 是该点距离管中心的径向距离 y 的函数。毛细管内以 y 为半径、长为 l（毛细管的长度）的液柱受到两种外力的作用（忽略重力影响），一是压力 p 产生的流动力 F_1：

$$F_1 = \pi y^2 p \tag{2-109}$$

二是该液柱表面与相邻液层之间由速度梯度而产生的黏滞阻力 F_2：

$$F_2 = 2\pi y l f \tag{2-110}$$

式中，f——剪切应力。

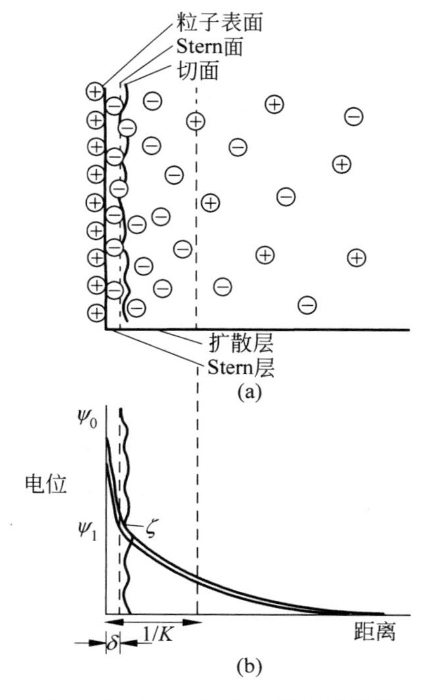

图 2-48 Stern 理论的双电层结构

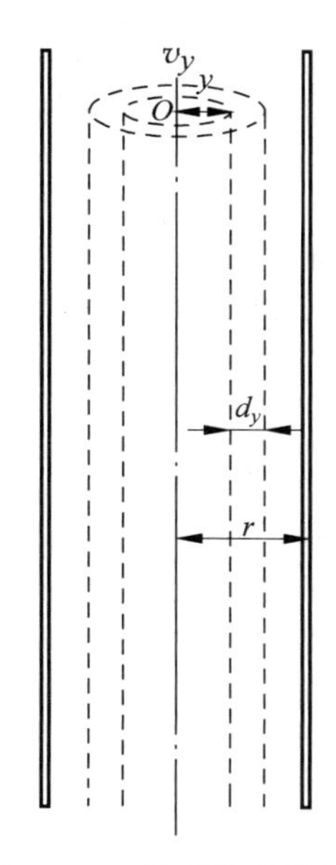

图 2-49 管式流动模型

若液体服从牛顿黏滞定律 $f=\eta \frac{\mathrm{d}v_y}{\mathrm{d}y}$,则有

$$F_2=-2\pi yl\eta \frac{\mathrm{d}v_y}{\mathrm{d}y} \tag{2-111}$$

式中,η——液体黏度。

在稳态流动时,$F_1=F_2$,即

$$\pi y^2 p=-2\pi yl\eta \frac{\mathrm{d}v_y}{\mathrm{d}y} \tag{2-112}$$

整理,并在边界条件 $y=r$ 时,$v_y=0$ 下积分,可得

$$v_y=\frac{p}{4\eta l}(r^2-y^2) \tag{2-113}$$

式中,r——毛细管半径。

上式被称为Poiseuille方程,描述了液体在层流条件下的管中流动规律。

毛细管壁面双电层中扩散层的反离子随液体自管的一端向另一端流动,形成了流动电流 i。若电荷密度为 ρ,则流动电流即单位时间输送的电荷量为

$$i=\int_0^s 2\pi y\rho v_y \mathrm{d}y \tag{2-114}$$

式中,s——滑动面处的半径。

引入将电荷密度 ρ 与电位 ψ 相联系的Poiseuille方程:

$$\frac{\mathrm{d}^2\psi}{\mathrm{d}x^2}=-\frac{\rho}{\varepsilon} \tag{2-115}$$

式中,ε——液体介电常数;

x——滑动面到毛细管表面的距离,$x=r-y$。

注意到,滑动面很靠近毛细管表面,有 $y\approx r$,液体内部电荷密度很小,且当 $y=s$ 时,$\psi=\zeta$,进行近似积分,得到流动电流表达式为

$$i=\frac{\pi\zeta\rho\varepsilon r^2}{\eta l} \tag{2-116}$$

流动电流的产生使电荷聚积,建立起一个电场,在毛细管两端产生电位差 E,即为流动电位,并导致液相中出现反向电流,即电导电流 i':

$$i'=\frac{E\pi r^2 K}{l} \tag{2-117}$$

式中,K——液体比电导。

在稳态平衡条件下,有 $i=i'$,则

$$E=\frac{\zeta\varepsilon\rho}{\eta K} \tag{2-118}$$

如果进一步考虑固液界面电导 K_S 与液相内部电导 K 的差别,则有

$$E=\frac{\zeta\varepsilon\rho}{\eta}\left[K+\frac{\frac{1}{2K_S}}{r}\right] \tag{2-119}$$

以上分别为流动电流、流动电位的基本数学表达式,描述了其基本影响因素和内在

关系。

流动电流的产生机理概括为：固体表面不等量吸附溶液中的特性离子而带电，并形成扩散双电层。当液体沿固体表面流动时，造成双电层电荷分离，因而产生流动电流。在外力作用下，在固液界面上已经建立了的电荷平衡由于双电层的分离而被破坏，但为维持双电层的整体电中性和稳定性，已破坏了的双电层结构就有力图恢复或重新建立的趋势。在水连续流动的状况下，双电层结构也在连续更新，固液界面也在连续地建立新的电荷平衡。其结果是，对于水质均匀稳定、固体表面特性均一的情况，双电层结构也应该是一致的，流动电流值不变；但对于瞬时水质不稳定或固体表面不均一的情况，固液界面双电层就有瞬时或不同表面处的差异，因而也会使流动电流发生变化。正是利用了这种变化，实现了对水质的连续检测及对固体表面的特性分析。投药系统使流动电流改变也在于此机理，清水中混凝剂的加入，改变了固液界面上扩散双电层的稳定程度，使流动电流发生变化。若在浑浊水(内含黏土胶粒)中加入混凝剂，则混凝剂可压缩胶粒表面双电层并发生电中和作用使胶粒脱稳，而赖于黏土胶粒形成扩散双电层的固液界面，会因黏土胶粒电性的改变及对固液界面扩散双电层的压缩而改变其原有的稳定状态，并建立起新的平衡，表现为流动电流发生变化。研究表明，流动电流与胶粒的脱稳程度呈正相关，见图 2-50。因此，可用流动电流作为控制投药的因子，实现混凝投药的自动控制。

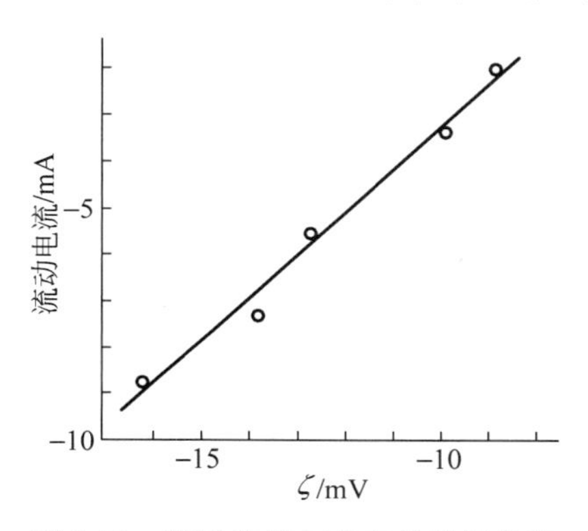

图 2-50 流动电流与 ζ 电位的相关性

流动电流的大小不仅与固液界面双电层本身的特性有关，还与流体的流动速度、测量装置的几何构造等因素有关，这点与 ζ 电位有很大差别。ζ 电位可以直接反映固体表面的电荷特征，具有绝对意义，例如从水溶液中胶体粒子 ζ 电位的数值大小就可直接判断其稳定程度如何。而考察流动电流数据时，则要注意测定装置、测定条件等因素，进行综合判断与相对比较。所以流动电流的绝对数值是没有意义的，在实际应用中，利用的是流动电流的相对变化，而不是绝对数值的大小，流动电流混凝投药控制技术即是如此。

② 流动电流检测器

Gerdes 于 1966 年发明了一种用于连续测定的流动电流检测器(streaming current detector，SCD)，也是基于交流信号测定法。该仪器的出现使流动电流的检测技术产生革命性的飞跃，也为流动电流技术的应用提供了关键性的技术手段。

流动电流检测器的构造如图 2-51 所示。被测水样以一定的流速进入检测室，在检测室内有一活塞，作垂直往复运动。活塞和检测室内壁之间的狭小缝隙构成一个环形毛细管空间。当活塞在电机带动下作往复运动时，就像一个柱塞泵，促使水样在毛细管内作相应的往复运动。当活塞向上运行时，检测室下部产生真空，水样通过毛细管向下流动；活塞向下运行时，下部的水样被挤出而通过毛细管向上流动。水样中的微粒会附着于环形毛细管的表面，形成一个微粒膜。环形毛细管中的水流带动微粒“膜”的扩散层(以及毛细管壁面自身的扩散层)中的反离子运动，从而产生交变流动电流，经检测室两端的环形电极收集送给后续信号处理装置。

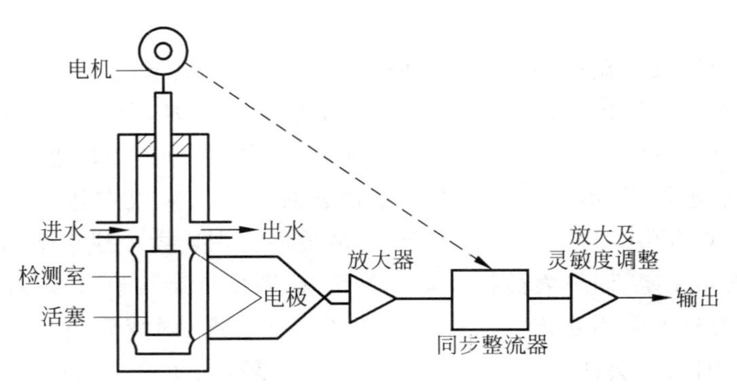

图 2-51 流动电流检测器示意图

SCD检测方法不同于毛细管装置,在实际应用中,该装置不是用于研究测量装置表面与液体之间双电层的特性,而是用来检测吸附于该表面上的水中胶体微粒“膜”的特性。事实上,当含胶体粒子的水流经检测器时,产生的流动电流信号由两部分组成:

$$i = i_b + i_c$$

式中,i_b——背景电流,是由无胶体粒子吸附的检测器表面双电层分离产生的;

i_c——非背景电流,是由吸附于检测器表面的胶体粒子的双电层分离而产生的。

在实际应用中,正是利用非背景电流值的变化来反映胶体粒子的电荷特性。

流动电流控制技术的优点是:控制因子单一;投资较低;操作简便;对以胶体电中和脱稳絮凝为主的混凝而言,其控制精度较高。但此法也存在局限性。例如,若混凝作用非以电中和脱稳为主而是以高分子(尤其是非离子型或阴离子型絮凝剂)吸附架桥为主,则投药量与流动电流的相关性并不高。

流动电流混凝控制系统如图2-52所示。

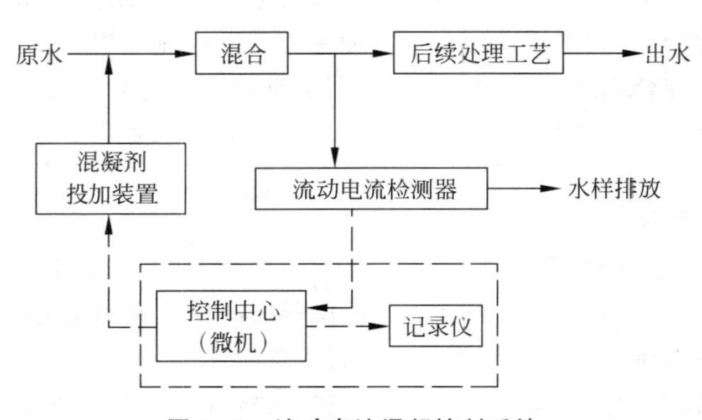

图 2-52 流动电流混凝控制系统

(4) 透光率脉动法在线连续控制混凝技术

透光率脉动法是利用光电原理检测水中絮凝颗粒的变化(包括颗粒尺寸和数量),从而达到混凝在线连续控制的一种新技术。当一束光线透过流动的浊水并照射到光电检测器时,产生的电流成为输出信号。透光率与水中悬浮颗粒浓度有关,由光电检测器输出的电流也与水中悬浮颗粒浓度有关。如果光线照射的水样体积很小,水中悬浮颗粒数也很少,则水中颗粒数的变化便表现得明显，从而引起透光率的波动。此时输出电流值可看成由两部分组成，一部分为平均值，一部分为脉动值。絮凝前，进入光照体积的水中颗粒数量多而尺寸小，其脉动值很小；絮凝后，颗粒尺寸增大而数量减少，脉动值增大。输出的脉动值与平均值之比称为相对脉动值，相对脉动值的大小反映了颗粒絮凝程度。絮凝越充分，相对脉动值越大。因此，相对脉动值就是透光率脉动技术的特性参数。在控制系统中，根据沉淀池出水浊度与投药混凝后水的相对脉动值的关系，选定一个给定值。自控系统设计与流动电流法类似，通过控制器和执行装置完成投药的自动控制，使沉淀池出水浊度始终保持在预定要求范围。

透光率脉动法的优点是：因子单一（仅一个相对脉动值），不受混凝作用机理或混凝剂种类的限制，也不受水质限制。

2.6.5 澄清池的运行管理

1. 安装管理

对澄清池的安装要求可归纳为8个字：横平竖直，中心重合。主要目的是保证水力学的均匀性，不致产生偏流，造成局部负荷过高，使澄清池达不到出力要求，出水水质变差。

例如，机械搅拌澄清池的二反上口、导流室下口、伞形板下口、配水三角区底板等应在同一水平面上，集水槽的出水孔中心（或三角堰的底角）应在同一水平面上，导流室、一反、二反、整池中心应重合。水力循环澄清池的喷嘴、喉管、一反、二反、整池中心应重合，一反上口、二反下口应水平等。

2. 投运

投运前的准备工作包括下列几点。

（1）检查池内机械设备的空池运行情况。

（2）检查电气控制系统操作安全性、动作灵活性。

（3）进行原水的烧杯试验，确定最佳混凝剂和最佳投药量。

投运关键是要尽快形成泥渣层，因此投运时要注意以下几点。

（1）为了尽快形成所需的泥渣浓度，这时可减少进水量（一般调整为设计流量的2/3～1/2），并增加混凝剂量（一般为正常药量的1～2倍），减少第一反应室的提升水量，停止排泥。

（2）在泥渣形成过程中，逐渐提高泥渣回流量，加强搅拌措施，并经常取水样测定泥渣的沉降比，若第一反应室和池底部的泥渣浓度开始逐渐提高，则表明泥渣层在2～3h后即可形成。若发现泥渣比较松散，絮凝体较小或原水水温和浊度较低，可适当投加其他澄清池的泥渣或投加黏土，促使泥渣尽快形成。

（3）当泥渣形成后，出水浊度达到设计要求（<10NTU），这时可适当减小混凝剂投加量，一直到正常加药量，然后再逐渐增大进水量（每次增加水量不宜超过设计水量的20%，水量增加间隔不小于1h），直到设计值。

(4) 当泥渣面达到规定高度时(通常为接近导流筒出口),应开始排泥,使泥渣层高度稳定,为使泥渣保持最佳活性,一般控制第二反应室的泥渣5min的沉降比在10%~20%。

3. 调试

澄清池安装结束后需进行调整试验,调整试验主要是检查整池的水力学均匀性及澄清池的各项运行参数和特性,供运行控制使用。调整试验主要包括以下几个内容。

(1) 水力学均匀性检查

首先要检查安装质量,主要是各水平部位的水平度及垂直部位的垂直度,即是否达到"横平竖直、中心重合"的要求,还要检查集水槽出水孔及三角配水槽配水孔是否达到设计要求。

澄清池整池的水力学均匀性试验方法,是在池内进水中瞬间加入某种物质(如有色物质、Cl^-等),然后定时在池顶出水区不同部位取样,检查该物质最大浓度出现时间是否相同。如果出现时间有先有后,则说明该澄清池水力学均匀性不好,出现时间早的部位有偏流。

(2) 回流缝开度与回流比关系、最佳回流比确定

本试验要检查澄清池的回流比、回流调节装置开度与回流比关系及在正常运行时的最佳回流比。回流比是通过测量二反的流量后计算而得。

(3) 最佳加药点和最佳加药量试验

在澄清池投运、泥渣层形成、出水水质达到要求后,可变更加药点及加药量,以期确定最合适的加药位置和最少的加药量。

(4) 最大出力和最小出力试验

最大出力试验是确定澄清池出水水质合格时可能达到的最大出力,最小出力试验针对的是水力循环澄清池低出力时由于喷嘴处不能形成回流而无法运行的情况。

(5) 停止加药试验

澄清池由于存在泥渣层,短时间停止加药尚不会致使出水水质恶化,停止加药试验就是确定停止加药多少时间内,出水水质仍合格,为运行控制提供一个技术参数。

(6) 停止进水试验

机械搅拌澄清池在停止进水后,由于机械搅拌装置仍在运转,泥渣循环回流仍然在进行,故在短时间停止进水再次启动时,出水仍然能合格,本试验确定允许的停止进水最长时间。水力循环澄清池若停止进水,泥渣循环将会停止,泥渣全部沉降于池底,甚至被压实,所以无法进行停止进水试验。

4. 停运及停运后重新投运

机械搅拌澄清池可以允许短时间停运,停止进水,但机械搅拌装置仍需运转。停运后(小于24h),部分泥渣会沉于池底,所以重新投运后,应先开启底部放空阀门,排出底部少量泥渣,进水后要加大投药量,然后调整到设计出力的2/3左右运行,待出水水质稳定后,再逐渐减小药量和提高水量,直到设计值。

水力循环澄清池停止进水后,极易发生泥渣在池底堆集,所以一般在停运后即将池体放空,需运转时再重新启动。

5. 运行监督

为了使澄清池能够始终在良好的条件下工作，对其出水水质和澄清池各部分的工作情况都应进行监督。

出水水质监督项目，除悬浮物含量或浊度以外，其他项目应根据澄清池的用途拟定，有时还需测定出水中有机物、残留铝及铁等的含量。

澄清池工况监督项目有泥渣层的高度以及泥渣层、反应室、泥渣浓缩室和池底等部分的悬浮泥渣的特征(如沉降比)。

澄清池投药监控是澄清池运行的关键，目前监控方法越来越多地采用流动电流监测器来监测水中微粒脱稳絮凝情况，及时、准确调整澄清池的投药量等参数，以便获得最佳出水水质。

6. 运行中的故障处理

(1) 当分离室清水区出现细小絮凝体，出水水质浑浊，第一反应室絮凝体细小，反应室泥渣浓度减小时，都可能是加药量不足或原水浊度(碱度)不足造成的，应随时调整加药量或投加助凝剂。

(2) 当分离室泥渣层逐渐上升，出水水质恶化，反应室泥渣浓度增高，泥渣沉降比达到25%以上，或泥渣斗的泥渣沉降比超过80%时，都可能是排泥不足造成的，应缩短排泥周期，加大排泥量。

(3) 在正常温度下，清水区中有大量气泡及大块漂浮物出现，可能是投加碱量过多，或由于池内泥渣回流不畅，沉积池底，日久腐化发酵，形成大块松散腐败物，并夹带气泡上漂池面。

(4) 清水区出现絮凝体明显上升，甚至出现翻池现象，可能由以下几种原因造成：日光强烈照晒，造成池水水对流；进水量超过设计值或配水不均匀造成短流；投药中断或排泥不适；进水温度突然上升。这时应根据不同原因进行相应调整。

2.7 水的石灰处理

石灰处理(lime treatment)通常也称石灰软化处理，主要用于去除水中钙、镁硬度成分，同时也可降低水的碱度。石灰处理的最突出优点是成本较低，因此石灰处理目前仍有应用价值。

2.7.1 石灰处理原理

石灰是 CaO 的工业产品，它溶于水生成的 $Ca(OH)_2$ 称为消石灰，所以石灰处理便是在水中添加消石灰。

当投加石灰时，由于水中 OH^- 的量增多，CO_2 和 HCO_3^- 都会转化成 CO_3^{2-}，从而产生 $CaCO_3$ 等沉淀。

$$CO_2 + Ca(OH)_2 \longrightarrow CaCO_3 \downarrow + H_2O \tag{2-120}$$

$$Ca(HCO_3)_2 + Ca(OH)_2 \longrightarrow 2CaCO_3 \downarrow + 2H_2O \tag{2-121}$$

$$Mg(HCO_3)_2 + 2Ca(OH)_2 \longrightarrow 2CaCO_3 \downarrow + Mg(OH)_2 \downarrow + 2H_2O \tag{2-122}$$

$$\{Mg(HCO_3)_2 + Ca(OH)_2 \longrightarrow CaCO_3 \downarrow + MgCO_3 + 2H_2O$$

$$MgCO_3 + Ca(OH)_2 \longrightarrow CaCO_3 \downarrow + Mg(OH)_2 \downarrow \}$$

$$2NaHCO_3 + Ca(OH)_2 \longrightarrow CaCO_3 \downarrow + Na_2CO_3 + 2H_2O \tag{2-123}$$

$$MgSO_4 + Ca(OH)_2 \longrightarrow Mg(OH)_2 \downarrow + CaSO_4 \tag{2-124}$$

$$MgCl_2 + Ca(OH)_2 \longrightarrow Mg(OH)_2 \downarrow + CaCl_2 \tag{2-125}$$

由上述反应可知,石灰软化处理只能将钙、镁的重碳酸盐硬度去除,而非碳酸盐硬度是无法用石灰软化处理去除的。所以石灰软化处理的作用,主要是除去水中的钙、镁的重碳酸盐。处理的结果是水中的碱度和硬度都有所下降。

经石灰处理后,出水中的残留硬度和残留碱度,往往大于理论计算值,其原因是石灰处理过程中形成的沉淀物不能完全沉淀。众所周知,难溶化合物的沉淀析出实际上包括两个过程,即沉淀物形成和沉淀物颗粒长大。单独的 $CaCO_3$ 或 $Mg(OH)_2$ 颗粒的沉降往往不理想,因为 $Mg(OH)_2$ 易于形成密度较小的絮凝颗粒;$CaCO_3$ 虽然密度较 $Mg(OH)_2$ 大,但它易于形成细小的颗粒。即使沉淀颗粒全部沉淀出,过饱和的 $CaCO_3$ 和 $Mg(OH)_2$ 也会使出水浊度升高,残留硬度及碱度较大。

为了提高石灰处理效果,除投加必需的石灰剂量保证上述各反应式进行外,还应组织好难溶化合物的沉淀过程。因此,在水处理工艺中,常采用以下两种措施:一是利用先前析出的沉淀物(泥渣)作为接触介质加快沉淀物的长大;二是在石灰处理的同时,进行混凝处理。

石灰处理与混凝处理同时进行的优点在于,混凝处理可以除去沉淀过程中有害的某些物质,混凝过程中形成的絮凝体还会吸附石灰处理所形成的胶体颗粒,共同沉淀,这样既保证除去水中钙、镁碳酸盐硬度,又提高了去除悬浮物和胶体杂质的效果。由于石灰处理时水的 pH 较高,石灰-混凝处理中所用混凝剂通常为铁盐如硫酸亚铁。

2.7.2 石灰用量计算

在石灰沉淀软化处理中实际发生的反应比较复杂,所以加药量无法精确估算。但是对它可以进行近似估算,当然实际运行中,加药量应通过调整试验或由运行经验来确定。

石灰加药量的估算方法有化学计量法和图算法等,这里仅介绍化学计量法。

化学计量法是根据处理过程中发生的主要化学反应进行估算。在实际应用中,石灰处理主要有两种不同的目的,所以加药量应根据不同的目的采用不同的估算法。

若石灰处理的目的是去除水中钙、镁碳酸盐硬度,则加药量的估算公式为

$$D_{CaO} = [CO_2] + [Ca(HCO_3)_2] + 2[Mg(HCO_3)_2] + [NaHCO_3 \text{ 或 } MgCl_2] + \alpha \tag{2-126}$$

式中,D_{CaO}——石灰加药量,mmol/L;

α——过剩石灰量,0.1~0.3mmol/L。

此时出水的氢氧根碱度为 0.05~0.2mmol/L,出水 pH 9.6~10.4,称氢氧根规范运行。

若石灰处理的目的是去除水中钙的碳酸盐硬度,如原水中本来没有 $Mg(HCO_3)_2$,或工

艺上只要求去除 $Ca(HCO_3)_2$ 不去除 $Mg(HCO_3)_2$，则加药量的估算公式为

$$D_{CaO}=[CO_2]+[Ca(HCO_3)_2] \tag{2-127}$$

式中符号同上所述。此时因为不要求有 $Mg(OH)_2$ 析出，所以在计算中无须考虑原水的过剩碱度和石灰过剩量。

此时出水中仍保持 0.05～0.2mmol/L HCO_3^-，出水 pH 值约为 9.5，称重碳酸盐规范运行。

如果石灰处理与混凝处理同时进行，混凝剂水解反应会消耗石灰，需增加石灰加药量，具体情况通过下面例题予以说明。

例 2-5 原水分析结果为 $[CO_2]=11mg/L$，$[Ca^{2+}]=2.0mmol/L$，$[Mg^{2+}]=0.8mmol/L$，$[HCO_3^-]=3.0mmol/L$，混凝剂三氯化铁的加药量 $[FeCl_3]=0.4mmol/L$。混凝剂在石灰之前投加，试计算维持氢氧根规范运行时石灰的加药量。

解 先按混凝剂的水解反应算出加混凝剂后的中间水质，然后再按此水质计算石灰的加药量。

混凝剂铁盐与原水中 HCO_3^- 发生的反应(水解反应)如下：

$$FeCl_3+3H_2O\longrightarrow Fe(OH)_3+3HCl$$

$$3HCl+3HCO_3^-\longrightarrow 3CO_2+3H_2O+3Cl^-$$

或

$$Fe^{3+}+3HCO_3^-\longrightarrow Fe(OH)_3+3CO_2$$

反应结果是水中 HCO_3^- 减少，CO_2 增多。

因此，当加铁盐后，原水水质改变成 $[HCO_3^-]=(3.0-0.4)mmol/L=2.6mmol/L$，$[CO_2]=\left(\frac{11}{22}+2\times0.4\right)mmol/L=1.3mmol/L$。据此，可得中间水质：

$$[CO_2]=1.3mmol/L$$

$$[Ca(HCO_3)_2]=2.0mmol/L$$

$$[Mg(HCO_3)_2]=0.6mmol/L$$

$$[NaHCO_3]=0mmol/L$$

$$[MgCl_2]=0.2mmol/L$$

所以，石灰加药量为

$$\begin{aligned}D_{CaO}&=[CO_2]+[Ca(HCO_3)_2]+2[Mg(HCO_3)_2]+[NaHCO_3\text{ 或 }MgCl_2]+\alpha\\&=(1.3+2.0+2\times0.6+0.2+0.2)mmol/L\\&=4.9mmol/L\end{aligned}$$

出水水质估算：CO_2 为 0，pH 10.1～10.3，碱度(氢氧碱度和碳酸根碱度)≥0.2mmol/L，硬度≥0.4mmol/L。

若混凝剂在石灰投加之后投加，则先按原水水质计算石灰投加量，再增加一个与混凝剂量相等的石灰量。

例 2-6 水质情况同例题 2-5，不加混凝剂，计算碳酸盐规范和氢氧规范的石灰处理时石灰加入量。

解 原水水质：

$$[CO_2]=0.5mmol/L$$
$$[Ca(HCO_3)_2]=2.0mmol/L$$
$$[Mg(HCO_3)_2]=0.8mmol/L$$
$$[NaHCO_3]=0.2mmol/L$$

(1) 按碳酸盐规范处理

$$D_{CaO}=[CO_2]+[Ca(HCO_3)_2]=(0.5+2.0)mmol/L=2.5mmol/L$$

出水水质估算：CO_2 为 0，pH 值约为 9.5，硬度≥0.8mmol/L，碱度(重碳酸盐碱度)≥1.0mmol/L

(2) 按氢氧规范处理

$$D_{CaO}=[CO_2]+[Ca(HCO_3)_2]+2[Mg(HCO_3)_2]+[NaHCO_3]+\alpha$$
$$=(0.5+2.0+2\times0.8+0.2+0.2)mmol/L=4.5mmol/L$$

出水水质估算：CO_2 为 0，pH 值为 10.1～10.3，硬度≥0.2mmol/L，碱度(氢氧碱度和碳酸盐碱度)≥0.4mmol/L，若要进一步降低碱度，可与石灰一起投加 $CaCl_2$，即石灰-氯化钙处理，氯化钙量与过剩碱度$[NaHCO_3]$量一致

例 2-7 某带有非碳酸盐硬度的水，水质如下：$[CO_2]=11mg/L$，$[Ca^{2+}]=2mmol/L$，$[Mg^{2+}]=3mmol/L$，$[HCO_3^-]=3.5mmol/L$，不加混凝剂，计算石灰处理氢氧规范时的石灰加入量。

解 原水水质：

$$[CO_2]=0.5mmol/L$$
$$[Ca(HCO_3)_2]=2mmol/L$$
$$[Mg(HCO_3)_2]=1.5mmol/L$$
$$[MgCl_2]=1.5mmol/L$$
$$[NaHCO_3]=0$$

按氢氧规范处理

$$D_{CaO}=[CO_2]+[Ca(HCO_3)_2]+2[Mg(HCO_3)_2]+[MgCl_2]+\alpha$$
$$=(0.5+2+2\times1.5+1.5+0.2)mmol/L=7.2mmol/L$$

出水水质估算：CO_2 为 0，pH 值为 10.1～10.3，硬度≥1.7mmol/L，碱度(氢氧碱度和碳酸盐碱度)≥0.2mmol/L，若要进一步降低硬度，可与石灰一起投加纯碱 Na_2CO_3，即石灰-纯碱处理，纯碱量与非碳酸盐硬度量一致。

(说明：例 2-5、例 2-6 和例 2-7 出水水质中的硬度和碱度值是理论计算值，也即可能达到的最低值，工程中由于沉淀不完全及过饱和等因素实际值会大于此值。)

2.7.3 提高有机物去除率的非常规石灰处理

前述的石灰处理或者混凝-石灰处理对水中溶解态有机物去除率均不高，为了提高其去除率，可以采用非常规石灰处理。当前，工业企业大量使用中水水源，降低水中有机物含量的要求迫切，非常规石灰处理技术已引起广泛重视。

非常规石灰处理是在石灰处理时增加石灰剂量，使处理后水的 pH 值达到 10.5～11.3，已

知它有如下规律：

（1）随石灰加入量增多，水 pH 值上升至 10.5 之后，原水中溶解态有机物去除率会明显上升，上限值约为 11.5，高于此值有机物去除率趋于平稳；

（2）石灰处理时形成的 $CaCO_3$ 和 $Mg(OH)_2$，其中 $Mg(OH)_2$ 对有机物的吸附能力大于 $CaCO_3$，镁硬度高的水对有机物去除有利，相应的出水 pH 值也可控制在 10.5～11.0；

（3）原水中硬度及碱度的组成对有机物去除率有影响，主要指过剩碱度，过剩碱度 ≤5mmol/L 时随其值增高，有机物去除率下降；

（4）非常规石灰处理对水中腐殖酸的去除能力高于对富里酸的去除；

（5）非常规石灰处理与混凝同时进行有利于对有机物的去除，此时最好使用铁盐混凝剂；

（6）曾用 9.2℃的低温水进行非常规石灰处理试验，与常温时相比，发现当 pH 值达到 11～12 时对有机物去除率与常温时一致，pH 值低于 11 时去除率略有下降；

（7）非常规石灰处理的出水不但 pH 升高，而且出水的碱度、硬度均上升，需根据后续水质要求再采用相应处理对策（如加酸等）。

图 2-53 是在微山湖水质条件下非常规石灰处理工业性试验结果。

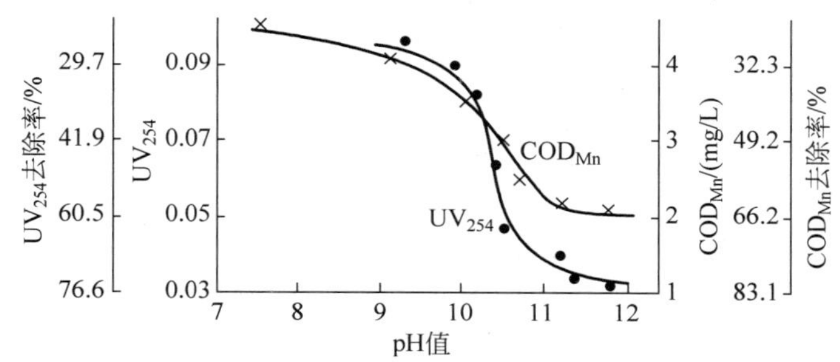

图 2-53 工业性试验中非常规石灰处理对水中有机物的去除（先加石灰，后加混凝剂 PFS）

2.7.4 石灰处理系统

石灰处理系统包括石灰乳或石灰溶液的制备和投加装置、澄清池和快滤池等设备。石灰溶液指 $Ca(OH)_2$ 的饱和溶液，投加计量比石灰乳准确，但由于石灰在水中溶解度低，溶液浓度低，所以只适用于石灰用量小的场合。石灰配制和投加的方法与混凝剂相比，有以下几个特点：①石灰的溶解配制比混凝剂困难；②石灰用量比混凝剂大得多，并容易产生堵塞管道，排渣困难等一系列问题；③石灰处理工作环境差，劳动强度大。为减少这些不利因素影响，目前多用石灰粉（生、熟），它杂质少，纯度高，可提高处理效率并减少堵塞。图 2-54 是常用的石灰软化处理系统，所用的石灰乳 CaO 浓度为 5%～20%。

水的石灰处理可以在沉淀池中进行，也可以在机械搅拌澄清池中进行，个别场合还可以在水力循环澄清池内进行。除此之外，还有一种专门用于水石灰处理的设备，称为螺旋流反应器（或涡流反应器），如图 2-55 所示。其工作过程类似于澄清池，反应器内有一层悬浮的填料。这种反应器可以设计成叠加式或压力式。原水和石灰乳都从锥底沿切线方向进入，两个进口的方向要尽量使进水形成一个最大的力偶，使水和药剂混合后，水流以螺旋式上

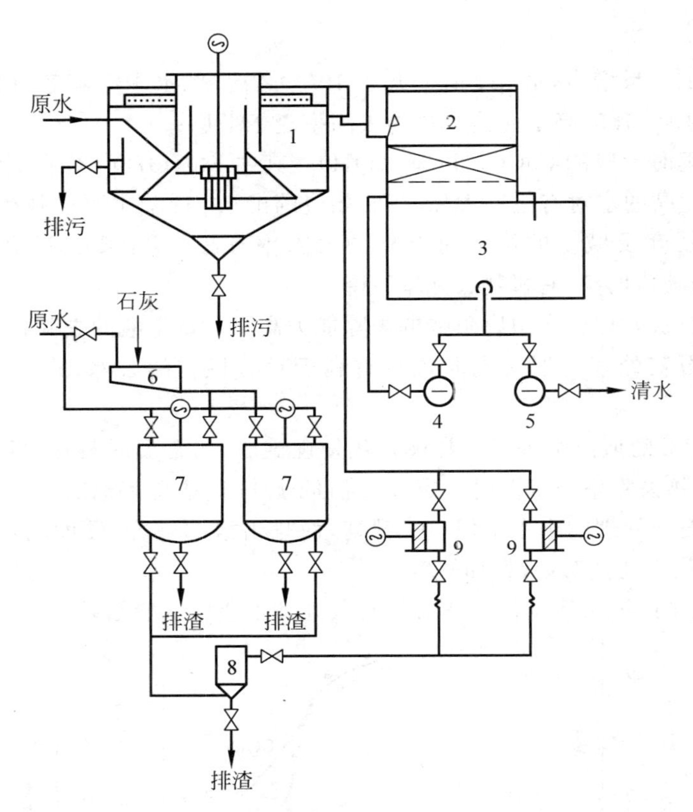

1—机械搅拌澄清池；2—快滤池；3—清水箱；4—反冲洗水泵；5—清水泵；
6—消石灰槽；7—石灰乳机械搅拌器；8—捕砂器；9—石灰乳活塞加药泵。

图 2-54 石灰处理系统

升，通过一层作为结晶核心的悬浮的粉砂或大理石粉粒填料层，软化反应产生的 $CaCO_3$ 就会很快被吸附在这些颗粒的表面，使出水得到软化，当填料颗粒由于吸附 $CaCO_3$ 逐渐长大，长大到不能悬浮而下沉后，把下沉的颗粒排掉，同时再补充一些新颗粒。反应器不需要投加结晶核心，可以依靠自身产生的 $CaCO_3$ 微粒作为结晶核心，逐渐长大成球形 $CaCO_3$ 颗粒，悬浮、下沉、排除。螺旋流反应器的工艺设计参数见表 2-15。

表 2-15 螺旋流反应器的工艺设计参数

进水管流速/(m/s)	3～5	停留时间/min	10～15
锥角/(°)	20～30	填料粒度/mm	0.2～0.3
锥角处上升流速/(m/s)	0.8～1.0	填料容积/(L/m^3)	20～40
出水管处上升流速/(mm/s)	4～6		

螺旋流反应器与澄清池相比有以下优点：①软化基本上只产生颗粒状的碳酸钙沉渣，易于处理；②由排渣损失的水很少；③不需加混凝剂，也不需要过量石灰。其缺点是：①不能以结晶形式去除镁硬度，镁的沉淀物都以分散的极细形式出现，必须进行过滤处理；②当水的镁硬度超过 0.8mmol/L 时，由于钙硬度不能充分沉淀，很难用来单独去除钙的碳酸盐硬度；③流量必须精确控制，以保持填料的悬浮状态。

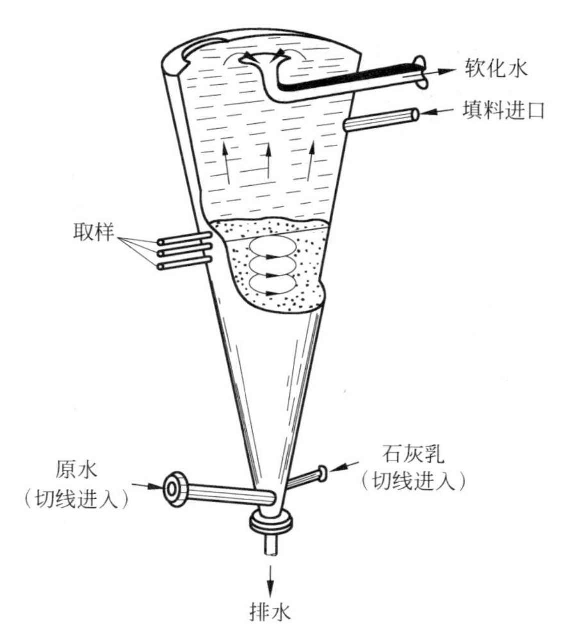

图 2-55 螺旋流反应器

2.8 其他沉降分离工艺

习题

2-1 试述胶体的结构特征及测定 ζ 电位的意义。

2-2 试以 $Al_2(SO_4)_3$ 混凝剂为例,分析其混凝机理。

2-3 试分析影响混凝过程的主要因素。

2-4 为什么低温、低浊水的混凝效果较差?试述改善低温、低浊水混凝效果的途径。

2-5 常用混凝剂有哪些?它们投加时有何要求?试述无机高分子混凝剂的优点。

2-6 分析 Al_{13} 的意义。

2-7 有一水质,钙硬度为 5.6mmol/L,镁硬度为 2.0mmol/L,碱度为 6.0mmol/L,CO_2 浓度为 11mg/L,如果维持 OH^- 规范,那么需要投加多少石灰?

如果在石灰处理时投加混凝剂 $FeCl_3$ 0.3mmol/L,问此时须投加多少石灰?

(分在石灰前投加混凝剂和在石灰后投加混凝剂两种情况。)

2-8 水中悬浮颗粒的沉降类型有哪几种?试述各沉降类型的特征。

2-9 试分析比较澄清池与沉淀池的特点。

2-10 试述沉淀池和澄清池中加装斜板(斜管)的原理及运行中需要注意的事项。

2-11 试述湍流凝聚接触絮凝沉淀技术的原理和优点。

2-12 试述流动电流法控制混凝投药剂量的原理及设备。

2-13 什么是强化混凝?请设计一个提高水有机物去除率的强化混凝控制条件的试验方案。

2-14 请计算一台出力为 $200m^3/h$ 的机械搅拌澄清池的主要尺寸。

3 CHAPTER 水的过滤处理

天然水经过混凝澄清或沉淀处理后，水中的大部分悬浮物、胶体颗粒被去除。外观上变为清澈透明，但仍残留少量细小的悬浮颗粒。此时水的浊度通常是小于10NTU。这种水不能满足后续水处理设备的进水要求，也不能满足用户的要求，因此还需要进一步去除残留在水中的细小悬浮颗粒，进一步除去悬浮杂质的常用方法是过滤处理(filtration)，经过一般的过滤处理，水的浊度将降至2～5NTU。

用于工业用水处理中的过滤装置种类很多，按滤料的形态可分为粒状介质过滤(granular filtration)、纤维状介质过滤(fiber filtration)和多孔介质过滤(porous filtration)。

3.1 粒状介质过滤

清洁的井水是通过地层的过滤作用获得的，这一现象启发了人类用过滤方法来处理经过沉淀仍然浑浊的地表水。早期的粒状介质过滤装置多属慢滤过滤(慢滤池，slow filter)，在这种装置内放置很细的砂粒作为过滤介质，过滤速度很慢，一般为0.1～0.3m/h。慢滤池的过滤作用是利用藻类、原生动物和细菌等微生物在砂粒表面形成一种黏膜，当水通过此黏膜时，水中细小的悬浮颗粒(包括一些细菌)被截留，与此同时，微生物的氧化作用，使一些有机物得到分解，有利于它们的去除。慢滤池在运行2～3个月后，需要停止滤水，清除表面滤层中的污物。其方法通常是将表面2～3cm的细砂层挖出(括砂)，然后重新投运。但此时黏膜随表层细砂一起挖出，故投运后，要在重新形成黏膜后，才能获得优质的出水。慢滤池在过滤、刮砂的循环运行过程中，会使滤层原来的厚度逐渐变薄。当滤层的厚度不足以保证滤后水的水质时，需要用清洁的砂子把滤层补充到原来的厚度。由于慢滤池的滤速太慢，占地面积太大，现已被淘汰。

目前，工业用水处理用的过滤装置多为快滤装置，滤速一般在10m/h左右。

3.1.1 过滤过程

1. 过滤

含有悬浮杂质的水流经粒状过滤材料(滤料)时，水中大部分悬浮杂质被截留，滤出水的浊度降至最低，并维持这优良水质一段时间，随后由于滤层截留污物太多，引起滤层阻力上升，滤出水流量下降，甚至滤出水的浊度又上升，不符合要求，这一过程即为过滤过程。在这个过程中通常包括三个时期。

1) 过滤初期

在过滤开始阶段，滤层比较干净，孔隙率较大，孔隙流速较小，大量杂质首先被表层滤料所截留,少量杂质因黏附不牢而下移并被下层滤料所截留。因此,过滤初期阶段是以表层过滤为主。

2) 过滤中期

随着过滤的持续进行,表层滤料的孔隙率逐渐减小,孔隙流速增大,水流的剪切力逐渐大于被截流的悬浮颗粒的附着力,于是在表层滤料上的杂质脱离趋势增强,杂质将向下层推动,下层滤料的截留作用渐次得到发挥。此阶段是以滤层过滤为主。

3) 过滤末期

在下层滤料对杂质的截留作用尚未得到充分发挥时,表层仍然继续发挥过滤作用,致使表层截留的杂质量大于杂质向下层的推移量。因而,过滤到一定时间后,表层滤料间孔隙将逐渐被杂质堵塞,严重时,由于表层滤料的筛滤而形成的滤膜使阻力剧增,结果是在一定过滤水头下,滤速将急剧减小,或由于滤层表面受力不均匀而使滤膜产生裂缝,此时大量水流自裂缝中流出,局部流速过大而使杂质穿透整个滤层,致使出水恶化,滤层状态如图3-1所示。当上述两种情况之一出现时,尽管下层滤料还未发挥它们应有的作用,过滤也将被迫停止。

由于滤膜破裂是在阻力加大后出现的,所以一般粒状滤料过滤的终点是以阻力上升至某一限值为标准确定的。

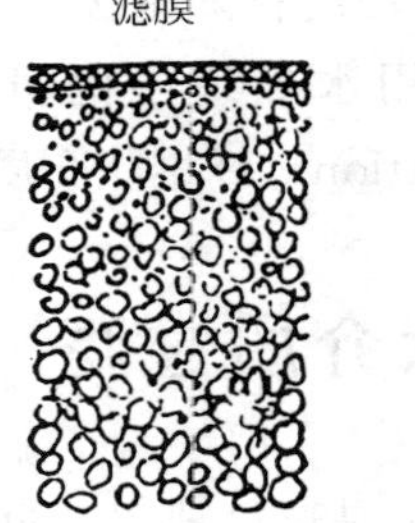

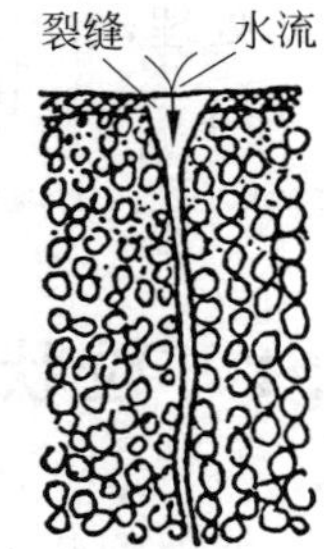

图3-1 滤层状态示意图

2. 冲洗

在停止过滤后,用较强的水流自下而上对滤料进行冲洗,将积聚在滤料上的杂质冲洗下来,这一过程称为反冲洗(backwash)。反冲洗结束后,滤层的截污能力得到恢复,重新投运进行过滤。

过滤反洗过程如图3-2所示。

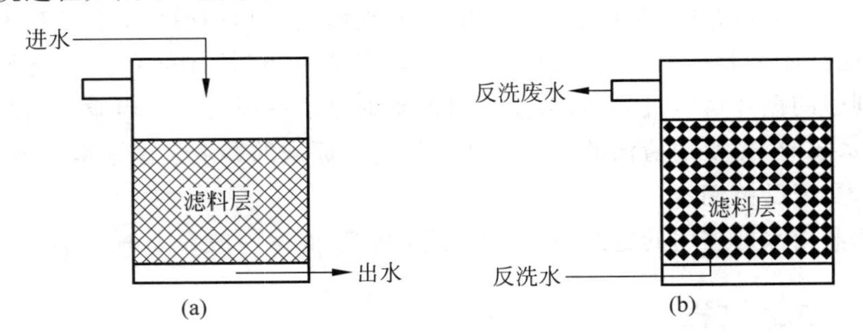

图3-2 深层过滤过程示意图

(a) 过滤过程;(b) 反洗过程

3.1.2 过滤机理

给水处理用的过滤装置多为快滤装置,其中以砂粒为滤料的过滤装置最为普遍。现对粒状单层快滤装置的过滤机理做一分析。

砂滤池内一般装有粒径为0.5~1.2mm的砂粒,滤层厚度一般为70cm左右,经反冲洗水水力筛分作用后,滤料粒径自上而下大致按由细到粗依次排列,滤层中孔隙尺寸也因此由上而下逐渐增大。设表面的细砂粒径为 0.5mm，以球体计，滤料颗粒之间的孔隙尺寸约为 80μm。但是进入滤池的悬浮颗粒尺寸大部分小于 30μm 时仍然能被滤层截留下来，而且在滤层深处（孔隙大于 80μm）也会被截留。这充分说明，水中悬浮颗粒被滤料截留，主要不是由机械筛滤作用引起的。多年的研究表明，过滤主要是悬浮颗粒与滤料颗粒之间的黏附作用的结果。

水流中的悬浮颗粒能够黏附于颗粒表面上，一般认为涉及三个过程。第一个是被水流挟带的颗粒如何与滤料颗粒表面接近或接触，这就涉及颗粒脱离水流流线而向滤料颗粒表面靠近的迁移机理；第二个是当颗粒与滤粒表面接触或接近时，依靠哪些力的作用使它们黏附于滤粒表面上，这就涉及黏附机理；第三个是在黏附的同时，已黏附的悬浮颗粒会重新进入水中，被下层滤料截留，这就涉及剥落机理。

1. 迁移机理

在过滤过程中，滤层孔隙中的水流一般处于层流状态，且存在一个速度梯度，即滤料颗粒表面滤速接近于零，到孔隙中心滤速达到最大值。被水流挟带的颗粒将随着水流流线运动，它之所以能脱离水流流线向滤料颗粒的表面靠近，完全是由于某些物理因素的作用。这些物理因素有拦截、沉淀、惯性、扩散和水动力作用等。图 3-3 为上述几种迁移机理的示意图。

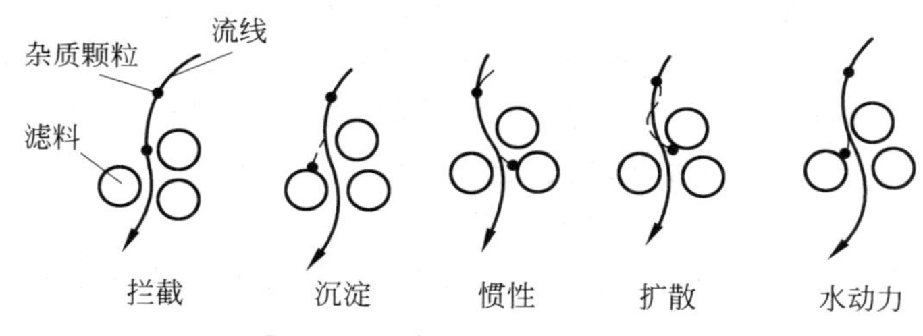

图 3-3　颗粒迁移机理示意图

（1）拦截作用。颗粒尺寸较大时，处于流线中的颗粒会直接碰到滤料表面而产生拦截作用。

（2）沉淀作用。直径在 2～20μm 的悬浮颗粒，在重力作用下脱离流线产生沉淀，从而沉积于滤料颗粒的表面。

（3）惯性作用。如水中悬浮颗粒密度大于水的密度，则当水流绕过滤料颗粒时，水中悬浮颗粒由于惯性作用会脱离流线而被抛到滤料颗粒表面。

（4）扩散作用。颗粒粒径较小（≤1μm）时，会受到布朗运动的影响而作无规则的扩散运动，有可能扩散到滤料表面。

（5）水动力作用。由于滤料颗粒周围的水流存在速度梯度，非球体颗粒在速度梯度作用下，会产生转动而脱离流线与颗粒表面接触。

由上述分析可知，水流经滤层时，悬浮颗粒因不同的作用力而被输送到滤料颗粒表面，但目前还无法定量估算各种作用的程度。在实际过滤过程中，由于进入滤层的水中具有尺寸不同的悬浮颗粒，加之上述各种作用力受到不少因素（如滤料尺寸、形状、滤速、水温等）的影响，因此可能同时存在几种作用，也可能只有某些作用。例如，经混凝处理后，水中悬浮颗粒的尺寸一般都较大，扩散作用几乎无足轻重。

2. 黏附机理

悬浮颗粒在滤料表面的黏附作用是一种物理化学作用，当水中悬浮颗粒迁移到滤料表面时，则在范德华力和静电力相互作用下，以及某些化学键和某些特殊的化学吸附力作用下，被黏附于滤料颗粒表面上，或者黏附在滤粒表面上原先黏附的颗粒上。此外，絮凝颗粒的架桥作用也会存在。黏附过程与澄清池中的泥渣所起黏附作用类似，不同的是，滤料为固定介质，排列紧密，效果更好。因此黏附作用主要取决于滤料和水中颗粒的表面物理化学性质。经混凝处理后的水中悬浮颗粒被滤料截留的概率高于未经混凝处理的，这就是证明。当然，在过滤过程中，因为杂质尺寸太大或滤料太细孔隙太狭窄，易形成表面机械筛滤，水中杂质集中堆积在滤料表层，孔隙很快堵塞，水中杂质难以输送到下游滤层中，表层以下的大部分滤料不能发挥正常的过滤作用，这种现象是不希望发生的。

3. 剥落机理

滤料空隙中水流产生的剥落作用涉及两方面的问题：一方面，剥落导致杂质与滤料颗粒间的碰撞无效；另一方面，剥落有利于杂质输送到滤层内部，进行深层滤层过滤，避免了污泥局部聚积，使整个滤层滤料的截污能力得以发挥。任何杂质颗粒，当黏附力大于剥落力时则被滤料滤除，反之则脱落或保留在水流中继续前进。过滤初期，孔隙率较大，孔隙中的水流速度较慢，水流剪切力较小，剥落作用微弱，因而黏附作用占优势；随着过滤的进行，滤料表面黏附的杂质逐渐增多，占据的孔隙增加，孔隙中的通道变窄，水流速度增加，水流剪切力也相应增大，杂质颗粒的剥落作用增大，这会导致上层滤料出水中浊度增大，于是过滤过程推向下层，下层滤料的截留作用得以逐次发挥。

综上所述，过滤机理可归纳为以下三种主要作用，过滤过程可能是几种作用的综合。

1）机械筛滤作用

当含有悬浮杂质的水由过滤装置上部进入滤层时，某些粒径大于滤料层孔隙的悬浮物由于吸附和机械筛除作用，被滤层表面截留下来。此时被截留的悬浮颗粒之间会发生彼此重叠和架桥作用，过了一段时间后，在滤层表面好像形成了一层附加的滤膜，在以后的过滤过程中，这层滤膜起主要的过滤作用，故称为表层过滤（表面过滤）。

2）惯性沉淀作用

堆积一定厚度的滤料层可以看作层层叠起的多层沉淀池，它具有巨大的沉淀面积，粒径为0.5mm的$1m^3$的砂粒层，可提供的有效沉淀面积达$400m^2$左右。因此，水中悬浮颗粒由于自身的重力作用或惯性作用，会脱离流线而被抛到滤料表面。

3）接触絮凝作用

研究证明，接触絮凝在过滤过程中起了主要作用。当含有悬浮颗粒的水流流经滤层孔道时，在水流状态和布朗运动等因素作用下，有非常多的机会与砂粒接触，通过彼此间的范德华力、静电力及某些特别吸附力作用相互吸引而黏附，恰如在滤料层中进行了深度的混凝过程。

3.1.3 影响过滤的因素

影响过滤效率的因素很多，但对粒状滤料的过滤装置来说，主要是流速、滤料及滤层等的影响。

1. 滤速的影响

滤速表示单位时间、单位面积上的过滤水量，以 m/h(或 $m^3/(m^2 \cdot h)$)计，即

$$v=\frac{Q}{A} \tag{3-1}$$

式中，v——过滤装置水流速度，m/h；

Q——过滤装置的过滤水量(或称出力)，m^3/h；

A——过滤装置的过水断面，m^2。

该过滤速度即为空塔流速(empty tower velocity)。水流在滤料孔隙中的实际流速远高于过滤速度。一般的单层砂滤装置的滤速为 8～12m/h，多层滤料过滤装置的滤速更高些。但滤速的提高是有限度的，因为滤速提高，会导致水头损失增加、过滤周期缩短、出水浊度上升等问题。

2. 滤料的影响

在过滤装置中，滤料是水中颗粒杂质的载体。在选用滤料时，种类确定后，影响过滤的主要因素是滤料的粒径(diameter)和级配(grade)。

1）滤料种类的选择

过滤是一个广义的概念，凡是水体经过滤床后引起水质改变的过程统称为过滤。因此滤料不同，去除水中杂质的功能也不同。例如，除去水中悬浮杂质一般采用石英砂和无烟煤作滤料；去除地下水中的铁和锰，采用锰砂作滤料；去除水中的有机物、颜色、异味及余氯等采用活性炭作滤料。近年来迅速发展的合成纤维滤料，既可以去除水中的悬浮杂质，又可以去除地下水中的铁和锰。

在滤料的选择上，首先应明确过滤目的，其次是对滤料的性能进行必要的试验和筛选。主要试验指标是滤料的机械强度和化学稳定性。

(1) 机械强度

作为滤料，它应有足够的机械强度，因为在反冲洗过程中，滤料处于流化状态，滤料颗粒间不断地碰撞和摩擦，若其机械强度低，就会造成大量滤料破损，颗粒粒径变小。这些破碎滤料在反洗时会被反洗水带走，造成滤料的损失。若不将破碎滤料冲走，残留在滤层中，则过滤时会使水头损失增大，缩短过滤周期。

在水处理中常用磨损率和破碎率两项指标来判断滤料的强度。磨损率指的是反冲洗时滤料颗粒间相互摩擦所造成的滤料磨损程度。破碎率表示反冲洗时颗粒相互碰撞所引起的破裂程度。

测定磨损率和破碎率的试验方法是：用筛孔孔径为 0.5mm 和 1mm 的标准筛筛分已干燥的滤料样品，取粒径 0.5～1mm 的滤料放入装有 150mL 水的容器内，将此容器置于实验室振荡装置上振荡 24h，取出滤料，用 0.5mm 和 0.25mm 孔径的标准筛进行筛分，分别称量 0.25mm 筛上和筛下的滤料质量，通过计算可求得滤料的磨损率和破碎率：

$$磨损率=\frac{d_{0.25}}{d_{1.0}-d_{0.5}}\times 100\% \tag{3-2}$$

$$破碎率=\frac{d_{0.5}-d_{0.25}}{d_{1.0}-d_{0.5}}\times 100\% \quad (3-3)$$

式中,$d_{1.0}$、$d_{0.5}$、$d_{0.25}$——分别为通过1.0mm、0.5mm、0.25mm筛的滤料量。

一般要求滤料磨损率小于0.5%,破碎率小于4%。

(2) 化学稳定性

滤料的化学稳定性是影响滤后水质的重要原因之一,也是选择滤料种类的主要指标。其试验方法是将洗干净并在60℃下干燥的滤料样品放在被过滤水中浸泡24h后,取样测试水溶液被污染的情况。表3-1所示为某些滤料在不同介质中的稳定性比较。

表3-1 某些滤料在不同介质中稳定性的比较 单位:mg/L

名称	中性			酸性			碱性		
	溶解固形物	耗氧量	SiO_2	溶解固形物	耗氧量	SiO_2	溶解固形物	耗氧量	SiO_2
石英砂	2~4	1~2	1~3	4	2	0	10~16	2~3	5.7~8.0
大理石	13	1					6	1	
无烟煤	6	6	1	4	3	0	10	8	2

注:试验条件为19℃。中性溶液用500mg/L NaCl配成,pH为6.7;酸性溶液用HCl配成,pH为2.1;碱性溶液用NaOH配成,pH为11.8。浸泡24h,每4h摇动一次。

如果水样中溶解固形物的增加量小于20mg/L,耗氧量的增加量小于10mg/L,硅酸增加量小于10mg/L,则可以认为滤料的化学性质是稳定的。

石英砂滤料纯度(SiO_2含量)应为95%~99%,盐酸可溶物≤1%。

2) 粒径及其影响

滤料大都是由天然矿物经粉碎而制得的,其粒径不可能相同,它的颗粒大小情况不能用一个简单的指标表示。通常用粒径来表示滤料颗粒大小的概况,用不均匀系数表示一定数量的滤料中粒径大小级配(即不同粒径所占比例)情况,不同大小颗粒的分布也可用粒径分布曲线来表示。

粒径的表示方法有很多种,包括有效粒径d_{10}、平均粒径d_{50}、最大粒径d_{max}、最小粒径d_{min}和当量粒径d_e等。

(1) 有效粒径d_{10}是指10%质量的滤料能通过的筛孔孔径。

(2) 平均粒径d_{50}是指50%质量的滤料能通过的筛孔孔径。

(3) 最大粒径d_{max}和最小粒径d_{min}共同给出了滤料大小的界线,表示所有滤料粒径均处于这一范围内。

(4) 当量粒径(又称等效粒径)d_e:在保持表面积相等的前提下,将形状不规则、大小参数不齐的实际滤料,假想成等径球体滤料,这种等径球体滤料颗粒的直径称为当量粒径,也称等效粒径。在工艺计算中,为便于计算,可用当量粒径d_e来表示整个滤层颗粒的粒径,当量粒径可由式(3-4)计算:

$$d_e=\frac{1}{\sum(P_i/\mathrm{d}p_i)} \quad (3-4)$$

式中,P_i——粒径位于(d_i,d_{i+1})范围内滤料的质量分率;

$\mathrm{d}p_i$——粒径位于(d_i,d_{i+1})范围内滤料的平均粒径,$\mathrm{d}p_i=(d_i+d_{i+1})/2$。

过滤工况不同，对滤料粒径的要求也不同，在通常工况下，粒径要适中，不宜过大或过小。粒径过大，由于滤料间的孔隙增大，在过滤过程中细小的杂质颗粒容易穿透滤层，影响出水水质，而在反洗时，一般的反洗强度不能使滤层充分松动，从而影响反洗效果。反洗不彻底就会使泥渣残留在滤层中，严重时泥渣作为黏结剂与滤料结合成硬块。这不仅影响过滤时水流均匀性，而且一旦形成就难以彻底冲开来，并越来越大，致使过水断面减小，水头损失增大，过滤周期缩短，出水水质恶化。粒径过小，滤料间的孔隙减小，这不仅影响到杂质颗粒在滤层中的载送，而且也增加水流阻力，造成过滤时水头损失过快增长。以石英砂作滤料时，粒径通常在 0.5～1.2mm。

3）不均匀系数及其影响

不均匀系数 K_{80} 表示 80%质量的滤料能通过的筛孔孔径（d_{80}）与有效粒径 d_{10} 的比值，即

$$K_{80}=\frac{d_{80}}{d_{10}} \tag{3-5}$$

式中，d_{80}——80%质量的滤料能通过的筛孔孔径，mm；

d_{10}——10%质量的滤料能通过的筛孔孔径，mm。

其中 d_{80} 反映粗颗粒滤料尺寸，d_{10} 反映细颗粒滤料尺寸。K_{80} 越大，表示粗细颗粒滤料尺寸相差越大，颗粒越不均匀，这对过滤和反冲洗都不利。因为 K_{80} 越大，水力筛分作用越明显，滤料的级配就越不均匀，结果是滤层的表层集中了大量的细小颗粒滤料，致使过滤过程主要在表层进行，滤料截污能力下降，水头损失很快达到其允许值，过滤周期缩短。反冲洗时，若反冲洗强度大，则细小滤料会被反洗水带出；若反冲洗强度小，则不能松动滤层底部大颗粒滤料，致使反洗不彻底。K_{80} 越接近 1，滤料越均匀，过滤与反冲洗效果越好，但滤料价格提高。

生产上也有用 $K_{60}=d_{60}/d_{10}$ 来表示滤料不均匀系数。d_{60} 含义与 d_{80} 或 d_{10} 相似。

滤料的粒径和不均匀系数，可以用筛分分析试验求得。方法是：取置于 105℃的恒温箱中烘干的滤料 100g（精确至 0.01g），放于一组筛中过筛，过筛后称量留在每一个筛上的滤料质量，按表 3-2 的格式记录，并进行相应的计算后，即可绘成如图 3-4 所示的筛分曲线。

表 3-2　滤料筛分结果

筛　号	筛孔/mm	筛的标准孔径/mm	留在筛上的砂重/g	通过该号筛的滤料	
				质量/g	百分数/%
12	1.680	1.51	0	100.0	100.0
14	1.410	1.23	1.5	98.5	98.5
16	1.190	1.01	5.6	92.9	92.5
18	1.000	0.82	17.8	75.1	75.1
25	0.710	0.64	36.7	38.4	38.4
35	0.500	0.49	33.4	5.0	5.0
60	0.250	0.24	3.2	1.8	1.5
80	0.177	0.17	1.0	0.8	0.8

上述确定滤料粒径的方法已能满足工业生产上的要求，但用于研究时，存在如下缺点：一是筛孔尺寸未必精确；二是未反映出滤料颗粒形状因素。为此，常需求出滤料等体积球

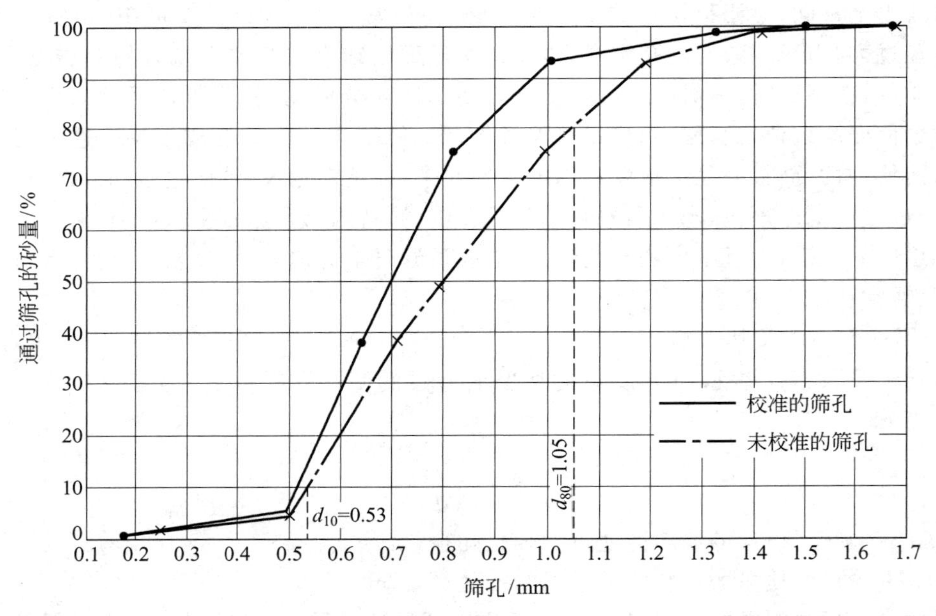

图 3-4　滤料筛分曲线

体直径 d'。d'的求法是：先将筛去细砂的筛子上截留的砂粒全部倒掉，再将卡在筛孔中的那部分砂振动下来，并从这些砂粒中取 n 个，在分析天平上称重，按以下公式可求出等体积球体直径 d'（d'可用来校准筛子的孔径，又称为筛的校准孔径）：

$$d' = \sqrt[3]{\frac{6G}{\pi n \rho}} \tag{3-6}$$

式中，G——n 颗粒滤料质量，g；

n——颗粒数；

ρ——滤料密度，g/cm^3。

3. 滤层的影响

1）滤层孔隙率的影响

滤层中滤料颗粒与颗粒之间的空间体积占滤层总体积的百分比，即为滤层孔隙率(porosity)。孔隙率的大小与颗粒形状、大小及排列状态有关。在过滤装置中，滤料的形状和排列状态都是无规律的，因此孔隙率只能通过试验然后计算求得。试验方法如下：取一定量的滤料在105℃烘干称重，并用比重瓶测出密度。然后将滤料置于过滤柱中，用清水过滤一段时间后，量出滤料层体积。

按式(3-7)计算求得孔隙率：

$$\varepsilon = 1 - \frac{m}{\rho V} \tag{3-7}$$

式中，ε——滤层孔隙率；

m——烘干的滤料质量，kg；

ρ——滤料的密度，kg/m^3；

V——滤层体积，m^3。

滤层的孔隙率与过滤装置的过滤效率有着密切的关系，孔隙率越大，杂质的穿透深度也随之增大，过滤水头损失增加缓慢，过滤周期可以延长，因此滤层的截污能力得以提高。当然，滤层孔隙既是水流通道，又是截污空间。孔隙率过大，悬浮杂质易穿透；孔隙率过小，则截污空间小，水流阻力大，过滤周期短。滤层的截污能力通常用截污容量来表示。截污容量是指单位过滤面积或单位滤料体积所能除去悬浮物的量，用 kg/m^3 或 kg/m^2 来表示。

一般所用石英砂滤料孔隙率在 0.42 左右。

2）滤层组成的影响

普通单层滤料床在水流反洗水力筛分后，粒径小的滤料在上层，越往下层粒径越大，如图 3-5(a)所示。水流自上而下地在滤层孔隙间行进过程中，杂质首先接触到的是上层细滤料，大颗粒悬浮物最先被除去，剩下一些小颗粒悬浮物被输送到下一层。由于下层滤料比上一层要粗，其截留能力不如上一层，故需要比较厚的一层滤料去拦截这些微小悬浮物，越往下层，这一现象越明显。因此，由上而下的滤层的截污能力逐渐减小，上层最强，下层最弱。从整体上看，这种过滤方式是用表层细滤料去拦截水中最容易除去的大颗粒杂质，用底层粗滤料去拦截水中最难除去的小颗粒杂质，也就是说，沿水流方向滤料床截污能力由强到弱的变化与水中杂质先易后难的分级筛除很不适应。所以，该滤床水头损失增长快，过滤周期短，出水水质差。

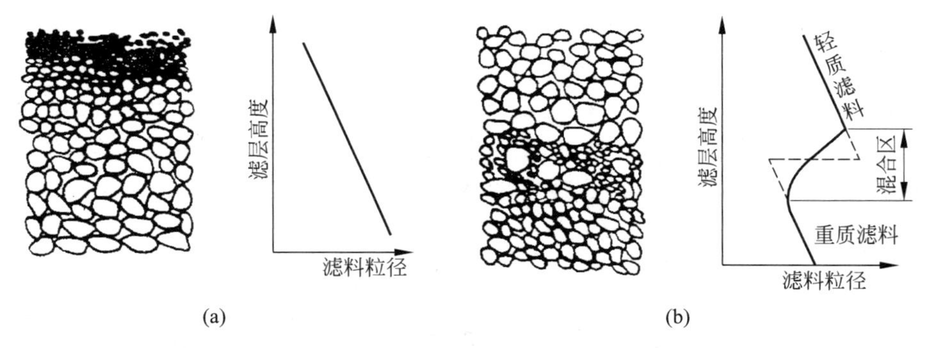

图 3-5　单层滤料及双层滤料反冲洗后滤层状态的示意图

(a) 单层滤料滤层剖面；(b) 双层滤料滤层剖面

从上面分析可知，单层滤料(single media)向下流过滤的固有缺陷是沿过滤水流方向滤料颗粒由小到大排列。消除这一缺陷，实现滤料颗粒由大到小这一理想排列方式(即通常称为反粒度过滤)有两种措施：一是改变过滤装置的水流方向，如从过滤装置的下部进水，上部出水，即所谓上向流过滤；或从过滤装置的上、下两端进水，中间排水，即双向流过滤。二是改变滤层的组成，采用双层及多层滤料，这是目前国内外普遍重视的过滤技术。几种反粒度过滤工艺如图 3-6 所示。

双层滤料(double media)的组成是：上层采用密度小、粒径大的滤料，下层采用密度大、粒径小的滤料。由于两种滤料存在密度差，在一定的反冲洗强度下，经水力筛分作用使轻质滤料分布在上层，重质滤料分布在下层，构成双层滤料过滤装置，如图 3-5(b)所示。虽然每层滤料的粒径仍自上而下递增，但就整个滤层而言，上层平均粒径大于下层平均粒径。当水流由上而下通过双层滤料床时，上部粗滤料除去水中较大尺寸的杂质，起粗滤作用，下部细

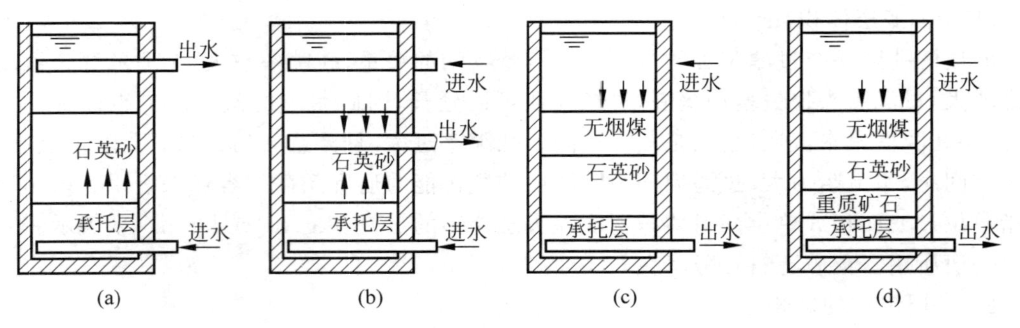

图 3-6　反粒度过滤工艺

(a) 上向流过滤；(b) 双向流过滤；(c) 双层滤料过滤；(d) 三层滤料过滤

滤料进一步除去细小的剩余杂质,起精滤作用。这样,每层滤料都发挥自己的特长,不同滤层的截污能力得到充分利用。所以,双层滤料床截污容量大,过滤周期长,出水水质好,水头损失增长速度慢。滤料层含污量变化曲线如图 3-7 所示。

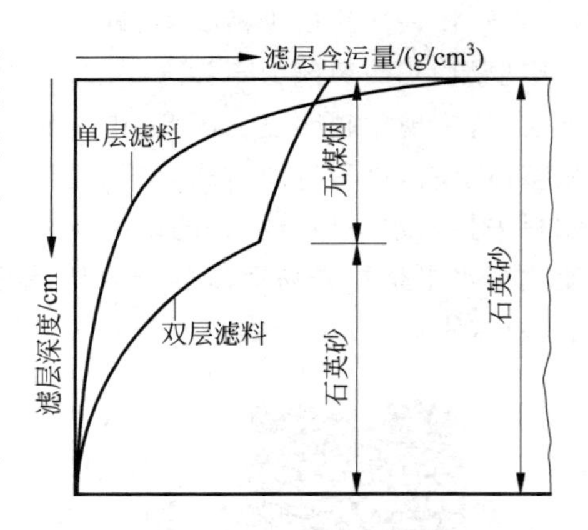

图 3-7　滤料层含污量变化曲线

目前普遍采用的是无烟煤和石英砂作为双层滤料。根据煤、砂的密度差,选配恰当的粒径级配,可形成良好的上粗下细的分层状态。否则,将造成大量煤砂混杂,即失去双层滤料的作用。实践证明,最粗无烟煤和最细石英砂粒径之比在 3.5~4.0 时,可形成良好的分层状态,当然,交界面处有一定程度的混杂是难免的。多层滤料的级配见表 3-3。

表 3-3　滤料级配与滤速的经验数据

类别		滤料组成		滤速/(m/h)
		粒径/mm	滤层厚度/mm	
单层石英砂滤料		$d_{max}=1.2$ $d_{min}=0.5$	700	8~12
双层滤料	无烟煤	$d_{max}=1.8$ $d_{min}=0.8$	200~400	12~16
	石英砂	$d_{max}=1.2$ $d_{min}=0.5$	400	
三层滤料	无烟煤	$d_{max}=1.6$ $d_{min}=0.8$	450	18~20
	石英砂	$d_{max}=0.8$ $d_{min}=0.5$	230	
	重质矿石	$d_{max}=0.5$ $d_{min}=0.25$	70	

注：滤料密度一般为：石英砂 2.60~2.65g/cm^3；无烟煤 1.40~1.60g/cm^3；重质矿石 4.7~5.0g/cm^3。

同理，也可由三种材质构成三层滤料（tri-media），三层滤料通常是由无烟煤、石英砂和磁铁矿或其他重质矿石滤料所组成的。各种滤料级配选择基本相同于双层滤料。三层滤料的过滤效率无疑是优于双层滤料的。但由于三层滤料过滤装置的实际效率相对于双层滤料过滤装置提高不多，而且又增加了反洗困难，因此三层滤料的应用很少。

在选用无烟煤时，应注意煤粒流失问题。这是生产上经常碰到的问题。煤粒流失原因较多，如粒径级配和密度选用不当以及反冲洗操作不当等。此外，煤的机械强度不够，经多次反冲洗后破碎，也是煤粒流失原因之一。

3.1.4 过滤过程中的水头损失

在过滤过程中，水流经过滤层时，由滤层的阻力所产生的压降，称为水头损失（head loss）。过滤过程中水头损失 h 和出水浊度 C 的变化如图 3-8 所示。图中，C_0 表示进水平均浊度。为了保证出水水质，过滤器通常运行到出水浊度达到规定值或进出口压差达到规定值时停止运行，这时称过滤器失效，对应的点称为失效点。图 3-8 曲线上失效点是进出口压差（水头损失）和出水浊度同时达到失效值的情况，这是一种理想状态，实际情况多是压差先达到失效值，出水浊度上升滞后。C_R 为失效点时的出水浊度。失效点是由滤层特性和操作条件决定的，显然，人为规定的允许压差或允许浊度不同，失效点不一样，过滤周期也不同。

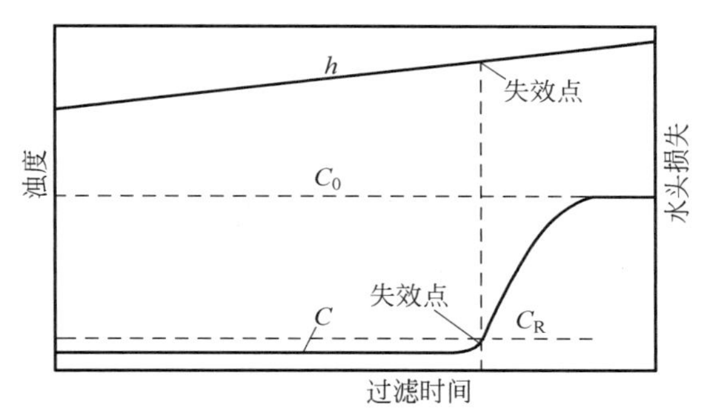

图 3-8 水头损失和出水水质的变化

随着过滤过程的进行，滤层中积累的悬浮颗粒量不断增加，滤层阻力逐渐增大，当水头损失达到某一允许值时，过滤装置就应停运而进行清洗。因此，研究过滤装置水头损失变化规律，对改善过滤水力条件，改善过滤效率是十分有意义的。由于仍缺乏滤层孔隙率在过滤过程中随时间以及高度变化的可靠理论，目前只能够计算过滤刚开始滤层处于清洁状态下的水头损失。

1. 清洁滤层水头损失

过滤开始时，滤层是干净的，水头损失较小。水流通过干净滤层的水头损失称清洁滤层水头损失或称起始水头损失。就普通砂滤装置而言，当滤速为 8～12m/h 时，该水头损失为 30～40cm 水柱。

在通常的滤速范围内，清洁滤层中的水流属层流状态。达西通过对层流状态下水流经砂层的水头损失的试验研究，提出了流速与水头损失的经验关系式，即达西定律：

$$\Delta H_0=\frac{vL}{K} \tag{3-8}$$

式中，ΔH_0——清洁滤层的水头损失，cm；

v——过滤速度，cm/s；

L——滤层高度，cm；

K——达西系数，即砂层和水流特性常数，由试验求得。

在达西之后，有许多专家提出了不同形式的水头损失计算公式，虽然公式有关常数或公式形式有所不同，但公式所包括的基本因素之间关系是一致的，计算结果相差也有限。这里仅对卡曼-康采尼(Carman-Kozony)公式作一简介。他们把滤层的孔隙通道看作类似圆形截面的毛细管，在试验基础上，得出了如下的计算水头损失的公式：

$$h_0=\frac{k}{g}\gamma\frac{(1-\varepsilon)^2}{\varepsilon^3}Lv\left(\frac{6}{\varphi d}\right)^2 \tag{3-9}$$

式中，h_0——滤层总水头损失，cm；

k——通过试验所得无因次系数；

g——重力加速度，cm/s^2；

γ——水的运动黏度，cm^2/s；

ε——滤料孔隙率；

L——滤层高度，cm；

v——过滤速度，cm/h；

φ——滤料颗粒球形度系数，参考表3-4和图3-9；

d——与滤料体积相同的球体直径，cm。

实际滤层是非均匀滤料。计算非均匀滤料层水头损失，可按筛分曲线将滤料分成若干层，取相邻两个筛子的筛孔孔径的平均值作为各层的计算粒径，则各层水头损失之和即为整个滤层总水头损失。设粒径为 d_i 的滤料质量占全部滤料质量之比为 p_i，则清洁滤层总水头损失为

$$H_0=\sum h_0=\frac{k}{g}\gamma\frac{(1-\varepsilon)^2}{\varepsilon^3}Lv\left(\frac{6}{\varphi}\right)^2\sum_{i=1}^{n}(p_i/d_i)^2 \tag{3-10}$$

分层数 n 越多，计算精确度越高。

表3-4 滤料颗粒球形度系数及孔隙率

序 号	形状描述	球形度系数 φ	孔隙率 ε
1	圆球形	1.0	0.38
2	圆形	0.98	0.38
3	已磨蚀的	0.94	0.39
4	较锐利的	0.81	0.40
5	有尖角的	0.78	0.43

由以上的公式可定性得出如下几个关系。

(1) 水头损失与滤速、滤层高度和水的黏度成正比，因此滤速与滤层高度应控制在合适

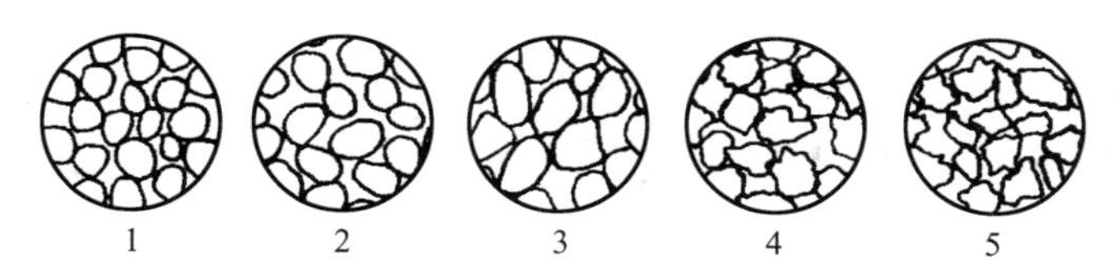

图 3-9　滤料颗粒形状示意图

（图中编号的意义同表 3-4）

的范围内。

（2）水头损失与滤料的球形度系数的二次方成反比，因此在生产中应尽量避免采用带有尖棱角的滤料。

（3）水头损失与滤料颗粒直径的二次方成反比，这说明细滤料对过滤不利。

2. 滤层中的负水头

在过滤过程中，当滤层截留了大量杂质以致滤层某一深度处的水头损失超过该处水深时，便出现负水头(negative loss)现象。图 3-10 表示过滤时滤层中的压力变化。各水压线与静水压力线之间的水平距离表示过滤时滤层中的水头损失。a～c 出现负水头，在 b 点负水头达到最大值。由于上层滤料截留杂质最多，故负水头通常出现在上层滤料中。一旦出现负水头，溶于水中的气体就会析出，并在滤层孔隙中积聚，形成气囊，使有效过滤面积减小，过滤时的水头损失及滤层中孔隙流速增加，严重时会影响出水水质。避免出现负水头的方法是增加滤层上面的水深，或者是提高出水管位置。

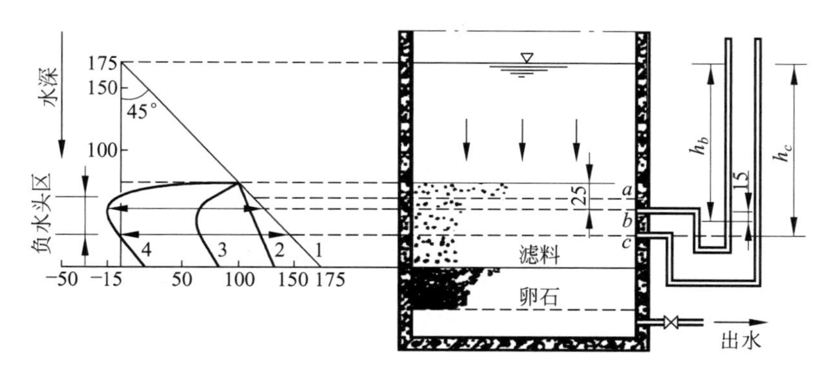

1—静水压力线；2—清洁滤料过滤时水压线；3—过滤时间为 t_1 时的水压线；

4—过滤时间为 t_2(t_2>t_1)时的水压线。

图 3-10　过滤时滤层内压力变化

3.1.5　滤层的清洗

过滤装置冲洗的目的是除去滤层中所截留的污物，使过滤装置恢复过滤能力。冲洗方法通常采用水流自下而上的反冲洗，简称反洗。目前常用的反冲洗方法有以下三种：一是高速水流反冲洗；二是先用空气搅动后再用高速水流反冲洗，或气-水混合进行反冲洗（图 3-11)；三是表面水冲洗辅助的高速水流反冲洗。

1. 反冲洗原理

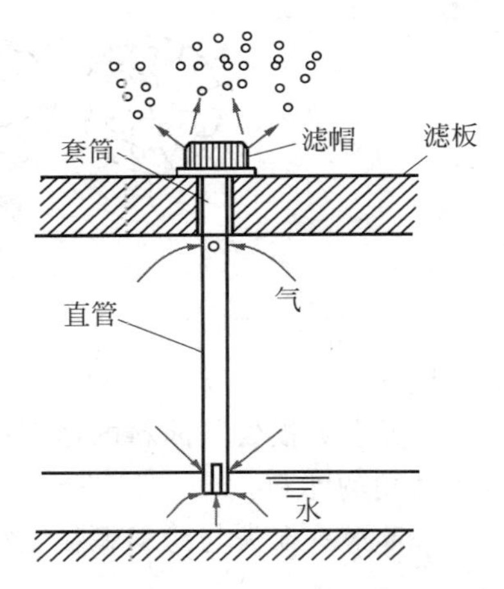

图 3-11 气-水同时冲洗时长柄滤头工况示意

目前普遍认为,无论是水反冲洗或气、水联合的反冲洗,截留在滤层中的污物,主要是在水流剪切力和滤料颗粒间碰撞摩擦双重作用下,从滤料表面脱落下来,然后被冲洗水带出过滤装置。剪切力与冲洗流速和滤层膨胀率有关,冲洗流速过小,滤层孔隙中水流剪切力小,冲洗流速过大,滤层膨胀率过大,滤层孔隙中水流剪切力也会降低。另外,反冲洗时滤料颗粒间相互碰撞摩擦概率也与滤层膨胀率有关。膨胀率过大,由于滤料颗粒过于离散,碰撞摩擦概率会减少;膨胀率过小,水流紊动强度过小,同样也会导致碰撞摩擦概率的下降。因此,应控制合适的滤层膨胀,保证有足够大的水流剪切力和滤料颗粒间的碰撞摩擦概率,从而获得良好的反冲洗效果。

2. 反冲洗条件的控制

1) 滤料膨胀率(e)

反冲洗时,滤层膨胀后所增加的高度与膨胀前高度之比,称滤层膨胀率(expansion efficient),常用百分比表示:

$$e=\frac{L-L_0}{L_0}\times 100\% \tag{3-11}$$

式中,L_0——滤层膨胀前高度,cm;

L——滤层膨胀后高度,cm。

式(3-11)计算所得的膨胀率是整个滤层的总膨胀率。在一定的总膨胀率下,上层小粒径滤料和下层大粒径滤料的膨胀率相差甚大。由于上层细滤料截留污物较多,因此反冲洗时应尽量满足上层滤料对膨胀率的要求,即总膨胀率不宜过大。但为了兼顾下层粗滤料的清洗效果,必须使下层最大颗粒的滤料达到最小流化程度,即刚开始膨胀的程度。生产实践表明,一般单层石英砂滤料膨胀率采用45%左右,煤-砂双层滤料选用50%左右,三层滤料取55%左右,可取得良好的反洗效果。

2) 反冲洗强度

反冲洗时,单位时间、单位过滤面积上反冲洗水量,称反冲洗强度(backwash rate),简称反洗强度,以 L/(m^2 · s)计。以流速量纲表示的反冲洗强度,称反冲洗流速,以 cm/s 计。

前面已讨论过,必须控制合适的滤层膨胀和反洗强度,才能获得良好的清洗效果。当然反洗强度的大小与滤料的密度也有关,滤料的密度越大,则需要的反洗强度越大。例如石英砂的反洗强度一般为 12~15L/(cm^2 · s),而密度较小的无烟煤为 10~12L/(cm^2 · s)。

3) 反洗时间

当反冲洗强度或膨胀率符合要求,但反洗时间不足时,也不能充分洗净包裹在滤料表面上的污物,同时冲洗下来的污物也因排除不尽而导致污物重返滤层。长此下去,滤层表面将形成泥膜。因此,必须保证一定的反洗时间。

实际生产中，冲洗强度、滤层膨胀率和冲洗时间根据滤料层不同可按表3-5选择。

表3-5　冲洗强度、膨胀率和冲洗时间

滤　层	冲洗强度/(L/(m^2·s))	膨胀率/%	冲洗时间/min
石英砂滤料	12～15	45	5～7
双层滤料	13～16	50	5～7
三层滤料	16～17	55	6～8

3. 滤料的结块及消除

由于滤池反洗不彻底或其他原因，经过较长一段时间运行，会发生滤池过滤效果恶化、过滤周期缩短的现象，在滤料中积累了一定数量的污物，甚至发生污物与滤料结成块状，反冲洗时冲洗不动，因此，运行情况更加恶化。

根据滤层中滤料结块的原因，滤料结块可以分为污泥结块、油泥结块和微生物及其排泄的黏泥结块。针对不同的结块类型采用不同的处理方法，一般常用的消除结块方法有如下几种。

(1) 加强反洗，可以增加反洗强度和延长反洗时间，也可以辅以压缩空气清洗，这对轻度污泥结块很有效。

(2) 卸出滤料，人工清洗。在结块严重时，将滤料卸出，进行人工清洗，以消除结块。

(3) 碱洗。适用于油泥结块，常用的药品有NaOH、Na_2CO_3等，可以将药品配成一定浓度的溶液注入滤池浸泡或进行循环冲洗。

(4) 杀菌清洗。对滤料中有机物生长形成大量黏泥而引起的结块，可向滤层中加入漂白粉或次氯酸钠，停止排水并浸泡1～2天，将生物杀死，再由反洗洗去。

3.1.6　配水系统

配水系统的作用在于使反冲洗水在整个过滤装置平面上均匀分布，同时过滤时可均匀收集过滤出水。配水系统的配水均匀性对反冲洗效果的影响很大。配水不均匀会造成部分滤层膨胀不足，而另一部分滤层膨胀过甚。在膨胀不足区域，滤料冲洗不干净；在膨胀过甚区域，会导致“跑砂”。当承托层卵石发生移动时，会造成“漏砂”现象。

目前，配水系统常有大阻力配水系统和小阻力配水系统两种基本形式。

1. 大阻力配水系统

快滤池中常用的是穿孔管大阻力配水系统，如图3-12所示。中间是一根干管(母管或干渠)，干管两侧接出若干根相互平行的支管。支管下方开两排小孔，与中心线成45°角交错排列，见图3-13。反冲洗时，水流自干管起端进入后，流入各支管，由支管孔口流出，再经承托层和滤料层流入排入槽。

1) 大阻力配水系统原理

图3-12所示配水系统中，a点和c点处的孔口流量差别最大，在不考虑承托层和滤料层的阻力影响时，根据水力学，孔口出流流量按式(3-12)、式(3-13)计算：

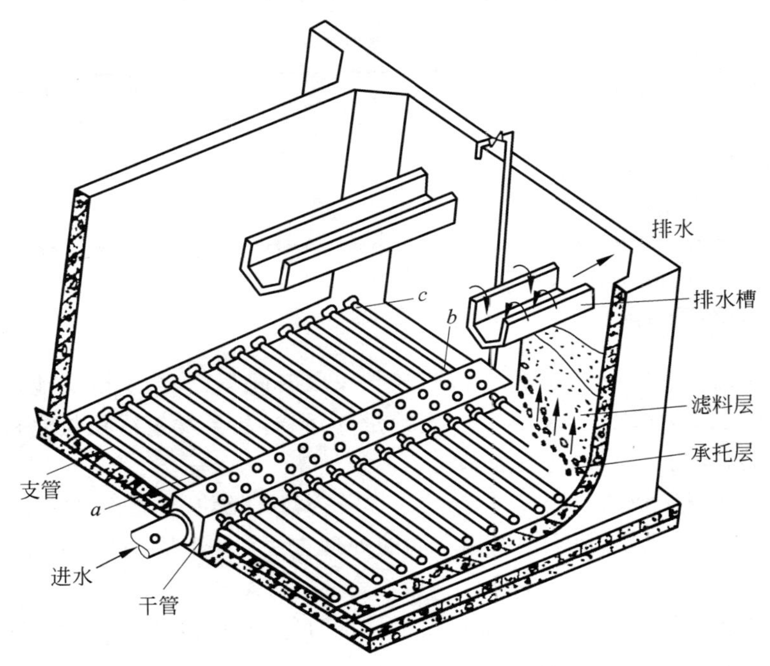

图 3-12 穿孔管大阻力配水系统

$$Q_a = \mu\omega\sqrt{2gH_a} \tag{3-12}$$

$$Q_c = \mu\omega\sqrt{2gH_c} \tag{3-13}$$

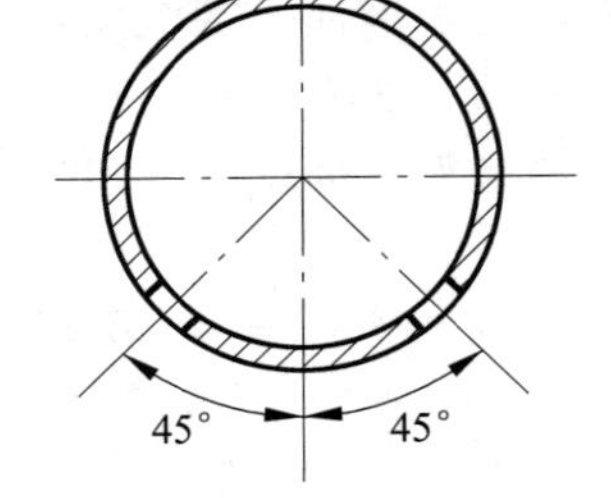

图 3-13 穿孔支管孔口位置

两孔口流量之比为

$$\frac{Q_a}{Q_c} = \frac{\sqrt{H_a}}{\sqrt{H_c}} \tag{3-14}$$

式中，Q_a、Q_c——分别为 a 孔和 c 孔出流流量；

H_a、H_c——分别为 a 孔和 c 孔压力水头损失；

μ——孔口流量系数；

ω——孔口面积；

g——重力加速度。

式(3-14)说明，配水均匀性取决于 a、c 两孔处的压力水头 H_a 与 H_c 的相对大小。配水均匀时，要求 $Q_a/Q_c \geqslant 95\%$，即不均匀性低于5%。

假设各支管入口处局部水头损失相等，则 a 孔和 c 孔处的压头有如下关系：

$$H_c = H_a + \frac{1}{2g}(v_o^2 + v_a^2) \tag{3-15}$$

式中，v_o——干管起端流速；

v_a——支管起端流速。

因此有

$$\frac{Q_a}{Q_c}=\frac{\sqrt{H_a}}{\sqrt{H_c}}=\frac{\sqrt{H_a}}{\sqrt{H_a+\frac{1}{2g}(v_o^2+v_a^2)}} \tag{3-16}$$

式(3-16)给我们提供了提高配水均匀性的两个基本途径：①增大 H_a，亦即增大孔口水头损失，使 $H_c \approx H_a$，Q_a/Q_c 趋近于1，这就是大阻力配水的基本原理；②降低干管和支管流速，削弱$\frac{1}{2g}(v_o^2+v_a^2)$的影响，同样可使 $H_c \approx H_a$，Q_a/Q_c 趋近于1，这就是小阻力配水的基本原理。

大阻力配水系统的物理含义是：在反冲洗时悬浮滤料层过水断面上阻力不均匀造成的影响被配水系统孔隙的大阻力消除。大阻力配水系统水头损失一般大于3m。

2）大阻力配水系统主要设计参数

（1）干管起端流速1～1.5m/s；

（2）支管起端流速1.5～2.5m/s；

（3）支管间距200～300mm；

（4）支管孔径9～12mm；

（5）孔间距离75～300mm；

（6）孔隙总面积占过滤截面面积的0.2%～0.25%。

2. 小阻力配水系统

大阻力配水系统的优点是配水均匀性较好，当滤层或其他部位运行中有阻力不均匀时，造成的水流不均匀也可减少到很低程度；但大阻力配水系统结构较复杂，孔口水头损失大，要求进水压头高。因此，对冲洗水头有限的无阀滤池和虹吸滤池等重力式滤池，大阻力配水系统不能采用，可以采用小阻力配水系统。

小阻力配水系统中水流流经配水系统的阻力小，水头损失一般在0.5m水柱以下。

小阻力配水系统的结构通常采用格栅式、尼龙网式和滤帽式等，图3-14和图3-15为常见的小阻力配水系统示意图。

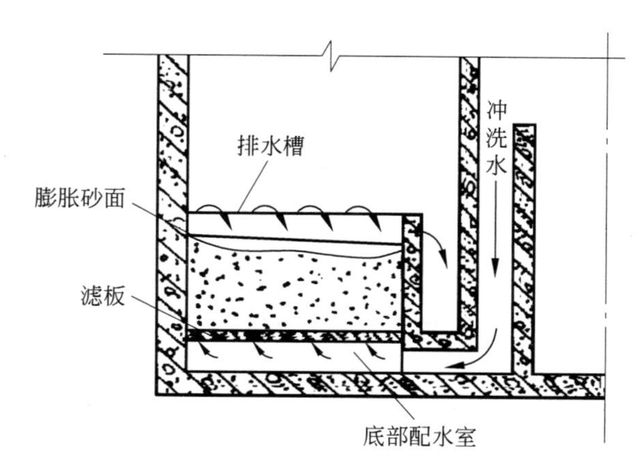

图3-14 小阻力配水系统滤池

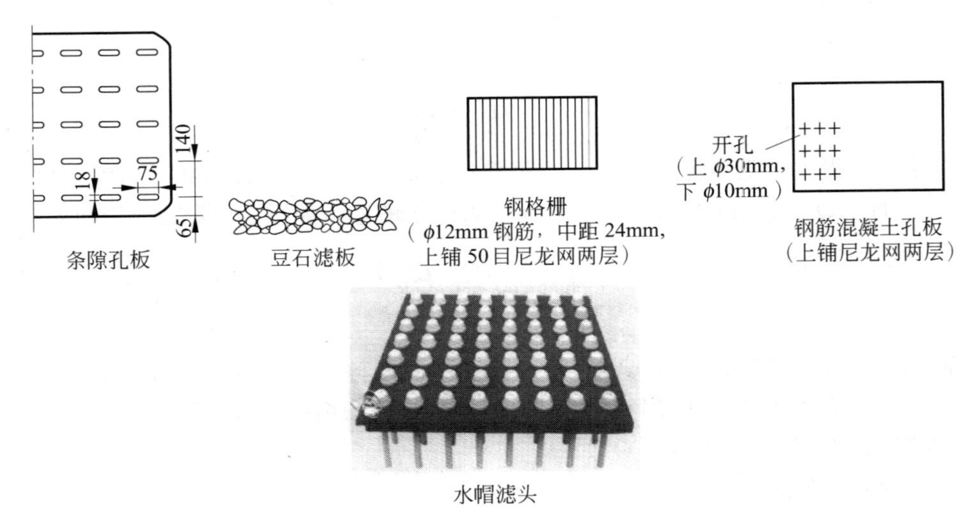

图3-15 小阻力配水系统

小阻力配水系统的主要缺点是配水均匀性不如大阻力配水系统，由于它的阻力较小，它对水流的控制能力较差，如配水系统压力稍有波动或滤层阻力稍有不均匀，就会影响水流分布的均匀性。

3. 承托层

承托层(supporting layer)的作用是支承滤料，防止滤料从配水系统中流失，要求在反冲洗时保持稳定，并对均匀配水起协助作用。目前，承托层主要指敷设于滤料层与配水系统之间的卵石层。

承托层通常由若干层卵石，或者破碎的石块、重质矿石构成，并按上小下大的顺序排列，最常用的材料是卵石。承托层最上一层与滤料直接接触，根据滤料底部的粒度来确定材料的尺寸，最下一层承托层与配水系统接触，需根据配水孔的大小来确定材料的尺寸，大致按孔径的4倍考虑。最下一层承托层的顶部至少应高于配水孔口100mm。常用于大阻力配水系统的承托层规格见表3-6。

表3-6 承托层的组成和厚度 单位：mm

层次(自上而下)	粒　径	厚　度
1	2～4	100
2	4～8	100
3	8～16	100
4	16～32	100

3.2 粒状介质过滤设备

粒状介质过滤设备类型众多，很难进行归纳分类，因此我们只能按它们的某些特点进行相对区分。例如，按水的流向可分为下向流、上向流和双流式过滤设备；按运行工况可分为等速过滤和减速过滤两类；按滤层的组成可分为单层和多层滤料过滤设备；按工作压力可分为压力式和重力式两类过滤设备。本书主要介绍按工作压力分类的常用过滤设备。

3.2.1 压力式过滤器

所谓压力式过滤器(pressure filter)，是指过滤器在一定压力下进行过滤，通常用泵将水输入过滤器，过滤后，借助剩余压力将过滤水送到其后的用水装置。这种过滤器的本体是一个由钢板制成的圆柱形密闭容器，故属受压容器，为防止压力集中，容器两端采用椭圆形或碟形封头。容器的上部装有进水装置及排空气管，下部装有配水系统，在容器外配有必要的管道和阀门。压力式过滤器也称机械过滤器，分竖式和卧式，都有现成产品，直径一般不超过 3m，卧式过滤器长度可达 10m。目前常用的压力式过滤器有单层滤料过滤器、双流式过滤器和多层滤料过滤器。

1. 单层滤料过滤器

单层滤料过滤器是一种最简单的压力式过滤器，常称为普通过滤器，其结构如图 3-16 所示。滤料一般为石英砂或无烟煤(石英砂居多)，滤层高度在 1.0m 左右，滤速为 8～12m/h。

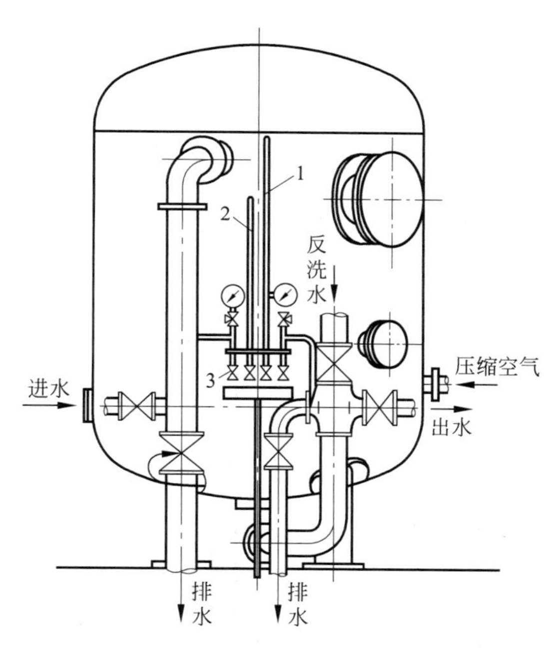

1—空气管；2—监督管；3—采样阀。

图 3-16 普通过滤器

过滤时，水经过进水装置均匀地流过滤料层，由配水装置收集后流入清水箱或直接送到后续水处理设备。过滤器运行到水头损失达到允许值(一般为 0.05～0.1MPa)，过滤器应停运，进行反冲洗。经反冲洗后，由于水力筛分作用，使滤料排列成上小下大状态，这是普通过滤器的一个特点，正是这一特点决定了这种过滤器在滤层中截留的悬浮颗粒分布不均匀，即被截留的悬浮颗粒量沿滤层深度逐渐减小，致使水头损失增加快，过滤周期较短。当过滤器失效时,滤层下部滤料的工作能力未能得到充分发挥,因此,从整体上看,普通过滤器是一种表层过滤装置,它的截污能力和滤料的有效利用率较低。

2. 双流式过滤器

由于普通式过滤器的下层滤料不能充分发挥截污作用,人们设想将需过滤的水同时从上和从下进入过滤器,经过滤的水从滤层中间某一部位流出,这就避免了普通过滤器的不足,这就是双流式过滤器的工作原理,其结构示意图见图3-17。

在这种过滤器中,上部滤层的运行方式与普通过滤器相同,下部滤层则为反粒度的过滤方式。上部滤层的运行方式可防止下部滤层的上向过滤过程中的滤层膨胀。

由于现有的双流式过滤器的设计是按运行初期上下部出水量大致相等的原则来考虑的,因此,在总流量不变时到过滤后期,下部出水量约占总出水量的80%。

双流式过滤器与普通过滤器结构上的不同在于前者设有中间排水装置。双流式过滤器的滤层总高为2.1～2.4m,中间排水装置设在离表层0.6～0.7m的滤层中,滤料为石英砂时,平均粒径宜采用0.8～0.9mm,K_{80}为2.5～3,过滤速度通常为12m/h左右。

双流式过滤器失效后通常以如下方式进行清洗：先用压缩空气擦洗5～10min,接着从中间排水装置送入反冲洗水,冲洗上部滤层,然后停止输入压缩空气,从下部和中间排水装置同时进水反洗整个滤层。

已有双流式过滤器在运行中的问题是：冲洗不彻底,滤料清洗不净,容易造成污泥积累,甚至结块。

3. 多层滤料过滤器

多层滤料过滤器(multi-media filter)的结构及运行方式与单层滤料过滤器基本相同,图3-18为双层滤料过滤器结构示意图。由于这类过滤器的过滤方式基本上属于反粒度过

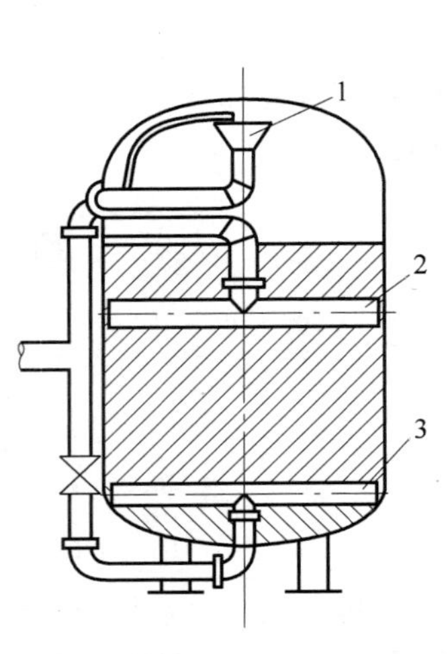

1—进水装置；2—中间排水装置；
3—配水装置。

图3-17 双流式过滤器

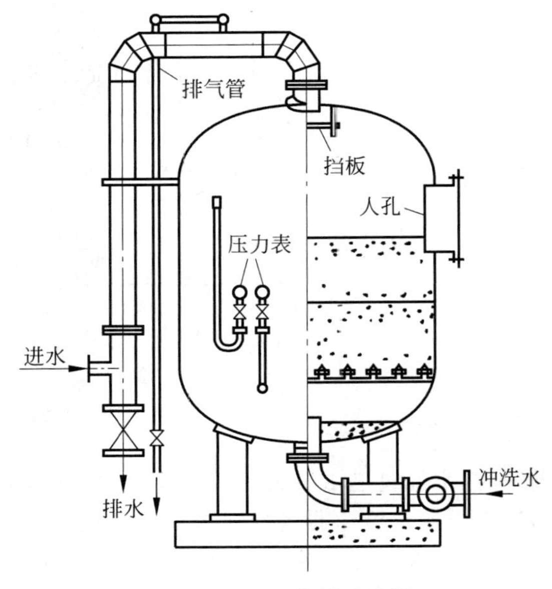

图3-18 双层滤料过滤器

滤，所以滤层截污能力强，出水水质好，过滤周期长。当原水浊度较小时，可以直接利用这种过滤设备进行过滤，通常条件下，滤速可达 12～16m/h。

生产实践表明，使用多层滤料过滤器时，需注意选择不同滤料颗粒大小的级配和反冲洗强度，因为这影响到不同滤料的相互混杂，最终会影响到过滤效果。双层滤料的级配通常为石英砂 0.5～1.2mm、无烟煤 0.8～1.8mm，水反冲洗强度为 13～16L/(m^2·s)。

4. 卧式过滤器

在水处理量大的场合可以将过滤装置设计为卧式过滤器，如图 3-19 所示。

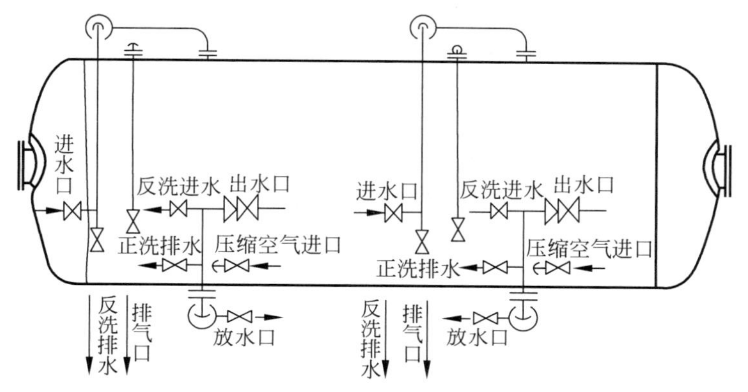

图 3-19 卧式过滤器

为了防止反洗时流量太大及减少反洗时水流不均匀危害，卧式过滤器通常制成多室，每一室相当于一个单流式过滤器，因此它与多台单流式过滤器相比具有设备体积小、占地面积小、投资少的优点。

卧式过滤器运行方面有如下特点：①单台设备出力大；②由于滤层过滤面积上部大、下部小，因此是等流量变流速过滤，这与上部滤层截留污物多、下部滤层截留污物少的特点相对应；③由于过滤面积大，反洗水量很大，往往难以同时供应反洗水，所以反洗时通常不是同时进行反洗，而是分室反洗。

3.2.2 重力式滤池

所谓重力式滤池(gravity filter)，是指依靠水自身重力进行过滤的过滤装置，它通常是用钢筋水泥制成的构筑物，所以滤池的造价比压力式过滤器低，而且宜做成较大的过滤设备。滤池的种类很多，这里仅介绍常用的几种。

1. 普通快滤池

普通快滤池(fast filter)应用较早，也较为广泛，其构造如图 3-20 所示。普通快滤池通常有四个阀门，包括控制过滤进水和出水用的进水阀、出水阀，控制反洗进水和排水用的冲洗水阀、排水阀，因此普通快滤池也称四阀滤池。

普通快滤池过滤时，关闭冲洗水阀和排水阀，开启进水阀和出水阀。浑水经进水总管、进水支管和浑水渠进入滤池。再通过滤料层、承托层后，滤后清水由配水系统支管收集，从

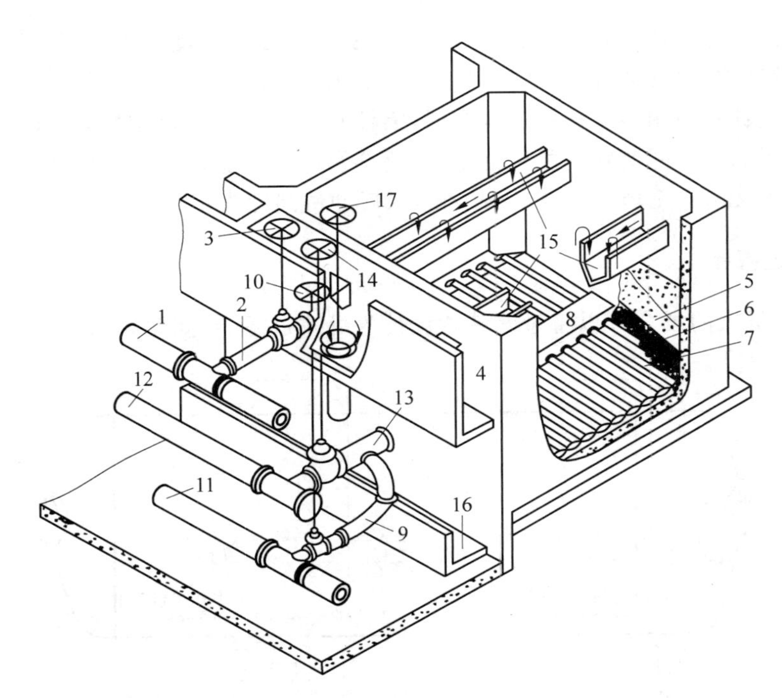

1—进水总管；2—进水支管；3—进水阀；4—浑水渠；5—滤料层；6—承托层；
7—配水系统支管；8—配水干渠；9—清水支管；10—出水阀；11—清水总管；
12—冲洗水总管；13—冲洗支管；14—冲洗水阀；15—排水槽；16—废水渠；17—排水阀。

图 3-20　普通快滤池的构造

配水干渠、清水支管、清水总管流往清水池。随着滤层中截留杂质的增加，滤层的阻力随之增加，滤池水位也相应上升。当池内水位上升到一定高度或水头损失增加到规定值(一般为19.8～24.5kPa)时，应停止过滤，进行反洗。

反洗时，关闭出水阀和进水阀，开启冲洗水阀和排水阀。反冲洗水依次经过冲洗水总管、冲洗支管、配水干渠和配水系统支管，经支管上孔口流出再经承托层均匀分布后，自下而上通过滤料层，滤料层得以膨胀、清洗。冲洗废水流入排水槽，经浑水渠、排水管和废水渠排入地沟。冲洗结束后，重新开始过滤。

2. 无阀滤池

无阀滤池(non-valve filter)因没有阀门而得名，其特点是过滤和反冲洗自动周而复始地进行。重力式无阀滤池的构造如图3-21所示。

无阀滤池过滤时，经混凝澄清处理后的水，由进水分配槽、进水管及配水挡板的消能和分散作用，比较均匀地分布在滤层的上部。水流通过滤层、装在垫板上的滤头，进入集水空间，滤后水从集水空间经连通管上升到冲洗水箱，当水箱水位上升达到出水管喇叭口的上缘时，便开始向外送水至清水池，水流方向如图中箭头方向所示。

过滤刚开始时，虹吸上升管与冲洗箱中的水位的高差 H_0 为过滤起始水头损失，一般在20cm左右。随着过滤的进行，滤层截留杂质量的增加，水头损失也逐渐增加，但由于滤池的进水量不变，使虹吸上升管内的水位缓慢上升，因此保证了过滤水量不变。当虹吸上升管

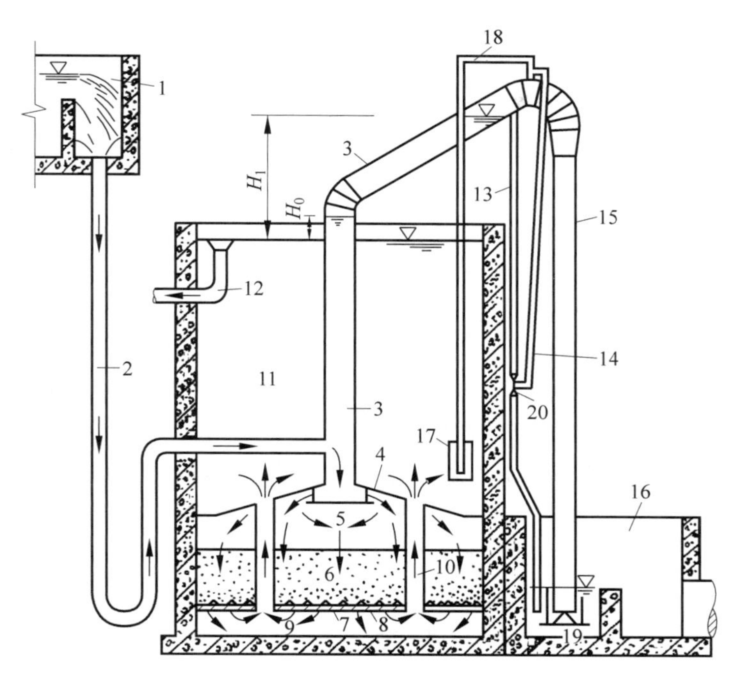

1—进水分配槽；2—进水管；3—虹吸上升管；4—顶盖；5—配水挡板；6—滤层；7—滤头；8—垫板；9—集水空间；10—连通管；11—冲洗水箱；12—出水管；13—虹吸辅助管；14—抽气管；15—虹吸下降管；16—排水井；17—虹吸破坏斗；18—虹吸破坏管；19—锥形挡板；20—水射器。

图 3-21 重力式无阀滤池的构造

内水位上升到虹吸辅助管的管口时(这时的水头损失 H_T 称为期终允许水头损失，一般为1.5～2.0m)，水便从虹吸辅助管中不断流进水封井内，当水流经过抽气管与虹吸辅助管连接处的水射器时，就把抽气管及虹吸管中空气抽走，使虹吸上升管和虹吸下降管中水位很快上升，当两股水流汇合后，便产生了虹吸作用，冲洗水箱的水便沿着与过滤相反的方向，通过连通管，从下而上地经过滤层，使滤层得到反冲洗，冲洗废水由虹吸管流入水封井溢流到排水井中排掉，就这样自动进行冲洗过程。

随着反冲洗过程的进行，冲洗水箱的水位逐渐下降，当水位降到虹吸破坏斗以下时，虹吸破坏管会将斗中的水吸光，使管口露出水面，空气便大量由破坏管进入虹吸管，虹吸被破坏，冲洗结束，过滤又重新开始。

无阀滤池设计运行中的主要特点如下。

(1) 由于冲洗水箱容积有限，冲洗过程中反洗强度变化的梯度较大，末期冲洗效率较差。为保证冲洗效率并避免滤池高度过高，设计中常采用两个滤池合用一个冲洗水箱，这种滤池称为双格滤池，无阀滤池一般均按一池二格设计。另外，在反冲洗过程中，滤池仍在不断进水，并随反冲洗水一起排出，造成浪费。为解决此问题，可在进水管上安装阀门，改为单阀滤池，当反洗时停止进水。

(2) 进水分配槽的作用是，通过槽内堰顶溢流使二格滤池独立进水，并保持进水流量相等。

(3) 进水管 U 形存水弯的作用是防止滤池冲洗时，空气通过进水管进入虹吸管而破坏虹吸,U形存水弯底部标高要低于水封井的水面。

(4) 无阀滤池的自动反洗,只有在滤池的水头损失达到期终的允许水头损失值 H_T 时才能进行。如果滤池的水头损失还未达到最大允许值而因某些原因(如出水水质不符合要求)需要提前反洗时,可进行人工强制冲洗。为此,须在无阀滤池中设置强制冲洗装置。

(5) 无阀滤池是用低水头反冲洗,因此只能采用小阻力配水系统。

3. 虹吸滤池

虹吸滤池(siphon filter)的主要特点是:利用虹吸作用来代替滤池的进水阀门和反冲洗排水阀门操作,依靠滤池滤出水自身的水头和水量进行反冲洗。

虹吸滤池一般是由6～8格滤池组成的一个整体,通称"一组滤池"或"一座滤池"。一组滤池平面形状可以是圆形、矩形或多边形,而以矩形为多。这是因为圆形和多边形的虹吸滤池,其施工比较复杂,反冲洗时的水力条件也不如矩形滤池好。但为了便于说明虹吸滤池的基本构造和工作原理,以圆形平面为例。图3-22为由6格滤池组成的、平面形状为圆形的一组滤池剖面图,中心部分为冲洗废水排水井,6格滤池构成外环。

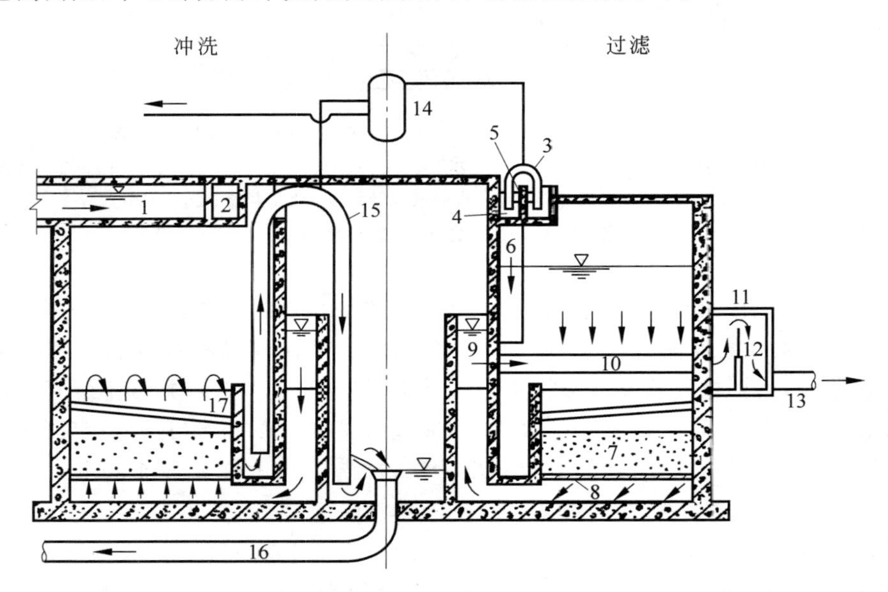

1—进水槽;2—配水槽;3—进水虹吸管;4—单元滤池进水槽;5—进水堰;6—布水管;7—滤层;8—配水系统;9—集水槽;10—出水管;11—出水井;12—出水堰;13—清水管;14—真空罐;15—冲洗虹吸管;16—冲洗排水管;17—冲洗排水槽。

图3-22 虹吸滤池的构造

图3-22右半部表示过滤的情况。经过混凝澄清的水,由进水槽流入滤池的环形配水槽,经进水虹吸管流入每个单元滤池进水槽,再从进水堰溢流进入布水管进入滤池。进入滤池的水依次通过滤层、配水系统进入环形集水槽,再由出水管流入出水井,最后经过出水堰、清水管流入清水池。

随着过滤过程的进行,过滤水头损失不断增加,由于出水堰上的水位不变,因此滤池内的水位会不断上升,当某一单元滤池内水位上升至设定的高度时,即表明水头损失已达到最大允许值(一般采用 1.5～2.0m),这一单元滤池就需要进行冲洗。

图 3-22 左半部表示冲洗的情况。当冲洗某一单元滤池时,首先破坏该单元滤池进水虹吸管的真空,使该单元滤池停止进水,滤池水位迅速下降,到达一定水位时,就可以开始冲洗。反洗是利用真空罐抽出冲洗虹吸管中的空气,使其形成虹吸,并把滤池中的存水通过冲洗虹吸管抽到池中心下部,再由冲洗排水管排走。此时滤池内的水位下降,当集水槽的水位与池内水位形成一定水位差时,反冲洗就开始。此时其他工作着的滤池的全部过滤水量都通过集水槽进入被冲洗的单元滤池的底部集水空间,用于滤层冲洗。当滤层冲洗干净后,破坏冲洗虹吸管的真空,冲洗停止,然后再启动进水虹吸管,滤池重新开始过滤。

集水槽与冲洗排水槽的槽顶的高差称为冲洗水头,冲洗水头一般采用 1.0～1.2m,滤池的平均冲洗强度一般为 10～15L/(m^2 · s),冲洗历时 5～6min。一个单元滤池在冲洗时,其他滤池会自动调整增加滤速使总处理水量不变。由于滤池的冲洗水是直接由集水槽供给的,因此一个单元滤池冲洗时,其他单元滤池的总出水量必须满足冲洗水量的要求。

虹吸滤池在过滤时,由于出水堰顶高于滤料层,故过滤时不会出现负水头现象。

由于用来冲洗的水头较小,因此虹吸滤池应采用小阻力配水系统。

4. 重力式空气擦洗滤池

重力式空气擦洗滤池(gravity air-scour filter)是在无阀滤池基础上演变而来的,其结构和工作原理与无阀滤池基本相同,但它克服了无阀滤池虹吸上升管过高及滤料无法进行空气擦洗导致有时清洗不干净的缺点。

1) 滤池结构

空气擦洗滤池的结构如图 3-23 所示。该滤池的结构与无阀滤池的主要不同点:①虹吸管的高度比无阀滤池低很多,它从滤池顶盖上接出后即行下弯,并在虹吸下降管上装反洗排水门;②顶盖上装有一水位管,称为水头损失计,用以显示滤层的水头损失情况;③连通管移至池体外,并增加反洗连通门;④增加必要的阀门。

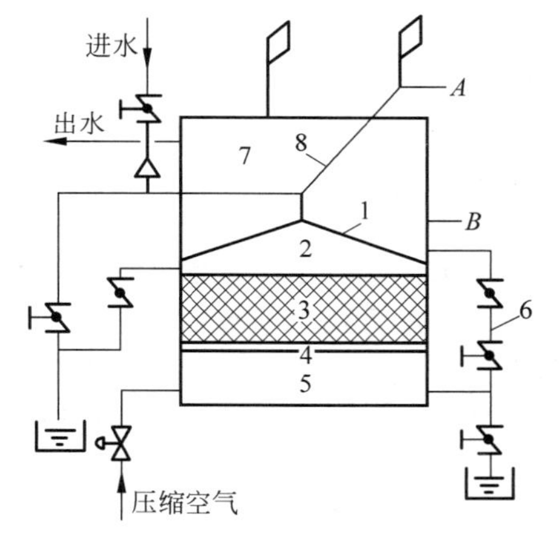

1—过滤室顶盖;2—反洗膨胀空间;3—滤料层;4—配水配气装置;5—集水室;6—连通管;7—冲洗水箱;8—水头损失计;A—高水位点;B—低水位点。

图 3-23　空气擦洗滤池的结构

2) 滤池工作过程

过滤和反冲洗两个过程交替循环进行。

过滤过程与无阀滤池相同,即经过澄清处理后的水,送入过滤室后,均匀通过滤料层进入下部集水室,经连通管流至上部冲洗水箱完成过滤过程。

滤池反冲洗的形成和终止是由水位管上高低水位信号指令反洗排水门的开和关来实现的。随着过滤时间的延长,滤层截留的悬浮物增多,水流阻力增大,水头损失计管内的水位相应升高。当水位上升到高水位 A 点处时,由水位信号发出指令,开启反冲洗排水门。由于排水导致滤层上部压力急剧下降,促使冲洗水箱的水经连通管倒流,由下而上通过滤料层,这便是滤层的反冲洗。空气擦洗时,先将滤层上部积水放至一定水位,再通过控制系统开启压缩空气阀门,从滤层下部通入压缩空气进行擦洗。

在反冲洗过程中,冲洗水箱中的水位逐渐下降,当水位降至低水位 B 点处时,关闭反冲洗排水门,反冲洗结束。然后开启进水门,过滤过程重新开始。

高水位信号 A 点至冲洗水箱初始水位的高度即为滤池过滤终止时的允许水头损失(一般为1.5～2.0m),低水位信号 B 点在水箱中的深度决定了反冲洗时间和反冲洗水量。

5. 变孔隙滤池

变孔隙滤池采用比通常滤料粒径更大的滤料和另一种细粒滤料按一定比例混合而成的滤床。

变孔隙滤池主要使用的是粗滤料,它依靠整个滤层进行过滤,这样避免了普通滤池的滤层表面过滤,降低了滤层阻力,也避免了悬浮物颗粒的过早穿透,还可以提高滤速;细滤料的加入并在滤层中混匀,极大地降低了粗滤料的孔隙率,提高了水中细小颗粒的絮凝作用,更有利于对细小颗粒的去除,也极大地提高了滤池的截污能力。

变孔隙过滤与一般过滤相比最大的区别在于滤料。由于是深床层过滤,其过滤床层厚达1500mm,由粗砂和细砂混合组成。滤料粒径及级配关系通常为:粗砂1.2～2.8mm,细砂1.0～0.5mm。其中,细滤料所占比例一般在10%以下。

3.3 其他过滤工艺

3.3.1 纤维过滤

水的过滤技术已有数百年的发展历史,迄今国内外仍普遍采用粒状介质作为过滤材料(如石英砂、无烟煤等)。用这类滤料的过滤装置都存在过滤速度、截污容量、出水水质等不能进一步提高的问题。近年来为提高水的过滤效率,各国都重视开发以合成纤维为滤料的过滤器。目前纤维过滤器主要有纤维球过滤器和纤维束过滤器两种。

1. 纤维球过滤器

1982年日本尤尼奇卡公司首创了用聚酯纤维做成球状(或扁平椭圆体)的纤维球滤料过滤器,随后我国也研制成功了涤纶做成的纤维球过滤器(ball-fiber filter)。纤维球过滤器的结构与普通过滤器相似。

作为滤料的纤维球在滤层上部比较松散,基本呈球状,球间孔隙比较大,越接近滤层下部,纤维球由于自重及水力作用堆积得越密实,纤维相互穿插,形成了一个纤维层整体。于是整个滤层的上部孔隙率较大,下部孔隙率较小,近似理想过滤器的孔隙分布。运行实践表明,纤维球过滤器的过滤速度为砂滤池的3～5倍;相同滤速时,纤维球的过滤周期比砂滤料长3倍左右,比煤砂双层滤料长1倍;并能有效去除微米级颗粒。但纤维球过滤器存在失效后反冲洗效果差的问题,使纤维球过滤器的应用受到限制。

2. 纤维束过滤器

纤维束过滤器(bundle-fiber filter)是在纤维球过滤器基础上发展起来的,它克服了纤维球过滤器的出水水质和反洗效果方面的不足，因此近年来应用较多。

1）纤维束过滤器的结构及运行

纤维束过滤器目前已得到应用的有胶囊挤压式纤维过滤器(图 3-24(a))和浮动纤维水力调节密度过滤器(图 3-24(b))。它们的本体结构与普通过滤器基本相同，内部滤料是悬挂一定密度的合成纤维，水自下而上流过滤层进行过滤。

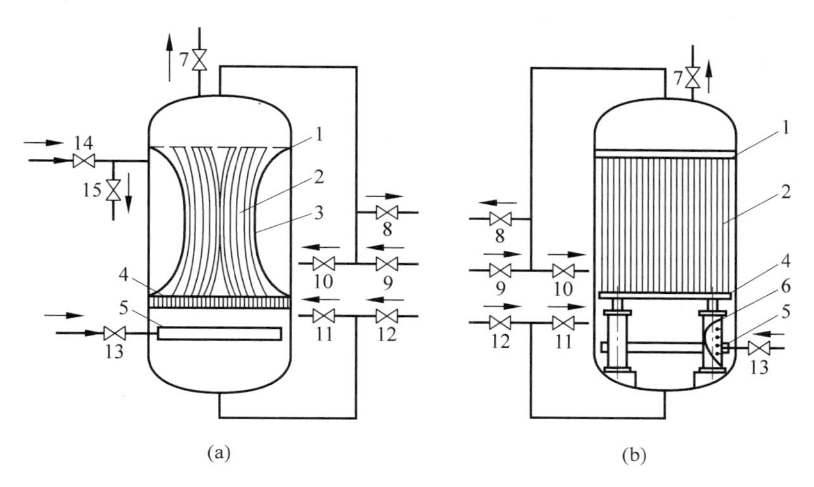

1—上孔板；2—纤维束；3—胶囊；4—活动孔板(线坠)；5—配气管；6—控制器；7—排空气门；8—出水门；9—清洗水入口门；10—上向洗排水门；11—下向洗排水门；12—进水门；13—压缩空气进口门；14—胶囊充水进口门；15—胶囊排水门。

图 3-24 纤维束过滤器

(a) 胶囊挤压式纤维过滤器；(b) 浮动纤维水力调节密度过滤器

目前常用丙纶纤维作过滤材料，这是因为丙纶纤维具有高的抗张强度($400kg/cm^2$ 左右)、化学稳定性好、吸水率低(0.1%)、比表面积大、水流阻力小等优点。它的结构上无活性基团，因此对水中悬浮杂质的吸附属于物理吸附。

胶囊挤压式纤维过滤器内上部为多孔板，板下悬挂丙纶长丝，在纤维束下悬挂活动孔板(线坠)，活动孔板的作用是防止运行或清洗时纤维相互缠绕和乱层，另外也起到均匀布水和配气作用，在纤维的周围或内部装有密封式胶囊，将过滤器分隔为加压室和过滤室。根据过滤器的直径不同，胶囊装置分为外囊式和内囊式两种，图 3-24(a)是外囊式过滤器。运行时，首先将一定体积的水充至胶囊内，使纤维形成压实层，该压实层的纤维密度由充水量而定。过滤水自下而上通过纤维滤层，到达过滤终点后，将胶囊中的水排掉，此时过滤室内的纤维又恢复到松散状态，然后在下向清洗的同时通入压缩空气，在水的冲洗和空气擦洗过程中，纤维不断摆动造成相互摩擦，从而将附着悬浮杂质的纤维表面清洗干净。

浮动纤维水力调节密度过滤器的内部结构与胶囊挤压式纤维过滤器的不同点在于没有胶囊加压装置，而设有控制下孔板的控制装置。下孔板与控制器相连，其作用是控制下孔板移动时的水平度和垂直度，并限制孔板的移动速度和上、下限。该过滤器是利用纤维的柔性及常温下纤维密度与水的密度基本相等、能稳定地悬浮在水中的特点运行的。在上升水流的驱动下，纤维层随之向上移动，由于上孔板的阻隔，纤维弯曲亦被压缩，形成过水断面密度均匀的压实层，由于滤层纵向各点的水头损失逐渐变化，致使滤层的孔隙率由下而上呈递减状态,这就形成了理想的反粒度过滤装置。清洗时,清洗水自上而下流经滤层,将纤维拉直,再由下部通入压缩空气,利用气、水联合清洗,将纤维洗净。

运行实践证明,纤维束过滤器的出水水质浊度通常可达1~2NTU,水头损失小,最大水头损失不超过2m,运行滤速可达30m/h以上,截污容量为普通砂滤器的3~5倍,对水中胶体、大分子有机物、细菌等微小杂质也有显著的去除作用。

2) 纤维束过滤器过滤特点分析

(1) 纤维吸附悬浮物的性能

纤维滤料的直径在几十微米左右,其比表面积比石英砂等粒状介质滤料大得多,这对悬浮物在纤维表面的吸附是十分有利的;另外,由于选用的是不带任何功能基团的高分子材料,以物理吸附为主,吸附的结合势能较弱,所以纤维表面吸附的污物可用水和压缩空气擦洗的物理方法清除。

(2) 过滤过程中纤维滤料层状态

随着过滤过程的进行,纤维滤料层始终保持空隙由大到小这一理想排列方式(即通常称为反粒度过滤)。这样不仅提高了出水水质,而且充分发挥了全部纤维滤料的截污能力,这也是这种过滤器具有高的截污容量的原因。

(3) 纤维滤层的过滤作用

过滤器内的纤维层由于胶囊的加压作用,使其形成不同密度区域。在松散区,主要发生接触凝聚作用,该区域截留较大的颗粒物;在紧密区,主要发生吸附架桥作用,该区域截留较小的颗粒物;在压实区,主要发生机械筛滤作用,相当于精密过滤。因此,该过滤器对微小杂质有较高的去除率。

3.3.2 盘式过滤器

盘式过滤器又称叠片过滤器,多个盘式过滤器并联可实现自动清洗、连续供水。

1. 盘式过滤器工作原理

盘式过滤器由一组双面带不同方向沟槽的聚丙烯盘片组成,许多块盘片叠加,构成过滤单元。相邻两盘面上的沟槽形成不规则的水流通道,如图3-25所示。这种水流通道由外圈向里圈不断缩小,所以,水流通过时,杂质由大到小被逐级拦截。

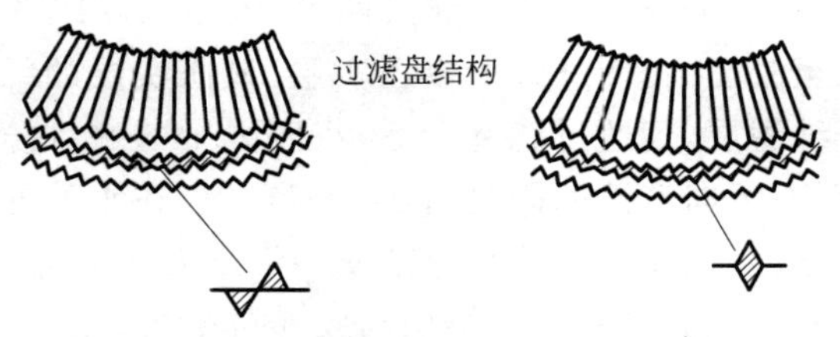

图3-25 盘片沟槽形成的两种过滤通道形状

过滤过程中,盘片在弹簧力和水力作用下被紧密地压在一起,如图3-26所示。当水从压紧的盘片四周向内圈前进时,大颗粒杂质在盘片外圈被拦截,这是表面过滤,剩余小颗粒进入沟槽后向内圈前进,由于水流通道逐渐变小,从而各种粒径细小颗粒由大到小被拦截在沿途通道中，这是深层过滤。

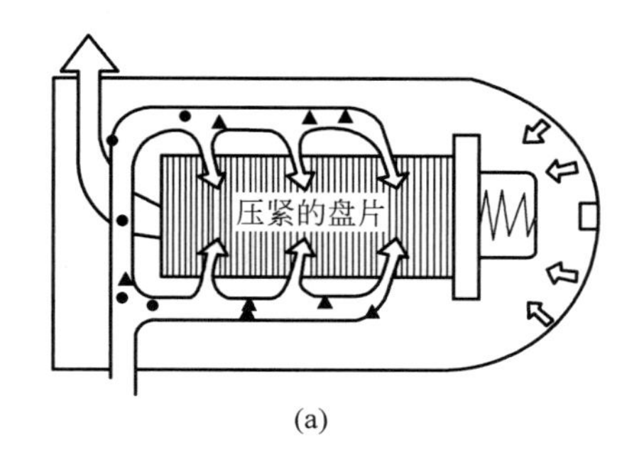

(a)

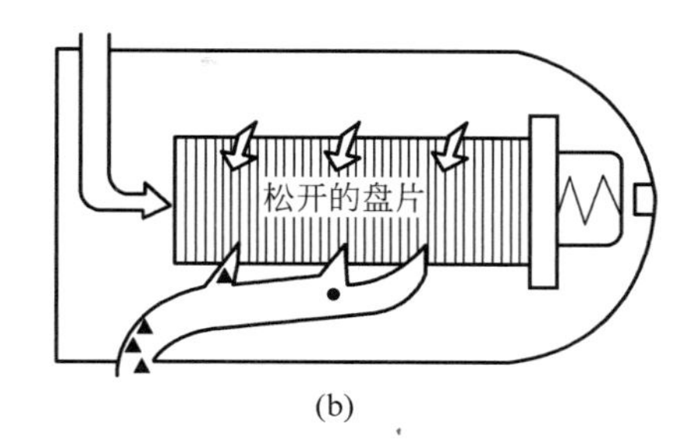

(b)

图 3-26 盘式过滤器的过滤与反洗状态

(a) 工作状态；(b) 反洗状态

反洗过程中，反洗水流将弹簧顶开，盘片间呈疏松状态，而且位于滤芯中央的喷嘴沿切线喷水，使盘片旋转，在水流的冲刷与盘片高速旋转离心作用下，截留的颗粒物被冲洗出去。

盘式过滤器通常由 2～11 个盘式过滤单元并联成一组，单元轮流清洗，全组连续供水。

2. 盘式过滤器特点

(1) 精确过滤。可根据用水要求选择不同精度的过滤盘片，通常有 20μm、50μm、100μm、200μm 等多种规格，过滤比大于 85%。

(2) 彻底高效反洗。由于反洗时将过滤孔隙完全打开，加上离心喷射水作用，达到了其他过滤器无法达到的清洗效果。反洗过程只需 20s 左右即可完成，反洗水耗约为 0.5%。

(3) 全自动运行、清洗，连续出水，用时间和压差控制反洗启动。在过滤器组套内，各个过滤单元按顺序进行反洗。工作、反洗状态之间自动切换，确保连续出水，系统压力损失小(过滤时压力损失一般为 0.001～0.08MPa)，过滤和反洗效果不会因使用时间而变差。

(4) 模块化设计。用户可按需取舍过滤单元并联数量，灵活可变，互换性强。可灵活利用现场边角空间，因地制宜安装，占地少。

(5) 维护简单。几乎不需日常维护，不需专用工具，零部件很少。

3.3.3 精密过滤

精密过滤(polishing filtration)是指利用过滤材料上的微孔截留残留在水中的微细颗粒杂质，通常能将水中颗粒状物质去除到微米级。目前已得到广泛应用的主要有两类精密过滤，一类称微孔介质过滤器(micro-porous filter)，另一类称预涂层过滤器(precoat filter)。

1. 微孔介质过滤器

图 3-27 为微孔介质过滤器的结构示意图，在微孔介质过滤器中，一般将过滤材料做成管状，每一个过滤管为一个过滤单元，称其为滤元或滤芯，滤芯通常有蜡烛式和悬挂式两种放置方式。过滤时水从滤芯的外侧通过滤芯上的微孔，进入滤芯中空管内，汇集后引出过滤器体外。当过滤器运行一段时间后，滤芯上的微孔严重堵塞，运行压降增加到最大允许值时，对滤芯进行反冲洗，然后重新投运。由于微孔介质过滤器通常设在普通过滤器之后，其

进水杂质含量较低,运行周期较长,所以在生产实践中,经常采用更换滤芯的方式来恢复过滤器的正常运行。

目前微孔介质过滤器中使用的滤芯种类很多,常用的有滤布滤芯、烧结滤芯、烧线滤芯、PP熔喷滤芯和折叠滤芯等。

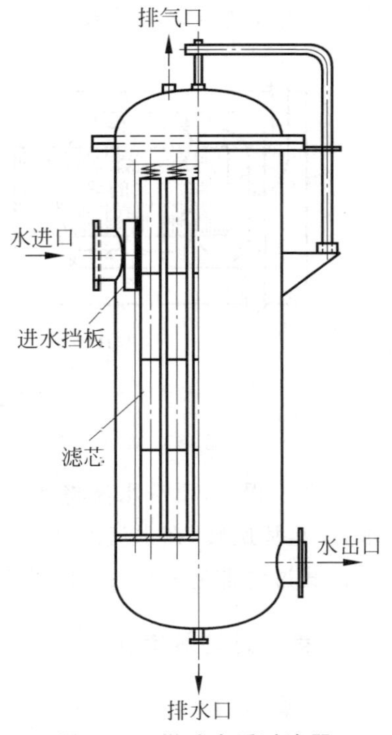

图3-27 微孔介质过滤器

1) 滤布滤芯

滤布滤芯通常是用尼龙网或过氯乙烯超细纤维滤布包扎在多孔管上,组成滤芯。

2) 烧结滤芯

这一类常见的有高分子材料烧结滤芯和金属烧结滤芯,该过滤材料的烧结制备方法是将一定粒度的金属、无机物或高分子原料调匀后,加热至再结晶或软化温度,这可使原料颗粒表面的分子发生扩散和相互作用,以至造成颗粒接触表面之间的局部黏结,从而形成一定强度、一定孔隙率的连续整体,常用的高分子材料有尼龙、聚乙烯、聚丙烯等。这种烧结滤芯通常能截留几微米到几十微米的悬浮颗粒。

3) 绕线滤芯

绕线滤芯是将聚丙烯纤维或脱脂棉纤维缠绕在多孔不锈钢管或多孔工程塑料管外而成的。控制滤芯的缠绕密度就能制得不同规格的滤芯,例如,20μm、50μm、80μm 等滤芯能滤去 20μm、50μm、80μm 以上的颗粒物。

4) PP熔喷滤芯

PP熔喷滤芯是采用无毒无味的聚丙烯粒子,经过加热熔融、喷丝、牵引、接受成型而制成的管状滤芯,如图3-28所示。

5) 折叠滤芯

折叠滤芯是超细聚丙烯纤维膜及无纺布或(丝网)内外支撑层折叠而成,滤芯外壳中心杆及端盖采用热熔焊接技术加工成型,不含任何胶合剂,无泄漏,无二次污染,如图3-29所示。

折叠滤芯采用折叠式,膜过滤面积大,纳污量大,压差低,使用寿命长,滤芯整体100%纯PP材质,具有广泛的化学相容性。

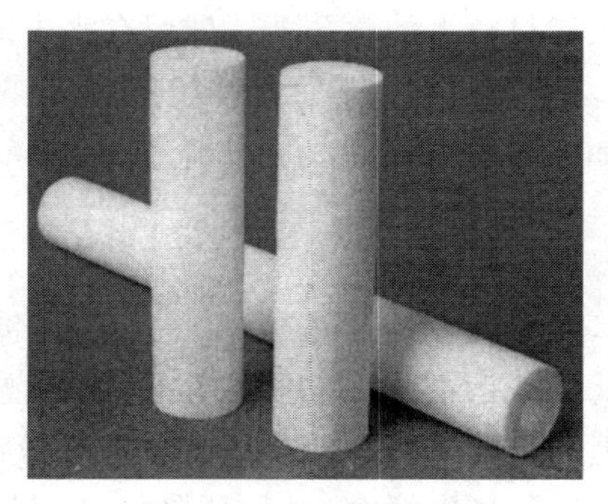

图3-28 PP熔喷滤芯

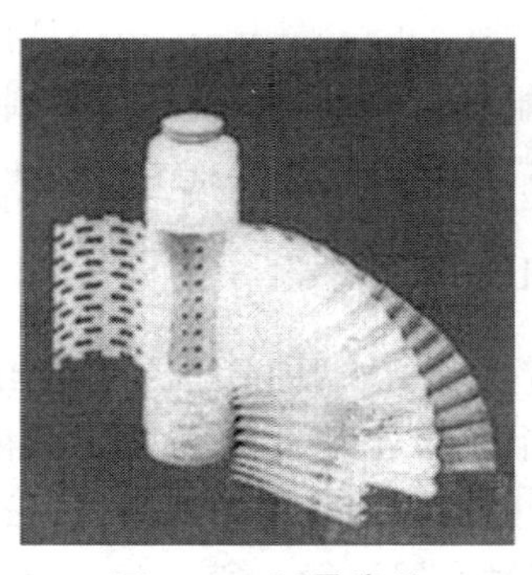

图3-29 折叠滤芯

2. 预涂层过滤器

用纤维或粉末材料能形成孔隙很小的滤层，起滤除水中微小悬浮颗粒物的作用。这个滤料层很薄，一般都是覆盖在一种刚性的整体元件上，该元件也称为滤元或滤芯，用这种滤元组成的过滤器称为预涂层过滤器。预涂层材料包括硅藻土、纤维粉、纸浆粉以及塑料等其他粉状合成材料。

预涂层过滤器一般做成如图3-30所示的结构。核心部件是滤元，滤元构造和微孔介质滤元类似，如可用多孔管做骨架，外面缠绕纤维丝线，在缠丝间隙让粉状滤料形成预涂层，滤元固定在封头底的隔板上，隔板把过滤器隔断成两部分，上部为清水室，下部为原水室。

预涂层过滤器的运行分为预涂膜、过滤以及冲洗三个阶段。冲洗好后，重新预涂膜，再投运过滤，如此循环反复操作。具体工作过程如电站凝结水处理系统中常用的覆盖过滤器的运行。

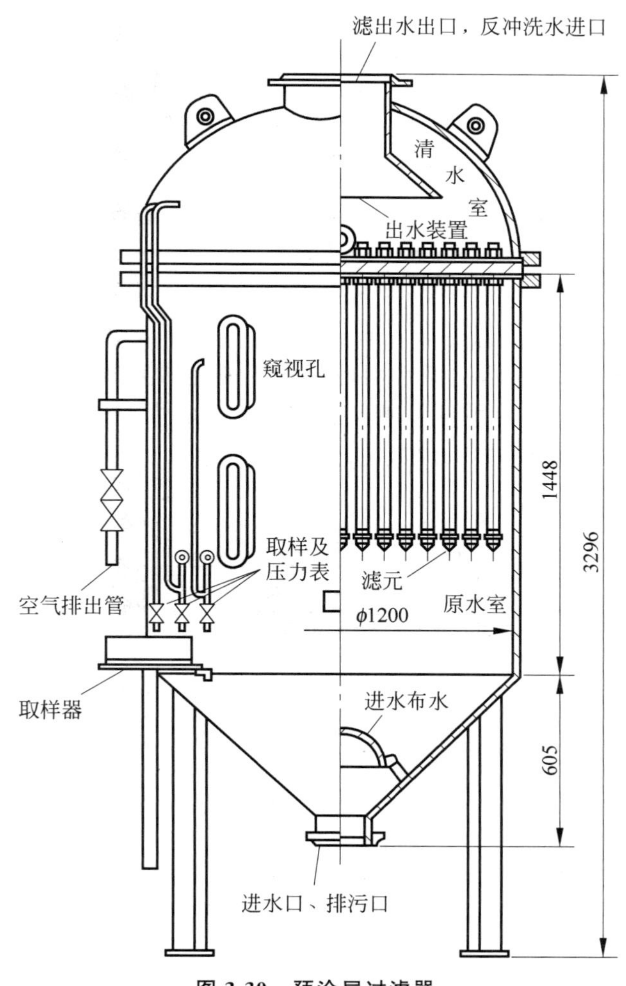

图3-30　预涂层过滤器

3.3.4 直接过滤

在水处理系统中,为了去除天然水中的悬浮杂质,通常在澄清池或沉淀池系统内进行混凝处理,然后用过滤设备进行过滤。但是,当原水浊度较低时采用上面的典型处理系统并不很经济,此时,可以不设澄清池或沉淀设备,即在原水中加入混凝剂,进行混凝反应后,直接引入过滤设备进行过滤,这种工艺称为直接过滤(in-line filtration),或称混凝过滤、直流混凝,其工艺流程如下所示:

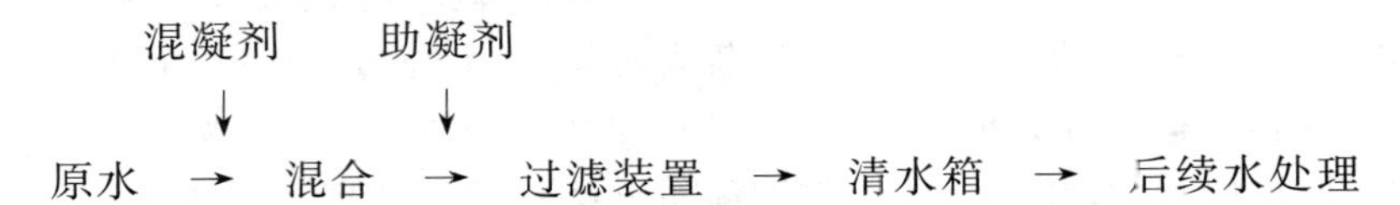

直接过滤机理是在粒状滤料表面进行接触混凝作用,再依靠深层(滤层)过滤去除悬浮杂质,机械筛滤及沉淀作用不是主要作用。根据进入过滤装置前混凝程度不同,通常可分为两类:一是接触过滤,二是微絮凝直接过滤。

1. 接触过滤

接触过滤指的是在混凝剂加入水中混合后,将水引入过滤设备中,即把混凝过程全部引入滤层中进行的一种过滤方法。正因为混凝过程在滤层中进行,所以加药量较少。

2. 微絮凝直接过滤

微絮凝直接过滤指的是在过滤装置前设一简易的微絮凝池或在一定距离的进水管上设置一静态混合器如图3-31所示。原水加药混合后先经微絮凝池,形成微絮粒后(粒径在40μm左右)即刻引入过滤设备进行过滤。形成的微絮凝体,容易渗入滤层,再在滤层中与滤料间进一步发生接触凝聚,获得良好的过滤效果。

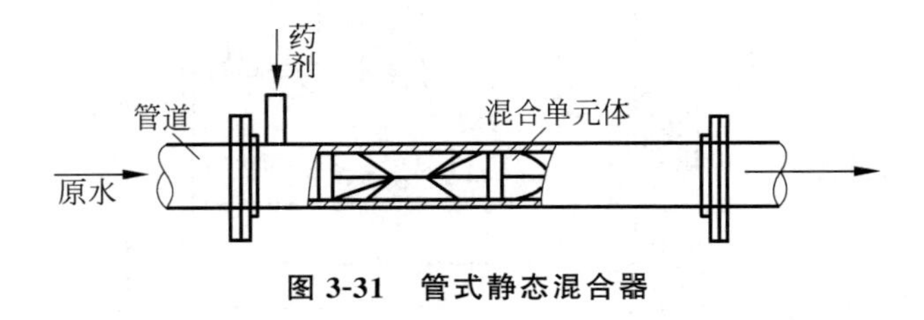

图3-31 管式静态混合器

直接过滤工艺使用时的注意事项如下。

(1) 要求原水浊度和色度较低且水质变化较小,一般要求常年原水浊度小于50NTU为宜。

(2) 原水进入过滤装置前,无论是接触过滤还是微絮凝直接过滤,均不应形成大的絮凝体以免很快堵塞滤层表面孔隙,因此加药量较小。为提高微絮粒强度和黏附力,有时需投加高分子助凝剂。

(3) 为提高过滤效率,提高滤层截污容量及延长运行周期,通常采用双层、三层或均质滤料,滤料粒径和厚度适当增大(粒径为0.5~2.0mm,厚度可达2m)。也可采用上向流过滤或双流过滤设备。

(4) 过滤速度依据原水水质决定，由于滤前无澄清及沉淀的缓冲作用，运行滤速应偏小些，一般在8m/h左右。过滤设备反洗应该加强，否则易造成滤料结块。

(5) 处理后水的浊度能符合要求，达到投资小、运行控制简单的目的。但在工业用水处理中，由于它对水中胶体去除不理想，有部分胶体会穿透过滤设备进入后续处理装置，甚至进入用水设备，所以选用时应根据用户具体情况确定。

(6) 直接过滤对原水中胶体硅去除率较差。

(7) 在生活饮用水处理中，直接过滤工艺在处理湖泊、水库等低浊原水方面已取得良好效果。

3.4 地下水除铁除锰

地表水中含有溶解氧，铁锰主要以不溶解的 $Fe(OH)_3$ 和 MnO_2 形态存在，所以铁锰含量不高。在地下水中，由于缺少溶解氧，以致高价的铁和锰还原成为溶解的+2价铁和+2价锰，因而铁和锰含量较高。我国含铁和含锰的地下水分布很广，铁和锰可共存于地下水中，但含铁量往往高于含锰量。我国地下水的含铁量一般小于10mg/L，含锰量通常在0.5～2.0mg/L。

水中铁、锰含量较高时，用作纺织、造纸、印染和化工等生产用水会影响产品质量，用作生活用水，会影响水的口味，沾污生活用具和衣物。

3.4.1 地下水除铁

地下水除铁的方法一般采用氧化方法，将水中溶解状态的二价铁氧化成为不溶解的三价铁化合物，再经过过滤除去。氧化剂有氧、氯和高锰酸钾等，因为利用空气中的氧既方便又经济，所以生产上应用最广，氧化时的反应如下：

$$4Fe^{2+} + O_2 + 10H_2O \rightleftharpoons 4Fe(OH)_3 + 8H^+ \tag{3-17}$$

根据化学计量关系，每1mg/L的二价铁理论上需要氧气0.14mg/L，同时产生0.036mg/L的 H^+，产生的 H^+ 会减少水的碱度。如果水的碱度不足，那么在氧化反应过程中，pH会降低，导致氧化反应速率受到影响而变慢。图3-32示出二价铁氧化速率与pH的关系。

二价铁氧化速率比较缓慢，难以在不太长的水处理过程中完成氧化作用，但如果存在催化剂时，可因催化作用而加速氧化过程。当含铁地下水曝气后在过滤设备中过滤时，在滤料颗粒表面上会逐渐生成深褐色的氢氧化铁覆盖膜，它可催化氧化二价铁。

利用空气中的氧使二价铁氧化时，曝气的作用是向水中充氧和除去少量水中的 CO_2 以提高水的pH值。

为了提高曝气效果，可将空气以气泡形式分散于水中，或将水流分散成水膜或水滴状于空气中，以增大水与空气的接触面积和延长曝气时间，提高传质效果。

曝气装置有多种形式，如跌水、喷淋、射流曝气、板条式和焦炭曝气塔等，可根据原水水质和曝气要求选择。图3-33所示为射流曝气系统，这种形式构造简单，适用于小型设备。

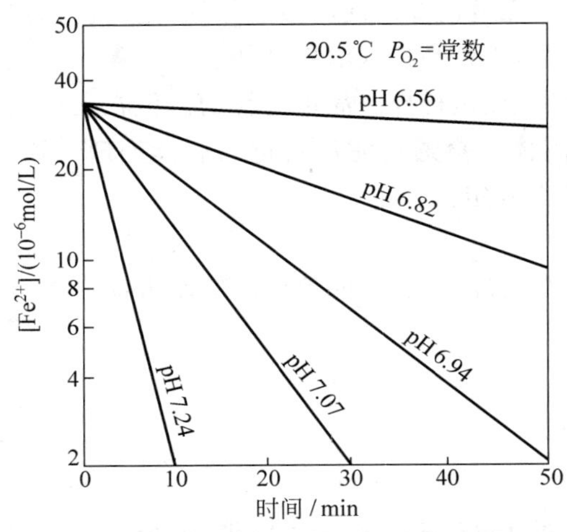

图 3-32 二价铁氧化速率与 pH 的关系

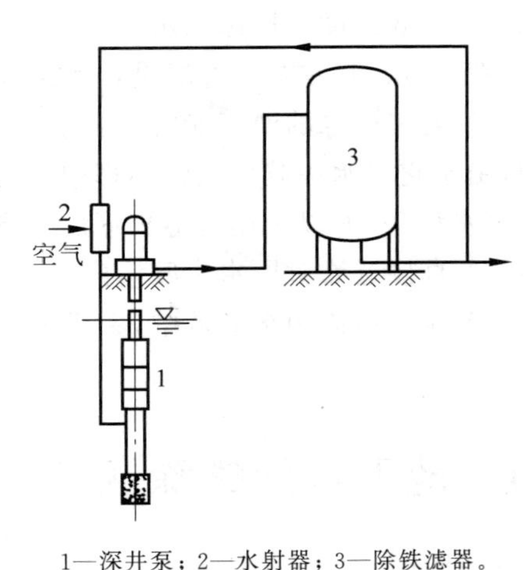

1—深井泵；2—水射器；3—除铁滤器。

图 3-33 射流曝气系统除铁

地下水除铁常用工艺流程如下：

原水 → 曝气 → 催化氧化过滤

曝气后产生的三价铁沉淀，可以用重力式或压力式过滤设备去除。催化氧化过滤滤料为锰砂(mangsha)，锰砂是一种黑褐色的天然矿石，含 MnO_2 35%～45%，是一种强氧化剂，可以对水中二价铁、低价锰起氧化作用，并吸附在其表面而发挥去除作用。锰砂过滤器所用锰砂为 0.6～2.0mm，滤层厚度，重力式为 700～1000mm，压力式为 1000～1500mm，过滤速度一般为 5～10m/h。

过滤设备刚开始过滤时，除铁能力较小，要到滤料表面覆盖有铁质滤膜后，除铁效果才显示出来，这一过程所需的时间称为成熟期。原水水质不同，滤料的成熟期可从数周到 1 月以上，锰砂滤料的成熟期比其他滤料(如石英砂)要短，而锰砂滤料成熟后的滤层具有稳定的除铁效果。

3.4.2 地下水除锰

地下水除锰的原理与除铁相似，即将二价锰氧化成为不溶锰，再用过滤设备去除。

铁、锰常共存于地下水中，但铁的氧化还原电位低于锰，容易被氧化，相同 pH 值时二价铁较二价锰的氧化速率快，以致会影响二价锰的氧化，所以除锰比除铁困难。

含锰地下水曝气后经滤层过滤，使高价锰化合物 MnO_2 逐渐附着在滤料表面上，形成黑褐色的锰质滤膜，随后水中 Mn^{2+} 吸附在 MnO_2 上成为 $Mn^{2+} \cdot MnO_2$，然后吸附的 Mn^{2+} 缓慢被氧化。

除锰工艺流程为：

原水 → 曝气 → 催化氧化过滤

过滤可以采用各种形式的过滤设备，在同一滤层中，铁主要截留在上层滤料内。当地下水中铁、锰含量不高时，可使上层除铁下层除锰而在同一滤层中去除。但是，当地下水中铁、锰含量较高时，则除铁层的范围会增大，剩余的滤层不能很好地截留水中的锰，影响出水水质。此时，为了防止锰泄漏，可在流程中设置两个过滤设备，前面是除铁设备，后面是除锰设备。也可将滤层做成两层，上层除铁下层用于除锰，如图 3-34 所示。

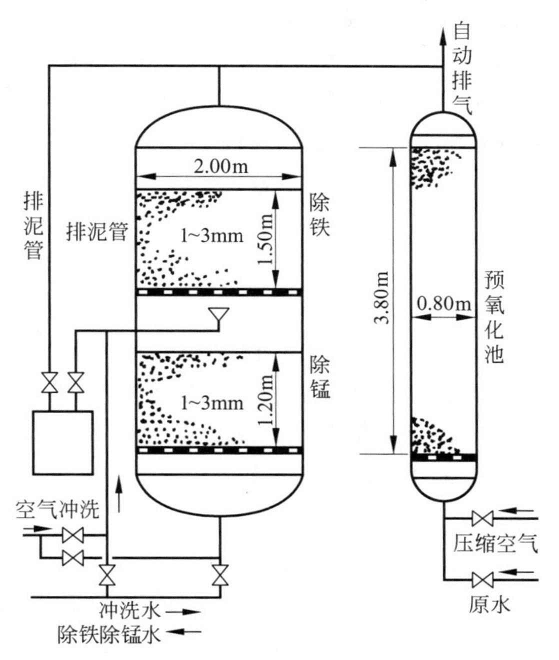

图 3-34 除铁除锰双层滤料过滤器

除锰过滤设备的滤料可用石英砂或锰砂，滤料粒径、滤层厚度与除铁相同，过滤速度为 5～8m/h，石英砂冲洗强度为 12～14L/(m^2·s)，膨胀率为 28%～35%，冲洗时间为 5～15min。

3.5 过滤设备的水力学均匀性问题

水处理车间拥有多种类型的水处理设备：澄清池、过滤设备(压力式或重力式)、阴阳离子交换设备、脱二氧化碳器、体内再生混床、凝结水处理用体外再生混床等。由于操作的要求，这些水处理设备有一个共同特点：在设备中的水流速度比在管道内低得多，这就使设备截面上各点水力学均匀性显得十分重要，如果在水处理设备中水力学均匀性不好，即在水处理设备某一截面上，存在有的地方水流速高，有的地方水流速低，甚至出现旋流，就会造成工作条件恶化，最终导致出水水质变差。

水处理设备的水力学均匀性是一个重要的问题，它很大程度上与设计及安装质量有关。

3.5.1 现有水处理设备水力学均匀性问题回顾

1. 澄清池

澄清池集水区集水装置按澄清池出力大小而有所不同，小型澄清池多用环形集水管(槽)，大型澄清池则为辐射型集水管(槽)。辐射管(槽)支数可为 4 根、6 根、8 根或更多。集水管上是采用开孔方式进水，孔为单侧或双侧，淹没式进水。集水槽则多采用开孔或三角堰进水。澄清池水力学均匀性很大程度上取决于澄清池建造安装的质量,具体来说就是它是否达到"横平竖直、中心重合"的要求。在澄清池内,水上升流速不均、局部过高,会造成泥渣被带出,出水浊度上升,致使澄清池处理能力下降。

对澄清池的水力学均匀性评估目前主要是通过试验来确定,其方法是在清水区水面设若干个取样点,利用瞬间冲击性向进水中加入某种有色物质或浓盐液,在清水区多个取样点同时取样,检查水中出现该物质的时间是否一致,以判断其水流均匀性。

2. 重力式滤池

重力式滤池水力学均匀性与上部进水分配装置和滤层下部配水装置有关。由于重力式滤池的滤速较低(仅有10m/h),且滤料层上有供反洗膨胀的水垫层,水垫层对不均匀进水可以起到缓冲作用,促使水流均匀化。因此,重力式滤池的进水分配装置如设计合理,可以较容易地达到均匀进水要求。因滤池是重力式进水,进水压头低,下部配水装置多采用小阻力配水系统(如格栅等,阻力一般不大于0.5mH_2O),下部配水装置上面的砂石支撑层也起到一定的均匀配水作用。

但滤池经过一段时间运行后,要进行反冲洗操作。反洗水流量(约15L/(m^2·s),即达54m/h)远大于它的正常运行流量,下部小阻力配水,由于它阻力小,水流程内任意相同位置两点之间阻力的稍许差异就会引起严重的水流不均。在滤池内即使设计和安装很理想,但实际上存在流程长度不同的点,流程长度不同引起延程阻力差异在小阻力配水系统中就会占较大的份额,并引起水流不均,所以设计时要严格控制延程阻力差在总阻力中不得大于5%的经验值。

滤池反洗水的水流速不均、局部过高,会造成反洗中跑砂;反洗水流速低的部位的滤料清洗不净、滤料结块;并造成更严重的水力学不均问题,如运行压差上升快、过滤周期缩短。

3. 压力式过滤设备

压力式过滤设备(包括压力式机械过滤器、阴阳离子交换器、体内再生混床和体外再生混床)的进水压力高,低的约0.6MPa,高的可达2~3MPa,因此,要求上部进水装置和下部配水装置按大(或中)阻力配水系统进行设计。

大阻力配水系统常用的结构形式是支母管(外面缠绕或不缠绕筛网)及水帽。压力式过滤设备的下部配水装置常用外面缠绕筛网的支母管及多孔板上装水帽形式,而上部进水装置的常用形式是喷头(单喷头及辐射式多喷头)、支母管及多孔板上装水帽。这种进水分配形式再配上足够起缓冲作用的水垫层高度,在小直径的低流速设备(如压力式机械过滤器、阴阳离子交换器)上使用,一般可以满足水力学均匀性的需要,但在大直径(例如直径≥3200mm)高流速(100~120m/h)的凝结水处理体外再生混床上,就会出现水流不均甚至旋流扰动的情况,并产生严重后果。例如,某直径3800mm的凝结水处理混床上部布水装置按经验设计为4支辐射管喷头加挡板式,运行后发现水流不均,水垫层有水流扰动,造成树脂层表面出现深达0.3~0.4m的坑。

对各种离子交换设备,水力学不均导致局部水流过高,会造成交换不彻底,出水水质变差,运行周期缩短。如果再出现旋流,树脂层会发生扰动,产生更严重的危害性。

3.5.2 计算流体力学介绍

综上所述，当前水处理设备的水力学均匀性设计和水分配装置选用有如下特点。

(1) 水处理设备的水力学均匀性设计目前主要按照经验和经验数据进行设计，无法证明其是否是最佳状态和最优值，按现有方法也很难找到其最佳状态和最优值。

(2) 水处理设备中水分配装置的选用均是在已有类型中按经验选择。由于无法预先对其效果进行确认，因而对水处理设备的水力学均匀性设计和水分配装置选用的改进和创新难以进行，而要待对实际设备进行测试评价来确定，这就使得改进和创新代价很高。

随着计算机的发展和计算流体动力学的运用，可以在计算机上模拟不同设计参数和不同水分配装置对水处理设备中水流分布的影响，从而方便且经济地确定最佳的设计参数和最好的水分配装置，达到优化设计的目的，大大减少水处理设备的水力学均匀性设计和研究的成本。

在流体力学研究中，常用的方法有理论研究、数值计算和实验研究三种方法。理论研究方法能够清晰、普遍地揭示流动的内在规律，但该方法目前只局限于少数比较简单的理想模型，与工程需要相距太远；实验研究方法是建立相似模型，特点是结果可靠，但其局限性在于相似准则不能完全符合真实设备，且尺寸受限制，边界条件也会影响结果，同时实验研究需要场地、仪器设备和大量的研究经费，研究的周期也比较长；数值计算方法所需要的时间和费用都较少，并且具有较高的精度，计算流体力学就是在此基础上发展起来的。

计算流体动力学(computational fluid dynamics，CFD)的基本定义是通过计算机进行数值计算和图像显示，分析包含流体流动和热传导等相关物理现象的系统。CFD 具有适应性强、应用面广的优点。由于流动问题的控制方程一般是非线性的，自变量多，计算域的几何形状和边界条件复杂，很难求得解析解，只有用 CFD 方法才有可能找出满足工程需要的数值解，而且可利用计算机进行各种数值试验。例如，选择不同流动参数进行物理方程中各项有效性和敏感性试验，从而进行方案比较，选出最佳方案。另外，CFD 方法不受物理模型和实验模型的限制，省时省钱，有较大的灵活性，很容易模拟真实条件和实验中只能接近而无法达到的理想状况。

CFD 方法发展很快，近年在水和废水处理中也开始应用，并取得成功。根据资料，有人采用 CFD 技术模拟二维流场，在格栅和旋流式沉砂池中建立了相应形式反应器中的数值分析模型，通过对设计工况下反应器出口悬浮物浓度进行预测，对反应器设计和运行状况提出相应优化方案。与建立在反应器理论上的传统模型相比，利用 CFD 技术建立的数值模型能更准确地分析反应器中的流场和悬浮物浓度场分布，实现反应器的优化设计和有效运行。

还有人应用计算流体力学对污水处理厂二沉池内流场进行了数值模拟，得到二沉池内流场速率分布规律，进而确定流态临界位置水流速率，并将其作为标准速率，对二沉池内挡板结构进行了改造。改造后的结果表明，二沉池在保证出水水质的情况下能很好地满足增大处理水量的要求。

也有人从水力学的角度建立了斜管沉淀池的布水均匀性水力模型，定性及定量地分析了影响布水均匀性的主要因素。结果表明，沉淀池长宽比对布水均匀性影响最大，当长宽比接近 6 时，布水渠末端的斜管流量极小，布水极不均匀；增大布水渠高度和沿池长方向上减小斜管管径有利于提高布水均匀性，并得到证实。

3.5.3 应用CFD软件计算混床支母管进水装置实例

CFD软件为美国FLUENT Inc.于1983年推出。软件能计算可压缩及不可压缩流动、含有粒子的蒸发、燃烧过程、多组分介质的化学反应过程等问题。Fluent软件的功能全面,适用性广,它将不同领域的计算软件组合起来,成为CFD计算机软件群,包括前处理、数值求解和后处理三大模块,设计计算步骤如下。

1. 画出待研究设备的两维模型

将目前常用的支母管布水装置用AutoCAD软件建立模型,由于凝结水处理混床具有轴对称性,因此建立两维模型(也可以建立三维模型)。生成网格后,用计算流体力学软件,通过计算选出布水均匀设计参数。

AutoCAD建立的两维模型如图3-35所示。AutoCAD建立混床模型时要作如下简化处理。

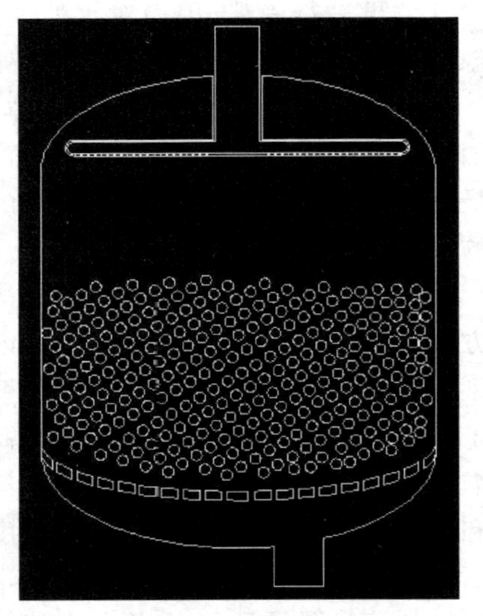

图3-35 凝结水处理混床支母管布水装置模型

(1) 对内部一些不影响流动的部件进行了忽略,如支撑板、加强板等。

(2) 假设树脂的颗粒固定不动。由于树脂尺寸太小,对建立模型、划分网格产生的工作量太大,因此用圆球代替树脂(或采用多孔模型)。因树脂会动并再次分布,所以这种简化不会影响流体分布均匀性的计算结果。

(3) 支母管上的出水孔先按均匀分布排列。

2. 用计算流体力学软件进行计算

将上述支母管分水装置混床模型应用Ansys Fluent软件进行计算。操作条件如表3-7所示。

表3-7 设计计算参数

流体	压力/MPa	温度/℃	流量/(t/h)	进口流速/(m/s)
水	4	66	900	2.70

输入计算流体力学软件的边界条件及参数选择,具体如下。

(1) 入口流速为根据混床操作条件计算出入口的平均速度,作为初始值直接赋值;

(2) 出口条件选择为Pressure-outlet;

(3) 在壁面处无滑动;

(4) 流场求解采用SIMPLE算法。

计算结果如图3-36所示。

由图3-36可以看出,水流分布很不均匀,非常直观地出现环形扰流,这是其他水力学试验都无法看到的结果。由于水流分布不理想,应重新设计,改变支管的直径,将其设计为变径管。计算模型如图 3-37 所示。计算结果如图 3-38 所示。

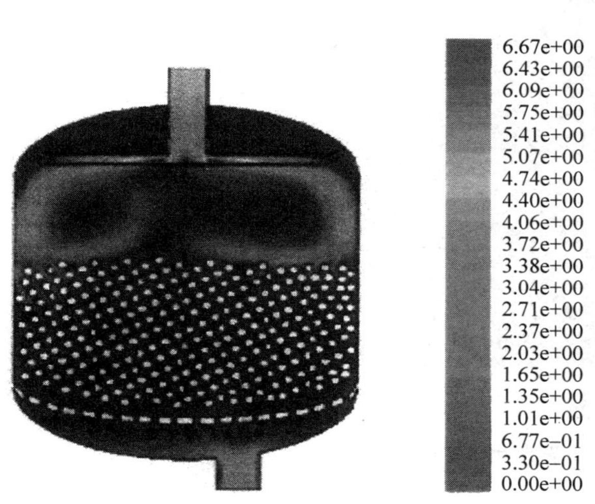

图 3-36 支母管布水装置计算结果云图

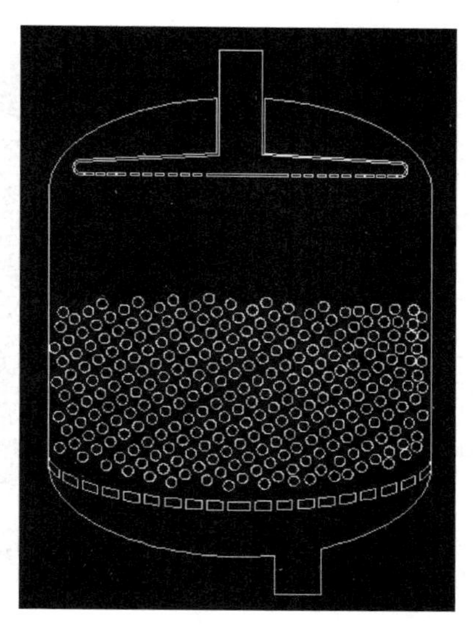

图 3-37 变径直管布水装置图

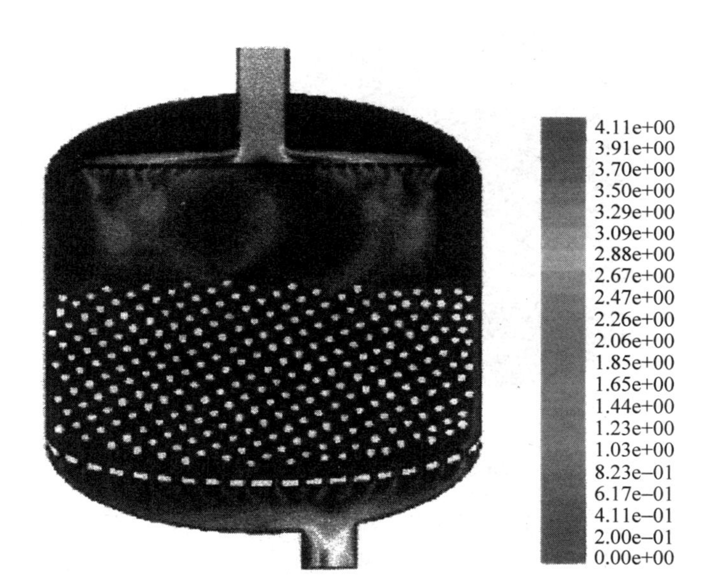

图 3-38 变径支管布水装置计算云图

由图 3-38 可以看出，水流状况已有很大好转。但由于中间无水流出口，在树脂上方形成小旋流，水流分布仍不均匀。故应重新设计，并在中央管底部开孔。计算结果如图 3-39 所示。

重新设计并在中央管开孔后，旋流状况有所改进，但中间流速过大。因此，再次改进设计方案，变动中央管的开孔直径和开孔数。计算结果如图 3-40 所示。

比较图 3-36～图 3-40 可以看出，经过几次改进，混床内水旋流状况得到了改善，水流均匀性也得到明显改善。图 3-40 显示的结果虽是几次改进中的最好状态，但仍不理想，还可以采取一些措施作进一步改进。

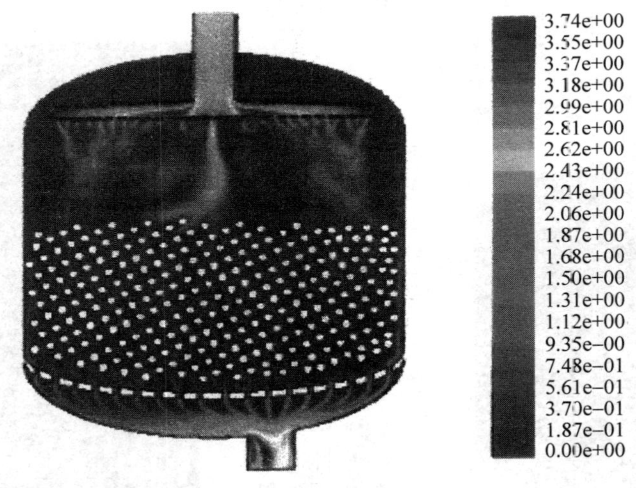

图 3-39 中央管开孔后计算云图

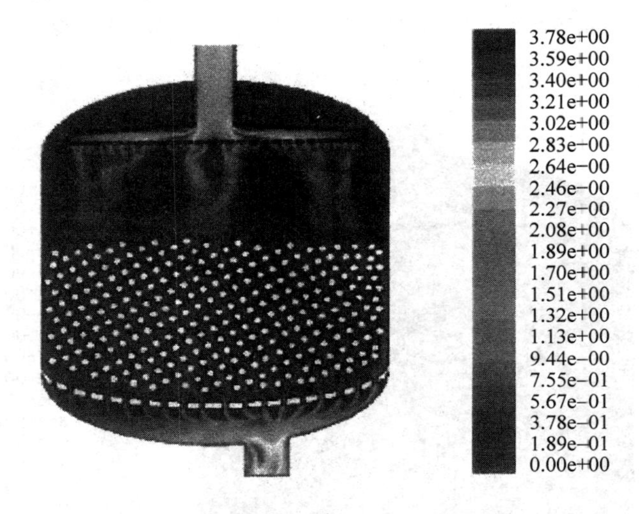

图 3-40 增加中央管开孔数后计算云图

这就是计算流体力学在水处理设备内部配水装置设计研究中的实例。由此可见,计算流体力学软件是一个很实用的软件,它可以很直观地了解水处理设备内的水流状况,并根据水流状况改进设计方案,及时判断新方案的实际效果,进而选出最佳方案,既快速又节省,这是其他任何设计研究方法所不能达到的,它是设计研究水处理设备中水力学均匀性问题的一个较好方法。

习题

3-1 试分析粒状滤料过滤的截污机理。

3-2 什么是滤层水头损失?它与哪些因素有关?

3-3 什么是滤料截污能力?普通过滤设备中沿着滤料高度截污量有何变化?

3-4 滤池反冲洗机理有哪些？对反冲洗的基本要求是什么？滤料结块如何消除？

3-5 多层滤料过滤设备有何优点？试述常见的双层滤料和三层滤料的组成情况。

3-6 试述大、小阻力配水系统的特点、适用场合及其主要结构形式。

3-7 试述单层滤料、双流及卧式机械过滤器的结构和运行方式。

3-8 有一圆形过滤设备，直径为 3000mm，滤速为 10m/h，反洗强度为 12L/(m^2 · s)，欲设计一大阻力配水系统，试确定下列参数：母管内径、支管根数、支管内径、孔眼直径。

3-9 试分析纤维过滤器的工作特点。

3-10 何为直接过滤？它有哪些形式？适用在什么场合？

3-11 过滤设备水流不均匀会有什么危害？当前如何去实现过滤设备的水力学均匀？

4 CHAPTER 水的吸附处理及水预氧化

水的吸附处理(adsorption treatment)主要是利用吸附剂(adsorbent)吸附水中某些物质。目前在工业用水处理中,主要是利用活性炭(active carbon,AC)来吸附水中的有机物质和余氯,活性炭是最常用的吸附剂,除活性炭之外,有时还会使用其他的吸附剂,比如大孔吸附树脂、废弃的阴离子交换树脂(简称阴树脂)等,但应用较少。

在某些工业用水领域,比如锅炉用水、电子工业用水都要求彻底去除水中有机物质,活性炭吸附处理已得到广泛的应用。在城市自来水处理系统中,由于在氯化消毒时,水中有机物被氧化后会产生对人体有害的卤代烃类化合物,比如三氯甲烷、四氯化碳等,国内外生活饮用水标准对这些物质含量都做了极为严格的限定,所以吸附有机物的活性炭吸附处理作为生活饮用水深度处理方式,在国内外应用很广。

水中余氯是指水在氯化消毒时氯的过剩量,它是防止在供水管网和末端用水场所微生物再次滋生繁殖的必要条件;但是余氯又有很强的氧化性,会氧化工业水处理系统中的离子交换树脂和膜,使其发生氧化性破坏,所以在很多场合使用活性炭来消除水中的余氯。

4.1 吸附

4.1.1 吸附原理和吸附类型

吸附是一种界面现象。它是具有很大比表面积的多孔的固相物质与气体或液体接触时,气体或液体中一种或几种组分会转移到固体表面上,形成多孔的固相物质对气体或液体中某些组分的吸附。多孔的具有吸附功能的固体物质称为吸附剂,气相或液相中被吸附物质称为吸附质(adsorbate)。在水处理中,活性炭是吸附剂,水中有机物质或余氯就是吸附质。当活性炭用于防毒面具中时,空气中被吸附的有害气体就是吸附质。

吸附之所以产生,是因为固体表面上的分子受力不平衡,固体内部的分子四面均受到力的作用,而固体表面分子则三面受力,这种力的不平衡,就促使固体表面有吸附外界分子到其表面的能力,这就是表面能。按照热力学第二定律,当液相(或气相)中吸附质被吸附到固体(吸附剂)的表面上时,固体表面的表面能会降低,因而吸附是一个自动进行的过程。吸附剂表面吸附的吸附量可用经典的吉布斯方程来表示:

$$\Gamma = -\frac{C}{RT}\frac{\partial r}{\partial C} \tag{4-1}$$

式中,Γ——吸附量,mol/m^2;

C——吸附质在主体溶液中的浓度,mol/L;

R——气体常数,一般取值为 8.3145;

T——热力学温度,K;

r——表面能(表面张力),N/m。

该方程表示随吸附量的增加，吸附剂表面能下降。如果吸附量减少（Γ 为负值），则吸附剂表面能会增加。吸附量减少就是解析，解析是吸附的逆过程，伴随表面能增加，是不能自动进行的，必须在某些特定条件下才能发生。比如活性炭，它从水中吸附有机物质的过程是自动进行的，但当吸附饱和后，要将失效的活性炭再生，脱除活性炭上已吸附的物质，恢复其吸附能力，必须提供必要的条件（如加热等）。

从理论上来讲，如果液相（或气相）中某些物质不能降低吸附剂的表面能，则它不能被吸附剂所吸附。所以活性炭对水中物质的吸附是具有选择性的，不同物质被吸附的情况是不同的。水中有机物质、卤素（如 Cl_2、I_2、Br_2）、重金属（如 Ag^+、Cd^+、Pb^{2+}、CrO_4^{2-}）等能被活性炭所吸附，而水中 Cl^-、Na^+、K^+、Ca^{2+} 等离子则不能被活性炭所吸附。

根据吸附力的不同，吸附剂对吸附质的吸附可以分为三种类型：物理吸附、化学吸附和离子交换吸附。

物理吸附是指吸附剂和吸附质之间的吸附力是分子引力（范德华力）所产生的，所以物理吸附也称范德华吸附。它的特征是：吸附过程伴随表面能和表面张力的降低，是一个放热过程（吸附热一般小于 41.8kJ/mol），而解析则是一个吸热过程，所以吸附可以在低温下进行，温度高则会引起解析。物理吸附可以是单分子层吸附，也可以是多分子层吸附。

所谓化学吸附是指吸附剂和吸附质之间发生化学反应，吸附力由化学键产生，吸附质化学性质发生变化。离子交换吸附是吸附质的离子依靠静电引力吸附到吸附剂的带电荷质点上，然后再放出一个带电荷的离子。

活性炭吸附水中有机物主要是物理吸附，活性炭去除水中余氯还伴有化学吸附产生。

4.1.2 吸附容量和吸附等温线

吸附容量（adsorptive capacity）是指单位吸附剂所吸附的吸附质的量，单位是 mg/g 或其他。

由于吸附是在吸附剂表面上吸附单分子层或多分子层的吸附质，为了达到一定的吸附容量，吸附剂必须是具有很大比表面积的多孔物质。所谓比表面积（specific surface area），是指单位质量的物质所具有的表面积，比如活性炭，它的比表面积可达 $1000m^2/g$，这样大的比表面积才使它具有比较高的吸附容量，满足工业应用的需要。

对于以物理吸附为主要的吸附过程（比如活性炭吸附），吸附质和吸附剂之间不存在简单的化学剂量关系，影响吸附容量的因素很多，除吸附剂和吸附质本身性质外，还与温度和平衡浓度有关。例如利用活性炭来吸附水中有机物，当活性炭和水中有机物种类确定时，该活性炭吸附容量（q）仅与温度 t 和吸附平衡时水中有机物浓度（即平衡浓度 C_e）有关，可以写作

$$q = f(t, C_e)$$

当温度固定时，吸附容量仅随平衡浓度变化而变化，它们之间的关系称为吸附等温线（adsorption isotherm）。根据吸附等温线可以判断不同活性炭的吸附性能差异，也可以对吸附过程进行分析。

吸附等温线绘制是指逐点测得不同平衡浓度时的吸附容量，然后绘制在吸附容量-平衡浓度坐标体系中。以活性炭为例，其测定方法为：先将试验的活性炭洗涤干燥，研磨至 200

目以下,在一系列磨口三角瓶中放入同体积同浓度的吸附质(如有机物)溶液,然后加入不同数量的活性炭样品,在恒温情况下振荡,达到吸附平衡后,测定吸附后溶液中残余吸附质浓度,按式(4-2)计算吸附容量:

$$q_e = \frac{V(C_0 - C_e)}{m} \tag{4-2}$$

式中,q_e——在平衡浓度为 C_e 时的吸附容量,mg/g;

V——吸附质溶液体积,L;

C_0——溶液中吸附质的初始质量浓度,mg/L;

C_e——活性炭吸附平衡时吸附质剩余质量浓度,mg/L;

m——活性炭样品质量,g。

将测得的一系列吸附容量值与其对应的平衡浓度在坐标系中作图,即得本温度下该活性炭对该有机物的吸附等温线。比较不同活性炭对同一种有机物的吸附等温线可以判断活性炭对该有机物吸附性能的好坏,可用于活性炭筛选及性能评定。

理论上分析,吸附等温线有三种类型。

1. 朗格谬尔(Langmuir)吸附等温线

朗格谬尔吸附是朗格谬尔于1918年提出的。这种吸附等温线的基本特征是:随平衡浓度上升,吸附容量增大,但当平衡浓度达到某一数值之后,吸附容量也趋向一稳定值,达到它的最大吸附极限。朗格谬尔吸附等温线可用式(4-3)表示:

$$q_e = \frac{bq_0C_e}{1 + bC_e} \tag{4-3}$$

式中,q_0——吸附剂的吸附容量极限值,mg/g;

b——常数项,L/mg。

朗格谬尔吸附等温线的图示形式如图4-1所示。当 C_e 趋向无穷大时,q_e 则趋向于 q_0,若作 $\frac{1}{C_e}$-$\frac{1}{q_e}$ 图,该等温线在纵坐标上的截距便为 $\frac{1}{q_0}$,斜率则为 $\frac{1}{bq_0}$(图4-2)。

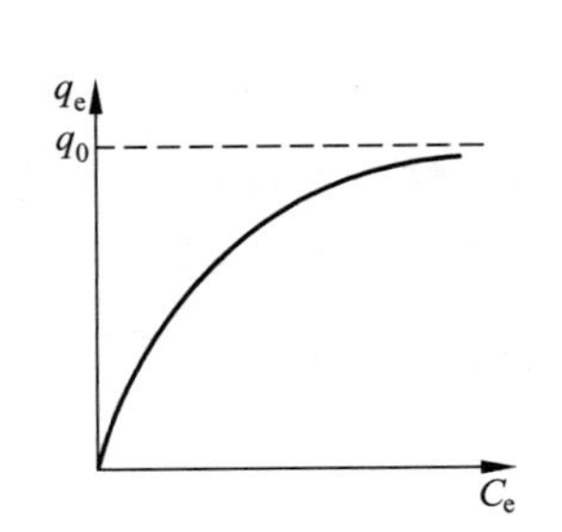

图4-1 朗格谬尔吸附等温线

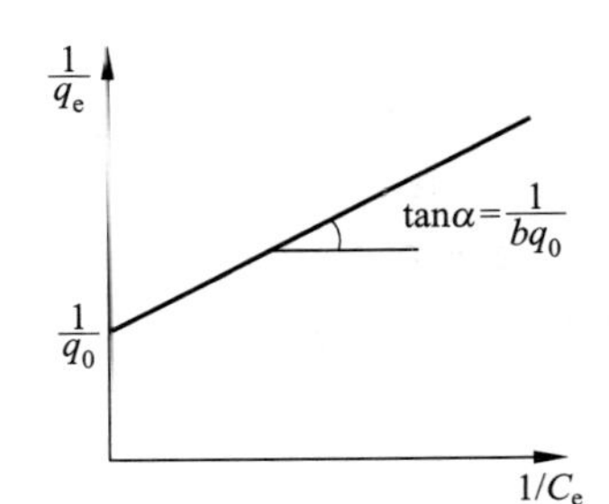

图4-2 $\frac{1}{C_e}$-$\frac{1}{q_e}$ 的朗格谬尔吸附等温线

对于朗格谬尔吸附等温线,由于存在最大的吸附极限,所以通常认为它的吸附层只有一个分子层厚,即为单分子层吸附。这种吸附模型只考虑吸附质和吸附剂之间的作用,忽略了吸附质分子间的相互作用,这是它的不足之处。

2. BET 法吸附等温线

BET 法吸附的特征是：随平衡浓度增大，吸附容量也随之增大，但当平衡浓度增大到某一值时(或称为饱和浓度)，吸附容量直线上升，它不存在吸附容量极限值，却存在平衡浓度的最大值(图 4-3)。BET 法吸附是 1938 年由 Brunauer、Emmett 和 Teller 等提出的，所以称为 BET 法。

BET 法吸附等温线可用式(4-4)表示：

$$q_e = \frac{BC_e q_0}{(C_s - C_e)\left[1 + (B-1)\dfrac{C_e}{C_s}\right]} \tag{4-4}$$

式中，B——常数项；

C_s——吸附质平衡浓度的最大值(饱和浓度)。

如果变换 BET 法吸附等温线的坐标，也可以得到直线关系，见图 4-4。

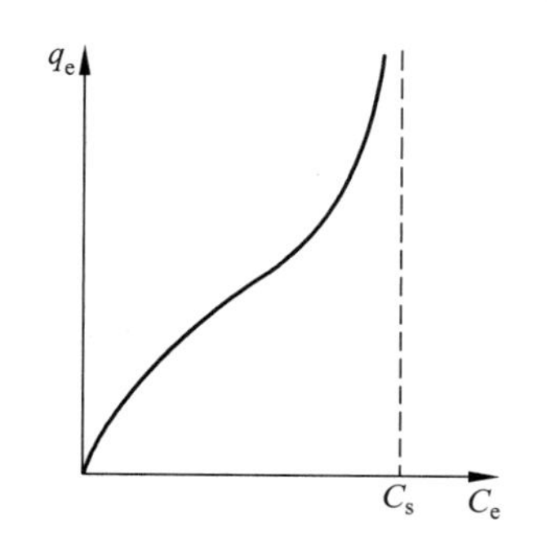

图 4-3 BET 法吸附等温线

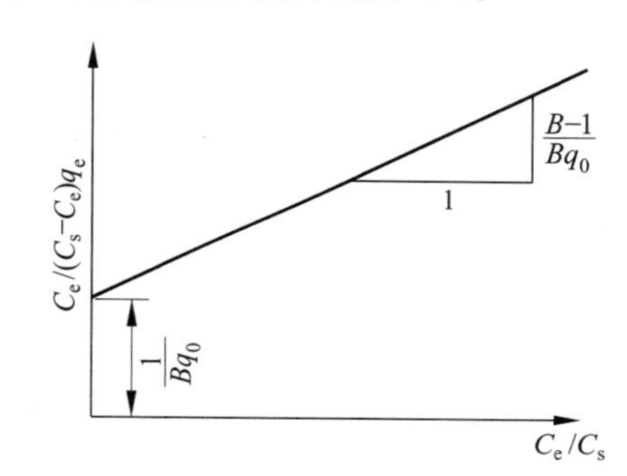

图 4-4 直线型 BET 法吸附等温线表示方式

BET 法吸附等温线属于典型的多层吸附，当平衡浓度到达某一浓度时吸附容量急剧放大，可以看作吸附质在吸附剂上多层堆积，不断重叠，而造成吸附容量不断上升。BET 法吸附对大多数中孔吸附剂是适合的，但对活性炭则有较大偏差。事实上，BET 法吸附建立在吸附剂吸附表面均一性的基础上而忽略了吸附剂吸附表面不均一的事实。

3. 富兰德里胥(Freundlich)吸附等温线

富兰德里胥吸附的特征是：随吸附质平衡浓度增大，吸附容量也不断增大，既不像朗格谬尔吸附容量存在极限值，也不像 BET 法吸附容量无限上升，而是随平衡浓度上升，吸附容量也上升，但上升速度在逐渐减缓(图 4-5)。

富兰德里胥吸附等温线的数学表达式为

$$q_e = kC_e^{\frac{1}{n}} \tag{4-5}$$

式中，k——吸附常数；

$\frac{1}{n}$——吸附指数。

该式在双对数坐标系中则为一直线(图 4-6)，直线的截距为 $\lg k$，斜率为 $\frac{1}{n}$。因此可以将试验测得的数值在双对数坐标体系中绘制吸附等温线来求得系数 k 和 n。

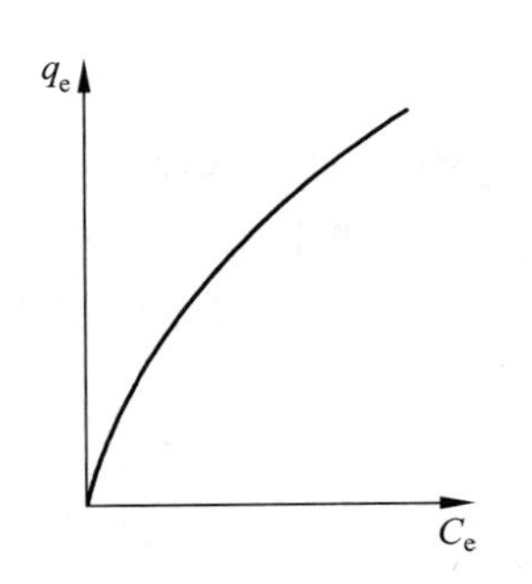

图 4-5 富兰德里胥吸附等温线

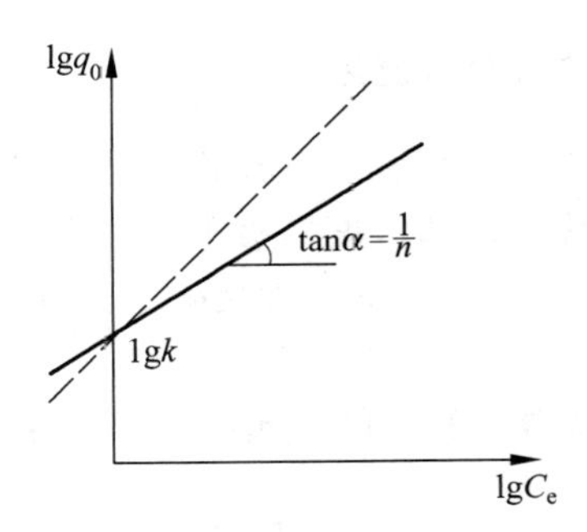

图 4-6 双对数坐标系中的富兰德里胥吸附等温线

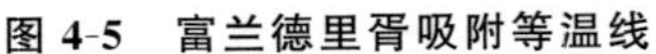

由于富兰德里胥吸附等温线表示公式简单,便于数学处理,所以水处理中常使用该种吸附型来表达吸附过程。富兰德里胥吸附等温线中,k 和$\frac{1}{n}$是很有意义的系数,从图 4-6 中可看出,k 为 $C_e=1$ 时的吸附容量。对同一种吸附质进行吸附时,不同吸附剂 k 值不同,吸附剂 k 值越大,则吸附性能越好。$\frac{1}{n}$为直线的斜率,即随 C_e 浓度变化,吸附容量的变化速率,它反映吸附剂的吸附深度。对图 4-6 分析可知,在吸附质浓度高的体系中(如 $\lg C_e>0$,即 $C_e>1$),选用$\frac{1}{n}$大的吸附剂可以获得较高的吸附容量;在吸附质浓度低的吸附体系中(如 $\lg C_e<0$,即 $C_e<1$),采用$\frac{1}{n}$小的吸附剂可获得较好的吸附容量。对活性炭吸附体系,$\frac{1}{n}$值一般在 0.1~2。

4.1.3 吸附速度

吸附速度(adsorbing velocity)是指单位质量吸附剂在单位时间内吸附的吸附质的量,单位为 mg/(g·min)。吸附速度也是吸附剂的一个重要性能指标,因为工业上能够应用的吸附剂必须要有足够的吸附速度,吸附速度大,所需的接触时间短,含吸附质的液体流速可以提高,可以减少设备和材料,而且出水水质也可能提高,吸附速度很慢的吸附剂无法在工业上得到广泛应用。

以活性炭为例,在对不同活性炭进行选择时,除比较其吸附容量外,还要比较其吸附速度。活性炭的吸附速度测定方法也与吸附容量测定方法相似,是在一定的吸附质溶液中加入一定量的活性炭,在充分振荡下让其吸附,每隔一段时间取样测定吸附质溶液中残余浓度,按式(4-6)进行计算:

$$v=\frac{V(C_0-C_t)}{mt} \tag{4-6}$$

式中,v——t 时间内平均吸附速度,mg/(g·min);

t——取样时间,min;

V——试样体积,L;

C_0——吸附质初浓度,mg/L;

C_t——时间 t 时取样测定的吸附质残余浓度，mg/L。

从理论上分析，吸附过程包括吸附质扩散进入吸附剂内部及吸附反应两个步骤，因此吸附速度也受扩散速度和吸附反应速度的影响。以颗粒活性炭在过滤器中吸附水中有机物质为例，活性炭颗粒在水中时，其外表形成一层水膜，不管活性炭周围水是如何运动的，活性炭外表的水膜是稳定的，活性炭的吸附作用使这层水膜中有机物浓度比外面水相中要低（图 4-7 中 $C_b > C_a$），在浓度差的作用下，有机物分子向水膜中扩散，即膜扩散。通过膜扩散到达活性炭表面的有机物分子再通过活性炭的孔向内部扩散（内扩散），由于活性炭的孔结构有大孔、中孔和微孔，大孔直径远远大于有机物分子直径，有机物分子在大孔中是以孔隙扩散形式进入，到达直径与有机物分子大小相似的微孔时，有机物分子可能被吸附于孔壁上的吸附点，沿着孔表面向活性炭内部微孔深处扩散。

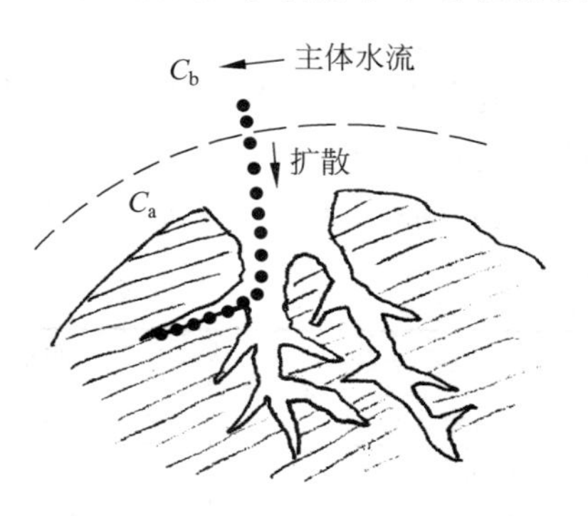

图 4-7 活性炭吸附的扩散过程

从以上分析可见，吸附质在主体水流中扩散与水流速度、湍流情况等因素有关，膜扩散则与活性炭周围水膜层厚度（取决于主体水流速度及湍流情况）、吸附质（有机物）的浓度梯度、有机物性质等因素有关，而在孔内扩散则与活性炭吸附能力、孔径与有机物分子的相对大小及活性炭颗粒大小等因素有关。至于吸附质（有机物）在活性炭孔表面吸附点上吸附反应的速度，通常认为是很快的，不至于对活性炭吸附速度起控制作用。

因此，活性炭的吸附速度主要与活性炭颗粒大小、活性炭周围水流速度及湍流情况以及活性炭的孔结构和吸附质性质等因素有关。当活性炭颗粒表面流速较大时（比如粒状活性炭过滤吸附），膜扩散较快，吸附速度主要取决于孔内扩散，具体来说取决于活性炭孔径和吸附质分子的大小，活性炭孔径小，吸附质分子体积大，则吸附质扩散阻力大，吸附速度会减慢，吸附容量也会减少。

4.1.4 吸附的影响因素

1. 吸附剂的性质

由于吸附剂的吸附主要在孔的内表面进行，所以影响吸附性能（吸附容量和吸附速度）的主要是吸附剂的比表面积和孔径分布。同一类吸附剂比表面积越大吸附性能越好，孔径分布主要指孔径与吸附质分子尺寸间的相对关系。吸附质分子尺寸很小时（如气体），可以进入吸附剂所有的孔隙，很容易被吸附，吸附量也大。当吸附质分子较大时，在吸附剂孔中扩散阻力增大，甚至无法进入孔径很小的微孔，吸附量和吸附速度也大大下降。目前一般认为，当吸附质的分子直径约为吸附剂孔径 $\frac{1}{6} \sim \frac{1}{3}$ 时，可以很快进入孔中被吸附，吸附质分子直径大于此值时，扩散速度减慢，吸附速度下降，甚至吸附质无法达到吸附剂的微孔区域，吸附容量也降低。

以活性炭吸附水中有机物为例，由于有机物分子直径（d）与相对分子质量（M）大小成正比，根据二者之间简单关系 $d = M^{1/3}$ 计算可知，当有机物相对分子质量在 5000（有时仅为

1000)以上时,有机物很难进入孔径<2nm的活性炭微孔,所以活性炭能吸附的有机物其相对分子质量在1000以下(有时也可高达5000)。当然不同活性炭孔径分布不同,吸附的有机物大小也不同。

因此,对吸附剂不应单纯追求比表面积大小,应结合被吸附的物质性质与吸附剂比表面积和孔径分布进行综合考虑。最典型的例子是对某湖水进行脱色试验时,吸附剂比表面积大的脱色能力反而最差(表4-1)。这说明当吸附质是大分子时,应选用孔径较大(中孔较多)的吸附剂,而不应单纯追求比表面积较大的吸附剂。

表4-1 几种吸附剂对某湖水脱色能力的比较

吸附剂	吸附剂材质	比表面积/(m^2/g)	相对脱色能力
Unchar GEE	石炭	740	1.0
Duolites-30	酚醛缩合物	128	1.3
ES-140	强碱阴离子交换树脂	110	2.4
DuoliteA-7D	苯酚-甲醛-胺缩合物	24	3.4
DuoliteA-30B	双氧-胺缩合物	1.4	5.0
ES-111	强碱阴离子交换树脂	1.0	2.8

用活性炭来脱除水中有机物时,也经常发现类似情况。表4-2中列出3种活性炭的对比试验结果,比表面积大的椰壳活性炭对天然水中天然有机物吸附容量却比比表面积小的其他果壳炭小,而且实际运行证明其使用寿命也短。

表4-2 3种活性炭吸附性能比较

项 目	果壳炭	核壳炭	椰壳炭
比表面积/(m^2/g)	682.6	738.3	1024.9
碘吸附值/(mg/g)	833.4	895.7	1111.6
亚甲蓝脱色力/(mg/g)	9.0	9.5	12.5
四氯化碳吸附率/%	41.08	45.11	64.78
对腐殖酸、木质素、富里酸等天然有机物吸附容量	中等	最大	最小
周期制水量比值	1.425	1.5	1

2. 吸附质的性质

从吸附原理来看,吸附作用是降低吸附剂的表面能,越是能降低吸附剂表面能的物质越易被吸附,所以吸附质分子结构等性质会影响其被吸附性。具体到活性炭,单从吸附质性质上来看有如下一些规律。

(1) 吸附质憎水性越强,在水中溶解度越小,越容易被吸附;

(2) 芳香族有机物比非芳香族有机物易于被吸附,如对苯、甲苯吸附容量比对丁醇大1倍,对吡啶、吗啉的吸附不及对芳香烃有机物的吸附;

(3) 相对分子质量相近时,有支侧链的有机物比直链有机物难被吸附;

(4) 相对分子质量相近时,含烯键有机物比不含烯键有机物更易被吸附;

(5) 相对分子质量大的有机物比相对分子质量小的有机物易被吸附,如甲醇<乙醇<

丙醇<丁醇,甲酸<乙酸<丙酸;

(6) 非极性的有机物比极性有机物易被吸附;

(7) 不含无机元素(或基团)的有机物比含无机元素(或基团)的有机物易被吸附;

(8) 相对分子质量相近的一元醇比二元醇更易被吸附。

当然,如前所述,吸附质被吸附情况除与本身性质有关外,还应考虑吸附扩散时的阻力,太大分子的有机物在活性炭孔内扩散阻力增大有时会使吸附能力下降。

多种吸附质同时存在时,还会发生相互影响,比如相互竞争,使各自吸附量减少;相互诱发,使各自吸附量增加;或各自独立吸附,互不干扰。在多吸附质同时存在时,这几种类型都有可能出现,具体是哪一种类,只有通过试验才能确定。

活性炭对各类化学物质吸附的难易情况,见表 4-3 和表 4-4。

表 4-3 活性炭对几类有机物吸附的难易性

活性炭容易吸附的有机物	活性炭难以吸附的有机物
芳香类溶剂(如苯、甲苯、硝基苯等)	醇类
氯化芳香烃(如多氯联苯、氯苯、氯萘等)	低分子酮、酸、醛
多核芳香烃类(如二氢苊、苯并芘等)	糖类及淀粉类
农药及除草剂类(如 DDT、六六六、艾氏剂等)	相对分子质量很高的有机物或胶体有机物
氯化非芳香烃类(如四氯化碳、三氯甲烷等)	低分子脂肪类
高分子烃类(如染料、汽油、胺类等)	
腐殖质类	

表 4-4 活性炭对金属离子及无机物的吸附难易性

易吸附	较易吸附	较差吸附	不吸附
锑、砷、铋、铬、锡、氯、溴、碘、氟化物	银、钴、汞、锆	铅、镍、钛、钒、铁	铜、镉、锌、钡、硒、钼、锰、钨、镭,硝酸盐、磷酸盐、氯化物、溴化物、碘化物

3. pH

pH 对吸附剂影响主要是不同 pH 时吸附质形态、大小会发生变化而引起的,有时 pH 变化也会影响吸附剂形态及孔结构情况,当然也对吸附产生影响。例如,对含有酸性基团的有机物,最典型的是水中腐殖质类物质,pH 降低,活性炭对它的吸附容量上升(图 4-8),与中性条件下吸附容量相比,在酸性条件下(pH 2~3)活性炭对腐殖质类物质的吸附容量要上升 2~4 倍。这一性质在工业水处理中可用于延长活性炭使用寿命,减少更换次数,节约费用。具体方法是将活性炭吸附处理放在阳离子交换器后,借助阳离子交换出水的低 pH 来提高活性炭吸附容量。

降低 pH 可以提高活性炭对含酸性基团有机物吸附能力的原因,一般解释为:高 pH 时有机物酸性基团多解离为盐型化合物,溶解度大,分子体积大,不易被吸附;而低 pH 时,它多为弱酸性化合物,解离很小,溶解度也下降。

对有机胺类化合物,降低 pH 则易形成盐型化合物,溶解度上升,活性炭对它的吸附容量下降。

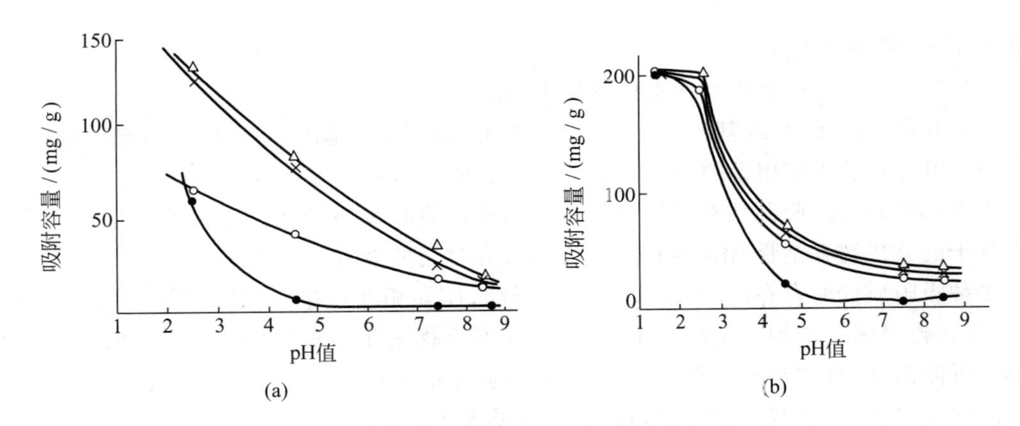

图 4-8　活性炭对腐殖质类物质吸附能力与 pH 的关系

(a) 腐殖酸；(b) 富里酸

Ca^{2+}：△ 100mg/L；× 60mg/L；○ 40mg/L；● 0mg/L

4. 吸附质介质中杂质离子的影响

吸附质介质中，某些离子会对吸附过程产生影响，比如 Ca^{2+} 能提高活性炭对腐殖质类化合物吸附容量(图 4-8)，Mg^{2+} 也能提高活性炭对腐殖质类化合物吸附容量，但提高程度仅为 Ca^{2+} 的$\frac{1}{5}$。

Na^{+} 对活性炭吸附能力基本无影响。

5. 温度

吸附是一个放热过程，提高温度不利于吸附，相反降低温度可以促进吸附进行。例如，活性炭对氯仿的吸附容量，4℃时比 21℃时提高 70%。加热可以促进被吸附的物质发生解析，即吸附的反方向，比如加热可用于活性炭的再生。

6. 接触时间

吸附速度主要受扩散速度所控制，所以吸附剂与吸附质接触时间也直接影响吸附容量(图 4-9)，但接触时间太长，工业设备又变得庞大，所以工业上不允许无限增大吸附剂与吸附质的接触时间。

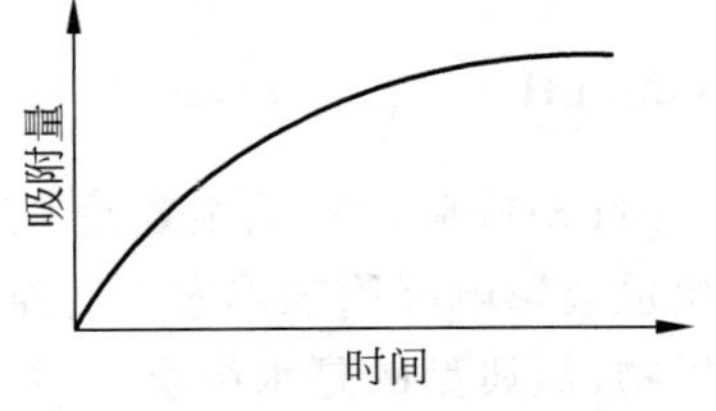

图 4-9　吸附剂和吸附质接触时间与吸附量的关系

4.2 活性炭简介

4.2.1 活性炭制取

活性炭是由含碳的材料制成的，比如木材、煤炭、石油、果壳、塑料、旧轮胎、废纸、稻壳、秸秆等。首先对其去除矿物质并干燥脱水，在 500～600℃下隔绝空气进行炭化，炭化之后根据粒度要求进行粉碎和筛选，再进行活化，活化方法有以下两种。

(1) 物理活化(气体活化)。它是用水蒸气在900℃左右进行活化，水蒸气中掺和一部分CO_2(或空气)，用CO_2与水蒸气的比例及活化时间来调节活化程度，即控制活性炭孔结构。颗粒状活性炭物理活化法流程示于图4-10中。

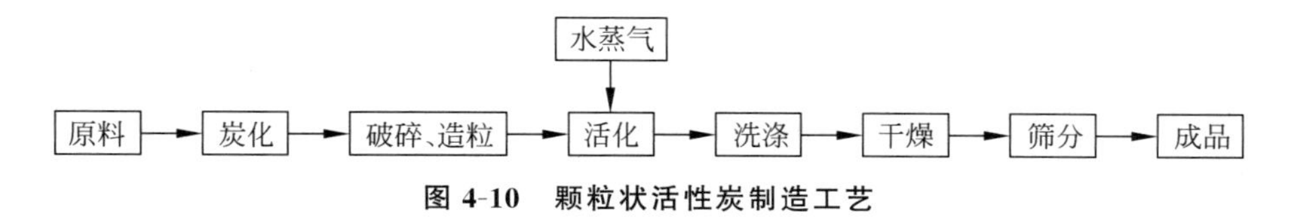

图4-10 颗粒状活性炭制造工艺

(2) 化学活化。它是用药品同时进行炭化和活化。常用的药品有$ZnCl_2$、$CaCl_2$、H_3PO_4、KOH、HCl、K_2CO_3等，以前工业上常用的药品为$ZnCl_2$。将原材料在$ZnCl_2$溶液中浸泡，待将$ZnCl_2$吸收并干燥后，在600～700℃氮气气氛中处理。目前由于环保问题，用$ZnCl_2$活化方法已逐渐减少。

活化的目的是把活性炭内部的孔打通和扩大，增加活性炭比表面积，比如，活化前的活性炭比表面积仅有200～400m^2/g，而通过活化后比表面积可能达到1000m^2/g。炭化就是将原料加热，预先除去其中的挥发成分，原料中有机物发生热分解，释放出水蒸气、CO、CO_2、H_2等气体，而留下大量残余炭化物，炭化物的吸附能力低，这是由于炭中含有一部分碳氢化合物、细孔容积小以及细孔被堵塞等。炭化过程分为400℃以下的一次分解反应，400～700℃的氧键断裂反应，700～1000℃的脱氧反应等3个反应阶段，原料无论是链状分子物质还是芳香族分子物质，经过上述3个反应阶段获得类似缩合苯环平面状分子而形成三维网状结构的炭化物。

这时炭是无定型的，在高温下会重新集合为微晶型结构，微晶型结构的多少与原材料及炭化温度有关。物理活化阶段通常包括3个阶段：在大约900℃下，把炭暴露在氧化性气体介质中，进行处理而构成活化的第一阶段，除去被吸附质并使被堵塞的细孔开放；进一步活化，使原来的细孔和通路扩大；随后，在碳质结构中反应性能高的部分发生选择性氧化而形成了微孔组织。这样活性炭比表面积增加，成为一种良好的多孔物质。水蒸气和CO_2(有时还有氧)在活化时均能与炭进行反应，水蒸气的反应能力比CO_2高得多(约8倍)，可以调节二者比例来调节活性炭孔结构。化学活化是利用$ZnCl_2$的脱水作用使原料中的氢和氧以水蒸气形式放出，形成多孔的活性炭，近年来有人使用化学活化制得比表面积达2000～3000m^2/g的活性炭。

最终制成的活性炭按形状分，有粉状和颗粒状两种。颗粒状活性炭(granular activated carbon，GAC)又有不定形及柱形(或球形)两种。一般水处理用果壳炭是不定形活性炭，而柱形炭多以粉状煤粉为活性炭原料，经加入黏结剂(焦油)黏结成型所得，所以柱形(球形)炭多为煤质炭。粉状活性炭(powdered activated carbon，PAC)是由煤粉、木屑等粉状原料制得。近年来，随着需要增加，又有超细活性炭粉末(粒径0.01～10μm)、蜂窝状活性炭、活性炭丸、活性炭纤维等产品出现。

4.2.2 活性炭结构

活性炭通常被认为是无定形碳。X射线衍射分析表明，它结构中含有1～3nm的石墨微晶,所以又有人认为它属于微晶类碳。除碳之外,活性炭中还含有一些杂原子,形成含氧基团,对活性炭性质起了很重要作用。活性炭的氧化物成分也会影响活性炭吸附。活性炭在高温有氧条件下活化,在其表面会形成一些含氧基团,这些基团可分为酸性基团和碱性基团两大类。高温活化(800～900℃)容易形成碱性基团,低温活化(300～500℃及300℃以下)容易形成酸性基团。常见的酸性基团以羟基、内脂基为主,常见的碱性基团是含有氧萘结构的基团,基团的数量为0.1～0.5mmol/g。

活性炭表面含氧官能团对其吸附性能有影响。由于酸性官能团多具有极性,因此易对水中极性较强的化合物进行吸附,并妨碍对非极性物质的吸收,如芳香化合物、非极性烷链等。因为水中天然有机物多含有芳香环,所以不宜使用低温活化的活性炭进行吸附操作。活性炭使用失效后的再生也要注意不要形成酸性基团,长期贮存的活性炭由于空气缓慢氧化而产生酸性基团,这也会降低其对水中天然有机物的吸附能力。

活性炭最主要的结构特征是它的孔结构,描述孔结构的指标是比表面积(specific surface area)、孔径(pore size)、孔径分布(pore size distribution)和孔容(pore volume)。

活性炭吸附所依赖的巨大比表面积主要是内部孔洞的表面。如果对孔的大小进行区分,则可以分为微孔、过渡孔(中孔)和大孔3种。按国际纯粹化学和应用化学联合会(IUPAC)的规定,微孔是指孔直径小于2nm的孔,中孔是指孔直径为2～50nm的孔,大孔是指孔直径大于50nm的孔。活性炭的孔径结构好比一个城市内四通八达的交通网,大孔在活性炭结构中好比城市的主要干道,中孔好比区域性通道,而微孔则是城市的基层弄堂、巷道。因此,微孔结构是活性炭孔面积的主要来源。有人曾对活性炭不同尺寸孔的面积及孔容进行测定,认为微孔面积要占活性炭比表面积的95%以上(表4-5),所以活性炭的吸附能力主要是由微孔发挥作用。

表4-5 活性炭不同尺寸孔的孔容和孔面积

孔类型	孔直径/nm	孔容/(mL/g)	孔面积/(m^2/g)	孔隙数/(个/g)
大孔	>50	0.21～0.50	0.5～2	10^{20}
过渡孔(中孔)	2～50	0.02～0.20	1～200	
微孔	<2	0.25～0.90	500～1500	

活性炭比表面积一般在800～1000m^2/g,目前比表面积最高的活性炭可达3000m^2/g。比表面积测定方法很多,常用的是BET法,除此之外还有液相色谱法、X射线小角度散射法等。BET法是将经真空脱气处理后的活性炭试样,在−196℃下吸附氮气,这时在活性炭样品表面上吸附一层单分子层N_2,根据单分子层吸附量及每一氮气分子占据的表面积,利用BET公式计算活性炭比表面积,公式如下:

$$S=4.353\frac{V_m}{m} \tag{4-7}$$

式中,S——比表面积,m^2/g;

V_m——在标准温度和压力下,表面为单分子层时吸附的氮气体积,cm^3;

m——活性炭质量,g;

4.353——换算系数。

V_m 可以通过下式计算:

$$\frac{P}{V_a(P_0-P)}=\frac{1}{V_mC}+\frac{C-1}{V_mC}\frac{P}{P_0} \tag{4-8}$$

式中，P——吸附平衡时氮气压力，Pa；

P_0——液氮温度下，被吸附氮气的饱和压力，Pa；

C——与吸附热有关的常数；

V_a——平衡压力下试样所吸附的氮气体积，mL。

孔径分布是了解活性炭孔结构和吸附性能的最主要指标。孔径分布测定方法有电子显微镜法、分子筛法、压汞法、X射线小角度散射法等，常用的是压汞法，该法是利用汞不能润湿活性炭细孔壁，要让汞进入细孔中就需要压力这一原理，通过下式进行计算：

$$rP=-2\nu\cos\theta \tag{4-9}$$

式中，r——圆筒形细孔的孔半径，nm；

P——汞的压力，PSI(1PSI＝6.895kPa)；

ν——汞的表面张力，N/m；

θ——汞的接触角，(°)。

在压力 P 下，汞应该进入半径 r 以上的所有细孔中，所以测定由压力的变化而引起进入汞量的变化，就可以知道孔径大小，进而确定孔径分布。例如某活性炭测得的孔径分布数据示于表4-6。

表 4-6　某活性炭测得的孔径分布

孔径/nm	平均孔径/nm	孔容/(cm^3/g)	孔比表面积/(m^2/g)	孔径/nm	平均孔径/nm	孔容/(cm^3/g)	孔比表面积/(m^2/g)
1.73～1.86	1.79	0.013275	29.658	5.88～6.83	6.28	0.006725	4.284
1.87～1.90	1.93	0.009788	20.327	6.84～8.36	7.43	0.008120	4.370
2～2.12	2.06	0.007614	14.795	8.37～10.08	9.05	0.006447	2.849
2.13～2.22	2.18	0.005137	9.432	10.09～11.45	10.68	0.003825	1.433
2.23～2.31	2.28	0.003948	6.936	11.46～13.32	12.23	0.004123	1.348
2.32～2.46	2.39	0.005477	9.164	13.33～16.02	14.41	0.004188	1.163
2.47～2.70	2.57	0.007675	11.930	16.03～19.57	17.42	0.003860	0.886
2.71～2.98	2.83	0.007435	10.511	19.58～25.00	21.62	0.004026	0.745
2.99～3.25	3.11	0.006172	7.941	25.01～36.04	28.57	0.004416	0.618
3.26～3.62	3.42	0.006570	7.682	36.05～60.22	42.20	0.004228	0.401
3.63～4.03	3.81	0.006161	6.475	60.23～93.58	69.79	0.002434	0.140
4.04～4.52	4.25	0.006150	5.784	93.59～142.16	108.06	0.001580	0.058
4.53～5.12	4.79	0.006208	5.186	142.17～305.46	170.62	0.001687	0.040
5.13～5.88	5.45	0.006607	4.853				

活性炭的比孔容一般不超过0.7mL/g，中孔孔容一般为0.1～0.3mL/g，孔容和孔容分布可以在用液氮测比表面积时通过计算求得。比表面积、孔容和孔的平均半径之间存在如下关系：

$$r=\frac{2V}{S}\times 10^3 \tag{4-10}$$

式中，r——假定孔为圆筒状时，孔的平均半径，nm；

V——比孔容积，cm^3/g；

S——比表面积,m^2/g。

4.2.3 活性炭型号命名

对于活性炭分类与命名参见《活性炭分类和命名》(GB/T 32560—2016),内容如下。

活性炭按制取的原料分有3种:煤质炭(coal based activatec carbon)、木质炭(wood activated carbod)和合成材料活性炭(synthetic materials activated carbon)。

活性炭型号由以下三部分组成:

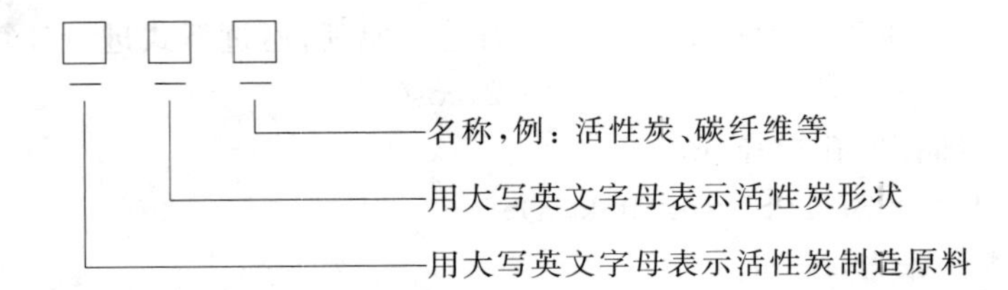

型号组成各部分的符号及意义如下。

① 第一部分表示制造活性炭的原料,见表4-7。

表4-7 活性炭型号第一部分(制造原料)符号意义

符号	W	M	C	O
意义	木质 W_S—木屑原料 W_P—果壳原料 W_C—椰壳原料 W_B—生物质原料	合成材料	煤质	其他

② 第二部分是表示活性炭的外观形状,见表4-8。

表4-8 活性炭型号第二部分符号意义

符号	P	G	E	S	W	F
意义	粉状活性炭	破碎状颗粒活性炭 G_W—木质破碎活性炭 G_R—原煤破碎活性炭 G_B—煤质压块破碎活性炭 G_E—煤质柱状破碎活性炭	圆柱状活性炭	球形活性炭	碳纤维布(布类浸粉活性炭)	碳纤维毡(毡类浸粉活性炭)

例如，W_PG_W 活性炭为木质果壳破碎状活性炭，煤质柱状活性炭表示为 CE 活性炭。

关于活性炭颗粒的尺寸表示：对不定形颗粒炭来讲，是以上下限尺寸乘以 100 的数字标出；对柱形颗粒炭及球形颗粒炭是以直径乘上 10 的数字标出；尺寸单位均为 mm，其标法范例见表 4-9。

表 4-9 曾采用的活性炭型号中尺寸标示范例

活性炭形状	标注法	示例	意　义
不定形颗粒状活性炭	下限×上限	35×59	表示粒度范围 0.35～0.59mm
圆柱形颗粒活性炭	直径	30	表示圆柱横截面直径 3mm
球形颗粒活性炭	直径	20	表示球体直径 2mm

粉末炭与破碎状颗粒活性炭的区别是以外观尺寸 0.18mm 为限，大于 0.18mm 颗粒占多数的为破碎状颗粒活性炭，小于 0.18mm 颗粒占多数的为粉状活性炭。

4.2.4 活性炭理化性能指标

对于吸附用活性炭，常用下列一些技术指标对其性能进行描述，这些性能指标的测定，木质活性炭是采用《木质活性炭试验方法》(GB/T 12496)中的方法，煤质颗粒活性炭是采用《煤质颗粒活性炭试验方法》(GB/T 7702)中的方法。

(1) 外观。活性炭外观呈黑色，可分为粉末状、破碎状或柱形颗粒。

(2) 粒度(particle size)和粒径分布。破碎状活性炭粒度范围一般为 0.63～2.75mm；粉末状活性炭颗粒小于 0.18mm(一般在 80 目以下)；柱形活性炭直径一般为 3～4mm，长 2.5～5.1mm。颗粒状活性炭的颗粒尺寸可以根据需要确定。

(3) 水分(moisture content)。又称干燥减量，它是将活性炭在 150℃±5℃恒温条件下干燥 3h 后测得的数据。

(4) 表观密度(apparent density)。即充填密度，指单位体积活性炭具有的质量。对破碎状活性炭，该值为 $0.4\sim0.5g/cm^3$。

(5) 强度(abrasion resistance)。是将活性炭放在一内置钢珠的圆筒形球磨机中，在 50r/min±2r/min 的转速下研磨，根据破碎情况计算其强度，一般要求其强度值不小于 90%。

(6) 灰分(ash content)。活性炭灰化(木质炭在 650℃±20℃下，煤质炭则为 800℃±25℃下)所得灰分的质量占原试样质量的百分数。这是中国标准，国外标准在温度规定上不一样，因而同一样品测试结果也不同。

(7) 漂浮率(floatation ratio)。干燥的活性炭试样在水中浸渍，搅拌静置后，漂浮在水面的活性炭质量占试样质量的百分数。

(8) pH。将活性炭试样在不含 CO_2 的纯水中煮沸，过滤后水的 pH 即为活性炭 pH。

(9) 亚甲蓝吸附值(methylene blue adsorption)。在浓度 1.5mg/mL 的亚甲蓝溶液中加入活性炭，振荡 20min，吸附后根据剩余亚甲蓝浓度计算单位活性炭吸附的亚甲蓝的量，单位为 mg/g。亚甲蓝吸附值还可以用 mL/0.1g 单位表示，二者之间换算关系为

$$A = B \times 15$$

式中,A——亚甲蓝吸附值,mg/g;

B——亚甲蓝吸附值,mL/0.1g。

这是中国标准,美国 ASTM 没有规定亚甲蓝测试项目,日本有该项目,但测试条件有异。

(10) 碘吸附值(iodine number)。它是用每克活性炭能吸附多少毫克碘来表示。试验时,在碘溶液(内含 KI)中加入活性炭试样,经振荡吸附平衡后,根据残余碘浓度计算每克活性炭吸附碘的量,单位为 mg/g。

《木质活性炭试验方法 碘吸附值的测定》(GB/T 12496.8—2015)煤质活性炭碘吸附质测定方法与国外标准(ASTM D4607—1994,JIS K1474—1991)相似,是采用测量吸附等温线的方法。

(11) 苯酚吸附值(phenol adsorption)。取 0.1%苯酚溶液 50mL,加入 0.2g 活性炭试样,经 2h 振荡并静置 22h 后,根据吸附后剩余的苯酚浓度计算苯酚吸附值,其单位为 mg/g。

(12) 四氯化碳吸附率(carbontetrechloride activity)。用载有四氯化碳的空气流通过活性炭试样,活性炭吸附四氯化碳后质量增加,吸附平衡后活性炭试样质量不再上升,计算平衡时活性炭吸附的四氯化碳量即为四氯化碳吸附率,单位为%。

(13) ABS 值。在含有十二烷基苯磺酸钠(ABS)5mg/L 的溶液中,加入粉末状活性炭,经 1d 吸附之后,依残余浓度计算将 ABS 降至 0.5mg/L 所需的活性炭量。

(14) 焦糖脱色率(decolorization of caramel)。用葡萄糖和碳酸钠制备焦糖溶液,加入粉状活性炭吸附后,根据剩余溶液的焦糖浓度(吸光度)计算焦糖脱色率。

4.3 水的颗粒活性炭过滤吸附处理

在工业水处理中常将颗粒活性炭放在过滤设备中,让水通过进行过滤吸附,其目的主要包括以下几个方面。

(1) 在工业用水处理中,活性炭用来降低水中有机物和去除水中余氯,有的场合以降低水中有机物为主,有的场合以去除水中余氯为主,但在实际应用中,往往是对二者均起作用。

(2) 在生活饮用水处理中,粒状活性炭过滤吸附也是用来降低水中有机物,以降低后续水氯化消毒时产生的有致突变性的副产物,由于生活饮用水处理水量大,活性炭吸附容量有限,为降低经济费用,更趋向使用生物活性炭过滤吸附技术。

(3) 在废水处理中使用活性炭是用来吸附水中的重金属、油、有机污染物等。

4.3.1 吸附水中有机物的活性炭选用

活性炭种类繁多,以原料来分,有果壳炭、木质炭、煤质炭等,果壳炭中又有椰壳炭、杏核炭、桃核炭之分,即使对于同一种原料,不同产地由于地理环境及自然条件的不同,其性能也不一样,不同厂家的制造工艺差异又造成不同厂家产品性能上的差异,在水处理中正确地选择活性炭种类,是吸附处理中很重要的一步。

工业用水处理中常用的活性炭是粒状果壳炭,但在少数场合也有使用成型的煤质炭以及粉状炭。活性炭的选用一般要从物理性能和吸附性能两方面进行考虑。

1. 物理性能

(1) 颗粒尺寸。粉状炭一般多在 80～200 目或更小尺寸；破碎粒状活性炭一般多为 0.63～2.75mm，可根据需要确定。

(2) 水分。由于水分涉及产品价格，一般希望商品活性炭含水率在 10%以下。

(3) 强度。水处理中使用的颗粒炭的强度应在 90%以上。由于活性炭在使用中会产生粉末，随水带出，所以用在膜处理之前时，对活性炭强度应提出更高要求(≥95%)。

(4) 灰分。灰分主要与活性炭原材料有关，灰分高的活性炭不但吸附能力下降，而且会增加溶出杂质的机会。一般要求活性炭灰分低于 5%。

(5) 充填密度。此值用于计算活性炭的购买量。但从该值的大小也可看出活性炭孔隙的多少，一般为 0.4～0.5g/cm^3，数值低的，相对而言孔比较发达，吸附性能好，但漂浮损失会上升。

(6) 漂浮率。在水中漂浮的活性炭使用时要损失，所以活性炭漂浮率应控制在 5%以下。

2. 吸附性能

吸附性能是活性炭的主要指标。由于活性炭吸附容量有限，再生困难，因而选用吸附性能好的活性炭，不仅可以提高出水品质，还可延长活性炭的使用寿命，减少经济费用。

在活性炭一般性能指标中，有一些指标是用来表示活性炭吸附性能的，如比表面积、碘吸附值、苯酚吸附值、亚甲蓝脱色力、ABS 值等。应当说明的是，这些一般吸附性能指标只能代表活性炭对相应的碘、苯酚、亚甲蓝等单一化合物的吸附能力，与水处理活性炭吸附的天然有机物相比，因为这些化合物相对分子质量较低，分子体积较小，所以不能完全代表活性炭对天然水中有机物的吸附能力。

如前面所述，天然水中有机物多以天然有机物为主，如腐殖质类化合物，它们的相对分子质量多在几百至几十万，分子尺寸为 1～3nm，比气体分子大得多，用氮气测比表面积时观察到活性炭许多微孔，氮气分子可以进入，水中有机物分子则无法进入，所以活性炭许多微孔的表面积在吸附水中有机物时不能发挥作用，此时只有较大的中孔才可以发挥吸附作用。所以水处理活性炭应选用中孔比例较大的活性炭。国外某些净水用活性炭中孔表面积所占比例高达 20%，平均孔径在 4～5nm。国内的研究也发现了这一点(表 4-10)。从表 4-10 中可以看出，中孔较多的活性炭在吸附水中有机物时使用寿命最长，周期制水量最多，但它的比表面积在几种活性炭中却最小，碘值等一般吸附性能指标也不是最高。

从表 4-10 中还可以看出，活性炭一般吸附性能指标如碘值、亚甲蓝吸附值等与活性炭的使用寿命之间相关性不好，主要因为这些值与比表面积一样，多反映活性炭微孔的多少，微孔多的高比表面积的活性炭，其碘值、亚甲蓝吸附值等较高，但它的孔径多集中在小于 2mm 的微孔区，对气体和液体中小分子的吸附是有效的，但对一些聚合物、有机电解质、水中天然有机物则吸附性能较差，所以若单纯利用比表面积、碘值、亚甲蓝吸附值等来选择水处理用活性炭，往往会得到错误的结果。正确选择水处理中吸附水中有机物性能好的活性炭，可以采用如下几种方法。

(1) 将不同活性炭装入吸附柱(直径为 30～50mm，装入量为 300～500g)，在实际使用水质下进行柱式吸附试验,周期制水量长的活性炭对水中有机物吸附性能好。

表 4-10 几种活性炭一般性能指标与周期制水量对照

性能指标		活性炭编号					
		1	2	3	5	7	9
比表面积/(m^2/g)	Langmuir	1019	1041.66	1685.77	830.28	1245.65	1195.96
	BET	728.17	744.48	1198.6	588.48	895.3	857.15
碘值/(mg/g)		893	922	1011	1013	983	1106
四氯化碳吸附值/%		33	39.20	73.81	36.29	48.65	46.2
亚甲蓝吸附值/(mg/g)		94.1	107.5	221.7	134.4	102	134.4
孔容积/(mL/g)	大孔	0.0000	0.0120	0.0392	0.0000	0.0132	0.057
	中孔	0.2353	0.1761	0.2130	0.4710	0.0948	0.2033
	微孔	0.2379	0.2506	0.3744	0.1470	0.3595	0.3112
现场柱式运行周期制水量/L	太湖水质		6100	11400	12700	2600	9300
	黄浦江水质		7200	9600	10000	2000	8400
	浙江黄巢湖水质	4700		6100	6600	750	3300

(2) 将实际使用水中的有机物进行浓缩,测量不同活性炭对它的吸附等温线和吸附速度,吸附容量高、吸附速度快的活性炭对水中有机物吸附性能好。

(3) 测量不同活性炭对天然水中有机物,如腐殖酸、富里酸、木质素、丹宁(一种或几种)的吸附等温线和吸附速度,吸附容量高、吸附速度快的活性炭对天然水中有机物吸附性能好。

(4) 最新研究表明,糖液脱色用活性炭的吸附性能指标——焦糖脱色率测试时所用的吸附质焦糖,其分子量及分子量分布与天然水中天然有机物相似,可以用对焦糖的脱色率指标来评价活性炭对水中有机物的吸附能力,用于给水处理中的活性炭筛选。

4.3.2 吸附水中有机物的粒状活性炭床设计

工业中多采用粒状活性炭来吸附水中有机物,粒状活性炭放在过滤设备中构成活性炭滤床。活性炭滤床可以设计为压力式,也可以设计为重力式。压力式是将粒状活性炭放入压力式过滤器中,被处理的水从上向下(或从下向上,即逆流式)通过粒状活性炭层;重力式是将粒状活性炭放入重力式滤池中,用粒状活性炭构成吸附滤层。这种工业活性炭滤床对天然水中有机物去除率正常时一般为40%~50%(以 COD_{Mn} 计算),活性炭失效是以活性炭床对水中有机物去除率降至15%~20%时为标准,或者活性炭床出水有机物浓度超过要求时认为活性炭失效。

粒状活性炭滤床的主要设计参数包括滤速、活性炭吸附容量及运行周期(活性炭使用寿命)。活性炭滤床设计目前有三种方法。

1. 用经验数据进行设计

吸附水中有机物的活性炭床滤速一般为5~10m/h(指空塔流速,即表观速度 superficial

velocity)，也可以按空床接触时间(empty bed contact time，EBCT)来选择，$EBCT=\frac{\pi}{4}d^2hQ^{-1}$，其值在10～30min。当进入活性炭滤床的水为酸性水时(pH 2～3及2以下)，滤速可适当提高至10～15m/h。活性炭对水中有机物吸附容量一般经验值为200g COD_{Mn}/kg，也可根据试验测得活性炭吸附等温线后计算而得。按下列公式设计活性炭床：

$$F=\frac{Q}{v} \quad 或 \quad d=1.13\sqrt{\frac{Q}{v}} \tag{4-11}$$

$$T=\frac{\frac{\pi}{4}d^2h\rho q}{Q(C_0-C_e)} \quad 或 \quad h=\frac{Q(C_0-C_e)T}{\frac{\pi}{4}d^2\rho q} \tag{4-12}$$

式中，d——圆形活性炭滤床直径，m；

F——活性炭滤床截面积，m^2；

Q——处理水量，m^3/h；

v——活性炭滤床流速，m/h；

T——活性炭使用寿命，h；

h——活性炭滤床装载高度，m；

ρ——活性炭充填密度，kg/m^3；

q——活性炭吸附容量，g/kg；

C_0——被处理水的 COD_{Mn}，mg/L；

C_e——要求的出水 COD_{Mn}，或按进水 COD_{Mn} 40%～50%取值，mg/L。

2. 按 Bohart-Adams 方程进行设计

由于实际吸附操作时影响吸附效果的因素很复杂，设计前进行柱式试验是十分必要的，通过试验可以求出设计所需的各种参数。

水通过活性炭床，水中有机物被活性炭吸附，其吸附过程与离子交换过程相似。以顺流式为例，由于顶部活性炭首先接触吸附质，因此首先发生吸附作用，出现了吸附工作层，水继续通过时，顶部活性炭失效，不再起吸附作用，吸附工作层逐渐下移。整个过程是：失效层不断扩大，吸附工作层不断下移，未吸附层不断减少。当未吸附层厚度减少到零，吸附工作层下边缘与活性炭层下边缘重合时，出水中吸附质浓度从正常稳定值开始上升；当吸附层厚度降为零时，进出水中吸附质浓度相等。这个过程可以用图4-11表示。

在实际工作过程中，吸附工作层高度内的活性炭是无法充分利用的，所以吸附工作层的高度直接影响活性炭床中活性炭的利用效率。影响吸附工作层高度的因素很多，除活性炭性质及被吸附的有机物性质外，还有流速、进水有机物浓度等因素，进水流速大，有机物浓度高，则吸附工作层高度也长。

柱式试验装置如图4-12所示。让实际处理的含吸附质的水样通过，从3个取样口取样，测定水样中吸附质浓度，并记录水样中吸附质浓度上升至允许的最大值时的通水时间T_1、T_2、T_3。水样通过的流速宜取3个以上的流速(v_1、v_2、v_3)进行试验。

试验结果可按以下 Bohart-Adams 方程进行设计计算：

$$\ln\left(\frac{C_0}{C_e}-1\right)=\ln\left(\exp\frac{Kq_0h}{v}-1\right)-KC_0T \tag{4-13}$$

式中，C_0——进水中吸附质的质量浓度，kg/m^3；

C_e——出水中吸附质允许的最高浓度，kg/m^3；

K——吸附速度常数，$m^3/(kg \cdot h)$；

q_0——吸附容量，指单位活性炭达到吸附饱和时的吸附质质量，kg/m^3；

h——活性炭床层高度，m；

v——水通过活性炭柱时的空塔流速，m/h；

T——活性炭床工作周期，h。

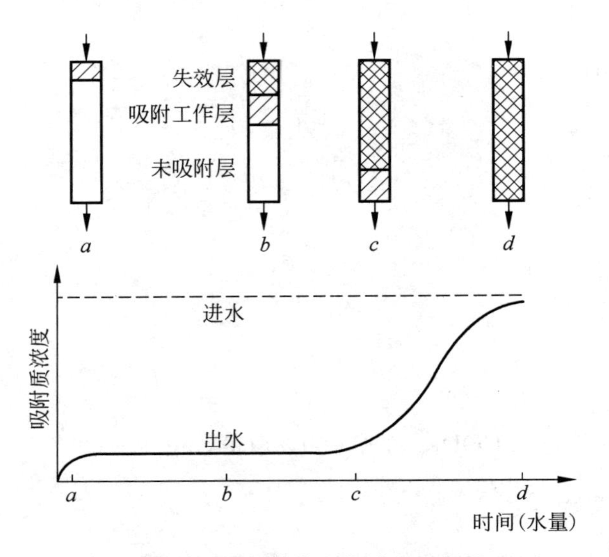

图 4-11 活性炭床工作过程示意图

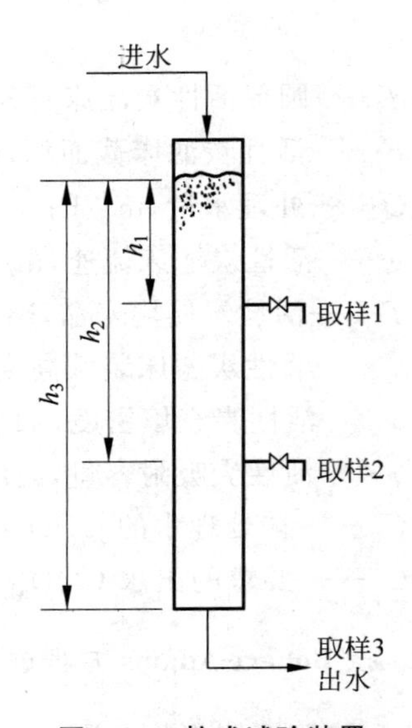

图 4-12 柱式试验装置

该式可简化并改写为

$$T=\frac{q_0}{C_0v}h-\frac{1}{C_0K}\ln\left(\frac{C_0}{C_e}-1\right) \tag{4-14}$$

当 $T=0$ 时，活性炭床层高度 h 即为吸附工作层高度 h_0：

$$h_0=\frac{v}{Kq_0}\ln\left(\frac{C_0}{C_e}-1\right) \tag{4-15}$$

将上面试验所得的 T_1、T_2、T_3 与相应的活性炭床层高度 h_1、h_2、h_3 绘图(图 4-13)，依此图分别求其截距 b_1、b_2、b_3(时间单位为 h)及斜率 a_1、a_2、a_3(流速倒数单位为 h/m)。按 $a=\frac{q_0}{C_0v}$，$b=\frac{1}{C_0K}\ln\left(\frac{C_0}{C_e}-1\right)$ 来求 q_0 及 K 值，并将 3 个流速 v_1、v_2、v_3 时的 q_0-v、K-v 关系作图(图 4-14)，依图按实际运行流速 v' 来求 K' 及 q_0' 值。

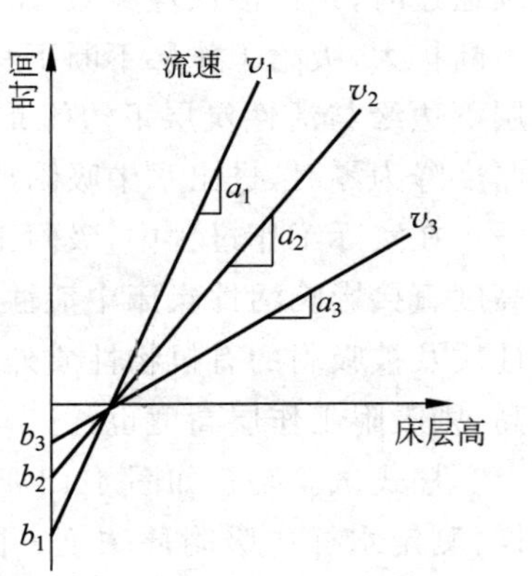

图 4-13 活性炭床层高度与工作时间关系

活性炭床实际运行流速可按经验范围取值，也可按

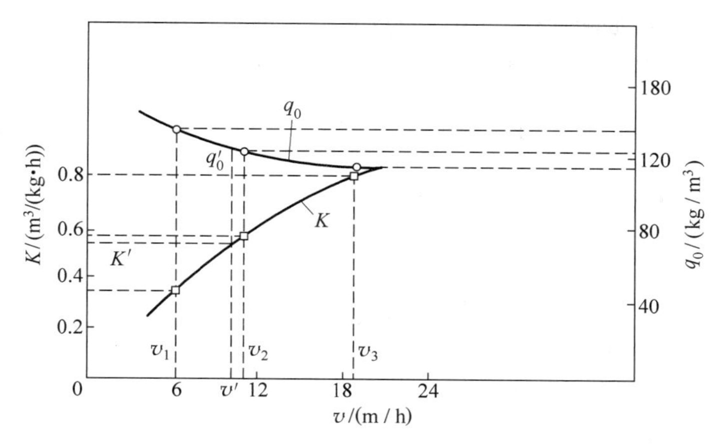

图 4-14 q_0-v 及 K-v 关系

式(4-16)求得：

$$v' = \frac{Q}{\frac{\pi}{4}d^2} \tag{4-16}$$

式中，v'——实际运行流速，m/h；

Q——处理水量，m^3/h；

d——活性炭床直径，m。

活性炭床吸附工作层高度计算如下：

$$h_0 = \frac{v'}{K'q_0'}\ln\left(\frac{C_0}{C_e} - 1\right) \tag{4-17}$$

活性炭床工作周期计算如下：

$$T = \frac{q_0'h}{C_0 v} - \frac{1}{C_0 K'}\ln\left(\frac{C_0}{C_e} - 1\right) \tag{4-18}$$

活性炭床中活性炭年更换次数 n(按年工作 7000h 计)计算公式如下：

$$n = \frac{7000}{T} \tag{4-19}$$

活性炭床中活性炭利用率 η 近似估算如下：

$$\eta = \frac{h - h_0}{h} \times 100\% \tag{4-20}$$

3. 通过吸附工作层高度与流速关系进行计算

吸附工作层高度随流速增大而增大，可通过多柱试验求得，活性炭柱的吸附工作层高度与流速关系如图 4-15 所示。它是在使用水质及选择的活性炭确定时，通过如下试验求得。

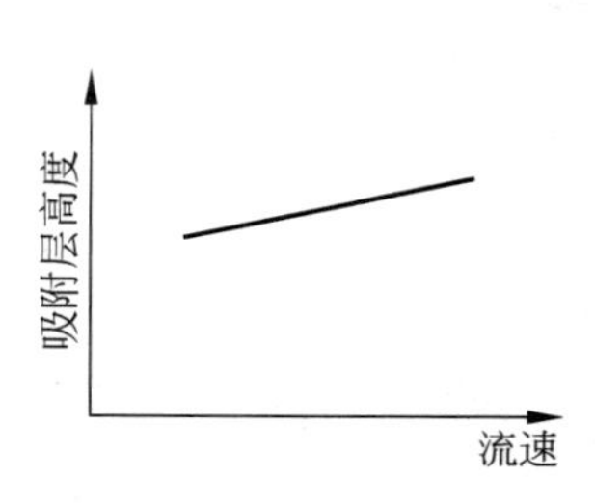

图 4-15 吸附层高度与流速关系

取多根(4～6 根)同一直径吸附柱，各自在不同流速下运行。各柱内装不同高度活性炭层(其高度保证各柱的空床接触时间相同),记录有机物穿透时间(出水有机物浓度从稳定值开始上升的时间)和吸附终点时间(即进出水有机物浓度相等时间)。

有如下关系存在:

$$\frac{h}{h_0}=\frac{t_0}{t_0-t} \tag{4-21}$$

式中,h——吸附柱中活性炭层高度,m;

h_0——吸附柱运行时吸附工作层长度,m;

t——吸附柱穿透时间,h;

t_0——吸附柱吸附终点时间。

根据下式求出不同流速时吸附工作层长度 h_0 及吸附工作层下移速度 s(m/h):

$$h_0=h\,\frac{t_0-t}{t_0} \tag{4-22}$$

$$s=\frac{h-h_0}{t} \tag{4-23}$$

用 s 对流速 v(m/h)作图(图4-16),选择实际运行流速 v' 作为设计值,则活性炭床直径为

$$d\geqslant 1.13\sqrt{\frac{Q}{v'}} \tag{4-24}$$

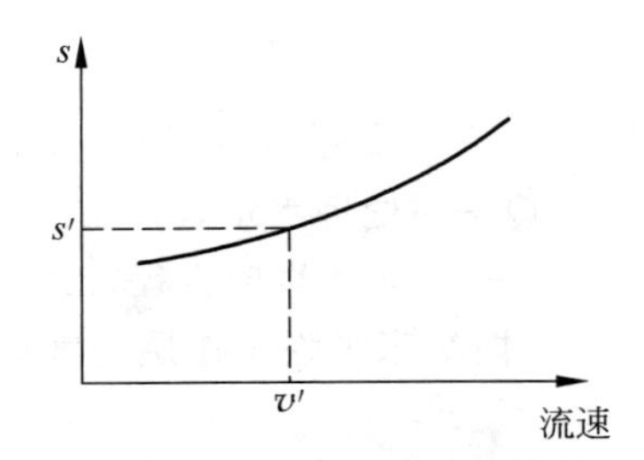

图4-16 吸附层下移速度与流速关系

式中,d——活性炭床直径,m;

Q——处理水量,m^3/h。

活性炭床层高度 h 为

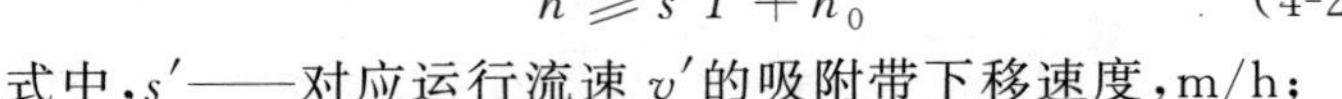

$$h\geqslant s'T+h_0 \tag{4-25}$$

式中,s'——对应运行流速 v' 的吸附带下移速度,m/h;

T——预计的活性炭床运行周期,h。

4.3.3 吸附有机物的颗粒活性炭床出水水质及运行

活性炭床过滤吸附时,其出水水质与所使用的活性炭种类及进水水质有关,一般来说,新活性炭投运初期,对水中有机物去除率可达70%~80%(COD_{Mn} 或 UV_{254}),但很快会下降,下降至40%~50%后维持较长一段时间,随后逐渐下降,至有机物去除率达15%~20%时,此时活性炭可视为失效(图4-17)。

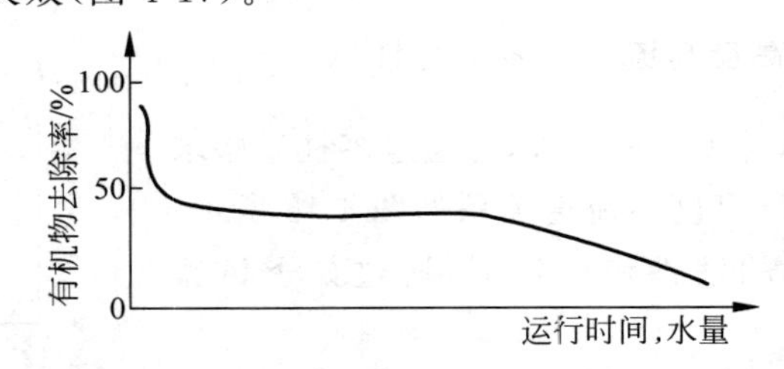

图4-17 活性炭过滤周期中吸附进水有机物的去除率变化

如果对活性炭床出水水质从有机物分子层面上进行研究，近年发现以下一些规律：

(1) 对不同工业活性炭床进出水中有机物相对分子质量分布测试证实，活性炭对相对分子质量500～3000的有机物有良好的去除效果，对相对分子质量小于500和大于3000的有机物去除效果差。相对分子质量大于3000的有机物由于分子体积大，无法进入活性炭微孔，去除率低；而对于相对分子质量小于500的有机物没有去除的原因，是由于这部分有机物亲水性较强。

(2) 这一规律会随活性炭种类不同(严格讲是活性炭孔径分布不同)而略有变化，对工业水处理中活性炭床进出水测试结果证明(表4-11)，中孔发达的杏壳炭所吸附的有机物相对分子质量偏高，在数千之间，甚至还有高于10000的，而微孔发达的椰壳炭则多集中吸附相对分子质量小于1000的有机物。

表4-11　活性炭床对水中不同相对分子质量区段有机物(UV_{254})吸附去除情况 单位：%

水源	活性炭种类	对水中溶解态有机物总去除率	不同相对分子质量有机物去除率		
			>10000	1000～10000	<1000
蕴藻滨水	椰壳炭(微孔多)	22.9(进水中性)	4	0	40.5
黄浦江水	杏壳炭(中孔多)	29.2(进水酸性)	24	100	23.5

(3) 水中有机物的憎水性强弱也强烈影响活性炭对它的吸附，研究表明，憎水中性有机物、憎水酸性有机物、憎水弱酸性有机物可以被活性炭很好地吸附，而亲水性有机物和憎水碱性有机物活性炭吸附不好(图4-18)。

所以，活性炭对水中有机物的去除特性还和水中有机物憎水性有关，分析具体数值时应从相对分子质量大小和憎水性两方面进行考虑。

(4) 对工业活性炭床不同通水时间的出水中有机物组成情况，经测试发现，运行初期活性炭对各不同相对分子质量有机物(包括相对分子质量大于30000的大分子有机物)去除率都很高，但随运行时间延长，大分子有机物去除率很快急剧下降至接近0，这可以解释为运行初期活性炭孔内清洁通畅，大分子有机物也可以进入大孔甚至中孔，随后造成孔道堵塞，使后来的大分子有机物不能再进入孔道，去除率急剧下降。

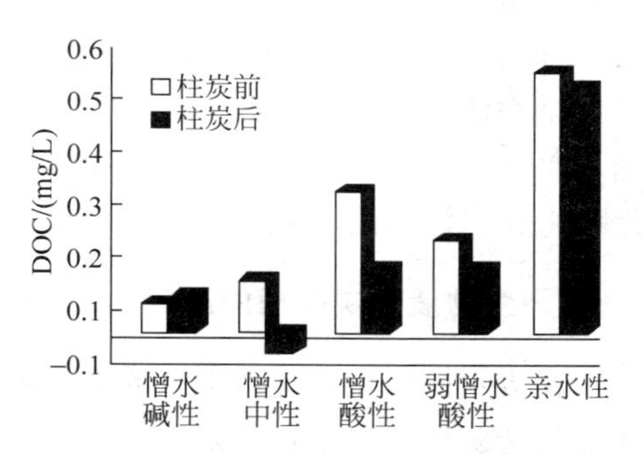

图4-18　粒状活性炭柱式吸附床进出水中有机物憎水性变化

另外，活性炭床运行中还有如下一些问题。

(1) 新活性炭使用前最好进行预处理，常用的预处理方法为5%稀盐酸浸泡，可以提高活性炭对水中有机物的吸附能力，另外还可以降低活性炭灰分，减小它在水中的溶出量。

(2) 虽然活性炭床进水已经过处理，进水浊度较低，但长时间运行仍会在活性炭滤层中聚集污物，另外活性炭表面有机物增多，进水氧含量丰富，会促使活性炭表面生物繁殖，使活性炭颗粒易于结块，所以活性炭床运行中应定期进行反洗。

(3) 活性炭表面生物繁殖一方面会使出水中夹带微生物，出水中细菌含量上升(表4-12)，另一方面还会带出生物的代谢产物，使出水中某些有机物组分(如相对分子质量大于100000

的有机物组分)增加。

(4) 活性炭颗粒运行中磨损,会使出水中夹带活性炭粉末,这在反渗透系统中会造成危害。

表 4-12 某厂活性炭床进出水中水生生物数量

水生生物	进水/(个/m^3)		破碎碳滤床/(个/m^3)	
	范围	平均	范围	平均
总数	1.7~98.3	37	0~4463	1201
剑水蚤	少		0~276	55
枝角类	少		0~33	5
无节幼体	少		0~2016	392
轮虫	少		0~2680	692
寡毛类	少		0	0
线虫	少		0~153	52

4.3.4 水的生物活性炭处理

生物活性炭(biological activated carbon,BAC)于1978年由G. W. 米勒(G. W. Miller)和R. W. 莱斯(R. W. Rice)首次正式提出时,该技术在欧洲已沿用十几年,我国在20世纪70年代也开始研究并使用。它是在活性炭吸附水中有机物的同时,又充分利用活性炭床中生长的微生物对水中有机物的生物降解作用,来延长活性炭使用寿命,以节省活性炭更换费用,并能处理那些单纯用生化处理或单纯用活性炭吸附处理不能去除的有机物质。

生物活性炭处理水的方法目前有两种类型:生物活性炭滤床及臭氧加生物活性炭滤床。单纯的生物活性炭滤床常用在成分单一的工业废水处理场合,臭氧加生物活性炭滤床近年来在生活饮用水处理中获得广泛应用。

1. 生物活性炭处理的原理

在废水的生化处理中常见的生物膜技术(生物滤池或生物转盘),是利用细菌喜欢在固体或支持载体表面生长繁殖的特点,在滤床的滤料或转盘盘片表面形成生物膜,依靠生物膜中微生物的生物化学作用,将水中有机物质吸收并氧化,从而降低水中有机物含量。活性炭床中粒状活性炭滤料也是一种固体表面,微生物也会附着在其表面,形成生物膜。由于颗粒活性炭表面粗糙、吸附能力强,相比于其他材料细菌更容易附着其上进行繁殖。

有研究指出,颗粒活性炭表面的生物膜中优势菌种是假单胞菌属,此外还有黄杆菌属、芽孢菌属、节杆菌属、产碱菌属、不动杆菌属、气单胞菌属等。微生物的存在,使活性炭在吸附水中有机物的同时又发生生物化学作用,这些作用可分为以下两个方面。

(1) 活性炭表面发生对有机物的富集和活性炭对水中溶解氧的吸附,在活性炭表面形成一个十分有利于微生物繁殖生长的环境。

由于天然水中有机物浓度低,而且多为腐殖类化合物,BOD_5/COD比值小,不利于生物繁殖,大多数情况下都无法直接进行生化处理,但是活性炭吸附有机物后,使活性炭表面及内部有机物浓度大大高于水中原有浓度,再加上连续进水不断带入的水中溶解氧,就使得活性炭表面形成非常有利生物活动的环境,增进了生物的代谢活动,其结果是在活性炭表面形成可靠的由微生物组成的生物膜,这些微生物由于体积较大,它们分布在活性炭颗粒表面及与表面毗邻的大孔中,至于活性炭中孔和微孔基本不进入。

这种生物膜都是采用自然挂膜方式形成,形成的生物膜处理功效像生物处理一样受到各种运行条件影响,如水温、pH、菌种等因素,所以效果往往不稳定,一般来说水温下降生物膜功效变差,5~10℃处理效果不佳,水的 pH 中性(6.5~7.5)时最好,因为大多数微生物适宜的 pH 值为 4~10。

进水浊度颗粒会堵塞活性炭的孔,会影响生物膜的生长与稳定,所以生物活性炭床应设置在过滤设备之后,以保证其进水清澈。

要保证进水的溶解氧含量,因为对这些好氧菌来说,水中溶氧是它生存的必要条件,由于生物活性炭床是连续进水,不断带入新的溶解氧,所以这不是一个严重的问题。活性炭对水中溶氧也有一个吸附富集作用,有人认为活性炭对水中溶氧吸附容量在 10~40mg/g,这种作用又使活性炭表面成为高氧区,更有利于生物繁殖。

要严格避免生物活性炭床进水中含有余氯等杀菌剂,所以生物活性炭床进水不能进行氯杀菌处理。

(2) 微生物对吸附有机物的活性炭起再生作用。

活性炭表面生物膜中微生物在生物活动过程中会产生酶,酶具有氧化还原、水解、转换、异构、裂合、合成等作用。细胞内的酶会通过某些细胞生长现象(如细胞自溶、破裂等)进入水中,即胞内酶变成胞外酶,这种酶直径在几纳米数量级,比细菌直径(如球菌为 500~2000nm)小得多,细菌不能进入活性炭中孔则酶可以进入。这样,活性炭中孔、大孔中吸附的有机物可以被酶降解,然后被微生物攫取利用。

随着大孔、中孔中有机物吸附质浓度降低,而微孔中有机物吸附质浓度相对较高,会发生逆向扩散至中孔、大孔,这个过程不断进行,直至平衡。这个过程,实际上就是吸附有机物的逆过程,它清除了活性炭表面吸附的有机物,恢复活性炭干净的吸附表面,使活性炭再具吸附能力,类似于活性炭再生过程,当然,是很难达到完全再生的程度,一般只是部分再生。

活性炭表面生物膜这两方面作用的结果是延长了活性炭使用寿命,宏观上增强了活性炭吸附能力,改善了出水水质,这就是生物活性炭。

2. 臭氧加生物活性炭滤床

臭氧(ozone)O_3 在常温常压下低浓度时是无色气体,浓度达到 15%时,呈现出淡蓝色,它是一种强氧化剂,氧化还原电位达+2.07V,比氯和二氧化氯都高,在水处理中常用作消毒杀菌剂,此处臭氧是作为氧化剂使用。由于生活饮用水处理的水源多为天然水,水中有机物多为腐殖质类大分子有机物,不易被活性炭吸附,也不易被生物降解(BOD_5/COD 比值低),在活性炭床前加入臭氧可以将水中大分子有机物氧化成小分子有机物,使原来不可以被生物降解的有机物转变为可以被生物降解的有机物(BOD_5/COD 比值提高),有利于微生物代谢,也有利于活性炭吸附;臭氧还可增加水的含氧量,更有利于生物活动。所以,该系统将活性炭物理吸附水中有机物、臭氧氧化水中有机物、生物降解水中有机物三者结合起来。

所以臭氧+生物活性炭滤床对水中有机物去除效果好,尤其对水中大分子难降解的有机物有一定去除率,而单纯生物活性炭滤床对水中大分子有机物去除效果差。

臭氧的半衰期仅为30～60min,不稳定、易分解,所以无法作为一般的产品储存,需在现场制造——由现场的臭氧发生器制取。制取方法是将空气或氧气通过高压(8～20kV)放电的电弧中产生臭氧,臭氧的产率很低,用空气制取时仅为2%～3%,用氧气制取时为7%～10%(以质量计)。臭氧可溶于水,常温常压下在水中的溶解度比氧气高约13倍,比空气高25倍,满足亨利定律,溶解度与水面气体中的臭氧分压成正比,比如臭氧分压力为一个大气压时,20°C时溶解度为0.57g/L。但由于制取臭氧得到的混合气体中的臭氧很少,分压低,水中臭氧饱和溶解量也小,为了提高水中臭氧溶解量,所制得的臭氧应采用微孔扩散器形成小气泡均匀分散在水中以利于溶解。一般常用的装置有3种:鼓泡塔或池、水射器(文丘里管)及固定螺旋混合器(搅拌器或螺旋泵),也可以两种以上串联使用,即使这样,获得的水中臭氧浓度很少能达到5～10mg/L或更高。作为水的消毒杀菌来讲,这样的浓度已经够了,水中余臭氧浓度保持在0.4mg/L作用4min可以达到消毒目的。水没有吸收的臭氧和空气会很快从水中溢出散发,溶解于水中臭氧杀死微生物和氧化有机物后,多余的在水中也不稳定,很快消失。

臭氧加生物活性炭滤床系统处理水的总臭氧投加量一般为1～4mg/L,可分为2～3点投加,单点投加臭氧时,若投加量大又易将水中溴化物氧化成溴酸盐,这是一个危害人体健康的潜在致癌物质。

从20世纪70年代以来,我国有多个水厂使用这种臭氧-活性炭联用的生物活性炭技术,特别在生活饮用水处理中,由于生活饮用水处理水量大,所用活性炭多,这种方法可以节省大量更换活性炭费用。典型的系统示于图4-19。

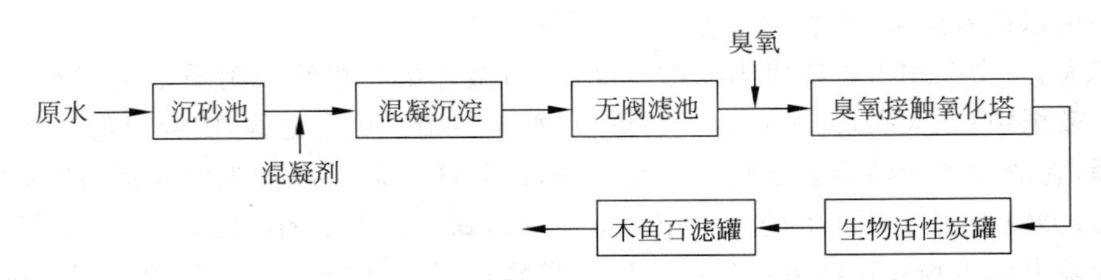

图4-19 某臭氧-生物活性炭处理系统

该系统运行表明,臭氧塔出水COD_{Mn}为2.56～4.2mg/L,生物活性炭床出水COD_{Mn}在1.31～2.38mg/L,生物活性炭床对COD_{Mn}去除率约40%,活性炭使用寿命也大大延长。该系统设计参数为:臭氧接触氧化塔为二级串联氧化,臭氧加入量为1.5～3mg/L,且保证臭氧生物活性炭床出水中臭氧0～0.01mg/L。生物活性炭床为向上流的底部充氧膨胀式床,滤速为10m/h。

3. 生物活性炭床运行

生物活性炭床挂膜是一件重要的工作,挂膜应选择在水温高时进行。新活性炭挂膜时先用被处理水浸泡数天(闷曝),随后小流量通水运行(如滤速5m/h,BECT 12～15min),并延长第一次反洗间隔时间和减少第一次反洗强度,必要时还可投加人工菌种(或活性污泥)。这样首先在活性炭床的表层滋生微生物,随着运行时间延长微生物向下扩展直至整个床层。活性炭挂膜期间出水的COD_{Mn}去除率呈稳定—下降—上升—稳定趋势,当COD_{Mn}去除率下降后重新上升至30%以上及氨氮去除率重新上升至60%以上时，可认为挂膜已成功。整个挂膜过程可多达几十天到近百天时间。如果想培养某些特定菌种（如处理氨氮的自养硝化菌）则需要更长时间。

生物活性炭床一旦形成生物膜就可以起到很好的作用，可以连续长时间使用（长达3～4a），它对水中有机物脱除率在20%～40%，受负荷波动、水质波动、水温及环境因素影响而波动。夏季水温高，容易挂膜，处理效果比冬季好。

生物活性炭处理还可以减少最终供水中卤代烃类等有害物质的含量。

生物活性炭床中生物膜在运行过程中也会代谢、死亡、脱落，致使活性炭床层污堵情况会加重，运行中要加强反洗；生物活性炭床出水的浊度会上升，并带有一些微生物，虽然这些微生物基本上都不是致病菌属，但它的存在使后面的氯化消毒工作加重，在生活饮用水处理中要加强对这些菌族的监测，在工业水处理中这些微生物给后续处理系统带来生物污染危险，尤其对膜处理设备危害很大。

4.3.5 脱除水中余氯的粒状活性炭过滤处理

水处理中为防止水中细菌滋生，常向水中投入杀菌剂，最常用的是氯，并维持一定的过剩量，这就是余氯，余氯可分为游离性余氯和化合性余氯两种，这里所指的是游离性余氯。

在工业水处理中，去除水中余氯主要是后续处理装置的需要，后续的离子交换系统为防止离子交换树脂被氧化，要求进水中余氯含量低于0.1mg/L，后续的反渗透装置为防止反渗透膜被氧化，要求进水中余氯为零（复合膜）或低于0.3mg/L（醋酸纤维素膜）。

去除水中余氯的方法目前有3种：一是向水中添加某些化学药品，如$NaHSO_3$；二是让水通过粒状活性炭过滤器；三是两种方法同时采用。这几种方法目前都有应用。

1. 活性炭脱除水中余氯的原理

目前一般认为，活性炭脱氯过程是吸附、催化以及氯与炭反应的一个综合过程。吸附与前面讲述过的活性炭对水中有机物吸附相同，只是吸附质分子比有机物分子小，更容易被吸附。氯与活性炭反应，是指余氯在水中以次氯酸形式存在，并在活性炭表面进行化学反应，活性炭作为还原剂把次氯酸还原为氯离子。

在酸性或中性条件下，余氯主要是以HOCl形式存在。HOCl遇到活性炭会氧化活性炭，在活性炭表面生成氧化物（或CO、CO_2），HOCl被还原成H^+和Cl^-。

水通过活性炭滤床后，水中余氯可以彻底去除，出水余氯可以接近零。

2. 脱除水中余氯的活性炭种类选择

脱除水中余氯的活性炭可以用粒状活性炭，也可以用粉状活性炭，但目前用得多的还是粒状活性炭过滤处理，脱除水中余氯的粒状活性炭滤床的流速可以设计为20m/h，这主要因为活性炭对余氯去除速度较快。

关于脱除余氯的活性炭选择，其物理性能同吸附有机物的活性炭选择，对其吸附性能选择有以下3种方法。

第一种方法是按活性炭比表面积、碘值、四氯化碳吸附值等一般吸附性能指标进行选择，这主要因为活性炭吸附的氯分子较小，与碘的分子大小相近，它可以进入活性炭微孔中，充分发挥活性炭所有表面参与吸附的作用。因此选择比表面积和碘值高的活性炭,对余氯的吸附性能也好。

第二种方法是测定活性炭对余氯的吸附等温线,选择吸附容量高的活性炭。吸附等温线的测定方法同前述活性炭对水中有机物的吸附等温线测定。

第三种方法是测定活性炭去除水中余氯的半脱氯值,所谓半脱氯值(half-dechlorine's value)是指含余氯的水通过一活性炭吸附柱,确定当出水中余氯浓度刚好等于进水中余氯浓度一半所需要的炭层高度(cm),即为半脱氯值。按规定,半脱氯值小于6cm的活性炭用于脱氯时效果较好。

半脱氯值测定装置如图4-20所示,试验用水为人工配制的含余氯5mg/L±0.5mg/L的水,pH 7~7.5,以1cm/s±0.1cm/s流速通过活性炭柱,活性炭层高10cm±0.1cm,活性炭粒度1~2.5mm,不同活性炭之间粒度差应在±0.05mm之内。活性炭需经预处理。试验用水水温20℃±3℃,测出水中余氯浓度,按式(4-26)计算半脱氯值:

$$H_{\frac{1}{2}}=\frac{0.3010H}{\lg C_0-\lg C} \tag{4-26}$$

式中,$H_{\frac{1}{2}}$——半脱氯值,cm;

H——活性炭柱层高,cm;

C_0——进水中余氯浓度,mg/L;

C——出水中余氯浓度,mg/L。

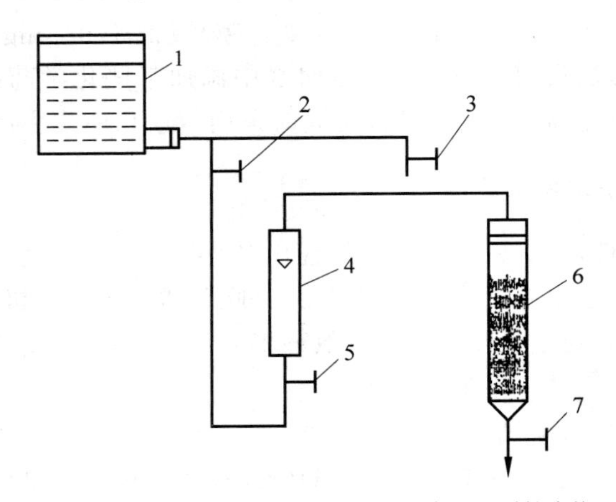

1—水槽;2、3、5、7—旋塞;4—转子流量计;6—活性炭柱。

图4-20 半脱氯值测定装置

3. 影响活性炭脱除余氯的因素

1) 活性炭颗粒大小

虽然粒径变小,对活性炭比表面积影响不大(大约为0.02%),但粒径变小使内部更多孔隙向液相敞开,便于对余氯的吸附与反应。某活性炭粒径对脱除余氯的影响示于图4-21。从图上看出,活性炭颗粒越小,脱除余氯越快,效果较好。所以工业上脱除余氯的活性炭颗粒应当尽量选择小的。

2）pH

由于水的 pH 影响水中余氯的形态，所以也影响活性炭脱除余氯的效果（图 4-22）。水中余氯主要是指 Cl_2、HOCl、OCl^-，三者相互比例随 pH 变动而变动（表 4-13），活性炭对分子态 HOCl 脱除速度比离子态 OCl^- 要快，所以低 pH 值对活性炭脱除水中余氯有利。

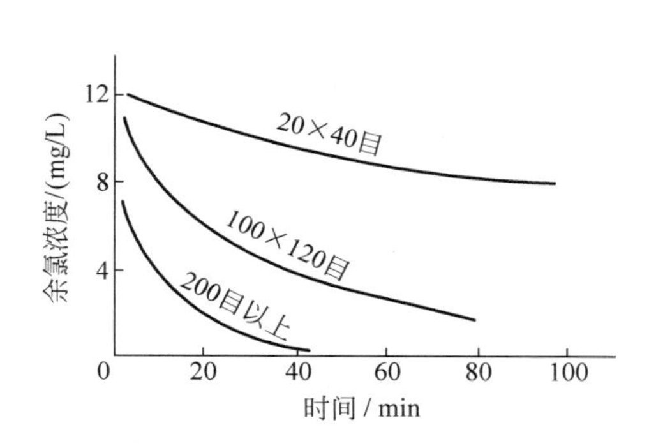

图 4-21 某活性炭粒径对脱氯速度的影响

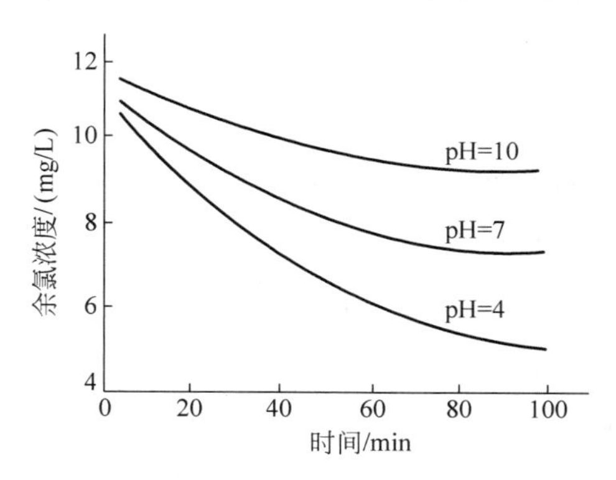

图 4-22 pH 对某活性炭脱除余氯速度的影响

表 4-13 水中余氯形态与 pH 关系

pH 值	Cl_2	HOCl	OCl^-
4	1%	99%	0
7	0	80%	20%
10	0	0	100%

3）温度

试验表明，温度升高有利于活性炭脱氯（图 4-23），这种规律与活性炭物理吸附规律不同，这也说明不能将活性炭脱氯过程看成单纯的物理吸附过程。

4）水浊度的影响

水浊度高，有可能会堵塞一部分活性炭孔，从而阻碍余氯分子向活性表面的扩散，因而使脱氯速度下降（图 4-24）。

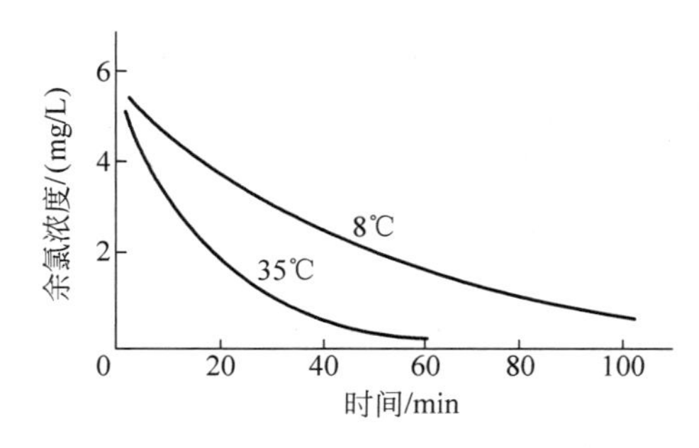

图 4-23 温度对某活性炭脱氯速度的影响

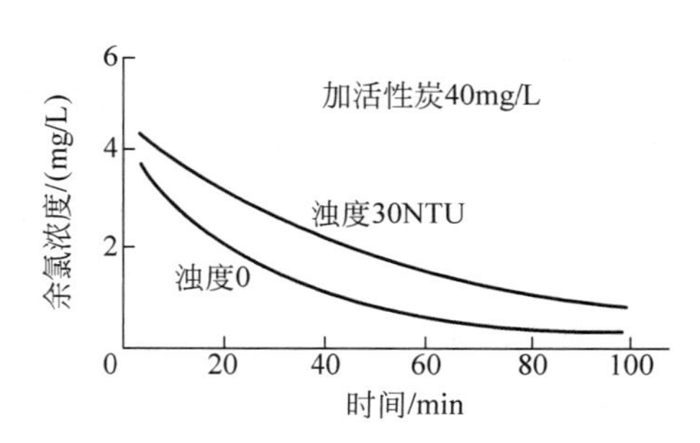

图 4-24 浊度对某活性炭脱氯速度的影响

4.4 活性炭纤维和粉状活性炭

4.4.1 活性炭纤维

活性炭纤维(activated carbon fiber,ACF)是20世纪60年代开始研制的新型高效吸附材料,以1962年W.F.艾伯特(W.F.Abbott)研制粘胶基活性炭纤维作为起始点,随后各国迅速推出许多活性炭纤维产品,目前活性炭纤维是活性炭吸附领域的一项新技术和新材料,已在环境保护、水处理、催化、医药、电子等行业得到广泛应用。

1. 活性炭纤维的制造

活性炭纤维的前驱体是一些有机纤维材料,如沥青基纤维、特殊苯酚树脂基纤维、聚丙烯腈基纤维、人造丝纤维、聚乙烯醇基纤维等,将其在一定温度下炭化,再进行活化,就可以制得直径为5~30μm的活性炭纤维,由于它是纤维状,因此可以进一步制成毡状、蜂窝状、纤维束状、布状、纸状活性炭,以适应不同需求。

制造时首先对纤维进行预处理,预处理有盐浸渍和预氧化两种。盐浸渍是将原料纤维浸渍在盐(磷酸盐、碳酸盐、硫酸盐等)溶液中,可提高产率及改善纤维力学性能;预氧化一般是按照一定升温程序升温的空气预氧化,预氧化主要是为了防止某些纤维在高温炭化和活化时发生熔融并丝。酚醛系纤维中因为酚醛树脂具有苯环样的耐热交联结构,可以直接进行炭化和活化而不必经过预氧化。

炭化和活化原理与工艺和粒状活性炭制造方法相同。

孔径大小可以通过活化工艺来调整,即进行功能化处理及表面改性,例如,在原纤维(或炭化纤维)中添加金属化合物或其他物质再炭化活化,可以得到以中孔为主的活性炭纤维;为使其具有大孔,可使原料纤维预先具有接近大孔的孔径;将其与烃类气体反应,烃类热解可在细孔壁上沉积炭,使孔径变小;另外,经高温后处理,也可使孔径变小。

纤维炭中约有60%的C以类石墨碳形式存在,有超过50%的碳原子都位于内外表面,由于表面碳原子的不饱和性,而构成了独特的表面化学结构。与颗粒炭不同,纤维炭孔径小,孔直接开口于纤维表面,是一种典型的微孔炭,具有较大的比表面积,微孔密布造成的极狭小空间,造就了相邻微孔孔壁分子共同作用形成的强大分子场,提供一个吸附其他物质的高压体系,引起微孔内吸附势的增加,有利于吸附。

可以设法改变纤维炭的表面酸碱性,引入或除去某些表面官能团,以调整表面的亲水性、疏水性,以满足不同的功能需要。例如,高温或氢化处理可脱除表面含氧基团,减少亲水基,提高对含水气流或溶液的吸附;反之,用强氧化剂如硝酸、次氯酸钠、重铬酸钾、高锰酸钾、臭氧及氧气等进行氧化处理后,引入含氧基团,强化亲水性,获得酸性表面,随表面酸性的增加对碱性有机物的吸附能力增加,可用作干燥剂及对极性物质的吸附;与氯气等反应可使其表面由非极性变为极性;通过浸渍或混炼法,可以在先驱体纤维中引入重金属离子,靠配位吸附作用来提高对某些物质的吸附能力;用氨水作活化剂对沥青基活性炭纤维进行活化,制得表面含氮官能团的纤维炭,它在水和氧气存在下脱除模拟烟气中的SO_2的能力显著提高;硫酸活化的纤维炭,表面具有催化能力,可以在NH_3存在下把NO还原成N_2。

2. 活性炭纤维的特点

与粒状活性炭相比，活性炭纤维具有以下特点。

(1) 比表面积大，多为微孔，孔径分布密，孔直接开口于活性炭纤维表面。

活性炭纤维比表面积可达 $1000\sim2500m^2/g$，比粒状活性炭高，孔径分布多为微孔，微孔占 95%以上，除微孔外还有少量中孔，但基本上无大孔，孔的开口多在活性炭纤维的表面(图 4-25)，所以有利于吸附质的进出。活性炭纤维的孔径多在 0.5～1.5nm，孔径分布很窄(图 4-26)。

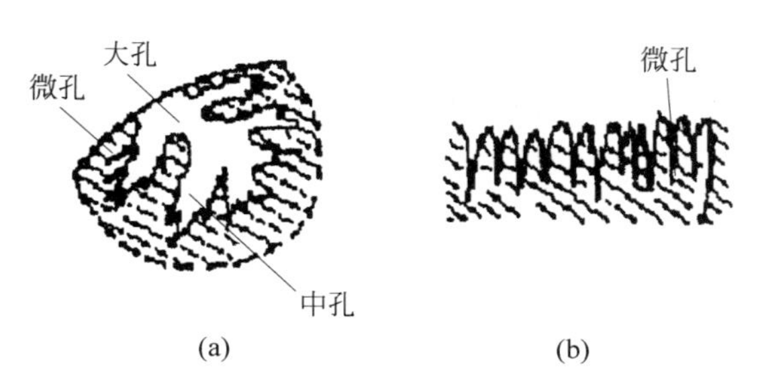

图 4-25 活性炭纤维与粒状活性炭孔结构示意图

(a) 粒状活性炭；(b) 活性炭纤维

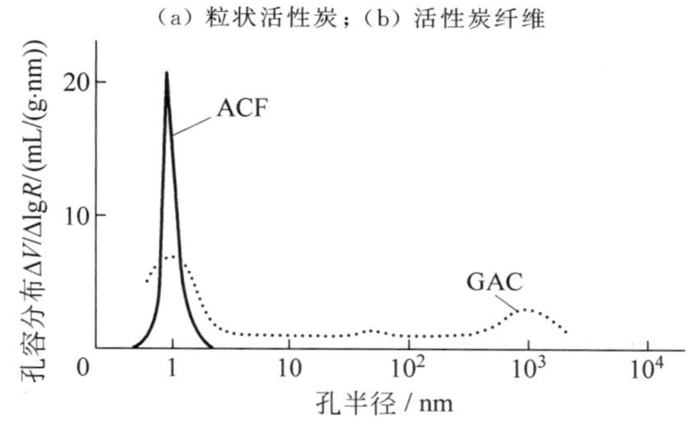

图 4-26 活性炭纤维与粒状活性炭孔径分布比较

(2) 适用于对气体及水中小分子进行吸附，吸附容量大，吸附速度快，对微量吸附质吸附效果比粒状活性炭好。

这主要与其孔结构有关，由于活性炭纤维多为微孔，易于吸附气体及小分子(相对分子质量小于 300)物质，不利于吸附大分子物质，这一点对去除天然水中大分子有机物不利。比表面积大，使它吸附容量大(图 4-27)。孔结构简单，扩散通道少，所以吸附速度快。有人测定，活性炭纤维吸附容量为粒状活性炭 1.5～10 倍，吸附速度为粒状活性炭 5～10 倍以上。

与粒状活性炭相比，活性炭纤维对去除水中余氯特别有效。

(3) 与粒状活性炭相比，活性炭纤维的吸附工作曲线表明(图 4-28)，它有利于提高吸附材料利用率及降低出水中吸附质残余浓度。

(4) 对金属离子吸附性能好，有很好的氧化还原功能。

活性炭纤维对金、银、铅、镉、铂、汞、铁等金属离子吸附性能好，吸附后还能将其还原为低价离子甚至金属单质，得到的金属单质呈纳米尺寸附载于活性炭纤维上。所以在重金属

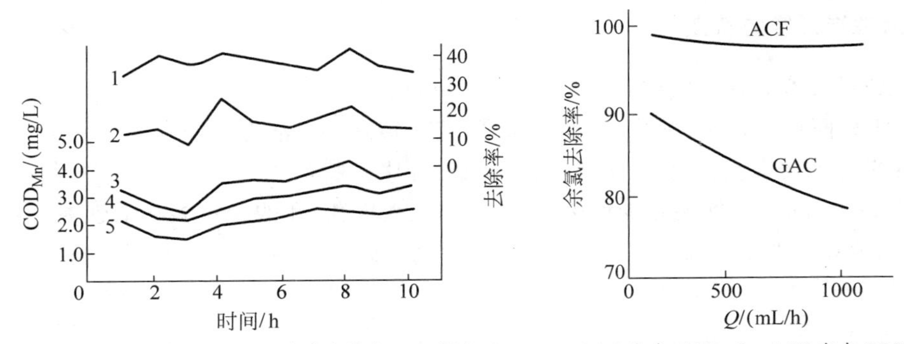

1—ACF 出水去除率；2—GAC 出水去除率；3—原水 COD；4—GAC 出水 COD；5—ACF 出水 COD。

图 4-27　活性炭纤维与粒状活性炭对某水中有机物及余氯吸附情况对比

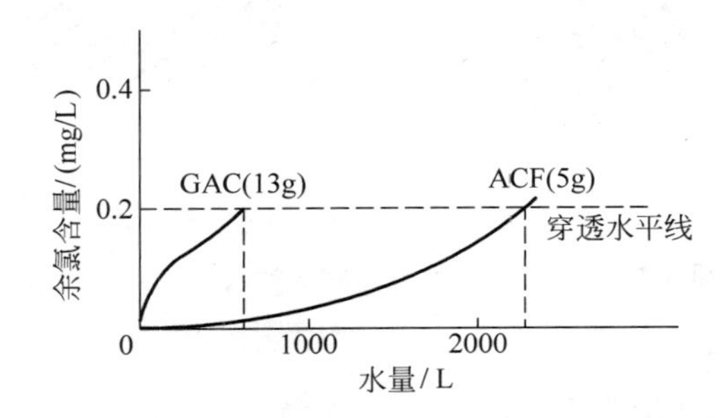

图 4-28　活性炭纤维和粒状活性炭床吸附工作曲线比较

条件：进水余氯含量 2mg/L，流速 25L/min

离子的去除、回收、利用方面有广泛的用途。

(5) 脱附速度快，比颗粒状活性炭易于再生。

这与它的孔径结构特性有关。常用的再生方法有高压水蒸气处理及热的空气或氮气处理。

(6) 强度好，生成的炭粉尘少。

3. 活性炭纤维应用

与颗粒炭相比，纤维炭耐热性能好，比表面积大，吸附容量大，吸附速度快，容易再生。由于它可制成不同的特殊功能炭，可以广泛应用于不同的行业，如环境保护、水处理、电子工业、化工、医疗卫生、劳动保护等领域。

在水处理中可用于水的除味、除臭、除油，去除或富集水中金属离子等；在工业废水中用于吸附去除一些简单分子的有机或无机污染物；在给水处理中，由于它多微孔，对天然水中大分子的天然有机物(如腐殖酸、富里酸等)几乎没有吸附能力，仅能用来吸附某些小分子物质，如消毒副产物三氯甲烷等。

当前它价格较高且产品质量不稳定，也是它没有得到广泛应用的原因。

4.4.2　吸附水中有机物的粉状活性炭处理

粉状活性炭(PAC)在给水处理中应用已有 70 多年历史，应用很广泛，和颗粒状活性炭一样，粉状活性炭也可以有效吸附水中有机物、卤代烃类氯化产物以及产生色、嗅、味的物质。与颗粒状活性炭吸附技术相比，它具有价格便宜、吸附速度快、设备投资省的优点，在国外应用很普遍。粉状活性炭可以用在经常性连续处理，也可以用于水质突发污染的应急水质改善处理。粉状活性炭吸附处理可以投加入水处理系统，也可以直接投加入天然水体，所用的粉末活性炭多为 100～200 目木质炭（或煤质炭及其他种类活性炭），配成 5%～10%炭浆（要防止结团现象，保证与水充分混合）向水中投加，当投加入水处理系统时，最后经沉淀（或过滤）再将粉末活性炭从水中分离出来（图 4-29）。

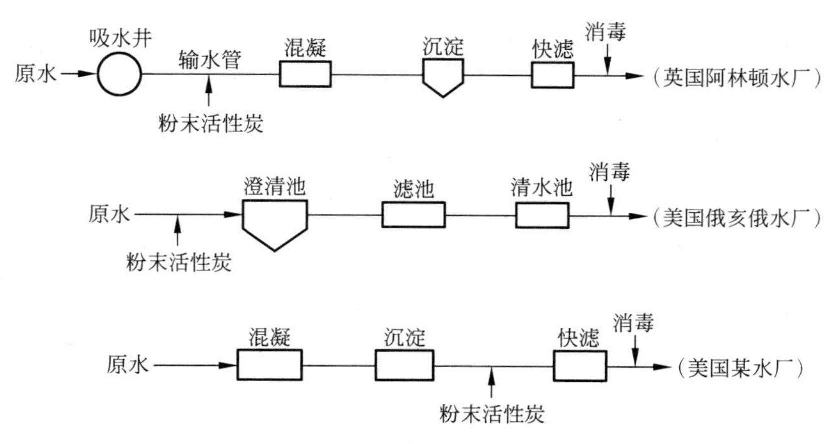

图 4-29 使用粉末活性炭的处理系统

1. 水处理流程中粉末活性炭投加位置

在水处理流程中粉末活性炭投加点有多处，可以在原水中投加，也可以在混凝澄清过程中（起点或中段）投加，或在滤池前投加。可以一点投加，也可以多点投加。1995 年有人曾对美国 95 个使用粉末活性炭的水厂投加点进行调查，发现有 16%水厂在预沉淀中投加，49%在快速混合中投加，10%在混凝中投加，7%在沉淀中投加，10%在滤池前投加，还有大约 23%水厂采用多点投加。不同投加点，对水中有机物去除情况也会不同。原则上，应当根据水质情况通过试验确定最佳投加点。例如，某水厂粉末活性炭在不同地点投加时水中有机物去除情况列于表 4-14，从表中可以看出，在混凝中段投加效果最好，与混凝剂一起投加时有机物去除率会下降。产生这一现象的原因在于粉末活性炭吸附与混凝的竞争以及粉末活性炭被絮凝体包裹的程度。研究发现，在混凝初期絮凝体正处于长大阶段，如投放粉末活性炭，粉末活性炭会被长大的絮凝体网捕、包裹起来，这就使活性炭发挥不了吸附作用，从而使有机物去除率下降。在混凝过程中，当絮凝体尺寸长大到与分散的粉末活性炭大小尺寸（约 0.1mm）相近时投放粉末活性炭，这样既可避免吸附竞争，又因絮凝体已完成对水中胶体的脱稳、凝聚，减少了粉末活性炭被包裹的程度，粉末活性炭颗粒多处于絮凝体表面，可以充分发挥粉末活性炭吸附能力，有效去除水中有机物。

由于水混凝过程也能去除一部分溶解的有机物，在混凝前投加粉末活性炭，还会使活性炭一部分吸附能力消耗在能被混凝去除的有机物身上，浪费吸附能力。

表 4-14 某水厂不同粉末活性炭投加点的处理效果

项目		吸水井处	与混凝剂一起投加	混凝澄清中段
有机物去除率/%	投加量 15mg/L	13	11	22
	投加量 20mg/L	26	20	33

粉末活性炭也不宜在滤池前加入,因为发现滤池前投加时会有细小颗粒活性炭穿透滤层进入清水中,并且易造成滤料堵塞。在澄清池内投加由于活性炭会随泥渣循环积累,形成高浓度含活性炭泥渣,停留时间长,所以效果好。

选择粉末活性炭投加点时,一般应考虑如下要求。

(1) 要具有良好的炭水混合条件;

(2) 要保证充分的炭水接触时间,以利于充分吸附,有人建议炭水接触时间应为30~60min,接触时间延长,有机物去除率可提高,粉末活性炭用量可减少;

(3) 所投加的其他药剂对粉末活性炭干扰少;

(4) 不影响处理后的供水水质;

(5) 充分发挥混凝和粉末活性炭各自对吸附质的吸附,避免相互竞争;

(6) 能有效去除处理后水中微小炭粒。

2. 粉末活性炭种类和投加剂量的确定

粉末活性炭的种类选择可以参照吸附水中有机物的粒状活性炭选择方法(见4.3.1节)。

确定粉末活性炭的投加量方法有两种。在已建成的水处理系统中,粉末活性炭的投加量可以通过试验确定,例如某厂通过试验求得的粉末活性炭投加量与出水有机物去除率的关系如图4-30所示。从图上看出,在反应池中段投加,获得的效果最好,如果要求COD_{Mn}有30%的去除率,在反应池中段投加量约18.5mg/L。

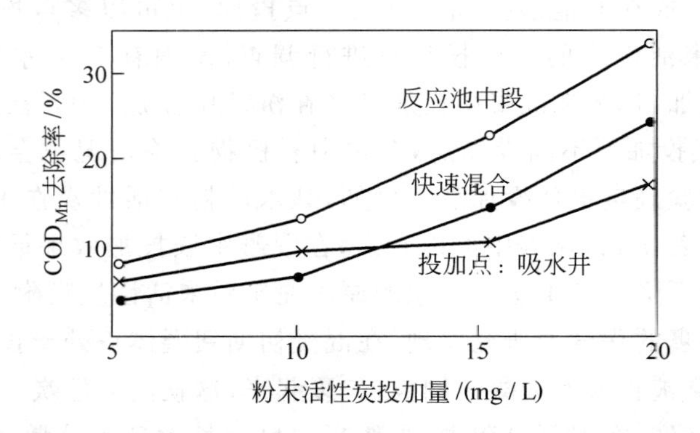

图 4-30 某厂粉末活性炭投加量与有机物去除率关系

还可以在实验室通过吸附等温线来求投加量,方法如下。

试验用吸附质要选用欲去除的物质,若是对天然水中有机物进行吸附,则应采用混凝后水中有机物作吸附质。首先按前述方法测绘欲投加的活性炭对水中吸附质的吸附等温线,一般假设为富兰德里胥型,在双对数坐标体系中作 $\lg q$-$\lg C$ 关系直线,并求直线的斜率 $1/n$ 和截距 K,即可获得下式:

$$q = KC_e^{\frac{1}{n}}$$

式中，C_e 代表欲获得的处理后水中残余吸附质的含量，进而计算出代表该处理过程中单位质量活性炭所吸附的吸附质质量 q(mg/g)，再按式(4-27)计算粉末活性炭的投加量 q_m(kg/h 或 mg/L)：

$$q_m = \frac{Q(C - C_e)}{q} \tag{4-27}$$

或

$$q_m = \frac{1000(C - C_e)}{q} \tag{4-28}$$

式中，Q——处理水流量，m^3/h；

C——处理水中吸附质浓度，mg/L；

C_e——欲获得的处理后水中吸附质残余浓度，mg/L。

吸附处理池容积 $V(m^3)$ 按式(4-29)计算：

$$V = Qt \tag{4-29}$$

式中，t——欲达到出水残余吸附质为 C_e 时所需的时间，h；该值可通过吸附平衡试验求得。

例如，某河水的 COD_{Mn} 为 6mg/L，欲采用投加粉末活性炭的方法将其 COD_{Mn} 降至 2mg/L，处理水量为 $100m^3/h$，求粉末活性炭的投加量。

首先用该河水测绘活性炭吸附等温线，见图 4-31。由图求出该直线的截距为 220mg/g(C_e = 1mg/L)，斜率为 0.5，故 $n=2$。在 C_e 为 2mg/L 时，活性炭吸附容量为

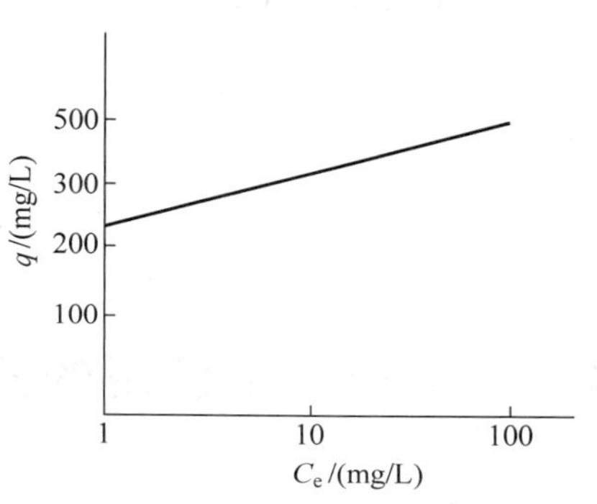

图 4-31 某种活性炭对某河水中 COM_{Mn} 的吸附等温线

$$q = 220C_e^{\frac{1}{2}} = 220 \times 2^{\frac{1}{2}} \text{mg/g} = 311\text{mg/g(g/kg)}$$

$$q_m = \frac{Q(C - C_e)}{q} = \frac{100 \times (6-2)}{311}\text{kg/h} = 1.29\text{kg/h}$$

或

$$q_m = \frac{1000(C - C_e)}{q} = \frac{1000 \times (6-2)}{311}\text{mg/L} = 12.9\text{mg/L}$$

即需向水中投加 12.9mg/L 粉末活性炭。

3. 粉末活性炭和膜过滤联用技术

在常规水处理系统中，投加的粉末活性炭在完成吸附后通过澄清(沉淀)池排污排出，或者在滤池中截留后通过反洗排出。粉末活性炭和膜过滤联用是在膜的前方水中投加粉末活性炭，它与水中颗粒状物一起在膜面截留。对活性炭来讲，还可以继续对水中吸附质进行吸附，直至膜反冲洗时排走；对膜来讲，粉末活性炭的颗粒相对较大，又不具黏结性，在膜表面和污泥掺和后可增加膜面污物的孔隙率，减少阻力增长速度，延长反洗周期，并能改善膜清洗效果从而降低膜污染程度。

与粉末活性炭联用的膜过滤技术有超滤、微滤、MBR，甚至纳滤，目前用得多的是超滤。典型的粉末活性炭和膜过滤联用系统是：原水—混凝澄清(沉淀)—投加粉末活性炭—超

滤—消毒杀菌—供出。

4. 粉末活性炭使用中的问题

粉末活性炭能有效地去除水的色度和臭味,粉末活性炭本身对水中有机物去除率可达10%~40%,但对水中卤代烃类化合物和挥发性有机物去除效果不佳。

粉末活性炭使用的主要问题是劳动条件差,粉尘易飞扬,在装卸、拆包、配制浆液过程中常发生粉尘问题,粉尘还具有易爆危险,周围环境应防止有火星出现,如要使用防爆电机等。

粉状活性炭还会降低杀菌药剂的药效,如游离氯、臭氧等,这些药剂加入量要适当增加。

粉状活性炭浆液长期静置会下沉结块,甚至堵塞管道。

4.5 活性炭再生

4.6 水处理中使用的其他吸附剂

4.7 水的预氧化

水的预氧化处理是指水在混凝澄清处理之前进行氧化处理,其目的是降低水中有机物含量及杀灭各种藻类,以利于后续的水处理装置正常运转。常用的氧化剂有氯系化合物(氯气、漂白粉、次氯酸钠及二氧化氯)、臭氧、双氧水和高锰酸钾。

4.7.1 预氧化中常用的氧化剂

预氧化中常用氧化剂的氧化性能列于表4-15。

表4-15 水处理中几种氧化剂的氧化还原电位

氧化剂	分子式	氧化还原电位/V
臭氧	O_3	2.07
过氧化氢	H_2O_2	1.76
高锰酸钾	$KMnO_4$ 在酸性介质中(E^0 MnO_4^-/Mn^{2+})	1.51
	$KMnO_4$ 在碱性介质中(E^0 MnO_4^-/MnO_4^{2-})	0.564
	$KMnO_4$ 在中性介质中(E^0 MnO_4^-/MnO_2)	0.588

续表

氧化剂	分子式	氧化还原电位/V
氯气	Cl_2	1.36
二氧化氯	ClO_2	0.95

1. 氯气

采用氯气进行水氧化处理,由于氯氧化还原电位高,对杀菌、灭藻甚至杀死水生生物都有效,也易于氧化水中有机物质,但会生成以三氯甲烷为主的消毒副产物 DBP_S,这些都是三致(致畸、致癌、致突变)物质,在后续处理中很难去除,生活饮用水水质标准中对这些物质都有明确限量。而且氯气投加量越大,生成的 DBP_S 越多,在生活饮用水处理中氯气剂量不能随意放大(氯系杀菌剂详见本书“9 工业冷却水装置及运行”)。

2. 臭氧

臭氧的氧化还原电位很高,氧化性强,具有很强的杀菌灭藻去除水的异味功能,臭氧对细菌和微生物的灭杀作用是由于其自由基连锁反应生成氧化能力极强的氢氧自由基(·OH),它对大肠杆菌杀灭能力与氯相似,但对脊髓灰质炎病毒、旋状病毒、贾第虫和隐孢子虫的杀灭能力远胜于氯气。

臭氧还能氧化水中有机物,但不能将其氧化成 CO_2 和水,只能将大分子有机物如腐殖酸类物质氧化成小分子有机物。有人通过试验认为,臭氧剂量小于 0.5mg/L 时只能把大分子氧化为小分子,所以氧化后水的 COD 值还有可能升高,但水的可生化性增高,便于后续的生化处理。由于臭氧本身没有氯,不会生成三氯甲烷类、卤代烃类物质。这是它的优点,但它会氧化水中溴生成溴酸盐,也是一种致癌物质。不但海水中存在溴化合物,而且淡水中也广泛存在溴,比如长江下游水中溴离子浓度为 200~400μg/L,黄河下游也达 100~150μg/L,遇到臭氧先被氧化为次溴酸,再进一步氧化成溴酸盐。生活饮用水中的溴酸盐浓度限值仅为 10μg/L(《生活饮用水卫生标准》(GB 5749—2022)),极易超标。

$$O_3 + Br^- \longrightarrow O_2 + BrO^-$$

$$BrO^- + 2O_3 \longrightarrow 2O_2 + BrO_3^-$$

当水中溴与氨氮共同存在时,臭氧会将它们氧化生成二溴乙腈($CHBr_2CN$),也是一种可疑的致癌物。向水中投加的臭氧还可以将水中亚硝酸盐氧化成硝酸盐。

3. 高锰酸钾

高锰酸钾是红紫色斜方的针状结晶体,有金属光泽,密度 $2.703g/cm^3$,溶于水成紫红色溶液,遇乙醇、过氧化氢则分解。高锰酸钾是强氧化剂,在不同环境中表现的氧化性能不同,氧化后最终产物也不同,在酸性介质中氧化还原电位最高,最终产物是 Mn^{2+},呈粉色;在碱性介质中最终产物是 MnO_4^{2-},呈绿色;在中性介质中最终产物是 MnO_2,呈黑色。在碱性和中性介质中高锰酸钾是弱氧化剂(表 4-15)。水的氧化处理都是在中性水中进行,因此高锰酸钾预氧化处理是在一个弱氧化环境中进行,有如下特点:

(1) 有很好的除色、除味和灭藻(蓝藻、绿藻等)功能,当剂量为 0.6mg/L 时灭藻达

90%,但灭菌功能不及氯气和臭氧;

(2) 高锰酸钾氧化处理可显著降低水中以三氯甲烷为代表的 DBP_S 类物质生成量(表4-16);

表4-16 高锰酸钾氧化处理对水中三氯甲烷、四氯化碳生成量的影响

项目		常规处理	高锰酸钾预氧化	降低率/%
三氯甲烷/(μg/L)	冬季	12.5	9.2	26.4
	夏季	28	10	64.3
四氯化碳/(μg/L)	冬季	0.3	<0.1	>66.7
	夏季	1.6	0.17	89.4

(3) 高锰酸钾不会将水中溴氧化成溴酸盐;

(4) 高锰酸钾氧化后水的色度会上升,有人试验发现剂量大于0.4mg/L时色度上升明显;

(5) 高锰酸钾氧化后水的锰含量增大,氧化产物 MnO_2 是颗粒状,也是高锰酸钾氧化作用的催化剂,并有一定吸附性,它在后续的混凝过滤中可去除;

(6) 水中有机胶体的存在对混凝过程是不利的,高锰酸钾对水中有机胶体表面氧化,改变其表面性质,有助凝作用;

(7) 高锰酸钾对水中铁、锰有氧化作用,可用于地下水的除铁、除锰。按下式氧化水中的铁和锰,反应与pH有关:

$$MnO_4^- + 3Fe^{2+} + 4H^+ \longrightarrow 3Fe^{3+} + MnO_2\downarrow + 2H_2O$$

$$MnO_4^- + 3Mn^{2+} + 2H_2O \longrightarrow 4MnO_2\downarrow + 4H^+$$

4. 二氧化氯

二氧化氯的氧化还原电位和中性条件下高锰酸钾相似,也具有很好的杀菌灭藻功能,由于氧化还原电位低,处理后水中三氯甲烷生成量极少,是一种优良的氯系杀菌剂(详见本书"9 工业冷却水装置及运行")。

4.7.2 高锰酸钾预氧化工艺

高锰酸钾在自来水厂应用最早可追溯到1913年的伦敦水厂,用于控制微生物生长。我国系统的研究始于20世纪80年代,经过几十年的研发、推广,它在下列场景得到应用:

(1) 助凝,高锰酸钾可以破坏有机物对胶体颗粒稳定的保护作用,助凝效果明显,有人研究得出它可以使沉淀后水浊度降低4~6NTU。因此可用于低温低浊水混凝时的助凝;

(2) 氧化有机物,降低水有机物含量,使水中有机物可生化程度提高;

(3) 除藻;

(4) 除铁、除锰,大约1mg高锰酸钾可氧化1mg铁或0.5mg的锰;

(5) 除水的臭味,对去除土臭味、鱼腥味很有效;

(6) 当水中已存在三氯甲烷等 DBP_S 类物质时,高锰酸钾也可有效将其降低或去除。

综上所述,高锰酸钾是一种优良的氧化药剂,特别是在生活饮用水处理中有其独特的优势,可以避免氯系氧化剂产生 DBP_S 及臭氧氧化产生溴酸盐的风险,在生活饮用水预氧化中

用得较多。在工业水处理中,对 DBP_S 和溴酸盐考虑较少,则氯系氧化剂用得较多。

高锰酸钾药品有市售产品,投加和一般可溶药品相同,将其溶解后投放到原水中,可以在混凝剂前投加,也可和混凝剂一起投加,甚至还有将其投放到水源地的天然水体中(如湖、水库等)。

预氧化中高锰酸钾投放剂量一般为 0.5～2mg/L,接触时间为 0.5～2h。

预氧化中高锰酸钾可以和其他药品(如氯、混凝剂、活性炭等)组成复合药剂使用。

采用高锰酸钾预氧化效果显著,表 4-17 和图 4-32～图 4-34 呈现了它的处理效果。

表 4-17 高锰酸钾对水中有机物的去除效果(滤后水)

时间		不加高锰酸钾系统			加高锰酸钾系统			有机物种类削减率/%	有机物浓度下降率/%
		有机物种类	EPA 重点监控的有机物种类	总强度	有机物种类	EPA 重点监控的有机物种类	总强度		
有机物去除	夏	61	7	257409	35	4	143221	42.6	44.4
	秋	135	21	763992	51	5	136735	62.6	82.1
	冬	21	4	102808	19	5	92666	9.5	9.9
副产物控制	夏	111	16	545390	16	2	64192	85.6	88.2
	秋	136	12	918024	70	7	27603	48.5	70.4
	冬	27	8	173620	23	3	107606	14.8	38

注:总强度是 GC-MS 重建离子流质量色谱图的 $\sum$RIC。

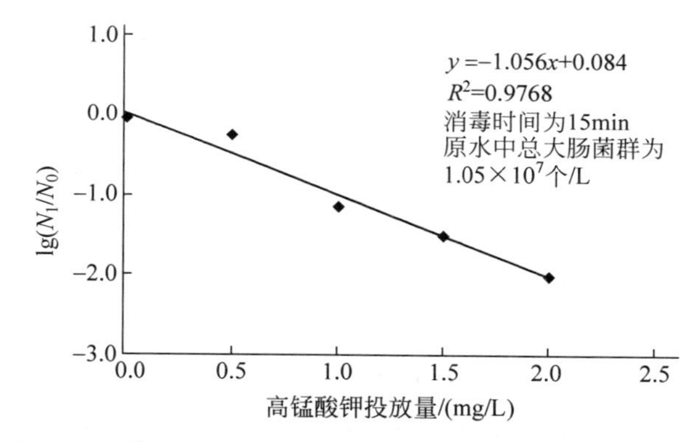

图 4-32 某厂高锰酸钾投放量与出水大肠菌群存活率关系

N_1、N_0——分别代表处理后水和原水中大肠菌群存活量

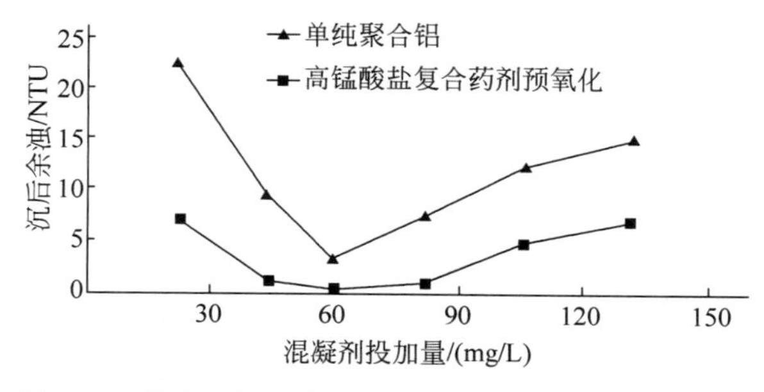

图 4-33 某水厂投加高锰酸钾复合药剂对出水浊度影响

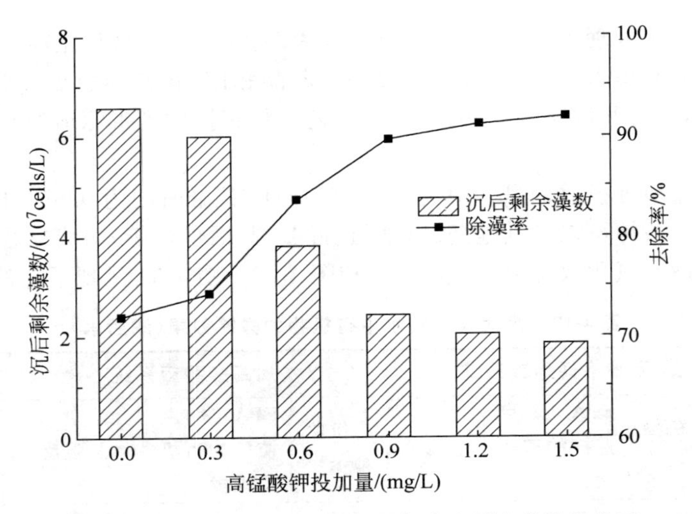

图 4-34　某水厂投加高锰酸钾量与水中剩余藻数的关系

习题

4-1　试述吸附的原理及常见类型以及如何测定吸附等温线。

4-2　影响吸附的因素有哪些？在不同浓度的吸附质溶液中吸附时，吸附剂的吸附容量是否相同？为什么？

4-3　试述活性炭碘值、亚甲蓝吸附值、苯酚吸附值的意义。活性炭的比表面积、孔径、孔径分布对它的吸附性能有何影响？试简述原因。

4-4　某水处理系统处理量为30t/h，进水为河水，COD_{Mn} 6mg/L，经混凝、澄清过滤去除40%后进入活性炭床，活性炭床出水 COD_{Mn} 2mg/L，求活性炭使用寿命。

(已知该活性炭对水中有机物吸附等温线为富兰得里胥型，$K=185$mg/g，$n=3$，活性炭床直径2000mm，活性炭装载高度2m，活性炭表观密度0.45g/cm^3。)

4-5　什么是水的生物活性炭处理？介绍其原理及工艺。

4-6　试述活性炭纤维的特点及适用场合。

4-7　活性炭脱除水中余氯的原理是什么？影响活性炭脱除水中余氯的因素有哪些？

4-8　水预氧化中常用的氧化剂有哪些，各自特点是什么？

4-9　试述高锰酸钾预氧化的工艺及效果。

5 CHAPTER 离子交换概论

去除水中溶解盐类杂质，目前有 3 种常用方法：离子交换法、膜分离法和蒸馏法。在工业水处理领域中离子交换法是最为普遍的方法之一，采用离子交换法可制得软化水(sofened water)，除盐水（纯水）(pure water，通常指电导率$<10\mu S/cm$的水）和超纯水(ultrapure water，通常指电导率$<0.1\mu S/cm$的水）。

离子交换是指某些物质遇水溶液时，能从水溶液中吸着某种（类）离子，而把本身具有的另外一种同类电荷的离子等当量地交换到溶液中去的现象。这些物质被称为离子交换剂。

离子交换现象虽然是在 19 世纪中叶发现，但由于天然的离子交换材料性能上存在许多明显的缺点，不能被广泛应用，到 20 世纪 40 年代，由于有机合成离子交换树脂的产生，才使离子交换技术得以广泛应用。目前离子交换技术已广泛应用于工业、医学、国防和环境保护等领域，特别是在工业用水处理领域占有非常重要的地位。

离子交换剂的种类很多，有天然和合成、无机和有机、酸性和碱性等之分，表 5-1 列出常见离子交换剂的分类。

表 5-1 常见离子交换剂的分类

名称	无机		有机					
	天然	合成	人造	合成				
	海绿沙	合成沸石	磺化煤	阳离子交换树脂		阴离子交换树脂		
				强酸性	弱酸性	强碱性		弱碱性
活性基团	Na 交换	Na 交换	阳离子交换	磺酸基 $—SO_3H$	羧酸基 —COOH	Ⅰ型 三甲基胺基 $—N(CH_3)_3$	Ⅱ型 二甲基乙醇胺基 $—N—(CH_3)_2$ $\quad\diagdown C_2H_4OH$	伯胺基—NH_2 仲胺基═NH 叔胺基≡N

此外，还有一些特殊离子交换树脂，如螯合树脂（胺羧基 $—CH_3—N—CH_2COOH$、两
$\qquad\qquad\diagdown CH_2COOH$）
性树脂（同时具有碱性和酸性基团）、氧化还原树脂（巯基—CH_2SH、对苯二酚基—$(HOC_6H_2OH)CH_2$—）、磁性树脂(MIEX resin)等。有机合成离子交换树脂还可以按其单体种类和空间结构特征进行分类。

有机合成离子交换剂是目前用得最广泛的一类离子交换材料，这类交换剂外形像松树分泌出来的树脂，故常称为树脂。本章主要介绍离子交换树脂的性能、离子交换平衡和动力学等基本知识。

5.1 离子交换树脂

5.1.1 离子交换树脂的结构

离子交换树脂(ion exchange resin)是一类带有活性基团的网状结构高分子化合物,如图5-1所示。其分子结构可以人为地分为两个部分:一部分称为离子交换树脂的骨架,它是由高分子化合物所组成的基体,具有庞大的空间结构;另一部分是带有可交换离子的活性基团,它通过化学键结合在高分子骨架上,起提供可交换离子的作用。活性基团也由两部分组成:一是固定部分,与骨架牢固结合,不能自由移动,故称固定离子;二是活动部分,遇水可以离解,并能在一定范围内自由移动,可与周围水中的其他带有同种电荷的离子进行交换反应,故称可交换离子。离子交换树脂的结构如下:

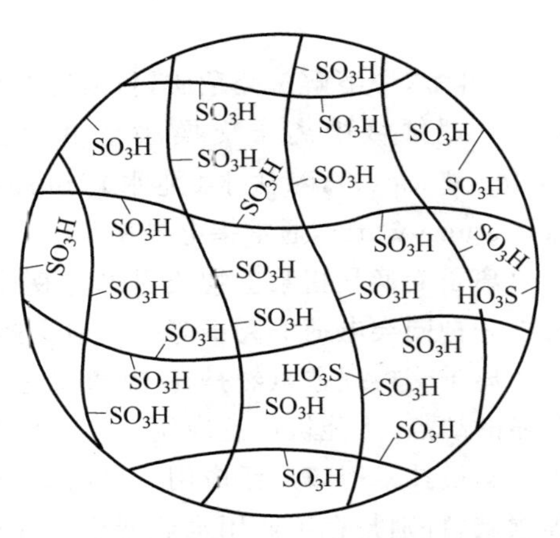

图5-1 磺酸型阳离子交换树脂结构示意图

母体 + 活性基团 → 不溶性高分子物质

空间网状结构 固定部分 活动部分

5.1.2 离子交换树脂的分类

1. 按活性基团的性质分类

依据离子交换树脂所带活性基团的性质,离子交换树脂可分为阳离子交换树脂(cation exchange resin,简称阳树脂)和阴离子交换树脂(anion exchange resin,简称阴树脂)两大类。能与水中阳离子进行交换反应的称为阳离子交换树脂;能与水中阴离子进行交换反应的称阴离子交换树脂。根据活性基团上 H^+ 和 OH^- 电离的强弱程度,又可分为强酸性阳离子交换树脂(strongly acidic cation exchange resin)和弱酸性阳离子交换树脂(weakly acidic cation exchange resin),以及强碱性阴离子交换树脂(strongly basic anion exchange resin)和弱碱性阴离子交换树脂(weakly basic anion exchange resin)。

此外,按活性基团性质还可分为螯合、两性和氧化还原性树脂等。

2. 按树脂单体种类分类

按合成离子交换树脂的单体种类不同,离子交换树脂可分为苯乙烯系、丙烯酸系等,如苯乙烯系离子交换树脂是由苯乙烯聚合成球状聚苯乙烯后,再引入交换基团而成。

3. 按离子交换树脂孔结构和外状分类

1) 凝胶型树脂

这种树脂呈透明或半透明的凝胶状结构,所以称为凝胶型树脂(gel resin)。凝胶型树脂的网孔通常很小，平均孔径为 1～2nm，且大小不一，在干的状态下，这些网孔并不存在，只有当浸入水中时才显现出来。

凝胶型树脂由于其孔径小，不利于离子迁移，尺寸较大的分子通过时，容易将其网孔堵塞，再生时也不易洗脱下来，因此，凝胶型树脂易受到水中有机物污染，从而影响交换能力。

凝胶型树脂还存在机械强度差的缺点，这是因为树脂合成时，聚合反应速度不一致，聚合反应所用交联剂二乙烯苯与单体苯乙烯的聚合反应比两个苯乙烯分子间的聚合反应快，因此在聚合反应过程中总是二乙烯苯首先反应完，随后剩余的一些苯乙烯相互继续聚合，这样就产生了由苯乙烯聚合而成的线型高分子，从而降低了树脂的机械强度。

聚合时所用的交联剂二乙烯苯量较少(一般为 7%)，也使树脂机械强度不高。

2) 大孔型树脂

这类树脂的制备方法和凝胶型树脂的不同，在制备大孔结构高分子聚合物骨架时，向单体混合物中加入致孔剂，待聚合反应完成后，再将致孔剂抽提出来，常用致孔剂是甲苯、汽油等，这样就留下了永久网孔。由于在整个树脂内部无论干或湿、收缩或溶胀状态都存在着比凝胶型树脂更多、更大的永久性的孔(孔径一般为 20～100nm)，故称其为大孔型树脂(macroporosity resin)。

正是由于大孔型树脂中的网孔孔径较大，所以具有较好的抗有机物污染能力，即一旦有机物被截留在树脂内部网孔中，也容易在再生过程中被洗脱下来。另外，由于大孔型树脂的孔隙占据了一定的空间，离子交换基团的含量相应减少，所以其交换容量比凝胶型树脂小些。大孔树脂由于有孔，比表面积可达 $5m^2/g$，湿态树脂不透明。

大孔型树脂的交联度(指树脂合成时交联剂二乙烯苯的用量)可达 16%～20%，而普通凝胶型树脂的交联度在 7%左右，所以大孔型树脂抗氧化能力较强，机械强度较高。而对凝胶型树脂而言，如采用增大交联度的方法提高其机械强度，则因制成的树脂网孔会更小，从而使离子交换速度减慢。

早期制成的大孔型树脂网孔较大，孔隙率也较大(通常为 30%)，因此存在交换容量相对较小的明显不足。目前使用的大孔树脂，树脂的大孔是由小块凝胶构成的，是在制备过程中，对网孔的大小和孔隙率的多少加以适当的控制。它的网孔比第一代大孔树脂小些，孔隙率可以按需要控制在 1%～20%，这样使它们更实用。通过这样的改进，目前使用的大孔型树脂的交换容量与凝胶型树脂的相近，而其他方面优良性能得以保持，有的甚至更好。

3) 均孔型树脂

离子交换树脂，特别是阴树脂被有机物污染的原因之一是交联不均匀，致使树脂中网孔大小不一。但是，当用二乙烯苯作交联剂时，差异聚合引起的交联不均匀性是不可避免的。所以，在均孔型树脂制备过程中，不用二乙烯苯作交联剂，而是在引入氯甲基时，利用傅氏反应的副反应，使树脂骨架上的氯甲基和邻近的苯环间生成次甲基桥，这种次甲基交联不会缠绕在一起，网孔就较均匀，孔径数十纳米，故称其为均孔型树脂。这种结构的强碱性阴树脂不易被有机物污染，在交换容量和再生性能方面也有改善。

4) 超凝胶均粒树脂

有的被处理水中，因没有与凝胶型树脂的等效网孔直径相当或大的有机物和胶体硅等大分子物质，而要求离子交换树脂既具有较好的机械强度及良好的耐渗透性能，又拥有较高的交换容量及良好的化学性能。因此，有的制造商在树脂制备工艺中控制二乙烯苯与苯乙烯之间的反应速度,使其不发生苯乙烯单独聚合反应,这样合成的树脂骨架结构比较均匀,从而提高了树脂的机械强度;同时在树脂骨架聚合时,采用新型复合分散体系,使形成的树脂粒径比较均匀,这种树脂称为超凝胶均粒树脂,其机械强度可与大孔型树脂相比,交换容量等化学性能与凝胶型树脂相当,所以,这种树脂特别适用于运行压力较大、流速较高的中压凝结水处理系统。

图5-2所示为凝胶型、大孔型和均孔型三种树脂的结构示意图。

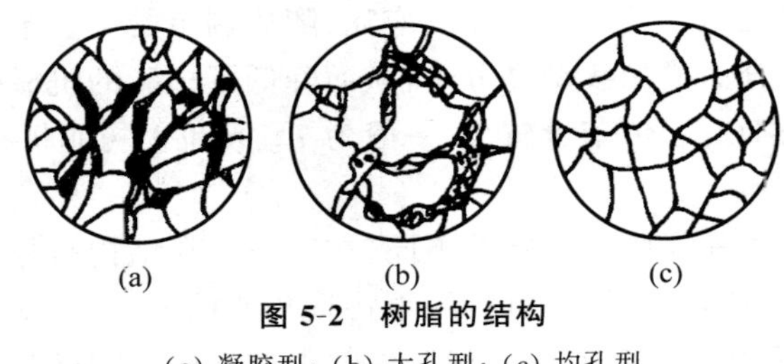

图5-2　树脂的结构

(a) 凝胶型;(b) 大孔型;(c) 均孔型

5.1.3　离子交换树脂的命名

离子交换树脂产品的型号是根据《离子交换树脂命名系统和基本规范》(GB/T 1631—2008)而制定的,现结合目前通常用法简介如下。

1. 全称

离子交换树脂的全称由分类名称、骨架名称、基本名称依次排列组成。基本名称为离子交换树脂。大孔型树脂在全称前加"大孔"两字。分类属酸性的在基本名称前加"阳"字,分类属碱性的在基本名称前加"阴"字。

2. 型号

离子交换树脂产品的型号由三位阿拉伯数字组成。第一位数字代表产品分类,第二位数字代表骨架组成,第三位数字为顺序号,用以区别活性基团或交联剂的差异。代号数字的意义见表5-2和表5-3。

表5-2　分类代号(第一位数字)

代号	0	1	2	3	4	5	6
分类名称	强酸性	弱酸性	强碱性	弱碱性	螯合性	两性	氧化还原性

表5-3　骨架代号(第二位数字)

代号	0	1	2	3	4	5	6
骨架名称	苯乙烯系	丙烯酸系	酚醛系	环氧系	乙烯吡啶系	脲醛系	氯乙烯系

凡属大孔型树脂,在型号前加"大"字的汉语拼音首位字母"D";凡属凝胶型树脂,在型号前不加任何字母。交联度值可在型号后用"×"符号连接阿拉伯数字表示。

离子交换树脂型号图解如下：

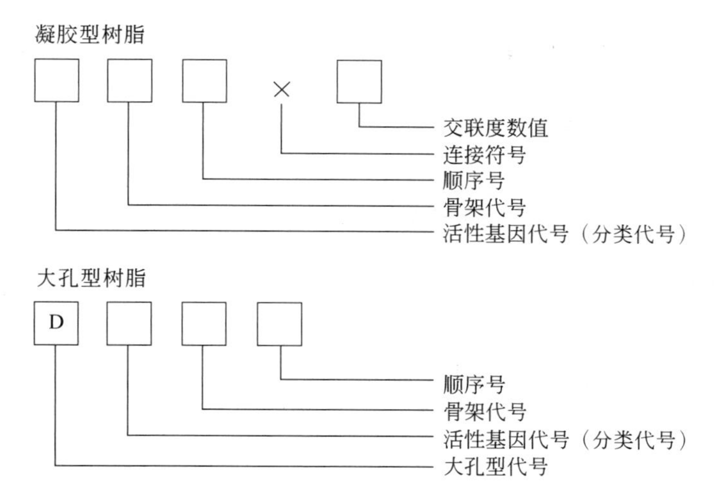

根据国标命名原则，水处理中目前常用的4种离子交换树脂全称和型号分别为：强酸性苯乙烯系阳离子交换树脂，型号为001×7；强碱性苯乙烯系阴离子交换树脂，型号为201×7；大孔型弱酸性丙烯酸系阳离子交换树脂，型号为D113；大孔型弱碱性苯乙烯系阴离子交换树脂，型号为D301。

在水处理中，有时为了区分不同用途的专用树脂，在上述命名方法中再加上特定的符号标记，见表5-4。

表5-4 水处理中专用树脂的标记符号

专用树脂名称	型号标记方法	举 例
双层床专用树脂	型号+SC	D001SC、201×7SC
浮动床专用树脂	型号+FC	001×7FC、D001FC、201×7FC
混合床专用树脂	型号+MB	001×7MB、201×7MB
凝结水处理单床用树脂	型号+P	001P、201P
凝结水处理混床专用树脂	型号+MBP	D001MBP、D201MBP
三层床混床用树脂	型号+TR	D001TR、D201TR
惰性树脂	FB(浮床白球) YB(压脂层白球) S-TR(三层床隔离层惰性树脂)	

5.1.4 离子交换树脂的合成

常用的离子交换树脂的合成过程通常分为两阶段。第一阶段为高分子聚合物骨架的制备，即将单体(进行高分子聚合的主要原料)制备成球状颗粒的高分子聚合物。其制备方法通常是将聚合物单体和分散剂等放入水溶液中，通过搅拌使其在悬浮状态下聚合成球状物。此时的球状物还没有可交换基团，故也称白球或惰性树脂。第二阶段是在这种高分子聚合物上进行有机高分子反应，引入活性基团，成为反应性高分子材料，即离子交换树脂。

也有些离子交换树脂是由已具备活性基团的单体经过聚合，或在聚合过程中同步引入活性基团，直接一步制得的，如丙烯酸系树脂。离子交换树脂合成路线如图5-3所示。

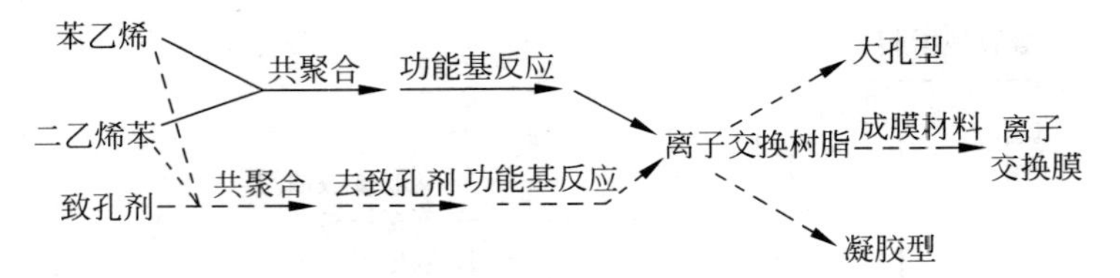

图5-3　离子交换树脂合成路线示意图

1. 苯乙烯系离子交换树脂

苯乙烯系离子交换树脂是目前用得最广泛的一种离子交换剂。它是以苯乙烯和二乙烯苯聚合成的高分子化合物为骨架，其反应如下：

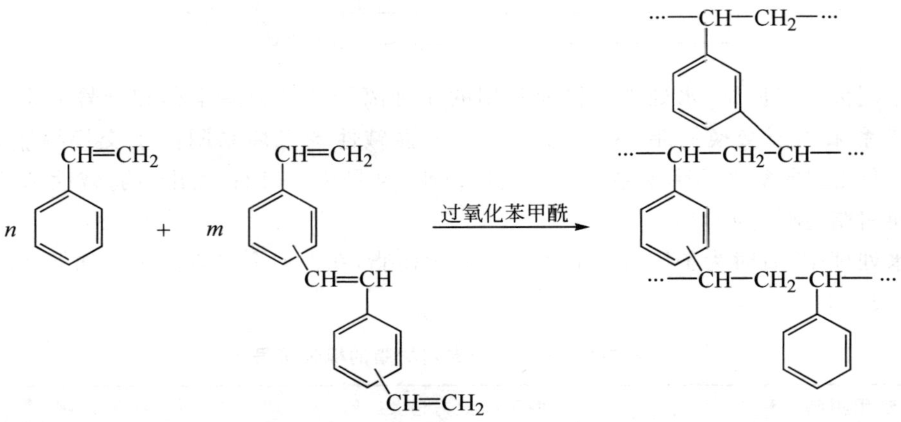

n 苯乙烯（$CH=CH_2$ 取代苯）＋ m 二乙烯苯（交联剂）$\xrightarrow{\text{过氧化苯甲酰}}$ 聚苯乙烯

苯乙烯　　二乙烯苯（交联剂）　　聚苯乙烯

在上述反应中，过氧化苯甲酰是聚合反应的引发剂。二乙烯苯为交联剂，可以把两个由苯乙烯聚合成的线性高分子交联起来，使之成为体型高分子化合物，而不溶于水。在聚合物中起交联作用的二乙烯苯的质量百分率称为树脂的交联度(degree of crosslinkage)，常用符号DVB表示。

根据引入活性基团种类的不同，由聚苯乙烯可以制得阳离子交换树脂，也可以制得阴离子交换树脂。

1）磺酸型苯乙烯系阳离子交换树脂

如果用浓硫酸与上述聚苯乙烯(俗称白球)进行反应，在高分子聚合物骨架上引入磺酸基($—SO_3H$)，则可制备磺酸型阳离子交换树脂，其反应如下：

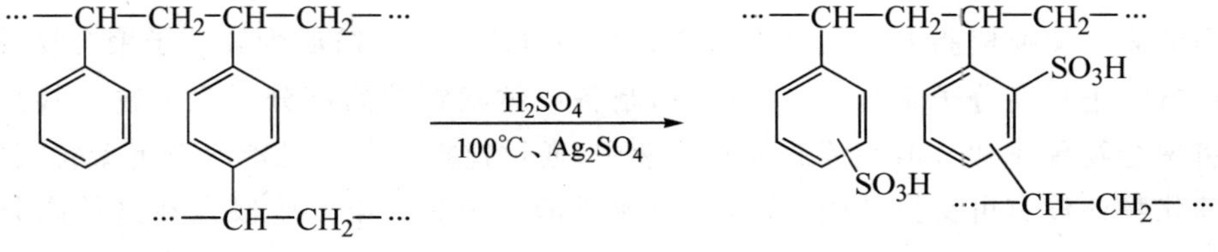

聚苯乙烯 $\xrightarrow[100℃、Ag_2SO_4]{H_2SO_4}$ 苯乙烯系磺酸型阳树脂

聚苯乙烯　　苯乙烯系磺酸型阳树脂

上述反应称为磺化反应，磺酸型阳树脂具有强酸性。普通磺化反应是比较容易进行的，但对于有交联结构的聚合物，硫酸不易进入白球的内部，磺化反应会受到阻碍，所以，在制备时常采用加入溶胀剂二氯乙烷，以扩大高聚物的网孔，待磺化完成后，将二氯乙烷蒸馏出来。

2）苯乙烯系阴离子交换树脂

如果在聚苯乙烯的分子上引入胺基，则可制备阴离子交换树脂。但在苯环上很难直接将胺基引入，因此，制造时通常是先用氯甲醚处理白球，使苯环带上氯甲基，此反应称为傅氏反应，其反应如下：

$$\cdots-\underset{\underset{C_6H_5}{|}}{CH}-CH_2-\cdots + CH_3OCH_2Cl \xrightarrow{ZnCl_2} \cdots-\underset{\underset{C_6H_4-CH_2Cl}{|}}{CH}-CH_2-\cdots + CH_3OH$$

聚苯乙烯　　氯甲醚　　氯甲基聚苯乙烯

然后，用胺处理氯甲基聚苯乙烯，此过程称为胺化。根据胺化所用药剂的不同，可以制得碱性强弱不同的各种阴离子交换树脂，如用叔胺（$R \equiv N$）处理，则制得季铵型（$R \equiv NCl$）强碱性阴离子交换树脂，其反应如下：

$$\cdots-\underset{\underset{C_6H_4-CH_2Cl}{|}}{CH}-CH_2-\cdots + R\equiv N \longrightarrow \cdots-\underset{\underset{C_6H_4-CH_2N\equiv RCl}{|}}{CH}-CH_2-\cdots$$

氯甲基聚苯乙烯　叔胺　　苯乙烯系季铵型阴树脂

季铵型阴树脂上 OH^- 很活泼，它是强碱性阴树脂。根据胺化时所用叔胺品种的不同，通常可得两种强碱性阴树脂。如果用三甲胺$(CH_3)_3N$胺化，所得产品称Ⅰ型；如果用二甲基乙醇胺$(CH_3)_2NC_2H_4OH$胺化，所得产品称Ⅱ型。Ⅰ型的碱性比Ⅱ型强，但Ⅱ型的交换容量比Ⅰ型大。

如果胺化时，采用的是伯胺或仲胺，那么制得的产品为弱碱性阴离子交换树脂，下式为用二乙撑三胺进行胺化的反应：

$$\cdots-\underset{\underset{C_6H_4-CH_2Cl}{|}}{CH}-CH_2-\cdots + H_2N-C_2H_4-NH-C_2H_4-NH_2 \longrightarrow \cdots-\underset{\underset{C_6H_4-CH_2-NH-C_2H_4-NH-C_2H_4-NH_2}{|}}{CH}-CH_2-\cdots$$

二乙撑三胺　　苯乙烯系弱碱性阴树脂

在阴树脂的制造过程中，由于发生的反应较复杂，制得的强碱性阴树脂产品往往不会是纯季铵型阴树脂，在其结构中常带有一些弱碱性基团（约10%）。同理，在弱碱性阴树脂产品的结构中也常含有一些强碱性基团（约15%）。

伯、仲、叔胺都是弱碱，它们不带电荷，只是依靠氮原子上一对自由电子对而带负电性（极性），因而不会发生离子交换反应，但它可以吸引带正电荷的离子再带上阴离子构成盐型（失效型如盐酸型、硫酸型等），基团上不带任何酸分子时称为游离胺型。

伯、仲、叔胺弱碱树脂的结构是游离胺型,它的弱碱基团氮原子上有一自由电子对:

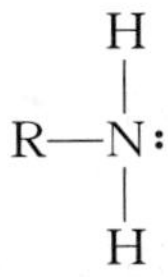

$$\begin{array}{c}H\\|\\R-\ddot{N}\\|\\H\end{array}(\text{伯胺基})\qquad\begin{array}{c}H\\|\\R-\ddot{N}\\|\\CH_3\end{array}(\text{仲胺基})\qquad\begin{array}{c}CH_3\\|\\R-\ddot{N}\\|\\CH_3\end{array}(\text{叔胺基})$$

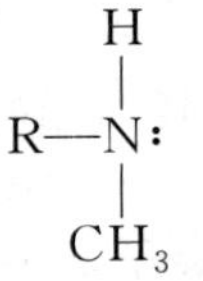

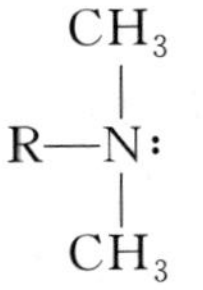

它在水中吸引极性的水分子,并使氢和氢氧根键能降低,例如成为

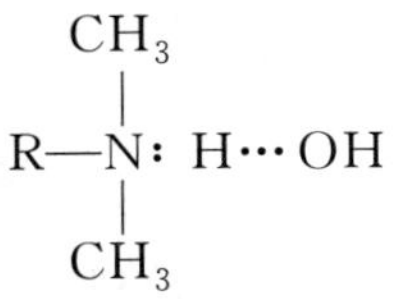

$$\begin{array}{c}CH_3\\|\\R-N:H\cdots OH\\|\\CH_3\end{array}$$

由于水中氢氧根不能解离出来,氮原子也不能带上电荷,所以严格讲,弱碱树脂在水中不是以氢氧型存在,而是以游离胺型存在。但习惯上,仍写为 $R\equiv NHOH$ 或 ROH。

游离胺型弱碱阴树脂在水中遇到酸时(如 HCl),酸中 H^+ 夺取树脂上 OH^-,相当于用 Cl^- 置换树脂中 OH^-,而生成盐型(盐酸型)

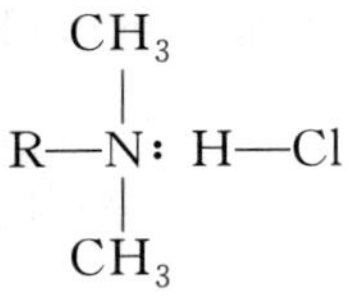

$$\begin{array}{c}CH_3\\|\\R-N:H-Cl\\|\\CH_3\end{array}$$

所以,交换反应仍写为

$$ROH+HCl\longrightarrow RCl+H_2O$$

2. 丙烯酸系离子交换树脂

丙烯酸系离子交换树脂的骨架是由丙烯酸甲酯 $CH_2=CH-COOCH_3$(或甲基丙烯酸甲酯 $H_2C=\underset{\displaystyle CH_3}{\underset{|}{C}}-COOCH_3$)与二乙烯苯交联剂共聚而成的,其结构式如下:

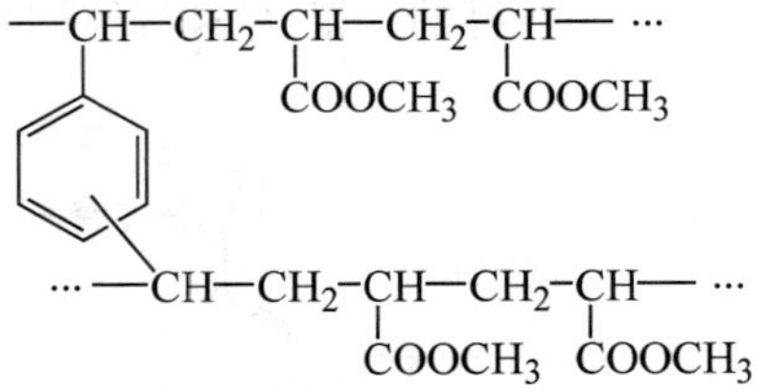

$$\begin{array}{l}\cdots-CH-CH_2-\underset{COOCH_3}{\underset{|}{CH}}-CH_2-\underset{COOCH_3}{\underset{|}{CH}}-\cdots\\ \quad\;\;|\\ \quad\;C_6H_4\\ \quad\;\;|\\ \cdots-CH-CH_2-\underset{COOCH_3}{\underset{|}{CH}}-CH_2-\underset{COOCH_3}{\underset{|}{CH}}-\cdots\end{array}\qquad\text{或简写成 } RCOOCH_3$$

此聚合物上已带有活性基团,用如下方法即可转化为阳树脂或阴树脂。

1) 丙烯酸系羧酸型阳离子交换树脂

如将 $RCOOCH_3$ 进行水解,可获得丙烯酸系羧酸型阳树脂(弱酸性阳树脂),其反应如下:

$$RCOOCH_3\xrightarrow[\text{水解}]{KOH}RCOOH$$

如果用丙烯酸或甲基丙烯酸与二乙烯苯交联剂共聚,可以直接得到弱酸性阳树脂,其反应如下:

$$CH_2{=}C(CH_3){-}COOH + C_6H_4(CH{=}CH_2)_2 \longrightarrow \cdots{-}CH_2{-}C(CH_3)(COOH){-}CH(C_6H_4CH{=}CH_2){-}CH_2{-}C(CH_3)(COOH){-}CH_2{-}\cdots$$

2）丙烯酸系阴离子交换树脂

如将 $RCOOCH_3$ 用多胺进行胺化，就可获得丙烯酸系阴树脂，例如用二乙撑三胺进行胺化，其反应如下：

$$RCOOCH_3 + H_2N{-}(CH_2)_2{-}NH{-}(CH_2)_2{-}NH_2 \longrightarrow$$
$$RCONH{-}(CH_2)_2{-}NH{-}(CH_2)_2{-}NH_2$$

此反应制得的是弱碱性阴树脂。由于每一个活性基团上有一个伯胺基和一个仲胺基，所以其交换容量很大。

将丙烯酸甲酯与二乙烯苯共聚，再经酰胺化和季铵化可制得凝胶型丙烯酸强碱阴树脂，如国产的213丙烯酸强碱阴树脂和国外的Amberlite IRA-458。丙烯酸强碱阴树脂与201×7相比，其具有工作交换容量高（可达400～500mol/m^3）、抗水中有机物污染的特点。

丙烯酸系阴离子交换树脂具有交换容量高、吸附有机物后解析能力强的优点，有着广泛的应用前景，但它往往同时具有强碱基团和弱碱基团，有时还会因胺解时残留少量酯基，在使用过程中受碱作用而逐步水解为羧酸基，使得该树脂同时含有强碱交换基团和弱碱交换基团及少量弱酸交换基团。

由于酚醛系、环氧系、乙烯吡啶系和脲醛系等离子交换树脂未在水处理领域中得到使用，因此本书不再介绍。

为了便于书写树脂的化学式，常把树脂骨架和固定离子用R表示，酸性树脂表示成RH，碱性树脂表示成ROH。但这种表示方法不能反映出树脂酸碱性的强弱，因此，有时也把固定离子写出来，如强酸性阳树脂表示为 RSO_3H，弱酸性阳树脂表示为RCOOH，强碱性树脂表示为 $R{\equiv}NOH$，弱碱性树脂表示为 $R{\equiv}NHOH$（叔胺型）、$R{=}NH_2OH$（仲胺型）和 $R{-}NH_3OH$（伯胺型）。

5.1.5 离子交换原理

在自然界中，离子交换现象很普遍，但发生离子交换的机理不完全相同，目前用于解释离子交换过程的机理主要有三个，一是晶格理论，二是道南理论，三是双电层理论。

1. 晶格理论

对于一些天然离子交换剂，如天然沸石，此类物质的组成主要成分为 $Na_2O \cdot Al_2O_3 \cdot xSiO_2 \cdot yH_2O$，它具有晶体结构。晶格理论认为，这类物质的晶格基本上是由 $\overset{|}{\underset{|}{-Si-}}O$ 所组成，但其中的一些 Si^{4+} 可被 Al^{3+} 或其他正电离子所替代，造成这些部位缺少正电荷，不足的电荷由 Na^+ 或 Ca^{2+} 等阳离子所补偿，从而形成了可交换的活动离子。

2. 道南(Donnan)理论

把离子交换树脂看成一种具有收缩、溶胀的凝胶，它能吸收水分而溶胀。溶胀后的离子交换树脂颗粒内部可以看作是一浓的电解质溶液。树脂颗粒和外部溶液之间的界面可以看作一种半透膜，膜的一边是树脂相，另一边为外部溶液。树脂相内活性基团上电离出来的离子和外部溶液中离子一样，可以通过半透膜往来扩散；树脂网状结构骨架上的固定离子则不能扩散。

如果将氢型阳离子交换树脂浸入盐的溶液，则树脂上的 H^+ 可以进入外部溶液，外部溶液中的 Na^+ 和 Cl^- 也可以进入树脂内部。当膜内外扩散达到平衡时，由于树脂相骨架带有巨大负电荷，阳离子可以进入树脂内部而阴离子则不易进入，这就是道南原则，它解释了离子交换树脂上的离子交换现象。

若有少量阴离子扩散进入阳树脂内部，则称为道南入侵。道南理论还可以参阅本书8.2.2节。

3. 双电层理论

离子交换树脂具有凝胶状结构，其离子交换过程可用双电层理论解释。双电层理论认为，离子交换树脂上的可交换离子在水溶液中能发生电离，从而使树脂活性基团上留有与可交换离子符号相反的电荷，形成正电场或负电场，在静电引力和浓差扩散推动力两种相反力的作用下，形成双电层结构，其情形与胶体的双电层结构相同。离子交换作用发生在水溶液中的离子和双电层中的反离子之间。离子交换树脂的双电层结构如图5-4所示。

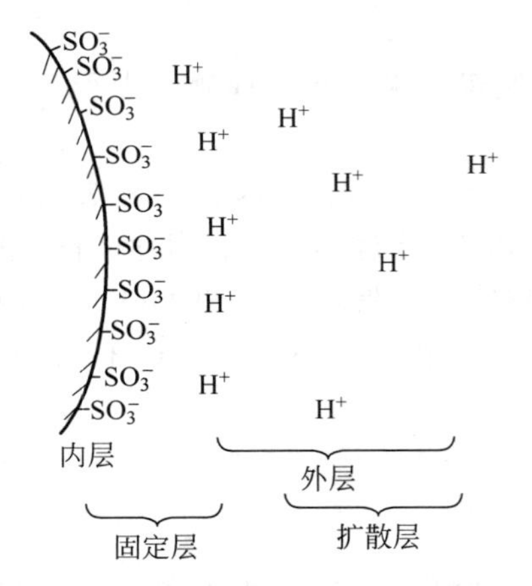

图 5-4　离子交换树脂的双电层结构

如磺酸型阳树脂能离解出可交换离子（如 H^+），这种离子可在较大的范围内自由移动，扩散到溶液中，同时，在溶液中的同类电荷离子（如 Na^+）也能从溶液中扩散到整个树脂的网孔内，在两种离子之间的浓度差推动力的作用下，它们进行扩散和相互交换。改变离子交换环境条件（如离子浓度等），使树脂上的可交换离子发生可逆交换反应。磺酸型阳树脂与水溶液中的 Na^+ 的可逆交换反应如下：

$$RSO_3H + Na^+ \rightleftharpoons RSO_3Na + H^+$$

很明显，离子交换树脂双电层厚度直接影响到离子交换反应的难易程度，双电层越厚，外层反离子受固定离子的静电引力越小，离子交换反应就越容易进行。影响双电层厚度的因素有许多，最主要的有两个：一是树脂本身性质，如强酸性H型阳树脂中的 H^+ 很容易扩散，而弱酸性H型阳树脂中的 H^+ 就不容易扩散；二是溶液中离子浓度，当溶液中离子浓度较大时，会使树脂的双电层受到压缩。

5.2 离子交换树脂性能

离子交换树脂属于反应性高分子化合物，在其制造过程中，如果单体原料的配方不同或聚合工艺条件不同，所得产品的分子结构和性能就可能有较大的差异。因此，需要用一系列的指标来评判它们。

5.2.1 物理性能

1. 外观

离子交换树脂一般制成小球状，球状颗粒的树脂占树脂总量的百分比称为圆球率，离子交换树脂产品的圆球率应在90%以上。圆球率越高，越有利于树脂层中水流分布均匀和减小水流阻力。在一些特殊应用上也有将离子交换树脂制成粉末状、纤维状等。

离子交换树脂呈透明、半透明和不透明，这主要与树脂结构中孔隙大小有关。通常，凝胶型树脂是透明或半透明的，大孔型树脂是不透明的。

离子交换树脂的颜色有白色、黄色、棕褐色及黑色等，颜色主要与树脂的组成及其杂质种类有关。通常，凝胶型苯乙烯系树脂大都呈淡黄色；大孔型苯乙烯阳树脂一般呈淡灰褐色，大孔型苯乙烯系阴树脂呈白色或淡黄褐色；丙烯酸系树脂呈白色或乳白色。此外也可应用户要求制成某种特定颜色的树脂或变色树脂。树脂在使用过程中，由于转型或受到杂质污染时，其颜色也会发生相应变化。

2. 水溶性溶出物

将新离子交换树脂样品浸泡在水中，经过一定时间以后，浸泡树脂的水就呈黄色，浸泡时间越长颜色就越深，水的颜色主要由树脂中水溶性溶出物的溶出形成，其来源主要有三方面：一是残留在树脂内的化工原料；二是树脂结构中的低分子聚合物；三是树脂分解产物。新树脂经过适当清洗，或者使用中的树脂中残留的化工原料已经很少或者几乎不存在，这时，浸泡树脂的水中只含有后两种树脂溶出物，这种溶出物的多少是树脂一个重要性质。

显然，树脂溶出物多，就会在使用树脂时随水带出，直接影响到出水水质，所以应对树脂产品的溶出物(leachables)允许量提出要求。特别是核级树脂和食品级树脂，对溶出物要求较严。

由于阳树脂是磺化聚苯乙烯，苯乙烯为液体，当苯乙烯聚合成聚苯乙烯且聚合度足够大(即相对分子质量大)时变为固体，所以阳树脂的溶出物主要是聚合度不大的小相对分子质量的磺化聚苯乙烯，它们具有一定的水溶性，会在树脂使用时溶出。有人曾对阳树脂溶出物的相对分子质量分布进行测定，发现它们的相对分子质量分布在几百至几千范围内，不同树脂，甚至同一厂家不同批号的树脂，其溶出物量不同，溶出物的相对分子质量分布情况也不同，有的树脂溶出物相对分子质量在几百范围内，大部分相对分子质量达到几千。

阳树脂溶出物是低相对分子质量磺化聚苯乙烯，属有机磺化物，在氧化条件下比如受热、遇到氧化剂(如双氧水)时会被氧化而放出 SO_4^{2-}，所以阳树脂溶出物中有时还会有一些 SO_4^{2-}。

阴离子交换树脂的溶出物主要是有机胺类化合物，带有明显的鱼腥味。

通常情况下，阳树脂的有机溶出物比阴树脂的多，且往往会不断有溶出物溶出，而阴树脂一般能较快趋于平衡。当树脂发生老化降解时，溶出物量也会明显增多。由于大部分离子交换树脂溶出物在树脂使用过程中会不断有溶出物溶出，所以，评价离子交换树脂溶出物性能，不但要看初期的溶出量，更应看其随时间推移而变化的趋势，即对树脂溶出物性能的评价最好采用其溶出速率。

阳、阴离子交换树脂对彼此的溶出物有一定的吸着能力，特别是阴离子交换树脂对阳树脂溶出物有较好的吸着能力，所以阳树脂床出水再通过阴树脂床时阳树脂溶出物量大部分都被吸收，漏出量较少。有人研究这种阴树脂吸着阳树脂溶出物的机理，认为在低 pH 时依靠范德华力吸附，随着 pH 上升，越来越多地有离子交换行为参与，因为阳树脂溶出物有一个磺酸基阴离子，可以参与阴树脂的交换。当 pH 值达到 7 以上时，阴树脂对阳树脂溶出物几乎全是依靠离子交换吸着。还有人研究再生过程，发现阴树脂在再生中只能去除一部分吸收的阳树脂溶出物，能去除的都是相对分子质量小于 1000 的阳树脂溶出物。换句话说，相对分子质量大于 1000 的阳树脂溶出物会不可逆地吸着在阴树脂上，对阴树脂性能产生长久的影响。

阴树脂吸收阳树脂溶出物后，会降低其交换容量，这种降低不是等量的而是具有放大作用，其原因可能是大分子部分遮盖了邻近的交换基团。另外阴树脂吸收阳树脂溶出物后，离子穿透率会增加，使出水水质变差。

大孔型树脂由于交联度高，溶出物比凝胶型树脂少。

3. 粒度

离子交换树脂粒度分布应均匀。若树脂颗粒太大，则交换速度慢；若树脂颗粒太小，则水流阻力大。如果树脂颗粒大小不均匀时，一方面由于小颗粒树脂夹在大颗粒树脂之间，使水流阻力增加，另一方面会使反洗时反洗强度难以控制，因为反洗强度过小，不能松动大颗粒树脂，反洗强度大时，则会冲走小颗粒树脂。

离子交换树脂的颗粒大小不可能完全一样，所以不能简单地用一个粒径指标来表示，而是用树脂的粒度分布来表示，树脂的粒度分布是通过对树脂进行筛分来测定的。表示树脂粒度的指标，包括有效粒径、均一系数、粒径范围和下限粒度(或上限粒度)。有效粒径指的是有 90%树脂体积未能通过的筛孔孔径(用 d_{90} 表示)。均一系数指的是有 40%树脂体积未能通过的筛孔孔径(用 d_{40} 表示)与 d_{90} 之比值，用 k_{40} 表示。水处理用离子交换树脂的粒径通常为0.315～1.250mm，均一系数为 1.4～1.6。

树脂的筛分试验与滤料的筛分试验相似，不同的主要是：由于树脂在湿状态下有一定的溶胀，所以，进行树脂粒度筛分试验时，应在水中进行湿树脂筛分测试。

4. 孔分布

离子交换树脂的活性基团，少量的存在于树脂颗粒表面，而大量的存在于树脂颗粒内部，因此，树脂颗粒中的网孔分布直接影响到活性基团与水中离子的交换作用。

树脂孔径分布通常从孔径、孔度、孔容及比表面积等角度来描述。孔径是用来表示树脂中微孔的大小。孔度是指单位体积树脂内部孔的容积，孔容是指单位质量树脂内部孔的容积，单位分别为 mL/mL 和 mL/g。比表面积是指单位质量的树脂具有的表面积，其单位为 m^2/g，凝胶型树脂的比表面积不到 $1m^2/g$，而大孔型树脂的比表面积则可达到几百平方米每克。在树脂制造过程中，控制调节树脂的孔分布可获得高交换能力的树脂。

5. 密度

离子交换树脂的密度是指单位体积树脂所具有的质量，常用 g/mL 表示。因为离子交换树脂是粒状材料，所以有真密度和视密度之分，所谓真密度是相对树脂的真体积而言的，视密度是相对树脂的堆积体积而言的。由于树脂常在湿状态下使用，所以又有“干”“湿”之分。所以，树脂的密度有干真密度、湿真密度和湿视密度多种表示方法。

1）干真密度

干真密度表示树脂在干燥状态下的质量和它的真体积之比：

$$干真密度=\frac{干树脂的质量}{树脂的真体积}$$

所谓真体积是指树脂的排液体积，它不包括树脂颗粒内的孔隙和树脂颗粒间的空隙。求取树脂真体积，不能用水作排液介质，而应用不会使树脂溶胀的溶剂作排液介质，如甲苯。

离子交换树脂的干真密度一般为 1.6g/cm^3 左右，这一指标常用于研究树脂的结构与性能的关系。

2）湿真密度

湿真密度表示树脂在水中经充分溶胀后的真密度：

$$湿真密度=\frac{湿树脂的质量}{湿树脂的真体积}$$

湿树脂的真体积是指树脂在湿状态下的颗粒体积，此体积包括颗粒内孔隙体积，但颗粒间的空隙不计入，用去除外部水分的湿树脂在水中的排液体积来求取湿树脂的真体积。

树脂的湿真密度与其在水中所表现的水力学特性有密切关系，它直接影响到树脂在水中的沉降速度和反洗膨胀率，所以是一种重要的实用性能，其值一般在 1.04～1.30g/cm^3。通常，阳树脂的湿真密度比阴树脂的大。

3）湿视密度

湿视密度表示树脂在水中经充分溶胀后的堆积密度：

$$湿视密度=\frac{湿树脂的质量}{湿树脂的堆积体积}$$

离子交换树脂的湿视密度不仅与其离子形态有关，还与树脂的堆积状态有关，即与大小颗粒混合程度以及堆积密实程度有关，其值一般在 0.60～0.85g/cm^3。湿视密度又可称作堆积密度，可用来计算交换器中装载的湿树脂质量。

6. 含水率

离子交换树脂在保存和使用中都应含有水分，失水的树脂强度会降低，遇水易破裂，因此树脂都是湿态保存。离子交换树脂中的水分，一部分是与活性基团相结合的化合水，另一部分是吸附在树脂外表面或滞留在孔隙中的游离水。

树脂含水率(moisture content)常用单位质量去除外表面水分的湿树脂所含水量的百分比来表示，一般在 50%左右。对于含有一定数量活性基团的离子交换树脂，由于它们的化合水大致相同，因此含水率可以反映树脂的交联度和孔隙率的大小，树脂含水率大，通常表示它交联度小，而孔隙率大，比如大孔型树脂，含水率比凝胶型高。树脂含水率还与树脂降解程度有关，通常情况下，阳树脂发生降解，其含水率上升，阴树脂发生降解，含水率下降。测定树脂含水率时，常用吸干法、抽滤法或离心法除去树脂外表面的水分。

7. 溶胀性和转型体积改变率

当干的离子交换树脂浸入水中时,其体积会膨胀,这种现象称溶胀(swelling)。溶胀是高分子材料在某些溶剂中常表现出的现象。离子交换树脂有两种不同的溶胀现象,一种是不可逆的,即新树脂经溶胀后,如重新干燥,它不再恢复到原来的大小;另一种是可逆的,即当树脂浸入水中时会溶胀,干燥时又会复原,如此反复地溶胀和收缩。

离子交换树脂的溶胀现象的基本原因是活性基团的溶剂化倾向。离子交换树脂颗粒内部相当于一个高浓度的溶液,在树脂外部溶液之间,由于浓度的差别而产生渗透压差,这种渗透压可使树脂颗粒内有从外部溶液中吸取水分来降低其离子浓度的倾向。因为树脂颗粒是不溶性材料,所以这种渗透压差被树脂骨架弹性张力抵消而达到平衡,表现出溶胀现象。树脂溶胀程度主要取决于以下因素:①树脂的交联度,交联度越大,溶胀性越小;②活性基团,树脂上活性基团越易电离,树脂溶胀性越强;③交换容量,树脂的交换容量越大,溶脂性越强;④溶液浓度,溶液中离子浓度越大,树脂溶胀性越小;⑤可交换离子,可交换离子价数越高,溶胀性越小,对于同价离子,水合能力越强,溶胀性越强。

强酸阳树脂和强碱阴树脂在不同离子形态时溶胀率的大小顺序如下:

强酸阳树脂: $H^+ > Na^+ > NH_4^+ > K^+ > Ag^+$

强碱阴树脂: $OH^- > HCO_3^- \approx CO_3^{2-} > SO_4^{2-} > Cl^-$

很显然,当树脂由一种离子形态转为另一种离子形态时,其体积会发生改变,此时树脂体积改变的百分比称为树脂转型体积改变率。

强酸 001×7 阳树脂由 Na 型转为 H 型时,其体积增加 5%~8%;由 Ca 型转为 H 型时,其体积增加 12%~13%。强碱 201×7 阴树脂由 Cl 型转为 OH 型时,其体积增加 15%~20%。

弱型树脂转型体积改变更明显,特别是弱酸树脂,H 型体积最小,由 H 型转为 Na 型时,体积最大可增加 70%~80%;由 H 型转为 Ca 型时,其体积可增加 10%~30%。弱碱树脂在游离胺型时体积最小。

由于离子交换树脂是带有活性基团的极性物质,所以,它在极性溶剂中的溶胀性较强,而在非极性溶剂中,它不溶胀。

转型体积改变率大的树脂,使用中易破碎。干树脂放在水中也因体积膨胀而爆裂,所以干树脂溶胀不应将干树脂直接放入水中,而应先将干树脂放在盐水中初步溶胀后,再放入水中,分步溶胀。树脂应该湿态保存。

8. 机械强度

树脂在使用过程中,相互摩擦、挤压及周期性的转型使其体积胀缩等,都可能导致树脂颗粒的破裂,影响树脂的正常使用。因此,离子交换树脂必须具有良好的机械强度。

目前,我国主要采用国家标准方法——磨后圆球率和渗磨圆球率——来评价树脂的机械强度。此方法是按规定称取一定量的干树脂,放入装有瓷球的滚筒中滚磨,磨后的树脂圆球颗粒占样品总量的质量百分比即为树脂磨后圆球率。若将树脂用酸、碱反复交替转型,然后用前述方法测得树脂的磨后圆球率,称为树脂的渗磨圆球率,该指标表示树脂的耐渗透压能力,一般用此来评价大孔型树脂的机械强度。此外用来表示机械强度的方法还有压脂法及循环法,压脂法是取三颗直径相似的树脂颗粒放在一块玻璃下面,成三点支撑,然后在玻璃上加砝码,至树脂颗粒被压碎时的砝码质量即压脂强度;循环法是将树脂经多次酸、碱反复交替转型处理后,检查树脂破碎程度。一般树脂因机械强度而发生的年损耗率应控制在3%～7%。

大孔型树脂由于交联度大,强度及耐磨性比凝胶型树脂好。

9. 耐热性

离子交换树脂的耐热性表示树脂在受热时保持其理化性能的能力。各种树脂都有其允许使用的温度极限,超过此极限温度,树脂的热分解就很严重,其理化性能迅速变差。常见树脂的热稳定性一般规律是:阳树脂比阴树脂耐热性强,盐型树脂要比游离酸或碱型树脂耐热性强,Ⅰ型强碱树脂比Ⅱ型耐热性强,弱碱基团比强碱基团耐热性强,苯乙烯系强碱树脂比丙烯酸系强碱树脂耐热性强。

通常情况下,阳树脂可耐100℃或更高的温度,如Na型苯乙烯系磺酸型阳树脂最高使用温度为150℃,而H型最高使用温度为100～120℃。对苯乙烯阴树脂,强碱性的使用温度不应超过40℃(Ⅱ型)、60℃(Ⅰ型)和80℃(RCl型),弱碱性的使用温度不能超过100℃。

10. 导电性

干燥的离子交换树脂不导电,湿树脂因有解离的离子可以导电,阳树脂的导电率比阴树脂大,这一点可用在混合树脂分离的监测上。树脂的导电性在离子交换膜的应用上也很重要。

5.2.2 化学性能

1. 交换反应的可逆性

离子交换反应是可逆的,但这种可逆反应并不是在均相溶液中进行的,而是在非均相的固-液相中进行的。例如用含有Ca^{2+}的水通过Na型阳树脂,其交换反应为

$$2RNa + Ca^{2+} \longrightarrow R_2Ca + 2Na^+$$

当反应进行到离子交换树脂大都转为Ca型,直至不能再继续将水中Ca^{2+}交换成Na^+时,可以用NaCl溶液通过此Ca型树脂,利用上式的逆反应,使树脂重新恢复成Na型。其交换反应为

$$R_2Ca + 2Na^+ \longrightarrow 2RNa + Ca^{2+}$$

上述两个反应实质上就是下面的可逆离子交换反应式的平衡移动,即

$$2RNa + Ca^{2+} \rightleftharpoons R_2Ca + 2Na^+$$

离子交换反应的可逆性是离子交换树脂可以反复使用的重要性质。

2. 酸性、碱性和中性盐分解能力

H型阳树脂和OH型阴树脂,类似于相应的酸和碱,在水中可以电离出H^+和OH^-,这种性能被称为树脂的酸碱性。水处理中常用的树脂有:

磺酸型强酸性阳离子交换树脂 $R—SO_3H$

羧酸型弱酸性阳离子交换树脂 R—COOH

季铵型强碱性阴离子交换树脂 $R\equiv NOH$

叔、仲、伯型弱碱性阴离子交换树脂 $R\equiv NHOH$、$R=NH_2OH$、$R—NH_3OH$

离子交换树脂酸性或碱性的强弱直接影响到离子交换反应的难易程度。强酸H型阳树脂或强碱OH型阴树脂在水中电离出H^+或OH^-的能力较大,因此,它们能很容易和水中的阳离子或阴离子进行交换反应,pH影响小,强酸H型阳树脂在pH 1~14都可以交换,强碱OH型阴树脂在pH 1~12也都可以交换。而弱酸H型阳树脂或弱碱OH型阴树脂在水中电离出H^+或OH^-的能力较小,或者说它们对H^+或OH^-的结合力较强,所以当水中存在一定量的H^+或OH^-时,交换反应就难以进行下去,弱酸H型阳树脂在酸性介质中不能交换,只能在中性或碱性(pH 5~14)介质中才可以交换。弱碱OH型阴树脂在碱性介质中不能交换,只能在酸性和中性(pH 0~7)介质中才可以交换。

现以中性盐NaCl为例,讨论各种类型树脂与中性盐NaCl的交换反应,反应式如下:

$$R—SO_3H + NaCl \rightleftharpoons R—SO_3Na + HCl$$

$$R\equiv NOH + NaCl \rightleftharpoons R\equiv NCl + NaOH$$

$$R—COOH + NaCl \rightleftharpoons R—COONa + HCl$$

$$R—NH_3OH + NaCl \rightleftharpoons R—NH_3Cl + NaOH$$

上述各种离子交换树脂与中性盐进行离子交换反应的能力,也即在溶液中生成游离酸或游离碱的能力,通常称为树脂的中性盐分解能力。显然,强酸性阳树脂和强碱性阴树脂由于在酸性和碱性介质中都可以进行交换,所以具有较高的中性盐分解能力(或中性盐分解容量大),而弱酸性阳树脂和弱碱性阴树脂与中性盐反应生成相应的酸和碱,使交换反应无法进行下去,所以这类树脂基本无中性盐分解能力(或中性盐分解容量小)。因此,可用树脂中性盐分解容量的大小来判断树脂酸碱性强弱。

3. 中和与水解

在离子交换过程中可以发生类似于电解质水溶液中的中和反应,例如:

$$R—SO_3H + NaOH \longrightarrow R—SO_3Na + H_2O$$

$$R—COOH + NaOH \longrightarrow R—COONa + H_2O$$

$$R\equiv NOH + HCl \longrightarrow R\equiv NCl + H_2O$$

$$R\equiv NOH + H_2CO_3 \longrightarrow R\equiv NHCO_3 + H_2O$$

$$R\equiv NOH + H_2SiO_3 \longrightarrow R\equiv NHSiO_3 + H_2O$$

$$R—NH_3OH + HCl \longrightarrow R—NH_3Cl + H_2O$$

对H型阳树脂,除可以和强碱进行中和反应外,在水处理中,还常遇到下述与弱酸强碱盐的中和反应:

$$R—SO_3H + NaHCO_3 \longrightarrow R—SO_3Na + CO_2 + H_2O$$

$$2R—SO_3H + Ca(HCO_3)_2 \longrightarrow (R—SO_3)_2Ca + 2CO_2 + 2H_2O$$

$$2R—COOH + Ca(HCO_3)_2 \longrightarrow (R—COO)_2Ca + 2CO_2 + 2H_2O$$

具有弱酸性基团和弱碱性基团的离子交换树脂盐型容易发生水解反应:

$$R—COONa + H_2O \longrightarrow R—COOH + NaOH$$

$$R—NH_3Cl + H_2O \longrightarrow R—NH_3OH + HCl$$

结合有弱酸阴离子,如 HCO_3^-、$HSiO_3^-$ 等的盐型强碱性阴树脂也可发生水解反应:

$$R\equiv NHCO_3 + H_2O \longrightarrow R\equiv NOH + H_2CO_3$$

$$R\equiv NHSiO_3 + H_2O \longrightarrow R\equiv NOH + H_2SiO_3$$

4. 离子交换树脂的选择性

离子交换树脂吸着各种离子的能力不一,有些离子易被树脂吸着,但吸着后将它置换下来较困难;而另一些离子较难被树脂吸着,但却比较容易被置换下来,这种性能就是离子交换树脂的选择性。在离子交换水处理中,离子交换的选择性对树脂的交换和再生过程有着重大影响。

离子交换树脂的选择性主要取决于被交换离子的结构。一是离子带的电荷数,离子所带电荷数越多,则越易被吸着,这是因为离子电荷数越多,与活性基团固定离子间的静电引力越大,所以亲和力也越大;二是对于带有相同电荷的离子,原子序数大者较易被吸着,这是因为原子序数大者,形成的水合离子半径小,所以与活性基团固定离子间的静电引力大。此外,离子交换树脂的选择性还与树脂的交联度、活性基团、可交换离子的性质、水中离子浓度等因素有关。

树脂在常温、稀溶液中对常见离子的选择性顺序如下:

强酸性阳离子交换树脂:

$$Fe^{3+} > Al^{3+} > Ca^{2+} > Mg^{2+} > K^+ \approx NH_4^+ > Na^+ > H^+$$

弱酸性阳离子交换树脂:

$$H^+ > Fe^{3+} > Al^{3+} > Ca^{2+} > Mg^{2+} > K^+ \approx NH_4^+ > Na^+$$

强碱性阴离子交换树脂:

$$SO_4^{2-} > NO_3^- > Cl^- > OH^- > HCO_3^- > HSiO_3^-$$

弱碱性阴离子交换树脂:

$$OH^- > SO_4^{2-} > NO_3^- > Cl^- > HCO_3^- \text{(对 } HSiO_3^- \text{ 几乎不交换)}$$

在浓溶液中,由于离子间的干扰较大,且水合离子半径的大小顺序与在稀溶液中有些差别,其结果使得在浓溶液中各离子间的选择性差别较小,有时甚至会出现相反的顺序。

5. 交换容量

交换容量(exchange capacity)是表示离子交换树脂交换能力大小的一项性能指标,指的是单位质量或体积的离子交换树脂所具有的(或发挥作用的)离子交换基团数量。其单位有两种表示方法:一是质量表示法,通常用 mmol/g 表示;另一种是体积表示法,通常用 mmol/L 或 mol/m^3 表示,这里的体积指湿状态下树脂的堆积体积。

1) 全交换容量(total exchange capacity)

全交换容量表示树脂中所有活性基团上可交换离子的总量,单位可用质量表示法,也可用体积表示法,两者之间的关系如下:

$$q_v = q_m(1 - \text{含水率}) \times \text{湿视密度} \tag{5-1}$$

式中,q_v——单位体积树脂的全交换容量,mmol/mL(湿树脂);

q_m——单位质量树脂的全交换容量,mmol/g(干树脂)。

q_m 值一般通过化学测定方法求得,除此之外,还可通过结构式进行估算,例如,苯乙烯强酸阳树脂的结构单元为 $\left[\begin{array}{c} -CH-CH_3 \\ | \\ C_6H_4 \\ | \\ SO_3H \end{array}\right]$,它具有的交换能力为 $[H]/\left[\begin{array}{c} -CH-CH_2- \\ | \\ C_6H_4 \\ | \\ SO_3H \end{array}\right]=$ $1/184.21=5.43mmol/g$,扣除7%DVB含量后为 $5.43\times(1-7\%)mmol/g=5.05mmol/g$,实际工业产品的 q_m 值>4.5mmol/g。

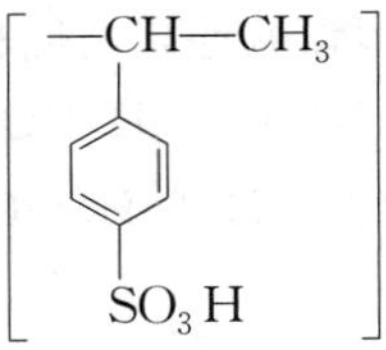

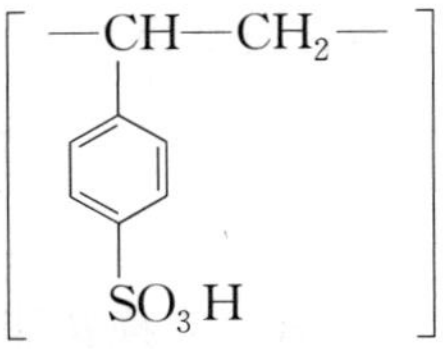

大孔型树脂由于孔多,体积交换容量比凝胶型树脂低10%(阳)~20%(阴)。

2) 平衡交换容量(equilibria exchange capacity)

平衡交换容量表示交换反应达到平衡时,单位质量或单位体积的树脂中参与反应的交换基团数量,此指标表示在给定条件下(通常是一定浓度的被交换离子),该树脂可能发挥的最大交换容量。平衡交换容量和平衡条件有关,所以它不是一个恒定值。

3) 工作交换容量(work exchange capacity)

工作交换容量表示树脂在给定的工作条件下,实际发挥的交换容量,单位用mmol/L或 mol/m^3 表示。所谓工作条件一般指在柱式交换中,一定浓度溶液以一定速度通过一定高度的树脂层,至流出液中被去除离子泄漏量达到一定值时,树脂所表现出来的交换能力。所以工作交换容量是一种工艺指标。

树脂工作交换容量除了与树脂本身性能有关,还与工作条件有关,工作条件通常包括进水水质、进水流速、终点控制标准、树脂层高、再生剂种类、再生剂用量、再生方式等。

4) 基团交换容量(group exchange capacity)

有些树脂具有两种或两种以上的离子交换基团,它们各有不同的特性。基团交换容量表示单位质量或单位体积树脂中某种基团的数量,如有强酸基团交换容量、弱酸基团交换容量、强碱基团交换容量、弱碱基团交换容量等。

由于树脂的质量和体积与树脂的离子形态有关,所以表示离子交换树脂的交换容量时,应说明树脂的离子形态。

6. 化学稳定性

树脂的活性基团、交联度以及可交换离子的种类都会影响到树脂的稳定性。在使用过程中,影响树脂稳定性的因素也很多,如高温、氧化剂、重金属离子的吸附与催化、有机物污染和微生物的作用等。

在通常情况下,阳树脂的化学稳定性要好于阴树脂,强酸性树脂比弱酸性树脂稳定,强碱Ⅰ型比强碱Ⅱ型稳定性好,H型和OH型比盐型易氧化。

树脂化学稳定性不好,在某些因素影响下发生降解,往往表现为交换基团脱落;交联的键断裂,低聚合度的水溶性成分溶出增多,树脂溶胀、破碎;强碱基团降解为弱碱基团,树脂碱性变弱,甚至还会有出现弱酸交换基团的可能。

7. 耐辐射性

在核电站水处理系统中,要求离子交换树脂有良好的耐辐射稳定性。树脂受辐射后,多项理化性能会发生变化，如交换基团脱落、降解、结构松弛（强度下降），出现低分子物质和气体等。离子交换树脂耐辐射的一般规律是：阳树脂优于阴树脂，高交联度树脂优于低交联度树脂，交联均匀的树脂优于均匀性差的树脂。

树脂中的杂质，特别是重金属（如 Fe、Cu、Ni、Pb 等）都会加速它的辐射破坏。目前市场上有适用于核电站水处理的耐辐射树脂，被称为核级树脂。核级树脂交联度较高，且对树脂中的重金属含量有严格的要求。

工业给水的离子交换除盐处理系统中常用的树脂是国产 001×7、001×7MB 强酸性苯乙烯系阳离子交换树脂，201×7、201×7MB 强碱性苯乙烯系阴离子交换树脂，表 5-5 和表 5-6 分别列出了上述树脂的技术要求。除此之外，水处理中还常使用 D301 大孔弱碱性苯乙烯系阴离子交换树脂和 D113 大孔弱酸性丙烯酸系阳离子交换树脂。

表 5-5 水处理用 001×7 强酸性苯乙烯系阳离子交换树脂（氢型/钠型）技术要求（DL/T 519—2014）

项　目	001×7	001×7FC	001×7MB
全交换容量/(mmol/g)	≥5.00/≥4.50		
体积交换容量/(mmol/mL)	≥1.75/≥1.90		≥1.70/≥1.80
含水量/%	51～56/45～50		
湿视密度/(g/mL)	0.73～0.83/0.77～0.87		
湿真密度/(g/mL)	1.17～1.22/1.250～1.29		
有效粒径[a]/mm	0.40～0.70	≥0.50	0.55～0.90
均一系数[a]	≤1.6		≤1.4
范围粒度[a]/%	(0.315～1.250mm) ≥95	(0.450～1.250mm) ≥95	(0.500～1.250mm) ≥95
下限粒度[a]/%	(<0.315mm)≤1	(<0.450mm)≤1	(<0.500mm)≤1
渗磨圆球率[b]/%	≥60		

注：a. 有效粒径，均一系数和范围粒度、下限粒度测定用钠型。
b. 渗磨圆球率测定用原样树脂。

表 5-6 水处理用 201×7 强碱性苯乙烯系阴离子交换树脂（氢氧型/氯型）技术要求（DL/T 519—2014）

项　目	201×7	201×7FC	201×7MB	201×7SC
最大再生容量/(mmol/g)	≥3.8/—			
强型基团容量/(mmol/g)	≥3.6/≥3.5			
体积交换容量/(mmol/mL)	≥1.10/≥1.35			≥1.05/≥1.30
含水量/%	53～58/42～48			

续表

项　目	201×7	201×7FC	201×7MB	201×7SC
湿视密度/(g/mL)	0.66～0.71/0.67～0.73			
湿真密度/(g/mL)	1.06～1.09/1.07～1.10			
有效粒径[a]/mm	0.40～0.70	≥0.50	(0.50～0.80)	≥0.63
均一系数[a]	≤1.6		≤1.4	
上限粒度[a]/%	—	—	(>0.90mm)≤1.0	—
范围粒度[a]/%	(0.315～1.250mm)≥95	(0.450～1.250mm)≥95	(0.400～0.900mm)≥95	(0.630～1.250mm)≥95
下限粒度[a]/%	(<0.315mm)≤1	(<0.450mm)≤1	—	(<0.630mm)≤1
渗磨圆球率[b]/%	≥60			

注：a. 有效粒径、均一系数和范围粒度、上限粒度及下限粒度测定用氯型。
b. 渗磨圆球率测定用原样树脂。

5.3 离子交换平衡

离子交换反应与其他化学反应一样，具有可逆性，服从质量守恒定律。但是，这种可逆反应并不是在均相溶液中进行，而是在固态的树脂和水溶液接触的界面间发生的，离子交换树脂的溶胀性会使其反应前后体积发生变化，另外，树脂对水中溶质离子有吸附和解吸的作用，因此它和溶液间的平衡与普通的化学平衡不完全相同。目前只能用质量守恒定律近似地研究离子交换平衡问题。

5.3.1 离子交换的平衡常数

阳离子交换树脂的离子交换反应可由下面的通式表达：

$$n\mathrm{RB}+\mathrm{A}^{n+} \rightleftharpoons \mathrm{R}_n\mathrm{A}-n\mathrm{B}^{+} \tag{5-2}$$

如果此反应不伴随有反应物质的吸附和解吸等过程，依据质量守恒定律，当交换反应达到平衡时有

$$K=\frac{(a_{\mathrm{R}_n\mathrm{A}})(a_{\mathrm{B}^+})^n}{(a_{\mathrm{RB}})^n(a_{\mathrm{A}^{n+}})} \tag{5-3}$$

式中，K——平衡常数；

$a_{\mathrm{R}_n\mathrm{A}}$、$a_{\mathrm{RB}}$——分别为平衡时，树脂相中A、B离子的活度；

$a_{\mathrm{A}^{n+}}$、a_{B^+}——分别为平衡时，溶液相中A、B离子的活度。

如果用浓度与活度系数的乘积替代活度，则上式可改写成

$$K=\frac{f_{\mathrm{R}_n\mathrm{A}}\left[\frac{1}{n}\mathrm{R}_n\mathrm{A}\right]f_{\mathrm{B}}^n\left[\mathrm{B}^+\right]^n}{f_{\mathrm{RB}}^n\cdot\left[\mathrm{RB}\right]^n f_{\mathrm{A}}\left[\frac{1}{n}\mathrm{A}^{n+}\right]} \tag{5-4}$$

式中，$\left[\frac{1}{n}R_nA\right]$、$[RB]$——分别为平衡时，树脂相中 A、B 离子的浓度；

$\left[\frac{1}{n}A^{n+}\right]$、$[B^+]$——分别为平衡时，溶液相中 A、B 离子的浓度；

f_{R_nA}、f_{RB}——分别为平衡时，树脂相中 A、B 离子的活度系数；

f_A、f_B——分别为平衡时，溶液相中 A、B 离子的活度系数。

K 并不是一个真正的常数，它与试验条件有关。又由于树脂相中的离子活度还无法测定，故这种常数仍无实用价值。

5.3.2　选择性系数

对于稀溶液（包括所有天然淡水和大多数废水），离子的活度系数非常接近于 1，可以认为 $f_B^n/f_A \approx 1$，因此，$a_{A^{n+}}$ 和 a_{B^+} 可以用相应的浓度$[A^{n+}]$和$[B^+]$来代替。而树脂相中的离子浓度较高，因此不能以稀溶液来处理。若我们将树脂相中的活度系数并入平衡常数 K，则有

$$K_B^A = \frac{\left[\frac{1}{n}R_nA\right][B^+]^n}{[RB]^n\left[\frac{1}{n}A^{n+}\right]} \tag{5-5}$$

在此情况下，K_B^A 值变成可以测得的数值。K_B^A 也不是常数，它只表示在某一给定条件下达到离子交换平衡时，各种物质的量浓度之间的关系。K_B^A 值的大小含有交换树脂上的 B 是否易于交换成 A 的意义，因此称为选择性系数（selection coefficient）。选择性系数大，说明树脂和这种离子亲和力大，会优先的交换这种离子。

对水处理中常遇到的 RNa-Ca^{2+}、RH-Na^+离子交换，上式可以具体化为

$$K_{Na^+}^{Ca^{3+}} = \frac{\left[\frac{1}{2}R_2Ca\right][Na^+]^2}{[RNa]^2\left[\frac{1}{2}Ca^{2+}\right]} \tag{5-6}$$

$$K_{H^+}^{Na^+} = \frac{[RNa][H^+]}{[RH][Na^+]} \tag{5-7}$$

影响选择性系数的因素很多，如离子的种类、水溶液的浓度、组成以及离子交换树脂的结构等。但实际测得的数据表明，在一定范围内，其值的变动并不很大，可以测得一些近似值或数值范围。表 5-7 和表 5-8 分别列出了强酸性阳树脂和强碱性阴树脂在稀溶液中选择性系数的实测值。

表 5-7　强酸性阳树脂的选择性系数

交联度	$K_{H^+}^{Li^+}$	$K_{H^+}^{Na^+}$	$K_{H^+}^{NH_4^+}$	$K_{H^+}^{K^+}$	$K_{H^+}^{Mg^{2+}}$	$K_{H^+}^{Ca^{2+}}$
4%	0.8	1.2	1.4	1.7	2.2	3.1
8%	0.8	1.6	2.0	2.3	2.6	4.1
16%	0.7	1.6	2.3	3.1	2.4	4.9

表 5-8 Ⅰ型强碱性阴树脂的选择性系数

$K_{Cl^-}^{NO_3^-}$	$K_{Cl^-}^{HSO_4^-}$	$K_{Cl^-}^{HCO_3^-}$	$K_{Cl^-}^{SO_4^{2-}}$	$K_{Cl^-}^{CO_3^{2-}}$	$K_{OH^-}^{Cl^-}$
3.5～4.5	2～3.5	0.3～0.8	0.11～0.13	0.01～0.04	10～20

在某些场合,还可利用树脂对离子的选择性系数不同来分离不同的离子,这时离子交换选择性可用分离系数来表述:

$$\alpha_B^A=\frac{\dfrac{\left[\dfrac{1}{n}R_nA\right]}{\left[\dfrac{1}{n}A^{n+}\right]}}{\dfrac{[RB]}{[B^+]}}=\frac{\left[\dfrac{1}{n}R_nA\right][B^+]}{[RB]\left[\dfrac{1}{n}A^{n+}\right]}=\frac{\bar{C}_A\cdot C_B}{\bar{C}_B\cdot C_A} \tag{5-8}$$

式中,α_B^A——离子交换树脂选择A、B离子的分离系数;

$\bar{C}_A$、$\bar{C}_B$——分别为平衡状态时,树脂相中A、B离子的浓度;

C_A、C_B——分别为平衡状态时,溶液相中A、B离子的浓度。

选择性系数与分离系数之间的关系如下:

$$K_B^A=\alpha_B^A\left(\frac{[B^+]}{[RB]}\right)^{n-1} \tag{5-9}$$

对于1价离子与1价离子的离子交换,$n=1$,$K_B^A=\alpha_B^A$;但对于1价离子与多价离子间的离子交换,K_B^A与α_B^A是不相等的。

若在某种条件下,$\alpha_B^A>1$,则树脂优先选择A离子;如$\alpha_B^A<1$,则树脂优先选择B离子;若$\alpha_B^A=1$,则表示该树脂对A、B离子的选择性是相等的。α_B^A值越大,则树脂对A离子的选择性越强。

5.3.3 平衡计算

前面导出的选择性系数表达式虽然可用来计算离子交换平衡问题,但此式未能清楚地表明相互交换离子的相对关系。如果将选择性系数表达式中的各种浓度用浓度分率表示,则可以更清楚地应用选择性系数进行平衡计算。

1. 等价离子的交换

以离子交换水处理中H-Na离子交换为例,介绍等价离子交换的平衡计算。

$$RH+Na^+\rightleftharpoons RNa+H^+$$

令树脂相中Na^+和H^+浓度分率分别为$\bar{x}_{Na}$和$\bar{x}_H$,则有

$$\bar{x}_{Na}=\frac{[RNa]}{[RNa]+[RH]}\qquad\bar{x}_H=\frac{[RH]}{[RNa]+[RH]}$$

$$\bar{x}_{Na}+\bar{x}_H=1$$

令溶液相中Na^+和H^+浓度分率分别为x_{Na}和x_H,则有

$$x_{Na}=\frac{[Na^+]}{[Na^+]+[H^+]}\qquad x_H=\frac{[H^+]}{[Na^+]+[H^+]}$$

$$x_{Na}+x_H=1$$

由此可推导出

$$K_{H^+}^{Na^+}=\frac{[RNa][H^+]}{[RH][Na^+]}=\frac{\dfrac{[RNa][H^+]}{([RNa]+[RH])([Na^+]+[H^+])}}{\dfrac{[RH][Na^+]}{([RNa]+[RH])([Na^+]+[H^+])}}$$

$$=\frac{\bar{x}_{Na}x_H}{\bar{x}_H x_{Na}}=\frac{\bar{x}_{Na}}{1-\bar{x}_{Na}}\frac{1-x_{Na}}{x_{Na}} \tag{5-10}$$

或写成

$$\frac{\bar{x}_{Na}}{1-\bar{x}_{Na}}=K_{H^+}^{Na^+}\frac{x_{Na}}{1-x_{Na}} \tag{5-11}$$

因此,可以将 1 价的 A、B 离子交换表示成以下通式:

$$RB+A^+ \rightleftharpoons RA+B^+$$

$$\frac{\bar{x}_A}{1-\bar{x}_A}=K_B^A\frac{x_A}{1-x_A} \tag{5-12}$$

在恒温条件下 K_B^A 是定值,它与 $\bar{x}_A$ 和 x_A 有关,其关系可用图 5-5 所示的离子交换理想平衡曲线表示。

实际上,由于 K_B^A 常常不是定值,因此实测的曲线与理想曲线有差别。图 5-6 所示是一种强酸性阳树脂进行 H-Na 离子交换时的实测平衡曲线,C_0 为水溶液中离子总浓度。

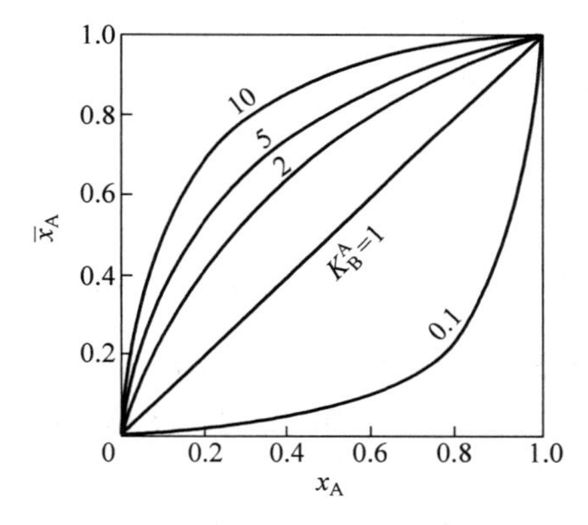

图 5-5 1 价与 1 价离子交换的理想平衡曲线

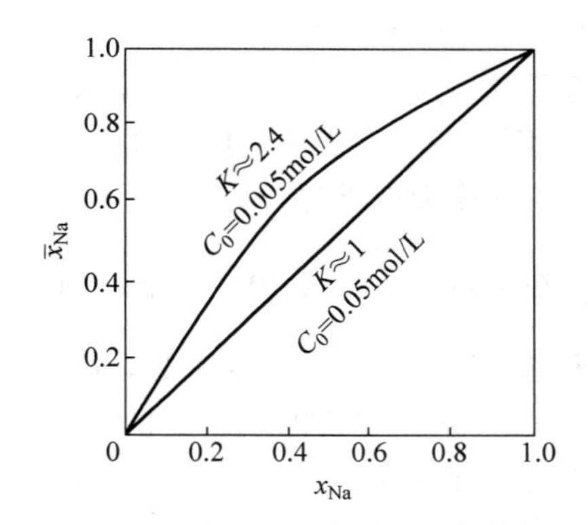

图 5-6 H-Na 离子交换实测平衡曲线

2. 不等价离子的交换

以水的软化处理中 Na-Ca 离子交换为例,介绍不等价离子交换的平衡计算。

$$2RNa+Ca^{2+} \rightleftharpoons R_2Ca+2Na^+$$

令 Ca^{2+}、Na^+ 在树脂相和溶液相中浓度分率分别为

$$\bar{x}_{Ca}=\frac{\left[\frac{1}{2}R_2Ca\right]}{\left[\frac{1}{2}R_2Ca\right]+[RNa]} \qquad \bar{x}_{Na}=\frac{[R_2Na]}{\left[\frac{1}{2}R_2Ca\right]+[RNa]}$$

$$x_{Ca}=\frac{\left[\frac{1}{2}Ca^{2+}\right]}{\left[\frac{1}{2}Ca^{2+}\right]+[Na^{+}]}\qquad x_{Na}=\frac{[Na^{+}]}{\left[\frac{1}{2}Ca^{2+}\right]+[Na^{+}]}$$

并且有

$$\bar{x}_{Ca}+\bar{x}_{Na}=1\qquad x_{Ca}+x_{Na}=1$$

以上各式中的$\left[\frac{1}{2}R_2Ca\right]+[RNa]$即离子交换树脂的全交换容量,用$q_0$表示;$\left[\frac{1}{2}Ca^{2+}\right]+[Na^{+}]$即溶液中交换离子的总浓度,用$C_0$表示。

与推导等价离子交换平衡计算相似,可得$K_{Na^+}^{Ca^{2+}}$表达式如下:

$$K_{Na^+}^{Ca^{2+}}=\frac{C_0}{q_0}\frac{\bar{x}_{Ca}(1-x_{Ca})^2}{(1-\bar{x}_{Ca})^2x_{Ca}}$$

或写成

$$\frac{\bar{x}_{Ca}}{(1-\bar{x}_{Ca})^2}=K_{Na^+}^{Ca^{2+}}\frac{q_0}{C_0}\frac{x_{Ca}}{(1-x_{Ca})^2}\tag{5-13}$$

因此,可以将1价与2价的C、D离子交换表示成以下通式:

$$2RC+D^{2+}\rightleftharpoons R_2D+2C^{+}$$

$$\frac{\bar{x}_D}{(1-\bar{x}_D)^2}=K_C^D\frac{q_0}{C_0}\frac{x_D}{(1-x_D)^2}\tag{5-14}$$

由式(5-14)可以看出,不等价离子的选择性,除了与选择性系数K_C^D有关,还与树脂的全交换容量和溶液中离子的总浓度有关。对于某种确定的离子交换树脂而言,其全交换容量是定值,而溶液中交换离子的浓度在不同体系中会有很大的不同,所以不等价离子的选择性会因溶液浓度而有差异。

在给定$K_C^D\frac{q_0}{C_0}$值的情况下,用式(5-14)可以绘制如图5-7所示的不等价离子交换的理想平衡曲线。若K_C^D只为常数,则图5-7中的曲线表示该树脂对不同浓度溶液的平衡关系。

显然,对不等价的离子交换,溶液浓度对选择性有较大的影响,溶液浓度越小,离子交换树脂越易交换高价离子,这种影响称为不等价离子交换的浓度效应。

浓度效应对离子交换软化工艺非常有利。图5-8所示为Na-Ca离子交换的实测平衡曲线。由图5-8可见,当溶液浓度较小时,交换反应强烈地偏向于树脂交换Ca^{2+};当溶液浓度较大时,交换反应偏向于树脂交换Na^{+},而交换Ca^{2+}的倾向减小,甚至会出现Na^{+}优先交换的现象。在水的离子交换软化处理过程中,被处理水的浓度通常较低,此时非常有利于水中Ca^{2+}、Mg^{2+}被阳树脂所交换;在再生过程中,用的是较浓的NaCl溶液作再生剂,树脂交换Na^{+}的倾向比它在稀溶液中的强,所以再生过程不会因Na^{+}难以被阳树脂吸着而发生困难。

3. 平衡计算应用

通过离子交换平衡计算,可以求得离子交换过程中某些极限值,如计算离子交换树脂的最大再生度,计算离子交换出水的泄漏量(出水水质)等。

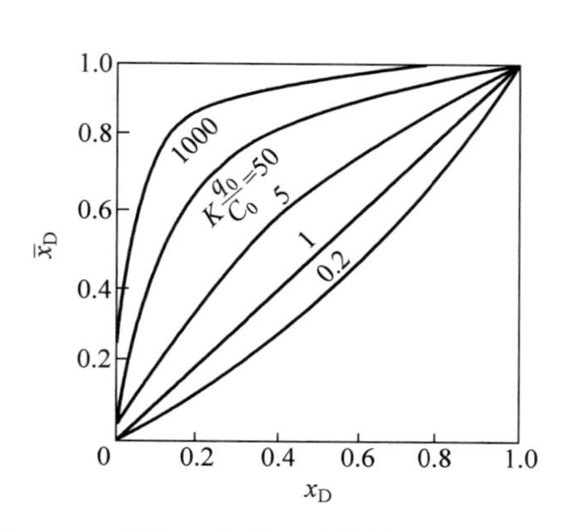

图 5-7 1 价与 2 价离子交换的理想平衡曲线

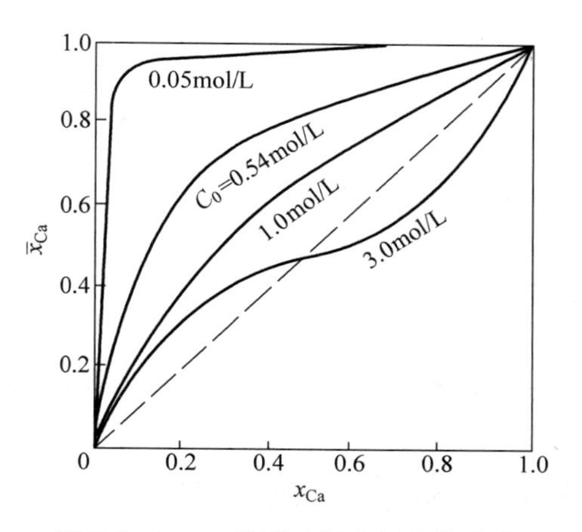

图 5-8 Na-Ca 离子交换实测平衡曲线

例 5-1 试估算强碱Ⅰ型阴树脂，用含有 2.8%氯化钠的工业固体烧碱，与用含有 3%氯化钠的浓度为 30%的工业液体烧碱再生时再生度的差别。已知强碱Ⅰ型阴树脂的选择性系数 $K_{OH^-}^{Cl^-}=15$。

解 再生时的离子交换反应如下：

$$RCl + OH^- \rightleftharpoons ROH + Cl^-$$

当再生剂量足够大，达到平衡时有

$$\frac{\bar{x}_{Cl}}{1-\bar{x}_{Cl}} = K_{OH^-}^{Cl^-}\frac{x_{Cl}}{1-x_{Cl}}$$

用工业固体烧碱再生时，每千克再生剂中 OH^- 的物质的量为

$$\frac{1000\times(1-0.028)}{40}\text{mol} = 24.3\text{mol}$$

每千克再生剂中 Cl^- 的物质的量为

$$\frac{1000\times 0.028\times\frac{35.5}{58.5}}{35.5}\text{mol} = 0.4786\text{mol}$$

再生剂中 Cl^- 的浓度分率为

$$x_{Cl} = \frac{0.4786}{24.3+0.4786} = 0.0193$$

代入平衡式得

$$\frac{\bar{x}_{Cl}}{1-\bar{x}_{Cl}} = K_{OH^-}^{Cl^-}\frac{x_{Cl}}{1-x_{Cl}} = 15\times\frac{0.0193}{1-0.0193} = 0.295$$

得

$$\bar{x}_{Cl} = 0.228$$

再生度为

$$\bar{x}_{OH} = (1-\bar{x}_{Cl})\times 100\% = (1-0.228)\times 100\% = 77.2\%$$

用工业液体烧碱再生时，工业液体烧碱中 Cl^- 的浓度分率为

$$x_{Cl}=\frac{\frac{3}{58.5}}{\frac{3}{58.5}+\frac{30}{40}}=0.0640$$

代入平衡式计算得

$$\bar{x}_{Cl}=0.51$$

再生度为

$$\bar{x}_{OH}=(1-\bar{x}_{Cl})\times 100\%=49\%$$

计算结果表明,再生剂纯度对树脂再生效率有较大影响。

5.4 离子交换动力学

离子交换过程除受到离子浓度和树脂对各种离子选择性影响外,同时还受到离子扩散过程的影响,后者归结为离子交换与时间的关系,即离子交换速度(ion exchange velocity)问题。由于实际应用的离子交换过程,其交换反应时间是有限的,不可能让离子交换达到完全平衡状态。因此,研究离子交换速度有重要的实际意义。

5.4.1 离子交换速度控制步骤

1. 离子交换过程

离子交换过程不单是离子间交换位置,还包括离子在水溶液和树脂颗粒内部的扩散过程。以水溶液中A离子与树脂中B离子的交换反应过程为例,实际包括7个步骤,如图5-9所示,具体步骤如下。

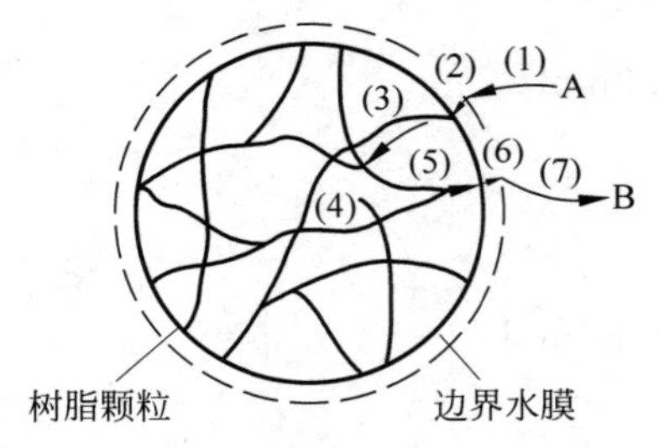

图5-9 离子交换过程示意

(1) 主体水溶液中A离子向树脂表面扩散;

(2) A离子扩散通过树脂表面边界水膜;

(3) A离子在树脂颗粒网孔中扩散到达有效位置;

(4) 在交换位置上A离子与B离子进行交换反应;

(5) 被交换下来的B离子在树脂颗粒网孔中向颗粒表面扩散;

(6) B离子扩散通过树脂表面边界水膜;

(7) B离子从树脂表面扩散进入主体溶液中。

(1)(2)(3)(4)(5)(6)(7)均是离子的扩散过程,其中(2)(6)是离子在边界水膜中的扩散,称为膜扩散(film diffusion);(3)(5)是离子在树脂颗粒内网孔中的扩散,称为颗粒内扩散或内扩散(pore diffusion)。

2. 速度控制步骤

上述步骤实际上是同时进行的,即水溶液中有一个朝着树膜颗粒内部运动的A离子群,而树脂颗粒内部有一个朝着树脂外面运动的B离子群,直到A离子与B离子的运动速度达到平衡。由于水不断在树脂颗粒间流动,起到了一种混合或搅拌的作用,这就使上述

(1)和(7)两个过程很快地完成而不致影响交换速度。上述(4)属于离子间的化学反应,通常是很快完成的。所以,控制离子交换速度的步骤通常是膜扩散或颗粒内扩散过程。当然,也有可能是两种过程都影响交换速度的中间状态。

速度控制步骤的不同,对体系中离子浓度分布有较大的影响。如果膜扩散是控制步骤,那么离子的浓度梯度集中在树脂颗粒表面的边界水膜中,而在树脂颗粒内基本无浓度梯度,如图 5-10(a)所示;反之,如果颗粒内扩散是控制步骤,那么离子的浓度梯度集中在树脂颗粒内部,而边界水膜中基本无浓度梯度,如图 5-10(b)所示。

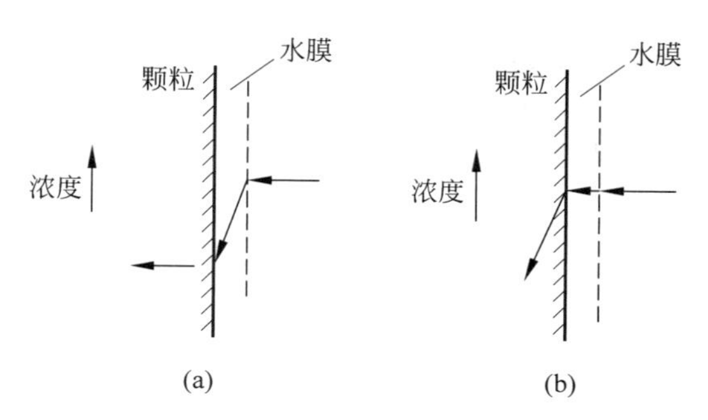

图 5-10 离子交换过程中的浓度梯度

(a) 膜扩散控制;(b) 颗粒内扩散控制

5.4.2 离子交换过程的扩散速度

描述扩散的基本定律是菲克(Fick)定律,如下式所示:

$$J_i = -D\,\mathrm{grad}C_i \tag{5-15}$$

式中,J_i——物质 i 的扩散通量,mmol/(s·cm^2);

C_i——物质 i 的浓度,mol/L;

D——扩散系数,cm^2/s;

$\mathrm{grad}C_i$——物质的浓度梯度,mmol/cm^4。

式(5-15)中的负号表示物质的扩散是沿浓度梯度下降的方向进行的。

菲克定律仅局限于同位素交换,但是对于离子交换,其扩散是两种不同离子的相反扩散,扩散通量受浓度梯度、扩散系数、交换剂的溶胀率和选择性等因素的影响。因此,不能简单地应用式(5-15)来研究离子交换速度。

实际应用中,人们常应用一些半经验的简化方程式,作为研究离子交换速度的工具。这些方程式大都不考虑离子交换过程的复杂性,而把它看作某种简单的理想过程。常见的是把离子交换看成单纯的扩散。

1. 膜扩散控制的速度方程

在膜扩散控制的离子交换中,可用下列速度方程表示:

$$\frac{\mathrm{d}\bar{C}_\mathrm{A}}{\mathrm{d}t} = K(C_\mathrm{A} - C_\mathrm{A}^*) \tag{5-16}$$

式中,$\bar{C}_\mathrm{A}$——树脂相中 A 离子浓度,mol/L;

C_A——溶液相中A离子浓度,mol/L;

C_A^*——与树脂相中A离子浓度($\overline{C}_A$)平衡时,溶液中A离子浓度(图5-11(a)),mol/L;

K——传质系数,1/s,$K=\frac{D}{\delta}S$,其中D为A离子在液膜中的扩散系数,δ为膜厚,S为树脂的比表面积(cm^2/cm^3)。

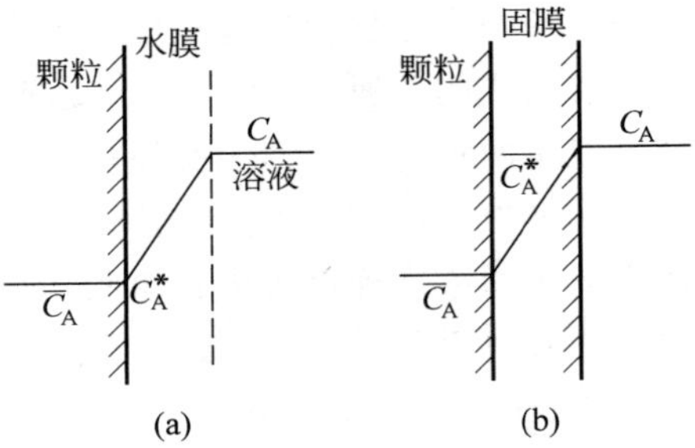

图5-11 离子交换过程中的浓度变化图解

(a) 膜扩散控制;(b) 颗粒内扩散控制

2. 颗粒内扩散控制的速度方程

在颗粒内扩散控制的离子交换中,可用下列速度方程表示:

$$\frac{d\overline{C}_A}{dt}=\overline{K}(\overline{C}_A^*-\overline{C}_A) \tag{5-17}$$

式中,$\overline{C}_A^*$——与溶液中A离子浓度(C_A)平衡时,树脂相中A离子浓度(图5-11(b)),mol/L;

$\overline{K}$——在树脂中的传质系数,1/s,$\overline{K}=\frac{\overline{D}}{d}S$,其中的$\overline{D}$为A离子在树脂颗粒内的扩散系数,$d$为颗粒直径(cm),$S$为树脂的比表面积($cm^2/cm^3$)。

上面诸式建立在这样的颗粒扩散模型上,即树脂颗粒外有一个固体外壳层,外壳层本身没有交换容量,但集中了交换离子扩散的全部阻力,而外壳层内部是树脂颗粒,本身无扩散阻力,且处处浓度相等。

5.4.3 速度控制步骤的判断

离子交换速度是膜扩散控制还是颗粒内扩散控制,受到交换离子浓度、树脂颗粒大小、膜厚度、扩散系数及分离系数等因素的影响,速度控制步骤的判断有理论判断和试验判断两种方法。

1. 理论判断方法

赫费莱(Helfferich)提出用膜扩散半交换期(即离子交换进行一半所需时间)与颗粒扩散半交换期的比值,即$(5+2\alpha_B^A)\frac{\delta\overline{C}\overline{D}}{rCD}$的理论判断方法。其中,$\delta$为液膜厚度(cm),$r$为树脂颗粒半径(cm),$C$和$\overline{C}$分别为溶液相中和树脂相中的离子浓度(mol/L),D和$\overline{D}$分别为离子通过液膜和在树脂颗粒内的扩散系数(cm^2/s)。

若$(5+2\alpha_B^A)\frac{\delta\overline{C}\overline{D}}{rCD}\approx1$,表示颗粒扩散所需半交换期约等于膜扩散所需半交换期,在此情况下,两种扩散控制都对交换速度起影响。

若$(5+2\alpha_B^A)\frac{\delta\overline{C}\overline{D}}{rCD}\ll1$,表示颗粒扩散所需半交换期远大于膜扩散所需半交换期,表明离子交换速度由颗粒扩散控制。

若$(5+2\alpha_{B}^{A})\frac{\delta \overline{C}\overline{D}}{rCD} \gg 1$,表示颗粒扩散所需半交换期远小于膜扩散所需半交换期,表明离子交换速度由膜扩散控制。

用来判断离子扩散速度控制步骤的理论公式还有许多种,但这些公式都需要知道扩散系数、粒径、膜厚度等数据。因此,通常情况下利用理论公式判断速度控制步骤是比较困难的,比较方便的方法还是通过试验来判断。

2. 试验判断方法

速度控制步骤也可以用中断试验的方法来判断。该方法是在离子交换树脂与水溶液反应的过程中,在一个较短的时间间隔内,将树脂从溶液中取出一段时间(中断离子交换反应),然后再重新浸入溶液中,若此时交换速度比开始中断时高,则认为是颗粒内扩散控制交换速度,如图 5-12(a)中曲线 1 所示。这是因为树脂颗粒内的离子浓度梯度很大,膜中的浓度梯度接近于零(图 5-10(b)),当试验中断时颗粒内的浓度梯度消失,从而引起中断后的反应速度增大。而当膜扩散控制交换速度时,由于原先树脂颗粒内的浓度梯度接近于零(图 5-10(a)),因此中断前后反应速度没有明显变化,如图 5-12(a)中曲线 2 所示。

该试验也可以在离子交换柱上进行。当交换柱出水泄漏率开始上升时,中断通水一小段时间。当重新开始通水时,如果出水泄漏率比停止时有所下降,则表示颗粒内扩散控制交换速度,如图 5-12(b)中曲线 1 所示;否则是膜扩散控制交换速度,如图 5-12(b)中曲线 2 所示。

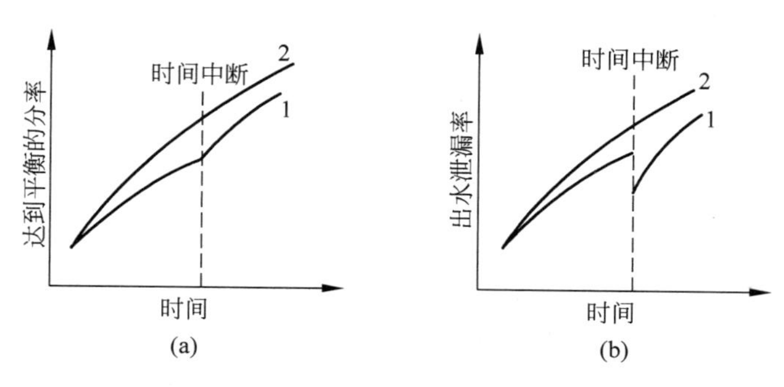

图 5-12 扩散控制的试验判断

5.4.4 影响离子交换速度的工艺条件

离子交换速度受许多工艺条件的影响,如果速度控制步骤不同,则各种工艺条件对离子交换速度影响的差别也是很明显的。下面讨论离子交换柱运行工况对离子交换速度的影响。

1. 溶液浓度

浓度梯度是离子扩散的推动力,因此溶液浓度是影响扩散过程的重要因素。当水中离子浓度在 0.1mol/L 以上时,离子的膜扩散速度很快,此时颗粒内扩散过程成为控制步骤,通常树脂再生过程属于这种情况。当水中离子浓度在 0.003mol/L 以下时,离子的膜扩散速度变得相当慢,在此情况下,离子交换速度受膜扩散过程所控制,这相当于离子交换除盐时的情况。

2. 流速和搅拌速率

膜扩散过程与流速或搅拌速率有关,这是由于边界水膜的厚度与流速或搅拌速率成反比。而颗粒内扩散过程基本上不受流速或搅拌速率变化的影响。在离子交换设备运行中,提高水的流速不仅可以提高设备出力,还可以加快离子交换速度。当然,水流速度也不是越高越好,流速太大时,水流阻力也会迅速增加,出水水质可能恶化。

通常情况下,再生过程受颗粒内扩散控制,因此,再生液流速的提高并不能加快交换速度,却减少了再生液与树脂的接触时间,会影响再生效果,所以再生过程通常在较低流速下进行。

3. 水温

提高水温能同时提高膜扩散和颗粒内扩散速度,所以,提高水温对提高离子交换速度是有利的。但水温不宜过高,过高的水温会影响树脂的热稳定性,当然还会增加能耗。

4. 树脂颗粒大小

由于膜扩散过程中,离子交换速度与树脂颗粒粒径成反比,而颗粒内扩散过程中,离子交换速度则与树脂颗粒粒径的二次方成反比,所以膜扩散速度和颗粒扩散速度都受树脂颗粒大小的影响,颗粒内扩散速度受颗粒大小的影响更大,减小树脂颗粒粒径可加快离子交换速度。但树脂颗粒粒径不宜太小,否则会增大水流过树脂层的阻力。

5. 树脂的交联度

交联度越大,树脂网孔越小,交换速度越慢。交联度对颗粒内扩散的影响比对膜扩散的影响更为显著。对膜扩散,只是因为交联度影响到树脂的溶胀性,而使树脂颗粒外表面有所改变,但大孔树脂交换速度比凝胶型树脂要快。

5.5 动态离子交换过程

离子交换通常是在动态的条件下进行的,即将交换剂装入圆柱形的离子交换柱(器),水在流动的状态下完成离子交换过程,由于动态离子交换处理水时交换反应的生成物不断被排除,因此交换反应能进行得较完全,出水水质得以提高。

5.5.1 离子交换柱工作时的离子交换过程

1. RNa 与水中 Ca^{2+} 的交换

这里研究的是只含有一种离子(Ca^{2+})的被处理水通过装有 RNa 树脂交换柱时的交换过程。

水通过交换柱时，水中 Ca^{2+} 首先与上层树脂中 Na^+ 进行交换，水中的一部分 Ca^{2+} 转移到树脂上，而树脂上一部分 Na^+ 转移到水中。随着水继续往下流动，这种交换不断进行着，当水流经一定距离时，水中原有的 Ca^{2+} 全部交换成 Na^+。之后，继续下流的水及其经过的树脂的组成均不再发生变化。交换柱出水中全为 Na^+，而 Ca^{2+} 含量为零，如图 5-13(a)所示。

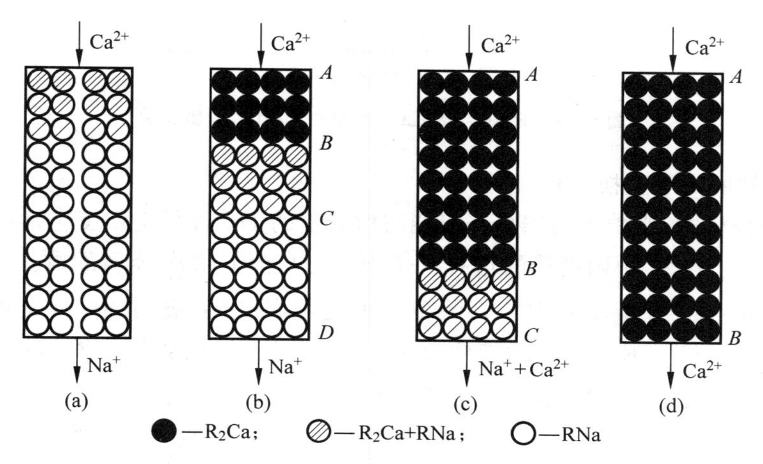

图 5-13 动态离子交换过程中树脂层态的变化

随着水不断流过交换柱，上部树脂很快全部转变为 R_2Ca，失去了交换的能力。这时在交换柱中形成三个层区，如图 5-13(b)所示：上部 AB 层区为失效层，树脂全为 R_2Ca，水流经这一层区时，其中的 Ca^{2+} 含量不变；中部 BC 层区为交换带(或称工作层)，在这一层区中，从 B 到 C，R_2Ca 树脂逐渐减少至零，RNa 树脂则逐渐增加到 100%。交换反应就在这一层区中进行，水流过交换带后，其中 Ca^{2+} 全部被交换除去；下部 CD 层区为未交换层。

随着交换过程的进行，失效层逐渐增厚，交换带不断下移，未交换层逐渐缩小。当未交换层缩小为零，即交换带移到最下部的出水端时，如图 5-13(c)所示，出水中便开始有 Ca^{2+} 泄漏，这称为穿透。如交换柱继续工作下去，出水中 Ca^{2+} 会迅速增加，直到与进水中 Ca^{2+} 含量相等，此时交换柱中树脂全部为 R_2Ca，如图 5-13(d)所示。树脂不再具有交换去除水中 Ca^{2+} 的能力。

随着交换柱中树脂层态的变化，其出水水质也相应发生改变，如图 5-14 所示，此曲线通常称为流出曲线。当 Ca^{2+} 开始泄漏时，即图中 B 点，称为穿透点。进出水中 Ca^{2+} 含量相等时，即图中 C 点，称为平衡点。工业上为保证出水水质，离子交换柱是运行至 B 点，而不是运行至 C 点即停止运行，这时交换柱中还有一部分存在于交换带中的 RNa 型树脂没有交换，这时交换柱中树脂所表现出来的交换能力即工作交换容量。如运行至 C 点，则树脂表现出来的交换能力为平衡交换容量。

2. RH 与水中 Ca^{2+}、Mg^{2+}、Na^+ 交换

天然水中常含有 Ca^{2+}、Mg^{2+}、Na^+ 等多种阳离子及 SO_4^{2-}、Cl^-、HCO_3^-、$HSiO_3^-$ 等多种阴离子，因此实际离子交换过程要复杂些，下面研究同时含有上述多种离子的水通过装有

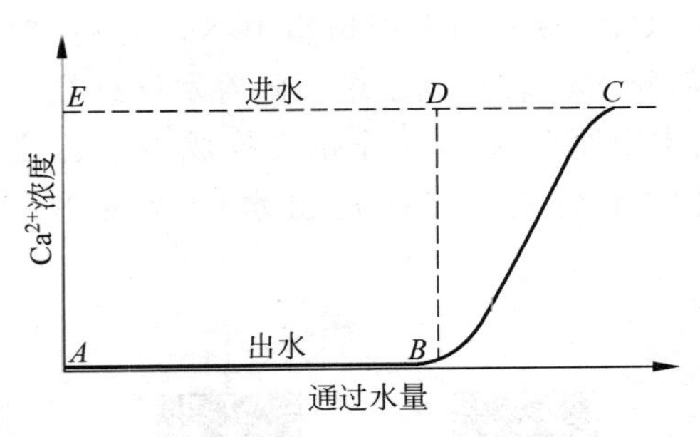

图 5-14　RNa 与水 Ca^{2+} 交换时的出水水质变化

RH 树脂交换柱的离子交换过程。

水通过交换柱时,水中各种阳离子都能与树脂上的 H^+ 进行交换反应,但由于树脂对各种阳离子的选择性差异,从上至下依次排列的顺序大致为 R_2Ca、R_2Mg、RNa。随着交换过程的进行,进水中 Ca^{2+} 也会与生成的 R_2Mg 树脂进行交换反应,使 R_2Ca 树脂层不断增厚;当被交换下来的 Mg^{2+} 连同进水中的 Mg^{2+} 一起进入 RNa 树脂层时,又会将 RNa 树脂上的 Na^+ 交换下来,结果 R_2Mg 树脂层也不断增厚和下移;同理,RNa 树脂层也会不断增厚和下移,逐渐形成 R_2Mg-Ca^{2+}、RNa-Mg^{2+}、RH-Na^+ 的交换区域,如图 5-15 所示。图中纵向表示树脂层高度,横向表示不同离子型树脂的相对量(从 0～100%),当 RH-Na^+ 交换区域下移至出水末端继续通水时,那么,进水中选择性最差的 Na^+ 首先泄漏于出水中,但此时树脂对 Ca^{2+}、Mg^{2+} 的交换仍是完全的。当 RNa-Mg^{2+} 交换区域下移至出水末端时,Mg^{2+} 泄漏于出水中,最后泄漏的是选择性最好的 Ca^{2+}。

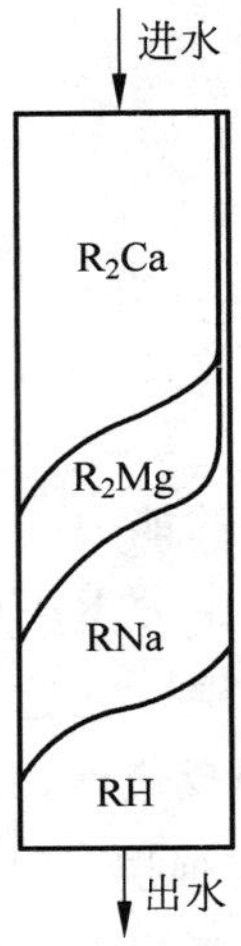

图 5-15　树脂层态分布

图 5-16 所示为出水水质变化情况。开始交换阶段,进水中所有阳离子均被交换成 H^+,其中一部分 H^+ 与进水 HCO_3^- 反应生成 CO_2 和 H_2O,其余以强酸度形式存在于水中,其酸度值与进水中强酸阴离子(SO_4^{2-} + Cl^- + NO_3^-)总浓度相等。运行到 Na^+ 穿透点时(*a* 点),出水中强酸酸度开始下降,随后 Na^+ 泄漏量不断增加,出水强酸酸度相应降低;当出水 Na^+ 浓度增加到与进水中强酸阴离子总浓度相等时(*b* 点),出水中既无强酸酸度,又无碱度,继续运行,出水中出现碱度;当出水 Na^+ 增加到与进水阳离子总浓度相等时(*c* 点),出水碱度也增加到与进水碱度相等,至此,H 离子交换结束,继而进行 Na 离子交换;当运行至硬度穿透点时(*d* 点),出水中 Na^+ 浓度又开始下降,最后进出水中 Na^+ 浓度相等(*e* 点),硬度也相等,树脂交换能力耗尽。

在实际离子交换过程中,由于离子交换是一个平衡过程,以及树脂再生度不可能达到 100%。所以,*a* 点之前的出水中会含有微量的 Na^+,一般在 μg/L 级,理论上出水强酸酸度略小于进水强酸阴离子总浓度,其差值即为出水中 Na^+ 浓度。

5.5.2　交换带

交换柱离子交换工作过程,实际上是交换带(工作层)不断推移的过程。当交换带移到

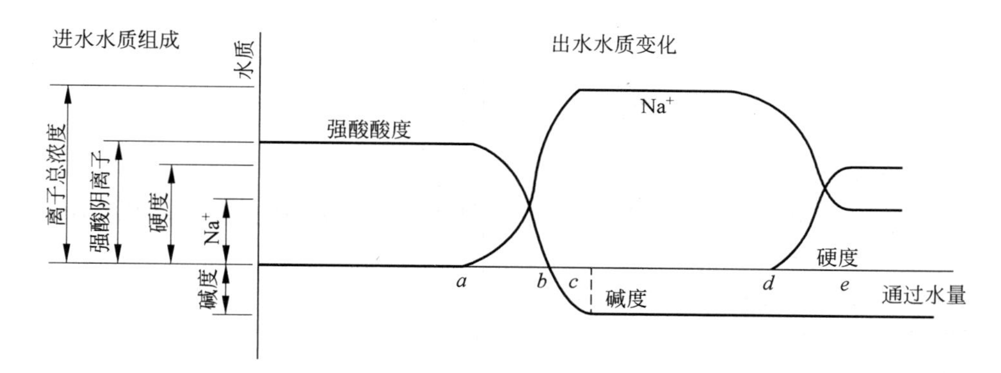

图 5-16 RH与水中 Ca^{2+}、Mg^{2+}、Na^{+} 交换时出水水质变化

出水末端时，欲去除的离子便开始泄漏出来，为了保证出水水质，此时，交换柱需停运再生。因此，出水端总有一部分未失效树脂的交换容量未能发挥出来。交换带越厚，穿透点越早出现，交换柱内树脂交换容量的利用率就越低。可见，交换柱停止工作时，树脂并没有完全失效。

影响交换带(工作层)厚度的因素，大致可分为两大方面：一是影响离子交换速度的因素；二是影响水流沿交换柱过水断面均匀分布的因素。显然，交换速度越快，水流越均匀，交换带就越薄。影响这两大方面的具体因素归结起来有：树脂种类、树脂颗粒大小、树脂层空隙率、进水水质、出水水质控制标准、水的流速及水温等。水的流速在 60m/h 以下时，对工作层(也即对工作交换容量)影响不大。

通常情况下，当离子交换选择性系数大于 1 时，如保持运行过程中所有条件不变，则交换带厚度不变，并以一定速度向下推移；当离子交换选择性系数小于 1 时，其交换带厚度会逐渐增大，树脂利用率会有所下降。

对给定的树脂，在诸多影响交换带厚度的因素中，水流速度 u 和水中离子浓度 C 是关键因素，其关系如下：

$$Z = k u^m C^n$$

式中，Z——交换带厚度，m；

k、m、n——系数，它们与树脂性能、床层条件有关。

显然，加大流速和增加进水中离子浓度，会使交换带厚度增加。

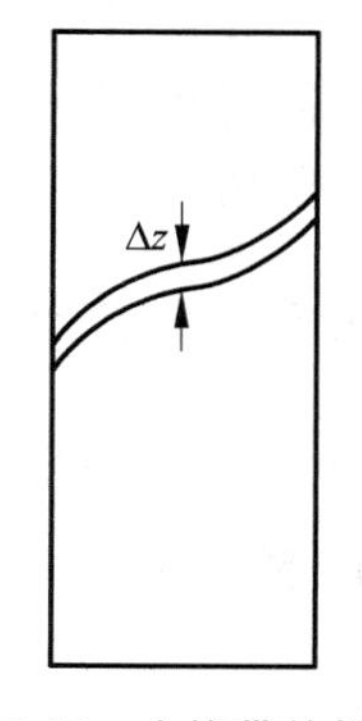

图 5-17 交换带的推移

交换带的推移速度可由树脂层内的物质平衡关系推导出来。图 5-17 所示的交换柱中，令 Δt(h)时间内水量 ΔV(m^3)流过树脂床引起交换带向下推移了距离 Δz(m)，若水中离子浓度 C_0 与树脂相内交换基团浓度 q_0 假设不变，水量 ΔV 中被交换离子的减少量为 $\Delta V \times C_0$，与树脂床 Δz 层中树脂吸收增加的离子量 $\Delta z \times A \times q_0$ 二者近似相等，得到

$$\frac{\Delta V C_0}{\Delta t} = \frac{A \Delta z q_0}{\Delta t}$$

$$v=\frac{\Delta z}{\Delta t}=\frac{\frac{\Delta V}{A\Delta t}C_0}{q_0}=\frac{uC_0}{q_0} \tag{5-18}$$

式中,v——交换带推移速度,m/h;

u——水流速度,m/h;

q_0——树脂平衡交换容量,可近似用树脂体积交换容量(或工作交换容量)代替,mol/m^3;

C_0——水中被交换的离子浓度,mol/m^3;

A——交换柱的截面面积,m^2。

由此可见,在给定树脂(q_0 为定值)的条件下,交换带推移速度主要正比于水流速度和水中离子浓度。这一结论与试验结果是相符的。

5.6 离子交换树脂应用常识

5.6.1 离子交换树脂的鉴别

在树脂的使用过程中,有时需要鉴别离子交换树脂的类型,鉴别的方法可按如下方式进行。

(1) 取少量树脂样品,置于10mL量筒内,加入2滴管1mol/L HCl,摇动1min后倾去上层清液。

(2) 加入除盐水,摇动后倾去上层清液,再重复操作2次,以去除过剩的HCl。

(3) 加入2滴管已酸化的10% $CuSO_4$(其中含1% H_2SO_4),摇动1min后倾去上层清液,然后用除盐水清洗。

(4) 经上述处理后,若树脂未变色,则为阴树脂,按下一步进行处理;若树脂呈绿色,则可判断为阳树脂,再加2滴管5mol/L $NH_3 \cdot H_2O$,摇动1min后,倾去上层清液,再用除盐水清洗,如树脂转变为深蓝色的为强酸性阳树脂,颜色不变的为弱酸性阳树脂。

(5) 将上述处理后未变颜色的树脂,加入2滴管1mol/L NaOH,摇动1min后倾去上层清液,然后用除盐水清洗。加入2滴酚酞指示剂,摇动1min后用除盐水清洗,如树脂呈红色,则可判断为强碱性阴树脂,不变色的可能为弱碱性阴树脂。要确定不变色的树脂是否为弱碱性阴树脂,则可加入1mol/L HCl,摇动1min后,用除盐水清洗,如树脂呈桃红色,则为弱碱性阴树脂,如不变色则为无交换能力的树脂。

5.6.2 离子交换树脂的储存

树脂在储存期间应采取适当措施,以防树脂失水、受热和受冻,以及防止微生物的滋生。

1. 防止树脂失水

离子交换树脂在运输和储存过程中应密封防树脂失水,如发现树脂失水变干,应先用饱和食盐水浸泡,然后再逐渐稀释,以免树脂因急剧溶胀而破碎。

2. 防止树脂受热、受冻

树脂在储存过程中的温度不宜过高或过低,一般最高不应超过40℃,最低不得低于

0℃，以免冻裂。如冬季无条件保温时，可将树脂储存在食盐水中，以达防冻目的，食盐水浓度根据气温条件而定，食盐溶液的浓度和冰点的关系如表5-9所示。

表 5-9 食盐溶液的浓度与冰点关系

食盐浓度/%	5	10	15	20	23.5
冰点/℃	−3	−7	−10.8	−16.3	−21.2

3. 防止微生物滋生

长期停运而放置于交换器中的树脂，容易滋生微生物，而使树脂受到污染，因此必须定期冲洗或换水。

5.6.3 新树脂使用前的预处理

新树脂常含有生产过程中过剩的原料，反应不完的有机低聚物及其他一些无机杂质，在使用过程中会逐渐溶解释放出来，影响出水水质。因此，新树脂在使用前必须进行适当的预处理，以除去树脂中这些杂质。常用的预处理方法有以下几种。

1. 水冲洗

用清水反冲洗，以除去树脂中的机械杂质、细碎树脂以及溶于水的物质，冲洗到排水清澈为止。

2. 酸、碱交替处理

1）阳树脂的处理

将水洗后的阳树脂用2%～4% NaOH溶液浸泡4～8h，排去碱液，再用清水洗至排出液近中性为止；再用5% HCl溶液浸泡4～8h，排去酸液，用清水洗至排出液近中性为止。

2）阴树脂的处理

将水洗后的阴树脂用5% HCl溶液浸泡4～8h，排去酸液，再用除盐水洗至排出液近中性为止；用2%～4% NaOH溶液浸泡4～8h，排去碱液，再用除盐水洗至排出液近中性为止。

预处理后的新树脂，在第一次再生时应适当增加再生剂量，一般为正常再生时的1～2倍，以保证树脂获得充分的再生。

阴树脂的冲洗用水及配碱液的水，必须为除盐水（至少应为无硬度的水）。阳树脂的冲洗用水及配酸液的水可用清水。

习题

5-1 试述离子交换树脂的分类情况。

5-2 试述凝胶型树脂与大孔型树脂各自的特点。

5-3 请说出各种树脂适宜交换的pH范围，并说明原因。

5-4 什么是树脂选择性？一般有哪些规律？

5-5 请说明各种交换容量的含义，并述它们之间的关系。

5-6 试分析影响工作交换容量的因素。

5-7 试分析双离子交换(如 RH 对 Ca^{2+}、Na^+)的柱式交换过程及流出曲线。

5-8 取一份树脂样品，称其干重为 5.00g，将此样品浸入不会使树脂膨胀的溶液中，测得排液体积为 3.40mL，若此样品移入水中充分膨胀后，测得堆积体积为 9.00mL，湿树脂质量为 7.40g，排液体积为 6.00mL。求该树脂的干真密度、湿真密度、湿视密度和含水率各为多少？

5-9 (1) 有一强酸阳树脂，当用含 Na^+ 分别为 1mmol/L 与 1000mmol/L 的 4%HCl 再生，其再生度分别为多少？已知 $K_{H^+}^{Na^+}=1.5$。

(2) 当用 0.1mol/L NaCl 和 0.1mol/L NaOH 与该树脂进行交换时，其出水中 Na^+ 泄漏量分别为多少？

5-10 某厂打算用一盐酸产品(含 HCl 4.0%、NaCl 580mg/L，密度为 1.02g/cm^3)作强酸阳树脂的再生剂，要求出水的 Na^+ 泄漏量小于 0.5mg/L，请问此酸能否作为再生剂？已知再生时 $K_{H^+}^{Na^+}=1.0$，运行交换时 $K_{H^+}^{Na^+}=1.5$。该厂原水水质如下：碱度 1.6mmol/L，钙硬度 1.6mmol/L，镁硬度 0.8mmol/L，[Na^+]=2.0mmol/L，SO_4^{2-} 72mg/L，Cl^- 56.8mg/L。

6 CHAPTER 水的离子交换处理

天然水经过混凝澄清、过滤和活性炭吸附等预处理后，虽然可以去除其中的悬浮物、胶态物质和部分有机物，但水中的溶解盐类并没有改变，要制备工业用的纯水，还必须作进一步的处理。去除水中离子态杂质最为普遍的方法是离子交换法。根据处理的目的不同，采用的处理工艺也有所不同，如去除水中硬度的钠离子交换软化处理、去除硬度并降低碱度的氢-钠离子交换软化除碱处理以及去除水中全部阳离子和阴离子的氢-氢氧型离子交换除盐处理。

6.1 离子交换处理方法概述

6.1.1 离子交换反应

1. 钠离子交换

它是用钠型阳树脂来交换水中的钙离子、镁离子，以去除硬度，又称软化，其反应如下：

$$2RNa + Ca\begin{cases}(HCO_3)_2\\Cl_2\\SO_4\end{cases} \longrightarrow R_2Ca + \begin{cases}2NaHCO_3\\2NaCl\\Na_2SO_4\end{cases}$$

$$2RNa + Mg\begin{cases}(HCO_3)_2\\Cl_2\\SO_4\end{cases} \longrightarrow R_2Mg + \begin{cases}2NaHCO_3\\2NaCl\\Na_2SO_4\end{cases}$$

失效态树脂可用 NaCl 再生，其反应如下：

$$R_2Ca + 2NaCl \longrightarrow 2RNa + CaCl_2$$

$$R_2Mg + 2NaCl \longrightarrow 2RNa + MgCl_2$$

2. 氢离子交换

它是用氢型阳树脂来交换水中所有阳离子 Na^+、K^+、Ca^{2+}、Mg^{2+} 等，交换后水中出现 H^+，即存在相应的酸，其反应如下：

$$2RH + Ca\begin{cases}(HCO_3)_2\\Cl_2\\SO_4\end{cases} \longrightarrow R_2Ca + \begin{cases}2H_2CO_3\\2HCl\\H_2SO_4\end{cases}$$

$$2RH + Mg\begin{cases}(HCO_3)_2\\Cl_2\\SO_4\end{cases} \longrightarrow R_2Mg + \begin{cases}2H_2CO_3\\2HCl\\H_2SO_4\end{cases}$$

$$RH+\left\{\begin{array}{l}NaHCO_3\\NaCl\\\frac{1}{2}Na_2SO_4\end{array}\right.\longrightarrow RNa+\left\{\begin{array}{l}H_2CO_3\\HCl\\\frac{1}{2}H_2SO_4\end{array}\right.$$

失效态的阳树脂可用 HCl 或 H_2SO_4 再生,其反应如下:

$$R_2Ca+\left\{\begin{array}{l}2HCl\\H_2SO_4\end{array}\right.\longrightarrow 2RH+Ca\left\{\begin{array}{l}Cl_2\\SO_4\end{array}\right.$$

$$R_2Mg+\left\{\begin{array}{l}2HCl\\H_2SO_4\end{array}\right.\longrightarrow 2RH+Mg\left\{\begin{array}{l}Cl_2\\SO_4\end{array}\right.$$

$$RNa+\left\{\begin{array}{l}HCl\\\frac{1}{2}H_2SO_4\end{array}\right.\longrightarrow RH+\left\{\begin{array}{l}NaCl\\\frac{1}{2}Na_2SO_4\end{array}\right.$$

3. 氢氧离子交换

它是用 OH 型阴树脂交换水中所有阴离子,这种交换由于会增加水中 OH^-,因此不能在天然水中进行,只能在氢交换之后的酸性水中进行,其反应如下:

$$2ROH+\left\{\begin{array}{l}H_2SO_4\\2HCl\\2H_2CO_3\\2H_2SiO_3\end{array}\right.\longrightarrow\left\{\begin{array}{l}R_2SO_4\\2RCl\\2RHCO_3\\2RHSiO_3\end{array}\right.+2H_2O$$

从上式可见,水经氢离子交换和氢氧离子交换处理后,去除了各种盐类,这就是离子交换除盐。失效态的阴树脂可用 NaOH 再生,其反应如下:

$$\left\{\begin{array}{l}R_2SO_4\\2RCl\\2RHCO_3\\2RHSiO_3\end{array}\right.+2NaOH\longrightarrow 2ROH+\left\{\begin{array}{l}Na_2SO_4\\2NaCl\\2NaHCO_3\text{(与过剩碱进一步生成 }Na_2CO_3\text{)}\\2NaHSiO_3\text{(与过剩碱进一步生成 }Na_2SiO_3\text{)}\end{array}\right.$$

6.1.2 离子交换装置

在给水处理工艺中应用的离子交换装置很多,一般有如下分类。

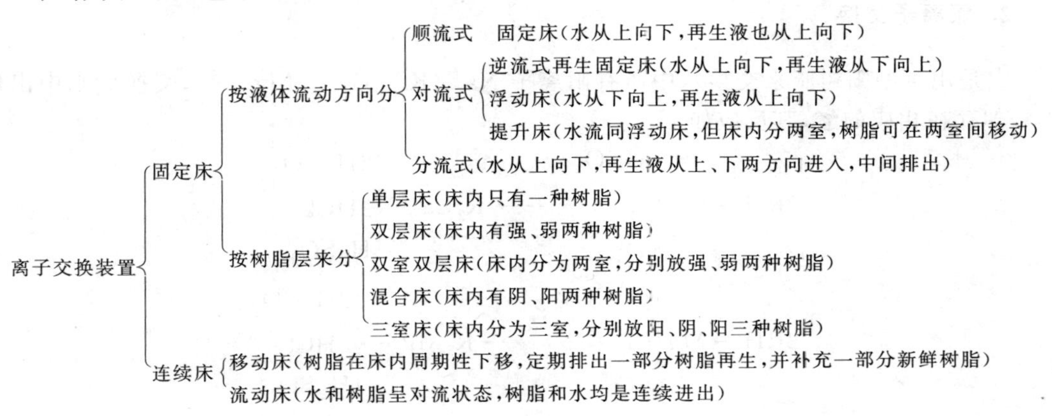

固定床是指树脂层不动，水流动，树脂运行分运行制水、再生等步骤，不是连续制水。连续床是指树脂和水均在流动，连续制水，连续再生。由于固定床运行可靠，目前工业上用得很普遍。

6.1.3 离子交换装置运行的基本步骤

一般原则上分为 4 个步骤：反洗、再生、正洗、运行制水。

1. 反洗

交换器运行至出水超出标准，即失效。失效后树脂应进行再生，在再生之前对树脂层要进行反洗。反洗就是利用一股自下而上的水流，对树脂进行反冲洗，达到一定的膨胀率，维持一定时间，至反洗排水清晰为止。

所谓反洗膨胀率为树脂层在反洗水流带动下膨胀所增加的高度与树脂层原厚度的百分比。对不同树脂，由于密度不同，反洗膨胀率不同。一般密度大，反洗膨胀率低；密度小，反洗膨胀率高。温度对膨胀率也有影响。一般温度低，膨胀率高；温度高，膨胀率低。反洗膨胀率主要决定于反洗水流速，反洗时允许反洗流速（称反洗强度，单位为 $L/(m^2 \cdot s)$）要通过树脂的水力学试验求得，它既要保证树脂有一定的膨胀高度冲走碎树脂，又不把完整颗粒树脂带走。

反洗的目的主要有两个：一是松动树脂层，即将运行中压实的树脂层松动，便于再生剂均匀分布；二是清除树脂层（主要是上部）中悬浮物、碎粒、气泡，松动结块树脂，改善树脂层水力学性质，防止树脂结块、偏流。

根据此目的，反洗水应是清晰的水，不致对树脂带来悬浮物或生成沉淀物的水，一般来说，都是用系统中前级的出水（自身进水），如阳床可用澄清水，阴床可用脱碳器出水，但也可集中使用除盐水。

2. 再生

按 6.1.4 节所述各种再生条件（再生剂纯度、浓度等）进行再生。

3. 正洗

再生后，为了清除树脂中剩余再生剂及再生产物，应用正洗水对树脂层进行正洗，正洗至出水水质符合投运标准为止。

正洗操作有时还分成几个阶段，如先用小流量、后用大流量正洗等。后期正洗排水由于水质较好，可以回收利用。

4. 运行制水

运行制水即水通过树脂层，产生质量合格的水。描述运行过程的参数是运行流速、出水水质、工作交换容量、运行周期等。

运行中水的流速的表示方法有两种。一是线速度（linear velocity，LV），又称空塔速度，它是假设床内没有树脂时水通过的速度，单位为 m/h，如一般固定床为 20～30m/h，一般凝胶型树脂不得大于 60m/h 等。另一种是空间流速（space velocity，SV），它是指单位时间内

单位体积树脂处理的水量,单位为 $m^3/(m^3 \cdot h)$。线速度和空间流速的关系为

$$SV=\frac{LV}{\text{树脂层高(m)}} \tag{6-1}$$

6.1.4 树脂的再生

树脂的再生在离子交换水处理工艺中是一个极为重要的环节。再生质量的好坏不仅对其工作交换容量和交换器下一周期的出水水质有直接影响,而且再生剂的消耗在很大程度上决定着离子交换系统运行的经济性。影响再生效果的因素很多,如再生方式,再生剂的种类、纯度、用量,再生液的浓度、流速、温度以及树脂失效型态等。

1. 再生方式

在离子交换水处理系统中,交换器的再生方式可以分为顺流再生、对流再生、分流再生和串联再生4种。这4种再生方式如图6-1所示。

顺流再生是指制水时水流的方向和再生时再生液流动的方向是一致的,通常都是由上向下流动(图6-1(a))。因为采用这种方法的设备和运行都比较简单,所以在进水水质比较好时使用比较多。但是顺流再生的缺点是再生效果不理想,再生剂耗量大,出水品质相对较差。

目前对流再生用得较多,主要包括逆流再生和浮动床两种(图6-1(b))。习惯上将制水时水流向下、再生时再生液向上的水处理工艺称固定床逆流再生;将制水时水流向上流动(此时床层呈密实浮动状态)、再生时再生液向下流动的水处理工艺称浮动床。由于是对流再生,所以出水端树脂再生程度高,出水水质好,再生剂耗量低,而且可适用于进水水质较差的场合。

分流再生时下部床层为对流再生,上部床层为顺流再生,如图6-1(c)所示。混合床属于典型的分流再生。另外,用硫酸再生的阳离子交换器,采用分流再生可以减少硫酸钙沉积的危险。

串联再生适用于弱酸阳床和强酸阳床或弱碱阴床和强碱阴床串联运行的场合,一般均为顺流串联(图6-1(d-1)),有时也有逆流串联(图6-1(d-2)),甚至可以一个顺流一个逆流串联(图6-1(d-3))。如利用废再生液进行弱型床的再生,所以经济性好。也有采用两个强型阳床串联再生,利用废酸,提高经济性,此时前一个阳床称为前置阳离子交换器。

2. 再生剂

1) 种类

对于阳离子交换树脂,常用的再生剂是盐酸和硫酸,盐酸的再生效果优于硫酸,但盐酸的价格高于硫酸。如能妥善掌握硫酸再生时的操作条件(浓度、流速),防止硫酸钙沉积,也可使用硫酸再生。目前国外使用硫酸再生较多。盐酸与硫酸作为再生剂的比较见表6-1。

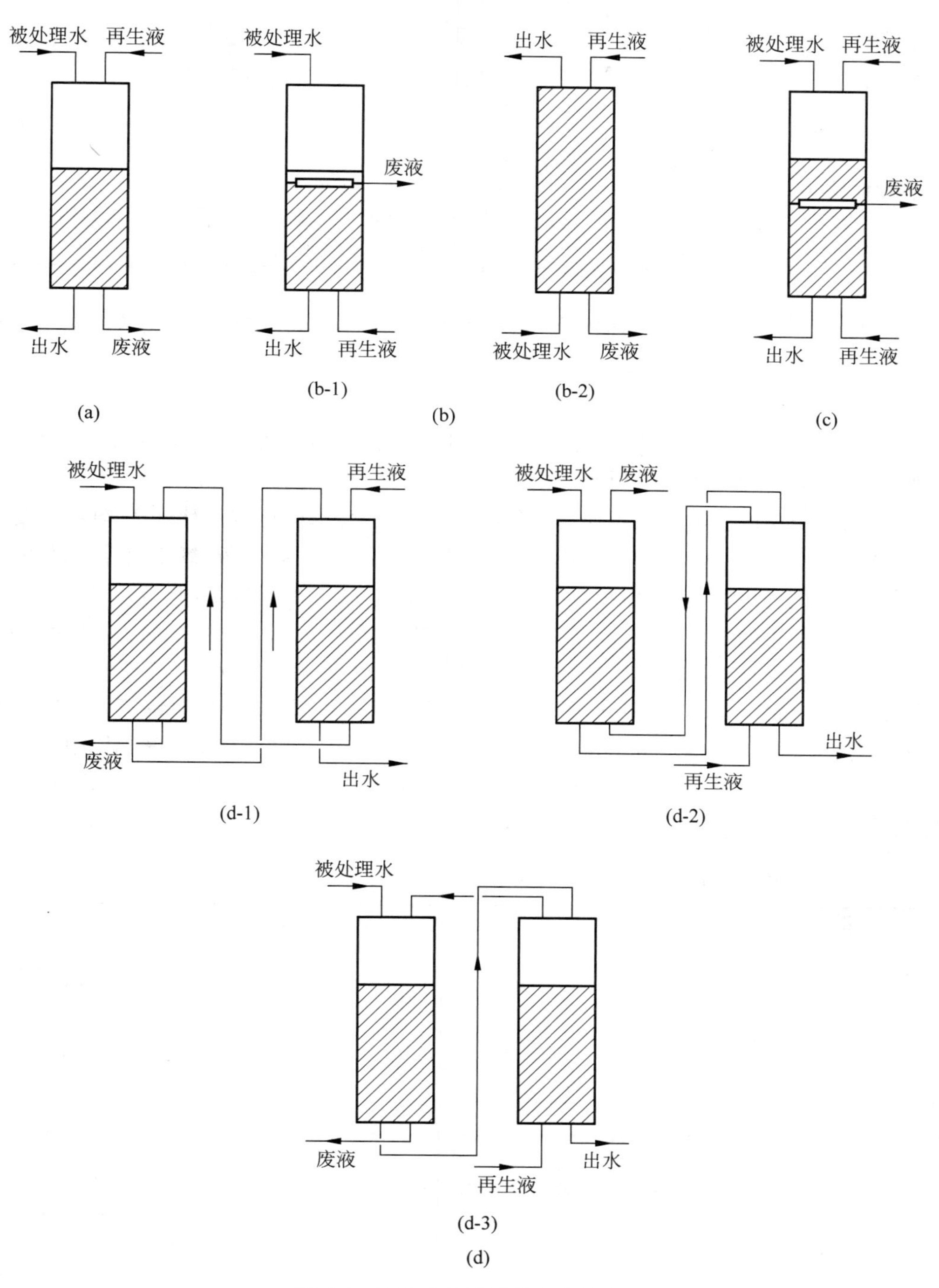

图 6-1　离子交换器再生方式示意

(a) 顺流再生；(b) 对流再生(b-1—逆流、b-2—浮动)；(c) 分流再生；(d) 串联再生(d-1—顺流串联、d-2—逆流串联、d-3——顺一逆串联)

表 6-1　盐酸与硫酸作再生剂的比较

盐　　酸	硫　　酸
(1) 价格高	(1) 价格便宜
(2) 再生效果好	(2) 再生效果差,有生成 $CaSO_4$ 沉淀的可能,用于对流再生较为困难
(3) 腐蚀性强,对防腐要求高	(3) 较易于采取防腐蚀措施
(4) 具有挥发性,运输和贮存比较困难	(4) 不能清除树脂的铁污染,需定期用盐酸清洗树脂
(5) 浓度低,体积大,贮存设备大	(5) 浓度高,体积小,贮存设备小

对于阴离子交换树脂,目前都使用氢氧化钠作为再生剂,以前也有采用碳酸钠及氨水进行再生。对于钠离子交换树脂,多用食盐再生。

2) 纯度

纯度是指对树脂再生效果、出水水质有影响的杂质含量。再生液的纯度高、杂质含量少,则树脂的再生度高,再生后树脂层出水水质好。

再生阳树脂用的盐酸应为工业合成盐酸。除合成盐酸外,还有一种副产盐酸,它是工业上其他产品生产过程中产生的副产物,会夹带大量的杂质,比如农药、氧化剂等,虽然它价格便宜,但使用时会对树脂产生多种危害,并影响出水水质,一般不应采用。

再生阳树脂用的合成盐酸,除了对其浓度有要求,还应注意酸中重金属(主要是铁)的含量。铁含量高,颜色呈棕红色,长期使用会使阳树脂发生铁污染。另外,还要注意酸中氧化剂(主要是游离氯)含量,含有氧化剂的酸,会使阳树脂发生氧化降解,对钠等离子交换能力发生不可逆的下降。对树脂再生用盐酸的氧化性检测目前还没有标准方法,建议的方法为:取浓度2%～3%的盐酸,加一滴甲基橙指示剂,如甲基橙褪色变为无色,则该盐酸中存在氧化性物质,不宜用来再生阳树脂。再生阳树脂用酸的质量标准列于表6-2(a)、(b)。

表 6-2(a)　再生阳树脂用盐酸的质量标准(摘自 GB/T 320—2006)

指　　标		优级品	一级品	合格品
总酸度(以 HCl 计)	≥	31.0	31.0	31.0
铁	≤	0.002	0.008	0.010
硫酸盐(以 SO_4 计)	≤	0.005	0.030	
砷	≤	0.0001	0.0001	0.0001
灼烧残渣	≤	0.05	0.10	0.15
游离氯(以 Cl 计)	≤	0.004	0.008	0.010

表 6-2(b)　再生阳树脂用浓硫酸质量标准(摘自 GB/T 534—2014)

项　　目	单位(质量分数)	优　等　品	一　等　品	合　格　品
硫酸(H_2SO_4)	%	92.5(或98)	92.5(或98)	92.5(或98)
灰分	%	≤0.02	≤0.03	≤0.10
铁	%	≤0.005	≤0.010	
砷	%	≤0.0001	≤0.001	≤0.010
铅	%	≤0.005	≤0.020	
汞	%	≤0.001	≤0.010	

续表

项 目	单位(质量分数)	优 等 品	一 等 品	合 格 品
透明度	mm	≥80	≥50	
色度		不深于标准色度		

再生阴树脂的氢氧化钠，工业上有液碱和固碱两种，固碱纯度高，但使用不如液碱方便。不论固碱或液碱，其中的 NaCl 含量是其主要技术指标。如果 NaCl 含量高，阴树脂再生不彻底，会影响出水水质。不同制造方法的工业用氢氧化钠中 NaCl 含量如表 6-3 所示。

表 6-3 工业用氢氧化钠质量(摘自 GB/T 209—2018)

项 目	单位(质量分数)	固体		液体		
		一级品	二级品	一级品	二级品	三级品
外观		白色有光泽，允许微带颜色		无色透明、稠状液体		
氢氧化钠	%	≥98.0	≥70.0	≥50.0	≥45.0	≥30.0
碳酸钠	%	≤0.8	≤0.5	≤0.5	≤0.4	≤0.2
氯化钠	%	≤0.05	≤0.05	≤0.05	≤0.03	≤0.008
三氧化二铁	%	≤0.008	≤0.008	≤0.005	≤0.003	≤0.001

3) 再生剂用量

再生剂的作用是恢复树脂的交换能力，因此再生剂的用量是影响再生效果的重要因素，它对树脂交换容量恢复的程度和经济性有直接联系。理论上，恢复树脂 1mol 的交换能力要用 1mol 的再生剂，但实际上使用的量比该值要大。一般来说，再生剂用量大，树脂再生程度高，但当提高到一定程度后，再提高再生剂用量，树脂再生程度提高不大，相对来说，经济性就不好。所以在实际使用中，应根据对出水水质的要求及水处理系统等具体情况，通过调整试验，适当选用经济、合理的再生剂用量。

一般，再生剂用量有如下的规律：弱型树脂比强型树脂再生剂用量低；对流再生比顺流再生所需的再生剂用量低；对强碱阴树脂增加再生剂用量，不仅提高其工作交换容量，而且对除硅效果有显著的提高。

工业上常用的一些表示再生剂用量的指标为再生剂单耗(盐耗、酸耗、碱耗)、再生剂比耗和再生水平。

再生剂单耗(盐耗、酸耗、碱耗)：指恢复树脂 1mol 的交换能力所消耗的纯再生剂的克数，单位为 g/mol。

再生剂比耗：指恢复树脂 1mol 的交换能力所需再生剂的物质的量，也即理论值的倍数。再生剂比耗为再生剂单耗除以再生剂的摩尔质量。

再生水平：指再生 $1m^3$ 树脂所用酸、碱(工业品或纯的)的质量，单位是 kg/m^3 树脂，并标明酸碱的浓度，如 $kg(31\%)/m^3$ 树脂或 $kg(100\%)/m^3$ 树脂。

一般推荐的再生剂用量(比耗)见表 6-4。

表 6-4 推荐的再生剂用量(比耗)

再生方式	强酸阳树脂	强碱阴树脂(Ⅰ型)	弱酸阳树脂	弱碱阴树脂
顺流	HCl 1.9～2.2 H_2SO_4 2～3.1	2.5～3	1.05～1.1	1.2
对流	HCl <1.5 H_2SO_4 <1.7	<1.6	1.05～1.1	1.2
混合床	3～4	4～5		

3. 再生条件

1）再生液浓度

一般来说,再生液浓度高,再生效果好,但在再生剂用量固定的情况下,提高浓度,势必减少再生液体积,这样就会减少再生液与树脂接触的时间,反而降低再生效果,所以要选用适当的再生液浓度。

再生液浓度还与再生方式有关。一般顺流再生固定床和混合床所用的再生液浓度高于对流再生固定床的再生液浓度。推荐的再生液浓度见表 6-5。

表 6-5 推荐的再生液浓度

再生液	强酸阳离子交换树脂		强碱阴离子交换树脂	混合床	
	钠型	氢型		强酸树脂	强碱树脂
再生剂品种	食盐	盐酸	氢氧化钠	盐酸	氢氧化钠
顺流再生液浓度/%	5～10	3～4	2～3	5	4
对流再生液浓度/%	3～5	1.5～3	1～3		

当采用硫酸再生时,如交换器失效后树脂层中 Ca^{2+} 的相对含量大,采用浓度高的硫酸再生这种交换器,就容易在树脂层中产生 $CaSO_4$ 沉淀,故必须对硫酸的浓度加以限制。

为了防止用硫酸再生时在树脂层中产生 $CaSO_4$ 沉淀,可采用变浓度再生,先用低浓度、高流速硫酸再生液进行再生,将再生初期再生出的大量钙排走,然后逐步增加浓度,提高树脂再生度,可取得较好的再生效果。表 6-6 是推荐的用硫酸再生强酸阳树脂的三步再生法。也可设计成硫酸浓度是连续缓慢增大的再生方式。使用硫酸再生时酸耗要比盐酸再生时高。

表 6-6 硫酸三步再生法

再生步骤	再生剂用量(占总量的)	浓度/%	流速/(m/h)
1	1/3	1.0	8～10
2	1/3	2.0～4.0	5～7
3	1/3	4.0～6.0	4～6

在再生阴双层床(或其他阴交换器)时,为了防止树脂层内形成氧化硅胶体,导致无法再生和清洗的恶果,也宜采用变浓度的再生法。

2）再生液流速

再生液流速主要影响再生液与树脂接触时间,所以一般流速越低越好,但流速太低,再生产物不易排走，反离子浓度大，再生效果也不好，所以应控制一适当值，一般再生液流速在4～8m/h。

特殊情况下，对再生液流速要求可另作考虑。比如，阴树脂交换速度较慢，再生液流速可低一些；逆流再生液流速以不能高于搅乱树脂层为限，等等。

3）再生液温度

提高再生液温度可以加快扩散速度和反应速度，所以提高再生液温度可提高再生效率，但应以树脂的最高允许使用温度为限。

对于阳树脂，再生液温度影响不大，一般可不进行加温，但当需要清除树脂中的铁离子及其氧化物时，可将盐酸的温度提高到40℃。

对于强碱阴树脂，当用氢氧化钠作再生剂时，再生液的温度对树脂再生度有影响，它对树脂交换氯离子、硫酸根、碳酸氢根影响较小，但对交换硅酸根及再生后制水过程中硅酸的泄漏量有较大的影响，所以再生液应加热。强碱Ⅰ型阴树脂适宜的再生液温度为40℃，强碱Ⅱ型阴树脂适宜的再生液温度为35℃±3℃。

6.2 水的阳离子交换处理

水处理中常用到的阳离子交换有Na离子交换、H离子交换。根据应用目的的不同，它们组成的水处理工艺有为除去水中硬度的Na离子交换软化处理，为除去硬度并降低碱度的H-Na离子交换软化除碱处理，以及在除盐系统中除去水中全部阳离子的氢型阳离子交换处理。

6.2.1 钠离子交换法

如果离子交换水处理的目的只是除去水中的Ca^{2+}、Mg^{2+}，就称为离子交换软化处理，这可以采用图6-2的Na离子交换系统。

水通过Na离子交换后，水中的Ca^{2+}和Mg^{2+}被置换成Na^{+}，从而除去了水中的硬度，而碱度不变，水中的溶解固形物稍有增加，因为Na^{+}的摩尔质量比1/2 Ca^{2+}或1/2 Mg^{2+}的摩尔质量稍大一些。

正常运行时树脂中离子分布规律如图6-2所示，从上到下依次为Ca^{2+}、Mg^{2+}、Na^{+}。

Na离子交换失效后，常用食盐溶液进行再生，但也可用其他钠盐，如沿海地区可用海水等。

以出水硬度升高为Na离子交换的运行终点。水经过一级Na离子交换后，硬度可降至30μmol/L以下，能满足低压锅炉对补给水的要求。

如水质要求更高，比如为了使水的硬度降至3μmol/L以下，可以将两个Na离子交换器串联运行，这种处理方式称为二级Na离子交换系统，如图6-3所示。二级Na离子交换系统中的第二级Na离子交换器，由于进水水质较好，床层树脂高度可适当降低（比如1.5m），运行流速也可适当提高（比如50m/h），但必须再生彻底。二级Na离子交换系统中的第一级Na离子交换器的失效终点可提高至200μmol/L。

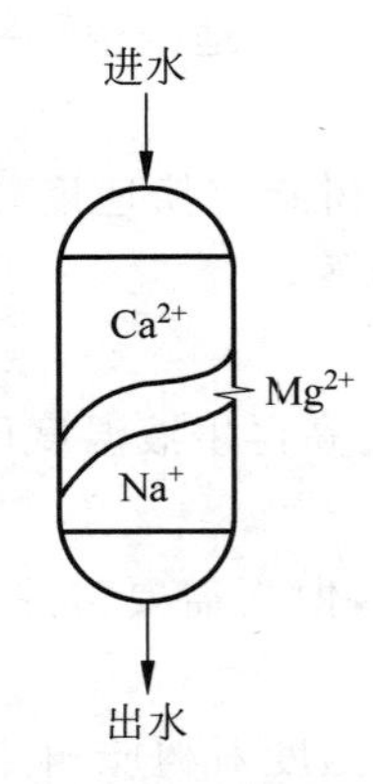

图 6-2 Na 离子交换系统

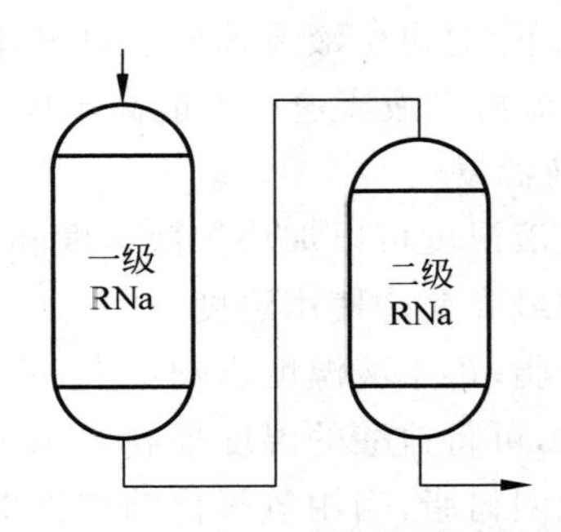

图 6-3 二级 Na 离子交换系统

用 Na 离子交换进行水处理的缺点是不能除去水的碱度。进水中的重碳酸盐碱度，不论是以何种形式存在，经 Na 离子交换后，均转变为 $NaHCO_3$。若作为锅炉补给水，$NaHCO_3$ 会在锅炉中受热分解产生 NaOH 和 CO_2，其结果是炉水碱性过强，为苛性脆化提供了条件，CO_2 还会使凝结水管道发生酸性腐蚀。

6.2.2 强酸氢型阳树脂的离子交换

当用强酸氢型阳树脂处理水时，由于它的—SO_3H 基团酸性很强，所以对水中所有阳离子均有较强的交换能力，与水中主要阳离子 Ca^{2+}、Mg^{2+}、Na^+ 的交换反应如下。

对水中钙、镁的重碳酸盐：

$$2RH + \left.\begin{matrix}Ca\\Mg\end{matrix}\right\}(HCO_3)_2 \longrightarrow R_2\left\{\begin{matrix}Ca\\Mg\end{matrix}\right. + 2H_2CO_3$$
$$\quad\quad\quad\quad\quad\quad\quad\quad\quad\quad\quad\quad \hookrightarrow 2H_2O + 2CO_2$$

对水中非碳酸盐硬度：

$$2RH + \left.\begin{matrix}Ca\\Mg\end{matrix}\right\}SO_4 \longrightarrow R_2\left\{\begin{matrix}Ca\\Mg\end{matrix}\right. + H_2SO_4$$

当水中有过剩碱度时，其交换反应如下：

$$RH + NaHCO_3 \longrightarrow RNa + H_2CO_3$$
$$\quad\quad\quad\quad\quad\quad\quad\quad\quad \hookrightarrow H_2O + CO_2$$

与水中中性盐的交换反应：

$$RH + NaCl \longrightarrow RNa + HCl$$

对水中硅酸盐的交换反应：

$$RH + NaHSiO_3 \longrightarrow RNa + H_2SiO_3$$

从以上反应可看出，经氢离子交换后，水中各种溶解盐类都转变成相应的酸，包括强酸(HCl、H_2SO_4 等)和弱酸(H_2CO_3、H_2SiO_3 等)，出水呈强酸性。酸性大小通常用强酸酸度(又简称酸度)来表示。

在一个运行周期中，强酸 H 离子交换器出水的酸度和其他离子变化情况示于图 6-4。从图中可见，正常运行时，H 离子交换器的出水酸度等于进水中强酸阴离子(Cl^-、SO_4^{2-}、

NO_3^- 等)浓度之和；当出水开始漏 Na^+ 时,酸度开始下降；当出水中 Na^+ 浓度等于进水中强酸阴离子浓度时,出水酸度降为零,并开始出现碱度；当出水中 Na^+ 浓度等于进水中总阳离子浓度时,出水碱度与进水碱度相等。

从图 6-4 中还可以看出,强酸 H 离子交换器运行终点有两个：一是漏 Na^+,二是漏硬度。在 Na 离子交换中,使用漏硬度作为运行终点,此时,一个运行周期中,出水中 Na^+ 和酸度均是变化的；在离子交换除盐系统中,以漏 Na^+ 为运行终点,在此运行周期中,出水 Na^+、硬度接近零,出水酸度稳定不变。

在离子交换除盐系统中,也可以用 H 离子交换器出水酸度下降(如下降 0.1mmol/L)来判断 H 离子交换器漏钠失效。

强酸 H 离子交换器正常运行时树脂中离子分布规律示于图 6-5。

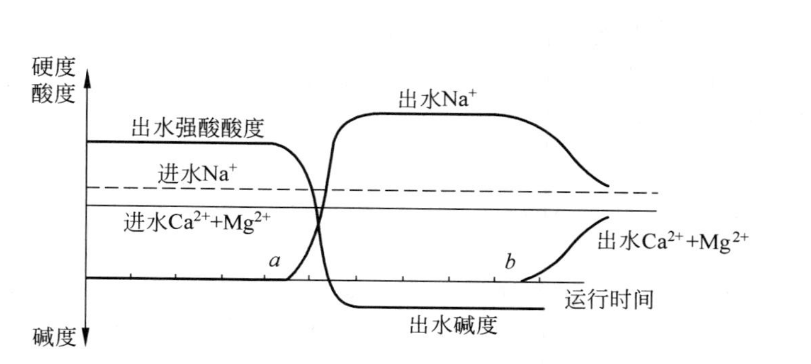

图 6-4 强酸 H 离子交换器运行曲线

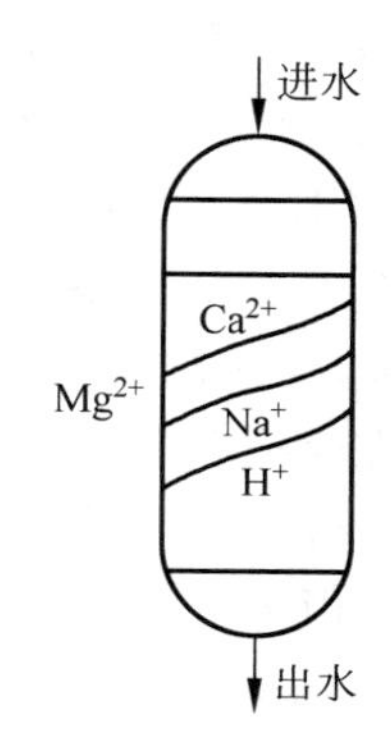

图 6-5 运行中强酸 H 离子交换器树脂中离子分布

进水水质对强酸 H 离子交换器的周期制水量和树脂工交有影响,进水中 $Na^+/\left(\sum 阳\right)$ 比值上升,周期制水量和树脂工交将下降,$Na^+/\left(\sum 阳\right)$ 为 25% 时树脂工交最低；进水中 $HCO_3^-/\left(\sum 阴\right)$ 的比值增加,有利于提高阳树脂工交。

6.2.3 弱酸阳树脂的离子交换

弱酸阳树脂含有羧酸基团(—COOH),有时还含有酚基(—OH),它们对水中碳酸盐硬度有较强的交换能力,其交换反应如下：

$$2RCOOH+\left.\begin{matrix}Ca\\Mg\end{matrix}\right\}(HCO_3)_2\longrightarrow(RCOO)_2\left\{\begin{matrix}Ca\\Mg\end{matrix}\right.+2H_2O+2CO_2$$

反应中产生了 H_2O 并伴有 CO_2 逸出,从而促使树脂上可交换的 H^+ 继续解离,并和水中的 Ca^{2+}、Mg^{2+} 进行交换反应。

但弱酸阳树脂对水中 $NaHCO_3$ 的交换能力较差,表现出工作层厚度较大,出水中残留碱度较高。弱酸阳树脂对水中的中性盐基本上无交换能力,这是因为交换反应产生的强酸抑制了弱酸树脂上可交换离子的电离。但某些酸性稍强一些的弱酸阳树脂,例如 D113 丙烯酸系弱酸阳树脂也具有少量中性盐分解能力。因此,当水通过氢型D113树脂时,除了与$Ca(HCO_3)_2$、$Mg(HCO_3)_2$和$NaHCO_3$起交换反应,还与中性盐发生微弱的交换反应,使出水有微量酸度。

因此,通常用中性盐分解容量来表示弱酸阳树脂酸性的强弱。目前常见的弱酸阳树脂有3类,它们的酸性大小及交换情况列于表6-7。

表6-7 目前常见的3种弱酸阳树脂性能

树　　脂	中性盐分解容量	出水酸度	与$NaHCO_3$交换作用
甲基丙烯酸系	约为零	无	无
丙烯酸系	稍有	开始阶段有	只部分交换
苯酚甲醛系	小	稍长时间有	可交换

从表6-7可见,三种弱酸阳树脂中甲基丙烯酸系酸性最弱,它的中性盐分解容量约为零,这种树脂对H^+亲和力最强,再生也最容易,甚至可用CO_2再生。

目前工业上广泛使用的是丙烯酸系弱酸阳树脂,它具有如下交换特征。

(1) 丙烯酸系弱酸阳树脂对水中物质的交换顺序为$Ca(HCO_3)_2$、$Mg(HCO_3)_2$>$NaHCO_3$>$CaCl_2$、$MgCl_2$>$NaCl$、Na_2SO_4,对这些物质交换能力之比大约为45∶15∶2.5∶1。所以它在交换水中碳酸盐硬度的同时,降低了水的碱度,还使出水带有少量酸度,既能对水进行软化,又能对水进行除碱。

(2) 丙烯酸系弱酸阳树脂运行特性与进水水质组成关系很大,主要是指水的硬度与碱度之比。当进水硬度与碱度之比大于1,即水中有非碳酸盐硬度时,出水中酸度较高,且出现时间较长,大约运行2/3周期后,出水酸度才消失,出现碱度,它是以出水碱度达到进水碱度的1/10作为失效点。运行曲线如图6-6所示。

当进水硬度与碱度之比小于1,即水中有过剩碱度时,出水中的酸度较低,出现时间也短,如果仍用出水碱度达到进水碱度的1/10作为失效点(图6-7中a点),则运行时间短,工作交换容量低,但可同时起到软化与除碱作用;如果运行至出水硬度占原水硬度1/10时作为失效点(图6-7中b点),则运行周期大大延长,工作交换容量高,但此时出水碱度也高,除碱作用不彻底,仅起软化作用。运行曲线如图6-7所示。

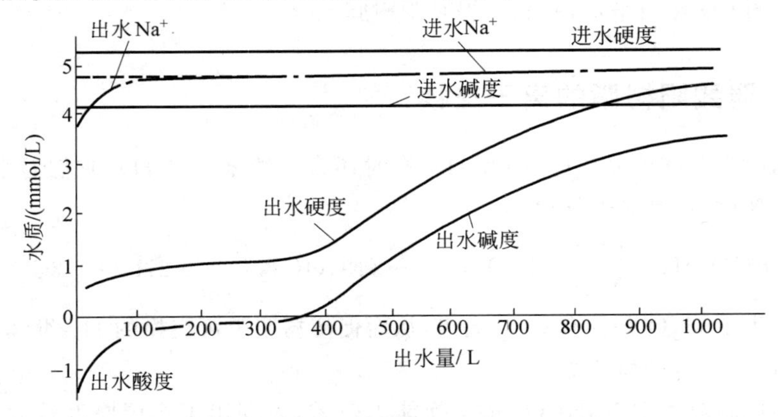

图6-6 进水硬度与碱度之比大于1时的弱酸性阳树脂运行曲线

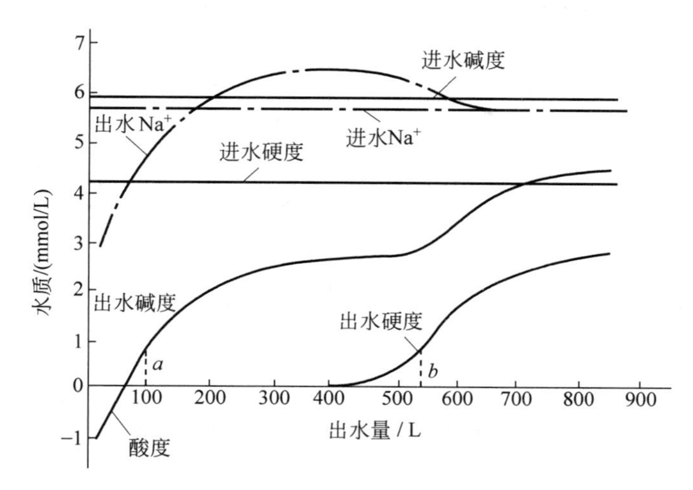

图 6-7 进水硬度与碱度之比小于 1 时的弱酸性阳树脂运行曲线

(3) 工作交换容量远高于强酸阳树脂，可达 1500～1800mol/m^3，但影响工作交换容量的因素也比强酸阳树脂显著，除了前述的原水水质及失效控制点，运行流速、水温、树脂层高都会对工作交换容量产生显著影响。

(4) 弱酸阳树脂对 H^+ 的选择性最强，因而很容易再生，可用废酸进行再生，再生比耗低，且不论采用何种方式再生，都能取得比较好的再生效果。

6.2.4 H-Na 离子交换软化除碱

在某些工业用水中，要求彻底去除水的碱度，比如锅炉用水，由于水中的 HCO_3^- 在热力系统中受热会分解产生 CO_2，使蒸汽及凝结水的 pH 降低并造成酸性腐蚀。所以，用作锅炉的补给水，在除去水中硬度的同时，若原水的碱度较高，还必须降低出水的碱度。

既需除去水中的硬度，又要降低水的碱度，且要求不增加水的含盐量，则可以采用阳离子交换树脂的 H-Na 离子交换软化除碱工艺。

1. 采用强酸 H 离子交换树脂的 H-Na 离子交换

由于强酸 H 离子交换器出水中有酸度，故它的出水是显强酸性的，可以利用它的出水来中和另一部分水中的碱度，由于它不是外加药剂(如加酸)到水中，所以不会增加出水的含盐量，而是有所降低。

这种方法的处理系统可以是 H 离子交换器和 Na 离子交换器组成的并联或串联系统，如图 6-8 所示。

在图 6-8(a)所示的并联系统中，进水分成两路，分别通过 H 和 Na 两个离子交换器，使水软化，然后在两个交换器的出口混合，这样就利用了 H 离子交换器出水中的酸度(HCl、H_2SO_4 等)来中和 Na 离子交换器出水中的 HCO_3^-，以降低出水的碱度，其反应式为

$$2NaHCO_3 + H_2SO_4 \longrightarrow Na_2SO_4 + 2CO_2 + 2H_2O$$

$$NaHCO_3 + HCl \longrightarrow NaCl + CO_2 + H_2O$$

中和反应生成的 CO_2，经 H 离子交换器产生的 CO_2 以及进水中原有的 CO_2 通过后面

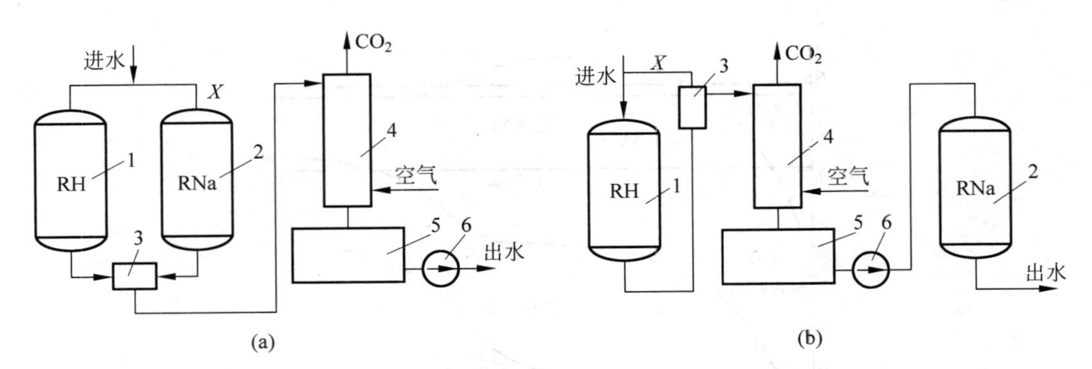

1—H离子交换器；2—Na离子交换器；3—混合器；4—除碳器；5—水箱；6—水泵。

图6-8 强酸阳树脂的H-Na软化除碱系统

(a) 并联；(b) 串联

的除碳器脱除，从而达到软化除碱的目的。

在图6-8(b)所示的串联系统中，也是将进水分成两部分，一部分送到H离子交换器中，其酸性出水在与另一部分未经H离子交换器的原水相混合时，中和了水中的HCO_3^-，达到了降低水的碱度的目的。反应产生的CO_2由除碳器除去，除碳器后的水经过水箱由泵送入Na离子交换器进行软化处理。

为了将碱度降至预定值，并保证中和后不产生酸性水，应合理分配流经H离子交换器的水量。设X为未经H离子交换器的水量占总水量的百分数(%)，A为进水碱度(mmol/L)，C为进水中强酸阴离子的总浓度(mmol/L)，A_C为中和后水的残留碱度(mmol/L)，那么：

(1) 当H离子交换器运行到有Na^+穿透现象为终点时，则X可按式(6-2)估算：

$$X=\frac{C+A_C}{C+A}\times 100\% \tag{6-2}$$

(2) 当H离子交换器运行到有硬度穿透现象为终点时，则X(平均值)可按式(6-3)估算：

$$X=\frac{H_F+A_C}{H}\times 100\% \tag{6-3}$$

式中，H_F——进水中非碳酸盐硬度，mmol/L；

H——进水中的总硬度，mmol/L。

为了保证出水水质，不论是采用并联或串联方式，在系统的最后还可再增添一个二级Na离子交换器，以确保处理水的硬度符合要求。增添二级Na离子交换器后，还可以改进H离子交换器的运行条件，即允许它的出水中有少量阳离子漏过，从而提高其工作交换容量，降低酸耗。

经H-Na并联系统处理后水的碱度可降至0.35～0.5mmol/L，经H-Na串联系统处理后水的碱度可降至0.5～0.7mmol/L。

2. 采用弱酸H离子交换树脂的H-Na离子交换

此工艺只能按串联方式组成系统，如图6-9所示。

在此系统中，采用丙烯酸系弱酸阳树脂(如D113)，因为弱酸阳树脂仍有少量分解中性

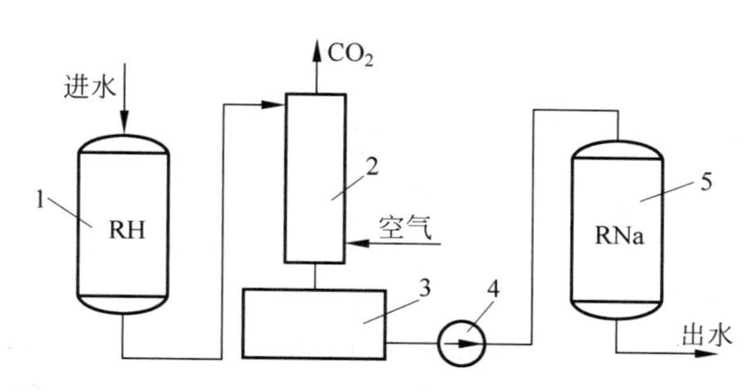

1—弱酸 H 离子交换器；2—除碳器；3—水箱；4—水泵；5—Na 离子交换器。

图 6-9 采用弱酸 H 离子交换树脂的 H-Na 软化除碱系统

盐的能力，出水呈酸性，原水中碳酸盐(碱度)被去除变为 CO_2，与碳酸盐对应的硬度被交换，交换产生的 CO_2 在除碳器中脱除。水中的非碳酸盐硬度和少量残留的碳酸盐硬度，在水流经后面 Na 离子交换器时，被交换除去，从而达到软化除碱的目的。

弱酸 H 离子交换树脂失效后，很容易再生，酸耗低，因此比较经济。Na 离子交换器失效后用食盐溶液再生。

除了采用弱酸阳离子交换树脂，还可以采用磺化煤，它是一种碳质离子交换材料，含有强酸性交换基团(—SO_3H)及弱酸交换基团(—COOH、—OH)，当它采用不足酸量(理论酸量，比耗约为 1)再生时，交换特性类似于弱酸阳离子交换树脂。这种工艺称为贫再生。

6.2.5 阳离子交换树脂运行中的问题及处理对策

1. 重金属污染

水中铁、铝等重金属离子会对树脂产生污染，但目前最常见的是铁污染。

阳树脂遭到铁污染时，被污染树脂的外观变为深棕色，严重时可以变为黑色。一般情况下，每 100g 树脂中的含铁量超过 150mg 时，就应进行处理。

阳树脂使用中，原水带入的铁离子大部分以 Fe^{2+} 存在，它们被树脂吸收以后，部分被氧化为 Fe^{3+}，再生时不能完全被 H^+ 交换出来，因而滞留于树脂中造成铁的污染。使用铁盐作为混凝剂时，部分矾花被带入阳床，过滤作用使之积聚在树脂层内，阳离子交换产生的酸性水溶解了矾花，使之成为 Fe^{3+}，被阳树脂吸收，造成铁的污染。工业盐酸中的大量 Fe^{3+} 也会对树脂造成一定的铁污染。

防止树脂铁污染的措施如下。

(1) 减少阳床进水的含铁量。对含铁量高的地下水应先经过曝气处理及锰砂过滤除铁。对地表水使用铁盐作为混凝剂时，采用改善混凝条件、降低澄清及过滤设备出水浊度、选用 Fe^{2+} 含量低的混凝剂等措施，防止铁离子带入阳床。

(2) 对输水的管道、贮存槽及酸系统应考虑采取必要的防腐措施，以减少铁腐蚀产物对阳树脂的污染。

(3) 选用含铁量低的工业盐酸再生阳树脂。

(4) 当树脂被铁污染时，应进行酸洗除铁。酸洗时可用浓盐酸(10%～15%)长时间浸泡，也可适当加热，还可以在酸液中添加还原剂(硫代硫酸钠或亚硫酸氢钠)。

2. 油脂类对树脂的污染

常见的阳树脂油脂污染是由于水中带油及酸系统的液体石蜡进入阳树脂。矿物油对树脂的污染主要是吸附于骨架上或被覆于树脂颗粒的表面,造成树脂微孔的污染,严重时会产生树脂结块、树脂交换容量降低、周期制水量明显减少、树脂密度变小、反洗时跑树脂等现象。被油脂污染的树脂放在试管内加水,水面有油膜,呈“彩虹”现象。

离子交换设备进水中含油量为0.5mg/L时,几个月内即可出现树脂被油污染的现象。

处理油污染树脂的方法:首先应迅速查明油的来源,排除故障,防止油的继续漏入;必要时,应清理设备内积存的油污;其次污染的树脂,应通过小型试验,选择适当的除油处理方法,一般可采用NaOH溶液循环清洗、表面活性剂清洗等方法。

3. 阳树脂氧化降解

树脂的化学稳定性可以用其耐受氧化剂作用的能力来表示。阳树脂处于离子交换除盐系统的前部,首先接触水中的游离氯,极易被氧化。

1) 阳树脂的氧化

阳树脂被氧化后主要表现为骨架断链,生成低分子的磺酸化合物,有时还会产生羧酸基团,其反应如下:

—CH—CH$_2$—(苯环,对位 SO$_3$H) + [O] ⟶ —CH—CH$_2$—(苯环) + RSO$_3$H

—CH—CH$_2$—(苯环,间位 SO$_3$H) + [O] ⟶ —C(=O)—CH$_2$—(苯环,对位 SO$_3$H)

阳树脂遇到的氧化剂主要是游离氯与水反应生成的氧,其反应如下:

$$Cl_2 + H_2O \longrightarrow HOCl + HCl$$

$$HOCl \longrightarrow HCl + [O]$$

原水中的游离氯主要来自水的消毒。近年来,由于天然水中有机物含量和细菌的增多,工业用水在混凝、澄清之前需要加氯,以达到灭菌和降低COD的作用,这样,过剩的氯(游离氯)就会对阳树脂造成损害。在再生过程中,如果使用含有游离氯的工业盐酸或有氧化性的副产品盐酸,其中含有的氧化剂也会对阳树脂造成不可逆损害。一般要求进入化学除盐设备的水中,游离氯的含量应小于0.1mg/L,还应对阳树脂再生用盐酸的氧化性能进行监督。

阳树脂会大量吸收游离氯(达80%～100%),吸氯后阳树脂被氧化,发生断链,使树脂膨胀,含水率增大,树脂颗粒变大或破碎,树脂颜色变浅,对钠交换能力下降,出水Na^+含量上升，正洗时间延长，运行周期缩短，周期制水量下降，出水(或正洗排水)有泡沫(由于断链产物 RSO_3H 有表面活性)。

氧化后阳树脂含水率达 60%时，树脂交换容量下降达 25%，可作报废处理，含水量达 70%时，树脂已软化。

2) 防止阳树脂氧化的方法

由于阳树脂氧化断链是不可逆的过程，已被氧化的阳树脂其性能无法恢复，所以对阳树脂氧化降解是重在预防，其方法有：

(1) 在阳树脂床前设置活性炭过滤器，它可以有效去除水中的游离氯；

(2) 严格监督再生用工业盐酸的氧化性，选用不含游离氯的工业盐酸，也可添加还原剂亚硫酸氢钠；

(3) 选用高交联度的阳树脂。

随着树脂交联度的增大，其抗氧化性能增强。表 6-8 列出了美国 Rohm&Hass 公司生产的 Amberlite 树脂的抗氧化性能。

表 6-8　阳树脂的交联度与抗氧化性能的关系　　单位：%

树　脂	型　号	树脂的交联度(DVB)	体积膨胀率
Amberlite	IR-120	8	140
Amberlite	IR-122	10	40
Amberlite	IR-124	12	20
Amberlite	200	20	0

试验条件：在 55℃的 30% H_2O_2 溶液中浸泡树脂 18h。

4. 阳树脂溶出物

在许多应用离子交换树脂制备超纯水的场合，阳树脂溶出物已是一个不容忽视的问题。阳树脂是聚苯乙烯白球再通过浓硫酸磺化而得，为磺化聚苯乙烯，在苯乙烯聚合过程中受聚合条件影响，会形成许多不同聚合度(即不同相对分子质量)的聚合物，其中低相对分子质量的聚合物具有水溶性，在使用过程中会随水流带出；使用中的阳树脂也会因为氧化和降解等造成交联链断裂，出现低相对分子质量磺化聚苯乙烯而溶于水。这些低相对分子质量磺化聚苯乙烯即是阳树脂溶出物，为有机硫化物，它随水带出后有两种危害，一是在复床除盐系统中，阳床出水中阳树脂溶出物进入中间水箱及阴床，由于这些溶出物具有表面活性，造成中间水箱水中出现泡沫，进入阴床后则被阴树脂吸收，阴树脂受到污染；二是进入出水中阳树脂溶出物(如混床中阴、阳树脂混合不均，底层阳树脂溶出物直接进入产水中；复床中阳树脂溶出物对阴树脂污染饱和后漏出带入产水中)，造成供水 TOC 增加，遇到高温在高温下分解，造成水中 SO_4^{2-} 浓度上升。

采用高交联度的阳树脂(DVB 为 14%～16%)，可以减少溶出物溶出，另外，加强对新树脂的预处理及防止树脂被氧化对减少溶出物也很有效。

5. 树脂的破碎

在树脂的贮存、运输和使用中都可能造成树脂颗粒的破碎，常见的原因如下。

1）制造质量差

树脂在制造过程中，由于工艺参数维持不当，会造成部分或大量树脂颗粒发生裂纹或破碎现象，表现为树脂颗粒的压碎强度低和磨后圆球率低。

2）冰冻

树脂颗粒内部含有大量的水分，在温度零度以下储存或运输时，这些水分会结冰，体积膨胀，造成树脂颗粒的崩裂。冰冻过的树脂在显微镜下可见大量裂纹，使用后短期内就会出现严重的破碎现象。为了防止树脂受冻，树脂应在室温(5～40℃)下保存及运输。

3）干燥

树脂颗粒暴露在空气中，会逐渐失去其内部水分，树脂颗粒收缩变小。干树脂浸在水中，会迅速吸收水分，粒径胀大，从而造成树脂的裂纹和破碎。为此，在贮存和运输过程中树脂要保持密封，防止干燥，对已经干燥的树脂，应先将它浸入饱和食盐水中，利用溶液中高浓度的离子，抑制树脂颗粒的膨胀，再逐渐用水稀释，以减少树脂的裂纹和破碎。

4）渗透压的影响

正常运行状态下的树脂，在运行过程中，树脂颗粒会产生膨胀或收缩的内应力。树脂在长期的使用中，多次反复膨胀和收缩，是造成树脂颗粒发生裂纹和破碎的主要原因。树脂膨胀与收缩的速度取决于树脂转型的速度，而转型的速度又取决于进水的盐类浓度和流速。表6-9是树脂渗透压试验的结果，该试验是将树脂反复用酸、碱转型，强化了渗透压变化对树脂裂纹的影响。从试验结果可以看出，反复转型是树脂破碎的主要原因。树脂在再生过程中，因溶液浓度较高，离子的压力使树脂颗粒的体积变化减小，渗透压的影响降低，因此一般不会造成树脂颗粒的破碎。

表6-9 树脂反复转型后的裂纹率 单位：%

树脂类型	凝胶型树脂	大孔型树脂
新树脂	6.9	0
用酸、碱反复转型100次后的树脂	80.5	0.3

6.3 除二氧化碳器

原水经H离子交换器后，水中HCO_3^-都转变成为H_2CO_3，连同水中原来含有的CO_2，通常可用除二氧化碳器(简称除碳器)将其除去。如果在H离子交换后不立即将水中CO_2去除，CO_2进入阴离子交换器，将会使阴离子交换器负担加重，再生用碱量增多，还会影响阴离子交换器出水的SiO_2含量。

6.3.1 除碳器原理

水中碳酸化合物存在下面的平衡关系：

$$H^+ + HCO_3^- \rightleftharpoons H_2CO_3 \rightleftharpoons CO_2 + H_2O$$

从上式可知，水中H^+浓度越大，水中碳酸越不稳定，平衡越易向右移动。经H离子交换器交换后的出水呈强酸性，因此，水中碳酸化合物全部以游离CO_2形式存在。

水经 H 离子交换器后，水中 HCO_3^- 转变为 H_2CO_3，连同水中原有的 CO_2，其溶解量远远超出与空气中 CO_2 含量平衡时的溶解度，因此，根据亨利定律，在一定温度下气体在溶液中的溶解度与液面上该气体的分压力成正比，当液体中该气体溶解量超过它的溶解度时，它会从水中逸出。根据工业条件，水中 CO_2 逸出速度与下列条件有关：一是水与空气的接触面积越大，逸出速度越快；二是水温与其逸出条件下的沸点越接近，逸出速度越快；三是水的 pH 越低，逸出速度越快。所以只要降低与水相接触的气体中 CO_2 的分压，溶解于水中的游离 CO_2 便会从水中解吸出来，从而将水中游离 CO_2 除去。除碳器就是根据这一原理设计的。

增大水与空气的接触面积，降低 CO_2 气体分压，提高水中 CO_2 逸出速度的一个方法是在除碳器中鼓入空气让水中 CO_2 尽快与空气中 CO_2 达到平衡，即为大气式除碳器；另一方法是让水温与水沸点接近，目前常用的是除碳器上部抽真空的方法，降低水的沸点，即为真空式除碳器。

6.3.2　大气式除碳器

1. 除碳器结构

大气式除碳器的结构如图 6-10 所示。其本体是一个圆柱形不承压容器，用钢板内衬胶或塑料制成。上部有配水装置，下部有风室。柱内装的填料可以是瓷环（也称拉西环）、鲍尔环、阶梯环或塑料多面空心球等，过去常用瓷环，近年来逐渐改用塑料多面空心球、塑料波纹板等，主要是因为塑料填料质轻、强度高、不易破碎、装卸方便，其工业性能与瓷环相同，除 CO_2 的效果也同瓷环相近。除碳器风机一般采用高效离心式风机。

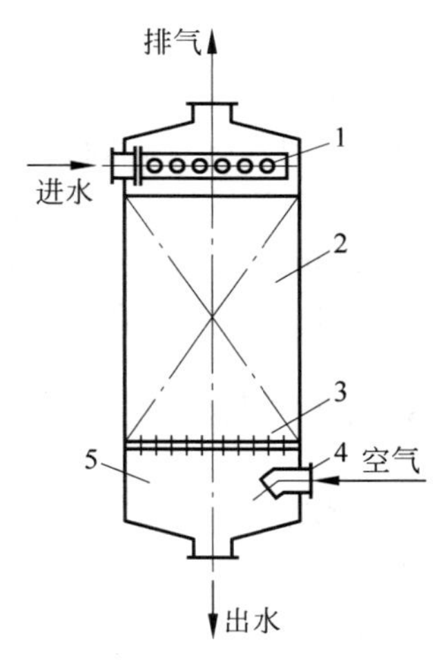

1—配水装置；2—填料层；
3—填料支撑；4—风机接口；5—风室。

图 6-10　大气式除碳器结构示意

2. 工作过程

除碳器工作时，水从上部进入，经配水装置淋下，通过填料层后，从下部排入水箱。用来除 CO_2 的空气是由鼓风机送入此柱体的底部，通过填料层后由顶部排出。

在除碳器中，由于填料的阻挡作用，从上面流下来的水流被分散成许多小股水流、水滴或水膜，增大了水与空气的接触面积。由于空气中 CO_2 含量很低，它的分压为大气压的 0.03%～0.04%，所以当空气和水接触时，水中的 CO_2 便会析出并能很快地被空气带走，排至大气。

在 20℃时，当水中 CO_2 和空气中 CO_2 达到平衡时，水中 CO_2 浓度约为 0.44mg/L，但在实际设备中，由于接触时间不够，它们尚未达到平衡，通过大气式除碳器后，一般可将水中的 CO_2 含量降至 5mg/L 以下。

3. 影响除 CO_2 效果的工艺条件

当处理水量、原水中碳酸化合物含量和出水中 CO_2 含量要求一定时，影响除 CO_2 效果的工艺条件如下。

(1) 水温。除 CO_2 效果与水温有关,水温越高,水面 CO_2 分压力越小,CO_2 在水中的溶解度越小,因此除去的效果也就越好。

(2) 水和空气的接触面积。比表面积大的填料能有效地将进水分散成线状、膜状或水滴状,从而增大了水和空气的接触面积,也缩短了 CO_2 从水中逸出的路程,降低了阻力,使 CO_2 能在较短时间内从水中逸出,取得较好的去除效果。常用填料的比表面积等性能参数见表6-10。

表6-10 常用填料的性能参数

名 称	规格/mm	填料充填体积/(个/m^3)	比表面积/(m^2/m^3)
拉西瓷环		52300	204
鲍尔环	ϕ25	53500	194
	ϕ38	15800	155
	ϕ50	7000	106.4
塑料多面空心球	ϕ25	85000	460
	ϕ50	11500	236

(3) 喷淋密度。它是指除碳器单位截面积处理的水量。如果喷淋密度大,则负荷高,处理效果差。目前大气式除碳器的喷淋密度≤$60m^3/(m^2 \cdot h)$。

(4) 风量和风压。风机的风量和风压与处理水量、填料类型等因素有关。通常,当用25mm×25mm×3mm(高度×外径×壁厚)瓷环作填料时,其喷淋密度为$60m^3/(m^2 \cdot h)$,处理$1m^3$水所需空气量为$20 \sim 30m^3$。

6.3.3 真空式除碳器

真空式除碳器是利用真空泵或喷射器(以蒸汽作工作介质)从除碳器上部抽真空,使水达到沸点从而除去溶于水中的气体。这种方法不仅能除去水中的 CO_2,而且能除去溶于水中的 O_2 和其他气体,因此这对防止后面阴离子交换树脂的氧化和减少除盐水系统(管道、设备等)的腐蚀、减少除盐水带铁、减轻除盐水系统生物滋生也是很有利的。

通过真空式除碳器后,水中 CO_2 可降至5mg/L以下,残余 O_2 低于0.3mg/L。

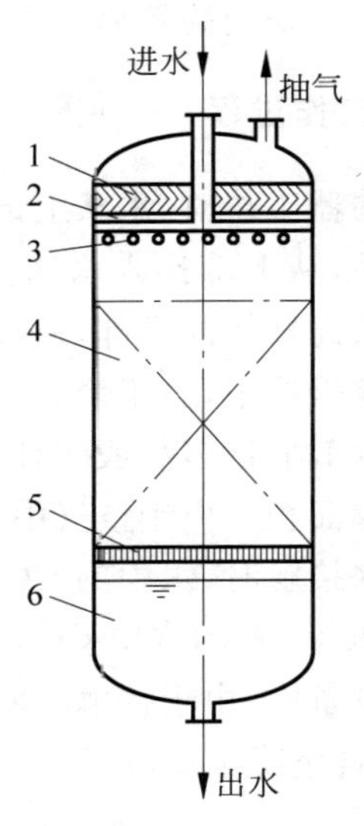

1—收水器;2—布水管;3—喷嘴;4—填料层;5—填料支撑;6—存水区。

图6-11 真空式除碳器结构示意

1. 结构

真空式除碳器的基本构造如图6-11所示。由于除碳器是在负压下工作的,所以对其外壳除要求密闭外,还应有足够的强度和稳定性。壳体下部设存水区,其存水部分的大小应根据处理水量的大小及停留时间决定，也可在下部另设中间水箱以增加存水的容积。真空式除碳器所用填料与大气式的相同，其喷淋密度为 40～60$m^3/(m^2 \cdot h)$。

2. 系统

该系统由真空式除碳器及真空系统组成。

真空设备有水射器、蒸汽喷射器或真空机组(水环式、机械旋片式等)。图 6-12 为三级蒸汽喷射器真空系统，图 6-13 为低位真空式除碳器系统。

真空式除碳器内的真空度使输出水泵吸水困难，为保证水泵的正常工作条件，一般设计成高位式布置。所谓高位式布置系统是指提高真空式除碳器的标高(如一般在地面 10m 以上)，增大除碳器内水面与水泵轴标高的高度差，以满足输出水泵吸水所需的正水头。

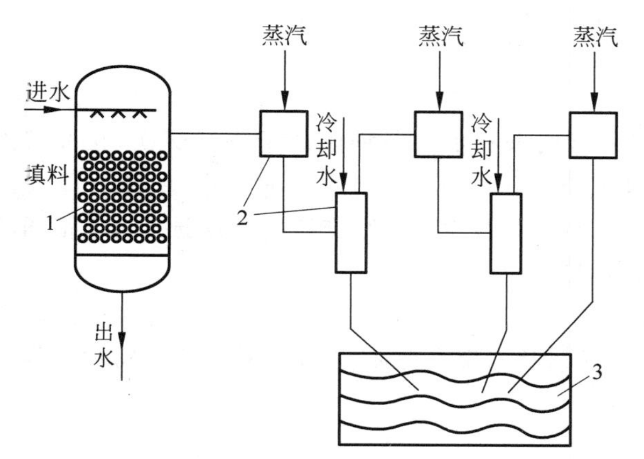

1—除碳器；2—真空抽气装置；3—真空脱气热水箱。

图 6-12 三级蒸汽喷射器真空系统

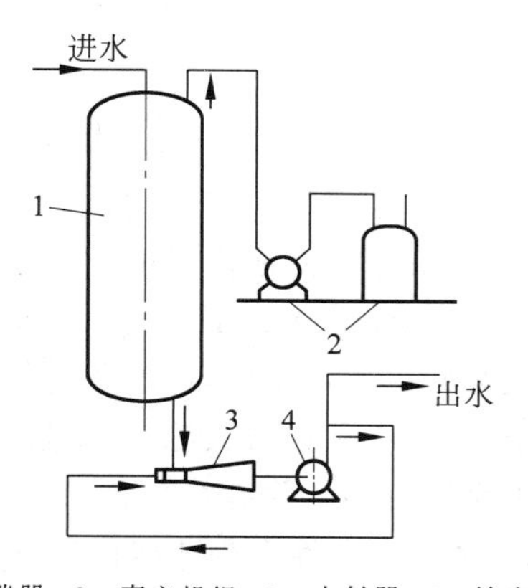

1—除碳器；2—真空机组；3—水射器；4—输出水泵。

图 6-13 低位真空式除碳器系统

3. 影响真空式除碳器除 CO_2 效果的因素

真空式除碳器一般运行时设备内压力在 1.07kPa 以下(真空度可达 99.75kPa 以上)，借助高真空，使常温下水沸腾来去除水中 CO_2，所以真空度的高低直接影响真空式除碳器的运行效果。

由于水沸点随水面压力增大而上升，如表 6-11 所示，所以适当提高水温有利于水中 CO_2 的脱除。特别是当真空式除碳器运行真空达不到要求时，提高水温是非常有益的。

表 6-11 水沸点与压力关系

压力/kPa	水沸点/℃	压力/kPa	水沸点/℃
0.613	0	2.333	20
0.933	6	4.240	30
1.227	10	7.373	40
1.813	16	12.332	50

除此以外，影响大气式和真空式除碳器运行效果的因素还有填料的比表面积、喷淋密

度、水气比等。

6.4 水的阴离子交换处理

6.4.1 强碱阴树脂工艺特性

水通过阳离子交换设备及除碳器后,水中阳离子全部转换为 H^+,水中 CO_2 也大部分去除。这时水中残存的是各种酸,包括强酸(如 HCl、H_2SO_4 等)及弱酸(如 H_2CO_3、H_2SiO_3 等),强碱阴树脂与这些酸都可以发生交换,即

$$2ROH+\begin{cases}H_2SO_4\\2HCl\\H_2CO_3\\H_2SiO_3\end{cases}\longrightarrow\begin{cases}R_2SO_4\\2RCl\\2RHCO_3\\2RHSiO_3\end{cases}+2H_2O$$

上式可以说明,强碱 OH 型离子交换树脂可以用来和水中各种阴离子进行交换,在稀溶液中它对各种阴离子的选择性为 $SO_4^{2-}>NO_3^->Cl^->OH^->F^->HCO_3^->HSiO_3^-$。由此可见,它对于强酸阴离子的交换能力很强,对于弱酸阴离子则交换能力较弱。对于很弱的硅酸,它虽然能交换其 $HSiO_3^-$,但交换能力很差。

在某些工业用水中,硅酸化合物危害很大,比如锅炉用水,由于硅酸化合物直接溶解在蒸汽中,所以必须彻底去除。强碱阴离子交换树脂的交换特性,主要是看其除硅特性。强碱阴离子交换树脂的除硅特性有以下几个方面。

1) 必须在酸性水中才能彻底除硅

也就是说,强碱阴离子交换必须在强酸阳离子交换之后。这是因为,强碱阴树脂如果和水中硅酸盐 $NaHSiO_3$ 反应,则如下式所表示的,生成物中有碱 NaOH:

$$ROH+NaHSiO_3\longrightarrow RHSiO_3+NaOH$$

此时,由于出水中有大量反离子 OH^-,交换反应就不可能彻底进行,所以除硅的作用往往不完全。在水处理工艺中,必须设法排除 OH^- 的干扰,创造有利于交换 $HSiO_3^-$ 的条件。为此,现在普遍采用的方法是先将水通过强酸性 H 型离子交换树脂,使水中各种盐类都转变为相应的酸,也就是降低水的 pH。这样,在用强碱性 OH 型离子交换树脂处理时,由于交换产物中生成电离度非常小的 H_2O,就可防止水中 OH^- 的干扰,如下式反应:

$$ROH+H_2SiO_3\longrightarrow RHSiO_3+H_2O$$

该反应与上式反应相比可知,由于该式中消除了强碱 NaOH 所产生的反离子 OH^-,使反应趋向于右边,即除硅彻底。

2) 进水中 Na^+ 含量必须很小

虽然工业除盐系统中的阴离子交换器大都设在 H 离子交换器之后,但当 H 离子交换进行得不彻底,以至于有漏 Na^+ 现象时,则由于水通过阴离子交换器后显碱性,导致除硅效果恶化,出水含硅量上升。

图 6-14 所示为 H 离子交换器漏 Na^+ 量对强碱性阴离子交换树脂除硅的影响。从图中可以看出,H 离子交换器漏 Na^+ 量上升,出水硅酸化合物含量也上升,这是由于反离子影响

所致。这种影响对Ⅱ型树脂除硅尤为显著。这是由于Ⅱ型树脂比Ⅰ型树脂碱性弱，在H离子交换器漏 Na^+ 时，反离子(OH^-)影响大。

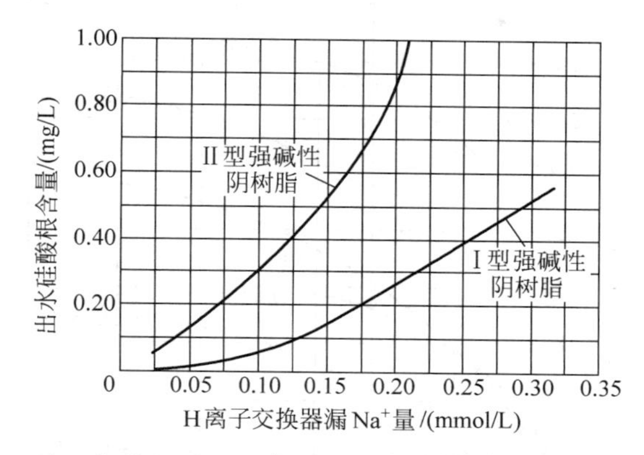

图 6-14 H离子交换器的漏 Na^+ 量对强碱性阴离子交换树脂除硅的影响

在运行中，为使阴离子交换器除硅彻底，必须尽量减少H离子交换器的漏 Na^+ 量，运行终点为漏钠控制。

3）必须彻底再生且有足够的再生度

这主要是因为ROH型阴树脂与水中 H_2SiO_3 交换较为彻底，而失效态RCl型阴树脂对水中 H_2SiO_3 交换能力很弱，会造成大量 H_2SiO_3 穿透树脂层，引起出水含硅量上升。

要使强碱阴树脂获得彻底再生，再生工艺必须满足以下几点。

(1) 采用强碱NaOH进行再生，不能使用弱碱(如 NH_4OH、Na_2CO_3)再生。

(2) 再生剂纯度要高，再生剂纯度直接与强碱阴树脂出水中 SiO_2 含量相联系。工业碱中的杂质，大部分是氯化物和铁的化合物。强碱阴树脂对 Cl^- 有较大的亲和力(是对 OH^- 的15～25倍)，所以，当用含NaCl较高的工业碱来再生时，树脂再生度会降低，并会使树脂的工作交换容量降低，运行周期缩短，对硅的交换能力下降，除盐水水质下降。

例如，某厂用含1.23% Cl^- 的工业液体碱再生时，阴离子交换器周期出水量为560t；而用含 Cl^- 大于4.5%的工业液体碱再生时，周期出水量仅为350～400t，而且除盐水的 SiO_2 含量由小于10μg/L上升到20μg/L左右。

通过计算也可知再生用碱中NaCl含量对阴树脂再生度的影响。比如用含NaCl 5%的工业液体碱再生阴树脂，理论上的最高再生度仅为32.8%，而含NaCl 0.1%的固体碱用于再生阴树脂，理论上的最高再生度可达98.75%。阴树脂再生度高，则对水中硅酸化合物的交换能力也强，出水 SiO_2 含量也低。

(3) 要有足够的再生剂用量。再生强碱阴树脂时，增加再生剂的用量，可以提高树脂的再生度，适当提高其工作交换容量，而且对除硅效果也有好处，出水 SiO_2 含量也可以下降。但再生剂用量也不需要无限制提高，当再生剂用量达到一定数量后，再增加用量对除硅效果提高不大。所以，阴树脂再生时，再生剂用量必须达到一定数值，才能保证有较好的除硅效果。图6-15所示即为用强碱阴树脂时，再生剂(NaOH)耗量与其对硅酸交换容量之间的关系。

图中 R 表示进水中硅酸根的物质的量占全部阴离子物质的量的百分比，称硅酸比。由图可知，不管 R 为何值，提高再生剂耗量都可增大其除硅交换容量。

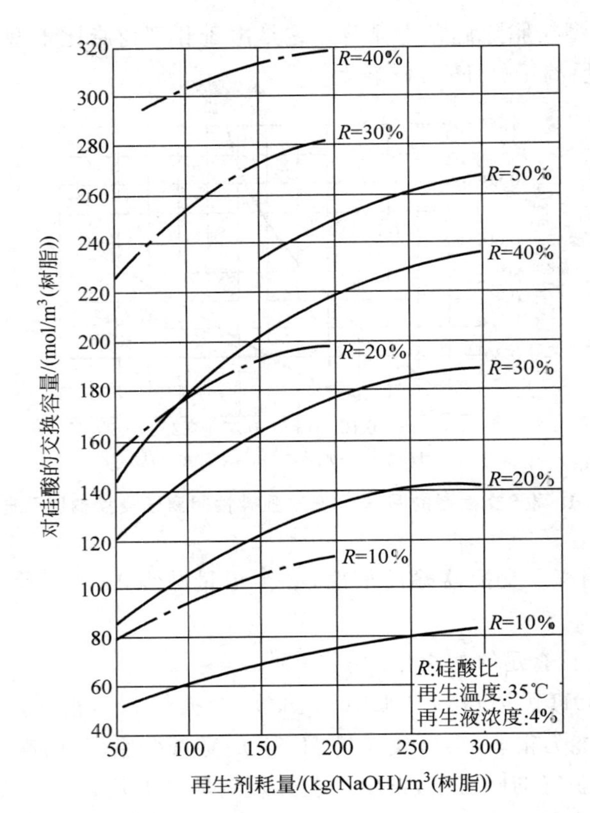

图 6-15 强碱阴树脂的再生剂耗量与其对硅酸交换容量的关系

——Ⅰ型强碱性阴树脂；—·—Ⅱ型强碱性阴树脂

(4) 再生剂保证一定的浓度。NaOH 浓度一般为 1.5%～4%，当然也有采用先浓(2%～3%)后稀(0.2%～0.3%)的方法。

(5) 再生液要有一定温度。提高温度不利于交换，最佳除硅交换温度是 12℃，但提高再生液温度可以提高阴树脂交换离子的洗脱率，特别是 SiO_2 洗脱率的提高，有利于再次进行交换，如图 6-16 所示。

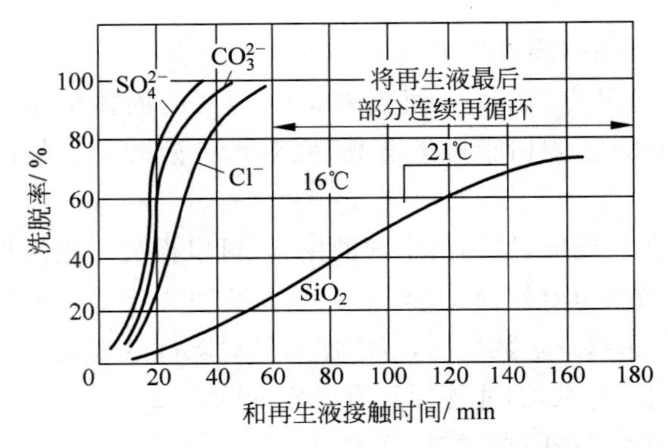

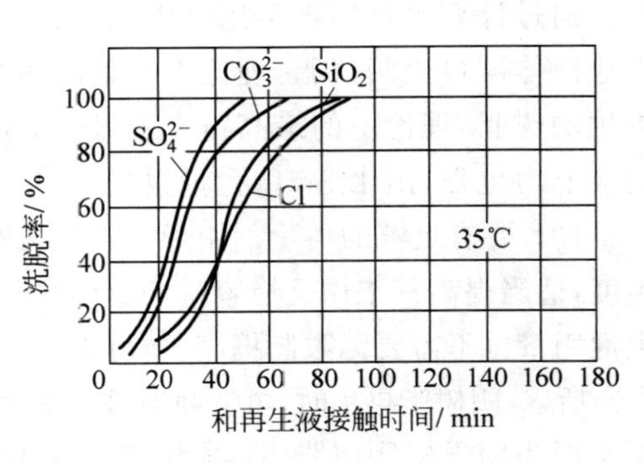

图 6-16 强碱阴树脂在不同温度时的再生情况

从图中可以看出，提高再生液的温度可以改善对硅酸的再生效果和缩短其再生时间。但温度不能太高，温度的上限主要取决于树脂的耐热能力，温度太高会使树脂分解，寿命缩短。实践证明，再生和清洗的最优温度，对于Ⅰ型强碱阴树脂为40℃，对于Ⅱ型强碱阴树脂为35℃±3℃，对于丙烯酸强碱树脂为38℃。

(6) 要有足够的再生时间。阴树脂再生时，增加树脂与再生液的接触时间，无疑可以提高再生度，改善树脂的除硅效果，再生时间对阴树脂的影响比对阳树脂显著。但在工业上，无限制增加再生时间是不允许的。从图6-16中的再生时间和洗脱率的关系可以看出，SO_4^{2-} 和 HCO_3^-(即图中的 CO_3^{2-})能很快地从强碱阴树脂中置换出来；Cl^- 要难一些；至于 $HSiO_3^-$(即图上的 SiO_2)则反应迟缓，需要较长的时间才能置换出来。

4) 进水中其他阴离子含量对树脂交换 SiO_2 影响

阴离子交换树脂进水中其他阴离子含量对阴树脂交换 SiO_2 有影响，其中以 CO_2 影响最大。曾有人进行试验，对失效的强碱阴树脂交换柱，分析各种阴离子在不同树脂层高度中的分布情况，结果见图6-17。从图中可知，各种离子在树脂层中从上至下的分布情况和树脂的选择性一致，即选择性最强的 SO_4^{2-} 主要分布在上层，Cl^- 主要在中层，选择性最差的弱酸根 HCO_3^- 和 $HSiO_3^-$ 主要在下层。

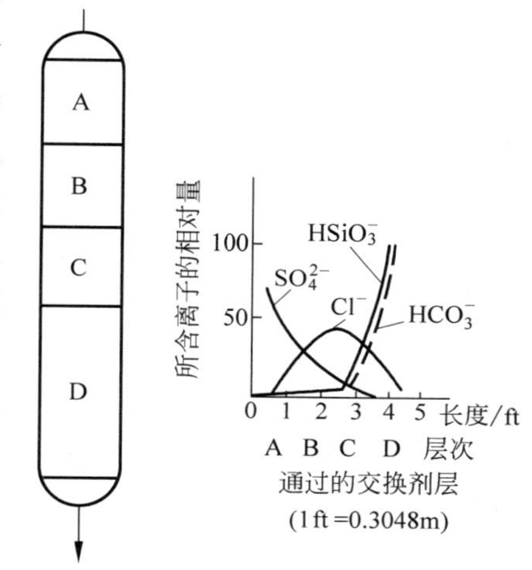

图 6-17 动态交换后各种阴离子在(强碱Ⅱ型)树脂中的分布

由图6-17可见，在动态柱式交换的上层(A层)中，SO_4^{2-} 最多，中层(B层和C层)中则以 Cl^- 和 SO_4^{2-} 居多，说明在运行初期，若进水中 SiO_2 被上层树脂交换，将会很快被 SO_4^{2-}、Cl^- 再次交换出来并移至下层，所以阴离子交换柱失效时首先是 SiO_2 漏出，其次才是 HCO_3^-、Cl^- 和 SO_4^{2-}。因此，应该用出水中 SiO_2 含量作为阴离子交换柱的运行终点控制。

由于阴树脂对 SiO_2 交换与对 HCO_3^- 交换相近，几乎重叠，所以进水中 CO_2 含量也直接影响树脂对 SiO_2 的交换。换句话说，进水 CO_2 含量多，出水 SiO_2 含量会高，因此，严格监督阴离子交换器进水中 CO_2 含量(即监督除碳器运行效果)，有利于阴离子交换器的正常运行。

从这里也可看出，在除盐系统的阴离子交换器前设置除碳器，不但可以延长阴离子交换器运行周期，减少再生用碱量，还可以改善阴离子交换器出水水质。

在图6-17中，强酸阴离子 SO_4^{2-}、Cl^- 和弱酸阴离子 HCO_3^-、$HSiO_3^-$ 的交换带基本上是分开的，重叠部分不多，所以应当区分阴离子交换树脂工作交换容量和除硅容量这两个概念。工作交换容量中很大部分是对 SO_4^{2-}、Cl^- 的交换容量，当进水中 SO_4^{2-}、Cl^- 浓度增大时，工作交换容量会明显上升，而阴离子交换树脂除硅容量是比较小的，当进水中 SO_4^{2-}、Cl^-、CO_2 含量上升时，除硅容量会下降。

强碱阴树脂对 SO_4^{2-} 交换容量比对 Cl^- 交换容量大33%～35%，所以进水 SO_4^{2-} 含量上升，树脂工交上升；进水 $SiO_2/\sum$ 阴比值上升，出水 SiO_2 含量上升，树脂工交下降(顺流式交换器)。

6.4.2 弱碱阴树脂工艺特性

单从工艺上来看,弱碱阴树脂的工艺特性可以总结出如下几点。

(1) 弱碱阴树脂只能交换水中 SO_4^{2-}、Cl^-、NO_3^- 等强酸阴离子,对弱酸阴离子 HCO_3^- 的交换能力很弱,对更弱的弱酸阴离子 $HSiO_3^-$ 不能交换。

(2) 弱碱 OH 型阴离子交换树脂对于这些阴离子的交换是有条件的。那就是交换过程只能在酸性溶液中进行,或者说只有当这些阴离子呈酸的形态时才能被交换。如以下反应式:

$$2RNH_3OH + H_2SO_4 \longrightarrow (RNH_3)_2SO_4 + 2H_2O$$

$$RNH_3OH + HCl \longrightarrow RNH_3Cl + H_2O$$

至于在中性盐溶液中,由于交换反应产生 OH^-,而弱碱阴树脂对 OH^- 选择性特别强,所以实际上弱碱 OH 型阴离子交换树脂就不能和它们进行交换,也即弱碱阴离子交换树脂的中性盐分解能力很弱。

(3) 弱碱阴离子交换树脂极易用碱再生,因为它对 OH^- 选择性最强,所以即使用废碱(如强碱阴离子交换树脂的再生废液)再生都可以,而且不需要过量的药剂。用顺流再生时,一般再生剂的比耗仅为1.2~1.5。这对于降低离子交换除盐系统运行中的碱耗,特别是当原水中含有强酸阴离子的量较多时,具有很大意义。

(4) 弱碱阴离子交换树脂的工作交换容量大,目前一般可达800~1000mol/m^3,明显大于强碱阴树脂的250~300mol/m^3。

(5) 弱碱阴树脂对有机物的吸附可逆性比强碱阴树脂好,可以在再生时被洗脱出来。这主要是因为弱碱阴树脂的交联度低,孔隙大,而一般凝胶型强碱阴树脂交联度高,孔隙小。利用这一点,可以用弱碱阴树脂来保护强碱阴树脂不受有机物的污染。在系统中,将弱碱阴树脂放在强碱阴树脂前面,在运行时,要保证弱碱阴树脂在失效前即停运再生。这是因为弱碱阴树脂吸收的有机物在失效时会释放。

现以目前工业上常用的弱碱阴树脂 D301 为例,进一步说明它的工艺特性。

D301 是大孔型弱碱苯乙烯系阴离子交换树脂,带有叔胺基交换基团,其游离胺型结构式及交换反应如下:

$$R{-}\underset{CH_3}{\overset{CH_3}{\underset{|}{\overset{|}{N}}}}{:} + H_2O + HCl \longrightarrow R{-}\underset{CH_3}{\overset{CH_3}{\underset{|}{\overset{|}{N}}}}{:}\ H\cdots OH + H^+ + Cl^- \longrightarrow R{-}\underset{CH_3}{\overset{CH_3}{\underset{|}{\overset{|}{N}}}}{:}\ H-Cl + H_2O$$

该树脂中除了叔胺基团,还含有约20%的强碱性季胺基团。在用于水处理时,初期呈现一定的强碱性,出水电导率不高,pH 呈弱碱性,可以去除水中部分 CO_2 和 H_2SiO_3,但对硅的交换容量很低,在对硅的交换失效时,由于此时树脂对 SO_4^{2-}、Cl^- 的交换尚未失效,所以进一步运行,被交换的硅也被置换出来。它的运行工作曲线如图6-18所示。

通过对有机物的吸附,在运行初期有机物去除率较高,但当出水 pH 下降,对有机物的吸附明显下降,去除率降低,至出水呈酸性时,已吸附的有机物开始析出。所以为保护强碱

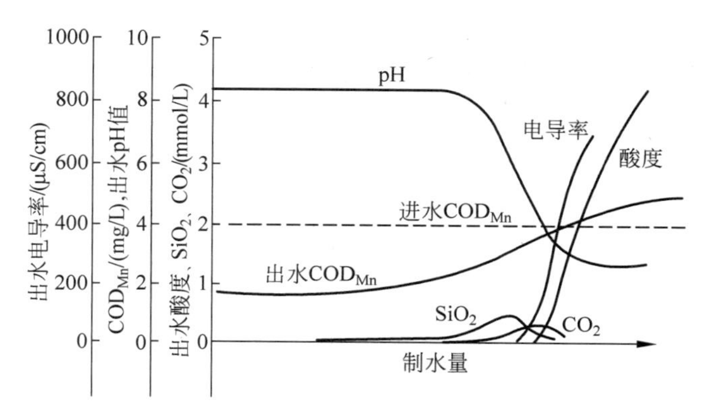

图 6-18 弱碱阴树脂的运行工作曲线

试验条件：水温 22～26℃，进水酸度 7.1mmol/L，运行流速 20m/h

阴树脂不被有机物污染，在出水 pH 下降、酸度穿透时就应考虑停止运行，进行再生。

工业上，弱碱阴树脂通常与强碱阴树脂串联再生，即碱先通过强碱阴树脂，排出的废液再生弱碱阴树脂。此时要防止弱碱阴树脂被强碱阴树脂再生出的硅污染（胶态硅污染），其方法为：强碱阴树脂早期再生废液要排放，待排放液变为碱性后，再引入弱碱阴树脂对其进行再生。

6.4.3 阴离子交换树脂运行中的问题及处理

1. 重金属及硬度盐类的污染

阴离子交换树脂在运行中经常受到带入的重金属离子，如铁、铜离子的污染，其中最重要的污染是铁离子，它主要来自再生碱液，中间水箱、除碳器等与酸性水接触的管道，设备的腐蚀产物。这些金属离子一旦遇到碱性介质，就会产生沉淀，沉积在树脂上，降低了树脂的交换容量。

阴树脂一般不会接触有硬度的水，但若阳床失效控制不当，或其他原因带入一些有硬度的水，甚至包括大气式除碳器鼓风机引入的灰尘硬度，它们在与碱性的阴离子交换树脂接触后，就会生成氢氧化钙、氢氧化镁沉淀，包围在阴树脂上，使其交换容量降低，并使强碱阴离子交换器出水有时会含有微量硬度，尤其是运行后期接近失效时更明显，这是因为近失效时出水 pH 下降，树脂上沉积的硬度氢氧化物溶解量增大。

阴树脂受到重金属及硬度盐类的污染后的处理方法是用 5%～15%的 HCl 对树脂进行长时间浸泡（12h 以上或加温）；也可以在用酸浸泡之前将树脂充分反洗，先洗去树脂表面一些污染物，然后再用酸处理，以便提高盐酸处理的效果，所用盐酸应该是含铁量少的酸，因为盐酸中的铁会与氯离子形成带负电的络合物，被阴树脂吸收。

由于用盐酸处理时，树脂充分失效，所以阴树脂再生时，第一次应加大再生用碱量，获得较高的再生度。

2. 有机物污染

1）污染原因

天然水中存在许多有机物，遇到阴树脂时，会被树脂吸附。对某些种类的有机物，特别是水中高分子有机物腐殖酸和富里酸,这种吸附具有明显的不可逆性,使得运行之后的树脂中,充满了被吸附的高分子有机物,再生时不容易清除,树脂的孔隙被堵,工作交换容量等一系列工艺特性都会发生变化。

水中有机物大部分由原水带入,也有少量是由水处理过程中采用的水处理药剂(如PAM等)和各种泵使用的油脂、有机材料溶解等带入;水及树脂床内有机物生长,也会排泄出有机物质;阳树脂的降解产物(有些是含磺酸基的苯乙烯聚合物)也会污染阴树脂。水中存在的各种有机物都会给阴树脂的运行带来各种各样的影响。

2)污染特征

阴树脂受到有机物污染后,其表现特征是:树脂的全交换容量或工作交换容量下降(每升阴树脂吸收50gCOD_{Mn},交换容量下降67%),树脂颜色常常变深;除盐系统的出水水质变坏,出水的电导率上升,pH下降(最低达5~5.5);出水带色(黄),特别是在正洗时,正洗排水色泽很深,正洗时间延长。

这是因为凝胶型强碱阴树脂的高分子骨架是苯乙烯系的,呈憎水性,而水中的高分子有机物如腐殖酸和富里酸,也呈憎水性,因此两者之间的分子吸引力很强。所以腐殖酸和富里酸一旦被阴树脂吸附,就很难用碱液再生将其解吸出来。由于腐殖酸和富里酸的分子很大,移动比较缓慢,一旦进入阴树脂中,很容易被卡在里面出不来。随着时间的延长,在阴树脂中积累的有机物会越来越多,这些有机物一方面占据了阴树脂的交换位置,使得阴树脂的工作交换容量降低;另一方面,有机物分子上的弱酸基团—COOH又起到了阳离子交换树脂的作用,即在用碱再生阴树脂时,会发生以下交换反应:

$$R'COOH + NaOH \longrightarrow R'COONa + H_2O$$

但在正洗的过程中,又会发生以下的水解反应:

$$R'COONa + H_2O \longrightarrow R'COOH + NaOH$$

这样会造成正洗时间的延长,同样也会使阴树脂的工作交换容量降低。

阴离子交换树脂受有机物污染的程度,还可采用下列方法来判断:取50mL运行中的树脂,用纯水洗涤3~4次,以去除树脂表面的污物,接着再加入10% NaCl溶液,剧烈摇动5~10min,然后观察水的颜色,根据溶液色泽来判断树脂受到污染的程度。NaCl溶液色泽与树脂污染程度的大致关系如表6-12所示。

表6-12 NaCl溶液色泽与树脂污染程度的大致关系

色泽	无色透明	淡草黄色	琥珀色	棕色	深棕或黑色
污染程度	不污染	轻度污染	中度污染	重度污染	严重污染

3)受污染树脂的复苏

目前常用NaCl-NaOH的混合溶液来处理污染树脂,可部分释放吸附的有机物,部分恢复树脂的交换能力,这称为阴树脂的复苏。

混合溶液的浓度是NaCl为10%~15%,NaOH为1%~4%(具体浓度可先通过小型试验来确定),复苏处理时最好加温,但Ⅱ型阴树脂不宜加热至35℃以上。将污染树脂浸泡在复苏液中一段时间,然后再用水冲洗至pH为7~8。

有人向混合液内加入氧化剂,如NaOCl,可将大分子的有机物氧化成为小分子的有机物而容易解吸,所以复苏效果较好,但是会把树脂一同氧化,加速树脂的降解,所以不宜提倡该方法。近年来又出现在复苏液中加入表面活性剂或1%磷酸三钠的办法来提高复苏效果。总的来说，对阴树脂进行复苏处理，可以起到解吸一部分有机物，使工艺性能有一定恢复的作用，但总是恢复不到原来的状况，效果不很理想。因此，目前多是定期对阴树脂进行复苏处理，这样比阴树脂受到严重污染后再进行处理效果要好一些。

4）污染的防止

防止阴树脂受到有机物的污染，主要应从两方面着手：一是减少进水中有机物的含量；二是从树脂本身着手，改善树脂对有机物的吸附可逆性。

（1）减少进水中有机物的含量

选用较好的混凝剂对水进行混凝澄清处理。目前澄清阶段去除有机物大约40%，个别达60%，也有的在20%左右。在预处理阶段，采用其他方法，如加氯、臭氧氧化、紫外线（$UV+H_2O_2$）等，也能氧化降解一部分高分子有机物，对改善阴树脂污染有好处。在预处理阶段进行石灰处理，对去除有机物也是有利的。对水进行曝气处理，还可去除水中挥发性的有机物。在离子交换器前加装活性炭床，是去除水中有机物的有效措施。采用反渗透，可较彻底地去除水中的有机物。

（2）改善树脂对有机物的吸附可逆性

凝胶型树脂由于内部孔隙较小，有机物一旦进入就不容易排出，相对来讲，大孔型树脂的内部孔隙较大，这样在对树脂进行再生时，排出的有机物就要多一些，所以大孔型树脂抗有机物污染的能力要强一些，因此可以选用大孔型树脂替代凝胶型树脂。

弱碱阴树脂，特别是大孔弱碱阴树脂，对有机物的吸附可逆性好，因此在强碱阴床前加弱碱阴床，对减少强碱阴树脂的污染有好处。

还有的采用吸附树脂专门吸附有机物，一般放在阴床前面。

采用丙烯酸系树脂（如213树脂）。因为丙烯酸系树脂对有机物的吸附可逆性比苯乙烯系树脂要好，所以抗有机物污染的能力强。这主要是因为丙烯酸类是亲水的，而苯乙烯类是憎水的。

3. 阳树脂溶出物对阴树脂的影响

国内外很多研究证实，阴树脂会大量吸收阳树脂溶出物，这也是阴树脂的一种有机物污染，吸收阳树脂溶出物的阴树脂交换容量下降，交换动力学传质系数下降，造成出水中阴离子泄漏，出水水质变差；还有研究认为，这种吸收是与阳树脂溶出物的相对分子质量有关，阴树脂对相对分子质量大于1000的阳树脂溶出物吸收量大，树脂再生时洗脱率低，对阴树脂污染危害重。

防止措施是设法减少阳树脂溶出物及对阴树脂进行复苏。

4. 胶体硅污染

当天然水通过强碱阴树脂后，水中胶体硅的含量会明显减少，这可能是树脂的一种过滤或阻留作用。但当树脂每次再生不彻底时，都会使得树脂中硅含量升高，积累的硅量逐渐增多，例如，某厂的强碱阴树脂中硅酸达68mg/g干树脂，而新树脂中硅酸只有0.304mg/g干树脂。强碱阴树脂失效后如不立即再生，以失效态备用，交换来的硅会发生聚合并在低pH条件下转变为胶体硅，使硅在以后的再生中不易置换出来，即留在树脂上的胶体硅含量增加,树脂含硅量较高。

上面三种情况说明树脂中有硅的积累,采用一般的再生工艺无法将其去除,这样就会使得强碱阴树脂对硅酸的交换容量下降,出水 SiO_2 含量会升高,这就称阴树脂受到胶体硅污染。

为了防止阴树脂受到胶体硅污染,阴树脂每次再生用碱量都要足够;阴树脂失效后应立即再生,尽量不要以失效态备用;在水的预处理中采用混凝方法提高胶体硅的去除率。对于已受到胶体硅污染的树脂,可用热的过量 NaOH 进行处理。

5. 强碱阴树脂降解

强碱阴树脂的稳定性(如热稳定性、抗氧化的化学稳定性等)比阳树脂差,但由于它布置在阳床之后,所以遭受氧化剂氧化的可能性比阳树脂少,一般只是水中的溶解氧或是再生液中的 ClO_3^- 对树脂起破坏作用。

氧化破坏主要发生在活性基团的氮原子上,季铵可以被氧化降解至叔胺、仲胺、伯胺,直至活性基团脱落成非碱性物质,反应如下:

$$R-N(CH_3)_3 \xrightarrow{[O]} R-N(CH_3)_2 \xrightarrow{[O]} R=N-CH_3 \xrightarrow{[O]} R\equiv N \longrightarrow \text{非碱性物质}$$

运行时水温高,还会加快阴树脂的氧化降解。其中Ⅱ型强碱阴树脂比Ⅰ型强碱阴树脂更易发生氧化降解。

强碱阴树脂降解的特征是全交换容量下降,工作交换容量下降,中性盐分解容量下降,强碱基团减少,弱碱基团增多,树脂含水率下降,出水 SiO_2 含量上升,除硅能力继续下降。

与阳树脂氧化降解特征不同,强碱阴树脂氧化降解后树脂含水率下降,当树脂含水率下降至40%时,树脂中强型离子交换基团损失约50%,树脂工交下降约16%,此时树脂可作报废处理。

防止强碱阴树脂降解的方法是:使用真空式脱碳器,减少阴床进水中的含氧量;采用隔膜法制造的烧碱,降低碱液中的 $NaClO_3$ 含量;控制再生液的温度等。

6.5 复床除盐

6.5.1 系统及原理

在离子交换除盐系统中,最简单的是一级复床除盐。它由一个强酸性阳离子交换器、一个除碳器和一个强碱性阴离子交换器等组成,系统如图6-19所示。

在该系统中,原水在强酸H交换器中经H离子交换后,除去了水中所有的阳离子,被交换下来的 H^+ 与水中的阴离子结合成相应的酸,其中与 HCO_3^- 结合生成的 CO_2 连同水中原有的 CO_2 在除碳器中被脱除,水进入强碱OH交换器后,以酸形式存在的阴离子与强碱阴树脂进行交换反应,除去水中所有的阴离子。所以,水通过一级复床除盐系统后,水中各种阴、阳离子已全部去除,获得了除盐水。

这种阴、阳离子交换树脂分别装在不同的交换器中称为复床。水一次性通过阴、阳交换器称为一级除盐,其出水水质是:硬度为0,电导率小于5μS/cm,SiO_2 浓度小于100μg/L。

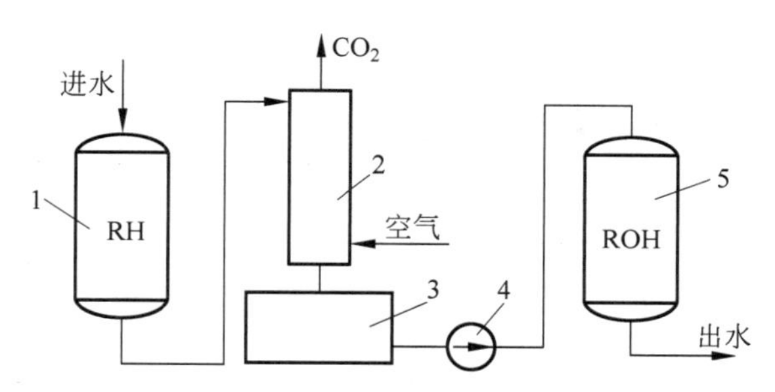

1—强酸 H 交换器；2—除碳器；3—中间水箱；4—中间水泵；5—强碱 OH 交换器。

图 6-19 一级复床除盐系统

6.5.2 运行

1. 阳离子交换器运行

阳离子交换器运行有控制漏钠和漏硬度两种情况，但在水的除盐系统中要求阳离子交换器运行至漏钠即判断失效，一般是以出水含钠 100～500μg/L 作为失效，此时出水硬度仍为 0。

阳离子交换器运行失效时的终点判断有以下几种方法。

(1) 控制出水 Na^+ 浓度。可以使用在线的工业钠度计进行控制，也可以手工监测 Na^+ 浓度；但由于不是连续测量，不能及时反映失效点。

(2) 控制出水酸度。当出水酸度比正常值下降 0.1mmol/L 时，可判断失效。由于该方法要人工测定而不是连续测定，有时间差异，也不能及时反映失效点。

(3) 差示电导法。由于失效时，出水中 Na^+ 增多，H^+ 减少，使出水电导率下降，但由于原有电导率较大，电导率下降百分比较低，所以电导仪显示不灵敏。可以采用差示电导法来判断阳床失效。差示电导仪原理见图 6-20。

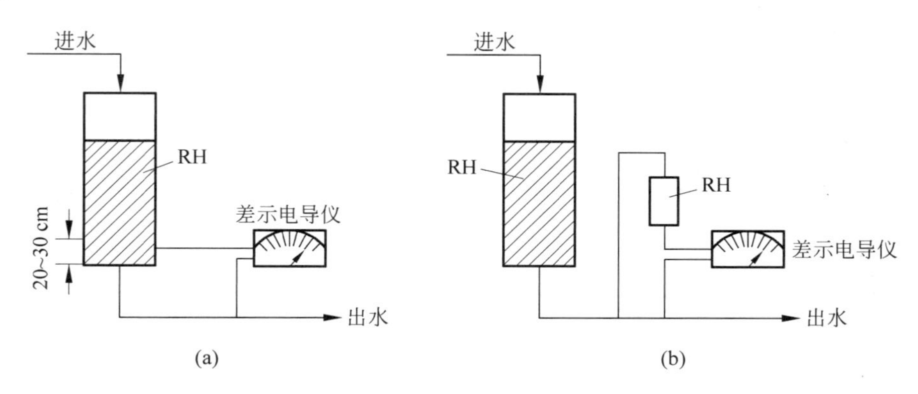

图 6-20 差示电导法示意图

差示电导法是一种能够及早发现漏钠现象的监督方法，它是将取样装置设在阳离子交换器下部树脂层中(距底部出水装置 20～30cm 处)，如图 6-20(a)。然后，用仪表测定此处取得的水样和交换器出口水样的电导率，两者加以对比，若它们的差等于 0 或比值等于 1，则表示阳离子交换器运行还未失效；若在树脂层中取出水样的电导率小于交换器出口水样的电导率，则说明取样点处树脂已经失效，很快阳离子交换器运行即要失效。另有一种类似的监督方法，就是自行装一H型小交换柱，如图6-20(b)，让阳离子交换器出水通过它，测其进出口电导率差值。若阳离子交换器运行失效，其出水电导率会降低，而H型小交换柱出口电导率不变，两者有差异；若阳离子交换器正常运行，则H型小交换柱进出口电导率值相近或相等。经过实践运行证明，差示电导法可迅速、准确地指示阳离子交换器的运行终点。

(4) 根据阴离子交换器出水来判断。阳离子交换器运行失效时，阴离子交换器进水Na^+增多，出水中NaOH也增多，其出水电导率上升，pH上升，出水SiO_2含量也上升，因此可判断为阳离子交换器运行失效。但采用此方法判断，滞后现象比较严重，反映不及时，造成中间水箱水质恶化。这种方法在单元制除盐系统中用得较多。

2. 除碳器运行

大气式除碳器运行只要基本保证给出的风压和风量即可。

真空式除碳器运行也只要基本保证维持一定的真空度即可。此时出水中残余CO_2小于5mg/L。

3. 阴离子交换器运行

强碱阴离子交换器运行以漏SiO_2为终点，在强碱阴离子交换器出水中，SiO_2含量一般为20～100μg/L，电导率为0.5～5μS/cm，pH值为7～8。开始出现漏SiO_2时，出水pH、电导率有一定的变化趋势，水质变化曲线如图6-21(b)所示。从图中可看出，当阴离子交换器运行出水SiO_2含量开始升高时，出水pH已经开始下降，电导率先有所下降，然后再上升。这是因为pH值降至7左右时，H^+、OH^-的浓度最小，虽然此时$HSiO_3^-$浓度上升，但它对电导率的影响远不及OH^-，所以电导率先下降，随着pH值的进一步下降，H^+浓度增多，出水电导率迅速上升。

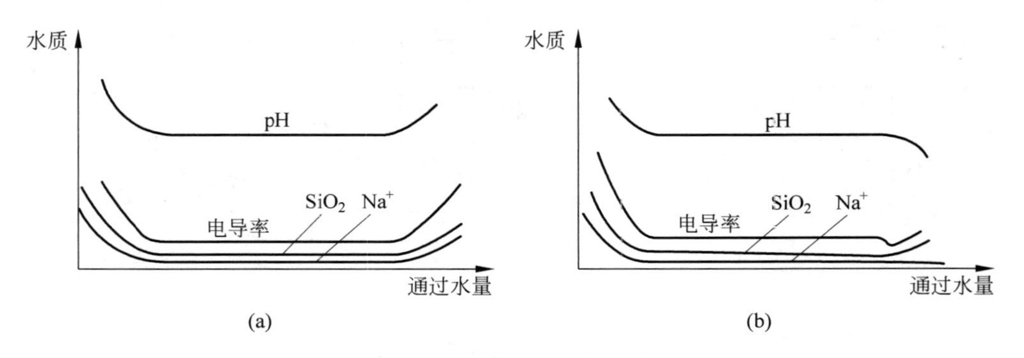

图6-21 一级复床除盐中强碱阴离子交换器运行出水水质变化曲线

(a) 强酸H交换器先失效；(b) 强碱OH交换器先失效

强碱阴离子交换器运行终点控制是SiO_2含量<100μg/L，电导率<5μS/cm。

强碱阴离子交换器运行失效时的终点判断有以下几种方法。

(1) 测定阴离子交换器出水 SiO_2 含量，若达到 $100\mu g/L$，则判断阴离子交换器运行失效。可以人工测定，也可以仪表测定，人工测定时间间隔比较长，因此比较滞后。

(2) 测定阴离子交换器出水电导率。阴离子交换器出水电导率先下降后上升，可判断阴离子交换器运行失效，但此时应辅以 pH 测量，以区分是阴离子交换器运行失效引起电导率上升，还是阳离子交换器运行失效引起电导率上升，因为前者 pH 值下降，后者 pH 值上升(有酚酞碱度存在)，如图 6-21(a)所示。

(3) 使用差示电导法。同前述阳离子交换器运行失效判断一样，但是用 OH 型小交换柱替代 H 型小交换柱，或是将取样装置设在阴离子交换器下部树脂层中(距底部出水装置 20～30cm 处)，测两者的电导率差值。但此方法不如阳离子交换器运行失效判断灵敏。

4. 复床除盐系统的组合方式

对一个企业的水处理系统来讲，由于其阴、阳离子交换器不只一台，那么它们之间的连接方式就成了值得研究的问题，这时既要考虑运行调度方便，又要考虑提高设备的利用率及便于自动控制。目前，复床除盐系统组合方式一般分为单元制系统(串联系统)和母管制系统(并联系统)。

1) 单元制系统

单元制系统是指一台 H 型阳离子交换器、一台除碳器、一台 OH 型阴离子交换器所构成的系统，如图 6-22 所示，图中 D 表示除碳器。该系统一起投运、一起失效、一起再生。所以这种系统的设计要求是阳离子交换器和阴离子交换器的运行周期基本相同(一般设计阴离子交换器的运行周期比阳离子交换器的运行周期大 10%～20%)。单元制系统的优点是：调度方便；控制仪表简单，只需在阴离子交换器的出口设一只电导率表(辅以 SiO_2 表)即可；便于实现自动化控制。其缺点是：设备不能充分利用，阴树脂交换容量有一定浪费；并且要求进水水质稳定，当进水水质有较大波动时，会导致运行偏离设计状况。因此，单元制系统适用于原水水质变化不大，交换器台数较少的情况。

2) 母管制系统

母管制系统中，不是整套系统失效及投运，而是各个交换器独立运行、独立失效、独立再生，系统如图 6-23 所示。该系统对阴、阳离子交换器运行周期无要求。母管制系统的优点是设备利用率高，运行调度比较灵活。其缺点是监督仪表多，每一个阳、阴离子交换器的出口都必须设监督仪表，操作调度复杂，实现自动化控制比较难。因此，母管制系统适用于原水水质变化大，交换器台数较多的情况。

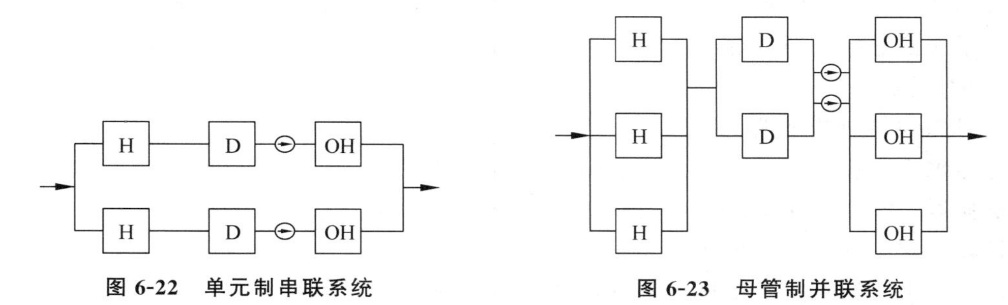

图 6-22 单元制串联系统

图 6-23 母管制并联系统

单元制系统的强碱阴离子交换器出水水质变化曲线如图6-21(a)所示，母管制系统的阳床失效及阴床失效时出水水质变化曲线如图6-24所示。

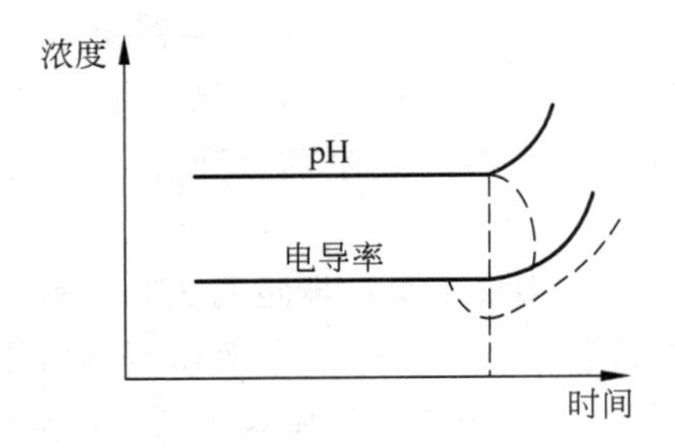

图6-24 母管制系统的阳床失效及阴床失效时阴床出水水质变化曲线

(pH及电导率向上变化(实线)为阳床失效，向下变化(虚线)为阴床失效)

6.5.3 带弱型树脂交换器的一级复床除盐系统

由于弱型树脂工作交换容量大，再生剂比耗低，因此，在原水水质比较差的情况下，增加使用弱型树脂能够取得比较好的经济效果。

1. 系统与适用水质

1) 弱酸树脂阳离子交换器

当原水含盐量很高，碳酸盐硬度较大，比如水中碳酸盐占4mmol/L以上，硬碱比为1～2，或碳酸盐硬度占水中总阳离子浓度的1/2以上，此时选用弱酸树脂很经济。它的系统如图6-25所示。

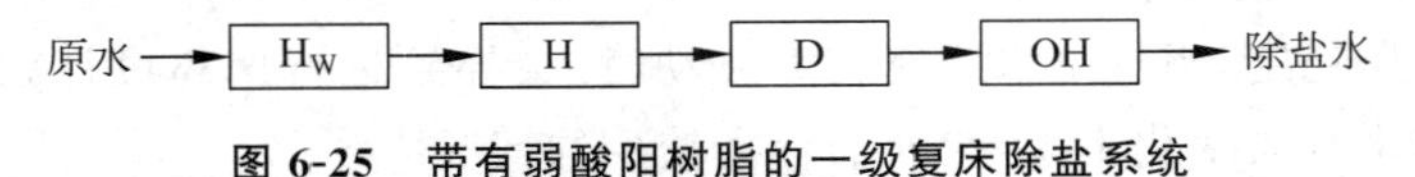

图6-25 带有弱酸阳树脂的一级复床除盐系统

H_W—弱酸H离子交换器；H—强酸H离子交换器；D—除碳器；OH—强碱OH离子交换器。

该系统中弱酸阳离子交换器和强酸阳离子交换器可以为复床(图6-25)，也可为双层床(在一个交换器内装有弱、强两种树脂)，还可为双室双层床，或双室双层浮动床。

弱酸阳离子交换器和强酸阳离子交换器是串联运行、串联再生，即运行时水先通过弱酸阳离子交换器，再经过强酸阳离子交换器。而再生时酸液则先经过强酸阳离子交换器，然后再经过弱酸阳离子交换器，由于是利用强酸阳树脂的废再生液进行再生，故经济性较好。强酸阳离子交换器可以采用对流再生，而弱酸阳离子交换器由于再生效率高，没有必要用对流再生，可用顺流再生。

2) 弱碱阴离子交换器

当原水中含盐量较高，强酸阴离子比较多(如2～3mmol/L或更多)时，可采用弱碱阴离子交换器；当原水中有机物较多时，为保护强碱阴树脂免遭有机物污染，也可设弱碱阴离子交换器。它的系统如图6-26所示。

该系统中弱碱阴离子交换器和强碱阴离子交换器可以为复床(图6-26)，也可为双层床，还可以为双室双层床，或双室双层浮动床。

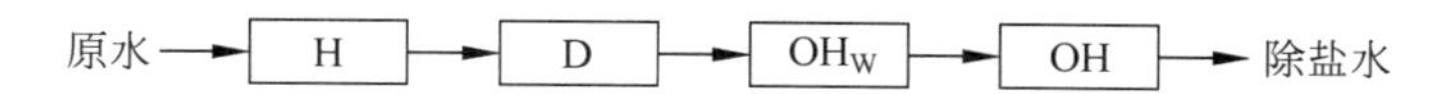

图 6-26　带弱碱阴树脂的一级复床除盐系统

H—强酸 H 离子交换器；D—除碳器；OH_W—弱碱 OH 离子交换器；OH—弱碱 OH 离子交换器。

弱碱阴离子交换器和强碱阴离子交换器是串联运行、串联再生，即再生时碱液先通过强碱阴离子交换器后再进入弱碱阴离子交换器，由于是利用强碱阴树脂废再生液进行再生，故经济性较好。强碱阴离子交换器可以采用对流再生，再生效果好，而弱碱阴离子交换器不必采用对流再生，只要顺流再生即可，因为它再生效率高。

3）带弱酸阳树脂和弱碱阴树脂的一级复床除盐系统

当原水中含盐量较高，符合上述使用弱酸阳离子交换器情况，也符合上述使用弱碱阴离子交换器情况（比如含盐量大于 500mg/L，总阳离子含量或总阴离子含量大于 7mmol/L）时，可以使用弱酸及弱碱树脂，系统如图 6-27 所示。

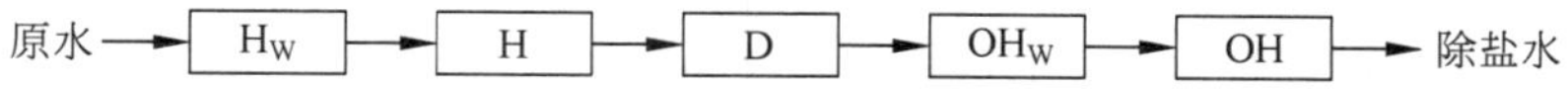

原水 → H_W → H → D → OH_W → OH → 除盐水

图 6-27　带有弱酸阳树脂及弱碱阴树脂的一级复床除盐系统

（图中各符号同图 6-25 及图 6-26）

弱酸阳离子交换器和强酸阳离子交换器、弱碱阴离子交换器和强碱阴离子交换器同样可以为复床，也可为双层床，还可为双室双层床，或双室双层浮动床。它们的运行方式也是串联运行、串联再生，与上述单独使用情况相同。

2. 串联再生时强型、弱型树脂分配比例

串联再生的基本要求是强型、弱型树脂同时再生，亦即要求弱型树脂和强型树脂同时失效。换句话说，就是要根据水质和强型、弱型树脂的交换能力来选择树脂体积，这对复床、双层床、双室双层床都是一样的，保证同时失效。

1）弱酸和强酸树脂比例

弱酸 H 离子交换器的周期制水量按式(6-4)计算：

$$V_{弱} E_{弱} = Q\ (A - A_C) \tag{6-4}$$

强酸 H 离子交换器的周期制水量按式(6-5)计算：

$$V_{强} E_{强} = Q\ (C_K - A + A_C) \tag{6-5}$$

式中，$E_{弱}$——弱酸树脂工作交换容量，mol/m^3；

$E_{强}$——强酸树脂工作交换容量，mol/m^3；

$V_{弱}$——弱酸树脂体积，m^3；

$V_{强}$——强酸树脂体积，m^3；

Q——周期制水量，m^3；

C_K——水中总阳离子浓度，mmol/L；

A——原水碱度，mmol/L；

A_C——弱型树脂出水残余碱度，mmol/L。

对式(6-4)和式(6-5)进行变换得

$$\frac{V_{强}}{V_{弱}}=\frac{E_{弱}(C_K-A+A_C)}{E_{强}(A-A_C)} \tag{6-6}$$

在阳离子交换器中,弱酸阳树脂高度不应低于0.8m,强酸阳树脂高度也不应低于0.8m,以便出水水质有所保证。强型树脂还应富余10%~20%,以充分利用弱酸阳树脂。

对上式中的A_C取值如表6-13所示。

表6-13 不同情况下的A_C取值

进水水质	硬度/碱度	1.0~1.4		1.5~2.0	
	碱度 A/(mmol/L)	<2	>2	<3	>3
A_C值/(mmol/L)		0.15~0.20	0.20~0.30	0.10~0.20	0.30~0.40

2) 弱碱和强碱树脂比例

弱碱OH离子交换器的周期制水量按式(6-7)计算:

$$V_{弱}E_{弱}=QC_{强} \tag{6-7}$$

强碱OH离子交换器的周期制水量按式(6-8)计算:

$$V_{强}E_{强}=QC_{弱} \tag{6-8}$$

式中,$E_{弱}$——弱碱树脂工作交换容量,mol/m^3;

$E_{强}$——强碱树脂工作交换容量,mol/m^3;

$V_{弱}$——弱碱树脂体积,m^3;

$V_{强}$——强碱树脂体积,m^3;

Q——周期制水量,m^3;

$C_{强}$——水中强酸阴离子浓度,mmol/L;

$C_{弱}$——水中弱酸阴离子浓度,mmol/L。

对式(6-7)和式(6-8)进行变换得

$$\frac{V_{强}}{V_{弱}}=\frac{E_{弱}C_{弱}}{E_{强}C_{强}} \tag{6-9}$$

同样,在阴离子交换器中,强碱阴树脂层厚度不应低于0.8m,弱碱阴树脂层厚度也不应低于0.8m,以便出水水质有所保证。如果从考虑去除有机物,保护强碱阴树脂出发,弱碱阴树脂体积应放宽10%~20%,即保证强碱阴树脂先失效,以免弱碱阴树脂因先失效释放有机物而污染强碱阴树脂。如不考虑有机物的保护作用,则强碱阴树脂应富余10%~20%,以保证出水水质。

3. 带弱型树脂除盐系统运行中的几个问题

在带弱型树脂除盐系统运行中,应注意以下事项。

(1) 对于双层床,由于其树脂分层是靠密度差,所以树脂的湿真密度差应为0.04~0.05g/cm^3,甚至更高,应考虑树脂在不同形态时的密度差值以及树脂运行后密度的变化情况。

(2) 由于弱型树脂设计是根据水质计算而得,所以希望运行中水质变化小,如果在运行中水质变化较大,则设计中的匹配关系要被破坏。

(3) 阳双层床最好采用HCl再生,若用H_2SO_4再生,要考虑防止$CaSO_4$析出,此时可采用二步法或三步法再生。

(4) 阴双层床再生，要防止胶体硅在弱碱阴树脂中析出，这主要是因为再生液先通过强碱阴树脂，而再生刚开始排出的再生废液中 SiO_2 很多，进入弱碱阴树脂后，其 OH^- 被大量吸收，浓度很低，pH 下降，此时硅酸会析出。一旦发生这种情况，清洗困难，并会影响出水水质和周期制水量。

防止胶体硅析出可采用变浓度再生法，先用 1%浓度的碱液，以较快流速(7～10m/h)使弱碱阴树脂得到初步再生，然后再用 2.5%～3%浓度的碱液，以较慢流速(3～5m/h)彻底再生强碱、弱碱阴树脂，碱液均可加热，这样再生效果更好；或将强碱阴树脂再生初期的废液排放一部分，把大量 SiO_2 排掉，中、后期再生废碱液再通过弱碱阴树脂。

(5) 弱型树脂运行中再生度高，但失效度低(强型树脂是再生度低、失效度高)，所以使用中研究提高其失效度(为改变终点控制标准等)有很大的经济意义。

6.6 离子交换装置及运行操作

生产实践中，水的离子交换处理是在离子交换装置中进行的，所以也有将装有交换树脂的离子交换装置称为离子交换器、离子交换柱、离子交换床等，离子交换装置内的交换树脂层称为床层。离子交换装置的种类很多，分类在前面已述，其中，固定床离子交换器是离子交换除盐系统中用得最广泛的一种装置。离子交换装置根据其用途的不同，又可分为阳离子交换器、阴离子交换器和混合离子交换器。

下面主要介绍常用离子交换器的结构、运行操作及工艺特点。

6.6.1 顺流再生离子交换器

1. 交换器的结构

交换器的主体是一个密封的圆柱形压力容器，交换器上设有人孔门、树脂装卸孔和用以观察树脂状态的窥视孔。交换器内表面衬有良好的防酸、防碱腐蚀的保护层，体内还设有多种型式的进水、出水装置和进再生液的分配装置，并装填一定高度的交换树脂层。设备结构如图 6-28 所示，外部管路系统如图 6-29 所示。

1) 进水装置

进水装置的作用一是均匀分布进水于交换器的过水断面上，二是均匀收集反洗排水。常用的进水装置如图 6-30 所示。

漏斗式进水装置结构简单，但当安装倾斜时容易发生偏流。在进行反洗操作时，还应注意控制树脂层的膨胀高度，以防止树脂流失。

十字穿孔管式或圆筒式(又称大喷头式)是在十字穿孔管或圆筒上开有许多小孔，管或筒外可包滤网或绕不锈钢丝及开细缝隙两种型式，常用材料为不锈钢或工程塑料，也可采用碳钢衬胶。

多孔板拧排水帽式的进水装置布水均匀性较好，但结构复杂，常用的排水帽有塔式(K型)、叠片式等，多孔板材料有碳钢衬橡胶、碳钢涂耐腐蚀涂料、工程塑料等。

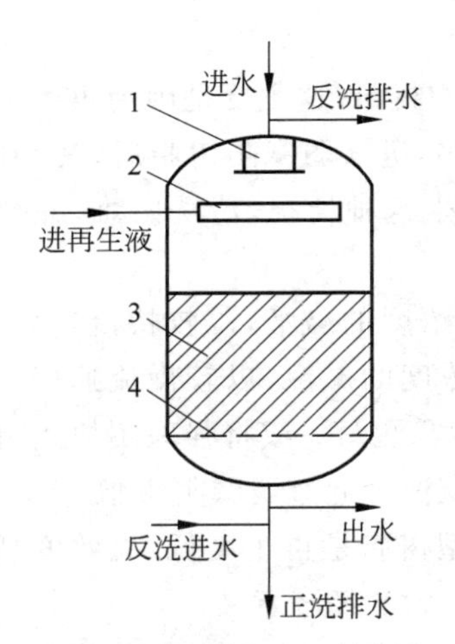

1—进水装置；2—再生液分配装置；3—树脂层；4—排水装置。

图 6-28 顺流再生离子交换器的内部结构

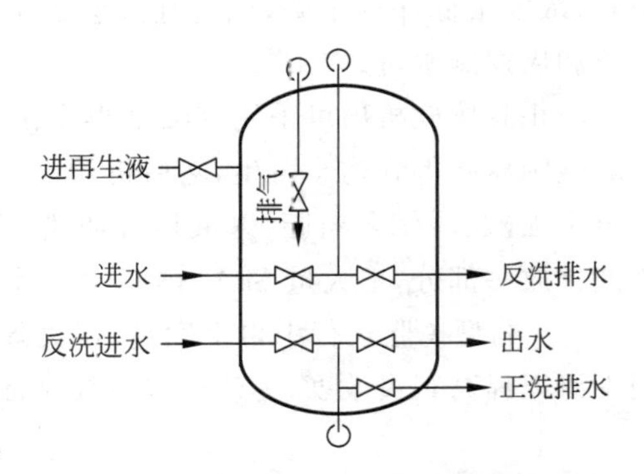

图 6-29 顺流再生离子交换器的管路系统

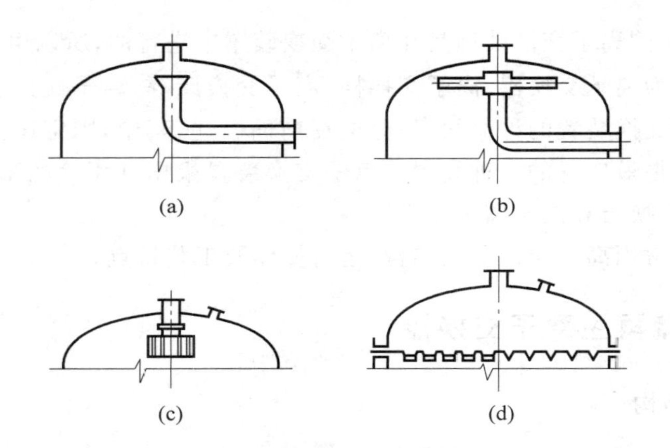

图 6-30 常用进水装置

(a) 漏斗式；(b) 十字穿孔管式；(c) 圆筒式；(d) 多孔板拧排水帽式

2）排水装置

排水装置既用于均匀收集处理好的水，又用于均匀分配反洗进水，所以也称配水装置。一般对排水装置布集水的均匀性要求较高，常用的底部排水装置如图 6-31 所示。

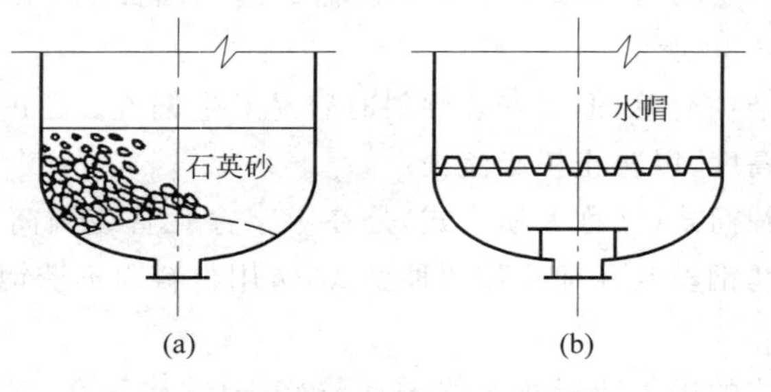

图 6-31 常用的底部排水装置

(a) 穹形孔板石英砂垫层式；(b) 多孔板加水帽式

在石英砂垫层式的排水装置中，穹形孔板起支撑石英砂垫层的作用，也可采用叠片式大排水帽，两者的布水均匀性都较好。常用材料有碳钢衬胶、不锈钢等。石英砂垫层的级配和层高见表6-14所示。

表 6-14 石英砂垫层的级配和层高 单位：mm

粒 径	设备直径		
	≤1600	>1600～2500	>2500～3200
1～2	200	200	200
2～4	100	150	150
4～8	100	100	100
8～16	100	150	200
16～32	250	250	300
总层高	750	850	950

离子交换器用于除盐时，要求石英砂的质量为 SiO_2 含量≥99%，且使用前应用10%～20%的 HCl 溶液浸泡 12～24h，以除去其中的可溶性杂质。

多孔板加水帽式与上述进水装置中的多孔板拧排水帽式相同。

3）再生液分配装置

应能保证再生液均匀地分布在树脂层上，常用的再生液分配装置如图6-32所示。

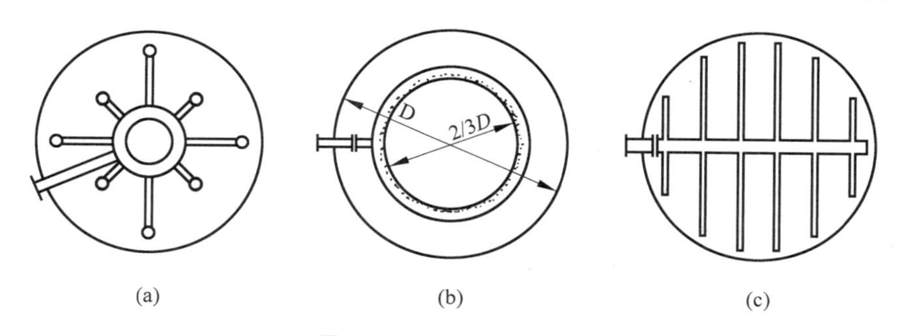

图 6-32 再生液分配装置

(a) 辐射式；(b) 圆环式；(c) 母管支管式

小直径交换器可不专设再生液分配装置，由进水装置分配再生液。大直径交换器的再生液分配装置一般采用母管支管式。再生液分配装置距树脂层面 200～300mm，在管的两侧下方45°开孔，孔径一般为ϕ6mm～ϕ8mm，再生液从孔中流出的流速为0.7～1.0m/s。

此外，为了在反洗时使树脂层有膨胀的余地，并防止细小的树脂颗粒被反洗水带走，在交换器的上方，树脂层表面至进水装置之间应留有一定的反洗空间，其高度一般相当于树脂层高度的60%～100%。这一空间称为水垫层，水垫层在一定程度上还可以防止进水直冲树脂层面造成树脂表面凹凸不平，从而使水流在交换器断面上均匀分布。

2. 交换器的运行

顺流再生离子交换器的运行通常分为5步，即从交换器运行失效后算起分别为反洗、进再生液、置换、正洗和运行制水。这5个步骤组成交换器的一个运行循环，称运行周期。

1) 反洗

交换器中的树脂运行失效后,在进再生液之前,常先用水自下而上进行短时间的强烈反洗,其目的如下。

(1) 松动树脂层。在运行制水过程中,带有一定压力的水持续地自上而下通过树脂层,因此树脂层被压得很紧。为了使再生液在树脂层中能够均匀分布,在再生前需要事先进行反洗,以使树脂层充分松动。

(2) 清除树脂层中的悬浮物、碎粒和气泡。在运行制水过程中,因上层树脂还起着过滤作用,水中的悬浮物被截留在这层中,这不仅使水通过时的阻力增大,还会造成树脂结块,导致树脂的交换容量得不到充分发挥。此外,在运行过程中产生的树脂碎屑,也会影响水流的通过。所以,反洗不仅可以清除这些悬浮物和树脂碎屑,还可以排除树脂层中存在的气泡。这一步骤对处于最前级的阳离子交换器尤为重要。

反洗水的水质,应不污染树脂。所以对于阳离子交换器可以采用清水,对于阴离子交换器则可以采用除碳器中间水箱的水,或者采用该交换器上次再生时收集起来的正洗水。

对于不同种类的树脂,反洗强度一般应控制在既能使污染树脂层表面的杂质和树脂碎屑被带走,又不至于将完好的树脂颗粒冲跑,而且树脂层又能得到充分松动。经验表明,反洗时使树脂层膨胀50%～60%效果较好。反洗要一直进行到排水不浑浊为止,一般需10～15min。

反洗也可以依据具体情况在运行几个周期后,定期进行。这是因为,有时在交换器中悬浮物颗粒的累积并不很快,而且树脂层并不是一下压得很紧,所以没有必要每次再生时都要进行反洗。

2) 进再生液

在进再生液前,应先将交换器内的水放至树脂层上100～200mm处,然后让适当浓度的再生液以一定的流速从上而下流过树脂层。再生是离子交换器运行操作中很重要的一环,影响再生效果的因素很多,如再生剂的种类、纯度、用量、浓度、流速、温度、树脂的种类等。

3) 置换

当全部再生液送完后,树脂层中仍有正在反应的再生液,而树脂层面至计量箱之间管道、容器内的再生液则尚未进入树脂层。为了使这些再生液全部通过树脂层,保证树脂充分再生,用水按再生液流过树脂的流程及流速通过交换器,这一过程称为置换。它实际上是再生过程的继续。置换用水一般用配再生液的水,水量为树脂层体积的1.5～2倍,以排出液离子总浓度下降到再生液浓度的10%～20%为宜。

4) 正洗

置换结束后,为了继续清除交换器内残留的再生剂及再生产物,用运行时的进水从上而下清洗树脂层,流速为10～15m/h。正洗一直进行到出水水质合格为止。正洗水量一般为树脂层体积的3～10倍,因设备和树脂不同而有所差别。

5) 运行制水

正洗合格后即可投入运行制水。

3. 优缺点

顺流再生工艺的优点是交换器结构简单,操作容易,易实现自动化控制,对进水悬浮物含量要求较宽(浊度≤5NTU)等,所以早期的离子交换几乎都采用顺流再生工艺,目前仍有广泛的应用。

顺流再生工艺的缺点是出水水质相对较差,且易受进水水质影响,再生剂耗量高。

6.6.2 逆流再生离子交换器

1. 机理

1) 对顺流再生工艺缺点的分析

顺流再生离子交换器再生液流动方向与水流方向一致,在运行时,由于上层树脂与水先接触,所以首先失效;而底层树脂在交换器失效时,正处于工作层位置,还没有完全失效。再生时,新鲜再生液先通过上层树脂,所以上层树脂再生比较彻底,当再生液流至底层树脂时,再生液中再生剂浓度下降,杂质浓度上升,根据下列平衡关系:

$$RNa + HCl \rightleftharpoons RH + NaCl$$

在下层树脂中,RH 型比例比上层少,未再生的 RNa 型比例比上层多。树脂层态分布如图 6-33 所示。

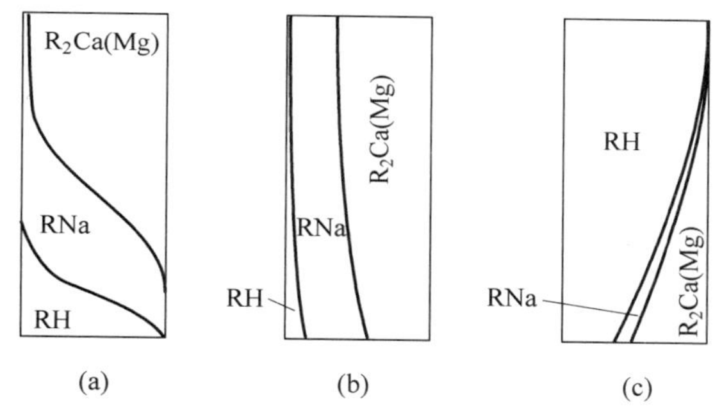

图 6-33 顺流再生离子交换器树脂层态分布示意图

(a) 失效后;(b) 反洗后再生前;(c) 再生后

根据前述平衡式,可得出水中 Na^+ 浓度的表达式:

$$\frac{[Na^+]}{[H^+]} = \frac{1}{K_{H^+}^{Na^+}} \frac{[RNa]}{[RH]}$$

从上式可知,出水中钠离子浓度与树脂中残留的钠型成正比,即与树脂再生度成反比,再生度越低,出水中钠离子浓度越高。

由于顺流再生离子交换器的出水最后是与底层树脂相平衡,因此出水质量与底层树脂再生度有关。而顺流再生离子交换器的底层树脂再生度低,所以出水品质差,出水中含钠量高。

若想提高顺流再生离子交换器的底层树脂再生度,就必须加大再生剂用量,而再生剂是通过整个树脂层最后才与底层树脂相接触,所以再生剂必须增加很多,才能提高底层树脂再生度,换取出水质量提高的优点,这就使得顺流再生离子交换器再生剂用量大,效率低(出水质量提高很少一点,就要再生剂增加很多)。

2) 逆流再生的机理

根据上述分析,如若将进入交换器的再生液不是从上而下,而是与水流方向相反,从下向上通过树脂层,这样底层树脂首先接触新鲜的、杂质少的再生液,其再生度会提高很多。这时树脂层上部再生度低,但由于运行时水流从上而下,上层接触杂质较多的水,仍可进行比较彻底的交换,而下部再生度高的树脂接触杂质少的水,仍可进行交换,这样就使出水质量明显提高。由于出水品质好,所以可减少再生剂用量,再生剂效率也高。逆流再生离子交换器树脂层态分布如图 6-34 所示。

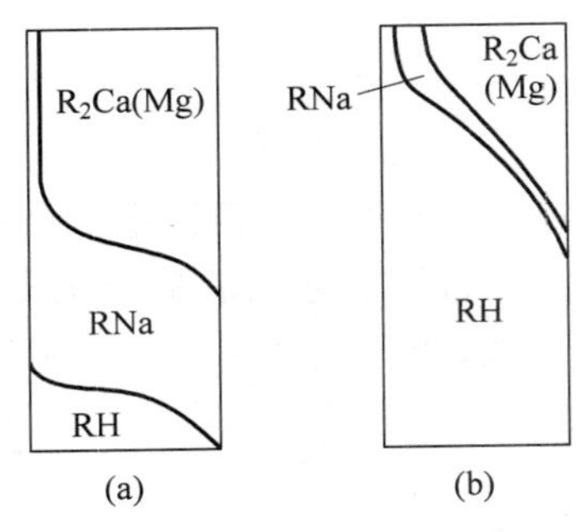

图 6-34 逆流再生离子交换器树脂层态分布示意图

(a) 失效后(即再生前); (b) 再生后

2. 交换器的结构

由于逆流再生工艺中再生液及置换水都是从下向上流动的,如果不采取措施,流速稍大时,就会发生和反洗那样使树脂层扰动的现象,有利于再生的层态会被打乱,这通常称为乱层。若再生后期发生乱层,会将上层再生差的树脂或多或少地翻到底部,这样就必然失去逆流再生工艺的优点。为此,在采用逆流再生工艺时,必须从设备结构和运行操作方面采取措施,以防止溶液向上流动时发生树脂乱层的现象。

逆流再生离子交换器的结构和管路系统如图 6-35 和图 6-36 所示。与顺流再生离子交换器结构不同的地方是,在树脂层表面处设有中间排液装置,在中间排液装置上面加有压脂层。

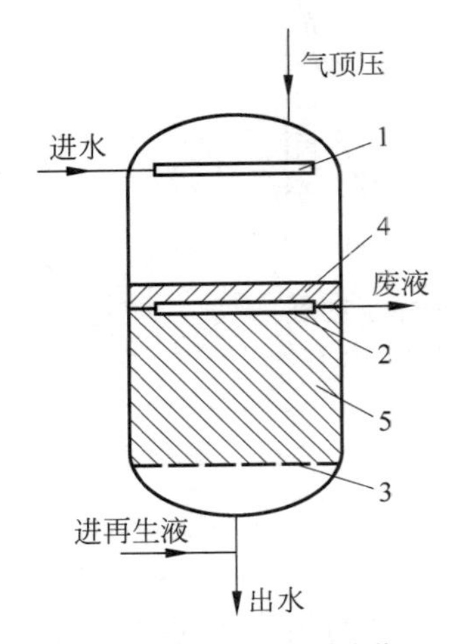

1—进水装置; 2—中间排液装置; 3—排水装置; 4—压脂层; 5—树脂层。

图 6-35 逆流再生离子交换器结构

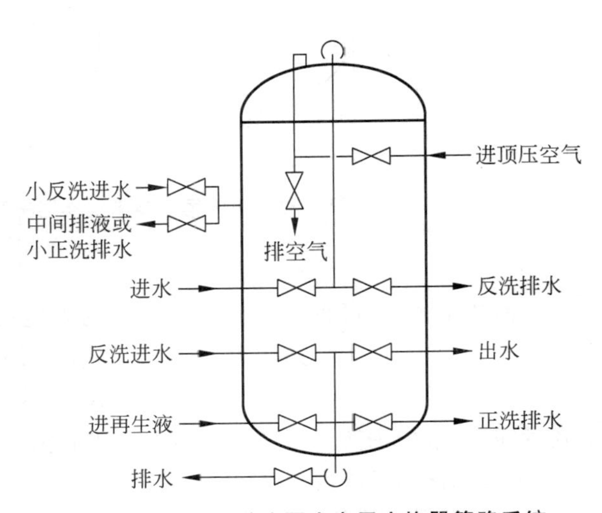

图 6-36 气顶压逆流再生离子交换器管路系统

1) 中间排液装置

中间排液装置对逆流再生离子交换器的运行效果有很大影响,该装置的作用主要是使向上流动的再生液和清洗水能均匀地从此装置排走,不会因为有水流流向树脂层上面的空间而扰动树脂层,同时它还应有足够的强度。并且,它还兼作小反洗的进水装置和小正洗的排水装置。目前常采用的型式是母管支管式,其结构如图 6-37(a)所示。支管用法兰与母管连接，支管距离一般为150～250mm，为防止离子交换树脂流失，支管上应开孔或开细缝并加装网套。网套一般内层采用0.5mm×0.5mm聚氯乙烯塑料窗纱，外层用60～70目的不锈钢丝网、涤纶丝网（有良好的耐酸性能，适用于用HCl再生的阳离子交换器）、锦纶丝网（有良好的耐碱性能，适用于用NaOH再生的阴离子交换器）等，也有在支管上设置排水帽的。对于大直径的交换器，常采用碳钢衬胶母管和不锈钢支管；小直径的交换器，支管和母管均采用不锈钢。

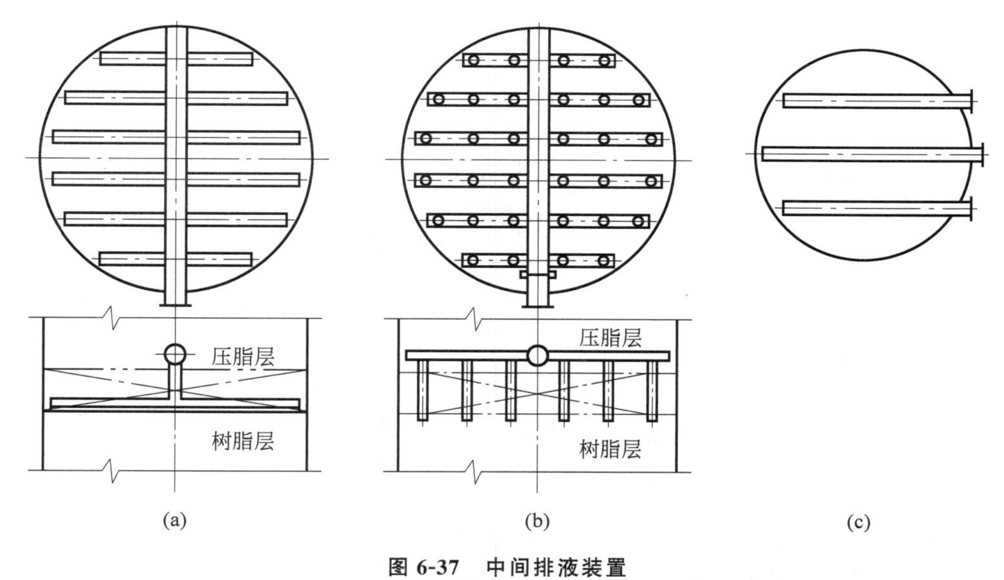

图6-37 中间排液装置

(a) 母管支管式；(b) 插入管式；(c) 支管式

此外，常用的中间排液装置还有插入管式，如图6-37(b)所示，插入树脂层的支管长度一般与压脂层厚度相同，这种中间排液装置能承受树脂层上、下移动时较大的推力，不易弯曲、断裂。图6-37(c)所示为支管式的中间排液装置，一般适用于较小直径的交换器，支管的数量可根据交换器直径的大小选择。

2）压脂层

设置压脂层是为了在溶液向上流动时树脂不乱层，但实际上压脂层所产生的压力很小，并不能靠自身起到压脂作用。压脂层真正的作用，一是过滤掉水中的悬浮物及浊质，以免污染下部树脂层；二是在再生过程中，可以使顶压空气或水通过压脂层时，均匀地作用于整个树脂层表面，从而起到防止树脂层向上移动或松动的作用。

压脂层的材料，目前一般都用与下面树脂层相同的树脂。由于制水运行中树脂层被压实，加上失效转型后树脂体积缩小（如强酸阳树脂由H型转为Na型及强碱阴树脂由OH型转为Cl型），所以压脂层厚度应是在树脂失效后的压实状态下，能维持在中间排液管以上的厚度为150～200mm。

3. 交换器的运行

在逆流再生离子交换器的运行操作中，其制水过程和顺流再生离子交换器没有区别。而且再生操作是随防止乱层措施的不同而有所不同，下面以采用压缩空气顶压的方法为例，说明其再生操作,如图 6-38 所示。

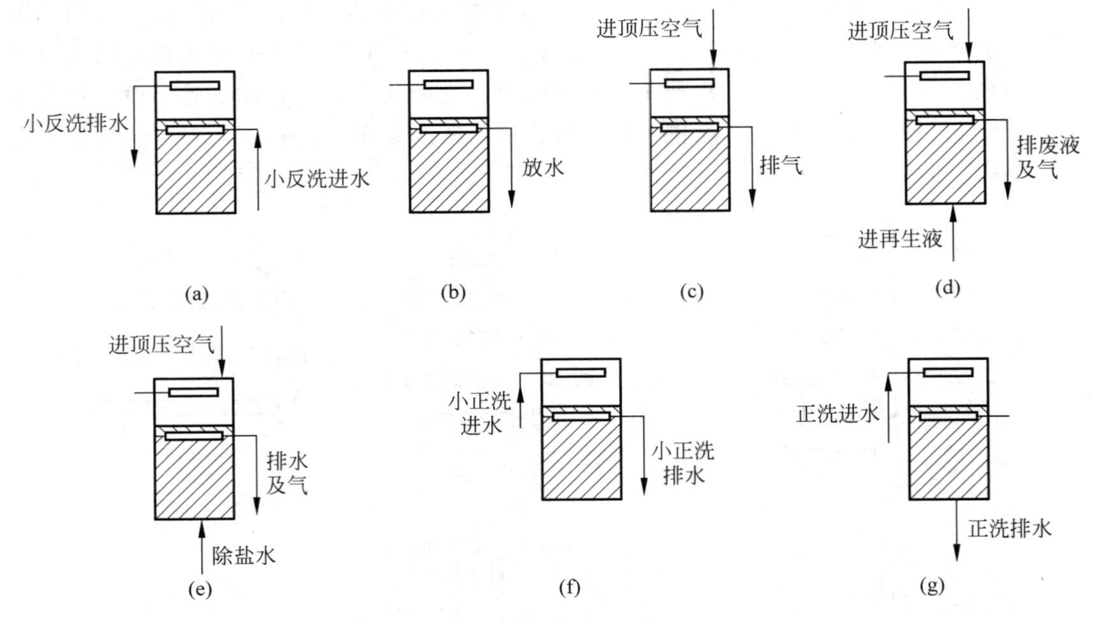

图 6-38 逆流再生操作过程示意图

(a) 小反洗;(b) 放水;(c) 顶压;(d) 进再生液;(e) 逆流置换;(f) 小正洗;(g) 正洗

(1) 小反洗(图 6-38(a))。为了保持有利于再生的失效树脂层不乱,不能像顺流再生那样,每次再生前都对整个树脂层进行反洗,而只对中间排液管上面的压脂层进行反洗,以冲洗掉运行时积聚在压脂层中的污物。小反洗用水,一般采用该级离子交换器的进口水,反洗流速按压脂层膨胀 50%～60%控制,反洗一直到排水澄清为止。系统中的第一个交换器,一般耗时 15～20min,串联其后的交换器一般耗时 5～10min。

(2) 放水(图 6-38(b))。小反洗结束,待树脂颗粒沉降下来以后,打开中排放水门,放掉中间排液装置以上的水,使压脂层处于无水状态,以便进空气顶压。

(3) 顶压(图 6-38(c))。从交换器顶部送入压缩空气,使气压维持在 0.03～0.05MPa,以防树脂乱层。对用来顶压的空气应进行除油净化。

(4) 进再生液(图 6-38(d))。在顶压的情况下,将再生液从底部送入交换器内。为了得到比较好的再生效果,应严格控制再生液浓度和再生流速进行再生。另外,配制再生液时,钠离子交换器用软化水,H 离子交换器和阴离子交换器用除盐水。

(5) 逆流置换(图 6-38(e))。当再生液进完后,关闭再生液计量器出口门,按原再生液的流速和流程继续用稀释再生剂的水进行置换。置换时间一般为 30～40min,置换水量为树脂体积的 1.5～2 倍。

逆流置换结束后,应先关闭进水阀门停止进水,然后再停止顶压,防止树脂乱层。在逆流置换过程中,应使气压稳定。

(6) 小正洗(图 6-38(f))。再生后压脂层中往往有部分残留的再生废液,如不清洗干净,将影响运行时的出水水质。小正洗时,水从上部进入,从中间排液管排出,一般阳树脂的流速为 10～15m/h,阴树脂的流速为 7～10m/h,只须清洗 5～10min。小正洗用水可为运行时进口水,也可为除盐水。此步也可以用小反洗的方式进行。

(7) 正洗(图 6-38(g))。最后用运行时的进水或除盐水从上而下进行正洗,流速为 10～15m/h,直到出水水质合格,即可投入制水运行。

交换器经过许多周期运行后,下部树脂层也会受到一定程度的污染,因此必须定期地对整个树脂层进行大反洗。由于大反洗扰乱了树脂层,所以大反洗后再生时,再生剂用量应比平时增加 50%～100%。大反洗的周期间隔,应视进水的浊度而定,一般为 10 个周期左右。大反洗的用水一般为运行时的进口水。

大反洗前应首先进行小反洗,以松动压脂层和去除其中的悬浮物。进行大反洗的流量应由小到大,逐步增加,以防中间排液装置损坏。

水顶压法就是用压力水代替压缩空气,使树脂层处于压实状态。再生时将水自交换器顶部引入,维持体内压力为 0.05MPa,水通过压脂层后,与再生废液一起由中间排液管排出。水顶压法的操作与气顶压法基本相同。

4. 无顶压逆流再生

如上所述,逆流再生离子交换器为了保证再生时树脂层稳定,必须采用空气顶压和水顶压,这不仅增加了一套顶压设备和系统,而且操作也比较麻烦。有试验研究指出,如果将中间排液装置上的孔开得足够大,使这些孔的水流阻力较小,并且在中间排液装置以上仍装有一定厚度的压脂层,那么在无顶压情况下逆流再生操作时也不会出现水面超过压脂层的现象,因而树脂层就不会发生扰动,这就是无顶压逆流再生。

研究结果表明,对于阳离子交换器来说,只要将中间排液装置的小孔流速控制在 0.1～0.15m/s 和压脂层厚度保持在 100～200mm,就可以在再生液的上升流速为 3～5m/h 时,不需要任何顶压措施,树脂层也能保持稳定,并能达到逆流再生的效果。对于阴离子交换器来说,因阴树脂的湿真密度比阳树脂小,小孔流速控制在不超过 0.1m/s,那么再生液的上升流速为 4m/h 时,树脂层也是稳定的。但是,由于孔阻力减少,其排液均匀性差一些,因此无顶压逆流再生的中间排液装置的水平性更为重要。

无顶压逆流再生的操作步骤与顶压逆流再生操作步骤基本相同,只是不进行顶压。

5. 逆流再生工艺的优缺点

与顺流再生工艺相比,逆流再生工艺具有以下优点。

(1) 对水质适应性强。当进水含盐量较高或 Na^+ 比值较大而顺流再生工艺出水达不到水质要求时,可采用逆流再生工艺。

(2) 出水水质好。由逆流再生离子交换器组成的除盐系统,强酸 H 离子交换器出水 Na^+ 含量低于 100μg/L,一般在 20～50μg/L;强碱 OH 离子交换器出水 SiO_2 含量低于 100μg/L,一般在 20～50μg/L,电导率通常低于 2μS/cm。

(3) 再生剂比耗低,经济性好。再生剂比耗一般为 1.5 左右。视原水水质条件的不同,再生剂用量可比顺流再生工艺节省 50%以上,因而排废酸、废碱量也少。

(4) 自用水率低。自用水率一般比顺流再生固定床的低 30%～40%。

(5) 废液排放浓度低。一般小于 1%。

逆流再生工艺的缺点如下。

(1) 逆流再生设备和运行操作更复杂一些,当操作不当发生乱层时,达不到逆流再生的效果。

(2) 逆流再生工艺对进水浊度要求较严,一般浊度应≤2NTU,以减少大反洗次数。

(3) 中间排液装置容易损坏,一旦损坏,漏树脂就比较严重。

(4) 配再生液用水及置换用水都要用除盐水。

6.6.3 浮床式离子交换器

习惯上将运行时水流向上流动,再生时再生液向下流动的对流水处理工艺称为浮动床水处理工艺。它省去了中间排液装置,减少了中间排液装置易损坏引起的麻烦,同逆流再生工艺一样,也是使出水端树脂层再生得最好。采用浮动床水处理工艺运行的设备称为浮床式离子交换器,也简称浮动床,或称浮床。

浮动床的运行是在整个树脂层被托起的状态下(称成床)进行的,离子交换反应在向上流动的过程中完成。树脂失效后,停止进水,使整个树脂层下落(称落床),于是可进行自上而下的再生。

1. 交换器的结构

浮动床本体结构如图6-39所示,管路系统如图6-40所示。

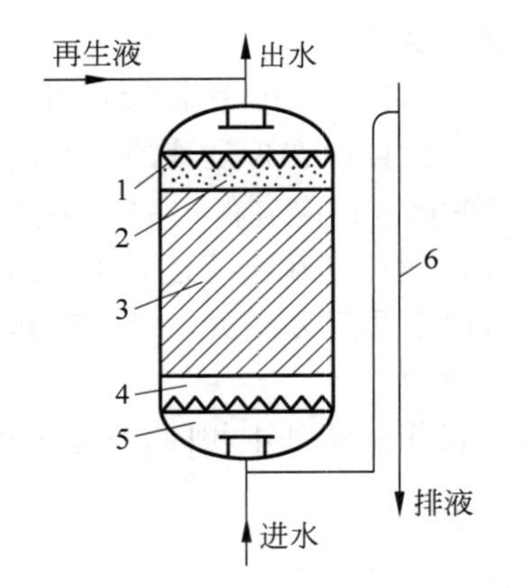

1—顶部出水装置;2—惰性树脂层;3—树脂层;4—水垫层;5—底部进水装置;6—倒U形排液管。

图6-39 浮动床本体结构示意

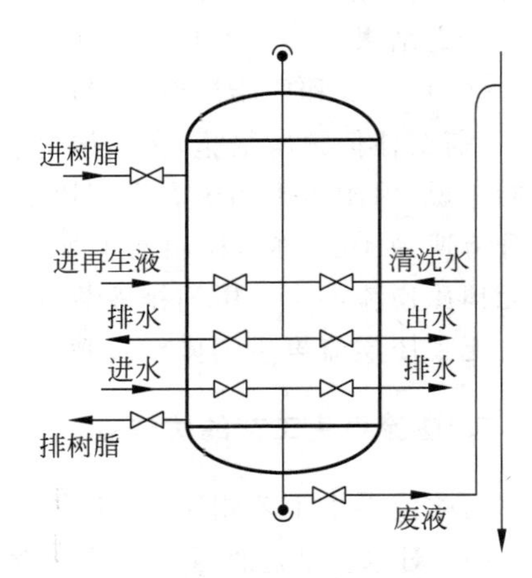

图6-40 浮动床管路系统示意

1) 底部进水装置

该装置起分配进水和汇集再生废液的作用。有穹形孔板石英砂垫层式、多孔板加水帽式(图6-31),只是由于浮动床流速较高,为防止高速水流冲起石英砂,在穹形孔板内再加一挡板。大、中型设备用得最多的是穹形孔板石英砂垫层式,石英砂层在流速80m/h以下不会乱层。但当进水浊度较高时,会因截污过多,清洗困难。

2) 顶部出水装置

这个装置起收集处理好的水、分配再生液和清洗水的作用。常用型式有多孔板夹滤网式、多孔板加水帽式和弧形母管支管式。前两者多用于小直径浮动床；大直径浮动床多采用弧形母管支管式的出水装置，如图 6-41 所示，该装置的多孔弧形支管外包 40～60 目的滤网，网内衬一层较粗的起支撑作用的塑料窗纱。

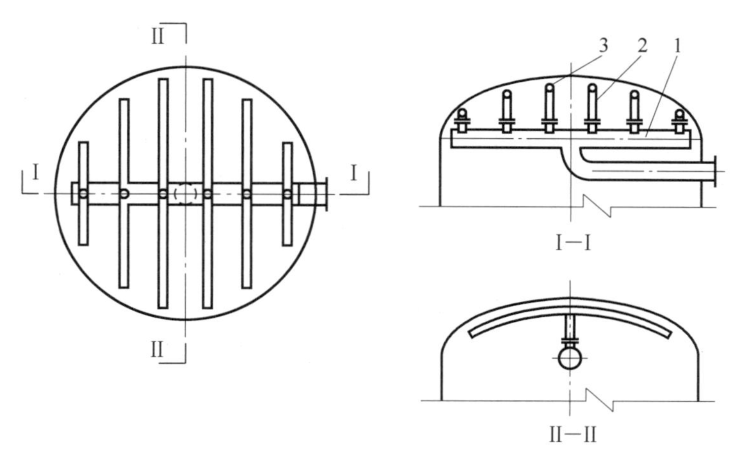

1—母管；2—支撑短管；3—弧形支管。

图 6-41 弧形母管支管式出水装置示意

多数浮动床以出水装置兼作再生液分配装置，但由于再生液流量比进水流量小得多，故这种方式很难使再生液分配均匀。为此，通常在树脂层表面上填充约 200mm 高、密度小于水的密度、粒径为 1.0～1.5mm 的惰性树脂层，以提高再生液分布的均匀性和防止碎树脂堵塞滤网。

3）树脂层和水垫层

运行时，树脂层在上部，水垫层在下部；再生时，树脂层在下部，水垫层在上部。

为防止成床或落床时树脂层乱层，浮动床内树脂基本上是装满的，水垫层很薄。

水垫层的作用：一是作为树脂层体积变化时的缓冲高度；二是使水流和再生液分配均匀。水垫层不宜过厚，否则在成床或落床时，树脂会乱层，这是浮动床最忌讳的；若水垫层厚度不足，则树脂层体积增大时会因没有足够的缓冲高度，而使树脂受压、挤碎、结块，增大运行阻力等。一般的水垫层厚度，应是在最大体积（水压实）状态下，以 0～50mm 为宜。

4）倒 U 形排液管

浮动床再生时，如废液直接由底部排出，容易造成交换器内负压而进入空气。由于交换器内树脂层以上空间很小，空气会进入上部树脂层并在那里积聚，使这里的树脂不能与再生液充分接触。为解决这一问题，常在再生排液管上加装如图 6-40 所示的倒 U 形管，并在倒 U 形管管顶开孔通大气，以破坏可能造成的虹吸，倒 U 形管管顶应高出交换器上封头。

5）树脂捕捉器

浮床中，常处于树脂层面的细碎树脂，容易随出水穿过滤网或水帽，故需在出水管路上设树脂捕捉器。

2. 运行

浮动床的运行过程：制水→落床→进再生液→置换→向下流清洗→成床、向上流清洗，再转入制水。上述过程构成一个运行周期。

(1) 落床。当运行至出水水质达到失效标准时,停止制水,靠树脂本身重力从下部起逐层下落,即落床,在这一过程中同时还可起到疏松树脂层、排除气泡和部分浊质的作用。落床有两种方式:一是重力落床,即停运后,树脂自己降落,适用于水垫层较低的设备,一般时间为2~3min;二是排水落床,即停运后排水,利用排水让树脂层落下来,适用于水垫层较高的设备,一般时间为1min。

(2) 进再生液。落床后,从上部进再生液,再生液的流速、浓度调整与前述一样,再从底部经倒U形排液管排液,由于从上向下再生,所以不会乱层,再生操作简单,再生流速可以提高。此时,应能保证树脂与再生液有30~60min的接触时间。

(3) 置换。待再生液进完后,关闭计量箱出口门,继续按再生流速和流向进行置换,以洗去交换出的杂质及残余再生液,置换水量为树脂体积的1.5~2倍。

(4) 向下流清洗。置换结束后,开清洗水门,调整流速至10~15m/h进行向下流清洗,一般需要15~30min。

(5) 成床、向上流清洗。用进水以20~30m/h的较高流速将树脂层托起,并进行向上流清洗,直至出水水质达到标准时,即可转入制水,成床时间一般只要3~5min。

(6) 运行。向上流清洗结束即运行制水。由于水接触的树脂颗粒是先粗后细,因此由于截污作用而造成的运行阻力上升比较缓慢,又由于出水处树脂粒径较小,有利于水中离子的彻底交换,所以浮动床可以允许在较高流速,即以30~50m/h的流速运行。

3. 树脂的体外清洗

由于浮动床内树脂是基本装满的,没有反洗空间,故无法进行体内反洗。当树脂内截留的悬浮物和碎树脂逐渐增加,进出口压差增大,这时应进行反洗,需将部分或全部树脂移至专用清洗装置内进行体外清洗。经清洗后的树脂送回交换器后再进行下一个周期的运行。清洗周期取决于进水中悬浮物含量的多少和设备在工艺流程中的位置,一般是10~20个周期清洗一次。为了不使浮动床体外清洗过于频繁,应严格控制进水浊度(一般应小于2NTU)。清洗方法有以下两种。

(1) 水力清洗法。将约一半的树脂输送到体外清洗罐中,然后在清洗罐和交换器串联的情况下进行水反洗,反洗时间通常为40~60min。

(2) 气-水清洗法。将树脂全部输送到体外清洗罐中,先用净化后的压缩空气擦洗5~10min,然后再用水以7~10m/h流速反洗至排水透明为止。该方法清洗效果好,但清洗罐容积要比交换器大1倍左右。

体外清洗后树脂再生时,也应像逆流再生离子交换器那样增加50%~100%的再生剂用量。

4. 浮动床工艺优缺点

浮动床工艺的优点如下。

(1) 运行流速高,出力大,运行流速可以在7~60m/h内,如树脂允许,还可再高些。

(2) 出水质量好,比逆流再生工艺的出水稍好些,流速越快越好。

(3) 与逆流再生工艺一样,再生剂耗量低,自用水率少。

(4) 浮动床本体结构简单,不像逆流再生设备那样容易损坏,再生操作也比逆流再生工艺简单。

浮动床工艺的缺点如下。

(1) 由于无法反洗,对进水水质要求较严,要求浊度≤2NTU,采用地表水作水源的阳离子交换器很难达到,所以阳离子交换器下部树脂易被污脏。

(2) 由于无法反洗,所以要定期将树脂送体外清洗罐进行大反洗,树脂要送进送出,因此树脂的磨损比较大。

(3) 低流速下不能运行,间断运行不适用,因为出水水质波动较大。

5. 浮动床清洗方式的变革

为了解决浮动床不能体内清洗这一问题,有人提出了另外的床型,如提升床和清洗床。下面对提升床简单介绍。

提升床的结构如图6-42所示。交换器分上、下两室,上室几乎填满树脂,下室留有50%~100%的反洗空间。两室之间有一块装有双向水帽的隔板,以沟通上下水流,在交换器外有一根带阀门的连通管,把上、下室连通,用于输送树脂。交换器顶部装有带水帽的隔板,隔板下装填一层密度比水的密度小的惰性树脂,以保护水帽不被堵塞。

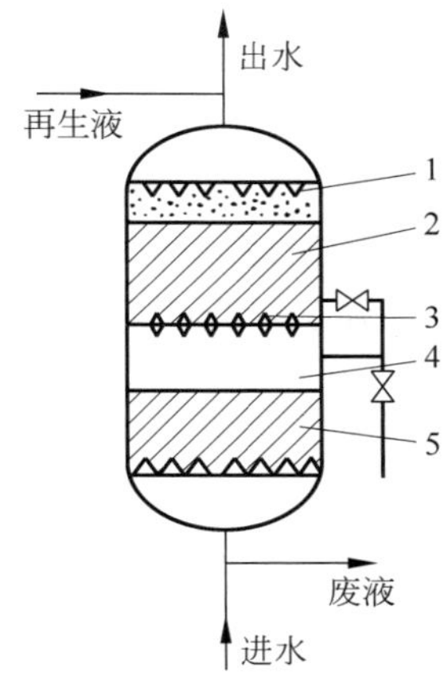

1—惰性树脂层;2—上室树脂层;
3—带水帽隔板;4—反洗空间;
5—下室树脂层。

图6-42 提升床结构示意

提升床交换器的运行和再生与普通床大体相同。所不同的是反洗方式,该设备的下室可以经常反洗,这对于运行中截留悬浮物较多的下室是必要的。当上室需要进行反洗时,按下述操作进行:开启连通门,将部分树脂由上室通过连通管卸至下室,然后对上室树脂进行反洗,反洗结束后,再将下室部分树脂移回上室,至装满为止。上室树脂反洗后第一次再生时,须增加50%~100%的再生剂用量,以保证出水水质。

提升床运行中间可以停床,即使下室树脂乱层运行,但由于上室树脂是装满的,所以对出水水质影响不大。

6.6.4 双层床和双室双层床

双层床和双室双层床都是属于强、弱型树脂联合应用的离子交换装置。

1. 双层床

复床除盐系统中的弱型树脂总是与相应的强型树脂联合使用,为了简化设备可以将它们分层装填在同一个交换器中,组成双层床的形式。

双层床设备与逆流再生离子交换器相同,只是床层稍高,通常是利用弱型树脂的密度比相应的强型树脂小的特点,使其处于上层,强型树脂处于下层。在交换器运行时,水的流向从上而下,先通过弱型树脂层,后通过强型树脂层;再生时,再生液的流向从下而上,先通过强型树脂层,后通过弱型树脂层。所以,双层床离子交换器属逆流再生工艺,具备逆流再生工艺的特点,运行和再生操作与逆流再生离子交换器相同。双层床的结构如图6-43所示。

为了使双层床中强型树脂和弱型树脂都能发挥其长处,它们应能较好地分层。为此,对所用树脂的密度、颗粒大小都有一定要求。树脂生产厂家能提供适用于双层床的专用配套离子交换树脂。

新树脂强、弱分层比较好,但是运行一段时间后,树脂密度发生变化,再加上其他一些因素(例如水中有气泡会黏附于树脂颗粒上,使其密度发生变化),强、弱树脂分层效果往往不理想,这是限制双层床应用的主要原因。

2. 双室双层床

双层床中的弱、强两种树脂虽然由于密度的差异,能基本做到分层,但要做到完全分层是很困难的。若在两种树脂交界处有少量树脂相混杂,对运行效果的影响并不大;但若混层范围大,则混入强型树脂层中的弱型树脂不能发挥交换作用,混入弱型树脂层中的强型树脂也得不到充分再生,这样会使运行效果大大下降。

为了避免因树脂混层带来的问题,将交换器用隔板分成上、下两室,弱型、强型树脂各处一室,强型树脂在下室,弱型树脂在上室,这样就构成了双室双层床。上、下两室间通常装有带双向水帽的多孔板,以沟通上、下两室的水流。为了防止细碎的强型树脂堵塞水帽的缝隙,可在强型树脂的上面填充密度小而颗粒大的惰性树脂层。双室双层床的结构如图6-44所示。

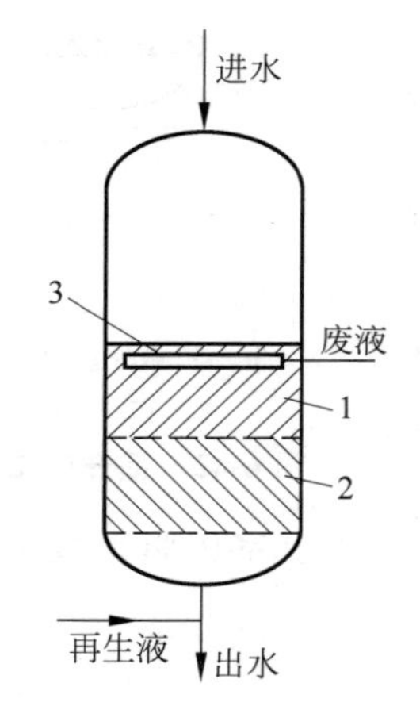

1—弱型树脂层;2—强型树脂层;3—中间排液装置。

图6-43 双层床结构示意

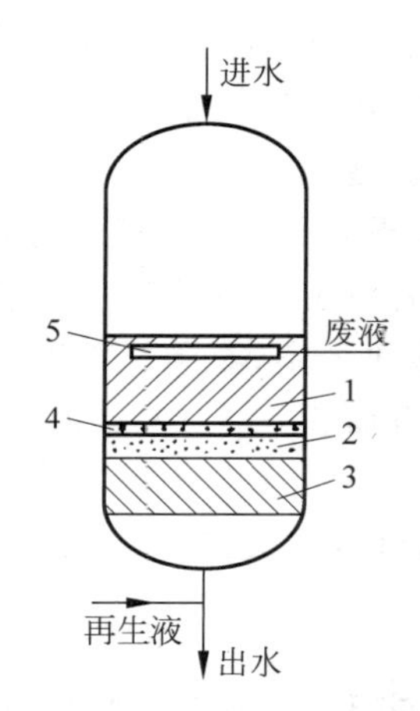

1—弱型树脂层;2—惰性树脂层;3—强型树脂层;4—多孔板;5—中间排液装置。

图6-44 双室双层床结构示意

在此种设备中,由于下室中是装满树脂的,所以不能在体内进行清洗,需另设体外清洗装置。双室双层床的运行和再生操作与双层床相同。

3. 双室双层浮动床

在双室双层床中,如果将弱型树脂放下室,强型树脂放上室,运行时采用水流从下而上的浮动床方式,则该设备称为双室双层浮动床。在这种设备中,由于上、下两室中基本是装满树脂的，所以不能在体内进行清洗，需另设专用的树脂清洗装置。

双室双层浮动床的运行和再生操作与普通浮动床相似，由于采用了双室，避免了树脂分层不好的问题，因而再生效率及出水水质均较好，结构如图 6-45 所示。

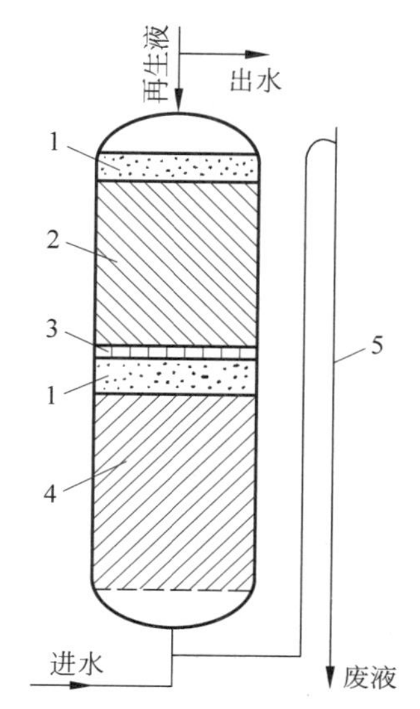

1—惰性树脂层；2—强型树脂层；3—多孔板；4—弱型树脂层；5—倒 U 形排液管。

图 6-45　双室双层浮动床结构示意

6.6.5　满室床

所谓满室床就是交换器内是装满树脂的。可以是单室满室床或双室满室床。其结构类似普通浮动床和双室双层浮动床。

满室床系统由满室床离子交换器和体外树脂清洗罐组成。

满室床运行时，进水由底部进水装置进入交换器，水流在从下而上流经树脂层的过程中完成交换反应，处理后的水由顶部出水装置引出。再生前先将树脂层下部约 400mm 高度的树脂移入清洗罐中进行清洗，清洗后的树脂再送回满室床树脂层的上部。接着进行的再生、置换、清洗等操作与浮动床相同。

满室床的特点如下。

(1) 交换器内是装满树脂的，没有惰性树脂层。为防止细小颗粒的树脂堵塞出水装置的网孔或缝隙，应采用均粒树脂。由于没有惰性树脂层，因此增加了交换器空间的利用率。

(2) 树脂的这种清洗方式有以下优点：清洗罐体积可以很小，清洗工作量小；基本上没有打乱有利于再生的失效层态，所以每次清洗后仍按常规计量进行再生；在树脂移出或移入的过程中树脂层得到松动。

(3) 满室床的运行和再生过程与浮动床相同，因此具有对流再生工艺的优点。但这种床型要求树脂粒度均匀、树脂转型体积变化率小以及较高的强度，并要求进水浊度小于 1NTU。

6.7 混合床除盐

经过一级复床除盐处理过的水，虽然水质已经很好，但通常还达不到非常纯的程度，不能满足许多情况下的用水要求，其主要原因是离子交换的逆反应倾向，使出水中仍残留少量离子。为了获得更好的水质，可在一级复床除盐之后，再加一级，即构成二级除盐。二级除盐有两种方法：①再加一个阳离子交换器和一个阴离子交换器；②加 H/OH，即加一个阳/阴混合离子交换器。相比之下，前者增加了设备的台数和系统的复杂性，运行操作比较麻烦，而且出水水质比不上后一个系统，所以目前多采用混合床作第二级除盐。前一个系统只在原水水质很差的情况下才使用。

6.7.1 工作原理

混合床离子交换除盐，就是把以 H 型存在的阳离子交换树脂和以 OH 型存在的阴离子交换树脂放入同一个交换器内，混合均匀，这样就相当于组成了无数级的复床除盐。

在混合床中，由于运行时阴、阳树脂是相互混匀的，其阴、阳离子的交换反应是交叉进行的，因此经 H 离子交换器所产生的 H^+ 和经 OH 离子交换器所产生的 OH^- 都不会累积起来，而是马上互相中和生成 H_2O，所以反离子浓度影响小，交换反应进行得十分彻底，出水水质好，其交换反应如下：

$$2RH+2R'OH+\left.\begin{matrix}Ca\\Mg\\2Na\end{matrix}\right\}\left\{\begin{matrix}SO_4\\Cl_2\\(HCO_3)_2\\(HSiO_3)_2\end{matrix}\right.\longrightarrow\left\{\begin{matrix}R_2Ca\\R_2Mg\\2RNa\end{matrix}\right.+\left\{\begin{matrix}R'_2SO_4\\2R'Cl\\2R'HCO_3\\2R'HSiO_3\end{matrix}\right.+H_2O$$

为了区分阳树脂和阴树脂的骨架，式中将阴树脂的骨架用 R′表示。

混合床中所用树脂必须是强酸阳树脂和强碱阴树脂，这样才能制得高质量的除盐水，个别情况也可用弱型混床，但出水水质变差。由不同类别树脂组成的混合床，其出水水质变化情况如表 6-15 所示。

表 6-15 混合床中采用不同树脂时的出水水质比较

混床类别	强酸强碱混床	强酸弱碱混床	弱酸强碱混床	弱酸弱碱混床
阳树脂	强酸性	强酸性	弱酸性	弱酸性
阴树脂	强碱性	弱碱性	强碱性	弱碱性
出水电导率/(μS/cm)	0.1	1～10	1	100～1000
出水 SiO_2/(mg/L)	0.02～0.1	与进水相似	0.02～0.15	与进水相似

混合床不能直接处理原水。混合床都是串联在一级复床除盐系统之后使用的，只有在处理含盐量很少的蒸汽凝结水时，由于被处理水的离子浓度低，才单独使用混合床。此外，也可在反渗透后面再加混合床制取纯水。

混合床按再生方式分为体内再生和体外再生两种。体外再生混合床将在凝结水处理部分讲述，本节介绍的混合床均是指体内再生的由强酸阳树脂和强碱阴树脂组成的混合床。

混合床中树脂失效后，应先将阴、阳两种树脂分开后，再分别进行再生和清洗。再生清洗后，还要将这两种树脂混合均匀后才投入运行。

6.7.2 设备结构

混合床离子交换器的本体是个圆柱形压力容器，有内部装置和外部管路系统。

混合床内主要装置有上部进水、下部配水、进碱、进酸以及进压缩空气装置，在体内再生混合床中部阴、阳离子交换树脂分界处设有中间排液装置。混合床结构如图 6-46 所示，管路系统如图 6-47 所示。

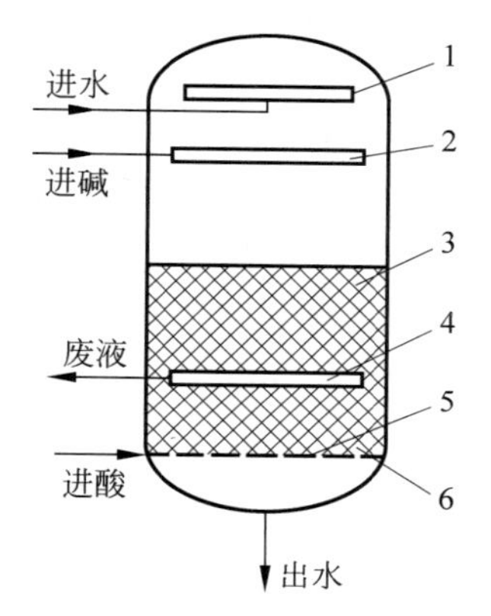

1—进水装置；2—进碱装置；3—树脂层；
4—中间排液装置；5—下部配水装置；6—进酸装置。

图 6-46 混合床结构示意

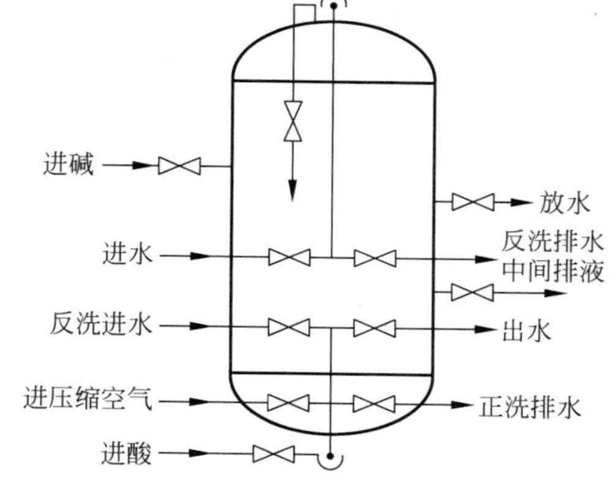

图 6-47 混合床管路系统示意

6.7.3 混合床中树脂

为了便于混合床中阴、阳树脂分离，两种树脂的湿真密度差应大于 $0.15g/cm^3$，为了适应高流速运行的需要，混合床使用的阴、阳树脂应该机械强度高且颗粒大小均匀。

确定混合床中阴、阳树脂比例的原则是根据进水水质条件和对出水水质要求的差异以及树脂的工作交换容量来决定的，理论上应让两种树脂同时失效，以获得树脂交换容量的最大利用率。

一般来讲，阳树脂的工作交换容量为阴树脂的 2～3 倍。因此，如果单独采用混合床除盐，则阴、阳树脂的体积比应为(2～3)∶1；若用于一级复床除盐之后，因进水为中性，目前采用的强碱阴树脂与强酸阳树脂的体积比通常为 2∶1。

6.7.4 运行操作

由于混床是将阴、阳树脂装在同一个交换器中运行的，所以在运行上有其特殊的地方。下面讲述混床一周期中的各步操作。

1. 反洗分层

树脂的再生效果直接受到树脂分层效果的影响，因此，如何将失效的阴、阳树脂分开，以便分别通入再生液进行再生，是混合床除盐装置运行操作中的关键问题之一。目前大都是采用水力筛分法对阴、阳树脂进行分层，这种方法就是用水将树脂反冲，使树脂层达到一定的膨胀率(>50%)，利用阴、阳树脂的湿真密度差，造成树脂下沉降速度度不同，让树脂自由沉降，从而达到树脂分层的目的。由于阴树脂的密度较阳树脂的小，所以分层后阴树脂在上，阳树脂在下。因此只要控制得当，可以做到两层树脂之间有一明显的分界面。

分层好坏直接影响树脂再生效果，影响混床出水水质。因为如果发生混层，即在阳树脂中混有阴树脂，在阴树脂中混有阳树脂，那么再生时就会发生如下反应：

阴树脂中混入的阳树脂　　$RNa + NaOH \longrightarrow RNa$

阳树脂中混入的阴树脂　　$RHSiO_3 + HCl \longrightarrow RCl + H_2SiO_3$

这样，再生后树脂不完全是H型和OH型，还含有少量Na型、Cl型等失效型。在正常运行时，这些失效型影响交换平衡，使得出水中SiO_2含量和电导率升高。所以分层分得好，不发生混层现象，是混床再生的关键。

反洗开始时，流速宜小，待树脂层松动后，逐渐加大流速到10m/h左右，使整个树脂层的膨胀率在50%～70%，维持10～15min，一般即可达到较好的分离效果。

两种树脂是否能分层明显，除与阴、阳树脂的湿真密度差、反洗水流速有关外，还与树脂的失效程度有关，树脂失效程度大的容易分层，否则就比较困难，这是由于树脂在交换不同离子后，密度不同，沉降速度不同所致。

对于阳树脂，不同离子型的湿真密度排列顺序为 $RH<RNH_4<R_2Ca<RNa<RK$。

对于阴树脂，不同离子型的湿真密度排列顺序为 $ROH<RCl<R_2(CO_3)<RHCO_3<RNO_3<R_2(SO_4)$。

由上述排列顺序可知，反洗分层应当选择密度相差较大的形态进行，效果就比较好。

H型和OH型树脂虽然也有一定密度差，但有时易发生抱团现象(即由于阴、阳树脂电性相吸而互相黏结成团)，也使分层困难。Na型与Cl型之间密度差较大，分层效果好，为了使分层分得好，须让树脂充分失效(或反洗时加NaCl也可)。也可在分层前先通入电解质(如NaOH)溶液以破坏抱团现象，同时还可使阳树脂转变为Na型，将阴树脂再生成OH型，加大阳、阴树脂的湿真密度差，这些都对提高阳、阴树脂的分层效果有利。

此外，有一种称作三层混床的，可以改善分离效果。即加入一种湿真密度介于阴、阳树脂之间的惰性树脂，只要粒度和密度合适，就可做到反洗后惰性树脂正好处于阴、阳树脂之间的中排管位置处，这样就可以避免再生时阴、阳树脂因接触对方的再生液而造成的交叉污染，以提高混床的出水水质。

2. 再生

按再生方式，混床分为体内再生和体外再生两种，这里只介绍体内再生法。体内再生法就是树脂在交换器内进行再生，根据进酸、进碱和清洗步骤的不同，又可分为两步法和同时再生法。

1）两步法

两步法指再生时酸、碱再生液不是同时进入交换器，而是分先后进入。它又分为碱液流过阴、阳树脂的两步法和碱液、酸液先后分别通过阴、阳树脂的两步法。

在大型装置中，一般采用后者，其操作过程如图6-48所示。

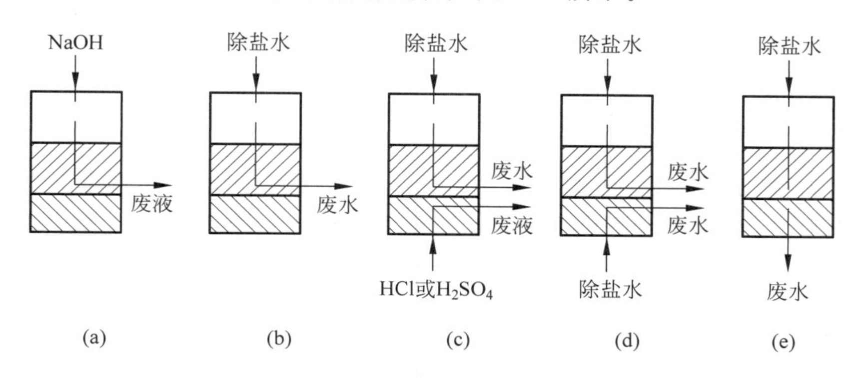

图6-48 混合床两步再生法示意

(a) 阴树脂再生；(b) 阴树脂清洗；(c) 阳树脂再生，阴树脂清洗；
(d) 阴、阳树脂各自清洗；(e) 正洗

这种方法是在反洗分层后，放水至树脂表面上约100mm处，从上部送入碱液再生阴树脂，废液从阴、阳树脂分界处的中排管排出，接着按同样的流程清洗阴树脂，直至排水的OH^-浓度降至0.5mmol/L以下。在上述过程中，也可以用少量水自下部通过阳树脂层，以减轻碱液对阳树脂的污染。然后，由底部进酸液再生阳树脂，废液也由中排管排出。同时，为防止酸液进入已再生好的阴树脂层中，需继续自上部通以小流量的水清洗阴树脂。阳树脂的清洗流程也和再生时相同，清洗至排水的酸度降到0.5mmol/L以下为止。最后进行整体正洗，即从上部进水底部排水，直至出水电导率小于1.5μS/cm为止。在正洗过程中，有时为了提高正洗效果，可以进行一次2～3min的短时间反洗，以消除死角残液，松动树脂层。

2）同时再生法

再生时，由混床上、下同时送入碱液和酸液，接着进清洗水，使之分别经阴、阳树脂层后由中排管同时排出。采用此法时，若酸液进完后，碱液还未进完，下部仍应以同样流速通清洗水，以防碱液串入下部污染已再生好的阳树脂。同时再生法的操作过程如图6-49所示。

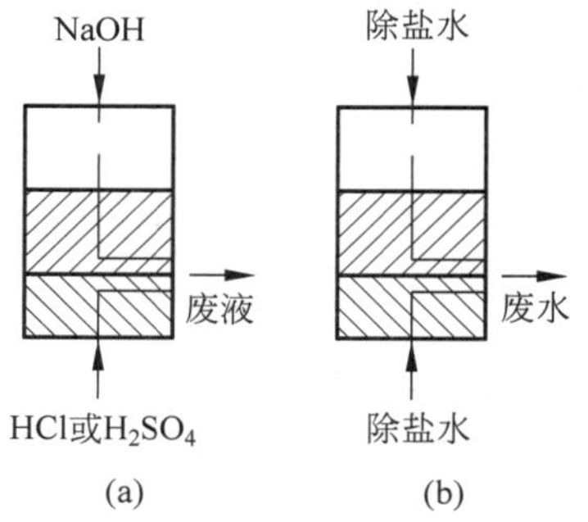

图6-49 混合床同时再生法示意

(a) 阴、阳树脂同时分别再生；
(b) 阴、阳树脂同时分别清洗

3. 阴、阳树脂的混合

树脂经再生和清洗后，在投入运行前必须将分层的树脂重新混合均匀。通常用从底部通入压缩空气的方法搅拌混合。这里所用的压缩空气应经过净化处理，以防止压缩空气中有油类等杂质污染树脂。压缩空气压力一般采用0.1～0.15MPa，流量为2.0～

$3.0m^3/(m^2 \cdot s)$。混合时间,主要视树脂是否混合均匀为准,一般为0.5～1min,时间过长易磨损树脂。

为了获得较好的混合效果,混合前应把交换器中的水面下降到树脂层表面上100～150mm处。此外,为防止树脂在沉降过程中又重新分离而影响其混合程度,除了通入适当的压缩空气,并保持一定的时间,还需有足够大的排水速度,以迫使树脂迅速降落,避免树脂重新分离。若树脂下降时,采用顶部进水对加速树脂沉降也有一定的效果。

4. 正洗

混合后的树脂层,还要用除盐水以10～20m/h的流速进行正洗,直至出水合格后(如SiO_2含量小于10μg/L,电导率小于0.15μS/cm),方可投入运行。正洗初期,由于排出水浑浊,可将其排入地沟,待排水变清后,可回收利用。

5. 制水

混合床的运行制水与普通固定床相同,只是它可以采用更高的流速,通常对凝胶型树脂可取40～60m/h,如用大孔树脂可高达100m/h以上。

混合床的运行失效标准,通常是按规定的失效水质标准控制,即当它用于一级除盐设备之后时,出水电导率应小于0.15μS/cm或SiO_2含量应为10μg/L或更小;也可按规定的运行时间或产水量控制,即在前级除盐装置出水电导率≤5μS/cm、SiO_2含量≤100μg/L的水质条件下,混合床产水比按10000～15000m^3/m^3树脂计,来估算运行时间或产水量。此外,也有按进出口压力差控制的。

6.7.5 混合床运行特点

混合床和复床相比有以下特点。

1. 优点

(1) 出水水质优良。用强酸H型阳树脂和强碱OH型阴树脂组成的混合床,其出水残留的含盐量在1.0mg/L以下,电导率在0.15μS/cm以下,残留的SiO_2含量在10μg/L以下,pH接近中性。

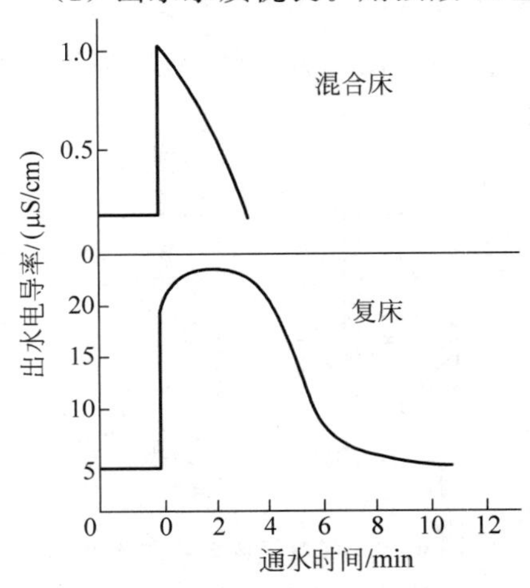

图6-50 间断运行对混合床和复床出水水质的影响

(2) 出水水质稳定。混合床经再生清洗后开始制水时,出水电导率下降极快,这是由于在树脂中残留的再生剂和再生产物可立即被混合后的树脂交换。混合床在工作条件发生变化时,一般对其出水水质影响不大。

(3) 间断运行对出水水质影响较小。无论是混合床还是复床,当停止制水后再投入运行时,开始的出水水质都会下降,要经短时间冲洗后才能恢复到原来的水平。恢复到正常所需的时间,混合床只要3～5min,而复床则需要10min以上,如图6-50所示。

(4) 交换终点明显。混合床在运行末期失效前，出水电导率上升很快，这有利于运行监督。

(5) 混合床设备较少。混合床设备比复床少，且布置集中。

2. 缺点

(1) 树脂交换容量的利用率低；
(2) 树脂损耗率大；
(3) 再生操作复杂，需要的时间长；
(4) 为保证出水水质，常需要较多的再生剂对阴、阳树脂进行再生；
(5) 只适用于进水水质较好的场合。

6.8　离子交换除盐系统

6.8.1　常用的离子交换除盐系统

根据被处理水质、水量及对出水水质要求的不同，可采用多种离子交换除盐系统。表 6-16 给出了 13 种常规系统及其适用条件。

表 6-16　常规离子交换除盐系统

序号	系统组成		出水水质		适用情况
			电导率(25℃)/(μS/cm)	SiO_2/(mg/L)	
1	H-D-OH	顺流再生	<10	<0.1	对纯水水质要求不高的场合(如中压锅炉补给水，化工、制药行业一般应用等)
		对流再生	<5		
2	H-D-OH-H/OH		0.1～0.15	<0.01	对纯水水质要求较高的场合(如高压及以上汽包锅炉和直流炉补给水、电子工业用水等)
3	H_W-H-D-OH	顺流再生	<10	<0.1	(1) 同本表系统 1 (2) 进水碳酸盐硬度大于 3mmol/L (3) 酸耗低
		对流再生	<5		
4	H_W-H-D-OH-H/OH		0.1～0.15	<0.01	(1) 同本表系统 2 (2) 进水碳酸盐硬度大于 3mmol/L (3) 酸耗低
5	H-D-OH_W-OH 或 H-OH_W-D-OH	顺流再生	<10	<0.1	(1) 同本表系统 1 (2) 进水中有机物含量高或强酸阴离子高于 2mmol/L
		对流再生	<5		
6	H-D-OH_W-OH-H/OH 或 H-OH_W-D-OH-H/OH		0.1～0.15	<0.01	同本表系统 2、5
7	H-OH_W-D-H/OH 或 H-D-OH_W-H/OH		0.1～0.15	<0.01	进水中强酸阴离子浓度高且 SiO_2 浓度低

续表

序号	系统组成	出水水质		适用情况
		电导率(25℃)/(μS/cm)	SiO_2/(mg/L)	
8	H_W-H-OH_W-D-OH 或 H_W-H-D-OH_w-OH	<10	<0.1	(1) 同本表系统1 (2) 进水碳酸盐硬度、强酸阴离子浓度都高
9	H_W-H-OH_W-D-OH-H/OH 或 H_W-H-D-OH_W-OH-H/OH	0.1～0.15	<0.01	(1) 同本表系统2 (2) 进水碳酸盐硬度、强酸阴离子浓度都高,高压及以上汽包炉和直流炉
10	H-D-OH-H-OH	0.2～1	<0.02	适用于高含盐量水,前级阴床可采用强碱Ⅱ型树脂
11	H-D-OH-H-OH-H/OH	<0.15	<0.01	同本表系统2、10
12	RO-H/OH	<0.1	<0.01	适用于较高含盐量水
13	RO或ED-H-D-OH-H/OH	<0.1	<0.01	适用于高含盐量水和苦咸水

注：H、OH—强酸、强碱床；D—除碳器；H_W、OH_W—弱酸、弱碱床；H/OH—混合床；RO、ED—反渗透、电渗析。

这些系统组成的一些基本原则如下。

(1) 对于树脂床,都是阳树脂在前,阴树脂在后；弱型树脂在前,强型树脂在后；再生顺序是先强型树脂后弱型树脂。

(2) 要除硅必须用强碱OH型阴树脂。

(3) 当原水碳酸盐硬度含量高时,宜采用弱酸阳树脂；当原水强酸阴离子浓度高或有机物含量高时,宜采用弱碱阴树脂；当采用Ⅱ型强碱阴树脂时,一般不再采用弱碱阴树脂。

(4) 采用弱酸、弱碱树脂,可降低废液排放量。

(5) 当对水质要求很高时,应设混合床。

(6) 除碳器应置于强碱阴离子交换器前。但弱碱阴离子交换器放在除碳器之前或之后均可,如放置在除碳器前,还有利于其工作交换容量的提高。

(7) 处理水量小的场合,尽量采用比较简单的系统。

(8) 如阳床出水CO_2小于15～20mg/L(如经石灰处理或原水碱度小于0.5mmol/L),可考虑不设除碳器。

(9) 交换器采用何种设备(顺流、逆流、浮床)可根据具体情况决定,不必要求一致。

(10) 弱型和强型树脂联合应用,视情况可采用双层床、双室双层床、双室双层浮动床或复床串联。采用复床串联时,弱型树脂床没有必要采用对流再生。

6.8.2 再生系统

离子交换除盐系统中采用的再生剂是酸和碱,所以,在用离子交换法除盐时,必须有一套用来贮存、配制、输送和投加酸或碱的再生系统。常用的酸有工业盐酸和工业硫酸,常用的碱是工业烧碱。

桶装固体碱一般干式贮存,液态的酸、碱常用贮存罐贮存。贮存罐有高位布置和低位

(地下)布置。当低位布置时,运输槽车中的酸、碱靠其自身的重力卸入贮存罐中;当高位布置时,槽车中的酸、碱是用酸碱泵送入贮存罐中的。

液态再生剂的输送常用方法有压力法、负压法和泵输送法。压力法是用压缩空气挤压酸、碱的输送方法,采用这种方式,一旦设备发生漏损就有溢出酸、碱的危险;负压输送法就是利用抽负压使酸、碱在大气压力下自动流入,此法因受大气压的限制,输送高度不能太高;用泵输送比较简单易行,但也是一种压力输送。

将浓酸、浓碱稀释成所需浓度的再生液,常用的配制方法有容积法、比例流量法和水射器输送配制法。容积法是在溶液箱(槽、池)内先放入定量的稀释水,再放入定量的再生剂,搅拌成所需浓度。比例流量法是通过计量泵或借助流量计按比例控制稀释水和再生剂的流量,在管道内混合成所需浓度的再生液。水射器输送配制法是用压力、流量稳定的稀释水通过水射器,在抽吸和输送过程中配制成所需浓度的再生液,这种方法大都直接用在再生液投加的时候,即在配制的同时,将再生液投加至交换器中。

下面介绍几种酸、碱再生系统。

1. 盐酸再生系统

盐酸再生系统如图 6-51 所示,其中图 6-51(a)为贮存罐高位布置,再生剂靠贮存罐与计量箱的位差,将一次的用量卸入计量箱。再生时,首先打开水射器压力水门,调节再生流速,然后再打开计量箱出口门,调节再生液浓度,与此同时将再生液送入交换器中。图 6-51(b)为贮存罐低位布置,利用负压输送法将酸送入计量箱中,也可以采用泵输送的办法。图 6-51(c)为同时设有高位贮存罐和低位贮存罐的再生系统,将低位罐中的酸送到高位罐可用泵输送,也可用负压输送(如图中虚线框内的抽负压系统)。

为防止酸雾,盐酸再生系统中贮存罐、计量箱的排气口应设酸雾吸收器。

2. 硫酸再生系统

浓硫酸在稀释过程中会放出大量的热量,所以硫酸一般采用二级配制方法,即先在稀释箱中配成 20%左右的硫酸,再用水射器稀释成所需浓度并送入交换器中,图 6-52 所示为负压输送的硫酸再生系统。

3. 碱再生系统

用于再生阴离子交换树脂的碱有液体的,也有固体的。液体碱浓度一般为 30%~42%,其配制输送与盐酸再生系统相同。

固体碱通常含 NaOH 在 95%以上,使用前一般先将其溶解成 30%~40%的浓碱液,存入碱液贮存罐,使用时再配制成所需浓度的再生液,图 6-53 为这种类型的系统。也可先将其溶解成 30%~40%的浓碱液后,再按图 6-51 所示的系统配制和输送。

为加快固体碱的溶解过程,溶解槽需设搅拌装置。固体碱在溶解过程中放出大量热量,溶液温度升高,为此溶解槽及其附设管路、阀门一般采用钢材料。

碱再生液的加热有两种方式:一种是加热再生液,是在水射器后增设蒸汽喷射器,用蒸汽直接加热再生液;另一种是加热配制再生液的水,是在水射器前增设加热器,用蒸汽将压力水加热。

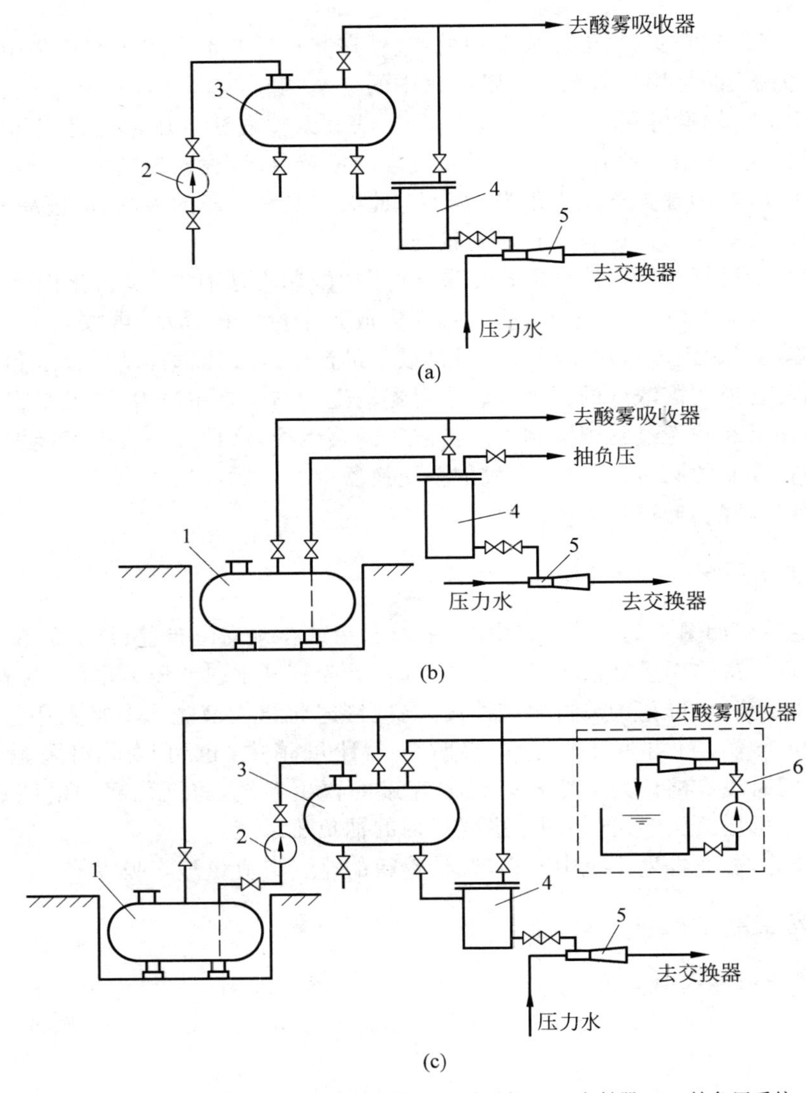

1—低位贮存罐；2—酸泵；3—高位贮存罐；4—计量箱；5—水射器；6—抽负压系统。

图 6-51 盐酸再生系统

(a) 贮存罐高位布置；(b) 贮存罐低位布置负压输送；(c) 同时设有低位贮存罐和高位贮存罐的再生系统

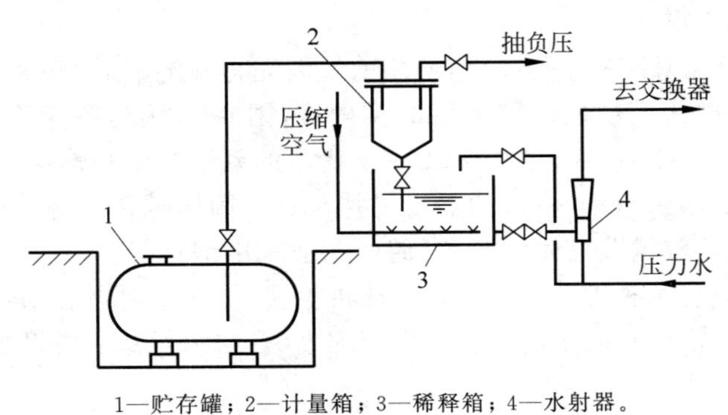

1—贮存罐；2—计量箱；3—稀释箱；4—水射器。

图 6-52 硫酸再生系统

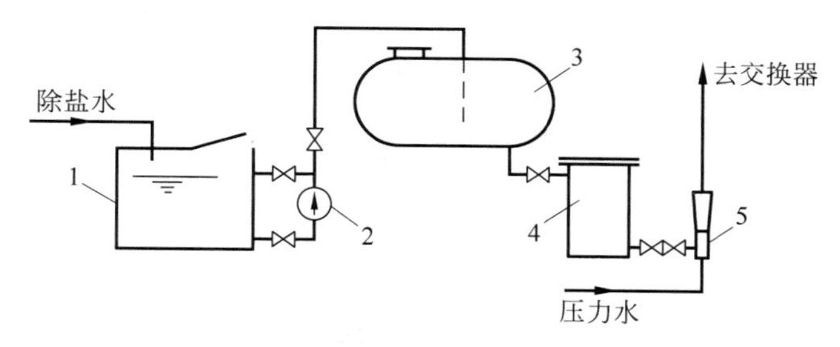

1—溶解槽；2—泵；3—高位贮存罐；4—计量箱；5—水射器。

图 6-53 固体碱配制系统

碱再生系统中，贮存罐及计量箱的排气口宜设 CO_2 吸收器。

6.8.3 除盐水输送系统水质变化及微生物控制

尽管除盐系统混床出水水质很好，电导率很低，但经过除盐水箱后的水质要发生变化，这是由于除盐水箱密封效果不佳或不密封，空气中二氧化碳、氧气、尘粒、细菌等物质进入了除盐水箱。随着除盐水存放时间的增加，由于空气中的二氧化碳与水箱进水水流的不断碰撞与扰动而溶解于水中，空气中的二氧化碳进入除盐水后立即生成碳酸（H_2CO_3）。除盐水电导率会逐渐上升，pH 逐渐下降，最终达到一个稳定值。过低的除盐水 pH 会导致除盐水箱及管道的腐蚀，加剧除盐水的污染。

造成除盐水箱水质污染的原因，除二氧化碳以外，氧气也是一个不能忽视的因素。除盐水溶解氧含量过高，会使好氧微生物在除盐水箱中滋生，使供出的除盐水中含有较多细菌及其代谢产物，除盐水的 TOC 含量升高，造成污染。

有人研究发现，水处理系统中阳床因用酸再生，有一定杀菌作用，但到阴床时，细菌开始繁殖，阴床出水带出的细菌也促进除盐水箱中菌类的滋生繁殖。

以目前的技术，水处理已经能生产出接近理论纯水的除盐水，但在输送的过程中，除盐水会受到二次污染，使水质变差，除盐水箱是除盐水经过的第一个设备，如何减缓除盐水在水箱内二次污染的问题，已成为保证供出水质合格的重要的问题，为了解决这一问题，目前采用的办法是对除盐水箱进行密封，减少空气、尘埃的进入。目前采用的除盐水箱密封方式有如下几种：碱液呼吸器法、塑料带边覆盖球法、柔性浮顶法等。

碱液呼吸器法是对除盐水箱进行密封，水位变化时的空气进出全部通过一个碱液呼吸器，碱对空气中 CO_2 吸收并洗涤掉其中尘埃；塑料带边覆盖球法是在除盐水中放入很多塑料球，它们的密度比水小，漂浮在水面，隔绝空气与水的接触，塑料球又带边，边边交叉使覆盖面积完整，不留空隙；柔性浮顶法即在除盐水箱内装一浮顶，它随水位变动而上下移动，隔绝空气与水的接触。这些办法都是设法隔绝空气，但并未达到很完善的程度，除盐水中细菌的滋生繁殖还有不同程度的存在。

由于这是纯水系统中细菌繁殖，不可能使用杀菌剂进行杀灭，为了解决水质问题，有人建议在除盐水箱出口加装精密过滤，滤除菌类，还有的行业，比如电子工业对纯水要求很严，除电导率要求达标外，还要求含有粒径大于 0.5μm 的微粒数不超过 1 个/mL，细菌个数不超过 0.01 个/mL。为了满足这一要求，可在用水点设置过滤精度为 0.1μm 的微滤装置，作为纯水终端过滤设备,以保证用水的安全。

6.8.4 除盐系统经济性分析

1. 除盐系统经济指标

表示除盐系统运行的经济指标有工作交换容量、再生剂耗量和正洗水比耗(自用水率)。交换器工作过程中的这些经济指标是根据运行数据按下述方法进行计算的。

1) 工作交换容量

$$\text{阳树脂工作交换容量 } E(\text{mol/m}^3) = \frac{(\text{进水阳离子浓度} - \text{出水阳离子浓度}) \times \text{周期制水量}(Q)}{\text{树脂体积}(V)}$$

$$= \frac{(\text{进水碱度} + \text{出水酸度}) \times \text{周期制水量}(Q)}{\text{树脂体积}(V)} \tag{6-10}$$

$$\text{阴树脂工作交换容量 } E(\text{mol/m}^3) = \frac{(\text{进水阴离子浓度} - \text{出水阴离子浓度}) \times \text{周期制水量}(Q)}{\text{树脂体积}(V)}$$

$$= \frac{\left(\text{进水酸度} + \frac{CO_2}{44} + \frac{SiO_2}{60}\right) \times \text{周期制水量}(Q)}{\text{树脂体积}(V)} \tag{6-11}$$

2) 再生剂耗量

$$\text{阳树脂再生酸耗 } q(\text{g/mol}) = \frac{\text{再生一次用酸量(kg)} \times \text{酸百分浓度}(\%) \times 1000}{EV} \tag{6-12}$$

$$\text{阴树脂再生碱耗 } q(\text{g/mol}) = \frac{\text{再生一次用碱量(kg)} \times \text{碱百分浓度}(\%) \times 1000}{EV} \tag{6-13}$$

$$\text{比耗} = \frac{q}{\text{再生剂摩尔质量}} \tag{6-14}$$

$$\text{再生水平} = \frac{qE}{1000} \quad (\text{kg}(100\%)/\text{m}^3(\text{树脂})) \tag{6-15}$$

混床由于进水浓度低,难以测定,周期又长,它的经济性对整个系统经济性影响不大,所以不再计算工作交换容量和再生剂耗量等。

3) 水耗

水耗指每周期自用水量占出水量的百分数:

$$\text{自用水率} = \frac{\text{正洗用水量} + \text{再生用水量} + \text{置换用水量} + \text{反洗用水量}}{\text{周期制水量}(Q)} \tag{6-16}$$

$$\text{正洗水耗} = \frac{\text{正洗用水量}}{\text{树脂体积}(V)} \quad (\text{m}^3/\text{m}^3(\text{树脂})) \tag{6-17}$$

2. 提高除盐系统运行经济性的途径

1) 增设弱型树脂交换器

由于弱酸阳树脂和弱碱阴树脂工作交换容量大,再生比耗低(仅略高于理论值),又可以利用强型树脂再生排放的废酸废碱再生,所以经济性好。在系统中设置弱型树脂交换器可以大大提高系统运行经济性。

2）采用对流式交换器

对流式交换器比顺流式交换器再生剂耗量低，出水水质好，因而可以节省再生剂，经济性好。

3）采用前置式交换器

所谓前置式交换器是指在顺流式强酸或强碱交换器前再加一个同类型的强酸或强碱交换器，二者串联运行、串联再生，如图 6-54 所示。主交换器的再生废液进入前置式交换器，对树脂进行不足量再生。运行时水先通过前置式交换器，进行部分交换，再进入主交换器进行彻底交换。实际上就是借前置式交换器来回收废再生液，所以再生剂耗量低，再生剂利用率高，经济性好。

前置式交换器再生剂耗量可以达到对流式交换器水平，又因为本身是顺流式运行，操作简单，可靠性好。

4）对阴离子交换器再生用碱液进行加热

碱液加热有利于阴树脂再生，提高 SiO_2 洗脱率，增大树脂 SiO_2 吸收容量，降低出水 SiO_2 浓度，延长运行周期，降低再生剂耗量。

5）回收部分再生废液及正洗水

交换器再生时再生废液中各种成分变化状况示于图 6-55 中。

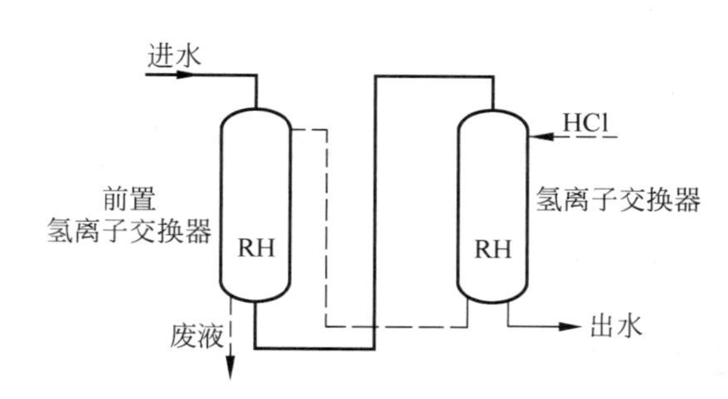

图 6-54 带前置式交换器的系统

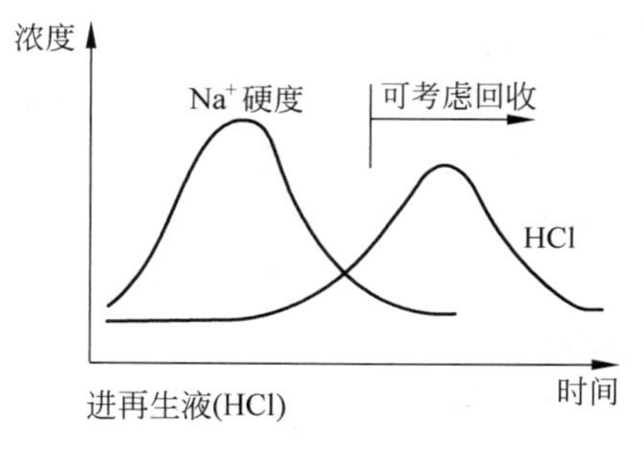

图 6-55 再生时再生废液浓度变化情况

从图 6-55 中可看出，再生初期排出的再生废液中各种置换出来的离子浓度最高，再生剂浓度很低，但置换出的离子排放接近尾声时，再生剂浓度开始上升，并达到一最高值。因此，可在再生时杂质浓度下降至一定值后，回收一部分再生废液，此时废液中再生剂浓度较高，而杂质相对较少。这些回收的再生废液可在下次再生时作初步再生用。

回收废再生液方法多在顺流再生交换器上使用。对流式交换器由于本身再生比耗已接近理论值，废液中再生剂浓度不高，一般不再回收。

交换器正洗水量一般也很大，正洗初期水中杂质浓度高，但正洗后期水质很好，基本上接近出水水质，比交换器进水水质好多了，而且这部分水量很大，如图 6-56 所示，因此，可以对正洗后期质量较好的正洗排水进行回收，作系统运行进水或作下次反洗水，这样就可降低正洗水率及自用

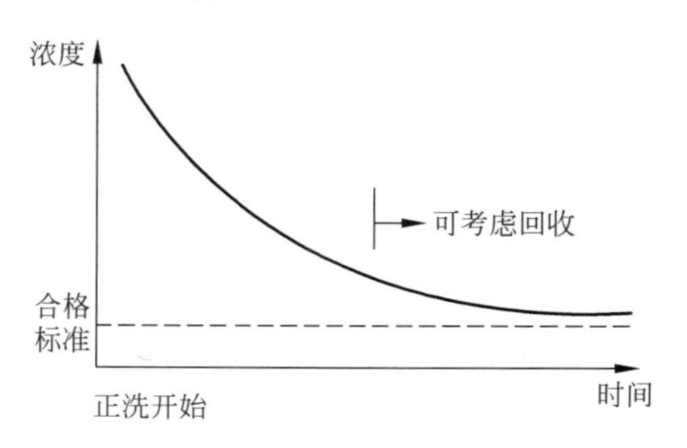

图 6-56 交换器正洗排水水质变化情况

水率。

6）降低除盐系统进水含盐量

在除盐系统进水水质较差时，可以在除盐系统前增设反渗透、电渗析等预脱盐装置，来降低除盐系统进水含盐量，延长交换器运行周期，降低运行酸碱消耗量，降低制水成本。

习题

6-1 水既要软化又要除碱的方法有哪些?

6-2 强酸氢离子交换出水为什么会有酸度? 它们是哪些物质?

6-3 分析阳树脂溶出物释放规律及其危害。

6-4 阴树脂受到有机物污染的原因及特征是什么? 如何防止阴树脂的有机物污染?

6-5 在一级复床除盐系统中，如何根据系统出水水质变化情况来判断强酸阳床失效还是强碱阴床失效?

6-6 分析逆流再生原理，说明其交换器结构、基本运行操作程序及优缺点。

6-7 说明混床工作原理，其除盐效果好的原因何在?

6-8 某直径为1.5m的强碱阴离子交换器，树脂层高1.6m，工作交换容量为300mol/m^3(树脂)，比耗为1.5。

(1) 求每次再生时，纯再生剂用量(再生水平)为多少?

(2) 每次再生需要多少2.0%的NaOH溶液?(2.0%的NaOH溶液的密度为1.02g/cm^3)

(3) 若阳床进水Cl^- 71mg/L，SO_4^{2-} 48mg/L，碱度3mmol/L，SiO_2 15mg/L，该阴床周期制水量为多少?

6-9 某逆流再生强酸H离子交换器，进水强酸阴离子浓度为1.5mmol/L，出水基本上与底层树脂达到交换平衡，已知$K_{H^+}^{Na^+}=2.0$。

若要求出水Na^+浓度小于345μg/L，问再生后底层RNa型树脂的摩尔分数应小于多少?

7 CHAPTER 蒸汽凝结水处理

蒸汽凝结水处理又称为凝结水处理或凝结水精处理(condensate polishing treatment),包括下面两种情况。

(1) 供热的蒸汽锅炉或热电厂,向热用户供应的蒸汽在做完功或传递热量后冷凝成水,此即凝结水(condensate),该凝结水含盐量很少,水质很纯,又有一定温度,若将其随便排掉是很大的浪费,应该回收利用(回收利用时称为生产返回水),但往往因为热用户的污染及输送管路的腐蚀,生产返回水中又增加了一些杂质,如金属腐蚀产物(铁锈)、油等。要回收利用凝结水,必须对它进行适当处理。

(2) 大型、高参数发电厂,对锅炉给水水质要求非常高。比如 300MW 的亚临界压力汽包炉,给水中要求铁的含量≤15μg/L、铜含量≤3μg/L、SiO_2 含量≤20μg/L、氢电导率(cation conductivity,指经 RH 交换后水的电导率)≤0.15μS/cm;超临界压力直流炉给水要求铁的含量≤5μg/L、铜含量≤2μg/L、SiO_2 含量≤10μg/L、钠含量≤2μg/L。只有当水质达到这些指标后,才能保证机组的安全运行。

这样的水质标准,往往超过了锅炉蒸汽在汽轮机做完功后冷凝成水(凝结水)的水质。所以,目前在亚临界压力以上的汽包炉和超临界压力直流炉机组中都设有凝结水处理装置,去除凝结水中金属腐蚀产物和微量的溶解盐。在核电站也设有凝结水处理装置。

从以上所述可知,凝结水处理是对纯净的蒸汽冷凝水进行精制再处理,以进一步提高水质纯度,具体目的主要有两个:去除水中金属腐蚀产物和微量溶解盐,相应的处理方法是过滤处理和离子交换除盐。

7.1 凝结水过滤除铁和除油

凝结水过滤处理的目的是去除凝结水中金属腐蚀产物,主要是铁的氧化物(Fe_3O_4、Fe_2O_3)及铜的氧化物(CuO、Cu_2O),有时还包括镍的氧化物和胶体硅。

7.1.1 凝结水中金属腐蚀产物的来源和形态

1. 凝结水中金属腐蚀产物的来源

锅炉产生的蒸汽是非常纯净的,凝结成水时,水中含盐量也非常少,这种纯净的水其 pH 缓冲性也非常低,若外界有少量的其他物质混入,将使其 pH 急剧波动,在工业上最常见的其他物质是 CO_2。进锅炉的水往往含有少量碳酸氢根,它进入锅炉后受热发生下列分解:

$$2NaHCO_3 \xrightarrow{\triangle} CO_2 + Na_2CO_3 + H_2O$$

$$Na_2CO_3 + H_2O \xrightarrow{\triangle} CO_2 + 2NaOH$$

产生的 CO_2 会随着蒸汽一起送出，在蒸汽凝结成水后，部分 CO_2 溶解在水中，产生 H_2CO_3，使凝结水 pH 急剧下降，严重时，生产返回水的 pH 值仅有 5～6。

$$CO_2 + H_2O \longrightarrow H_2CO_3 \longrightarrow H^+ + HCO_3^-$$

这种低 pH 的弱酸性水与钢材接触时，会对钢材造成强烈的腐蚀。工业供热的蒸汽管道很长，生产返回水的管道也很长(有的可长达十几千米)，而且管道内部没有任何防腐措施，所以这种腐蚀是很严重的。生产返回水中带有的金属腐蚀产物很多，最多时含铁量可达到 150mg/L。

在发电厂内，为了防止这种 CO_2 的酸性腐蚀，向锅炉给水中加入氨，使蒸汽及凝结水的 pH 值保持在 8.8～9.6，但也没有完全阻止钢的腐蚀，水、汽中仍含有少量腐蚀产物(铁、铜含量大多在 μg/L 级)，对大型高参数的发电机组来讲，这仍然是不允许的。

另外，设备停运时的腐蚀则更严重，由于检修或其他原因设备停运，这时所有的管道、设备全部暴露在大气中，而且极为潮湿，有时温度还较高，钢材表面会产生严重的锈蚀。在设备重新启动时，这些锈蚀产物由于水流冲刷作用进入水中，使水中含有大量的氧化铁颗粒，含量大大超过各种水汽质量标准的要求，比如发电厂的锅炉给水，正常运行时水中铁含量＜10～20μg/L，而停运后再启动时，水中铁含量可达几千微克每升(图 7-1)，要进行长时间冲洗才能降至正常值(一般要几天，最长的可达一个月)，不但影响设备正常运行，危及设备安全，而且浪费大量冲洗用纯水。

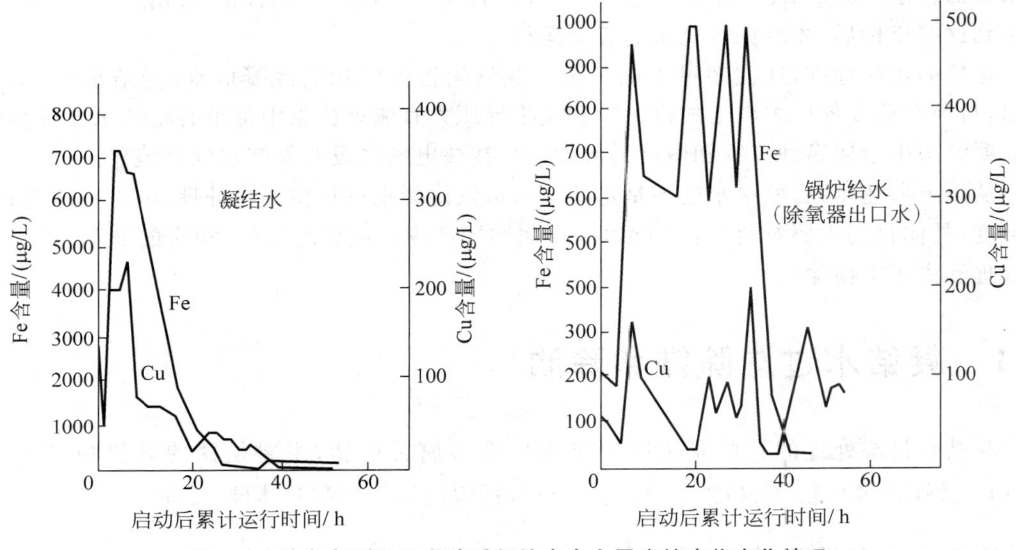

图 7-1 某发电厂机组启动时凝结水中金属腐蚀产物变化情况

2. 凝结水中金属腐蚀产物的形态

凝结水中金属腐蚀产物主要是铁的氧化物，此外还有少量铜的氧化物，这主要是因为凝结水接触的绝大部分是钢制设备及管道，铜的氧化物则来自热交换器中的铜管和铜制阀门芯等部件。除此之外，某些特殊场合还有少量镍的化合物。

铁的氧化物主要有 Fe_3O_4(黑灰色)和 Fe_2O_3(棕红色)两种，它们溶解度很低，都以固体形态存在于水中，除此之外，水中还可能存在胶体态氢氧化铁及离子态铁，离子态铁量很少

(表 7-1),在表 7-1 中还列出铜以溶解态铜离子形式存在的量。

表 7-1 不同 pH 时水中溶解的离子态铁和铜量

沉淀反应式	K_{sp}	不同 pH 水中离子态量/(μg/L)	
		pH 9	pH 6
$Fe^{3+}+3OH^{-}=Fe(OH)_3$	4×10^{-38}	2.22×10^{-15}	2.22×10^{-6}
$Fe^{2+}+2OH^{-}=Fe(OH)_2$	8×10^{-16}	440	
$Cu^{2+}+2OH^{-}=CuO+H_2O$	2.22×10^{-20}	0.014	507
$Cu^{+}+OH^{-}=Cu_2O+\frac{1}{2}H_2O$	1×10^{-14}	0.064	64

从表 7-1 中可看出,在水 pH 值为 9 时,水中以离子态存在的铁和铜均很少,均在 μg/L 级以下,在水 pH 值为 6 时,离子态铜含量上升,但也在 μg/L 级,未达到 μg/L 级,离子态铁含量也在 μg/L 级以下。由此可见,不论工业锅炉对外供汽的生产返回水,还是发电厂的凝结水,所夹带的金属腐蚀产物(铁和铜)主要以固体形态存在于其中,以离子态形态存在的量极微。可以通过最简单的固液分离方法(过滤)来去除蒸汽凝结水中的金属腐蚀产物,这就是凝结水的过滤处理。

对凝结水进行过滤处理,金属腐蚀产物的去除率则取决于水中金属腐蚀产物的颗粒大小与选用的过滤材料是否相配。曾有人将凝结水通过 0.45μm 微孔滤膜,结果基本未检出在滤液中有铁存在(表 7-2)。可见凝结水中铁的固体颗粒几乎都大于 0.45μm。

表 7-2 某发电厂凝结水中铁的固体颗粒大小 单位:μg/L

试验编号	凝结水中铁含量	通过 0.45μm 滤膜后水中铁含量
1	105	0
2	86	0
3	180	5
4	147	8
5	152	0
平均	134	2.6(占 1.9%)

还有人对某发电厂凝结水中颗粒物(主要是氧化铁)大小进行分级,结果表明,这些氧化物颗粒大部分(60%以上)都大于 10μm(表 7-3)。

表 7-3 某厂凝结水中铁颗粒状物分析

颗粒尺寸/μm	所占比例/%	颗粒尺寸/μm	所占比例/%
<1	4	10~100	51
1~10	33	>100	11

因此,可以采用一般的精密过滤设备来去除凝结水中的金属腐蚀产物。以前常用的有纸浆覆盖过滤、电磁过滤等,目前用得多的是管式微孔过滤、粉末树脂覆盖过滤和阳离子交换器等。

7.1.2 管式微孔过滤器

管式微孔过滤器又称管式过滤器(cartridge filter),以前类似设备曾称作烛式过滤器、卡盘过滤器,是近年来广泛用于凝结水过滤处理的一种精密过滤设备,用在凝结水处理中的过滤精度为1～20μm。

1. 结构和工作过程

管式微孔过滤器也是一种钢制压力容器,内装滤元,滤元由多个蜂房式管状滤芯组成,滤元一般长1～2m,直径25～75mm,滤元骨架为不锈钢管上开孔(如ϕ3mm),外面布满过滤材料,以线绕式滤芯为例,外绕聚丙烯纤维,绕线空隙度(即过滤精度)为1μm、5μm、10μm、15μm、20μm、30μm、50μm、75μm、100μm等规格,构造见图7-2。

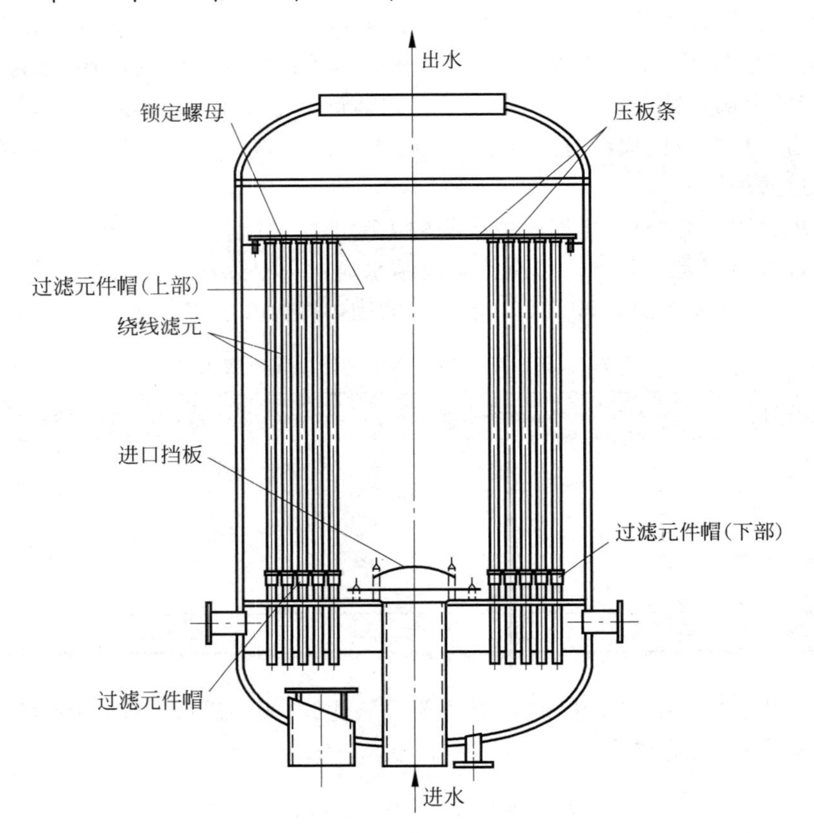

图7-2 管式微孔过滤器构造

管式微孔过滤器运行时水是从下部进入,遇到滤元上的聚丙烯纤维后,水中悬浮颗粒被截留,水进入滤元骨架不锈钢管内,向上流经封头(出水端)后流出,随着被截留的物质增多,阻力上升,过滤器进出口压差上升,当压差上升到0.08MPa时(或运行到额定时间后)停止运行,进行反洗。

反洗操作如下:放水;从上部出水区送入压缩空气进行吹洗;从上部出水区送入反洗水进行反洗,至反洗清洁后即可投入运行。

例如,某厂管式微孔过滤器直径 1800mm,高 2650mm,内装ϕ63mm、长 1760mm 滤元 245 根,滤元骨架为ϕ35mm 不锈钢管,上开ϕ3mm 孔,外绕聚丙烯纤维后外径 63mm,总过滤面积为 86m^2,可处理水量 750t/h,过滤流速为 8.7m/h(5~10m/h),反洗时先用压缩空气进行吹洗,压缩空气流量 1600 标 m^3/h(5~10 标 L/(m^2·s)),吹洗时间 60s(5 次),水反洗流量 500m^3/h(1~2L/(m^2·s)),水反洗时间 45s,反洗一次总共耗时 14min。管式微孔过滤器设计参数见表 7-4。

表 7-4 管式微孔过滤器的设计参数

项 目	设 计 参 数
水通量/(m^3/(m^2·h))	线绕式 8~10
	折叠式 0.7~1
水反冲洗强度/(m^3/(m^2·h))(按筒体截面积计)	约 30
气反冲洗强度/(标 m^3/(m^2·h))(按筒体截面积计)	约 170
运行允许最大压差/MPa	0.1
对进水悬浮态铁的去除率/%	≥70
滤元孔径/μm	进水较差时 10(线绕式) 不大于 4(折叠式)
	进水较好时 5(线绕式) 1~4(折叠式)
绕线有机物溶出(70℃)/(μg/(g·h))	≤8
5μm 滤芯初始冒泡压力/Pa	≥800

2. 滤元

管式过滤器滤元常用的有线绕式(wound fiter element)、折叠式和喷熔式三种。常用材质有聚丙烯(PP)、疏水性或亲水性聚四氟乙烯(PTFE)、聚偏氟乙烯(PVDF)、聚醚砜(PESF)、聚砜(PSF)、尼龙(MO)、陶瓷以及不锈钢等,不同材质其耐热性和过滤性能均不同。

线绕式滤芯如图 7-3 所示,它是由具有良好过滤性能的纤维线按一定规律缠绕在多孔管骨架上,骨架上开孔率 36%±3%,内细外粗和内紧外松的绕线方式可使滤元微孔内小外大,从而实现深层过滤,并且水流阻力小,反洗效果好;折叠式滤芯如图 7-4 所示,它是由微

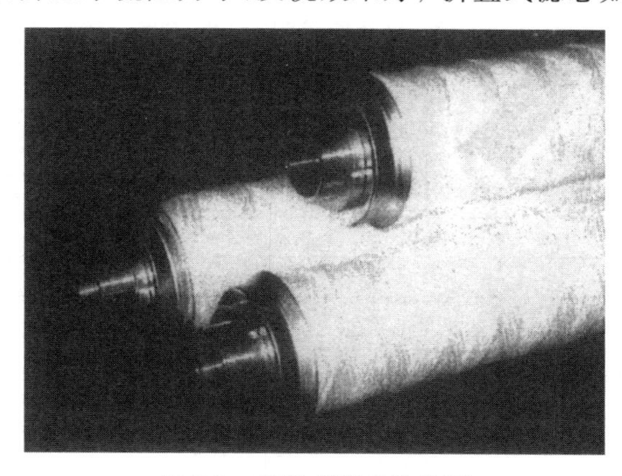

图 7-3 线绕式滤芯的外形

孔滤膜折叠制作而成,过滤面积大,由于过滤材质为微孔滤膜,孔隙精度高、均匀,可以制成孔径小于1μm的滤元;喷熔式滤芯如图7-5所示,它是由塑料加热熔融、喷丝、牵引、接受成型而制成的管状滤元,与传统织物过滤不同,它纤维较细,呈三维立体空间的不规则多孔网状结构。三种滤芯性能比较见表7-5。

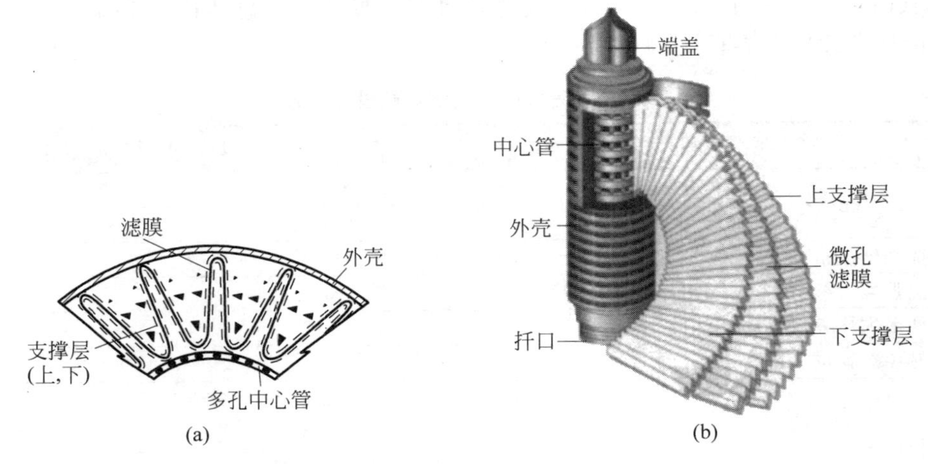

图7-4 折叠式滤芯

(a)示意图;(b)结构图

图7-5 喷熔式滤芯

表7-5 线绕式、喷熔式和折叠式三种滤芯性能比较

项目	线绕式滤芯	喷熔式滤芯	折叠式滤芯
孔隙/μm	1、5、10、20、30、50	1、3、5、10、20、30、50、75、100	<1、1、2、3、5、10、20、30、60
最大压差/MPa	0.5	0.345	
运行压力损失	小	中	小
单支膜面积	小	小	大
单支处理水量	小	小	中
清洗难易	较易	较易	难

3. 过滤效果

某厂使用表明,当滤元上聚丙烯纤维孔隙孔径为10μm时,对凝结水中铁的去除率为

30%；当孔隙孔径为 5μm 时，对铁去除率为 40%～80%。某厂测试数据列于表 7-6。运行表明，该设备运行可靠，反洗彻底。

表 7-6 管式微孔过滤器过滤效果

过滤纤维空隙孔径/μm	进水流量/(m^3/h)	进出口压差/MPa	进水含铁/(μg/L)	出水含铁/(μg/L)	铁去除率/%
10	600	0.055	31.8	21.8	31.5
	620	0.05	19.6	14.8	24.5
	620	0.065	40	23.6	41
5	580	0.01	224	128	42.9
	600	0.015	70	36	48.6
	560	0.016	28.6	16.8	41.3

7.1.3 粉末树脂覆盖过滤器

粉末树脂覆盖过滤器(powdex)和纸浆覆盖过滤器都属于覆盖过滤器(precoated filter)，在本书第三章中统称为预涂层过滤器。纸浆覆盖过滤器是在滤元上涂一层纸粉作为滤层，起过滤作用，它可以很有效地滤除水中微米级以上的微粒，去除凝结水中金属腐蚀产物可达 80%～90%；但设备占地面积大，操作复杂，运行费用高，还有将纸粉漏入水中的可能。以前应用很普遍，近年来新设计的较少。粉末树脂覆盖过滤器是在滤元上涂一层离子交换树脂粉末作为滤层，水通过时除了能滤除凝结水中金属腐蚀产物(对凝结水中铁去除率可高达 85%)，树脂还可以去除水中溶解的盐，所以它身兼除铁和除盐的双重作用，只不过由于离子交换树脂数量较少，除盐能力会很快失效。

1. 覆盖过滤器结构

早期使用的覆盖过滤器的结构见第三章图 3-30 所示。它的壳体为一圆形钢制压力容器，底部是锥形，水从下部流入，进口处设一水分配罩，防止水流冲击。顶盖为一带法兰的圆封头，法兰之间装一多孔板，滤元设置在多孔板上，多孔板上每一个小孔装配一根滤元。多孔板将过滤器分为两个区域：下部为过滤区，上部为出水区。

纸浆覆盖过滤器，滤元多用不锈钢梯形绕丝制成(图 7-6)，过滤之前先送入纸粉浆，滤元截留后在滤元上形成 3～5mm 厚的纸浆层滤膜，正式运行时，依靠该滤膜去除水中金属氧化物颗粒。运行结束后将滤膜层爆去(俗称爆膜)，冲洗干净再进行铺膜，再次过滤运行。

粉末树脂覆盖过滤器多使用管式过滤器，其结构示于图 7-7。其滤芯为 5μm 聚丙烯线绕式滤芯，在其上涂 3～6mm 厚的粉末状树脂作附加滤层，起过滤除铁与除盐用。

2. 水头损失分析

该过滤器能有效地去除水中粒径在 0.45μm 以上的颗粒，它的作用完全是依靠附加滤层的机械阻留作用。过滤开始时，水中悬浮颗粒被截留，并逐渐在滤膜表面形成一层附加滤膜层，也起到过滤作用，这两个滤层相应地称为第一滤层和第二滤层，它们的阻力相应地为 Δp_1 和 Δp_2，则运行阻力 Δp 为

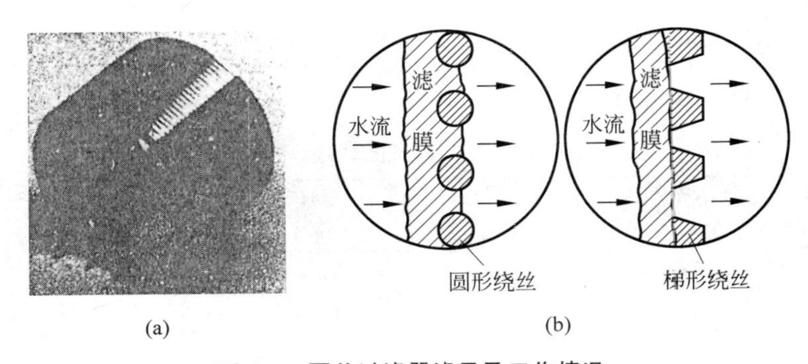

(a) (b)

图 7-6 覆盖过滤器滤元及工作情况

(a) 梯形绕丝滤元(一段);(b) 滤元工作情况

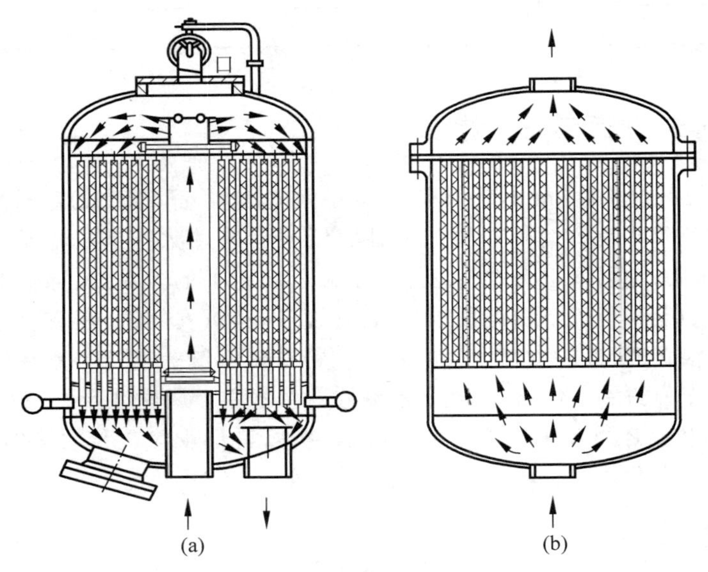

图 7-7 粉末树脂过滤器的结构类型

(a) 底管板型;(b) 顶管板型

$$\Delta p = \Delta p_1 + \Delta p_2 \tag{7-1}$$

式中,Δp_1——粉末树脂层滤膜的阻力,它与树脂粉末的性能(颗粒大小、密度、压密性等)及粉末状树脂层滤膜的厚度有关,Δp_1 值可按达西公式来考虑;

Δp_2——附加滤膜的阻力,它与水中微粒状物质的性质、颗粒大小、密度、组成等以及膜的厚度有关。

过滤刚开始时,$\Delta p_2=0$,$\Delta p=\Delta p_1$。随着过滤的进行,Δp_2 上升,其上升速度直接决定覆盖过滤器的运行周期。

如果水中金属氧化物颗粒太细会引起 Δp_2 急剧上升,运行中可向水中补加一些大颗粒附加过滤介质(称为助滤剂),以形成多孔的沉淀物层,降低 Δp_2 增长速度,延长运行周期。

所谓助滤剂(filter-aid),是能提高过滤效率的物质,它能防止滤渣堆积过于密实,减慢过滤器压降上升速度,延长过滤周期,提高周期制水量。助滤剂是一些细碎程度不同的颗粒状物质,具有一定的刚性和不可压缩性,另外,它的化学稳定性要好,不能影响被处理的水质。常用的助滤剂有硅藻土、珍珠岩、纤维、石棉、石墨粉、锯屑、氧化镁、石膏、活性炭和酸性白土等,凝结水处理中的粉末树脂过滤器使用的是聚丙烯纤维粉。

助滤剂的使用方法:一种是将助滤剂按一定比例加入待过滤的水中,然后一起过滤;另一种是制备只含助滤剂的悬浮液,先行过滤,在滤层上形成预涂层,然后再过滤被处理的水。

3. 粉末树脂覆盖过滤器系统及运行

粉末树脂覆盖过滤器系统见图 7-8。

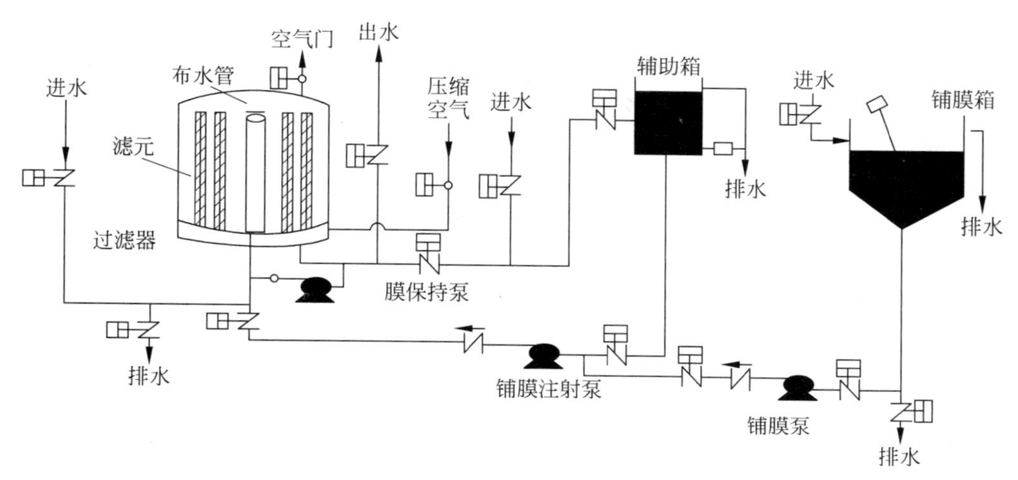

图 7-8 粉末树脂覆盖过滤器及铺膜、爆膜系统

粉末树脂覆盖过滤器运行操作可分为三步:铺膜、过滤和爆膜。

1) 铺膜

将一定数量的粉末状树脂及聚丙烯纤维粉放入铺料箱中配置成浆液,开启搅拌使树脂发生溶胀,体积增大,阴、阳树脂发生抱团,形成不带电荷的具有过滤和交换能力的絮凝体,再用铺膜泵及注射泵将其送入过滤器,并进行循环,粉末状树脂逐渐在滤芯上形成一层 3~6mm 厚滤膜。

铺膜时要保证滤芯上滤膜均匀,防止出现滤芯上粉末状树脂层上下薄厚不均的情况。

2) 过滤

过滤时水从过滤器下部进入,通过滤元上的滤膜后,水中颗粒状金属氧化物被截留,水从上部引出。过滤过程中可以适当加入一些助滤剂(聚丙烯纤维粉浆)进行补膜,如补膜适当,运行时间可延长至 2 倍。

由于树脂粉末颗粒之间黏结性较差,粉末状树脂滤膜易发生破裂甚至脱落,特别当负荷、压力波动时更易发生,所以在系统中要设置压力保持泵,在运行不稳定时用该泵维持压力,保护粉末状树脂滤膜。

粉末树脂覆盖过滤器铺膜效果是决定其除铁效率的最重要因素之一。一般情况下,可根据膜层外观、膜层厚度、膜层初始压差、铺膜后过滤器罐体内悬浮絮体的数量等因素的不同,将粉末树脂覆盖过滤器铺膜效果分为五个等级。其中铺膜厚度是在铺膜量一定的情况下测定的。

第一级:该等级铺膜效果好,整个滤元表面覆盖完整的膜层,且膜层表面光滑均匀,无漏点和鼓包现象,膜层厚度为 6~9mm,膜层初始压差为 0.5~1.2kPa,铺膜后过滤器罐体内无悬浮絮体。

第二级：该等级铺膜效果较好，整个滤元表面覆盖较完整的膜层，且膜层表面较光滑，无漏点和鼓包现象，但滤元顶端膜层较薄，膜层厚度为4～6mm，膜层初始压差为1.2～2.0kPa，铺膜后过滤器罐体内有少量悬浮絮体。

第三级：该等级铺膜效果一般，滤元底部和中部膜层较完整，顶部有3～5cm的滤元裸露，膜层表面不平整，有少量漏点和鼓包现象，膜层厚度为2～4mm，膜层初始压差为2.0～3.5kPa，铺膜后过滤器罐体内有少量悬浮絮体。

第四级：该等级铺膜效果较差，滤元表面成膜效果较差，膜层表面凹凸不均，多漏点和鼓包现象，铺膜后过滤器罐体有较多悬浮絮体。

第五级：该等级铺膜效果差，滤元表面无法成膜，铺膜后过滤器罐体内有大量悬浮絮体。

3）爆膜

随覆盖过滤器运行中截留的颗粒状物增多，阻力上升，当运行至进出口压差达0.1～0.2MPa，或者出水含铁量超过要求时，就要停止运行，将旧膜去掉，这就是爆膜。

常用的爆膜方法是压缩空气膨胀法，压缩空气膨胀法是指从覆盖过滤器顶部进入压缩空气，关闭所有出口阀，升高器内压力，之后迅速打开压缩空气放气阀，此时出水区的压缩空气膨胀，将滤元上的滤膜吹掉，再用水自内向外反冲洗滤元，清除残渣，直至清洁为止。也有利用覆盖过滤器出水区积聚的空气进行爆膜的，此即自压缩空气爆膜。爆膜操作可多次进行，直到把膜去除干净。

4. 粉末树脂覆盖过滤器设计参数

滤元的水通量　$8\sim10m^3/(m^2\cdot h)$

铺膜用树脂粉(40～60μm,60～400目,90%通过325目)耗量　$0.4\sim1.4kg/m^2$

阳(铵型)粉末树脂与阴(OH型)粉末树脂比例　(1～2)：1

树脂与纤维的比例　(2～8)：1

进水温度　≤60℃

运行压差　≤0.175MPa

滤芯孔径　线绕式滤芯5μm

保持泵流量　按设备正常出力的7%～10%

铺膜泵流量　按过滤器截面积计为$130\sim150m^3/(m^2\cdot h)$

爆膜用压缩空气压力　≥0.4MPa

7.1.4 电磁过滤器

1. 工作原理和结构

物质在外来磁场作用下会显示磁性，这称为物质的磁化。物质的磁化性能用导磁系数来表示，导磁系数是表示物质磁化后的磁场强度与外加磁场强度的比值。有些物质在很弱的外磁场中也能磁化，具有很大磁场，并且加强外磁场，当外磁场取消后，还能保持一定的磁性，这种物质称为铁磁性物质。有些物质在强磁场中只能被弱磁化，也能不同程度地加强外磁场，一旦外磁场消失，物质的磁场也消失，这种物质称为顺磁性物质。还有一些物质在外磁场中被磁化，但反过来会削弱外磁场，这类物质称为抗磁性物质。

凝结水中的氧化铁颗粒主要有 Fe_3O_4、α-Fe_2O_3、γ-Fe_2O_3 几种，其中 Fe_3O_4 和 γ-Fe_2O_3 是铁磁性物质，α-Fe_2O_3 是顺磁性物质。因此可以利用磁性吸引的方法从水中去除这些氧化铁微粒，此即磁分离法。

早期磁分离法是使用永磁过滤器(第一代电磁过滤器)，其除铁效率低，很快被电磁过滤器取代。电磁过滤器(electromagnetic filter)是在励磁线圈中通以直流电，产生磁场，借助该磁场将过滤器填料层中的填料(导磁基体)磁化，当水通过填料层时，水中磁性物质会被吸引附着在填料表面，达到净化水的目的。在电磁过滤器中，基体作用于水中的微粒的磁力可用下式表示：

$$F = VXH\frac{\mathrm{d}H}{\mathrm{d}X} \tag{7-2}$$

式中，F——基体作用于微粒的磁力；

V——水中微粒的体积；

X——微粒磁化率，比如 Fe_3O_4 的磁化率为 15600×10^6(CGS 单位)，α-Fe_2O_3 磁化率为20.6×10^6(CGS 单位)，CuO 磁化率为 3.3×10^6(CGS 单位)；

H——背景磁场强度；

$\frac{\mathrm{d}H}{\mathrm{d}X}$——磁场梯度。

电磁过滤器中填充的导磁基体种类很多，对其基体的要求是顺磁性好且耐腐蚀，早期曾使用ϕ6mm～ϕ8mm 轴承钢球或纯铁球外镀镍，这是钢球型电磁过滤器(第二代电磁过滤器)。目前使用的是涡卷-钢毛复合基体的复合型高梯度电磁过滤器(第四代电磁过滤器)，其工作原理是使用一种空隙率达 95%的钢毛作为填料，磁饱和的钢毛会产生一种极高磁场强度(比钢球高约 4 倍)的空间效应，能从水中吸引很微小的磁性物质，吸着量也很大，从而提高水中金属腐蚀产物的去除效率。这两种过滤器的结构示于图 7-9 中，主要技术参数列于表 7-7 中。

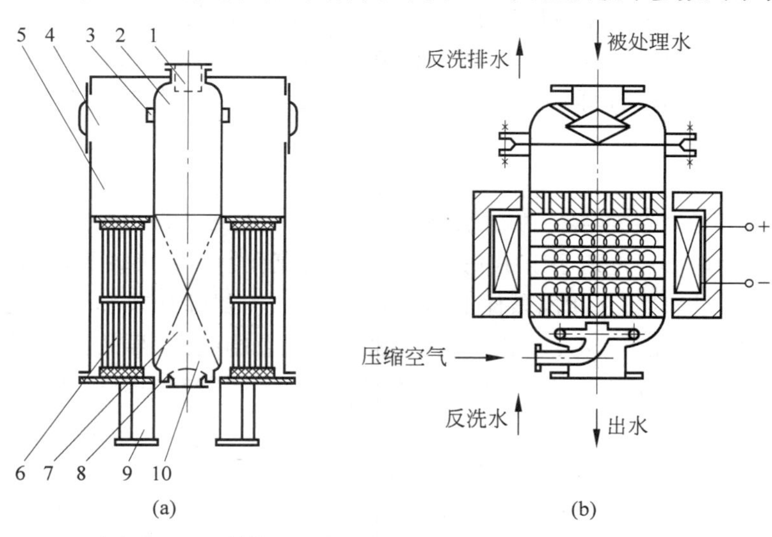

1—出水装置；2—筒体；3—窥视孔；4—人孔；5—屏蔽罩；6—励磁线圈；7—钢球填层；8—卸球孔；9—支座；10—进水装置。

图 7-9　电磁过滤器结构

(a) 钢球型电磁过滤器；(b) 复合型高梯度电磁过滤器

表 7-7 电磁过滤器主要技术参数

型号及代号	钢球型电磁过滤器(I型)	复合型高梯度电磁过滤器(FG型)
填料基体	钢球	涡卷-钢毛复合体
材质	DT4 表面镀镍 10～20μm	OCr17
规格	φ6.35mm～φ6.5mm	30～200μm
层高/nm	1000～1200	800～1000
充填率/%	约 65	约 24
磁场强度/(kA/m)	100	100
运行流速/(m/h)	1000	400～800

2. 运行特点

1) 电磁过滤器内部磁场分布状况

与钢球型电磁过滤器相比,高梯度电磁过滤器内部磁场强度较高,且分布均匀,这有利于去除水中微小的氧化铁颗粒。

2) 水流阻力特性

高梯度电磁过滤器的运行阻力远小于钢球型电磁过滤器。钢球型电磁过滤器运行阻力可达 0.15MPa,而高梯度电磁过滤器的运行阻力仅有 0.04MPa。

电磁过滤器的运行终点通常以额定流量下的阻力上升值来确定,一般采用比初投时阻力上升 0.05～0.1MPa 作为运行终点,也有用制水量来决定运行周期的。

3) 反洗特性

运行结束后,要清除填料基体中积存的金属氧化物颗粒,恢复其清洁状态,才能再次运行,这个操作即是反洗。

电磁过滤器单纯用水反洗,其洗净率较低,要首先用压缩空气擦洗,之后再用水反洗,洗净率才能符合要求。电磁过滤器反洗水及压缩空气进入方向是从下向上(与钢球型电磁过滤器运行方向相同,与高梯度电磁过滤器运行方向相反),压缩空气压力为0.2～0.4MPa,空气的流速为 1500m/h,擦洗时间为 4～6s;反洗水流速 800m/h,清洗时间为 10～12s。上述空气-水反洗操作重复2～4 次。

4) 除铁效率

电磁过滤器主要去除凝结水中氧化铁颗粒,去除率可达 60%～90%,正常运行时,电磁过滤器出水中铁含量可稳定地小于 10μg/L,但对铜的氧化物去除率较低,约 50%。

比较两种电磁过滤器,在相同条件下,高梯度电磁过滤器除铁效率较高,这主要由于钢毛细丝直径小,曲率半径小,梯度变化大,磁力线在空间急剧收敛,导致其内部磁场强度大,基体对水中氧化铁颗粒吸引力大,小颗粒氧化铁易去除,同时钢毛对氧化铁的吸留量也大(约为钢球型的 60 倍)。

影响电磁过滤器除铁效率的因素有如下几点。

(1) 磁场强度。受外磁场强度、过滤器中填料种类(钢毛复合型磁场强度最大)、填料尺寸等因素影响。

(2) 水中氧化铁形态。电磁过滤器对铁磁性物质去除率高,对顺磁性物质去除率低,高梯度电磁过滤器对顺磁性物质也有一定去除率。

(3) 进水含铁量。进水含铁量为 1mg/L 以下时，含铁量越少，水中氧化铁颗粒就越小，去除率越低。

(4) 水流速。试验表明，当流速大于 1300m/h 时，除铁效率急剧下降，这主要是因为高速水流的冲刷力增强，原先被填料基体吸着的氧化铁又被冲刷下来，造成出水含铁量上升。另外对于钢球型电磁过滤器，高速水流从下向上进入，还有可能使填料层展开，发生相互碰撞，使吸着的氧化铁颗粒脱落。

3. 系统联结

钢球型电磁过滤器和高梯度电磁过滤器的联结系统示意见图 7-10，适用于发电机组启停时使用。

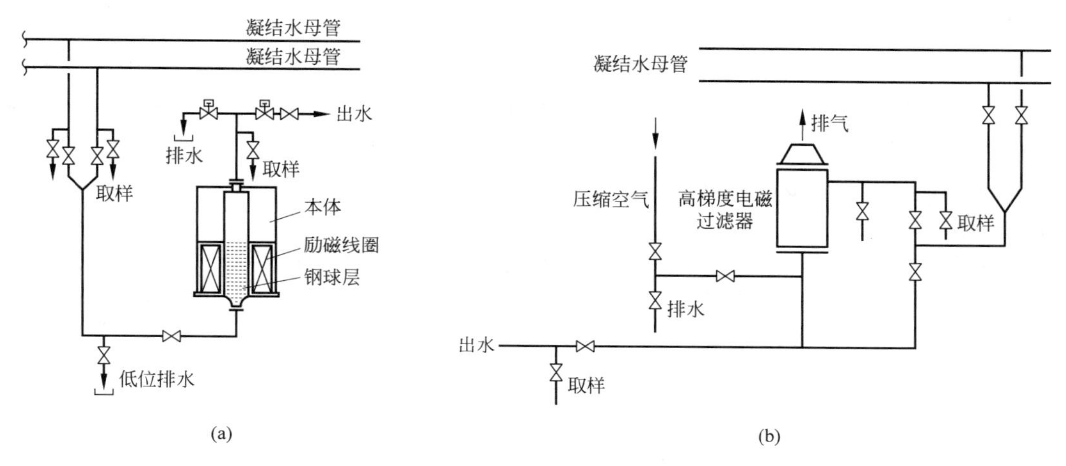

图 7-10 联结系统

(a) 钢球型电磁过滤器；(b) 高梯度电磁过滤器

7.1.5 氢型阳床和阳层混床

离子交换树脂颗粒很小(0.3～1.2mm)，可以起到很好的过滤作用，主要是利用氢型阳离子交换器中阳树脂对凝结水进行过滤，它在凝结水过滤处理的应用中有以下两种形式。

(1) 单独以顺流式氢型阳床形式来过滤处理凝结水，可以连续运行，也可以在热力系统投运初期水质较差时根据需要投运；

(2) 在凝结水除盐用的混床上面再加一层氢型阳树脂起过滤作用，又称为阳层混床。

氢型阳床中阳树脂层高可选用 600～1000mm，运行流速最高可达 90～120m/h，以便与除盐用混床相匹配，如单独设计，运行流速也可略低(50～80m/h)。它对凝结水中铁的去除率可达 80%(进水为 40～1000μg/L，出水可降为 5～40μg/L)，树脂对水中铁的截留量约为 1.7g/L(树脂)。

氢型阳床中阳树脂是以 R-H 形式进行运行，它在起过滤作用滤除水中颗粒状物质的同时，又可对水中阳离子(如 Na^+、NH_4^+)进行交换，所以它可以使水中 Na^+ 浓度降低，还可以去除凝结水中 NH_4^+，使后续的除盐用混床运行周期大大延长。

虽然一般工业凝结水 pH 最高可达 9 左右，但氢型阳床出水 pH 为中性至弱酸性，有一定腐蚀性，所以在凝结水处理中单独使用氢型阳床时，应在其出水口中加入碱性物质(如氨)，以提高pH。当氢型阳床和除盐用混床串联运行时，阳床出水低pH不但可以使混床运行周期延长，而且还可大大改善混床工作条件，可使混床出水 Cl^-、SiO_2 大大下降，这时，加氨提高pH的位置应后移至混床出口。

氢型阳床运行终点可按出水铁含量上升或床层运行阻力加大来判断，但在与混床串联运行时，应以阳床出水中 Na^+ 或 NH_4^+ 浓度上升作为运行终点。失效时，树脂层中已夹杂大量金属腐蚀产物颗粒，一般水反洗很难洗净，可以采用多次空气擦洗和水反洗相结合的方法进行清洗，清洗干净后，再用酸进行再生。酸也能去除一部分铁。经过这种方式处理后，阳床中阳树脂基本可恢复至原来状况。

除铁用氢型阳床一般采用体外再生，交换器内部不设再生装置。

阳层混床是在混床树脂层上面加一层厚300～600mm的氢型阳树脂，这一层阳树脂在运行中可以滤除进水中大部分(90%以上)金属腐蚀产物固体颗粒，可以去除进水中的氨，使混床中阴、阳树脂交界处的水为弱酸性，从而改善混床树脂工作条件，提高出水品质，这与氢型阳床的作用是相同的。

阳层混床的树脂反洗可以将阳层树脂与混床树脂一起进行空气擦洗和水反洗，也可以单独对阳层树脂进行反洗。

目前阳层混床多是在已有的混床上部再铺阳树脂，造成混床上部水垫层高度不足，使阳层混床表面的阳层树脂厚度不易铺均匀，运行中受水流冲击又会形成坑，使运行水流产生偏流，起不到阳层树脂的理想作用。

某发电厂凝结水处理中应用的氢型阳床和阳层混床概况列于表7-8。

表7-8 某发电厂凝结水处理中应用的氢型阳床和阳层混床概况

<table>
<tr><th colspan="3">氢型阳床</th><th colspan="3">阳层混床</th></tr>
<tr><td rowspan="4">床体情况</td><td>直径</td><td>φ3000mm</td><td rowspan="4">床体情况</td><td>直径</td><td>φ1800mm</td></tr>
<tr><td>树脂层高</td><td>650mm</td><td>树脂层高</td><td>1000mm</td></tr>
<tr><td rowspan="2">出力</td><td rowspan="2">700m³/h</td><td>阳层高</td><td>300mm</td></tr>
<tr><td>有无阳层反洗</td><td>有</td></tr>
<tr><td rowspan="4">运行数据</td><td>运行周期</td><td>1个月左右</td><td rowspan="4">设计数据</td><td>铁</td><td>进水150～500μg/L，出水10μg/L</td></tr>
<tr><td>铁</td><td>进水200～1000μg/L，出水<15μg/L</td><td>铜</td><td>进水300～500μg/L，出水5μg/L</td></tr>
<tr><td rowspan="2">钠</td><td rowspan="2">进水10μg/L，出水1～3μg/L</td><td>SiO₂</td><td>进水150～300μg/L；出水20μg/L</td></tr>
<tr><td>氢电导率</td><td>出水<0.3μS/cm</td></tr>
</table>

7.1.6 空气擦洗高速混床

凝结水除盐用的混床，若没有前置过滤器时，混床树脂也起过滤作用，凝结水中金属腐蚀产物的颗粒会被混床树脂所截留，黏附于树脂表面，难以清除，使混床运行压降增大，甚至出水含铁量上升。因此一般运行的混床是不能兼作过滤用的。

兼作过滤除铁的混床必须能彻底清除树脂上黏附的金属氧化物，由于金属氧化物相对密度较大(氧化铁达 5.2g/cm^3),反洗时很难冲洗出去,可以采用空气强力擦洗,使树脂表面黏附的金属氧化物脱落。金属氧化物密度大,易沉在底部,再用水从上向下淋洗,将金属氧化物从下部排走,此即为空气擦洗高速混床(high flow rate mixed bed with air scrubbing operation)的清洗工作原理。

空气擦洗-水洗必须多次进行,机组启动时运行的混床需 20～40 次,正常运行时的混床也需 10～20 次才能清洗干净(图 7-11)。这种方法去除树脂上氧化铁颗粒可达 90%以上,可以满足长期运行的要求。

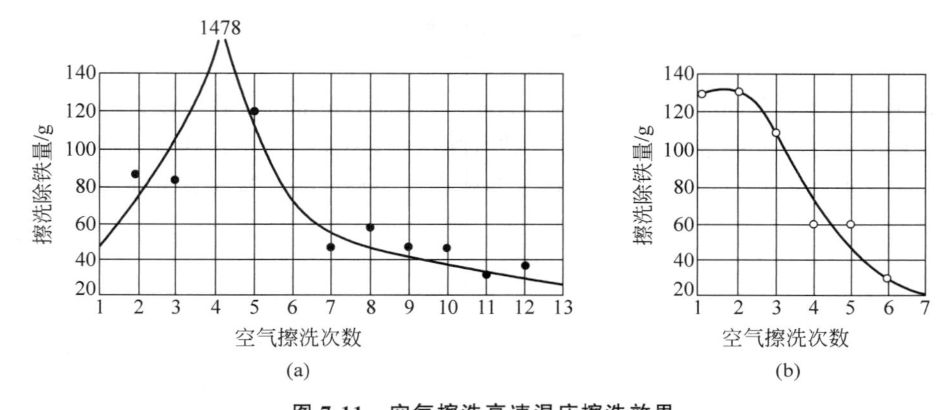

图 7-11　空气擦洗高速混床擦洗效果

(a) 机组启动时工况;(b) 机组正常运行工况

空气擦洗高速混床是把过滤除铁和除盐作用放在一个设备内进行,是一个早期使用的处理设备,目前在火力发电厂一些要求不高的机组上仍有使用,这种方法对树脂磨损较大。

7.1.7　凝结水除油

生产返回水中经常含有油,油的来源主要是各种机械设备的润滑油及液压油,含油量大的水是不能直接回收利用的,因为,一般工业锅炉要求给水中含油 1～2mg/L 或更低,所以含油量大的生产返回水应当进行除油。

水中油的存在形态一般为三种:第一种是油粒径在 0.1mm 以上,它在水静置时会漂浮到水面,这种油称为游离油;第二种是油粒径为 0.01～0.1mm 的分散油,它的稳定性比前一种强,但长时间静置,颗粒也会集聚、变大、上浮;第三种是乳化油,含油的水在机械叶轮输送过程中极易形成乳化油,它的粒径在 10μm 以下,大部分为 1～2μm,在油水界面有表面活性剂存在,具有极高的稳定性,很难分离。至于呈溶解状态的油是极微的。

水中油的分离方法通常根据水中油珠的形态、含量、要求处理后的水质等条件而定。对于从凝结水中除油,由于凝结水很纯,不应像其他含油水的处理那样向水中添加处理药剂,因为添加药剂又会使水质恶化。

1. 自然分离法

该方法可以去除游离油和分散油,所用设备通常为隔油池(图 7-12),它是让水在池内缓慢流动,由于流速降低,水中油珠依靠浮力上浮至液面,通过括油集油管排出,除油后水中油含量可降至50～100mg/L。这种分离方法适用于水中含油量较大的场合，主要用来去除游离油和分散油。

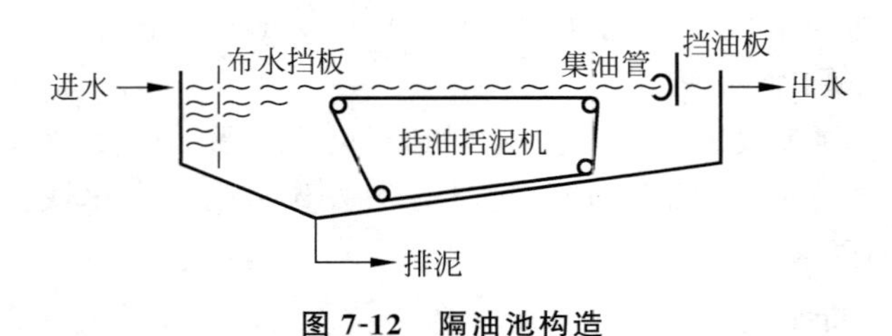

图7-12 隔油池构造

隔油池主要参照含油废水处理用的隔油池，有平流式隔油池、平行板式隔油池、波纹斜板隔油池和压力差自动撇油装置等。在凝结水除油中，很少会使用这些敞开的大型设备，但当凝结水中含油较多时，也可以按相同技术参数设计小型的隔油设备。其主要技术参数有：停留时间60～90min，水平流速约0.2mm/s。

2. 气浮分离

该方法适用于含乳化油水的处理。通常要先对乳化油进行破乳化，即让黏附表面活性物质的亲水性乳化油颗粒重新变为憎水性，再用气浮分离法将其分离。

破乳化通常是向水中加入破乳化剂，常用的破乳化剂有硫酸铝、三氯化铁、硫酸亚铁、石灰、酸等。但这些破乳化剂不宜用在凝结水除油工艺中，因为它会使凝结水水质变差，能用于凝结水除油工艺中的破乳化剂应该是不溶解且易于分离的固体。

气浮分离的原理及设备在第2章中已有叙述，本章不再重复。

3. 过滤吸附法

前面两种方法都是处理含油较多的水，对于含油量较少的水通常可用吸附法去除，常用的吸附材料有无烟煤、硅藻土、活性炭、膨胀石墨和吸油树脂等，由于它们的吸附容量有限，只用于对含油量较少的深度处理。

用粒状活性炭作过滤材料来处理含油的凝结水，可以很好地吸附水中乳化油及溶解油，但吸附容量较小，活性炭吸油容量为30～80mg/g。膨胀石墨对油的吸附容量远高于活性炭，是一种很好的除油吸附剂。吸油树脂是近年来开发的一种可用于凝结水除油的吸附材料，它的优点是本身没有物质向水中溶出。目前主要有两类：丙烯酸酯类和烯烃类，多用于含微量油的水的处理，这种树脂具有亲油疏水性，可以捕捉水中乳化油及溶解油在其表面，然后自行破乳并富集，吸油量可达自身重量的30%～50%，吸附饱和后可以用水蒸气或有机溶剂再生。

4. 膜过滤

常用的凝结水除油用膜是超滤膜。由于油珠的尺寸比超滤膜的孔径大，因此可以用超滤膜来去除凝结水中的油，超滤膜(尤其是憎水性超滤膜)很小的孔径有利于破乳及油滴聚集，对水中油去除率可达90%以上。超滤膜工作压力低(0.1～0.2MPa)，系统简单，操作方便，只需注意选择适当孔径的超滤膜。但被油污堵的膜很难清洗。

除超滤膜外，微孔滤膜、MBR和反渗透膜也可用于除油。

5. 电磁处理法

该方法包括磁处理法、电子处理法、高频磁场法和高压静电处理法等，这些方法的共同特点是不向水中添加任何可溶性化学药剂，因而不影响水质，特别符合凝结水除油的要求。磁处理法是利用磁性物质（磁铁矿及铁氧体）粉末作为载体，利用油珠的磁化效应，使油珠吸附在磁性颗粒上，再通过分离装置，将磁性颗粒和吸附的油珠留在磁场中，达到从水中分离油的目的。

6. 电化学法

电化学法处理含油水主要有电凝聚法和电气浮法，在凝结水除油中值得关注的是电气浮法，它是利用电极反应产生的气泡进行气浮处理。

7. 超声波法和微波法

使用超声波来破乳，有研究表明超声波和破乳剂有很好的协同作用，会促进破乳剂的破乳效果，减少破乳剂用量直至不用破乳剂，所以它也是一个有良好应用前景的处理含油凝结水的方法。可使用的超声波频率为31～45kHz，加热可提高超声波破乳效果。

微波也可用来破乳，微波具有内加热特性，可使液体黏度下降并促进油水分离。

8. 高级氧化法

这类方法包括超临界水氧化法、光催化氧化法等。超临界水氧化法是让水在24～28MPa压力、390～430℃温度下，大约几分钟时间水中氧可将油氧化降解。光催化氧化是在二氧化钛存在下，紫外线可将油氧化降解，曾有人将二氧化钛涂在空心玻璃球上，漂浮在水面，利用紫外线将水中绝大部分油去除。

7.2 凝结水除盐（一）——体外再生混床

在某些对水质要求很高的行业，比如火力发电厂和核电站，蒸汽冷凝后的凝结水含盐量不符合要求，需要对凝结水进一步除盐。凝结水中含有的盐主要来自两个方面，一是蒸汽中带入的杂质，二是热交换器漏入的杂质。

锅炉中炉水在沸腾时产生蒸汽，蒸汽从炉水中以气泡形式逸出，在逸出过程中会夹带少量炉水水滴，随蒸汽流带走。由于炉水中含有盐，就相当于蒸汽中也带有盐，在蒸汽冷凝成凝结水时，这些盐就会溶解在凝结水中，对于各种低压锅炉，这是蒸汽带盐的主要原因。

对高参数蒸汽锅炉，炉水中的某些盐还会直接溶解在蒸汽中，就像食盐溶于水一样，这是高参数蒸汽具有的一个特征。蒸汽中最常见的溶解盐是硅酸，在中压参数（3.8～5.8MPa）的蒸汽中就已明显存在，蒸汽参数（压力、温度）再升高，硅的溶解量上升，继而各种钠盐（$NaCl$、$NaOH$、Na_2SO_4 等）也会溶解在蒸汽中。这些蒸汽中溶解的盐在蒸汽冷凝成水时，直接进入凝结水中。

在锅炉正常运行时，由蒸汽带入凝结水中盐含量是不多的，中压参数锅炉蒸汽中含钠量

<15μg/kg,SiO 含量<20μg/kg,高压以上参数(>5.9MPa)锅炉蒸汽中含钠量为3～5μg/kg,SiO 含量为10～20μg/kg。

凝结水中含盐量主要来源还是热交换器(在发电厂称为凝汽器)泄漏,当热交换器用冷却水冷却时,热交换器内换热管的泄漏使冷却水进入凝结水中,凝结水含盐量大大上升。以发电厂凝结水为例,锅炉产生的蒸汽在进入汽轮机内做完功后,送入凝汽器冷凝成凝结水,凝汽器内有成千上万根热交换管(材质为铜管、钛管、不锈钢管),冷却水在管内流动,蒸汽在管外将热量传给管内的冷却水后冷凝成水。凝汽器管子由于腐蚀或磨损产生穿孔,冷却水就会漏入凝结水中;凝汽器管子端部与管板连接处(胀口)的不严密也会使冷却水漏入凝结水中,冷却水通常为天然水,其中含有大量杂质(盐分、悬浮物等),冷却水的漏入使凝结水中溶解的盐含量大大上升,水质恶化。

漏入凝结水中的冷却水量占凝结水量的比例称为泄漏率。对以淡水作为冷却水的凝汽器,允许的泄漏率为0.02%;较严密的凝汽器,泄漏率可以低于0.005%。对以海水作冷却水的凝汽器,允许的泄漏率为0.0004%。

不同的凝汽器泄漏率时冷却水含盐量变化对凝结水含盐量的影响示于图7-13。

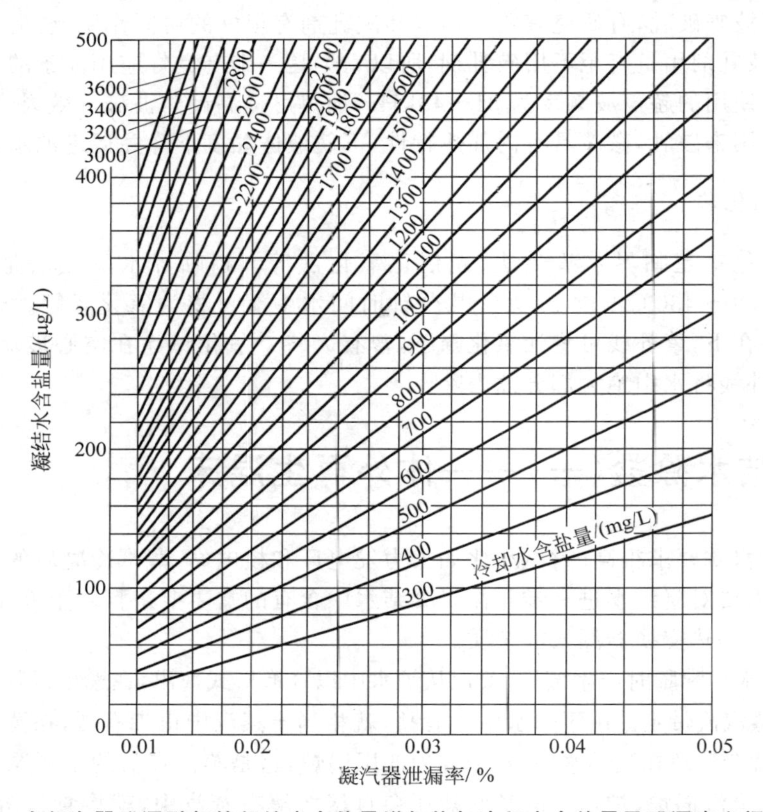

图7-13 由凝汽器泄漏引起的凝结水含盐量增加值与冷却水含盐量及泄漏率之间的关系

以某300MW发电机组为例,锅炉蒸发量1000t/h,凝结水量670t/h,不同水质的冷却水在不同泄漏率时造成凝结水含盐量上升情况见表7-9。

将表7-9中数据与表7-10中标准值相比较,可以看出,即使在允许泄漏率情况下,泄漏造成的凝结水含盐量的变化已经是不允许的,必须设置凝结水处理装置来去除这些漏入的盐分。

表 7-9 不同冷却水在凝汽器泄漏时对凝结水水质的影响

项目		凝结水水质的变化值(上升值)	
		Na^+/(μg/L)	硬度/(μmol/L)
冷却水为淡水 (Na^+ 100mg/L,硬度 5mmol/L)	泄漏率 0.02%	20	1
	泄漏率 0.005%	5	0.25
冷却水为海水(NaCl 3.5%)	泄漏率 0.005%	688	
	泄漏率 0.0004%	55	

表 7-10 高参数火力发电机组和核电站对凝结水(未经处理)水质的要求

项目	火力发电机组		核电机组(PWR)*
	压力 15.7～18.3MPa	压力 18.4～25MPa	
Na^+/(μg/L)	≤3	≤2	≤1
硬度/(μmol/L)	≈0	≈0	≈0
氢电导率/(μS/cm)	≤0.15	≤0.10	≤0.3

* 核电数据取自 NB/T 20436—2017。

凝结水除盐处理的特点是被处理的水含盐量很低,要求处理后水的纯度更高。这个特点决定可以单独使用混床进行凝结水除盐。

混床按再生方式可分为体内再生混床(internal regeneration mixed bed)和体外再生混床(external regeneration mixed bed)。由于凝结水处理要求的出水纯度高,树脂必须再生彻底,加之凝结水处理水量大等特点,凝结水处理用混床多为体外再生混床。所谓体外再生混床就是运行制水时树脂在混床内,再生时将树脂移出混床体外,在专用再生设备中进行再生。

7.2.1 体外再生混床的结构和特点

体外再生混床外形有圆柱形和球形两种(图 7-14),球形设备耐压较高,用于中压凝结水处理系统时可节省材料,但水流均匀性不如圆柱形混床,二者内部结构都相似。

与体内再生混床相比,体外再生混床由于树脂在体外再生,混床本体中不再设再生装置,水流阻力大大减少,再加上进水含盐量很低,故运行流速可以大大提高,目前体外再生混床运行流速为 90～120m/h。

由于混床树脂不在体内再生,再生用酸、碱不再送入混床体内,消除了凝结水被再生液污染的可能性,提高了水质安全性。

树脂在混床体外再生,再生时需将树脂送出,再生好后再将树脂送回混床,树脂来回输送磨损大,若采用凝胶型树脂年损失率可达 30%～50%,因此多选用强度较高的树脂,如大孔型树脂和均粒树脂。混床中阳树脂、阴树脂比例视进水 pH 而定,若进水 pH 值为 9(加氨时),采用阳树脂、阴树脂比为 2∶1、2∶3 或 1∶1;若进水为中性(混床前有氢型阳交换器),则采用 1∶2,铵型混床也可采用 1∶2 或 2∶3,给水加氧处理(进水 pH 值约 8.5)为 1∶1。

混床上部通常采用二次配水。一次配水是为了防止水流对树脂层直接冲击,多设计为挡板或支母管(图 7-15 和图 7-16),根据流量大小,支管可设计为 2、4、6、8 支,水从中心管流入支管,支管上有出水孔,外面再缠绕不锈钢梯形绕丝;二次配水为多孔板加水帽(图 7-15),水帽缝隙较大(可达0.4～0.5mm)。混床下部多为平底或双锅底形(蝶形)。平板多用于中小型设备,上装水帽及水流喷射装置,以利于卸出树脂;双锅底形上装双速水帽(图7-17和图7-18),双速水帽可以反向进入低速水流,利于冲走残存树脂,减少树脂再生时交叉污染。水帽分布密度为15～20个/m^2,单个水帽流量最高可达6～7t/h,开孔数量按流速0.8～1.5m/s设计。上部水帽缝隙比下部水帽大,但不大于0.5mm。

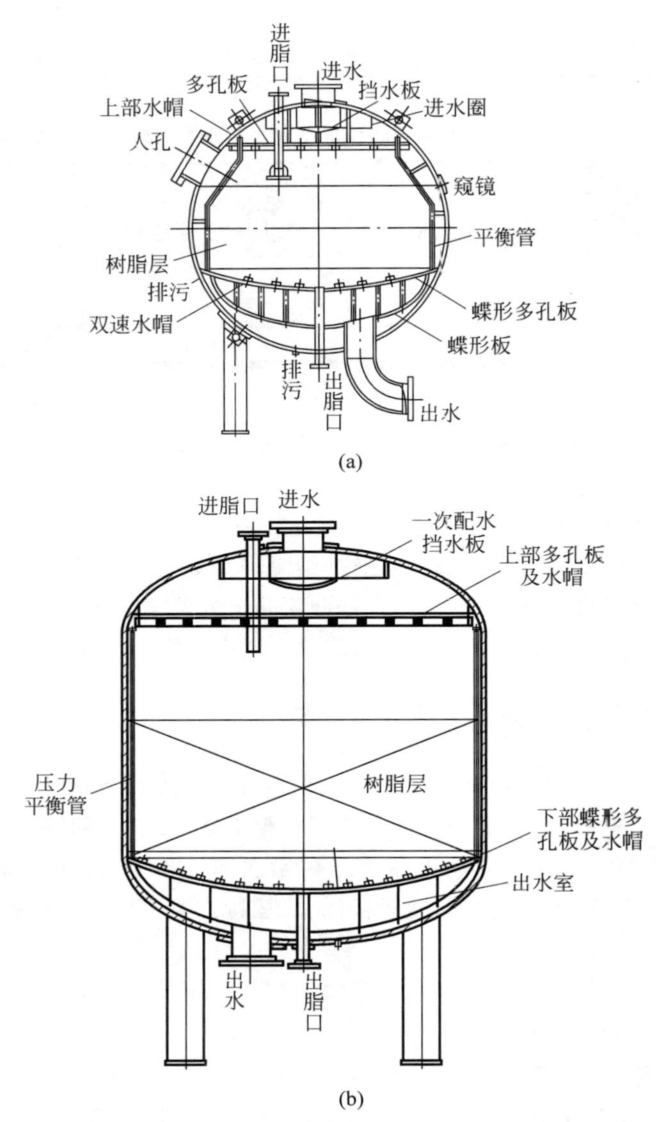

图7-14 凝结水处理的球形混床和圆柱形混床结构

(a) 球形混床;(b) 圆柱形混床

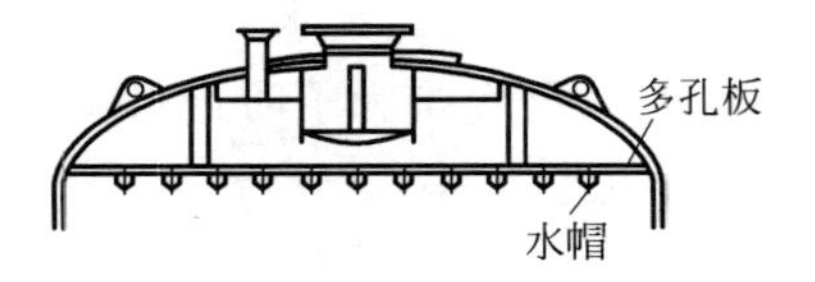

图7-15 孔板加水帽式上部配水装置

图 7-16　支母管式配水装置

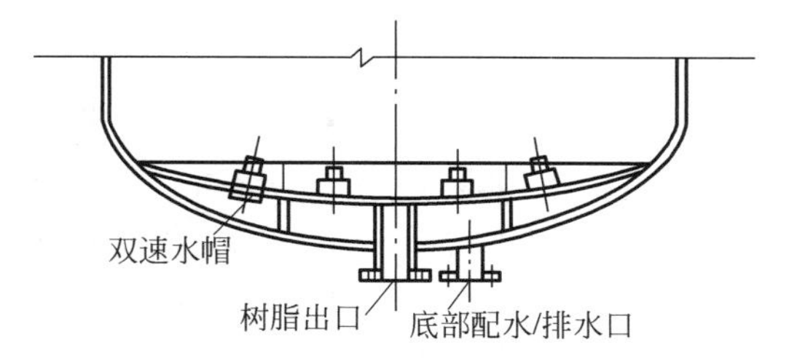

图 7-17　混床底部双锅底结构

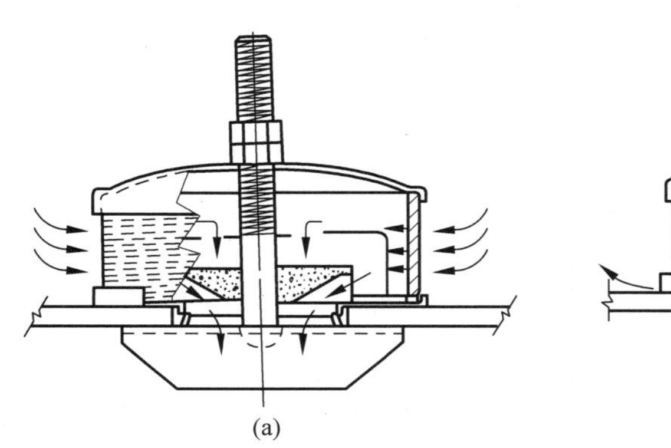

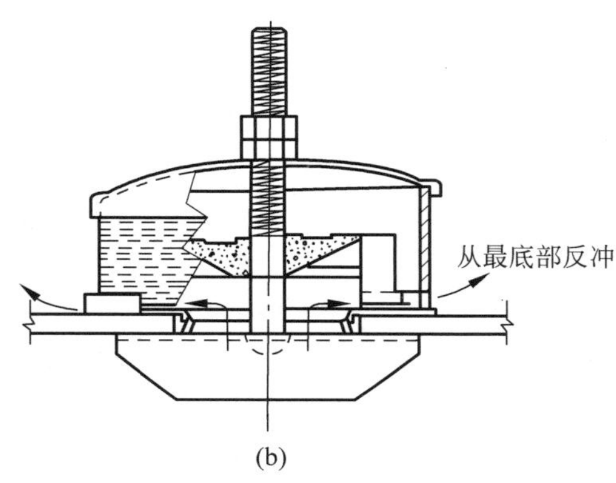

图 7-18　双速水帽结构示意图

(a) 运行时；(b) 反洗及再生时

7.2.2　经典的体外再生混床再生系统

体外再生混床设置专用的再生设备，这些再生设备不受混床结构限制，可以根据需要进行专门设计。比如，设计专用装置进行阳、阴树脂分离，可以达到较彻底的分离效果，减少阳树脂混入阴树脂或阴树脂混入阳树脂的程度（降低混脂率），提高树脂再生度；还可以设计各自独立的阳、阴树脂再生设备，使阳、阴树脂分别进入各自设备中进行再生，避免酸、碱互相干扰等。

由于再生系统和设备是独立进行设计的，就有很大的技术创新空间，来研究开发各种提高树脂分离程度和提高树脂再生度的技术和设备。随着对凝结水处理后水质的要求进一步提高，近年来在体外再生系统和设备的研究和开发上进行了大量工作，出现很多新的再生系统和设备。

最经典、最基本的原则性体外再生系统是双塔系统（dual vessel system）和三塔系统（tri-vessel system），见图 7-19 和图 7-20。

双塔系统运行方式是：混床树脂失效后，将树脂送入阳离子树脂再生塔，在塔中反洗、分层，然后将上部阴树脂送入塔，阳树脂留在塔中，分别进行再生、正洗，阴树脂再生结束后再送回塔，经混合、正洗后送回混床运行。

该种体外再生系统由于没有再生的替换树脂，混床失效后需要等树脂再生好后送回才能运行，混床停运时间较长。

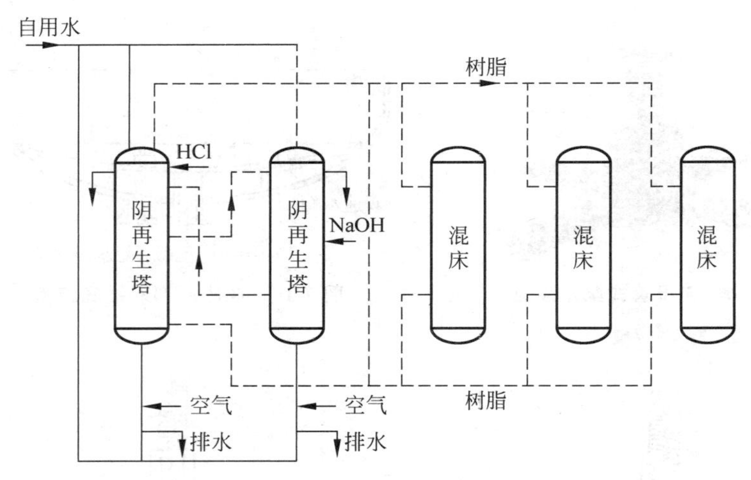

图 7-19 双塔体外再生系统

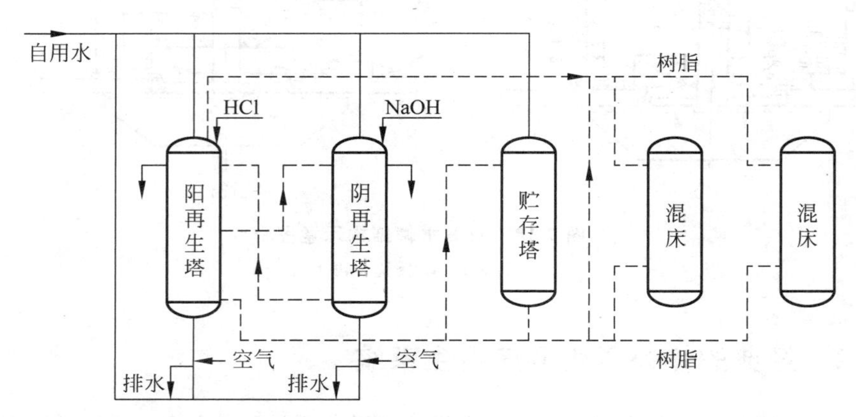

图 7-20 三塔体外再生系统

三塔系统比双塔系统增设一个树脂储存塔,可以多备一份树脂,失效混床不必等待树脂再生好后再投运,而可以在树脂送出后即将备用树脂送回投运,因此提高了混床利用率。

该系统运行方式是:混床树脂失效后,将树脂送入阳离子树脂再生塔(cation resin regeneration tower,CRT,简称阳再生塔),阳再生塔兼作树脂分离塔(resin separation tower,SPT),在其中进行擦洗、反洗、分层,然后将上部阴树脂送入阴离子树脂再生塔(anion resin regeneration tower,ART,简称阴再生塔),阳树脂留在阳再生塔,经再生、正洗、混合后送入树脂储存塔(resin storage tower,RST)备用。原先储存塔中再生好的树脂在混床中失效树脂送出后,即送回混床,混床又可以投入运行。

7.2.3 影响混床出水水质的因素

从原则上讲,要想提高混床出水水质,必须提高混床树脂的再生度。根据“5 离子交换概论”中离子交换平衡导出的公式可看出,要想获得高品质的出水,必须提高树脂的再生度。计算的不同出水水质所需的树脂再生度列于表 7-11。

现以 RH 和 ROH 组成的混床(氢型混床,以出水电导率超过标准为失效)为例,讨论影响混床中树脂再生度及出水水质的因素。

表 7-11 由 RH 和 ROH 树脂组成的混床出水水质与树脂再生度关系

(出水 pH=7,$K_{H^+}^{Na^+}=1.5$,$K_{OH^-}^{H^+}=18$)

混床出水含钠量/(μg/L)	理论上所需 RH 最低再生度/%	混床出水含氯量/(μg/L)	理论上所需 ROH 最低再生度/%
10	13.3	10	2
5	23.5	5	4
1	60	1	16.5
0.5	75.5	0.5	38.9
0.1	93.8	0.1	66.4

1. 混床再生时阴、阳树脂的分离程度

体外再生混床再生前将树脂送入专门的分离设备(通常为阳再生塔)进行分离,比体内再生混床分离效果好,但仍未达到完全分离的状况。目前一般采用水力分层法,先将树脂反洗膨胀,再利用阴、阳树脂湿真密度的不同,自然沉降分层,密度大的阳树脂(湿真密度 1.18~1.23g/cm^3)沉在下部,密度小的阴树脂(湿真密度 1.05~1.11g/cm^3)沉在树脂层上部,但阴、阳树脂分界处仍有混杂,少量阳树脂混入阴树脂中及少量阴树脂混入阳树脂中,即混脂,混杂的树脂量在整个树脂中的所占比例即混脂率。目前,一般的混床树脂分离时混脂率在 1%~8%。随着树脂使用时间延长,树脂有所破碎,破碎的阳树脂颗粒直径减小,沉降速度降低(沉降速度与颗粒直径二次方成正比),这样破碎的阳树脂更容易混入阴树脂中,使混脂率上升。随着运行时间增长,阳树脂损失又会造成阴树脂交界面下移,输送阴树脂后会在阳再生塔中留下较多阴树脂参加阳树脂再生,也使混脂率上升。

混杂的树脂在阴、阳树脂分别再生时,会以失效型存在于再生好的树脂中,降低了树脂再生度。比如,在阳树脂中混入的阴树脂,在与阳树脂再生用的盐酸接触时,转变为 RCl 型,即阴树脂失效型,使阴树脂再生度降低;在阴树脂中混入的阳树脂,在与阴树脂再生用的 NaOH 接触时,转变为 RNa 型,即阳树脂失效型,使阳树脂再生度降低。此即交叉污染。

所以,为提高混床出水水质,应尽可能提高失效的阴、阳树脂分离程度,减少混脂率,降低交叉污染。从树脂方面讲,提高树脂分离程度就要求阴、阳树脂湿真密度差大,树脂强度高且树脂粒度均匀(均一系数<1.3~1.4)。若采用均粒树脂,粒径偏差可小于 100μm,用于铵型混床的树脂粒径偏差则应小于 50μm。目前一般要求是:混床树脂的混脂率要低于 0.1%(体积比)。

2. 再生后阴、阳树脂混合均匀程度

混床中再生好的阴、阳树脂应均匀混合,才能保证出水水质,通常是在水中用压缩空气搅拌混合。在过分追求加大阴、阳树脂湿真密度差,使阴、阳树脂在水中沉降速度差变大,以达到阴、阳树脂彻底分离、减少交叉污染时,又会带来再生后混合不好的现象。

混合不好的特征是上层阴树脂比例多,下层阳树脂比例多,这会使混床出水中带有微量酸以及出现周期制水量下降等现象。

实测某混床设备不同高度树脂层中阴、阳树脂比例见表 7-12,从表中可以看出,随混床

树脂层高度不同,阴、阳树脂比例也不同,上面阳树脂少、下面阳树脂多。

表 7-12 实测混床中不同高度树脂层的阴、阳树脂比例

取样部位	阴树脂:阳树脂	取样部位	阴树脂:阳树脂
表层	1:0.08	0.8m 深	1:1.39
0.4m 深	1:0.36	1.0m 深	1:1.34

3. 再生液中杂质的含量

再生液中杂质的含量主要是指再生用盐酸中 Na^+ 含量、碱中 Cl^- 的含量以及配制再生液稀释用水中 Na^+ 和 Cl^- 的含量。目前再生用盐酸多为工业合成盐酸,它是由氯气和氢气燃烧生成氯化氢后用水吸收,所以盐酸中钠含量不高。配制稀酸用水中钠含量对再生有一定影响。而工业碱是在电解 NaCl 后将 NaCl-NaOH 混合液浓缩结晶析出 NaCl 而得,碱中 NaCl 残留量较大,对树脂再生度有较大影响。从下面的例题中可以看出这些杂质对树脂再生度的影响程度。

例 7-1 某 RH 阳树脂失效后,用31%工业盐酸再生,工业盐酸中 Na^+ 浓度为500mg/kg,分别用纯水或清水(含 Na^+ 200mg/L)将酸稀释为3%后送入树脂中再生,求不同稀释用水时树脂理论上可达到的再生度。已知 $K_{H^+}^{Na^+}$ 为1.5。

解

(1) 用纯水稀释浓酸

1L 3%稀酸中 H^+ 的量为

$$1000\times1.015\times3\%\times\frac{1}{36.5}\text{mol}=0.8342\text{mol}$$

工业盐酸中钠与盐酸的摩尔比为

$$\frac{[Na]}{[HCl]}=\frac{0.05/23}{31/36.5}=0.00256$$

假设纯水中$[Na^+]$为0,则3%盐酸中 X_H 为

$$X_H=\frac{[H^+]}{[H^+]+[Na^+]}=\frac{0.8342}{0.8342+0.8342\times0.00256}=0.9975$$

根据

$$\overline{X}_{Na}/(1-\overline{X}_{Na})=K_{H^+}^{Na^+}\frac{X_{Na}}{1-X_{Na}}$$

及

$$1-\overline{X}_{Na}=\overline{X}_H,\quad 1-X_{Na}=X_H$$

得

$$\overline{X}_H=\left(K_{H^+}^{Na^+}\times\frac{1-X_H}{X_H}+1\right)^{-1}\times100\%=\left(1.5\times\frac{1-0.9975}{0.9975}+1\right)^{-1}\times100\%=99.63\%$$

(2) 用清水稀释浓盐酸

1L 3%稀盐酸中 H^+ 量为0.8342mol

工业盐酸中钠与盐酸的摩尔比为0.00256

1L 3%稀盐酸中由浓盐酸代入的 Na^+ 量为 0.8342×0.00256mol=0.002136mol

1L 3%稀盐酸中，由稀释水代入的 Na^+ 量为

$$\left(1-\frac{0.03\times1.015}{0.31\times1.15}\right)\times\frac{0.2}{23}\text{mol}=0.00795\text{mol}$$

上式括号中一项为3%稀盐酸中稀释用水所占份额，则每升3%稀盐酸中 Na^+ 量为

(0.002136+0.00795)mol=0.0101mol

$$X_H=\frac{[H^+]}{[H^+]+[Na^+]}=\frac{0.8342}{0.8342+0.0101}=0.9880$$

$$\overline{X}_H=\left(K_{H^+}^{Na^+}\times\frac{1-X_H}{X_H}+1\right)^{-1}\times100\%=\left(1.5\times\frac{1-0.9980}{0.9980}+1\right)^{-1}\times100\%=98.2\%$$

例 7-2 某ROH阴树脂，失效后分别用30%工业碱（工业碱中含NaCl为5%）或固体碱（内含NaCl为0.1%）再生，求理论上可达到的树脂再生度。（碱稀释用水为纯水，$K_{OH^-}^{Cl^-}$ 为18）

解

(1) 当碱中NaCl为5%时

1000g工业碱中NaOH量为 $\frac{1000\times30\%}{40}$mol=7.5mol

1000g工业碱中NaCl量为 $\frac{1000\times5\%}{58.5}$mol=0.8547mol

$$X_{OH}=\frac{[OH^-]}{[Cl^-]+[OH^-]}=\frac{7.5}{0.8547+7.5}=0.8977$$

根据

$$\overline{X}_{Cl}/(1-\overline{X}_{Cl})=K_{OH^-}^{Cl^-}\frac{X_{Cl}}{1-X_{Cl}}$$

及

$$1-\overline{X}_{Cl}=\overline{X}_{OH},\quad 1-X_{Cl}=X_{OH}$$

得

$$\overline{X}_{OH}=\left(K_{OH^-}^{Cl^-}\times\frac{1-X_{OH}}{X_{OH}}+1\right)^{-1}\times100\%=\left(18\times\frac{1-0.8977}{0.8977}+1\right)^{-1}\times100\%=32.8\%$$

(2) 当碱中NaCl为0.1%（固碱）时

$$1000\text{g 碱中 NaOH 量为}\frac{1000\times0.999}{40}\text{mol}=24.975\text{mol}$$

$$1000\text{g 碱中 NaCl 量为}\frac{1000\times0.001}{58.5}\text{mol}=0.01709\text{mol}$$

$$X_{OH}=\frac{[OH^-]}{[Cl^-]+[OH^-]}=\frac{24.975}{24.975+0.01709}=0.9993$$

$$\overline{X}_{OH}=\left(K_{OH^-}^{Cl^-}\times\frac{1-X_{OH}}{X_{OH}}+1\right)^{-1}\times100\%=\left(18\times\frac{1-0.9993}{0.9993}+1\right)^{-1}\times100\%=98.75\%$$

从计算中可知，为了提高阴、阳树脂再生度，提高混床出水水质，树脂再生用酸碱应尽量选用高纯度酸碱，配制稀酸、稀碱的用水也应用纯水。

4. 混床进水 pH

从前面的计算可看出，混床中阳树脂再生度比较高，阴树脂再生度受碱质量影响很大。当混床中阴树脂再生度不高时，高 pH 进水甚至会使混床出水 Cl^- 比进水 Cl^- 还高。

由于混床进水水质很好，水中杂质很少，高 pH 进水就使水中 OH^- 所占比例增大。高 pH 凝结水多是为了防腐蚀，人为地向水中加入 NH_4OH 所致，假设凝结水中 Cl^- 为 7.1μg/L，在凝结水不同 pH 时，水的 X_{Cl} 值示于表 7-13。

表 7-13 不同 pH 凝结水的 X_{OH} 值(假设 Cl^- 为 7.1μg/L)

pH 值	$[OH^-]$/(mol/L)	X_{Cl}	X_{OH}	pH 值	$[OH^-]$/(mol/L)	X_{Cl}	X_{OH}
7.0	1×10^{-7}	0.667	0.333	9.2	16×10^{-6}	0.0123	0.9877
8.8	6.3×10^{-6}	0.0308	0.9692	9.4	25×10^{-6}	0.0079	0.9921
9.0	10×10^{-6}	0.0196	0.9804	9.6	40×10^{-6}	0.005	0.9950

从表 7-13 中看出，当凝结水进水 pH 值在 8.8 以上时，水中 OH^- 在水中阴离子中的比例(X_{OH})均超过 95%，也就是说，相当于一个极稀的高纯度碱液与混床中阴树脂接触，按离子交换平衡概念：

$$ROH + Cl^- \rightleftharpoons RCl + OH^-$$

当树脂中 RCl 比例较多时(即再生度低时)，高 pH 水与树脂接触相当于对树脂进行再生，即反应向左进行，而使出水中 Cl^- 增加。增加量可以通过例题计算求得。

例 7-3 某混床阴树脂用 5% NaCl 的工业碱再生，由前面例题计算中可知，该树脂最高再生度为 32.8%，求该树脂与 pH 值为 8.8 的水(含 Cl^- 7.1μg/L)接触，达到平衡后阴树脂放出的 Cl^- 量(理论值)。已知 $K_{OH^-}^{Cl^-}$ 为 18。

解 pH 值为 8.8 的水中 X_{Cl} 为 0.0308，X_{OH} 为 0.9692。

若用该水通过阴树脂，平衡后阴树脂再生度为

$$\overline{X}_{OH} = \left(K_{OH^-}^{Cl^-}\frac{1-X_{OH}}{X_{OH}}+1\right)^{-1} = \left(18\times\frac{1-0.9692}{0.9692}+1\right)^{-1} = 0.6361$$

$$\overline{X}_{Cl} = 0.3639$$

阴树脂中 $\overline{X}_{Cl}$ 下降值为

$$(1-0.328)-0.3639=0.3081$$

若按混床中阴树脂工作交换容量 $150mol/m^3$ 估算，$1m^3$ 阴树脂中放出的 Cl^- 为

$$150\times0.3081\times35.5g=1640g$$

若按混床中阴、阳树脂比例为 1∶1，每立方米混床树脂处理 $30000m^3$ 凝结水来估算，则出水中 Cl^- 平均增加值最大可达

$$\frac{1640\times10^6}{30000\times2\times10^3}\mu g/L=27.3\mu g/L$$

实际凝结水处理混床运行中，由于进水不可能将阴树脂完全再生，即计算的 Cl^- 不可能完全释放，出水中 Cl^- 真正上升值达不到上述计算的极限值，但明显上升却是可能的，例如，某厂凝结水处理混床进出水中 Cl^- 浓度实测值列于表 7-14。

表 7-14 某厂凝结水处理 RH-ROH 混床进出水中 Cl^- 实测值

时 间	进水 Cl^-/(μg/L)	出水 Cl^-/(μg/L)	出水电导率/(μS/cm)
某月 1 日 9:00	0.844	1.904	0.074
3 日 20:00	0.16	5.13	0.06
5 日 16:00	0.25	2.81	0.075
7 日 19:00	2.32	24.37	0.16
8 日 2:00	2.11	28.67	0.196

从表中还可以看出，高 pH 进水时混床在整个运行周期中放 Cl^- 不是均衡的，运行初期放 Cl^- 较少，越接近失效放 Cl^- 越多，这主要因为运行初期上层阴树脂放出的 Cl^- 达到下层树脂时又被交换(此时水 pH 已变为中性)，使出水 Cl^- 增加不多。

混床中阴、阳树脂上下部分布不均，也会加剧进水 pH 对出水水质的影响。混床中树脂由于密度与颗粒配比不当，以及阴树脂破碎等因素，往往沿床层高度阴、阳树脂分布不均，上层阴树脂多，阳树脂少。高 pH 进水中 NH_4^+ 会使混床上层树脂中阳树脂很快失效，失效后水 pH 上升，并使上层树脂中阴树脂处于高 pH 介质中，释放 Cl^-，这些 Cl^- 到达下层树脂时，由于下层树脂中阴树脂少，阴树脂中 RCl 比例很快增加，去除 Cl^- 的能力很快降低，使出水 Cl^- 上升。

除上述因素之外，其他一般影响离子交换设备出水水质的因素对凝结水处理混床也同样适用，在此不再重复。

7.2.4 铵型混床

前面讨论的 RH 型阳树脂和 ROH 型阴树脂混合构成的混床通常称为氢-氢氧型混床或氢型混床(hydrogen-form mixed bed)，它在高 pH 凝结水处理中使用有一定的缺点。高 pH 凝结水是通过人为向凝结水中加入一定的氨，提高 pH，以达到防腐蚀的需要(凝结水中含氨量和 pH 关系见表 7-15)。这些氨进入混床后，会与阳树脂发生交换，消耗阳树脂对水中钠的交换容量，使运行周期缩短，周期制水量减少，再生次数增多，运行费用升高。另外，由于凝结水中氨被混床树脂交换，混床出水 pH 呈中性，为了防腐蚀需要，还必须在混床出口再次加氨，造成了浪费。

表 7-15 凝结水含氨量和 pH 关系(计算值)

pH 值	含氨量/(mg/L)	电导率/(μS/cm)
7.9	0.01	
8.0	0.015	约 0.27
8.5	0.060	约 0.8
9.0	0.25	约 3.8
9.2	0.40	约 5.0
9.4	1.00	约 8.0
9.6	2.00	约 9.0

为了解决这个问题，提出将混床中 RH 树脂改为 RNH_4 树脂，即由 RNH_4 和 ROH 构成混床，此即铵型混床(ammoniated mixed bed)。1967 年美国首次研制成功铵型混床后就

发现,铵型混床可以提高混床周期制水量。

1. 铵型混床运行方式

铵型混床首先遇到的问题是如何将阳树脂变成 RNH_4 型,失效的阳树脂 RNa 转变成 RNH_4 很困难,主要因为 $K_{NH_4^-}^{Na^+}$ 仅有 0.77,通常是将失效阳树脂再生为 RH 再转变为 RNH_4 型。从理论上讲,可以用氨水将 RH 转变为 RNH_4 型,但工业上普遍采用的是运行中氨化,即利用高 pH 凝结水中氨对混床进行氨化。它的运行分为三个阶段。第一阶段是在混床树脂失效用酸碱再生后,按 RH-ROH 方式运行,阳树脂吸收凝结水中 Na^+ 和 NH_4^+,直至 NH_4^+ 穿透,此时出水中 Na^+ 浓度很低,出水中 Cl^- 在整个周期中也是最低(是否高于进水取决于阴树脂再生度),出水 pH 呈中性;第二阶段从出水中漏氨开始,出水 pH 逐渐升高,随着水 pH 升高,阳树脂失效的树脂层中阴树脂不再交换水中阴离子,原来交换的氯也有可能被水中 OH^- 交换排出,出水 Cl^- 升高。阳树脂上原先交换的 Na^+ 被氨排代,出水中出现 Na^+ 浓度峰值(峰值有可能仍在允许标准范围之下)后,逐渐回落,达到进出水 Na^+ 浓度相等。第三阶段进出水中 Na^+、NH_4^+、Cl^- 基本相同,进出水中$[NH_4^+]/[Na^+]$比值与树脂相中$[RNH_4]/[RNa]$比值间已达到平衡状态,从理论上讲,此混床可以无限期地运行下去,也失去了对水中 Na^+ 的交换作用(因为进水中 NH_4^+ 大,且 NH_4^+ 的选择性与 Na^+ 相近),但可以交换进水中 Ca^{2+}、Mg^{2+} 等选择性高的离子,交换后将钙、镁变为 Na^+ 和 NH_4^+。

铵型混床运行的三个阶段示于图 7-21。

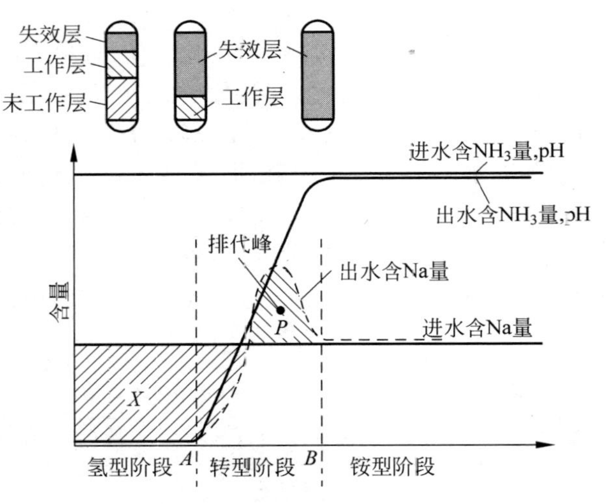

图 7-21 铵型混床三个运行阶段出水水质的变化

某厂铵型混床一个运行周期中出水水质示于表 7-16。

铵型混床运行第一阶段是 RH-ROH 混床,称为氢型阶段,出水 pH 值为 7 左右,出水含钠量一般都小于进水,它运行时间长短取决于进水含氨量(进水 pH)。第二阶段称为转型阶段,要出现一个钠离子升高的排代峰,它主要是由于第一阶段运行中树脂吸收的钠,如果树脂中$[RNa]/[RNH_4]$超过转为氨型后$[RNa]/[RNH_4]$的比值,则有一部分 RNa 会被 NH_4^+ 转化为 RNH_4,排出 Na^+,使出水中 Na^+ 含量升高,出现排代峰,峰值高低取决于进

水含 Na^+ 量及第一阶段生成的 RNa 量，在进水 pH 高、Na^+ 含量少时，排代峰会很小，甚至无排代峰，即使出现排代峰，其峰值所表示的水含钠量也不一定超过允许值。第三阶段称为铵型阶段，混床已失去彻底去除进水中 Na^+ 的作用，混床出水水质取决于混床中[RNa]/[RNH_4]的比值，如果混床树脂再生度不好(如 RNa 较多)，则出水水质达不到要求。

表 7-16　某厂铵型混床一个运行周期中出水水质

项　目		氢型混床运行阶段	氨穿透阶段	铵型混床运行阶段
主要特点		出水 pH 低	出水 pH 逐渐升高至与进水相同	进出水 pH 相同
出水水质	电导率/(μS/cm)	<0.07	0.05～0.09	<0.15
	SiO_2/(μg/L)	<2	1～5	<10
	Na^+/(μg/L)	<0.8	<1.2	<4.0
	pH 值	6.5～7.5	7.5～9.0	9.0～9.4
运行时间/d		约 5	约 6	30～45

铵型混床是以出水氢电导、SiO_2、钠、铁等超标作为失效，所以铵型混床运行周期长，制水量多，出水 pH 高，节省酸、碱的用量。但铵型混床的第二、第三阶段不能应付长时间进水水质恶化的情况，比如凝汽器泄漏等，如遇进水水质恶化，应启动 RH-ROH 混床来处理。

综上所述，当混床树脂可以达到很高再生度时，混床可以按铵型混床运行，其目的是使混床设备在凝汽器不漏时，能很经济地长时间运行，起进一步净化作用，一旦凝汽器泄漏，有冷却水进入凝结水中，短时间也可以阻挡冷却水漏入的杂质，保证足够的缓冲时间来投入氢型混床。

2. 排代峰分析

排代峰排出的离子是比混床进水多的一部分离子，它直接进入系统，当排代峰峰值过高时，甚至还会超过允许值，所以研究排代峰的规律很有意义。

以阳树脂为例，在 RH 型运行时吸收的钠量即图 7-21 中 X 代表的面积，P 代表排代峰面积，即转型时又排出的钠量，排代峰的出现是因为运行至转型阶段时，树脂相中[RNa]/[RNH_4]比值超过了与进水中钠/氨比例相平衡的树脂相中[RNa]/[RNH_4]比值。简单地讲就是树脂相中 RNa 多了，多的值即 P 的面积，在转型阶段将随水排出。

转型是在运行至 A 点开始到 B 点结束。按照柱式离子交换过程来分析，A 点代表 RNH_4 型树脂工作层达到树脂层下边缘时，A 点处出水的 pH 值约为 7，B 点代表 RNH_4 失效层下边缘达到树脂层下边缘时，B 点处出水的 pH 与进水的相同。假设 A 点以上树脂层中[RNa]/[RNH_4]比值已与进水中钠/氨比例相平衡(为了简化，实际情况不一定)，那 A、B 两点之间的工作层中并未达到平衡，这一层树脂相中 RNa 包括阳树脂再生残留的、氢型运行时吸收水中的以及失效层中被排出又被本层吸收的几部分。再假设混床运行时进水水质稳定不变，与进水中钠/氨比例相平衡的树脂相中 RNa 可以粗略看成氢型运行时吸收的钠，则多余的是阳树脂再生残留的钠及失效层中被排出又被本层吸收的钠，在转型阶段这部分多余的钠将被排出，成为排代峰。

所以排代峰面积 P 的大小与阳树脂再生度有关，再生度越低，残留的 RNa 越多，排代峰面积越大。阳树脂再生度达 100%时，可能不会出现排代峰。

铵型混床出水中氯离子浓度变化与钠离子相似，也会出现排代峰，两者不同的是出水水质是由阴树脂中[RCl]/[ROH]比值所控制。

3. 变工况对铵型混床出水水质的影响

铵型混床的铵型运行阶段，稳定工况下是不与水中离子发生交换的，即它进出水水质相同。变工况主要是指进水pH(含氨量)升高或降低，进水含钠量升高或降低及进水中出现钙、镁二价离子等情况。

当铵型混床在铵型运行阶段稳定运行时，进水pH(含氨量)突然升高，进水中钠/氨比下降，树脂相中[RNa]/[RNH_4]比值也要随之下降，以与进水达到新的平衡，也即进水中氨要交换一部分RNa树脂，出水Na^+浓度升高。反之，进水pH(含氨量)突然降低时，出水Na^+浓度要降低。

当进水含钠量升高时，进水中钠/氨比上升，树脂相中[RNa]/[RNH_4]比值也随之上升，直到与进水达到新的平衡，这时RNH_4树脂交换水中钠，出水NH_4^+浓度升高。反之，进水含钠量突然降低时，出水NH_4^+浓度要降低。

曾计算pH、Na^+浓度、阳树脂相中[RNa]/[RNH_4]比值三者之间关系，示于图7-22。pH、Cl^-浓度、阴树脂相中RCl含量三者之间关系，示于图7-23。

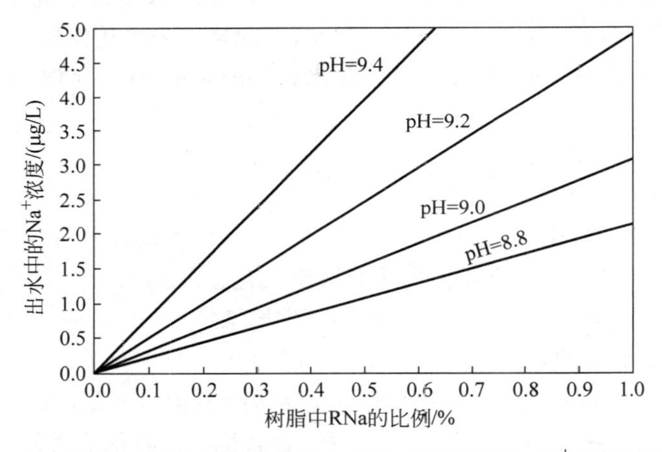

图7-22 不同pH情况下铵型混床中RNa比例与出水Na^+浓度的关系

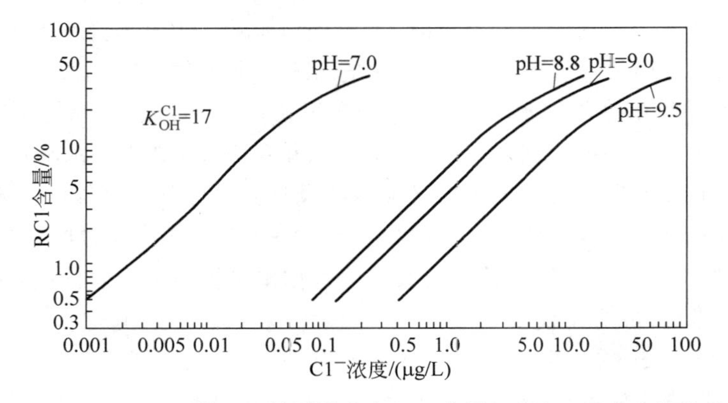

图7-23 不同pH情况下铵型混床中RCl含量与出水Cl^-浓度的关系

当凝汽器发生泄漏时，凝结水中出现钙、镁二价离子，由于树脂对二价离子交换能力强，所以铵型混床可将进水中硬度去除，出水中 Na^+ 浓度升高。

4. 铵型混床对树脂再生度的要求

从铵型混床工作原理可知，第三阶段混床出水水质与树脂中［RNa］/［RNH_4］及［RCl］/［ROH］比值有关，要想保证混床出水水质，必须提高树脂再生度，再生度应达到混床进(出)水 pH 所要求的再生度值。

从交换反应的平衡关系来看，要达到同一出水水质，铵型混床比氢型混床要求的树脂再生度要高，比如当进水中有 NaCl 进入，遇到氢型混床，其反应如下：

$$RH + NaCl \longrightarrow RNa + HCl$$

$$ROH + HCl \longrightarrow RCl + H_2O$$

最终反应生成难离解的水，而若遇到铵型混床，其反应为

$$RNH_4 + NaCl \longrightarrow RNa + NH_4Cl$$

$$ROH + NH_4Cl \longrightarrow RCl + NH_4OH$$

最终反应产物是 NH_4OH，离解度大，反离子强，pH 高，交换反应难以进行彻底，为使交换彻底，保证一定的出水水质，必须使树脂中 RNa、RCl 降低，即提高树脂再生度。

对铵型混床来讲，需要的出水水质和树脂再生度之间的关系可通过计算得到，计算结果列于表 7-17。

表 7-17 铵型混床出水水质与树脂再生度关系

(进水 pH=9，含 NH_3 为 0.5mg/L，$K^{Na^+}_{NH_4^-}=0.77$，$K^{Cl^-}_{OH^-}=18$)

出水中 Na^+ /(μg/L)	理论上所需 RNH_4 最低再生度/%	出水中 Cl^- /(μg/L)	理论上所需 ROH 最低再生度/%
10	98.8	10	66.35
5	99.4	5	79.76
1	99.88	1	95.19
0.1	99.9	0.1	99.46

对比表 7-17 和表 7-11 可以看出，要达到同样的出水水质，不论阳树脂还是阴树脂，铵型混床对树脂再生度要求大大提高。

铵型混床对树脂再生度的要求，是随进水 pH 提高而提高的，这从下面例题计算中就可以看出。

例 7-4 某铵型混床，若要求出水 Na^+ 10μg/L、Cl^- 10μg/L，当进水 pH 值分别为 8.8、9.0、9.4 时，它们对树脂再生度要求有何不同。假设 pH 值为 8.8、9.0、9.4 时水中含 NH_4^+ 分别为 0.3mg/L、0.5mg/L、0.7mg/L，$K^{Na^+}_{NH_4^-}=0.77$，$K^{Cl^-}_{OH^-}=18$。

解

(1) 进水 pH 值为 8.8 时

$$水中[OH^-]=6.3\times10^{-6}\,mol/L,\quad [H^+]=1.587\times10^{-9}\,mol/L$$

$$X_{NH_4}=\frac{[NH_4^+]}{[H^+]+[Na^+]+[NH_4^+]}=\frac{0.3\times1000/18}{0.3\times1000/18+1.587\times10^{-3}+10/23}$$

$$=0.9745$$

$$\overline{X}_{NH_4}=\left(K_{NH_4^-}^{Na^+}\frac{1-X_{NH_4}}{X_{NH_4}}+1\right)^{-1}\times100\%=98.02\%$$

$$X_{OH}=\frac{[OH^-]}{[Cl^-]+[OH^-]}=\frac{6.3}{6.3+10/35.5}=0.9572$$

$$\overline{X}_{OH}=\left(K_{OH^-}^{Cl^-}\frac{1-X_{OH}}{X_{OH}}+1\right)^{-1}\times100\%=55.41\%$$

(2) 进水 pH 值为 9 时,由表 7-17 得

$$\overline{X}_{NH_4}=98.8\%,\quad X_{OH^-}=66.35\%$$

(3) 进水 pH 值为 9.4 时

水中 $[OH^-]=2.5\times10^{-5}$ mol/L, $[H^+]=4\times10^{-10}$ mol/L

$$X_{NH_4}=\frac{[NH_4^+]}{[H^+]+[Na^+]+[NH_4^+]}=\frac{0.7\times1000/18}{0.7\times1000/18+4\times10^{-4}+10/23}$$

$$=0.9889$$

$$\overline{X}_{NH_4}=\left(K_{NH_4^-}^{Na^+}\frac{1-X_{NH_4}}{X_{NH_4}}+1\right)^{-1}\times100\%=99.14\%$$

$$X_{OH}=\frac{[OH^-]}{[Cl^-]+[OH^-]}=\frac{25}{25+10/35.5}=0.9889$$

$$\overline{X}_{OH}=\left(K_{OH^-}^{Cl^-}\frac{1-X_{OH}}{X_{OH}}+1\right)^{-1}\times100\%=83.19\%$$

5. 铵型混床的优缺点

铵型混床的优点是:运行周期长(但不宜超两个月,氢型混床仅几天),周期制水量多,再生次数少,并减少防腐用的加氨量。铵型混床还能适应高含氨量的凝结水处理场合。

铵型混床的缺点是:在采用运行中氨化的方式下,在铵型运行阶段不能去除水中离子,不起除盐作用,在凝汽器泄漏水质恶化时要退出运行,或者只作短时间运行,起一定缓冲作用,所以它充其量是一个在线的备用缓冲设备。它不会改善凝结水水质,所以在要求高水质的场合不能使用,比如直流锅炉凝结水处理和核电站凝结水处理,甚至还有人认为,当它出水氢电导率大于 0.085μS/cm 时,出水中 Cl^- 就可能引起汽轮机的腐蚀危害。还有,它对树脂再生度要求高,树脂必须用高质量的酸、碱再生。若不是运行中氨化,而是采用其他方式氨化,这些缺点则要另行讨论。另外,由于它运行周期长,树脂铁污染严重。

7.3 凝结水除盐(二)——提高混床树脂再生度的方法

在火力发电厂和核电站,由于机组参数不断提高,对供出的凝结水水质要求也越来越高。目前已要求凝结水处理装置出水的氢电导率 $\leqslant0.08$μS/cm、$Na^+\leqslant0.1$μg/L、$Cl^-\leqslant0.1$μg/L,据说国外核电站最佳水质已达到 $Na^+<0.002$μg/L、$Cl^-<0.005$μg/L。要达到这样高的水质,凝结水处理的混床树脂必须有很高的再生度。

提高混床树脂再生度的方法可以分为三类。

7.3.1 提高混床阴、阳树脂分离程度

混床树脂再生前的分离程度高，混脂率低，无疑可以减少失效型树脂量，提高树脂再生度，减少交叉污染(cross-contamination)。所以，目前很多研究都集中在提高阴、阳树脂分离程度上，出现了很多新的技术和设备，但其原理都是一样的，都是利用阴、阳树脂湿真密度不同将其分离。主要有以下几种方法。

1. 中间抽出法(T塔法)

当混床失效的树脂进行水力分层时，在阴、阳树脂交界处，会有一混脂层。中间抽出法是将该混脂层取出，放入一专门的界层树脂塔(T塔)中，不参加本次再生，从而可保证阴树脂送出时不携带阳树脂，也使阳树脂层上不留有阴树脂，减少混脂率，提高再生度。界层树脂塔中的混脂，不参加本次再生，在下一次再生时参加树脂的分离，这样，整个系统中只多备一份混脂。

中间抽出法是在三塔系统基础上再增加一个界层树脂塔，系统见图7-24。

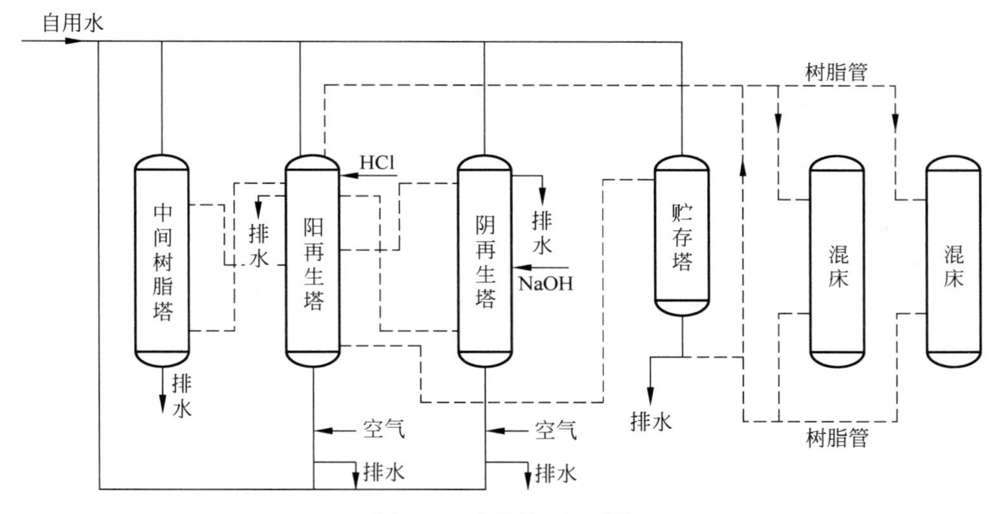

图7-24 中间抽出法系统

该系统运行方式是：混床树脂失效后，将树脂送入阳再生塔(上一次再生好贮存在贮存塔中的树脂立即送回混床，混床投入运行)，在其中进行擦洗、反洗、分层，然后将上部阴树脂送入阴再生塔，中间界层混脂送入界层树脂塔，阳树脂留在阳再生塔。分别对阴、阳树脂进行再生、正洗，再生好之后，阴树脂送回阳再生塔，与阳树脂混合、正洗并转入贮存塔备用。

界层树脂塔中树脂在下次再生前转入阳再生塔，参加下次再生时的失效树脂反洗分层。界层树脂塔中有时还装有筛网，可以筛去碎树脂。界层树脂塔结构示于图7-25。其内有一斜状筛板，混脂送入后，首先在塔内循环，遇到筛板时将碎树脂筛出排走，未破碎树脂则留在塔内。

中间抽出法处理效果很好，该系统混床出水电导率可以达到0.07～0.09μS/cm。该方法以前曾广泛采用，它的缺点是用阳再生塔作树脂分离塔，直径大，混层树脂量大，不能进一步降低混脂率，所以后来被高塔分离法和锥体分离法所取代。

2. 高塔分离法(Fullsep 法)

这是 Filter 公司推出的一种再生方法,它是在中间抽出法基础上发展起来的,其特点是树脂分离塔(SPT)的特殊结构(图 7-26)。该分离塔是一特殊的高塔,高达 8m,直筒部分直径相对缩小,一方面保证反洗中树脂足够的膨胀率(大于 100%),另一方面缩小了截面积,减少混脂量,提高树脂分离程度。在分离塔顶部扩大为一倒锥体漏斗状结构,漏斗顶部有一梯形绕丝(缝隙 0.4mm)的支母管布水装置。分离塔底部为双锅底结构,上有缝隙 0.2mm 的双速水帽。分离塔中部为空筒,没有任何影响水流流动的管道等部件,水体呈均匀的柱状流动。

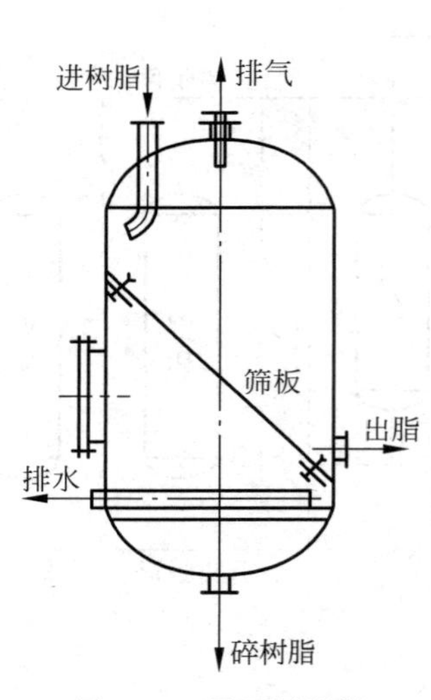

图 7-25 界层树脂塔

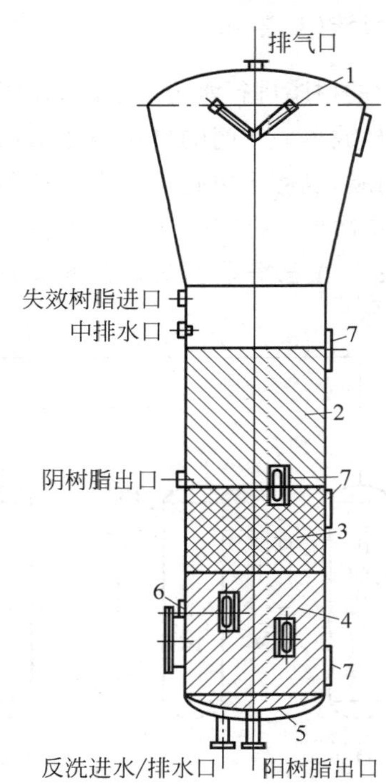

1—布水装置;2—阴树脂区;3—混脂区;4—阳树脂区;5—配/排水装置;6—树脂位控制开关;7—窥视窗。

图 7-26 高塔分离塔结构

在反洗结束进行树脂分离时,先以高速上升水流(44~49m/h)将树脂由分离塔底部托起送到顶部漏斗状结构中,之后将上升水流流速降至阳树脂沉降的临界流速,使阳树脂与阴树脂分开并开始下沉,此时阳树脂聚积在锥体和圆柱体交界面以下部位,如果阳树脂中夹杂阴树脂颗粒,则阴树脂颗粒在上升水流作用下上浮。随后再慢慢降低上升水流流速,让阳树脂整齐地慢慢降下来,维持一段时间后再慢慢将上升水流流速降至阴树脂沉降的临界流速,阴树脂又聚积在锥体和圆柱体交界面以下部位形成阴树脂层,最后将上升水流流速缓慢降至零,使树脂全部沉降下来。

此分离操作关键是按阴、阳树脂不同沉降速度来控制上升水流流速,此操作可反复进行,直到阴、阳树脂达到彻底分离为止。由此操作可见,此种分离方法可以获得较高的分离效果。

高塔法再生系统示于图 7-27,在分离塔内将阴、阳树脂分离好以后,先将阴树脂从位于分离塔中部的出脂口送往阴再生塔，阴树脂出脂口比阴、阳树脂分界面高约 0.25m，以防送出的阴树脂中夹带阳树脂。随后在分离塔内按上述方法对混脂和阳树脂再进行二次分离，分离结束后，从分离塔底部树脂出口将阳树脂送往阳树脂再生塔，待树脂层表面降至一定高度时（由超声波液位探头发出信号）停止送出阳树脂，留在分离塔内树脂层高 0.6～1m，为混脂，留待下次再生时参与树脂分离。

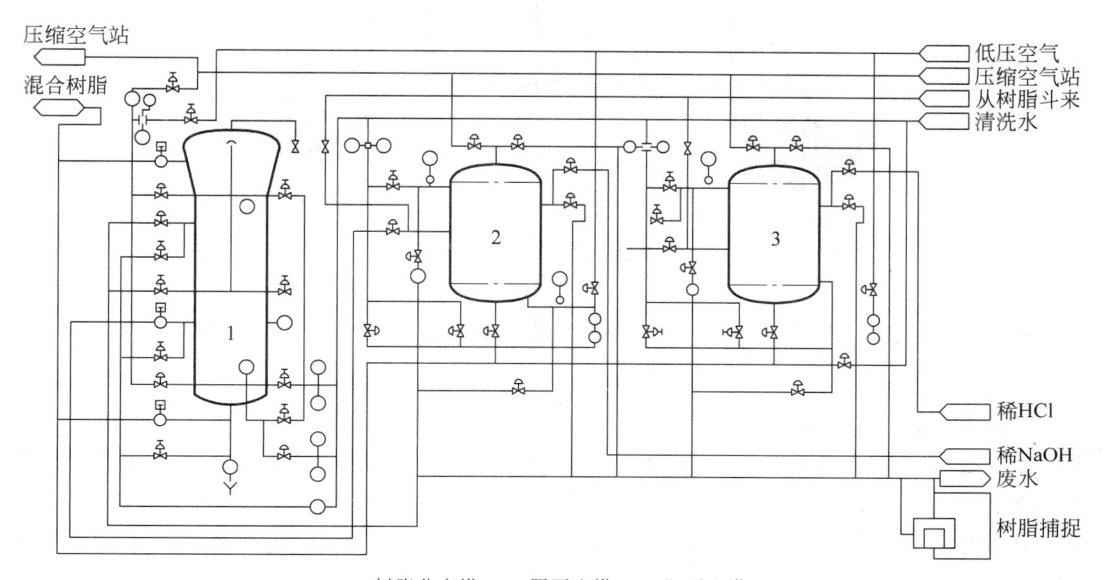

1—树脂分离塔；2—阴再生塔；3—阳再生塔。

图 7-27　高塔分离系统

进入阴、阳再生塔的树脂在塔内分别进行空气擦洗、反洗，清洗干净后分别进行再生、正洗，随后将再生好的阴树脂送入阳再生塔，与阳树脂混合、正洗后备用。

该系统在国内外已获得广泛应用，它的混脂率可达到小于 0.1%。本系统缺点是设备太高，造成现场的设计困难。

3. 锥体分离法（conesep 法）

该方法也是在中间抽出法基础上出现的。它是将混床失效树脂送入一锥体分离塔（兼阴再生塔）后进行反洗、分层，从锥体分离塔（图 7-28）底部送出阳树脂，送出时阴、阳树脂交界面沿锥体平稳下降，随着锥体截面积不断缩小，分界处混合树脂的体积也不断缩小，可减少交叉污染。送出的阳树脂到阳再生塔进行再生，阴树脂在分离塔内进行再生，再生后阴树脂再次进行水反洗分离，在阴树脂中少量钠型阳树脂沉入底部后，将阴树脂送出

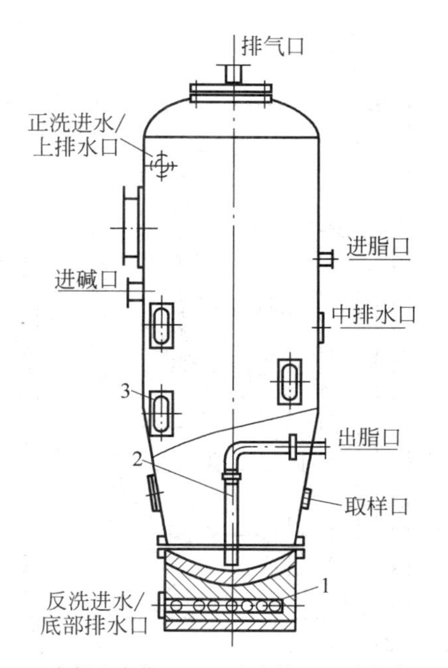

1—底部配水装置；2—出脂管；3—窥视窗。

图 7-28　锥体分离塔

(图 7-29)。这种分离方法混脂率可降至 0.1%。

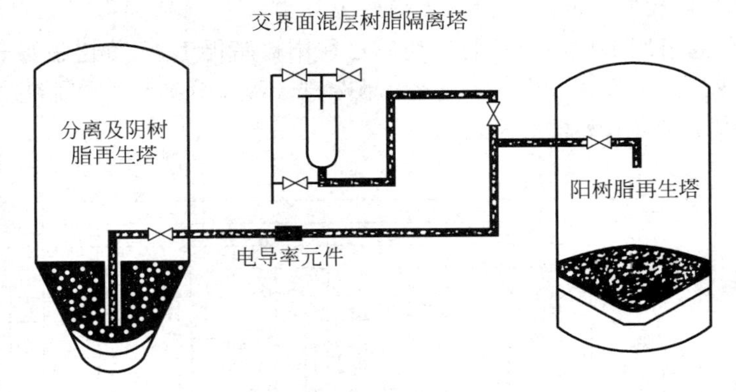

图 7-29 锥体分离法原理

为进一步改善分离效果,系统中还设有一小型混脂罐,阳树脂送出后的混脂送入该混脂罐中。

该技术还有一个关键,就是在树脂转移管上装一电导率仪和光学检测装置。由于阳树脂电导率远远大于阴树脂电导率(外加 2mg/L CO_2 时,这个差值更大),在树脂输送过程中若发现电导率下降,则说明阳树脂已送完,此时迅速关闭阳再生塔树脂进口阀,并将混脂(包括管道中混脂)送入混层树脂罐,待下次再生时参与下次树脂分离。分离塔内留下的阴树脂在塔内进行再生。

锥体分离法系统见图 7-30。

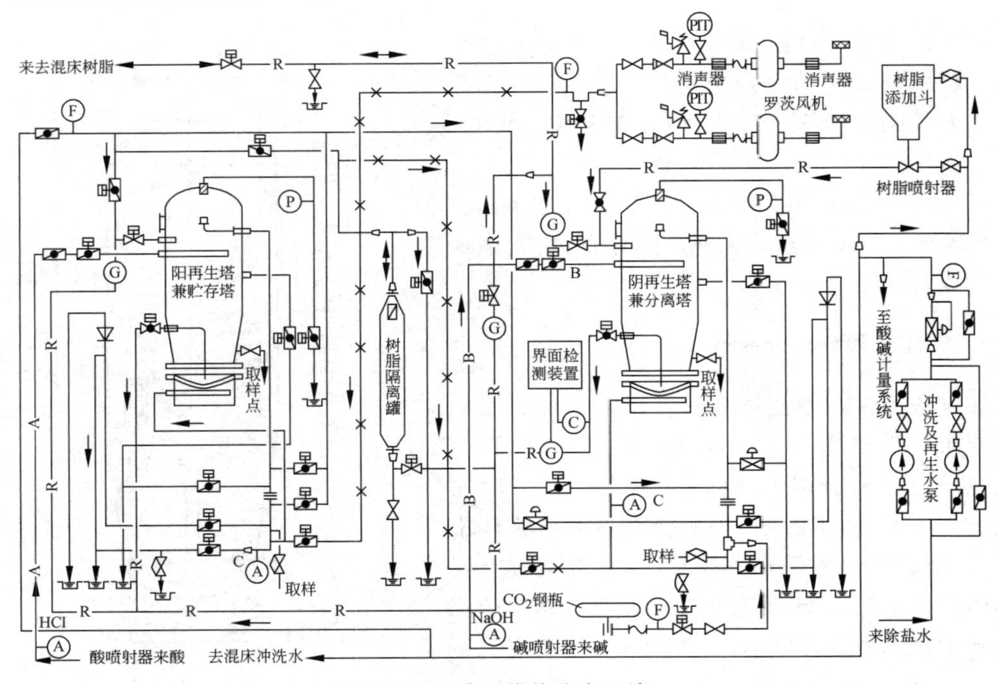

图 7-30 典型锥体分离系统

锥体分离法特点是采用锥形变截面设计，减少阴、阳树脂交界面处混脂数量，又采用二次分离及阳树脂输送终点的电导检测装置，分离效果较好。存在问题是没有考虑碎树脂的去除问题。

4. 惰性树脂法（三层混床）

在混床树脂中加入一层惰性树脂（层高约200mm），其密度为1.15g/cm^{3}左右，刚好处于阴、阳树脂之间，这样在反洗分层时，由于密度及颗粒尺寸的选择使惰性树脂刚好介于阴、阳树脂分界面处，减少了阴、阳树脂相互之间的混杂，而变为阳树脂与惰性树脂以及惰性树脂与阴树脂之间的混杂，因此减少了交叉污染（图7-31），提高了再生度，改善了出水水质。

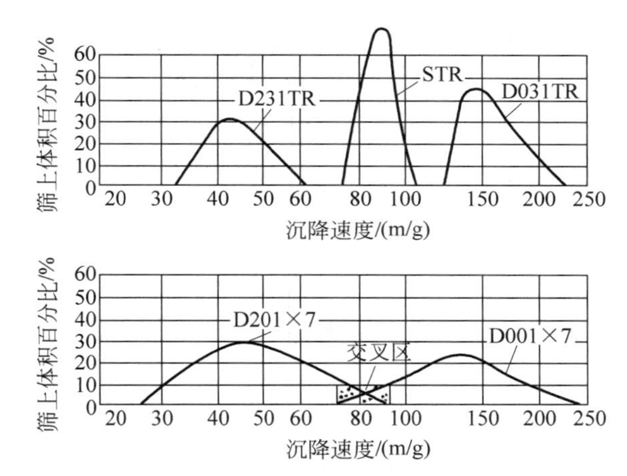

图7-31 三层混床（上）和常规树脂（下）分层情况

目前常用的三层混床树脂规格列于表7-18中。

表7-18 三层混床用树脂的密度和颗粒大小

树　　脂	湿真密度/(g/cm^3)	颗粒大小/mm
阳树脂	1.25～1.27	0.7～1.25
阴树脂	1.06～1.08	0.4～0.9
惰性树脂	1.14～1.15	0.7～0.9

三层混床目前在体内再生混床中用得较多，在体外再生混床中也有使用。长期运行结果表明，惰性树脂并没有达到很理想的分离阴、阳树脂的目的，这是因为长期运行后，树脂密度会有所改变。另外，因为惰性树脂表面的憎水性，会吸附水中的气泡及油珠，所以其密度发生改变，达不到预期效果。即使这样，它仍不失为减少交叉污染的一种方法。

另外，惰性树脂会减少混床中阴、阳树脂的体积，使混床的工作周期缩短。

5. 三床式和三室床

三床式是将混床改为单床,即阳-阴-阳。三室床是将三个单床放在一个容器内,分上、中、下三室,上、下室装阳树脂,中室装阴树脂。由于阴、阳树脂完全分开,所以消除了混脂,把交叉污染降为零。三室床系统见图7-32。

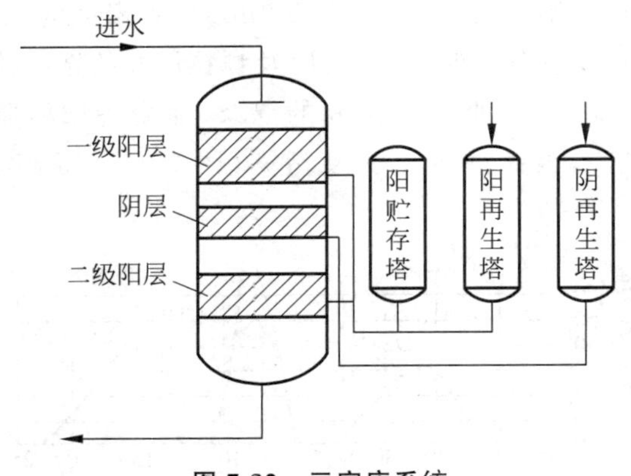

图7-32 三室床系统

这种系统中第二级阳离子交换主要为了去除阴树脂再生时残留的碱在运行中带出造成的水质污染,因此可以大大降低出水含 Na^+ 量,降低出水电导率,提高出水品质,它通常称为氢型精处理器,也称为氢离子交换净化器,其运行的基本条件是彻底再生,它的再生可与第一级阳床串联进行。该系统缺点是系统复杂,投资高,运行阻力大。但由于该系统是阴、阳树脂分开填装,因此可以分别投运和分别退出运行,在空冷发电机组凝结水处理中由于凝结水温度较高,这种运行方式就有适应性。

6. 二次分离法

混床失效树脂在阳再生塔中反洗、分层后,将阴树脂及混脂送入阴再生塔中进行再生,混入阴树脂中的阳树脂在再生时变为RNa,它与ROH树脂密度差较大,故可以再进行一次分离,且分离效果好。

第二次分离是在阴再生塔中进行的。当阴树脂再生、正洗结束后进行分离,分离后的阴树脂送回阳再生塔进行混合,分离后残存在阴再生塔底部的少量阳树脂待下一次树脂再生时,送入阳再生塔,参加下一次再生操作。

7. 浓碱分离法(Seprex法)

该方法是用14%~16%的NaOH进行树脂分离,其密度 $1.17g/cm^3$ 刚好在阴、阳树脂湿真密度之间,故它分离混脂时将阴树脂浮起,阳树脂沉下,达到完全分离的目的。该方法是在阳再生塔中用水分离树脂,并将阴树脂及混脂送入阴再生塔,向其内送入14%~16%的浓碱,一方面使阴树脂再生,另一方面使混入阴树脂中的阳树脂沉下,上浮的阴树脂送入树脂贮存塔内进行清洗,再与阳树脂混合、正洗、备用。分离出来在阴再生塔底部的少量阳树脂待下一次再生时送入阳再生塔,参加下一次分离。

7.3.2 将分离后混杂的树脂变为无害树脂

由于采用分离的方法很难达到阴、阳树脂100%的分离，总是多少存在一些混脂层，所以有人提出不要追求越来越高分离效率的工艺，而是设法将混杂的树脂变为无害树脂，这一类方法中比较好的是钙化法和氨循环法。

钙化法是在阴、阳树脂再生结束后，用10倍树脂体积的0.1% $Ca(OH)_2$ 溶液以6m/h速度通过阴树脂，由于阳树脂对 Ca^{2+} 的选择性比对 Na^+ 高得多，所以使混杂在阴树脂中的阳树脂转变为RCa型。在混床运行中，进水中微量钠不可能将钙置换出来。这相当于把混杂的阳树脂完全封闭起来，因此出水中 Na^+ 含量较低。

所用的石灰水需滤除10μm以上的颗粒，另外阴树脂通过石灰水后，还应以12m/h的流速清洗30min，洗至出水电导率小于10μS/cm为止。

氨循环法是在混床树脂分层后，将阴树脂和混脂送入阴再生塔，先再生阴树脂，再生后用氨水对阴树脂进行氨循环，循环系统见图7-33。

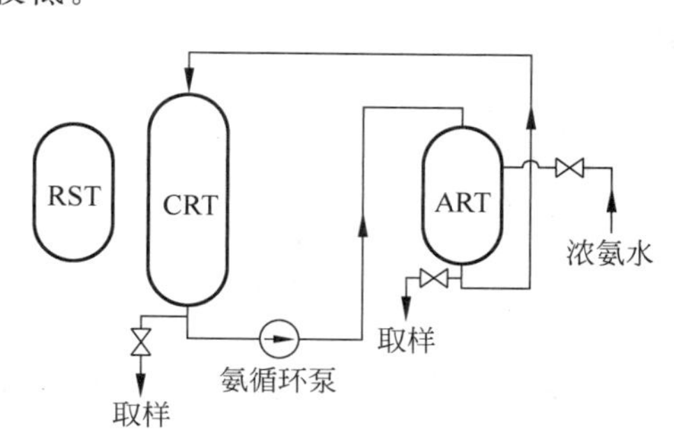

图 7-33 氨循环系统示意图

氨水通过再生好的阴树脂时，阴树脂中混入的钠型阳树脂与氨发生交换，钠进入氨水中：

$$RNa + NH_4OH \longrightarrow RNH_4 + NaOH$$

当含钠的氨水进入尚未再生的阳再生塔时，由于此时塔中阳树脂基本上为 RNH_4 型，会交换氨液中钠，使氨液得到净化：

$$RNH_4 + NaOH \longrightarrow RNa + NH_4OH$$

净化后氨水再次进入阴再生塔，如此不断循环，直至阴树脂中混入的阳树脂(RNa型)全部转变为 RNH_4 为止。再对阳再生塔中阳树脂用酸进行再生。

此方法的缺点是氨循环需用较长的时间(多至几十小时)才能完成。

7.3.3 完善再生工艺

完善再生工艺包括提高再生液纯度、调整再生剂用量及改进某些再生操作(比如碱液加热)等，以提高树脂再生度。其中再生液纯度对再生度的影响是十分显著的，再生液纯度包括再生剂纯度(再生用酸、碱中杂质含量)及配制再生液用水的纯度，因此在凝结水处理工艺中，要选用高质量的酸和碱(表6-2，表6-3)，再生用水一定要用纯水。

凝结水处理混床再生时工艺参数推荐见表7-19。

表 7-19 凝结水处理混床再生工艺参数

项目	再生剂	再生水平/(kg(100%)/m³-R)		浓度/%	流速/(m/h)	温度/℃
		氢型混床	铵型混床			
阳树脂	盐酸	100	200	4～6	4～8	
	硫酸	130	260	6～10	4～8	
阴树脂	氢氧化钠	100	200	3～5	3～5	35～40

7.4 凝结水处理混床中树脂技术参数估算

7.4.1 氢型混床中阳树脂交换容量

氢型混床及前置阳床中阳树脂工作交换容量应为1750～2000mol/m^3-R,若按式(7-3)计算所得的计算值明显小于此数值,可能原因有:树脂本身问题、混床设备问题或运行方面问题。

$$T=(V_CE_C)/(QC_{NH_3})$$

$$E_C=TQC_{NH_3}/V_C \tag{7-3}$$

式中,T——运行周期,h;

V_C——阳树脂体积,m^3;

E_C——阳树脂工作交换容量,mol/m^3-R;

Q——本运行周期内,每小时平均制水量,m^3/h;

C_{NH_3}——本运行周期内,凝结水中氨的平均含量,mmol/L。

7.4.2 氢型混床中阳树脂的再生度

测定阳再生塔排出的废再生液(如置换阶段)中氢离子浓度和钠离子浓度,再根据选择性系数$K_{H^+}^{Na^+}$(式5-7)可计算出再生塔内阳树脂再生度。

$$K_{H^+}^{Na^+}=[RNa][H^+]/[RH][Na^+]$$

$$\alpha_C=[RH]/([RH]+[RNa])=[RH]/E_{C全}$$

$$=1/(K_{H^+}^{Na^+}[Na^+]/[H^+]+1) \tag{7-4}$$

式中,α_C——阳树脂再生度,%;

[RNa]——再生后钠型树脂在阳树脂中摩尔浓度,mol/L-R;

[RH]——再生后氢型树脂在阳树脂中摩尔浓度,mol/L-R;

$[H^+]$——排出的废再生液中氢离子的摩尔活(浓)度,mol/L;

$[Na^+]$——排出的废再生液中钠离子的摩尔活(浓)度,mol/L;

$E_{C全}$——阳树脂全交换容量,mol/L。

7.4.3 氢型混床中阴树脂再生度

测定阴再生塔排出的废再生液(如置换阶段)中氢氧根离子浓度和氯离子浓度,再根据选择性系数$K_{OH^-}^{Cl^-}$可计算出再生塔内阴树脂再生度。

$$K_{OH^-}^{Cl^-}=[RCl][OH^-]/[ROH][Cl^-]$$

$$\alpha_A=[ROH]/([ROH]+[RCl])=[ROH]/E_{A全}$$

$$=1/(K_{OH^-}^{Cl^-}\cdot[Cl^-]/[OH^-]+1) \tag{7-5}$$

式中,α_A——阴树脂再生度,%;

[RCl]——再生后氯型树脂在阴树脂中摩尔浓度，mol/L-R；
[ROH]——再生后氢氧型树脂在阴树脂中摩尔浓度，mol/L-R；
$[OH^-]$——排出的废再生液中氢氧离子的摩尔活(浓)度，mol/L；
$[Cl^-]$——排出的废再生液中氯离子的摩尔活(浓)度，mol/L；
$E_{A全}$——阴树脂全交换容量，mol/L。

7.4.4 混床再生时阴、阳树脂最佳分离系数的估算

分离系数越大表示两种树脂反洗分离效果越好，凝结水处理混床采用氢-氢氧型混床运行时，分离系数应大于0，凝结水处理混床采用铵型混床方式运行时，分离系数应大于1，分离系数按下式计算：

$$\gamma_f=[(\Delta d_c^{0.657}\phi_{c,min}^{1.10})/(\Delta d_A^{0.657}\phi_{A,max}^{1.10})]-1 \tag{7-6}$$

式中，γ_f——混床中两种树脂的分离系数；
Δd_c——阳树脂的湿真密度与水的密度差；
Δd_A——阴树脂的湿真密度与水的密度差；
$\phi_{c,min}$——阳树脂最小颗粒的粒径，mm；
$\phi_{A,max}$——阴树脂最大颗粒的粒径，mm。

混床中阴、阳树脂分离是提高树脂再生度和改善出水水质一个的重要环节，还可以根据式(7-6)按需要的分离系数去选择树脂的粒径和粒径范围。

7.4.5 混床再生时阴、阳树脂最佳混合系数的估算

混合系数越大表示两种树脂混合效果越好，凝结水处理混床采用氢-氢氧型混床运行时，混合系数应大于3，凝结水处理混床采用铵型混床方式运行时，混合系数应大于2，混合系数按式(7-7)计算：

$$\gamma_h=[(\Delta d_c^{0.657}\phi_{c,max}^{1.10})/(\Delta d_A^{0.657}\phi_{A,min}^{1.10})]-1 \tag{7-7}$$

式中，γ_h——混床中两种树脂的混合系数；
Δd_c——阳树脂的湿真密度与水的密度差；
Δd_A——阴树脂的湿真密度与水的密度差；
$\phi_{c,max}$——阳树脂最大颗粒的粒径，mm；
$\phi_{A,min}$——阴树脂最小颗粒的粒径，mm。

混床中阴、阳树脂的最佳混合是改善出水水质重要的一环，还可以根据式(7-7)按需要的混合系数去选择树脂的粒径和粒径范围。

7.5 凝结水处理系统

对工业锅炉和供热锅炉，蒸汽冷凝的生产返回水在进行回用前，通常都用过滤法进行除铁和除油。所以仅设置过滤和除油设施，在特殊需要除盐(返回水水质变化很大)时，也可以设置除盐用离子交换设备。

在火力发电厂和核电站，由于对水质要求非常高，所以凝结水处理应用很普遍。在火力

发电厂,凝结水处理的应用范围为：①直流炉机组；②亚临界参数以上的汽包锅炉机组；③用海水或苦咸水作冷却水的高压机组及超高压机组；④带有间接空冷凝汽器的超高压以上机组。所有核电站都设置凝结水处理系统。

7.5.1 凝结水处理原则性系统

凝结水处理原则性系统是：前置过滤器(preliminary filter)-混床-后置过滤器。后置过滤是为了去除混床漏出的碎树脂颗粒,常用树脂捕捉器代替,当然在某些特殊场合也可用管式微孔过滤器。树脂捕捉器结构示于图7-34,内装不锈钢梯形绕丝筛网(管),绕丝缝宽0.2mm±0.05mm,树脂捕捉器开孔面积要大于其进水管截面积3倍。

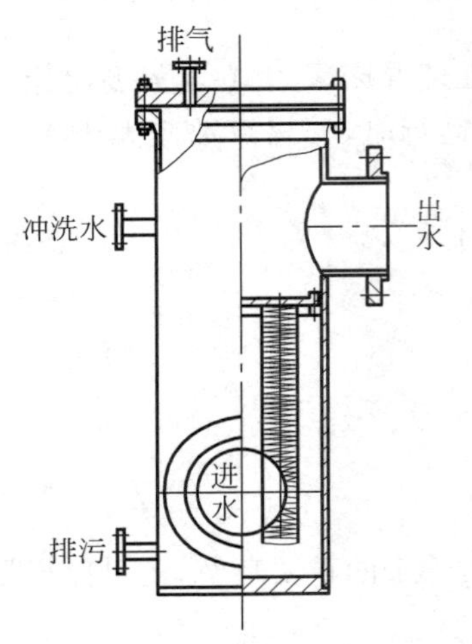

图7-34 树脂捕捉器结构

7.5.2 凝结水处理对树脂的要求

对凝结水处理用树脂的基本要求如下。

(1) 有足够的机械强度。因凝结水处理混床内流速高,而且树脂再生时要来回输送,磨损大,所以要选用强度高的树脂,如增强凝胶型树脂(均粒树脂)和大孔树脂。

(2) 粒径均匀。粒径均匀可使高速运行中阻力小,沉降时均匀便于分离,交叉污染少。目前常用均粒树脂,所谓均粒树脂是指90%以上颗粒粒径偏差在±0.1mm以内,其最大粒径与最小粒径比为1.35∶1(一般树脂为4∶1)。

(3) 溶出物少。这在超临界机组和核电站特别重要,高DVB(可达14%～16%)树脂溶出物明显减少。

(4) 耐温性好。这是空冷发电厂凝结水处理的特殊要求。

7.5.3 常用系统

目前凝结水处理常用系统如下。

1. 空气擦洗高速混床系统

该系统为混床-树脂捕捉器。混床作除盐使用外,还兼作过滤除铁用,利用再生前的空气擦洗去除树脂截留的氧化铁颗粒,该系统目前在亚临界压力及以下参数的汽包炉机组中使用较多。

2. 带有供机组启动时使用的前置过滤及空气擦洗高速混床系统

该系统为前置过滤-混床-树脂捕捉器。设置前置过滤(管式微孔过滤器、粉末树脂覆盖过滤器、电磁过滤器等),只供机组启动时去除水中金属氧化物。正常运行时混床还兼有去除金属氧化物的作用。该系统在启停频繁的亚临界压力及以下参数的汽包炉机组中使用较多,在直流炉机组上也可使用。

3. 前置过滤及混床系统

该系统为前置过滤-混床-树脂捕捉器。前置过滤(管式微孔过滤器、氢型阳床、粉末树脂覆盖过滤器、电磁过滤器等)在正常运行时也运行。该系统在核电站及直流炉机组上使用较多。采用前置氢型阳床系统的混床中阳树脂、阴树脂比为 1∶3 或 1∶2。

4. 粉末树脂覆盖过滤器

在 7.1 节中已对粉末树脂覆盖过滤器的过滤能力作了介绍,粉末树脂覆盖过滤器的离子交换除盐能力将在 7.6 节中介绍。

5. 三室床或三床式系统(分床式)

该系统为阳床-阴床-阴床-树脂捕捉器,设计运行流速为 100~120m/h,可以采用体内(或体外)再生方式,第一个阳床前可设或不设过滤装置,该系统在前面已详细介绍,此处不再重复。

7.5.4 低压凝结水处理与中压凝结水处理

凝结水处理系统除粉末树脂覆盖过滤器外,在发电厂热力系统中的位置一般都处于凝结水泵和低压加热器之间(图 7-35),这里水温不超过 50℃,能满足树脂正常工作的基本要求。

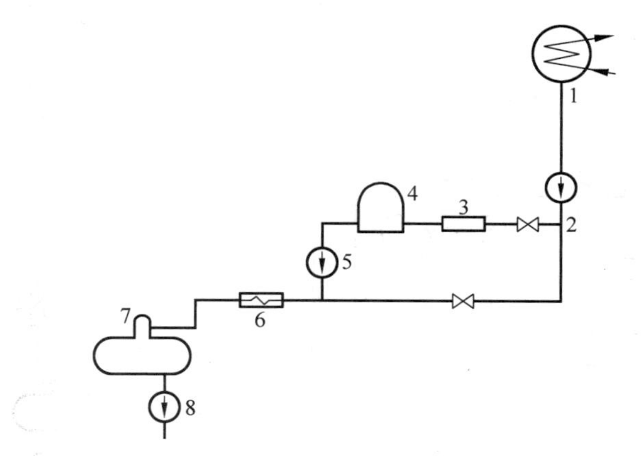

1—凝汽器;2—凝结水泵;3—凝结水处理装置;4—凝结水箱;
5—凝结水升压泵;6—低压加热器;7—除氧器;8—给水泵。

图 7-35 低压凝结水处理装置在热力系统中位置

这种系统由于凝结水运行压力较低(1~1.3MPa),水经凝结水处理装置,再经低压加热器送入高压除氧器时,就显得压力不够。为了解决这个问题,设置了凝结水箱及凝结水升压泵(图 7-35),将水升压。这种运行压力为 1~1.3MPa 甚至更低的凝结水处理系统称为低压凝结水处理系统(low pressure condensate polishing system)。

低压凝结水处理系统的最大问题是凝结水箱的密封性。由于凝结水含氧很低,要防止空气中氧进入凝结水,必须对凝结水箱进行严格密封。其次的问题是凝结水箱容量较大(比如 300MW 机组需 500m^3 水箱),在汽机房中占地面积太大。

为了解决上述问题,有人将凝结水泵与凝结水升压泵同轴运行,从而省去了凝结水箱,但需设置密封式补给水箱,以便凝汽器热井以及除氧器水位的调节,锅炉补给水先补入补给水箱,再进入凝汽器,当除氧器水位高时,部分凝结水也可以返回到补给水箱;同时补给水箱也可作水位调节之用。对于 300~600MW 机组补给水箱容积为 140~1000m^3,采用这种方式的凝结水处理系统示于图 7-36 中。

为了解决由于凝结水压力较低而出现的问题,可以将凝结水泵压力升至 4MPa,此即中压凝结水处理系统(medium pressure condensate polishing system)。它取消了凝结水升压泵,凝结水泵将水从凝结水处理装置、低压加热器送至除氧器,因此简化了热力系统(图 7-37)。由于凝结水泵压力的提高,凝结水处理装置的运行压力很高,带来了对凝结水处理设备及树脂的一系列要求,这些要求如下。

(1) 由于中压凝结水处理装置运行压力达到 2.5MPa 左右,而且从停运到投运,其中压力变化速度快,因此首先要求树脂有较高的机械强度及耐疲劳稳定性,另外还要求它具有较好的耐渗透压稳定性及较小的水流阻力。

为了满足这些要求,目前中压凝结水处理都采用均粒树脂(monosphere resin)或大孔树脂。由于粒径均匀,这种树脂水流特性好,水流阻力小,在水中沉降速度分布范围窄,混床分离效果好,交叉污染小(但有时会使混床树脂混合不均匀),交换速率也有所提高。

(2) 由于凝结水处理设备运行压力高,所有设备、管道、阀门及橡胶衬里必须能承受相应的压力,达到不损坏、不泄漏。

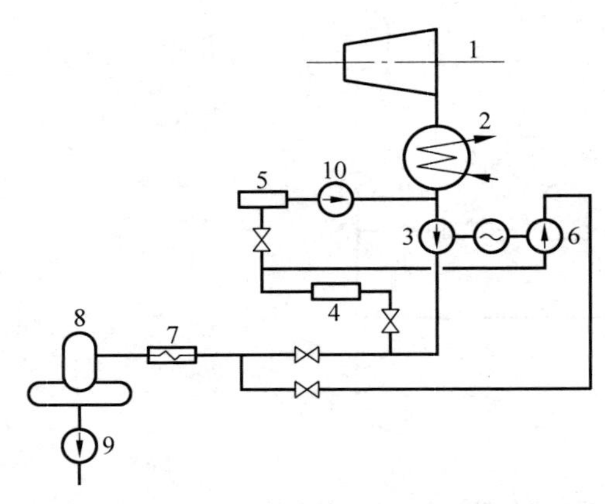

1—汽轮机;2—凝汽器;3—凝结水泵;4—凝结水处理装置;
5—补给水箱;6—凝结水升压泵;7—低压加热器;
8—除氧器;9—给水泵;10—补给水泵。

图 7-36 带有补给水箱的低压凝结水处理系统

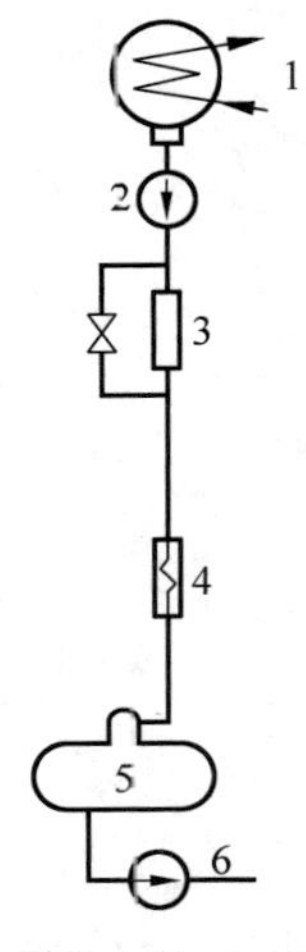

1—凝汽器;2—凝结水泵;3—凝结水处理装置;
4—低压加热器;5—除氧器;6—给水泵。

图 7-37 中压凝结水处理的热力系统

7.5.5 凝结水处理系统出水水质

火力发电厂和核电站要求的凝结水处理后的水质要达到表 7-20 中所列的要求。

表 7-20 凝结水处理后的水质

蒸汽压力/MPa	氢电导率(25℃)/(μS/cm)		杂质含量/(μg/L)							
			钠		铁		二氧化硅		氯	
	标准值	期望值	标准值	期望值	标准值	期望值	标准值	期望值	标准值	期望值
≤18.3(火电厂)	≤0.15	≤0.10	≤3	≤2	≤5	≤3	≤15	≤10	≤2	≤1
>18.3(火电厂)	≤0.15	≤0.08	≤2	≤1	≤5	≤3	≤10	≤5	≤1	

* 摘自 GB/T 12145—2016。

7.6 空冷火力发电机组和压水堆核电站凝结水处理

空冷火力发电机组和核电站有自身的特点，对凝结水处理也有特殊的要求。

7.6.1 空冷发电机组凝结水处理

1. 空冷机组及其凝结水水质

在缺水地区，蒸汽在凝汽器中冷却不是用水作为冷却介质，而是用空气，这种发电机组称为空冷机组，它有间接空冷与直接空冷两种。

直接空冷系统(directed air-cooled system)是指汽轮机的排汽直接用空气冷却冷凝成水，冷却的空气是由机械通风方式供应，在空冷凝汽器的翅片管束外流动，将管束中的汽轮机排汽冷却凝结成水。热力系统见图 7-38。

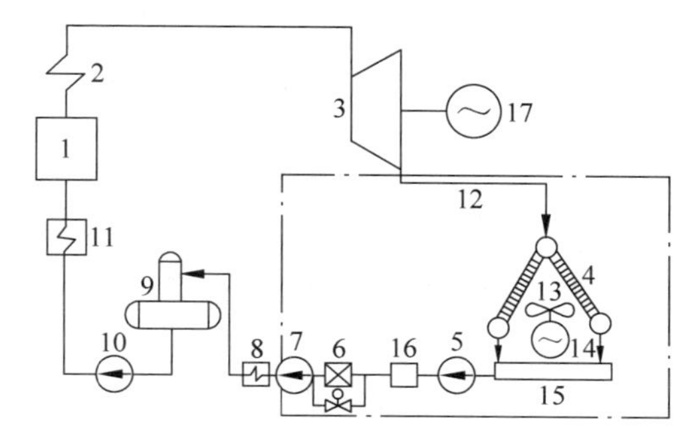

1—锅炉；2—过热器；3—汽轮机；4—空冷凝汽器；5—凝结水泵；6—凝结水精处理装置；
7—凝结水升压泵；8—低压加热器；9—除氧器；10—给水泵；11—高压加热器；
12—汽轮机排汽管道；13—轴流冷却风机；14—立式电动机；15—凝结水箱；16—除铁过滤器；17—发电机。

图 7-38 直接空冷机组原则性汽水系统

间接空冷系统(indirected air-cooled system)根据凝汽器型式的不同又分为两种：带混合式凝汽器的间接空冷系统(海勒式间接空冷系统，图 7-39)和表面式凝汽器的间接空冷系统(哈蒙氏间接空冷系统，图 7-40)。间接空冷的冷却介质为除盐水。

海勒式间接空冷系统包括混合式凝汽器和带有散热器的空气冷却塔，汽轮机的排汽在混合式凝汽器中与喷管喷射出来的冷却水接触冷凝成水，冷凝水中约 2%的水重回热力系统，其余大部分冷凝水送入干式空气冷却塔中，被空气冷却降温后重回混合式凝汽器进行下

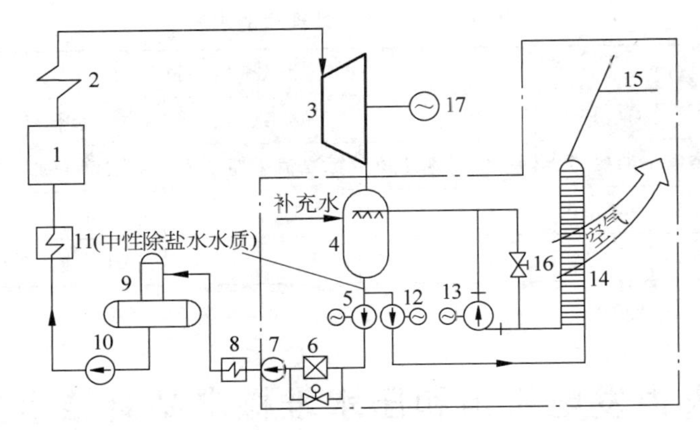

1—锅炉；2—过热器；3—汽轮机；4—喷射式凝汽器；5—凝结水泵；6—凝结水精处理装置；7—凝结水升压泵；8—低压加热器；9—除氧器；10—给水泵；11—高压加热器；12—冷却水循环泵；13—调压水轮机；14—合铝制散热器；15—空冷塔；16—旁路节流阀；17—发电机。

图 7-39 海勒式间接空冷机组原则性汽水系统

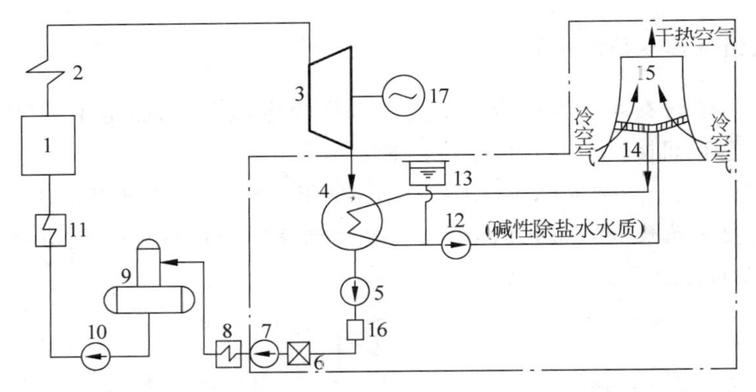

1—锅炉；2—过热器；3—汽轮机；4—表面式凝汽器；5—凝结水泵；6—凝结水精处理装置；7—凝结水升压泵；8—低压加热器；9—除氧器；10—给水泵；11—高压加热器；12—循环冷却水泵；13—膨胀水箱；14—全钢散热器；15—空冷塔；16—除铁过滤器；17—发电机。

图 7-40 哈蒙式间接空冷机组原则性汽水系统

一循环。

哈蒙式间接空冷系统由表面式凝汽器和空气冷却塔组成，系统的循环冷却水是碱性除盐水，呈密闭式循环，不与汽轮机排汽混合。循环冷却水的散热器是在空气冷却塔内，由空气来冷却。

这几种空冷系统从凝结水水质来看，有如下不同。

(1) 直接空冷机组的凝汽器，目前主要采用碳钢制成的带鳍片的管子直接用空气冷却汽轮机的排汽，由于碳钢的传热效率低，必须采用庞大的传热面积，这就造成了在同样腐蚀速率条件下，所产生的腐蚀产物明显高于其他冷却方式。为了降低锅炉给水的含铁量，必须在凝结水精处理工艺中采用前置过滤设备。

(2) 表面式空冷机组是近年来我国采用较多的一种。它设置了表面式凝汽器，与湿冷机组类似，同时，冷却水采用了除盐水，减少了冷却水漏入凝结水中造成含盐量升高的问题，因此，曾有人认为，表面式空冷机组的凝结水精处理设备只需要考虑除铁，而不需要除盐。

但实际使用中发现，表面式空冷机组虽然漏入凝结水的盐类较少，但却存在着挥发性杂质——CO_2、氟化物和低分子有机物等——积聚的问题，甚至使凝结水的氢电导率超标，由于这些挥发性杂质可能对汽轮机的部件造成损害，因此同样需要设置凝结水的除盐设备。

(3) 混合式空冷机组，凝结水与冷却水混合在一起，虽然对进入热力系统的凝结水经过了除盐处理，但由于凝汽器的材质多采用铝材，造成了给水处理与凝汽器防腐条件的矛盾，混合式空冷机组近年来已较少使用。

总的来看，采用空气冷却发电机组在凝结水水质方面有一些共同特点。

(1) 由于采用空气冷却，由冷却水泄漏带入凝结水中的盐类减少，所以空冷式机组凝结水含盐量明显低于用水冷却的机组。

(2) 空冷式机组的凝结水温度比水冷式机组的要高。一般地，空冷式机组凝结水温度比环境大气温度高出 30～40℃，可达 60～70℃，最高曾有 85℃。

(3) 空冷机组由于冷却面积大，又在高真空条件下工作，因此向凝结水中漏入空气的机会增多，凝结水中 CO_2(HCO_3^-)及 O_2 含量增加。

(4) 由于空冷机组冷却面积大，凝结水中金属腐蚀产物(铜、铁、铝的氧化物)含量增高，悬浮物含量较高。

2. 空冷机组凝结水处理系统

由于上述空冷机组凝结水水质的特点，空冷机组对其使用的凝结水处理有如下要求。

(1) 树脂要耐高温，要求能在 60～70℃长期使用，且不会使性能降低，不会有明显的溶出物及降解产物来污染凝结水水质。由于阳树脂耐温性能较好，这个要求可以满足，但阴树脂则问题较多。

(2) 由于凝结水含盐量不高且稳定，其值仅决定于蒸汽品质，而与凝汽器泄漏关系不大，因此凝结水处理混床中树脂层高度可以降低，树脂用量可以减少，甚至可以仅使用粉末树脂覆盖过滤器。

(3) 与一般凝结水处理混床相比，由于凝结水中 CO_2 较多，空冷机组凝结水处理混床中阴树脂比例要适当提高。

(4) 凝结水中金属腐蚀产物(铜、铁、铝的氧化物)含量高，尤其是机组启动时，所以凝结水前置过滤要完善。

根据这些特点，空冷机组凝结水处理可以采用粉末树脂覆盖过滤器，带有前置过滤(氢型阳床等)的混床及分床(阳-阴、阳-阴-阳)等处理系统。推荐采用阳-阴分床系统的目的是在出现凝结水高温时能够将阴、阳床分别退出运行(比如有的厂规定凝结水 65℃时阴床退出运行，75℃时阳床退出运行)，既保护树脂又不像混床那样需整个退出运行，减少了对系统运行的影响，它们的应用范围如下。

(1) 对超临界直接空冷机组，宜采用前置过滤(管式过滤器、粉末树脂覆盖过滤等)-混床系统，或者前置过滤(管式过滤器、粉末树脂覆盖过滤等)-阳-阴分床系统；

(2) 对亚临界汽包炉直接空冷机组，宜采用阳-阴分床系统或前置过滤(管式过滤器、粉末树脂覆盖过滤等)-混床系统，不宜单独采用粉末树脂覆盖过滤器；

(3) 对混合式凝汽器的间接空冷机组，宜采用阳-阴分床或前置过滤(管式过滤器、粉末树脂覆盖过滤等)-混床系统；

(4) 对表面式凝汽器的间接空冷机组,宜采用阳-阴分床或混床系统。

3. 树脂在空冷机组高温凝结水中的降解问题

空冷机组由于冷却效果差,凝结水温度普遍较高,春秋季节多在60～70℃,夏季会有短时超过70℃,只有冬季温度在60℃以下,阳树脂耐温性能比较好,主要是阴树脂在高温下长时间运行会发生降解,一方面使交换基团脱落,降低树脂交换能力和除硅能力,另一方面又增加水中有机物含量,造成不良影响。所以对空冷机组高温凝结水处理用的树脂,特别是阴树脂,应进行耐温试验,尽量选择耐温性能好的树脂。下面列出阴树脂耐温性能试验的一些结果,见图7-41～图7-43。

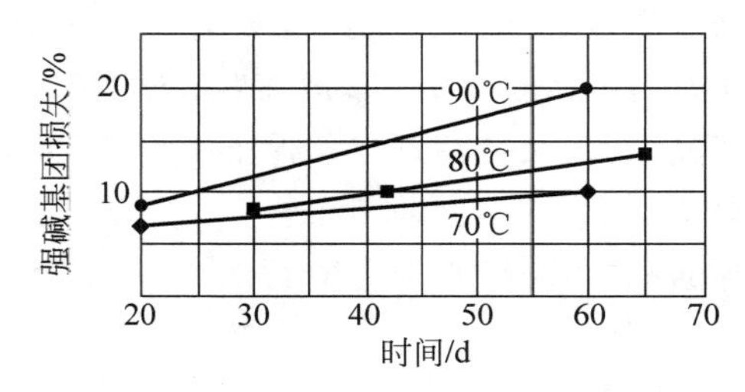

图7-41 强碱Ⅰ型阴树脂在不同温度凝结水中强碱基团的损失率(国外数据)

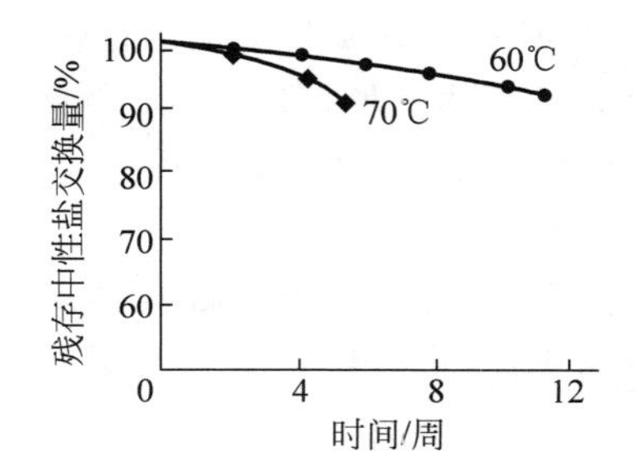

图7-42 凝胶型201×7阴树脂的热降解曲线(国内数据)

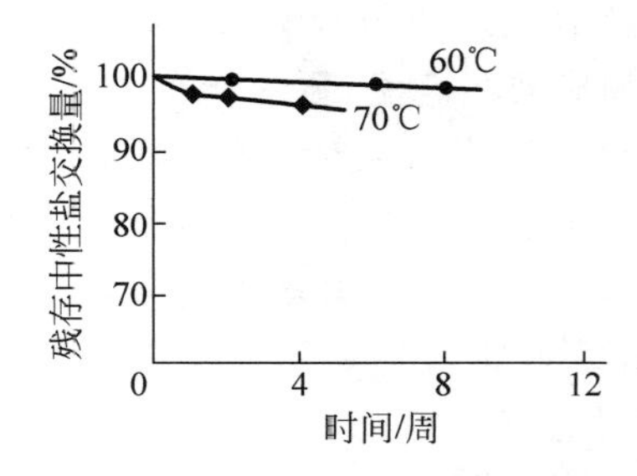

图7-43 大孔型D201阴树脂的热降解曲线(国内数据)

4. 粉末树脂覆盖过滤器的应用

粉末树脂覆盖过滤器(powder resin precoated filter,powdex)具有离子交换除盐和过滤除铁的双重作用,在7.1节中已对它的设备结构、设计参数、运行方式和除铁效果作了介绍,这里仅介绍其除盐能力。

由于空冷发电机组凝结水中腐蚀产物多,含盐量少,而且还可能有胶体硅的特点,与粉末树脂覆盖过滤器除盐能力弱、过滤能力强的特点刚好吻合,而且粉末树脂覆盖过滤器中树脂使用时间短,可以适应温度较高的场合,所以粉末树脂覆盖过滤器广泛用于空冷机组发电厂。

粉末树脂覆盖过滤器在系统中可以单独使用,也可以作为混床的前置过滤与混床一同使用。过滤器滤元上覆盖层是由阴、阳树脂粉末构成,按一定比例混合,覆盖在过滤器滤元上。树脂粉末有两种组成方式,一种是由RH和ROH树脂粉末组成,另一种是由RNH_4和ROH树脂粉末组成,它们的阴、阳树脂比例有1∶1、1∶2、1∶3、2∶1、2∶3、3∶1、3∶2

等多种，其粒度为 30～150μm，150μm 以上的≤3%，30μm 以下的≤1%。树脂粉末用量为 0.8～1kg/m^2，覆盖树脂粉层厚 2～9mm。

树脂粉末覆盖层中还需掺入短纤维，助滤剂短纤维的作用是增加覆盖层强度，防止覆盖层在运行中破裂和脱落，树脂粉末和纤维总用量为 1～1.4kg(干)/m^2，其中纤维的比例根据需要调节，但不宜大于 60%。

粉末树脂覆盖过滤器运行中是以压差(＞0.175MPa)或出水含铁量作为失效终点。这种粉末树脂失效后不能再生利用，爆膜去掉后重新铺膜运行。

粉末树脂覆盖过滤器的优点是：设备简单、运行灵活，对负荷变动适应性强，运行中无酸碱排放，操作简单。缺点是：由于粉末细、阻力大，树脂粉末覆盖层不能太厚，树脂粉末用量少，造成运行中除盐能力小，处理凝汽器泄漏的能力差，树脂氢型运行时间很短，最多几个小时就转变为铵型运行，造成基本上不能去除水中钠离子和氯离子的状况，也不能去除水中 CO_2，使热力系统中 CO_2 多，腐蚀加剧。另外，粉末树脂过滤器运行费用较高。

5. 分床式(阳-阴或阳-阴-阳)

阳、阴单床离子交换器的运行流速，一般采用 100～120m/h(机组启动期间最低流速不得小于 20m/h)，不然单台处理能力太小，设备台数太多。为了达到这样的流速，交换器内不设再生装置，也采用体外再生。

7.6.2 压水堆核电站二回路凝结水处理

1. 压水堆核电站二回路凝结水系统的特点

目前商业运行的核电站有压水堆(pressurized water reactor，PWR)核电站和沸水堆(boiling water reactor，BWR)核电站两种，压水堆核电站由核岛和常规岛两部分组成，核反应堆产生的热量由高压水带出，送往热交换器(蒸汽发生器)将二回路水加热变成蒸汽后返回核反应堆，构成一回路循环，常规岛与火力发电厂组成相似，只是用蒸汽发生器代替锅炉，在蒸汽发生器内二回路水被加热成蒸汽送往汽轮机，做完功的乏汽在凝汽器被冷凝成水后再送回蒸汽发生器构成二回路。沸水堆核电站在核岛中水直接被加热成蒸汽送往汽轮机做功，随后被冷凝成水再返回核岛，沸水堆核电站中的蒸汽及凝结水直接来自核岛，沾染了放射性物质，所以对它的处理就提出了特殊的放射性物质处理要求，不属于本书的讨论范围。

压水堆核电站的蒸汽发生器是一表面式加热器，由一回路高温高压水将二回路水加热成蒸汽，一回路的水含有放射性物质，是不允许渗入二回路系统的，这种运行方式使压水堆核电站二回路凝结水处理具有以下特点。

(1) 蒸汽发生器热交换表面在长期运行中不允许腐蚀造成损坏，要把腐蚀降至最低程度，蒸汽发生器热交换表面的材料要兼顾一回路水和二回路水的要求，目前多采用奥氏体不锈钢及镍基合金，从而带来对二回路水水质的高标准要求及凝结水处理出水水质标准的提高、给水系统的高 pH 运行(pH 达 9.6 及以上，即提高加氨量，可达 3～6mg/L)等。

(2) 由于蒸汽发生器是由高温高压水作热源，产生的蒸汽参数低(甚至为饱和蒸汽)，同样发电量时消耗的蒸汽多，凝结水量大。

压水堆核电站对给水和凝结水处理后出水水质的要求列于表 7-21 和表 7-22。从表中可以看出,压水堆核电站对凝结水处理后出水中 Na^+ 和 Cl^- 含量的要求比火力发电厂提高一个数量级以上,达到 0.1μg/L,还对凝结水处理后出水中 SO_4^{2-} 含量提出了要求,这是因为奥氏体不锈钢和镍基合金对水中的 SO_4^{2-}、Na^+、Cl^- 等微量离子很敏感,在某些炉水浓缩的环境下(如缝隙中)容易引起晶间腐蚀和应力腐蚀,易使管端、管板缝隙处发生凹陷损坏。表 7-23 中列出不同容量的压水堆核电机组凝结水量,它比同容量火力发电机组大得多,造成压水堆核电机组凝结水处理设备要选用大直径设备,也带来很多意想不到的问题。

表 7-21 压水堆核电站二回路和火力发电站机组给水质量的对比

(火力发电数据摘自 GB/T 12145—2016,核电数据引自本书参考文献)

名称	数值	25℃氢电导率/(μS/cm)	pH值	杂质含量/(μg/L)					
				Na^+	Cl^-	溶解 SiO_2	铁	铜	SO_4^{2-}
压水堆核电站二回路	期望值		9.6～9.8	≤0.1	≤0.1	≤2.0	≤2		≤0.2
	标准值	≤0.2	9.3～10				≤5	≤1	
火力发电亚临界机组	期望值	≤0.1				≤10	≤10	≤2	
	标准值	≤0.15	8.8～9.3(有铜系统)		≤2	≤20	≤15	≤3	
火力发电超临界机组	期望值	≤0.08		≤1		≤5	≤2	≤1	
	标准值	≤0.1	9.0～9.6(无铜系统)	≤2	≤1	≤10	≤5	≤2	

表 7-22 压水堆核电站二回路和火力发电站机组凝结水处理混床出水质量的对比

(数据来源同表 7-21)

名称	数值	25℃氢电导率/(μS/cm)	杂质含量/(μg/L)					悬浮固体去除率/%
			Na^+	Cl^-	溶解 SiO_2	铁	SO_4^{2-}	
压水堆核电站二回路	期望值							
	限值	≤0.08	≤0.1	≤0.1	≤2.0		≤0.2	>90
火力发电亚临界机组	期望值	≤0.10	≤2	≤1	≤10	≤3		
	标准值	<0.15	≤3	≤2	≤15	≤5		
火力发电超临界机组	期望值	<0.08	≤1		≤5	≤3		
	标准值	<0.15	≤2	≤1	≤10	≤5		

表 7-23 压水堆核电站二回路和火力发电站机组凝结水量比较

单机功率/MW	火力发电站机组			压水堆核电站					
	300	600	1000	300	650	700	1000	1250	1400
凝结水量/(t/h)	约 665	约 1500	约 2200	约 1220	约 2732	约 3000	3500～4000	约 4238	约 7000

2. 压水堆核电站对凝结水处理的特殊要求

上述压水堆核电站凝结水系统的特点,造成对其凝结水处理的特殊要求,具体如下。

(1) 压水堆核电站凝结水量大，带来对大直径凝结水处理设备的需求，尤其是大直径混床和离子交换设备，这样可减少设备台数、减少占地面积、简化凝结水处理系统和便于操作。目前使用的混床最大直径在 DN3200～DN3400，因此希望能有 DN3600～DN3800，以至更大直径的混床供使用。

另外，目前使用的 DN3200 混床多为球形混床，球形混床树脂装载量少，在压水堆核电站高 pH、高含氨量凝结水上使用运行周期短，当然希望能有树脂装载量多的大直径柱形混床及离子交换设备。

但是，大直径柱形混床及离子交换设备的水力学均匀性问题突出。

(2) 由于对压水堆核电站凝结水处理后的水质要求高，而铵型混床在铵型运行阶段不具备去除水中离子的能力，所以铵型混床不能用于压水堆核电站凝结水处理。压水堆核电站凝结水处理中混床必须以氢型混床方式运行。

(3) 对压水堆核电站凝结水处理后出水中的 SO_4^{2-} 含量提出了严格要求($\leqslant 0.2\mu g/L$)，这是火力发电机组中所没有的，凝结水处理后出水中的 SO_4^{2-} 来源不外乎以下几点。

① 阳树脂在水中溶出，带有磺酸基团；

② 阳树脂粉末随水带出，带有磺化物，阳树脂粉末来源可能是树脂自然破碎，也可能是大直径混床水力学不均匀造成树脂颗粒间磨损而形成的；

③ 阴树脂由于污染等因素对水中 SO_4^{2-} 交换能力不足，造成出水中 SO_4^{2-} 含量升高；

④ 设备衬胶层中硫化物溶出。

需要指出的是，凝结水处理混床出水中的 $SO_4^{2-} \leqslant 0.2\mu g/L$，是为了满足蒸汽发生器的排污水中 SO_4^{2-} 含量$\leqslant 10\mu g/L$ 标准而定的，前述的由阳树脂带出的磺化物是有机硫化物而不是 SO_4^{2-}，有机硫化物用离子色谱是检测不出来，但它进入蒸汽发生器后在高温下就会分解出 SO_4^{2-}，这就造成凝结水处理混床出水中的 SO_4^{2-} 值合乎要求但蒸汽发生器的排污水中 SO_4^{2-} 超标的现象，所以凝结水处理混床出水中的 SO_4^{2-} 值是否合乎要求，要看蒸汽发生器的排污水中 SO_4^{2-} 是否达到标准，这给问题的解决又带来困难。

国外目前解决这一问题的方法是在混床中使用低溶出物、高交联度(DVB 为 14%～16%)阳树脂和阴树脂，近年日本又提出使用高交联度阳树脂和对阳树脂溶出物吸附能力强、可逆性好的大孔阴树脂组成混床。

(4) 为满足压水堆核电站凝结水水质的高标准，就必须对凝结水处理系统、树脂分离、树脂再生、运行操作管理等方面提出更严格的要求。

3. 凝结水处理混床中阴树脂的 SO_4^{2-} 交换动力学性能评估

在水处理中经常会发现由新树脂组成的混床出水电导率很低，运行一段时间后，出水电导率上升，但检查树脂，其理化性能并无变化，这是由阴树脂交换动力学性能下降所引起的。交换动力学实际就是参与交换的离子和交换出来的离子扩散速率，扩散包括内扩散和膜扩散，内扩散往往由树脂结构决定，而膜扩散在运行过程中则易受外界条件影响而变化。在进水含盐量高时，离子交换过程主要由内扩散所控制，膜扩散速度的微小变化对交换速度的影响显现不出来；在进水含盐量低时，离子交换过程主要由膜扩散所控制，阴树脂表面有轻微污脏，就影响交换物质的膜扩散速度，即交换动力学性能下降，这就是凝结水处理混床中阴树脂常遇到的情况。

阳树脂的溶解物——各种有机磺化物带负电荷,阴树脂表面带正电荷,由于电性吸引,某些大分子阳树脂溶出物容易阻塞和污堵阴树脂的表面和孔,影响阴树脂表面的可达区域和内部有效交换点位,使阴树脂交换时膜扩散阻力上升,膜扩散速率下降,即它的交换动力学性能下降。这样的树脂在交换水中各种阴离子时,包括 Cl^-、SO_4^{2-}、有机磺化物等,交换速度下降,出水中漏过浓度上升。所以当凝结水处理混床中阴树脂交换动力学性能下降时,出水中阳树脂溶出物及 SO_4^{2-} 浓度均会上升。这就是测量凝结水处理混床中阴树脂交换动力学性能的目的所在。

1980 年左右,Ray、Ball 及 Coates 等开始动力学性能检测,用于对凝结水处理混床中阴树脂性能变化的监督,测试装置见图 7-44。它是将一定粒度的待测阴树脂与新的阳树脂各自再生好后组成混床,用电阻率 17.5MΩ·cm 以上的超纯水进行清洗,至稳定后,在超纯水流中加入一定比例的 Na_2SO_4 溶液和氨水,根据加药前后氢电导率差按 Harries 模型计算该阴树脂的交换动力学传质系数。根据测得的阴树脂交换动力学传质系数 K,按表 7-24 对该树脂交换性能进行评估。

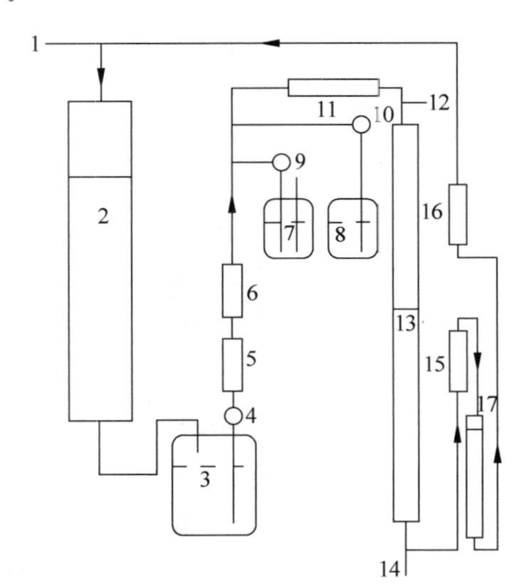

1—供水;2—精处理混床交换柱(再循环模式需要);3—精处理水箱(再循环模式需要);4—水泵(再循环模式需要);5—电导率仪(再循环模式需要);6—流量计;7、8—溶药箱;9、10—比例计量泵;11—混合室或静态混合器;12—进样龙头;13—测试柱;14—出口龙头;15、16—电导率仪;17—阳交换柱。

图 7-44 阴树脂交换动力学性能测试装置

表 7-24 阴树脂 SO_4^{2-} 传质系数作为凝结水净化系统运行情况的标志

$K/(10^{-4}m/s)$	树脂状态	运行情况
1.5～2.0	满意	运行正常
1.0～1.5	过渡状态	冲洗水量增加
0.5～1.0	慢性故障,需对树脂进行处理	经常有水质问题
<0.5	失效更新	大量泄漏

Harries 模型的计算公式为

$$K=\frac{1}{6(1-\varepsilon)R}\times\frac{F}{A\times L}\times d\times(\ln C_0/C) \tag{7-8}$$

式中，K——树脂交换动力学物质传质系数，m/s；

ε——床空隙率，m^3/m^3；

R——树脂样的体积比，$R=V_{阴离子}/(V_{阳离子}+V_{阴离子})$或者$R=V_{阳离子}/(V_{阳离子}+V_{阴离子})$；

F——流速，m^3/s；

A——床截面积，m^2；$A=\pi r^2$，其中 r 为半径；

L——床深，m；

d——树脂的调和平均直径，m；$d=\frac{1}{\sum p_i/dp}$，其中 p_i 为某一筛孔孔径区段的树脂的百分含量，$dp=\sqrt{d_1 d_2}$；

C——出水的 SO_4^{2-} 浓度，μg/L；C 以所测电导率换算求得，$C=\frac{\Delta DD}{8.768}\times 10^{-3}$；

C_0——进水的 SO_4^{2-} 浓度，μg/L；

ΔDD——加药后稳定的氢柱出水电导率和冲洗后加药前稳定的氢柱出水电导率差值。

习题

7-1　试述凝结水中金属腐蚀产物形态及常用去除方法。

7-2　影响混床出水水质的因素有哪些？在凝结水处理系统中使用体外再生混床有哪些优点？

7-3　总结氢型混床和铵型混床的异同。叙述铵型混床的适用范围及原因。

7-4　试述提高混床树脂再生度的方法。为什么说过分提高阴、阳树脂分离程度反而会影响混床树脂混合均匀性？混床中阴、阳树脂混合不均匀会有什么危害？

7-5　某液碱(30%)内含 NaCl 0.1%，工业盐酸(31%)内含 Na^+ 1000mg/kg，分别用于氢型混床和铵型混床再生，求各自阴、阳树脂再生度。若再生好后，该混床处理 pH 值为 9 的凝结水(含 NH_4^+ 0.5mg/L)，求出水中 Cl^- 及 Na^+ 的浓度。已知 $K_{OH^-}^{Cl^-}=18$，$K_{H^+}^{Na^+}=1.5$，$K_{NH_4^+}^{Na^+}=0.77$。

7-6　空冷火力发电机组凝结水处理的特点是什么？

7-7　分析造成核电站凝结水处理后水中 SO_4^{2-} 升高的原因。

7-8　简述阴树脂交换动力学传质系数及其用途。

8 CHAPTER 膜技术与海水淡化

膜分离技术是在20世纪初出现,20世纪60年代后迅速崛起的一项分离新技术。膜分离技术是利用特殊的有机或无机材料制成的具有选择透过性能的薄膜,在外力推动下对混合物进行分离、提纯、浓缩的一种分离方法。这种推动力可以分为两类:一类借助外界能量,物质发生由低位向高位的流动;另一类是以自身的化学位差为推动力,物质发生由高位向低位的流动。表8-1列出了一些主要膜分离过程的推动力。这种薄膜必须具有选择性通过的特性,即有的物质可以通过、有的被截留。

表8-1 主要膜分离过程的推动力

推动力	膜过程
压力差	反渗透、超滤、微滤、气体分离
电位差	电渗析、电除盐
浓度差	透析、控制释放
浓度差(分压差)	渗透汽化
浓度差加化学反应	液膜、膜传感器

与传统的分离技术(蒸馏、吸附、萃取、冷冻分离等)相比,膜分离技术有如下特点。

(1) 膜分离通常是一个高效分离过程。在按物质颗粒大小分离的领域,以重力为基础的分离技术最小极限是微米,而膜分离却可以做到将相对分子质量为几百甚至几十的物质进行分离,相应的颗粒大小为纳米及以下。

(2) 膜分离过程不发生相变,与其他方法相比能耗低。

(3) 膜分离过程是在常温下进行的,特别适用于对热敏感物质的处理。

(4) 膜分离法分离装置简单,操作容易且易控制。

膜分离技术的分类方法一般有如下几种。

(1) 按分离机理分,主要有反应膜、离子交换膜、渗透膜等。

(2) 按膜材料性质分,主要有天然膜(生物膜)和合成膜(有机膜和无机膜)。

(3) 按膜的形状分,主要有平板式(框板式与圆管式、螺旋卷式)、中空纤维式等。

(4) 按膜的用途分,目前常见的几种是微滤(micro filtration,MF)、超滤(ultra filtration,UF)、纳滤(nano filtration,NF)、反渗透(reverse osmosis,RO)、渗析(dialysis,D)、电渗析(electrodialysis,ED)、电除盐(electrodeionization,EDI)、气体分离(gas separation,GS)、渗透蒸发(pervaporation,PV)及液膜(liquid membrane,LM)等。现将几种主要的膜分离法各自的特点和使用范围归纳于表8-2和图8-1。

表 8-2 各种膜分离技术特点

过程	分离目的	透过组分	截留组分	透过物组成	推动力	传递机理	膜类型	进料和透过物的物态	简图
微滤（MF）	溶液脱除粒子、气体脱除粒子	溶液、气体	0.05～15μm 粒子	大量溶剂及小分子溶质和大分子溶质	压力差约100kPa	筛分	多孔膜	液体或气体	进料；滤液（水）
超滤（UF）	溶液脱除大分子、大分子溶液脱除小分子、大分子分级	小分子溶液	1～50nm 大分子溶质，粒子	大量溶剂、小分子溶质	压力差 100～1000kPa	筛分	非对称膜	液体	进料；浓缩液；滤液（水）
反渗透（RO）	溶剂脱除溶质、含小分子溶质溶液浓缩	溶剂	0.1～1nm 的溶质	大量溶剂	压力差 1000～10000kPa	优先吸附、毛细管流动、溶解-扩散	非对称膜或复合膜	液体	进料；浓缩液；溶剂（水）
渗析（D）	大分子溶质溶液脱除小分子、小分子溶质溶液脱除大分子	小分子溶质	大于 0.02μm 截留、血液渗析中大于 0.005μm 截留	较小组分或溶剂	浓度差	筛分、微孔膜内的受阻扩散	非对称膜或离子交换膜	液体	进料；扩散液；净化液；接受液
电渗析（ED）	溶液脱除离子、离子溶质的浓缩、离子的分级	不解离的组分	离子和水	少量离子组分及水	电位差	离子经离子交换膜的迁移	离子交换膜	液体	浓电解质；产品（水）；+极；−极；阴离子交换膜；进料；阳离子交换膜
气体分离（GS）	气体混合物分离、富集或特殊组分脱除	气体、较小组分或膜中易溶组分	较大组分（除非膜中溶解度高）	二者都有	压力差 1000～10000kPa、浓度差（分压差）	溶解-扩散	均质膜、复合膜、非对称膜	气体	进气；渗余气；渗透气
渗透蒸发（PV）	挥发性液体混合物分离	膜内易溶解组分或易挥发组分	不易溶解组分或较难挥发物	少量组分	分压差、浓度差	溶解-扩散	均质膜、复合膜、非对称膜	料液为液体，透过物为气态	进料；溶质或溶剂；溶剂或溶质

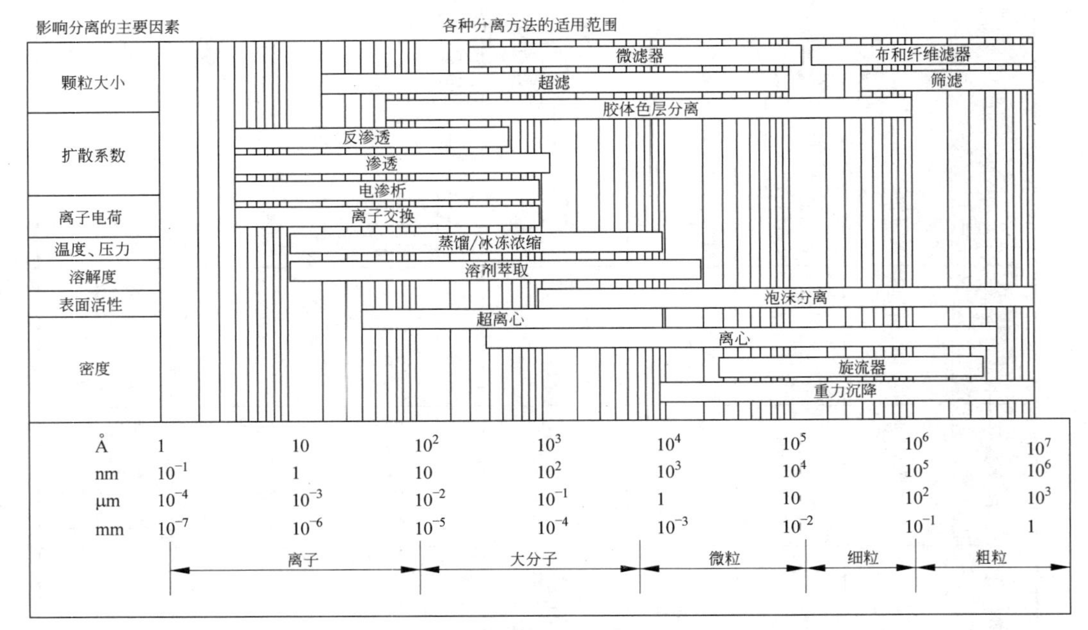

图 8-1 各种分离方法的适用范围

分离膜是膜分离的技术核心,工业上使用的分离膜应符合下列基本条件。

(1) 分离性。分离膜必须对被分离的混合物具有选择透过(即具有分离)的能力。

(2) 透过性。在达到所要求的分离率的前提下,分离膜的透量越大越好。

(3) 物理、化学稳定性。

(4) 经济性。

8.1 反渗透

1748年法国学者阿贝·诺伦特(Abble Nellet)发现水能自然地扩散到装有酒精溶液的猪膀胱内,首次揭示了膜分离现象,证实了膜的渗透过程。

而真正的膜分离技术的工程应用是从20世纪60年代开始的。1960年洛布(Loeb)和索里拉金(Sourirajian)共同研制出第一张高通量和高脱盐率的醋酸纤维素非对称结构膜(CA膜),与以往的对称膜相比,水的透过量增加了将近10倍。这是膜分离技术发展的里程碑,从此开始了反渗透的工业应用。其后各种新型膜陆续问世,1961年美国Hevens公司首先提出管式膜组件的制造方法;1964年美国通用原子公司研制出螺旋卷式反渗透组件;1965年美国加利福尼亚大学制造出用于苦咸水淡化的管式反渗透组件装置,生产能力为$19m^3/d$;1967年美国杜邦(DuPont)公司首先研制出以尼龙-66为膜材料的中空纤维膜组件;1970年又研制出以芳香聚酰胺为膜材料的PermasepB-9中空纤维膜组件,并获得1971年美国柯克帕里克(Kirkpatrick)化学工程最高奖。从此反渗透技术迅速发展。

我国的反渗透研究始于1965年,与国外的时间基本一致。但由于原材料、基础工业条件的限制以及生产规模小等,生产的膜组件性能不稳定、成本高。这期间微滤和超滤技术也得到相应的发展。

8.1.1 渗透和反渗透

只透过溶剂(水)而不透过溶质(盐)的膜,通常称为半透膜(semipermeable membrane)。将半透膜置于两种不同浓度溶液的中间,在等温条件下,从热力学平衡角度来分析,低浓度盐溶液中溶剂(水)化学位高,它会自动地通过半透膜逐渐向化学位低的溶剂(如盐浓溶液中溶剂)方面转移,这种现象叫作渗透(osmosis)。

渗透的定义是:一种溶剂(水)通过半透膜进入另一种溶液,或者是溶剂(水)从一种稀溶液中向另一种比较浓的溶液透过的现象称为渗透。由于是半透膜,盐是不会从浓溶液向稀溶液(或水)中渗透的。

若在浓溶液加上适当的压力,可使渗透停止达到渗透平衡。刚好使纯水向浓溶液的渗透停止时的压力,称为该浓溶液的渗透压(osmosis pressure)。也可以说,某浓溶液的渗透压是指向它渗透的纯水所具有的压力,纯水本身渗透压为0。

若在浓溶液一边加上比自然渗透压更高的压力时,可扭转自然渗透方向,将浓溶液中的溶剂(水)压到半透膜的另一边稀溶液中,这是和自然渗透过程相反的过程,称为反渗透。这种现象表明,当对盐水一侧施加的压力超过该盐水的渗透压时,可以利用半透膜装置从盐水中获得淡水,渗透、渗透压和反渗透的原理如图8-2所示。

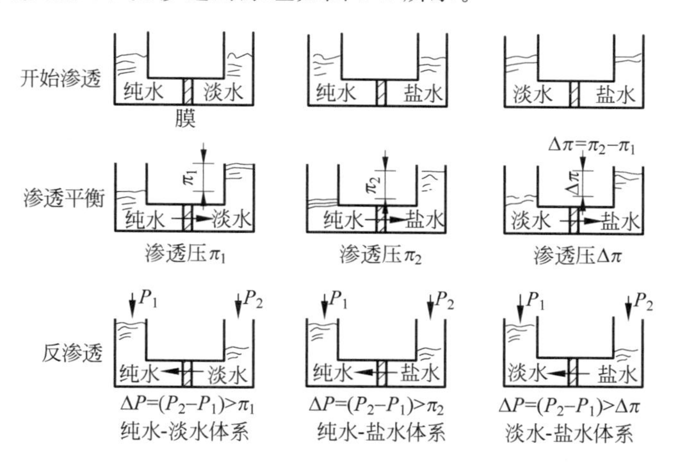

图8-2 渗透、渗透压和反渗透原理

因此,反渗透过程必须具备两个条件:一是必须有高选择性和高渗透性(一般指透水性)的半透膜;二是操作压力必须高于溶液的渗透压(或膜两侧渗透压差)。

按照化学热力学理论,盐的水溶液中水的化学位μ为

$$\mu=\mu_0+RT\ln a \tag{8-1}$$

$$a=P/P_0 \tag{8-2}$$

式中,μ_0——纯水的化学位;

R——气体常数;

T——热力学温度;

a——盐的水溶液中水的活度；

P、P_0——分别为盐的水溶液和纯水的水蒸气压。

由于 $P<P_0$，故 $\mu<\mu_0$，即盐溶液中水的化学位比纯水中水的化学位低，所以纯水中水分子会透过膜向盐的水溶液中渗透，即产生渗透压 π。在纯水-盐水渗透体系中，渗透进行到渗透平衡时盐的水溶液中水化学位上升，变为

$$\mu=\mu_0+RT\ln a+\int_{P_0}^{\pi}V_B\mathrm{d}P$$

$$\approx\mu_0+RT\ln a+\pi V_B \tag{8-3}$$

式中，V_B——水的偏摩尔体积。

在渗透进行至极限情况，达到渗透平衡时，还有

$$\mu=\mu_0$$

$$-RT\ln a=\pi V_B$$

$$\ln a=\ln(1-X_2)\approx -X_2\approx -n_2/n_1$$

$$\pi=-\frac{1}{V_B}RT\ln a=\frac{1}{V_B}\frac{n_2}{n_1}RT=CRT$$

式中，X_2——盐水溶液中溶质的摩尔分数；

n_1——盐水溶液中水的物质的量；

n_2——盐水溶液中溶质的物质的量；

C——浓度。

式(8-3)即范特霍夫(van't Hoff)方程式。对理想溶液来说，溶液的渗透压 π^0(MPa)通式为

$$\pi^0=RT\sum C_i \tag{8-4}$$

式中，$\sum C_i$——溶液中阳离子、阴离子及未解离的分子浓度之和，mol/L；

R——摩尔气体常数，取 0.00831MPa·L/(mol·K)；

T——热力学温度，K。

式(8-4)表明溶液渗透压 π^0 与溶质的性质无关。但对实际溶液，特别是对浓溶液来讲，电解质解离成阴阳离子往往达不到100%，所以，渗透压还与溶质的解离情况有关，可补充渗透系数 ϕ 来校正，渗透系数 ϕ 表示溶质的离解状态(在稀溶液中 ϕ 取1)：

$$\pi=\phi RT\sum C_i \tag{8-5}$$

溶液的渗透压取决于溶液的种类、浓度和温度。

例如在25℃时：

1000mg/L NaCl 水溶液的渗透压为77kPa(0.77kg/cm^2)；

1000mg/L 蔗糖水溶液的渗透压为7kPa(0.07kg/cm^2)；

1000mg/L $NaHCO_3$ 水溶液的渗透压为91kPa(0.91kg/cm^2)；

1000mg/L Na_2SO_4 水溶液的渗透压为42kPa(0.42kg/cm^2)；

1000mg/L $MgSO_4$ 水溶液的渗透压为28kPa(0.28kg/cm^2)；

1000mg/L $MgCl_2$ 水溶液的渗透压为70kPa(0.70kg/cm^2)；

1000mg/L $CaCl_2$ 水溶液的渗透压为 56kPa(0.56kg/cm^2)。

所以,可以通过各溶液的渗透压计算出反渗透所需的压力。

例如对于海水和苦咸水,反渗透系统采用的压力为平衡渗透压的 4～20 倍,对海水的操作压力最高可达 10MPa,对苦咸水和废水的压力最高可达 4MPa,近年来又有用于废水近零排放(minimal liquid discharge,MLD)系统的反渗透装置,压力达到 12MPa 左右。

8.1.2 反渗透膜透过机理

关于反渗透膜的透过机理,自 20 世纪 50 年代末以来,许多学者先后提出了各种压力推动的不对称反渗透膜透过机理和模型,目前尚无统一的看法。但一般认为,溶解扩散理论能较好地说明膜透过现象,氢键理论、优先吸附-毛细孔流理论也能够对渗透膜的透过机理进行解释。此外,还有学者提出扩散-细孔流理论、结合水-空穴有序理论以及自由体积理论等。还有人将反渗透现象看作一种膜透过现象,把它当作非可逆热力学现象来对待。总之,反渗透膜透过机理还在发展和继续完善中。现将几种理论简介如下。

1. 氢键理论

里德(Reid)等提出了氢键理论,用醋酸纤维素膜加以解释。该理论认为离子和分子是通过与膜中氢键的结合而发生线形排列型的扩散来进行传递的。在压力作用下,溶液中的水分子与醋酸纤维素的活化点——羰基上氧原子形成氢键,而原来水分子之间形成的氢键被断开,水分子解离出来并随之转移到下一个活化点,并形成新的氢键,通过这一系列的氢键传递,使水分子通过膜表面的致密活性层,进入膜的多孔层,由于多孔层内含有大量的毛细管,水分子能通畅地流出膜外。图 8-3 是氢键理论扩散模型示意图。

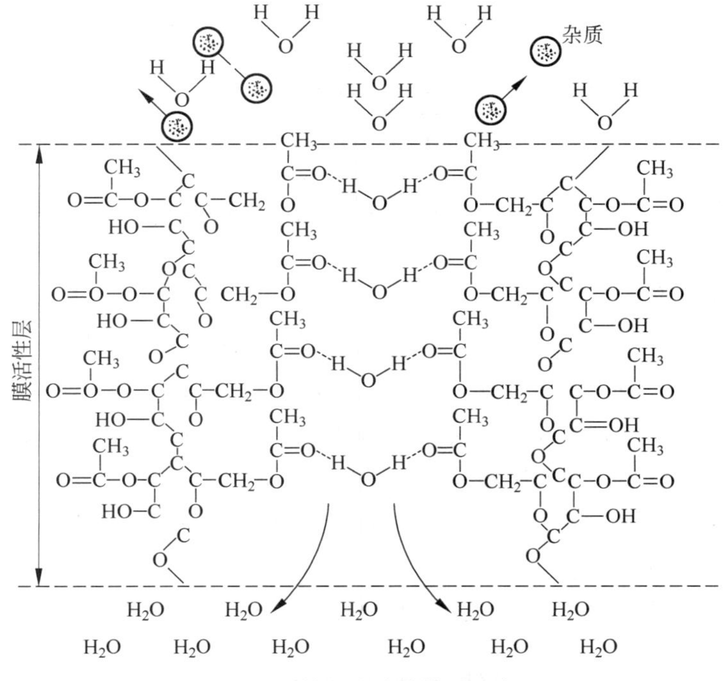

图 8-3 氢键理论扩散模型示意图

2. 优先吸附-毛细孔流理论

索里拉金等提出了优先吸附-毛细孔流理论。以氯化钠水溶液为例，溶质是氯化钠，溶剂是水，当盐溶液与半透膜表面接触时，在膜的溶液侧界面上选择吸附一层水分子，而排斥盐类溶质分子，化合价越高的离子排斥越大。在压力作用下，优先吸附的水通过膜的毛细管作用流出，达到除盐的目的。该机理阐明，在半透膜的表面必须有相应大小的毛细孔，仅使水分子在压力的作用下通过。这种模型同时给出了混合物分离和渗透的一种临界孔径的概念，当反渗透膜孔径大于临界孔径时，盐的水溶液就会泄漏，泄漏的顺序与价数成反比。根据这种理论，索里拉金等研制出具有高脱盐率、高透水性的实用反渗透膜，奠定了实用反渗透膜的发展基础。图8-4表示优先吸附-毛细孔流机理模型。

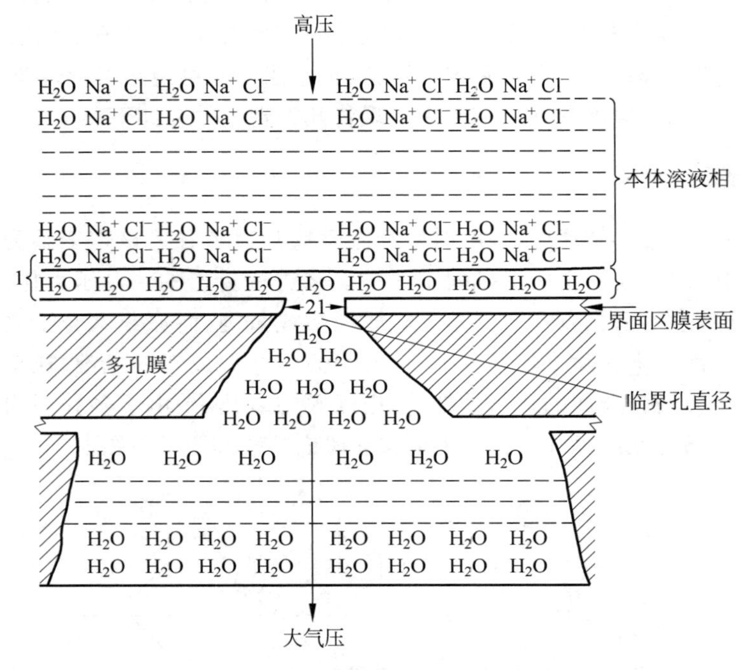

图8-4 优先吸附-毛细孔流机理模型

3. 溶解扩散理论

朗斯代尔(Lonsdale)和赖利(Riley)等提出溶解扩散理论。该理论假设反渗透膜是无缺陷的“完整的膜”，溶剂与溶质都可以在膜中溶解，然后在化学位差(常用浓度差或压力差来表示)的推动下，从膜的一侧向另一侧进行扩散，直至透过膜。溶质和溶剂在膜中的扩散服从菲克定律，这种模型认为溶质和溶剂都可能以化学位差为推动力，溶于均质或非多孔型膜表面，通过分子扩散使它们从膜中传递到膜的另一面。通过分析发现，溶剂(水)透过膜主要受压力差影响，而盐(溶质)透过膜主要受浓度差影响，反渗透推动力是压力，随着压力的升高，透水量增大；随着进水侧盐浓度升高，透盐率也上升，使纯水侧盐浓度上升。

根据该理论可认为，膜的厚度与膜对水中盐的脱除能力无关，超薄膜的开发和应用就是以此为依据的。目前一般认为，溶解扩散理论较好地说明了膜透过现象。

4. 对有机物和颗粒状物去除机理

对水中有机物和颗粒状物的去除，一般属于筛分机理。因此，膜的去除能力与这些有机物的相对分子质量和颗粒物的粒径大小、形状有关，如图 8-5 所示。孔径较大的膜只能去除较大相对分子质量的有机物和较大的颗粒物。

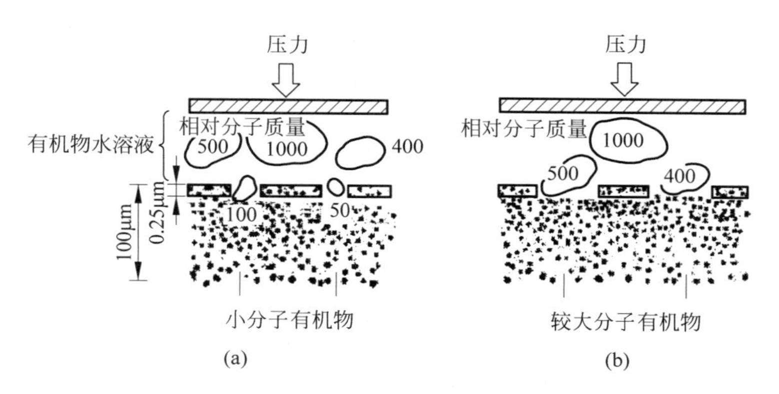

图 8-5 有机物通过膜孔的示意图

(a) 小分子有机物通过膜；(b) 较大分子有机物通过膜(膜孔较大)

8.1.3 反渗透膜的基本迁移方程

反渗透中膜两侧的物质迁移有两种：一种是溶剂(水)在压力驱动下，从进(浓)水侧向产(淡)水侧迁移；另一种是溶质(盐)在浓差扩散驱动下，也从高浓度的进(浓)水侧向低浓度的产(淡)水侧迁移。虽然从理论上讲，反渗透膜是半透膜，溶质(盐)是不能透过膜的，但是膜两侧盐的浓度差，造成盐的扩散动力，也会使少量溶质(盐)透过膜而进入产水中。

前者溶剂(水)的迁移构成反渗透的产水，后者盐的迁移则使产水的含盐量上升，水质下降，或者说使反渗透的脱盐率达不到 100%。

在稳定条件下的反渗透过程如图 8-6 所示。

反渗透运行条件下：

$$\Delta P = P - P_1 \tag{8-6}$$

$$\Delta \pi = \pi(C_2) - \pi(C_3) \tag{8-7}$$

式中，ΔP——进水和产水间的静压差，MPa；

$\Delta \pi$——进水和产水间的渗透压差，MPa。

由于 C_2 无法求得，可以认为，在充分搅拌的极限条件下，C_2 接近于 C_1。

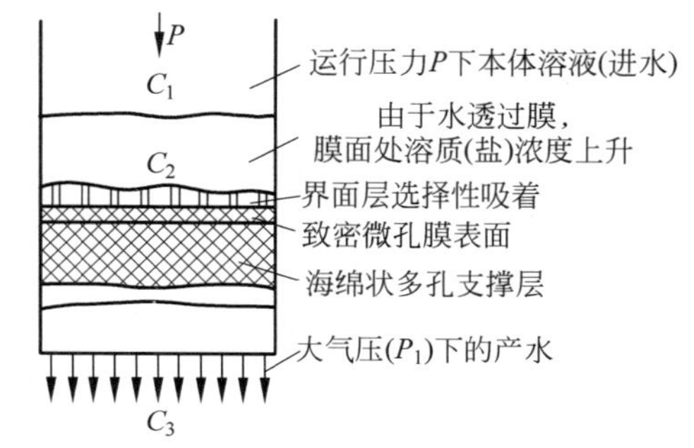

图 8-6 稳定条件下的反渗透过程

溶质(盐)通过膜的基本方程如下：

$$J_S = \frac{KD_S}{\delta}(C_2 - C_3) = \frac{KD_S}{\delta}(C_1 - C_3) \tag{8-8}$$

溶剂(水)通过膜的基本方程为

$$J_W = A(\Delta P - \Delta \pi) = \frac{[\text{PWP}]}{3600 M_B S P}(\Delta P - \Delta \pi) \tag{8-9}$$

式中，J_S、J_W——分别为溶质(盐)和溶剂(水)透过膜的摩尔速率，又称为盐通量和水通量，$mol/(cm^2 \cdot s)$；

P——操作压力，MPa；

K——溶质(盐)在膜和溶液(水)之间的分配(传质)系数；

δ——膜厚度，cm；

D_W、D_S——分别为溶剂(水)及溶质(盐)在膜相的扩散系数，cm^2/s；

C_1、C_2、C_3——溶质(盐)的浓度，mol/cm^3；

A——纯水渗透常数，$mol/(m^2 \cdot s \cdot MPa)$，理论上 $A=\dfrac{D_W C_m \bar{V}}{RT\delta}$；

[PWP]——纯水渗透性，表示膜面积为 S，压力为 P 时纯水透过量，g/h；

S——膜有效面积，cm^2；

M_B——水的相对分子质量；

C_m——溶剂(水)在膜内浓度，mol/cm^3；

$\bar{V}$——溶剂(水)的摩尔体积，cm^3/mol；

R——摩尔气体常数；

T——热力学温度。

从式(8-8)、式(8-9)中可看出，反渗透膜性能中最关键的3个参数是 A、K 和 KD_S/δ。纯水渗透常数 A 表示在没有任何浓差极化情况下纯水的迁移量，其值与溶质无关。溶质渗透系数 KD_S/δ 与溶质的性质、膜材料性质及膜孔结构有关，A 和 KD_S/δ 都与进水浓度和流速无关。传质系数 K 是与溶液的性质及流动状态相联系的特性参数。

8.1.4 反渗透膜的制备

1. 膜材料

如前所述，理想的分离膜必须从分离性、透过性、物理性能、化学稳定性及经济性来综合考虑，具体要求如下。

(1) 单位面积水通量高，截留率高；

(2) 化学稳定性好，耐氯和其他氧化物氧化，耐高温，耐酸碱；

(3) 抗生物、悬浮物与胶体的污染；

(4) 机械强度高，多孔支撑层的压实作用小；

(5) 原料充足，制造容易，价格便宜。

反渗透的膜材料品种很多，包括各种有机高分子材料和无机材料。在不断发展的膜分离技术中，膜材料的研究是一个重要的课题。目前在工业中应用的膜，主要是醋酸纤维素膜和芳香聚酰胺膜以及复合膜。

研究开发膜材料是用各种有机高分子材料制成膜再进行性能试验，测定其含水率、水的扩散系数、食盐的分配系数和食盐的扩散系数等，同时要看它的物理性能、化学稳定性。选择良好的膜材料、溶剂和添加剂，制成结构和机械强度都符合要求的反渗透膜。目前又在研制仿生膜，是仿制生物体中蛋白质的水通道制成的膜，其工作压力降低，在脱盐率相似时，水通量可以提高一个数量级。常用的反渗透膜品种和性能见表 8-3。

表 8-3 各种反渗透膜的透水和除盐性能

品　种	透水速度/(m^3/(m^2·d))	除盐率/%
$CA_{2.5}$ 膜	0.8	>90
CA_3 复合膜	1.0	98
CA 二、三醋酸混合膜	0.44	>92
芳香聚酰胺膜	0.8	>90
聚酰胺、亚胺、呋喃等复合膜	0.5	99
ZrO_2-PAA 动力膜	6.2	80～90
聚苯并咪唑膜	0.65	>90
多孔玻璃膜	1.0	88
磺化聚苯醚膜	1.15	>90

2. 醋酸纤维素膜(cellulose acetate 膜,CA 膜)

世界上第一张透水量大和除盐率高的非对称结构醋酸纤维素平板膜是在 1960 年由美国加利福尼亚大学洛杉矶分校(UCLA)的洛布和索里拉金用浸沉凝胶相转化法(L-S 法)制成。在此之前所制成的膜是均质的,而 L-S 法制成的膜是非对称的,在相同的高脱盐率(99%)的前提下,后者的透量比前者增加近一个数量级。因此,该制造方法的发明对于膜分离技术的应用具有划时代的意义。制膜工艺见图 8-7。

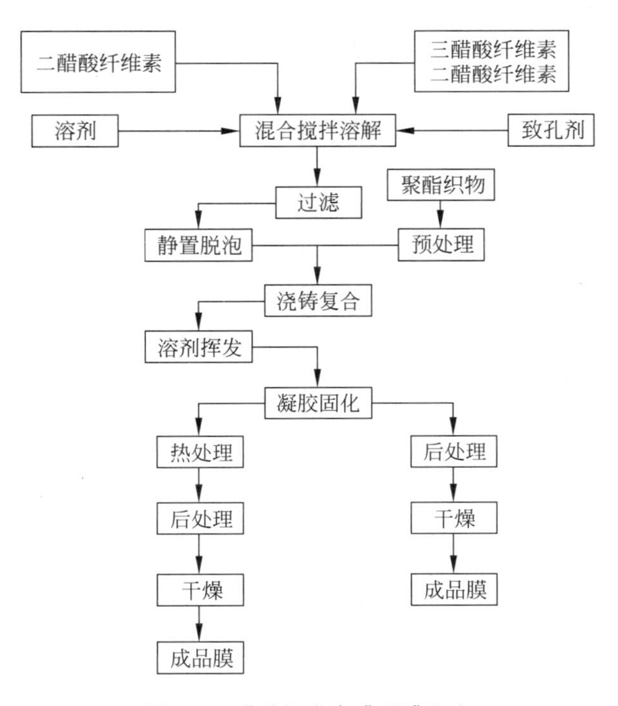

图 8-7 醋酸纤维素膜制膜程序

将纤维素(如棉花)与醋酸进行酯化反应,引入乙酰基之后即成为醋酸纤维素,醋酸纤维素的化学结构如下：

醋酸纤维素每个结构单元在酯化反应中最多可引入3个乙酰基(CH_3CO)，引入乙酰基的数量称为取代度(酯化度)，取代度为2的醋酸纤维素称为二醋酸纤维素(CA_2 或 CA)，取代度为3的醋酸纤维素称为三醋酸纤维素(CA_3 或 CTA)，除CA外，三醋酸纤维素、醋酸丙酸纤维素(CAP)、醋酸丁酸纤维素(CAB)等都可做成纤维素类膜。

醋酸纤维素中乙酰含量与膜的透水性和除盐率有密切关系，图8-8表示乙酰含量对CA膜透过性能的影响，乙酰含量越高，则膜的透水量和溶质透过量就越小，一般乙酰含量在37.5%～40%为宜，最佳取值为39.8%左右(取代度为2的CA乙酰含量为35%，取代度为3的CTA乙酰含量为44.8%，所以最佳值39.8%相当于取代度约为2.5的醋酸纤维素)。将该醋酸纤维素溶解在丙酮中，二者比率为1∶3构成铸膜液。

醋酸纤维素原料便宜，透水量大，除盐率高，耐氧化性药物(如氯)性能好；但抗压密性能差，不耐高温和细菌的侵蚀。醋酸纤维素主要用于制成平板膜、管式膜和螺旋卷式膜。用醋酸纤维素也可以制成中空纤维膜，但因膜强度较差，工业上应用较少。

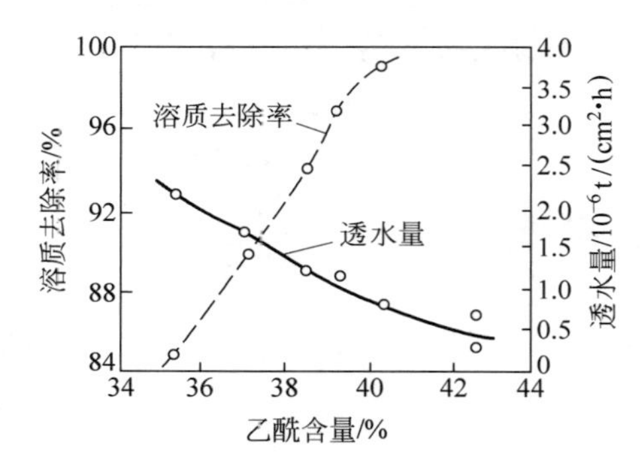

图8-8 乙酰含量对醋酸纤维素膜的透过性能影响

通常CA膜的厚度为100～200μm，制膜时与空气相接触的丙酮蒸发面在外观上有光泽，并具有非常致密的构造，其厚度在0.25～1μm。这一层称为脱盐层或表面致密层，它与除盐作用有关。在它的下面紧接着有一较厚的多孔海绵层，支撑着表面层，称为支撑层。表面层含水率为12%，支撑层的含水率为60%。表面层的细孔孔径在10nm以下，而支撑层的细孔孔径多数在100nm以上，支撑层与除盐作用无关，图8-9是CA膜的纵断面模型。

一般的膜都具有两层构造，有明显的方向性和非对称性构造。也就是说，如果将表面层置于高压盐水中进行除盐时，则可发现随着压力的上升，膜的透水量、除盐率也在增高，但如果将膜内层(即支撑层)置于高压盐水中进行除盐时，则除盐率基本上等于零，而透水量却剧增。

3. 聚酰胺膜

目前使用的是芳香聚酰胺(aromatic-polyamide)膜，成膜材料为芳香聚酰胺、芳香聚酰

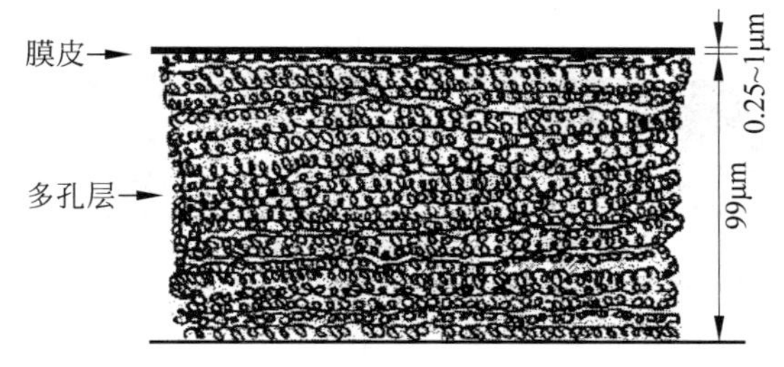

图 8-9 CA 膜的纵断面模型

胺-酰肼以及一些含氮芳香聚合物，化学结构式如下：

$$\left[NH-C_6H_4-\overset{O}{\overset{\|}{C}}-NH-C_6H_4-NH-\overset{O}{\overset{\|}{C}}-C_6H_4-NH-\overset{O}{\overset{\|}{C}}-C_6H_4-\overset{O}{\overset{\|}{C}} \right]_n$$

芳香聚酰胺

$$\left[NH-C_6H_4-\overset{O}{\overset{\|}{C}}-NH-NH-\overset{O}{\overset{\|}{C}}-C_6H_4-\overset{O}{\overset{\|}{C}} \right]_n$$

芳香聚酰胺-酰肼

芳香聚酰胺膜的铸膜液一般是由芳香聚酰胺、溶剂(如 *N*,*N*-二甲基乙酰胺和二甲基亚砜等)和盐类添加剂 (如 $LiNO_3$ 和 LiCl 等)三组分组成。

以芳香聚酰胺为材料的中空纤维是美国杜邦公司 1971 年发明的，它为海水淡化和纯水制备提供了良好的水处理用膜，其适用 pH 值范围为 4～11。

芳香聚酰胺多制成中空纤维膜，纤维外径为 30～150μm，壁厚为 7～42μm，呈厚壁的中空圆柱体。中空纤维膜具有较高的透水量和脱盐率，透水和脱盐性能较好，机械强度高，但原料价格较贵。由于制成中空纤维膜，在相同膜面积时它的体积最小，因此在实用中可大大减少设备体积和占地面积。

4. 复合膜

复合膜(composite membrane)是近年来广泛应用的一种新型反渗透膜，复合膜是针对非对称反渗透膜使用过程中，存在明显压密现象及难以平衡的透水量与脱盐率之间的矛盾而发展起来的。具体来说，非对称反渗透膜(如 CA 膜和聚酰胺膜)的脱盐层和支撑层由同一种材料制成，要想提高透水率，必须减少脱盐层的厚度或扩大孔径，但这又改变脱盐层使脱盐率下降，透水率和脱盐率相互矛盾。为解决这一问题，将脱盐层和支撑层采用两种不同材料制成后再复合起来，让各自的性能达到最优化，即为复合膜。复合膜通常是先制造多孔支撑膜，然后再设法在其表面形成一层非常薄的致密皮层，这两层由不同材料制成。脱盐层可选用适当的材质以有效地提高膜的分离率和抗污染性；支撑层和过渡层可以做到孔隙率高，结构可随意调节，因而可以有效地提高膜的水通量以及机械性能、稳定性等。在相同条件下，复合膜水通量(透水率)一般比非对称膜高 50%～100%。复合膜的结构与非对称膜的结构比较如图 8-10 所示。

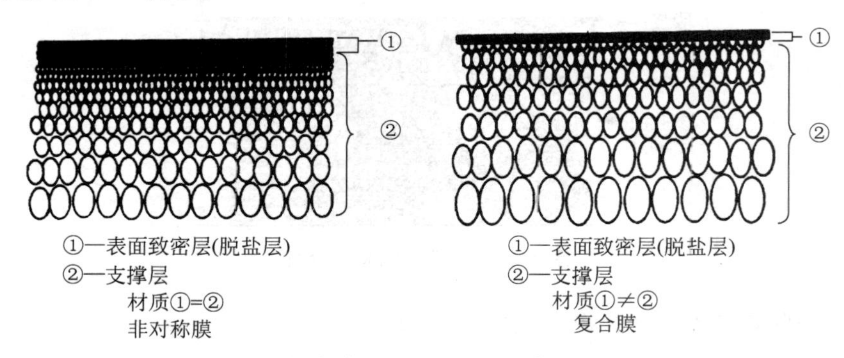

图 8-10　复合膜的结构与非对称膜的结构比较

复合膜是第三代分离膜,按照制膜方法不同分为 3 种类型:Ⅰ型是在聚砜支撑层涂上或压上超薄膜,这种超薄膜一般是线状重合体;Ⅱ型是由厚度为 10～30nm 的超薄层和凝胶层组成的,UOP 公司生产的 PA-300 是代表性产品;Ⅲ型是由用交联重合体生产的超薄膜层和渗入超薄膜材的支撑层组成的,日本东丽公司的 PEC-1000 是代表性产品。超薄层复合膜的制备方法归纳为浸涂法(coating)、原位催化聚合法(in situ polymerization)、动力形成膜法(dynamically formed membrane)等。

复合膜的优点如下。

(1) 超薄层可以做得极薄(10～100nm)又很致密,从而具有高透水率和高脱盐率;

(2) 可分别根据需要选择不同的超薄脱盐层和微孔支撑层膜材料;

(3) 可分别对超薄脱盐层和微孔支撑膜的膜液组成及制膜条件进行最优化选择;

(4) 根据不同的应用,可制备出能重复的、不同厚度与性能的超薄脱盐层;

(5) 不能通过溶解制取非对称膜的高分子材料也可以形成超薄脱盐层;

(6) 可以合成具有交联度和带离子基团的超薄脱盐层,大大改善其耐溶剂性、对有机物脱除性能及耐压实性;

(7) 制备超薄脱盐层的方法较多,选择自由度较大;

(8) 复合膜大都是干膜,经多次干湿循环后,膜性能变化很小,对组件设备的贮存和运输极为有利。

目前各国复合膜的制备技术还处于保密阶段,根据已有的报道,复合膜脱盐层材料有醋酸(硝酸)纤维素、芳香聚酰胺交联产物、聚哌嗪间苯酰胺,聚乙二醇与糠醇反应生成的聚呋喃、间苯二酰氯与聚酰胺的界面反应产物等。复合膜中支撑体中用得最多的是聚砜。聚砜因为具有良好的耐热、耐氧化、耐酸碱和耐有机溶剂性能,是最早选用的支撑材料,但是它也有其局限性。因此,选择优良支撑材料也是研究的重点。

下面介绍几种复合膜。

1) 交联芳香族聚酰胺复合膜

美国 DOW(Film Tec)公司生产的 TW、BW、SW、HR-30 和 DDS 公司生产的膜都是Ⅰ型复合膜,是由超薄层和支撑层组成的。日本东丽公司生产的 SU 系列及 UTC-70 膜虽然也属于具有砜酸基的交联芳香族聚酰胺膜,但其内容完全不同。交联芳香族聚酰胺复合膜的超薄层的化学结构如下:

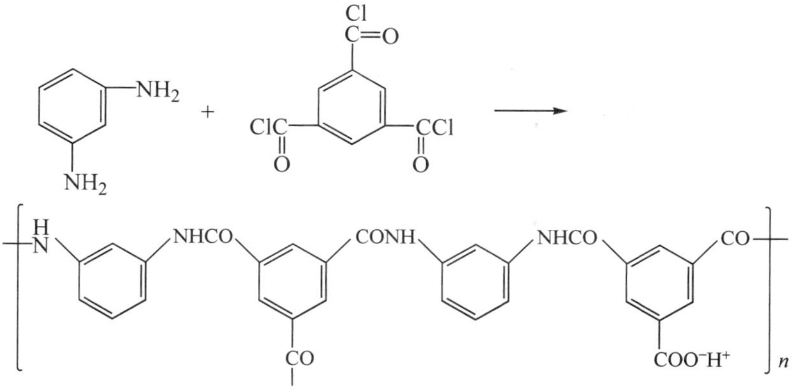

交联芳香族聚酰胺复合膜具有高交联度和高产水性特点，主要表现为高脱盐率、高产水量、高 TOC 去除率、高 SiO_2 去除率等。

2）丙烯-烷基聚酰胺和缩合尿素复合膜

它们属于Ⅱ型复合膜，例如 RC-100（UOP 公司），与交联芳香族聚酰胺复合膜相比，膜性能相似，但其耐氧化性能较差，化学结构式如下：

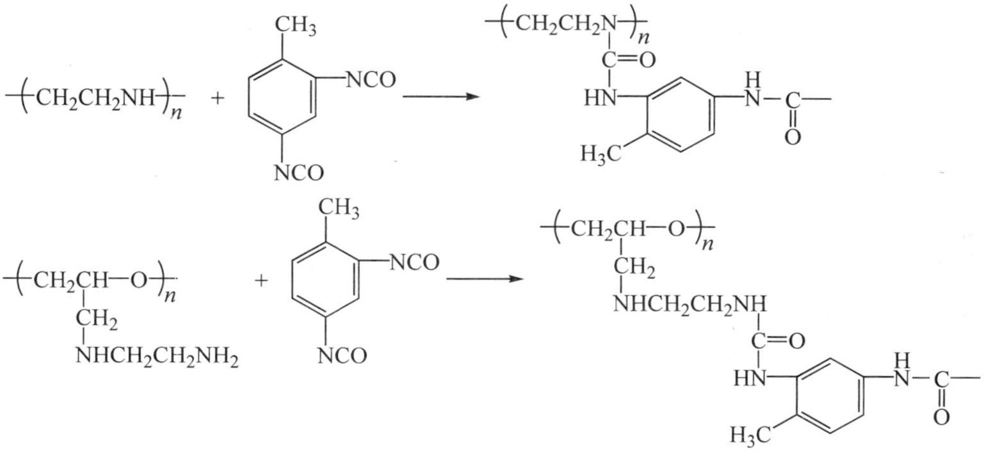

3）聚哌嗪酰胺复合膜

聚哌嗪酰胺复合膜属Ⅲ型复合膜，例如 NF-40、NF-40HF（Film Tec 公司）。这类膜属于“疏松的 RO 膜”（loose RO），其特点是产水量高，耐氧化性能好（可以耐 H_2O_2）。典型的聚哌嗪酰胺的化学结构式如下：

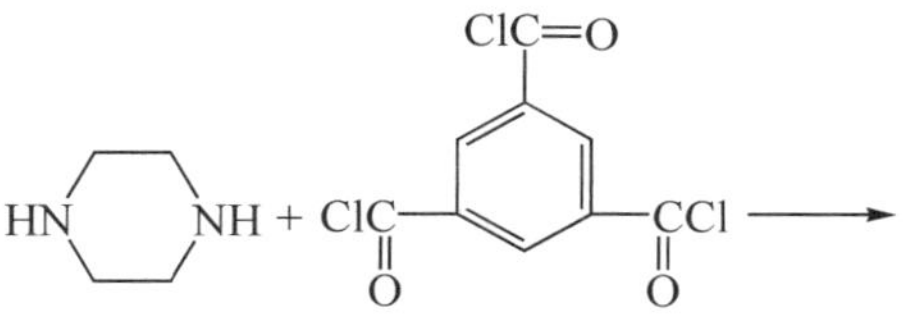

哌嗪　　苯均三酰氯

这类膜的性能很好，有的还带有电荷。如 SU-210 带有正电荷，为阳离子型；SU-600 带负电荷，为阴离子型。由于带有电荷，具有特殊的分离性能，在某些场合有很大用处。

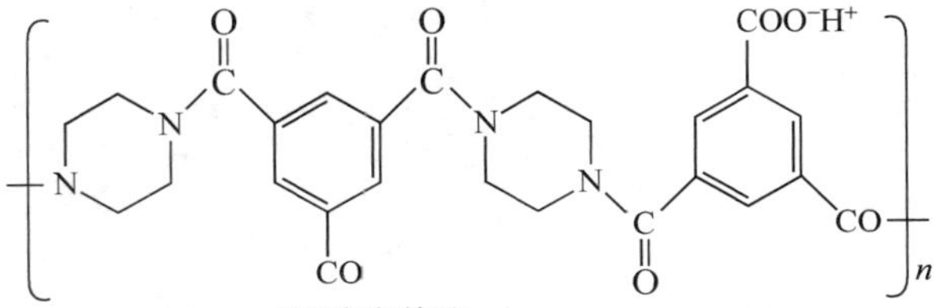

聚哌嗪酰胺

复合膜是目前水处理反渗透中用得最多的膜,复合膜的生产商主要有美国陶氏化学公司(DOW,1985年兼并美国Film Tec公司,目前属于杜邦公司)、日东电工集团(1987年兼并美国Hydranautics公司)、日本东丽公司(TORAY)、美国科氏公司(KOCH,曾兼并美国Fluid SystemS公司)、美国Osmonics公司(曾兼并美国Desal公司)、美国Tresap公司(曾收购美国Dupont公司的膜生产线)。中国的生产商主要有汇通、源泉、北斗星、北方、海洋等公司。当前工业水处理中常用的反渗透复合膜品种见表8-4。

表8-4 当前工业水处理中常用的8in卷式反渗透复合膜品种型号举例

类别	型号系列	产品举例及说明	生产商
低压反渗透复合膜	BW-30(交联全芳香族聚酰胺)	BW-30-365(后面的数字365表示单个膜元件所具有的膜面积,单位为ft^2,下同)	DOW(杜邦)
	CPA	CPA2、CPA3、CPA3-LD等(LD代表抗污染)	日东电工-海德能
	TFC® 8822(交联全芳香族聚酰胺)	TFC® 8822-HR400、TFC® 8822-XR365(HR代表高除盐率,XR代表对硅及有机物高脱除率)	KOCH-Fluid
	TM720(交联全芳香族聚酰胺)	TM720-370、TM720-400	TORAY
抗污染反渗透复合膜	BW30-×××FR	BW30-365FR、BW30-400/34i- FR(34表示进水通道宽度,mil(1mil=0.001in);i代表端面自锁元件)	DOW(杜邦)
	LFC、PROC	LFC-1、LFC3-LD、PROC10(LD代表抗污染)	日东电工-海德能
	TFC® 8822-FR(交联全芳香族聚酰胺)	TFC® 8822-FR-400	KOCH-Fluid
	TML20	TML20-400	TORAY
超低压反渗透复合膜	LE、XLE	LE-400、XLE-440i(LE表示低阻力)	DOW(杜邦)
	ESPA	ESPA1、ESPA2	日东电工-海德能
	TFC® 8823、TFC® 8833(交联全芳香族聚酰胺)	TFC® 8823ULP-400(ULP代表超低压)	KOCH-Fluid
	TMG-20	TMG20-400	TORAY
海水用反渗透复合膜	SW30HR(交联全芳香族聚酰胺)	SW30HR-380、SW30HRLE-400(HR代表高脱盐率,LE表示低阻力)	DOW(杜邦)
	SWC	SWC3+、SWC4+、SWC5	日东电工-海德能
	TFC® 2822SS、TFC® 2820SS(交联全芳香族聚酰胺)	TFC® 2822SS-300、TFC® 2820SS-360	KOCH-Fluid
	TW820、TW820L、TW820H、TW820E	TW820-370、TW820H-400	TORAY

5. 无机膜

无机膜的应用是当前膜技术领域的一个研究开发热点。无机膜是指以金属、金属氧化物、陶瓷、碳、多孔玻璃等无机材料制成的膜。无机膜相对有机膜具有如下优点。

(1) 高温下热稳定性好,适用于高温、高压体系,使用温度一般可达400℃,有时甚至达800℃;

(2) 化学稳定性好,能耐酸和弱碱;

(3) 抗微生物能力强,与一般的微生物不发生生化及化学反应;

(4) 无机膜组件机械强度大;

(5) 清洁状态好,本身无毒,不会使被分离体系受污染,易再生和清洗;

(6) 无机膜的孔分布窄,分离性能好。

但无机膜的重大缺点是:性脆,不易加工成型,需特殊构型和组装体系,不易密封,目前造价较高。目前的无机膜多为有孔膜,孔径在0.004~0.001μm,主要为微滤、超滤和纳滤,已在乳品工业、酿酒业、果蔬加工、发酵液分离纯化及低浊度饮用水的生产中得到应用。目前部分已商品化的无机膜见表8-5。

表8-5 目前部分已商品化的无机膜

材料	厂商	膜性能			最高使用温度/℃
		孔径/μm	孔隙率/%	纯水透过速率/(m^3/(m^2·h·atm))	
Al_2O_3	Cerver(法国)	0.004~15	33~37	0.81~6.90	1300
	Tok(日本)	0.05		0.12	
	Norton(美国)	0.2~1.0			145~750
	Mitsui(日本)	1~80	47	4.60~7.40	
	Nipongaishi(日本)	0.2~5	36	1.5~20	1300
	Kubodateko(日本)	0.05~10	40	2~22	
	Totokiki(日本)	0.2~8	38~44	0.05~7.90	1100
SiO_2-Al_2O_3	Nipongenaha(日本)	0.8~140	40~53		300
ZrO_2	Sfec(法国)			0.15~0.40	1200
SiC	Nipongaishi(日本)	62	32		1600
	Totokiki(日本)	0.04	32		1600
SiO_2	Corning(美国)	0.004	25	6.5×(10~6)	
	Akakawakoshitsu Carasu(日本)	0.004~1.0	25~64	1.5×(10~2)	800
	Asahigarsu(日本)	0.004~3.0			

我国南京工业大学在陶瓷微滤膜的研究和开发应用上取得很大成功。

无机膜用作反渗透膜正在发展中,氧化石墨(GO)膜是一种含碳六边形堆砌体的不完全混合物,碳堆砌体是由氧及氢氧基团等包围大量碳原子所构成。GO膜显示了内部结晶体的可膨胀性。因质地密实,此材料对气体(如NO_2、O_2等)无渗透性,而对于可能渗入晶体间的所有物质(如水)具有渗透性。

8.1.5 反渗透膜的基本性能

1. 透水率(或水通量,flux flow)

透水率是指在一定压力下,单位时间、单位膜面积上纯水的透过量,表示反渗透膜的透量大小,用 J_W 表示,单位是 $cm^3/(cm^2 \cdot h)$ 或 $L/(m^2 \cdot d)$。

影响透水率的因素首先是膜本身的性质,膜本身透水性质用透水率 J_W 表示,也可以用膜的水渗透系数 A 来表示,A 表示单位压差下单位膜面积在单位时间内的纯水透过量,它们都是比较不同膜的透水性能的指标。其值可通过试验测得,试验装置见图8-11。测试时首先将膜放在测试池中,用一定温度的恒温纯水充满系统,施加一定压力后测量一定时间内透过的水量。之所以要恒温,是因为不仅对CA、PA膜,复合膜也一样,水温每上升1℃,透水率上升2%~3%,所以透水率通常要注明温度,但一般常用25℃作为标准。采用纯水进行试验,是为了采用相同的比较基准,当然也可以采用含有某种物质的溶液,但要在结果中注明。

$$J_W = A(\Delta P - \Delta\pi) = V/(St) \tag{8-10}$$

式中,A——膜的水渗透系数,$cm^3/(cm^2 \cdot h \cdot MPa)$;

ΔP——膜两侧压力差,MPa;

$\Delta\pi$——膜两侧液体渗透压差,MPa,当用纯水进行试验时,$\Delta\pi=0$;

V——试验装置透过液体积,cm^3;

S——膜面积,cm^2;

t——试验所用时间,h或其他。

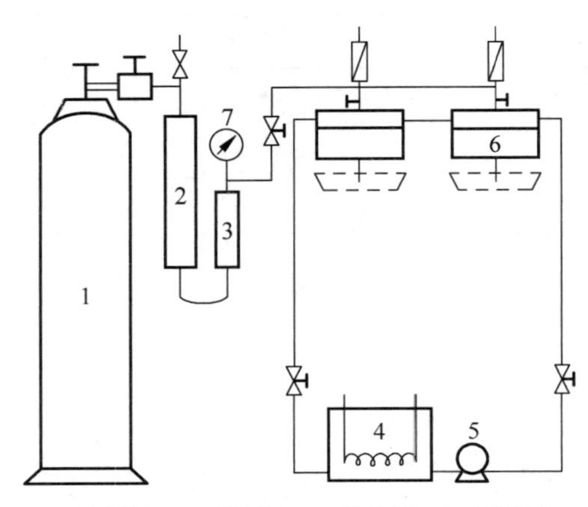

1—氮气瓶;2—缓冲瓶;3—过滤瓶;4—恒温槽;5—泵;6—测试池;7—压力表。

图8-11 膜参数测试仪示意图

2. 透盐率(或盐通量,salt passage)和脱盐率(salt rejection ratio)

反渗透膜主要用于水脱盐,透盐率指盐通过反渗透膜的速度 J_S,J_S 值越小,说明膜的脱盐率越高。

$$J_S = B(C_1 - C_2) \tag{8-11}$$

脱盐率为

$$R = (1 - C_2/C_1) \times 100\%$$

式中，B——膜的盐透过系数；

C_1——膜高压侧膜面处水中盐的浓度，由于测试困难，一般都以高压侧水中平均盐浓度来代替，g/L；

C_2——透过膜低压侧产水中盐的浓度，g/L。

它同样可用图 8-11 所示装置进行测定，测试时也要在 25℃下进行，但进水为一定浓度的盐溶液，浓度值要在测试结果中注明。

式中盐浓度可用电导率或溶解固体（TDS）代替，目前工业上所用反渗透膜的脱盐率均在 98%～99%。

3. 膜压密系数

反渗透膜长期在高压下工作，由于压力和温度作用，膜会被压缩，还会发生高分子链错位，引发不可逆变形，导致水通量下降。曾观察 CA 膜的微观结构，发现膜压密主要发生在脱盐层和支撑层之间的过渡区域内，描述膜压密性能的指标膜压密系数 m 可以通过试验求得，它的定义为

$$J_{W1} = J_{Wt} t^m \tag{8-12}$$

式中，J_{W1}——运行 1h 膜的透水量；

J_{Wt}——运行 t(h)时间膜的透水量，对新膜来讲，t 通常取 24h；

m——膜压密系数，$m < 0.03$。

膜压密系数大，使膜在运行使用中水通量下降快，影响使用效果。目前常用的超薄反渗透复合膜，膜压密系数都很小，抗压密性能强，CA 膜压密系数相对较大。影响膜压密效应的因素除膜本身性质（成分和结构）外，还有压力、水温以及进水水质。

4. 抗水解性

膜是高分子材料，它在温度和酸碱作用下，会发生水解，温度越高，水解越快，pH 超过某一范围内水解也会加快。水解使膜的结构发生破坏，使膜的透水率和脱盐率下降。CA 膜的水解与 pH 和温度的关系见图 8-12，从图上可看出，CA 膜应在 pH 4～6 情况下工作，水解少，使用寿命长（最佳值是 pH 4.8）。芳香聚酰胺膜和复合膜的抗水解性能比 CA 膜好，所以适应的 pH 范围广，一般芳香聚酰胺膜工作 pH 范围为 3～11，复合膜工作 pH 范围可达 2～12。温度升高，水解速度也加快，所以使用中要严格限制进水温度。

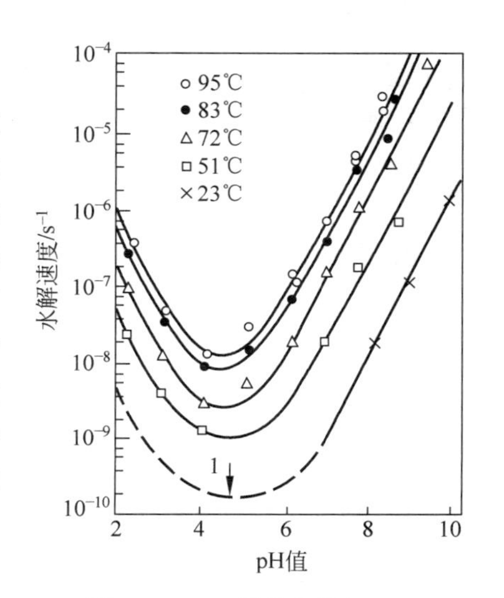

图 8-12 CA 膜的水解与 pH 和温度的关系

5. 抗氧化性

水中常见氧化剂有溶解氧及游离氯（杀菌用），它

会将高分子材料的膜氧化,氧化后膜的结构破坏,性能发生不可逆变化。一般来说,芳香聚酰胺膜和复合膜的抗氧化能力比CA膜差。CA膜要求进水中游离氯量小于0.3mg/L,而芳香聚酰胺膜和复合膜要求游离氯含量小于0.1mg/L,有时甚至要求为零,需向水中添加还原剂,控制水的氧化还原电位。

6. 耐温性

耐温性有两重意义:一方面是某些特殊用途的膜,要在高温下消毒杀菌,耐温性决定它的加热温度与时间;另一方面是运行中提高水温的可能性,因为水温提高,水黏度下降,可提高透水率,但水温高,又加速膜的性能变化(主要指水解和结构破坏),影响膜使用寿命。水温提高,透盐率也会略有变化。一般水处理中使用的复合膜最高使用温度为40～45℃,CA膜和芳香聚酰胺膜为35℃,特殊的膜最高可达90℃。

7. 机械强度

膜机械强度包括膜的爆破强度和抗拉强度。爆破强度是指膜面所能承受的垂直方向的压力(MPa),抗拉强度是指膜面所能承受的平行方向的拉力(MPa)。

实际使用中工作压力往往比爆破强度小得多,这是因为爆破强度是破坏性指标,工作中除要求膜不破坏外,还要求它在工作压力下的变形处于弹性变形范围,即压力消失后膜又能恢复原状。对非海水脱盐用卷式膜元件,最高使用压力为4.2MPa。

8. 抗微生物污染能力

膜是有机材质,会有细菌在膜面滋生和繁殖,其结果是破坏膜的脱盐层,使膜脱盐能力下降。滋生的细菌又使膜面受到污染,细菌及生物黏液会使膜孔堵塞,使水通量下降。

芳香聚酰胺膜和复合膜的抗微生物污染能力比CA膜强。

9. 选择透过性

严格地讲,反渗透膜的脱盐率对水中不同盐是不同的,对水中不同物质有不同的脱除规律,该规律称为反渗透膜的选择透过性(selective permeability)。

膜对水中溶解物质的脱除主要有如下规律。

(1) 孔径小的膜对离子脱除率高。

(2) 降低膜的介电常数或增加溶液的介电常数可提高脱除率。

(3) 水合半径大的离子脱除率高。例如醋酸纤维素反渗透膜对离子分离度由高到低的顺序是

$$Li^{+} > Na^{+} > K^{+}, \quad Cl^{-} > Br^{-} > I^{-}$$

(4) 电荷高的离子脱除率高。例如某些离子的脱除率由高到低的顺序是

$$PO_4^{3-} > SO_4^{2-} > Cl^{-}, \quad Fe^{3+} > Ca^{2+} > Na^{+}$$

(5) 膜对水中有机物的脱除规律:相对分子质量越大,去除效果越好,相对分子质量越小,去除效果越差;解离的比不解离的去除效果好。

(6) 膜对水中溶解气体的脱除规律:对氨、氯、二氧化碳和硫化氢等气体,去除效果较差,它们基本上能100%透过膜。

(7) 离子浓度越高脱除率越低。要尽量避免浓差极化导致膜表面浓度增加的现象发生。

(8) 温度升高,盐透过率提高,因为温度高,离子进入膜孔的量增加,透过膜的速度增加。但是有时也会因溶剂透过的速度更快,使透过液中离子浓度略有下降。所以温度升高,脱盐率可能上升,但也有可能下降。

8.1.6 膜元件和膜组件

当膜分离技术进入工业应用时,首先要解决的一个问题就是:用什么方式使单位体积内装下最大的膜面积。装得越多,处理的水量就越多。

反渗透装置(reaverse osmosis equipment)由反渗透本体、泵、保安过滤器(cartridge fiter)、清洗设备及相关的阀、仪表及管路等组成。将膜和支撑材料以某种形式组装成的一个基本单元设备称为膜元件(membrane element),一个或数个膜元件按一定的技术要求连接,装在单只承压膜壳(如压力容器,pressure vessel)内,可以在外界压力下实现对水中各组分分离的器件称为膜组件(membrane module)或称反渗透器。在膜分离的工业应用装置中,一般根据处理水量,可由一个至数百个膜组件组成反渗透装置本体(reaverse osmosis unit)。

工业上常用的膜组件型式主要有板框式、管式、螺旋卷式、中空纤维式 4 种类型。

实践证明,性能良好的膜组件应具备的条件如下。

(1) 能对膜提供足够的机械支撑,可使高压进水和低压产水分开;

(2) 具有高的装填密度,易于安装和更换;

(3) 在最小能耗的条件下,有良好的流动状态以减少浓差极化;

(4) 装置安全可靠,价格低,易维护。

下面分别介绍这 4 种常用的膜组件。

1. 板框式反渗透器

板框式反渗透器是通用公司艾劳杰(Aerojet)最初设计的一种简单的压力过滤容器。这种装置由几十块承压板组成,外观很像普通的板框式压滤机。承压板两侧覆盖微孔支撑板和反渗透膜。将这些贴有膜的板和压板层层间隔,用长螺栓固定后,一起装在密封的耐压容器中构成板框式反渗透器。当一定压力的盐水通过反渗透膜表面时,产水从承压的多孔板中流出,装置如图 8-13 所示。

承压板一般由耐压、耐腐蚀材料制成。膜的支撑材料可用各种工程塑料、金属烧结板,也可用带有沟槽的模压酚醛板等多孔材料,主要作用是支撑膜和为淡水提供通道。这种板框式反渗透器的体积较大且笨重。近年来出现了一种体积紧凑的新式板框式反渗透器。图 8-14 所示为德国罗彻姆(Rochem)公司制造的新式板框式反渗透器。

板框式反渗透器具有下列缺点。

(1) 安装和维护费用高;

(2) 单位体积中膜的比表面积小,因此产水量小;

(3) 多级膜装卸复杂;

(4) 进料分布不均匀;

(5) 流槽窄。

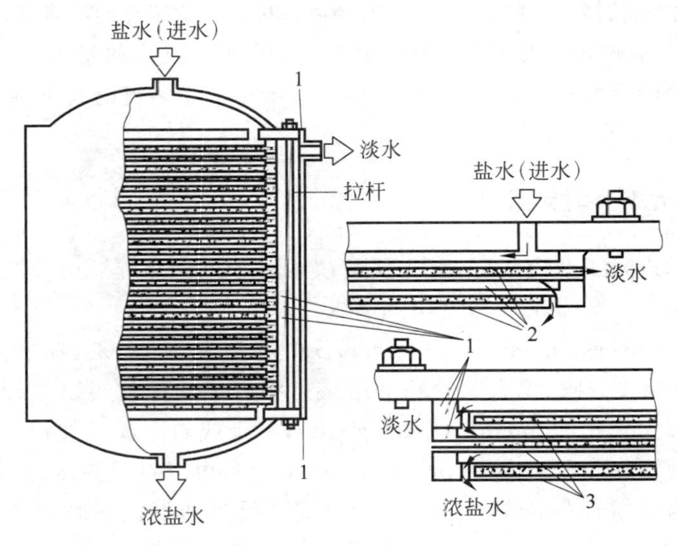

1—O形密封环；2—膜；3—多孔板。

图 8-13 板框式反渗透器

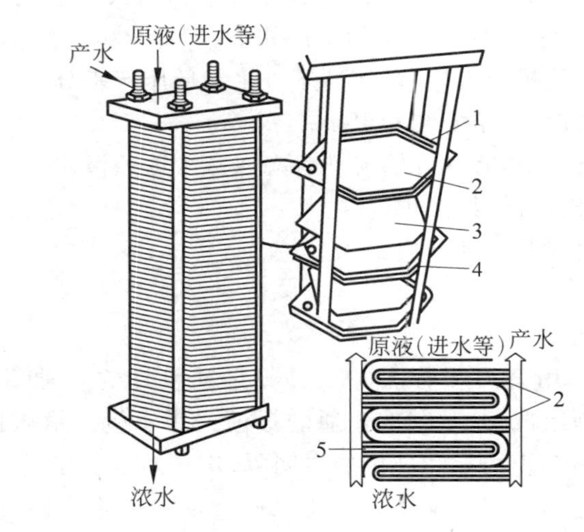

1—板框；2—反渗透膜；3—导水分隔板；4—O形圈；5—导水支撑板。

图 8-14 新式板框式反渗透器

尽管有上述缺点,但由于其特点是构造简单且可以单独更换膜片,故可作为试验机使用,在小规模的生产场所和研究中还具有一定的优越性,在废水处理中也有应用。

2. 管式反渗透器

管式反渗透器最早应用于1961年。由洛布-索里拉金提出了管式醋酸纤维素膜的浇铸技术。其结构主要是把膜和支撑体均制成管状,使两者重合在一起,或者直接把膜刮在支撑管上。装置分内压式和外压式两种。将制膜液涂在耐压支撑管内,压力水从管内透过膜并由套管的微孔壁渗出管外的装置称为内压式。而将制膜液涂在耐压支撑管外,压力水从管外透过膜并由套管的微孔壁渗入管内的装置称为外压式。外压式因流动状态不好,单位体积的透水量小，需要耐高压外壳，故较少应用。

把许多单管膜元件以串联或并联方式连接，然后把管束放置在一个大的收集管内，组装成一个管束式反渗透膜组件。原水由进口端流入，经耐压管内壁的膜，于另一端流出，透过膜后淡水由收集管汇集。目前实际中多使用玻璃纤维管，这种管子本身就具有许多小孔，容易加工且成本低。管式膜可直接在玻璃纤维管上浇铸而不必垫层，这就便于成批生产。为了提高产水量，多做成管束式。一些管式反渗透器（膜组件）如图 8-15 和图 8-16 所示。

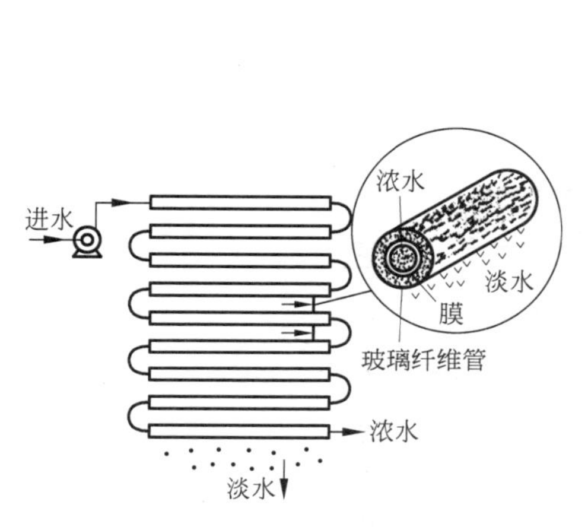

图 8-15 管式反渗透器（串联）

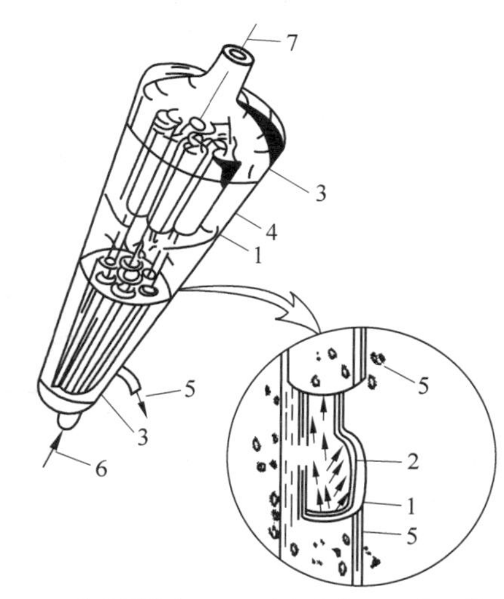

1—玻璃纤维管；2—反渗透膜；3—装配端；4—聚氯乙烯外管；5—产水；6—进水；7—浓水出口。

图 8-16 管式反渗透器（并联）

管式反渗透膜主要优点是进水的流动状态好，水流通畅，易清洗，对进水中悬浮固体的要求宽，操作容易。缺点是单位面积膜堆体积大，占地面积大，价格较高。

此外，用水力浇铸法可直接在已装置好的管式反渗透器上浇铸膜或更换膜。此法是采用直径为 2.5～3.2mm 小孔径的微孔承压管，使单位体积内的膜表面积增大，因此反渗透装置的体积可以大大缩小。

水力浇铸法是指把压缩空气通入含有黏性的醋酸纤维素铸膜液管的一端，迫使该铸膜液从管子另一端出来，一小部分铸膜液黏附在管子内表面，然后通入冰水使膜凝胶化，于是就形成了连续的醋酸纤维素管式膜，最后用热水进行热处理，制得非对称性的管式膜。图 8-17 所示为一种用水力浇铸法制造的管式膜反渗透器。

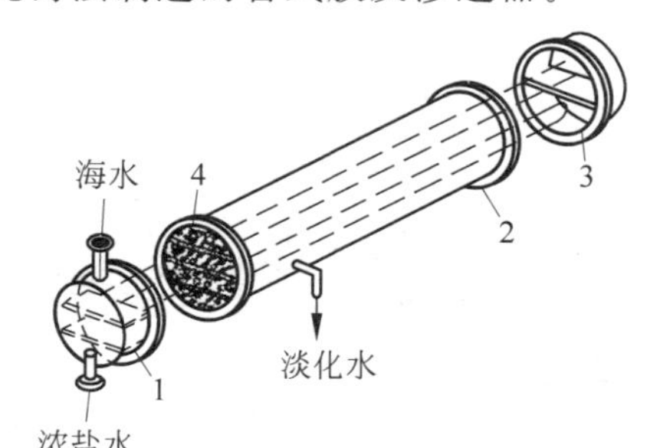

1、3—耐压端套；2—不受压集水管；4—醋酸纤维素管膜。

图 8-17 水力浇铸法管式膜反渗透器

3. 螺旋卷式反渗透膜元件和膜组件

螺旋卷式组件(spiral wound module)是美国通用原子公司开发的。在两层膜中间为多孔支撑材料组成的双层结构。双层膜的三个边边缘与多孔支撑材料密封形成一个膜袋(收集产水),两个膜袋之间再铺上一层隔网(盐水隔网),然后插入中间冲孔的塑料管(中心管),插入边缘处密封后沿中心管卷绕这种多层材料(膜+多孔支撑材料+膜+进水隔网),就形成一个螺旋卷式反渗透膜元件,如图8-18所示。

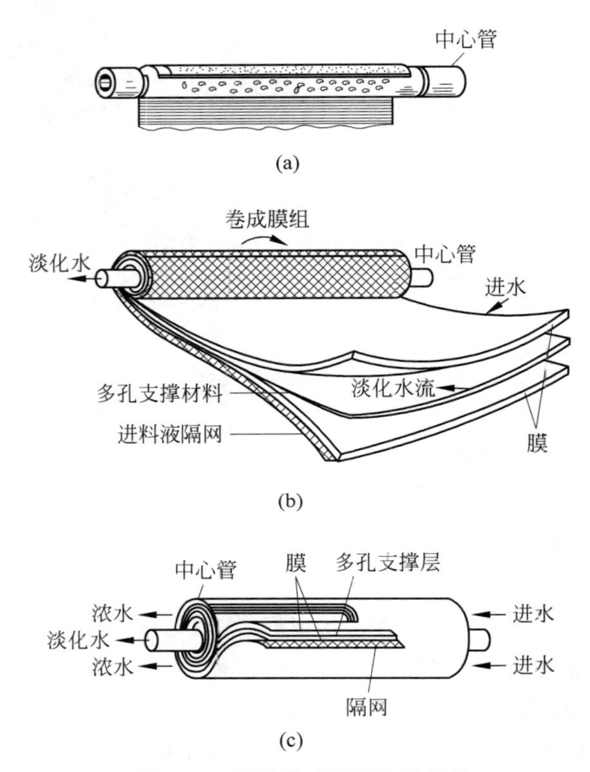

图8-18 螺旋卷式反渗透膜元件

(a) 多孔中心管;(b) 螺旋式卷绕;(c) 螺旋卷式膜元件

在使用中是将1~6个卷好的螺旋卷式膜元件串接起来,放入一个膜壳(压力容器)中,构成一个反渗透膜组件。其中进水与中心管平行流动,被浓缩后从另一端排出浓水(concentrate),而通过膜的淡水(fresh water,或产水 permeate)则由多孔支撑材料收集起来,由中心管排出,如图8-19所示。

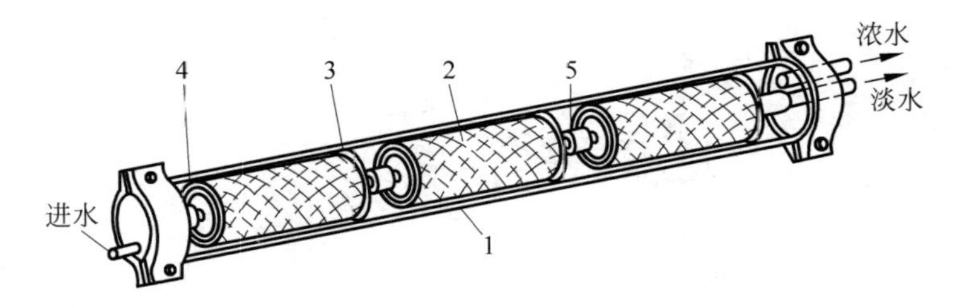

1—管式压力容器;2—螺旋卷式膜元件;3—密封圈;4—密封端帽;5—密封连接。

图8-19 螺旋卷式反渗透膜组件

图 8-19(续)

支撑材料的主要作用有两个：一是支撑膜；二是为产水提供多孔及较小压降的流通道路。这两个作用实际上是相互对立的，前者要求一个平滑的、连续的、坚固的基质；后者则要求一个粗糙的、不连续的、松散的基质。所以要寻求一种在高的运行压力下既能支撑膜又能为产水提供多孔流通道路的满意结构，要综合考虑这两种因素。

运行时高压操作会压实膜和它的多孔支撑材料，导致支撑材料变形，严重时会影响产水的流通。因此，必须确定一个压力上限，同时选择理想的多孔支撑材料。据介绍，用玻璃珠加强的涤纶织品组合的涤纶 601(Dacron 601)网是一种较好的支撑材料。

黏结密封是螺旋卷式组件成败的关键，用聚酰胺凝固的环氧树脂是有效的。黏结密封可能出现的问题有以下几点。

(1) 胶不充分，膜与支撑材料边缘必须有足够的胶渗入；

(2) 胶涂刷不完全；

(3) 胶线没有与膜连接牢固；

(4) 胶和膜之间发生有害反应。

目前工业制作螺旋卷式膜元件已实现机械化，采用一种 0.91m 滚压机，连续喷胶将膜与支撑材料黏结密封在一起，并滚卷成螺旋卷式膜元件，牢固后即可使用，这就避免了人工制造时的许多缺点，大大提高了卷筒的质量。

螺旋卷式膜元件是目前应用最广的一种膜元件，主要优点是单位体积内膜面积大，结构紧凑，占地面积小，易于大规模生产。缺点是当进水中有悬浮物时比较容易堵塞，此外产水侧的支撑材料要求高，不易密封。

螺旋卷式反渗透膜组件在使用中会由于膜元件破裂而发生泄漏，导致脱盐率下降，主要原因如下。

(1) 中心管主要折褶处易发生泄漏；

(2) 在黏结线上膜及支撑材料易发生皱纹；

(3) 胶线太厚可能会产生张力或压力的不均匀；

(4) 支撑材料的移动会使膜的支撑不合适，导致平衡线移动。

4. 中空纤维式反渗透器

制作中空纤维式反渗透膜是美国杜邦公司和陶氏化学公司提出的。中空纤维膜是极细的空心膜管(外径 50～200μm，内径 25～42μm)，其特点是高压下不易变形。这种装置类似于一端封死的热交换器，把大量的中空纤维管束，一端敞开，另一端用环氧树脂封死，放入一种圆筒形耐压容器中，或者如图 8-20 所示将中空纤维弯曲成 U 形装入耐压容器中，纤维的开口端用环氧树脂浇铸成管板，纤维束的中心部位安装一根进水分布管，使水流均匀。纤维束的外部用网布包裹以固定纤维束并促进进水的湍流状态。淡水透过纤维管壁后在纤维的中空内腔经管板流出,浓水则在容器的另一端排掉。

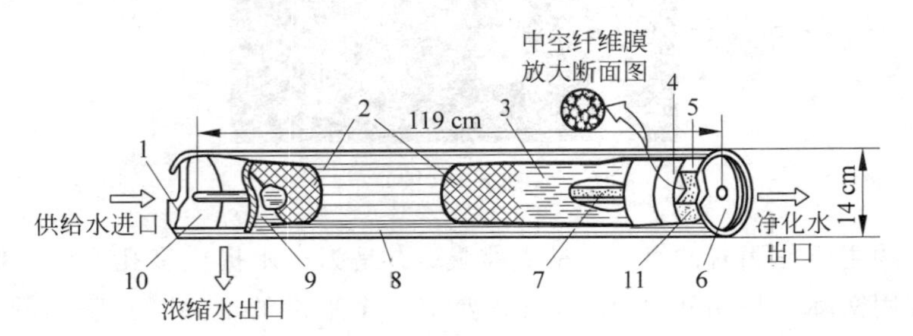

1、11—O型环密封;2—流动网格;3、9—中空纤维膜;4—环氧树脂管板;
5—支撑管;6、10—端板;7—供给水分布管;8—壳。

图 8-20 中空纤维式反渗透器结构

高压进水在纤维的外部流动的好处有:①纤维壁能承受的向内的压力要比向外抗张力大;②进水在纤维外部流动时,如果纤维的强度不够,只能被压瘪,以致中空内腔被堵死,但不会造成破裂,这样防止了产水被进水污染,反之,如果把进水引入如此细的纤维内腔,就很难避免这种由破裂造成的危害;③由于纤维内孔很小,如果进水在内孔流动,进水中微粒极易把内孔堵塞,一旦发生此种现象,清洗将会变得很困难,但随着膜质量的提高和某些分离过程的需要,有时也会采用进水走纤维内腔(即内压型)的方式。

中空纤维式反渗透器壳体现多采用不锈钢或缠绕玻璃纤维的环氧增强树脂。中空纤维式装置的主要优点是单位体积内有效膜堆表面积大,结构紧凑,是一种效率高、成本低、体积小、质量轻的膜分离装置;缺点是中空纤维膜的制作技术复杂,膜面去污困难,进水需经严格的处理。

5. 各种膜组件(反渗透器)比较

目前使用的这几种反渗透膜组件的优缺点及其特性比较见表 8-6。

表 8-6 反渗透装置的主要特性比较

种类	膜装填密度 /(m^2/m^3)	透水量 /($m^3/(m^2\cdot d)$)	单位体积产水量 /($m^3/(m^3\cdot d)$)
板框式	493	1.02	500
内压管式	330	1.02	336
外压管式	330	0.60	220
螺旋卷式	660	1.02	673
中空纤维式	9200	0.073	673

8.1.7 反渗透装置及其基本流程

1. 反渗透装置

如图 8-21 所示,反渗透水处理系统通常由给水前处理、反渗透装置本体及后处理三部

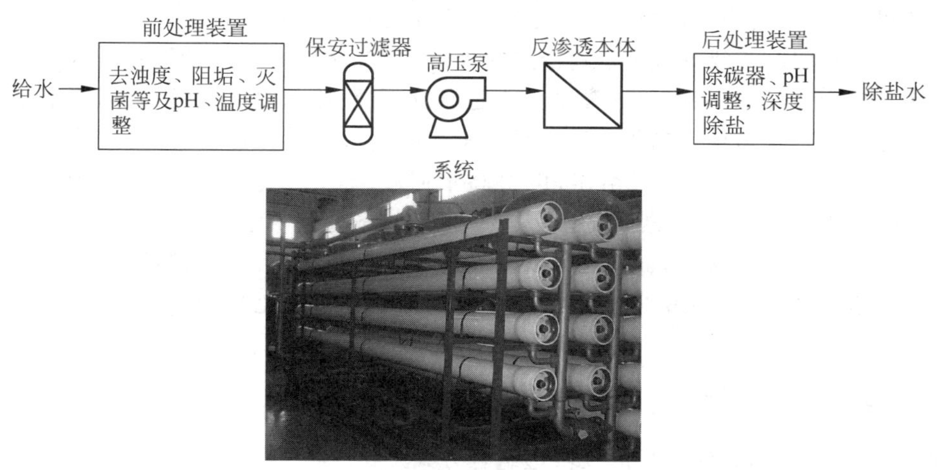

反渗透本体装置外形

图 8-21 反渗透水处理系统

分组成。反渗透装置本体部分包括能去除水中 5～20μm 微粒的保安过滤器、高压泵、反渗透本体、清洗装置和有关仪表控制设备，对水的脱盐率不低于 98%，水回收率不小于 75%。

2. 基本流程

实际使用的反渗透的流程有很多，具体形式要根据不同的进水水质和最终要求的出水水质以及水回收率而决定。反渗透流程的常见形式如图 8-22 所示。

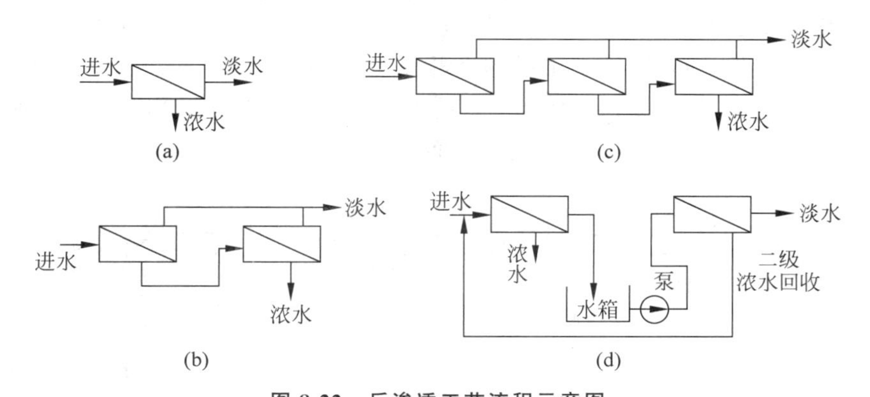

图 8-22 反渗透工艺流程示意图

(a) 一级；(b) 一级二段；(c) 一级三段；(d) 二级二段

(1) 一级流程。是指原水一次通过反渗透膜组件(器)便能达到要求(包括水量和水质两方面)的流程。此流程操作简单、耗能少。

(2) 一级多段流程。反渗透处理水时，如果一次处理水回收率(即产水水量)达不到要求，可将第一段浓水作为第二段给水，依次类推。由于有产水流出，第二段、第三段等各段给水量逐级递减，所以此流程中各段的有效膜截面积也逐段递减。

(3) 二级流程。当一级流程出水水质达不到要求时，可采用二级流程的方式。把一级流程得到的产水，作为二级的进水，进行再次淡化。

由此可见,反渗透中所谓级(pass)是指水通过反渗透膜处理的次数。当进水一次通过膜,就称为一级处理,一级处理出水再经过膜处理一次,就称为二级(即二级二段)处理。在工业用水处理中,很少有三级或三级以上的处理,在废水处理中,个别场合可以采用三级处理。一级处理的出水需用水箱收集后用泵升压才能进入二级反渗透,二级反渗透的浓水由于水质很好,可以回收进入一级给水,以提高水回收率,减少水的浪费。反渗透中的多段(stage)处理是提高水回收率的有效手段,第一段反渗透处理的浓水(排水)再经过一次反渗透,就是第二段反渗透处理,同理,也可以设置第三段反渗透,第三段进水是第二段的浓水,水中含盐量也很高,水的渗透压也高,反渗透所需的工作压力也高,有时需增设升压泵及必要的水软化装置(减少结垢)。

3. 膜组件的组合方式

现以卷式膜为例,介绍常见的反渗透组合方式。

卷式膜膜元件按直径有2in、4in、8in(1in=25.4mm)3种。工业上常用的是8in膜元件(直径203.2mm,长1016mm),在膜壳(压力容器)中可以装入多个膜元件组成一个膜组件,多个膜组件按级、段方式进行组合构成反渗透装置本体。

膜壳中装入的膜元件个数与所需的水回收率有关(表8-7)。

表8-7 水通过膜元件个数与其最大回收率关系

水通过的膜元件个数	1	2	4	6	8	12	18
最大水回收率/%	16	29	40	50	64	75(78.4)	87.5

大型反渗透水处理装置常在一个膜壳内装6个膜元件构成一个膜组件。当处理水量小时,可仅用一个膜组件(图8-23(a)),若处理水量大时,可用多个膜组件并联(图8-23(b)),此即一级一段反渗透装置,水回收率约为50%。所需的膜组件总数可用所需的产水水量除以每个膜组件在该进水水质下允许的透水量计算而得。

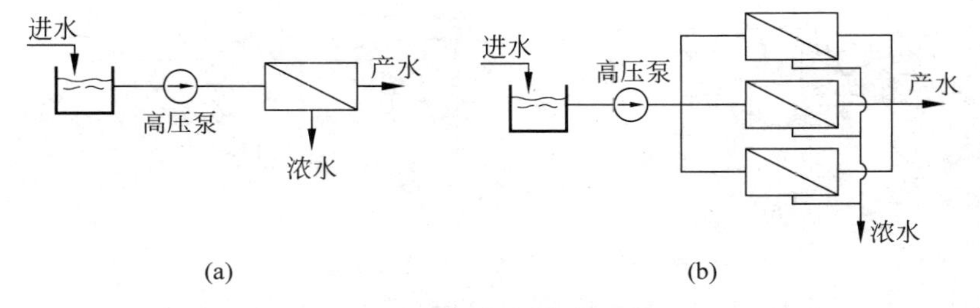

图8-23 一级一段反渗透装置

(a) 一个膜组件;(b) 多个膜组件并联

图8-23~图8-25中每个⧅代表一个膜组件,内装4个(图8-25)及6个(图8-23、图8-24)卷式膜元件。

若要提高水回收率,可以采用一级二段反渗透装置,见图8-24。每个膜壳内装6个膜元件,它的水回收率可达75%。要求第一段反渗透膜元件和第二段反渗透膜元件中的浓水流量相似且不低于规定值,以防止浓差极化。按此原则可以设计每一段中膜组件个数。简单的估算方法如下:若第一段反渗透进水流量为100%,第一段产水为50%,浓水为50%

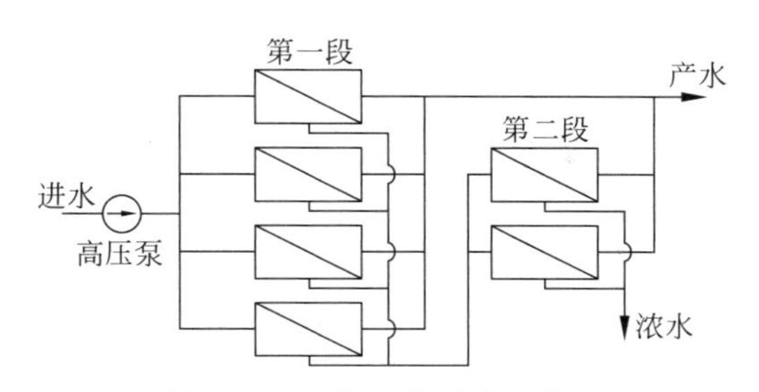

图 8-24 一级二段反渗透装置

(6 支膜水回收率为 50%)，第二段进水流量为 50%，浓水为 25%，要保证每个膜组件末端膜元件中浓水流量相似，则第一段与第二段膜组件个数比应为 50%∶25%=2∶1，也即将所有的膜组件 2/3 放在第一段，1/3 放在第二段。

同理，若每个膜壳(压力容器)中装 4 个膜元件，水回收率达到 75%时，必须设计为三段反渗透装置，每段中膜组件个数之比为 5.102∶3.061∶1.837(近似为 5∶3∶2)，见图 8-25。

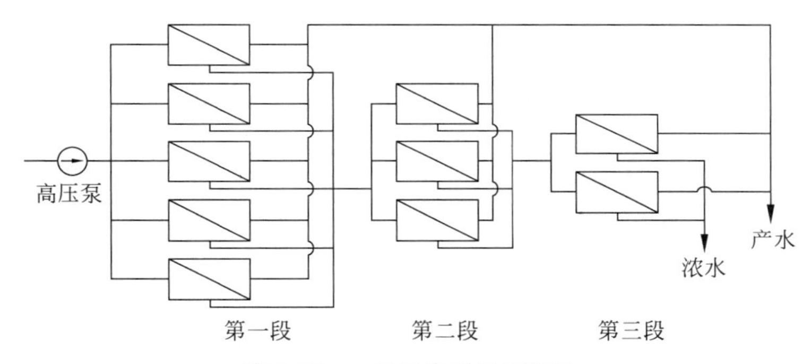

图 8-25 一级三段反渗透装置

不同水回收率的一级反渗透装置采用分段排列时，每段压力容器数量的计算结果见表 8-8。

表 8-8 分段排列时每段压力容器数量的系数(适用于苦咸水含盐量及以下水质)

水回收率		第一段压力容器数量系数	第二段压力容器数量系数	第三段压力容器数量系数
6m 长压力容器(内装 6 支 1m 长膜元件)	水回收率 50%	1	0	0
	水回收率 75%	0.667	0.333	0
	水回收率 87%	0.572	0.296	0.142
4m 长压力容器(内装 4 支 1m 长膜元件)	水回收率 40%	1	0	0
	水回收率 64%	0.625	0.375	0
	水回收率 75%	0.5102	0.3061	0.1837

二级反渗透可以设计为二级二段或二级三段。第一级的第一段和第二段膜组件个数及分配比例的设计原则仍与之前相同，稍有不同的是第二级，由于第二级进水为第一级出水，水质好，单支膜的水回收率比第一级高(可达 30%)，允许的透水量也高(表 8-9)，所以第二级仅按每个膜组件允许的透水量来计算所需的膜组件数，并按一段方式排列(图 8-26)。

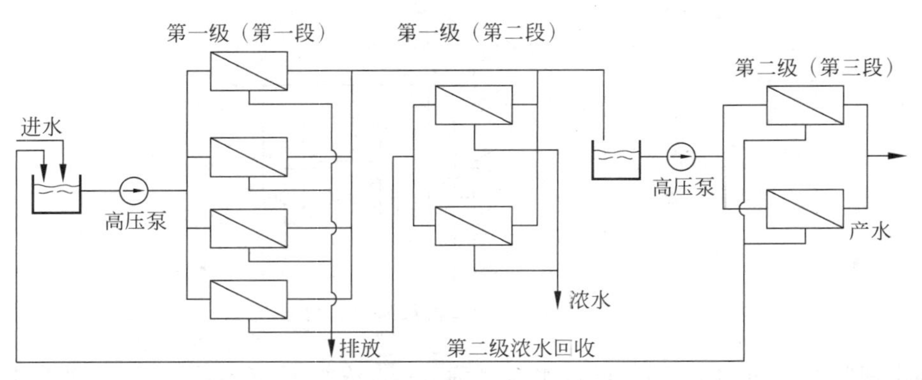

图 8-26　水回收率 75%的二级三段反渗透装置

表 8-9(a)　不同进水水质时膜的设计参数(Dow-Filmtec 复合膜)

不同水质		RO/UF出水	经软化的井水	经软化的地表水	地表水	过滤后三级处理出水	海水
SDI		<1	<3	3~5	3~5		<5
每个 1m 长膜元件最高水回收率/%		30	19	17	15	10	10
每个 1m 长膜元件最高产水量/(m^3/d)	4in	8.3	6.8	6.1	5.6	3.8	5.6
	8in	33	28	25	22	15	22
每个膜元件最高进水流量/(m^3/d)	4in	4.1	4.1	4.1	4.1	4.1	4.1
	8in	16	14	14	12	11	14
每个膜元件最低浓水流量/(m^3/d)	4in	0.5	0.9	0.9	0.9	0.9	0.9
	8in	1.8	3.6	3.6	3.6	3.6	3.6

注：4in 膜为 BW30-4040，8in 膜为 BW30-330，海水膜是 SW-30；1in=2.54cm。

表 8-9(b)　国内常用的反渗透装置设计的膜通量

给水类型	卷式反渗透装置						管式反渗透装置
	地下水	地表水		再生水或废水		海水	
		经超/微滤	经介质过滤	经超/微滤	经介质过滤		
设计的膜通量/(L/(m^2·h))	23~27	21~24	17~21	16~20	14~17	12~18	10~15

4. HERO 技术

高效反渗透(high efficiency reverse osmosis，HERO)是 20 世纪 90 年代末美国提出的一种改善反渗透系统运行状况和效果的技术，1998 年首次在工业上使用并申报专利。该技术的核心是向反渗透进水中加碱以提高 pH，最高 pH 值可达 11。由于 pH 提高，它要求进水中能形成垢的 Ca^{2+}、Mg^{2+}、Ba^{2+}、Sr^{2+} 等阳离子浓度必须为零(硬度小于 100μg $CaCO_3$/L)，另外要尽量降低进水中的 HCO_3^-、CO_3^{2-} 等离子含量，所以反渗透进水要进行阳离子交换处理，包括弱酸型阳离子交换及除碳，只有这样才能符合要求。

据报道，使用 HERO 技术的反渗透系统有如下优点。

(1) 提高 pH，有效抑制硅化合物造成的污堵：硅在水中的溶解度表明，在 pH>11 的条件下，高浓度的硅不会结垢。对于一般的反渗透工艺，浓水中的硅含量在 100～200mg/L 就会结硅垢，但在高 pH 下，可以达到大于 2000mg/L，也不会结垢。

(2) 进水中有机物在高 pH 情况下，可以发生皂化作用，使之不易黏附在膜的表面，微生物在高 pH 下也很少能够存活，所以膜面的生物和有机物污染不易发生。

(3) 在高 pH 情况下，水的黏度与电荷发生变化，使颗粒物不易黏附在膜的表面。

(4) 所以使用 HERO 技术可以减少膜面污染，提高膜面清洁度，从而提高产水量，提高水回收率(可以达到 90%～95%)，还可以降低对进水 SDI 的要求，延长膜的清洗时间间隔，延长膜的使用寿命。

但是，自 HERO 技术问世以来，它并没有得到大规模工业应用，只在某些极差水质条件(如硅含量高的水、中水回用、回收排污水等)中有所应用，估计这与它自身使用条件苛刻有关。

但是，HERO 技术的另一种形式——一级反渗透出水加碱技术却得到广泛应用。在水的二级反渗透处理系统中，由于反渗透膜能 100%透过 CO_2，造成进水中 CO_2 全部透过膜进入一级产水中，使一级产水的 pH 降低(可达 5 左右)，电导率升高(可达 20～50μS/cm)，如果一级产水进入二级反渗透，CO_2 同样 100%透过膜，使二级反渗透产水 pH 仍降低，电导率也偏高。此时如果向一级反渗透产水中加碱，将其 pH 值提高到 8.0～8.3，将 CO_2 全部中和为 HCO_3^-，HCO_3^- 在第二级反渗透中不能透过膜，使二级反渗透产水的 pH 上升，电导率大大下降，从而明显改善反渗透出水水质及后处理系统(如离子交换、EDI)的负担，该系统见图 8-27。

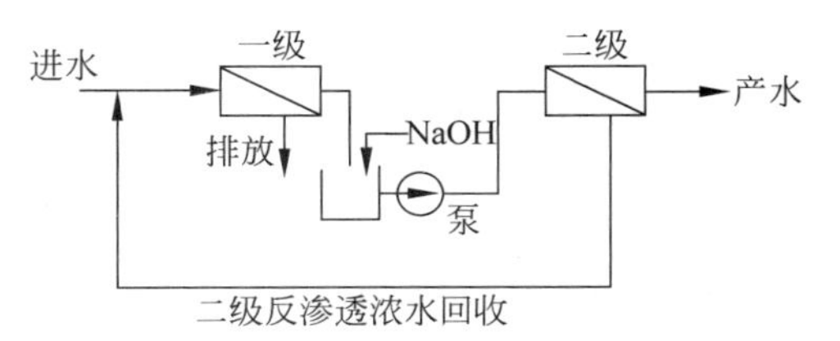

图 8-27 二级反渗透加碱技术

8.1.8 反渗透装置的主要性能参数

1. 产水量(Q_P)

产水量是指反渗透装置在单位时间内生产的淡水数量(m^3/h)。

$$Q_P = \sum_{i=1}^{n} Q_{Pi} = A \sum_{i=1}^{n} S_i (\Delta P_i - \Delta \pi_i) \tag{8-13}$$

式中，Q_{Pi}——第 i 段膜组件的产水水量，m^3/h；

A——膜的水渗透系数，$m^3/(m^2 \cdot h \cdot MPa)$；

S_i——i 段膜面积，m^2；

ΔP_i——i 段膜两侧的压力差，MPa；

$\Delta \pi_i$——i 段膜两侧水渗透压差，MPa。

膜的产水量主要取决于膜的材质、结构等因素，但也与运行条件有关。影响因素有：膜的水渗透系数及随运行时间延长膜的水渗透系数的衰减情况、膜面污染情况、水温、压力、进水含盐量等，见图 8-28。

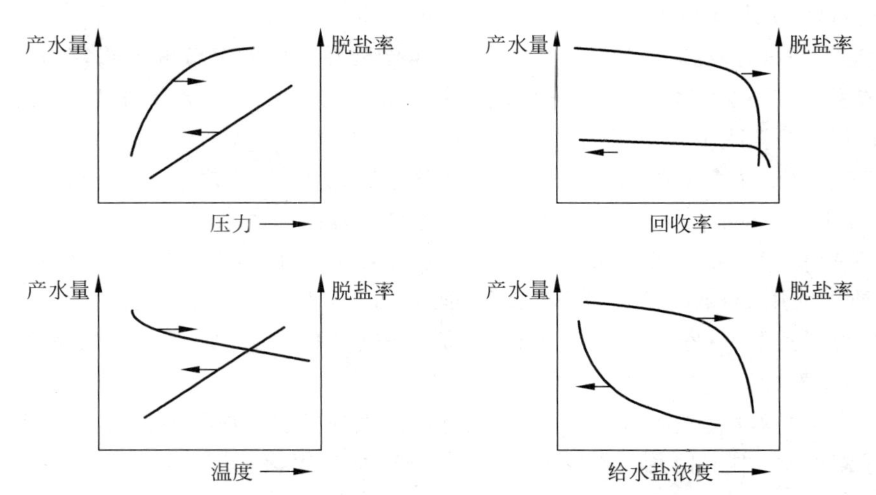

图 8-28 压力、温度、回收率及给水盐浓度对反渗透性能的影响

产水量随运行温度上升而增加；产水量随运行压力上升而增加，当压力下降至接近进水渗透压时，产水量趋于零；产水量随进水盐浓度增加而下降；产水量随水的回收率增加而下降；产水量随膜面污染增加而下降；产水量随运行时间增加而下降。

2. 水回收率(recovery，*Y*)

$$Y=(Q_P/Q_f)\times 100\%=[Q_P/(Q_P+Q_m)]\times 100\% \tag{8-14}$$

式中，Q_f——给水流量，m^3/h；

Q_m——浓水流量，m^3/h。

3. 浓缩倍率(cycles of concentration，CF)

$$CF=Q_f/Q_m=1/(1-Y) \tag{8-15}$$

4. 脱盐率(salt rejection，*R*)或盐分透过率(S_P)

$$S_P=(C_P/C_f)\times 100\% \quad (中空纤维式) \tag{8-16}$$

$$S_P=\{C_P/[(C_f+C_m)/2]\}\times 100\% \quad (卷式，也可近似用式(8\text{-}16)计算) \tag{8-17}$$

$$R=100\%-S_P \tag{8-18}$$

式中，C_f——进水含盐量，mg/L；

C_P——产水含盐量，mg/L；

C_m——浓水含盐量，mg/L。

8.1.9 反渗透给水水质指标和常见的前处理[①]系统

由于膜是一种精密度很高的分离物质，对进水有较高的要求。反渗透装置高脱盐和透

① 反渗透给水处理的名称有预处理和前处理两种，为了区别工业用水中的预处理(混凝、澄清、过滤)，本书将反渗透给水的处理称为前处理。

水能力的维持,除改进膜本体的性能外,很关键的问题是保持膜表面的清洁。大量的实践经验证明,凡是给水前处理系统设计得当的,在运行中给水水质满足反渗透膜的基本要求,反渗透装置就运行得可靠,膜的寿命可以达到或超过膜制造商规定的使用寿命;而若给水前处理不完善,给水水质不合格,则膜会很快被污染,造成运行中膜的压差增大,被迫进行频繁清洗,甚至使膜的寿命大大缩短,更换膜元件。

所以,具备完善的给水前处理系统,确保反渗透进水水质符合要求,是非常重要的事情。

1. 反渗透给水水质指标

对反渗透给水水质,膜制造商都在膜使用说明书中有详细规定,反渗透给水前处理的设计和运行控制都应严格遵守这些规定,见表 8-10。

表 8-10 反渗透给水水质标准

项　目	醋酸纤维素膜	中空纤维式膜(芳香聚酰胺)	卷式复合膜
浊度/FTU	<1.0	<1.0	<1.0
污染指数(SDI_{15})	<5	<3	<5
水温/℃	5~40	5~35	5~45
pH 值	4~6(运行) 3~7(清洗)		4~11(运行) 2.5~11(清洗)
COD_{Mn}/(mg O_2/L)*	<3		<3
游离氯(以 Cl_2 计)/(mg/L)**	0.2~1(控制为 0.3)	<0.1(控制为 0)	<0.1(控制为 0)
含铁量(以 Fe 计)/(mg/L)***	<0.05	<0.05	<0.05
朗格谬尔指数	浓水:<0.5	浓水:<0.5	浓水:<0.5
$[SO_4^{2-}][Ca^{2+}]$	浓水:$<19\times10^{-5}$		
沉淀物质 Ba、Sr、SiO_2 等	浓水不发生沉淀		

注:表中的水质标准,除指定外均指反渗透装置保安过滤器的进水应达到的标准。

* COD 指标还应参照相应的膜制造商要求的指标。

** 同时满足在膜寿命期内总剂量小于 1000(h · mg)/L。

*** 指给水溶氧大于 5mg/L 时值,采用该项标准值时还应注意所用阻垢剂对铁允许值的修正。

由于只有水分子能顺利通过反渗透膜,水中其他的物质都被截留,所以对反渗透进水中的悬浮颗粒和胶体必须彻底去除。水中悬浮颗粒及胶体通常用浊度指标(NTU、FTU)来表示,但由于小浊度的测定误差较大,故在反渗透进水中提出了新的反映水中悬浮颗粒和胶体物质多少的指标——淤泥密度指数(silt & density index,SDI 或 FI)。

SDI 是表征水中微粒和胶体颗粒危害的一种指标。它是在一定压力下,让被测水通过 0.45μm 的微孔滤膜,根据膜的淤塞速度来测定的。测试装置如图 8-29 所示。

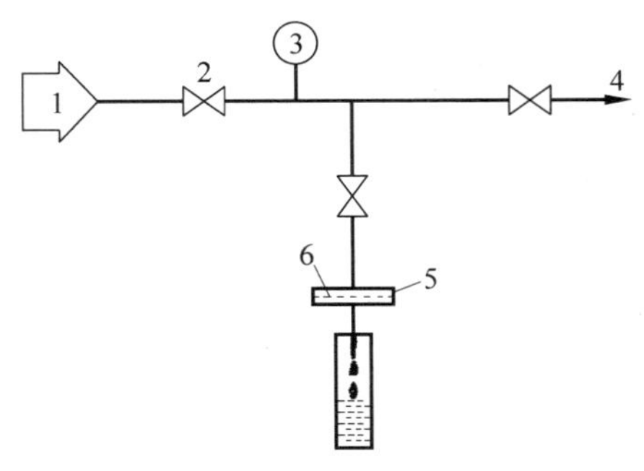

1—进水;2—阀门;3—压力表;4—放气;5—过滤器;6—微孔滤膜。

图 8-29 淤泥密度指数 SDI 的测定装置

测定方法：将被测水压力升至 207kPa($2.1kg/cm^2$)，让水通过直径 47mm、孔径 0.45μm 的膜过滤器，记录过滤 500mL 所需的时间 t_0，再继续过滤 15min，再记录过滤 500mL 所需的时间 t_1，按式(8-19)进行计算，得到 SDI_{15}。

$$SDI_{15}=\frac{(1-t_0/t_1)}{15}\times 100 \tag{8-19}$$

如将中间的过滤时间 15min 改为 10min、5min，则分别得到 SDI_{10}、SDI_5，计算公式分别如下：

$$SDI_{10}=\frac{(1-t_0/t_1)}{10}\times 100 \tag{8-20}$$

$$SDI_5=\frac{(1-t_0/t_1)}{5}\times 100 \tag{8-21}$$

从以上公式可看出，SDI_{15} 测定值在 0～6.67，SDI_{10} 测定值在 0～10，SDI_5 测定值在 0～20。其中最常用的是 SDI_{15}，有时简写为 SDI。

反渗透进水 SDI 值直接影响膜的允许产水量，SDI 值高，允许产水量就小，表 8-11 是 Dow 公司给出的不同水源水要求的 SDI 值和其对应的膜产水量的关系。

表 8-11 膜的产水量和 SDI 的关系(Filmtec 复合膜组件)

给水水源	井水经软化处理	地表水	海水	地表水经软化处理
给水 SDI 值	<3	3～5	<5	3～5
40in 长的膜组件的最大水回收率/%	19	15	10	17
每只膜组件的最大产水量/(m^3/d)				
8040 膜组件	28	22	22	25
4040 膜组件	6.8	5.8	5.6	6.1
每只膜组件的最大给水量/(m^3/h)				
8040 膜组件	14	12	14	14
4040 膜组件	3.6	3.6	3.6	3.6

2. 常见的反渗透前处理系统

反渗透前处理系统要保证进水经过本系统处理后达到反渗透进水水质要求，保证反渗透膜在正常运行期间内不污堵、不损坏，在正常使用寿命期间膜通量和脱盐率不明显下降。反渗透前处理系统应当包括下列内容。

(1) 彻底去除水的浊度(悬浮颗粒和胶体)，使 SDI 稳定地达到要求；

(2) 防止膜面析出垢；

(3) 降低水的 COD，减少膜面有机物污染；

(4) 杀菌，减少膜面生长细菌的可能；

(5) 去除水中余氯，防止膜被氧化，尤其是复合膜；

(6) 调节水温，既保证一定水通量，又保证膜水解速度符合要求。

为了实现上述要求，有很多处理工艺可供选择，现将这些处理工艺单元列于表 8-12。

表 8-12 反渗透进水前处理的工艺单元

处理单元	处理目的									
	去除浊度使 SDI 合格	降低 COD	杀菌	去除水中余氯	防止膜水解	防垢				
						$CaCO_3$	$CaSO_4$	$BaSO_4$	$SrSO_4$	SiO_2
二次混凝	√									
细砂过滤	√									
超滤	√									
微滤	√									
浸入式膜*（MBR膜）	√									
活性炭吸附		√		√						
加 $NaHSO_3$				√						
加次氯酸钠			√							
加酸调 pH					√	√				
软化						√	√	√	√	
加阻垢剂						√	√	√	√	
加热调温					√					√

* MBR 为膜生物反应器，原定义是将微滤级（或超滤级）膜丝悬挂在污水的生物处理池中，在膜丝表面形成一层高浓度活性污泥层，从中空纤维的膜丝孔中将水抽出来，既起生化作用，又起过滤作用。此处只是利用它的过滤性能，将其浸入被处理水中，通过膜丝将水抽吸出来，达到降低水浊度的目的。

将表 8-14 中各处理工艺单元组合，就可以组成反渗透前处理系统，常见的反渗透前处理系统举例如下。

系统 1：地表水处理系统（使用复合膜）

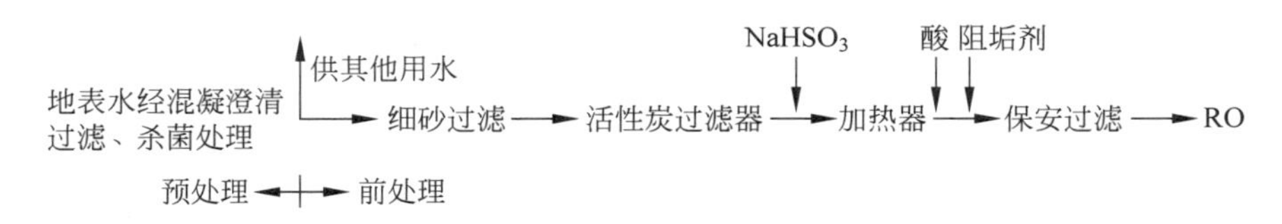

系统 2：地表水处理系统（使用复合膜）

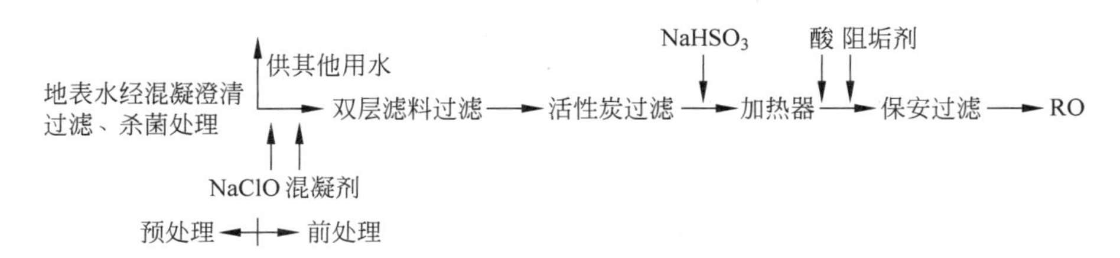

系统 3：地表水处理系统（使用 CA 膜）

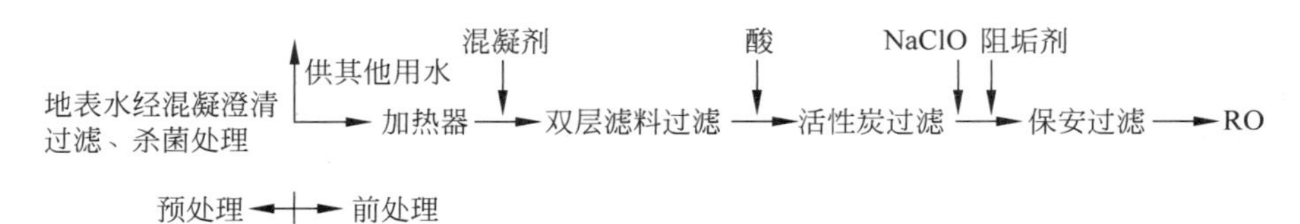

系统4：地下水处理系统(使用复合膜)

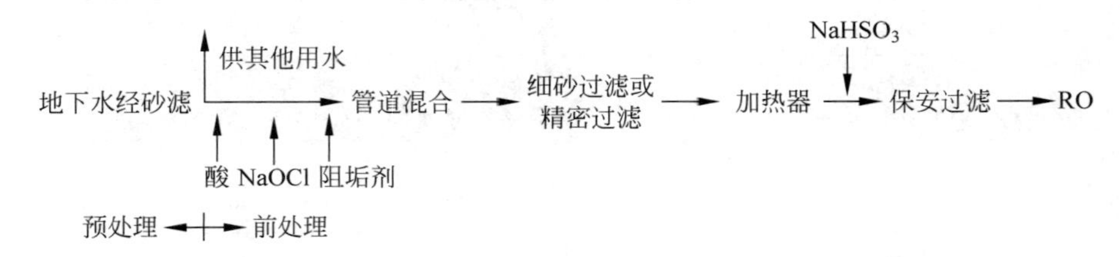

系统5：地表水使用超(微)滤处理系统(使用复合膜)

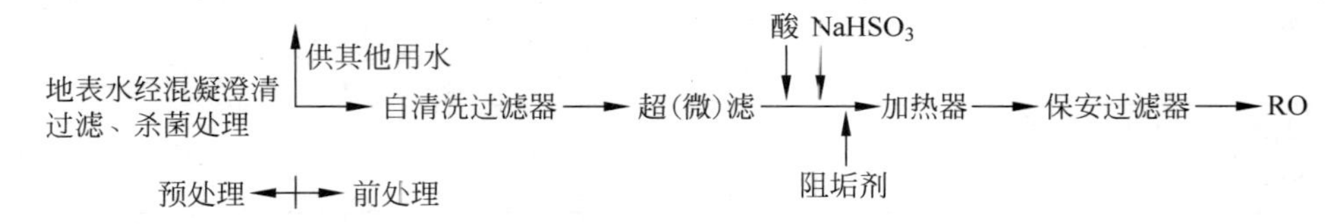

系统6：低浊度地表水使用超(微)滤处理系统(使用复合膜)

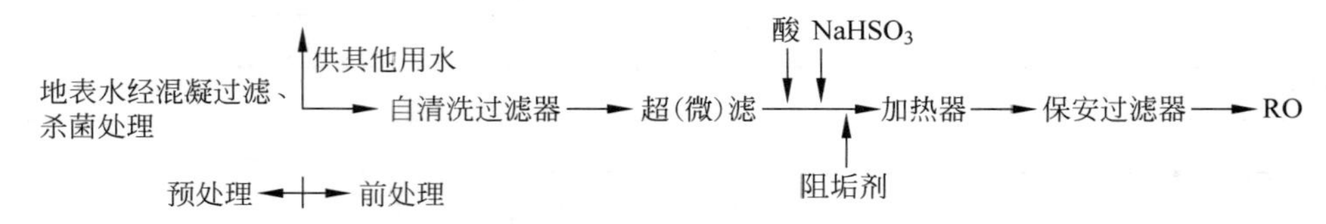

系统7：自来水使用超(微)滤处理系统(使用复合膜)

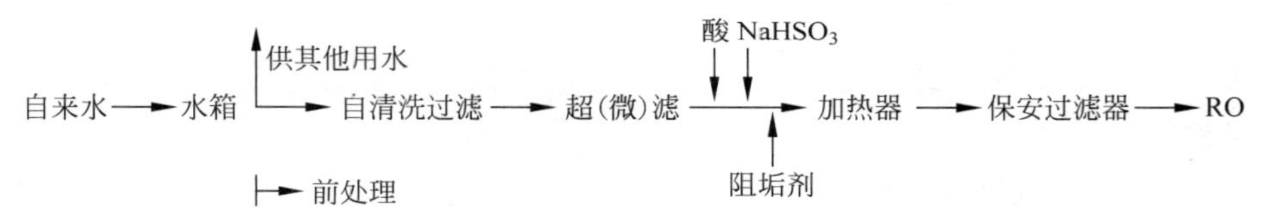

系统8：污染地表水使用浸入式帘式膜处理系统(使用复合膜)

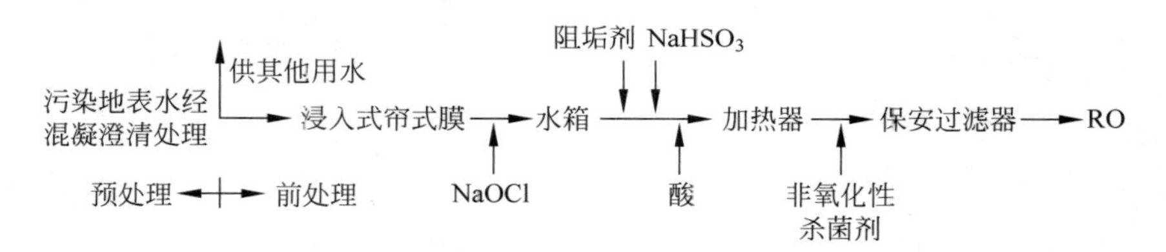

说明：(1) 使用超(微)滤的系统根据需要可以设或不设活性炭过滤器；

(2) 酸和阻垢剂投加位置可以变动。

8.1.10 反渗透给水前处理的处理单元

1. 去除水中浊度物质，降低 SDI

从表8-14中可看出，降低水浊度和SDI的方法基本上分为两类：一是对预处理的出水进行二次混凝和细砂过滤；二是进行超(微)滤，超(微)滤的进水也是经过预处理(混凝澄清过滤)的水。

第一类方法在以前用得较多，它可以将水的SDI值降至4左右，再进一步降低则很困难。超(微)滤是近年来使用的方法，实际使用结果表明，它可以将水的SDI值降至2～3，处理效果已远远好于二次混凝和细砂过滤。但是超(微)滤方法也有缺点：一是价格较贵；二是超(微)滤膜本身污染带来频繁清洗及自用水率较高。

第一类方法的具体使用还与水源水质有关。

对于地表水，由于含有较多悬浮物和胶体，进入工业用水处理系统中第一步要进行混凝-澄清-过滤的预处理，将水的浊度降至5NTU(或2NTU)以下，但此时SDI仍不合格，需进一步处理。当使用城市自来水为反渗透进水时，若自来水的水源水为地表水，也同样是经过混凝-澄清-过滤处理，作为反渗透进水也需进一步处理。进一步处理的方法是二次混凝和细砂过滤。

(1) 二次混凝。二次混凝是指在常规的混凝澄清预处理后再次投加混凝剂。二次混凝一般不再单设专用设备，只在进水管道上添加混凝剂，在管内生成絮凝体，完成混凝过程后，进入后续过滤设备，此过程即直流混凝。

(2) 细砂过滤。所谓细砂过滤，是指滤料的颗粒度比常规过滤处理中更细小。一般工业用水预处理中石英砂滤料粒径为0.5～1.2mm，细砂过滤滤料粒径为0.3～0.5mm。滤速较一般过滤器低，为6～8m/h，大型系统常用卧式过滤器(图8-30)。

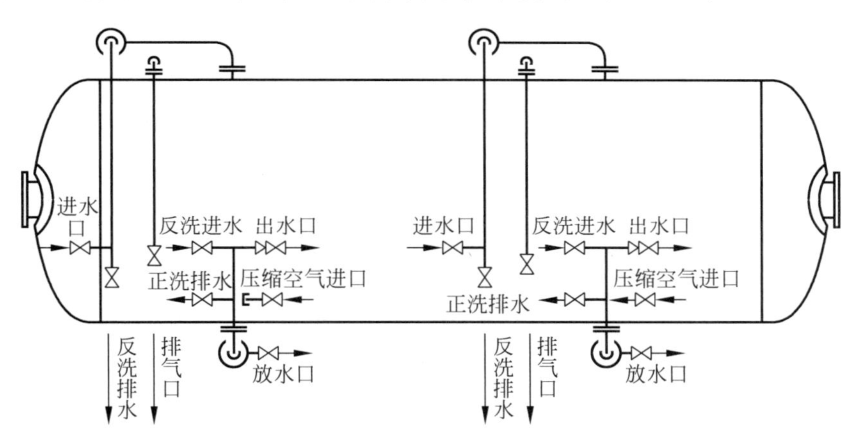

图8-30　双格单滤料石英砂压力过滤器(卧式)

用地下水作反渗透水源时，视水质情况，至少要对地下水先行过滤处理，此外，还要注意除铁、除锰和除硫。水中铁、锰含量较高时可用曝气-锰砂过滤的手段来去除。但当水中含铁、锰较少时，如小于0.1mg/L，可以不处理；0.1～0.5mg/L时，可加酸将水的pH值调至5.5，防止生成铁、锰氧化物对膜的污染。对于含硫的地下水，需采用除硫技术将硫磺过滤除去。

第二类方法是采用超滤来去除反渗透进水中浊度物质，降低SDI。目前工业上使用的超滤膜多是截留相对分子质量10万～20万的超滤膜，其孔径在0.01～0.03μm，从结构来看，目前使用的超滤膜元件有两种：一是柱式，将中空纤维丝放在一个柱式容器内；二是帘式(图8-31)，直接将超滤膜丝放在被处理水中，利用抽吸将过滤后的水从膜丝孔中抽出，由于这种膜抗污染能力强，可以直接放入原水(甚至污水)中使用，作为反渗透前处理目前采用较多的，仍将其放在经预处理之后的水中使用。超滤对进水水质也有一定要求，见表8-13。

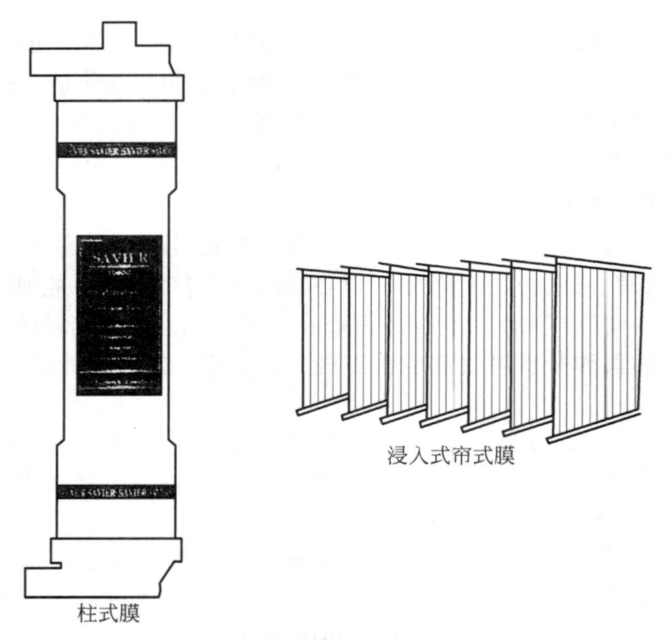

图 8-31 柱式膜和帘式膜

按照水在超滤元件中的流向,超滤有全流(死端)过滤和错流过滤两种,工业上均有使用。所谓错流过滤是水从膜元件一端进入,另一端流出,在膜表面水以一定流速通过,典型的错流过滤超滤系统如图 8-32 所示。从图中看出,原水经预处理后进入超滤器,产水(过滤水)进入过滤水箱。为减少水的排放,提高水利用率,错流过滤流出的浓水回收进入进水箱循环使用。全流过滤膜面水流速为 0,大多在中小型设备上使用。

表 8-13 超滤进水水质指标

项 目	指 标	
水温/℃	1~40	
pH 值	2~11	
浊度 NTU	内压	<50
	外压	<200

注:浸入式超(微)滤装置对进水浊度的要求不高,仅要求水中无大颗粒杂质。

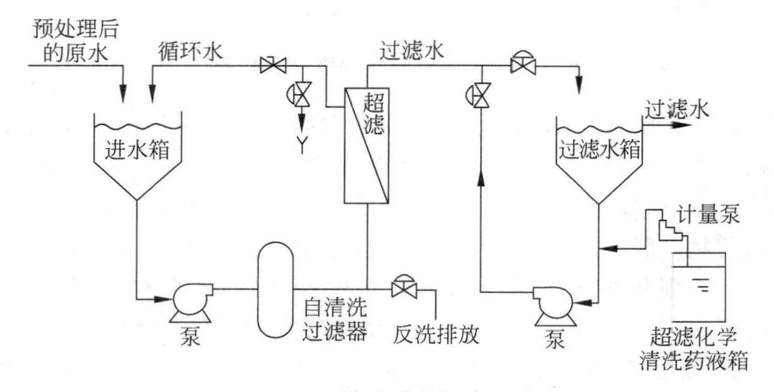

图 8-32 错流过滤超滤系统

超滤的产水除供后续系统使用之外,还兼作超滤自身的清洗用水,一般的运行方式是:超滤每过滤 15~45min 后即后洗 30~60s,超滤每运行若干小时后,进行一次化学加强清洗(50mg/L NaClO 及 pH=2 的酸),除此之外还要定期(如 30~60d)进行化学清洗。

使用柱式超滤器元件时，通常在其前再设置一台自清洗过滤器进行过滤，以减轻超滤的负担。自清洗过滤器中起过滤作用的是一层不锈钢滤网，利用过滤时压差设计为自动进行反洗，它的过滤精度为 25～3000μm，在超滤前起保护作用的自清洗过滤器的过滤精度是 25～200μm。

2. 降低 COD 及防止微生物和氧化性物质对膜的破坏

反渗透膜是有机材料，本身会引起微生物的滋生，反渗透进水中存在较多的有机物质（COD_{Mn}），也会促进微生物滋生，再加上反渗透给水温度适宜，若给水中添加磷系阻垢剂，更使生物生长迅速。微生物对膜的影响包括两个方面：①微生物对膜的破坏；②微生物及其产生的黏液会在膜面沉积，堵塞膜的通道，使膜运行中压差上升，产水量下降。

降低进水 COD 是防止膜有机物污染的直接办法，当前水处理中降低 COD 的办法主要是混凝-澄清和吸附处理，混凝-澄清可以去除 20%～60%（通常按 40%计算）的 COD，但需要说明的是，被去除的 COD 主要是水中悬浮态和胶态有机物，水中真正呈溶解态的有机物在混凝-澄清过程中去除率极低，甚至为 0。目前工业上降低水 COD 的方法是设置活性炭吸附床，活性炭吸附可以去除水中部分溶解态有机物，它对水 COD 去除率正常时为 40%～50%，新活性炭使用初期该去除率可达 70%，但末期仅有 20%左右。活性炭使用过程中最大问题是失效后难以再生，再加上吸附容量有限，运行周期不长，造成运行费用较高。

至于超滤，尤其是反渗透前面采用截留相对分子质量 10 万～20 万的超滤膜，是不能降低水中溶解态有机物的，因为水中天然有机物相对分子质量大部分在 1 万～2 万甚至更低，远小于超滤膜的孔径，所以水中溶解态有机物大部分会透过超滤膜，随出水带出。超滤膜所能截留的有机物是水中悬浮态和胶态的有机物，由于超滤的进水已经过混凝-澄清处理，这部分有机物大部分已在混凝-澄清过程中去除，残留量所占有的比例很低，所以超滤对水中有机物去除率很低，甚至为 0（图 8-33）。那种认为超滤处理可以降低水中有机物、降低 COD、防止反渗透膜有机物污染的观点是错误的。

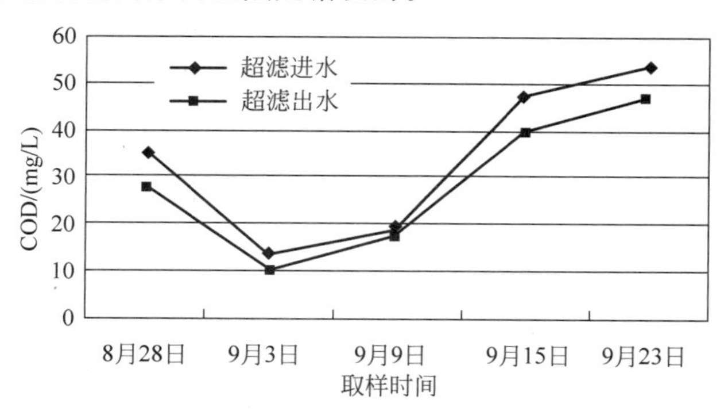

图 8-33 某厂超滤（加拿大泽能 ZeeWeed 500d 膜）进出水 COD 变化

水中有机物质，主要是生化需氧量（BOD），生化需氧量对醋酸纤维素膜影响较大，它促进细菌生长，细菌会侵害醋酸纤维素膜，并使膜的羟基度减少，除盐率大大下降。所以，使用醋酸纤维素膜时，进水中应保持适量的余氯（0.2～1.0mg/L），但过高的余氯又会使膜的性能降低。虽然复合膜和聚酰胺膜比醋酸纤维素膜能耐微生物侵袭，但微生物聚集繁殖也会使组件内部通道堵塞，所以复合膜和聚酰胺膜给水也需杀菌。

防止生物生长的方法是在给水前处理中添加杀菌剂。杀菌剂分为氧化性杀菌剂和非氧化性杀菌剂两大类,氧化性杀菌剂常用的是氯系杀菌剂,有氯气、二氧化氯、次氯酸钠和漂白粉,目前常用的是次氯酸钠,使用时要注意控制一定的余氯量。对于复合膜和芳香聚酰胺膜,由于它们抗氧化性很差(尤其复合膜),运行中加氯处理后需脱去余氯,并控制膜进口处水的氧化还原电位(ORP),以免复合膜和聚酰胺膜被活性氯氧化而受损伤。

除氯的方法有两种：活性炭吸附和投加亚硫酸氢钠。活性炭除了能吸附水中有机物,还能很彻底地吸附水中余氯,活性炭床出口水中余氯基本为0,所以在复合膜系统中一般都设置有活性炭床。为了进一步确保反渗透进水不具有氧化性,还需向保安过滤器进口水中投加还原剂(若在出口投加时,还原剂必须经过5μm过滤)。常用的还原剂有亚硫酸氢钠(SBS)、亚硫酸钠、硫代硫酸钠($Na_2S_2O_3$)、焦亚硫酸钠(SMBS)($Na_2S_2O_5$)等,原理为

$$Cl_2 + SO_3^{2-} + H_2O \longrightarrow 2Cl^- + SO_4^{2-} + 2H^+$$

焦亚硫酸钠在水中水解出 SO_3^{2-} 而起还原作用。硫代硫酸钠是早期使用的药剂,每消耗1mg/L余氯需投加20mg/L硫代硫酸钠(理论量是0.55mg/L),还要保证10min反应时间。由于硫代硫酸钠不具有杀菌作用,余氯消除后膜面还会滋生微生物,所以近年来硫代硫酸钠被亚硫酸氢钠代替,亚硫酸氢钠不但具有还原作用,而且具有杀菌作用,可以防止膜面细菌生长。亚硫酸氢钠的投加量为余氯浓度的3～4倍。

在反渗透前处理系统中,相对于氧化性氯系杀菌剂,使用非氧化性杀菌剂则安全和简单得多,但由于非氧化性杀菌剂价格较贵,目前一般多在中小型反渗透系统上使用,或氧化性与非氧化性杀菌剂同时使用,在系统前端投加氧化性杀菌剂,在保安过滤器前再投加非氧化性杀菌剂。

非氧化性杀菌剂是以致毒方式作用于微生物的特殊部位,从而破坏微生物的细胞或其生命关键部位达到杀菌目的。目前水处理中常用的非氧化性杀菌剂有如下几类。

(1) 氯酚类：一氯酚、双氯酚、三氯酚、五氯酚及五氯酚盐;

(2) 季铵盐类：主要有十二烷基二甲基苄基氯化铵(1227)、十六烷基三甲基氯化铵(1631)、十八烷基二甲基苄基氯化铵(1827)、新洁尔灭(溴化十二烷基二甲基苄基胺)等;

(3) 季膦盐类：与季铵盐结构相似,如RP-71等,应用范围广,适用pH范围宽;

(4) 杂环化合物：它通过破坏细胞内DNA结构而杀死微生物,主要有异噻唑啉酮、聚季噻唑、咪唑啉、三嗪衍生物,吡啶衍生物等,它们杀菌率高,用量低;

(5) 有机醛类：如甲醛-丙烯醛共聚物、甲醛、乙二醛等;

(6) 其他：氰类化合物、有机锡、铜盐等。

目前,在反渗透膜处常用的非氧化性杀菌剂是异噻唑啉酮和有机溴化物,异噻唑啉酮又名凯松(kathon),是一种广谱杀菌剂,对藻类、真菌和细菌都有杀灭作用,应用pH值范围为3.5～9.5,用量大于0.5mg/L(正常1～9mg/L)。

商品异噻唑啉酮中主要含有两种化合物：5-氯-2-甲基-4异噻唑啉-3酮和2-甲基-4异噻唑啉-3酮,结构式为

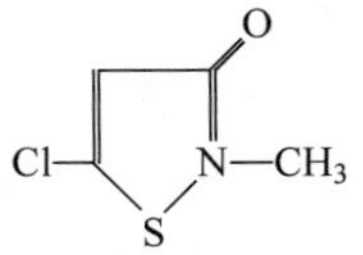

O
Cl—(ring)—N—CH₃ / S (相对分子质量149.6)

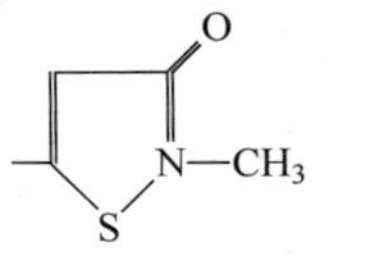

O
—(ring)—N—CH₃ / S (相对分子质量115.16)

商品异噻唑啉酮为淡黄色至浅绿色透明液体，无味或略有气味，与水可以完全混合，含固量为1.5%～14%或更高。

有机溴杀菌剂是一种新的杀菌剂，最典型的是DOW公司的Aqucar RO-20，但它不宜与$NaHSO_3$一起使用。

3. 防止垢的析出

因为在反渗透中给水的盐类被浓缩，比如在回收率为75%时，水被浓缩至1/4，以致浓水中某些盐浓度可能超过它们的溶解度，沉积可能会发生。在苦咸水中碳酸钙和硫酸钙是最普遍会发生沉积的盐类。在海水中碳酸钙的沉积也是会发生的，而硫酸盐的沉积一般不会发生。其他存在于苦咸水和海水中的盐类，例如硫酸钡、硫酸锶、硅酸盐等是否在膜面上沉积需要通过计算确定，计算依据是这些化合物的溶度积（表8-14）。

表8-14 反渗透中常见的难溶无机化合物溶度积

物　质	溶度积	温度/℃	$-\lg K$	物　质	溶度积	温度/℃	$-\lg K$
碳酸钙 $CaCO_3$	8.7×10^{-9}	25	8.06	碳酸锶 $SrSO_3$	1.6×10^{-9}	25	8.80
硫酸钙 $CaSO_4$	6.1×10^{-5}	10	4.21	氟化钙 CaF_2	3.95×10^{-11}	26	10.40
硫酸钡 $BaSO_4$	1.08×10^{-10}	25	9.97	氢氧化铁 $Fe(OH)_3$	1.1×10^{-36}	18	35.96
硫酸锶 $SrSO_4$	2.81×10^{-7}	17.4	6.55	碳酸镁 $MgCO_3$	3.5×10^{-8}	25	7.46
碳酸钡 $BaCO_3$	7×10^{-9}	16	8.15	氢氧化镁 $Mg(OH)_2$	1.8×10^{-11}		10.74

1）碳酸钙垢

碳酸钙结垢趋势的判定，可通过朗格里尔稳定指数（Langelier stability index，LSI）和其他有关的溶解度资料来计算。近来有资料表明，采用史蒂夫-戴维斯稳定指数（Stiff and Davis stability index，SDSI）来判定海水中碳酸钙沉积更为准确，更适合高溶解固形物的情况。

要防止碳酸钙垢析出，要求LSI小于0（浓水），若不能满足，则要采取必要措施，如加酸，加阻垢剂，或对反渗透进水进行部分（或全部）软化处理等。若采用加阻垢剂来防止碳酸钙水垢，则LSI可放宽至小于1.0（投加六偏磷酸钠阻垢剂）或小于1.5（投加有机聚合物阻垢剂）。

用于海水淡化的反渗透由于水回收率低（30%～45%），浓缩倍率小，所以相对于苦咸水处理（回收率75%），碳酸钙的结垢趋势不会太严重。但若SDSI指数不合格，仍需采取必要措施（加酸，投加阻垢剂等）。

$$\mathrm{LSI}=\mathrm{pH}-\mathrm{pH_s}\quad（适用于\ \mathrm{TDS}<10000\mathrm{mg/L}\ 时）\tag{8-22}$$

$$\mathrm{SDSI}=\mathrm{pH}-\mathrm{pCa}-\mathrm{pA}-K\quad（适用于\ \mathrm{TDS}>10000\mathrm{mg/L}\ 时）\tag{8-23}$$

式中，pH——实际水的pH；

pH_s——水中碳酸钙饱和时的pH；

pCa——水中钙浓度（$mgCaCO_3/L$）的负对数；

pA——水的碱度（$mgCaCO_3/L$）的负对数；

K——系数，和水温及离子强度有关。

由于反渗透中水得到浓缩，浓水的pH会高于进水的pH，因此上式计算时需采用浓水的水质。评判是否结垢的方法如下：

LSI（SDSI）> 0（工业上放宽至 −0.2），　会结垢

LSI（SDSI）≤ 0（工业上放宽至 −0.2），　不会结垢

用已知的经验公式可以很方便地计算出 pH_s 和 pH:

$$pH_s=(9.3+a_1+a_2)-(a_3+a_4) \tag{8-24}$$

$$pH=\lg\frac{[A]}{[CO_2]}+6.35 \tag{8-25}$$

$$a_1=(\lg[TDS]-1)/10 \tag{8-26}$$

$$a_2=-13.12\times\lg(t+273)+34.55 \tag{8-27}$$

$$a_3=\lg[Ca^{2+}]-0.4 \tag{8-28}$$

$$a_4=\lg[A] \tag{8-29}$$

式中,a_1——与水中溶解固形物(TDS,mg/L)有关的系数;

a_2——与水温度(t,℃)有关的系数;

a_3——与水的钙硬度(mg($CaCO_3$)/L)有关的系数;

a_4——与水的碱度(A,mg($CaCO_3$)/L)有关的系数;

CO_2——水中游离 CO_2 含量,mmol/L。

K 值可先按下式计算出浓水的离子强度 μ 后,再按图 8-34 求出:

$$\mu=\frac{1}{2}\{[i_1]Z_{i_1}^2+[i_2]Z_{i_2}^2+\cdots\} \tag{8-30}$$

式中,$[i_1]$、$[i_2]$——浓水中 i_1、i_2 等离子的浓度,mol/L;

Z_{i1}、Z_{i2}——分别为 i_1 离子及 i_2 离子价数。

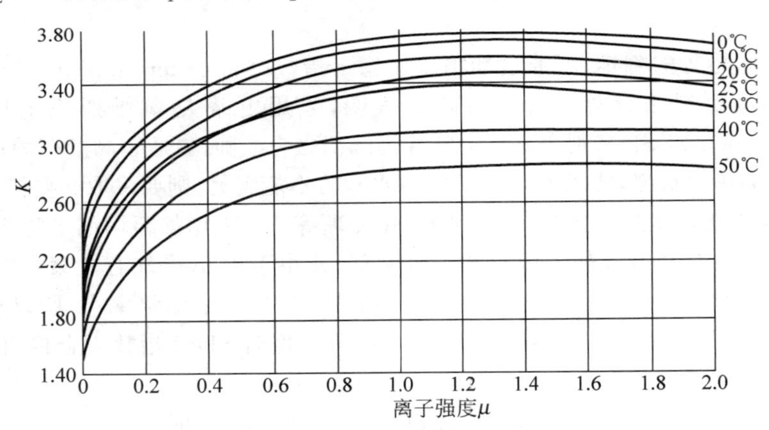

图 8-34 *K* 值和离子强度与温度的关系

2) 硫酸钙垢、硫酸钡垢、硫酸锶垢、氟化钙垢

对于硫酸钙垢,通常采用硫酸钙溶度积 $K_{sp}=[Ca^{2-}]\cdot[SO_4^{2-}]$判断,当浓水中$[Ca^{2+}]$和$[SO_4^{2-}]$乘积大于 $0.8K_{sp}$ 时,预示有可能发生硫酸钙垢,需采取措施,措施包括降低水回收率、软化、添加阻垢剂等。投加六偏磷酸钠时,$[Ca^{2+}]$和$[SO_4^{2-}]$之积可放宽至 $1.5K_{sp}$;投加聚合物有机阻垢剂时,可放宽至 $2K_{sp}$。

硫酸钡和硫酸锶垢也和硫酸钙垢一样,利用其溶度积 K_{sp} 来判断,浓水中$[Sr^{2+}]$和$[SO_4^{2-}]$之积大于 $0.8K_{sp}$ 时会结垢,$[Ba^{2+}]$和$[SO_4^{2-}]$乘积大于 $0.8K_{sp}$ 时也会结垢,防止措施也与防止硫酸钙垢相同。采用添加有机阻垢剂时,$[Sr^{2+}]\cdot[SO_4^{2-}]$和$[Ba^{2+}]\cdot$

[SO_4^{2-}]均可放宽至 $50K_{sp}$。

对氟化钙垢，也是当浓水中[Ca^{2+}]和[F^-]乘积大于 $0.8K_{sp}$ 时会结垢，添加阻垢剂可将其放宽至 $50K_{sp}$。

对上述结垢判断标准汇总，列于表 8-15 中。

表 8-15 $CaSO_4$、$BaSO_4$、$SrSO_4$、CaF_2 垢的结垢判断标准

种　类	未添加阻垢剂	添加三聚磷酸钠	添加有机阻垢剂
浓水中[Ca^{2+}]、[SO_4^{2-}]	$0.8K_{sp}$	$1.5K_{sp}$(及 1×10^{-3})	$2K_{sp}$ 或按药剂说明书取值
浓水中[Ba^{2+}]、[SO_4^{2-}]	$0.8K_{sp}$		$50K_{sp}$ 或按药剂说明书取值
浓水中[Sr^{2+}]、[SO_4^{2-}]	$0.8K_{sp}$		$50K_{sp}$ 或按药剂说明书取值
浓水中[Ca^{2+}]、[F^-]^2	$0.8K_{sp}$	$50K_{sp}$	按药剂说明书取值

还要说明的是，结垢物质的 K_{sp} 值除受温度影响外，还随水的离子强度变化而变化。一般计算可按表 8-15 中的值，精确计算还需要考虑离子强度影响，首先需按式(8-30)计算浓水的离子强度，再按图 8-35～图 8-38 取值。

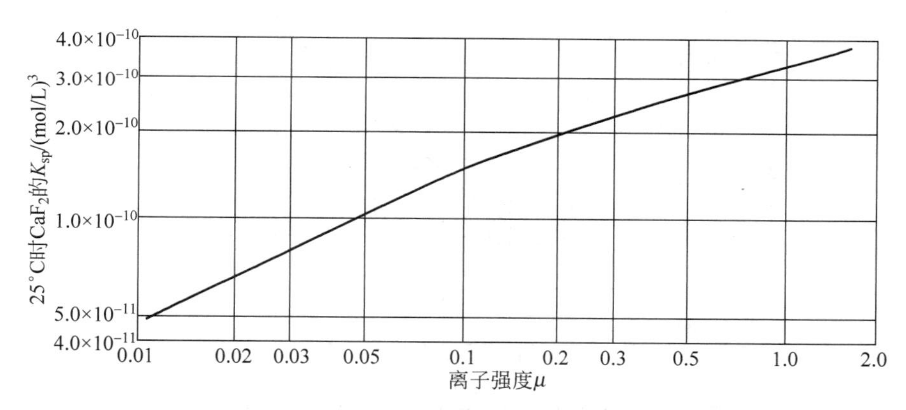

图 8-35 25℃时 CaF_2 的 K_{sp} 与离子强度间的关系

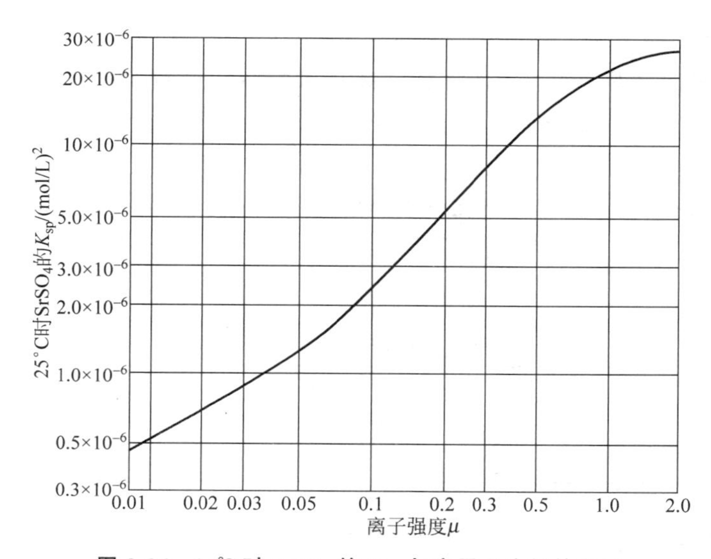

图 8-36 25℃时 $SrSO_4$ 的 K_{sp} 与离子强度间的关系

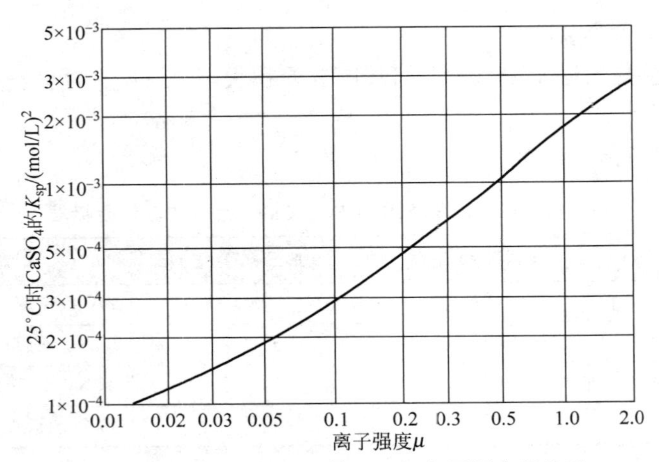

图 8-37 25℃时 $CaSO_4$ 的 K_{sp} 与离子强度间关系

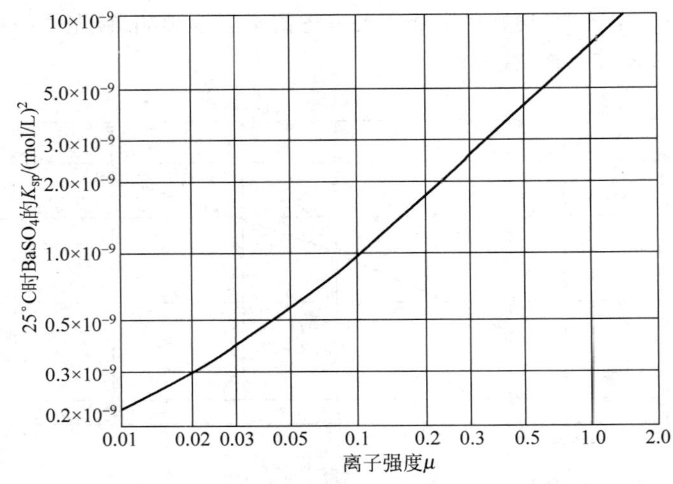

图 8-38 25℃时 $BaSO_4$ 的 K_{sp} 与离子强度间的关系

3) 氧化硅垢

浓水中氧化硅是否析出结垢,是与氧化硅在水中溶解度有关的。25℃时,SiO_2 在 pH 值为 7 的水中溶解度是 120mg/L,为安全起见,运行中反渗透浓水中氧化硅浓度应以 100mg/L 为控制标准。

在水的 pH 值不是 7 时,水中氧化硅溶解度还应乘以一系数 α,α 可按表 8-16 取值。在水的温度不足 25℃时,水中氧化硅溶解度也会发生变化,随温度上升,溶解度变大,其关系见图 8-39。

表 8-16 SiO_2 溶解度与 pH 的关系

pH 值	4	5	5.5	6	6.5	7	7.7	8	8.5	9	9.5	10
α	1.34	1.22	1.17	1.1	1.05	1	1	1.15	1.44	1.95	2.6	3.8

所以,反渗透浓水中氧化硅不结垢的判断标准是

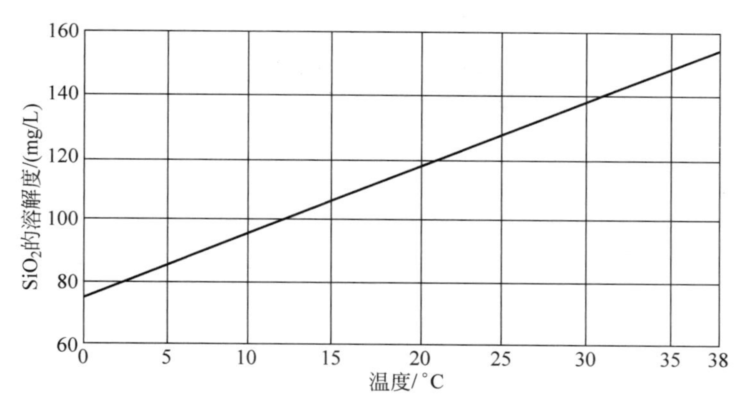

图 8-39 SiO_2 溶解度与温度的关系

$$\alpha P_{SiO_2} > (SiO_2)_m = (SiO_2)_f CF = (SiO_2)_f \cdot \frac{1}{1-y} \tag{8-31}$$

式中，α——与 pH 有关的氧化硅溶解度系数；

P_{SiO_2}——浓水温度下的氧化硅溶解度，mg/L；

$(SiO_2)_m$、$(SiO_2)_f$——反渗透浓水和给水中氧化硅浓度，mg/L；

CF——反渗透浓缩倍率；

y——反渗透水回收率，%。

如果按照式(8-31)估算有氧化硅结垢的可能，则可以采取的措施有：提高水温(有增加膜水解速率的危险)，减少水回收率，对反渗透给水进行除硅处理(如镁剂除硅等)，投加防硅垢阻垢剂，以及使用 HERO 技术等。

4. 反渗透给水压力、温度及保安过滤

根据反渗透的原理，只有当给水压力大于渗透压时，反渗透才能制取淡水。

渗透压力与给水中的含盐量和水温成正比，与膜无关。反渗透系统的进水压力要求比渗透压力大若干倍。提高进水压力，膜会被压密实，盐透过率会减小，与此同时，水的透过率就可成比例地增加，从而保证了要求的水回收率。但是，进水压力超过一定极限会产生膜的衰老，压实变形加剧，从而加速膜的透水能力衰退。例如当进水压力从 2.75MPa 提高至 4.12MPa 时，水的回收率提高 40%，但膜的寿命缩短约 1 年。图 8-40 所示为 ESPA2 复合膜的进水压力与盐透过率、产水量的关系。

反渗透给水温度一般为 25℃，温度上升，产水量(水通量)上升(图 8-41)，但水温升高又使膜水解速度加快，膜使用寿命减少，所以要严格控制给水温度。反渗透给水加热通常使用表面式蒸汽加热器，并对温度进行自动控制。

保安过滤器是保护反渗透设备安全的过滤器，是反渗透进水的最后一道安全屏障，它一般是 5μm 的精密过滤(水中铁、硅、铝较多时可用 1μm 滤芯)，安装于反渗透进水高压泵之前，可以滤除水中 5μm 以上的颗粒，保护反渗透膜不被这些颗粒冲击和划伤。不能将保安过滤器用作滤除水中大量悬浮物和胶体，起降低 SDI 作用的过滤器。保安过滤器属于微孔介质过滤，外壳为不锈钢制成(图 8-42)，其滤元有滤布滤元、烧结滤元和线烧滤元三类，反渗透中常用的是后两种。滤芯为每支长度 10～40in 的滤元，材质多为聚丙烯(PP)，滤芯有喷

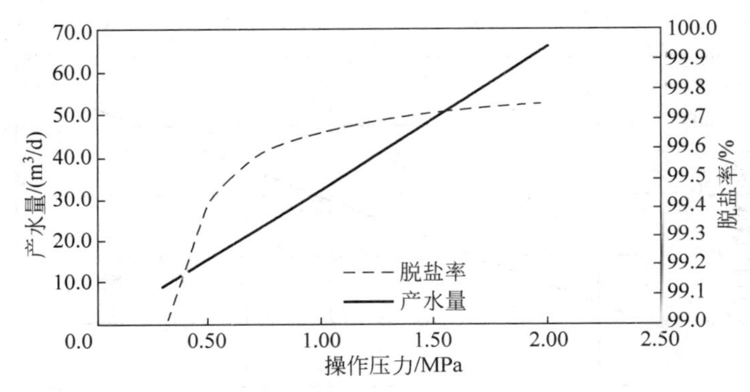

图 8-40 进水压力与脱盐率、产水量的关系

(日东电工-海德能公司 ESPA2 复合膜)

(试验条件:回收率 15%;给水含盐量 1500mg/L NaCl;温度 25℃;pH6.5~7.0)

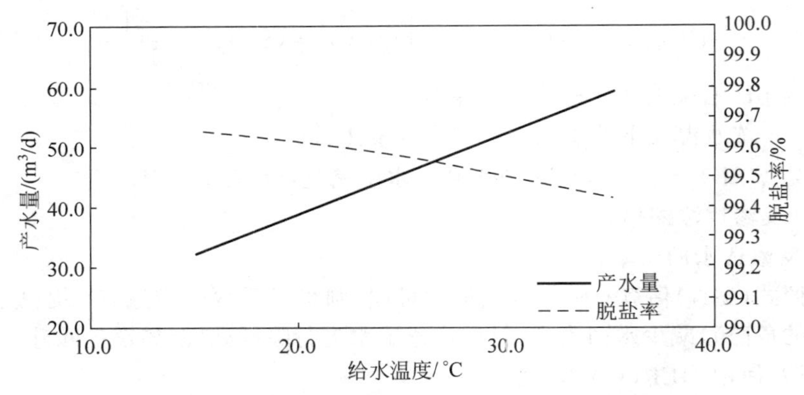

图 8-41 给水温度对产水量和脱盐率的影响

(日东电工—海德能公司 ESPA2 复合膜)

(试验条件:1.05MPa;回收率 15%;给水含盐量 1500mg/L NaCl;pH6.5~7.0)

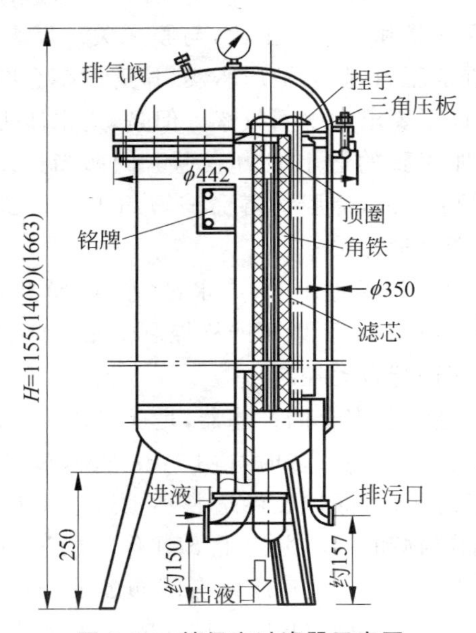

图 8-42 某保安过滤器示意图

熔滤芯、折叠滤芯、金属烧结滤芯等。

保安过滤器运行至进出口压差达到一定值时，即表示滤芯污脏需清洗或更换，但目前多采用更换的办法，一次性使用。

8.1.11 反渗透产水的后处理

反渗透产水的后处理方式主要取决于反渗透产水水质及用户对水质的要求。一般来讲反渗透产水的水质，电导率在 10～50μS/cm（指处理自来水或苦咸水，若处理海水，产水溶解固形物含量达 350～500mg/L），主要成分是 Na^+、Cl^-、HCO_3^- 及 CO_2。在 CO_2 含量高时，由于它 100%透过膜，因此产水 pH 低，呈酸性，有一定的腐蚀倾向。设置二级反渗透，在一级反渗透出水中添加 NaOH，提高 pH，将 CO_2 中和为 $NaHCO_3$，有助于降低二级反渗透出水电导率，提高 pH。

从用户对水质的要求来看，若处理的水是用作电子工业清洗水或高参数锅炉的补给水，反渗透的产水水质不能满足要求，必须在反渗透之后，再设置进一步的处理装置，比如离子交换或电除盐(EDI)装置。设置离子交换时，可以设置阳床-阴床-混床或者只设置混床，但其中阴离子树脂比例要适当提高，因为反渗透出水中 CO_2 含量多，相应的阴离子树脂负担重。常用的后处理系统见表 8-17。

若处理的水是供饮用的，只需将反渗透出水提高 pH 后再经紫外线或臭氧消毒即可满足要求。

若处理的水仅作一般工业纯水使用，可对反渗透出水进行脱气（或加碱）提高 pH，消除其腐蚀倾向。

表 8-17　常见的反渗透后处理系统

序号	系统名称	系统内主要设备排列	出水水质		备　注
			电导率/(μS/cm)	SiO_2/(μg/L)	
1	一级反渗透＋二级混床	—RO—⊝—H/OH—H/OH	<0.1	<20	适用于原水含盐量不高时，一级混床运行周期较短
2	一级反渗透＋阴床及混床	—RO—⊝ OH—H/OH	<0.1	<20	适用于原水硬度不高时，要防止阴床内出现沉积物
3	一级反渗透＋一级除盐及混床	—RO—⊝—H—OH—H/OH	<0.1	<20	适用于原水含盐量中等的场合
4	二级反渗透＋混床	—RO—(NaOH)—⊝—RO—⊝—H/OH	<0.1	<20	
5	二级反渗透＋一级除盐及混床	—RO—(NaOH)—⊝—RO—⊝—H—OH—H/OH	<0.1	<20	适用于原水含盐量较高或海水

续表

序号	系统名称	系统内主要设备排列	出水水质		备　注
			电导率/(μS/cm)	SiO_2/(μg/L)	
6	一(二)级反渗透+一级除盐及混床	RO—RO—H—OH—H/OH	<0.1	<20	适用于原水含盐量波动较大时
7	二级反渗透+电除盐	—RO—NaOH—RO—EDI	<0.1	<20	

注：视水中 CO_2 多少,可在上述系统中 RO(或 H)后面加除碳器。

8.1.12 反渗透膜污染及控制

1. 膜污染定义

膜污染是指因水中的微粒、胶体粒子或溶质分子与膜发生物理化学作用,或因浓缩和浓度极化使某些溶质浓度超过其溶解度而析出以及因机械阻拦作用使水中颗粒物在膜孔处被截留,造成膜孔径变小或堵塞,导致膜的透水量与分离特性发生衰减的现象。

一旦水与膜接触,膜污染即开始;也就是说,水中溶质与膜之间相互作用的同时,膜特性就开始改变。因此反渗透装置的给水前处理完善,膜组件的污染和化学清洗次数可以减少,但要完全保证膜组件不被污染是不可能的。不同膜抗污染性能差异较大。对于超滤和反渗透膜,若膜材料选择不合适,污染很严重,严重时初始纯水透水率可降低20%～40%。但对以粒子聚集与堵孔为主的微滤膜,膜材料的影响不十分明显。当然,操作运行开始后,由于浓差极化产生,尤其在低流速、高溶质浓度及高浓缩倍率的情况下,在膜面达到或超过溶质饱和溶解度时,便有凝胶层或沉积层形成,导致膜的透水量不依赖于所加压力而变化,引起膜水透过通量的急剧降低。此状态发展到一定程度必须对膜进行清洗,恢复膜性能,因此膜清洗方法的研究也是膜应用研究中的一个热点。

2. 膜污染物种类

污染物的种类包括:

(1) 无机物:$CaSO_4$、$CaCO_3$、铁盐或凝胶、磷酸钙复合物、无机胶体等;

(2) 有机物:蛋白质、脂肪、碳水化合物、微生物、有机胶体及凝胶、腐质酸、多羟基芳香化合物等。

3. 影响膜污染的因素

1) 粒子或溶质尺寸及形态

从理论上讲,在保证能截留所需粒子或大分子溶质前提下,应尽量选择孔径或截留相对分子质量大的膜,以得到较高透水量。但实验发现,选用较大膜孔径,有时会有更高污染速率,反而使透水量下降较快。这是因为当待分离物质的尺寸大小与膜孔相近时,由于压力的作用，水透过膜时把粒子带向膜面，极易产生嵌入作用，而当膜孔径小于待分离的粒子或溶质尺寸时，由于横切水流作用，它们在膜表面很难停留聚集，因而不易堵孔（图8-43）。

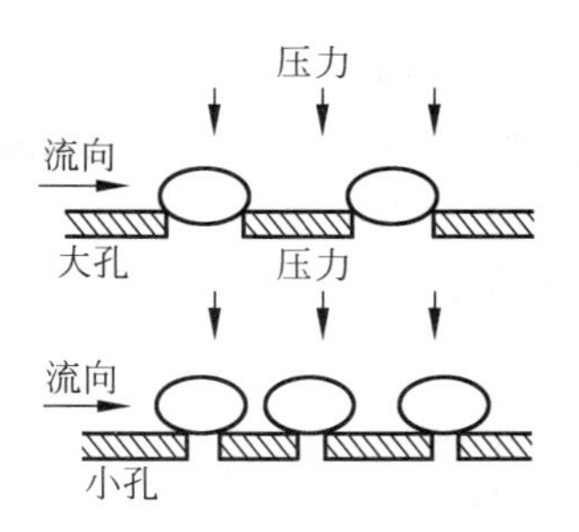

图 8-43　膜孔径与粒子大小对膜污染的影响

2）溶质与膜的相互作用

二者之间包括膜与溶质、溶质与溶剂、溶剂与膜相互作用的影响，反渗透中以膜与溶质间相互作用影响为主，相互作用力有以下几种。

（1）静电作用力。有些膜材料带有极性基团或可离解基团，因而在与溶液接触后，由于溶剂化或离解作用使膜表面带电。当它与溶液中带电溶质所带电荷相同时，便相互排斥，膜表面不易被污染；当所带电荷相反时，则相互吸引，膜面易吸附溶质而被污染。

（2）范德华力。它是一种分子间的吸引力，常用比例系数 H（Hamaker 常数）表征，与组分的表面张力有关，对于水、溶质和膜三元体系，决定膜和溶质间范德华力的 Hamaker 常数如下：

$$H=[H_{11}^{1/2}-(H_{22}H_{33})^{1/4}]^2 \tag{8-32}$$

式中，H_{11}、H_{22}、H_{33}——分别为水、溶质和膜的 Hamaker 常数。

由上式可见，H 始终是正值或零。若溶质（或膜）是亲水的，则 H_{22}（H_{33}）值增高，使 H 值降低，即膜和溶质间吸引力减弱，较耐污染及易清洗，因此膜材料选择极为重要。

（3）溶剂化作用。亲水的膜表面与水形成氢键，这种水处于有序结构，当疏水溶质要接近膜表面，必须破坏有序水，这需要能量，不易进行，因此膜不易污染；而疏水膜表面与水无氢键作用，当疏水溶质靠近膜表面时，挤开水是一个疏水表面脱水过程，一个熵增大过程，容易进行，因此二者之间有较强的相互作用，膜易污染。

（4）空间立体作用。对于通过接枝聚合反应接在膜面上的长链聚合物分子，在合适的溶剂化条件下，分子的运动范围很大，作用距离的影响将十分显著，因而可以使大分子溶质远离膜面，而溶剂分子畅通无阻地透过膜，阻止膜面被污染。

膜的亲疏水性、荷电性会影响到膜与溶质间的相互作用大小。一般来讲，静电相互作用较易预测，但对膜的亲疏水性预测则较为困难，通常认为亲水性膜在膜电荷与溶质电荷相同时较耐污染。例如几种聚合物微滤膜对蛋白质的吸附性见表8-18。为了改进疏水膜的耐污染性，可用对膜分离特性不产生很大影响的小分子化合物对膜进行前处理，如表面活性剂，使膜表面覆盖一层保护层，这样可减少膜的吸附，但由于这些表面活性剂是水溶性的，且靠分子间较弱的范德华力与膜黏结，所以很易脱落。为了获得永久性耐污染的亲水性膜表面，人们常用膜表面改性法引入亲水基团，或用复合膜手段复合一层亲水性分离层，或采用阴极喷镀法在超滤膜表面镀一层碳。

表 8-18　几种聚合物微滤膜对某蛋白质的吸附性

聚合物种类	吸附量/(g/m^2)	亲疏水性
聚醚砜/聚砜	0.5～0.7	疏水
再生纤维素	0.1～0.2	亲水
改性 PVDF	0.04	亲水

3）膜的结构与性质

膜结构对膜抗污染性能的影响大。对称结构比不对称结构更易被堵塞，如图 8-44 所示。这是因为对称结构膜，其膜孔的上表面开口与内部孔径大小相似，这样进入表面孔的粒子往往会被卡在中间孔中而堵塞膜孔。而对于不对称膜，膜孔呈倒喇叭形开孔，粒子进入后不易在膜内部堵塞，易被水流带走，即使在膜表面产生聚集、堵塞，反洗也很容易冲走。例如中空纤维超滤膜，若是双皮层膜，内外皮层各存在不同孔径分布，使月内压时，有些大分子透过内皮层孔，可能在外皮层更小孔处被截留而产生堵孔，引起透水量不可逆衰减，甚至用反洗也不能恢复其性能；而对于单内皮层中空纤维超滤膜，外表面孔径比内表面孔径大几个数量级(图 8-45)，这样透过内表面孔的大分子绝不会被外表面孔截留，因此抗污染性能好。

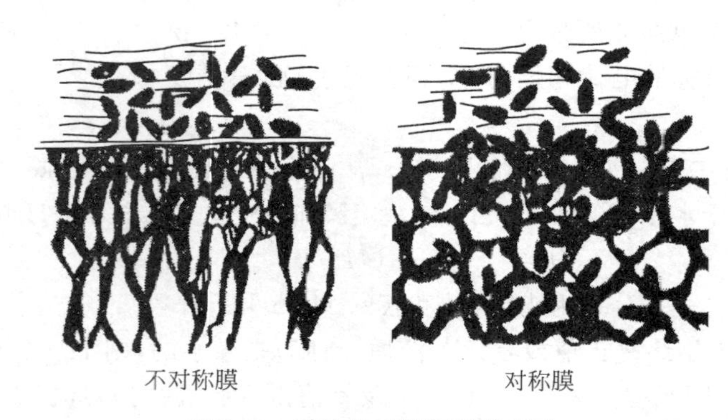

图 8-44　膜结构对膜污染的影响

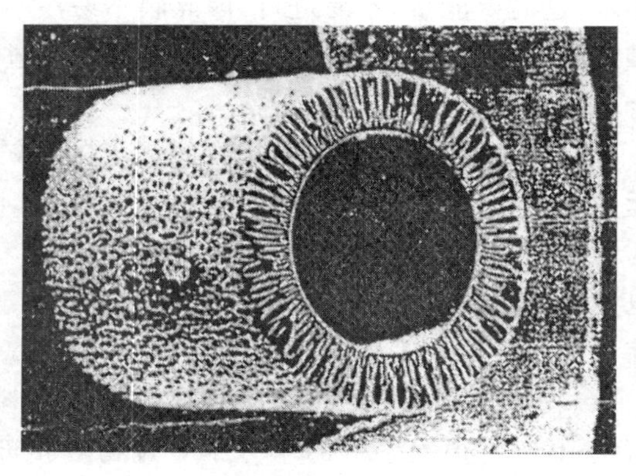

图 8-45　单内皮层中空纤维超滤膜结构图

4）进水特性的影响

进水特性包括水中溶质的种类与浓度、pH、温度和黏度等。通常来讲，电离且易析出的大分子有机物对反渗透膜和超滤膜污染可能性大，比如蛋白质，蛋白质在等电点时溶解度最低，膜对其吸附量最高，污染性大，因此通常以不使蛋白质变性为限把水 pH 调节至远离等电点，可以减轻膜污染。

温度与黏度对膜污染的影响，是通过溶质状态和溶剂扩散系数来影响膜的产水率和分离特性的。一般规律是，温度升高，黏度下降，产水率提高；但若水中存在某些蛋白质时，温度升高反而使产水率下降，这是由于这些蛋白质的溶解度随温度上升而下降，蛋白质析出污染膜的缘故。

5）膜的物理特性

膜的物理特性包括膜表面粗糙度、孔径分布及孔隙率等。显然，膜面光滑不易被污染；膜面粗糙则容易吸留溶质。膜孔径分布越窄越耐污染。

6）操作参数

操作参数包括水流速度、压力和温度等。通常提高水流速度可以减小浓差极化或沉积层的形成，减少污染。提高压力可提高膜产水率，但是会加重浓差极化和膜污染。温度通常通过影响水的黏度来影响透水量。温度升高，透水量加大，加剧膜的污染，温度升高还会使某些盐析出而污染膜。

4. 膜的污染控制

膜在使用中发生污染，会使膜透水率下降，影响正常运转，所以必须重视膜的污染控制，一般来说包括如下方法。

1）选用抗污染膜

目前广泛使用的抗污染膜主要是在下列几个方面采取措施。

（1）加宽膜的进水隔网。目前反渗透膜进水隔网宽有 28mil、31mil、32mil、34mil（相当于 0.71mm、0.79mm、0.81mm、0.86mm）几种，采用宽隔网时，膜间的通道加大，容纳污物的量也增多，污物颗粒也不易被留下，所以膜抗污染性能也改善。但不能过分增加隔网宽度，这样会使膜间水流速度下降，膜面浓差极化加剧，反过来又促进污物在膜面积累，加剧膜面污染，所以进水隔网宽度存在一个最优范围。

进水隔网加宽后，水流阻力也会减少（图 8-46）。

（2）进水隔网经纬线（图 8-47）的表面光滑程度、断面形状、交叉角度、网格大小等对膜抗污染性能均有影响。表面光滑、断面为圆形、与水流交叉角度小、网格大均有利于减少污物积累，有利于抗污染。

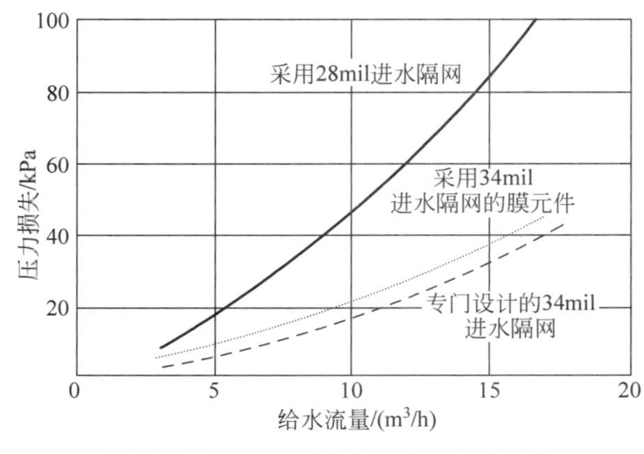

图 8-46 采用不同进水隔网的膜元件在不同流量下的压力损失

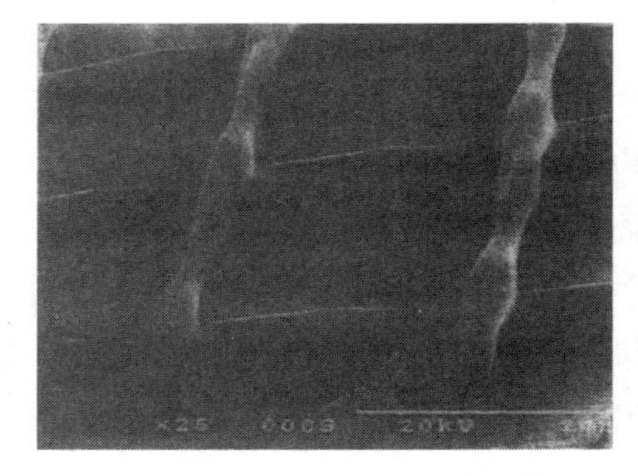

图 8-47 反渗透膜进水隔网放大图

（3）膜表面改性。一般复合膜表面呈负电性（—COOH）、憎水性，阳离子表面活性剂会引起膜不可逆的通量损失（图 8-48）。如果通过改性，将膜表面改为电中性（—NHCO—）甚至正电性($—NH_2$),增加亲水性,都可以提高其抗污染能力(图 8-48 和图 8-49)。

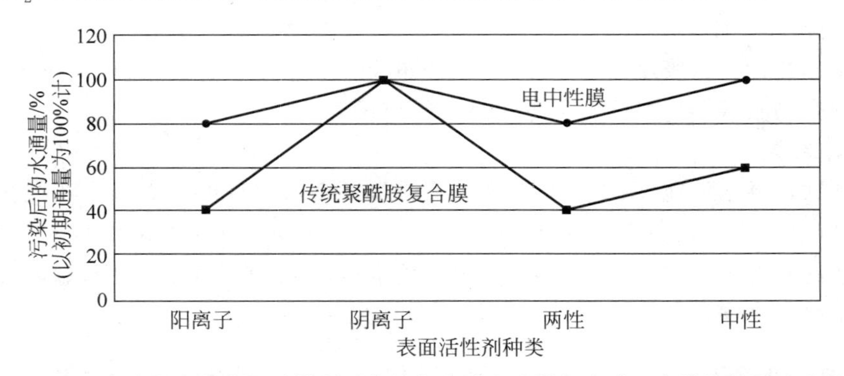

图 8-48 水中阳离子表面活性剂对传统复合膜和改性复合膜透水性能的影响比较

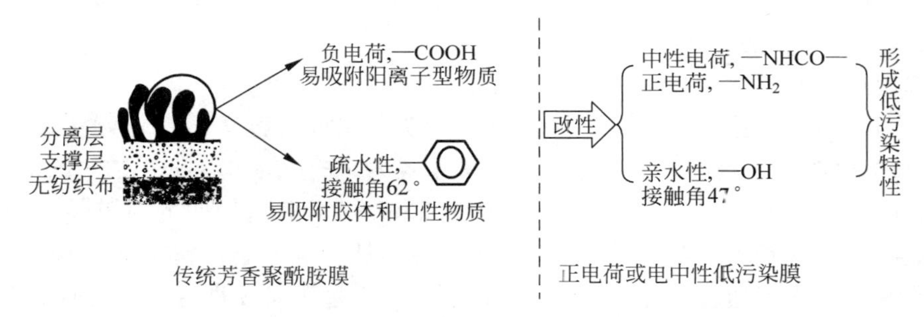

图 8-49 复合膜表面改性示意图

(4) 提高膜表面光洁度。提高膜表面光洁度,不利于污染物在膜面沉积,可提高膜抗污染能力。

2) 重视反渗透进水前处理

重视反渗透进水前处理,严格控制进水水质符合标准要求。

3) 经常进行运行数据分析

分析运行数据,发现问题及时处理,必要时可对膜进行破坏性检查,找出污染原因。

常规分析试验的费用与停工、维修、清洗或更换膜的费用相比一般是很低的。利用特定的 RO 系统水质分析结果,可以控制系统的设计与运转,确保有最大的效率。对运行中参数应经常分析,发现问题时找出原因及对策,必要时还可以对膜元件进行破坏性检查,查明膜面污染物量、特征和成分。除一般的化学分析方法外,常用于膜污染物的分析方法还有:SDS-凝胶电泳用于蛋白鉴定;质谱和气相色谱用于芳香化合物的测定;透射电镜、扫描电镜用于污染层结构分析;放射性标志物用于膜污染研究;ξ 电位用于反渗透污染过程研究;MAIR 和椭圆对称用于测量污染层组成与厚度;表面张力与接触电位测定用于测定膜与污染层表面特性;高效液相色谱用于污染物成分的相对分子质量分布测定等。

4) 及时对膜进行清洗

在任何膜分离技术应用中,尽管选择了较合适的膜和适宜的操作条件,但在长期运行中,膜的透水量随运行时间增长而下降,即膜污染问题必然产生,因此必须进行膜的清洗,去除膜面或膜孔内污染物,达到恢复透水量、延长膜寿命的目的。一般认为膜运行过程中出现以下情况中任一种,需要进行清洗。

(1) 当进水参数一定时,产水电导率明显增加;

(2) 进水温度一定,高压泵出口压力增加 8%～10%才能保证膜通量不变;

(3) 进水的流速和温度一定时,RO 装置的进出口压差增加 25%～50%;

(4) 在恶劣进水条件下运转 3 个月,在正常进水条件下运转 6 个月需进行常规清洗。

此外,在 RO 系统停运时,必须定期对膜进行清洗,既不能使 RO 膜变干又要防止微生物的繁殖生长。

5. 膜的清洗方法

1) 膜清洗前考虑的因素

RO 膜清洗前要根据下列因素选择合适的清洗药剂和清洗工艺。

(1) 膜的物化特性: 指耐酸碱性、耐温性、耐氧化性和耐化学试剂特性,它们对选择化学清洗剂类型、浓度、清洗液温度等极为重要。

(2) 污染物特性: 指污染物在不同 pH 溶液中、不同种类溶剂中、不同温度下的溶解性、可氧化性及可酶解性等。了解污染物特性,便于有的放矢地选择合适的化学清洗剂,达到最佳清洗效果。

2) 清洗方法

膜的清洗方法可分 3 类: 物理、化学、物理-化学法。

物理清洗是用机械方法从膜面上脱除污染物,它们的特点是简单易行,这些方法如下。

(1) 正方向冲洗(forward flushing): 将 RO 产水用高压泵打入进水侧,将膜面上污染物冲下来。

(2) 变方向冲洗(reveres flushing): 冲洗水方向是改变的,正方向(进水口→浓水口)冲洗几秒钟再反方向(浓水口→进水口)冲洗几秒钟。

(3) 渗透反压冲洗(permeate back pressure flushing)(图 8-50): 将产水侧水加压,反向压入膜进水侧,同时进水侧继续进水至浓水排放,以带走膜面上脱落下来的污染物。

(4) 振动。在膜组件的膜壳上装空气锤,使膜组件振动,同时进行进水→浓水的冲洗,以将膜面上振松的污染物排走。

(5) 排气充水法。用空气将进水侧水强行吹出,迅速排气,并重新充以新鲜水。清洗作用主要是水排出、引入时气水界面上的湍动作用所致。

(6) 空气喷射。在 RO 产水进入组件进行正方向冲洗前,周期喷射进空气,空气扰动纤维,使纤维壁上污染层变疏松(此法适用于中空纤维膜)。

(7) CO_2 清洗。CO_2 气体从产水出口管线进入,透过膜,让清洗水将落下的污染物带出膜组件。还有一种用 CO_2 饱和溶液的清洗,它是借溶液压力下降时 CO_2 的释放,来剥离污垢。

(8) 自动海绵球清洗。把聚氨基甲酸酯或其他材料做成的海绵球送入管式膜组件几秒钟,用它洗去膜表面的污染物(适用于管式膜)。

实践证明,上面几种清洗方法中,变方向冲洗较为有效。

化学清洗通常是用化学清洗剂进行(表 8-19),如稀碱、稀酸、酶、表面活性剂、络合剂和氧化剂等。使用的化学清洗剂必须与膜材料相容,并严格按膜生产厂提出的条件(压力、温

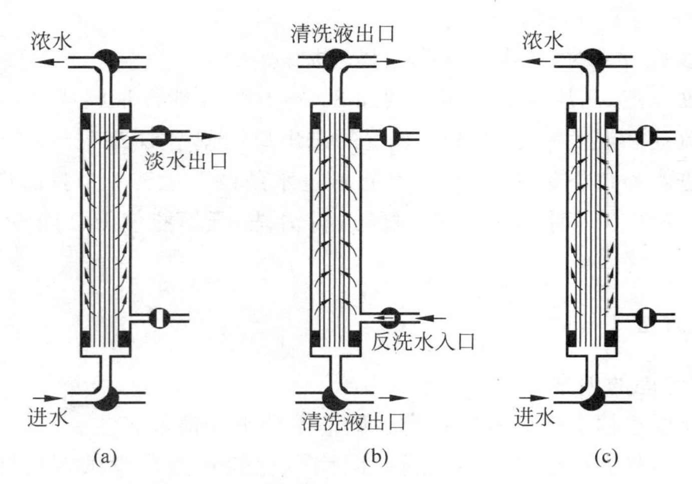

图 8-50 中空纤维膜组件操作与清洗方式示意图

(a) 运行操作;(b) 渗透反压冲洗;(c) 反方向清洗

度和流速)进行清洗,以防膜产生不可逆损伤。选用酸类清洗剂,可以溶解除去矿物质及DNA;柠檬酸、EDTA之类化学试剂,广泛用于除垢和碱性污染物;Biz、Uitrasil之类去垢剂,可有效去除生物污染。聚乙烯基甲基醚和单宁酸对脱盐用聚酰胺膜的清洗是有效的。而采用NaOH水溶液可有效地脱除蛋白质污染,对于蛋白质污染严重的膜,用含0.5%胃蛋白酶的0.01mol/L NaOH溶液清洗30min可有效地恢复透水量。在某些应用中,如多糖等污染,温水浸泡清洗即可基本恢复初始透水率。

将物理和化学清洗方法结合可以有效提高清洗效果,如有人在清洗水中加入表面活性剂(如0.25% Biz)使物理清洗的效果提高55%。

三类清洗方法中,化学清洗在RO膜的清洗中使用最广泛,常用的清洗液配方见表8-19。但化学清洗的效果取决于许多因素,如清洗液的pH、温度、流速和循环时间。一种清洗剂在某些体系清洗中取得成功,并不保证在其他体系都能成功。

表 8-19 反渗透膜清洗介质选择

污垢类型	清洗液配方
碳酸盐垢	0.2%~0.5%盐酸,pH 2~2.5;2%柠檬酸,pH 2.5~3
酸不溶垢	0.1%氢氧化钠+1%乙二胺四乙酸四钠或0.1%氢氧化钠+0.025十二烷基磺酸钠,pH 11~12
金属氧化物	2%柠檬酸,pH 2.5~3;1%亚硫酸氢钠
无机胶体	0.1%氢氧化钠+0.025%十二烷基磺酸钠,pH 11~12; 2%三聚磷酸钠+0.8%乙二胺四乙酸四钠,pH 10~11
有机物	0.1%氢氧化钠+0.025%十二烷基磺酸钠,pH 11~12; 0.1%氢氧化钠+1%乙二胺四乙酸四钠,pH 11~12; 2%三聚磷酸钠+0.025%十二烷基磺酸钠,pH 10~11
微生物	0.1%氢氧化钠+0.025%十二烷基磺酸钠,pH 11~12; 0.1%氢氧化钠+1%乙二胺四乙酸四钠,pH 11~12

膜清洗还可以分为在线清洗(cleaning in place,CIP)和离线清洗(cleaning off line)两

种：在线清洗就是将反渗透装置接入清洗系统，整体(或分段)进行清洗；离线清洗是将每一个膜元件从膜组件中卸下，在专用的清洗装置上对每一个膜元件进行逐个清洗和性能检测，性能检测包括清洗前后的膜元件重量、透水量和脱盐率，以检查每个膜元件的清洗效果和性能，达到清洗效果的最佳化。显然，离线清洗效果最好。离线清洗还可找出个别性能差的膜元件，予以针对性更换。

清洗剂和清洗方法是否合理，对膜的寿命将有很大影响。对膜的清洗和性能恢复进行深入研究，探索膜污染的机理，针对每一类污染开发出更有效、更经济的清洗方法，并从技术和经济上对每种清洗方法进行评价，这些工作对开发膜技术的工业应用都非常重要。

3) 膜清洗效果的表征

通常用水透过率恢复系数(r)来表达，可按下式计算：

$$r=(J_Q/J_0)\times 100\% \tag{8-33}$$

式中，J_Q——清洗后膜的纯水透过通量；

J_0——新膜初始的纯水透过通量。

γ 应$\geqslant$90%。除此之外，清洗效果还可以用运行设备进出口压差减少程度(或不高于初始压差 10%)及脱盐率恢复程度(或不低于清洗前脱盐率)来评价。

8.2 纳滤

8.2.1 概述

纳滤是介于反渗透和超滤之间的又一种分子级的膜分离技术。纳滤也属于压力驱动型膜过程，操作压力通常为 0.3～1.0MPa，一般为 0.7MPa 左右。它是在 20 世纪 80 年代初继 RO 复合膜之后开发出来的，早期称为低压反渗透膜或疏松反渗透膜。它适宜于分离相对分子质量在 150～200，分子大小为 1nm 的溶解组分，故命名为纳滤，该膜称为纳滤膜。反渗透、纳滤、超滤的比较如表 8-20 所示。

表 8-20 目前工业用反渗透、纳滤、超滤的比较

项目	膜类型	操作压力/MPa	切割相对分子质量	对一价离子(如 Na^+)脱除率/%	对二价离子(如 Ca^{2+})脱除率/%	对水中有机物、细菌、病毒脱除
反渗透	无孔膜	1～1.5	<100	>98	>99	全部脱除
纳滤	无孔膜(约 1nm)	0.5	200～1000	40～80	95	全部脱除细菌和病毒，相对分子质量 100～200 的非解离有机物透过
超滤	有孔膜	0.1～0.2	>6000			脱除大分子、有机物、细菌、病毒

纳滤膜的应用集中于水的软化、果汁浓缩、多肽和氨基酸分离、糖液脱色与净化等方面。

8.2.2 纳滤原理

纳滤膜的一个特点是具有离子选择性：一价离子可以大量地渗过膜(但并非无阻挡)，

而多价离子(例如硫酸盐和碳酸盐)的截留率则高得多。因此盐的渗透性主要由离子的价态决定。

对于阴离子,截留率按以下顺序上升:$NO_3^- < Cl^- < OH^- < SO_4^{2-} < CO_3^{2-}$。

对于阳离子,截留率按以下顺序上升:$H^+ < Na^+ < K^+ < Ca^{2+} < Mg^{2+}$。

纳滤过程之所以具有离子选择性,是由于在膜上或者膜中有带电基团,它们通过静电相互作用阻碍多价离子的渗透。荷电性的不同(如正电或负电)及荷电密度的不同等,都会对膜性能产生明显的影响。

纳滤膜的传质机理可用溶解-扩散模型来解释,大部分纳滤膜为荷电型,它对无机盐的分离行为不仅受化学势控制,同时也受到电势梯度的影响,具体可用道南(Donnan)平衡来解释。

所谓道南平衡,是指在透过膜体系中,在膜两侧溶液处于平衡时,不只化学位相等,而且必须是电中性的。举例说明,在图 8-51(a)的体系中,假设膜两侧水中含有的 Na^+、Cl^- 均相等,为 x,如果在Ⅰ侧水中加入 NaY 的化合物,量为 m,其中 Y 是大分子,不能透过膜,这时Ⅰ侧水中 Na^+ 量上升为 $x+m$,膜两侧的化学位平衡被破坏,两侧 Na^+ 出现浓度差(图 8-51(b)),Ⅰ侧 Na^+ 必定向Ⅱ侧渗透,使Ⅱ侧 Na^+ 浓度升高,但此时又使两侧的电中性被破坏,Ⅰ侧中负电荷离子多,Ⅱ侧中正电荷离子多,为了保持电中性,Ⅰ侧中的 Cl^- 也向Ⅱ侧渗透(因负离子 Y^- 不能渗透),并保持两侧的电中性,直到两侧的化学位达到平衡(图 8-51(c))。

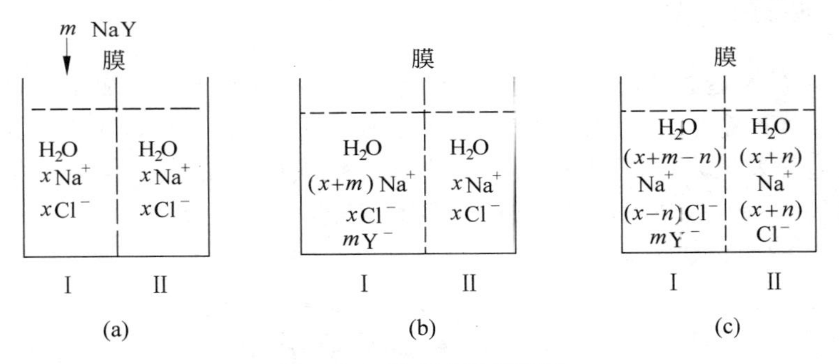

图 8-51 道南平衡说明图

根据数学推导,平衡时两侧 NaCl 浓度有如下关系:

$$[C_{\mathrm{NaCl}}^{\mathrm{II}}/C_{\mathrm{NaCl}}^{\mathrm{I}}]^2 = 1 + [C_{\mathrm{NaY}}^{\mathrm{I}}/C_{\mathrm{NaCl}}^{\mathrm{I}}] \tag{8-34}$$

式中,$C_{\mathrm{NaCl}}^{\mathrm{I}}$、$C_{\mathrm{NaCl}}^{\mathrm{II}}$——分别为Ⅰ侧和Ⅱ侧中 NaCl 浓度,在图 8-51 体系中分别为 $x-n$、$x+n$;

$C_{\mathrm{NaY}}^{\mathrm{I}}$——Ⅰ侧中 NaY 浓度,在图 8-51 体系中为 m。

从上式可以看出,等号右侧大于 1,故 $C_{\mathrm{NaCl}}^{\mathrm{II}} > C_{\mathrm{NaCl}}^{\mathrm{I}}$。

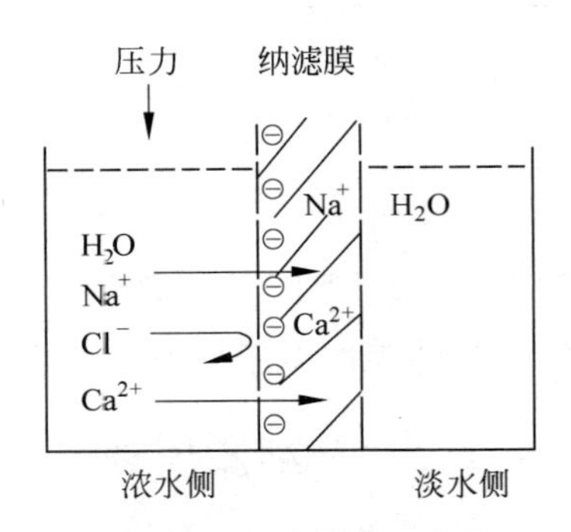

图 8-52 纳滤过程示意图

具体对纳滤膜来讲,如图 8-52 所示,在压力差推动下,水分子可以通过膜,在浓度差推动下,Na^+、Cl^-、Ca^{2+} 也应该通过膜,但由于膜本身带电荷(如负电荷,带正电荷也一样),这时膜中正电荷离子多于负电荷离子。

换句话说,水中正电荷离子可以在浓度差作用下透过膜，但负电荷离子却受到带负电的膜的阻滞，无法（或很少）透过膜达到淡水侧，由于电中性原理，又限制了正电荷离子向淡水侧扩散，这就达到了脱盐的目的。

与一价离子相比，二价离子由于电荷多，电中性原理造成浓差扩散的阻力更大，也更不容易透过膜，所以纳滤膜对二价离子的脱除率要大于对一价离子的脱除率。

由于无机盐能透过纳滤膜，使其渗透压远比 RO 膜低，因此在通量一定时，纳滤过程所需的外加压力比 RO 低得多；而在同等压力下，纳滤的水通量比 RO 大得多。

8.2.3 纳滤膜及其应用

1. 纳滤膜

目前纳滤膜大致可分为两大类：传统软化纳滤膜和高产水量荷电纳滤膜。前者最初是为了软化，与反渗透膜几乎同时出现，只是其网络结构更疏松，对 Na^+ 和 Cl^- 等单价离子的去除率很低，但对 Ca^{2+} 和 CO_3^{2-} 等二价离子的去除率仍大于 90%。由于此特性使它在饮用水处理方面有其特殊的优势。因为反渗透在去除有害物质的同时也去除了水中大量有益的无机离子，出水呈弱酸性，不符合人体的需要。而纳滤膜在有效去除水中有害物质的同时，还能保留一定的人体所需的无机离子，而且出水 pH 变化不大。此外，此类纳滤膜的截留相对分子质量在 200～1000，故对除草剂、杀虫剂、农药等微污染物及某些染料、糖等有机物组分的截留率也很高，能去除 20%～90%以上的 TOC。高产水量荷电纳滤膜是近年来开发的一种专门去除有机物而非软化的纳滤膜，对无机物的去除率只有 5%～50%，这种膜是由能阻抗有机物的材料制成，膜表面带负电荷，排斥阴离子，能截留相对分子质量 200～500 的有机化合物而透过单价离子，同时比传统的纳滤膜的产水量高。因此在某些高有机物水和废水处理中极有价值。

纳滤膜对有机物的去除依赖于有机物的电荷性，对可以解离的带电有机物的去除率高于非解离的有机物，因此截留相对分子质量指标在此处就不是一个很确切的有机物的表征量了。

与反渗透膜一样，纳滤膜也是在致密的脱盐表层下有一个多孔支撑层，起脱盐作用的是表层。支撑层与表层可以是同一材料（如 CA 膜，称为非对称性膜），也可以是不同材料（即复合膜）。目前使用的除少量醋酸纤维素膜（CA 膜）之外，绝大多数都是复合膜，复合膜的多孔支撑层多为聚砜，在支撑层上通过界面聚合制备薄层复合膜，并进行荷电，就可得到高性能的复合纳滤膜脱盐的表层，按材料分有如下几类。

（1）芳香聚酰胺类

如 Filmtec 公司的 NF50、NF70，结构如下：

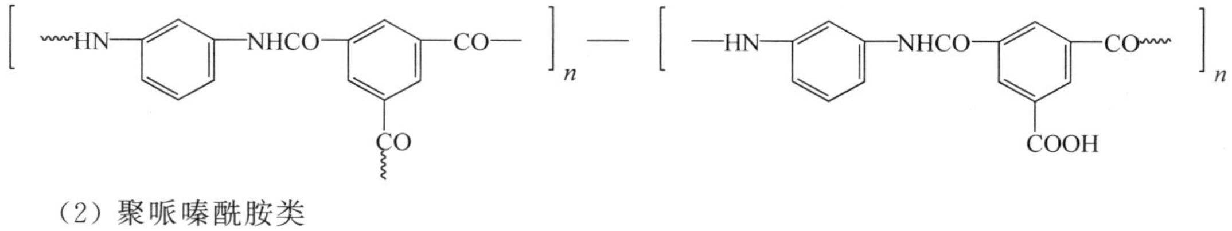

[~HN–⌬–NHCO–⌬(CO~)–CO–]$_n$ — [–HN–⌬–NHCO–⌬(COOH)–CO~]$_n$

（2）聚哌嗪酰胺类

如 Filmtec 公司的 NF40、日本东丽公司 UTC-60 等，结构如下：

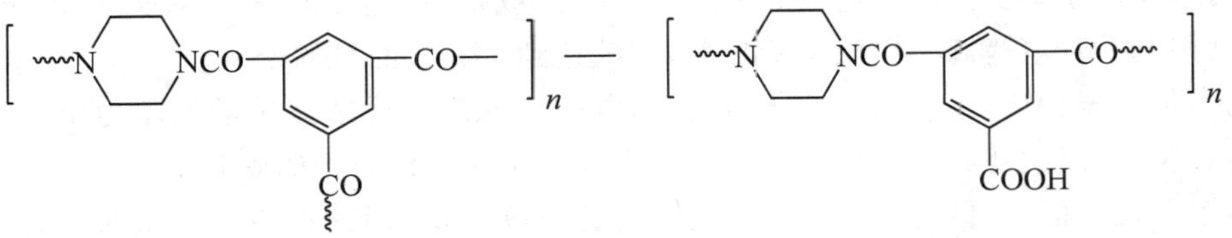

(3) 磺化聚(醚)砜类

如日本日东电工公司的NTR-7400,结构如下:

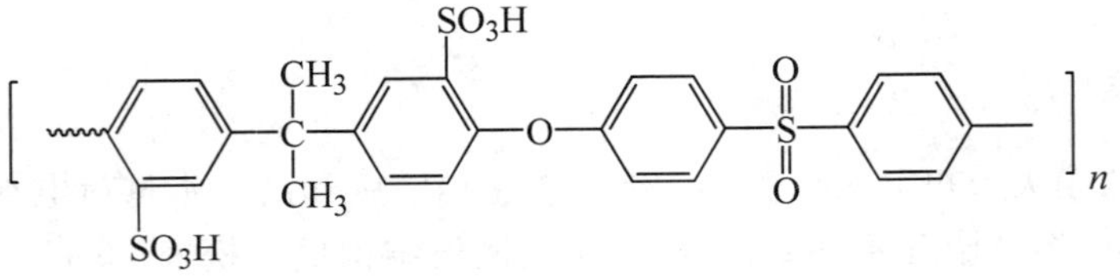

或

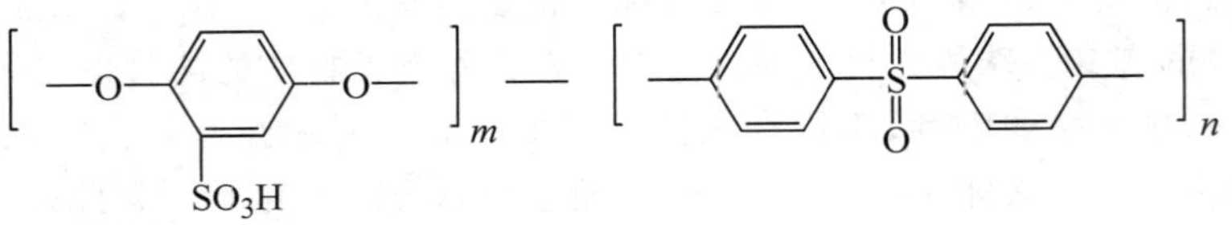

(4) 复合型

如聚乙烯醇与聚哌嗪酰胺、磺化聚(醚)砜与聚哌嗪酰胺等组成。

(5) 其他

其他材料还有磺化聚芳醚砜(SPES-C)、丙烯酸-丙烯腈共聚物、胺与环氧化物缩聚物等。

2. 纳滤膜(装置)性能

反渗透膜的性能指标基本上适用于纳滤膜,可以用反渗透膜的性能指标来评价纳滤膜,另外,纳滤膜本身也有特殊的性能指标。纳滤器(装置)也与反渗透相同,目前应用的多为螺旋卷式。

1) 水通量

纳滤膜的水通量为$2\sim4L/(m^2\cdot h)$(3.5%NaCl、25℃、ΔP为0.098MPa),大约是反渗透膜的数倍,水通量大,也说明纳滤膜比较疏松、孔大。

2) 脱盐率

纳滤膜对水中一价离子脱盐率为40%~80%,远低于反渗透膜;对水中二价离子脱盐率可达95%,略低于反渗透膜;对水中有机物有较好的截留能力。

纳滤膜对水中离子脱除率不是一个定值,尤其是对一价离子脱除率,除与该离子价数有关外,还与其相反电荷的配对离子性质有关。例如,纳滤膜对氯化钠中钠离子脱除率仅有57%,但对硫酸钠中钠离子脱除率却可达到98%,也就是说,它对钠离子脱除率还受到与它配对的阴离子影响,阴离子价数高,脱除率上升。这点可以用道南理论进行解释。

3) 截留相对分子质量

对于纳滤膜的孔径,有时会套用超滤膜的指标,用截留相对分子质量来表示。所谓截留相对分子质量是用一系列已知相对分子质量的标准物质(如聚乙二醇)配制成一定浓度的测试溶液，测定它在纳滤膜上的截留特性来表征膜孔径大小。纳滤膜的截留相对分子质量一般为200～1000。

4）水回收率

对纳滤膜，设计的单支膜水回收率基本与反渗透膜相同，一般为15%。

5）荷电性

由于纳滤膜是荷电膜，它脱盐很大程度上依赖其荷电性，因此测量纳滤膜电荷种类、电荷多少直接关系到纳滤膜的性能。采用专门的测定装置，让膜一侧溶液在压力下透过膜，测量膜两侧电位差来判断膜的电荷种类、电荷多少(图8-53)。

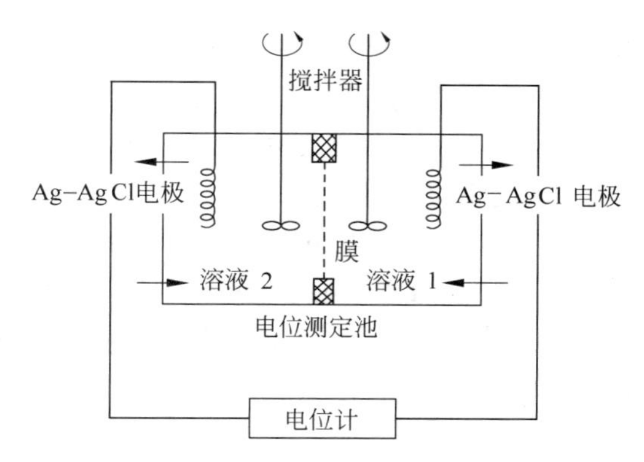

图8-53 纳滤膜电荷测量装置

3. 纳滤膜应用

1）纳滤膜对进水水质要求

纳滤膜对进水水质要求和反渗透膜相同。

2）纳滤膜在饮用水处理中的应用

(1) 由于纳滤膜对水中二价离子(主要是Ca^{2+}、Mg^{2+})去除率较高，对一价离子(主要是Na^{+}、K^{+})去除率较低，所以纳滤膜可以用于硬水软化及苦咸水淡化。

(2) 由于纳滤膜对水中有机物去除率较高，可用于去除饮用水中有机物及某些氯化消毒时的副产物，消除含有机物的饮用水对健康的危害。

这一点纳滤比反渗透优越，因纳滤在去除有机物的同时还保留了一部分无机物(主要是Na^{-}、K^{+}、Cl^{-}等一价离子)，而反渗透则将有机物和无机物一同去除。

3）纳滤膜在其他方面的应用

(1) 用于工业冷却水处理。对工业冷却水的补充水进行软化处理，去除其硬度，可以提高工业冷却水浓缩倍率，防止结垢。

(2) 水的软化。在一些需要软化水的场合(如低压锅炉、纺织印染用水等)，可用纳滤膜代替离子交换进行水的软化。

(3) 废水处理。对高有机物废水可以用纳滤膜进行浓缩，或去除水中有机物及细菌后回收利用。

(4) 产品的浓缩和纯化。主要用于制药工业、食品工业等。

8.3 超滤和微滤

超滤(UF)和微滤(MF)同属压力驱动型膜，就其分离范围(即要被分离的微粒或分子的大小)，它填补了反渗透、纳滤与普通过滤之间的空白。

超滤是介于微滤和纳滤之间的一种膜过程，它是以孔径为1nm～0.05μm的不对称多孔性半透膜——超滤膜作为过滤介质，在0.1～1.0MPa压力的推动下，溶液中的溶剂、溶解盐类和小分子溶质透过膜，而各种悬浮颗粒、胶体、蛋白质、微生物和大分子溶质等被截留，以达到分离纯化目的的膜分离技术，所分离的溶质分子的相对分子质量下限为几千。

微滤是以多孔膜为过滤介质，孔径范围为0.05～15μm，在0.1～0.3MPa压力的推动下，截留溶液中的砂砾、淤泥、黏土等颗粒和贾第虫、隐孢子虫、藻类和一些细菌等，而大量溶剂、小分子及大分子溶质都能透过膜的分离过程。

微滤主要用于分离液体中尺寸超过0.1μm的物质，具有高效、方便和经济的优点。广泛应用于半导体及微电子行业超纯水的终端过滤，反渗透的前处理，各种工业给水的预处理和饮用水的处理，以及城市污水和各种工业废水的处理与回用等；在啤酒与其他酒类的酿造中，用以除去微生物与异味杂质等。另外，微滤也是精密尖端技术科学和生物医学科学中检测有形微细杂质，进行科学实验的重要工具。

8.3.1 超滤的基本原理

在压力作用下，水从高压侧透过膜到低压侧，水中大分子及微粒组分被膜阻挡，水逐渐浓缩后以浓缩液排出。超滤膜具有选择性的表面层上有一定大小和开口的孔，它的分离机制主要是靠物理的筛分作用，如图8-54所示。

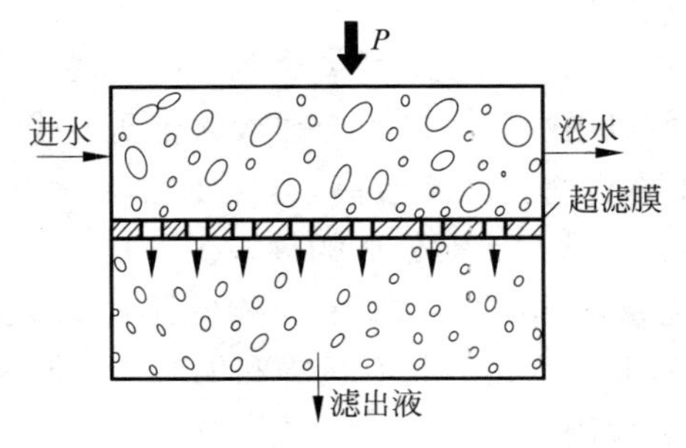

图8-54 超滤原理示意图

但是有时却发现膜孔径比水中某颗粒状溶质大，却有明显的分离效果。因此更全面的解释应该是膜的孔径大小和膜的表面化学特性等因素，分别起着不同的截留作用。超滤分离的原理可基本理解为筛分，但同时又受到粒子荷电性及荷电膜相互作用的影响。因此，实际上超滤膜对溶质的分离过程主要有：

(1) 在膜表面及微孔内吸附(一次吸附)；

(2) 在孔中停留而被去除(阻塞)；

(3) 在膜面的机械截留(筛分)。

当然,理想的超滤筛分应尽力避免溶质在膜面和膜孔上的吸附和阻塞。所以超滤膜的选择除了要考虑适当的孔径,必须选用与被分离溶质之间作用力弱的膜材质。

超滤膜的特性一般可用两个基本量表示:膜的透过通量(J_v),它表示单位时间内单位面积膜上透过的溶液量,通常它是容易测定的;溶质的截留率,可通过溶液的浓度变化测出,即由原液浓度和透过液浓度可求出表观截留率(R_{obe}),其定义如下:

$$R_{obe}=1-C_p/C_b \tag{8-35}$$

式中,C_b——原液浓度,mg/L;

C_p——透过液浓度,mg/L。

超滤法分离中,主体溶液带到膜表面的溶质,被膜截留而累积增多,所以在膜表面处的溶质浓度变得比原主体溶液浓度高,这种现象称为浓差极化,是对膜透过现象产生很大影响的因素之一。当膜面上溶质浓度增加到一定值时,在膜面上会形成一层称为凝胶层的非流动层,这个凝胶层对膜的透过有很大阻力,因而膜的透过通量急剧下降,这是超滤过程中一个很大的问题。浓差极化现象见图 8-55。

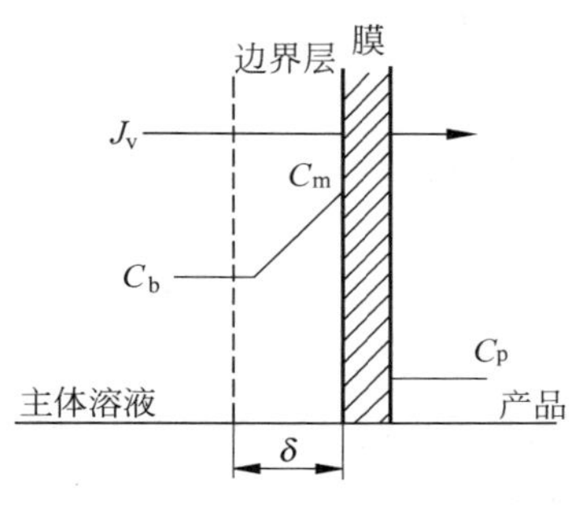

图 8-55 浓差极化现象

由于浓差极化,实际上膜截留的是膜面上溶质浓度为 C_m 的溶液,所以膜的真实截留率 R 应为

$$R=1-C_p/C_m \tag{8-36}$$

这个真实截留率虽然能真实地表示超滤的特性,但由于膜面浓度无法测定,也无法求出。有人通过数学推导得到如下浓差极化方程式:

$$(C_m-C_p)/(C_b-C_p)=\exp(J_v/K) \tag{8-37}$$

$$K=D/\delta$$

式中,K——浓差极化层内的溶质传质系数;

δ——边界层厚度,mm;

D——扩散系数,m^2/s。

当已知传质系数 K 时,用测得的 J_v、C_b 及 C_p 值代入式(8-37)中,即可求出 C_m,将 C_m 代入式(8-36),进而可求出真实截留率 R。

传质系数 K,可以用传质准数并联式计算,也可通过试验确定。

关于超滤膜的过滤过程的解释,目前基本上有如下 3 种模型。

(1) 微孔模型

超滤膜的渗透机理基本上是筛分机理,所以通常用微孔模型来评价膜的性能。纯水渗透系数是膜的固有值,而溶质渗透系数是由溶质决定的数值。在微孔模型中,假定膜中半径 r_p、长 Δx 的圆筒形微孔从表到里是相通的。溶质为半径 r_s 的刚体球,溶液在微孔内的流动为泊谡叶(Poiseuille)流动,用这个微孔模型,可以计算溶质的渗透系数、截留率等指标。

(2) 渗透压模型

超滤对象的溶质是高分子,因此低浓度时其渗透压与操作压相比可以忽略不计,随着溶液浓度升高,渗透压呈指数关系急剧上升,用超滤浓缩时必须考虑渗透压的影响。

高分子溶液的渗透压,通常可用下式表示:

$$\pi(C)=A_1C+A_2C^2+A_3C^3 \tag{8-38}$$

式中,$\pi(C)$——高分子溶液的渗透压;

A_1、A_2、A_3——渗透压系数;

C——高分子溶液的浓度。

在浓缩过程中应用时,溶质截留率一般为100%,渗透压差($\Delta\pi$)变为与膜面浓度相对应的渗透压,膜的透过通量如下:

$$J_v=A[\Delta P-(A_1C_m+A_2C_m^2+A_3C_m^3)] \tag{8-39}$$

式中,A——纯水渗透系数;

ΔP——膜两侧的压差;

C_m——膜面溶质浓度。

使浓差极化式(8-37)中的 $C_p=0$,可以得到下列膜面浓度计算式:

$$C_m=C_b\exp(J_v/K) \tag{8-40}$$

当操作压力、原液浓度及流量已知时,可以计算膜的通量。

用纯水测定膜的透过通量时,其值与操作压力成比例增加,但用高分子溶液进行超滤时膜的透过通量与压力不成比例,在达到某一定值后,就不随压力变化了。并且这个值与膜的渗透阻力(纯水渗透系数的倒数)也无关。此时膜的透过通量,称为极限通量(J_{lim}),它随着原液浓度增大而变小,随着膜表面的传质条件改善而变大。极限通量与压力关系(ΔP)见图8-56,极限通量与原液浓度($\ln C_b$)的关系见图8-57。

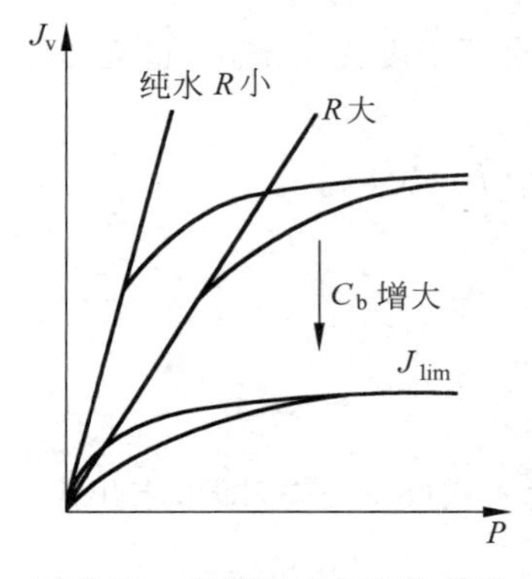

图8-56 极限通量与压力关系

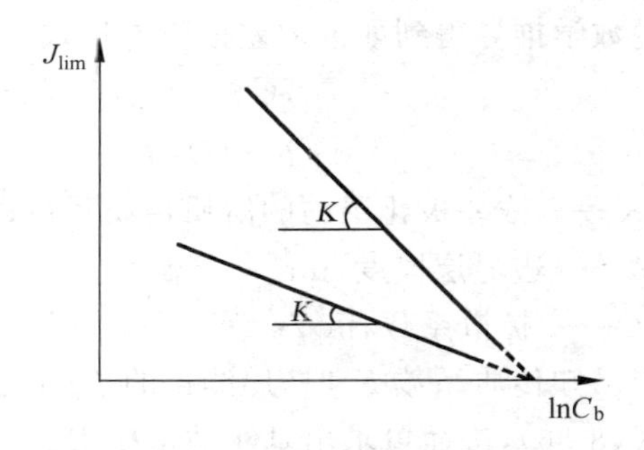

图8-57 极限通量与原液浓度的关系

用渗透压模型计算所得结果见图8-58。

(3) 凝胶极化模型

当膜面溶质浓度 C_m 达到溶质的凝胶浓度(C_g)时,浓差极化公式(8-37)可表示为

$$J_v=K\ln[(C_g-C_p)/(C_b-C_p)] \tag{8-41}$$

形成凝胶层时,溶质截留率极高,即 $C_p=0$,上式简写为

$$J_v=K\ln(C_g/C_b) \tag{8-42}$$

式(8-42)称为凝胶极化方程式,凝胶浓度 C_g 决定于溶质的性质,在一定压力下极限通量 J_{lim} 与主体料液浓度 C_b 的关系如图8-58所示,是一条斜率为 K 的直线。

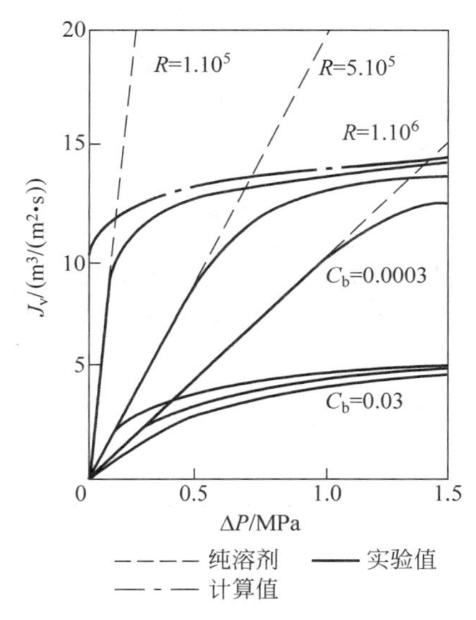

图 8-58 用渗透压模型计算的极限通量

8.3.2 超滤膜及膜元件

1. 超滤膜的特性

超滤和反渗透都是以压力为驱动力，有相同的膜材料和相仿的制备方法，有相似的机制和功能，有相近的应用。因此，很难有一条明确的界限决然将两者分开。有人认为，可以把超滤膜看作具有较大平均孔径的反渗透膜。

超滤膜的分离特性是指超滤膜的透水通量(ultrafiltration membrane net flux)和截留率，与膜的孔结构有关。膜的孔结构随测试方法和所用仪器不同，结果差异很大，因此应该在提出数据时说明测试条件，当然最好应有标准化测试方法，这样才便于对比。透水通量是指单位时间单位膜面积透过的水量，L/(m^2·h)，应区分纯水透过通量和溶液透过通量两个值。纯水透过通量可通过计算或试验求得。膜的截留能力以截留相对分子质量来表示，它是一个试验值，但截留相对分子质量的定义和测得条件目前还不够严格。目前是采用已知相对分子质量的球形分子并且在不易产生浓差极化的条件下测得截留率，将表观截留率 R_{obe} 为 90%～95%的溶质相对分子质量定为截留相对分子质量，常用的测量超滤膜截留相对分子质量的球形分子见表 8-21。

表 8-21 超滤膜截留范围测定常用物质及其相对分子质量

试剂名称	相对分子质量	试剂名称	相对分子质量	试剂名称	相对分子质量
葡萄糖	180	维生素 B-12	1350	卵白蛋白	45000
蔗糖	342	胰岛素	5700	血清蛋白	67000
棉籽糖	594	细胞色素 C	12400	球蛋白	160000
杆菌肽	1400	胃蛋白酶	35000	肌红蛋白	17800

用截留相对分子质量方法表示超滤膜的特性，对于像球蛋白这一类分子的同系物，是比

较满意的方法。但是事实上截留率不仅与相对分子质量有关,还与分子的形状、分子的可变性及分子与膜的相互作用等因素有关。当相对分子质量一定时,膜对球形分子的截留率远大于线形分子。因此,用截留相对分子质量来表征膜的截留溶质特性并不十分准确。

有人综合国外资料给出截留相对分子质量与平均孔径的对应值,见表8-22。

表8-22 膜截留相对分子质量与平均孔径的近似关系

截留相对分子质量	近似平均孔径/nm	截留相对分子质量	近似平均孔径/nm
500	2.1	30000	4.7
2000	2.4	50000	6.6
5000	3.0	100000	11.0
10000	3.8	300000	18.0

2. 超滤膜的制备

超滤膜的制备和反渗透膜相似,但制造超滤膜容易一些。

超滤膜组件中常用的有机膜材料有二醋酸纤维素(CA)、三醋酸纤维素(CTA)、氰乙基醋酸纤维素(CN-CA)、聚砜(PSF)、磺化聚砜(SPSF)、聚砜酰胺(PSFA)、聚偏氟乙烯(PVDF)、聚丙烯腈(PAN)、聚酰亚胺(PI)、甲基丙烯酸甲酯-丙烯腈共聚物(MMA-AN)、酚酞侧基聚芳砜(PDC)等。

无机膜近年来受到了越来越多的重视,多以金属、金属氧化物、陶瓷、多孔玻璃为材料。它与有机膜相比较,具有下列突出的优点:高的热稳定性,耐化学侵蚀,无老化问题。因而使用寿命长,可反向冲洗,分离极限和选择性是可控制的。当然也有其缺点:易碎,膜组件要求有特殊的构造,投资费用高,膜本身的热稳定性常常由于密封材料的缘故而不能得到充分利用。

目前制成的无机膜包括陶瓷膜、玻璃膜、金属膜和分子筛炭膜,以及无机多孔膜为支撑体再与高聚物超薄致密层组成的复合膜。无机分离膜的制法有多种,如烧结法、溶胶-凝胶法、分相法、压延法、化学沉淀法等。其中最重要的是溶胶-凝胶法。溶胶-凝胶法制备无机分离膜是以金属醇盐作为原料,用有机溶剂溶解,在水中通过强烈快速搅拌水解成为溶胶,溶胶经低温干燥后形成凝胶。控制一定的温度和湿度,继续干燥成凝胶膜。凝胶膜经过高温焙烧便成为具有一定陶瓷特性的氧化物微孔滤胶。氧化铝膜是目前工业上最常用的一种无机分离膜,制备氧化铝膜的工艺流程如图8-59所示。

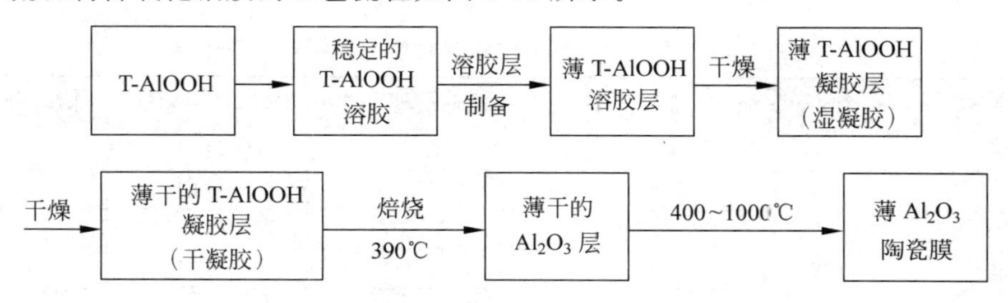

图8-59 制备氧化铝膜流程图

无机分离膜近十几年来受到特别的重视，发展很快。它已在分离(包括膜反应)、废水处理、啤酒和饮料的除菌与澄清、病毒的分离和血液处理等领域应用。

近年我国开发了一种合金聚氯乙烯(PVC)超滤膜，它是在塑料PVC膜基础上又加入无机成分，具有通量大、抗污染能力强的优点，已获得广泛应用。

3. 超滤膜元件及超滤装置

1) 超滤膜元件

超滤膜的类型有平板型、管型及中空纤维型等多种，平板型可以制成平板式超滤器及卷式膜元件，管型则制成管式膜元件。中空纤维状膜是工业给水处理中用得较多的一种，它制成的膜元件形式有两种：柱式和帘式(浸入式)。

柱式膜元件是将几千乃至几万根中空纤维膜丝(外径0.5～2mm，内径0.3～1.4mm)放到一个承压容器内，有内压式和外压式两种。内压式是让进水进入膜丝的中心孔，滤后的水从膜丝外侧流出；外压式进水是与膜丝外侧接触，过滤后水从膜丝中心孔流出。由于内压式对进水悬浮物含量要求高(内压式进水浊度应不大于5NTU，外压式进水浊度可不大于15NTU)，所以外压式应用较广。柱式膜元件外形见图8-60(a)。

帘式膜又称浸入式膜(图8-31，图8-60(b))，它是用外压式超滤膜丝，两端固定在集水管上，直接放入被处理水中，对集水管进行抽吸，将膜丝孔中过滤出的水抽出，即产水。过滤动力是膜丝外侧被过滤水的静压与集水管抽吸形成的压差。

(a)

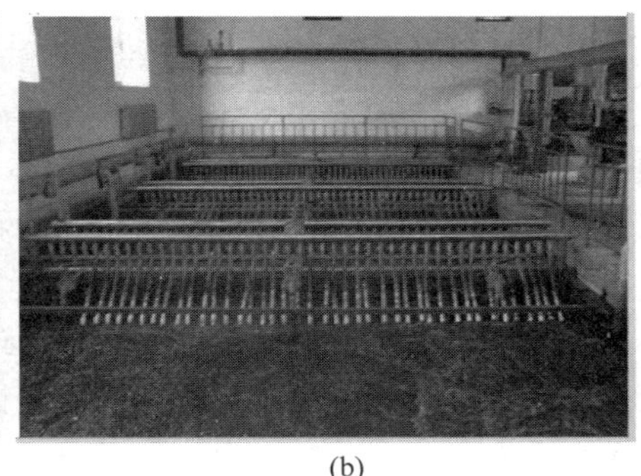

(b)

图8-60 超滤装置

(a) 柱式膜；(b) 帘式膜

抽吸是间歇式，并用滤出水频繁反冲洗膜丝，以防止污堵，还可以在膜丝下部曝气，气泡产生扰动冲洗膜丝，使其保持清洁。

帘式膜如果放在生物处理池中，即膜生物反应器(MBR)，运行中在膜外侧附着一层高浓度活性污泥，强化水的生物处理过程，将水的生物处理、过滤集为一体，并能达到促进生物处理的效果。工业给水处理往往是将帘式膜直接放入被处理水中(经混凝-澄清过滤处理的水，甚至中水)，进行超滤。

2) 超滤装置

由多个膜元件组成的超滤装置见图8-60。超滤装置包括超滤膜元件、进水过滤装置(如自清洗过滤器)、过滤水箱(兼反洗水箱)、反洗水泵及化学清洗加药系统。超滤的产水除外供之外,还兼作自身反冲洗用。反冲洗方式是每运行一段时间(如15～45min),就反冲洗一次(30～60s),另外还定期进行水清洗和化学药剂清洗。典型的超滤装置系统见图8-61。

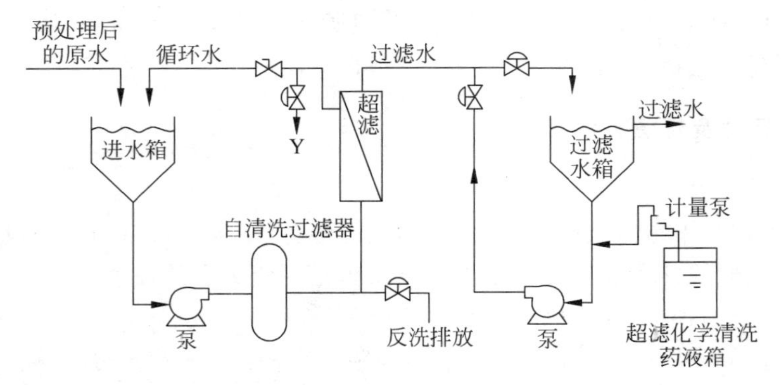

图8-61 错流过滤超滤系统

8.3.3 超滤膜污染与控制

与浓差极化不同,膜污染是指料液中的颗粒、胶体或大分子溶质通过物理吸附、化学作用或机械截留在膜表面或膜孔内吸附、沉积造成膜孔堵塞,使膜发生透过通量与分离特性明显变化的现象。

1. 污染机理

膜污染是一个复杂的过程,膜是否污染以及污染的程度归根于污染物与膜之间以及不同污染物之间的相互作用,其中最主要的是膜与污染物之间的静电作用和疏水作用。有时静电作用与疏水作用是两个相反的作用力,它们之间相对大小决定了膜是否被污染。

(1) 静电作用。因静电吸引或排斥,膜易被异性电荷杂质污染,而不易被同性电荷杂质所污染。膜表面带电是由于膜表面极性基团在与溶液接触后发生了离解。天然水中,胶体、杂质颗粒和有机物一般带负电荷,而阳离子絮凝剂(铝盐)带正电荷,因此与膜之间的静电作用是不同的,吸引力越大,膜被污染程度越大。另外,杂质和膜表面极性基团的解离与pH有关,所以,膜的污染程度也受pH影响。

(2) 疏水作用。疏水性的膜易受疏水性的杂质污染,造成污染的原因是膜与污染物相互吸引,这种吸引作用源于分子间的范德华力。如果某种有机物含有一个电荷基团,且其碳原子数超过12,而同时膜表面带一个单位同种电荷时,则该有机物与膜之间的疏水吸附能就大于静电排斥能,从而导致它在疏水性膜表面的吸附,即膜的污染。因此,当疏水作用的强度超过静电作用时,膜就会被污染,而且疏水作用越强,污染程度越严重。

2. 污染控制对策

(1) 膜材料的选择。亲水性膜不易受污染,选择亲水性强、疏水性弱的抗污染超滤膜是控制膜污染的有效途径之一。膜的疏水性常用水在膜表面上的接触角来衡量。接触角越大,说明膜的疏水性越强,越易被水中疏水性的污染物所污染。常见超滤膜材料接触角从大到小的大致顺序为：聚丙烯＞聚偏氟乙烯＞聚醚砜＞聚砜＞陶瓷＞纤维素＞聚丙烯腈。

(2) 膜组件的选择与合理设计。不同的组件和设计形式，抗污染性能不一样。如果原水中悬浮物较多，或容易形成凝胶层的溶质含量较高，可考虑选用容易清洗的板式或管式组件。

对于膜组件，应设计合理的流道结构，使截留物能及时被水带走，同时应减小流道截面积，以提高流速，促进液体湍动，增强携带能力。平板膜通常采用薄层流道；管式膜组件可设计成套管式；中空纤维膜可以用横向流代替同向流，即让原料液垂直于纤维膜流动。

(3) 膜清洗技术。主要有两种清洗技术：物理清洗和化学清洗。常用物理清洗方法去除膜表面的污染物，物理清洗也分为等压冲洗、负压冲洗、空气清洗、机械清洗以及物理场清洗。化学清洗所用的清洗剂种类应根据污染物的类型和程度、膜的物理化学性能来确定。常见化学药剂见表 8-23，清洗剂可单独使用，但更多情况下是复合使用。

表 8-23 常见膜清洗化学药剂

分　类	功　能	常用清洗剂	去除的污染物类型
碱	亲水、溶解	NaOH	有机物
酸	溶解	柠檬酸、硝酸(pH 2～3)	垢类、金属氧化物
氧化/杀生物剂	氧化、杀菌	NaClO、H_2O_2（可加 NaOH，pH 11～12）	微生物
螯合剂	螯合	柠檬酸、EDTA	垢类、金属氧化物
表面活性剂	乳化、分散和膜表面性质调节	十二烷基苯磺酸钠(SLS)、酶清洗剂	油类、蛋白质等

8.3.4 超滤装置运行与维护

1. 出水水质

经超滤处理后水的悬浮物含量小于 1mg/L，浊度小于 0.4NTU，$SDI_{15}\leqslant 3$。

2. 运行参数

(1) 流速。流速指的是水相对于膜表面的线速度。膜组件不同，流速不同，如中空纤维组件中流速一般小于 1m/s，管式组件中流速可以达 3～4m/s。提高流速，一方面可以减小膜表面浓度边界层的厚度和增强湍动程度，有利于缓解浓差极化，增加透过通量；另一方面，水流阻力变大，水泵耗电量增加。

(2) 操作压力与压降。操作压力一般是指水在组件进口处的压力，常为 0.1～1.0MPa。所处理的进水水质不同、超滤膜的截留相对分子质量不同，操作压力也不同。选择操作压力时，除将膜及外壳耐压强度作为依据外，还需考虑膜的压密性和耐污染能力。

压降是指原水进口压力与浓水出口压力的差值。压降与进水量和浓水排放量有密切关系。特别对于内压式中空纤维或毛细管型超滤膜，沿着水流动方向膜表面的流速及压力是逐渐下降的，这可能导致下游膜表面的压力低于所需工作压力，膜组件的总产水量会受到一定影响。随着运行时间延长，膜表面被污堵，进出水的压降增大，当压降高于预设值时，应对组件进行清洗。

操作压力和压降与进水温度有关,当温度较高时,应该降低操作压力和控制较低的跨膜压。

实际运行中还经常用到跨膜压(transmembrane pressure,TMP)这个指标,它是指原水进口压力和浓水出口压力的平均值与透过水压力的差值。跨膜压的值表征了超滤膜的污染程度。当跨膜压达到膜厂家规定的值时,需要进行清洗。

(3) 温度。进水温度对透过通量有显著的影响,一般水温每升高1℃,透水速率约增加2.0%。商品超滤组件标称的纯水透过通量是在25℃条件下测试的。当水温随季节变化幅度较大时,应采取调温措施,或选择富余量较大的超滤系统,以便冬季也能正常过滤。工作温度还受所用膜材质限制,如聚丙烯腈膜不应高于40℃,否则,可能导致膜性能的劣化和膜寿命的缩短。

(4) 回收率与浓水排放量。回收率是透过水量与进水量之比值。当进水流量一定时,降低浓水排放量,回收率上升,且膜面浓缩液流速变慢,容易导致膜污染。允许的回收率与膜组件形式和所处理的水质有关,中空纤维式组件与其他结构组件相比,可以获得较高的回收率(60%~90%)。

3. 清洗条件

当超滤装置产水量较初始值下降15%以上或压差较初始值上升0.05MPa时,需要进行清洗。

以中空纤维超滤膜的清洗为例,常用的清洗方式有:①正洗:进水侧进行冲洗,通常采用超滤进水,周期为10~60min;②反洗:从产水侧把等于或优于透过水质量的水输向产水侧,与过滤过程水流方向相反,通常周期为10~60min;③气洗:让无油压缩空气通过膜的进水侧表面,利用压缩空气和水混合振荡作用去除污物,通常周期为2~24h;④分散化学清洗:在进水侧加入具有一定浓度和特殊效果的化学药剂,通过循环流动、浸泡等方式,来清洗污物,通常周期为2~24h;⑤化学清洗:采用适当化学药剂对组件进行清洗,通常周期为1~6个月。

清洗效果的好坏直接关系超滤系统的稳定运行。影响清洗效果的主要因素有运行周期、清洗压力、清洗流量、清洗时间、清洗液温度以及清洗剂浓度等。

(1) 运行周期。超滤在两次清洗之间的使用时间称为运行周期。运行周期主要取决于进水水质,当进水中悬浮颗粒、有机物和微生物含量高时,应缩短运行周期,提高清洗频率。跨膜压和透水通量的变化是膜污染的客观反映,所以,可以根据跨膜压升高或透水通量下降的程度决定是否需要清洗。

(2) 清洗压力。反冲洗时,必须将压力控制在膜厂商规定的值以下,以防膜受损。

(3) 清洗流量。提高流量可以加大清洗水在膜表面的流速,提高除污效果。反冲洗时,反洗流量通常是正常运行时透过通量的2~4倍。

(4) 清洗时间。每次清洗时间的长短应从清洗效果和经济性两方面来考虑。清洗时间长可以提高清洗效果,但耗水量增加,对于一些附着力强的污染物,也不会因为清洗时间延长而改善清洗效果。通常,中空纤维膜制造商建议的反洗时间是30~60s。

(5) 清洗液温度。温度可以改变清洗反应的化学平衡,提高化学反应的速率,增加污染物和反应产物的溶解度，所以，在组件允许的使用温度范围内，可以适当提高清洗液温度。

（6）清洗剂浓度。适当提高清洗剂浓度，可以改变清洗反应平衡，加快清洗反应，增加清洗剂向污垢层内部的渗透力，获得较好的清洗效果。但是，过高浓度的清洗剂会造成药品浪费，还可能伤害超滤设备。

4. 故障与处理

当超滤系统出现产水量减少、跨膜压增加或透过水质变差等现象时，首先应判断装置本身是否真的出现了故障。

（1）透过通量下降。新的膜组件在运行初期，透过通量不断下降，当膜表面形成一层稳定的凝胶层后，通量趋于一个稳定值。此后若再出现通量的下降，说明膜被压密或被污堵。若是压密，则可以试图停机松弛，但一般不易恢复；若是污染，则应清洗。

（2）跨膜压增大，多是由污染引起的。当跨膜压超过初始值 0.05MPa，或超过膜组件提供商的规定值时，可采用等压冲洗法清洗，如无效，则加入化学药剂强化清洗，必要时进行化学清洗。跨膜压增加还可能是由于流速的增加，此时应减小浓水排放量。

（3）水质变差。水质变差有可能是浓差极化或膜污染引起的，此时应进行物理或化学清洗。但若出水水质急剧恶化，则可能是密封元件损坏或膜破损，此时，应停机，将出水排空，拆下组件，更换元件或更换新的膜组件。

8.3.5 微滤

1. 微滤原理

微滤（MF）是以压力为推动力，利用筛网状过滤介质膜的筛分作用进行分离的膜过程，其原理与普通过滤类似，但过滤的精度在 0.05～15μm，是过滤技术的最新发展。

微滤膜具有比较整齐、均匀的多孔结构，它是深层过滤技术的发展。在压差作用下，小于膜孔的粒子通过膜，比膜孔大的粒子则被截留在膜面上，使大小不同的组分得以分离，操作压力为 0.1MPa。

微滤膜的截留机理大体可分为以下几种。

（1）机械截留作用：指膜具有截留比它孔径大或与孔径相当的微粒等杂质的作用，即筛分作用。

（2）物理作用或吸附截留作用：如果过分强调筛分作用，就会得出不符合实际的结论，因此，除了要考虑孔径因素，还要考虑其他因素的影响，其中包括吸附和电荷性能的影响。

（3）架桥作用：通过电镜可以观察到，在孔的入口处，微粒因为架桥作用也同样可以被截留。

（4）网络型膜的网络内部截留作用：这种截留作用是将微粒截留在膜的内部，并非截留在膜的表面。

微滤膜各种截留作用如图 8-62 所示。对微滤膜的截留作用来说，机械截留作用固然重要，但微粒等杂质与孔壁之间的相互作用有时也显得很重要。

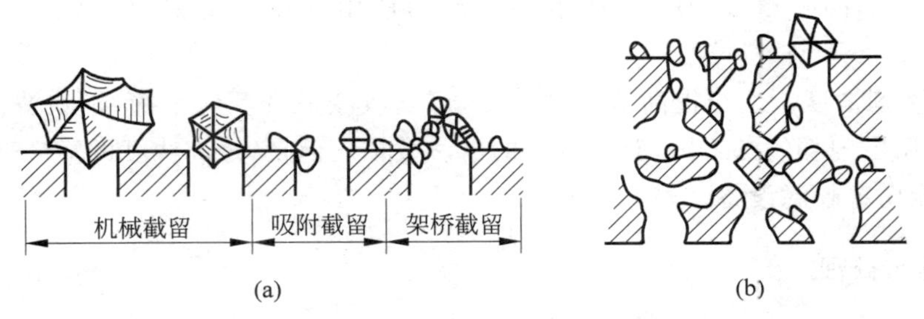

图 8-62 微滤膜各种截留作用示意图

(a) 在膜的表面层截留；(b) 在膜内部的网络中截留

2. 微滤膜

1) 微滤膜的特性

过滤介质一般可分为深层过滤介质和筛网状过滤介质两种。常规过滤介质，如滤纸、布、毡、砂石等，是呈不规则交错堆置的多孔体，孔形极不整齐，无所谓孔径大小。而筛网状过滤介质，具有形态整齐的多孔结构，过滤机理近似于过筛，使所有比网孔大的粒子全部拦截在膜表面上。微滤膜属于筛网状过滤介质，其特点如下。

(1) 孔隙率高。微滤膜的表面有无数微孔，为 $10^7 \sim 10^{11}$ 个/cm^2，孔隙率一般可高达80%左右，能将液体中大于额定孔径的微粒全部截留。膜的孔隙率越高，意味着过滤速度越快，过滤所需的时间越短，即通量越大。一般来说，它比同等截留能力的滤纸至少快40倍。再加上孔径分布好，过滤结果的可靠性高。

孔隙率 ε 可由式(8-43)求得：

$$\varepsilon = \left(1 - \frac{\rho_0}{\rho_t}\right) \times 100\% \tag{8-43}$$

式中，ρ_0——微滤膜的表观密度，g/cm^3；

ρ_t——制膜材料的真密度，g/cm^3；

ε——孔隙率，即滤膜中的微孔总体积与微滤膜体积的百分比，%。

过滤速度 J_W 可由式(8-44)求得：

$$J_W = \frac{V}{S_m t} \tag{8-44}$$

式中，J_W——过滤速度，$cm^3/(cm^2 \cdot s)$；

V——液体透过总量，cm^3；

S_m——膜的有效面积，cm^2；

t——过滤时间，s。

(2) 分离效率高。分离效率高是微滤膜最重要的特性之一，该特性受控于膜的孔径和孔径分布。微滤膜的孔径十分均匀，例如平均孔径为 $0.45\mu m$ 的微滤膜，其孔径变化范围为 $0.45\mu m \pm 0.02\mu m$。图8-63为微滤膜孔径与定量分析用滤纸的孔径分布比较。由图可见，滤纸的孔径分布范围很宽，而微滤膜孔径分布范围很窄，这是微滤膜的重要特性指标之一，只有孔径高度均匀，才能提高微滤膜的过滤精度，才能保证大于孔径的任何微粒都被截留。

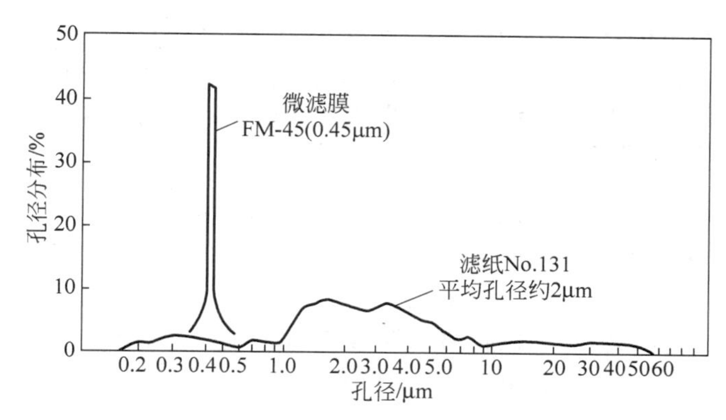

图 8-63 微滤膜与滤纸的孔径分布

(3) 膜质地薄。大部分微滤膜的厚度都在 150μm 左右,与深层过滤介质(如各种滤板)相比,只有它们的 1/10 厚,甚至更薄。所以,对过滤一些高价液体或少量贵重液体来说,由于液体被过滤介质吸收而造成的液体损失非常少。其次,还因为微滤膜很薄,所以它的质量轻,其单位面积的质量约为 $5mg/cm^2$,贮藏时占地少。

(4) 不会产生二次污染。高分子聚合物制成的微滤膜为一均匀的连续体,过滤时没有介质脱落,不会产生二次污染,从而能得到高纯度的滤液或气体。

(5) 纳容量较小。由于微滤膜主要是表面截留分离,所以其纳容量较小,易被堵塞,它最适合应用在精密的终端过滤。

(6) 驱动压力低。由于孔隙率高、滤膜薄,因而流动阻力小,一般只需较低的压力即可。由于滤膜近似于一种多层叠筛网,阻留作用限制在膜的表面,极易被少量与孔径大小相仿的微粒堵塞,因此在许多场合中,应以深层过滤为预过滤,才能充分发挥其作用,并延长膜的使用寿命。

基于上述特点,微滤膜主要用来对一些只含微量悬浮粒子的液体进行精密过滤,以得到澄清度极高的液体;或用来检测、分离某些液体中残存的微量不溶性物质,还可用于对气体进行类似的处理。简而言之,微滤膜主要用于分离流体中尺寸为 0.02～10μm 的微生物和微粒子。

2) 微滤膜的形态结构

微滤膜根据孔的形态结构,可分为两类:一类为具有毛细管状孔的筛网型微滤膜,它具有理想的圆柱形孔,对大于其孔径的微粒具有绝对过滤作用;另一类为具有曲孔的深度过滤型微滤膜,它的膜表面粗糙,表面上分布有孔径大于其名义过滤精度的孔,也就是说深度过滤型微滤膜不仅具有绝对过滤的作用,它甚至可以去除掉粒径小于其孔径的微粒。

常见的几种微滤膜的扫描电镜图像有以下 3 种类型(图 8-64)。

(1) 通孔型。例如核孔(nuclepore)膜,它是以聚碳酸酯为基材,利用核裂变时产生的高能射线将聚碳酸酯链击断,而后再以适当的溶剂浸蚀而成的。所得膜孔呈圆筒状垂直贯通于膜面,孔径高度均匀。

(2) 网络型。膜的微观结构与开孔型的泡沫海绵类似,膜体结构基本上是对称的。

(3) 非对称型。可分为海绵型与指孔型两种,可以认为它是通孔型和网络型两种结构的复合结构。非对称型微滤膜是日常应用较多的膜品种之一。

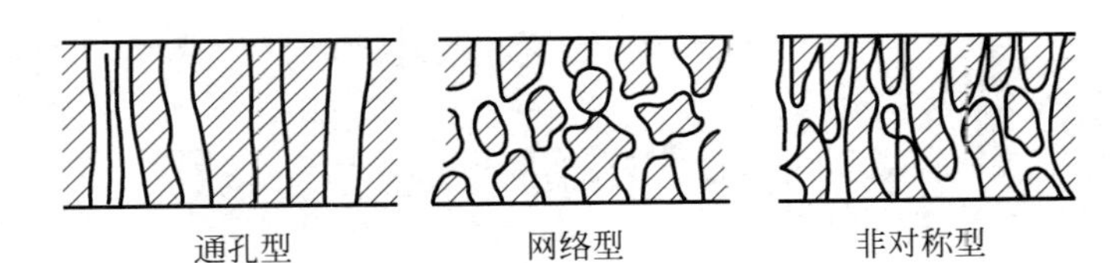

图 8-64　3种形态的膜断面结构

3）微滤膜分类和制法

微滤膜主要有聚合物膜和无机膜两大类，具体材料有以下几种。

(1) 有机类聚合物膜。聚四氟乙烯(PTFE 特富龙)、聚偏二氟乙烯(PVDF)、聚丙烯(PP)。

(2) 亲水聚合物膜。纤维素酯、聚碳酸酯(PC)、聚砜/聚醚砜(PSF/PES)、聚酰亚胺/聚醚酰亚胺(PI/PEI)、聚酯肪酰胺(PA)、聚醚醚酮。

(3) 无机类陶瓷膜。氧化铝(Al_2O_3)、氧化锆(ZrO_2)、氧化钛(TiO_2)、碳化硅(SiC)、玻璃(SiO_2)、炭及各种金属(不锈钢、钯、钨、银等)。

有机类聚合物膜的制法主要有烧结法、急骤凝胶法、溶出法、热压延流法、核径迹法等。无机膜的制法主要有烧结法、化学提取法(径迹蚀刻)等。

3. 微滤膜装置

工业用微滤膜装置有板框式、管式、螺旋卷式、中空纤维式、普通筒式及折叠筒式等多种结构。卷式由于难以清洗，在微滤中较少见。在水处理中，中空纤维式和管式使用较广泛，板框式、普通筒式和折叠筒式也有应用。膜装置必须满足以下基本要求：流体分布均匀、无死角、具有良好的机械稳定性和热稳定性、装填密度大、制造成本低、易于清洗、更换方便及压力损失小等。

1）医用针头过滤器

针头过滤器是装在注射针筒和针头之间的一种微滤膜器，以微滤膜为过滤介质，其结构形式如图 8-65 所示。

2）板框式

工业上应用的微滤设备主要为板框式，如图 8-66 所示，它们大多仿效普通过滤器的概念而设计。

3）折叠筒式微滤组件

对于大量液体的过滤，可采用折叠筒式微滤装置，其特点是单位体积中的膜面积大，因而过滤效率高。滤膜呈折叠状，这种形式的滤器与其他滤材的滤器(如滤纸、滤布、砂棒及烧结的多孔材料滤器)相比，具有体积小、过滤面积大、强度高、滤孔分布均匀、使用寿命长等特点。图 8-67 是这种组件的滤芯结构示意图。大型的折叠筒式微滤器可由几十根滤芯组成，每台过滤器表面积大，处理水量大，且操作方便，效率高，占地少。

微滤膜易被粒状溶质或凝胶状物质堵塞，而且被截留粒子也会沉积在膜结构内部，因此微滤膜在应用过程中，当发现透过通量下降到一定值后，常将旧膜弃去，更换新的。

4）采用烧结滤芯或线绕滤芯的筒式微滤装置，此装置在工业给水处理中应用较多，在7.1 节中曾作详细介绍，此处不再重复。

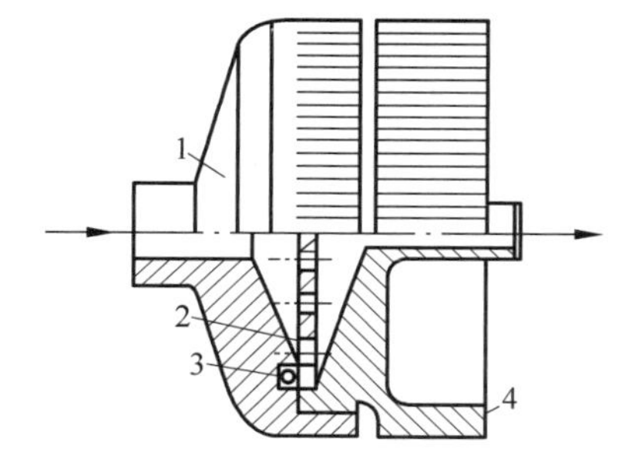

1—进口接头；2—支撑板；
3—O形密封圈；4—出口接头。

图 8-65 针头过滤器结构

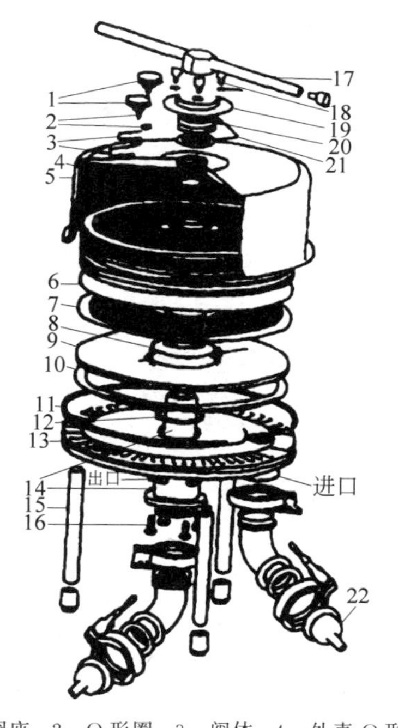

1—阀座；2—O形圈；3—阀体；4—外壳O形圈；
5—外壳；6—过滤膜；7—支撑网；8—小垫圈；9—支撑板；
10—大垫圈；11—底座O形圈；12—中心轴O形圈；13—底座；
14—中心轴；15—支座；16—中心轴螺钉；17—手柄；
18—制动螺钉垫圈；19—制动圈；20—螺栓；
21—反向垫圈；22—软管接头。

图 8-66 板框式微滤膜器结构示意图

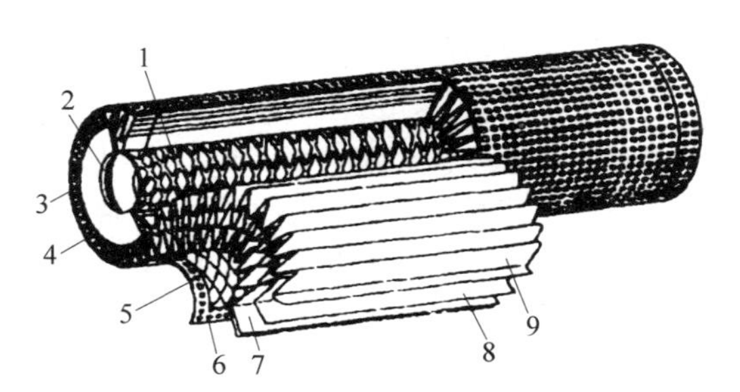

1—轴芯；2—O形环；3—垫圈；4—固定材；5—网；6—护罩；7—外层材；8—膜；9—内层材。

图 8-67 折叠筒式微滤膜装置的滤芯结构

8.3.6 超滤和微滤的操作及应用

超滤和微滤的操作分两种，即死端过滤(dead-end filtration)和错流过滤(cross-flow filtration)，如图 8-68 所示。死端过滤用于进水浊度小于 3NTU 时，错流过滤则用于进水浊度大于 3NTU 时。

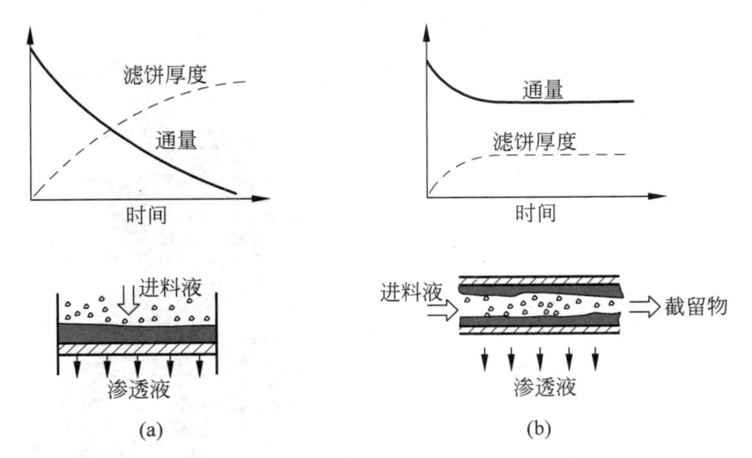

图 8-68 死端过滤(a)和错流过滤(b)示意图

1. 死端过滤

如图 8-68(a)所示,进料液置于膜的上游,在压差推动下,溶剂和小于膜孔的颗粒通过膜,大于膜孔的颗粒则被膜截留,通常堆积在膜孔上。在这种死端过滤操作中,随着操作时间的增长,被截留颗粒在膜面上堆积越来越多,在膜表面形成污物层,也起过滤作用但使过滤阻力增加;随着过滤的进行,污物层会不断增厚和压实,过滤阻力不断增加。在操作压力不变的情况下,膜渗透流率将下降。此外,若是在恒通量条件下进行,则会引起膜两侧压降的升高。由于膜的污染会使膜通量急剧下降到无法使用的程度,此时,就需更换膜组件。

死端过滤的跨膜压为进水与产水压力之差。

2. 错流过滤

错流过滤在近几十年来发展很快,有代替死端过滤的趋势,如图 8-68(b)所示。

进料液以切线方向流过膜表面,在压力作用下,溶剂通过膜,料液中的颗粒也会被膜截留而停留在膜表面形成一污物层。与死端过滤不同的是,进料液流经膜表面时产生的高剪切力可使沉积在膜表面的颗粒扩散返回主体流,从而被带出膜组件。由过滤导致的颗粒在膜表面的沉积速度与流体经膜表面时由速度梯度产生的剪切力引发的颗粒返回主体流的速度达到平衡,可使该污物层不再无限增厚而保持在一个较薄的稳定水平。因此一旦污染层达到稳定,膜渗透流率可在一段时间内保持在相对高的水平上。

当进料液流量较大时,为避免膜被污染和阻塞,应采用错流过滤设计,它在控制浓差极化和污物层堆积方面是很有效的。

在工业上 MF 广泛用于将大于 0.1μm 的粒子从溶液中除去的场合,目前在实验室大多采用滤芯和单膜的各种死端过滤,而在大规模应用中将会被错流过滤替代。

错流过滤的跨膜压(TMP)为:

$$\mathrm{TMP}=\frac{P_1+P_c}{2}-P_p \tag{8-45}$$

式中,P_1——进水压力;

P_c——浓水压力;

P_p——产水压力。

3. 微滤的应用

微滤是所有膜过程中应用最普遍、总销售额最大的一项技术。制药行业的过滤除菌是其最大的市场，电子工业用高纯水制备次之。此外，在食品饮料及调味品生产、生物制剂的分离、生物及微生物的检查分析等方面都有大量的应用。微滤膜应用范围举例如表 8-24 所示。

表 8-24 微滤膜应用范围举例

孔径/μm	用途
12	微生物学研究中分离细菌液中的悬浮物
3～8	食糖精制、澄清过滤，工业尘埃质量测定，内燃机和油泵中颗粒杂质的测定，有机液体中分离水滴(憎水膜)，细胞学研究，脑脊液诊断，药液灌封前过滤，啤酒生产中麦芽沉淀量测定，寄生虫及虫卵浓缩
1、2	组织移植、细胞学研究、脑脊滤液诊断、酵母及霉菌显微镜监测、粉尘重量分析
0.6～0.8	气体除菌过滤、大剂量注射液澄清过滤、放射性气溶液胶定量分析、细胞学研究、饮料冷法稳定消毒、油类澄清过滤、贵金属槽液质量控制、光致抗蚀剂及喷漆溶剂的澄清过滤(用耐溶剂滤膜)、油及燃料油中杂质的重量分析、牛奶中大肠杆菌的检测、液体中的残渣测定
0.45	抗生素及其他注射液的无菌试验，水、饮料食品中大肠杆菌检测，饮用水中磷酸根的测定，培养基除菌过滤，航空用油及其他油料的质量控制，血细胞计数用电解质溶液的净化，白糖的色泽检定，去离子水的超净化，胰岛素放射性免疫测定，液体闪烁测定，液体中微生物的部分滤除，锅炉用水中氧化铁含量测定，反渗透进水水质控制，鉴别微生物
0.2	药液、生物制剂和热敏性液体的除菌过滤，液体中细菌计数，泌尿液镜检用水的除菌，空气中病毒的定量测定，电子工业中用于超净化
0.1	超净试剂及其他液体的生产，胶悬体分析，沉淀物的分离，生理膜模型
0.01～0.03	噬菌体及较大病毒(100～250nm)的分离，较粗金溶胶的分离

4. 超滤的应用

超滤可以从溶液中分离掉颗粒物质，净化水溶液，也可以从溶液中回收和浓缩大分子物质和胶体。自 20 世纪 60 年代以来，超滤很快从实验规模的分离手段发展为重要的工业单元操作技术，且多采用错流过滤，超滤具体应用领域举例见表 8-25。

表 8-25 超滤的应用领域

工业废水处理	回收电泳涂漆废水中的涂料、含油废水的处理、上浆液的回收、乳胶的回收、造纸工业废液的处理、采矿及冶金工业废水的处理
城市污水处理	家庭污水处理、阴沟污水的处理
水的净化	饮用水的生产、高纯水的制备
食品与医药工业的应用	回收乳清中的蛋白质、牛奶超滤以增加奶酪得率、果汁的澄清、明胶的浓缩、浓缩蛋清中的蛋白质、屠宰动物血液的回收、食用油的精炼、蛋白质的回收、医药产品的除菌
生物技术工业的应用	酶的提取、激素的提取、从血液中提取血清白蛋白、回收病毒、从发酵液中分离菌体、从发酵液中分离 L-苯丙氨酸
其他应用	酿酒工业、化学工业

8.4 电渗析和电除盐

8.4.1 电渗析原理

电渗析(ED)是一种利用电能的膜分离技术。它以直流电为推动力,利用阴、阳离子交换膜对水中阴、阳离子的选择透过性,使某一水体中的离子通过膜转移到另一水体中的物质分离过程。

1940年K. H. 迈耶(K. H. Meyer)和W. 斯特劳斯(W. Strauss)提出了多隔室的电渗析器的设想;1950年W. 朱达(W. Juda)试制出具有高度选择透过性的阴离子交换膜和阳离子交换膜,奠定了工业化电渗析技术的基础。1954年,美国和英国的电渗析器制造达到商品化程度,用于从苦咸水制取工业用水和饮用水。此后,电渗析在世界范围逐步推广。在20世纪70年代,一种频繁倒极电渗析(EDR)装置由美国艾安力公司(Ionics Co.)开发,使电渗析的运行更加方便和稳定。

在了解电渗析基本原理前需先了解离子交换膜的特性和直流电场对溶液的作用。

离子交换膜是对离子具有选择透过性的高分子材料制成的薄膜。常用磺酸型阳离子交换树脂制成阳膜和季铵型阴离子交换树脂制成阴膜,离子交换膜之所以具有选择性是因为膜上孔隙和膜上离子活性基团的作用。在水溶液中,这种膜的高分子母体(以R来代表)是不溶解的,但会发生溶胀,膜体结构变松,从而造成微细、弯曲和贯通膜两面之间的通道,以供离子的进出。同时膜上的活性基团发生解离产生离子(H^+和OH^-)进入溶液。于是在阳膜上就留下带有强烈负电场的阴离子(RSO_3^-),带有正电荷的阳离子就可以通过阳膜,而带有负电荷的阴离子却不能(图8-69)。同理,阴膜的活性基团具有强烈的正电场,只能透过阴离子而不能透过阳离子。这种与活性基团所带的电荷相反的离子穿过膜的现象,称为反离子迁移,这就是电渗析的作用原理,也是电渗析器中的主要过程。由此可知,更确切地说,离子交换膜应称为离子选择透过性膜。

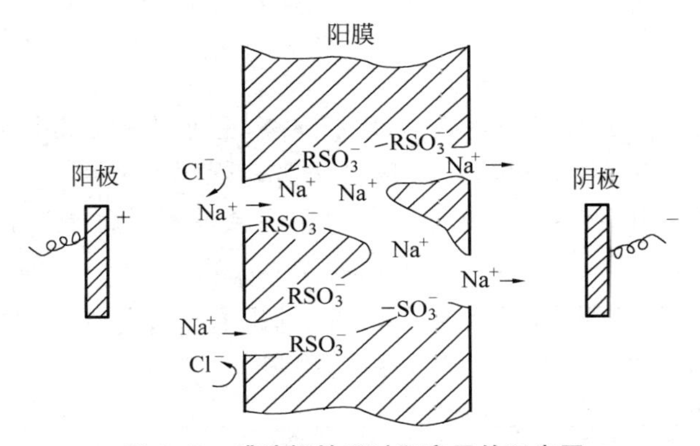

图8-69 膜选择性透过阳离子的示意图

现以食盐水溶液在直流电场中的作用(图8-70)为例说明。一个槽中,在两端放入电极,槽中放入食盐水溶液,当直流电接入两个电极后,此时溶液就发生下列作用。

(1) 阳离子(Na^+)向带有负电荷的阴极移动;

(2) 阴离子(Cl^-)向带有正电荷的阳极移动;

(3) 水在阴极处获得电子后,发生下列反应(还原反应):

$$2H_2O+2e^- \longrightarrow 2(OH^-)+H_2\uparrow$$（水溶液呈碱性）

(4) 水在阳极处失去电子后,发生下列反应(氧化反应):

$$2H_2O \longrightarrow 4H^+ + O_2\uparrow + 4e^-$$（水溶液呈酸性）

(5) 在阳极处生成氯气:

$$2Cl^- \longrightarrow Cl_2\uparrow + 2e^-$$

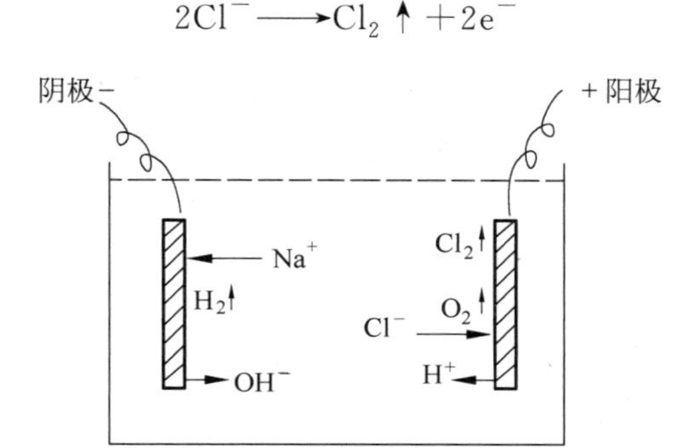

图 8-70　直流电场对电解质溶液的作用

电渗析器主要部件是阴、阳离子交换膜,浓、淡水隔板,正、负电极,电极框,导水板和夹紧装置(或压紧装置)。用夹紧装置把上述各部件压紧,即形成一电渗析装置。在这样的装置中水流分三路进出。当先通水再通入直流电流后,在直流电场的作用下,阴离子向阳极方向移动,阳离子向阴极方向移动,如图 8-71 所示。凡是阳极侧是阴膜、阴极侧是阳膜的隔室中,水中的正、负离子向室外迁移,水中的离子减少,这种隔室称为淡水室(diluled solution compartment)。同理,阳极侧是阳膜、阴极侧是阴膜的隔室,室中的正、负离子由于膜的选择透过性,它们迁移不出来,而相邻隔室的离子会迁入,使室内的离子浓度增加,这种隔室称为浓水室(concentrated solution compartment)。

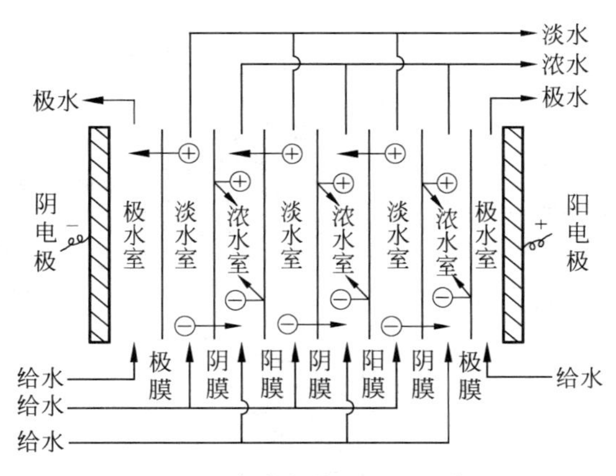

图 8-71　电渗析作用原理示意图

直接和电极相接触的隔室称为极水室。在极水室中发生电化学反应,阳极上产生初生态氧和初生态氯,有氧气和氯气逸出,水溶液呈酸性。阴极上产生氢气,水溶液呈碱性,有硬度离子时,此室易生成水垢。邻近极水室的第一张膜一般用阳膜或特制的耐氧化较强的膜,常称之为极膜。

8.4.2 电渗析装置

电渗析器主要由膜堆、极区和夹紧装置三部分构成。

膜堆是由浓、淡水隔板(diluted chamber)和阴、阳离子交换膜交替排列而成,由阴膜、淡水隔板、阳膜、浓水隔板(concentrated water partition)各一张构成膜堆的基本单元,称为膜对(cell pair)。膜堆(membrane stack)是由若干膜对组合而成的总体。

极区包括电极、电极框和导水板。导水板的作用是将给水由外界引入电渗析器各个隔室和由电渗析器引出。图 8-72 是电渗析器结构示意图。

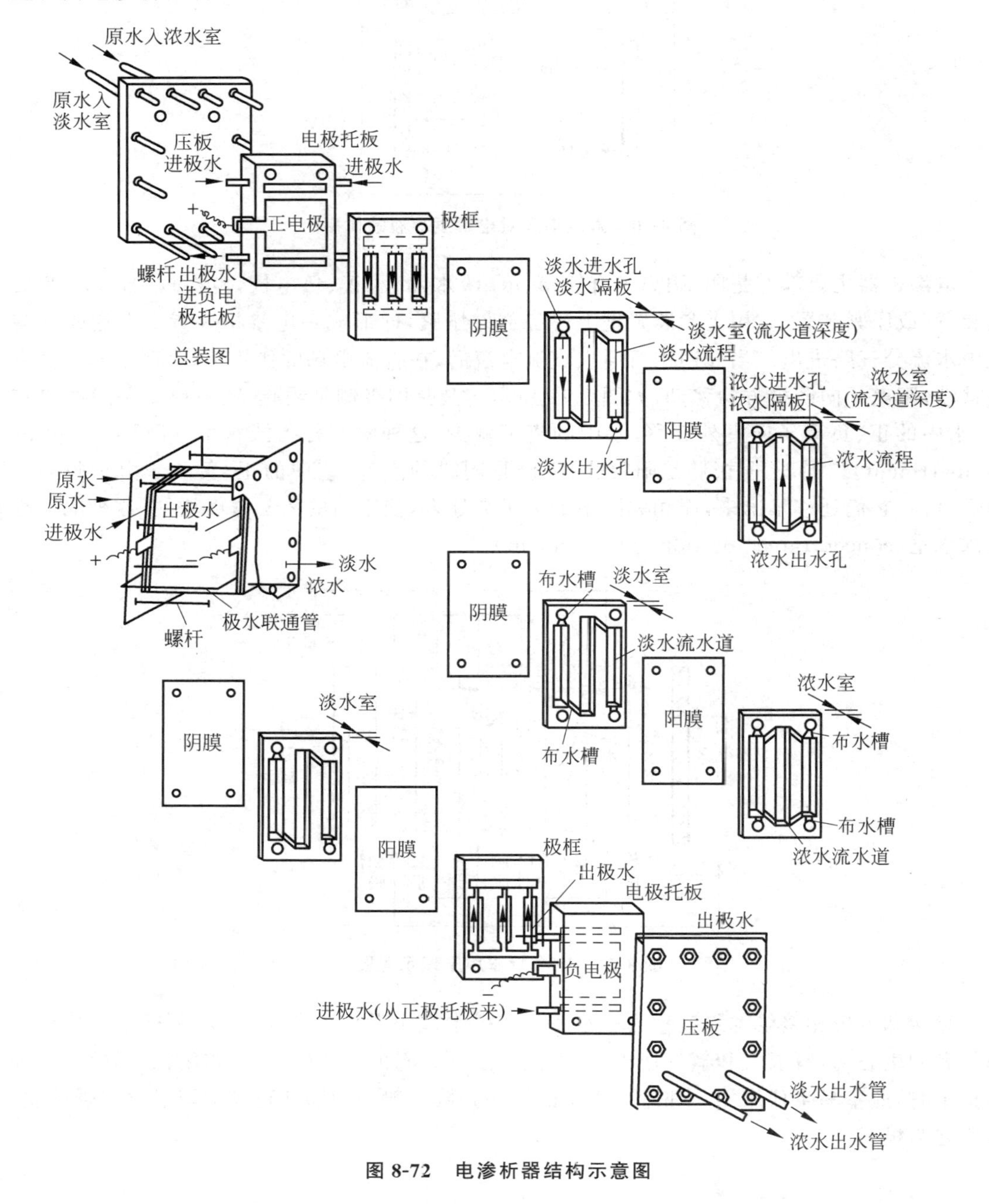

图 8-72 电渗析器结构示意图

1. 隔板

隔板(spacer)是形成电渗析器浓、淡水室的框架。用它将阴、阳离子交换膜隔开,也是浓、淡水的通道。隔板由隔板框和隔板网组成。框是隔板中用于绝缘和密封的边框部分,网是隔板中用于强化水流湍流效果和隔开膜的部件。一般浓水室隔板和淡水室隔板的区别是连接配集水孔(又称进出水孔)的配集水槽(又称布水槽)位置不同(图 8-73)。总之,淡水室隔板的配集水孔的配集水槽使淡水室仅和淡水进出水管相通,浓水室仅和浓水进出水管相通。

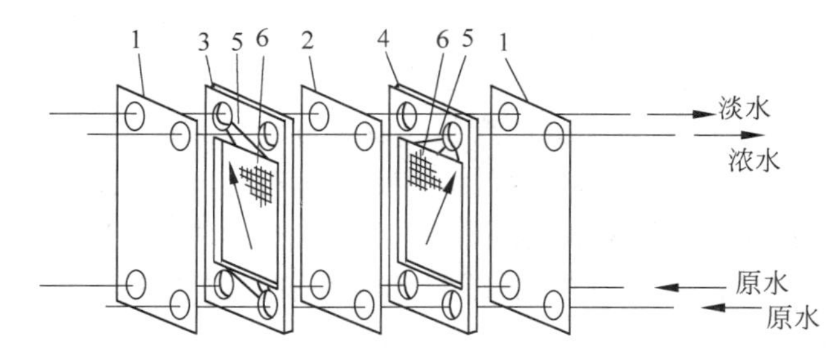

1—阳膜;2—阴膜;3—淡水室隔板;4—浓水室隔板;5—布水槽;6—隔板网。

图 8-73 电渗析隔板水流系统示意图

隔板按隔板网的形式不同,有网式、冲模式和鱼鳞网式等,目前我国主要有网式和冲模式两大类,隔板厚度一般为 0.5~1.5mm。按隔板中的水流情况来分,又分为有回路和无回路两大类(图 8-74)。同类尺寸大小的隔板,无回路的产水量大,有回路的除盐率高,但有回路的由于流程长,水流阻力相对也较大。

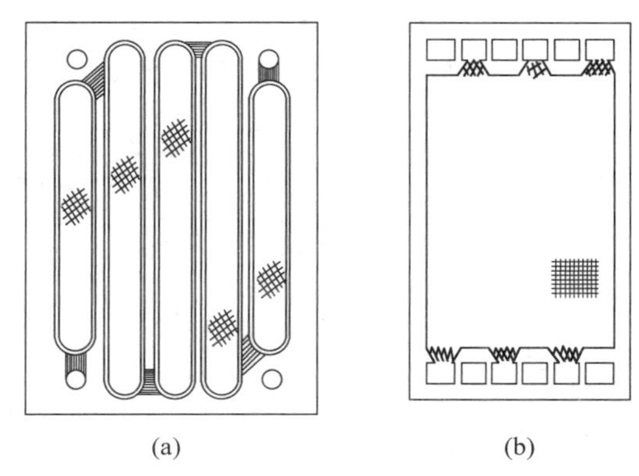

图 8-74 有回路与无回路隔板

(a) 有回路隔板;(b) 无回路隔板

隔板的材料可用聚丙烯、聚乙烯、聚氯乙烯等塑料及天然橡胶或合成橡胶等。

隔板框和隔板网应具备的条件如下。

(1) 通过每张隔板的水量相等,水流分布均一,无死角,阻力小,湍流效果好,浓、淡水不相混淆。

(2) 隔板应保证尽可能大的通电面积,也即有效除盐面积大,但又要保证密封性能好、电绝缘性能好,不漏水、不漏电。一般隔板的有效除盐面积率应大于 60%,大、中型的隔板一般在 70%以上。

(3) 框和网的厚度相匹配，隔网对膜既起支撑作用又不损伤膜。

(4) 隔板材料的化学稳定性和耐热性要好，不易老化，具有一定弹性和刚性，尺寸稳定，不易变形。

2. 离子交换膜

1) 离子交换膜的分类

离子交换膜(ion exchange membrane)按其膜结构来分，分为异相膜(heterogeneous membrane)和均相膜(homogeneous membrane)两大类。异相膜是将离子交换树脂磨成细粉，加入黏合材料，经过混炼、热压而成，异相膜结构如图8-75所示。这种膜化学结构不是均一的，它是树脂和高分子黏合剂共混的产物。制造过程中又加入了增柔剂等，所以弹性较好，但它的选择透过性较低，渗水、渗盐性较大，电阻也较高。均相膜是由含有活性基团的均一高分子材料制成的薄膜，均相膜结构如图8-76所示。它的活性基团分布均一，电化学性能较好。为了增加膜的机械强度，均相膜或异相膜在制膜过程中均加入合成纤维丝网布。离子交换膜的组成如下：

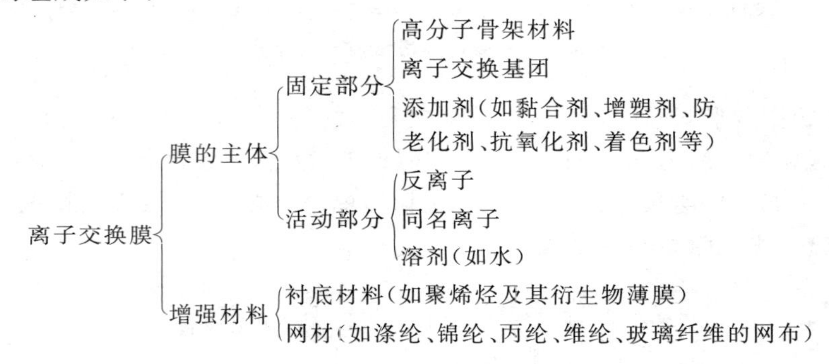

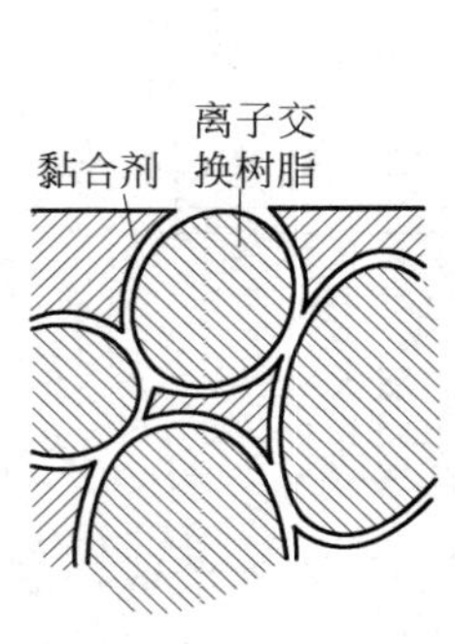

图8-75 异相膜结构

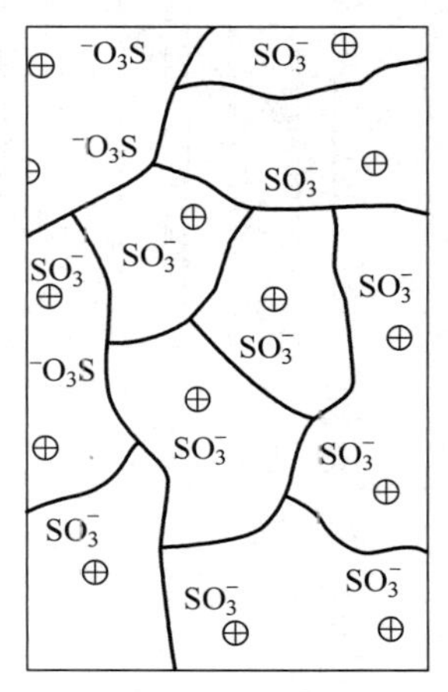

图8-76 均相膜结构

离子交换膜也可按膜的活性基团进行分类，分为阳膜、阴膜及特种膜等。

2) 离子交换膜的性能

离子交换膜是电渗析器中的关键材料，其性能是否符合使用要求是至关重要的。离子交换膜的一般性能可分为物理、化学、电化学等各方面。物理性能包括外观、爆破强度、厚度、溶胀度和水分等；化学性能包括交换容量；电化学性能包括膜电导(测定电导率或面电阻)和选择透过率等。另外根据需要，可进行耐酸、耐碱、抗氧化、抗污染或水电渗量、水扩散量、盐扩散量等性能的测定。离子交换膜的主要性能见表 8-26。

对膜的一般性能要求如下。

(1) 膜应平整、均一、无针孔，并具有一定的机械强度和柔韧性。

(2) 具有较高的离子选择透过性。一般阴、阳膜的选择透过率均应在 90%以上，才能使电渗析除盐时有较高的电流效率。

(3) 膜的面电阻要低，也即电导率要高，这样可使电渗析器电阻低，除盐时省电。

(4) 膜的溶胀或收缩变化小，膜的尺寸稳定性好。由于膜中含有活性基团，遇水要溶胀，外界水溶液浓度变化或所含盐分离子不同时均会收缩或溶胀，从而引起膜的尺寸变化。

(5) 膜的化学性能稳定，不易氧化，抗污染力强。

(6) 膜应有较好的抗水和电解质的扩散透过性。这样才能较好地减少电渗析运行时的电解质扩散、水的渗透和迁移。

表 8-26 离子交换膜的主要性能

性能分类	意义	具体性能	单位	举例
交换性能	表征膜质量的基本指标	交换容量	mmol/g(干)	异相膜：阳≥2.0，阴≥1.8
		含水量或含水率	%	异相膜：阳 35～50，阴 30～45
机械性能	表征膜的尺寸稳定性与机械强度	厚度(包括干膜厚和湿膜厚)	mm	
		线性溶胀率(干膜浸泡在电解质溶液中在平面两个方向上的溶胀度)	%	
		爆破强度	MPa	
		抗拉强度	kg/cm^2	
		耐折强度		
		平整度		
传质性能	控制电渗析的脱盐效果、电耗、产水质量等指标的因素	离子迁移数	%	异相膜：阳≥90，阴≥89
		水的电渗系数	$mL/(cm^2 \cdot mA \cdot h)$	
		水的浓差渗透系数	$mL/(cm^2 \cdot h)$①	
		盐的扩散系数	$mmol/(cm^2 \cdot h)$①	
		液体的压渗系数	$mL/(cm^2 \cdot h \cdot MPa)$	
电学性能	影响电渗析能耗的性能指标	面电阻或面电阻率	$\Omega \cdot cm^2$	异相膜：阳≤12，阴≤13
化学稳定性	膜对介质、温度、化学药剂以及存放条件的适应能力	耐酸性		
		耐碱性		
		耐氧化性		
		耐温性		

① 指离子交换膜两侧某盐浓度差为 1mol/L 时的渗透(扩散)量。

这些要求有一些是互相制约的,例如要选择透过性高,就要求活性基团多,交换容量高,但活性基团多了,亲水性增加,膜的尺寸稳定性就易下降,机械强度也会减弱。

3. 电极和电极框

电极是电渗析器中导电的基本部件,是电渗析除盐的推动力。

如前所述,在电渗析器通电后,电极表面即产生电化学反应,阳极处产生初生态氧和氯,溶液呈酸性;阴极处产生氢气,溶液呈碱性,并易产生污垢。针对这些情况,通常对电极材料的要求是:化学和电化学稳定性好,导电性能好,机械强度高,价格便宜。

常用的电极材料有三种:钛涂钌、石墨、不锈钢,它们均既可作为阳极材料又可作为阴极材料,但各有特点。

4. 导水板

在电渗析器中导水板是将水由外界引入和导出的装置。导水板有两种:一种是装在电渗析器两头的端导水板,另一种是多级多段中的中间导水板。目前端导水板都采用30~50mm厚的硬聚氯乙烯板。当采用内管路系统时,中间导水板可薄一些,一般为20~30mm。但都要求导水板刚韧坚强,以防止锁紧时变形断裂。

8.4.3 电渗析运行中的一些问题

8.4.4 电渗析的应用

8.4.5 电除盐原理

电除盐或电去离子(electrodeionization,EDI),也称连续去离子(continuous deionizatlon,CDI),是电渗析和离子交换技术的结合,是性能优于两者的一种新型的膜分离技术。

EDI的概念始于1950年,早期称为填充床电渗析。1955年Waiters首次报道了用填充床电渗析处理放射性废水的一些操作参数。从此以后,相关的研究工作接连不断。1987年美国Millipore公司推出了第一台商业性的EDI装置,1990年美国Ionpure公司又推出了称为连续去离子的改进型EDI装置并逐渐实现了产业化。这种新装置目前已在电子、医药、电力、化工等行业得到了较为广泛的应用。EDI通常与RO联合使用,组成RO-EDI等系统。

EDI是由阴阳离子交换膜、浓淡水隔板、阴阳离子交换树脂、正负电极和端压板等组装的除盐设备。EDI技术核心是在电渗析器中填装离子交换树脂,以离子交换树脂作为离子迁移的载体,以阳膜和阴膜作为阳离子和阴离子选择性通行的关卡,以直流电场作为离子迁移的推动力，从而实现盐与水的分离。EDI的特点如下。

(1) 在进行水的脱盐过程中，利用水解离产生的 H^+ 和 OH^- 自动再生填充在电渗析器淡水室中的离子交换树脂，因而不需使用酸碱，能对水连续进行脱盐；

(2) 适用于电导率低于 20μS/cm 的水的深度除盐，用于生产电阻率为 10～18MΩ·cm 即电导率为 0.1～0.055μS/cm 的超纯水；

(3) 除盐非常彻底，不但能除去电解质杂质(如 NaCl)，还有一定的除去非电解质杂质(如 H_2SiO_3)能力，产品水质优于混合离子交换器产水，故它常作为生产纯水的终端除盐技术，有替代混床的应用前景；

(4) 必须不断排放极水(electrode water)和部分浓水(concentrated water)，水的利用率一般为 80%～99%；

(5) EDI装置普遍采用模块化设计，便于维修和扩容，日常运行管理方便。

EDI设备是以电渗析装置为基本结构，在其中装填强酸阳离子交换树脂和强碱阴离子交换树脂(颗粒、纤维或编织物)。按树脂的装填方式，EDI分为下列几种形式。

(1) 只在电渗析淡水室的阴膜和阳膜之间填充混合离子交换树脂；

(2) 在电渗析淡水室和浓水室中间都填充混合离子交换树脂；

(3) 在电渗析淡水室中放置由强碱阴离子交换树脂层和强酸阳离子交换树脂层组成的双极膜，称为双极膜三隔室填充床电渗析。

目前在工业上广泛应用的主要是形式(2)。现以此形式为例来分析EDI的原理。图8-77是板框式EDI外观及膜堆结构示意图，在EDI淡水室的阴膜和阳膜之间填充离子交换树脂(颗粒、纤维或编织物)，水中离子首先因交换作用而吸着于树脂颗粒上，然后在电场作用下经由树脂颗粒构成的“离子传输通道”迁移到膜表面并透过离子交换膜进入浓水室。由于交

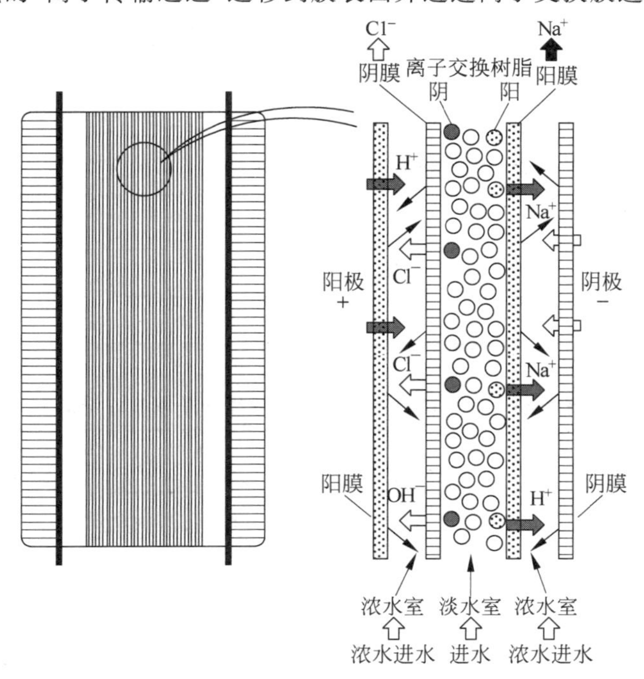

图8-77 板框式EDI外观及膜堆结构示意

换树脂不断发生交换作用与再生作用,形成离子通道,淡水室中离子交换树脂的导电能力比所接触的水要高2~3个数量级,结果使淡水室体系的电导率大大增加,提高了电渗析的电流。EDI装置在极化状态下运行,膜和离子交换树脂的界面层会发生极化,它使水解离,产生OH^-和H^+,这些离子除部分参与负载电流外大多数对树脂起再生作用,使淡水室中的阴、阳离子交换树脂再生,保持其交换能力,这样EDI装置就可以连续生产高纯水。

EDI工作过程如图8-78所示,在电场、离子交换树脂、离子交换膜的共同作用下,完成除盐过程。

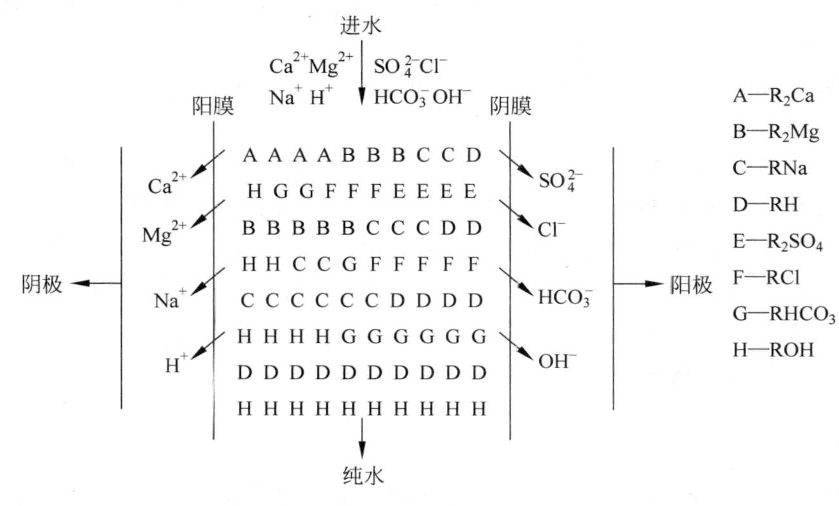

图8-78 EDI工作过程

含盐水进入EDI后,首先与离子交换树脂进行离子交换,改变了流道内水溶液中离子的浓度分布。离子交换树脂对水中某种离子可优先交换,即离子交换具有选择性,表8-27和表8-28为在淡水室流道内凝胶型树脂的选择性系数值。在EDI淡水室流道内,离子交换树脂将根据选择性系数及离子浓度对水中离子成分按一定顺序进行交换吸附。

表8-27 强酸阳离子交换树脂选择性系数的近似值

$K_{H^+}^{Na^+}$	1.5~2.0	$K_{Li^+}^{Na^+}$	2.0
$K_{H^+}^{K^+}$,$K_{H^+}^{NH_4^+}$	2.5~3.0	$K_{Na^+}^{Ca^{2+}}$	3~6
$K_{Na^+}^{K^+}$	1.7	$K_{Na^+}^{Mg^{2+}}$	1.0~1.5

表8-28 强碱阴离子交换树脂选择性系数的近似值

$K_{Cl^-}^{NO_3^-}$	3.5~4.5	$K_{Cl^-}^{SO_4^{2-}}$	0.11~0.15
$K_{Cl^-}^{Br^-}$	3	$K_{CO_3^{2-}}^{HSO_4^-}$	2~3.5
$K_{Cl^-}^{F^-}$	0.1	$K_{NO_3^-}^{SO_4^{2-}}$	0.04
$K_{Cl^-}^{HCO_3^-}$	0.3~0.8	$K_{OH^-}^{Cl^-}$	Ⅰ型 10~20 Ⅱ型 1.5
$K_{Cl^-}^{CN^-}$	1.1		

在直流电场作用下，使阴、阳离子分别定向迁移，分别透过阴膜和阳膜，使淡水室离子得到分离。在流道内，电流的传导不再单靠阴、阳离子在溶液中的运动，也包括了离子的交换和离子通过离子交换树脂的运动，因而提高了离子在流道内的迁移速度，加快了离子的分离。

在淡水室流道内，阴、阳离子交换树脂因可交换离子不同，有多种形态存在，如 R_2Ca、R_2Mg、RNa、RH、R_2SO_4、RCl、$RHCO_3$、ROH 等。关于离子交换树脂的再生，由于 EDI 是在极化状态下运行，膜及离子交换树脂表面(甚至包括树脂孔道的内表面)发生极化，水解离成 OH^- 和 H^+，对树脂起了再生作用，这个再生作用是与交换一起进行的，所以是连续的，它可以使树脂在运行中一直保持良好的再生态。

EDI 中，离子交换、离子迁移和离子交换树脂的再生这 3 个过程同时进行，相互促进。当进水离子浓度一定时，在一定电场的作用下，离子交换、离子迁移和离子交换树脂的再生达到某种程度的动态平衡，使离子得到分离，实现连续去除离子的效果。

图 8-79 多个模块组成的 EDI 装置

8.4.6 电除盐装置

为了保证 EDI 装置连续制水，提高设备运行的稳定性，EDI 装置通常采用模块化设计，即利用若干个一定规格的 EDI 模块组合成一套 EDI 装置(图 8-79)。模块化的设计可以方便地对故障模块进行维修或更换处理；另外，还可以使装置保持一定的扩展性。作为举例，单个模块的技术参数见表 8-29。

表 8-29 ECELL 公司 MK 系列模块主要技术参数

序 号	项 目	技术参数			
		MK-1E 型	MK-2E 型	MK-2MINI 型	MK-2Pharm 型
1	产水量/(m^3/h)	1.36～2.84	1.7～3.41	0.57～1.14	1.59～4.09
2	回收率/%	90～95	80～95	80～95	80～95
3	工作温度/℃	4.4～38	4.4～38	4.4～38	4.4～38
4	进水压力/bar	3.1～6.9	3.1～6.9	3.1～6.9	3.4～6.9
5	最大运行电压/V DC	600	600	400	600
6	最大运行电流/A DC	4.5	4.5	4.5	4.5
7	外形尺寸(宽×高×深)/cm	30×45×61	30×49×61	30×27×61	30×48×61
8	产水管材	聚丙烯(PP)			

1. EDI 模块的结构类别

1) 按结构形式分类

EDI 模块的结构形式有板框式及螺旋卷式两类。

(1) 板框式 EDI 模块

板框式 EDI 模块简称板式模块，它的内部部件为板框式结构(与板式电渗析器的结构类似),主要由阳电极板、阴电极板、极框、离子交换膜、淡水隔板、浓水隔板及端压板等部件按一定的顺序组装而成,设备的外形一般为方形或圆形。图8-79的EDI装置就由12个模块组成。

(2) 螺旋卷式EDI模块

螺旋卷式EDI模块简称卷式EDI模块,它主要由电极、阳膜、阴膜、淡水隔板、浓水隔板、浓水配集管和淡水配集管等组成。它的组装方式与卷式RO相似,即按"浓水隔板→阴膜→淡水隔板→阳膜→浓水隔板→阴膜→淡水隔板→阳膜→……"的顺序,将它们叠放后,以浓水配集管为中心卷制成型,其中浓水配集管兼作EDI的负极,膜卷包覆的一层外壳作为阳极。图8-80为该模块工作原理示意图。

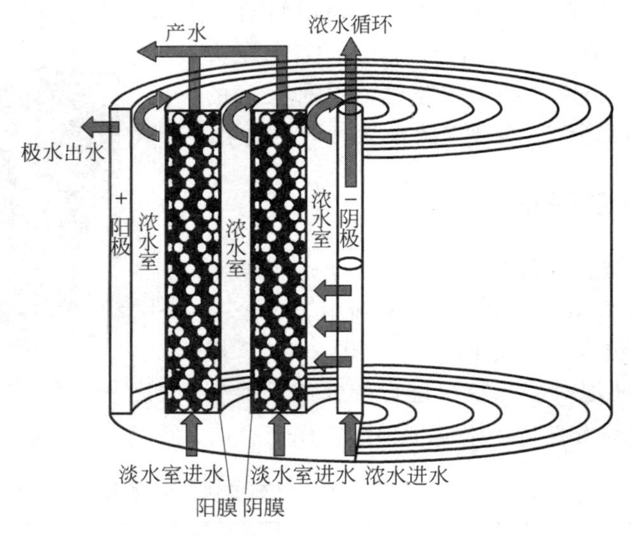

图8-80 卷式EDI模块工作原理

2) 按运行方式分类

根据浓水循环(concentrated water recirculation)与否,可将EDI模块分为浓水循环式和浓水直排式两类。

(1) 浓水循环式EDI模块

浓水循环式EDI系统进水一分为二,大部分水由模块下部进入淡水室中进行脱盐,小部分水作为浓水循环回路的补充水。浓水从模块的浓水室出来后,进入浓水循环泵入口,经升压后送入模块的下部,并在模块内一分为二,大部分水送入浓水室内,继续参与浓水循环,小部分水送入极水室作为电解液,电解后携带电极反应的产物和热量排放。为了避免因浓水的浓缩倍数过高而出现结垢现象,运行中连续不断地排出一部分浓水。图8-81为浓水循环式EDI系统流程。

与浓水直排式相比,浓水循环式有如下特点。

① 通过浓水循环浓缩,提高了浓水和极水的含盐量,可以提高EDI模块工作电流。

② 一部分浓水参与再循环,增大了浓水流量,亦即提高了浓水室的水流速度,有利于降低膜面滞流层厚度,减轻浓差极化,减小浓水系统结垢的可能性。

③ 较高的工作电流使EDI模块中的树脂处于较多的H型和OH型状态,使EDI除去

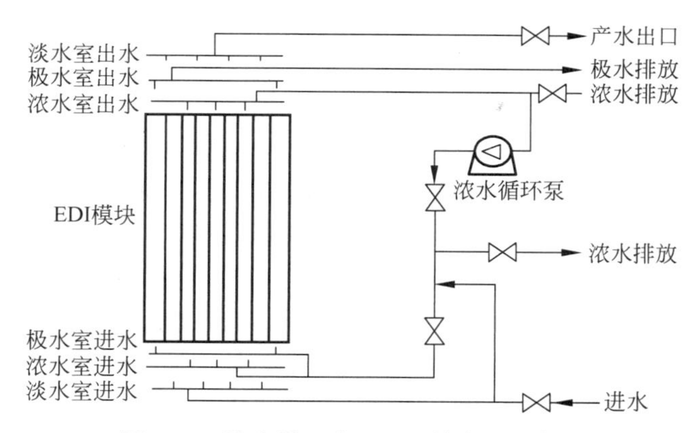

图 8-81　浓水循环式 EDI 系统流程示意图

SiO_2 等弱电解质的能力有所提高。

④ 若 EDI 浓水室没有填充导电材料(如树脂),又遇进水电导率较低时,浓水室电阻较高,此种情况要求向浓水中加盐(salt injection),以维持模块较高的电流,保证 EDI 模块对弱酸性物质的有效除去,因此,需要设置一套加盐装置。所加盐为 NaCl,纯度要≥99.8%,钙和镁含量<0.5%,铁、铜含量<5mg/kg,重金属(以 Pb 计)含量<2mg/kg。

所以浓水循环系统又有加盐和不加盐两种。

(2) 浓水直排式 EDI 模块

如果在 EDI 模块的浓水室及极水室中也填充了离子交换树脂等导电性材料,则可以不设浓水循环系统。这种模块称为浓水直排式 EDI 模块。图 8-82 为浓水直排式 EDI 系统流程。

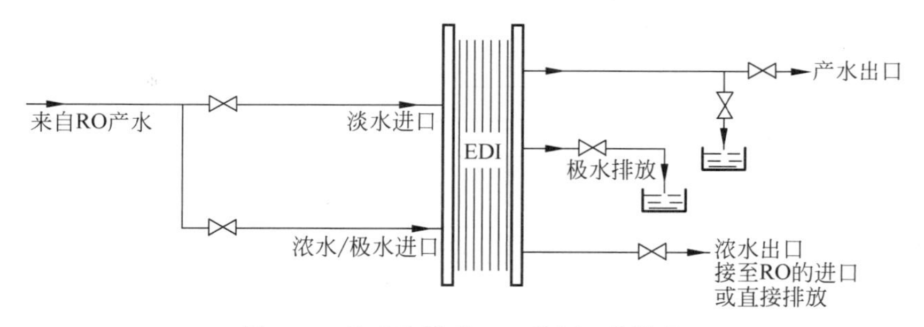

图 8-82　浓水直排式 EDI 装置工艺流程

与浓水循环式相比,浓水直排式有如下特点。

① 提高工作电流的方法不是靠增加含盐量,而是借助于导电性材料。可以用较低的能耗获得较好的除盐效果。

② 对进水水质的波动有一定适应性。

③ 可以迅速地排掉迁移进浓水室的 SiO_2 及 CO_2 等弱酸物质,并可以降低膜表面的浓差极化,减少浓水室结垢。

④ 可以省掉加盐装置、浓水循环泵等辅助设备。

⑤ 浓水室的水流速度不高。

⑥ 进水电导率太低时,EDI装置可能无法适应。在此种情况下,可通过对浓水进行循环或在进水中加盐的方法予以解决。

2. 淡浓水隔板

淡水隔板的结构影响EDI模块的运行流速、流程长度及树脂填充后的密实程度等。淡水隔板内的填充物一般为离子交换树脂或离子交换纤维等。

在浓水隔板的结构设计中需重点考虑隔板内的防垢问题,要求合适的隔板厚度及隔室内的水流速度等。浓水隔板内的填充物一般有隔网、离子交换树脂等。

淡浓水隔板通常设计成无回程式,淡水隔板的厚度一般为3～10mm,浓水隔板的厚度一般为1～4.5mm。隔板的材质可以选用聚乙烯或聚砜等。

3. 离子交换膜

EDI模块中使用的离子交换膜除了对溶液中的离子具有一定的选择透过性,要达到高纯水要求的μg/L级离子水平,离子交换膜的渗水率也是一个较为重要的参数。

由于离子主要集中在浓水室中,当淡水室中的离子浓度达到10^{-3}μg/L级水平时,浓水渗入淡水的速度增加,并且会导致产水水质的迅速污染。

因此离子交换膜应是高致密的,以保证交换膜对水的渗透率较低。表8-30为EDI异相膜主要性能参数。

表8-30 EDI异相膜主要的物理化学性能参数

序号	项目	EDI阳膜	EDI阴膜	3361BW型阳膜	3362BW型阴膜
1	外观	粉红色、黄色	紫色、黄绿色	棕黄色	淡蓝色
2	厚度/mm	0.40±0.03	0.40±0.03	0.40±0.04	0.40±0.04
3	含水率/%			35～50	30～45
4	交换容量/(mol/kg)(干)	≥2.0	≥1.8	≥2.0	≥1.8
5	膜面电阻/(Ω/cm²)	≤15	≤20	≤11	≤12
6	尺寸变化率/%	≤5	≤5		
7	爆破强度/MPa	≥0.6	≥0.6		
8	适用pH值	1～10	1～10		
9	选择透过率/%	≥90	≥89	≥90	≥89
10	水透过率/(mL/(h·m²))	≤0.2	≤0.2		
11	适用温度/℃	≤40	≤40		

4. 填充的离子交换材料及其填充方式

1) EDI隔室中的填充材料

(1) 离子交换树脂

早期的EDI模块曾用普通的离子交换树脂,后来发展为均粒树脂。均粒树脂中90%以上颗粒处于粒径±0.1mm的范围以内。一般用强型混合树脂填充隔室,阳树脂与阴树脂填充的体积比可以是1∶2或2∶3等。

(2) 离子交换纤维

离子交换纤维是一种以纤维素为骨架的离子交换剂。由于离子交换纤维的比表面积大，因而具有吸附能力强、再生性能好、离子交换效率高、交换速度快和离子交换容量高等特点。离子交换纤维可以制成织物、泡沫纤维、中空纤维、纤维层压品等多种形式。用离子交换纤维填充的 EDI，离子迁移速度快，脱盐率高。

2）树脂的填充方式

(1) 分层填充

分层填充从隔室出水端起，阳树脂与阴树脂交替分层填充，即第 1 层为阳树脂，第 2 层为阴树脂，第 3 层为阳树脂，……，以此类推，直至填满隔室。

分层填充的 EDI 模堆，每层树脂中的反离子的迁移得到加强，同名离子的迁移受到削弱。如在阴树脂层中，阴离子的迁移速率比阳离子的快，流过树脂层中水溶液的 pH 升高，有利于促进 H_2CO_3 及 H_2SiO_4 等弱酸性物质的解离，从而增强了 HCO_3^- 和 $HSiO_3^-$ 的去除效果。同理，在阳树脂层中，由于流过树脂层中水溶液的 pH 降低，有助于弱碱性离子的去除。

(2) 混匀填充

混匀填充就是将阳树脂与阴树脂混合均匀后，再填充到 EDI 的隔室内。

混匀填充的 EDI 模堆可以充分地利用隔室内各处水分子极化电离出的 H^+ 及 OH^-，因而树脂可以保持较高的再生度，对弱酸弱碱性离子如 SiO_2、CO_2 等有较好的去除效果。

5. EDI 电极

EDI 模块的电极反应与电渗析器类似，但比较简单，因为 EDI 进水含盐量大致只有电渗析的 0.05%～2%，杂质组成也比较简单。

EDI 中，阳极主要发生释氧及释氯反应，阴极发生释氢反应，同时还会释放热量。

阳极反应：

$$2Cl^- - 2e = Cl_2\uparrow,\quad 4OH^- - 4e = O_2\uparrow + 2H_2O$$

阴极反应：

$$2H^+ + 2e = H_2\uparrow$$

因此，应考虑电极材料耐酸碱腐蚀能力、抗氧化能力和抗极化能力，一般用钛涂层（钛涂钌或铱等）材料作阳电极，阴电极可用不锈钢材料。

对电极的要求：电流分布均匀、电流密度低、排气方便、极水通畅。电极的形式有很多种，卷式 EDI 模块的阴电极为管式（同时还兼作模块的中心配集管），阳电极一般为板状或网状；板框式 EDI 模块的阳、阴电极一般为栅板式或丝状。

为了排除电极反应产物氢气、氧气和氯气等气体和冷却电极，大部分 EDI 系统的极水直接排放，不回收。

8.4.7 电除盐装置的运行

在正常运行状况下，电除盐装置可以产出 10～18MΩ·cm 的超纯水，水回收率≥90%，进出水压差≤0.3MPa，单位能耗（unit energy consumption）≤0.5kW·h/m^3。

1. EDI 对进水的要求

由于 EDI 装置是在离子迁移、离子交换和树脂的电再生 3 种状态下工作的，离子迁移所消耗的电流通常不到总电流的30%,其他大部分电流则消耗于水的电离,因而它的电能和脱盐的效率较低。正是由于EDI装置迁移杂质离子的能力有限,所以EDI技术只能用于处理低含盐量的水,目前EDI装置的进水一般为反渗透装置的产水。

进水水质对EDI模块的成功运行是至关重要的,进水杂质的含量是影响模块的寿命、运行性能、清洗频率及维护费用等最主要的因素之一。

1) 电导率

EDI模块的产水水质取决于模块将离子从淡水室迁移至浓水室的能力,如果进水中的离子含量过高,则产水水质变差,因此,应维持合适的进水电导率。有时不用电导率来表示,而用TEA(总可交换阴离子)及TEC(总可交换阳离子)来表示,因为TEA和TEC比电导率更能准确反映进水中可被EDI去除的杂质含量。

2) pH

进水pH本身对EDI产水的影响不大,它主要体现在对弱电解质电离平衡的影响上,pH对EDI产水电阻率的影响举例列于表8-31。

表8-31 pH对于EDI产水电阻率的影响

pH值	进水总有机碳(TOC)/(mg/L)	产水电阻率/(MΩ·cm)
8.5	1.64	17.5
7.75	1.64	15.1
7	1.59	14.3

3) 硬度

EDI模块约70%的电能消耗在水的电离上。所以,在EDI模块的运行过程中,会不断地产生大量的H^+和OH^-。与电渗析器相比,EDI模块中浓水室阴膜表面的pH更高,结垢的倾向更大,可是,为了保证脱盐率,必须维持足够大的工作电流,故不能用降低电流的方法减少水的电离,降低pH。因此,防止EDI模块结垢的主要方法就是严格控制进水结垢物质(如硬度)的含量。

4) 氧化剂

如果进水中氧化剂(如氯和臭氧)的含量过高,可导致离子交换树脂和离子交换膜的快速降解,离子交换能力和选择性透过能力衰退,除盐效果恶化,模块使用寿命缩短。

5) 有机物

有机物可以被吸附到树脂及膜的表面,降低其活性。被污染的树脂和膜传递离子的效率降低,膜堆电阻增加。

6) CO_2

CO_2随pH变化呈不同形态分布,它们的影响可分为两个方面:一是高pH下CO_2易变为CO_3^{2-},与Ca^{2+}、Mg^{2+}发生反应形成碳酸盐垢;二是分子态的CO_2容易透过反渗透膜,也不易被EDI模块除去。

7) 硅酸化合物

胶态硅可以通过超滤及RO装置等物理处理工艺除去,而活性硅在通过RO及EDI装置后难以彻底去除。硅酸化合物对EDI的影响包括两个方面:一是在浓水室结垢,且不易被除去;二是EDI出水SiO_2可能会偏高,一般要求进水SiO_2含量小于0.5mg/L。

8）颗粒杂质

颗粒杂质会污堵隔室水流通道、树脂空隙、树脂和膜的孔道，导致模块的压降升高、离子迁移速度下降。为了减少进水中颗粒杂质的影响，EDI 装置前也可设置不大于 1μm 的保安过滤器。

9）铁、锰

铁、锰的主要危害有：①中毒，因为 Fe、Mn 与树脂活性基团间存在强大的亲和力，阻碍其他离子的接力传递；②催化，Fe、Mn 还会扮演催化剂的角色，加快树脂和膜的氧化速度，造成树脂和膜的永久性破坏。

表 8-32 为 EDI 模块对进水水质的要求。

表 8-32 EDI 模块对进水水质的要求

分类	指　　标	Electropure	E-Cell	Ionpure	OMEXELL	HH-EDI
负荷类	pH 值	5～9.5	4～9	4～11	6～9	4～9
	电导率/(μS/cm)	1～20	＜40	＜40		＜30
	总 CO_2/(mg/L)	＜5	＜1	—	≤3	＜5
	硅/(mg/L)	＜0.5	＜0.5	＜1	≤0.5	
结垢污染类	硬度(以 $CaCO_3$ 计)/(mg/L)	＜1.0	＜0.5	＜1.0	≤2	＜1.0
	Fe、Mn、H_2S/(mg/L)	＜0.01	＜0.01	＜0.01	≤0.01	＜0.01
	有机物 TOC/(mg/L)	＜0.5	＜0.5	＜0.5	≤0.5	＜0.5
	颗粒物 SDI	＜1	＜3	—		
	活性氯/(mg/L)	＜0.05	＜0.05	＜0.02	≤0.05	＜0.05
其他	温度/℃	5～35	5～40	5～45	10～38	
	进水压力/MPa	0.15～0.5	0.15～0.5	0.14～0.7	0.14～0.7	
	出水压力/MPa	＞浓水和极水	＞浓水和极水	＞浓水 0.02～0.07		＞浓水 0.03～0.07
	浓水和极水出水压力比较	浓水＞极水	浓水＞极水			

2. EDI 启动前的再生

当 EDI 模块停运的时间较长或进行过化学清洗后，淡水室 H 型和 OH 型树脂百分含量达不到要求时，则投入运行前需要对模块进行再生。在对 EDI 模块进行再生时，可以按正常的操作程序启动 EDI 系统。

3. 影响 EDI 装置运行效果的因素

影响 EDI 装置运行效果的主要因素有进水水质、运行电流、进水流量、进水水质成分和水温等。

1）操作电压

图 8-83 是在不同操作电压的条件下电压-电流关系曲线。在进水水质相对稳定的条件下，当操作电压为 U_1 时，在电压-电流关系曲线上出现一个拐点 I_1，I_1 即 EDI 膜堆的极限

电流,U_1 为 EDI 膜堆的分解电压;如果继续提高操作电压,在电压-电流关系曲线上出现另一个拐点 I_2,I_2 即 EDI 膜堆的再生电流,U_2 即 EDI 膜堆的再生电压。EDI 的正常操作电压应运行在 $U_1 \sim U_2$ 之间,当操作电压高于 U_2 时,相当于膜堆的再生过程,淡水室中离子交换树脂再生出来的杂质离子会影响 EDI 装置的出水水质。

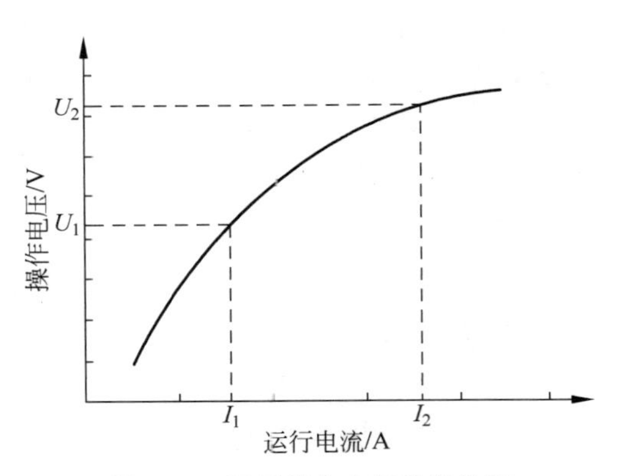

图 8-83 不同操作电压的条件下电压-电流关系曲线

2)运行电流

当膜堆的运行电流过小时,由于离子的迁移及离子交换树脂的电再生过程都比较微弱,主要进行的是离子交换过程,因而不足以在淡水流出膜堆之前将离子从淡水室中迁移出去。

当提高膜堆的运行电流时,由于淡水室中水解离的程度增大,一方面使离子的迁移量增大,另一方面使更多的水分子分解成 H^+ 和 OH^-,促进了离子交换树脂的再生作用,使产水的电阻率上升。当运行电流继续增加达到一定值时,操作电压过大将引起过量的水电离,离子交换树脂原来吸附的杂质离子也参与离子的迁移过程,即相当于模块的再生过程,同时过高的操作电压还会使膜堆内发生离子反扩散,EDI 模块的产水水质将迅速下降。图 8-84 为不同电流密度下 SiO_2 的去除情况。

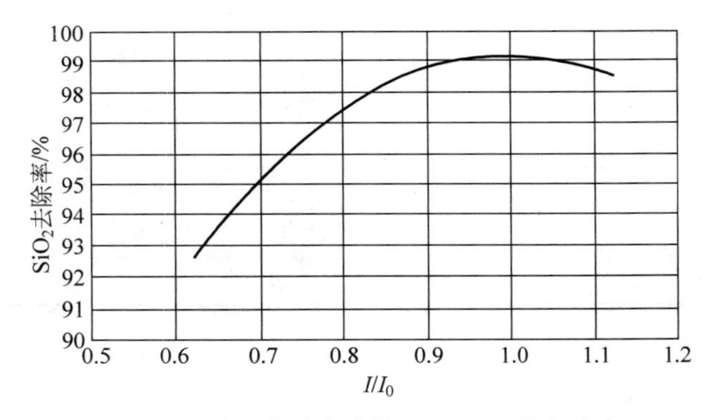

图 8-84 不同电流密度情况下 SiO_2 的去除率

进水水质电导率:20μS/cm;CO_2:6mg/L;

I_0—正常运行电流密度;I—实际运行电流密度

3)进水电导率

由于在高浓度的溶液中,浓差极化程度轻,水解离速度小,树脂得不到有效的再生,主要起到增强离子迁移的作用,此时离子交换起了主要作用,在较短的时间内淡水室内的树脂就被杂质离子所饱和。因此,如果水的电导率大于 100μS/cm,即使提高操作电流,也不能阻止产水水质下降的趋势。图 8-85 是某 EDI 装置的操作电流、进水电导率与产水电阻率三者的关系。

4)淡水进水流量

过低的运行流速可能使模块的温升增高,对模块造成损坏。进水流速较高,进水将带入更多的杂质离子,使树脂迅速达到饱和,使淡水室出水水质下降(图 8-86)。EDI 模块中淡水室的水流速度一般控制在 20～50m/h。

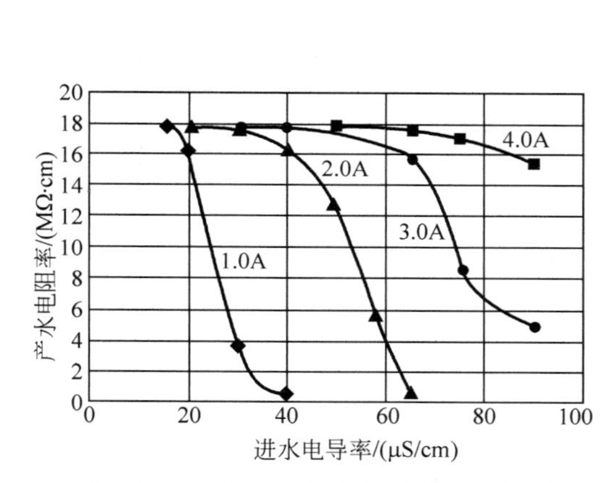

图 8-85 某 EDI 装置产水电阻率与操作电流和进水电导率的关系

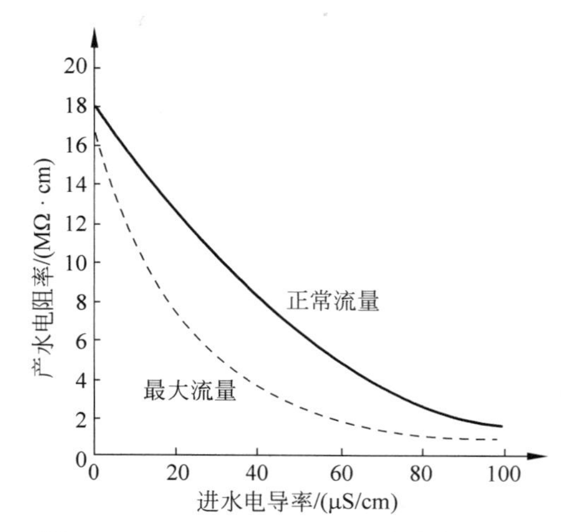

图 8-86 Compact CDI(c-400)产水电阻率与产水流量和进水电导率的关系

5) 进水离子组成成分对产水水质的影响

不同价态离子的迁移速度各不相同。二价离子无论是在与离子交换树脂进行交换反应的速率上,还是在沿树脂链进行迁移的速度上,都要比一价离子慢。

6) 水温对产水水质的影响

EDI 模块的运行温度一般控制在 5～35℃。将 EDI 模块的进水温度适当提高,可以加快 EDI 膜堆中离子的迁移速度,同时还能促进离子交换树脂的交换和再生作用,提高产水的电阻率。另外,由于 CO_2、SiO_2 等弱酸性离子的水解作用随进水水温的升高而增强,因此其去除率也有相应的提高。

8.4.8 电除盐装置的维护

1. 模块的储藏

EDI 模块应安装在避免风雨、污染、震动和阳光直接照射的环境中,一般安装在室内。由于模块内的树脂和膜耐温能力有限,要求模块使用和贮藏温度不低于 0℃、不高于 50℃。

(1) 短期贮藏的注意事项:①确保模块密封;②膜和树脂不能脱水干燥。

(2) 长期贮藏的注意事项:①按 EDI 模块的出厂状态,排出多余的水分并保持内部湿润;②必须向模块内加入杀菌剂进行封存。

2. EDI 装置的清洗与消毒

1) 污堵原因

随着运行时间的延长或长期在不佳的情况下运行,EDI 膜堆和管路可能会由硬度、微生物、有机物及金属氧化物等因素引起污染或结垢,统称污堵。钙镁垢及硅垢多发生在浓水室和极水室，铁锰垢及微生物、有机物污染多发生在淡水室。表 8-33 列出了 EDI 装置的污染现象及原因。

表 8-33 EDI 装置的污染现象和原因

编号	污染现象	原因
1	模块的压差增大，浓水、极水及产水流量降低	① 硬度或铁锰等无机物引起结垢 ② 有硅垢产生 ③ 生物污染
2	电压升高	① 硬度或铁锰等无机物引起结垢 ② 有硅垢产生
3	产水水质下降	① 硬度或铁锰等无机物引起结垢 ② 有硅垢产生 ③ 生物污染 ④ 有机物污染

2）清洗方法

清洗前，应根据模块的运行状况或取出污垢进行分析，以确定污垢化学成分，然后用针对性强的清洗液，进行浸泡或动态循环清洗。表 8-34 列举了若干清洗方案。

表 8-34 清洗消毒方案

序号	污垢类型	清洗方案
1	钙镁垢	配方 1
2	有机物污染	配方 3
3	钙镁垢、有机物及微生物污染	配方 1→配方 3
4	有机物及微生物污染	配方 2→配方 4→配方 2
5	钙镁垢及较重的生物污染同时存在	配方 1→配方 2→配方 4→配方 2
6	极严重的微生物污染	配方 2→配方 4→配方 3
7	顽固的微生物污染并伴随无机物结垢	配方 1→配方 2→配方 4→配方 3

注：配方 1：1.8%HCl；配方 2：5%NaCl；配方 3：5%NaCl+1%NaOH；配方 4：0.04%过乙酸+0.2%过氧化氢。

3）消毒

当 EDI 模块需要长期贮存或发生微生物污染时，常用离子型及有机物消毒剂等消毒，如过乙酸、丙二醇等。

用离子型消毒剂消毒后的模块，在下次开机前应进行再生。

使用有机消毒剂消毒后，EDI 装置投运时需要经过较长的正洗时间才能将产水 TOC 降低下来。

4）EDI 模块的再生

导致树脂中 H 型和 OH 型树脂失效的几种情况：①对模块进行过化学清洗；②较长时间停机；③模块在低电流甚至断电情况下运行了一段时间。

EDI 模块的再生，实质就是提高工作电流，强化水的电离，让水电离出更多的 H^+ 和 OH^- 与树脂中杂质离子进行再生的交换反应。

8.4.9 电除盐的应用

EDI 技术与混床、ED、RO 相比，可连续生产，产水品质好，制水成本低，无废水、化学污染物排放，有利于节水和环保，是一项对环境无害的水处理工艺。但 EDI 要求进水水质要好(电导率低，无悬浮物及胶体)，最佳的应用方式是与 RO 匹配，对 RO 出水进一步纯化。当 EDI 用于离子交换(或其他类似处理方式)的后面，即使进水电导率低，EDI 初期出水水质很好，但由于进水中胶体物质没有彻底除净，EDI 极易受悬浮物及胶体污染，造成水流通道堵塞，产水量减少，出水水质下降。

纯水的制备，过去的几十年中一直以离子交换法为主。随着膜技术的发展，膜法配合离子交换法制取纯水的应用很广泛。电除盐技术的开发成功，则是纯水制备的又一项变革。它开创了采用三膜(全膜)处理(UF+RO+EDI)来制取纯水的新技术。与传统的离子交换相比，三膜处理不需要大量酸碱，运行费用低，无环境污染问题且易于实现水处理系统的自动化。

EDI 作为电渗析和离子交换结合而产生的技术，主要用于以下场合。

(1) 在膜脱盐之后替代复床或混合床制取纯水，与超滤、反渗透构成三膜处理系统(图 8-87)；

(2) 在离子交换系统中替代混床；

(3) 用于半导体等行业冲洗水的回收处理。

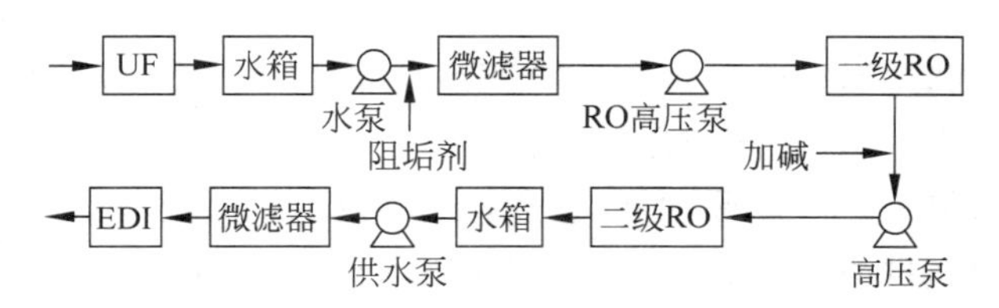

图 8-87 三膜(全膜)处理的纯水制造系统

8.5 海水淡化

地球上海洋是一个巨大的水库，贮水量约为 $13.8\times10^9\,km^3$，当人类由于社会发展而面临水资源的日益紧缺时，必然想到去海洋取水，但海水含盐量极高，不适合人类生活使用及大部分工业应用，必须对它进行适当处理降低其含盐量，这就是海水淡化。

海水淡化首先在中东、北非地区大规模出现，因为该地区是地球上最干旱的沙漠地区，年降雨量极少，人们生活必需的淡水都难以供给，于是从海洋中吸取海水经淡化处理后作为生活饮用水供给就成为维持人们生活和社会发展的主要手段，自 20 世纪 50 年代开始，全球海水淡化能力逐年提高，2015 年已达到 $8.64\times10^7\,m^3/d$，目前全世界海水淡化的一半以上生产能力仍在中东地区，中东一些国家海水淡化已占总淡水供应量的 80%以上，世界最大的反渗透海水淡化厂是以色列的阿什凯隆海水淡化厂,淡水生产能力为33万m^3/d。阿联酋的富查依拉海水淡化厂是热膜联产厂,发电量656MW,淡水产量45万m^3/d;韩国在沙特承建了100万m^3/d海水淡化厂;法国建设了80万m^3/d海水淡化厂,这些都是目前世界上较大的海水淡化厂。

我国海水淡化开始于1958年,开始阶段研究电渗析技术;1989年天津大港发电厂引进多级闪蒸海水淡化技术;1997年舟山建成500m^3/d反渗透海水淡化站;2004年山东黄岛电厂建成低温多效海水淡化装置。至2008年年底我国已建成投产的海水淡化装置64套,主要为沿海的工业和海岛居民提供淡水,其中最早的是1981年西沙200m^3/d的电渗析海水淡化装置及1987年山东长岛60m^3/d的海水淡化站,最大的是天津北疆电厂低温多效蒸馏法海水淡化,全部建成后可达42万m^3/d。反渗透海水淡化已建成10万m^3/d的青岛工程(2016年)。

目前广泛应用的海水淡化技术有膜法、蒸馏法、离子交换法、冷冻法、萃取法等,但广泛应用的主要是以下两类。

(1) 膜法。包括反渗透和电渗析,大量应用的是反渗透海水淡化(SWRO),电渗析在早期曾使用过,目前仅在一些小型设备上还有采用。

(2) 蒸馏法。主要包括多级闪蒸(MSF)和多效蒸发(MED)两种。

MSF是将海水加热至一定温度后,依次在一系列压力逐渐降低的容器中闪蒸汽化,将蒸汽冷凝收集成淡水。其优点是在工作过程中传热面和蒸发面不接触,传热效率稳定,基本不存在结垢现象,它是中东地区海水淡化的主流技术。

MED是由若干个单效蒸发器串联而成,仅第一效蒸发器热源来自锅炉,其余各效蒸发器热源由上一效蒸发器的二次蒸汽提供,热利用率高,能耗低。以温度90℃为界,分为低温多效蒸馏(LT-MED)和高温多效蒸馏(HT-MED)两种,其中以1975年开始发展的低温多效蒸馏应用最多。MED存在的问题是结垢和腐蚀。

蒸馏法应用的前提是要有热源,所以它多和热力发电厂共建,近来已有使用核能的蒸馏法海水淡化厂。目前在世界上,膜法和蒸馏法均已获得广泛应用,各自占有的市场份额相当,各约45%。中东地区使用蒸馏法较多,因为蒸馏法具有大型化和适应于污染海水的特点,其他地区使用膜法较多。

限制海水淡化应用的主要因素是经济费用,即获得每吨淡水的费用。由于技术进步和管理机制的创新,海水淡化的成本在逐渐降低,2005年国外海水淡化的成本已降至0.48美元/m^3,已进入人们可以广泛接受的范围。目前反渗透海水淡化费用略低于蒸馏法。

海水淡化技术的创新和发展,很大程度上也受经济和能耗因素所制约。

8.5.1 海水水质特点

虽然地球上海洋分布极广,但海水水质却极为相似,海水中都含有大量无机盐,其中主要是NaCl,海水含盐量约在3.5%,即35000mg/L左右。当然,不同海洋之间的水质还是存在一定差别,近海岸的海水由于受到河流流入淡水、人为排放及海底土壤的影响,水质也会明显不同于远洋海水。表8-35列出世界某些海水的含盐量。

表 8-35 世界某些海水的含盐量

海域	大西洋	太平洋	地中海	红海	波斯湾	波罗的海	渤海
取样地区	加纳利群岛	加利福尼亚	塞浦路斯	沙特阿拉伯	阿联酋		北疆电厂
含盐量/(mg/L)	38500	34000	40500	41000	43000	7000	27000～34000
平均水温/℃	20～23	12～28	18～28	20～28	22～36		21～30

我国是一个海洋大国,海域面积约473万km^2,海岸线总长达3.2万km,其中大陆海岸线总长1.8万km,所以不同海域海水含盐量也存在差别,从已投运的海水淡化装置取用的海水来看,其含盐量在25000～30000mg/L,小于外海的海水含盐量,这主要因为这些海水淡化装置的取水口都在海岸边附近,海水被入海河流的淡水稀释了。

海水中除含有大量NaCl外,还含有镁、钙、钾、硫酸根、碳酸氢根、溴、硼、氟等离子,以及各种重金属、有机物及污染物。曾根据海水水质情况将海水分为四类,表8-36列举四类海水水质标准。海水中各种离子组成情况见表8-37。

表 8-36 海水水质标准(摘自《海水水质标准》(GB 3097—1997))

<table>
<tr><th>序号</th><th>项目</th><th>单位</th><th>第一类</th><th>第二类</th><th>第三类</th><th>第四类</th></tr>
<tr><td>1</td><td>漂浮物质</td><td></td><td colspan="3">海面不出现油膜、浮沫、漂浮物质</td><td>海面无明显油膜、浮沫、漂浮物质</td></tr>
<tr><td>2</td><td>色、臭、味</td><td></td><td colspan="3">无异色、异臭和异味</td><td>无令人厌恶的色、臭、味</td></tr>
<tr><td>3</td><td>悬浮物质</td><td></td><td colspan="2">人为增加≤10</td><td>人为增加≤100</td><td>人为增加≤150</td></tr>
<tr><td>4</td><td>大肠菌群</td><td>个/L</td><td colspan="3">≤10000(供生食的贝类养殖≤700)</td><td></td></tr>
<tr><td>5</td><td>粪大肠菌群</td><td>个/L</td><td colspan="3">≤2000(供生食的贝类养殖≤140)</td><td></td></tr>
<tr><td>6</td><td>病原体</td><td></td><td colspan="4">供人类生食的贝类养殖水质不得含病原体</td></tr>
<tr><td>7</td><td>水温</td><td>℃</td><td colspan="2">人为造成温升,夏季≤1,其他季节≤2</td><td colspan="2">人为造成温升≤4</td></tr>
<tr><td>8</td><td>pH值</td><td></td><td colspan="2">7.8～8.5</td><td colspan="2">6.8～8.8</td></tr>
<tr><td>9</td><td>溶解氧</td><td>mg/L</td><td>6</td><td>5</td><td>4</td><td>3</td></tr>
<tr><td>10</td><td>COD_{Mn}</td><td>mg /L</td><td>2</td><td>3</td><td>4</td><td>5</td></tr>
<tr><td>11</td><td>BOD_5</td><td>mg/L</td><td>1</td><td>3</td><td>4</td><td>5</td></tr>
<tr><td>12</td><td>无机氮</td><td>mg-N/L</td><td>0.2</td><td>0.3</td><td>0.4</td><td>0.5</td></tr>
<tr><td>13</td><td>非离子氮</td><td>mg-N/L</td><td colspan="4">0.02</td></tr>
<tr><td>14</td><td>活性磷酸盐</td><td>mg-P/L</td><td>0.015</td><td colspan="2">0.03</td><td>0.045</td></tr>
<tr><td>15</td><td>硫化物</td><td>mg-S/L</td><td>0.02</td><td>0.05</td><td>0.1</td><td>0.25</td></tr>
<tr><td>16</td><td>挥发性酚</td><td>mg/L</td><td colspan="2">0.005</td><td>0.01</td><td>0.05</td></tr>
<tr><td>17</td><td>石油类</td><td>mg/L</td><td colspan="2">0.05</td><td>0.3</td><td>0.5</td></tr>
<tr><td>18</td><td>苯并(a)芘</td><td>μg/L</td><td colspan="4">0.0025</td></tr>
</table>

续表

序号	项目	单位	第一类	第二类	第三类	第四类
19	阴离子表面活性剂	LAS	0.03	0.1		
20	放射性	Bq/L	$^{60}Co \leq 0.03$, $^{90}Sr \leq 4$, $^{106}Rn \leq 0.2$, $^{134}Cs \leq 0.6$, $^{137}Cs \leq 0.7$			

注：此外还有汞、铅、铬、六价铬、砷、铜、锌、硒、镍、666、氰化物、马拉硫磷等指标

表8-37 几种海水中离子组成举例 单位：mg/L

项目	标准海水	海水1	海水2	海水3	海水4	海水5	海水6
TDS	35000	32000	36000	38000	40000	45000	50000
pH值	8.1						
钠	10900	9854	11086	11663	12278	13812	15347
钾	390	354	398	419	441	496	551
钙	410	385	433	456	480	539	599
镁	1310	1182	1330	1399	1473	1657	1841
钡	0.05						
锶	13						
铁	0.02						
锰	0.01						
硅	0.04～8	0.9	1	1	1.1	1.2	1.4
氯	19700	17742	19960	20999	22105	24868	27633
硫酸根	2740	2477	2787	2932	3086	3472	3858
氟	1.4						
溴	65						
硝酸根	0.7						
碳酸氢根	152	130	146	154	162	182	202
硼	4～5						

上文中对海水含盐量是用总溶解固形物(TDS)表示，但海洋学中还常用海水氯度(chlorinity of sea water)和海水盐度(salinity of sea water)来表示含盐量。海水氯度是海水中卤素离子(Cl^-、Br^-及I^-)含量的标度。1902年订立的海水氯度定义为：1kg海水中，以氯置换溴和碘后氯离子的总克数，以符号Cl‰表示，单位为g/kg。1940年对氯度重新定义为：沉淀0.3285234kg海水中全部卤素所需纯银的克数，其值等于海水氯度值。1979年，国际海洋物理科学协会(IAPSO)建议将上述定义改写为：沉淀海水样品中含有的卤化物所需纯标准银(原子量银)的质量与海水质量之比值的0.3285234倍，以符号Cl表示氯度，用10^{-3}代替‰符号。

盐度定义是指在1000g海水中，当碳酸盐全部变为氧化物，溴和碘以氯代替，所有的有机物质全部氧化除去之后所含溶解的固体物质总数，以S‰表示。当前盐度测定方法是在1atm(1atm＝101325Pa)压力下，温度为15℃时，求被测海水样品电导与盐度为35‰的标准海水的电导(相当于32.4357‰KCl溶液电导)比值后再经计算而得。若比值为1，则样品海水盐度为35‰。氯度和盐度的关系式为S‰＝1.80655Cl‰。

海水水质除含盐量极高外，还有如下若干特点。

(1) 海水电导率可按 TDS 估算，电导率(μS/cm)≈TDS(mg/L)/(1.38～1.42)。

(2) 海水中碳酸盐硬度在 2～3mmol/L，非碳酸盐硬度很高。

(3) 海水 pH 较高，大洋表面为 8.1～8.3；近海处由于入海河流作用 pH 稍低，但也很少低于 7.6。这导致海水中游离 CO_2 含量很低(有的仅约 1mg/L)。

(4) 同条件下海水中溶解氧含量比淡水低。

(5) 海水中会有一定量悬浮物，尤其近海海水由于受泥沙、潮汐、风浪影响，水的浊度会变化很大，但海水淡化厂引入的海水中悬浮物含量却与引水方式有关，如采用海滩渗井和海边管井方式取水，由于已经过地层过滤，所取海水中悬浮物很少。海水淡化系统中常见的海水取水方式有 3 种：海水直取、海滩渗井和海边管井。海水取水方式见图 8-88。

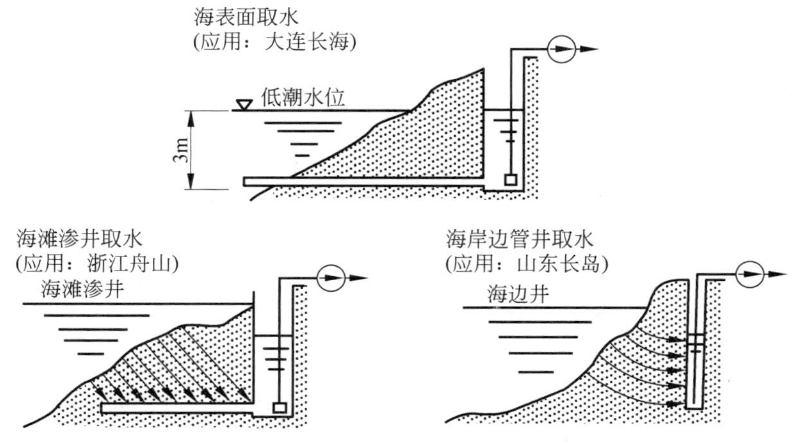

图 8-88　海水取水方式

(6) 海水中含有大量盐类，产生的双电层压缩作用导致海水中胶体类物质较少，即使近海处由入海河流带入一些胶体类物质，也容易形成沉淀。

(7) 除个别海水外，大部分海水中活性硅含量不高，约 1mg/L。

(8) 海水中钡、锶和硼含量较高。

(9) 近海海水，由于陆地的污染物排放、海产养殖等原因，也会含有较多的有机物。

8.5.2 反渗透法海水淡化

用反渗透进行海水淡化是近年来迅速推广应用的一种方法，该方法成熟可靠、系统设备简单、操作方便易于实现自动化，投资费用和运行费用也略低于热法海水淡化。海水淡化用的反渗透工艺与一般苦咸水脱盐用的反渗透系统设备相同、工艺相似，所以此处只介绍海水淡化用的反渗透工艺的特殊点。

1. 海水的前处理

海水中含有一定量悬浮物、胶体，有机物含量有时也较高，而且海水中又特别易滋生各种海生生物，所以作为反渗透进水必须先进行处理。虽然海水取水方式中采用海滩渗井和海边管井方式取得的海水浊度较低，但也不能满足反渗透要求。

进入前处理系统的海水其浊度应小于15NTU,油含量≤1mg/L,最大悬浮颗粒粒径<200μm。

和苦咸水处理方法相似,反渗透用海水的处理也包括预处理和前处理两部分,预处理为常见的混凝-澄清过滤,反渗透进水前处理也分为两类,两次混凝过滤及超滤(含浸入式帘式超滤膜),前者可将反渗透进水的SDI降至4左右,超滤则可将SDI降至2左右。常用的前处理系统见图8-89。

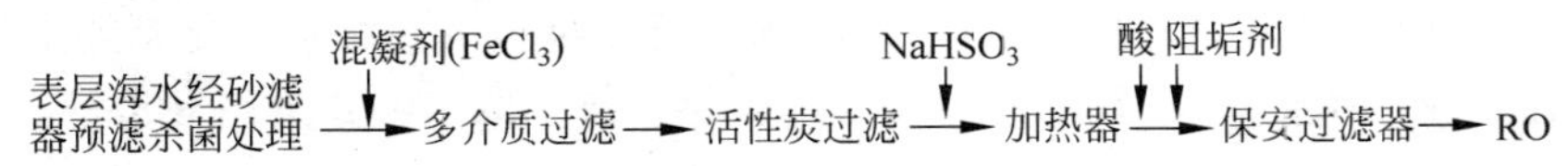

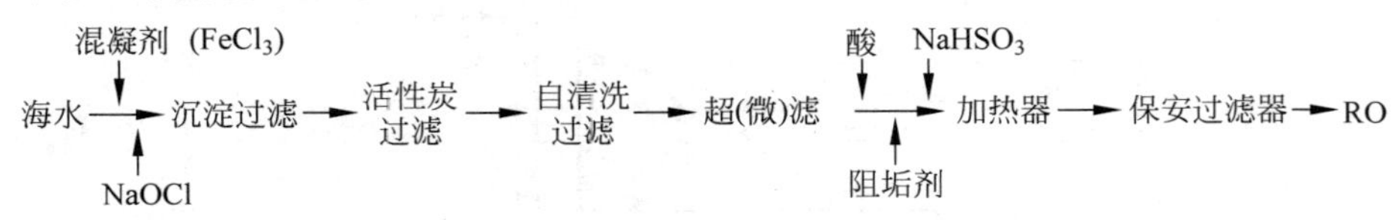

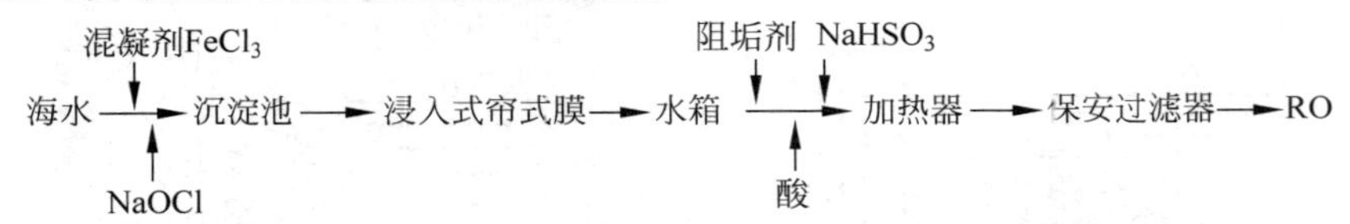

图8-89 反渗透海水淡化系统中常见的海水前处理系统

海水的预处理和前处理中还有如下一些特殊点。

(1) 由于海生生物极易在管道和设备中生长繁殖,所以取来的海水必须先进行杀菌处理(或者直接在海水取水口投加杀菌剂)。常用杀菌剂为氯系杀菌剂,如次氯酸钠、氯气等。与淡水中杀菌不同的是海水中投加的氯量要多,控制余氯要在1~3mg/L,以防止海生生物繁殖。

(2) 由于海水pH高,宜用铁盐混凝剂(三氯化铁、PFS等)。海水含盐量高,要设法提高混凝效果,可通过试验投加絮凝剂、活性泥渣等,要选用高效澄清设备。

(3) 海水中钡和锶含量较高,添加的阻垢剂要考虑防止硫酸钡和硫酸锶的析出。

(4) 海水中含有一定量的铁和锰,采用的铁盐混凝剂中往往又含有一定量亚铁离子,保证这些铁锰在前处理中去除很重要,否则由于海水pH高易在保安过滤器及膜面上析出。

(5) 海水碳酸钙结垢趋势判断用SDSI指数,有时海水计算的SDSI指数为负数,也投加阻垢剂,但也有人不考虑投加阻垢剂。

前处理系统出水SDI_{15}可以不大于3,浊度不大于0.2NTU。

海水淡化前处理用的超(微)膜应选择具有耐污染、易清洗、化学性能稳定、通量大、产水水质稳定的膜材质,如聚醚砜(PES)、聚砜(PSF)、聚偏氟乙烯(PVDF)、纤维素(CA)、聚丙烯腈(PAN)、聚丙烯(PP)、聚乙烯(PE)、聚氯乙烯(PVC)、聚四氟乙烯(PTFE)、无机陶瓷等。

2. 反渗透本体装置

海水含盐量高，其渗透压也高，35000mg/L 的标准海水渗透压约为 2.45MPa，若含盐量每上升 1000mg/L，渗透压约会增大 69kPa。若反渗透水回收率为 50%，浓水侧水中盐浓度要上升一倍，渗透压也将上升一倍达 4.9MPa，这样高的渗透压导致反渗透进水压力必须也高。目前海水淡化反渗透运行压力达 5.5～7MPa，这样高的压力下反渗透膜必须使用专用的海水膜。海水膜承压强度高，膜本身的压密效应低且透盐率低。

以卷式复合膜为例，海水膜与普通的苦咸水用膜外形尺寸、单支膜面积、进水隔网厚度、脱盐率、控制的进水和浓水流量、膜压降等方面都相似，不同的是海水膜单支水回收率仅为 10%左右（苦咸水用膜为 15%），这样 6 支膜元件组成的膜组件水回收率可达 50%。

海水淡化反渗透装置通常是一级一段，6 支膜元件组成的膜组件水回收率为 40%～50%。可以降低能耗的 8 支膜元件组成的膜组件水回收率为 55%，此时由于浓水渗透压上升，给水压力要相应提高。膜组件中每支膜元件的水通量、产水水质和渗透压情况见图 8-90。一级一段反渗透海水淡化装置脱盐率可达 99%及以上，产水的含盐量为 300～500mg/L，与一般河水相似，可以供给生活饮用。

复合膜的产水通量应选 12～17L/(m^2 · h)，海水淡化反渗透装置给水水质应符合表 8-10 的要求，膜本身衰减特性应符合表 8-38 的要求。

表 8-38 对海水淡化反渗透膜衰减特性的要求

项　目	指标要求		
	<1 年	1～3 年	>3 年
产水量年平均衰减率/%		≤7	≤10
脱盐率年平均衰减率/%		≤0.15	≤0.2
水回收率/%	≤40	≤40	≤40
压降(单支膜元件)/MPa	≤0.03	≤0.04	≤0.045
产水能耗/(kw · h/m^3)	≤3.5	≤3.8	≤4.0

注：产水量年平均衰减率和产水能耗指标中产水量值要求校正到 25℃时的数值进行计算。按下式进行校正：

$$Q_{25} = Q \times 1.03^{(25-T)} \tag{8-46}$$

式中，Q_{25}——校正为 25℃时的产水量，m^3/h；

Q——在 T 温度下实际测得的产水量，m^3/h；

T——水温，℃。

若海水淡化的目的是提供工业用纯水，则反渗透装置设置为二级二段或二级三段（图 8-91），产水电导率可降至 10～50μS/cm，第二级反渗透膜可用普通的苦咸水膜。

海水淡化反渗透由于运行压力高，膜被压缩严重，使进水通道变宽，再加上海水淡化反渗透水回收率不高，水浓缩倍率不大，使膜内结垢（包括二氧化硅垢）问题不突出，相对来说，膜和保安过滤器的生物污染防治问题及铁锰等重金属沉积问题就显得很重要，铁锰等重金属在还原态环境中以离子形式存在，不会析出，但在高 pH 下的氧化态环境中会以氢氧化物形式析出。

反渗透海水淡化的出水后处理方式要视它的用途而定，作为生活饮用水供出时还要经 pH 调节、杀菌、矿化等后处理。

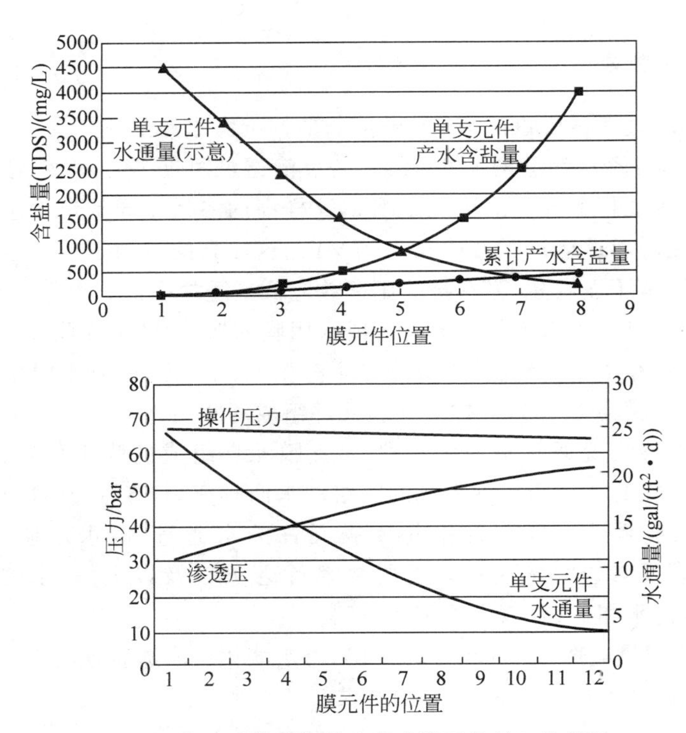

图 8-90 海水淡化膜组件中每支膜元件的工作状况

(3.5%NaCl,25℃,平均水通量 11.5gal/(ft^2·d),上图水回收率 50%,下图水回收率为 60%,1gal(美)=3.785412dm^3,1ft=0.3048m)

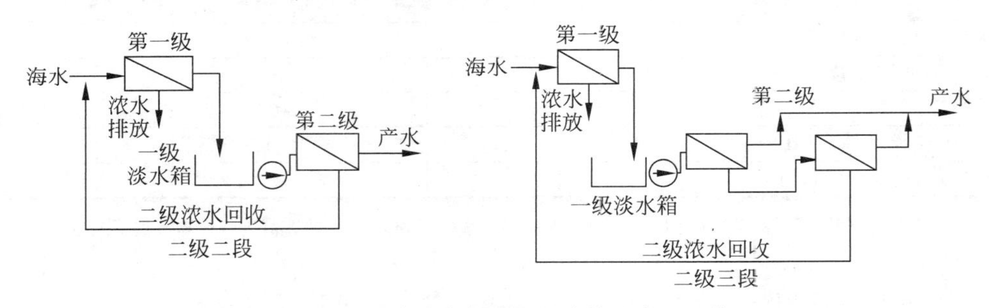

图 8-91 用海水直接制取纯水的反渗透系统

用反渗透海水淡化作为生活饮用水时还要注意水中硼的问题,世界卫生组织(WHO)要求饮用水中硼含量要少于 0.5mg/L,采用高脱硼反渗透膜(对硼脱除率 91%~93%)可以达到上述要求,否则要对反渗透进水加碱将其 pH 值提高至 10~11,以提高硼的离子化率,提高膜对硼的脱除率,或者对反渗透产水再用含正甲葡萄胺的树脂吸附水中硼。

反渗透装置对海水中油去除率较低,油易进入淡水中。

3. 浓海水处置

以海水淡化反渗透水回收率为 50%计,排出的浓水含盐量为海水的两倍,35000mg/L 海水进水的排放浓水达 70000mg/L,这样高浓度排水的处置要引起重视,目前常采用的处置方法有:排回海中(若排入封闭海湾内易引起海水含盐量上升,还需注意排放口要远离海水吸入口)，晒盐等零排放处理，或作其他用处(如电解海水制取氯气)等。

4. 能量回收(energy recovery device)

海水淡化反渗透进水压力很高，仅克服膜流道阻力后就排放，高压力的浓水含有很高能量，这些能量能否利用直接关系到海水淡化的成本，据统计，海水淡化反渗透的能耗约 $8kW \cdot h/m^3$(淡水)，采用透平式等能量回收装置可将能耗降至 $5.5kW \cdot h/m^3$(淡水)，采用 PX 式能量回收装置可将能耗降至 $4kW \cdot h/m^3$(淡水)，8 支膜元件组成的膜组件且采用 PX 式能量回收装置可将能耗降至 $2.5kW \cdot h/m^3$(淡水)，可见能量回收对降低海水淡化能耗以及降低供出淡水价格十分重要。

目前海水淡化的能量回收装置按工作原理分两种类型：透平式和正位移式。透平式有第一代和第二代之分，正位移式又分为阀控式结构和旋转式结构两类。目前用得较多的是 TURBO 涡轮式能量回收装置(透平式)、ERT 涡轮直联式能量回收装置(透平式)和 PX 能量回收装置(正位移的功交换式)。

1) 涡轮式能量回收装置

典型的是美国 PEI(Pump Engineering, Inc.)公司 1988 年推出的 TURBO 冲击式涡轮回收装置，它实际上是一个小型水轮机，排放的高压浓水直接冲击水轮机的叶片旋转，可以带动发电机，也可以带动同轴泵的叶轮将反渗透给水升压，能量回收率较低，约 50%，但它不会改变反渗透给水水质，反渗透浓水向给水泄漏为 0。泵和连接系统见图 8-92。

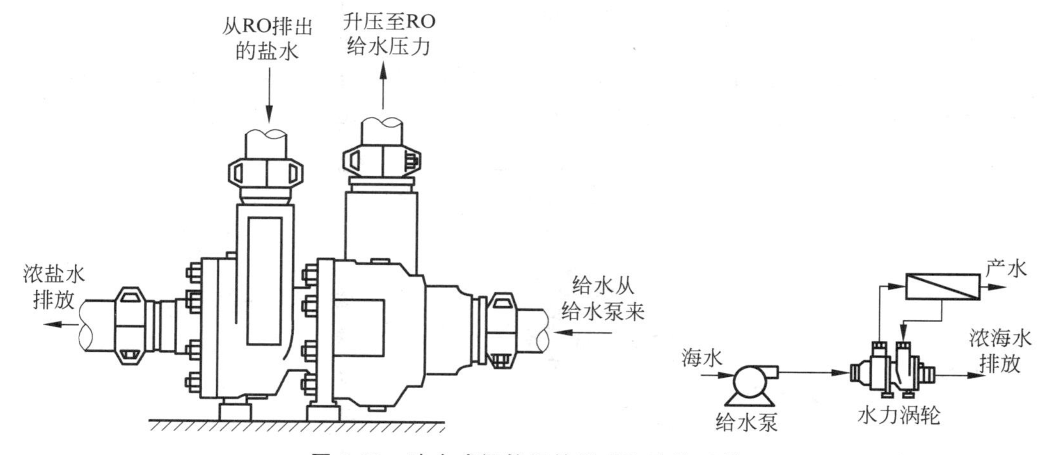

图 8-92 冲击式涡轮机的型式和连接系统

2) 正位移式能量回收装置

典型的是美国 ERI(Energy Recovery, Inc.)公司 1997 年推出的旋转式结构压力转换器(pressure exchanger, PX)，它是液-液直接传递压力的装置，没有任何机械传递，因而没有能量损耗，浓水能量回收率可达 90%以上，效率最高。PX 压力转换器外形像一个短的压力容器圆筒，内部是一个有多通道但没有轴的陶瓷转子，该转子在浓水高压作用下旋转并借活塞压向反渗透给水，从而传递能量，它的原理及工作系统见图 8-93。由于浓水与给水仅靠活塞隔离，有浓水漏入给水的可能($\leqslant 4\%$)。

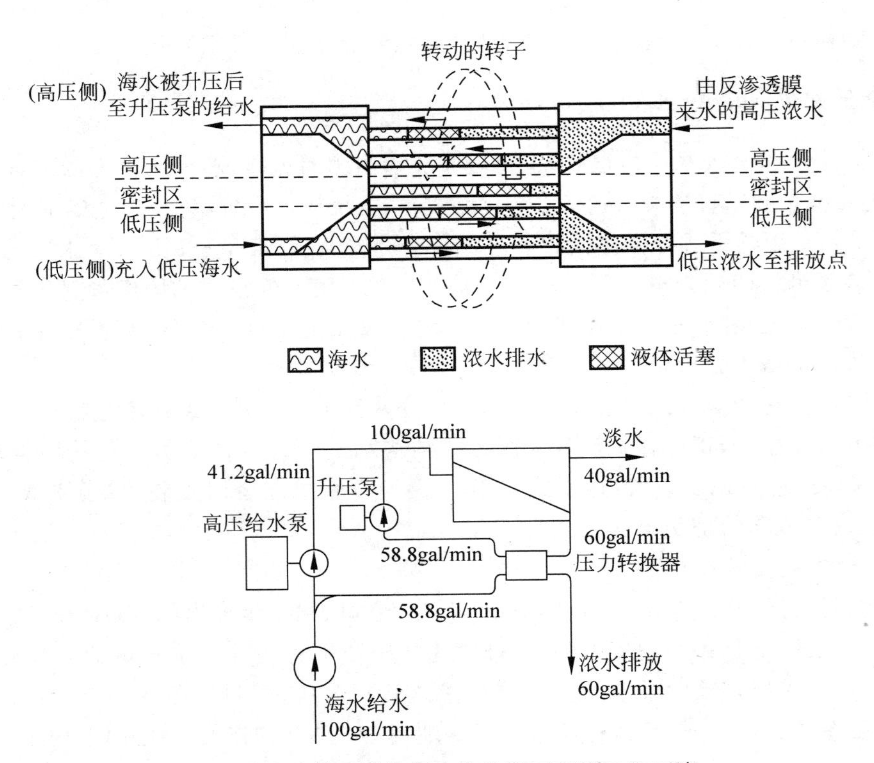

图 8-93 旋转式结构压力转换器原理及工作系统

上述的两类能量回收装置可以装在高压给水泵后,对给水进一步升压;也可以装在反渗透段间,作段间升压;还可以装在一级和二级反渗透之间,作二级反渗透的给水泵,见图 8-94。

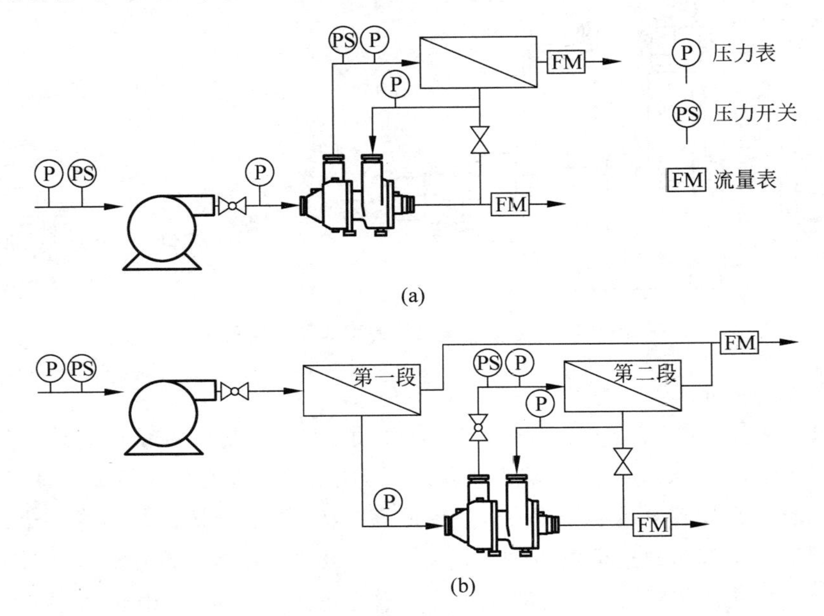

图 8-94 能量回收装置使用位置

(a) 能量回收装置用于给水升压;(b) 用于第二段给水升压;(c) 用于第二级反渗透给水升压

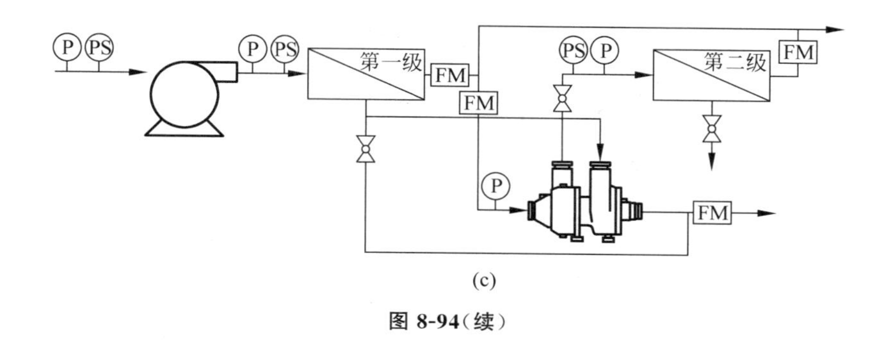

(c)

图 8-94(续)

8.5.3 多级闪蒸海水淡化

8.5.4 低温多效蒸发海水淡化

8.5.5 其他海水淡化方法

除上述膜法反渗透和热法(含热电联产热法海水淡化和核能、太阳能海水淡化)之外,其他已经应用和正在开发的海水淡化方法如下。

1) 压气蒸馏

它是对蒸发过程产生的蒸汽用机械压缩机进行压缩,压力提高后其饱和温度提高,温度也升高,作为下一级加热热源可以减少能耗,提高经济性。

2) 冷冻法

盐在水中分配系数比在冰中分配系数大 1～2 个数量级,在海水结冰不太快、温度下降缓慢的情况下,冰中所含盐很少,此时将冰取出经洗涤、加热融化就可以获得淡水。

3) 正渗透法(forward osmosis,FO)

正渗透是指水从较高的化学势(或较低渗透压)一侧通过选择性透过膜向较低化学势(或较高渗透压)一侧移动的过程。不同于反渗透过程的是,正渗透过程的驱动力是半透膜两侧的渗透压差,无须外加压力。如图 8-95 所示,若在半透膜两侧分别放置两种具有不同渗透压的溶液,一种是具有相对较低渗透压的海水,另一种为具有较高渗透压的驱动液(draw solution),两侧的渗透压差使海水中水分子(淡水)透过选择性透过膜进入另一侧的驱动液中。这就是正渗透。

具体做法是:在半透膜的一侧放入海水,另一侧放入浓度更高的盐溶液(驱动液),由于

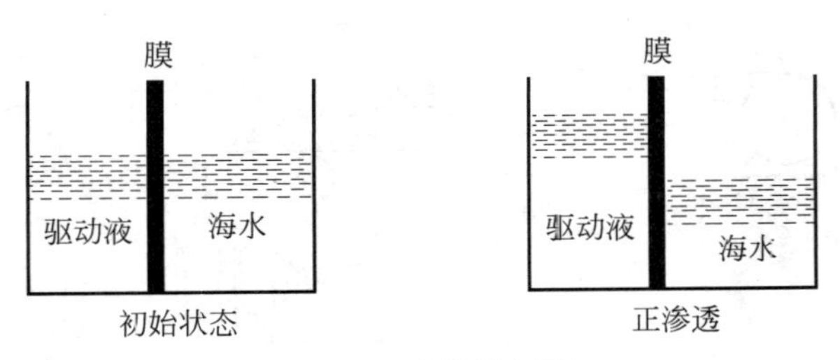

图 8-95 正渗透示意

盐溶液浓度更高，渗透压比海水高，海水中水分子就会自动透过膜进入盐溶液中，至一定程度后将盐溶液取出，让其中盐析出即获得淡水。对该驱动液中盐的要求是：在水中具有较高的溶解度、较小的相对分子质量，从而能产生较高的渗透压且有易析出的特点，比如碳酸氢铵，它的水溶液在加热至40℃时，氨气和二氧化碳便会析出，留下纯净的淡水，而排出的氨和二氧化碳可捕获后重新使用(图8-96)。这种方法由于应用自然产生的渗透压作动力，所以能耗极少，大约只有反渗透法的20%，节能优势明显。主要问题是：膜选择与驱动液的选择及评价，浓差极化的控制，膜污染的防治。

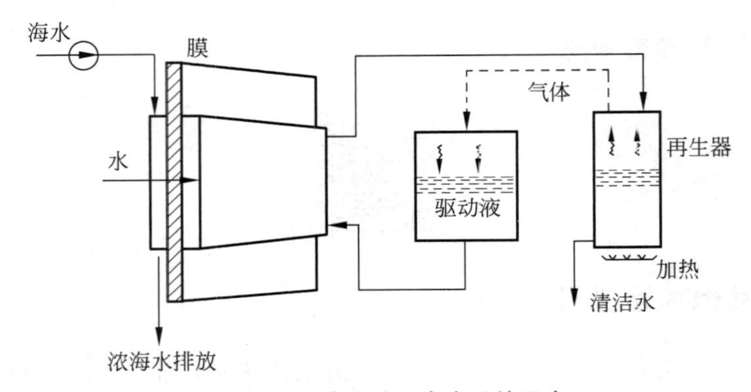

图 8-96 正渗透处理海水系统示意

习题

8-1 分别描述反渗透膜、纳滤膜、超滤膜、微滤膜的分离性能。工业上使用的分离膜应具有哪些基本条件？

8-2 什么是渗透和反渗透？简述反渗透的基本机理。

8-3 什么是反渗透膜的选择性透过？膜对水中杂质的脱除规律如何？

8-4 工业上常用的膜组件有哪几种形式？各自的特点如何？

8-5 如何计算反渗透膜的产水量？膜的产水量与哪些因素有关？

8-6 什么是反渗透膜进水前处理？它包括哪些内容？

8-7 什么是电渗析的极化？极化在EDI中起什么作用？

8-8 某厂建于长江口，欲建一套反渗透装置，要求处理出力为24t/h(冬季)～48t/h(夏季)。供水水质为：Cl^-浓度低于5mg/L，水回收率为75%。长江水夏季含Cl^- 150mg/L，冬

季含 Cl^- 6000mg/L(海水倒灌)。请设计该反渗透装置所用膜元件(8in 卷式膜)、膜组件(每只膜壳内装 6 支膜)数及膜组件排列方式。

(提示：参考表 8-9 中数据进行计算,脱盐率为 99%。)

8-9 与反渗透膜相比,纳滤膜对水中盐类和有机物去除的特征有何差别?

8-10 超滤膜截留相对分子质量代表什么意义?超滤膜在水处理中应用时如何控制其污染?

8-11 叙述 EDI 对水进行脱盐的原理及应用场合,介绍浓水循环式和浓水直排式 EDI 的区别。

8-12 海水淡化反渗透装置有何特点?什么是海水淡化反渗透的能量回收装置,有哪几种形式?

8-13 叙述多级闪蒸和低温多效蒸发的海水淡化原理。

8-14 叙述正渗透的原理。

9 CHAPTER 工业冷却水装置及运行

在工业生产过程中，往往会有大量热量产生，使生产设备或产品的温度升高，必须及时冷却，以免影响生产安全、正常进行和产品的质量。而水是吸收和传递热量的良好介质，工业上常用水来冷却生产设备和产品。所以在工业企业(例如电力、石油、化工、钢铁企业等)，冷却用水的比例很大，冷却水基本上占总用水量的90%～95%。几十年前我国的工业冷却水多采用直流冷却水(once-through cooling water)，水资源浪费很大。近年来循环冷却水系统已在各行各业广泛使用，带来的节水效果是明显的。一般补充水率可降至循环水量的5%以下。目前，采用循环冷却水(circulating cooling water)代替直流冷却水已成为各行各业的共识和行动。同时，也都更重视系统中换热器的腐蚀与结垢问题。

天然水中含有许多无机质和有机质，如不经过专门处理，冷却水在循环利用过程中，不仅传热效果变差，而且由于盐类浓缩等作用，会产生腐蚀、结垢和微生物生长等问题。如不对水质进行处理，将难以保证系统的安全运行。

因此，对循环冷却水进行水质处理，保证其一定的水质和设计选用合适的冷却构筑物，是我们水处理工作者所面临的任务。

9.1 冷却水系统和设备

9.1.1 冷却水系统

用水来冷却工艺介质的系统称作冷却水系统。冷却水系统通常有两种：直流冷却水系统和循环冷却水系统。

1. 直流冷却水系统

在直流冷却水系统中，冷却水仅仅通过换热设备(如凝汽器)一次就排放，不循环利用。其工艺流程如图9-1所示。该系统的特点是设备简单，不需要冷却构筑物，操作比较方便，但用水量大，冷却水经一次使用后即返回天然水体，因而排出水的温升较小，水中各种矿物质和离子含量基本上变化不大，水质引起的结垢、腐蚀问题相对来说较轻，所以一般对水质不再进行处理，只是为了防止水中的悬浮物质及水生生物堵塞泵和热交换器管子，在泵吸入口处设置机械阻挡装置(如隔栅)及投加杀生物剂(如氯气等)。

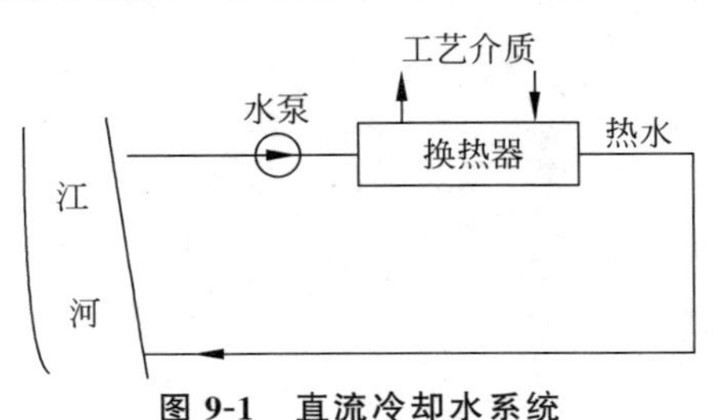

图9-1 直流冷却水系统

这种冷却水系统一般都在附近有很充足水源(如河流、湖泊、海水)的工厂使用。而许多企业往往不具备这种条件，所以不能采用这种冷却方式。

2. 循环冷却水系统

循环冷却水系统分为密闭式循环冷却水系统和敞开式循环冷却水系统两种。

1）密闭式循环冷却水系统

密闭式循环冷却水系统（closed recirculation cooling water system）工艺流程如图 9-2 所示。该系统是指冷却水本身在一个完全密闭的系统中不断循环运行，冷却水不与空气接触，水的冷却是由另外一个敞开式冷却水（或空气）系统的换热设备来完成的。所以这种系统的特点是水不蒸发、不排放，补充水量小，因此通常采用软化水或除盐水作补充水；因水不与空气相接触，所以不容易产生由微生物引起的各种危害；因为没有盐类浓缩的问题，所以水中产生结垢的可能性较小；为了防止换热设备的腐蚀，一是选择合适的热交换管材，如黄铜管、紫铜管、钛管和不锈钢管等耐腐蚀性材料，二是在该系统的冷却水中投加适当的缓蚀剂。

密闭式循环冷却水系统一般只是在传热量较小及有特殊要求的设备上使用，例如水内冷发电机的水冷却系统、某些大型转动设备的轴承冷却水系统等。

2）敞开式循环冷却水系统

敞开式循环冷却水系统（opened recirculation cooling water system）是工业生产中应用很普遍的一种冷却水系统，其工艺流程如图 9-3 所示。该系统中冷却水由循环水泵送入热交换器内进行热交换，升温后的冷却水经冷却塔降温后，再由循环水泵送入热交换器内循环利用，这种循环利用的冷却水称循环冷却水。这种系统的特点是：由于水中有 CO_2 散失和盐类浓缩现象，在热交换器管内或冷却塔的填料上有结垢问题；由于温度适宜、阳光充足、营养丰富，有微生物的滋长问题；由于冷却水在塔内被空气洗涤，有生成污垢的可能；由于循环冷却水与空气接触，水中溶解氧是饱和的，所以还有换热器材料的腐蚀问题。从该系统的特点可知，由于循环冷却水的水质比起补充水水质明显恶化，就给冷却水系统带来了一系列问题，所以对循环冷却水进行水质控制处理是非常必要的。后面介绍的水质控制主要是针对敞开式循环冷却水系统而言的，当然，对其他冷却水系统也可作为参考。

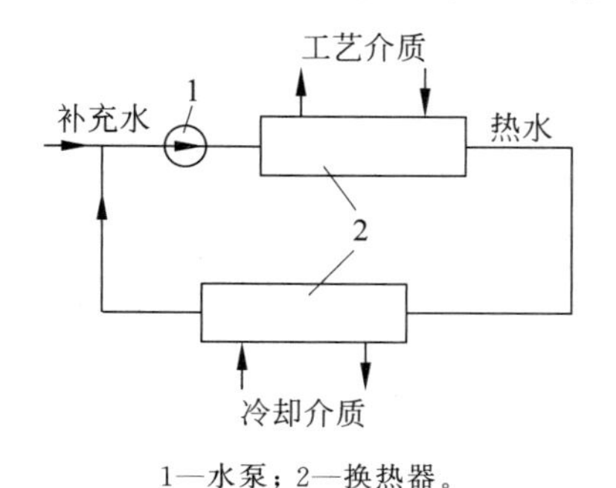

1—水泵；2—换热器。

图 9-2　密闭式循环冷却水系统

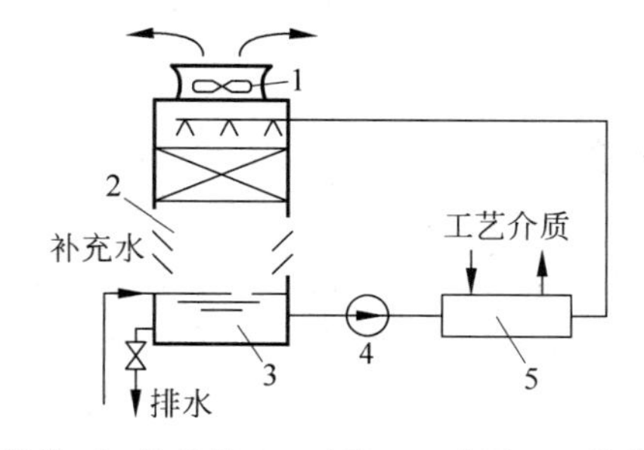

1—风机；2—冷却塔；3—水池；4—水泵；5—换热器。

图 9-3　敞开式循环冷却水系统

所谓循环冷却水处理，主要就是研究这种敞开式循环冷却水系统的结垢、微生物生长和腐蚀等方面的原理和防治方法。

9.1.2　冷却构筑物

在循环冷却水系统中，用来降低水温（从热交换器排出的热水）的构筑物或设备称为冷却构筑物和冷却设备。按其热水与空气接触的方式不同,可分为水面冷却构筑物、喷水冷却池和冷却塔等。以下为冷却构筑物的分类。

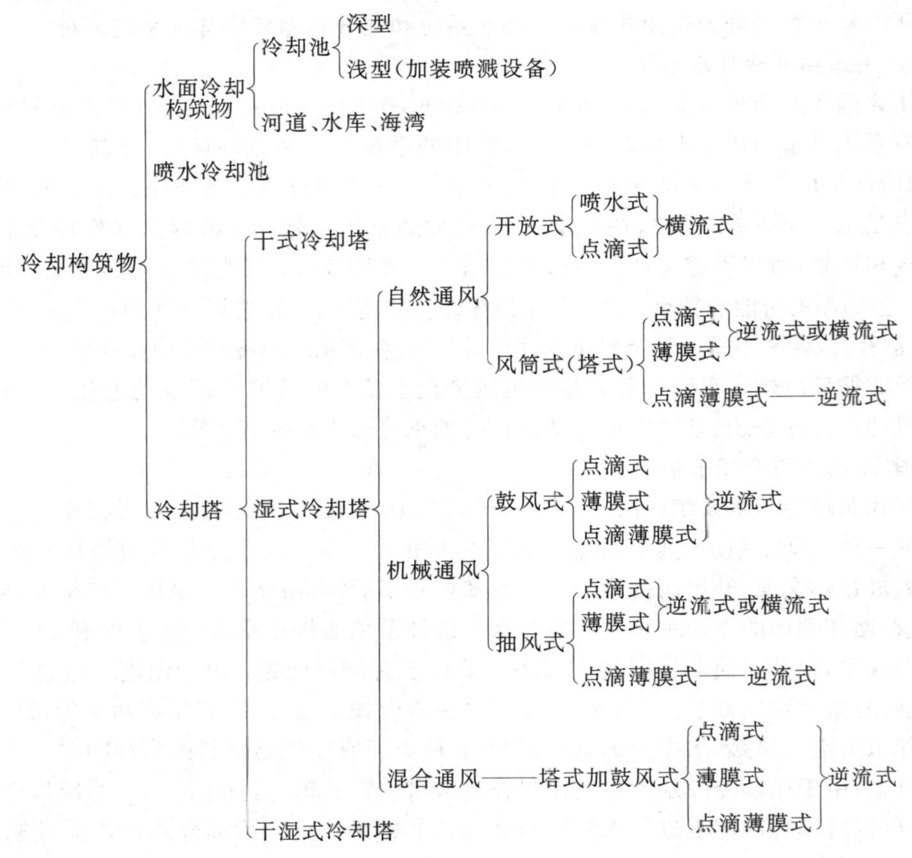

1. 水面冷却构筑物(冷却水池)

1) 天然冷却池

天然冷却池(natural cooling pond)是利用现成的水库、湖泊、河段、海湾或人工水池等天然水体对循环冷却水进行冷却。因为冷却过程是通过水体的水面向大气散发热量来进行的,因而又称水面冷却。经热交换器排出的热水由排出口排入天然水体,在缓慢地流向下游取水口的过程中(它的流向与直流式冷却水系统刚好相反,取水口在下游,排水口在上游,以适应河流流量满足不了直流式冷却水量的情况)与空气接触,借助自然对流、蒸发作用散发热量使水冷却。由于热水与天然水体之间存在着一定的温度差,故可在水体内形成温差异重流。热水在上面成为高温水区,冷水在下面成为低温水区,两层水流流动存在差异,有利于散热。下游取水口多插入低温水区中。

影响水体内温差异重流的因素有水温差、水深、水流速度、气象条件、冷却水体的几何形状及水下地形等。深层水与表层水温差越大,水流速度越小,水越深(>1.5m),冷却分层越好,就越容易形成温差异重流,越有利于热交换。

这种天然冷却池结构简单,投资少,因此在自然条件许可时都优先采用。它常用于冷却水量不十分大的企业,这是因为天然河体的水量有限,对大型企业往往就显得不够了。

2）喷水冷却池

喷水冷却池(spray cooling pond)是利用人工或天然水池(池塘)，池中布置配水管，管上装设喷嘴，循环水经喷嘴在空气中喷散成细小水滴，增加了水与空气的接触面积，增加了水的蒸发速度，在使用较小的水池时也能提供较快的冷却速度。

喷水冷却池适用于冷却水量较小的企业，并且要有足够的场地或有现成的池洼坑可供使用。

喷水冷却池具有结构简单、维护方便、造价低廉的优点。缺点是占地面积较大，水的风吹损失、渗漏损失较大，喷水冷却池上所形成的水雾由于风吹的影响，不利于周围环境，周围的尘土也容易带进水池，引起系统中污泥沉积问题。

2. 冷却塔

冷却塔是一种塔型构筑物，它用来冷却换热器中排出的热水。在冷却塔中，热水从塔顶由上向下喷散成水滴或水膜状，空气则由下向上与水滴或水膜成逆流运动，或者在水平方向与水滴或水膜成交流(横流)运动，使水与空气接触，进行热交换，来降低循环水的温度。冷却塔具有占地面积小、冷却效果好、水量损失小、处理水量的幅度较宽等优点，因此在各行各业应用很广泛。

冷却塔按塔的构造以及空气流动的控制情况，可分为自然通风冷却塔和机械通风冷却塔两大类。

1）自然通风冷却塔

自然通风冷却塔(natural draft cooling tower)具有特殊形状的通风筒，以提供水冷却所需要的空气流量，如图 9-4 所示。水从上部喷下，由于塔内空气与塔外空气温度差而形成密度差，通风筒具有很强的抽风能力，使新鲜空气从塔下进入，与水发生热量交换，湿蒸汽从塔顶排出，水得到冷却，其冷却效果较为稳定。塔内装有填料，以增加水与空气的接触面积，大型塔内还装有收水装置，以减少风吹损失。

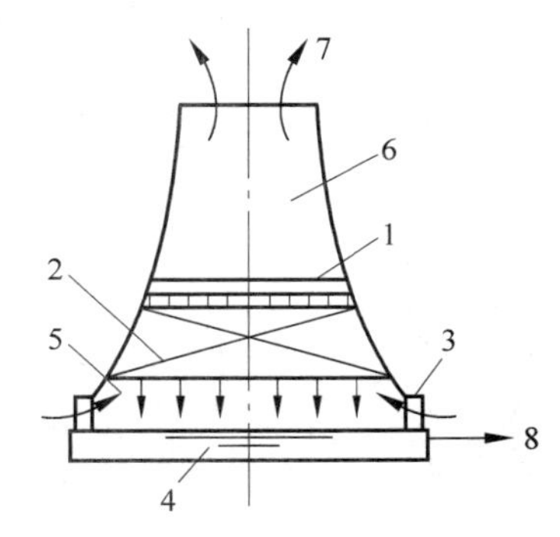

1—配水系统；2—填料；3—百叶窗；4—集水池；5—空气分配区；6—风筒；7—热空气和水蒸气；8—冷水。

图 9-4 自然通风冷却塔

自然通风冷却塔的冷却效果取决于塔高，塔越高则抽力越大，冷却效果也越好。大型自然通风冷却塔可以高达 100～200m，并且设计成双曲线型，使塔内空气动力学形态较好，有利于空气流动和水的冷却，这种冷却塔又称为双曲线型冷却塔。该类型冷却塔不需动力设备，因此节省动力，冷却效果也好，设备维护简单，但投资较高，目前的大型企业大多采用此设备。

2）机械通风冷却塔

机械通风冷却塔(mechanical draft cooling tower)中，为完成水冷却所需的空气流量是由风机供给的，因此通风量稳定，冷却效率较高，占地面积较小，投资少，在相同条件下，冷却后的水温比自然通风冷却塔要低 3～5℃。但是由于需要风机通风，机械通风冷却塔运行耗电量大，维护工作量大，在大型和特大型冷却塔中，风机的制造和运行都存在很多问题，因此往往被双曲线型冷却塔所取代，而在中小型冷却水系统中应用较多。机械通风冷却塔的结构见图 9-5。

目前,市场上出售一种玻璃钢冷却塔,如图9-6所示。其作用原理与机械通风冷却塔相似,所不同的是塔体外壳全部采用玻璃钢(一种玻璃布与树脂组成的复合材料)预制成块状部件,运输到现场后再拼装而成。填料通常为将聚氯乙烯材料压制成波纹板式或板式,根据需要还可采用铝合金。

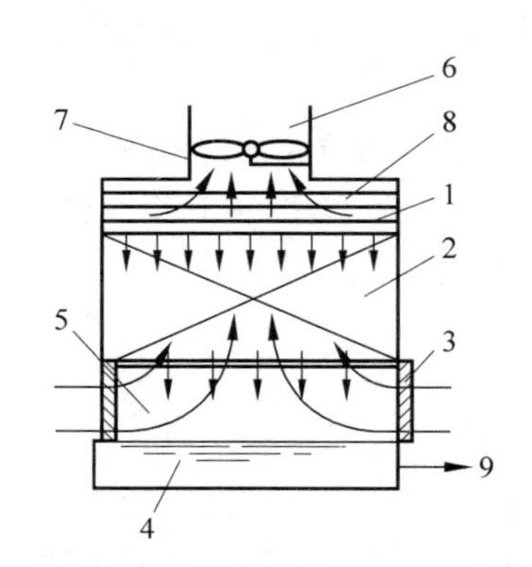

1—配水系统;2—填料;3—百叶窗;4—集水池;5—空气分配区;6—风机;7—风筒;8—热空气和水蒸气;9—冷水。

图9-5 机械通风冷却塔

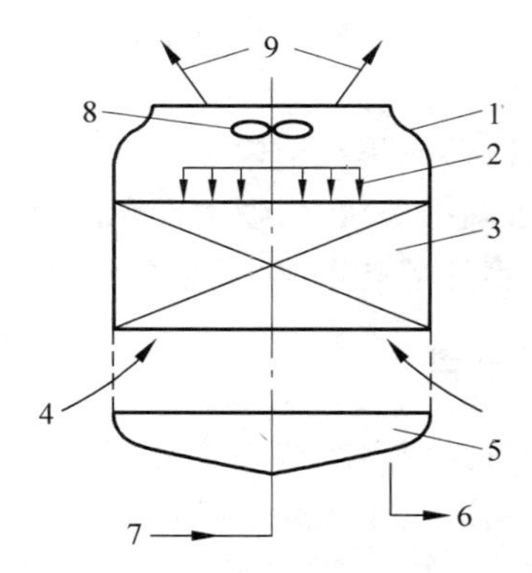

1—玻璃钢塔体;2—淋水装置;3—填料;4—空气;5—接水盘;6—冷却水;7—热水;8—排风扇;9—热空气和水蒸气。

图9-6 玻璃钢冷却塔

玻璃钢冷却塔目前已有系列化产品,其处理的冷却水量为8～500m^3/h,水温降幅为5～25℃。表9-1为通常选用的玻璃钢冷却塔型号。

表9-1 一些玻璃钢冷却塔的规格型号

塔型	处理冷却水量/(m^3/h)		外形尺寸		轴流风机		
	水温降10℃	水温降20℃	最大外径/mm	最大高度/mm	风量/(m^3/h)	风机直径/m	风机功率/kW
10NB8	8	6.8	1310	2600	0.8	0.7	0.75
10NB15	15	12.75	2000	2980	1.48	0.9	1.5
10NB30	30	25.50	2500	3450	2.96	1.2	2.2
10NB50	50	42.50	3000	4010	5	1.4	4
10NB75	75	63.75	3400	4520	7.4	1.5	5.5

由于玻璃钢冷却塔生产已系列化,规格齐全,而且体重轻,占地小,排列灵活,可以拆迁,运输方便,造价相对来说也较低,因此常为一些中小型化工厂、化肥厂、制药厂、超市、宾馆等单位改建、扩建或新建循环冷却水系统时选用。但其缺点是强度和使用寿命都不如钢筋混凝土所构成的冷却塔。

9.2 水的冷却原理

由于大气中总是存在有一定数量的水蒸气,因此大气实际上是由干空气和水蒸气组成的混合气体,也称为湿空气。敞开式循环冷却水系统中循环水的冷却就是以湿空气作为冷却介质达到冷却目的。当在系统中已吸热的循环水在冷却塔中由上而下以小水滴或水膜的形式降落时，会与从冷却塔下方（或侧面）由下而上的湿空气接触，依靠传热来降低水的温度，其传热过程实际上包括接触散热、蒸发散热和辐射散热三个过程。

9.2.1 湿空气性质

1. 湿空气的压力

由冷却塔周围进入冷却塔中的湿空气的总压就是当地的大气压，按照气体分压定律，湿空气的总压力 P(kPa)应等于干空气的分压力 P_g(kPa)和水蒸气的分压力 P_s(kPa)两者之和：

$$P = P_g + P_s \tag{9-1}$$

根据理想气体方程式，可知：

$$PV = mRT \times 10^{-3} \tag{9-2}$$

或

$$P = \frac{m}{V}RT \times 10^{-3} = \rho RT \times 10^{-3} \tag{9-3}$$

式中，$\rho=\frac{m}{V}$——气体的密度，kg/m³；

V——气体体积，m³；

m——气体质量，kg；

R——气体常数，J/(kg·K)；

T——热力学温度，K。

将式(9-3)分别用于干空气和水蒸气，即可得

$$P = \rho_g R_g T \times 10^{-3} + \rho_s R_s T \times 10^{-3} \quad (\text{kPa}) \tag{9-4}$$

式中，ρ_g、ρ_s——分别为干空气和水蒸气在其本身分压下的密度，kg/m³；

R_g、R_s——分别为干空气和水蒸气的气体常数，$R_g = 287.14$J/(kg·K)，$R_s = 461.53$J/(kg·K)。

2. 饱和水蒸气的分压力

当空气在某一温度下，其吸湿能力达到最大值时，此时空气中的水蒸气应处于饱和状态，则称为饱和空气。这时水蒸气的分压力称为饱和蒸汽压力 P'_s，该数值只与空气温度有关，而与大气压力无关。因此，空气的温度越高，水的蒸发也越快，P'_s值也就越大。所以湿空气中的水蒸气的含量不会超过该温度条件下的饱和蒸汽含量，即 $P_s \leqslant P'_s$。

当空气温度在 0～100℃和通常的气压范围内时，饱和蒸汽压力 P'_s(kPa)可按下式计算：

$$\lg 98P'_s = 0.0141966 - 3.142305\left(\frac{10^3}{T} - \frac{10^3}{373.015}\right) + 8.2\lg\left(\frac{373.15}{T}\right) - 0.0024804(373.16 - T) \tag{9-5}$$

从上面的讨论可知,在一定温度下已达到饱和的空气,当温度升高时会重新成为不饱和;而不饱和的空气,在温度降低到某一值时,会重新趋于饱和。

3. 湿空气的湿度

湿空气的湿度分为绝对湿度(absolute humidity)和相对湿度(relative humidity)两种。

空气的绝对湿度是指 $1m^3$ 湿空气中所含有的水蒸气的质量,在数值上等于水蒸气在分压力 P_s 和湿空气温度 T 时的密度 ρ_s(kg/m^3),即

$$\rho_s = \frac{P_s}{R_s T} \times 10^3 = \frac{P_s}{461.53T} \times 10^3 \tag{9-6}$$

同样,饱和空气的绝对湿度 ρ_s'(kg/m^3)为

$$\rho_s' = \frac{P_s'}{R_s T} \times 10^3 = \frac{P_s'}{461.53T} \times 10^3 \tag{9-7}$$

空气的相对湿度ϕ等于空气的绝对湿度ρ_s与同温度下饱和空气的绝对湿度ρ_s'之比,即

$$\phi = \frac{\rho_s}{\rho_s'} = \frac{P_s}{P_s'} \tag{9-8}$$

从式(9-8)可知,相对湿度表示湿空气接近饱和的程度,ϕ值越低,表示空气越干燥,越容易吸收水分;反之,则不易吸收水分。

由式(9-8)可求得

$$P_s = \phi P_s'$$

则

$$P_g = P - P_s = P - \phi P_s' \tag{9-9}$$

也可按下式计算空气的相对湿度,即

$$\phi = \frac{P_\tau' - 0.000662P(\theta - \tau)}{P_\theta'} \tag{9-10}$$

式中,θ、τ——分别为湿空气的干球温度和湿球温度,℃;

P_τ'、P_θ'——分别对应于τ和θ时的饱和水蒸气压力,kPa;

P——大气压力,kPa。

4. 含湿量

湿空气的含湿量(moisture content)是指在含有1kg干空气的湿空气混合气体中,所含有的水蒸气质量(kg),用x表示,也称为比湿,单位为kg/kg(干空气):

$$x = \frac{\rho_s}{\rho_g} = \frac{R_s P_s}{R_g P_g} = \frac{287.14P_s}{461.53P_g} = 0.622\frac{P_s}{P - P_s} = 0.622\frac{\phi P_s}{P - \phi P_s'} \tag{9-11}$$

从式(9-11)可知,当大气压力P一定时,空气中的含湿量随水蒸气分压力P_s、空气的相对湿度ϕ的增加而增加。当空气的相对湿度ϕ增加到1.0时,表示此时湿空气的含湿量已达到最大值,称为饱和含湿量x',即

$$x' = 0.622\frac{P_s'}{P - P_s'} \tag{9-12}$$

式(9-12)表示，此时的空气($x=x'$)称为饱和空气，它已没有吸湿能力，不能再吸收水蒸气。$x'-x$ 表示 1kg 干空气允许增加的水蒸气量，$x'-x$ 值越大，表明空气越干燥，越容易吸收水蒸气，反之亦然。

5. 湿空气的密度

湿空气的密度为 $1m^3$ 湿空气中所含有的干空气和水蒸气两者在其各自分压下的密度之和，用 $\rho(kg/m^3)$表示：

$$\rho=\rho_g+\rho_s \tag{9-13}$$

将式(9-4)代入式(9-13)，可得

$$\begin{aligned}\rho&=\frac{P_g\times10^3}{R_gT}+\frac{P_s\times10^3}{R_sT}=\frac{(P-P_s)\times10^3}{R_gT}+\frac{P_s\times10^3}{R_sT}\\&=\frac{P\times10^3}{R_gT}-\frac{P_s\times10^3}{T}\left(\frac{1}{R_g}-\frac{1}{R_s}\right)\\&=\frac{1000}{287.14}\frac{P}{T}-\frac{P_s\times1000}{T}\left(\frac{1}{287.14}-\frac{1}{461.53}\right)\\&=3.483\frac{P}{T}-1.316\frac{P_s}{T}\end{aligned} \tag{9-14}$$

式(9-14)表明，湿空气的密度随着温度的升高和大气压力的降低而减小。

6. 湿空气的质量热容

湿空气的质量热容是指总质量为$(1+x)$kg 的湿空气(含 1kg 干空气和 $x$kg 水蒸气)温度每升高 1℃时所需要的热量，用 C_{SH}(kJ/(kg ·℃))来表示，即

$$C_{SH}=C_g+C_sx$$

式中，C_g——干空气的质量热容，kJ/(kg·℃)，约为 1.005kJ/(kg·℃)；

C_s——水蒸气的质量热容，kJ/(kg·℃)，约为 1.842kJ/(kg·℃)。

所以

$$C_{SH}=1.005+1.842x \tag{9-15}$$

在进行冷却塔的设计计算时，C_{SH} 一般取 1.05kJ/(kg ·℃)。

7. 湿空气的焓

湿空气的焓(enthalpy)是指湿空气的含热量，其大小为 1kg 干空气和含湿量为 $x$kg 水蒸气两者的含热量之和，用 H(kJ/kg)表示，即

$$H=H_g+xH_s$$

式中，H_g、H_s——分别为干空气和水蒸气的焓，kJ/kg。

国际水蒸气会议规定，在 0℃时，水的热量为零，所以 1kg 干空气的焓 H_g(kJ/kg)为

$$H_g=C_g\theta=1.005\theta$$

式中，θ——干空气的温度，℃。

水蒸气的焓由两部分组成：一是 1kg 0℃的水变为 0℃的水蒸气所吸收的热量，即汽化热，其值为 2500kJ/kg；二是 1kg 水蒸气的温度由 0℃上升到 0℃以上时所需要的热量，其值

为 $i_s = C_s\theta = 1.842\theta$，所以水蒸气的焓 H_s(kJ/kg)为

$$H_s = (2500 + 1.842\theta)$$

综合以上的叙述，可得出湿空气的焓 H(kJ/kg)为

$$H = H_g + xH_s = 1.005\theta + (2500 + 1.842\theta)x$$
$$= C_{SH}\theta + 2500x \tag{9-16}$$

在式(9-16)中，第一项因与温度 θ 有关，称为显热；而第二项与温度无关，称为潜热。

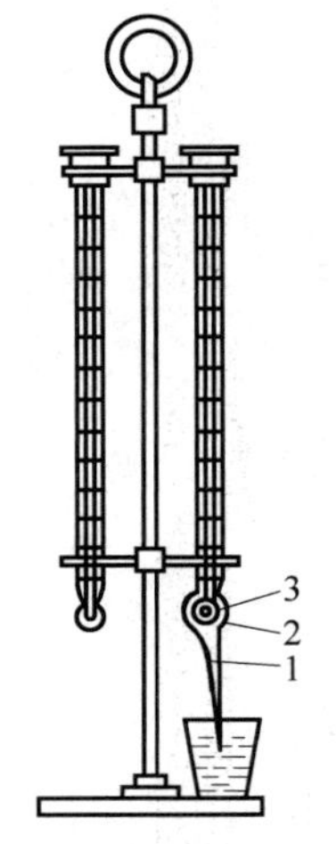

1—纱布；2—水层；3—空气层。

图 9-7 干湿球温度计

8. 干湿球温度计

图 9-7 所示为干湿球温度计，其中左边不包纱布的一支称为干球温度计(dry-bulb thermometer)，它所指示的温度称为干球温度 θ；而右边包有纱布并将纱布的自由端浸入水中的一支称为湿球温度计(wet-bulb thermometer)，它所指示的温度称为湿球温度 τ。由于纱布表面在毛细管的作用下吸收了一层水，所以当纱布表面的空气处于不饱和状态时，湿布中这一水层的水分就会不断蒸发进入空气中，并同时从水中吸收热量，因而使水温逐渐降低。当水层温度降低到空气温度以下时，由于温差关系，空气中的热量又会通过接触传导作用传给水层。当蒸发散热量与接触传导散热量相等，亦即达到动态平衡时，纱布上的水温就不会再下降，而稳定在一个数值上，此即湿球温度计上所显示的温度，称为湿球温度。所以，为使测定的湿球温度准确，在测量时，纱布必须完全包住水银球，使两者始终保持湿润状态；并要求风速在 3～5m/s 的气流吹过水银球，以尽量减少辐射热对湿球温度测量的影响。

因此，湿球温度 τ 是代表在周围环境温度下，水可能被冷却的最低温度，也即冷却构筑物出水温度的最低理论极限温度。若要求出水温度越接近 τ 值，则所需的冷却构筑物越大，成本越高，所以在一般情况下，经冷却构筑物冷却后的出水温度都会比湿球温度 τ 值高 3～5℃。

9.2.2 水冷却原理

1. 水的接触散热(heat transfer by contact)

在冷却构筑物内当热水与湿空气相接触时，由于水的温度与湿空气的温度不一致，在水相与气相的界面上就会有传热过程产生。

根据热力学第二定律可知，热量总是自发地从高温传向低温。因此，如果水温高于空气温度，水会将热量传递给空气，使得空气温度上升，一直到水温与空气温度相等时为止；反之，如果水温低于空气温度，则空气就会将热量传递给水，使得水的温度上升，同样一直到两者温度相等时为止。在此传热过程中，由于水面以上空气的温度不均衡，会产生对流作用，最终使空气的温度达到均衡，并且水面温度与空气温度将趋于一致，这种传热方式称为接触散热。

根据水冷却的原理可知，在单位时间内通过水相和气相接触的微元面积 dF 上，通过接

触传热所散发的热量 dH_J(kJ/h)与水和空气的温度差成正比,其表达式为

$$dH_J=\alpha(t_s-\theta)dF \tag{9-17}$$

式中,t_s、θ——水气界面水的温度、空气的温度,℃;

α——接触传热系数,kJ/(m^2·h·℃)。

式(9-17)表明,接触散热主要取决于两者的温度差($t_s-\theta$)和接触面积,温度差越大,接触散热量就越大。

2. 水的蒸发散热(heat transfer by evaporation)

水分子在常温下逸出水面,成为自由蒸汽分子的现象称为水的蒸发。根据分子的运动理论可知,水的表面蒸发是由分子热运动引起的。由于分子运动的不规则性,各个分子运动速度的变化很大。当液体表面上的某些水分子的动能足以克服水体内部对它的内聚力时,这些水分子即从水面逸出进入空气中,成为自由蒸汽分子。由于逸出水面的这些水分子动能较大,因而会使剩下来的其他水分子的平均动能减小,水温也随之降低,得到冷却。而这些从水面逸出的水分子之间以及与空气分子相互碰撞中,又有部分水分子会重新返回水面。若单位时间内从水面逸出的水分子多于返回水面的水分子,水就会不断蒸发,水温也会不断降低。反之,若返回水面的分子多于从水面逸出的水分子,则将产生水蒸气凝结。所以水的表面蒸发可以在水温低于沸点时进行。

一般认为,在空气和水相接触的界面上有一层极薄的饱和空气层,也称为水面饱和气层,其温度与水面温度相同。设该水面饱和气层的饱和水蒸气分压为 P_s',而远离水面的湿空气中,温度为 θ 时水蒸气的分压为 P_s,则分压差 $\Delta P_s=P_s'-P_s$,即是水分子向空气中蒸发扩散的推动力。只要 $P_s'>P_s$,水的表面就会发生蒸发作用。因此,蒸发所消耗的热量总是由水向湿空气传递,同时水温降低得到冷却,有时可能使水温低于湿空气温度。

由水的冷却原理知道,在微元面积 dF 上,单位时间内由蒸发所散发的热量 dH_Z(kJ/h)与水面饱和气层和空气的分压差 $\Delta P_s=P_s'-P_s$ 成正比,其表达式为

$$dH_Z=\gamma\beta_P(P_s'-P_s)dF; \tag{9-18}$$

式中,γ——水的汽化热,kJ/kg;

β_P——以分压差为基准的传质系数,kJ/(m^2·h·kPa)。

或用含湿量差代替分压差,此时的表达式为

$$dH_Z=\beta_x(x_s'-x_s)dF \tag{9-19}$$

式中,β_x——以含湿量差为基准的传质系数,kJ/(m^2·h);

x_s、x_s'——分别为湿空气、饱和空气的含湿量,kg/kg。

式(9-18)、式(9-19)表明,蒸发散热量一方面与热水和湿空气的接触面积有关,接触面积越大,水分子从水面逸出的机会越多,蒸发散热量越大;另一方面与水气界面上的空气流动速度有关,水面上空气流动的速度越快,则从水面逸出的水蒸气分子扩散也越快,以维持蒸发推动力不变,所以蒸发散热量也越大。同时,水与空气的温差越大,则蒸发散热量也越大。

3. 水的辐射散热(heat transfer by radiation)

由于冷却水的温度不高,所以辐射散热量不大,可以忽略不计。

从上面的分析可知,冷却构筑物内的散热主要是接触散热和蒸发散热两种,前者属于传热过程,后者属于传质过程。这两者中,各占的比例情况与气温有关,换句话说与季节有关。冬季气温低,温差较大,接触散热所占的比例增多,最多可占总散热量的50%~70%;而夏季气温温差小,但空气中的含湿量差别很大,蒸发散热所占比例较大,可能要占到总散热量的80%~90%,而接触散热则下降到10%~20%。

9.3 冷却塔的组成及特性

冷却塔主要是由塔体、淋水填料、配水系统、收水器、集水池和通风及空气分配装置几大部分组成的。另外,为使冷却塔正常运行,还应另设排水管、补水管及溢流水管等。

9.3.1 塔体

塔体起封闭和围护作用。大型冷却塔大多采用人字柱支承,一般为钢筋混凝土结构,也有采用钢骨架,外加其他材料护面的。小型冷却塔多为环氧玻璃钢材料。塔体的形状有正方形或矩形、锥形、圆形和双曲线形等。

9.3.2 通风筒

有的冷却塔塔体兼作通风筒,也有的二者分开。通风筒的作用是减小气流阻力,创造良好的空气动力条件,并将进入冷却塔的湿热空气从高空排出,以减小湿热空气的回流。自然通风双曲线型冷却塔主要是利用塔内外空气密度差异在进风口内外产生压差来使塔外空气流进塔内。因此,选用通风筒的外形和其高度,对抽风的影响比较大。一般为达到比较好的冷却效果,大型冷却塔通风筒高度要达100m以上,直径可达60~80m。

9.3.3 配水系统

配水系统的作用是将来自热交换器的热水均匀地分配到冷却塔的整个淋水面积上,如果在运行中配水不均匀,会使淋水填料内部水流分布不均匀,以至于在水流密集部分通风阻力大,空气流量减小,热负荷集中,降低传热效果,热水冷却效率下降;而在水流稀疏部分,大量空气未能充分与水进行接触就逸出塔外,这样会降低冷却塔的冷却效果。所以对配水系统的基本要求就是:在设计流量为冷却水流量的80%~110%变化范围内,应能保证热水被均匀分配且形成细小水滴;系统本身的水流阻力和通风阻力都应较小,不至于影响热水分配,且应便于维修管理。

配水系统按配水方式可分为管式、槽式和池(盘)式3种。

1) 管式配水系统

该系统由配水干管和配水支管及支管上接出短管安装喷嘴组成,可布置成树枝状或环状。配水均匀的关键是喷嘴的形式和布置,一般要求喷嘴应具有喷水角度大、水滴细小、布水面均匀、供水压力低、不易堵塞等特点。常用喷嘴一般为离心式和冲击式两类。

2) 槽式配水系统

该系统目前仍是国内大型冷却塔中主要的配水方式,它由配水总槽、配水支槽和溅水喷嘴组成，也可布置成树枝状或环状。配水槽高度通常为350～450mm，但当冷却水量较大时槽高可增至600～800mm。配水槽宽不宜小于120mm。配水槽内水深不小于150mm。为保证均匀配水，配水槽一般应水平设置，喷嘴一般安装在配水槽底部，可由工程塑料或紫铜管制作，与溅水碟连在一起，呈方格形或梅花形，水平间距为0.5～1.0m。

槽式配水系统主要用于大型冷却塔或水质较差或供水压力较低的场所。优点是系统维护管理方便。缺点是配水槽占用较大的塔断面空间，使得通风阻力增加，且槽内易沉积污物。一般配水槽面积与通风面积之比应为25%～30%。近年来有向使用槽、管式结合的配水系统方向发展的趋势。

3）池（盘）式配水系统

该系统热水首先由配水管（槽）分布于配水池中，再通过配水池底部的小孔或管嘴淋到下面的填料上。池内水深宜为100～150mm，不小于6倍小孔直径或管嘴直径。该系统主要用于横流式冷却塔。优点是配水均匀，供水压力低，维修护理方便。但缺点是藻类滋生快，孔口易堵。

9.3.4 淋水填料

淋水填料的作用是将由配水系统溅落的水滴，再经多次溅散，成为更微细小的水滴或更薄的水膜，以增加水和空气的接触面积，延长水和空气的接触时间，从而增加水和空气的热交换。经热交换后热水的冷却过程主要就是在淋水填料中进行的，所以该填料是冷却塔的关键部位。为使水的冷却能够更好地进行，选用的淋水填料应具有以下特点：单位体积填料的比表面积要大，对水和空气的阻力小；水流经填料时的流程较长，且易被水润湿和附着，使水形成均匀且很薄的水膜；材料易得，加工方便，价廉物美；维修方便，材质较轻，化学稳定性应好，且要有一定的机械强度，经久耐用。

淋水填料可分为点滴式、薄膜式和点滴薄膜式三种类型。点滴式淋水填料主要是依靠水在填料上溅落过程中形成的微细小水滴进行表面散热。薄膜式淋水填料主要是依靠水在淋水填料表面形成薄膜状的缓慢水流，流动中增加了水和空气的接触面积和接触时间，从而提高了水的冷却效果。在这种淋水填料中，水的散热主要依靠三种方式进行，其中表面水膜散热比例最大，约占70%，板隙（或格网间隙）中的小水滴表面散热约占20%，水从上层流到下层溅散而成的水滴散热约占10%，因此，增加填料的比表面积也就是提高水膜表面积，是增大水冷却效果的关键途径。由于该种淋水填料的冷却效率高，它是目前在冷却塔中应用最多的一种，它又分为平板膜式、波形膜式及网格形膜板式等多种类型。点滴薄膜式填料的作用介于点滴式和薄膜式填料之间。下面简要介绍几种淋水填料。

1. 膜板式淋水填料

该种淋水填料常用钢丝网水泥砂浆制作，板厚为8～12mm，或用细钢筋水泥砂浆制作，板厚为12～20mm。填料表面润湿性好，使用时间长，取材方便，价格便宜，但自身重量较大。

2. 波形膜板式淋水填料

该种淋水填料又分为斜波淋水填料和蜂窝淋水填料。前者一般由硬聚氯乙烯（PVC）

薄片(厚0.2～0.5mm)压制成一定波高(10～20mm)和波距(20～50mm)的与水平成30°～60°倾角的斜波纹波片组成。安装时,将相邻斜波片倾角正反叠置。在斜波淋水填料之后又发展了梯形斜波淋水填料、折波形淋水填料及斜梯波淋水填料等。蜂窝淋水填料又有纸质蜂窝、塑料蜂窝和玻璃钢蜂窝三种形式。纸质蜂窝是用浸渍绝缘纸制成的六角形管状蜂窝体,蜂窝孔眼大小常以正六边形内切圆的直径 d 表示,当 $d=20$mm 时,1m^3 填料内的比表面积为200m^2,填料可多层连续叠放在支架上,交错排列。塑料蜂窝的孔眼为椭圆形,长轴为38mm,短轴为26mm,波纹水平倾角为60°～90°,片厚为0.4～0.5mm,可分3～4层组装,总高度为1200～1600mm。

3. 水泥格网淋水填料

该种填料是以一定型号的铅丝作筋,再用水泥砂浆浇灌而成。图9-8所示为水泥格网淋水填料的具体尺寸数据。

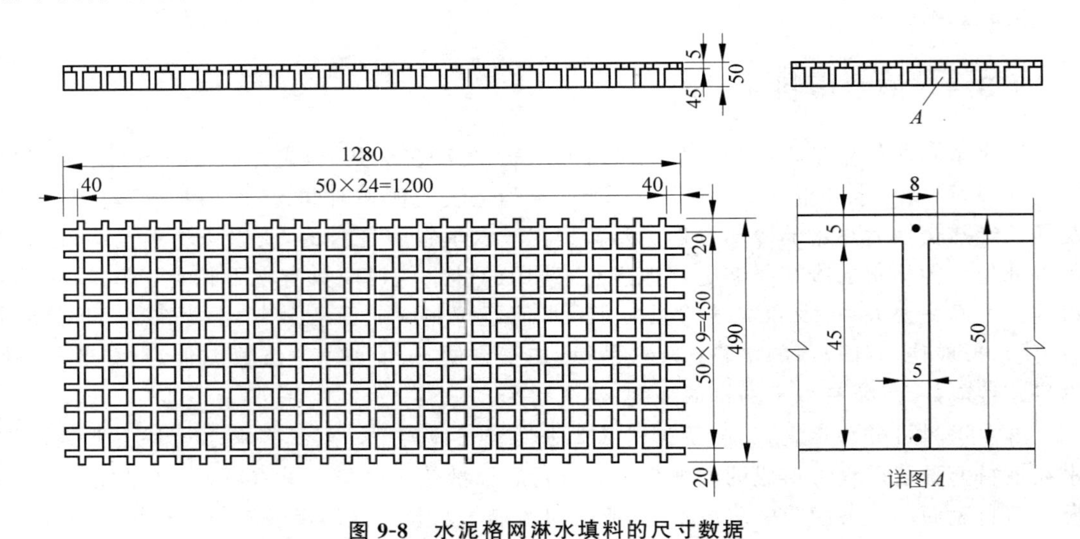

图9-8 水泥格网淋水填料的尺寸数据

9.3.5 通风设备

在敞开式循环冷却水系统的风筒式自然通风冷却塔中,水冷却所需要的空气是由冷却塔周围的空气流提供的。而在机械通风冷却塔中,水冷却所需要的空气流则由轴流式风机来供给。这种轴流式风机的特点是风量较大,风压小,能正反转,并可通过调整风机叶片数或调整叶片所安装的角度来改变风量和风压,风机和叶片应耐腐蚀。一般它又分为鼓风式和抽风式两种类型,前者多应用于腐蚀性较强的冷却水中。

大型工业冷却系统,由于需冷却的冷却水量很大,所以大都采用风筒式双曲线型自然通风冷却塔,而机械通风冷却塔多在中小型冷却系统中采用,如石油、化工等行业应用较多。

9.3.6 收水器

在冷却塔中的配水系统上部设置收水器的作用是为了减少冷却塔中的水量损失。因为从冷却塔上部排出的湿热空气中往往带有一些水滴，其中一部分是混合于空气中的水蒸气，不能采用机械方法分离；另一部分是随气流带出的雾状小水滴。通常可采用收水器来分离回收，以尽量减小水量损失，同时也可改善对周围环境的影响。对收水器的基本要求是收水效率高，通风阻力小，经济耐用，便于安装维护。在小型冷却塔中，多采用塑料斜波板作为收水器，而大、中型冷却塔则多采用弧形除水片组成的单元模块收水器，该弧形收水器的工作原理是利用惯性分离原理，当塔内气流夹带细小水滴上升撞击到收水器时，在惯性力和重力的双重作用下，水滴从气流中被分离出来，再回收利用。

9.3.7 集水池

集水池的作用是贮存和调节水量，有时还可作为循环水泵的吸水井。同时，对于集水池的容积，应当考虑满足循环水处理药剂在循环水系统内的停留时间要求。集水池的有效水深一般为1.5～2.0m，池底设有深为0.3～0.5m的集水坑，并有大于0.5%的坡度坡向集水坑。另外，集水池中还设有补水管、排空管、排泥管、溢流管以及拦阻杂物的格栅。

9.4 冷却塔设计简介

9.5 敞开式循环冷却水系统的换热设备及运行

在敞开式循环冷却水系统中，除冷却塔之外，还有一个主要设备就是换热设备。

9.5.1 换热设备

以火力发电厂的循环冷却水系统为例，换热设备就是凝汽器，它的作用是将汽轮机的排汽冷却成为凝结水，再送回热力系统继续循环使用。凝汽器按蒸汽凝结的方式分为混合式凝汽器和表面式凝汽器；按冷却介质分为水冷凝汽器和空冷凝汽器；按压力可分为单背压凝汽器和双背压凝汽器。单背压凝汽器多用于300MW及以下的机组，双背压凝汽器多用于300MW以上的机组。本节只介绍用水作冷却介质的管式表面换热凝汽器，如图9-9所示，它由外壳、冷却水管、管板和水室组成。

外壳用钢板焊接成圆形、椭圆形或矩形，外壳两端与水室相连，并设有人孔门（或手孔门），水室与汽空间用管板隔开，两端的管板之间布置冷却水管，冷却水管胀接在管板孔内，使两端水室相通，即冷却水由冷却水管内流过，汽轮机排汽在冷却水管外侧间隙内穿过，通过管子外表面进行换热。排汽被冷凝成凝结水汇入热水井，由凝结水泵送入热力系统。一小部分未凝结的蒸汽和空气混合在一起进入专门隔开的空气冷却区，由抽气器抽出。

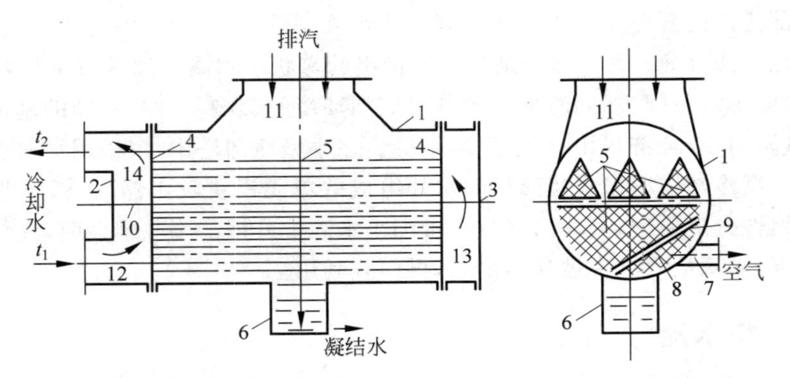

1—外壳；2、3—水室的端盖；4—管板；5—冷却水管；6—热井；7—空气抽出口；
8—空气冷却区；9—挡板；10—水室隔板；11—汽空间；12、13、14—水室。

图 9-9 单背压表面式凝汽器结构示意图

图 9-10 所示为双背压凝汽器原理图，它用于600MW 超临界汽轮机组，这种凝汽器具有对称的两个低压汽缸和四个排汽口，分别与双壳体双背压凝汽器的汽室相接，让冷却水依次通过各自独立汽室内冷却水管，使排汽在不同的压力下运行。

这种凝汽器内部的冷却水管与管板的连接是胀接后再焊接，以保证其严密性。冷却水管的数量达40000 多根，长度 11m，材质为不锈钢或钛管，壁厚为0.5～0.7mm，管径为 25mm。另外，凝汽器内的水管用隔板分成净段(中间部分)和盐段(两端)，以便通过水质监测即时发现冷却水管端部的泄漏或渗漏。

凝汽器的传热性能好坏可由凝汽器内的真空度和端差来反映。

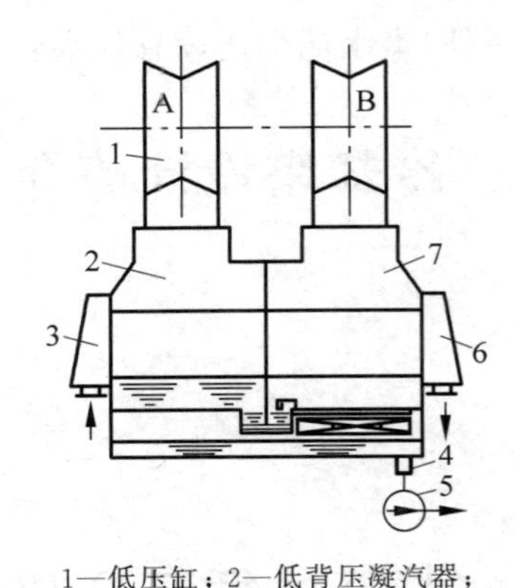

1—低压缸；2—低背压凝汽器；
3—循环水进口水室；4—热井；
5—凝结水泵；6—循环水出口水室；
7—高背压凝汽器。

图 9-10 典型的双背压凝汽器原理图

1. 凝汽器的真空度

在单位时间内当汽轮机的排气量与凝结水量相等以及空气的漏入量与抽气量相等时，凝汽器内处于平衡状态，压力保持不变，即在凝汽器内形成一定的真空度。正常运行条件下，真空度一般为 0.0034～0.005MPa。

2. 凝汽器传热端差

汽轮机的排汽温度 t_p 与凝汽器冷却水的出口温度 t_2 之差称为端差，用 δ_t 表示，它与汽轮机排汽温度和冷却水温度之间有以下关系：

$$t_p = t_1 + \Delta t + \delta_t \tag{9-20}$$

$$\Delta t = t_2 - t_1$$

式中，t_1——冷却水的进口温度，℃；

Δt——冷却水温升，℃。

可见，当冷却水温度升高、冷却水量减少、汽轮机排气量增加、冷却水管内结垢、抽气量减少等，都会使排汽温度上升、排气压力升高、真空度下降、端差上升，影响传热效果及机组的热经济性。

传热端差 δ_t 与冷却面积、传热量和传热系数有关，而且在低温范围内，水的焓值大约为水温的 4.187 倍。因此，由凝汽器的传热方程可得热负荷 Q 为

$$Q=q_{m,Q}(i_Q-i_s)=3.6A_zK\Delta t_p=4.187q_{m,x}\Delta t \tag{9-21}$$

式中，A_z——冷却水管外表面总面积，m^2；

$q_{m,Q}$——进入凝汽器的排气量，kg/h；

$q_{m,x}$——进入凝汽器的冷却水量，kg/h；

i_Q、i_s——分别为排汽和凝结水的焓，kJ/kg；

K——由蒸汽至冷却水的平均总传热系数，$W/(m^2\cdot℃)$；

3.6——单位换算系数，$1W/(m^2\cdot℃)=3.6kJ/(m^2\cdot h\cdot℃)$；

Δt_p——凝汽器冷却水与排汽之间的平均传热温差，℃。

如果假定排汽温度 t_p 沿冷却表面不变，用冷却水的对数平均温差 Δt_{ln} 代替 Δt_p，则有

$$\Delta t_p=\Delta t_{ln}=\frac{\Delta t}{\ln\dfrac{\Delta t+\delta_t}{\delta_t}} \tag{9-22}$$

将式(9-22)代入式(9-21)，得端差 δ_t 表示式为

$$\delta_t=\frac{\Delta t}{\exp\left(\dfrac{3.6KA_z}{4.187q_{m,Q}}\right)-1} \tag{9-23}$$

由式(9-23)可得凝汽器冷却水管传热总面积 A_z

$$A_z=\frac{4.187q_{m,x}\Delta t}{\dfrac{3.6K\Delta t}{\ln\dfrac{\Delta t+\delta_t}{\delta_t}}}=\frac{4.187q_{m,x}}{3.6K}\ln\frac{\Delta t+\delta_t}{\delta_t} \tag{9-24}$$

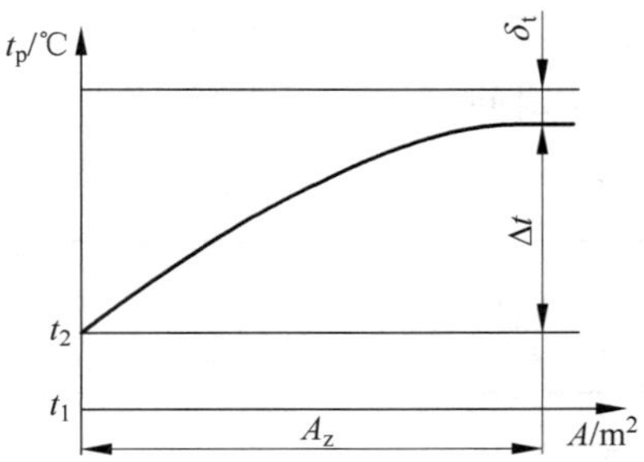

图 9-11　蒸汽和冷却水温度沿冷却表面的分布

3. 冷却水的温升

在凝汽器中，蒸汽和冷却水温度沿冷却表面的分布，如图 9-11 所示。

根据热量平衡，冷却水在凝汽器内的温升 Δt 可由式(9-21)求出

$$q_{m,Q}(i_Q-i_s)=q_{m,x}(t_2-t_1)4.187$$
$$=4.187q_{m,x}\Delta t$$

或

$$\Delta t=t_2-t_1=\frac{i_Q-i_s}{4.187\times\dfrac{q_{m,x}}{q_{m,Q}}}$$

$$=\frac{i_Q-i_s}{4.187m} \tag{9-25}$$

式中,$m=q_{m,x}/q_{m,Q}$——凝汽器的冷却倍率,它表示冷凝1kg蒸汽所需冷却水量。m 值不仅与冷却水量有关,还与冷却水温和传热系数等因素有关。在湿冷系统中一般 m 值取40~70,冷却水温升一般为3~5℃。

9.5.2 敞开式循环冷却水系统的运行操作参数

敞开式循环冷却水系统的运行操作参数包括:循环水量,系统水容积,水滞留时间,凝汽器出水最高水温,冷却塔进、出水温差,蒸发损失,风吹及泄漏损失,排污损失,补充水量,凝汽器管中水的流速等。

1. 循环水量

一般冷却1kg蒸汽用40~70kg水是经济的。通常用40kg水冷却1kg蒸汽来估算循环水量,但实际上一些发电机组的循环水量小于此值。例如,对于600MW机组来讲,锅炉蒸发量为2000t/h,按上述比例计算,机组的循环水量应为 8×10^4 t/h,而某台600MW机组,设计循环水量仅为 2.64×10^4 t/h。

2. 系统水容积

火电厂敞开式冷却水系统的水容积一般选择的比其他工业大。《工业循环冷却水处理设计规范》(GB/T 50050—2017)中规定,循环冷却水系统的水容积(V)与循环水量(q)的比,一般选用 $V/q=1/5\sim1/3$,而我国火电厂由于多数采用大直径的自然通风冷却塔,塔底集水池的容积较大,所以多数电厂的此比值在1/1.5~1。V/q 比值越小,系统浓缩得越快,即达到某一浓缩倍率的时间就比较短,可参见表9-2。此外,冷却系统的水容积对冷却系统中水的滞留时间(算术平均时间)及药剂在冷却系统中的停留时间(药龄)有影响。

表9-2 V/q 对达到某一浓缩倍率 ϕ 时所需时间的影响

ϕ	时间/h			
	1	1/2	1/3	1/5
1.1	11.9	5.95	3.97	2.38
1.2	23.8	11.9	7.93	4.76
1.5	59.5	29.8	19.8	11.9
2.0	119	59.5	39.7	23.8
2.5	179	89.3	59.5	35.7
3.0	238	119	79.3	47.6
4.0	357	179	119	71.4
5.0	476	238	159	95.2

注:计算条件为 $P_Z=0.84\%$,$P_F+P_P=0.2\%$,冷却塔温差 $\Delta t=7$℃。

3. 水滞留时间

水的滞留时间表示水在冷却系统中的停留时间,也可表示冷却水系统中水的轮换程度,滞留时间可用式(9-26)计算:

$$t_R = \frac{V}{P_F + P_P} \tag{9-26}$$

式中，t_R——滞留时间，h；

V——系统水容积，m^3；

P_F——吹散及泄漏损失，m^3/h；

P_P——排污损失，m^3/h。

显然，系统水容积大，水的滞留时间长；排污量少，水的滞留时间也长。

4. 凝汽器出口最高水温

当冷却塔和凝汽器正常工作时，凝汽器出口最高水温一般均小于 45℃。以往一些采用机械通风冷却塔的电厂，凝汽器出口最高水温曾达到 50℃。

5. 冷却塔进出水温度差

冷却塔进出水温度差一般为 6～12℃，多数为 8～10℃。

6. 蒸发损失

蒸发损失是指因蒸发而损失的水量。蒸发损失量以每小时损失的水量表示（m^3/h）。蒸发损失率用蒸发损失量占循环水量的百分数表示。此值一般为 1.0%～1.5%。

蒸发损失率 P_Z 可根据以下经验公式估算：

$$P_Z = k\Delta t \tag{9-27}$$

式中，k——系数，夏季采用 0.16，春、秋季采用 0.12，冬季采用 0.08；

Δt——冷却塔进出口水温差，℃

P_Z 值还可参见表 9-3。

表 9-3　冷却设备的蒸发损失率 P_Z

冷却设备名称	每 5℃ 温差的蒸发损失/%		
	夏季	春、秋季	冬季
喷水池	1.3	0.9	0.6
机械通风冷却塔	0.8	0.6	0.4
自然通风冷却塔	0.8	0.6	0.4

7. 风吹及泄漏损失

风吹及泄漏损失是指呈水滴由冷却塔吹散出去和系统泄漏而损失的水量，风吹及泄漏损失率 P_F 因冷却设备的不同而异，参见表 9-4。

表 9-4　冷却设备的风吹及泄漏损失率 P_F

冷却设备名称	风吹及泄漏损失/%	冷却设备名称	风吹及泄漏损失/%
小型喷水池（<400m^2）	1.5～3.5	自然通风冷却塔（有收水器）	0.1

续表

冷却设备名称	风吹及泄漏损失/%	冷却设备名称	风吹及泄漏损失/%
中型和大型喷水池	1～2.5	自然通风冷却塔(无收水器)	0.3～0.5
机械通风冷却塔(有收水器)	0.2～0.3		

8. 排污损失

排污损失是指从防止结垢和腐蚀的角度出发,控制系统的浓缩倍率而强制排污的水量。

排污由人工进行控制,所以排污水量很多时候受人为因素支配,但并非随意所为,主要由系统允许的循环水浓度所决定。如果允许的浓度高,可以少排污;若允许的浓度低,就要多排污。所以具体的排污水量决定于水中含盐量(或浓缩倍率)的大小,其含盐量(或浓缩倍率)的控制则要根据盐平衡计算而得。

9. 补充水量

补充水量是指补入循环冷却水系统中的水量。当冷却系统中的总水量保持一定时,补充水量相当于单位时间内,因蒸发、风吹及泄漏、排污损失的总和。对于一定的冷却系统,蒸发、风吹及泄漏损失是一定的,也就是说排污损失的波动决定了补充水量的变化。

10. 凝汽器管中水的流速

凝汽器管中水的流速一般为1～2m/s。

9.6 敞开式循环冷却水系统的平衡

当敞开式循环冷却水系统的运行达到稳定状态时,系统内的热量、水量、水中离子浓度等都将达到平衡状态。下面对系统内的水量平衡和盐平衡分别进行讨论,热量平衡已在前节中介绍过。

9.6.1 水量平衡

在敞开式循环冷却水系统中,由于循环冷却水在冷却塔里不断蒸发,水分虽然损失了,但盐分却仍留在水中,使得循环水中的盐浓度越来越高。为了防止循环冷却水系统产生结垢、腐蚀等现象,必须排走一部分循环冷却水,再补充一部分含盐量低的生水,即排污。

从水量平衡的角度来看,在敞开式循环冷却水系统中,除排污水量的损失之外,系统中还存在蒸发损失、漏泄损失和风吹损失等其他损失。此时对系统的补充水量应为这几部分损失之和,才能使系统维持一定的水量运行。因此,水量的平衡方程式如下:

$$P_B = P_Z + P_F + P_P \tag{9-28}$$

$$P_B = \frac{补充水量}{循环水量} \times 100\%$$

式中,P_B——补充水量占循环冷却水量的百分比,%;

P_Z——蒸发水量占循环冷却水量的百分比,%;

P_F——风吹与泄漏水量占循环冷却水量的百分比,%;

P_P——排污水量占循环冷却水量的百分比,%。

9.6.2 盐平衡

1. 浓缩倍率

在循环冷却水系统中,由于冷却水在冷却塔中不断蒸发,蒸发掉的水是蒸馏水,冷却水中原来的溶解盐及其他杂质则被留了下来,浓度将不断升高。由于排污排走的是盐分,风吹与泄漏也带走了一部分盐分,而补充水又带入了一部分盐分,所以这些盐分之间存在平衡。

由于水含盐量测定麻烦、费时,不适用于工业现场监测,所以通常不用水含盐量来计算循环冷却水的盐平衡。而水中氯化物多呈溶解状态,不会在浓缩时发生沉淀,工业上可用氯离子代表水的含盐量,常用水中氯离子浓度来计算盐平衡。

在某些情况下,若 Cl^- 浓度因人为因素发生变化(如对冷却水进行加氯处理),则可用 SiO_2、电导率、溶解固体等来表示水中盐分。盐平衡可用式(9-29)表示:

$$P_B Cl_B^- = (P_F + P_P) Cl_X^- \tag{9-29}$$

式中,Cl_X^-、Cl_B^-——分别为循环水和补充水中 Cl^- 的浓度,mg/L;

其他符号意义同前。

循环冷却水中的含盐量(或某种离子的浓度)与新鲜补充水含盐量(或某种离子的浓度)的比值,称为循环冷却水的浓缩倍率 ϕ(cycles of concentration)。该值的大小直接影响循环冷却水系统内的结垢、腐蚀和微生物生长。浓缩倍率 ϕ 用式(9-30)表示:

$$\phi = \frac{Cl_X^-}{Cl_B^-} \tag{9-30}$$

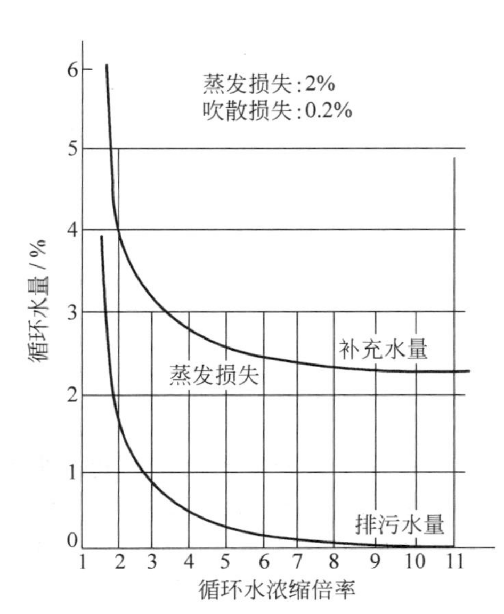

图 9-12 敞开式循环冷却水系统中浓缩倍率与补充水量和排污水量的关系

如果冷却水系统的运行条件一定,那么蒸发损失量和风吹泄漏损失量就是定值,通过调整排污量可以控制循环冷却水系统的浓缩倍率。将式(9-28)、式(9-29)、式(9-30)进行整理,可得

$$\phi = \frac{P_B}{P_F + P_P} = \frac{P_Z + P_F + P_P}{P_B - P_Z} \tag{9-31}$$

$$P_P = \frac{P_Z + P_F - \phi P_F}{\phi - 1} \tag{9-32}$$

由公式计算出的补充水量、排污水量和浓缩倍率的关系,如图 9-12 所示。从图中可看出,随着排污水量增大,浓缩倍率减小;提高冷却水的浓缩倍率,可大幅度减少排污水量(也意味着减少药剂用量)和补充水量。从图 9-12 中还可看出,随着浓缩倍率的提高,补充水量明显降低,但当浓缩倍率为 3 或更高时,补充水量的减少已不显著,排污水量已很小了。此时,水中的含盐量

也很高,即水质很差,这时系统内水的结垢、腐蚀问题就显得很突出,必须采取相应的措施来防止发生各种故障,因而大大增加了处理费用。

2. 循环水中盐类浓缩度随时间变化情况

上述讲的是在平衡态时最终的浓度,但是由于运行工况并非稳定不变,当运行工况发生变化时,比如间断补水、间断排污、补充水水质发生变化等情况下,此时循环水中的含盐量或离子浓度随时间的推移会不断发生变化,其变化有一定的规律,但最终都会达到平衡,循环水中的含盐量(或某种离子浓度)将会趋于一个定值,现在研究当系统从一个平衡状态到达另一个平衡状态时,系统中某些离子浓度的变化规律。

设补充水中某种离子浓度为 C_B,而循环水系统中该种离子的浓度 C 随着补充水量和排污水量的变化而变化。因此,循环水系统中该种离子的瞬时变化量为 $d(VC)$,该种离子随补充水的加入而引起的瞬时增加量为 $Q_BC_B dt$,该种离子随排污水的排出引起的瞬时减少量为 $Q_PC dt$。

根据物料平衡关系,系统中某种离子浓度的瞬时变化量应等于进入系统的瞬时变化量和排出系统的瞬时变化量的代数和,以式(9-33)表示:

$$d(VC) = Q_BC_B dt - Q_PC dt \tag{9-33}$$

即

$$\frac{dC}{\dfrac{Q_BC_B}{V} - \dfrac{Q_PC}{V}} = dt$$

设系统在 t_0 时,某种离子的浓度为 C_0,经时间 t 后,它的浓度变为 C,对上式积分得

$$\int_{C_0}^{C} \frac{dC}{\dfrac{Q_BC_B}{V} - \dfrac{Q_PC}{V}} = \int_{t_0}^{t} dt$$

经整理后得式(9-34):

$$C = \frac{Q_BC_B}{Q_P} + \left(C_0 - \frac{Q_BC_B}{Q_P}\right)\exp\left[-\frac{Q_P}{V}(t - t_0)\right] \tag{9-34}$$

式中,V——循环水系统总容积,m^3;

C——时间 t 时,循环水(或排污水)中某种离子的浓度,mg/L;

Q_P——排污水量,m^3/h;

C_0——循环水系统在 t_0 时某种离子的浓度,mg/L;

Q_B——补充水量,m^3/h;

C_B——补充水中某种离子的浓度,mg/L。

式(9-34)表明,随着时间的延长,即 t 值增加,循环水系统中某种离子的浓度将趋向于一个稳定值。一般来说,达到最终稳定值的90%~95%,需要几小时到几十小时。所以,只要控制好补充水量和排污水量,就可以使循环水冷却系统中某种离子的浓度稳定在某个设定值内,从而可以保证循环冷却水系统的安全经济运行。

按照式(9-34),某种离子的瞬时浓度 C 与时间 t 有如图9-13和图9-14所示的关系。

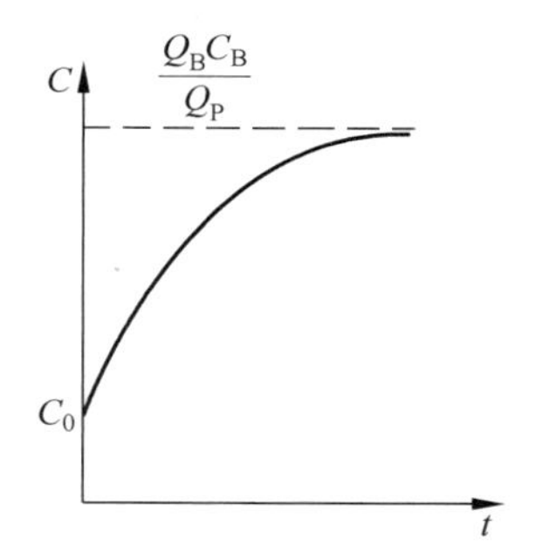

图 9-13 提高浓缩倍率时水中离子浓度变化曲线(如减少排污)

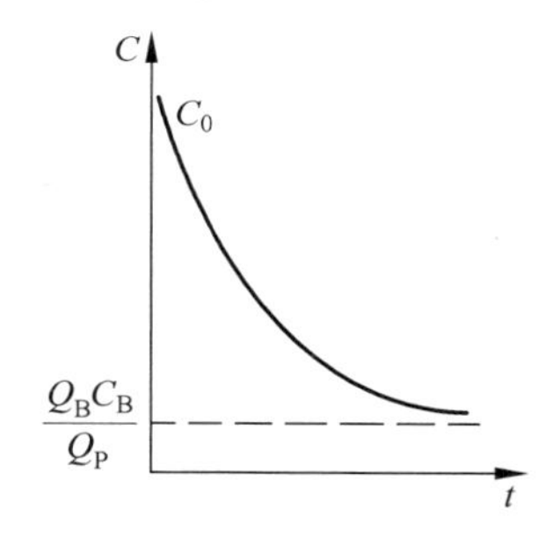

图 9-14 降低浓缩倍率时水中离子浓度变化曲线(如加大排污)

3. 循环水中几种杂质的变化规律

1) 循环冷却水中 CO_2 含量的变化

循环冷却水与空气在冷却塔内大量接触时,水中 CO_2 几乎全部或大部分散失,所以冷却水中残留 CO_2 接近于大气 CO_2 平衡值,且水中剩余 CO_2 含量只与温度有关,两者关系如表 9-5 所示。

表 9-5 在冷却塔喷洒后水中 CO_2 的含量

水温/℃	10	20	30	40	50
游离 CO_2/(mg/L)	14.5	7.7	3.5	1.5	0

2) 循环冷却水中 pH、碱度的变化

如果循环冷却水的浓缩倍率 $\phi<3$,且 pH 值为 6.5~7.5,则循环冷却水的 pH 可由补充水 pH 来计算:

$$pH_X = 0.69(\phi - 1) + pH_B \tag{9-35}$$

式中,pH_X、pH_B——分别为循环冷却水、补充水的 pH。

当循环冷却水的浓缩倍率较小或补充水的碱度较低,运行中不会有碳酸盐沉淀形成时,循环冷却水中的碱度变化符合下式:

$$A_X = \phi A_B \tag{9-36}$$

式中,ϕ——浓缩倍率;

A_X、A_B——分别为循环冷却水、补充水的碱度。

若在运行中有 $CaCO_3$ 沉淀形成,循环冷却水中的碱度符合 $A_X < \phi A_B$。

一般循环冷却水的 pH 与碱度有如图 9-15 所示的关系。

3) 循环冷却水中沉淀及非沉淀离子的变化规律

循环冷却水中非沉淀离子的变化规律如下:

$$C_X = \phi C_B$$

循环冷却水中沉淀离子的变化规律如下:

$$C_X = \phi C_B \quad (\text{尚未发生沉淀})$$

$$C_X < \phi C_B \quad (\text{已发生沉淀})$$

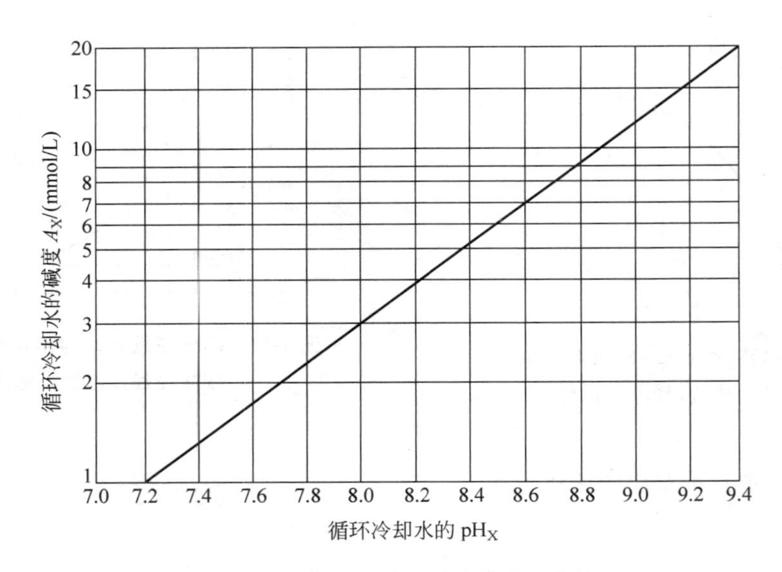

图 9-15 循环水 pH 与碱度的关系曲线

式中,C_X、C_B——分别为循环冷却水、补充水中某种非沉淀离子的浓度。

4) 循环冷却水中悬浮物质

由于冷却塔对空气的洗涤作用,空气中灰尘会进入冷却水,再加上冷却水中生物繁殖及垢和锈蚀产物,冷却水中悬浮物在运行中会增多。这些悬浮物还会在水流缓慢区域(如冷却塔池底)及管道、热交换器内沉淀析出。

9.7 污垢及污垢热阻

循环冷却水系统中一旦有污垢形成,它会给系统带来如下危害:影响热交换器传热,增加系统内水流阻力,加剧系统设备腐蚀过程,增加设备停机清洗次数,增加清洗费用。

因此,循环冷却水处理的首要任务就是防止污垢沉积。

9.7.1 污垢的沉积和分类

循环冷却水系统内的沉积物(deposits)统称为污垢(fouling),它包括水垢(scale)和污泥(sludge)两大类。污泥中又包含了淤泥、黏泥(即生物沉积物)和腐蚀产物。

1. 水垢

水垢又称硬垢或无机垢,为补充水中带入的难溶或微溶盐在循环水运行条件恶化时所形成的垢。常见的水垢有碳酸钙、磷酸钙、羟基磷灰石、硫酸钙、氢氧化镁、硅酸镁、硅酸钙、氧化铁等,其中以碳酸钙为主要成分的碳酸盐垢比较常见。

水垢多附着于热交换器的表面,但也有生长在其他部位的,比如冷却塔的填料上、循环冷却水系统的阀门芯上(靠近热交换器出口部位)等,但对系统危害最大的是在热交换器表面形成的水垢。

水垢大多为白色，间或有黄色，如氧化铁较多则呈棕红色。

2. 污泥

相对水垢而言，污泥较疏松，又称软垢。常见的污泥有灰尘、泥渣、砂粒、腐蚀产物和微生物及其排泄物等。它们主要来自补充水中浊度、空气中洗涤下来的灰尘、微生物繁殖、向循环水系统中添加水质稳定剂形成的沉淀、设备遭到腐蚀时的产物等，污泥中通常含有水垢，但单纯的水垢中不含有污泥。

1）外形

从外形看，污泥是比较黏滑的附着物，附着在设备表面，具有亲水性，形成较大、较湿而软的片状物质。在发电厂铜质冷凝管的凝汽器中比较少见，但在化工系统铁质冷凝管的热交换器里比较多。

污泥的颜色因其成分不同而不同：如铁细菌繁殖会使污泥中含腐蚀产物氢氧化铁较多而呈红色；在水流的滞流区由于污泥中存在硫化物或分解的有机物而呈黑色；在有光照的冷却塔塔壁处由于有藻类繁殖而呈绿色；如污泥中含垢较多（如羟基磷灰石）往往呈白色；如长有硅藻则会呈褐色等。

2）生长部位

污泥与水垢不同，它可以遍布在所有与水接触的冷却水系统的表面上，甚至包括由冷却塔带出水滴所润湿的表面上，如冷却塔的收水器和送风室。但它特别容易沉积在系统水流滞流区，如热交换器封头等水流较慢和水流转向处、冷却塔的塔池底部等。

3）特性

循环冷却水中的污泥有两个很重要的特性：内聚性（cohesion）和黏着性（adhesion）。内聚性是指污泥本身内部相互聚合在一起的能力，这一特性决定了污泥生长的连续性，所以它在设备内表面生长总是连成一片。黏着性是指连成片的污泥与金属表面的结合能力，这一特性决定了污泥与设备表面之间结合的牢固性，由于污泥的黏着性很强，不论在粗糙的金属表面或光滑的金属表面上都能黏结。这些性质应该说与微生物的作用有很大关系，空气中的微生物进入循环水中后，由于水温及循环水中的营养源，使得微生物异常迅速地繁殖起来，它会不断产生微生物黏泥，起特殊的黏结作用，可以使污泥相互黏结，也可以使污泥与金属表面黏结，还可以将水中悬浮物、泥沙等黏结下来，从而加速了污泥的沉积。循环水中某些特殊的微生物，还可以将水中的铁、SiO_2 等黏结到污泥中。在设备停运后，由于高温，污泥中的微生物会死亡，但是其干燥硬化产物仍黏附在受热的金属表面上，难以脱落。

9.7.2　污垢的形成过程及影响因素

1. 形成过程

目前认为在污垢的形成过程中大致有如下因素在起作用。

1）结晶作用

水垢的形成主要是微溶盐类的结晶作用，如以下反应所示：

$$Ca(HCO_3)_2 \xrightarrow{\triangle} CaCO_3 \downarrow + CO_2 \uparrow + H_2O$$

$$Mg(HCO_3)_2 \xrightarrow{\triangle} MgCO_3 \downarrow + CO_2 \uparrow + H_2O$$

$$MgCO_3 + H_2O \longrightarrow Mg(OH)_2 \downarrow + CO_2 \uparrow$$

$$3Ca^{2+} + 2PO_4^{3-} \longrightarrow Ca_3(PO_4)_2 \downarrow$$

其结晶核心可以是管道粗糙不平处,也可以是水中的悬浮物。

2) 沉降作用

水中原有的悬浮粒子和已形成的结晶体,依靠重力沉降在金属设备表面处,而这种沉降产生的污垢在滞流区比流动区严重得多。

3) 化合和聚合作用

当循环水中含有油污和烃类有机物时,它们会增加污泥的内聚力和黏结力,从而加速污泥的长大和在金属表面上附着。

4) 微生物生长作用

微生物生长除产生微生物黏泥外,微生物本身又是悬浮物质结晶核心,它的繁殖将会增加污垢沉积。

5) 腐蚀作用

腐蚀产生的腐蚀产物,是污泥组成的一部分,另外腐蚀作用又会使金属表面粗糙,有利于结晶和沉降作用。

6) 烘烤作用

若污垢受到高温烘烤,会使黏泥变得坚硬而难以清除。

上述的6个作用过程,既独立又彼此相互影响。在这些作用过程中,结晶和沉降是污垢沉积的主要过程。

2. 污垢形成的主要影响因素

1) 水质

水质是影响污垢沉积的最主要因素之一。循环水水质的各项控制指标是根据防止污垢形成的要求来制定的,主要有以下几点:①成垢离子浓度:常见的是硬度和碱度,两者的浓度不能高,否则要产生水垢;②浊度:循环水中若浊度太高,则要发生污泥沉积;③pH:循环水的pH升高有利于腐蚀控制,但对防止污垢沉积不利,因为pH高,易发生水垢沉积,胶体易析出,出现杀菌剂作用下降等现象。

2) 水的流动状态

能使沉积的污垢脱离金属表面的切力决定于流体的流动状态,而流动状态主要包括流体的流动速度、流体的湍流和滞流程度、流动图形等几个方面。比如在热交换器的滞流区容易造成结垢,污泥也可能会沉积,但当污垢沉积达到一定程度后,由于温度下降,这种结垢和污泥沉积速度都要减弱,管内污垢沉积到一定厚度时也不再会连续增厚。又比如在非热交换器表面的滞流区,由于水流流速低,也易形成污泥沉降。

3) 温度

在循环冷却水系统中,主要指水温和热交换器管壁壁温两种温度的影响。

水温的主要影响:①水温高,管壁温度也会高;②水温高,水中成垢物质易结垢;③水温与微生物生长有密切关系,一般在40℃左右微生物繁殖速度最快,水温过高或过低都不利于微生物生长；④水温高，还会使阻垢剂和缓蚀剂功效下降，加速金属的腐蚀。

热交换器的壁温的主要影响：①壁温高，使得水中成垢物质结垢速度加快；②壁温高，也会降低阻垢剂和缓蚀剂的使用效果；③高的壁温将会加速金属腐蚀，加快污垢的沉积；④高壁温对污泥有烘烤作用，使它更难清除。

4）脱气状况

循环冷却水系统中脱 CO_2 气严重处，如冷却塔填料部位，由于水中 CO_2 容易在此析出，使得碳酸盐平衡被破坏，造成结垢。

5）表面状态

粗糙表面比光滑表面容易形成污垢沉积，易产生腐蚀。比如粗糙的碳钢表面易发生腐蚀和形成污垢沉积，但在光滑的不易腐蚀的表面（如不锈钢、铜或有镀层的碳钢），污泥沉积就要少一些而表现为形成水垢附着。

9.7.3 污垢热阻

对热交换器内附着的污垢程度及其影响，常用污垢热阻（fouling heat resistance）来表示。它是判断热交换器传热效率的一个指标。该值大，表明热交换器传热管壁（水侧）表面上沉积的污垢多，对热交换器传热效率影响大；该值小，则表明热交换器传热管壁（水侧）上沉积的污垢少，对热交换器传热效率影响小。同样，还可用污垢热阻这个指标来评判循环冷却水水质处理效果，循环水处理得好，污垢热阻就小，反之就大。

所谓污垢热阻，是污垢对热量传递带来的阻力，是垢层传热系数的倒数。

1. 总传热系数

图 9-16 是常见的列管式热交换器局部传热过程示意图。从图中可见，被冷却的工艺介质在管外流动，温度为 T(℃)；冷却水在带垢的管内流动，温度为 t(℃)。整个传热过程就是冷却的工艺介质通过管壁将热量传递给冷却水的过程。若假设工艺介质一侧没有污垢存在，则总的传热过程由下列步骤所组成。

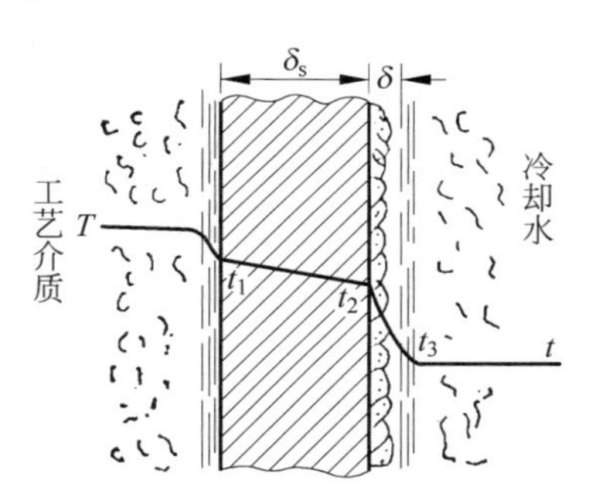

图 9-16 列管式热交换器局部传热过程示意

(1) 温度为 T 的被冷却介质（工艺介质），以对流方式向管的外壁传热，传递的热量 q_1(W)为

$$q_1 = \alpha_1 F_1 (T - t_1) \tag{9-37}$$

式中，α_1——被冷却介质（工艺介质）的传热系数，$W/(m^2 \cdot K)$；

F_1——换热管的外表面积，m^2；

t_1——换热管外壁的温度，℃。

(2) 热量由管的外壁以热传导的方式传给管的内壁，传递的热量 q_2(W)为

$$q_2 = \frac{\lambda_s}{\delta_s} F_s (t_1 - t_2) \tag{9-38}$$

式中，λ_s——换热管的导热系数，$W/(m \cdot K)$；

δ_s——换热管壁厚度,m;

F_s——换热管的平均传热面积,m^2;

t_2——换热管内壁的温度,℃。

某些金属的导热系数见表9-6。

表9-6 某些金属在0~100℃时的导热系数

名　称	密度/(kg/m³)	导热系数/(W/(m·K))
碳钢	7850	47
不锈钢	7900	17
紫铜	8800	384
青铜	8000	64
黄铜	8500	93
铸铁	7500	47~93
铅	11400	35
铝	2700	204

(3) 热量由换热管的内壁以热传导的方式传给污垢的外表面,通过污垢传导的热量q_3(W)为

$$q_3=\frac{\lambda}{\delta}F_2(t_2-t_3) \tag{9-39}$$

式中,λ——污垢的导热系数,W/(m·K);

δ——污垢厚度,m;

F_2——污垢的平均传热面积,m^2;

t_3——污垢外表面温度,℃。

(4) 热量再由污垢的外表面以对流方式向冷却水传热,传递的热量q_4(W)为

$$q_4=\alpha_2F_3(t_3-t) \tag{9-40}$$

式中,α_2——冷却水的传热系数,W/(m^2·K);

F_3——污垢的外表面积,m^2。

当传热达到平衡时,$q_1=q_2=q_3=q_4=q$,当垢层厚度较薄时,$F=F_2=F_3$,所以由式(9-37)~式(9-40)得

$$\frac{q}{F}=\frac{T-t_1}{\dfrac{F}{\alpha_1F_1}}=\frac{t_1-t_2}{\dfrac{\delta_sF}{\lambda_sF_s}}=\frac{t_2-t_3}{\dfrac{\delta F}{\lambda F_2}}=\frac{t_3-t}{\dfrac{F}{\alpha_2F_3}}$$

变换可得

$$\frac{q}{F}=\frac{T-t_1}{\dfrac{F}{\alpha_1F_1}}=\frac{t_1-t_2}{\dfrac{\delta_sF}{\lambda_sF_s}}=\frac{t_2-t_3}{\dfrac{\delta}{\lambda}}=\frac{t_3-t}{\dfrac{1}{\alpha_2}} \tag{9-41}$$

由式(9-41)可得

$$\frac{q}{F}=\frac{T-t}{\dfrac{F}{\alpha_1F_1}+\dfrac{\delta_sF}{\lambda_sF_s}+\dfrac{\delta}{\lambda}+\dfrac{1}{\alpha_2}} \tag{9-42}$$

若令

$$K=\frac{1}{\dfrac{F}{\alpha_1 F_1}+\dfrac{\delta_s F}{\lambda_s F_s}+\dfrac{\delta}{\lambda}+\dfrac{1}{\alpha_2}} \tag{9-43}$$

则

$$q=KF(T-t) \tag{9-44}$$

式中，K——总传热系数，$W/(m^2 \cdot K)$。

2. 污垢热阻

总传热系数 K 的倒数称为热交换的总热阻 R，由式(9-42)可得

$$R=\frac{1}{K}=\frac{F}{\alpha_1 F_1}+\frac{\delta_s F}{\lambda_s F_s}+\frac{\delta}{\lambda}+\frac{1}{\alpha_2}=r_1+r_s+r+r_2 \tag{9-45}$$

式中，R——总的传热热阻；

$r_1=\dfrac{F}{\alpha_1 F_1}$——被冷却介质(工艺介质)的给热热阻；

$r_s=\dfrac{\delta_s F}{\lambda_s F_s}$——管壁的传热热阻；

$r=\dfrac{\delta}{\lambda}$——冷却水的污垢热阻；

$r_2=\dfrac{1}{\alpha_2}$——冷却水的给热热阻。

以上各热阻的单位均为 $m^2 \cdot K/W$。

前面已经说明污垢热阻 $r=\dfrac{\delta}{\lambda}$，它与垢层厚度 δ 及污垢的导热系数 λ 有关，污垢热阻是进行循环水水质评定和传热计算中的重要数据。在实际计算过程中，污垢的厚度难以测量，且目前还没有关于污垢导热系数的确切数值，因此还不能通过上式来求污垢热阻，通常是通过下述方法来求污垢热阻。

目前通常是在一定的水质、操作条件下，选用一定的水质稳定剂，在试验性热交换器上，用实验的方法来测定污垢的热阻。实验时先测清洁状态下热交换器的总热阻 R_C：

$$R_C=r_1+r_s+r_2$$

再测结垢状态下的总热阻 R：

$$R=r_1+r_s+r_2+r$$

在测试过程中，假定测试条件一定，其他热阻不变，则污垢热阻为 $r=R-R_C$，或

$$r=\frac{1}{K}-\frac{1}{K_C} \tag{9-46}$$

式中，K、K_C——分别为结垢管、清洁管的传热系数，$W/(m^2 \cdot K)$。

从上面污垢热阻的推导可知，污垢热阻大，传热差，要达到同样冷却效果，势必增加热交换器的传热面积；污垢热阻小，表示热交换器传热好，这样就可减少热交换器的传热面积和体积，节省大量的金属材料，减少占地面积。因此在设计和生产上控制热交换器的污垢热阻有着很大的经济意义。目前，一般要求已进行水质稳定处理的循环冷却水，污垢热阻为 $(0.96\sim1.44)\times10^{-4}\,m^2 \cdot K/W$。

9.8 循环冷却水系统水质稳定性判别

所谓循环冷却水水质稳定性是指是否会从水中析出水垢。循环冷却水系统结垢的原因主要与水温、水中硬度、热交换器管材有关。一般以钢材作为热交换器的材料(如化工厂),往往在热交换器中形成污垢(水垢和污泥);而以铜、不锈钢、钛等金属作为热交换器的材料(如发电厂),往往在热交换器中形成水垢。

在循环冷却水系统的运行过程中,从水中析出 $CaCO_3$ 水垢,主要是由下列原因引起:

1) 循环冷却水的浓缩

由于 $\phi=1+\dfrac{P_Z}{P_B-P_Z}$,该式说明只要蒸发损失 P_Z 存在(即 $P_Z\neq0$),ϕ 值就大于1,循环冷却水系统的水中碳酸盐硬度就要浓缩,当浓缩到一定程度就会发生结垢。

2) 循环冷却水的脱碳作用

由于空气中 CO_2 仅0.4%,所以当循环冷却水通过冷却塔时,水中 CO_2 会大量逸出,造成水中 CO_2 浓度降低,使水中碳酸盐平衡遭到破坏,使平衡向生成碳酸钙或氢氧化镁的方向移动:

$$Ca(HCO_3)_2 \rightleftharpoons CaCO_3\downarrow + CO_2\uparrow + H_2O$$

$$Mg(HCO_3)_2 \rightleftharpoons MgCO_3\downarrow + CO_2\uparrow + H_2O$$

$$MgCO_3 + H_2O \longrightarrow Mg(OH)_2\downarrow + CO_2\uparrow$$

3) 循环冷却水的温度上升

由于交换器的传热,循环冷却水的温度会上升,有利于碳酸盐的分解,从而使结垢的趋势增加:

$$Ca(HCO_3)_2 \xrightarrow{\triangle} CaCO_3\downarrow + CO_2\uparrow + H_2O$$

但循环冷却水系统具体在什么时候结垢,不能仅从理论上用微溶盐的溶度积来判断,因为还存在过饱和度,而且盐类的沉积还受很多实际因素(如水中悬浮物、管材、金属表面粗糙度等)的影响。

目前常用的判断水质稳定性的方法有下列几种。

9.8.1 极限碳酸盐硬度法

每种水在实际运行条件下,都有一个不结垢的最大碳酸盐硬度值,这个值称为极限碳酸盐硬度(limiting carbonate hardness)H'_T,该值与水质、运行条件等因素有关,可通过模拟实验或经验公式来求取。

判别方法:

$$\left.\begin{array}{ll} H_{T,X}=\phi H_{T,B}\leqslant H'_T, & \text{不结垢} \\ H_{T,X}=\phi H_{T,B}> H'_T, & \text{结垢} \end{array}\right\} \tag{9-47}$$

式中,$H_{T,B}$——循环冷却水补充水的碳酸盐硬度;

$H_{T,X}$——运行中循环冷却水的碳酸盐硬度。

该式说明，为了防止循环冷却水结垢，控制循环冷却水浓缩倍率的大小是有效途径之一。但浓缩倍率太小，补充水量和排污水量都会过大，对节水是不利的；浓缩倍率太大，水质稳定处理的任务又很重。

极限碳酸盐硬度一般是通过试验来确定，试验在模拟的热交换器上进行。试验装置如图 9-17 所示，热交换器的运行参数和水质与实际生产设备相同，在不断运行过程中，水被浓缩，开始阶段水质符合下列规律：

$$\frac{[\mathrm{Cl}]_{\mathrm{X}}}{[\mathrm{Cl}]_{\mathrm{B}}}=\frac{H_{\mathrm{T,X}}}{H_{\mathrm{T,B}}}$$

当达到：

$$\frac{[\mathrm{Cl^-}]_{\mathrm{X}}}{[\mathrm{Cl^-}]_{\mathrm{B}}}>\frac{H_{\mathrm{T,X}}}{H_{\mathrm{T,B}}}\left(\text{实际是指}\frac{[\mathrm{Cl^-}]_{\mathrm{X}}}{[\mathrm{Cl^-}]_{\mathrm{B}}}=\frac{H_{\mathrm{T,X}}}{H_{\mathrm{T,B}}}+0.1\text{ 时}\right)$$

此时的 $H_{\mathrm{T,X}}$ 即为该运行条件下，该冷却水的极限碳酸盐硬度 H'_{T}。

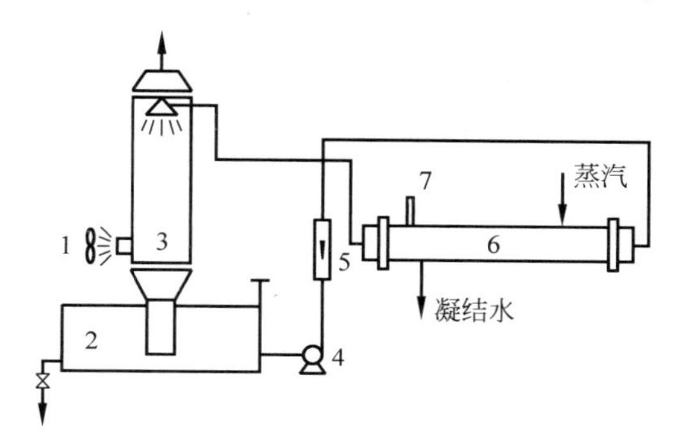

1—鼓风机；2—循环水箱；3—冷却塔；4—循环水泵；
5—转子流量计；6—热交换器；7—温度计。

图 9-17 极限碳酸盐硬度试验装置

计算极限碳酸盐硬度的经验公式为

$$H'_{\mathrm{T}}=\frac{1}{2.8}\left[8+\frac{[\mathrm{O}]}{3}-\frac{t-40}{5.5-\frac{[\mathrm{O}]}{7}}-\frac{2.8H_{\mathrm{F,B}}}{6-\frac{[\mathrm{O}]}{7}+\left(\frac{t-40}{10}\right)^{3}}\right] \tag{9-48}$$

式中，H'_{T}——循环冷却水的极限碳酸盐硬度，mmol/L；

$[\mathrm{O}]$——补充水的化学耗氧量 $\mathrm{COD_{Mn}}$，mg/L(O_2)；

$H_{\mathrm{F,B}}$——补充水的非碳酸盐硬度，mmol/L；

t——循环冷却水的最高温度，℃，当 $t<40$℃时，仍按 40℃计算。

9.8.2 碳酸钙饱和指数法

碳酸钙饱和指数是 1936 年由朗格里尔（Langelier）提出的，所以又叫朗格里尔指数（I_{B}），它可用于判断某种水质在运行条件下是否会析出 $CaCO_3$ 水垢。

碳酸钙饱和指数的意义为

$$I_{\mathrm{B}}=\mathrm{pH_Y}-\mathrm{pH_B} \tag{9-49}$$

式中，$\mathrm{pH_B}$——循环冷却水在使用温度条件下当 $CaCO_3$ 处于饱和时的 pH；

pH_Y——循环冷却水在实际运行条件下的实测 pH。

判别方法为：

$I_B>0$,水中 $CaCO_3$ 呈过饱和状态,有可能结垢,称结垢型水。一般情况下 I_B 值在 ±(0.25～0.3)范围内,可以认为水质是稳定的。

$I_B<0$,水中 $CaCO_3$ 呈未饱和状态,水可能将 $CaCO_3$ 固体溶解,称侵蚀型水。

$I_B=0$,$CaCO_3$ 处于平衡,称稳定型水。

式(9-49)中的 pH_Y 是指运行条件下实测 pH,由于运行条件的温度与实测时温度(20～25℃)不一样,所以要根据实测值进行校正：

$$pH_Y = pH - \alpha \tag{9-50}$$

式中,pH——循环冷却水 20～25℃下测得的 pH;

α——pH 校正值,按表 9-7 所示取值。

表 9-7 pH 的温度校正值 α 单位：mmol/L

pH 值	全碱度				
	0.5	1.0	2.0	4.0	8.0
	用于水温从 20～25℃升至 50℃时				
≤8	0.1	0.1	0.1	0.1	0.1
<8.2	0.2	0.15	0.15	0.15	0.1
<8.4	0.3	0.20	0.2	0.15	0.15
	用于水温从 20～25℃升至 75℃时				
<7.6	0.1	0.1	0.1	0.1	0.1
<7.8	0.15	0.15	0.1	0.1	0.1
<8.0	0.3	0.2	0.15	0.15	0.1
<8.2	0.4	0.3	0.2	0.2	0.15
<8.4	0.5	0.4	0.3	0.25	0.2

pH_B 通常通过计算求得,如果水中的 $CaCO_3$ 刚好呈饱和溶液状态,则

$$Ca^{2+} + CO_3^{2-} = CaCO_3(s)$$

$$K_{sp} = f_2[Ca^{2+}]f_2[CO_3^{2-}] \tag{9-51}$$

根据碳酸的二级电离平衡：

$$CO_2 + H_2O \rightleftharpoons H^+ + HCO_3^-$$

$$HCO_3^- \rightleftharpoons H^+ + CO_3^{2-}$$

得

$$K_2 = \frac{f_1[H^+]f_2[CO_3^{2-}]}{f_1[HCO_3^-]} \tag{9-52}$$

将式(9-52)代入式(9-51)得

$$K_{sp} = \frac{K_2 f_1[HCO_3^-]f_2[Ca^{2+}]}{f_1[H^+]}$$

将式(9-52)两边取负对数并整理后得

$$pH_B = pK_2 - pK_{sp} + p[Ca^{2+}] + p[HCO_3^-] \tag{9-53}$$

在式(9-53)中，pK_2、pK_{SP} 是含盐量和温度的函数，可分别用 $f(S)$ 和 $f(t)$ 来表示，而 $[HCO_3^-]$ 在 pH=6.5～9.5 范围内近似与水中碱度 A 相等，所以式(9-53)可写为

$$pH_B = f(t) - f(Ca^{2+}) - f(A) + f(S) \tag{9-54}$$

式中，$f(t)$——温度函数；

$f(Ca^{2+})$——钙含量函数；

$f(A)$——碱度函数；

$f(S)$——含盐量函数。

上述 4 种函数值，可根据水质查图 9-18 求得。

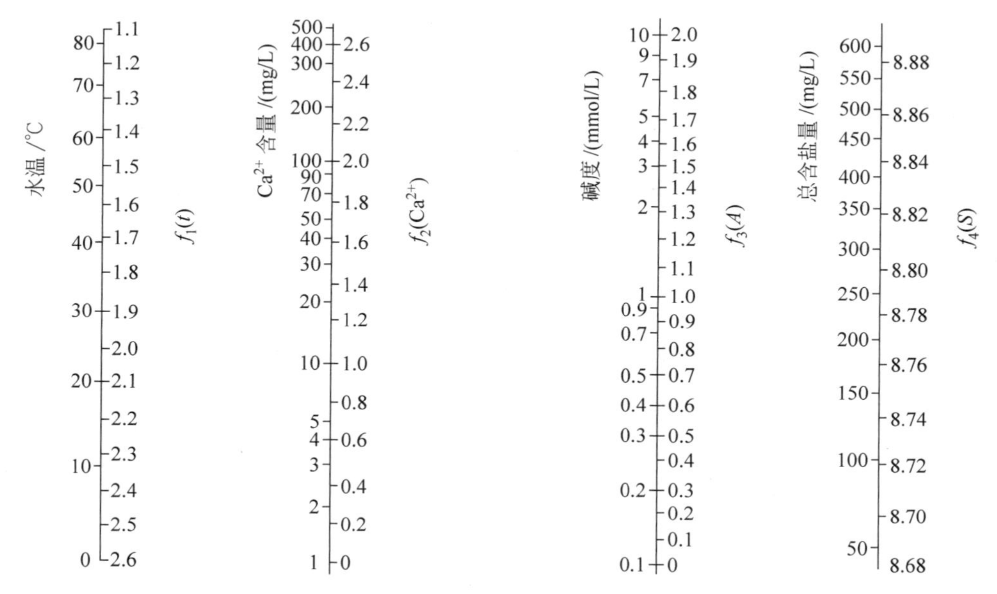

图 9-18 求 pH_B 所用计算图

9.8.3 碳酸钙稳定指数法

碳酸钙稳定指数(I_W)是 1946 年里兹纳(Ryzner)针对朗格里尔饱和指数经常出现与实际情况不符而提出的，又叫里兹纳指数。

碳酸钙稳定指数的意义为

$$I_W = 2pH_B - pH_Y \tag{9-55}$$

I_W 是 I_B 的一种修正形式，判别方法如表 9-8 所示。

表 9-8 I_W 判别标准

I_W	水质性质	I_W	水质性质
>8.7	对含 $CaCO_3$ 的材料侵蚀性严重	6.4～3.7	结 $CaCO_3$ 水垢
8.7～6.9	对含 $CaCO_3$ 的材料侵蚀性中等	<3.7	结 $CaCO_3$ 水垢严重
6.9～6.4	水质稳定		

9.8.4 临界 pH 法

在饱和溶液中，当水中 $CaCO_3$ 开始沉淀析出时，此时的 pH 就称为临界 pH，以 pH_C 表示。如果水的 pH 超过 pH_C 值，就会结垢；未超过 pH_C 值，则不会结垢。

pH_C 值一般由实验求取。测定方法为：将待测水样升温至 50℃左右，然后一边滴加标准 NaOH 溶液，一边搅拌，并测定水样的 pH，将测定 pH 与 NaOH 加入量关系作图，可得如图 9-19 所示的关系曲线。

刚开始加入 NaOH 时，水样的 pH 随加入量呈直线上升，当升至某一点时，反而下降出现拐点，此拐点即 pH_C，这是因为水中碳酸盐存在如下平衡：

$$H_2CO_3 \rightleftharpoons H^+ + HCO_3^- \rightleftharpoons 2H^+ + CO_3^{2-}$$

随着 NaOH 加入，中和了水中 H^+，使 CO_3^{2-} 浓度上升，当 $CaCO_3$ 达到一定的过饱和状态，开始有 $CaCO_3$ 微小晶体析出：

$$Ca^{2+} + CO_3^{2-} \longrightarrow CaCO_3 \downarrow$$

这样会使得 CO_3^{2-} 浓度急剧下降，上述平衡遭到破坏，为了建立新的平衡，反应向右进行，产生更多的$[H^+]$，于是 pH 突然下降，再加 NaOH，pH 继续上升。

所以 pH_C 实际上就是过饱和溶液中析出沉淀时的 pH。pH_C 越大，表示水质越稳定，越不易析出 $CaCO_3$ 沉淀。

实测的 pH_C 值与理论计算的 pH_B 值相比，$pH_C > pH_B$。这是因为 pH_B 是理论上析出 $CaCO_3$ 的 pH，而 pH_C 是过饱和溶液中实际析出 $CaCO_3$ 的值，两者之间的关系可用图 9-20 来表示。从图中可以看出，介稳区越宽，生成水垢的可能性越小。

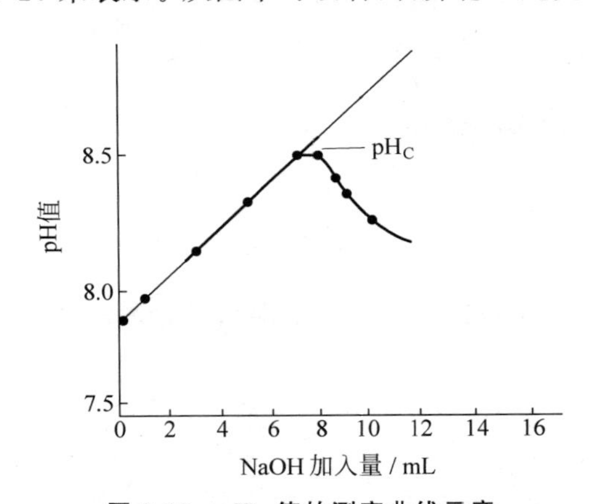

图 9-19 pH_C 值的测定曲线示意

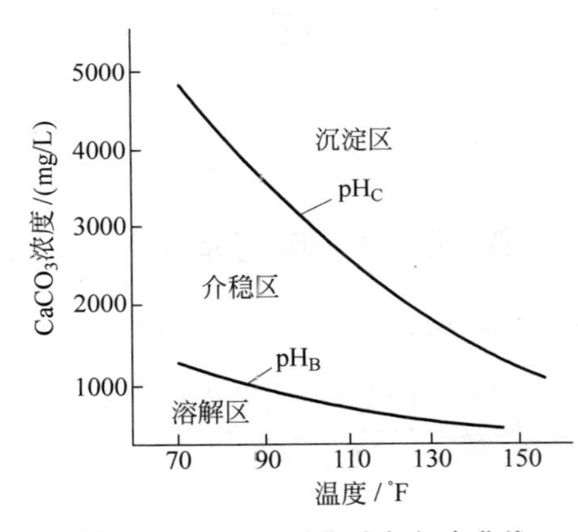

图 9-20 $CaCO_3$ 溶解度与析出曲线

9.8.5 结垢指数法(Puckorius 法)

1979 年 Puckorius 提出用平衡 pH(pH_{eq})代替实际 pH，以修正 Ryznar 指数，所以又称结垢指数(I_J)。

结垢指数的意义为

$$I_J = 2pH_B - pH_{eq} \tag{9-56}$$

它是稳定指数的一种修正形式，式中 pH_{eq} 可由下列公式计算：

$$pH_{eq}=1.465\lg A+4.54$$

式中，A——水中总碱度，mmol/L。

判别方法为：

$I_J>6$，对含 $CaCO_3$ 的材料有侵蚀性；

$I_J=6$，水质稳定；

$I_J<6$，结 $CaCO_3$ 水垢。

9.8.6 推动力指数法

推动力指数（I_T）的意义为

$$I_T=\frac{[Ca^{2+}][CO_3^{2-}]}{K_{sp}} \tag{9-57}$$

式中，$[Ca^{2+}][CO_3^{2-}]$——水中 Ca^{2+} 和 CO_3^{2-} 的浓度，mmol/L；

K_{sp}——在同一温度下 $CaCO_3$ 的溶度积常数。

判别方法为：

$I_T>1.0$，水处于 $CaCO_3$ 过饱和状态，有析出 $CaCO_3$ 的倾向；

$I_T=1.0$，水处于 $CaCO_3$ 的饱和状态；

$I_T<1.0$，水处于 $CaCO_3$ 的未饱和状态，有溶解 $CaCO_3$ 的倾向。

9.8.7 侵蚀指数法

侵蚀指数（I_q）的意义为

$$I_q=pH_Y+\lg([Ca^{2+}]A) \tag{9-58}$$

式中，pH_Y——水的实际 pH；

$[Ca^{2+}]$——水中钙离子含量，以 $CaCO_3$ 计，mg/L；

A——水中总碱度，以 $CaCO_3$ 计，mg/L。

判别方法为：

$I_q>12$，水无侵蚀性；

$I_q=10\sim12$，水具有中等程度侵蚀性；

$I_q<10$，水具有高度侵蚀性。

9.8.8 磷酸钙饱和指数法

当循环冷却水采用磷系药剂进行水质处理时，因聚磷酸盐水解作用成为正磷酸盐，使水中有磷酸根离子存在。它与水中 Ca^{2+} 结合形成的磷酸钙浓缩到一定浓度时，就可能会生成 $Ca_3(PO_4)_2$ 沉淀。因此，在投加有磷系药剂的循环冷却水系统中，还必须注意防止磷酸钙水垢生成。磷酸钙饱和指数（$I_{B,P}$）与碳酸钙饱和指数（I_B）在表达式上是类似的，它的意义为

$$I_{B,P}=pH_Y-pH_{B,P} \tag{9-59}$$

式中，$pH_{B,P}$——循环冷却水在使用温度条件下，被 $Ca_3(PO_4)_2$ 饱和的 pH，可根据水中 Ca^{2+} 及 PO_4^{3-} 浓度和温度查图 9-21 得到。

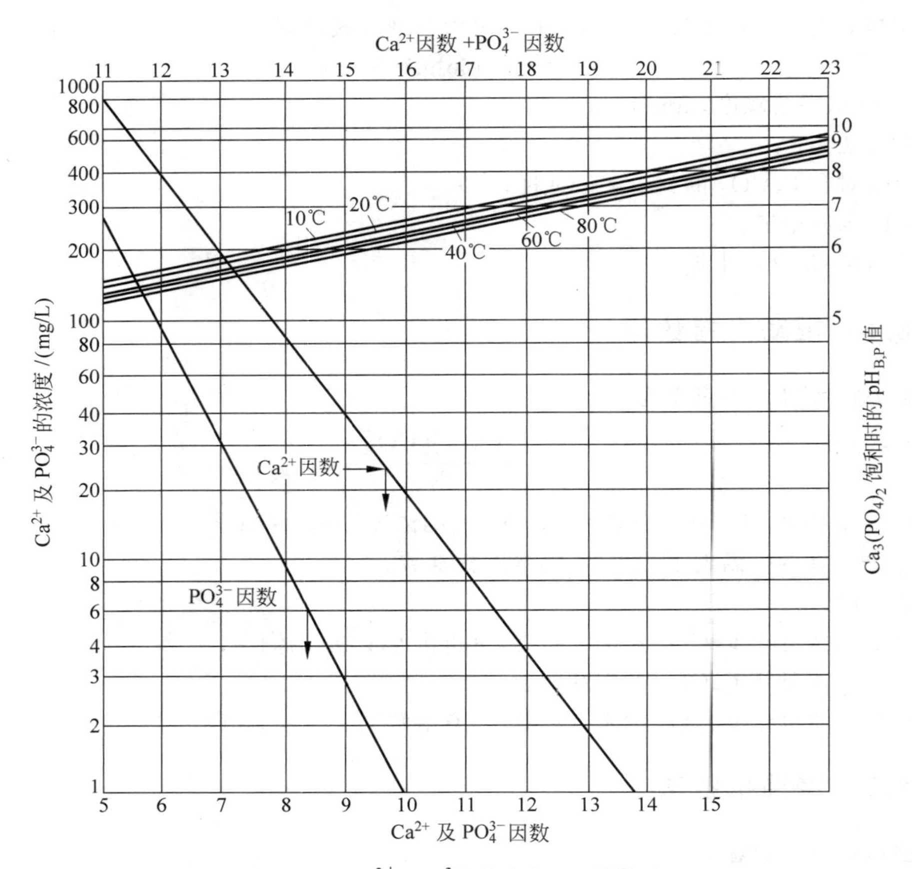

图 9-21　Ca^{2+}、PO_4^{3-} 浓度与 pH 的关系

如水温 40℃,水中 Ca^{2+} 和 PO_4^{3-} 的浓度分别为 24mg/L 和 6mg/L,求达到溶解饱和时的 $pH_{B,P}$ 值。查图 9-21,由 Ca^{2+} 浓度所对纵坐标向钙因数线引水平线得交点,交点所对应的横坐标值为 9.7;由 PO_4^{3-} 浓度所对纵坐标向磷酸盐因数线引水平线得交点,交点所对应的横坐标值为 8.3;Ca^{2+} 因数和 PO_4^{3-} 因数之和为 18.0;由图的上部以 Ca^{2+} 因数和 PO_4^{3-} 因数之和 18.0 向下引垂线与 40℃线相交,交点所对应的 $pH_{B,P}$ 值为 6.9,即为所求。

判别方法为:

$I_{B,P}>0$,有析出 $Ca_3(PO_4)_2$ 水垢的倾向;

$I_{B,P}=0$,水质稳定;

$I_{B,P}<0$,有溶解 $Ca_3(PO_4)_2$ 水垢的倾向。

9.8.9 根据运行数据判断是否结垢

在发电厂,还可用凝汽器的真空度和端差来反映凝汽器内的结垢或污脏程度。

(1) 凝汽器的真空度。当发现凝汽器的真空度比相同负荷下干净铜管的真空度低时,就可以认为凝汽器铜管内有结垢(或污脏)现象发生。

(2) 凝汽器端差。在正常运行条件下,端差 δ_t 一般为 3~5℃。当运行中,凝汽器的端差上升，可认为在铜管内有结垢(或污脏)现象产生，影响了凝汽器的传热。

9.9 循环冷却水系统的防垢处理

这里所讲的防垢处理，主要是指碳酸盐垢的防治。在工业生产中，碳酸盐垢的防治方法很简单，但是在循环冷却水系统中，由于冷却水量较大，必须采用一些特殊的方法，在技术上能做到防垢，而费用又不太高。

目前采用的防垢方法有两类：一是外部处理，即在补充水进入冷却水系统之前，就将其结垢物质去除或降低，如石灰沉淀法、离子交换法等；二是内部处理，即向循环冷却水中加入某种药品，使水中的结垢物质转化为不结垢物质，或者使水中的结垢物质变形、分散，稳定在水中，如加酸法、加水质稳定剂法等。

9.9.1 石灰-加酸处理

对水进行石灰处理可以降低水中的重碳酸盐硬度，因而可以起到防垢的作用。石灰处理后出水残余碱度一般为 1mmol/L，其中 OH^- 为 0.2～0.3mmol/L，CO_3^{2-} 为 0.7～0.8mmol/L，所以处理后的水中碳酸盐硬度大大下降，可以允许循环冷却水在较高浓缩倍率下使用而不结垢。

但是，由于石灰处理后的水 pH 值为 9.5～10.3，而且又是 $CaCO_3$ 过饱和溶液，因此还会有结垢现象发生。在具体使用时，要将石灰处理后的水再加酸，将 pH 值降至 7.4～7.8，把 CO_3^{2-} 转变为 HCO_3^-，不再析出 $CaCO_3$ 沉淀，这即是石灰-加酸处理。

石灰处理的设备中，快速脱碳采用涡流反应器，水在其中的停留时间为 10～20min；慢速脱碳一般采用澄清池和滤池。

由于采用石灰-加酸处理，出水残留碱度低，可以达到在较高浓缩倍率下运行，从而可以节水，因此缺水地区的工业冷却水，首先考虑用石灰处理。

但采用石灰处理的问题是：石灰乳的制备系统庞大、复杂，投资费用高，运行维护工作量大，石灰加药系统易磨损、堵塞；计量困难；操作人员劳动强度大且有时粉尘多，卫生条件差。石灰处理系统如图 9-22 所示。

9.9.2 加酸法

向补充水(或循环冷却水)中加酸，会降低水的碱度，使水中碳酸盐硬度变为非碳酸盐硬度，从而降低水中碳酸盐硬度，达到提高浓缩倍率和防止结垢的目的。所用酸为 H_2SO_4，而不是 HCl，主要因为：①HCl 浓度低，只有 31%左右。②HCl 会增加水中 Cl^-，加剧对设备的腐蚀；但是加 H_2SO_4 会增加水中 SO_4^{2-}，而 SO_4^{2-} 会对水泥有侵蚀作用，一般认为 SO_4^{2-} 浓度在 200～400mg/L 不会对水泥产生侵蚀作用。

H_2SO_4 的加入并不要求将水中碳酸盐硬度全部转变为非碳酸盐硬度，因为这样加药会太多，而且易使水失去中性，从而具有腐蚀性。因此，加 H_2SO_4 只要把一部分碳酸盐硬度变成非碳酸盐硬度就行了，以保证在运行浓缩倍率下，循环冷却水的碳酸盐硬度小于极限碳酸盐硬度。

加酸量的计算公式：

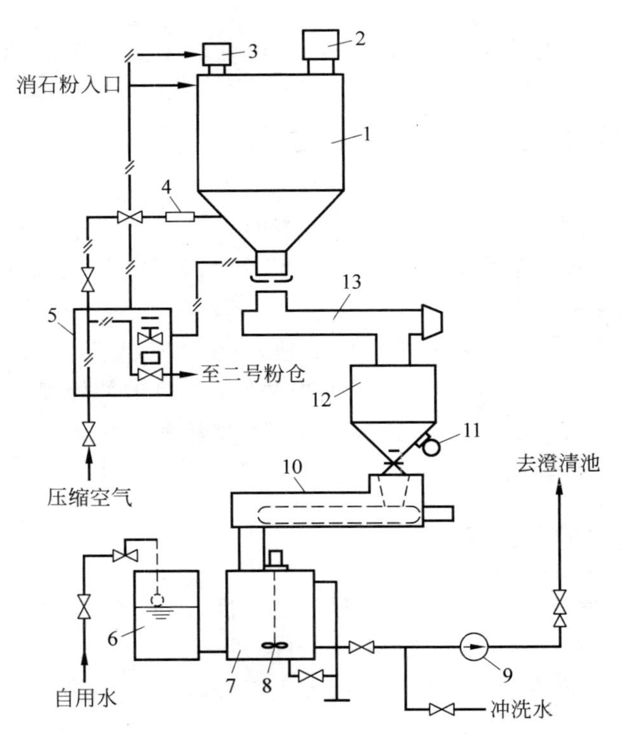

1—石灰粉筒仓；2—布袋滤尘器；3—粉位指示器；4—空气破拱装置；
5—气动控制盘；6—石灰乳辅助箱；7—石灰乳搅拌箱；8—石灰乳搅拌器；
9—石灰乳泵；10—精密称重干粉给料机；11—振动器；12—缓冲斗；13—螺旋输粉机。

图 9-22　石灰处理系统

$$D_{H_2SO_4}=\frac{49}{\varepsilon}\left(H_{T,B}-\frac{1}{\phi}H_T'\right)Q_X\frac{P_B}{100} \tag{9-60}$$

式中，ε——H_2SO_4 纯度；

$H_{T,B}$——补充水碳酸盐硬度，mmol/L；

H_T'——极限碳酸盐硬度，mmol/L；

ϕ——循环冷却水浓缩倍率；

Q_X——循环冷却水量，m^3/h；

P_B——循环冷却水补充水率。

典型的循环冷却水加酸处理系统如图 9-23 所示。

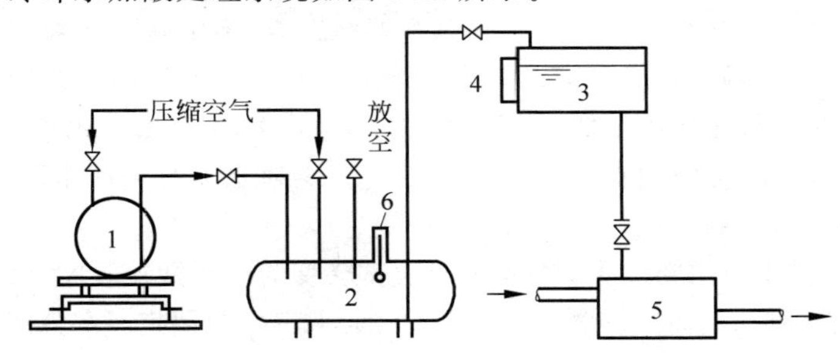

1—酸槽车；2—浓硫酸贮存槽；3—计量箱；4—液位计；5—吸水井；6—浮子液位计。

图 9-23　循环冷却水加酸处理系统示意

9.9.3 离子交换法

一般是采用弱酸阳离子交换树脂，也有采用强酸阳离子交换树脂处理（钠离子交换或氢钠离子交换）。

弱酸阳离子交换树脂可与水中的碳酸盐硬度发生交换反应，反应结果不仅去除了水中的碳酸盐硬度，同时也去除了水中的碱度。交换反应中产生的 CO_2 会在冷却塔中自然逸出，所以一般不必再设除碳器。弱酸阳树脂具有交换容量高、再生酸耗低的优点，可用于降低循环冷却水碳酸盐硬度和碱度，是防止循环冷却水系统结垢的较好方法。弱酸阳离子交换可以看作为加酸法的改进。加酸法是向循环水中加酸，虽然去除了水中的碳酸盐硬度，但又增加了水的含盐量，对循环冷却水系统的运行是不利的。但是若采用该酸来再生弱酸阳树脂，利用弱酸阳树脂来去除水中的碳酸盐硬度，也能达到同样降低水中碳酸盐硬度的效果，并且不会增加循环冷却水的含盐量，所以对循环冷却水系统的运行是有利的。

使用弱酸阳离子交换树脂处理的前期投资费用较高，这是该方法的缺点。在具体应用时，不必将补充水全部进行弱酸阳离子交换处理，而只需要处理一部分补充水，使总的循环冷却水的碳酸盐硬度达不到极限碳酸盐硬度。处理水量：

$$(1-X)H_{T,B}+XH_{T,C}=\frac{H'_{T,X}}{\phi} \tag{9-61}$$

式中，X——进入弱酸阳离子交换器处理的水量占补充水量的百分比，%；

$H_{T,C}$——经弱酸阳离子交换器处理后的出水残余碳酸盐硬度，mmol/L；

$H_{T,B}$——补充水的碳酸盐硬度，mmol/L；

$H'_{T,X}$——循环冷却水的极限碳酸盐硬度，mmol/L；

ϕ——循环冷却水浓缩倍率。

由于弱酸阳离子交换可以大幅度降低水的碳酸盐硬度，所以可用于高浓缩倍率运行的循环冷却水处理及零排放系统。

9.9.4 阻垢剂法

阻垢剂法是近年来开始采用的方法。国内在 20 世纪 70 年代中期从国外引进十几套大型化肥设备，同时也引进了关于循环冷却水防垢的阻垢剂，接着对其配方进行剖析、生产，目前国内阻垢剂的生产和使用已经相当普遍，化工系统首先采用，发电厂使用也较多。但发电厂与化工系统不尽相同，主要表现在 pH、材质、剂量、对缓蚀剂要求等方面，所以两者方案不能套用，各有其自己的特性。

1. 阻垢剂

在循环冷却水中，加入少量某种化学药剂，就可以将其极限碳酸盐硬度提高，起到防止结垢的作用，这种药剂就称为阻垢剂（scale inhibitor）。早期使用的阻垢剂大都是天然的或改性的有机化合物，如丹宁、磺化木质素、纤维素等。目前在循环冷却水处理系统中使用的阻垢剂有以下几类。

1）聚合磷酸盐

聚合磷酸盐是一种在分子内由两个以上的 P 原子、碱金属或碱土金属原子和氧原子结合的物质总称。

按其结构可分为偏磷酸盐、直链聚磷酸盐、超聚磷酸盐。目前在循环冷却水处理中使用的主要是三聚磷酸钠($Na_5P_3O_{10}$)和六偏磷酸钠($(NaPO_3)_6$)。三聚磷酸钠和六偏磷酸钠结构式如下：

三聚磷酸钠

六偏磷酸钠

向循环冷却水中加入几毫克每升的聚合磷酸盐，就能使极限碳酸盐硬度上升，起到阻垢作用，加药量与阻垢的关系如图 9-24 所示。

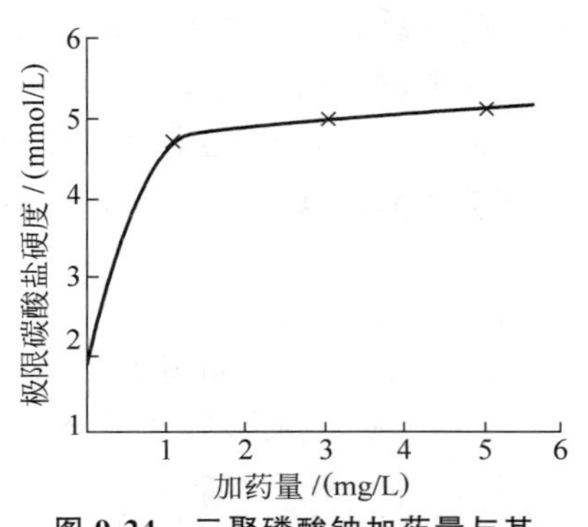

图 9-24 三聚磷酸钠加药量与其稳定能力之间的关系

从图中可知，一般加入三聚磷酸钠 2～4mg/L，就可以使循环水的极限碳酸盐硬度上升，并接近稳定值，所以一般循环冷却水系统中聚合磷酸盐的加药量为 2～4mg/L。

加药方式是先在溶液箱内配成 5%～10%溶液，然后加入补充水中或循环水泵的进水管沟内。

聚合磷酸盐的阻垢原理有以下几种解释。

(1) 聚合磷酸盐长链—O—P—O—P 阴离子容易吸附在微小碳酸钙晶粒上，并与晶粒上 CO_3^{2-} 位置置换，妨碍碳酸钙晶粒的进一步长大；

(2) 微量聚合磷酸盐使 $CaCO_3$ 晶体在生长过程中被扭曲，把水垢变成疏松、分散的软垢；

(3) 聚合磷酸盐会与 Ca^{2+}、Mg^{2+} 络合，形成单环或双环络合离子，然后靠布朗运动或水流作用分散于水中；

(4) 可能上述几种原理都存在。

在使用聚合磷酸盐的过程中要防止水解，因为它水解后会形成短链聚磷酸盐及一部分正磷酸盐，从而减小了阻垢效果。此外，正磷酸盐还是微生物的营养成分，水解的结果还会促使微生物繁殖。

聚合磷酸盐的水解与水的 pH、水温、时间及微生物分泌物(磷酸酶)等因素有关，如表 9-9 所示。

表 9-9 影响聚合磷酸盐水解的因素

因 素	对水解速率的影响	因 素	对水解速率的影响
水温	0～100℃可加快 10万～100万倍	$Fe(OH)_3$、 $Al(OH)_3$ 等	最多可加快10万倍

续表

因　素	对水解速率的影响	因　素	对水解速率的影响
pH	从碱性至强酸性可加快1000～10000倍	配合阳离子	大多数情况下可加快很多倍
酶	可加快10万～100万倍	磷酸盐浓度和含盐量	分别呈比例关系及几倍变化

从表中可见，为减少聚合磷酸盐的水解，应使用低温水配制并现配现用，不宜久存。

2）有机膦酸盐

有机膦酸盐于20世纪70年代中期开始在循环冷却水系统中大规模应用。它与聚合磷酸盐相比，具有化学稳定性好，不易水解和降解，加药量少，阻垢性能好，耐高温且易与其他类型阻垢剂产生协同效应等优点。

有机膦酸盐可以看作是磷酸分子中羟基被烷基取代后的化合物，其中在循环冷却水系统中常使用的有机膦酸盐有下列几种，它们的化学结构式如下：

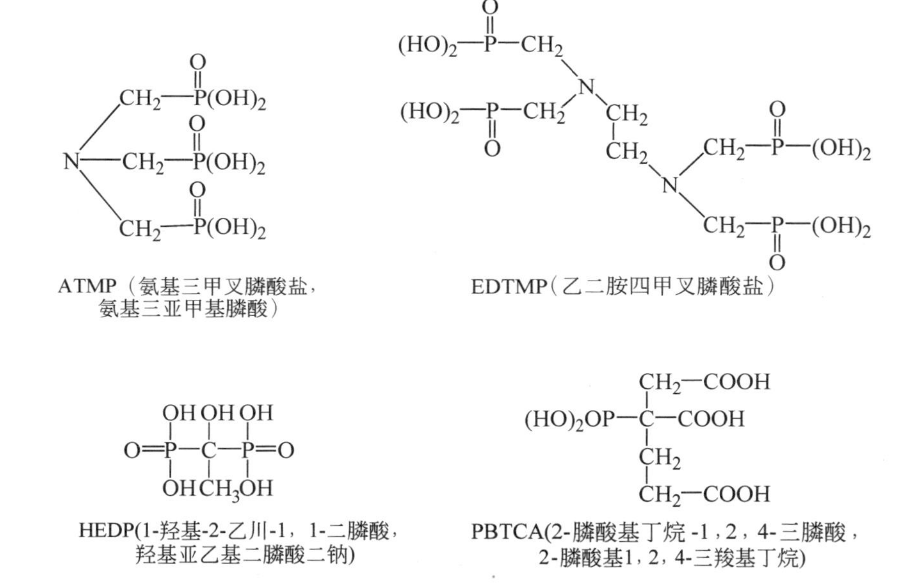

这类化合物化学稳定性较好，不易被酸碱破坏，也不易水解成正磷酸盐，而且能耐较高温度，对一些氧化剂也有耐氧化能力。

有机膦酸盐在溶液中能解离出 H^{+}，解离后的负离子可以和金属离子形成稳定的络和物，从而提高对 $CaCO_3$ 的稳定作用。其阻垢能力如图9-25所示。

从图中可以看出，有机膦酸盐加入水中后，极限碳酸盐硬度的升高值比加入聚合磷酸盐要高，一般加药量在2～4mg/L时，极限碳酸盐硬度就可达到5～7mg/L，再增加加药量，极限碳酸盐硬度提高不多。

关于有机膦酸盐的阻垢机理，一般认为它解离后的负离子与 Ca^{2+}、Mg^{2+} 生成络合物，降低了水中 Ca^{2+}、Mg^{2+} 浓度，减少了 $CaCO_3$ 结垢析出的可能性；也有可能与 $CaCO_3$ 发生

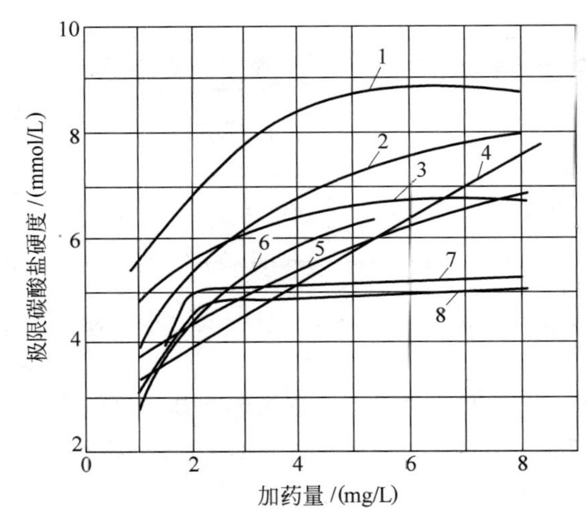

1—ATMP；2—EDTMP；3—HEDP；4—聚丙烯酸；5—聚丙烯酸钠；

6—聚马来酸；7—三聚磷酸钠；8—六偏磷酸钠。

图 9-25　常用药剂的处理效果

络合,使 $CaCO_3$ 难以结晶,或使晶格难以生长,起到结晶干扰作用。

有机膦酸盐加入循环水中后,也会使水中含磷量增加,加速水中生物生长。

3）聚羧酸类阻垢剂

常见聚羧酸类阻垢剂主要有以下几种。

(1) 聚丙烯酸及其衍生物

主要包括:

$$\left[-CH_2-\underset{\displaystyle COOH}{\underset{|}{CH}}-\right]_n \qquad \left[-CH_2-\underset{\displaystyle COONa}{\underset{|}{CH}}-\right]_n \qquad \left[-CH_2-\overset{\displaystyle CH_3}{\overset{|}{\underset{\displaystyle COOH}{\underset{|}{C}}}}-\right]_n$$

聚丙烯酸　　　　聚丙烯酸钠　　　　聚甲基丙烯酸

研究认为,这类物质当相对分子质量在800～1000时,其阻垢效果最好。

这类物质在水中使用后,会解离成为一个阴离子,所以又称为阴离子型阻垢剂,它在强酸、强碱的条件下是稳定的,但在高温和光照的情况下会发生再聚合。

加药量为2～8mg/L,一般在4mg/L时,其阻垢率就可达80%以上。若与有机膦酸盐复合使用,效果更好。

(2) 聚马来酸

结构式为

$$\left[-CH_2-\underset{\displaystyle COOH}{\underset{|}{CH}}-\right]_n \left[-\underset{\displaystyle O\overset{\displaystyle C}{\diagup\!\!\diagdown}O\overset{\displaystyle C}{\diagup\!\!\diagdown}O}{CH-CH}-\right]_m$$

它也是一种阴离子型阻垢剂,阻垢性能也与聚合度有关,一般相对分子质量在10000以下时阻垢效果最好。

加药量为 2～3mg/L，但单独使用阻垢效果较差，常和 Zn^{2+}、有机膦酸盐等一起复合使用，阻垢效果较好。

从阻垢机理上讲，它不但能抑制 $CaCO_3$、$CaSO_4$，而且对 $Ca_3(PO_4)_2$ 也有较好的分散性，而且耐热。

(3) 聚丙烯酰胺

结构式为

$$\left[\begin{array}{c} -CH_2-\underset{\underset{\displaystyle NH_2}{|}}{\underset{C=O}{\underset{|}{CH}}}- \end{array}\right]_n$$

它是一种非离子型阻垢剂，它的性能与相对分子质量有很大关系，作为阻垢剂使用的聚丙烯酰胺的相对分子质量为 10^5～10^6，但很少作为主阻垢剂使用，常作为配合污泥剥离时使用的阻垢剂。这类药剂在原水混凝处理中的应用通常要比在冷却水系统中多。

(4) 几种新型阻垢剂

20 世纪 90 年代开始，由于环境保护限制磷的排放，国家标准《石油化学工业污染物排放标准》(GB 31571—2015)中要求排放水总磷(TP)≤1.0mg/L，某些环保要求严格的地区，甚至要求 TP≤0.5mg/L。高效低磷(膦酸盐含量 2%～6.8%为低磷阻垢剂)、无磷阻垢剂(膦酸盐含量<2%为无磷阻垢剂)成为阻垢剂发展和研究的热点。因此，阻垢剂的“绿色化”是减少循环水排污水对环境水体污染的有效途径之一，也是阻垢剂未来的发展方向和趋势。如新近开发的兼具缓蚀、阻垢双功能的聚环氧琥珀酸(PESA)，它毒性小，生物降解性好，对环境友好；生物高分子聚天冬氨酸(PASP)阻垢缓蚀效果好，对环境无害，被人们誉为“绿色”阻垢缓蚀剂。还有如国外最近推出的 PAPEMP，国内相继开发的 2-羟基膦酰基乙酸(HPAA)、双 1,6-亚己基三胺五亚甲基膦酸(BHMT)、综合 PBTCA 与羧酸类聚合物优点而开发的分子中含有膦酸基和多个羧基以及其他基团(如磺酸基)的含磷聚合物 PCA(膦基聚羧酸)等。

2. 阻垢剂使用中的几个问题

1) 阻垢剂种类选择及剂量选择

由于各个企业使用的水质、热交换器材质都不相同，对阻垢剂的选用应根据各自的具体情况进行。

阻垢剂的筛选可分为静态试验和动态试验两种方法。

动态试验是在模拟试验台上，模拟热交换器实际运行情况，将每一种阻垢剂都按不同浓度进行投加，求出每一种加药浓度所稳定的极限碳酸盐硬度，然后进行比较选择。

静态试验是进行一系列烧杯实验，取几组烧杯，放入一定量循环补充水水样，并加入不同阻垢剂。一般先做较高浓度的试验，进行高浓度区分以减少试验次数。如果时间允许，每种阻垢剂都应从低浓度做到高浓度。

试验时将烧杯放入与循环水实际运行温度相似的水浴内(比如 40℃)，定时或连续搅拌，补充试验用水维持试验期间水量不变，每隔一段时间从水浴内取出一组烧杯，每组浓缩倍率不同，测量水体积、水中 Cl^- 浓度、碱度 A、硬度 H，并与原水$[Cl^-]_0$、A_0、H_0 比较。最初进行试验时,$\frac{[Cl^-]}{[Cl^-]_0}=\frac{A}{A_0}$,试验进行到一定时间后,会出现$\frac{[Cl^-]}{[Cl^-]_0}>\frac{A}{A_0}$,这时水中就有垢析出。处于$\frac{[Cl^-]}{[Cl^-]_0}=\frac{A}{A_0}$时,水中最大碳酸盐硬度值即是该阻垢剂能稳定的最高极限碳酸盐硬度。比较不同阻垢剂稳定的最高极限碳酸盐硬度,确定阻垢性能较好的阻垢剂。另外,也可用阻垢率 η 来表示阻垢剂的阻垢效果,其表达式如下:

$$\eta=\frac{\Delta A-\Delta A'}{\Delta A}=\frac{\left(A_0-\frac{A}{\phi}\right)-\left(A_0-\frac{A'}{\phi}\right)}{\left(A_0-\frac{A}{\phi}\right)} \tag{9-62}$$

式中,A_0——原水碱度,mmol/L;

A——在浓缩倍率ϕ时,未加阻垢剂时的碱度,mmol/L;

A'——加入阻垢剂,在同一浓缩倍率时水的碱度,mmol/L。

剂量试验与上述方法相同,将上述试验确定的一种或几种阻垢剂,再找出不同浓度时的极限碳酸盐硬度,选择阻垢效果与经济性两方面均较优者。

2) 阻垢剂的协同效应(synergism effect of scale inhibitor)

阻垢剂的协同效应是指两种阻垢剂或两种以上阻垢剂复合使用时,在总药剂量保持不变时,复合药剂的阻垢效果高于任何单一药剂的阻垢效果。例如,以 1.5mg/L 聚丙烯酸单独加入水中时,阻垢率为 26.1%,而以 1.0mg/L 聚丙烯酸和 0.5mg/L ATMP 复合加入水中时,其阻垢率上升为 54.1%。

对实际水质进行阻垢处理,可以利用这种协同效应,对阻垢剂进行复配,复配阻垢剂性能试验方法同前。

3) 阻垢剂的阈值效应或溶限效应(threshold effect of scale inhibitor)

前面已讲述到,有许多阻垢剂在加药量很低时就可以稳定水溶液中大量钙离子,它们之间不存在简单化学剂量关系,而当它们的加药量增至一定值后,其稳定 $CaCO_3$ 的作用便不再有明显的改进,这种效应称为阈值效应。

4) 水中悬浮物对阻垢剂药效的影响

根据试验可知,循环冷却水中悬浮物含量提高,除增加污泥沉积之外,还会增加 $CaCO_3$ 结晶核心,降低阻垢剂阻垢效果。因此在使用阻垢剂时,应尽量降低水中悬浮物含量。

5) 阻垢剂的药龄和时效

在循环冷却水系统中,药剂不断随补充水进入系统,又不断随排污、风吹、泄漏而排出,药剂在系统内的实际平均停留时间(药龄)T 按下式计算:

$$T=\frac{V}{q_S} \tag{9-63}$$

式中,T——药剂在系统中平均实际停留时间,h;

V——循环冷却水系统总的水容积,m^3;

q_S——风吹泄漏和排污损失水量的总和,m^3/h。

因为阻垢剂的阻垢机理就是阻碍晶体的生长和分散晶体,阻垢剂只在一定时间内有效,此时间称为阻垢剂的时效，它与药剂的种类、加入量、分解或水解速度、外界因素等有关。一般来讲，随着阻垢剂停留时间(药龄)的延长，阻垢效果将会下降。

9.10　循环冷却水系统中的污泥控制、微生物控制和腐蚀控制

9.10.1　循环冷却水系统中的污泥

在敞开式循环冷却水系统中，水中悬浮物的含量不仅与补充水的水质、排污水量、浓缩倍率有关，而且还与冷却塔周围空气中的含尘量有关。循环冷却水中的污泥(即引入的悬浮物)有下面四个来源：一是由补充水带入的；二是循环水在冷却塔洗涤空气中灰尘带入的；三是循环水中生长的浮游生物(细菌生物体)；四是在循环冷却水系统中生成的固体沉淀物和金属腐蚀产物。

由于冷却塔相当于一个空气洗涤器，所以当循环水与空气接触时，空气中的灰尘、微生物等会大量进入循环水中。假设冷却 1kg 水大约需要 $1m^3$ 空气，空气中的含尘量(悬浮物)为 $10mg/m^3$，循环水量为 22000t/h，则每天带入循环水中的尘埃达 5280kg。这些被循环水洗下来的灰尘，一部分在管道与热交换器内沉积，即形成污垢影响传热，加剧设备腐蚀；一部分悬浮于水中，增加了循环水中悬浮物含量，增加了水流阻力，降低了阻垢剂的阻垢效果；还有一部分会沉降于冷却塔的池底，可通过排污排走。所以循环冷却水系统要进行污泥控制，否则会影响系统的安全性。

9.10.2　循环水中污泥控制

1. 补充水的预处理

如果补充水中的悬浮物含量较高，就会使循环冷却水系统遭受污染，给运行带来一系列问题，必须进行处理，这包括对循环冷却水的补充水进行混凝、澄清处理(或沉淀处理)及过滤处理。

2. 旁流过滤

旁流过滤(side stream filtration)是指从循环冷却水系统中分流出一部分流量进行过滤处理，以维持循环水中悬浮物在一定范围之内。该工艺比采用混凝、澄清处理补充水(或投加药剂)更为经济、可靠。其工艺流程如图 9-26 所示。

旁流水量一般为整个循环水量的 2%～5%，但在具体设计时，还应通过循环水中悬浮物动态平衡时相应关系进行计算，关系式如下：

$$Q_B C_B + k Q_K C_K = (Q_P + Q_F) C_X + Q_S (C_X - C_S) \tag{9-64}$$

式中，Q_B——补充水量，m^3/h；

C_B——补充水中悬浮物含量，mg/L；

k——灰尘可沉降系数；

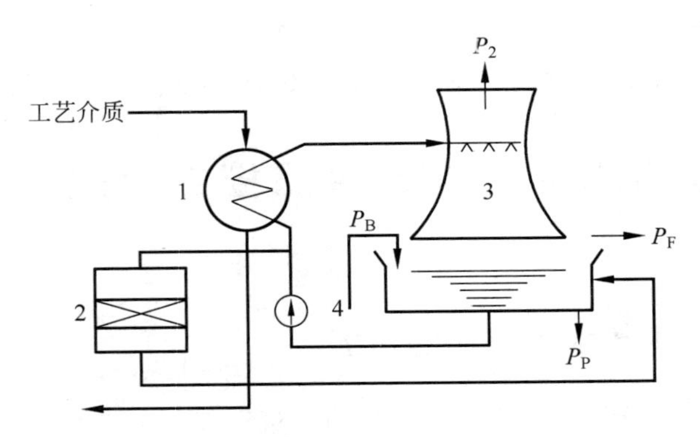

1—热交换器；2—旁流过滤器；3—冷却塔；4—循环水泵。

图 9-26 旁流过滤处理示意

Q_K——冷却塔的空气进气量，m^3/h；

C_K——空气中灰尘含量，g/m^3；

Q_P、Q_F——排污、风吹泄漏损失，m^3/h；

Q_S——旁流过滤水量，m^3/h；

C_S——经旁流过滤处理后水中的悬浮物含量，mg/L；

C_X——循环冷却水中可维持的悬浮物含量，mg/L。

式(9-64)经整理后得

$$Q_S=\frac{Q_BC_B+kQ_KC_K-(Q_P+Q_F)C_X}{C_X-C_S}\tag{9-65}$$

上述计算没有考虑微生物及腐蚀产生的生物污泥，所以实际处理水量应比上述计算值要高一些，个别的设计处理水量可达循环水量的10%。

旁流过滤设备与一般过滤设备相同，通常以石英砂或无烟煤作为过滤介质，可采用单层、双层或三层滤料。当循环水中的悬浮物含量在10～30mg/L时，过滤可除去50%～75%的悬浮物。当循环水中的悬浮物含量更高时，大约可去除90%。但如果循环水中有油污，则不能使用旁流过滤，因为油污会很快使过滤介质黏结堵塞。

3. 投加药剂

投加药剂有四类。

(1) 杀菌剂及灭藻剂。如 Cl_2、ClO_2、有机氮、硫化物、胺化物等。主要是用于杀死微生物和藻类，或者抑制它们的生长，使水中微生物黏液减少，以减少微生物污泥。

(2) 分散剂和渗透剂。如季铵盐、溴化物、氯化物、过氧化物、胺化物、聚丙烯酸酯等。它们可以改变污泥的内聚力和黏着性，或者使成片污泥分割开来分散在溶液中，或者渗入金属与污泥分界面，降低金属与污泥间黏结能力，使它们从金属表面上剥离下来，最后通过排污或旁流过滤去除，所以它们又称为污泥剥离剂(sludge stripping agent)。

(3) 絮凝剂。如聚丙烯酰胺、聚酰胺等。可以把黏附在金属表面的污泥粒子黏附在一起，重新分散在水中，最后排出系统，因此又可称为再分散剂。

(4) 乳化剂。当系统中油污较多时，也可采用乳化剂来消除油污，不至于影响旁流过滤。

这几种药剂可以单独加入，也可以混合加入，也可以有针对性地对个别污泥较重部位（如加热器）投加某种药剂。例如把杀菌剂和污泥剥离剂（渗透剂）混合投加，效果更显著，因为加入渗透剂，可以把杀菌剂渗透进入污泥内部杀死细菌。

4. 其他机械清除污泥方法

当热交换器内结有污泥时，也可采用机械清除方法来去除。但一般不宜采用钢丝刷、腐蚀性药剂等方法来去除，因为这样会损伤金属表面的保护膜。现在一般采用的机械清除污泥法包括高压水冲洗、压缩空气吹洗及橡胶塑料球清洗等。

9.10.3 循环冷却水系统中的微生物及危害

循环冷却水系统的水温、光照和营养物等条件都适宜微生物的生长，所以循环冷却水中的微生物生长很严重。

1. 循环冷却水系统中的微生物

循环冷却水系统中的微生物分为动物和植物两大类。动物又分为后生动物（如蜗牛、贝类等软体动物）和原生动物（如纤毛虫、鞭毛虫等）两类；植物包含藻类、细菌和真菌等。但其中数量较多、危害最大的是植物类微生物。下面只对藻类、细菌和真菌进行一些介绍。

1）藻类

藻类有蓝藻、绿藻、硅藻、黄藻、褐藻等。它们的营养源为水中 N、P、Fe、Ca、Mg、Si 等元素，其中无机 P 浓度只要在 0.01mg/L 以上，就可以使藻类生长旺盛。藻类还可进行光合作用，吸收水中的 CO_2、HCO_3^-，并放出 O_2 和 OH^-，这样会使得循环水的 pH 上升。在夏季藻类大量繁殖时，pH 值可上升至 9.0。藻类死亡脱落，又会在循环冷却水系统中形成污泥。

2）细菌

细菌按形状分为球菌、杆菌和螺旋菌；按需氧情况又可分为需氧菌、厌氧菌和兼氧菌。在循环冷却水中还存在硫细菌、铁细菌和硫酸盐还原细菌等。铁细菌容易形成腐蚀，而硫细菌因容易产生 H_2S，也会造成腐蚀。

这些各种各样的细菌由于会产生大量黏液，会把原先悬浮于循环水中的悬浮物黏结起来，形成污泥沉积，并黏附于金属表面上。在这种污泥中，无机物占到 95%以上，细菌的质量还不到 1%，可见细菌的黏液作用之大。

3）真菌

真菌是丝状营养体的微小植物总称，一般可分为 4 个纲：藻类菌纲、子囊菌纲、担子菌纲和半知菌纲。在循环冷却水系统中常见的多属于藻类菌纲中的一些属种，如水霉菌和绵霉菌等。真菌由于没有叶绿素，所以不能进行光合作用，大部分都是寄生在动植物遗骸上，大量繁殖可以形成一些丝状物，可以黏结悬浮物形成黏泥附着于金属表面。

2. 循环冷却水系统中微生物的危害

1）形成黏泥，加速污泥沉积

在循环冷却水系统中，除微生物分泌出来的黏液使悬浮物粘连和沉降外，一部分细菌

(如铁细菌和硫细菌)还可以在金属上附着、生长和繁殖,产生生物膜,逐渐形成一层厚厚的黏泥。

2) 微生物附着于管壁,加速腐蚀

微生物本身很少是一种独立的腐蚀原因,而是由于微生物促进污泥沉积,使得污泥下面的金属表面为贫氧区,形成氧的浓差极化电池而使金属遭受局部腐蚀。

3) 某些动物可能堵塞管道

循环冷却水中若存在某些动物残骸,可能会堵塞管道,破坏冷却水的循环,影响传热,会给设备带来危害。

9.10.4 微生物控制

在循环冷却水系统中主要是通过投加某种化学药剂来控制微生物的污染。控制水中微生物的药剂分为杀生物剂和抑制生物繁殖剂两类。

杀生物剂的作用是杀死微生物,又可分为杀菌剂、杀真菌剂和杀藻类剂等;抑制生物繁殖剂的作用是抑制微生物的繁殖,又可分为抑菌剂和抑真菌剂等。杀生物剂如果按杀生物机理来分,又可分为氧化型杀生物剂(oxidic biocide)和非氧化型杀生物剂(inoxidic biocide)两大类。氧化型杀生物剂,如 Cl_2、NaOCl、ClO_2、O_3、漂白粉等,大都是很强的氧化剂,能氧化微生物体中的酶而杀死微生物;非氧化型杀生物剂,如季铵盐、氯酚等,因药剂不同而杀生物机制也有所不同,有的是破坏生物代谢过程,有的是破坏细胞膜,有的是破坏生物体内的酶。在目前的循环冷却水处理中,由于杀生物剂的杀生物效果受到诸多因素的影响,因此适合于循环冷却水系统使用的药剂并不是很多。往往把这些药剂都统称为杀菌剂,下面介绍几种在循环冷却水处理系统中经常使用的杀菌剂。

另外,因为循环冷却水系统中的微生物种类和数量都很繁多,使用单一杀菌剂往往难以取得比较理想的效果。而且,若是长时间使用同一种杀菌剂,会使循环冷却水中的微生物体产生抗药性,降低药剂的杀生物效果。因此,现场应根据循环冷却水的实际杀生物效果,不断调整药剂的剂量和种类,以取得最佳的杀菌效果。

对杀菌剂的杀菌效果常用对异养菌杀灭率(y,%)来评价:

$$y=\frac{A_0-A_1}{A_0}\times 100\% \tag{9-66}$$

式中,A_0——试验水样初始的异养菌总数;

A_1——投加杀菌剂的试验水样在 t 时间后检出的异养菌总数。

1. 氯系杀菌剂

氯系杀菌剂的作用就是加入循环冷却水中后,可以杀死和抑制水中的微生物。常用的有 Cl_2、NaOCl、$CaOCl_2$、$Ca(OCl)_2$、ClO_2 等。卤族元素中的氯、溴、碘也可作为杀菌剂,但由于 Cl_2 便宜,所以使用较多。Cl_2 杀菌主要由于它是一种强氧化剂,加入水中后,会生成 HOCl 和 HCl,其化学反应如下:

$$Cl_2+H_2O \rightleftharpoons HOCl+HCl$$

HOCl 可以解离,反应为

$$HOCl \rightleftharpoons H^{+}+OCl^{-}$$

在上述反应生成物中，起杀菌作用的主要是 HOCl，而不是 OCl^-，主要原因是 HOCl 体积小，容易扩散到带负电荷的细菌表面并进入细胞内部，破坏体内的酶，从而杀死微生物。OCl^- 虽也有一定的杀菌能力，但由于它带负电，细菌也带负电，难以扩散到细菌表面，很难进入细菌体内发挥作用。

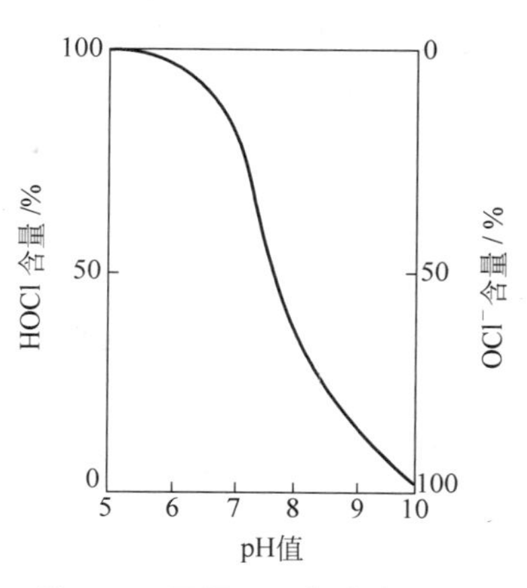

图 9-27 不同 pH 时，水中 HOCl 和 OCl^- 的百分含量

由于杀菌主要是 HOCl，所以 Cl_2 杀菌效果与水的 pH 有关。图 9-27 所示为 HOCl 和 OCl^- 的百分含量与 pH 的关系。该图表明，当 pH<5.0 时，由于水中 HOCl 占 100%，几乎没有离子化，因此杀菌效果最好；当 pH=7.5 时，水中 HOCl 和 OCl^- 几乎各占 50%，此时杀菌效果较差；当 pH≥9.5 时，由于水中 HOCl 为 0，全部离子化，杀菌效果最差，几乎全部消失。从以上讨论可知，Cl_2 在弱酸性介质中的杀菌效果最好。但由于天然水 pH 为中性，所以一般认为如果能将循环冷却水系统的 pH 值控制在 6.5～7，就能取得比较好的杀菌效果。

漂白粉的分子式为 $CaOCl_2$，其中有效氯含量大约为 30%，而精制漂白粉的分子式为 $Ca(OCl)_2$，其中有效氯含量为 60%～70%。它们放入水中后，发生如下反应：

$$2CaOCl_2 + 2H_2O \longrightarrow 2HOCl + Ca(OH)_2 + CaCl_2$$

反应后生成 HOCl，其杀菌机理与 Cl_2 相同。

氯和漂白粉两种杀菌剂的杀菌效果虽说相同，但由于液态氯比漂白粉便宜，加药设备简单，操作方便，所以循环冷却水处理系统常用的杀菌剂是液态氯。

循环冷却水进行加氯处理时，一般是在热交换器的进口水管中加入液态氯，因为这样可提高热交换器内的杀菌效果。此时加入的液态氯一部分用于杀菌，一部分用于氧化水中还原性物质，还有一部分是处于游离状态，称为游离氯（过剩氯或称余氯）。所以为了保证杀菌效果，必须使循环水中存在一部分游离氯，一般余氯量为 0.1～1mg/L。且余氯存在的量与循环水的 pH 有关。当 pH 值为 6～8 时，余氯量为 0.2mg/L；pH 值为 8～9 时，余氯量为 0.4mg/L；pH 值为 9～10 时，余氯量为 0.8mg/L。循环水中总的加氯量是无法估计的，只能根据现场调整试验来确定加氯量，表 9-10 列出的一些经验值可供参考。

表 9-10 氯化处理时加氯量的估算

河水的耗氧量 COD_{Mn} /(mg/L(O_2))	水的吸氯量/(mg/L)			附着物的吸氯量 /(mg/L)	余氯 /(mg/L)
	接触时间为 1min	接触时间为 2min	接触时间为 3～4min		
10	1.0	1.5	2.0	0.4	0.2
10～15	1.5	2.5	3.0	0.8	0.3
>15	3.5	4.0	5.0	1.5	0.4

氯化处理的加药方式有连续式、间歇式（几小时一次）、冲击式（一至几天大剂量加一次）

三种方式。一般在加药量一定的情况下,短时间高浓度投加,杀菌效果最好。

加氯系统如图 9-28 所示,主要由氯瓶和加氯机组成。

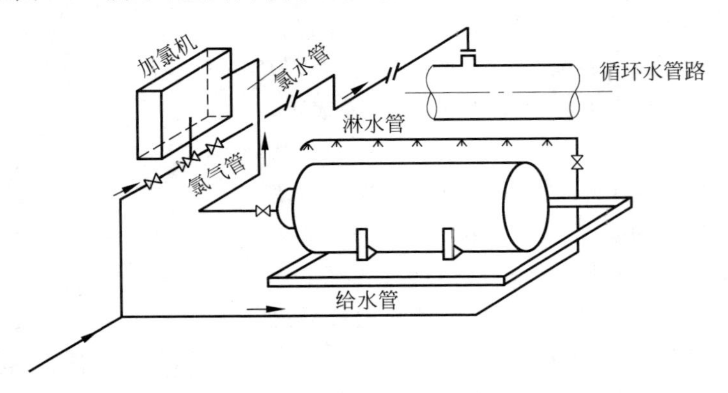

图 9-28 加氯设备系统

由于氯气有毒,且比空气重 2.5 倍,因此需要很好的安全措施,防止加氯系统的氯气外逸,带来危险,所以加氯房间要安全密封,要有吸收泄漏氯气的装置(常用 NaOH 吸收)。由于氯气在使用中危险性大,所以近年来有用次氯酸钠代替氯气的趋势。加氯所用氯气一般为市售的钢瓶装氯气,但也可以自行电解食盐水溶液获得氯气。

2. ClO_2

ClO_2 过去长期以来主要用于饮用水消除藻类和锰等,以控制水的味道和气味,近年来开始在工业冷却水中使用以控制微生物生长,是一种氧化型杀菌剂。

ClO_2 是一种橙色到黄绿色气体,有氯的刺激味,ClO_2 气体或液体(沸点 11℃)都不稳定,具有爆炸性,因此一般在现场制造后再使用。用于循环冷却水处理时,常通过亚氯酸钠与氯的溶液(或与盐酸、次氯酸)反应来产生 ClO_2,其反应如下:

$$Cl_2+2NaClO_2 = 2NaCl+2ClO_2$$

$$HOCl+2NaClO_2+HCl = 2NaCl+2ClO_2+H_2O$$

与 Cl_2 相比,ClO_2 杀菌有如下优点。

(1) 杀菌作用与 Cl_2 相同,但用作杀伤孢子药剂和病毒药剂时,比 Cl_2 更有效;

(2) ClO_2 杀菌作用与 pH 无关,在高 pH 时使用比 Cl_2 效果好;

(3) ClO_2 不像 Cl_2 那样,会与氨或胺起反应,即使有氨存在时,它也能保持其杀菌能力,这对某些循环冷却水处理是有利的;

(4) ClO_2 杀菌作用持续时间较长,当 ClO_2 剩余 0.5mg/L 时,在 12h 内,对异氧菌杀死率仍达 99%以上;

(5) 由于 ClO_2 杀菌效果好,所以比 Cl_2 更经济;

(6) 由于 ClO_2 提高了杀菌效果,因此大大减少了生物黏泥和藻类产生的臭味,改善了环境,同时排污水中没有余氯存在,所以也不存在污染河流的问题。

3. 臭氧(O_3)

臭氧氧化杀菌技术很早就应用于生活饮用水处理,1898 年法国建成第一座用臭氧作为消毒剂的水厂，目前臭氧仍多用于城市供水系统和瓶装水的消毒杀菌。

O_3 是空气在高压下静放电而产生的，它是一种强氧化剂，和 Cl_2 一样，可以杀死水中生物体，它多用于纯水消毒及饮用水消毒，而且兼有脱色、除臭、去味的功能。

在循环冷却水系统中使用 O_3 有下列优点。

(1) 不会增加水中无机物含量，反应后不产生污物；

(2) 不会使水产生气味和颜色；

(3) 杀菌能力较强，对水生物无害；

(4) 当 O_3 分解为 O_2 时，不会带来任何环境污染问题；

(5) 当 O_3 用于饮用水消毒时，不会产生卤代烷类致癌物质。

但是由于 O_3 制造复杂(通常由高压放电产生)，产率较低，水的吸收率也低，而且能耗较大，所以费用很高。

4. 氯酚

它是非氧化型杀菌剂，常用的是五氯酚钠和三氯酚钠，它们一般都是易溶且稳定的化合物，很少与循环冷却水中的无机或有机化合物起反应。

该杀菌剂的杀菌机理是它能与蛋白质作用，形成沉淀。

三氯酚钠与五氯酚钠复合使用，杀菌效果增强，药剂的有效浓度可减少一半。

氯酚与表面活性剂联合使用，可增强杀菌效果，因为表面活性剂有助于氯酚穿透细胞壁。但五氯酚钠等对环境污染和人体健康影响较大，故需慎用。

5. 季铵盐类杀菌剂

它是一种非氧化型杀菌剂，常用的有十二烷基三甲基氯化铵、十二烷基二甲基苄基氯化铵、十六烷基吡啶等三类。这类杀菌剂的作用机理，大致有以下几种说法。

(1) 细胞壁带负电，季铵盐类化合物中的阳离子会与之发生吸引，对细胞壁产生压力，破坏细胞正常活动而死亡。

(2) 季铵盐类化合物会与生物体内的酶发生作用，破坏其新陈代谢而令其死亡。

(3) 季铵盐类化合物中的疏水基因(烷基)能溶解并破坏细胞壁的脂肪，而令其死亡。

这类药剂的杀菌作用通常在碱性介质中是最有效的，由于它是一种表面活性剂，所以既是很好的杀菌剂，又是很好的污泥剥离剂。这类药剂耗量大，当水中含有大量有机物或金属离子时，会降低它的杀菌效果。

季铵盐杀菌剂中最常用的两种药剂是洁尔灭，即 1227(十二烷基二甲基苄基氯化铵(LDBC))和新洁尔灭(十二烷基二甲基苄基溴化铵(LDBB))，二者都具有杀菌能力强、使用方便、毒性小和成本低的优点。它们对异养菌的杀菌效果较好，对霉菌的杀菌效果则较差，它们灭藻的效率比杀菌的效果更好。

6. 新型非氧化杀菌剂

现在在循环冷却水处理系统中，又有一些新的非氧化型杀菌剂在使用。

1) 二硫氰基甲烷

二硫氰基甲烷又称二硫氰酸甲酯，是一种广谱性有机硫杀菌剂，对细菌、真菌、藻类及原生物都有较好的杀菌效果,特别是对硫酸盐还原菌效果最好。二硫氰基甲烷的杀菌作用与其分解生成的硫氰酸根阻碍微生物呼吸系统中电子的转移有关。同时,二硫氰基甲烷还能进入细胞内与酶发生作用而杀死微生物。二硫氰基甲烷不易溶于水,所以通常均要与一些特殊的分散剂和渗透剂共同应用,使药剂能有效地分散于整个循环冷却水系统的各个部分,以增加药剂对于藻类和细菌黏液层的穿透性,从而提高药剂的使用效果。

2) 戊二醛

戊二醛是一种高效、快速、广谱的杀菌剂,能与水以任何比例互溶,加入水中无色、无味、无臭,无腐蚀性,对人毒性低,适应的 pH 范围较广,能耐较高温度,是杀死硫酸盐还原菌的特效药剂,对水中繁殖性细菌、病毒分枝杆菌、致病性霉菌和细菌芽孢有高度的杀灭效果,由于它本身可以生物降解,所以不会污染河流。戊二醛能侵害微生物中的蛋白质和改变细胞的渗透性,破坏酶系统,因而能杀死微生物。在使用戊二醛时,应首先了解循环冷却水系统容积、循环水量、水质条件等,这对正确使用戊二醛和最大限度地发挥其药效有着重要意义。

3) 大蒜素

大蒜素系食用大蒜中的提取物,也具有良好的杀菌效果。当使用浓度高达 300mg/L 时,其杀菌率可达 99%左右,而且大蒜素能被生物降解,因此不会污染环境。但由于大蒜素有特殊的臭味,在现场使用会影响周围空气。

4) α-甲胺基甲酸萘酯

α-甲胺基甲酸萘酯是一种高效低毒农药,又名西维因,它在循环冷却水系统中也是一种广谱性杀生物剂,对常见的菌、藻和真菌都有良好的杀生物效果。当使用浓度达 100mg/L 时,对铁细菌、硫酸盐还原菌及藻类等的杀生物率可达 90%以上。

5) 异噻唑啉酮

异噻唑啉酮是一种较新的广谱性非氧化杀生物剂。目前在循环冷却水系统中使用的异噻唑啉酮杀生物剂,其有效杀生物成分主要是由 2-甲基-4-异噻唑啉-3-酮和 5-氯-2-甲基-4-异噻唑啉-3-酮混合物组成。它对于工业循环水中常见的细菌、真菌、藻类等微生物都具有较强的抑制和杀灭能力,能有效地阻止黏泥的形成,并杀灭黏泥中的微生物。它适应的 pH 范围广,在较高 pH 的水中也能取得较好效果。异噻唑啉酮毒性很低,所含有效杀生物成分能很快降解,最后生成无毒的乙酸,因此长期使用不会造成新的环境污染。异噻唑啉酮虽然杀生物效果好,低毒,对环境无再次污染,但异噻唑啉酮浓溶液含有效成分 14%,使用时要稀释,其稀溶液易产生沉淀,所以稀释时要加入稳定剂,常见的稳定剂是硫酸铜、硝酸铜、硝酸镁等。

除此之外,还有 2,2-二溴-3-次氮基丙酰胺(DBNPA)、季膦盐(TMPC、THPS、THPC、DTPC)等一些国内外近期推出的高效、广谱杀生物剂。

9.10.5 循环冷却水系统中金属的腐蚀

循环冷却水系统中经常遇到的金属有碳钢、不锈钢、铜及铜合金以及铝钛等金属。这些金属在冷却水系统中都会或多或少遭受到冷却水的腐蚀,腐蚀机理也各不相同。

碳钢在冷却水中的腐蚀形态分为两大类,即均匀腐蚀和局部腐蚀。而局部腐蚀中又包含点蚀(又称孔蚀)、斑点腐蚀、垢下腐蚀(又称缝隙腐蚀)、选择性腐蚀、晶间腐蚀、磨损腐蚀(也称浸蚀)、微生物腐蚀、应力腐蚀等。

不锈钢在冷却水中会发生点蚀、缝隙腐蚀、奥氏体不锈钢的应力腐蚀等。

发电厂常采用的凝汽器铜管水侧常发生均匀腐蚀、栓状脱锌腐蚀、坑点腐蚀、冲击腐蚀、晶间腐蚀、应力腐蚀破裂和腐蚀疲劳等。

钛管由于钛金属在水中易于钝化,在水中有氯离子存在时,钝态也不易破坏,因而耐氯化物腐蚀、海水腐蚀、点蚀、空泡腐蚀、高温腐蚀、强浓无机酸和部分有机酸腐蚀,但价格昂贵。

9.10.6 循环冷却水中金属腐蚀的控制

防止循环冷却水系统中金属腐蚀的方法有很多,但最常用的是在冷却水中投加缓蚀剂。除此以外,还采用过电化学保护法、涂料覆盖法、表面处理法等。

1. 投加缓蚀剂法

在循环冷却水系统中,投加少许药剂(一般在 mg/L 级)便在金属表面形成一层保护膜,将金属表面覆盖起来,从而与腐蚀介质隔绝,能使金属腐蚀速率大大降低,这种药剂就称为缓蚀剂。目前国内外大多数循环冷却水系统都是采用这种投加缓蚀剂的处理方法。

用在循环冷却水系统中的缓蚀剂种类繁多,大致有下面几种:

(1) 氧化膜型缓蚀剂,如铬酸盐、亚硝酸盐、钼酸盐、钨酸盐等;

(2) 金属离子沉淀膜型缓蚀剂,如 MBT、BTA 等;

(3) 水中离子沉淀膜型缓蚀剂,如聚磷酸盐、锌盐、有机膦酸盐、硅酸盐等;

(4) 吸附膜型缓蚀剂,如有机胺等。

各种缓蚀剂的缓蚀机理也有多种说法,从电化学角度出发,认为缓蚀剂抑制了阳极过程或阴极过程,使腐蚀电流减小,达到缓蚀的作用;从成膜理论出发,认为缓蚀剂在金属表面上形成了一层难溶的保护膜,阻止了冷却水中 O_2 的扩散和金属的溶解,从而起到缓蚀的效果。

一般单一品种的缓蚀剂效果往往不够理想,因此,现场常常把两种或两种以上的药剂组合成复合缓蚀剂使用,以便能取长补短,利用协同效应提高缓蚀效果。

由于环保的要求越来越高,因此,开发环保型、高效、低毒、价廉的冷却水缓蚀剂已成为今后的发展方向。

2. 电化学保护法

电化学保护法就是把要保护的金属设备通以电流使之极化。在导电介质中将被保护的金属设备连接在直流电源的负极上,通以电流进行阴极极化,称为阴极保护;将被保护的金属设备连接在直流电源的正极上,通以电流进行阳极极化,称为阳极保护。由于阳极保护只对那些在氧化性介质中可以发生钝化的金属才有效,因此应用受到一定限制,而阴极保护不受此限制。循环冷却水系统中的电化学保护常采用阴极保护法。目前采用的阴极保护法有两种:牺牲阳极法(又称护屏保护)和外加电流保护法。

3. 涂料覆盖法

根据国外引进装置的经验,对碳钢换热器也可以采用涂料覆盖的方法,隔绝冷却水与碳钢表面的直接接触,达到防止腐蚀的目的。所使用的涂料是由 604 环氧树脂和氨基树脂混合反应而得的环氧氨基树脂,加入磷酸锌、铬酸锌作颜料,以及铅粉、三氧化二铝、偏硼酸钡等作添加剂配制而成。

在热交换器管上,用涂料防腐时,必须要考虑涂料的导热性,不要对传热有较大的影响。

4. 表面处理法

在发电厂,为了防止凝汽器铜管遭受冷却水的侵蚀,常采用某些化学药剂对铜管表面进行造膜处理。目前采用的表面处理药剂有两种:一种是用硫酸亚铁造膜,另一种是用铜试剂(或BTA)造膜。

1) 硫酸亚铁造膜

该种表面处理就是将硫酸亚铁的水溶液通过凝汽器铜管,使其在铜管内表面生成一层含有铁化合物的保护膜,从而达到防止凝汽器铜管腐蚀的目的。

硫酸亚铁的造膜方法有两种:一种是一次造膜法,就是在凝汽器停止运行的情况下,将一定浓度的$FeSO_4$溶液通过凝汽器,进行专门的造膜处理;另一种是运行中造膜法,就是每隔24h或12h往冷却水中连续加1h的$FeSO_4$溶液,使冷却水中的Fe^{2+}含量不低于0.5~1.0mg/L。

2) 铜试剂(或BTA)造膜

该种表面处理就是将一定浓度的铜试剂二乙氨基二硫代甲酸钠($(C_2H_5)_2NCSSNa$)溶液或BTA溶液,通过凝汽器铜管循环,以形成保护膜,防止铜管腐蚀。也可以在循环冷却水运行时向冷却水中投加BTA(与阻垢剂一同投加)。

9.11 循环冷却水系统运行及管理

9.11.1 碳钢热交换器的循环冷却水系统运行管理

1. 清洗

循环冷却水系统在进行水质稳定处理前,应对系统的碳钢热交换器和管道等预先进行清洗,以除去油污、碎屑、泥沙和浮锈等杂质,达到净化金属表面的目的。清洗是循环冷却水系统运行中很重要的一项处理过程,因为它直接关系到金属表面预膜效果的好坏和今后的正常操作。碳钢热交换器的清洗方法包括物理清洗(人工清洗、机械清洗和超声波清洗等)和加入药剂使污垢溶解、剥离的化学清洗两大类。

2. 预膜

循环冷却水系统在进行清洗之后,尤其是酸洗之后的金属设备在投入正常运行之前,需要进行预膜处理。预膜的目的是在清洗后处于活化状态下的新鲜金属表面上,或其保护膜受到损伤的金属表面上预先生成一层完整而耐蚀的保护膜,防止金属腐蚀。通常是在循环冷却水系统开车初期投加较高浓度的缓蚀剂,待金属表面形成保护膜之后,再降低缓蚀剂浓度以维持补膜,即所谓正常处理。

3. 运行监督与控制

循环冷却水系统在清洗、预膜等步骤结束后即转入正常运转,此时应严格按照设计和控制的要求进行监控,使各项操作指标在允许范围内波动,一旦发现异常值,应及时采取措施,以保证系统能长周期安全运转。

为了使循环冷却水系统长期、高效、经济的运行，操作管理是关键。有时即使筛选了合理的水质稳定剂配方，也确定了较好的工艺参数，但由于运行管理不善往往达不到预期的处理效果。

运行管理内容是综合性的，牵涉的工作很多。例如，要严格执行工艺条件，控制循环水质，评价循环冷却水系统处理效果，就必须经常监测水质、科学加药、定期维护设备等。这就需要制订完善的操作规程，并严格执行。而且要长期积累运行资料并认真加以研究，从而掌握循环冷却水系统运行规律，提高管理水平和效果。

对于循环冷却水系统，在水质管理方面，主要控制指标是浓缩倍率和 pH。

对于循环冷却水系统，在加药管理方面，应根据水质正确使用水质稳定剂和将水中药剂浓度控制在要求的范围内，并选取合适的加药方式和加药地点。

循环冷却水系统中的腐蚀、结垢和微生物生长都与冷却水的水质有着密切的关系。循环冷却水系统在正常运行时使用的水质稳定剂是否能发挥最佳的作用，也与冷却水的水质关系密切，而且循环冷却水的水质又经常处于变化之中。因此，为了保证循环冷却水系统正常运行，防止发生事故，在日常运行中需要对循环冷却水系统的水质（包括补充水和循环水）进行监测和控制。监测项目和分析方法应执行国家标准和原化学工业部标准中有关工业循环冷却水部分。表 9-11 所列为常用阻垢剂的分析方法。工业循环冷却水的典型分析项目的监测次数见表 9-12。

表 9-11　常用阻垢剂的分析方法

药剂名称	分析方法	标准号
七水硫酸亚铁（$FeSO_4 \cdot 7H_2O$）	酸性高锰酸钾滴定法	GB/T 10531—2016
硫酸铝（$Al(SO_4)_3$）	EDTA 滴定法	GB/T 31060—2014
六偏磷酸钠	磷钼酸喹啉沉淀法	HG/T 2519—2017
HEDP 二钠盐	磷钼酸喹啉沉淀法	HG/T 2839—2010
ATMP	磷钼酸喹啉沉淀法	HG/T 2840—2010
EDTMPS	$CuSO_4$ 滴定法	HG/T 3538—2011
多元醇磷酸酯	NaOH 滴定法	HG/T 2228—2014
聚丙烯酸	重量法	GB/T 10533—2014
聚丙烯酸钠	重量法	HG/T 2838—2018
水解聚马来酸酐	重量法	GB/T 10535—2014
洁尔灭	滴定法	HG/T 2230—2006
PBTCA	NMR，重量法、滴定法	HG/T 3662—2010
AA/AMPS	NMR，重量法、滴定法	HG/T 3642—2016

表 9-12　钢管热交换器的敞开式循环冷却水系统运行管理的水质分析项目和分析次数

分析项目	分析次数	
	补充水	循环水
浊度/度	1 次/周	1 次/周
pH（25℃）	1 次/周	1 次/d
电导率/（μS/cm）	1 次/周	1 次/d
M 碱度/（mg（$CaCO_3$）/L）	1 次/周	1 次/周

续表

分析项目	分析次数	
	补充水	循环水
钙硬度/(mg ($CaCO_3$)/L)	1次/周	1次/周
氯离子(Cl^-)/(mg/L)	1次/周	1次/周
二氧化硅(SiO_2)/(mg/L)	1次/周	1次/周
总铁量(Fe)/(mg/L)	1次/周	1次/周
余氯(Cl_2)/(mg/L)		1次/d
COD_{Mn}/(mg/L)	1次/月	1次/月
水稳剂浓度		1次/d

为了及时收集循环冷却水系统运行的有关信息,推断和考察运行状况,随时修正控制参数、防止系统故障,处理效果的日常现场监测工作必不可少。循环冷却水系统的现场监测主要是通过在系统中安装旁路挂片(管)、小型换热器、腐蚀测定仪、污垢监测仪以及微生物监测仪等,直接观察循环冷却水系统的腐蚀和结垢情况、生物黏泥形成情况,从而判断采用的水质处理方案是否正确,复合水质稳定剂是否需要调整等。也可以说,没有严格的监测工作就没有良好的水质稳定剂处理效果。

9.11.2 其他金属材料热交换器的循环冷却水系统运行管理

在火力发电厂的循环冷却水系统中,热交换器就是凝汽器,凝汽器所用的管材有铜合金、不锈钢和钛,其中采用历史最久、应用最为广泛的是铜合金。由于这些金属抗蚀性都比一般碳钢好,管材表面的清洁状况更是优于一般碳钢管,所以使用这一类材质的热交换器在运行初期,可以不进行清洗和膜处理,而是在冷却系统运行后直接进行阻垢处理和微生物控制。

循环冷却水的水质对凝汽器管材的选择有着直接的影响。在正确选用各种型号管材的前提下,对管材质量的检查、对凝汽器管材的维护管理以及定期观测与清洗沉积物所采用的措施、凝汽器的启停方式等,都对防止凝汽器管材的腐蚀很重要。表9-13和表9-14列出了凝汽器管材选用的一些技术规定。

铜合金和其他一些金属材质(如不锈钢和钛)的抗蚀性,主要决定于其表面氧化保护膜能否形成。所以为了延长这些金属材料的使用寿命和提高它们的运行可靠性,对凝汽器管,在基建、启动、运行和停用等各个阶段都必须认真管理和维护,使热交换器管始终处于洁净状态并维护好已形成的保护膜。

采用钛管的凝汽器,抗腐蚀能力很强。但在使用钛管时必须注意防止异物随水流进入,并应及时进行运行中清洗。此外,钛管也容易产生生物污染问题,所以应对循环冷却水进行严格的微生物控制。各种管材的抗生物污染的情况见表9-15。

表9-13 凝汽器铜管所适应的水质及允许流速(DL/T 712—2021)

管材	水质/(mg/L)			允许流速/(m/s)	
	溶解固体	氯离子浓度	悬浮物和含砂量	最低	最高
HAs68-0.04	<300 短期<500	<50 短期<100	<100	1.0	2.0
HSn70-1	<1000 短期<2500	<400 短期<800	<300	1.0	2.2

续表

管材	水质/(mg/L)			允许流速/(m/s)	
	溶解固体	氯离子浓度	悬浮物和含砂量	最低	最高
HSn70-1-0.01	<3500 短期<4500	<400 短期<800	<300	1.0	2.2
HSn70-1-0.01-0.04	<4500 短期<5000	<1000 短期<2000	<500	1.0	2.2
BFe10-1-1	<5000 短期<8000	<600 短期<1000	<100	1.4	3.0
HAl77-2	<35000 短期<40000	<20000 短期<25000	<50	1.0	2.0
BFe30-1-1	<35000 短期<40000	<20000 短期<25000	<1000	1.4	3.0

注：短期指一年中不超过 2 个月。Hal77-2 只适用于水质稳定的清洁海水。

表 9-14　凝汽器用不锈钢管适用水质(DL/T 712—2021)

水中 Cl^-/(mg/L)	中国不锈钢牌号(GB/T 20878—2007)	美国不锈钢牌号(ASTM A959—04)
<200	S30408,S30403,S32168	304,304L,321
<1000	S31608,S31603	316,316L
<2000	S31708,S31703	317,317L
<5000	S31708,S31703	317,317L
海水		S44660,S44735,S31245,N08367 等

注：海水还可以使用钛管

表 9-15　热交换器管材相对的抗生物污染情况

管材	抗生物污染程度	管材	抗生物污染程度
砷铜合金	最好	90-10 铜镍、70-30 铜镍	好
加砷海军黄铜	很好	不锈钢	差
铝青铜	很好	钛	差
铝黄铜	很好		

采用不锈钢管的凝汽器，抗腐蚀能力相对钛管要差一些，比铜合金要强一些，但对氯化物的抗蚀性要差，所以它只适用于在淡水中使用。此外，不锈钢管也容易产生生物污染问题，为了防止不锈钢管产生点蚀，最好使用非氯型杀菌剂进行微生物控制。无论采用哪一种不锈钢管，都要求管子保持高度洁净。冷却水流速最好在 2.4～2.7m/s。在机组短期停用时，冷却水不应停止流动；在长期停用时，应将凝汽器内的水放尽，管子清洗干净和使之干燥，否则管子会很快损坏。

某些含有铝制材料的凝汽器(如 SCAL 空气冷却发电机组)对冷却水的 pH、Cl^- 等要求更为严格。

此外，做好凝汽器的防腐防垢工作依靠运行期间的日常循环水水质的检测、监督、控制、判断和调整。完善、全面、有效的监督体系，是做好凝汽器防腐防垢工作的重要保障。

《火电厂凝汽器及辅机冷却器管防腐防垢导则》(DL/T 300—2022)对火电厂循环冷却水的水质及日常监督的工作提出了具体要求,分别见表9-16~表9-18。

表9-16 火电厂循环冷却水水质要求(DL/T 300—2022)

项目	参考标准
pH值	8.0~9.0
悬浮物/(mg/L)	≤100
铜离子(凝汽器为铜管)/(μg/L)	≤40
硫酸根/(mg/L)	≤800
总铁/(mg/L)	≤0.5
细菌总数/(个/mL)	$\leqslant 1\times10^5$,期望值$\leqslant 1\times10^4$
浓缩倍率	不小于3
余氯(连续式加药时)/(mg/L)	0.1~0.3
氯离子/(mg/L)	按DL/T 712要求,与管材相对应

表9-17 火电厂循环冷却水运行中日常监测项目

项目	频度	项目	频度
硫酸根	1次/周	硬度	2次/d
浊度	1次/d	碱度	2次/d
铜离子(凝汽器管材为铜管时)	1次/周	总有机磷	1次/d
COD	1次/周	细菌总数	必要时
电导率	2次/d	氨氮	需要时
总铁	1次/周	pH	2次/d
氯离子	2次/d	余氯	1次/d
钙离子	2次/d	黏泥量	需要时

表9-18 火电厂循环冷却水运行控制标准

项目	控制标准	适用的处理工艺
浓缩倍率	模拟试验确定	不限
ΔA	<0.2	阻垢分散剂处理
ΔB	<0.2	阻垢分散剂加酸联合处理
碱度	模拟试验确定	不限
pH值	8~9	不限
细菌总数	$\leqslant 1\times10^5$ 个/mL	不限

注:$\Delta A=\frac{\text{循环水中 } Cl^-}{\text{补充水中 } Cl^-}-\frac{\text{循环水碱度}}{\text{补充水碱度}}$,$\Delta B=\frac{\text{循环水中 } Cl^-}{\text{补充水中 } Cl^-}-\frac{\text{循环水中钙}}{\text{补充水中钙}}$。

习题

9-1 说明常见冷却水系统的分类并解释。

9-2 敞开式冷却系统中冷却塔散热主要通过哪些途径进行？

9-3 敞开式冷却系统中水量平衡的基本关系是什么？该系统中为什么要进行排污？循环冷却水系统浓缩倍率与排污率有何关系？

9-4 什么是污垢？影响污垢形成的因素有哪些？

9-5 什么是阻垢剂？常用阻垢剂有哪些？阻垢剂的协同效应与阈值效应在实际应用中有何意义？

9-6 什么是余氯？冷却水的加氯量应包含哪些部分？什么是折点加氯？绘出折点加氯曲线，并加以解释(需参考其他书籍)。

9-7 某厂新建一套循环冷却水系统，使用地下水作补充水，欲用 HEDP、聚丙烯酸、三聚磷酸钠复配一阻垢剂。请设计一套筛选阻垢剂的试验方案。

10 压水堆核电站一回路水处理

CHAPTER

核电站利用核反应产生的热量并将其转换为电能，是人类获得能源的一条重要途径，也是当前国内大力建设的能源基地的一种。工业规模的商用核电站的核反应堆主要有两种：压水堆(pressurized water reactor，PWR)和沸水堆(boiling water reactor，BWR)。所谓压水堆核电站是用水将核反应产生的热量带出，至蒸汽发生器把热量传给二回路的给水，加热为蒸汽送至汽轮发电机发电，它的核反应部分(一回路，核岛 nuclear island，NI)和热力发电部分(二回路，常规岛 conventional island，CI)是分开的，使二回路系统放射性污染的危险性降低。沸水堆核电站是在反应堆中直接将水加热为蒸汽，送至汽轮发电机发电，省去中间热量转换环节，设备减少，但对二回路放射性防护要求高。

我国当前大力建设的核电站都是压水堆核电站。本章介绍压水堆核电站一回路的水处理，二回路水处理如除盐水制备(补给水处理)、凝结水处理、冷却水处理等可参阅本书相关章节。

10.1 压水堆的核电站概况

10.1.1 放射性物质

放射性物质有天然放射性物质和人工放射性物质两类，物质的放射性源于物质本身(元素)的不稳定性，会变成新的物质，变化时放出某种射线，所以叫放射性物质。天然放射性物质有 3 个系列：铀 238 系(铀系)、铀 235 系(锕系)和钍 232 系(钍系)。

放射性物质在变化时(元素转变)放出的射线有 3 种：α、β 和 γ。α 射线是氦的原子核，称为 α 粒子；β 射线是电子流(β 粒子)；γ 射线是波长很短的电磁波，属于电磁辐射，比如 X 射线。这些放射性射线都具有一定能量，能穿透物质故可造成人体伤害。

天然铀矿石含铀浓度很低，其矿石类型主要有花岗岩型、火山岩型及砂岩型，伴生含有磷、硫及稀有金属。矿石采得后经过粉碎、酸碱处理后再用离子交换、吸附或萃取，得到铀浓缩物。天然铀是 3 种同位素(铀 235、238 和 234)共生，其中 99%以上是铀 238，铀 235 在天然铀中含量仅为 0.711%。核电站核反应用铀为铀 235，浓度为 3%，核武器中铀是浓度 90%的铀 235。

10.1.2 压水堆核电站

压水堆核电站的工作原理见图 10-1。

图 10-1 中的左侧是核岛即核电站一回路系统，主要装置是核反应堆和蒸汽发生器，在反应堆中放入含铀 235 的燃料棒，发生裂变反应产生热量，热量将由主泵送来的冷却剂(硼、锂的水溶液)加热至 320℃左右(压力约 15MPa)，送至蒸汽发生器(表面式加热设备)，在蒸

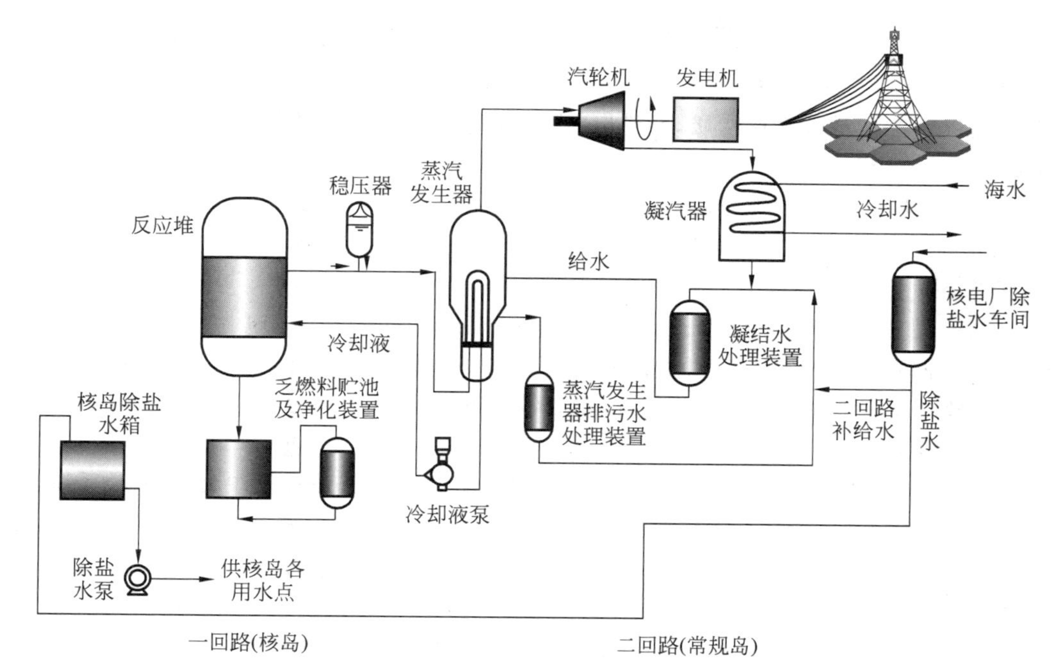

图 10-1 压水堆核电站原则性流程系统

汽发生器中将二回路来的给水加热为蒸汽(7MPa,285℃左右)后,再返回反应堆构成冷却剂循环回路。蒸汽发生器产生的蒸汽送至汽轮机,带动发电机发电。汽轮机中做完功的蒸汽在凝汽器中冷凝成水,经凝结水处理装置处理后作为给水再次进入蒸汽发生器,构成二回路汽水循环。

核电厂在常规岛有一水处理车间,生产除盐水供全厂使用。一回路部分设核岛除盐水分配系统(nuclear island demineralized water distribution system,核电站三字母系统代码* SED),将除盐水供向冷却剂系统、药剂配制系统、硼回收系统、乏燃料贮存系统、闭式循环冷却水系统等用水点;二回路给水的补充水是将除盐水补入凝汽器,此外二回路还有药品配制系统、发电机冷却系统、闭式循环冷却水系统等使用除盐水。至于凝汽器冷却用水则是使用海水等天然水体水进行冷却。

冷却剂系统(reactor coolant system,核电站三字母系统代码 RCP)是核岛的主系统,除此之外,还有许多辅助系统,核岛中与水处理有关的辅助系统如下。

(1) 化学和容积控制系统(chemical and volume control system,核电站三字母系统代码 RCV):有两个作用,一是控制冷却剂系统水容量,二是对冷却剂系统引出的一股旁流水进行处理,以确保冷却剂的水质。

(2) 硼和水的补给系统(reactor boron and water makeup system,核电站三字母系统代码 REA):它包括向冷却剂中补充药剂(硼、锂、氨等)的药品配制设备,还包含硼回收系统(boron recycle,核电站三字母系统代码 TEP)。

---

* 核电站三字母系统代码是核电站专用的系统代码,不是系统英文名称的缩写,它是提示该系统在核电站中位置、功用等的符号,如 R 代表反应堆中系统,S 代表公用系统,A 代表给水系统,E 代表安全壳系统,T 代表三废处理系统,等等。

(3) 蒸汽发生器排污水系统(steam generator blowdown system,核电站三字母系统代码 APG):二回路给水在蒸汽发生器中变成蒸汽,剩下的水浓缩了给水带入的盐及蒸汽发生器泄漏进入的少量放射性物质,要排出(排污水)才能保证蒸汽发生器的水质,排污水需经过处理才能回收利用。

(4) 反应堆与乏燃料水池冷却与处理系统(reactor cavity and spent fuel pit cooling and treatment system,核电站三字母系统代码 PTR):将反应堆做完功的乏燃料棒在水中降温散热并保存半年以上,便于处置。

(5) 核岛废液处理系统(liquid waste treatment system,核电站三字母系统代码 TEU):处理核岛产生的废水,回收利用或达到排放要求后排放。

(6) 核岛废液排放系统(liquid waste discharge system,核电站三字母系统代码 TER):将符合排放标准的废水向外排放。

(7) 核岛固体废物处理系统(solid waste treatment system,核电站三字母系统代码 TES):核岛产生的各种带有放射性固体废弃物(如废弃的离子交换树脂),需封存处置。

10.1.3 反应堆中燃料棒

核电站的反应堆是一个压力容器,燃料棒及控制棒装入其内。以某核电站为例,燃料棒按 17×17=289 标准堆芯位置排列,其中 264 个位置装燃料棒,24 个为控制棒的导向套管,1 个为堆内测量仪表管。首次装入是 157 个核燃料棒,燃料棒中铀 235 浓度为 1.8%、2.4% 和 3.1%,由内向外浓度递增,更换燃料棒是由外向内倒换,取出中心耗损最大的低浓度棒,在外侧装入高浓度棒。

每支燃料棒由外径 9.5mm(壁厚 0.57mm)、长 3852mm 的锆 4 合金的外壳,以及内填的 272 个二氧化铀芯块构成,并充以氦气。每个芯块直径 8.19mm、高 13.5mm。

控制棒起吸收中子、控制核反应速度作用,是银(80%)-铟(15%)-镉(5%)合金圆棒,直径 8.7mm,长度 3607mm,外有不锈钢壳。

10.1.4 反应堆中核反应

燃料棒中铀(^{235}U)是放射性物质,常态下会发生衰变——自发裂变,释放出 α 射线最终衰变为铅,其半衰期长达 7 亿年。核电站要加速这种裂变,采用的是在外力(中子轰击)作用下发生裂变——诱发裂变,诱发裂变反应如下:

$$^{235}_{92}U + ^{1}_{0}n \longrightarrow ^{A_1}_{x}Z_1 + ^{A_2}_{y}Z_2 + \nu ^{1}_{0}n + E \qquad (10\text{-}1)$$

式中,$^{235}_{92}U$——原子序数 92、相对原子质量 235 的铀;

$^{1}_{0}n$——中子,质量为 1,原子序数为 0;

Z——$^{235}_{92}U$ 在中子作用下裂变产物,A_1 和 A_2 代表裂变产物 1 及 2 的质量,

$A_2 = 235 - A_1 - \nu$

$x = 92 - y$

ν——一个铀原子裂变产生出新的中子数,平均数为 2.46;

E——释放出的能量。铀 235 裂变中有中子转变为质子,发生质量亏损(一个铀 235 原子约亏损 0.2amu)而转变为巨大能量,E 值约为 193MeV(兆电子伏),其中

仅少部分是 γ 射线能量。由此计算可知，1g 铀 235 裂变放出的能量相当于 2700kg 燃煤的能量。

一个铀 235 原子受到一个中子攻击后平均产生 2.46 个中子，这些中子又会攻击新的铀 235 原子，发生链式反应加速，短时间产生巨大能量，这就是核爆炸。在核电厂的反应堆中为了维持稳定匀速的核反应，必须控制中子数目，这就是在燃料棒堆芯中插入控制棒、起到吸收中子、控制核反应速度的作用。

10.2 反应堆核反应的裂变产物

10.2.1 主要裂变产物

通常铀 235 受中子轰击后分裂为两个较轻的原子核 Z_1 和 Z_2，有时也会分裂为三片或四片。反应堆燃料棒中除铀 235 外还有其他铀同位素铀 238、234，在中子作用下也会裂变，这些裂变产物还会继续发生衰变，放出 β 射线和 γ 射线并转变为其他物质及其同位素，形成非常复杂的体系，其结果是在反应中出现多达 200 多种裂变产物，它们核电荷数在 30～65，质量数在 72～161。主要裂变物质见表 10-1。

表 10-1 反应堆燃料棒核裂变主要反应产物

类别	元素	主要同位素	半衰期	产额/%	总量/(g/(MW·a))
惰性气体	氪$^{83.8}_{36}$Kr	85	10.27a	0.293	稳定元素 4.9 85 同位素 0.3
		87	78min	2.49	
		88	2.8h	3.57	
		89	3min		
		90	33s		
	氙$^{131.3}_{54}$Xe	131	12d		稳定元素 45.4 131 同位素 0.003 133 同位素 0.3 135 同位素 0.01
		133	5.27d	6.59	
		135	9.2h		
		137	3.9min		
		138	17min	5.45	
高挥发性物质	溴$^{79.9}_{35}$Br	83	2.3h		稳定元素 0.03
		84	32min		
		85	3min		
		87	56s		
	碘$^{126.9}_{53}$I	129	1.7×10^7a		稳定元素 0.45 129 同位素 1.92 131 同位素 0.2 133 同位素 0.05 135 同位素 0.01
		131	8d	3.1	
		132	2.3h	4.4	
		133	21h	6.9	
		134	52min	7.8	
		135	6.7h	6.1	
		136	86s		
	氚	氚$^{3}_{1}$H	12.3a		

续表

类别	元素	主要同位素	半衰期	产额/%	总量/(g/(MW·a))
中等挥发性物质	铯$_{55}^{132.9}$Cs	134	2a		稳定元素 22.7 134 同位素 0.03 136 同位素 0.002 137 同位素 12.2
		136	13d		
		137	26.6a	5.9	
		138	32.2min	5.8	
	碲$_{52}^{127.6}$Te	125m	58d		稳定元素 5.1 125 同位素 0.0003 131 同位素 0.1 132 同位素 0.1
		127	9.4h		
		131	25min		
		132	77h		
		134	44min	6.9	
		135	2min		
强氧化条件下挥发性物质	钌$_{44}^{101}$Ru	103	41d		稳定元素 17.4 103 同位素 0.8 106 同位素 0.5
		106	1a		
	锝$_{43}^{97.9}$Tc	99	2.1×10^{5}a		99 同位素 9.3
	钼$_{42}^{95.9}$Mo	99	67h		稳定元素 34.3 99 同位素 0.1
低挥发性物质	锶$_{38}^{87.6}$Sr	89	54d	4.79	稳定元素 6.5 89 同位素 1.5 90 同位素 8.7
		90	28a	5.77	
		92	2.6h	5.3	
	钡$_{56}^{137.2}$Ba	140	12.8d		稳定元素 146 140 同位素 0.7
	锑$_{51}^{121.8}$Sb	125	2.7a		125 同位素 0.1
难熔性物质	钐$_{62}^{150.4}$Sm	151	93a		稳定元素 5.2 151 同位素 0.42 153 同位素 0.003
		153	47h		
		156	10h		
	钷$_{61}^{144.9}$Pm	147	2.6a		147 同位素 5.0 149 同位素 0.02
		149	54h		
	镨$_{59}^{140.9}$Pr	稳定元素	2×10^{16}a	5.6	稳定元素 11.4 143 同位素 0.8 145 同位素 0.01
		143	13.7d		
		144	17.3min	6.1	
		145	6h		
	镱$_{70}^{173}$Yb	90	64.5h		稳定元素 4.9 90 同位素 0.002 91 同位素 2.2 92 同位素 0.006
		91	58d		
		92	3.6h		
	钕$_{60}^{144.2}$Nd	147	11.3d		稳定元素 30.9 147 同位素 0.3
	镧$_{57}^{138.9}$La	140	40h		稳定元素 12.8 140 同位素 0.1
	铈$_{58}^{140.1}$Ce	141	32d		稳定元素 23.9 141 同位素 1.8 143 同位素 0.053 144 同位素 9.5
		143	33h		
		144	290d		
	锆$_{40}^{91.2}$Zr	95	63d	6.2	稳定元素 43.5 95 同位素 2.4
	铌$_{41}^{92.9}$Nb	95	35d	6.4	95 同位素 1.3

注：此外还有铑$_{45}^{102.9}$Rh、钇$_{39}^{88.9}$Y、铅$_{82}^{207.2}$Pb、银$_{47}^{107.9}$Ag、锡$_{50}^{118.7}$Sn、镉$_{48}^{112.4}$Cd、铟$_{49}^{114.8}$In、铷$_{37}^{85.5}$Rb 等物质。

10.2.2 裂变产物向冷却剂转移

反应堆燃料棒在热中子作用下发生裂变反应放出大量能量，这些能量（热量）都用冷却剂转移出去，冷却剂是水溶液，铀235的裂变产物也会进入水中，使水带有放射性。

理论上燃料棒外层是锆4合金的外壳，铀235裂变反应是在壳内进行，除热量传递到壳外的冷却剂中，壳内的铀235及裂变产物仍留在壳内，但实际上仍会有少量裂变产物进入冷却剂中，它们是通过以下途径进行的。

（1）氚可以在一定温度下直接穿透燃料棒外壳进入冷却剂。

（2）燃料棒外壳制造时存在的缺陷、运行中破损以及晶格之间孔隙，让挥发性裂变产物通过此处进入冷却剂，包括惰性气体氪和氙、高挥发性的卤素溴和碘。碲的氧化物有高的挥发性也会以氧化物形式进入冷却剂，钼和钌的氧化物也具有挥发性。不挥发的难熔的重金属很少进入冷却剂。钡和锶及其氧化物挥发性很低，但冷却剂中也会出现，这是由进入冷却剂的氪与氙进一步衰变而产生的。

（3）燃料棒内二氧化铀芯块表面在核反应时，裂变碎片可在动能作用下脱离基体，从燃料棒外壳缺陷处露出。

（4）扩散作用，由于扩散过程缓慢，稳定元素及长半衰期物质才可能走完整个扩散过程，而半衰期短的同位素在到达燃料棒外壳时可能已转变为其他物质。

（5）燃料棒在制造过程中，外壳不可避免地会黏附微量的铀235，进入反应堆进行核反应时，它们的裂变产物将直接进入冷却剂。

综上所述，核反应的裂变产物会进入冷却剂，但量是很少的，而且并不是所有裂变产物都会进入冷却剂，有的仅极少一部分进入冷却剂。通常用逃逸系数（某物质在冷却剂中和燃料中量之比）来判断裂变物质进入冷却剂的难易程度，逃逸系数大表示该裂变产物进入冷却剂中多。比如氪和氙的逃逸系数为6.5×10^{-8}，溴、碘、铯和铑的为1×10^{-8}，碲和钼的为$(1\sim2)\times10^{-9}$，锶和钡的为1×10^{-11}，锆和稀土的为1.6×10^{-12}（美国原子能委员会数据，1973年）。

由于冷却剂中的裂变产物种类多且浓度低，在核工业中一般不用质量浓度表示冷却剂中某种裂变产物的多少，而用冷却剂的放射强度来表示冷却剂中裂变产物的量的多少。冷却剂的放射性主要由惰性气体贡献（约占90%），其余是碘（约占3%以上）、铷（约占1%）、钼（约占1%）、铯（约占1%）、锶等。放射性强度的单位是居里（Ci），定义为每秒时间内有3.7×10^{10}个核发生衰变，现在常采用贝克（Bq），定义为每秒内有一个核衰变，所以$1Ci=3.7\times10^{10}Bq$。

反应堆壳体及金属构件的腐蚀产物也会被活化而具有放射性并进入冷却剂中，其中主要是^{59}Fe、^{54}Mn、^{56}Mn、^{58}Co及^{60}Co等及其同位素。

10.2.3 冷却剂中裂变产物的演变

严格地讲，运行时冷却剂中裂变产物量是一个平衡值，是从燃料棒中逃逸出的裂变物质（增加）与因挥发、沉积、衰变及净化处理去除的裂变产物（减少）之间的平衡。由于冷却剂是低浓度硼酸的水溶液，这些过程可看作是在水中发生的过程。

1. 惰性气体

惰性气体包括氪和氙，它们在水中溶解度比氢、氧及氮高，遵循亨利定律，即它的溶解量与液体表面它的分压力成正比,当冷却剂系统内有自由液面时它会从冷却剂中逸出转入气相,这是反应堆周围环境放射性污染的主要因素。

惰性气体不会与其他物质发生化学反应,器壁金属对它也没有吸附作用,冷却剂中惰性气体浓度约 10^{-9} mol/L 级,主要以半衰期较长的^{133}Xe 和^{135}Xe 为主,其来源除燃料棒中释放外,^{133}I 和^{135}I 的衰变也会产生这些物质。惰性气体^{85}Kr 是冷却剂中常见物质,浓度仅为^{133}Xe 的 1/50~1/200,低 1~2 个数量级。

一回路冷却剂系统中的除气装置可将惰性气体从冷却剂中去除。工作场所允许的惰性气体最大放射剂量为 10^{-9} Ci/L,由于它对人危害较小,比放射性碘允许值高约 100 倍。

2. 碘

碘在冷却剂中浓度较高,总碘质量浓度为 10^{-13}~10^{-12} mol/L,主要是^{131}I 和^{133}I,其他如^{135}I、^{132}I、^{134}I 同位素半衰期很短,在冷却剂中浓度很低。碘在冷却剂中还会发生下列反应。

$$I_{2(气)} \rightleftharpoons I_{2(液)} \tag{10-2}$$

$$I_{2(液)} + I^- \rightleftharpoons I_3^- \tag{10-3}$$

$$I_2 + H_2O \rightleftharpoons H^+ + I^- + HIO \tag{10-4}$$

$$I_2 + H_2O \rightleftharpoons H_2OI^+ + I^- \tag{10-5}$$

碘具有挥发性,会在气液二相中分配,其实真正具有挥发意义的是碘氢酸 HIO,反应受温度和 pH 影响,温度和 pH 升高时反应向右移动,增加水解,HIO 增多,所以随着冷却剂 pH 升高挥发进入气相中的碘会增多。冷却剂系统内有自由液面时碘也会从冷却剂中逸出转入气相。工作场所空气中允许的放射性^{131}I 含量为 9×10^{-12} Ci/L。

冷却剂系统的离子交换装置会截留大部分碘,对^{131}I 的截留量约 96.5%,对^{133}I 的为 75%,对^{135}I 的为 48%。

3. 铯

由于铯具有挥发性,在燃料棒破损时铯也会以较高浓度进入冷却剂,主要是^{137}Cs 及由它进一步衰变的^{134}Cs。

4. 沉积

其他裂变产物如碱金属、碱土金属、稀土族元素及新生成的超铀元素都是低蒸气压物质,不具挥发性,会紧密结合在燃料棒二氧化铀晶格上,它们在冷却剂中浓度比碘和铯低 3~4 个数量级。即使少量进入冷却剂,也会在冷却剂系统的金属表面发生沉积,影响沉积的化学因素是溶度积(表 10-2),溶度积越小越易沉积,另外冷却剂系统流道状况(如流速、紊流状况、金属表面状态等)也影响沉积的发生。

沉积多是氢氧化物沉淀,冷却剂的 pH 影响沉积量,pH 升高使稀土元素、锆、钡等易达到溶度积发生沉积,而碘、碲、钼等会形成酸根阴离子,沉积少。

裂变产物在不锈钢表面沉积较在碳钢表面为高,在未氧化金属表面沉积又比在氧化表面为高。钼、碲、钇等易于在镍基金属表面沉积。某些物质在温度升高时溶解度增加,会使沉积量减少，如锆(^{95}Zr)和钡(^{140}Ba)随温度升高沉积量大幅减少。碘、钼随温度上升溶解度降低，铯(^{138}Cs)的沉积量受温度影响不大。

表 10-2　难溶金属化合物溶度积

化合物	溶度积 pK_{sp}	化合物	溶度积 pK_{sp}
Ag_2O	7.71	$Cr(OH)_3$	30
AgO	31	$Fe(OH)_2$	14
$Ce(OH)_3$	20.1	$Fe(OH)_3$	39.1
$CeO_2 \cdot xH_2O$	24.4	$Sm(OH)_3$	22.1
$Co(OH)_2$	14.8	$Ni(OH)_3$	17.2
$Co(OH)_3$	44.5	$UO_2(OH)_2$	22
$Cr(OH)_2$	17	$ZrO_2 \cdot xH_2O$	25.5

5. 衰变

冷却剂在压水堆一回路系统中是长时间循环流动的，这样半衰期短的裂变产物会随时间延长而减少，所以从燃料棒中逃逸进入冷却剂的中短半衰期物质，随时间延长其逃逸率和衰变率之间会达到平衡，它们在冷却剂中浓度会趋于稳定波动不大。而长半衰期物质不断从燃料棒中逃逸，在冷却剂中浓度会不断增加，净化装置的投运可将其降低。

6. 腐蚀产物及水与杂质的活化

设备及管道的金属材料如 Incoloy 800、Inconel 600、Inconel 890 等的腐蚀产物受到中子轰击，其中$^{58.7}Ni$经(n,p)衰变成^{58}Co，^{58}Fe在中子照射下变成^{59}Fe，^{54}Fe俘获中子后变为^{54}Mn等，这些腐蚀产物又因温度和水力作用剥离进入冷却剂。它们形态多是颗粒状，也有少量呈离子(阳离子或阴离子)溶解。

冷却剂是硼酸水溶液，进入堆芯转移热量时直接遭受中子辐射，时间约为循环时间的10%，此时水、水中溶解物及杂质也会发生核反应，产生一些活化产物，主要有氚^{3}H、^{14}C、^{16}N、^{13}N、^{18}F以及水的辐射分解产物H_2、O_2、H_2O_2、氧化性自由基等。

氚的来源主要有3个：^{238}U裂变、硼的中子活化产物及冷却剂中^{6}Li与氘生成氚，它在冷却剂中会以氚水(HTO)形态长期积累，它也会以液态、水蒸气或气体形式释放。冷却剂中氚浓度在 0.5 μCi/g 以下(表 10-3)。

表 10-3　某压水堆核电站各部位氚的存量举例

部位	水量/t	氚浓度/(μCi/g)	氚存量/Ci
堆冷却剂	117	0.416	48.7
化学与容积控制系统贮存槽	9.5	0.315	30
一回路水贮槽	284	0.194	55
设备冷却系统	11	0.24	2.6
换料水贮槽	960	0.11	106
乏燃料贮存水池	2260	0.09	204
硼酸贮槽	7.56	0.184	1.4
废物贮槽	10.9	0.132	1.4
总计	～3660		～450

综上所述,反应堆运行稳定时,其冷却剂中裂变产物浓度也趋稳定,以某压水堆核电站为例,功率1000MW,冷却剂温度303℃,燃料棒破损率为1%,运行平衡时冷却剂中各裂变产物的放射性(氚及活化腐蚀产物^{54}Mn、^{56}Mn、^{58}Co、^{60}Co、^{59}Fe未列入)见表10-4。从表中可看出,冷却剂中裂变产物以氙(^{133}Xe)最多,其次是氪、碘、铷、钼、铯。

表10-4 某1000MW压水堆核电站稳定运行时冷却剂中各裂变产物放射性

主要裂变产物		放射性/(μCi/mL)
惰性气体产物	^{85}Kr	2.57
	^{87}Kr	0.87
	^{88}Kr	2.58
	^{133}Xe	175.97
	^{135}Xe	0.14
	^{138}Xe	0.36
惰性气体总计		187.3
主要裂变产物		放射性/(μCi/mL)
非惰性气体产物	^{84}Br	3×10^{-2}
	^{88}Rb	2.56
	^{89}Rb	5.7×10^{-2}
	^{89}Sr	2.52×10^{-3}
	^{90}Sr	4.42×10^{-5}
	^{92}Sr	5.63×10^{-4}
	^{90}Y	5.37×10^{-5}
	^{91}Y	4.77×10^{-4}
	^{92}Y	5.54×10^{-4}
	^{95}Zr	5.04×10^{-4}
	^{95}Nb	4.7×10^{-4}
	^{99}Mo	2.11
	^{131}I	1.55
	^{132}I	0.62
	^{133}I	2.55
	^{134}I	0.39
	^{135}I	1.4
	^{132}Te	0.17
	^{134}Te	0.022
	^{134}Cs	0.07
	^{136}Cs	0.33
	^{137}Cs	0.43
	^{138}Cs	0.48
	^{144}Ce	2.3×10^{-4}
	^{144}Pr	2.3×10^{-4}
非惰性气体总计		12.8

10.3 反应堆冷却剂

反应堆的冷却剂是硼酸水溶液，再用氢氧化锂调节其 pH。

10.3.1 冷却剂水质标准

冷却剂水质标准见表 10-5。

表 10-5 压水堆核电站一回路冷却剂水质控制标准

项目	单位	控制值			
		标准 NB/T 20436—2017	核电站甲		核电站乙
			限值	期望值	控制与诊断值
pH 值(25℃)	—	6.9～7.4	7.0～7.4		5.8～10.3
电导率(25℃)	μS/cm				
溶解氧	mg/L	≤0.005	<0.1	<0.01	<0.005
Cl^-	mg/L	≤0.15	<0.15	<0.05	<0.1
F^-	mg/L	≤0.15	<0.15	<0.05	<0.1
SO_4^{2-}	mg/L	≤0.15	<0.15	<0.05	<0.1
H_2(STP)	mL/L	17～50	20～50	25～35	2.2～4.5
悬浮固体	mg/L				
LiOH(以^{7}Li 计)	mg/L	≤3.5	通过 B、Li 协调图调整		*
NH_3	mg/L		<0.5		>3
H_3BO_3(以 B 计)	mg/L	0～2700	0～2300		0～8000
SiO_2	mg/L	≤1.0	<1.0	<0.6	
Al	mg/L	≤0.05	<0.05	<0.002	
Ca	mg/L	≤0.05	<0.05	<0.002	
Mg	mg/L	≤0.05	<0.05	<0.002	
Zn	mg/L	0.005～0.04			
Fe	mg/L				<0.05
NO_3^-	mg/L				<0.2
油	mg/L				<0.5

* 此核电站控制钾钠锂总量为 0.03～0.55mmol/L。

冷却剂是硼酸水溶液，基础用水为电导率<1μS/cm 的纯水(表 10-6)，加入中子吸收剂(毒物)硼酸，再用 LiOH(是^{7}Li 而不是^{6}Li)来调节 pH，理论上应按照硼-锂的协调控制曲线将 300℃时的冷却剂 pH 控制在 7.0～7.2 的范围，以保证腐蚀及沉积状况在最低范围。水在辐照下会分解产生氧，加剧设备金属的腐蚀，维持冷却剂中氢的含量，可抑制水分解产生的氧。对氯化物、氟化物及硫酸盐的要求是为了减少它们对奥氏体不锈钢等金属的腐蚀。钙、镁、铝、硅等元素会形成沸石类物质沉积在燃料棒包壳、蒸汽发生器热交换表面等处，增加热阻加速腐蚀。

表 10-6　一回路冷却剂补充水的水质要求(NB/T 20436—2017)

项　目	单　位	参　数	项　目	单　位	参　数
电导率(25℃)	μS/cm	<1.0	溶解氧	mg/L	<0.1
pH 值(25℃)	—	6.0～8.0	Mg^{2+}	mg/L	<0.02
Cl^{-}	mg/L	<0.05	Al^{3+}	mg/L	<0.02
F^{-}	mg/L	<0.05	Ca^{2+}	mg/L	<0.02
SiO_2	mg/L	<0.2	SO_4^{2-}	mg/L	<0.05

10.3.2　冷却剂组成物质——硼和锂

冷却剂是硼酸和氢氧化锂的水溶液。硼酸作为中子吸收剂，参与控制核反应的中子数，和反应堆堆芯中的控制棒一起对核反应速度进行控制。加入氢氧化锂是为了调节冷却剂的pH，以减少设备的腐蚀。

天然硼是由两种同位素^{10}B和^{11}B组成，其中中子吸收性能优良的^{10}B仅占19.78%。现代核电站广泛使用的是高丰度富集^{10}B的硼酸，核级，纯度达99.95%以上，对杂质含量要求极为严格(表10-7)。优点如下。

表 10-7　核电站用硼酸质量

指　标	单　位	核电站要求的指标	核级硼酸	核级^{10}B硼酸
纯度	%		99; 95	
水不溶物	mg/kg	<50	<50	<50
氯化物	mg/kg	<3	<4	<4
氟化物	mg/kg	<2		
硫酸盐	mg/kg	<6	<6	<6
磷酸盐	mg/kg	<30	<30	<30
硅酸盐(以 SiO_2 计)	mg/kg	<10		
重金属(以 Pb 计)	mg/kg	<2		
铁	mg/kg	<2	<2	<2
砷	mg/kg	<2		
钙	mg/kg	<50	<50	<5
镁	mg/kg	<10		
钠	mg/kg	<30	<30	

(1) 由于^{10}B吸收中子能力强，可达天然硼的5倍，使冷却剂对反应堆的控制能力增强，提高反应堆安全性，甚至可以减少堆芯中控制棒的数量；

(2) 使用^{10}B可降低冷却剂中硼酸浓度，减少腐蚀危害，并相应减少中和用的氢氧化锂用量；

(3) 使用^{10}B可降低冷却剂中硼酸盐结晶和沉淀的风险。

硼酸(H_3BO_3)为白色粉末状结晶，密度1.435g/cm^3，能溶于水及常见的有机溶剂，常温下溶解度不高，在水中溶解度与温度成正比。硼酸水溶液有一定挥发性，常压下沸腾的硼酸水溶液蒸汽中含硼酸约0.3%，因此在核电站冷却剂系统中有气-液界面部位，都有硼进入气相的损失。硼酸水溶液在 300℃及强辐射下稳定，而且对核电站广泛使用的锆合金、不锈钢、镍基合金无明显腐蚀影响。它是一种性能非常优良的可溶性中子吸收剂。

硼酸是一元弱酸，按式(10-6)进行电离，电离常数 $K=5.8\times10^{-10}$，水溶液呈弱酸性，pH 约为 5，随温度升高硼酸水溶液 pH 上升，而纯水随温度上升 pH 下降，二者接近(图 10-2)，可见硼酸对冷却剂 pH 影响小。冷却剂 pH 主要由碱化剂氢氧化锂所控制。

$$H_3BO_3+2H_2O \rightleftharpoons B(OH)_4^-+H_3O^+ \quad (10\text{-}6)$$

纯硼酸的电导率很低，随温度升高电导率呈先上升后下降趋势(图 10-3)，氢氧化锂对电导率的影响比硼酸大得多。

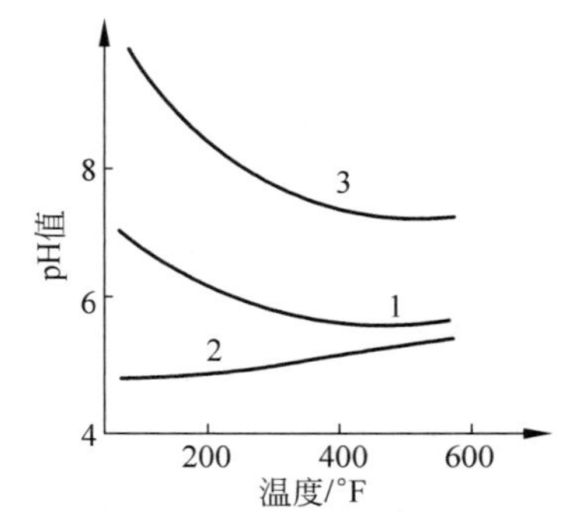

1—纯水；2—含 1500mg/L 硼的硼酸；3—0.1mmol/L 的 LiOH。

图 10-2 硼酸水溶液 pH 与温度关系

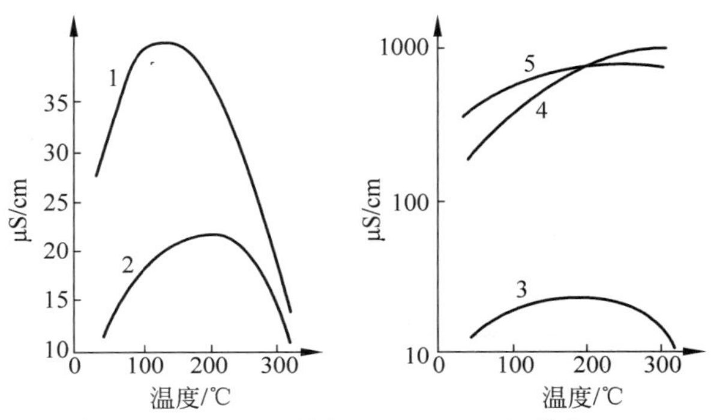

1—500mmol/L 硼酸；2—250mmol/L 硼酸；3—200mmol/L 硼酸；4—13mmol/L LiOH；5—250mmol/L 硼酸+1.4mmol/L LiOH。

图 10-3 硼酸水溶液的电导率与温度关系

氢氧化锂是一个优良的 pH 调节剂，对 pH 控制能力强大，化学性能稳定、核性能良好，在射线环境下不产生或很少产生放射性物质。但天然锂作为反应堆冷却剂的 pH 控制剂是不合适的，因为天然锂中含有 7.52%的 ^{6}Li 和 92.48%的 ^{7}Li，^{6}Li 会发生(n,α)反应生成氚，放出 β 射线，氚又以氚水(HTO)形式存在于冷却液中，很难去除，所以核电站用的氢氧化锂是高纯的 ^{7}Li 化合物，纯度达到 99.9%。另外，冷却剂中 ^{10}B 也会发生(n,α)中子反应生成 ^{7}Li，与添加的 pH 控制剂氢氧化锂正好吻合：

$$^{10}_{5}B+^{1}_{0}n \longrightarrow ^{7}_{3}Li+^{4}_{2}He \quad (10\text{-}7)$$

常温下氢氧化锂在水中溶解度约为 12%，随温度上升溶解度先上升后下降，在冷却剂中 Li 浓度 2mg/L 条件下是不会发生沉淀的。氢氧化锂在水中电离程度比氢氧化钠及氢氧化钾小，其水溶液 pH 值仅比纯水高 1.5～2，且随温度上升 pH 下降。氢氧化锂水溶液的电导率会随温度上升而上升。

10.4 核电站一回路系统水的过滤处理

10.4.1 概述

核电站一回路系统中有多处要进行水的过滤处理，如化学和容积控制系统、换料水池和乏燃料水池冷却处理系统、硼回收系统、反应堆硼及其他药品和水补给系统、低放射性废水回收系统、蒸汽发生器排污系统和废液处理系统等。每个系统内还设多个过滤点，比如化学和容积控制系统中就有：离子交换设备的进口和出口、泵轴封的进水和出水等。某1000MW的反应堆一回路系统共设有38台过滤器。这些过滤器处理的水都具有放射性，所以本节讨论的过滤是放射性水的过滤处理。

过滤处理的目的是去除水中胶态和悬浮态的颗粒状物——大部分来自重质裂变产物和腐蚀产物，颗粒大小在0.1～10μm(表10-8)，带有高辐射性(固体颗粒高γ射线主要由^{95}Zr、^{95}Nb和^{138}Cs所贡献)。过滤是为了防止它们在燃料及传热器表面堵塞和沉积，减少它们的转移以降低辐射场，保证反应堆安全稳定的运行。比如对冷却剂的过滤处理，可减少反应堆传热器表面沉积，维持传热效率，预防堆芯事故，减少场所放射性，便于停堆检修；对主泵轴封水的过滤处理，可防止轴封冷却水通道(10μm间隙)的堵塞，保证主泵的安全运行；对离子交换装置出口的过滤可以去除漏出的碎树脂；配制化学溶液的过滤可消除不溶颗粒带入系统等。

表10-8 某核电站过滤器进口液体中颗粒物分析

悬浮颗粒粒径/μm	占比/%
0.2～0.3	60
0.3～1	36
1～8	4

10.4.2 过滤设备

核电站过滤处理都用滤芯式过滤，根据各处理系统处理水量不同采用的过滤器大小也不同。滤芯多为折叠式滤芯(结构见图10-4)，材质有玻璃纤维、纸质及陶瓷氧化铝等，其中玻璃纤维滤芯理化性能稳定、寿命长、耐高温、憎水性强、耐腐蚀、不燃烧、纳污量大、阻力小、

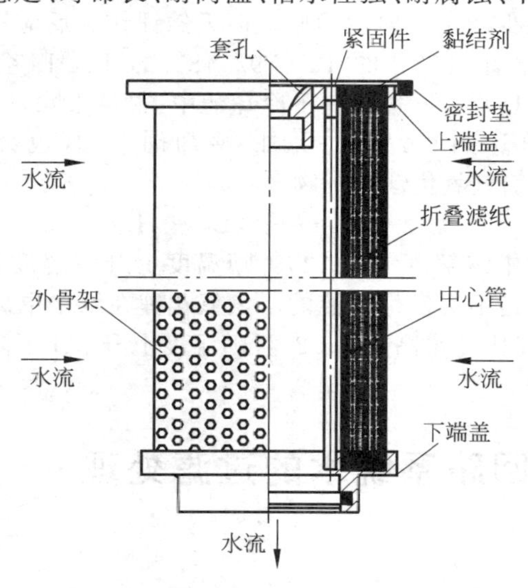

图10-4 核电站用某折叠式滤芯结构示意

抗辐射能力强，国内还试验过木纤维滤芯、烧结PE管滤芯等。目前国内核电厂过滤滤芯广泛使用美国Pall公司和加拿大3L公司的玻璃纤维滤芯，使用玻璃纤维滤芯需注意SiO_2的溶出问题。滤芯过滤精度早期大部分都是5μm、25μm及100μm，近年来开始使用0.45μm、1μm滤芯。提高过滤精度可截留去除更小颗粒(表10-9)，处理效果提高。

表10-9 过滤器过滤精度与截除物大小关系

过滤精度/μm	滤材孔径平均尺寸/μm	拦截悬浮颗粒直径/μm	拦截率%
0.4	3.88	>0.2	>98
0.5	6.65	>0.5	>98
1	11	>1.17	>98

对核电站过滤用滤芯的基本要求有：

(1) 化学稳定性：在工作温度下其Cl^-、F^-、SiO_2、Al^{3+}、SO_4^{2-}、Ca^{2+}、Mg^{2+}的溶出不得使水质超过标准要求。

(2) 具有辐射稳定性，在1×10^5Gy(Gy，Gray的缩写，吸收剂量单位，1Gy为1J/kg)辐射总量下不改变滤芯性能。

(3) 过滤效率≥98%。

(4) 额定流量下的初始压差不得大于0.025MPa，终点压差不大于0.25MPa。

(5) 纳污容量高，要能满足运行检修周期内(例如半年以上)不更换的要求。

(6) 强度高。

(7) 尺寸大小要便于放射性废弃物的固化封存(例如小于ϕ500mm×500mm)。

对滤芯质量具体的评价和验收标准国内还没有，世界上主要是ISO标准和法国的AFNOR NFX系列核电站用滤芯试验方法(欧盟的BS EN13443-2标准与法国标准相似)，表10-10简要介绍ISO及NFX标准的内容要求，性能试验装置的原则性系统示例见图10-5。表10-11介绍某核电站对实际使用的滤芯技术要求，表10-12介绍过滤处理达到的效果。

表10-10 核电站过滤用滤芯性能要求及试验方法介绍

试验项目	标准内容	
	ISO标准	NFX标准
结构完整性	标准号 ISO 2942　2018 试验液体：异丙醇或其他 温度：17～27℃ 记录：冒泡点位置、初始冒泡点压力	标准号 NFX 45-301 试验液体：异丙醇 温度：21～25℃ 记录：冒泡点压力
流量与压差关系	标准号 ISO 3968　2017 试验液体：液压油 温度：液压油黏度±2%时对应温度 流量范围：20%～120%额定流量 记录：压差	标准号 NFX 45-302 试验液体：水 温度：15～25℃ 流量范围：20%～120%额定流量

续表

试验项目	标准内容	
	ISO 标准	NFX 标准
过滤效率与纳污容量	标准号 ISO 16889 2008 试验液体:液压油 试验粉尘:ISO MDT 3mg/L、10mg/L、15mg/L 温度:油黏度(15±1)mm^2/s对应值	标准号 NFX 45-303 试验液体:水 试验粉尘:低浓度 MDT 5mg/L,高浓度 MDT 100mg/L 温度:21~25℃
抗流动疲劳性	标准号 ISO 3724 2007 试验液体:液压油 试验粉尘:ISO MDT 流量:25%~100%额定流量 频率:0.2~1Hz,一定次数循环 要求:试验后滤芯通过抗破裂合格性试验	标准号 NFX 45-309 试验液体:水及水+甘油 温度:21~25℃ 流量:0~最大 频率:0.05Hz 循环次数:500 次 要求:无明显变化,压差与初始值比变化<10%
抗破裂性	标准号 ISO 2941 2009 试验液体:液压油 试验粉尘:ISO FDT,ISO MDT 温度:15~40℃ 流量:50%~80%额定流量 判别:达到破裂值前没有出现压降骤降	标准号 NFX 45-310 试验液体:水 温度:21~25℃ 试验粉尘:ISO FDT 流量:15L/min 或指定 判别:无明显瑕疵,测试结束压差可维持 20min
耐辐照性	ISO 及 NFX 中无规定。可用辐照($^{60}Co-\gamma$)前后的滤芯的泡点压力进行对比,判断辐照影响。累计辐照剂量应大于 1×10^5 Gy	

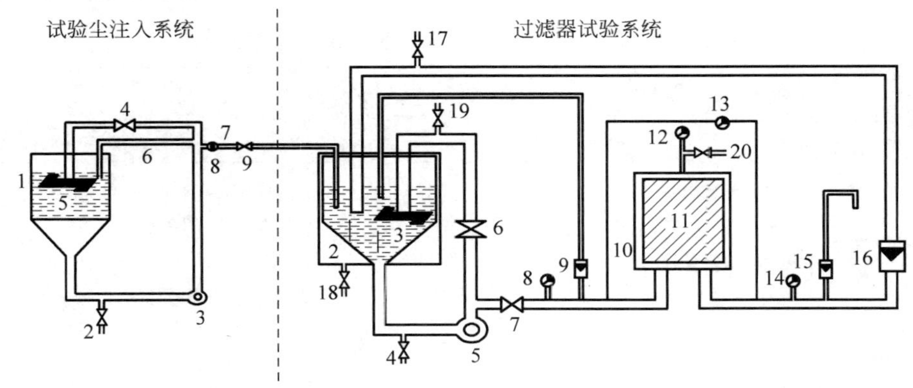

试验尘注入系统:1—试验尘贮槽;2—放空阀;3—磁力泵;4—调节阀;5—搅拌器;6—取样管;7—注入管;8—流量计;9—调节阀。

过滤器试验系统:1—试验槽;2—冷却水夹套;3—搅拌器;4、18—放空阀;5—泵;6、7—调节阀;8、12、14—压力表;9、15、16—取样流量计;10—测试过滤器外壳;11—测试滤芯;13—压差表;17、19、20—排气阀。

图 10-5 某滤芯性能试验装置系统示例

表 10-11 某核电站对使用的玻璃纤维滤材技术要求

序号	项目	核级玻璃纤维滤材型号	
		HL-5	HL-10
1	过滤精度/μm	≤5	≤10
2	最大孔径/μm	≤13	≤35
3	过滤效率/%	≥98	≥98
4	耐破度/MPa	≥0.35	≥0.35
5	过滤介质	浓度 0～4%的硼酸水溶液，pH5.4～10.5	
6	最高工作温度/℃	≤80	≤80
7	使用寿命/月	≥6	≥6
8	耐辐照剂量/Gy	$\geqslant 1\times10^4$	$\geqslant 1\times10^4$
9	在 50℃、硼酸浓度 0.02%时浸泡 3d，SiO_2 析出量/(mg/(g 纤维))	≤0.5	≤0.3

表 10-12 某反应堆冷却剂经过滤处理后放射水平值

过滤精度/μm	处理后冷却剂的放射水平/(μCi/mL)
10	1.0×10^{-2}
3	1.0×10^{-4}
0.45	1.0×10^{-7}
0.2	0.5×10^{-7}

10.5 化学与容积控制系统中离子交换处理

10.5.1 化学与容积控制系统

在反应堆的冷却剂系统中，为了消除冷却剂循环过程中夹带的反应堆裂变产物、金属腐蚀产物及其他杂质，在冷却剂流经蒸汽发生器换热后的出口管路上连续引出(下泄)少量冷却液(约 0.1%)进行处理，去除杂质净化后再送回系统，保证整个系统的冷却剂在一天内可以得到 1 次以上净化。比如 650MW 的核电站，一回路冷却剂流量(单台主泵出力)24290m^3/h，正常下泄进行旁流处理的流量为 13.6 m^3/h。

这个下泄水的处理系统就是化学与容积控制系统(RCV)，顾名思义，化学与容积控制系统是确保一回路冷却剂系统中冷却剂的化学成分及容积符合要求，控制内容包括：

(1) 调节冷却剂系统的硼浓度以适应反应堆运行工况的变动；

(2) 根据防腐蚀需要，控制冷却剂的 pH、氧浓度、氢及其他气体含量；

(3) 对冷却剂系统下泄水进行处理净化，确保运行中冷却剂水质稳定；

(4) 通过上充和下泄的控制，维持稳压器水位，保持冷却剂回路水容积稳定，消除温度变化对水容积的影响。

化学与容积控制系统原理见图 10-6，它包括 4 个部分：下泄系统、净化回路、上充系统和轴封水系统。

(1) 下泄系统和净化回路：从图10-6中可看出，冷却剂系统(RCS)下泄水经二级热交换器降温和节流孔板降压，达到0.2～0.5 MPa、45℃左右，符合离子交换树脂的要求后，先进入5μm过滤器去除水中颗粒状物(腐蚀产物)，再进入混床进行离子交换除盐，本系统有两台混床，内装锂型阳树脂和氢氧型阴树脂，运行前树脂与含硼酸水接触，阴树脂变为与冷却剂平衡的硼酸型阴树脂，不会使运行时出水(冷却剂)硼酸浓度稀释，通过混床后冷却剂基本组成不变，但可使其中离子态裂变产物和腐蚀产物含量大大降低，冷却剂的电导率降低。

由于混床中采用锂型阳树脂，会使混床出口冷却剂中锂浓度升高，为此系统中又设置一内装强酸阳树脂的氢型阳床，称除锂床(delithium demineralizer)，当冷却剂中锂浓度超过上限时，除锂床投入运行，根据需要间断运行。除锂床还可有效去除裂变产物铯、钼。该阳树脂也可以用弱酸缩合树脂，以增加除铯能力。

离子交换设备之后还设置后置过滤器，即树脂捕捉器，以去除可能带出的树脂碎末，防止它随上充回路进入冷却剂系统。

(2) 上充系统：净化回路处理好的冷却剂进入容控箱，再经上充泵升压至一回路冷却剂压力以上，流经热交换器吸收下泄液的热量升温后，返回一回路冷却剂系统。

(3) 轴封水系统：上充泵流量的一部分经过滤后进入主泵的轴封水系统，此水大部分经过主泵密封件后再经过滤和冷却进入上充泵进口，少部分可能漏入主泵泵腔汇入一回路冷却剂中。

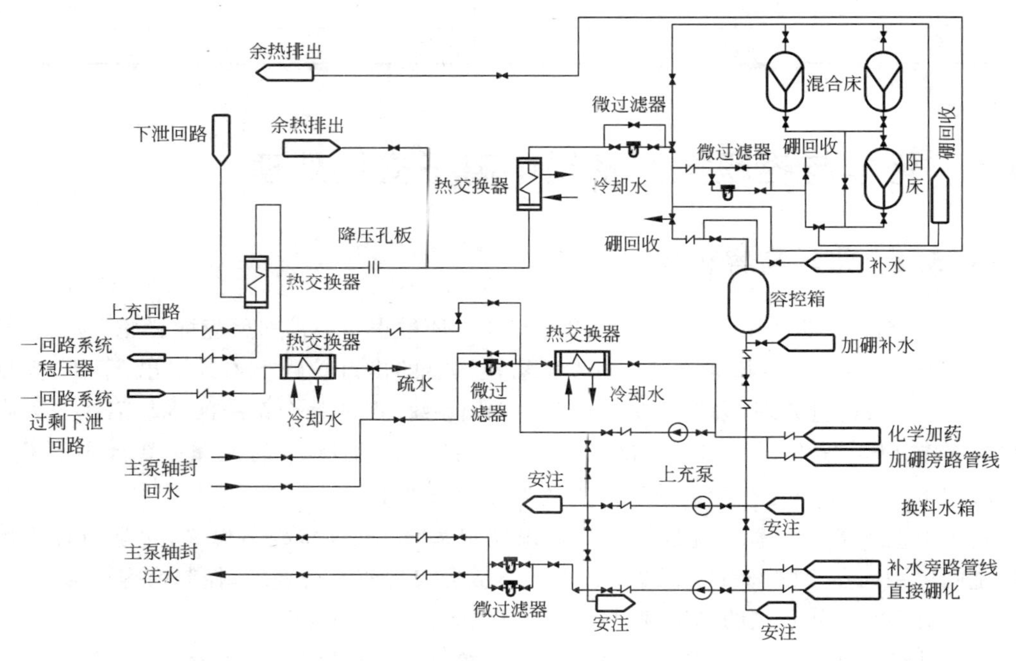

图10-6 化学与容积控制系统

10.5.2 核电站一回路水处理用离子交换树脂

为了净化水质，核电站一回路中设置多台离子交换水处理装置——混床及单床，内充填离子交换树脂，这些树脂是工作在有放射性环境中，其特殊要求如下。

(1) 树脂工作环境是具有放射性的，核电站使用的树脂必须具有耐辐射稳定性，一般都使用苯乙烯系凝胶型及大孔型树脂，且交联度提高。有人试验当阳树脂受到 $2.7\times10^3\sim4.5\times10^7$ Gy 的辐射剂量时会分解出 CO_2、CO、H_2 和 SO_2，磺酸基脱落，阴树脂则分解出三甲胺 $N(CH_3)_3$，RLi 型阳树脂也分解出气体(图 10-7)。

(2) 耐热性要好，由于工作环境温度高，尤其是一回路的化学与容积控制系统中，水温较高，长时间工作树脂会发生热分解，交换容量下降，所以要求树脂能有较好的耐温性。对阳树脂希望能达到 150℃，阴树脂能达到 70℃。

(3) 机械强度要高。

(4) 交换容量大，一回路离子交换装置中的离子交换树脂，在工作中吸收放射性物质而具有放射性，运行中不进行再生，一次性使用后作为放射性固体废物进行贮存处置，所以要求树脂的交换能力必须满足一个检修周期的工作要求，周期中间无法进行更换。

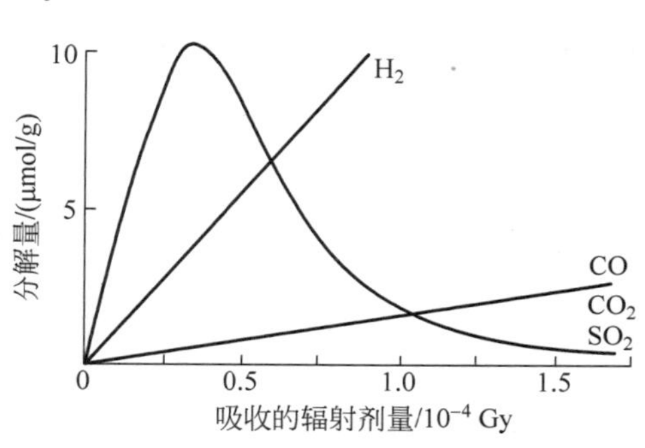

图 10-7 RLi 型阳树脂辐照分解的气态产物

(5) 厂内不进行树脂再生，提供的树脂再生度要高，主要是指阳树脂中 RNa 含量及阴树脂中 RCl 含量要低。

(6) 阳树脂中含磺酸基的低聚物在使用过程中会溶解出来(辐照也会使阳树脂磺酸基脱落)，造成 SO_4^{2-} 释放，对蒸汽发生器材质有腐蚀，因此阳树脂的溶出物水平要低。

具体来说，对核电站使用的离子交换树脂要求其交联度(DVB)要提高，以提高树脂强度(表 10-13)、抗辐射稳定性及耐氧化性(图 10-8)，但交联度提高后对交换容量、交换速度以及选择性(表 10-14)都会有影响，一般工业水处理用离子交换树脂交联度为 7%，核级树脂交联度在 8%～16%。另外商品树脂要以再生态出厂且清洗彻底。表 10-15、表 10-16 列出核级阳、阴离子交换树脂应具有的性能，这些阳、阴树脂还会按 1∶1 或 1∶1.5 的比例混合成混床树脂出售。

表 10-13 离子交换树脂强度与交联度关系

项目名称	单位	大孔阳树脂	凝胶型阳树脂	Amberlite IRN99*
		DVB 20%	DVB 10%	DVB 16%
压碎强度	g/颗树脂	>350	>600	>1000
抗渗透压稳定性(破碎率)	%	<2	<5	<1

* 杜邦(陶氏)生产的核级树脂

表 10-14 某氢型阳树脂的不同交联度对选择性影响

交换的离子	DVB 8%	DVB 10%	DVB 15%
Li^+	0.85	0,82	0.74
Na^+	1.5	1.6	1.9
NH_4^+	1.95	2.1	2.5
Cs^+	3.25	3.25	4.66

续表

交换的离子	DVB 8%	DVB 10%	DVB 15%
Co^{2+}	3.74	3.78	3.81
Ca^{2+}	3.9	4.4	5.8
Ni^{+}	3.93	3.96	4.06

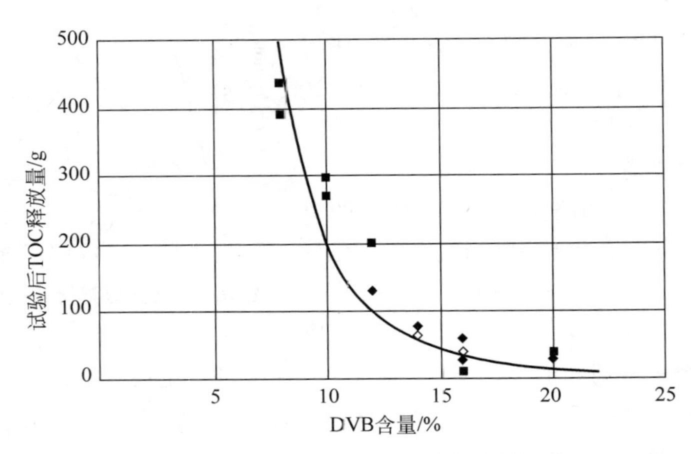

图 10-8 阳树脂交联度对其抗氧化性影响

(试验条件:阳、阴树脂1∶1混床,层高900mm,阳树脂加载20g/L的Fe,流速40m/h,温度40℃,用3mg/L H_2O_2 通过25h)

表 10-15 核级阳离子交换树脂性能举例

性能指标	单位	生产厂家及产品型号			
		ZGCNR50(争光)	ZGCNR50^{7}Li(争光)	ZGCNR80(争光)	Amberlite IRN99(杜邦)
基本类型		凝胶型苯乙烯系强酸阳树脂 $—SO_3H$	凝胶型苯乙烯系强酸阳树脂 $—SO_3{}^7Li$	大孔型苯乙烯系强酸阳树脂 $—SO_3H$	凝胶型苯乙烯系强酸阳树脂 $—SO_3H$ DVB 16%
质量全交换容量	mmol/g(干)	≥4.9	≥4.4	≥4.8	
体积全交换容量	mmol/mL	≥1.9	≥1.9	≥1.65	≥2.5
含水量	%	50～58	43～53	50～60	37～43
粒径范围	mm	0.40～1.20	0.40～1.20	0.40～1.20	0.525±0.025
均匀系数					≤1.2
湿视密度	g/mL	0.75～0.85	0.78～0.88	0.74～0.80	0.84
湿真密度	g/mL	1.18～1.24	1.23～1.30	1.16～1.24	
整球率	%				≥95
平均压碎强度	g/颗				≥600
>200g/颗的占比	%				≥95
使用温度	℃	≤100	≤100	≤100	5～150

续表

性能指标	单位	生产厂家及产品型号			
		ZGCNR50(争光)	ZGCNR50^{7}Li(争光)	ZGCNR80(争光)	Amberlite IRN99（杜邦）
运行流速	m/h	10～90	10～90	10～90	
H^+	%	≥99.9		≥99.9	≥99
$^7Li^+$	%		≥99.9		
钠	mg/kg R（干）	≤20	≤20	≤20	≤20
钾、汞	mg/kg R（干）				≤20
铁	mg/kg R（干）	≤25	≤25	≤25	≤20
铜、钴	mg/kg R（干）				≤5
钙、镁、铝	mg/kg R（干）				≤10
重金属（以铅表示）	mg/kg R（干）	≤20	≤20	≤20	≤10
溶出物	%（干）	≤0.1	≤0.1	≤0.1	≤0.1

注：杜邦提供的核级阳树脂还有 Amberlite IRN77、Amberlite IRN97、Amberlite IRN9652、Amberlite IRN9675。

表 10-16 核级阴离子交换树脂性能举例

性能指标	单位	生产厂家及产品型号		
		ZGANR170(争光)	ZGANR140B(争光)	Amberlite IRN78（杜邦）
基本类型		凝胶型苯乙烯系强碱阴树脂 —[$N(CH_3)_3$]OH DVB 7%	凝胶型苯乙烯系强碱阴树脂 —[$N(CH_3)_3$] H_4BO_4	凝胶型苯乙烯系强碱阴树脂 —[$N(CH_3)_3$]OH
质量全交换容量	mmol/g(干)	≥3.8	≥4.0	
体积全交换容量	mmol/mL	≥1.1	≥0.9	≥1.2
含水量	%	52～60	38～58	54～60
粒径范围	mm	0.40～1.20	0.40～1.20	0.63±0.05
均匀系数				≤1.1
湿视密度	g/mL	0.67～0.71	0.65～0.75	0.655
湿真密度	g/mL	1.06～1.10	1.05～1.12	
整球率	%			≥95
平均压碎强度	g/颗	≥350		≥600
>200g/颗的占比	%	≥95		≥95
使用温度	℃	≤60	≤60	5～100(<60～70)
运行流速	m/h	10～90	10～90	
OH^-	%	≥95.0		≥95
H_3BO_3	%		≥95.0	
CO_3^{2-}	%	≤5.0	≤5.0	≤5

续表

性能指标	单　位	生产厂家及产品型号		
		ZGANR170(争光)	ZGANR140B(争光)	Amberlite IRN78(杜邦)
Cl^-	%	≤0.1	≤0.1	≤250mg/kg-R(干)
SO_4^{2-}	%	≤0.1	≤0.1	≤0.1
SiO_3^{2-}	%	≤0.1	≤0.3	≤10mg/kg-R(干)
钠	mg/kg-R(干)	≤40	≤40	≤20
钾、汞	mg/kg-R(干)			≤20
铁	mg/kg-R(干)	≤50	≤50	≤20
铜、钴	mg/kg-R(干)			≤5
钙、镁、铝	mg/kg-R(干)			≤10
重金属(以铅表示)	mg/kg-R(干)	≤10	≤10	≤10
溶出物	%(干)	≤0.1	≤0.1	≤0.1

注：杜邦提供的核级阴树脂还有 Amberlite IRN9766。

10.5.3 化学与容积控制系统中离子交换处理

化学与容积控制系统中设置有混床及阳离子交换器对下泄的冷却剂进行处理，某650MW反应堆系统中设置的离子交换处理设备列于表10-17。该设备中树脂失效后不再生，一次性使用，所以要求它使用周期要与核电厂维修周期匹配，设计时树脂工作交换容量取理论值的50%～70%，净化效率取90%(Cs、Mo、y及惰性气体除外)。

表10-17　某650MW压水堆核电站化学与容积控制系统中混末及阳床概况

参　数	单　位	混　床	阳　床
容器设计压力	MPa	1.48	1.48
容器设计温度	℃	110	110
容器工作压力	MPa	1.13	1.13
容器容积	m^3	1.4	0.7
树脂体积	m^3	0.93	0.46
树脂种类	—	锂型阳树脂和氢氧型阴树脂(1∶1)	氢型阳树脂
树脂工作温度	℃	46～62.5	46～62.5
正常流量/最大流量	m^3/h	13.6/27.2	13.6

混床树脂在投运初期由于接触液体中含有硼酸，强碱阴树脂由ROH变为$RB(OH)_4$，这样在正常运行时，冷却剂遇到的是锂型阳树脂和硼酸型阴树脂，不会引起冷却剂中硼酸—氢氧化锂体系的改变，只是硼酸浓度和氢氧化锂浓度波动。从冷却剂中带入待交换的裂变产物(核素)及金属腐蚀产物种类多，但浓度不高，单种元素一般都在μg/L级以下，按形态分有：

(1) 气体，主要是惰性气体氪(^{85}Kr、^{87}Kr和^{88}Kr)、氙(^{133}Xe、^{134}Xe和^{138}Xe)；

(2) 中性分子，如I_2；

(3) 离子，阳离子如Sr^{2+}、Ca^{2+}、Cs^+、Co^{2+}，过渡元素^{90}Mo、^{51}Cr等在碱性条件下会形成阴离子，碘和锝也常以阴离子形式出现；

(4) 络合物、胶体及悬浮固体，金属腐蚀产物比如铜、铁、银、锰、钴、镍，钇及稀土和重核元素^{144}Ce-^{144}Pr、^{106}Ru-^{106}Rh、^{95}Zr-^{95}Nb等在碱性水中多为胶体或悬浮固体；

(5) 在中性及弱碱性环境中，上述这些金属及重核元素也可能部分或全部以阳离子形式存在。

离子交换树脂对惰性气体是不吸收的，所以它们会穿透混床树脂层，随水流进入容积控制箱，在此设备中水流是以喷雾形式进入，惰性气体逸出进入气相而被去除，若用氢气对容积控制箱气侧进行吹扫，裂变的惰性气体去除更好，比如冷却剂中^{85}Kr浓度可降低至原有浓度的1/30。

理论上离子交换树脂只能交换阴阳离子，但实际上由于离子交换树脂具有很大的带电荷表面以及颗粒较细、有一定的堆积深度，对水中胶体颗粒、悬浮粒子都有很好的截留作用，这种截留大部分发生在交换设备的树脂表层，形成一层附加滤膜并引起树脂层阻力增大以致水流均匀性破坏。由于这种截留容量不是很大，一旦冷却剂中胶体和颗粒状物质较多以及树脂表层形成的附加滤膜发生破裂，就会使胶状和颗粒状物穿透混床，造成泄漏。

冷却剂中裂变产物碘(^{131}I、^{133}I、^{135}I等)以I^-离子形式存在时可被阴树脂交换去除，但往往由于溶解氧又会将其氧化成I_2，阴树脂对它失去交换作用而穿透混床。

冷却剂中以离子形态存在的裂变产物和腐蚀产物，进入混床后遇到的混床树脂原本是锂型阳树脂＋氢氧型阴树脂，在稳定运行期间与冷却液达到平衡，阴树脂变成硼酸型阴树脂，所以冷却剂中离子型裂变产物和腐蚀产物会交换出相应的Li^+和$B(OH)_4^-$（即$H_2BO_3^- \cdot H_2O$)，其结果使混床出水中硼和锂的浓度上升，锂的浓度对冷却剂pH影响较大，当锂浓度上升超过允许时，将混床出水引入装有氢型阳树脂的除锂床除锂，除锂床是根据需要间断投运的。硼的作用是中子吸收，过量的硼可在硼回收系统回收。

这是化学与容积控制系统离子交换装置使用的基本思路。混床中硼酸型和锂型树脂将从反应堆带入的离子态、胶态裂变产物及腐蚀产物去除，混床出水(冷却液)的电导率可显著降低。但由于混床进水中具有放射性的物质中惰性气体占90%以上，而树脂对气体物质不具吸收能力，所以混床出水的辐射水平降低不显著。

与一般工业水处理中混床不同的是，该系统中带有放射性物质进入混床后，由于混床运行周期很长，混床内已吸收或正在吸收的半衰期短的物质会发生衰变，导致混床出水中某些物质浓度会比进水多，甚至会出现新的物质。如惰性气体氙在穿透树脂层时会衰变成铯、钡、铈、镧等元素并出现在混床出水中；再比如被树脂交换的I^-会衰变成氙并进一步衰变为碱金属；还有，树脂层截留的锶会衰变成钇、锆、铌等元素，它们常为非离子态，故能穿透树脂层进入出水中等。

离子交换方法去除水中杂质都存在去除率的问题，或者说出水中残留含量的问题。化学与容积控制系统的混床能截留冷却剂中胶体、颗粒状物及离子，对于胶体及颗粒状物，应该说去除率最高是在树脂层表面形成一层附加滤层时，在此之前以及由于水流冲击附加滤层发生破裂时其去除率都会下降。至于离子态物质，树脂对它们的交换状况还要考虑树脂对它们的选择性及交换动力学等诸多问题。化学与容积控制系统的离子交换与一般工业纯水制备中离子交换相比，它有许多特点：

(1) 纯水制备中混床是由RH型和ROH型树脂组成，交换水中离子后释放出的H^+和OH^-会结合成水，反离子作用少，而化学与容积控制系统的混床由RLi和RH_4BO_4组成，交换反应的反离子多；

(2) 化学与容积控制系统的混床进水中存在多种物质,它们各自对树脂的选择性不同,有的差异很大,交换时会发生相互干扰和竞争;

(3) 化学与容积控制系统的混床进水中待交换的离子浓度很低,都在 μg/L 级以下,甚至只有 10^{-3} μg/L 级;

(4) 化学与容积控制系统的混床中树脂是一次性使用,达到一定运行时间后即更换,这只需在最初设计时进行安排,使用中不考核其经济性,如再生、工作交换容量的充分发挥等,只要求出水水质或者说对某种物质去除率要高。

现以混床中阳树脂 RLi 为例,它交换冷却剂中 A^+、D^+、E^+ 三种选择性系数不同的核素离子,假设它们全部为一价,存在如下平衡:

$$RLi + A^+ \rightleftharpoons RA + Li^+ \tag{10-8}$$

$$RLi + D^+ \rightleftharpoons RD + Li^+ \tag{10-9}$$

$$RLi + E^+ \rightleftharpoons RE + Li^+ \tag{10-10}$$

达到平衡状态时存在如下关系:

$$K^A = \frac{f_{RA} f_{Li} [RA][Li]}{f_{RLi} f_A [RLi][A]}$$

$$K^D = \frac{f_{RD} f_{Li} [RD][Li]}{f_{RLi} f_D [RLi][D]}$$

$$K^E = \frac{f_{RE} f_{Li} [RE][Li]}{f_{RLi} f_E [RLi][E]}$$

式中,[]——代表括号中相应物质浓度;

f_{Li}、f_A、f_D、f_E——分别为冷却液中相应 Li、A、D、E 物质活度系数,由于它们都是稀溶液,浓度很低,可近似看作1;

f_{RLi}、f_{RA}、f_{RD}、f_{RE}——树脂相中相应离子活度系数。

K^A、K^D、K^E 就是锂型树脂与 A、D、E 交换达到平衡时的平衡常数。将上式简化并将树脂相活度系数代入平衡常数,则得到锂型树脂对不同物质的选择性系数 K_{Li}^A、K_{Li}^D、K_{Li}^E,如果 $K_{Li}^A > K_{Li}^D > K_{Li}^E$ 且差值足够大,在交叉的交换带中还要考虑 D 型树脂对 A 的选择性系数及 E 型树脂对 D 的选择性系数(详见本书"5.离子交换概论"):

$$K_{Li}^A = \frac{[RA][Li]}{[RLi][A]} = K_{FA} \frac{[Li]}{[A]} \tag{10-11}$$

$$K_{Li}^D = \frac{[RD][Li]}{[RLi][D]} = K_{FD} \frac{[Li]}{[D]} \tag{10-12}$$

$$K_{Li}^E = \frac{[RE][Li]}{[RLi][E]} = K_{FE} \frac{[Li]}{[E]} \tag{10-13}$$

$$K_D^A = \frac{[RA][D]}{[RD][A]} \tag{10-14}$$

$$K_E^D = \frac{[RD][E]}{[RE][D]} \tag{10-15}$$

式中,K_{FA}、K_{FD}、K_{FE} 为三种物质在树脂相中分配系数。$K_{Li}^A > K_{Li}^D > K_{Li}^E$,即锂型树脂对 A 最容易交换,对 E 最不易交换,再若假设 A、D、E 三种物质交换动力学相似,即不考虑交换速度问题,在混床运行中,锂型树脂层中有如图 10-9 所示的分布(硼-锂混床中硼型树脂层情况类似)。

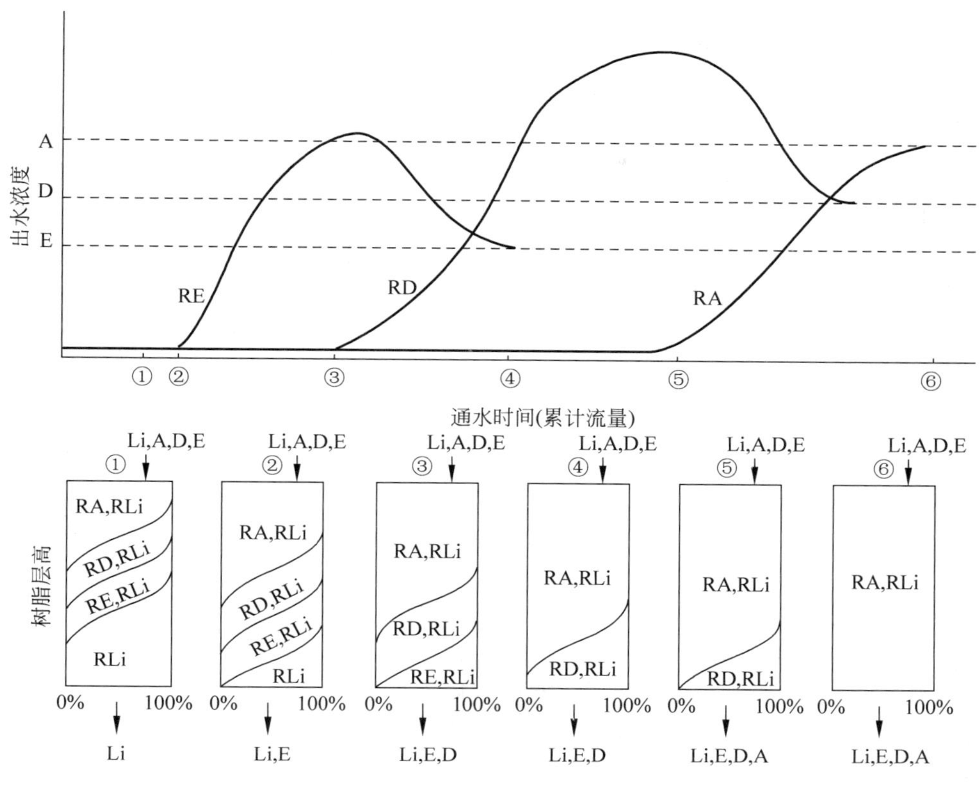

图 10-9 硼-锂混床锂型树脂层中选择性不同的离子的分布

从图 10-9 中看到，多种裂变产物(核素)离子遇到锂型树脂，选择性系数大的核素(A)首先交换，当运行至某一稳定状态，A 在树脂层上部形成交换区，选择性系数小的核素(D，E)在 A 交换区下部依次形成交换区，随着水流继续流入，新带入的 A 与下面已被交换的 RD 进行交换，扩大 A 的交换区，交换出来的 D 和新带入的 D 流入 RE 交换区并与其交换，交换出的 E 及新带入的 E 再进入下部与未交换的 RLi 交换，直至 E 首先流出混床，以此类推，所以最先漏出混床的是选择性系数最小的 E，随后 D，最后 A 流出混床。混床出水中 E 漏出后，它浓度逐渐上升甚至某时段会超过进水浓度，然后再下降，最后与进水浓度平衡。D 也有类似规律但发生在 E 之后。增加树脂层高度可以延缓这一过程发生的时间，所以选择性系数直接决定离子交换设备运行周期及出水水质。

从图 10-9 还看到，与一般工业水处理中混床不同的是该混床进水中存在一定浓度 Li^{+}，即交换反应(式(10-8)～式(10-10))中反离子浓度增高，反应平衡向左移动，交换层中仍会保留相当量的 RLi 型树脂。

按照离子交换基本概念，离子电荷数越大、水合离子半径越小其选择性系数越高，冷却剂中的几种常见核素离子的选择性系数大小顺序如下。这是在浓度相同时的比较，浓度不同时，浓度高的易交换。

$$Th^{4+} > La^{3+} > Ce^{3+} > Sr^{2+} > Ca^{2+} > Co^{2+} > Mg^{2+} > K^{+} > Cs^{+} > Na^{+} > H^{+} > Li^{+}$$

应该注意的是，这是大小的排序，不是各同位素离子的选择性系数具体数值。遗憾的是，具体数据太少，有资料介绍锂型阳树脂对 Cs^{+} 的选择性系数为 3～4，而对 K^{+} 的选择性系数为30～40(介质：0.1mmol/L碱,无硼)。还有研究认为pH4.8～5.0、1000mg/L硼酸介质中对Cs^+的选择性系数仅为0.001,而对K^+的选择性系数为0.87。不同的试验结果数值差异很大,但对铯的选择性系数低是公认的事实。这就解释了硼-锂混床在运行初期对铯有一定去除效果,但铯极易穿透树脂层随出水带出,在铯穿透树脂层后水中铯浓度会很快上升,并超出进水中铯浓度,随后再下降至与进水相同,此时交换层对铯已无交换能力,如同图10-9中物质E。

在一般工业水处理的离子交换中常用出水水质、树脂工作交换容量和酸碱耗作为技术指标,但核电厂一回路系统中的离子交换树脂不需再生,一次性使用后即废弃,再加上待处理的冷却液中杂质种类多、浓度低,难以逐个检测,故引入去污因子(decontamination factor)指标进行评价和运行监督。去污因子DF是表征交换设备进口溶液中某物质被去除情况,它与常用的净化效率η(%)关系如下：

$$DF=\frac{c_1}{c_2}=\frac{1}{1-\eta} \tag{10-16}$$

$$\eta=\frac{c_1-c_2}{c_1} \tag{10-17}$$

式中,c_1——树脂床进口溶液中某核素浓度(或放射性活度)；

c_2——树脂床出口溶液中某核素浓度(或放射性活度)。

去污因子值越大表明交换树脂对进水中放射性核素去除越彻底,出水残余核素浓度越低。运行的硼-锂混床去污因子都在10以上(即净化效率大于90%),对某些腐蚀产物的核素去污因子甚至可达100,但当某种物质去污因子小于10时,出水中该物质漏出就很显著,比如硼-锂混床对^{137}Cs的去污因子仅为7,去除率低,出水中有漏出。而对^{131}I及铁、铬、镍腐蚀产物的去污因子就达100,对^{58}Co为9000,对^{60}Co为1000。

可以计算离子交换装置对单个核素去污因子,但需要检测单个核素的浓度。现场多用的是测量离子交换装置进出口水的总放射性强度,计算去污因子,以评估离子交换装置运行效果及离子交换树脂性能。去污因子可以是一段时间内的平均去污因子,也可以是瞬时去污因子。

从交换理论可以得出,增加树脂层高度(或者两台离子交换床串联运行)及降低运行流速可以提高低选择性系数物质的去污因子,尤其在运行早期更为显著,比如铯。采用高交联度树脂也对提高铯的去污因子有利。

冷却剂中的硼、钴、锶及常见钠钾等离子存在都会使树脂对铯的交换能力下降,去污因子降低。有人试验指出,当进水中钠、钾浓度分别为100mmol/L及0.5mmol/L时,树脂对铯的交换容量下降25%；当进水中锰、钙浓度分别为10mmol/L及1mmol/L时,树脂对铯交换容量下降50%。实际的冷却剂中钠、钾、钙、镁浓度都会超出铯浓度几个数量级,可知影响严重。提高化学与容积控制系统混床对铯的去污因子,或者降低混床出水的铯含量,是一个重要的技术问题。

运行结果表明,一回路系统中下泄的冷却剂经化学与容积控制系统硼-锂混床处理后,对铯和惰性气体之外的各种物质去除效果是好的,对I、Ni、Cr、Fe去除因子可达数百以上,出口电导率也降低一个数量级以上。冷却剂经混床处理后,根据需要还可以间断通过强酸阳离子交换器(也有充填弱型树脂)即除锂床进行处理。除锂床是当冷却剂中锂浓度升高时(不宜超过3.5mg/L)投运,比如在反应堆运行初期会大量出现$^{10}B(n,\alpha)\rightarrow{}^{7}Li$反应,冷却液中锂浓度升高,使pH升高。为防止碱性物质浓缩加剧金属腐蚀,投运除锂床进行除锂,除锂床充填氢型阳树脂，它交换水中锂后也改善树脂对混床漏出的铯（及钼、钇）等离子的交换环境，硼酸的存在对阳树脂交换锂及铯等影响不大：

$$RH + Li^{+} \rightarrow RLi + H^{+} \tag{10-18}$$

$$RH + Cs^{+} \rightarrow RCs + H^{+} \tag{10-19}$$

除锂床的进水是混床的出水，水中杂质已基本去除，所以氢型阳树脂在和锂、铯等少数物质进行交换时干扰因素（竞争交换）大为减少，再加上氢型阳树脂对锂去除后对铯的去污因子大于10（有的试验数据甚至高达数千），就使交换进行比较彻底，出水铯残余含量较低，这是冷却剂除铯的很好途径。

除锂床交换产生 H^{+}，交换环境为酸性，若冷却剂中胶体、络合物、腐蚀产物等穿透混床时，遇到酸性环境会转变为离子，除锂床也将它们一并交换去除。

除锂床设计和混床一样，是按照处理的下泄最大流量设计，可应付反应堆事故状态下的处理要求。

10.6 蒸汽发生器排污水处理

10.6.1 蒸汽发生器排污水概况

蒸汽发生器是一个表面式热交换器，冷却剂从反应堆带来的热量在蒸汽发生器内传递给二回路的给水，将给水加热为蒸汽，去推动汽轮机做功发电。二回路给水在蒸汽发生器内吸收热量变为蒸汽，蒸汽中杂质很少，给水中带入的杂质就留在蒸汽发生器中并不断累积浓缩，水质变差对设备产生腐蚀、结垢，一旦换热面的热交换管腐蚀穿孔破损，一回路的冷却剂便漏入二回路，冷却剂中夹带的放射性核素进入二回路水汽系统，带来放射性危害。世界核电厂运行经验表明，大约有50%核电厂的停运事故都是来自蒸汽发生器，所以必须保证蒸汽发生器二回路给水的质量，并维持蒸汽发生器二次侧的水（即排污水）中盐浓度不致过高。采用排污可以达到蒸汽发生器二次侧进出的盐量平衡，调节排污水量（率）可以实现调节蒸汽发生器二次侧的水（排污水）中杂质浓度，减少腐蚀危害。

如果用 D 代表蒸汽流量，D_g 和 D_p 分别代表给水和排污水流量，S、S_g、S_p 分别代表相应水中盐浓度（图 10-10），蒸汽发生器二次侧存在下述平衡：

$$D_g = D + D_p \tag{10-20}$$

$$D_g \times S_g = D \times S + D_p \times S_p \tag{10-21}$$

令排污率为 $P\%$，且认为蒸汽中盐浓度很小，S 看作 0，则得

$$P\% = \frac{D_p}{D} \times 100\% = \frac{S_g}{S_p - S_g} \times 100\% \tag{10-22}$$

在给水含盐量不变时，排污率（量）减少，蒸汽发生器中排污水的浓度 S_p 增大，二者成反比关系。表 10-18 列出蒸汽发生器排污水水质标准。蒸汽发生器二次侧设置上下两根排污管，上排污管位于汽液分界面下，可排出浓缩的盐及悬浮物，下排污管在热交换管下部，排出各种沉渣。排污率一般为1%～1.5%，在运行异常及事故状态下排污量增大。由于压

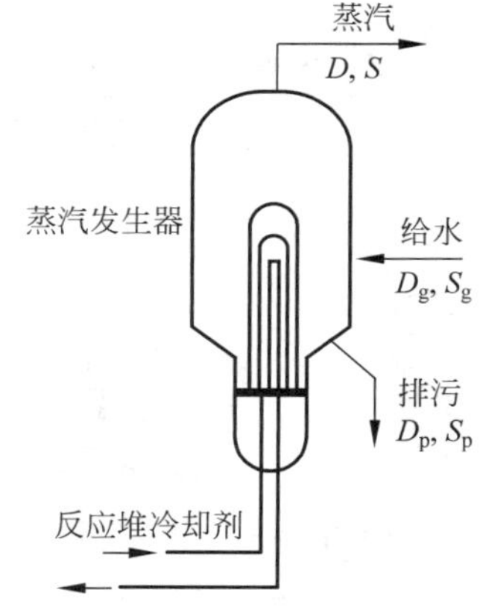

图 10-10 蒸汽发生器二次侧水和盐的平衡

水堆核电站蒸汽参数低(压力5～9MPa,温度300℃左右),蒸汽流量很大(1000MW机组达5800t/h),正常运行时排污水量要达到50t/h以上,经处理后回收利用是必须的。排污水经过处理后回收利用,回收是将排污水处理去除放射性核素等杂质后送入二回路凝汽器,再经二回路凝结水净化装置处理后进入二回路给水。若发生一回路冷却剂漏入较多而使排污水处理后仍带有放射性时,此时排污水不回收利用,而是排入核岛废液处理系统。

表10-18 压水堆核电站蒸汽发生器排污水水质标准

项　　目	期　望　值	限　　值	标准 NB/T 20436—2017
氢电导率/(μS/cm)(25℃)	≤0.3	≤0.8	≤1
pH 值	9.4～9.7	9.1～9.8	9～10
总悬浮物/(mg/L)	≤1		
钠含量/(μg/L)	≤0.8	<20	≤5
SiO_2/(μg/L)	≤40		≤300
氨/(mg/L)	根据pH需要确定		
Cl^-/(μg/L)	≤2	<20	≤10
SO_4^{2-}/(μg/L)	≤2	<20	≤10

10.6.2 蒸汽发生器排污水处理

蒸汽发生器排污水的处理系统是:蒸汽发生器排出的污水先经过热交换器降温至60℃(其冷却水为二回路汽轮机凝结水,吸收热量后返回凝汽器),再经减压装置减压(至1.6MPa以下)送入处理装置,处理装置有两组,每组包括前置氢型阳床、氢/氢氧型混床(阳、阴树脂比1∶1.5,也可使用EDI)和后置过滤器(树脂捕捉器),混床出水经后置过滤器去除碎树脂后送入二回路凝结水系统回收。处理系统见图10-11。某650MW核电站每一组设计出力$35m^3/h$。压水堆核电站二回路的给水和凝结水处理出水水质要求见表10-19。

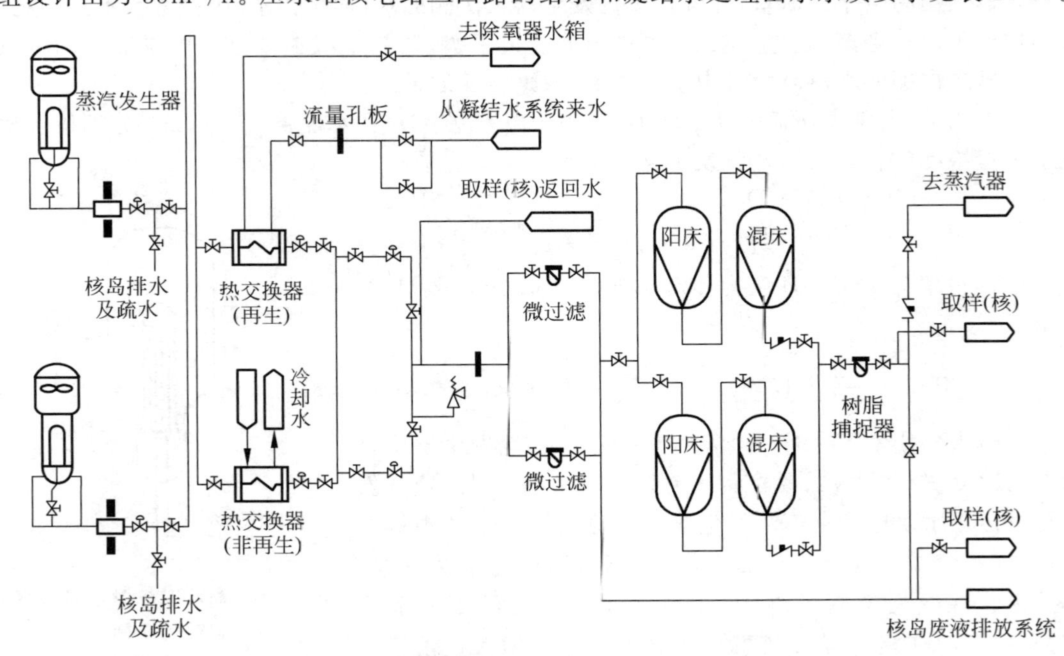

图10-11 某核电站蒸汽发生器排污水处理系统

表 10-19 压水堆核电站二回路的给水和凝结水处理装置出水水质

项目	单位	蒸汽发生器给水		凝结水处理出水	
		期望值	NB/T 20436—2017	期望值	NB/T 20436—2017
pH值(25℃)	—	9.6～9.8	9.3～10.0		
氢电导率(25℃)	μS/cm	≤0.1	≤0.2	≤0.08	≤0.3
Na^+	μg/kg			≤0.1	≤1
溶解 SiO_2	μg/kg			≤2	
Cl^-	μg/kg		≤2	≤0.1	
SO_4^{2-}	μg/kg			≤0.2	
溶解氧	μg/kg	<1	≤5		≤10
氨	mg/kg	2～5			
联胺	μg/kg	≥20	≥20		
铁	μg/kg	≤5	≤5		
铜	μg/kg		≤1		

蒸汽发生器的给水主要是凝结水处理装置的出水，比较表10-19和表10-18，可看到与蒸汽发生器的给水(凝结水处理装置的出水)相比，排污水水质显著变差，其原因一是给水带入的盐在蒸汽发生器内浓缩，二是金属腐蚀产物的积聚与沉积，还有就是一回路冷却剂的微量漏入。蒸汽发生器中可溶盐类浓缩倍率 η 与排污率 p 相关，有如下近似关系：

$$\eta=\frac{1}{p}+1 \tag{10-23}$$

蒸汽发生器排污水中杂质主要包括以下几部分：

(1) 颗粒状金属腐蚀产物；

(2) 在碱性水中金属离子形成的氢氧化物沉淀或胶体；

(3) 浓缩的可溶盐类；

(4) 从一回路漏入的冷却剂，含有锂、硼酸及裂变的放射性核素。

颗粒状金属腐蚀产物及金属离子在碱性条件下形成的沉淀在微过滤器中大部分被去除，能透过微过滤器的仅有一些更微小颗粒和胶体粒子，它们随可溶性盐类一起进入离子交换器。排污水处理系统设置的离子交换装置是典型的前置阳床——氢/氢氧型混床系统，水首先进入前置阳床，阳床树脂层表层可以机械截留一些微小颗粒状物和胶体，RH型树脂会很容易交换去除水中 Na^+、NH_4^+、Li^+、Fe^{3+} 等阳离子，水呈酸性，随之破坏水中的金属氢氧化物胶体，并被交换。前置阳床出水呈酸性，已彻底去除进水中的阳离子。进入混床后进一步交换水中的阳、阴离子(Cl^-、SO_4^{2-}、$H_4BO_4^-$ 等)，出水水质已相当纯净。混床出水pH值在6～8。强酸阳树脂对铯、钡、铈、镧等核素都有很好的交换能力。

因泄漏进入蒸汽发生器二次侧的少量冷却液带入的杂质，其中硼、锂在阳床和混床中被交换去除，带入的放射性核素中惰性气体会逸出进入蒸汽。

蒸汽发生器排污水经这样处理后，水质得到很大改善，出水再经25μm孔径的树脂捕捉器，滤除可能漏出的碎树脂颗粒，然后送入二回路凝汽器补水室，与二回路汽轮机凝结水、补给水混合，送经凝结水处理装置进一步处理作为蒸汽发生器的给水。在反应堆启停及蒸汽发生器冷却液泄漏较多等异常状态时，会造成排污水处理系统混床出水存在放射性污染的可能,给二回路带来危险,这时可将蒸汽发生器排污水直接排至核岛废液处理系统或者经混床等处理后再排至核岛废液排放(或处理)系统。

本前置阳床、混床中树脂均为核级树脂,使用完成后不必再生,进入核固体废弃物处理系统处理。所以希望它的使用周期较长且与核电厂维修周期匹配。

由于蒸汽发生器排污水中用于调节 pH 的氨含量较高,达 mg/L 级,使得前置阳床及混床运行周期短,有人试验改为铵型工况运行(见本书“7 蒸汽凝结水处理”),运行周期可延长,但有出水水质变差的危险,不予推荐。

10.7 硼回收系统水的处理

10.7.1 硼回收系统概况

冷却剂中硼是中子吸收剂,在反应堆中起到控制中子数量的作用,也即控制核反应速度,控制核电站的发电功率。在反应堆启动、停堆及运行中负荷变化时都需要冷却剂中硼浓度的变化相配合,所以运行中要根据负荷情况调节冷却剂中硼的浓度,有时需要升高,有时需要降低,比如:

在反应堆启动时,要逐步加大核反应,冷却剂中硼的浓度要低;

在反应堆停堆时,要让核反应逐步减少直至停止,就需要逐步加大硼浓度;

正常运行升负荷,冷却剂中硼浓度要减少,降负荷时硼浓度要加大。

再比如,正常运行时反应堆冷却剂中硼浓度 800～1000mg/L,跟随负荷变动硼浓度的变动为±300～500mg/L,即达到 30%～50%。调节硼酸浓度的手段是加水(减硼)及加浓硼酸(加硼),按照冷却剂总体积不变原则,减硼时加入系统多少水就要将系统中相应体积的冷却剂排出,加硼时加入多少体积浓硼酸也要排出相应体积的冷却剂。实际运行中希望硼浓度调节是一个快速的过程,为了快速达到调节硼浓度的目的,需要快速进行加水(或加硼酸)及快速放出多余的冷却剂。

除负荷调节需要排出冷却剂外,正常运行时冷却剂温度升高体积膨大也要排出少量冷却剂,还有泄漏、取样、检修、停堆排水等状态下都有冷却剂排出。排出的冷却剂含有放射性物质,而它本身又是纯度高的水和价格昂贵的硼酸(^{10}B)。设置硼回收系统就是为了回收硼以供再次使用。硼回收利用系统是与核电站硼和水供给系统相连的。

10.7.2 硼回收系统水的处理

核电站一回路硼酸回收系统流程见图 10-12。

系统中设置两只反应堆排水贮槽收集冷却剂的排水,总容积约为一回路冷却剂总体积 2.5 倍以上,以应付任何状态下二次停堆排水,较大体积还有利于去除短半衰期放射性物质。排水贮槽用氮气密封,贮槽内可以用循环泵自循环。硼回收时用供料泵将贮槽内的冷却剂经前置过滤器后进入阳床(也有使用混床),阳床内装强酸氢型阳树脂,交换冷却剂中调节 pH 的锂、氨等以及铯、钇等裂变产物核素阳离子,交换去除,所以阳床出水中主要含有硼酸,以及冷却剂中原先存在的惰性气体。惰性气体在氮气密封的贮槽中会逸出一部分,剩余

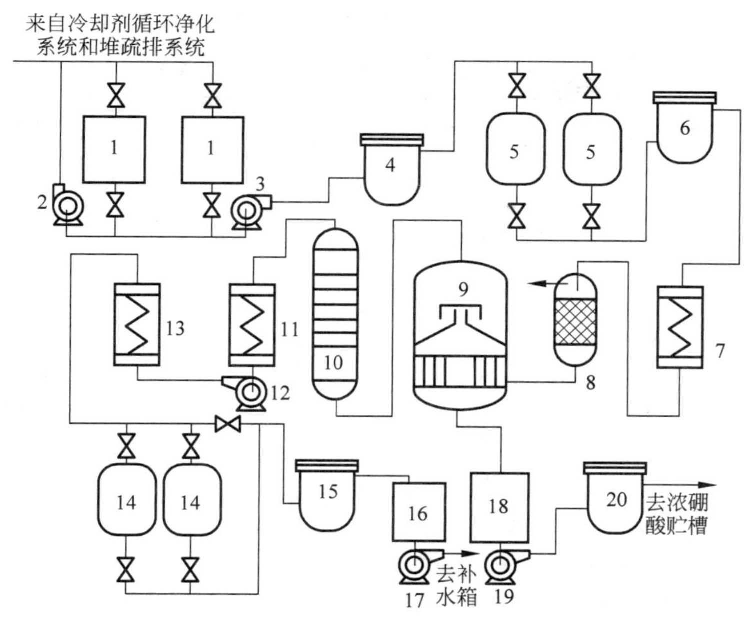

1—反应堆排水贮槽；2—循环泵；3—供料泵；4—前置过滤器；
5—阳离子交换器；6—树脂捕捉器；7—加热器；8—脱气器；
9—蒸发器；10—淋洗吸收塔；11—冷凝器；12—冷凝水泵；
13—冷却器；14—阴离子交换器；15—树脂捕捉器；16—冷凝液检测槽；
17—泵；18—浓硼酸卸放箱；19—浓硼酸泵；20—浓硼酸过滤器。

图 10-12 某核电站硼酸回收系统流程

部分及溶解的氮气在升温后以雾化状态进入脱气器中深度脱除，去除效率可达 10^3 以上，随后冷却剂进入蒸发器(釜)浓缩，釜底浓缩液为浓硼酸溶液，浓度达 4%～4.4%亦即硼 7～7.7g/L，流入浓硼酸卸放箱存放，质量合格(表 10-20)再用泵经过滤后送入一回路的硼酸和水供给系统(REA)。

由于硼酸具有一定挥发性，蒸发器的气相水蒸气中含有一定量硼酸，经淋洗吸收挥发性硼，再降温，如水质合格(含硼<5mg/L，见表 10-20)经过滤后送入反应堆补给水箱。如冷凝水降温后水中仍有超出要求的硼酸，则进入阴离子交换器进一步除硼后再送入反应堆补给水箱。

阴树脂除硼床内装强碱性阴树脂，它对水中硼的交换能力与水中硼浓度呈正相关，有人计算当水中硼由 3.4mg/L 增至 3348mg/L 时，阴树脂交换的硼量也由 0.77mol/L(湿树脂)变为 4.4mol/L(湿树脂)。这说明当阴树脂在较高硼浓度下达到饱和后再用较低浓度硼溶液或除盐水淋洗会释放出部分硼。此外流速增加、温度上升及 pH 升高都会使阴树脂对硼的交换容量下降，其中温度的影响最显著，即低温时交换容量大，温度升高发生解吸的现象，工程中利用这个特点让阴树脂在低温下进行吸硼操作，待饱和后提高进水温度，进行放硼操作，既回收硼，树脂又可恢复一部分交换能力，如此循环延长了树脂使用周期。此即阴树脂的硼酸热再生。有的核电站另设有一套硼酸热再生系统。

本系统中阴床、阳床中树脂均为核级树脂，使用完成后不需再生，进入固体核废弃物处理系统处理。所以希望它的使用周期与核电厂维修周期相匹配。

表 10-20 硼回收系统回收的硼酸及水质要求

项目	单位	回收的供补给硼酸	回收的供补给水
电导率(25℃)	μS/cm		≤1
pH 值(25℃)	—		6～8
硼(B)	mg/L	7000～7700	≤5
溶解氧	mg/L	≤0.1	≤0.1
悬浮固体	mg/L		≤0.1
溶解气体(不包括氚)放射活度		≤1.85TBq/m^3	≤0.37 MBq/m^3
氯+氟	mg/L	≤0.6	≤0.1
钾	mg/L	镁≤0.2	≤0.015
钠	mg/L	≤0.1	≤0.015
铝	mg/L	≤0.2	≤0.02
钙	mg/L	≤0.2	≤0.02
氧化硅	mg/L	≤0.4	≤0.1

注：标准 NB/T 20436—2017 中规定浓硼酸中氯、氟、硫酸根含量均应≤0.15mg/L。

10.8 反应堆与乏燃料水池冷却及处理系统水和放射性废水处理

10.8.1 反应堆与乏燃料水池冷却及处理系统水的处理

反应堆换料卸下的乏燃料要在乏燃料贮存池存放半年以上，对乏燃料进行冷却，带走它产生的衰变热，待冷却到一定程度后才能将乏燃料送到后续的处理工厂，这期间对乏燃料水池要进行多次充水、排水操作，并保持水池有足够高的水层，以对乏燃料组件提供良好保护作用。在换料操作时还要将乏燃料贮存池的部分水送入反应堆压力壳上部换料空间作为操作屏蔽，这部分水会与压力壳中未排空的冷却剂相混，操作完成再返回乏燃料贮存池，也带入不少放射性裂变产物。乏燃料贮存池水有如下特点。

(1) 因带入堆芯中裂变产物及腐蚀产物，乏燃料池水含放射性物质浓度高，若乏燃料中有破损燃料棒，情况更严重；

(2) 乏燃料池水为含硼水，硼酸浓度达 2000～2500mg/L；

(3) 为便于水下换料及运输操作，对池水的透明度(可见度)有一定要求；

(4) 乏燃料贮存池水面要超出燃料元件 4 m 以上，以作屏障。

反应堆与乏燃料水池冷却及处理系统见图 10-13。核岛的乏燃料通过燃料运输舱转至乏燃料储存池，用水密封，乏燃料热量散发使水温升高，通过泵将储存池水抽出，经热交换器冷却后送回储存池循环，正常运行时水温应在 60℃以下。为去除水中杂质，该水可送至混床处理，混床前有 5μm 过滤器，混床后有捕捉碎树脂的过滤器，混床出水及乏燃料水池与换料水池水质应达到表 10-21 的要求，合格的混床出水再返回储存池。某 650MW 核电机组反应堆与乏燃料水池冷却及处理系统的过滤和混床设计流量为 60m^3/h。

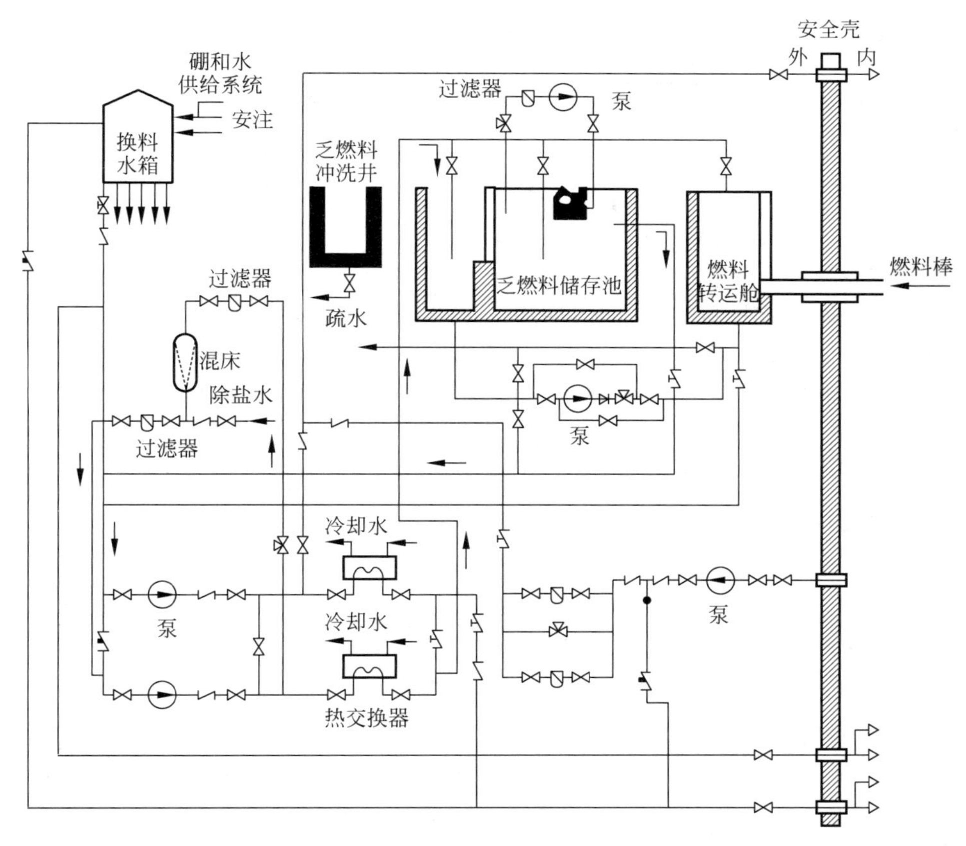

图 10-13 反应堆与乏燃料水池冷却及处理系统(PTR)

本混床树脂也是一次性使用,失效后作核废料进行处理。

表 10-21 反应堆与乏燃料水池冷却及处理系统中各设备的水质要求

项　目	单　位	处理系统中混床出水	标准 NB/T 20436—2017	
			换料水池	乏燃料水池
pH 值(25℃)	—	4.7～5.5		
悬浮固体	mg/L	≤0.1		
氯	mg/L	≤0.1	≤0.15	≤0.15
氟	mg/L	≤0.1	≤0.15	≤0.15
硫酸根	mg/L		≤0.15	≤0.15
钙	mg/L	≤0.1	≤0.10	≤1.0
镁	mg/L	≤0.1	≤0.10	≤1.0
铝	mg/L	≤0.1	≤0.10	≤1.0
二氧化硅	mg/L	≤0.1	≤1	≤3
硼(以 B 计)	mg/L	2000～2500	2100～2700	2100～2700
水温	℃	1～40		

10.8.2 核电站放射性废水的处理

核电站放射性废水通常包括工艺废水、地面疏水和化学排水三部分。

工艺废水：包括不能回收利用的一回路冷却剂系统的漏水、淋洗水及疏排水，过滤器及离子交换器的冲洗排水，固体废物处理系统运输及冲洗水(如冲洗废树脂的水)，硼回收系统处理的不合格水，二回路事故状态时被污染的水(但它放射性要低几个数量级)等。

地面疏水：包括不能回收的设备泄漏水，一般厂房地面冲洗水，设备冷却水排水，实验室排水，洗衣房、淋浴室排出的有放射性水等。通常都是低放射性废水。

化学排水：反应堆厂房地面排水坑收集的废水，核系统取样的废液，乏燃料容器冲洗水，含各种化学物质的设备、贮槽排水，废水排放系统不合格需重新处理的水等。

放射性废水按放射性水平分为高放射性废水、中放射性废水和低放射性废水三类，是依放射性浓度(比放射性活度)来区分，中放射性废水的放射性浓度一般为 $10^{-5} \sim 10^{-6}$ Ci/L。

核岛废水处理系统(TEU)见图10-14。废水首先分别收集于工艺废水贮槽、地面疏水槽及化学疏水槽中，同一类废水设置两个贮槽，一个用于收集，一个用于搅匀和取样检测。处理的废水水量正常运行时约 $50m^3/d$(1300MW压水堆核电站)，检修时处理水量增多。某核电机组设置的废水回收槽见表10-22。

表10-22 某CPR1000核电机组废液回收贮槽

废水类型	水质特点	储槽数	储槽容积/m^3
工艺废水	化学杂质含量低	2	35
化学排水	化学杂质及放射性浓度高	2	20
地面废液	放射性浓度低	2	20

常用的处理装置是前置过滤及离子交换处理——混床或者阳床+混床。工艺废水一般经过离子交换处理后即可进入排放系统。进入离子交换前还可以根据需要进行混凝过滤处理，例如某AP1000核电机组有一台顶部装有活性炭、下部装有沸石的深层过滤器，一台阳离子交换器及两台混床，过滤器前投加混凝剂，该系统对铯和铷的去污因子可达100。化学废水则进行蒸发处理，浓缩液进入核岛固体废物处理系统，蒸馏液经检验合格后送入核岛废液排放系统(TER)。地面废水一般经过滤后进入核岛废液排放系统。排放水放射性活度要小于100Bq/L。

在核电站废水处理中采用混凝处理及沉淀处理(见本书“2 水的混凝澄清及沉淀处理”“3 水的过滤处理”)是一个有优势的工艺方法，它形成的大量泥渣沉淀对放射性核素的氢氧化物、碳酸盐、磷酸盐等去除率高，费用低、工艺成熟，还可在常规沉淀处理工艺中根据需要添加絮凝剂、助凝剂及专门的沉淀剂，如添加亚铁氰化钾、亚铁氰化铜沉淀铯，添加硫化亚铁沉淀钌等，都可以取得非常好的处理效果。此工艺需注意的是药剂与水的混合及过滤装置，因混凝产生大量泥渣，过滤设备的泥渣容量是否满足足够大的要求。

废液中 ^{3}H 及半衰期很短的 ^{16}N 不属于处理对象，因氚以HTO形式存在，与 H_2O 性质相似，只能用无氚水稀释降低浓度后排放，目前无有效处理办法。

核岛废液排放系统要针对排放的废水进行监测，达标后有控制地向海洋排放，也可进入二回路循环冷却水中稀释后排放。

该系统中所有阳床、混床中所用树脂均为一次性使用，失效后更换，废树脂作为放射性固体废物处理。

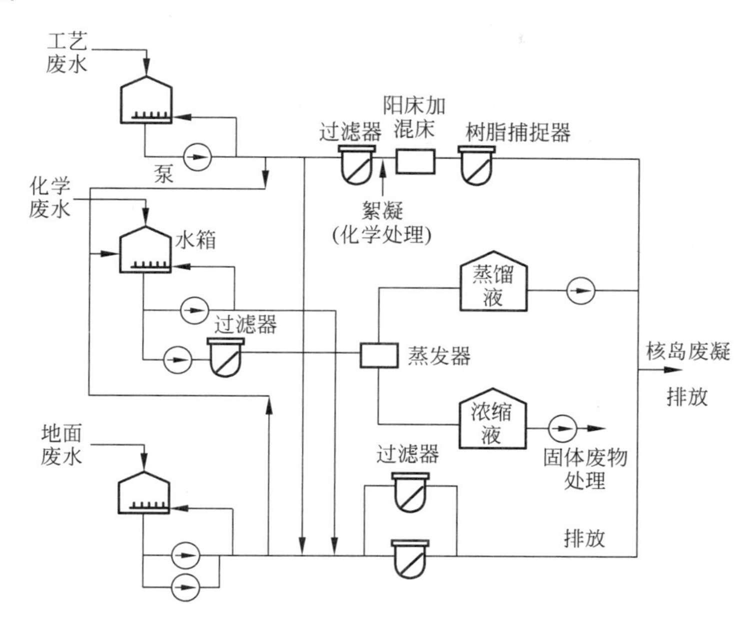

图 10-14 放射性废水处理系统

习题

10-1 熟悉压水堆核电站一回路和二回路中各设备概况。

10-2 说明核电站反应堆中基本核反应及出现大量裂变产物的原因。

10-3 核反应产生的裂变产物向冷却剂转移的途径，冷却剂中放射性裂变产物主要有哪几类？

10-4 说明一回路冷却剂的组成。

10-5 对一回路中所用的过滤装置有哪些基本要求？

10-6 化学与容积控制系统中水的处理系统是怎样的？混床为什么采用锂型阳树脂和氢氧型阴树脂？改用氢型阳树脂和硼酸型阴树脂可以吗？

10-7 离子交换树脂对铯的交换有何特点？

10-8 什么是去污因子，它和出水水质、树脂交换容量有何关系？

10-9 说明硼回收系统工作原理。

10-10 说明蒸汽发生器排污水为什么要处理及处理后的去向。

10-11 什么样的核岛废液可以向海中排放？

参考文献

[1] 董辅祥,董欣乐.城市与工业节约用水理论[M].北京：中国建筑工业出版社,2000.

[2] 刘希波.火电厂水务管理[M].北京：中国电力出版社,2000.

[3] 周本省.工业水处理技术[M].2版.北京：化学工业出版社,2002.

[4] 电力规划设计总院.发电厂化学设计规范：DL 5068—2014[S].北京：中国电力出版社,2015.

[5] 冯敏.工业水处理技术[M].北京：海洋出版社,1992.

[6] BENEFIELD L D, JUDKINS J F, WEAND B L. Process chemistry for water and wastewater treatment[M]. Englewood Cliffs：Prentice-Hall,1982.

[7] WEBER W J,JR BORCHARDT. Physicochemical processes for water quality control[M]. New York：John Wiley & Sons,1972.

[8] MONTGOMERY J M. Water treatment principles and design[M]. New York：John Wiley & Sons,1985.

[9] 严熙世,范瑾初.给水工程[M].4版.北京：中国建筑工业出版社,1999.

[10] 许保玖,安鼎年.给水处理理论与设计[M].北京：中国建筑工业出版社,1992.

[11] 王乃忠,腾兰珍.水处理理论基础[M].成都：西南交通大学出版社,1988.

[12] 陈培康,裘本昌.给水净化新工艺[M].北京：中国建筑工业出版社,1990.

[13] 马青山,贾瑟,孙丽珉.絮凝化学和絮凝剂[M].北京：中国环境科学出版社,1988.

[14] 崔福义,彭永臻.给水排水工程仪表与控制[M].北京：中国建筑工业出版社,1999.

[15] 高廷耀,顾国维.水污染控制工程(下册)[M].2版.北京：高等教育出版社,1999.

[16] 钱达中.发电厂水处理工程[M].北京：中国电力出版社,1998.

[17] 李培元.火力发电厂水处理及水质控制[M].北京：中国电力出版社,2000.

[18] 李培元,钱达中,王蒙聚.锅炉水处理[M].武汉：湖北科学技术出版社,1989.

[19] 施燮均.火力发电厂水质净化[M].北京：水利电力出版社,1990.

[20] 中国市政工程西南设计研究院.给水排水设计手册(第3,4册)[M].北京：中国建筑工业出版社,1986.

[21] 施燮均,王蒙聚,肖作善.热力发电厂水处理[M].3版.北京：中国电力出版社,1999.

[22] 丁桓如.锅炉水处理初步设计[M].北京：水利电力出版社,1995.

[23] 郑其庚.活性炭的应用[M].上海：华东理工大学出版社,2002.

[24] 叶婴齐.工业用水处理技术[M].2版.上海：上海科学普及出版社,2004.

[25] 许保玖.给水处理理论[M].北京：中国建筑工业出版社,2000.

[26] 能源部西安热工研究所.热工技术手册(第4卷 电厂化学)[M].北京：水利电力出版社,1993.

[27] 丁志斌,江作义.活性炭脱除水中余氯的试验研究[J].工业水处理,1997,17(1)：28-30.

[28] 翁元声,田钟荃.活性炭再生及强制放电再生技术[J].中国给水排水,1990,6(5)：50-54.

[29] 朱兴宝.OH强碱阴树脂有机物清除器[J].武汉水利电力学院学报,1987(1)：83-88.

[30] 丁桓如,闻人勤.水处理活性炭的选择指标问题[J].中国给水排水,2000,16(7)：19-22.

[31] 闻人勤,张萍,吴春华,等.关于活性炭去除水中余氯的半脱氯值的讨论[J].工业水处理,1999,13(2)：26-27.

[32] 张澄信,陈志和.离子交换水处理实验研究原理[M].武汉：华中理工大学出版社,1997.

[33] 赵振国.冷却塔[M].北京：中国水利水电出版社,1997.

[34] 龙荷云.循环冷却水处理[M].3版.南京：江苏科学技术出版社,2001.

[35] 宋珊卿.动力设备水处理手册[M].2版.北京：中国电力出版社,1997.
[36] 许寿昌.工业冷却水处理技术[M].北京：化学工业出版社,1984.
[37] AMJAD Z.反渗透：膜技术·水化学和工业应用[M].殷琦,华耀祖,译.北京：化学工业出版社,1999.
[38] 冯逸仙,杨世纯.反渗透水处理工程[M].北京：中国电力出版社,2000.
[39] 邵刚.膜法水处理技术及工程实例[M].北京：化学工业出版社,2002.
[40] 王光润.电渗析再生离子交换树脂的进展[J].离子交换与吸附,1997,13(5)：552.
[41] 王湛.膜分离技术基础[M].北京：化学工业出版社,2000.
[42] 时钧,袁权,高从堦.膜处理手册[M].北京：化学工业出版社,2001.
[43] 刘茉娥.膜分离技术应用手册[M].北京：化学工业出版社,2001.
[44] 王占生,刘文君.微污染水源饮用水处理[M].北京：中国建筑工业出版社,1999.
[45] 杨东方.凝结水处理[M].北京：水利电力出版社,1989.
[46] 乐嘉祥,王德春.中国河流水化学特征[J].地理学报,1963,29(3)：1-12.
[47] 韩隶传,汪德良.热力发电厂凝结水处理[M].北京：中国电力出版社,2010.
[48] 陈志和,周柏青.水处理设备系统及运行[M].北京：中国电力出版社,2010.
[49] 周柏青,陈志和.热力发电厂水处理[M].4版.北京：中国电力出版社,2009.
[50] 望亭发电厂.望亭发电厂660MW超超临界火力发电机组培训教材：化学分册[M].北京：中国电力出版社,2011.
[51] 蒋剑春.活性炭应用理论与技术[M].北京：化学工业出版社,2010.
[52] 陈榕.活性炭纤维的电吸附技术研究与应用[M].北京：化学工业出版社,2012.
[53] 丁桓如.锅炉水处理初步设计[M].2版.北京：中国电力出版社,2010.
[54] 赵国华,童忠东.海水淡化工程技术与工艺[M].北京：化学工业出版社,2012.
[55] 王世昌.海水淡化工程[M].北京：化学工业出版社,2003.
[56] 张葆宗.反渗透水处理应用技术[M].北京：中国电力出版社,2004.
[57] 高从揩,陈国华.海水淡化技术与工程手册[M].北京：化学工业出版社,2004.
[58] 陈静生.河流水质原理及中国河流水质[M].北京：科学出版社,2006.
[59] 王凯雄.水化学[M].北京：化学工业出版社,2001.
[60] 王东升.微污染水源强化混凝技术[M].北京：科学出版社,2009.
[61] 中国科学院《中国自然地理》编辑委员会.中国自然地理·地表水[M].北京：科学出版社,1981.
[62] QUEINNEC I, DOCHAIN D. Modelling and simulation of the steady-state of secondary settlers in wastewater treatment plants[J]. Water Sci Technology, 2001,43(7)：39-46.
[63] 韦安磊,曾光明.计算流体力学在二沉池改造中的应用[J].工业用水与废水,2005,36(3)：52-54.
[64] IMAM E,MCCORQUODALE J A,BEWTRA J K. Numerical modeling of sedimentation tanks[J]. Journal of Hydraulic Engineering, 1983,109(12)：1740-1754.
[65] 崔玉川.水的除盐方法与工程应用[M].北京：化学工业出版社,2008.
[66] 李培元,周柏青.发电厂水处理及水质控制[M].3版.北京：中国电力出版社,2012.
[67] 杨艳玲,李星,李圭白.水中颗粒物的检测及应用[M].北京：化学工业出版社,2007.
[68] 许保玖,龙腾锐.当代给水与废水处理原理[M].北京：高等教育出版社,1999.
[69] 曲久辉.饮用水安全保障技术原理[M].北京：科学出版社,2007.
[70] 周柏青.全膜水处理技术[M].北京：中国电力出版社,2006.
[71] 孙迎雪,田媛.微污染水源饮用水处理理论及工程应用[M].北京：化学工业出版社,2011.
[72] 张行赫.现代石灰水处理技术及应用[M].北京：中国电力出版社,2018.
[73] 丁桓如.水中有机物及吸附处理[M].北京：清华大学出版社,2016.
[74] 张绮霞.压水反应堆的化学化工问题 [M].北京：原子能出版社,1984.
[75] 云桂春,成徐州.压水反应堆水化学 [M].哈尔滨：哈尔滨工程大学出版社,2011.

[76] 孔海霞,史英霞,侯建荣,等.国内核电站放射性水处理系统用水过滤器滤芯现状及探讨[J].辐射防护,2015,35(3):163-169.

[77] 李宇春,朱志平.核电站水化学控制工况[M].北京:化学工业出版社,2008.

[78] 王方.现代离子交换与吸附技术 [M].北京:清华大学出版社,2015.

[79] 王海平.于淼,任丽娟.田湾核电厂一回路水化学优化和辐射源项控制[J].辐射防护,2018,38(5):415-421.

[80] 张明,王燕燕,张富美,等.核岛水过滤器滤芯性能鉴定试验研究设计和验证[J].核科学与工程,2020,40(4):521-531.

[81] 任杰,王连生,张雪辉.秦山三期核电站核级过滤器滤芯升级研究[J].景德镇学院学报,2021.36(6):22-26.

[82] 朱兴宝.压水堆核电站二回路水汽质量[C].湖北省电机工程学会电厂化学专委会2007年年会论文,2007,武汉.

[83] 朱镭,梁桥洪,熊京川,等.压水堆核电站二回路水汽质量[J].上海电力学院学报,2006,32(2):121-123.

[84] 韩延德.核反应堆水化学[M].哈尔滨:哈尔滨工程大学出版社,2015.